公司简介 COMPANY PROFILE

四川成双防腐材料有限公司，成立于1998年11月，占地20000㎡，投资5000余万元。主营的不锈钢管道系列产品，广泛应用于燃气输送，技术理念先进，其中专利产品“成双牌”不锈钢双卡压粘结式管道，已获得国家专利证（专利证号：ZL 2011 20431184.9)。其独特的连接方式科学、可靠、安全。公司技术人员研发的配套安装工具轻便、美观，同时，公司也生产卡压式连接、环压式连接等其他连接方式的不锈钢管道产品。公司产品在华北、西南、西北、沿海各省市，以及华润燃气集团、新奥燃气集团等广泛应用。

成双公司一贯秉持“诚信为本、科技兴业、质量保证、服务至上”的指导方针；在发展中坚持以市场需求为向导、不断研发高端燃气产品，为社会创造健康品质生活！

卡粘式管件

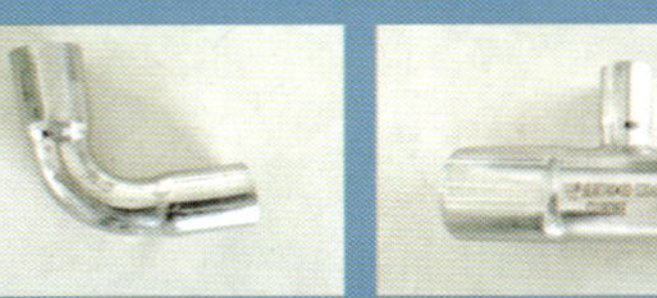
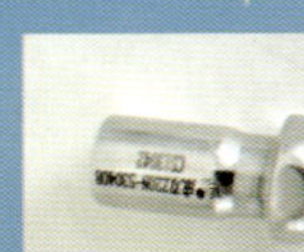

卡压式管件

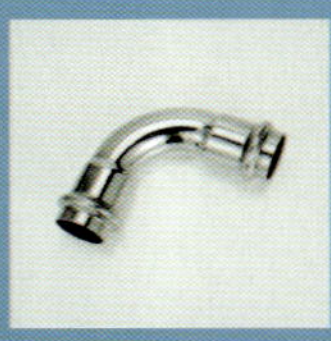

环压式管件

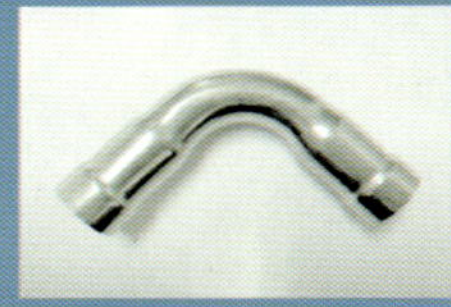
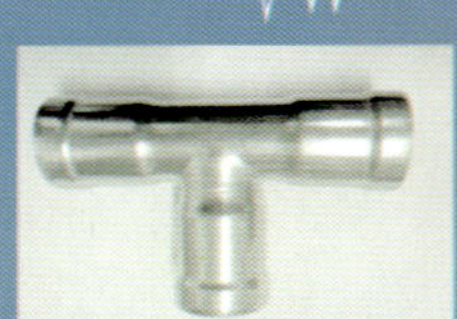

地址：四川省成都市天府新区 传真：028-85627600
电话：028-85712031 网址：www.csff.net

城镇燃气与燃气产品标准汇编

综　合　卷

中国标准出版社　编

中国标准出版社
北京

图书在版编目(CIP)数据

城镇燃气与燃气产品标准汇编. 综合卷/中国标准出版社编. —北京:中国标准出版社,2020.5
ISBN 978-7-5066-9561-9

Ⅰ.①城… Ⅱ.①中… Ⅲ.①城镇—气体燃料—标准—汇编—中国②城镇—燃气设备—标准—汇编—中国 Ⅳ.①TU996-65

中国版本图书馆 CIP 数据核字(2020)第 028239 号

中国标准出版社出版发行
北京市朝阳区和平里西街甲 2 号(100029)
北京市西城区三里河北街 16 号(100045)
网址 www.spc.net.cn
总编室:(010)68533533 发行中心:(010)51780238
读者服务部:(010)68523946
中国标准出版社秦皇岛印刷厂印刷
各地新华书店经销
*
开本 880×1230 1/16 印张 54.25 字数 1 634 千字
2020 年 5 月第一版 2020 年 5 月第一次印刷
*
定价 280.00 元

前　言

随着我国城镇建设的高速发展，城镇燃气与燃气产品的新技术、新工艺不断涌现和推广使用，此方面的标准化工作也越来越受到相关部门的重视，标准的技术水平不断提高，标准规范逐渐丰富和完善，形成了标准体系。这为我国城镇燃气与燃气产品的科研、生产、工程设计、施工、验收等事业的发展、促进高新技术的推广和应用、整顿规范市场秩序等都起到了积极的作用。为了强化城镇燃气与燃气产品系列标准的实施与监督，中国标准出版社特编撰出版《城镇燃气与燃气产品标准汇编》，全书共分为2卷，分别是综合卷和产品设备卷。

综合卷包含城镇燃气与燃气产品设备方面4部分的内容：(1)燃气基础标准，(2)燃气特性测定标准，(3)燃气器具设备检验标准，(4)工程设计、运行和维护标准。

产品设备卷包含城镇燃气与燃气产品设备方面3部分的内容：(1)燃气探测、控制器件标准，(2)燃气产品、设备及零部件标准，(3)燃气表标准。

本汇编收集了截至2019年12月底国家相关部门批准发布的城镇燃气与燃气产品方面国家标准和行业标准，所收录的国家标准和行业标准的属性已经在本书目录上标明，鉴于部分国家标准和行业标准是在标准清理整顿前出版的，故正文部分仍保留原样，读者在使用这些标准时，其属性以目录上标明的为准(标准正文“引用标准”中的标准属性请读者注意查对)。由于出版年代的不同，其格式、计量单位乃至技术术语不尽相同。这次汇编时只对原标准中技术内容上的错误以及其他明显不妥之处做了更正。

编　者

2020年1月

目　　录

一、燃气基础标准

二、燃气特性测定标准

三、燃气器具设备检验标准

四、工程设计、运行和维护标准

广告明细

一、燃气基础标准

ICS 75.160.30
E 46

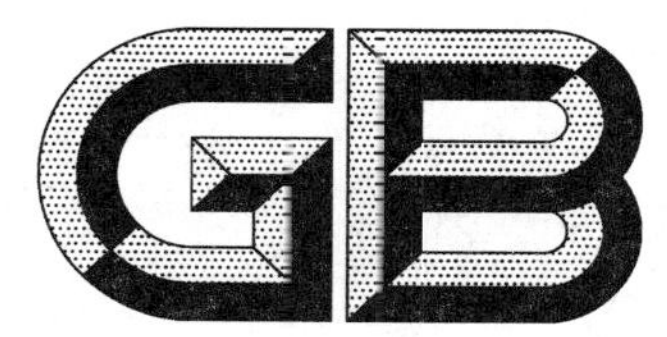

中华人民共和国国家标准

GB 11174—2011
代替 GB 11174—1997,GB 9052.1—1998

液化石油气

Liquefied petroleum gases

2011-12-30 发布　　2012-07-01 实施

中华人民共和国国家质量监督检验检疫总局
中国国家标准化管理委员会 发布

前言

本标准第 4 章、第 6 章为强制性的，其余为推荐性的。

本标准修改采用 ASTM D 1835—2005《液化石油气规范》(英文版)制定。

本标准根据 ASTM D 1835—2005 重新起草。

本标准与 ASTM D 1835—2005 标准的主要技术性差异如下：

——由于本标准所属产品主要适用于作工业和民用燃料，不适用于作内燃机燃料，所以本标准不包括 ASTM D 1835—2005 中的"专用丙烷"品种(见本版中表 1，ASTM D 1835—2005 中表 1)；

——由于国内液化石油气组分中不仅含有烷烃，还含有烯烃组分，因此考虑国内实际情况，本标准将 ASTM D 1835—2005 中的"丁烷及以上组分"和"戊烷及以上组分"分别改为"C_4 及 C_4 以上组分"和"C_5 及 C_5 以上组分"，并将"商品丙丁烷混合物"的"C_5 及 C_5 以上组分"指标由"不大于 2.0%(体积分数)"改为"不大于 3.0%(体积分数)"(见本版中表 1，ASTM D 1835—2005 中表 1)；

——本标准适用于我国炼厂和油气田生产的液化石油气，为了与市场上掺混气区别，对"商品丙烷"，增加"C_3 烃类组分"指标"不小于 95%"，对"商品丁烷"和"商品丙丁烷混合物"，增加"C_3+C_4 烃类组分"指标"不小于 95%"(见本版中表 1)；

——为了保证在最高使用温度下容器内液化石油气的压力小于容器的工作压力，"丙丁烷混合物"的"蒸气压"指标由"表注[B]"改为"不大于 1 380 kPa"(见本版中表 1，ASTM D 1835—2005 中表 1)；

——考虑到我国习惯，"总硫含量"的单位由"ppm"改为本标准的"mg/m^3"，并根据国内生产情况将"总硫含量"指标减少约 10 mg/m^3(见本版中表 1，ASTM D 1835—2005 中表 1)；

——国内生产企业均控制游离水，根据国内实际情况，本标准"商品丙烷"增加了"游离水"指标，取消了"湿度"指标(见本版中表 1，ASTM D 1835—2005 中表 1)。

本标准代替 GB 11174—1997《液化石油气》和 GB 9052.1—1998《油气田液化石油气》。

本标准将 GB 11174—1997 和 GB 9052.1—1998 标准整合修订为一个标准。

本标准与 GB 11174—1997 相比，主要变化如下：

——增加了"商品丙烷"和"商品丁烷"两类液化石油气品种，本标准中"商品丙丁烷混合物"相当于 GB 11174—1997 规定的液化石油气产品；(见本版中表 1，GB 11174—1997 中表 1)；

——增加了"分类和标记"一章(见本版第 3 章)；

——增加了"留样"条款(见本版 7.2)；

——增加了"硫化氢"指标(见本版中表 1)；

——增加了"C_3+C_4 烃类组分"指标"不小于 95%"(见本版中表 1)。

本标准与 GB 9052.1—1998 相比，主要变化如下：

——将 GB 9052.1—1998 中的"丁烷及以上组分"和"戊烷及以上组分"分别改为"C_4 及 C_4 以上组分"和"C_5 及 C_5 以上组分"(见本版中表 1，GB 9052.1—1998 中表 1)；

——本标准中"商品丙丁烷混合物"的"蒸气压"由"不大于 1 430 kPa"改为"不大于 1 380 kPa"(见本版中表 1，GB 9052.1—1998 中表 1)；

——"总硫含量"的单位由"ppm"改为本标准的"mg/m^3"，并将"总硫含量"指标减少约 10 mg/m^3(见本版中表 1，GB 9052.1—1998 中表 1)；

——增加了"分类和标记"一章(见本版第 3 章)；

——删除了 GB 9052.1—1998 中"定义"一章(见 GB 9052.1—1998 第 3 章);

——增加了"硫化氢"指标(见本版中表 1);

——"商品丙烷"品种增加了"游离水"指标(见本版中表 1);

——对"商品丙烷",增加"C_3 烃类组分"指标"不小于 95%",对"商品丁烷"和"商品丙丁烷混合物",增加"C_3+C_4 烃类组分"指标"不小于 95%"(见本版中表 1)。

本标准由全国石油产品和润滑剂标准化技术委员会(SAC/TC 280)提出。

本标准由全国石油产品和润滑剂标准化技术委员会石油燃料和润滑剂分技术委员会(SAC/TC 280/SC 1)归口。

本标准起草单位:中国石油化工股份有限公司石油化工科学研究院、中国石油化工股份有限公司九江分公司、中国石油集团工程设计有限责任公司华北分公司。

本标准主要起草人:陈丽卿、龙化骊、于林、张义贵、郭慧军。

本标准所代替标准的历次版本发布情况为:

——GB 11174—1989、GB 11174—1997;

——GB 9052.1—1988、GB 9052.1—1998。

液 化 石 油 气

警告:如果不遵守适当的防范措施,本标准所属产品在生产、贮运和使用等过程中可能存在危险。本标准无意对与本产品有关的所有安全问题提出建议。用户在使用本标准之前,有责任建立适当的安全和防护措施,并确定相关规章限制的适用性。

1 范围

本标准规定了液化石油气产品的分类和标记、要求和试验方法、检验规则、标志、包装、运输和贮存、交货验收和安全。

本标准适用于作工业和民用燃料的液化石油气。

2 规范性引用文件

下列文件中的条款通过本标准的引用而成为本标准的条款。凡是注日期的引用文件,其随后所有的修改单(不包括勘误的内容)或修订版均不适用于本标准,然而,鼓励根据本标准达成协议的各方研究是否可使用这些文件的最新版本。凡是不注日期的引用文件,其最新版本适用于本标准。

GB 150 钢制压力容器

GB 190 危险货物包装标志

GB 5842 液化石油气钢瓶(GB 5842—2006,ISO 4706:1989,NEQ)

GB 12268 危险货物品名表

GB/T 12576 液化石油气蒸气压和相对密度及辛烷值计算法

GB 13690 化学品分类和危险性公示 通则

GB 14193 液化气体气瓶充装规定

GB 18180 液化气体船舶安全作业要求

GB 50016 建筑设计防火规范

GB 50028 城镇燃气设计规范

SH/T 0125 液化石油气硫化氢试验法(乙酸铅法)(SH/T 0125—1992,eqv ISO 8819—1987)

SH/T 0221 液化石油气密度或相对密度测定法(压力密度计法)(SH/T 0221—1992,eqv ISO 3993—1984)

SH/T 0222 液化石油气总硫含量测定法(电量法)

SH/T 0230 液化石油气组成测定法(色谱法)

SH/T 0231 液化石油气中硫化氢含量测定法(层析法)

SH/T 0232 液化石油气铜片腐蚀试验法(SH/T 0232—1992,eqv ISO 6251:1982)

SH/T 0233 液化石油气采样法

SY/T 7509 液化石油气残留物测定法

《压力容器安全技术监察规程》(质技监局锅发(1999)154 号)

《气瓶安全监察规程》(质技监局锅发[2000]250 号)

《液化气体铁路罐车安全监察规程》((87)化生字第 1174 号)

《液化气体汽车罐车安全监察规程》(劳部发(1994)262 号)

3 分类和标记

3.1 产品分类

本标准按液化石油气的组成和挥发性分为 3 个品种:商品丙烷(要求高挥发性时使用)、商品丁烷

(要求低挥发性时使用)、商品丙丁烷混合物(要求中等挥发性时使用)。

3.2 产品标记

液化石油气标记为:[产品品种] [产品名称] [标准号]

标记示例:商品丙烷　液化石油气　GB 11174

商品丁烷　液化石油气　GB 11174

商品丙丁烷混合物　液化石油气　GB 11174

4 要求和试验方法

4.1 液化石油气应具有可以察觉的臭味。为确保安全使用液化石油气,当液化石油气无臭味或臭味不足时,宜加入具有明显臭味的含硫化合物配制的加臭剂。

4.2 液化石油气的技术要求和试验方法见表1。

表1 液化石油气的技术要求和试验方法

项　　目		质量指标			试验方法
		商品丙烷	商品丙丁烷混合物	商品丁烷	
密度(15 ℃)/(kg/m^3)		报告			SH/T 0221[a]
蒸气压(37.8 ℃)/kPa	不大于	1 430	1 380	485	GB/T 12576
组分[b]					SH/T 0230
C_3 烃类组分(体积分数)/%	不小于	95	—	—	
C_4 及 C_4 以上烃类组分(体积分数)/%	不大于	2.5	—	—	
(C_3+C_4)烃类组分(体积分数)/%	不小于	—	95	95	
C_5 及 C_5 以上烃类组分(体积分数)/%	不大于	—	3.0	2.0	
残留物					SY/T 7509
蒸发残留物/(mL/100 mL)	不大于	0.05			
油渍观察		通过[c]			
铜片腐蚀(40 ℃,1 h)/级	不大于	1			SH/T 0232
总硫含量/(mg/m^3)	不大于	343			SH/T 0222
硫化氢(需满足下列要求之一):					
乙酸铅法		无			SH/T 0125
层析法/(mg/m^3)	不大于	10			SH/T 0231
游离水		无			目测[d]

a 密度也可用 GB/T 12576 方法计算,有争议时以 SH/T 0221 为仲裁方法。

b 液化石油气中不允许人为加入除加臭剂以外的非烃类化合物。

c 按 SY/T 7509 方法所述,每次以 0.1 mL 的增量将 0.3 mL 溶剂-残留物混合液滴到滤纸上,2 min 后在日光下观察,无持久不退的油环为通过。

d 有争议时,采用 SH/T 0221 的仪器及试验条件目测是否存在游离水。

5 检验规则

5.1 检验分类与检验项目

本产品检验分为出厂检验和型式检验。

5.1.1 出厂检验

出厂批次检验项目包括:组分、密度、蒸气压、总硫含量、硫化氢和游离水。

出厂周期检验项目为残留物、铜片腐蚀，每季度至少检测一次。

5.1.2 型式检验

型式检验项目为表1技术要求规定的所有检验项目。

在下列情况下进行型式检验：

a) 新产品投产或产品定型鉴定时；

b) 原材料、工艺等发生较大变化，可能影响产品质量时；

c) 出厂检验结果与上次型式检验结果有较大差异时。

5.2 组批

在原材料、工艺不变的条件下，产品每生产一罐为一批。

5.3 取样

取样按SH/T 0233进行，取样量应满足出厂检验或型式检验项目所需数量。

5.4 判定规则

出厂检验结果符合第4章的技术要求，则判定该批产品合格。

5.5 复验规则

如果出厂检验结果中有不符合表1中技术要求的规定时，按SH/T 0233的规定自同批产品中重新抽取双倍量样品，对不符合项目进行复验，复验结果如仍不符合表1技术要求的规定，则判定该批产品为不合格。

6 标志、包装、运输和贮存

6.1 根据GB 12268，液化石油气属于危险化学品第2类第2.1项易燃气体，其危险性标志按GB 13690和GB 190进行。

6.2 液化石油气储罐应设在储罐区。液化石油气储存场所应符合GB 50016和GB 50028的要求，应设“易燃品，严禁烟火”等醒目的标志牌。

6.3 液化石油气应装入液化石油气储罐或液化石油气专用钢瓶储存。液化石油气储罐的设计、制造、使用及维修应符合GB 150的规定并遵守《固定式压力容器安全技术监察规程》的要求。储存液化石油气应符合《气瓶安全监察规程》的规定和GB 5842的要求。按GB 14193规定充装钢瓶，严禁超量充装。

6.4 用铁路罐车、汽车罐车或专用轮船运输液化石油气时，除了执行《特种设备安全监察条例》外，铁路罐车运输应遵守《液化气体铁路罐车安全管理规程》的要求；汽车罐车运输应遵守《液化气体汽车罐车安全监察规程》的要求；钢瓶汽车槽车运输应遵守《气瓶安全监察规程》的要求。轮船运输应遵守GB 18180的规定。

7 交货验收

7.1 交货

7.1.1 收、发货单位或运输部门要保证供给清洁、符合有关规定的汽车罐车、铁路罐车或轮船，并按规程进行检查。如不符合要求时，提供罐车单位应负责清洗或调换合格罐车及轮船。如遇到对容器的合格程度有异议时，一律不装。

7.1.2 发货单位根据所发出产品的化验结果判定质量，如合格则发出产品，并给予产品质量合格证。

7.2 留样

7.2.1 液化石油气交接验收时，用于仲裁检验的留样及留样量由交接双方协商确定。

7.2.2 留样钢瓶必须清洁。标签宜注明生产厂、发货地址、发货单位、样品名称、样品合格证号、取样地点、日期、取样人姓名。

7.2.3 留样钢瓶应保存在阴凉、干燥、避光的房间。保留期一般为一个月，在保留期内要保持签封完整无损。

7.3 验收

收货时，需方有权抽检收到的产品质量，如发现产品不符合标准规定的质量，委托双方同意的单位或商请仲裁单位对7.2中留样样品分析裁决。

8 安全

液化石油气属于易燃气体，其涉及的安全问题应符合相关法律、法规和标准的规定。

参 考 文 献

《特种设备安全监察条例》(中华人民共和国国务院令第373号)

ICS 75.160.30
P 45

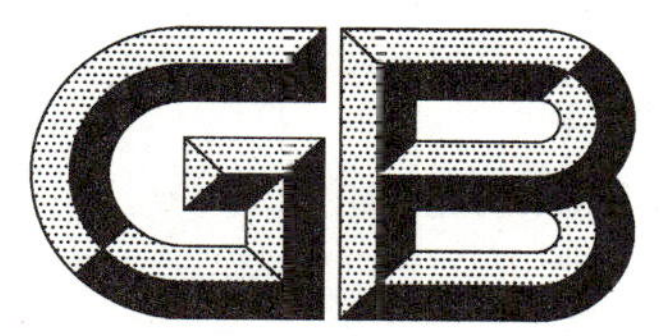

中华人民共和国国家标准

GB/T 13611—2018
代替 GB/T 13611—2006

城镇燃气分类和基本特性

Classification and basic characteristics of city gas

2018-03-15 发布　　　　2019-02-01 实施

中华人民共和国国家质量监督检验检疫总局
中国国家标准化管理委员会　发布

前　言

本标准按照 GB/T 1.1—2009 给出的规则起草。

本标准代替 GB/T 13611—2006《城镇燃气分类和基本特性》，与 GB/T 13611—2006 相比主要技术变化如下：

——修改了城镇燃气分类原则(见 4.1，2006 年版的 4.1)；

——修改了城镇燃气的类别及特性指标(见 4.3，2006 年版的 4.3)；

——增加了液化石油气混空气、二甲醚气、沼气(见 4.3)；

——修改了城镇燃气的试验气(见 4.4，2006 年版的 4.4)；

——增加了城镇燃气燃烧器具试验气测试压力(见 4.5)；

——增加了试验用气的配制方法(见附录 B)；

——删除了本标准与 BS EN437：1994 和 EN 30-1-1：1999 的对比(见 2006 年版的附录 C)。

本标准由中华人民共和国住房和城乡建设部提出并归口。

本标准起草单位：中国市政工程华北设计研究总院有限公司、石油工业天然气质量监督检验中心、深圳市燃气集团股份有限公司、济南港华燃气有限公司、北京市燃气集团研究院、中国燃气控股有限公司、昆仑能源有限公司、青岛经济技术开发区海尔热水器有限公司、宁波方太厨具有限公司、艾欧史密斯(中国)热水器有限公司、芜湖美的厨卫电器制造有限公司、广东万家乐燃气具有限公司、广东万和新电气股份有限公司、北京菲斯曼供热技术有限公司、能率(中国)投资有限公司、浙江帅丰电器有限公司、博西华电器(江苏)有限公司、中山百得厨卫有限公司、上海梦地工业自动控制系统股份有限公司 、瑞必科净化设备(上海)有限公司、国家燃气用具质量监督检验中心。

本标准主要起草人：高文学、王启、周理、刘建辉、郭军、刘丽珍、高慧娜、苗永健、刘云、郑军妹、毕大岩、徐国平、余少言、张华平、邵柏桂、张坤东、邵于佶、王海云、高强、金建民、白学萍、渠艳红。

本标准所代替标准历次版本发布情况为：

——GB/T 13611—1992、GB/T 13611—2006。

城镇燃气分类和基本特性

1 范围

本标准规定了城镇燃气的分类原则、特性指标计算方法、类别和特性指标要求、城镇燃气试验气，以及城镇燃气燃烧器具试验气测试压力。

本标准适用于作为城镇燃料使用的各种燃气的分类。

2 规范性引用文件

下列文件对于本文件的应用是必不可少的。凡是注日期的引用文件，仅注日期的版本适用于本文件。凡是不注日期的引用文件，其最新版本(包括所有的修改单)适用于本文件。

GB/T 11062 天然气 发热量、密度、相对密度和沃泊指数的计算方法

3 术语和定义

下列术语和定义适用于本文件。

3.1

城镇燃气 city gas

符合规范的燃气质量要求，供给居民生活、商业(公共建筑)和工业企业生产作燃料用的公用性质的燃气。

注：城镇燃气一般包括人工煤气、天然气、液化石油气、液化石油气混空气、二甲醚气、沼气。

3.2

基准状态 reference conditions

温度为 15 ℃，绝对压力为 101.325 kPa 条件下的干燥燃气状态。

[GB/T 16411—2008，定义 3.1]

3.3

热值 heating value; calorific value

规定量的燃气完全燃烧所释放出的热量。

注：其中，释放出的包括烟气中水蒸气汽化潜热在内的热量称为高热值，释放出的不包括烟气中水蒸气汽化潜热的热量称为低热值。

[改写 GB/T 12206—2006，定义 3.1]

3.4

相对密度 relative density; specific gravity

一定体积干燃气的质量与同温度同压力下等体积的干空气质量的比值。

注：相对密度为无量纲量，以符号 d 表示。

[GB/T 12206—2006，定义 3.5]

3.5

华白数 Wobbe number; Wobbe index

燃气的热值与其相对密度平方根的比值。

3.6

基准气　reference gas

基准燃气

代表某一类燃气的标准气体。

3.7

界限气　limit gas

界限燃气

根据燃气允许的波动范围配制的标准气体。

4　分类原则

城镇燃气应按燃气类别及其特性指标华白数 W 分类，并应控制华白数 W 和热值 H 的波动范围。

5　特性指标计算方法

5.1　热值

热值可按式(1)计算：

$$H=\frac{1}{100}(H_1f_1+H_2f_2+H_3f_3+\cdots H_nf_n)=\frac{1}{100}\sum_{r=1}^{n}H_rf_r \qquad \cdots\cdots(1)$$

式中：

H ——燃气热值(分高热值 H_s 和低热值 H_i)，单位为兆焦耳每立方米(MJ/m^3)；

H_r ——燃气中 r 可燃组分的热值，单位为兆焦耳每立方米(MJ/m^3)；

f_r ——燃气中 r 可燃组分的体积分数，%。

5.2　相对密度

相对密度可按式(2)计算：

$$d=\frac{1}{100}(d_1f_1+d_2f_2+d_3f_3+\cdots d_nf_n)=\frac{1}{100}\sum_{v=1}^{n}d_vf_v \qquad \cdots\cdots(2)$$

式中：

d ——燃气相对密度(空气相对密度为 1)；

d_v ——燃气中 v 可燃组分的相对密度；

f_v ——燃气中 v 可燃组分的体积分数，%。

5.3　华白数

华白数可按式(3)计算：

$$W=\frac{H}{\sqrt{d}} \qquad \cdots\cdots(3)$$

式中：

W ——燃气华白数(分高华白数 W_s 和低华白数 W_i)，单位为兆焦耳每立方米(MJ/m^3)；

H ——燃气热值(分高热值 H_s 和低热值 H_i)，单位为兆焦耳每立方米(MJ/m^3)；

d ——燃气相对密度(空气相对密度为 1)。

6 类别及特性指标

城镇燃气的类别及特性指标(15 ℃,101.325 kPa,干)应符合表 1 的规定。

表 1 城镇燃气的类别及特性指标

类别		高华白数 W_s/(MJ/m³)		高热值 H_s/(MJ/m³)	
		标准	范围	标准	范围
人工煤气	3R	13.92	12.65～14.81	11.10	9.99～12.21
	4R	17.53	16.23～19.03	12.69	11.42～13.96
	5R	21.57	19.81～23.17	15.31	13.78～16.85
	6R	25.70	23.85～27.95	17.06	15.36 ～18.77
	7R	31.00	28.57～33.12	18.38	16.54 ～20.21
天然气	3T	13.30	12.42～14.41	12.91	11.62 ～14.20
	4T	17.16	15.77～18.56	16.41	14.77 ～18.05
	10T	41.52	39.06～44.84	32.24	31.97 ～35.46
	12T	50.72	45.66～54.77	37.78	31.97 ～43.57
液化石油气	19Y	76.84	72.86～87.33	95.65	88.52 ～126.21
	22Y	87.33	72.86～87.33	125.81	88.52～126.21
	20Y	79.59	72.86～87.33	103.19	88.52 ～126.21
液化石油气混空气	12 YK	50.70	45.71～57.29	59.85	53.87 ～65.84
二甲醚[a]	12 E	47.45	46.98～47.45	59.87	59.27 ～59.87
沼气	6Z	23.14	21.66～25.17	22.22	20.00～24.44

注 1:燃气类别,以燃气的高华白数按原单位为 kcal/m³ 时的数值,除以 1 000 后取整表示,如 12T,即指高华白数约计为 12 000 kcal/m³ 时的天然气。

注 2:3T、4T 为矿井气或混空轻烃燃气,其燃烧特性接近天然气。

注 3:10T、12T 天然气包括干井气、油田气、煤层气、页岩气、煤制天然气、生物天然气。

[a] 二甲醚气应仅用作单一气源,不应掺混使用。

7 试验气

7.1 配制城镇燃气试验气所用单一气体的质量应符合附录 A 的规定。

7.2 所配试验气(15 ℃,101.325 kPa, 干)宜符合表 2 的规定。

表 2　城镇燃气试验气

类别		试验气	体积分数/%	相对密度 d	热值/(MJ/m^3)		华白数/(MJ/m^3)		理论干烟气中 CO_2 体积分数/%
					H_i	H_s	W_i	W_s	
人工煤气	3R	0	$f_{CH_4}=9, f_{H_2}=51, f_{N_2}=40$	0.472	8.27	9.57	12.04	13.92	4.23
		1	$f_{CH_4}=13, f_{H_2}=46, f_{N_2}=41$	0.500	9.12	10.48	12.89	14.81	5.45
		2	$f_{CH_4}=7, f_{H_2}=55, f_{N_2}=38$	0.445	8.00	9.30	12.00	13.94	3.48
		3	$f_{CH_4}=16, f_{H_2}=32, f_{N_2}=52$	0.614	8.71	9.92	11.12	12.65	6.44
	4R	0	$f_{CH_4}=8, f_{H_2}=63, f_{N_2}=29$	0.369	9.16	10.64	15.08	17.53	3.71
		1	$f_{CH_4}=13, f_{H_2}=58, f_{N_2}=29$	0.393	10.35	11.93	16.51	19.03	5.22
		2	$f_{CH_4}=6, f_{H_2}=67, f_{N_2}=27$	0.341	8.89	10.37	15.22	17.76	2.94
		3	$f_{CH_4}=18, f_{H_2}=41, f_{N_2}=41$	0.525	10.31	11.76	14.23	16.23	6.63
	5R	0	$f_{CH_4}=19, f_{H_2}=54, f_{N_2}=27$	0.404	11.98	13.71	18.85	21.57	6.54
		1	$f_{CH_4}=25, f_{H_2}=48, f_{N_2}=27$	0.433	13.41	15.25	20.37	23.17	7.57
		2	$f_{CH_4}=18, f_{H_2}=55, f_{N_2}=27$	0.399	11.74	13.45	18.58	21.29	6.34
		3	$f_{CH_4}=29, f_{H_2}=32, f_{N_2}=39$	0.560	13.13	14.83	17.55	19.81	8.37
	6R	0	$f_{CH_4}=22, f_{H_2}=58, f_{N_2}=20$	0.356	13.41	15.33	22.48	25.70	6.95
		1	$f_{CH_4}=29, f_{H_2}=52, f_{N_2}=19$	0.381	15.18	17.25	24.60	27.95	7.97
		2	$f_{CH_4}=22, f_{H_2}=59, f_{N_2}=19$	0.347	13.51	15.45	22.94	26.23	6.93
		3	$f_{CH_4}=34, f_{H_2}=35, f_{N_2}=31$	0.513	15.14	17.08	21.14	23.85	8.79
	7R	0	$f_{CH_4}=27, f_{H_2}=60, f_{N_2}=13$	0.317	15.31	17.46	27.19	31.00	7.58
		1	$f_{CH_4}=34, f_{H_2}=54, f_{N_2}=12$	0.342	17.08	19.38	29.20	33.12	8.43
		2	$f_{CH_4}=25, f_{H_2}=63, f_{N_2}=12$	0.299	14.94	17.07	27.34	31.23	7.28
		3	$f_{CH_4}=40, f_{H_2}=37, f_{N_2}=23$	0.470	17.39	19.59	25.36	28.57	9.23
天然气	3T	0	$f_{CH_4}=32.5, f_{Air}=67.5$	0.853	11.06	12.28	11.97	13.30	13.19
		1	$f_{CH_4}=35, f_{Air}=65$	0.842	11.91	13.22	12.98	14.41	13.19
		2	$f_{CH_4}=16, f_{H_2}=34, f_{N_2}=50$	0.596	8.92	10.16	11.55	13.16	15.65
		3	$f_{CH_4}=30.5, f_{Air}=69.5$	0.862	10.37	11.52	11.18	12.42	11.73
	4T	0	$f_{CH_4}=41, f_{Air}=59$	0.815	13.95	15.49	15.45	17.16	11.73
		1	$f_{CH_4}=44, f_{Air}=56$	0.802	14.97	16.62	16.71	18.56	11.73
		2	$f_{CH_4}=22, f_{H_2}=36, f_{N_2}=42$	0.553	11.16	12.67	15.01	17.03	7.40
		3	$f_{CH_4}=38, f_{Air}=62$	0.828	12.93	14.36	14.20	15.77	11.73
	10T	0	$f_{CH_4}=86, f_{N_2}=14$	0.613	29.25	32.49	37.38	41.52	11.51
		1	$f_{CH_4}=80, f_{C_3H_8}=7, f_{N_2}=13$	0.678	33.37	36.92	40.53	44.84	11.92
		2	$f_{CH_4}=70, f_{H_2}=19, f_{N_2}=11$	0.508	25.75	28.75	36.13	40.33	10.88

表 2(续)

类别		试验气	体积分数/%	相对密度 d	热值/(MJ/m^3)		华白数/(MJ/m^3)		理论干烟气中 CO_2 体积分数/%
					H_i	H_s	W_i	W_s	
天然气	10T	3	$f_{CH_4}=82, f_{N_2}=18$	0.629	27.89	30.98	35.17	39.06	11.44
	12T	0	$f_{CH_4}=100$	0.555	34.02	37.78	45.67	50.72	11.73
		1	$f_{CH_4}=87, f_{C_3H_8}=13$	0.684	41.03	45.30	49.61	54.77	12.29
		2	$f_{CH_4}=77, f_{H_2}=23$	0.443	28.54	31.87	42.87	47.88	11.01
		3	$f_{CH_4}=92.5, f_{N_2}=7.5$	0.586	31.46	34.95	41.11	45.66	11.62
液化石油气	19Y	0	$f_{C_3H_8}=100$	1.550	88.00	95.65	70.69	76.84	13.76
		1	$f_{C_4H_{10}}=100$	2.076	116.09	125.81	80.58	87.33	14.06
		2	$f_{C_3H_6}=100$	1.476	82.78	88.52	68.14	72.86	15.05
		3	$f_{C_3H_8}=100$	1.550	88.00	95.65	70.69	76.84	13.76
	22Y	0	$f_{C_4H_{10}}=100$	2.076	116.09	125.81	80.58	87.33	14.06
		1	$f_{C_4H_{10}}=100$	2.076	116.09	125.81	80.58	87.33	14.06
		2	$f_{C_3H_6}=100$	1.476	82.78	88.52	68.14	72.86	15.05
		3	$f_{C_3H_8}=100$	1.550	88.00	95.65	70.69	76.84	13.76
	20Y	0	$f_{C_3H_8}=75, f_{C_4H_{10}}=25$	1.682	95.02	103.19	73.28	79.59	13.85
		1	$f_{C_4H_{10}}=100$	2.076	116.09	125.81	80.58	87.33	14.06
		2	$f_{C_3H_6}=100$	1.476	82.78	88.52	68.14	72.86	15.05
		3	$f_{C_3H_8}=100$	1.550	88.00	95.65	70.69	76.84	13.76
液混气	12YK	0	$f_{LPG}=58, f_{Air}=42$	1.393	55.11	59.85	46.69	50.70	13.85
		1	$f_{C_4H_{10}}=58, f_{Air}=42$	1.622	67.33	72.97	52.87	57.29	14.06
		2	$f_{LPG}=48, f_{Air}=42, f_{H_2}\doteq 10$	1.232	46.63	50.74	42.01	45.71	13.62
		3	$f_{C_3H_8}=55, f_{Air}=40, f_{N_2}=5$	1.299	48.40	52.61	42.46	46.16	13.70
二甲醚	12E	0	$f_{CH_3OCH_3}=100$	1.592	55.46	59.87	43.96	47.45	15.05
		1	$f_{CH_3OCH_3}=87, f_{C_3H_8}=13$	1.587	59.69	64.52	47.39	51.23	14.80
		2	$f_{CH_3OCH_3}=77, f_{H_2}=23$	1.242	45.05	48.88	40.43	43.86	14.44
		3	$f_{CH_3OCH_3}=92.5, f_{N_2}=7.5$	1.545	51.30	55.38	41.27	44.55	14.96
沼气	6Z	0	$f_{CH_4}=53, f_{N_2}=47$	0.749	18.03	20.02	20.84	23.14	10.63
		1	$f_{CH_4}=57, f_{N_2}=43$	0.732	19.39	21.54	22.66	25.17	10.78
		2	$f_{CH_4}=41, f_{H_2}=21, f_{N_2}=38$	0.610	16.09	18.03	20.61	23.09	9.60
		3	$f_{CH_4}=50, f_{N_2}=50$	0.761	17.01	18.89	19.50	21.66	10.50

注 1:空气(Air)的体积分数:$f_{O_2}=21\%$,$f_{N_2}=79\%$。

注 2:试验气:0——基准气,1——黄焰和不完全燃烧界限气,2——回火界限气,3——脱火界限气。

注 3:12YK-0,2 中所用 LPG 为 20Y-0 气组分。

注 4:相对密度 d、热值 H 和华白数 W 依据附录 A 中 A.3 的规定计算确定。

7.3 当试验用气不能按照表2规定的试验气体积分数进行配制时,可参照附录B规定的方法配制。

8 燃烧器具试验气测试压力

8.1 家用燃气燃烧器具试验气测试压力

家用燃气燃烧器具试验气测试压力(表压)应符合表3的规定。

表3 城镇家用燃气燃烧器具的试验气测试压力 单位为千帕

序号	类别		额定压力	最小压力	最大压力
1	人工煤气 R	3R	1.0	0.5	1.5
		4R	1.0	0.5	1.5
		5R	1.0	0.5	1.5
		6R	1.0	0.5	1.5
		7R	1.0	0.5	1.5
2	天然气 T	3T	1.0	0.5	1.5
		4T	1.0	0.5	1.5
		10T	2.0	1.0	3.0
		12T	2.0	1.0	3.0
3	液化石油气 Y	19Y	2.8	2.0	3.3
		22Y	2.8	2.0	3.3
		20Y	2.8	2.0	3.3
4	液化石油气混空气 YK	12YK	2.0	1.0	3.0
5	二甲醚 E	12E	2.0	1.0	3.0
6	沼气 Z	6Z	1.6	0.8	2.4

8.2 非家用燃气燃烧器具试验气测试压力

非家用燃气燃烧器具试验气测试压力及其波动范围,宜按照各用户用气设备的额定压力确定。

附　录　A
（规范性附录）
配制试验气所用单一气体的质量要求及特性值

A.1　配制试验气所用单一气体，其纯度不应低于下述值：

a)　氮气（N_2）99%；

b)　氢气（H_2）99%；

c)　甲烷（CH_4）95%；

d)　丙烯（C_3H_6）95%；

e)　丙烷（C_3H_8）95%；

f)　丁烷（C_4H_{10}）95%；

g)　以上 c)、d)、e)、f)中氢、一氧化碳和氧总含量应低于 1%，氮和二氧化碳总含量应低于 2%。

A.2　当甲烷供应有困难时，可选用当地天然气代替；当丙烷、丁烷和丙烯供应有困难时，可选用液化石油气代替；但配制试验气的华白数 W 与给定值的误差应在±2%规定范围内。

A.3　配制试验气用的各种单一气体，其相对密度 d 和热值 H 应按 GB/T 11062 的规定计算确定，常用的单一气体特性值（15 ℃、101.325 kPa，干）应采用表 A.1 的规定值。

表 A.1　常用的单一气体特性值

成分	相对密度 d	热值/（MJ/m³）		理论干烟气中 CO_2 体积分数/%
		H_i	H_s	
空气（Air）	1.000 0	—	—	—
氧（O_2）	1.105 3	—	—	—
氮（N_2）	0.967 1	—	—	—
二氧化碳（CO_2）	1.527 5	—	—	—
一氧化碳（CO）	0.967 2	11.966 0	11.966 0	34.72
氢（H_2）	0.069 53	10.216 9	12.094 7	—
甲烷（CH_4）	0.554 8	34.016 0	37.781 6	11.73
乙烯（C_2H_4）	0.974 5	56.320 5	60.104 7	15.06
乙烷（C_2H_6）	1.046 7	60.948 1	66.636 4	13.19
丙烯（C_3H_6）	1.475 9	82.784 6	88.516 3	15.06
丙烷（C_3H_8）	1.549 6	87.995 1	95.652 2	13.76
1-丁烯（C_4H_8）	1.996 3	110.787 1	118.536 2	15.06
异丁烷（i-C_4H_{10}）	2.072 3	115.710 5	125.416 8	14.06
正丁烷（n-C_4H_{10}）	2.078 7	116.472 6	126.209 0	14.06
丁烷（C_4H_{10}）	2.075 5	116.089 7	125.811 0	14.06
戊烷（C_5H_{12}）	2.657 5	147.684 5	159.717 8	14.25

注 1：气体的 d、H_i、H_s 为按 GB/T 11062 中的理想气体值除以压缩因子计算所得。

注 2：C_4H_{10} 的体积分数：i-C_4H_{10}＝50%，n-C_4H_{10}＝50%。

注 3：干空气的真实气体密度：ρ_{Air}(288.15 K，101.325 kPa)＝1.225 4 kg/m³。

注 4：干空气的体积分数：O_2＝21%，N_2＝79%。

注 5：燃烧和计量的参比条件均为 15 ℃、101.325 kPa。

附 录 B
（资料性附录）
试验用气的配制方法

B.1 一般要求

B.1.1 人工煤气应采用原料气甲烷、氢气、氮气进行配制。

B.1.2 天然气，以甲烷组分为主，宜采用甲烷、氮气、丙烷或丁烷进行配制。

B.1.3 天然气回火界限气，宜采用甲烷、氢气、丙烷或丁烷等进行配制。

B.1.4 用于燃气具实验室抽样检验、型式检验时，不应使用液化石油气混空气作为天然气类燃具的测试气源。

B.2 人工煤气

B.2.1 以甲烷、氢气及氮气为原料气配气时，可采用控制试验气和基准气的华白数、燃烧速度指数两个参数相等（同）以得到需要的试验气中各组分含量，可按式（B.1）、式（B.2）、式（B.3）进行计算：

试验气华白数：

$$W_s=\frac{H_{s,CH_4}f_{CH_4}+H_{s,H_2}f_{H_2}}{10\cdot\sqrt{100\cdot d_{N_2}+(d_{CH_4}-d_{N_2})f_{CH_4}+(d_{H_2}-d_{N_2})f_{H_2}}}=W_{s,0} \qquad \text{(B.1)}$$

试验气燃烧速度指数：

$$S_F=\frac{10\cdot(f_{H_2}+0.3f_{CH_4})}{\sqrt{100\cdot d_{N_2}+(d_{CH_4}-d_{N_2})f_{CH_4}+(d_{H_2}-d_{N_2})f_{H_2}}}=S_{F,0} \qquad \text{(B.2)}$$

其氮气组分：

$$f_{N_2}=100-(f_{CH_4}+f_{H_2}) \qquad \text{(B.3)}$$

式中：

$W_{s,0}$ ——准备替代的基准气源的华白数，单位为兆焦耳每立方米（MJ/m^3）；

$S_{F,0}$ ——准备替代的基准气源的燃烧速度指数；

f_{CH_4}、f_{H_2}、f_{N_2} ——分别为试验气中甲烷、氢气及氮气成分的体积分数，%；

H_{s,CH_4}、H_{s,H_2} ——分别为甲烷及氢气的高热值，单位为兆焦耳每立方米（MJ/m^3）；

d_{CH_4}、d_{H_2} 及 d_{N_2} ——分别为甲烷、氢气及氮气的相对密度。

注：$W_{s,0}$ 与 $S_{F,0}$，可解联立方程式（B.1）、式（B.2）、式（B.3），求得试验气中甲烷、氢气及氮气的体积分数。

B.2.2 燃烧速度指数 S_F 可按式（B.4）和式（B.5）计算：

$$S_F=k\times\frac{1.0f_{H_2}+0.6(f_{C_mH_n}+f_{CO})+0.3f_{CH_4}}{\sqrt{d}} \qquad \text{(B.4)}$$

$$k=1+0.005\,4\times f_{O_2}^2 \qquad \text{(B.5)}$$

式中：

S_F ——燃烧速度指数；

f_{H_2} ——燃气中氢气体积分数，%；

$f_{C_mH_n}$ ——燃气中除甲烷以外碳氢化合物体积分数，%；

f_{CO} ——燃气中一氧化碳体积分数,%;

f_{CH_4} ——燃气中甲烷体积分数,%;

d ——燃气相对密度(空气相对密度为 1);

k ——燃气中氧气含量修正系数;

f_{O_2} ——燃气中氧气体积分数,%。

B.3 天然气

B.3.1 原料气

天然气类试验气配制时,应采用甲烷、氢气、氮气、丙烷或丁烷作为配气原料气,其原料气中甲烷含量不宜低于 80%,配制的试验气性质宜采用原天然气基准气性质。

B.3.2 配气计算

B.3.2.1 计算方法

B.3.2.1.1 天然气试验气的燃烧特性参数宜选取燃气的华白数、热值,依据式(B.6)、式(B.7)、式(B.8)进行计算,并应校核黄焰指数:

试验气华白数:

$$W_s = \frac{H_{s,CH_4} f_{CH_4} + H_{s,H_2} f_{H_2} + H_{s,C_3H_8} f_{C_3H_8}}{10 \cdot \sqrt{100 \cdot d_{N_2} + (d_{CH_4} - d_{N_2}) f_{CH_4} + (d_{H_2} - d_{N_2}) f_{H_2} + (d_{C_3H_8} - d_{N_2}) f_{C_3H_8}}} = W_{s,0} \qquad \cdots\cdots(\text{B.6})$$

试验气热值:

$$H_s = \frac{1}{100}(H_{s,CH_4} f_{CH_4} + H_{s,H_2} f_{H_2} + H_{s,C_3H_8} f_{C_3H_8}) = H_{s,0} \qquad \cdots\cdots(\text{B.7})$$

其氮气组分:

$$f_{N_2} = 100 - (f_{CH_4} + f_{H_2} + f_{C_3H_8}) \qquad \cdots\cdots(\text{B.8})$$

式中:

f_{CH_4}、f_{H_2}、f_{N_2}、$f_{C_3H_8}$ ——试验气中甲烷、氢气、氮气及丙烷成分的体积分数,%;

H_{s,CH_4}、H_{s,H_2}、H_{s,C_3H_8} ——分别为甲烷、氢气及丙烷的高热值,单位为兆焦耳每立方米(MJ/m^3);

d_{CH_4}、d_{H_2}、$d_{C_3H_8}$ 及 d_{N_2} ——分别为甲烷、氢气、丙烷及氮气的相对密度。

注:设 $W_{s,0}$、$H_{s,0}$ 分别为准备替代的基准气源的华白数、热值,通过解联立方程式(B.6)、式(B.7)、式(B.8),来求得试验气中甲烷、氢气、丙烷及氮气的体积分数。

B.3.2.2 配气原料气更换

当配气原料气为甲烷、氢气、氮气、丁烷时,可将式(B.6)、式(B.7)、式(B.8)中的丙烷各参数更换为丁烷的对应值。

B.3.2.3 黄焰指数 I_Y

B.3.2.3.1 人工煤气的黄焰指数可按式(B.9)计算,计算结果不应大于 80:

$$I_Y = (1 - 0.314 \frac{f_{O_2}}{H_s}) \frac{\sum_{r=1}^{n} y_r f_r}{\sqrt{d}} \qquad \cdots\cdots(\text{B.9})$$

式中：

I_Y ——燃气黄焰指数；

y_r ——燃气中 r 碳氢化合物的黄焰系数，数值见表 B.1；

f_r ——燃气中的 r 碳氢化合物的体积分数，%；

d ——燃气相对密度；

f_{O_2}——燃气中的氧气体积分数，%；

H_s——燃气的高热值，单位为兆焦耳每立方米（MJ/m^3）。

B.3.2.3.2 天然气的黄焰指数可按式（B.10）计算，计算结果不应大于 210：

$$I_Y=(1-0.418\,7\frac{f_{O_2}}{H_s})\frac{\sum_{r=1}^{n}y_rf_r}{\sqrt{d}} \qquad \text{(B.10)}$$

式中各符号含义与式（B.9）相同。

表 B.1 各种碳氢化合物对应的黄焰系数

碳氢化合物	CH_4	C_2H_6	C_2H_4	C_2H_2	C_3H_8	C_3H_6	C_4H_{10}	C_4H_8	C_5H_{12}	C_6H_6
黄焰系数	1.0	2.85	2.65	2.40	4.8	4.8	6.8	6.8	8.8	20

B.4 液化石油气

液化石油气试验气配制时，配制方法可参照 B.2 或 B.3，其黄焰指数可按式（B.11）计算：

$$I_Y=\frac{\sum y_rf_r}{\sqrt{d}} \qquad \text{(B.11)}$$

式中各符号含义与式（B.9）相同。

B.5 其他类别燃气

除人工煤气、天然气、液化石油气之外类别的燃气试验气的配制，亦可参照上述方法进行。

参 考 文 献

[1] GB/T 3606—2001 家用沼气灶
[2] GB 11174—2011 液化石油气
[3] GB/T 12206—2006 城镇燃气热值和相对密度测定方法
[4] GB/T 13612—2006 人工煤气
[5] GB/T 16411—2008 家用燃气用具通用试验方法
[6] GB 17820—2012 天然气
[7] GB/T 19205—2008 天然气标准参比条件
[8] GB 25035—2010 城镇燃气用二甲醚
[9] CJ/T 341—2010 混空轻烃燃气
[10] NB/T 12003—2016 煤制天然气

ICS 75.160.30
P 45

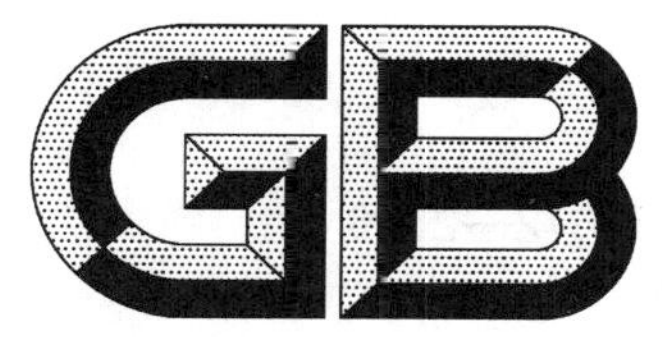

中华人民共和国国家标准

GB/T 13612—2006
代替 GB 13612—1992

人工煤气

Manufactured gas

2006-09-12 发布　　　　2007-03-01 实施

中华人民共和国国家质量监督检验检疫总局
中国国家标准化管理委员会　发布

前　言

本标准代替 GB 13612—1992《人工煤气》,与 GB 13612—1992 相比主要变化如下:

原标准对煤气热值要求只有一个指标,本标准改为两个指标,分别以一类气和二类气划分。

本标准增加了人工煤气燃烧特性指数波动范围的要求。

原标准规定煤气中萘含量为一固定值。在确保煤气萘不析出的前提下,本标准允许各地区根据当地城市燃气管道埋设处的土壤温度修正煤气中萘含量限值。

对煤气中含氧量控制的指标值进行了修改。

本标准煤气体积由原 0℃改为 15℃状态下的体积。

规范性引用文件中增加了 GB/T 13611《城镇燃气分类和基本特性》。

本标准由中华人民共和国建设部提出。

本标准由建设部城镇燃气标准技术归口单位中国市政工程华北设计研究院归口。

本标准由中国市政工程华北设计研究院负责起草,香港中华煤气有限公司、昆明焦化制气厂参加起草。

本标准主要起草人:王昌遒、顾军、黄霖生、李建兰、杨小丰。

本标准于 1992 年首次发布。

人 工 煤 气

1 范围

本标准规定了由人工制气厂生产的人工煤气的技术要求和试验方法及取样。

本标准适用于以煤或油(轻油、重油)或液化石油气、天然气等为原料转化制取的可燃气体,经城镇燃气管网输送至用户,作为居民生活、工业企业生产的燃料。

2 规范性引用文件

下列文件中的条款通过本标准的引用而成为本标准的条款。凡是注日期的引用文件,其随后所有的修改单(不包括勘误的内容)或修订版均不适用于本标准,然而,鼓励根据本标准达成协议的各方研究是否可使用这些文件的最新版本。凡是不注日期的最新版本适用于本标准。

GB/T 10410.1 人工煤气组分气相色谱分析法

GB/T 12206 城市燃气热值和相对密度测定方法

GB/T 12208 城市燃气中焦油和灰尘含量测定方法

GB/T 12209.1 城市燃气中萘含量测定 苦味酸法

GB/T 12210 城市燃气中氨含量测定

GB/T 12211 城市燃气中硫化氢含量测定

GB/T 13611 城镇燃气分类和基本特性

3 技术要求和试验方法

表 1 技术要求和试验方法

项 目	质量指标	试验方法
低热值[a]/(MJ/m³)		
一类气[b]	>14	GB/T 12206
二类气[b]	>10	GB/T 12206
燃烧特性指数[c]波动范围应符合	GB/T 13611	
杂质		
焦油和灰尘/(mg/m³)	<10	GB/T 12208
硫化氢/(mg/m³)	<20	GB/T 12211
氨/(mg/m³)	<50	GB/T 12210
萘[d]/(mg/m³)	$<50\times10^2/P$(冬天) $<100\times10^2/P$(夏天)	GB/T 12209.1

表 1（续）

项　　目	质量指标	试验方法
含氧量[e]（体积分数）/％ 一类气 二类气	 ＜2 ＜1	 GB/T 10410.1 或化学分析方法 GB/T 10410.1 或化学分析方法
含一氧化碳量[f]（体积分数）/％	＜10	GB/T 10410.1 或化学分析方法

a　本标准煤气体积（m^3）指在 101.325 kPa，15℃状态下的体积。

b　一类气为煤干馏气；二类气为煤气化气、油气化气（包括液化石油气及天然气改制）。

c　燃烧特性指数：华白数（W）、燃烧势（CP）。

d　萘系指萘和它的同系物 α—甲基萘及 β—甲基萘。在确保煤气中萘不析出的前提下，各地区可以根据当地城市燃气管道埋设处的土壤温度规定本地区煤气中含萘指标，并报标准审批部门批准实施。当管道输气点绝对压力（P）小于 202.65 kPa 时，压力（P）因素可不参加计算；

e　含氧量系指制气厂生产过程中所要求的指标。

f　对二类气或掺有二类气的一类气，其一氧化碳含量应小于 20％（体积分数）

4　采样

采样地点应为人工煤气输入城镇燃气管网入口处。

ICS 75.060
E 24

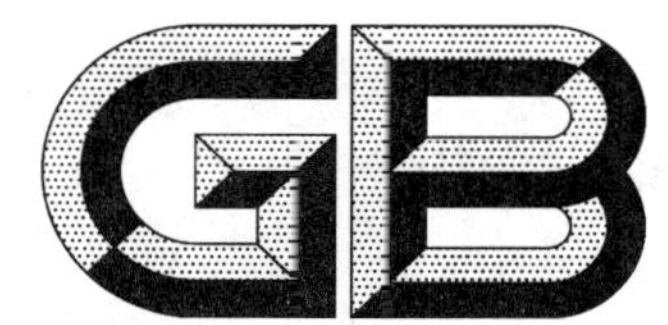

中华人民共和国国家标准

GB 17820—2018
代替 GB 17820—2012

天 然 气

Natural gas

2018-11-19 发布 2019-06-01 实施

国家市场监督管理总局
中国国家标准化管理委员会 发布

前　言

本标准的全部技术内容为强制性的。

本标准按照 GB/T 1.1—2009 给出的规则起草。

本标准代替 GB 17820—2012《天然气》。本标准与 GB 17820—2012 相比主要技术变化如下：

——修改了一类气和二类气发热量、总硫、硫化氢和二氧化碳的质量指标，进入长输管道的天然气高位发热量由 31.4 MJ/m^3 修改为 34.0 MJ/m^3，总硫由 200 mg/m^3 修改为 20 mg/m^3，硫化氢由 20 mg/m^3 修改为 6 mg/m^3（见表 1）；

——删除了水露点的技术指标，在“5　输送和使用”中，增加了“在天然气交接点的压力和温度条件下，天然气中应不存在液态水和液态烃”的表述（见 5.1）；

——增加了天然气试验方法 GB/T 11060.2、GB/T 11060.5、GB/T 11060.8、GB/T 11060.10、GB/T 27894（所有部分），并将天然气中总硫含量的仲裁方法由 GB/T 11060.4 变更为 GB/T 11060.8（见 4.2）；

——增加了规范性引用文件 GB/T 30490、GB/Z 33440 和 GB 50494，删除了 GB 50028；

——增加了资料性附录“欧美部分国家和地区对天然气中硫含量的质量要求”（见附录 A）；

——删除了 2012 年版关于烃露点和燃气互换性的资料性附录 A 和附录 B。

本标准由国家能源局归口。

本标准起草单位：中国石油天然气股份有限公司西南油气田分公司天然气研究院、中国石油化工股份有限公司油田勘探开发事业部、中海石油气电集团有限责任公司、中国石油天然气股份有限公司勘探与生产分公司、中海石油有限公司原油与天然气销售部、中海石油有限公司科技发展部、中国市政工程华北设计研究院、西南石油大学、中国石油工程建设有限公司西南分公司、中国石油化工股份有限公司中原油田普光分公司、中海石油有限公司开发生产部。

本标准主要起草人：黄维和、唐蒙、常宏岗、石兴春、邱健勇、汤林、樊中海、吴韬、罗勤、李广月、夏芳、吴洪松、张烈辉、汤晓勇、商剑峰、余森冰、付敬强、陈运强、李殊平、范锐、宋彬、周理、周代兵、李克、蔡黎。

本标准所代替标准的历次版本发布情况为：

——GB 17820—1999、GB 17820—2012。

天　然　气

1 范围

本标准规定了天然气的质量要求、试验方法和检验规则。

本标准适用于经过处理的、通过管道输送的商品天然气。

2 规范性引用文件

下列文件对于本文件的应用是必不可少的。凡是注日期的引用文件，仅注日期的版本适用于本文件。凡是不注日期的引用文件，其最新版本(包括所有的修改单)适用于本文件。

GB/T 11060.1　天然气　含硫化合物的测定　第 1 部分：用碘量法测定硫化氢含量

GB/T 11060.2　天然气　含硫化合物的测定　第 2 部分：用亚甲蓝法测定硫化氢含量

GB/T 11060.3　天然气　含硫化合物的测定　第 3 部分：用乙酸铅反应速率双光路检测法测定硫化氢含量

GB/T 11060.4　天然气　含硫化合物的测定　第 4 部分：用氧化微库仑法测定总硫含量

GB/T 11060.5　天然气　含硫化合物的测定　第 5 部分：用氢解-速率计比色法测定总硫含量

GB/T 11060.8　天然气　含硫化合物的测定　第 8 部分：用紫外荧光光度法测定总硫含量

GB/T 11060.10　天然气　含硫化合物的测定　第 10 部分：用气相色谱法测定硫化合物

GB/T 11062　天然气　发热量、密度、相对密度和沃泊指数的计算方法

GB/T 13609　天然气取样导则

GB/T 13610　天然气的组成分析　气相色谱法

GB/T 27894(所有部分)　天然气　在一定不确定度下用气相色谱法测定组成

GB/T 30490　天然气自动取样方法

GB/Z 33440　进入长输管网天然气互换性一般要求

GB 50494　城镇燃气技术规范

3 分类和质量要求

3.1 天然气按高位发热量、总硫、硫化氢和二氧化碳含量分为一类和二类。

3.2 天然气的质量要求应符合表 1 的规定。

3.3 欧美部分国家和地区对天然气中硫含量的质量要求参见附录 A。

表 1　天然气质量要求

项　目		一类	二类
高位发热量[a,b]/(MJ/m^3)	≥	34.0	31.4
总硫(以硫计)[a]/(mg/m^3)	≤	20	100
硫化氢[a]/(mg/m^3)	≤	6	20
二氧化碳摩尔分数/%	≤	3.0	4.0

[a] 本标准中使用的标准参比条件是 101.325 kPa，20 ℃。

[b] 高位发热量以干基计。

4 试验方法和检验规则

4.1 天然气高位发热量的计算应按 GB/T 11062 执行，其所依据的天然气组成的测定按 GB/T 13610 或 GB/T 27894 执行，仲裁试验应以 GB/T 13610 为准。

4.2 天然气中总硫含量的测定按 GB/T 11060.4、GB/T 11060.5、GB/T 11060.8 或 GB/T 11060.10 执行，仲裁试验应以 GB/T 11060.8 为准。

4.3 天然气中硫化氢含量的测定按 GB/T 11060.1、GB/T 11060.2、GB/T 11060.3 或 GB/T 11060.10 执行，仲裁试验应以 GB/T 11060.1 为准。

4.4 天然气中二氧化碳含量的测定按 GB/T 13610 或 GB/T 27894 执行，仲裁试验应以 GB/T 13610 为准。

4.5 天然气的取样应按 GB/T 13609 或 GB/T 30490 执行，取样点应在合同规定的天然气交接点。

4.6 对于一类气，如果总硫含量或硫化氢含量测定瞬时值不符合表 1 的规定，应对总硫含量和硫化氢含量进行连续监测，总硫含量和硫化氢含量的瞬时值应分别不大于 30 mg/m^3 和 10 mg/m^3，并且总硫含量和硫化氢含量任意连续 24 h 测定平均值应分别不大于 20 mg/m^3 和 6 mg/m^3。

5 输送和使用

5.1 在天然气交接点的压力和温度条件下，天然气中应不存在液态水和液态烃。

5.2 天然气中固体颗粒应不影响天然气的输送和利用。

5.3 作为民用燃气的天然气，应具有可以察觉的臭味。民用燃气的加臭应符合 GB 50494 的规定。

5.4 作为燃气的天然气，应符合 GB/Z 33440 对于燃气互换性的要求。

5.5 进入长输管道的天然气应符合一类气的质量要求。

5.6 对于本标准规定之外的天然气，在满足国家有关安全、环保和卫生等标准的前提下，供需双方可用合同来约定其具体要求。

5.7 天然气在输送和使用的过程中，应遵守国家和当地的安全法规。

6 标准的实施

本标准按发布时的实施日期执行。进入长输管道的天然气，对高位发热量、总硫、硫化氢和二氧化碳引入过渡期的要求，见表 2，其中，天然气贸易交接执行本标准 2012 年版一类气的按质量指标 1 过渡，执行本标准 2012 年版二类气的按质量指标 2 过渡，过渡期至 2020 年 12 月 31 日。

表 2 过渡期进入长输管道天然气的质量要求

项 目		质量指标 1[a]	质量指标 2[b]
高位发热量/(MJ/m^3)	≥	36.0	31.4
总硫(以硫计)/(mg/m^3)	≤	60	200
硫化氢/(mg/m^3)	≤	6	20
二氧化碳摩尔分数/%	≤	2.0	3.0

[a] 质量指标 1 指本标准 2012 年版的一类气。

[b] 质量指标 2 指本标准 2012 年版的二类气。

附 录 A
（资料性附录）
欧美部分国家和地区对天然气中硫含量的质量要求

A.1 欧美部分国家和地区相关标准中对天然气中硫含量的质量要求

欧洲标准 EN 16726—2016《燃气基础设施 气体质量 H 组》、德国燃气和水工业协会标准 DVGW G 260—2013《气体质量》、美国燃气协会标准 AGA 4A—2009《天然气合同 计量和质量条款》和俄罗斯国家标准 GOST 5524—2014《工业和公共生活用可燃天然气》给出了天然气中硫含量的质量要求，具体数值见表 A.1。

表 A.1 欧美部分国家燃气相关标准中对硫含量的质量要求

标准	总硫（以硫计）	硫醇（以硫计）	硫化氢
EN 16726—2016	20 mg/m³（不包括加臭剂） 30 mg/m³（包括加臭剂）	6 mg/m³	硫化氢＋羰基硫（以硫计） 5 mg/m³
DVGW G 260—2013	6 mg/m³（不包括加臭剂） 8 mg/m³（包括加臭剂）	6 mg/m³	硫化氢＋羰基硫（以硫计） 5 mg/m³
AGA 4A—2009[a]	11.5 mg/m³～460 mg/m³ 0.5 grains/100 scf～ 20 grains/100 scf	4.6 mg/m³～46 mg/m³ 0.20 grains/100 scf～ 2.0 grains/100 scf	硫化氢 5.7 mg/m³～23 mg/m³ 0.25 grains/100 scf～ 1 grains/100 scf
GOST 5524—2014	未规定	0.036 g/m³	硫化氢 0.020 g/m³
[a] 标准规定的单位是英制，SI 制是换算值。			

A.2 燃气硫含量指标的比较和发展趋势

比较目前欧美各国对天然气中总硫含量的要求，可以看出，目前德国 DVGW 天然气中硫含量的指标要求最严，欧洲标准次之。本标准的一类气参考 EN 16726—2016，对总硫和硫化氢分别规定为 20 mg/m³ 和 6 mg/m³，体现了控制总量和控制关键组分的技术思路。随着技术和经济的发展，我国将进一步降低天然气中总硫含量，中长期的目标是将总硫控制为 8 mg/m³。

ICS 75.060
E 24

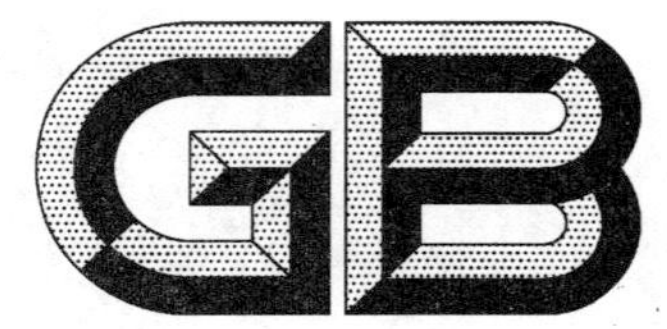

中华人民共和国国家标准

GB/T 19204—2003

液化天然气的一般特性

General characteristics of liquefied natural gas

2003-06-18 发布 2003-12-01 实施

中华人民共和国
国家质量监督检验检疫总局 发布

前　言

本标准等同采用 CEN BS EN 1160:1997“Installations and equipment for liquefied natural gas—General characteristics of liquefied natural gas”(液化天然气装置和设备　液化天然气的一般特性)。

为便于使用者查阅原文,本标准的排版基本与原文相同,未做变动。为保证标准的实施,对易发生混淆的部分给予英文(原文)注解。

关于计量单位,本标准以法定计量单位为主,即法定计量单位值在前,非法定计量单位的相应值标在其后的括号内。

本标准的附录 A、附录 B 为资料性附录。

本标准由中国海洋石油总公司提出。

本标准由全国天然气标准化技术委员会归口。

本标准起草单位:中海石油研究中心开发设计院、中国石油西南油气田分公司天然气研究院、中国石油天然气集团公司华东勘察设计研究院、中国石化股份有限公司中原油田分公司。

本标准主要起草人:付昱华、张邦榅、徐晓明、吴瑛、罗勤。

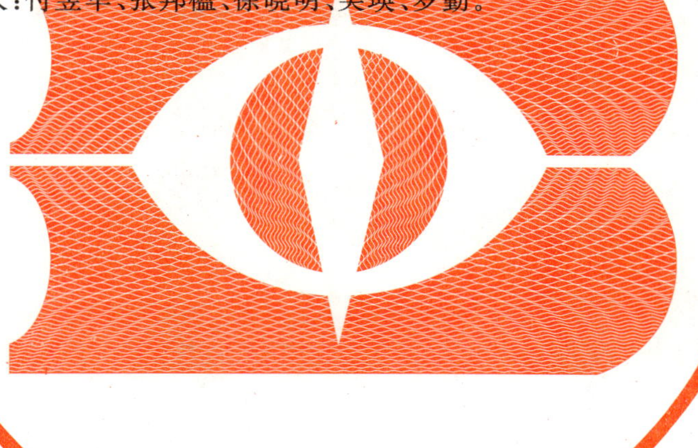

CEN 前 言

本标准由从事液化天然气装置和设备的 CEN/TC 282 技术委员会编制，该委员会的秘书处由法国标准化组织协会管理。

本标准最迟于 1996 年 12 月，应以同样的原文发表，或是以签注认可的方式确定其具有国家标准的地位，与其相冲突的国家标准同时应予以撤消。

根据 CEN/CENELEC 的内部规章，下列国家的国家标准组织须执行本标准：奥地利，比利时，丹麦，芬兰，法国，德国，希腊，冰岛，爱尔兰，意大利，卢森堡，荷兰，挪威，葡萄牙，西班牙，瑞士，瑞典，英国。

液化天然气的一般特性

1 范围

本标准给出液化天然气(LNG)特性和 LNG 工业所用低温材料方面以及健康和安全方面的指导。本标准也可作为执行 CEN/TC 282 技术委员会(液化天然气装置和设备)的其他标准时的参考文件。本标准还可供设计和操作 LNG 设施的工作人员参考。

2 规范性引用文件

下列文件中的条款通过本标准的引用而成为本标准的条款。凡是注日期的引用文件,其随后所有的修改单(不包括勘误的内容)或修订版均不适用于本标准,然而,鼓励根据本标准达成协议的各方研究是否可使用这些文件的最新版本。凡是不注日期的引用文件,其最新版本适用于本标准。

EN 1473 液化天然气装置和设备 陆上装置设计

3 术语和定义

下列术语和定义适用于本标准。

液化天然气 liquefied natural gas

一种在液态状况下的无色流体,主要由甲烷组成,组分可能含有少量的乙烷、丙烷、氮或通常存在于天然气中的其他组分。

4 缩略语

本标准采用如下缩略语:

——LNG liquefied natural gas,液化天然气;

——RPT rapid phase transition,快速相变;

——BLEVE boiling liquid expanding vapour explosion,沸腾液体膨胀蒸气爆炸;

——SEP surface emissive power,表面辐射功率。

5 LNG 的一般特性

5.1 引言

所有与处理 LNG 有关的人员,不但应熟悉液态 LNG 的特性,而且应熟悉其产生气体的特性。在处理 LNG 时潜在的危险主要来源于其 3 个重要性质:

a) LNG 的温度极低。其沸点在大气压力下约为-160℃,并与其组分有关;在这一温度条件下,其蒸发气密度高于周围空气的密度(见表 1 中的实例);

b) 极少量的 LNG 液体可以转变为很大体积的气体。1 个体积的 LNG 可以转变为约 600 个体积的气体(见表 1 中的实例);

c) 类似于其他气态烃类化合物,天然气是易燃的。在大气环境下,与空气混合时,其体积约占 5%~15%的情况下就是可燃的。

5.2 LNG 的性质

5.2.1 组成

LNG 是以甲烷为主要组分的烃类混合物,其中含有通常存在于天然气中少量的乙烷、丙烷、氮等其他组分。

甲烷及其他天然气组分的物理学和热力学性质可以在有关的参考书(参见附录A)和热力学计算手册中查到。

本标准所涉及的LNG,甲烷的含量应高于75%,氮的含量应低于5%。

虽然LNG的主要组分是甲烷,但是不能以纯粹的甲烷去推断LNG的理化性质。

分析LNG的组分时,应该特别注意的是要采取有代表性的样品,避免因蒸馏效应产生不真实的分析结果。

最常用的分析方法是分析一小股连续蒸发的生成物,分析中使用一种专门设计的装置以便能提供未经分馏的液体的具有代表性的气态样品。另一种方法是在产生主要生成物的蒸馏器出口处提取样品。该样品可用常规的气相色谱法分析,如ISO 6568或ISO 6974中所述的那些方法。

5.2.2 密度

LNG的密度取决于其组分,通常在430 kg/m³～470 kg/m³之间,但是在某些情况下可高达520 kg/m³。密度还是液体温度的函数,其变化梯度约为1.35 kg/m³·℃。密度可以直接测量,不过通常是用经过气相色谱法分析得到的组分通过计算求得。推荐使用ISO 6578中确定的计算方法。

注:该方法通常称为Klosek Mckinley法。

5.2.3 温度

LNG的沸腾温度取决于其组分,在大气压力下通常在－166℃到－157℃之间。沸腾温度随蒸气压力的变化梯度约为1.25×10^{-4}℃/Pa。

LNG的温度通常用ISO 8310中确定的铜/铜镍热电偶或铂电阻温度计测量。

5.2.4 LNG的实例

表1列示出3种LNG典型实例,并显示出随组分不同的性质变化。

表1 LNG实例

常压下泡点时的性质	LNG例1	LNG例2	LNG例3
摩尔分数/%			
N_2	0.5	1.79	0.36
CH_4	97.5	93.9	87.20
C_2H_6	1.8	3.26	8.61
C_3H_8	0.2	0.69	2.74
iC_4H_{10}	—	0.12	0.42
nC_4H_{10}	—	0.15	0.65
C_5H_{12}	—	0.09	0.02
相对分子质量/(kg/kmol)	16.41	17.07	18.52
泡点温度/℃	－162.6	－165.3	－161.3
密度/(kg/m³)	431.6	448.8	468.7
0℃和101 325 Pa条件下单位体积液体生成的气体体积/(m³/m³)	590	590	568
0℃和101 325 Pa条件下单位质量液体生成的气体体积/(m³/10³ kg)	1 367	1 314	1 211

5.3 LNG的蒸发

5.3.1 蒸发气的物理性质

LNG作为一种沸腾液体大量的储存于绝热储罐中。任何传导至储罐中的热量都会导致一些液体蒸发为气体,这种气体称为蒸发气。其组分与液体的组分有关。一般情况下,蒸发气包括20%的氮,80%的甲烷和微量的乙烷。其含氮量是液体LNG中含氮量的20倍。

当LNG蒸发时,氮和甲烷首先从液体中气化,剩余的液体中较高相对分子质量的烃类组分增大。

对于蒸发气体，不论是温度低于－113℃的纯甲烷，还是温度低于－85℃含20%氮的甲烷，它们都比周围的空气重。在标准条件下，这些蒸发气体的密度大约是空气密度的0.6倍。

5.3.2 闪蒸(flash)

如同任何一种液体，当LNG已有的压力降至其沸点压力以下时，例如经过阀门后，部分液体蒸发，而液体温度也将降到此时压力下的新沸点，此即为闪蒸。由于LNG为多组分的混合物，闪蒸气体的组分与剩余液体的组分不一样，其原因与上面5.3.1节中所述的原因类似。

作为指导性数据，在压力为1×10^5 Pa～2×10^5 Pa时的沸腾温度条件下，压力每下降1×10^3 Pa，1 m^3的液体产生大约0.4 kg的气体。

较精确地计算闪蒸如LNG类多组分液体所产生的气体和剩余液体的数量及组分都是复杂的。应用有效的热力学或装置模拟的软件包，结合适当的数据库，可以在计算机上进行闪蒸计算。

5.4 LNG的溢出(spillage of LNG)

5.4.1 LNG溢出物的特征(characteristics of LNG spills)

当LNG倾倒至地面上时(例如事故溢出)，最初会猛烈沸腾，然后蒸发速率将迅速衰减至一个固定值，该值取决于地面的热性质和周围空气供热情况。

如表2所示，如果溢出发生在热绝缘的表面，则这一速率将极大地降低。表中的数据是根据实验结果确定的。

表2 蒸发速率

材料	60 s后单位面积的速率/(kg/m^2·h)
骨料	480
湿沙	240
干沙	195
水	190
标准混凝土	130
轻胶体混凝土	65

当溢出发生时，少量液体能产生大量气体，通常条件下1个体积的液体将产生600个体积的气体(见表1)。

当溢出发生在水上时，水中的对流非常强烈，足以使所涉及范围内的蒸发速率保持不变。LNG的溢出范围将不断扩展，直到气体的蒸发总量等于泄漏产生的液态气体总量。

5.4.2 气体云团的膨胀和扩散(expansion and dispersion of gas clouds)

最初，蒸发气体的温度几乎与LNG的温度一样，其密度比周围空气的密度大。这种气体首先沿地面上的一个层面流动，直到气体从大气中吸热升温后为止。当纯甲烷的温度上升到约－113℃，或LNG的温度上升到约－80℃(与组分有关)，其密度将比周围空气的密度小。然而，当气体与空气混合物的温度增加使得其密度比周围空气的密度小时，这种混合物将向上运动。

溢出、蒸气云的膨胀和扩散是复杂的问题，通常用计算机模型来进行预测，只有在这方面有能力的机构才能进行这种预测。

随着溢出，由于大气中的水蒸气的冷凝作用将产生“雾”云。当这种“雾”云可见时(在日间且没有自然界的雾)，此种可见“雾”云可用来显示蒸发气体的运动，并且给出气体与空气混合物可燃性范围的保守指示。

在压力容器或管道发生溢出时，LNG将以喷射流的方式洒到大气中，且同时发生节流(膨胀)和蒸发。这一过程与空气强烈混合同时发生。大部分LNG最初作为空气溶胶的形式被包容在气云之中。这种溶胶最终将与空气进一步混合而蒸发。

5.5 着火和爆炸(Ignition)

对于天然气/空气的云团,当天然气的体积浓度为5%～15%时就可以被引燃和引爆。

5.5.1 池火(pool fires)

直径大于10 m的着火LNG池,火焰的表面辐射功率(SEP)非常高,并且能够用测得的实际正向辐射通量及所确定的火焰面积来计算。SEP取决于火池的尺寸、烟的发散情况以及测量方法。SEP随着烟尘炭黑的增加而降低。附录A包括的参考文献可用于确定给定情况的SEP。

5.5.2 压力波的发展和后果(development and consequences of pressure waves)

没有约束的天然气云以低速燃烧时,在气体云团中产生小于5×10^3 Pa的低超压。在拥挤的或受限制的区域(如密集的设备和建筑物),可以产生较高的压力。

5.6 包容(containment)

天然气在常温下不能通过加压液化。实际上,必须将温度降低到约－80℃以下才能在任意压力下液化。这意味着包容任何数量的LNG,例如在两个阀门之间或无孔容器中,都有可能随着温度的提高使压力增加,直到导致包容系统遭到破坏。因此,成套装置和设备都应设计有适当尺寸的排放孔和/或泄压阀。

5.7 其他物理现象

5.7.1 翻滚(rollover)

翻滚是指大量气体在短时间内从LNG容器中释放的过程。除非采取预防措施或对容器进行特殊设计,翻滚将使容器受到超压。

在储存LNG的容器中可能存在两个稳定的分层或单元,这是由于新注入的LNG与密度不同的底部LNG混合不充分造成的。在每个单元内部液体密度是均匀的,但是底部单元液体的密度大于上部单元液体的密度。

随后,由于热量输入到容器中而产生单元间的传热、传质及液体表面的蒸发,单元之间的密度将达到均衡并且最终混为一体。这种自发的混合称之为翻滚,而且与经常出现的情况一样,如果底部单元液体的温度过高(相对于容器蒸气空间的压力而言),翻滚将伴随着蒸气逸出的增加。有时这种增加速度快且量大。在有些情况下,容器内部的压力增加到一定程度将引起泄压阀的开启。

早期曾假设,当上层密度大于下层密度时,就会发生翻转,由此产生"翻滚"的名称。较近期的研究表明,情况并非如此,而是如前所述出现快速的混合。

潜在翻滚事故出现之前,通常有一个时期其气化速率远低于正常情况。因此应密切监测气化速率以保证液体不是在积蓄热量。如果对此有怀疑,则应设法使液体循环以促进混合。

通过良好的储存管理,翻滚可以防止。最好将不同来源和组分不同的LNG分罐储存。如果做不到,在注入储罐时应保证充分混合。

用于调峰的LNG中,高含氮量在储罐注入停止后不久也可能引起翻滚。

经验表明,预防此类型翻滚的最好方法是保持LNG的含氮量低于1%,并且密切监测气化速率。

5.7.2 快速相变(RPT)

当温度不同的两种液体在一定条件下接触时,可产生爆炸力。当LNG与水接触时,这种称为快速相变(RPT)的现象就会发生。尽管不发生燃烧,但是这种现象具有爆炸的所有其他特征。

LNG洒到水面上而引发的RPT是罕见的,而且影响也有限。

与实验结果相符的通用理论可简述如下。当两种温差很大的液体直接接触时,如果较热液体的热力学(开氏)温度大于较冷液体沸点的1.1倍时,后者温度将迅速上升,其表层温度可能超过自发核化温度(当液体中产生气泡时)。在某些情况下,过热液体将通过复杂的链式反应机制在短时间内蒸发,而且以爆炸的速率产生蒸气。

例如,将LNG或液态氮置于水上的实验中,液体之间能够通过机械冲击产生密切接触并引发快速相变。

许多研究项目正在进行中，以便更好地理解 RPT，量化此现象的烈度以及确定正确的预防措施。

5.7.3 沸腾液体膨胀蒸气爆炸(BLEVE)

任何液体处于或接近其沸腾温度，并且承受高于某一确定值的压力时，如果由于压力系统失效而突然获得释放，将以极高的速率蒸发。已经有记录如此猛烈的膨胀曾将整个破裂的容器抛出几百米。这种现象叫做沸腾液体膨胀蒸气爆炸(BLEVE)。

沸腾液体膨胀蒸气爆炸在 LNG 装置上发生的可能性极小。这或者是由于储存 LNG 的容器将在低压下发生破坏(参见附录 A 的 A.5 部分)，而且蒸气产生的速率很低；或者是由于 LNG 是在绝热的压力容器和管道中储存和输送，这类容器和管道具有内在的防火保护能力。

6 建筑材料

6.1 LNG 工业中应用的材料

最常用的建筑材料暴露在极低温度条件下时，将因脆性断裂而失效。尤其是碳钢的抗断裂韧性在 LNG 温度下(−160℃)是很低的。因此用于与 LNG 接触的材料应当验证其抵抗脆性断裂性能。

6.1.1 直接接触 LNG 的材料(materials in direct contact)

与 LNG 直接接触而不会变脆的主要材料及其一般应用列于表 3 中。该表尚不完全。不锈钢及主要低温合金的化学成分和性质列于附录 B 中。

6.1.2 正常操作下不直接接触 LNG 的材料(materials not in direct contact under normal operation)

在正常操作下用于低温状态但不与 LNG 直接接触的主要材料列于表 4 中。该表尚不完全。

表 3 用于直接接触 LNG 的主要材料及其一般应用

材　　料	一　般　应　用
不锈钢	储罐，卸料臂，螺母与螺栓，管道和附件，泵，换热器
镍合金，镍铁合金	储罐，螺母与螺栓
铝合金	储罐，换热器
铜和铜合金	密封件，磨损面料
混凝土(预应力)	储罐
石棉[a]，弹性材料	密封件，垫片
环氧树脂	泵套管
Epoxy (silerite)	电绝缘
玻璃钢	泵套管
石墨	密封件，填料盒
氟乙烯丙烯(FEP)	电绝缘
聚四氟乙烯(PTFE)	密封件，填料盒，磨损面
聚三氟一氯乙烯(Kel F)	磨损面
斯太立特硬质合金[b]	磨损面

a　石棉不宜用于新装置中。

b　斯太立特硬质合金(Stellite)：Co 55％，Cr 33％，W 10％，C 2％。

表 4 在正常操作下用于低温状态但不与 LNG 直接接触的主要材料

材 料	一般应用
低合金不锈钢	滚珠轴承
预应力钢筋混凝土	储罐
胶体混凝土	围堰
木材(轻木,胶合板,软木)	热绝缘
合成橡胶	涂料,胶粘剂
玻璃棉	热绝缘
玻璃纤维	热绝缘
分层云母	热绝缘
聚氯乙烯	热绝缘
聚苯乙烯	热绝缘
聚胺酯	热绝缘
聚异氰脲酸酯(polyisocyanurate)	热绝缘
砂	围堰
硅酸钙	热绝缘
硅酸玻璃	
泡沫玻璃	热绝缘,围堰
珍珠岩	热绝缘

6.1.3 其他

由于铜、黄铜和铝的熔点低且遇到溢出的 LNG 着火时将失效,因此倾向于使用不锈钢或含镍 9% 的钢材。铝材常用于换热器。液化装置的管式、板式换热器使用冷箱(钢制)加以保护。铝材还可用于内罐的吊顶。

经过特别设计用于液态氧或液态氮的设备,通常也适用于 LNG。

根据设计结果,能够在 LNG 处于较高的压力和温度条件下正常操作的设备,也应设计成能够承受降压情况下液体温度的下降。

6.2 热应力(thermal stresses)

用于 LNG 设施的大多数低温深冷装置将承受从周围环境温度到 LNG 温度的快速冷却。在此冷却过程中产生的温度梯度将产生热应力,该热应力是瞬态的、周期性的,而且其值在与 LNG 直接接触的容器壁为最大。

这种应力随着材料厚度的增加而增加,当其厚度超过约 10 mm 时,应力值将很大。对于一些特殊的临界点,临界或冲击应力可以应用公认的方法进行计算,并用于脆性断裂的检验。

7 健康与安全

下面的推荐意见是为了给操作 LNG 设施的有关人员提供指导,而不是为了取代国家法规的要求。

7.1 置身于低温环境中(exposure to cold)

LNG 造成的低温能对身体暴露的部分产生各种影响,如果对处于低温环境的人体未能适当地加以保护,则其反应和能力将受到不利的影响。

7.1.1 操作中的冷灼伤(handling,cold contact burns)

LNG 接触到皮肤时,可造成与烧伤类似的起疱灼伤。从 LNG 中漏出的气体也非常冷,并且能致灼伤。如暴露于这种寒冷气体中，即使时间很短，不足以影响面部和手部的皮肤，但是，象眼睛一类脆弱的组织仍会受到伤害。

人体未受保护的部分不允许接触装有 LNG 而未经隔离的管道和容器，这种极冷的金属会粘住皮肉而且拉开时将会将其撕裂。

7.1.2 **冻伤(frostbite)**

严重或长时间地暴露在寒冷的蒸气和气体中能引起冻伤。局部疼痛经常给出冻伤的警示，但有时会感觉不到疼痛。

7.1.3 **寒冷对肺部的影响(effect of cold on the lungs)**

较长时间在极冷的环境中呼吸能损伤肺部。短时间暴露可引起呼吸不适。

7.1.4 **体温过低(hypothermia)**

10℃以下的低温都可以导致体温过低的伤害。对于明显地受到体温过低影响的人，应迅速地从寒冷地带移开并用热水洗浴使体温恢复，水温应在 40℃至 42℃之间。不应该用干热的方法提升体温。

7.1.5 **推荐使用的防护服(recommended protective clothing)**

当处理 LNG 时，如果预见到将暴露于 LNG 的环境之中，则应使用合适的面罩或安全护目镜以保护眼睛。

操作任何物品时，如其正在或已经与寒冷的液体或气体接触，则应一直戴上皮手套。应戴宽松的手套并在接触到溅落的液体时能够迅速脱去。即使戴上手套，也只应短时间握住设备。

防护服或者类似的服装应是紧身的，最好是没有口袋也没有卷起的部分。裤子也应穿在鞋或靴子的外面。

当防护服被寒冷的液体或蒸气附着后，穿用者在进入狭窄的空间或接近火源之前应对其做通风处理。

操作者应该明白，防护服只是在偶然出现 LNG 溅落时起保护作用，应避免与 LNG 接触。

7.2 **置身于天然气环境中(exposure to gas)**

7.2.1 **毒性(toxicity)**

LNG 和天然气是无毒的。

7.2.2 **窒息(asphyxia)**

天然气是一种窒息剂。氧气通常占空气体积的 20.9%。大气中的氧气含量低于 18%时，会引起窒息。在空气中含高浓度天然气时由于缺氧会产生恶心和头晕。然而一旦从暴露环境中撤离，则症状会很快消失。在进入可能存在天然气的地方之前，应测量该处大气中氧气和烃类的含量。

注：即使氧气含量足够多，不会引起窒息，进入前也应进行可燃性检测，而且应使用专用于此目的仪器进行检测。

7.3 **火灾的预防和保护**

在处理 LNG 失火时，推荐使用干粉(最好是碳酸钾)灭火器。与处理 LNG 有关的人员应经过对液体引发的火灾使用干粉灭火器的训练。

高倍数泡沫材料或泡沫玻璃块可用于覆盖 LNG 池火并能极大地降低其辐射作用。

必须保证水的供应以用于冷却目的，或在设备允许的情况下用于泡沫的产生。但是水不可用于灭此类火。

有关火灾的预防和保护的设计，应遵守 EN 1473 的规定。

7.4 **气味**

LNG 蒸气是无气味的。

附 录 A
（资料性附录）
参考资料目录

A.1 总论

(1) Safety tools for LNG risk evaluation: cloud dispersion and radiation, D. NÉDELKA, B. WELSS, B. BAUER(Gaz de France), IGU H 12-91, Berlin(July 1991)

(2) Methodology of Gaz de France concerning matters of LNG terminals, D. NÉDELKA, A. GOY(Gaz de France), Paper 1, Section III, LNG 10, Kuala Lumpur(May 1992)

(3) Grundlagen sicherheitstechnischer Erfordernisse im Umgang mit Flüssigerdgas(LNG), K. A. HOPFER, gwf Gas-Erdgas 130(1989), S 27-32

A.2 LNG 着火

(1) Calculation of radiation effects, D. NÉDELEKA(Gaz de France), EUROGAS Trondheim (May 1990)

(2) The MONTOIR 35 m diameter LNG pool fire experiments, D. NÉDELKA, J. MOORHOUSE, R. F. TUCKER, (Gaz de France, British Gas, shell Research), Paper 3, Session III, LNG 9, Nice(Nov 1989)

(3) Fire safety assessment for LNG storage facilities, B. J. LOWESMTTH, J. MOORHOUSE, P. ROBERT, Paper 2, Session III, Intern. Conference on LNG (LNG 10), Kuala Lumpur 1992

(4) Prediction of the heat radiation and safety distance of large fires with the model OSRAMO, A. SCHÖNBUCHER et al, 7th Int. Symp. On Loss Prevention and Safety Promotion in the process industries, 68-1/68-16, Proceedings, Taormina(1992)

(5) Das experimentell validierte
Ballen-Stralungsmodell OSRAMO, Teil 1: Theoretische Grundlagen, A. SCHÖNBUCHER et al, Tü 33(1992), 137/140

(6) Das experimentell validierte
Ballen-Stralungsmodell OSRAMO, Teil 2: Sicherheitstechnische Anwendung (Sicherheitsatände), A. SCHÖNBUCHER et al, Tü 33(1992), 219/223

(7) LNG fire: A thermal radiation model for LNG fires, Topical report, June 29, 1990, Gas Research Institute, 8 600 West Bryn Mawr Avenue, Chicago, Illinois 60631

(8) Thermal rediation from LNG trench fires, Volume III, Final report, September 1982—September 1984, Gas Research Institute, 8 600 West Bryn Mawr Avenue, Chicago, Illinois 60631

(9) Methods of the calculation of the physical effects of the escape of dangerous material, Chapter 6—Heat radiation, G. W. HOFTIJER, TNO Organization for Industrial Research—Division of Technology for Society, P. O. Box 342, 7300 AH Apeldoom, Netherlands

(10) Large scale LNG and LPG pool fires in the assessment of major hazards, G. A. MIZNER and J. A. EYRE, Institution of Chemical Engineers Symposium, Series No. 71 (1982)

A.3 快速相变

(1) Contribution to the study of the behaviour of LNG spilled onto the sea, A. SALVADORI, J.

C. LEDIRAISON, D. NÉDELKA, (Gaz de France), Session III, LNG 7, Djakarta(May 1983) Rapid phase transitions of cryogenic liquids boiling on water surface, J. D. SAINSON, C. BARADEL,

(2) M. ROULEAU, J. LEBLOND(Gaz de France, ESPCI, ENS), Paper 9, Session II, Eurotherm Louvian(May 1990)

(3) Propagation of vapor explosion in a stratified geometry. Experiments with liquid nitrogen and water, J. D. SAINSON, M. GABILLARD, T. WILLIAMS(Gaz de France, Gas Research Institute), CSNI—Fuel Coolant Interaction—Santa Barbara(Jan. 1993)

A.4 翻滚

(1) LNG stratification and rollover, J. A. SARSTEN, Pipeline and Gas Journal, Vol. 199, p. 37 (Sep. 1972)

(2) Tests on LNG behaviour in large scale tank at Fos-sur-Mer terminal, F. BELLUS, Y. REVEILLARD, C. BONNAYRE, L. CHEVALIER(Gaz de France), Paper 9, Session III, LNG 5 (May 1977)

(3) Management of LNG storage tanks. Stratification mixing and ageing of LNG, O. MARCEL, A. GIRARD-LAOT, P. LANGRY(Gaz de France), Paper 4, Session III, LNG 10, Kuala, Lumpur (MAY 1992)

(4) LNG tank filling: Operational procedures to prevent stratification, M. BAUDINO(SNAM), Paper H5, 10th World Gas Conference, Munich(1985)

A.5 沸腾液体膨胀蒸气爆炸

(1) LNG and explosions of BLEVE type, L. MONTENEGRO FORMIGUERA(Catalana de Gas y Electricidad), Gas National Conference XIII, Madrid(May 1987)

A.6 LNG 手册

(1) Encyclopédie de gaz—L'Air Liquids—Elsevier(1976)

(2) LNG material and fluids: A users manual of property data in graphic format, National Bureau of Standards, Boulder, Colorado, USA, Douglas Man(1977)

A.7 LNG 溢出

(1) Boiling and spreading rates of instantaneous spill of liquid methane on water; D. J. CHATLOS, R. C. REID, Gas Research Institute 81/0045(April 1982)

(2) Verein Deutscher Ingenieure, Arbeitsblatt VDI 3 783. Blatt 1: Ausbreitung von storfallbedingten Freisetzungen, Sicherheiasanalyse

(3) Verein Deutscher Ingenieure, Arbeitsblatt VDI 3 783. Blatt 2: Ausbreitung von störfallbedingten Freisetzungen schwerer Gase, Sicherheiasanalyse

A.8 标准

EN 485-2　　铝和铝合金　片、带和板材　第 2 部分:材料特性

EN 515　　铝和铝合金　制成品　热处理标示

EN 573-3　　铝和铝合金　化学成分和制成品样式　第 3 部分:化学成分

EN 10028-4　　用于压力装置的钢制扁平产品　第 4 部分:具有指定低温性能的镍合金钢

EN 1045-1	金属材料　夏比冲击试验　第1部分:试验方法
EN 1088-1	不锈钢　第1部分:不锈钢明细表
EN 1088-2	不锈钢　第2部分:一般用途片、带和板材的交货技术条件
EN 1088-3	不锈钢　第3部分:一般用途半成品,条、杆和薄片的交货技术条件
EN 26501	镍铁合金　交货条件和规格书(ISO 6501:1988)
EN 754-2	铝和铝合金　冷拉条/杆和管材　第2部分:机械性能
EN 755-2	铝和铝合金　挤压条/杆,管材和型面　第2部分:机械性能
EN 10222-6	用于压力装置的钢锻件　第6部分:奥氏体,马氏体和铁-奥氏体不锈钢
ISO 6208	镍和镍合金板材、片和带材
ISO 6568	天然气　气相色谱法简易分析
ISO 6578	冷却的碳氢液体　静态测量　计算方法
ISO 6974	天然气中氢气,惰性气体和直至 C_8 烃的确定　气相色谱法
ISO 8310	冷却的轻烃液体　含液化气体容器中的温度测量　电阻温度计和热电偶
ISO 9722	镍和镍合金　成分和制成品样式
ISO 9723	镍和镍合金棒材

附 录 B
（资料性附录）
可用于同 LNG 接触的材料

本附录给出主要的可与 LNG 接触的材料的等级。

给出化学成分或力学性能的参考文献(欧洲或国际标准(或草案))列于表 B.1～表 B.6。

表 B.1 给出—196℃时的冲击能量 KV 值(J)。

表 B.1 不锈钢片/板和带材在低温下的冲击能量

钢等级标示		冲击能量 KV[a](—196℃)/J	
名称	数值	长期	瞬间
X2CrNi18-9	1.430 7	—	≥70
X2CrNiMo17-12-2	1.440 4	90	70
X2CrNiMo17-12-3	1.443 2	90	70
X2CrNiMo18-14-3	1.443 5	90	70
X5CrNi18-10	1.430 1	90	70
X6CrNiTi18-10	1.454 1	90	70
X6CrNiMoNb17-12-2	1.458 0	90	70
X5CrNiMo17-12-2	1.440 1	90	70
X3CrNiMo17-13-3	1.443 6	90	70
X2CrNiMo18-15-4	1.443 8	90	70
X2CrNiN18-10	1.431 1	90	70
X2CrNiMoN17-13-3	1.442 9	90	70
X2CrNiMoN18-12-4	1.443 4	90	70
X2CrNiMoN17-13-5	1.443 9	90	70
X1NiCrMoCu25-20-5	1.453 9	90	70
注：化学成分见 EN 10088-1。力学性能见 EN 10088-2。			
a —196℃时的冲击能量值是根据法国标准，因为用于压力装置的欧洲不锈钢标准尚不能应用。			

表 B.2 用于环境和低温条件的不锈钢螺母和螺栓

钢等级标示
X5CrNi18-10 X4CrNi18-12 X5CrNiMo17-12-2 X3CrNiMo17-13-3
注：力学性能见 EN 10088-2。

表 B.3 用于环境和低温条件的不锈钢棒材

钢等级标示	
名称	数值
X2CrNi18-9	1.430 7
X2CrNiMo17-12-2	1.440 4
X2CrNiMo17-12-3	1.443 2
X2CrNiMo18-14-3	1.443 5
X5CrNi18-10	1.430 1
X6CrNiTi18-10	1.454 1
X6CrNiMoNb17-12-2	1.458 0
X5CrNiMo17-12-2	1.440 1
X3CrNiMo17-13-3	1.443 6
X2CrNiMo18-15-4	1.443 8
X8CrNiS18-9	1.430 5
X2CrNiN18-10	1.431 1
X2CrNiMoN17-13-3	1.442 9
X2CrNiMoN17-13-5	1.443 9
X1NiCrMoCu25-20-5	1.453 9
注：力学性能见 EN 10088-3。化学成分见 EN 10088-1。	

表 B.4 用于环境和低温条件的不锈钢锻件

钢等级标示	
名称	数值
X2CrNi18-9	1.430 7
X2CrNiMo17-12-2	1.440 4
X2CrNiMo17-12-3	1.443 2
X5CrNi18-10	1.430 1
X6CrNiTi18-10	1.454 1
X4CrNiMo17-12-2	1.440 1
X2CrNiN18-10	1.431 1
X6CrNiNb18-10	1.455 0
注：力学性能见 EN 10222-6。化学成分见 EN 10088-1。	

表 B.5 镍铁和镍合金

标示	化学成分参考标准	力学性能参考标准
FeNi40LC	EN 26501	EN 26501
X8Ni9(1.5662)	EN 10028-4	EN 10028-4
FeNi32Cr21AlTi	ISO 9722	ISO 6208 ISO 9723
FeNi32Cr21AlTiHC	ISO 9722	ISO 6208 ISO 9723
NiCr15Fe8	ISO 9722	ISO 6208 ISO 9723
NiMo16Cr15Fe6W4	ISO 9722	ISO 6208 ISO 9723
NiMo28	ISO 9722	ISO 6208 ISO 9723

表 B.6 铝合金

合金标示		化学成分参考标准	力学性能参考标准
标号	化学符号		
EN AW-5083	EN AW-AlMg4,5Mn0,7	EN 573-3	EN 485-2 EN 754-2 EN 755-2
EN AW-5086	EN AW-AlMg4	EN 573-3	EN 485-2 EN 754-2 EN 755-2

ICS 91.140.40
P 47

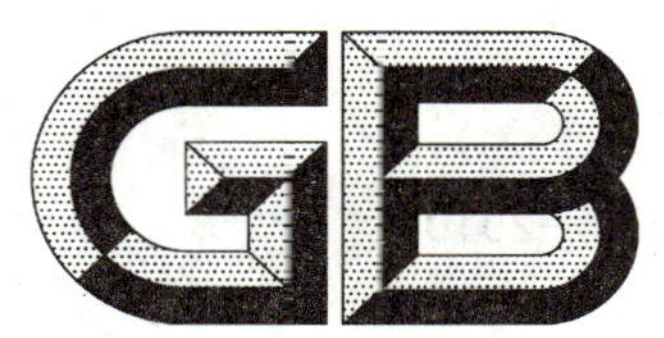

中华人民共和国国家标准

GB 25035—2010

城镇燃气用二甲醚

Dimethyl ether for city gas

根据国家标准委 2017 年第 7 号公告转为推荐性标准

2010-09-02 发布 2011-07-01 实施

中华人民共和国国家质量监督检验检疫总局
中国国家标准化管理委员会 发布

前　言

本标准 3.1、3.3 为强制性的，其余为推荐性的。

本标准的附录 A、附录 B 为资料性附录。

本标准由中华人民共和国住房和城乡建设部提出并归口。

本标准起草单位：中国市政工程华北设计研究总院、山东久泰化工科技股份有限公司、新奥集团股份有限公司、河南省安阳贞元集团、汉能控股集团有限公司、河南蓝天集团有限公司、西南化工研究设计院、宁夏宝塔石化集团有限公司、重庆内引燃料有限责任公司、重庆川仪分析仪器有限公司、中国城市燃气协会、全国醇醚燃料及醇醚汽车专业委员会、国家燃气用具质量监督检验中心。

本标准主要起草人：项友谦、王启、李奇、孟令龙、高满红、赵纯亮、耿景堂、刘学渊、曾贤林、徐维昕、张斌、迟国敬、丁淑兰、降连保、严荣松、李文硕、渠艳红。

城镇燃气用二甲醚

1 范围

本标准规定了城镇燃气用二甲醚的要求、试验方法、检验规则、标志、包装、运输和储存。

本标准适用于城镇居民、商业和工业企业用的城镇燃气用二甲醚。

2 规范性引用文件

下列文件中的条款通过本标准的引用而成为本标准的条款。凡是注日期的引用文件，其随后所有的修改单(不包括勘误的内容)或修订版均不适用于本标准，然而，鼓励根据本标准达成协议的各方研究是否可使用这些文件的最新版本。凡是不注日期的引用文件，其最新版本适用于本标准。

GB/T 7376 工业用氟代烷烃中微量水分的测定

GB/T 10410 人工煤气和液化石油气常量组分气相色谱分析法

GB 14193 液化气体气瓶充装规定

GB 18180 液化气体船舶安全作业要求

GB 50016 建筑设计防火规范

GB 50028 城镇燃气设计规范

SH/T 0232 液化石油气铜片腐蚀试验法

气瓶安全监察规程(质技监局锅发[2000]250号)

压力容器安全技术监察规程(质技监局锅发(1999)154号)

液化气体铁路罐车安全管理规程((87)化生字第1174号)

液化气体汽车罐车安全监察规程(劳部发(1994)262号)

3 要求

3.1 城镇燃气用二甲醚的质量应符合表1的规定。

表1 城镇燃气用二甲醚质量要求

项　目	质量指标
二甲醚质量分数/%	≥99.0
甲醇质量分数/%	<1.0
水质量分数/%	≤0.5
铜片腐蚀/级	不大于1

3.2 二甲醚物理化学性能参见附录A。

3.3 城镇燃气用二甲醚应加臭。

3.4 加臭剂宜采用四氢噻酚。加臭量应大于30 mg/m^3。

4 试验方法

4.1 城镇燃气用二甲醚中二甲醚及甲醇质量分数检测可按附录B的规定执行。

4.2 城镇燃气用二甲醚中水质量分数检测应按GB/T 7376的规定执行。

4.3 城镇燃气用二甲醚的铜片腐蚀试验应按SH/T 0232的规定执行。

5 检验规则

5.1 生产检验

出现下列情况之一时，城镇燃气用二甲醚应按表2的要求全面检验。

a) 新建生产装置投产、主要工艺流程和设备变更及停产、检修后再投产时；

b) 正常生产过程中，定期或积累一定量时；

c) 出厂检验与上次全面检验结果有较大的差异时。

表2 城镇燃气用二甲醚质量检验项目与要求

项 目	质量指标	生产检验	出厂检验
二甲醚质量分数/%	≥99.0	√	√
甲醇质量分数/%	<1.0	√	√
水质量分数/%	≤0.5	√	√
铜片腐蚀，级	不大于1	√	—

5.2 出厂检验

城镇燃气用二甲醚出厂时，应按表2的要求检验。

6 标志、包装、运输和储存

6.1 储存、运输、充装城镇燃气用二甲醚的设施及附件应能耐二甲醚的腐蚀。

6.2 城镇燃气用二甲醚的钢瓶应符合《气瓶安全监察规程》等的规定，并应按 GB 14193 的规定充装钢瓶。

6.3 城镇燃气用二甲醚的标志、包装应注明“易燃品”、“严禁烟火”等字样。

6.4 城镇燃气用二甲醚可用铁路罐车、汽车罐车、钢瓶汽车和轮船船舱运输或采用管道输送。用铁路罐车、汽车罐车和轮船船舱运输二甲醚时，除了执行《压力容器安全技术监察规程》外，铁路罐车运输应遵守《液化气体铁路罐车安全管理规程》的规定，汽车罐车运输应遵守《液化气体汽车罐车安全监察规程》的规定，钢瓶汽车运输钢瓶应遵守《气瓶安全监察规程》的规定，轮船船舱运输应遵守 GB 18180 的规定。采用管道输送时，应执行相关标准的规定。

6.5 运输城镇燃气用二甲醚用的铁路罐车、汽车罐车和轮船船舱等应有“易燃品”、“严禁烟火”等字样，

6.6 城镇燃气用二甲醚储存场所应符合 GB 50016 和 GB 50028 的相关规定。

附　录　A
（资料性附录）
二甲醚物理化学性能

A.1　二甲醚的物理化学性能见表A.1。

表 A.1　二甲醚物理化学性能

分子式	CH_3OCH_3	15 ℃气态高热值/(MJ/m³)	59.87
相对分子量	46.069	15 ℃华白数/(MJ/m³)	47.45
沸点/℃	−24.9	爆炸下限(体积分数)/%	3.5
凝固点/℃	−141.4	爆炸上限(体积分数)/%	26.7
临界温度/℃	126.8	理论空气量/(m³/m³)	14.28
临界压力/MPa	5.37	理论燃烧温度/℃	2 250
20 ℃蒸气压/MPa	0.53	理论烟气量/(m³/m³)	16.28
沸点汽化潜热/(kJ/kg)	466.9	自燃温度/℃	235
液态低热值/(MJ/kg)	28.44	动量扩散系数/(m²/s)	11.00
液态高热值/(MJ/kg)	31.09	热量扩散系数/(m²/s)	6.01
标准状态气态低热值/(MJ/m³)	58.80	空气中质量扩散系数/(m²/s)	11.00
标准状态气态高热值/(MJ/m³)	63.16	火焰传播速度/(m/s)	0.50
15 ℃气态低热值/(MJ/m³)	55.46	相对密度	1.592

附　录　B
（资料性附录）
城镇燃气用二甲醚中二甲醚及甲醇气相色谱分析方法

B.1　范围

本附录给出了分析城镇燃气用二甲醚中二甲醚和甲醇常量组分质量分数的气相色谱分析典型工作条件，也可采用能达到同等或更高分析效果的其他色谱工作条件。

B.2　方法原理

用带有热导检测器（TCD）的气相色谱仪，在选定的色谱工作条件下，通过气相色谱柱的分离作用，使城镇燃气用二甲醚试样中的二甲醚、甲醇和二氧化碳等组分得到分离，通过检测器的检测并在记录器、积分仪或微处理机上记录各组分的峰面积数据。

在同样操作条件下，采用外标法分析已知组分质量分数的标准气体，把测得的试样峰面积数据与标准气峰面积数据相比较，通过校正因子的修正来计算各组分的质量分数。

B.3　取样

按 GB/T 10410 的规定执行，气化水浴温度为 70 ℃～90 ℃。

B.4　气相色谱仪

配有热导检测器的气相色谱仪。采用气体六通阀进样器进样，材质为不锈钢。

B.5　标准气

B.5.1　一般要求

分析需要的标准气可采用国家二级标准物质，或自行制备。

自行制备时，可将质量分数在 99.8%以上的二甲醚气体通过填充有分子筛和硅胶的净化装置，使二甲醚中的杂质成分（如甲醇和水等）被充分吸收，经色谱分析未检测出甲醇、水等其他杂质，使二甲醚的质量分数为 99.99%左右，可作为纯二甲醚标准气体使用。

B.5.2　单组分标准气

可采用经过校验的注射器，用纯标准气配制成与试样中组分质量分数尽可能接近的单组分标准气。连续三次配气，其峰高差或峰面积差不得大于 1%，取三次峰值的平均值作为标准值。

B.5.3　混合标准气

混合标准气中应含有所分析试样中的全部常量组分，其各组分质量分数应与试样中相应组分的质量分数接近。混合标准气中所有组分在气态下使用应是均匀的。

B.6　典型色谱工作条件

所选择的色谱工作条件应保证试样中的所有常量组分都能被有效分离，在色谱图上试样中的所有已知常量组分都能出色谱峰，并且相邻色谱峰的分离度能满足定量要求。

表 B.1 给出了分析二甲醚中二甲醚和甲醇质量分数的气相色谱典型工作条件。

表 B.1 气相色谱典型工作条件

检测器类型	热导检测器(TCD)
载气	氦气或氢气,浓度不低于 99.99%
色谱柱类型	GDX-105 填充柱
柱长度/内径	3 m/3 mm
气体六通阀进样器	定量管容积为 1 mL,进样温度为 100 ℃
程序升温	初温 50 ℃,保持 8 min,以 10 ℃/min 的速度升温到 120 ℃,保持 10 min
气化室温度	150 ℃
检测器温度	360 ℃
载气流量	30 mL/min

B.7 分析方法

B.7.1 气相色谱仪的调整

分析之前首先要按色谱仪说明书调整气相色谱仪。按测定条件设定衰减器后开启记录器,使基线在 10 min 内稳定在记录仪满刻度的 1%以内。

B.7.2 标准气的导入

通过进样定量管采取标准气体,经切换六通阀进样装置导入色谱柱,由记录器记录下色谱图,或由积分仪、微处理机等数据处理装置记录下色谱峰数据。重复操作两次,二次峰高或峰面积的相对偏差不应大于 1%,取两次重复性合格数值的平均值作为标准值。

B.7.3 试样的导入

将试样容器或导管接到六通阀进样装置,将试样通入进样定量管反复吹洗,然后经切换六通阀进样装置导入色谱柱,由记录器记录下色谱图,或由积分仪、微处理机等数据处理装置记录下色谱峰数据。重复操作两次,二次峰高或峰面积的相对偏差不得大于 1%,取两次重复性合格数值的平均值作为分析值。

B.7.4 组分的定性

试样中二甲醚和甲醇组分的出峰次序为先出二甲醚,后出甲醇。

B.8 组分质量分数的计算

B.8.1 试样中二甲醚或甲醇组分的计算质量分数按式(B.1)计算:

$$X_i = X_i^0 \times \frac{A_i}{A_i^0} \qquad \cdots\cdots(B.1)$$

式中:

X_i——试样中二甲醚或甲醇组分的计算质量分数,单位为百分数(%);

X_i^0——标准气中二甲醚或甲醇组分的质量分数,单位为百分数(%);

A_i——试样中二甲醚或甲醇组分的峰面积数;

A_i^0——标准气中二甲醚或甲醇组分的峰面积数。

B.8.2 二甲醚或甲醇组分的归一化质量分数按式(B.2)计算:

$$X_i' = \frac{X_i}{\sum X_i} \times (100 - X_{H_2O}) \qquad \cdots\cdots(B.2)$$

式中:

X_i'——试样中二甲醚或甲醇组分的归一化质量分数,单位为百分数(%);

X_i——试样中二甲醚或甲醇组分的计算质量分数,单位为百分数(%);

$\sum X_i$——试样中二甲醚和甲醇组分及其他杂质组分的计算质量分数之和，单位为百分数(%)；

X_{H_2O}——试样中水的质量分数，单位为百分数(%)。

B.9 重复性和再现性

B.9.1 重复性

在同一实验室，由同一操作者使用相同设备，按相同的测试方法，并在短时间内对同一被测试样相互独立进行测试，获得的两次独立测试结果的绝对差值应符合表 B.2 规定。

表 B.2 分析结果的重复性和再现性

组 分	质量分数/%	重复性(质量分数绝对差值)/%	再现性(质量分数绝对差值)/%
二甲醚	≥99.0	0.20	0.30
其他杂质组分	≤1.0	0.05	0.10

B.9.2 再现性

在不同的实验室，由不同的操作者使用不相同的设备，按相同的测试方法，对同一被测试样相互独立进行测试，获得两次独立测试结果的绝对差值应符合表 B.2 规定。

ICS 91.140
P 47

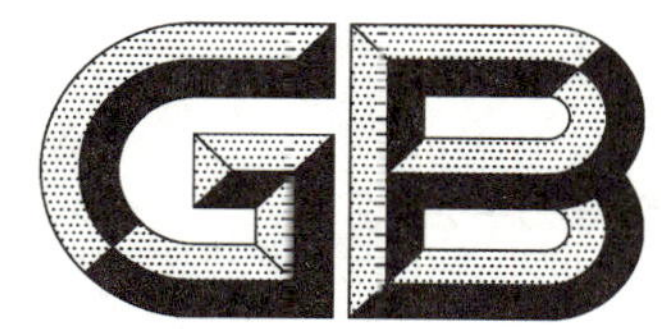

中华人民共和国国家标准

GB/T 28885—2012

2012-11-05 发布　　2013-06-01 实施

中华人民共和国国家质量监督检验检疫总局
中国国家标准化管理委员会　发布

前　　言

本标准按照 GB/T 1.1—2009 给出的规则起草。

本标准由中华人民共和国住房和城乡建设部提出。

本标准由住房和城乡建设部城镇燃气标准技术归口单位归口。

本标准起草单位：中国城市燃气协会、中国市政工程华北设计研究总院、北京市燃气集团有限责任公司、武汉市燃气热力集团有限公司、中国燃气控股有限公司、华润燃气控股有限公司、新奥能源控股有限公司、重庆燃气（集团）股份有限公司、深圳市燃气集团股份有限公司、上海燃气（集团）有限公司、沈阳燃气集团有限公司、天津市燃气集团有限公司、港华投资有限公司、西安秦华天然气有限公司、徐州港华燃气有限公司、中山华帝燃具股份有限公司、兰州中石油昆仑燃气有限公司、西安华通新能源股份有限公司、南京港华燃气有限公司、北京大地燃气工程有限责任公司。

本标准主要起草人：迟国敬、王天锡、徐姜、王启、马长城、冯颖、丁淑兰、郑琪、赖曙光、王丽娟、唐奕春、康雪梅、高顺利、李树旺、范金生、范小兵、吴炯、顾书政、张宏、易洪斌、杨军、王德、杨红心、张任国、黄峰、唐志祥。

燃 气 服 务 导 则

1 范围

本标准规定了燃气服务的术语和定义、总则、基本要求、管道燃气供应服务、瓶装燃气供应服务、车用燃气供应服务和服务质量评价。

本标准适用于燃气经营企业向用户提供的供气服务和相关管理部门及机构对供气服务质量的评价。

2 规范性引用文件

下列文件对于本文件的应用是必不可少的。凡是注日期的引用文件，仅注日期的版本适用于本文件。凡是不注日期的引用文件，其最新版本(包括所有的修改单)适用于本文件。

GB 5842 液化石油气钢瓶

GB/T 13611 城镇燃气分类和基本特性

GB 17267 液化石油气瓶充装站安全技术条件

GB/T 19001 质量管理体系 要求

GB 50028 城镇燃气设计规范

GB 50494 城镇燃气技术规范

CJJ 51 城镇燃气设施运行、维护和抢修安全技术规程

3 术语和定义

下列术语和定义适用于本文件。

3.1

燃气服务 gas service

为满足用户使用燃气的需要，燃气企业向用户提供的供气及相关服务活动。

3.2

燃气经营企业 gas company

指管道燃气经营企业、瓶装燃气经营企业和燃气汽车加气经营企业的总称。

3.3

上门服务 on-site service

燃气经营企业的服务人员到用户燃气使用场所提供的服务活动。

3.4

燃气燃烧器具前压力 gas pressure when gas appliances are being used

用户使用燃气时，在其燃气燃烧器具入口处测得的运行压力。

3.5

基表 reference meter

具有基础计量功能、直接显示用气量原始数据且与其他附加功能分离的计量器具。

3.6

液化石油气残液　residuals of LPG

在用户室内环境温度下，液化石油气钢瓶中残存且不再气化的烃类物质和其他杂质。

3.7

服务窗口　service point

燃气经营企业为用户提供服务的场所或平台。包括办事处（点）、用户服务中心、维修站（点）、管理站、瓶装燃气供应站、燃气汽车加气站和电子服务平台等。

4　总则

4.1　服务体系

燃气经营企业应建立与其供气规模、用户数量相适应、可持续改进的服务规范体系，满足用户的服务需求。

4.2　服务原则

4.2.1　指导性

燃气行业服务应遵循安全第一、诚信为本、文明规范、用户至上的原则。

4.2.2　安全性

燃气经营企业应向用户持续、稳定、安全供应符合国家质量标准的燃气和提供相应的服务；应为社会公共危机处理提供供气方面的安全保障；应实行全年全天候应急服务；提供的服务过程应保障人员和使用设施的安全；不应因燃气质量和服务质量等问题对人身安全和生产、生活活动及环境等构成不良影响和危害；应依法保护用户信息。

4.2.3　透明性

燃气经营企业应向用户公示服务规范业务程序、条件、时限、收费标准、服务电话等与服务有关的各项信息。

4.2.4　及时性

燃气经营企业的服务系统应在规定或承诺的时限内，响应用户在使用燃气时，对质量、维修和安全等方面的诉求。

4.2.5　公平性

燃气经营企业在其供气范围内，应对符合用气条件的单位和个人提供均等化的普遍服务。

5　基本要求

5.1　供气质量

5.1.1　燃气经营企业供应的燃气应符合 GB 50494、GB 50028 和 GB/T 13611 的规定并符合相应燃气种类标准。

5.1.2　燃气经营企业应向用户公布所供应燃气的燃气种类、组分、热值和供气压力等质量信息。

5.2 新增用户

5.2.1 燃气经营企业应根据燃气专项规划、适应当地经济发展和满足居民生活需要,制定和公布燃气用户的用气条件,在其经营范围内履行普遍服务义务。

5.2.2 燃气经营企业应公示用户申请业务的办事流程、办结时限、办理部门和地点,提供多种方式接受用气申请。

5.2.3 燃气经营企业应与用户签订供用气合同。供用气合同除应符合国家对于燃气供用气合同的规定外,还应包括下列内容:

a) 供应燃气的种类、质量和相关数据;
b) 维护用户信息安全;
c) 燃气设施安装、维修、更新的责任;
d) 免费服务的项目、内容。

5.3 服务窗口

5.3.1 燃气经营企业服务窗口的场所和设施应满足用户服务需求。

5.3.2 燃气经营企业服务窗口应按照公示的工作时间准时营业,在营业时间内用户未办理完事项前,不应终止服务。

5.3.3 面对用户的服务窗口场所入口处应设置明显标识牌,设置无障碍通道,并保持畅通;服务设施应齐全、完好,保持整洁;不应放置与服务无关的物品。应符合下列要求:

a) 受理业务的服务柜台高度不应超过1.4 m;
b) 采用间隔玻璃式柜台的,应配有扩音器;
c) 有服务电话、时钟、日历牌;
d) 有处理业务需要的办公设备;
e) 有供用户休息的座位;
f) 有公示栏和安全标识;
g) 与服务相适应的其他服务设施。

5.3.4 电子服务平台等服务窗口应使用户得到相同的服务质量。

5.3.5 服务窗口公示的内容应利于用户有效地得到服务。应包括下列内容:

a) 办理业务的项目、流程、程序、条件、时限、收费标准、收费依据、免费服务项目和应提交相应的资料;
b) 服务规范、服务承诺、服务问责、服务投诉和处理等制度;
c) 用气条件、供气质量的主要参数、燃气销售价格;
d) 营业站点地址、营业时间;
e) 安全用气、节约用气知识;
f) 服务人员岗位工号;
g) 服务电话和监督电话。

5.4 接待服务

5.4.1 服务人员对用户应主动接待、热情服务。

5.4.2 接待用户应满足下列要求:

a) 对来电、来访人员不应推诿,按规定做好受理记录;
b) 按照燃气经营企业规定或者承诺的时限内答复、办结;
c) 不属于本企业解决的问题,应告知用户。

5.4.3 燃气服务的通讯设施应满足用户规模需要。传统人工电话应做到铃响三声有应答。

5.4.4 服务人员接待应按下列程序：

a) 问候语；

b) 报企业名称及工号；

c) 问清事由，提供相关服务；

d) 道别语。

5.5 投诉处理

5.5.1 燃气经营企业应有投诉处理的接待人员。建立投诉处理的全程记录。

5.5.2 接到用户的投诉应在5个工作日内处置并答复；因非本企业原因无法处理的，应向投诉人做出解释。

5.5.3 对重复投诉人，应告知投诉事项的解决办法及联系方式。

5.5.4 对处理期限内不能解决的投诉，应向用户说明原因，并确定解决时间。

5.5.5 投诉处理应根据调查结果和处理依据，选择合适的处理方式。

5.5.6 应依法对投诉人的个人信息保密。

5.6 安全宣传

5.6.1 燃气经营企业应履行指导用户安全用气、节约用气和宣传安全用气知识的义务。

5.6.2 燃气经营企业应向用户发放《燃气安全使用手册》(参见附录A)，向用户宣传燃气使用的科学知识。安全宣传应包括下列内容：

a) 安全使用燃气的基本知识；

b) 正确使用燃气器具的方法；

c) 抢修、抢险、维修和维护等业务的联系方法、联系电话；

d) 防范和处置燃气事故的措施；

e) 保护燃气设施的义务。

5.7 服务人员

5.7.1 燃气经营企业的服务人员，应按国家规定取得相应的从业资格，并进行岗位培训。

5.7.2 在瓶装燃气供应站、燃气加气站的服务人员，应熟悉处置服务纠纷和与服务无关人员的危害燃气安全的行为。

5.7.3 服务人员应着装整洁，举止文明、用语规范、熟悉业务、遵守职业道德、有较好的沟通能力及服务技巧，宜使用普通话。

5.7.4 服务人员不应使用伤害用户自尊、人格和埋怨、责怪、讽刺、挖苦用户的语言。

5.7.5 服务人员在营业时间内，应身着企业标识服，佩戴工作证、牌。工作证牌应具有下列内容：

a) 企业名称及签章；

b) 工作证牌编号；

c) 持证人员的姓名、工号、照片及岗位名称。

5.8 信息服务

5.8.1 燃气经营企业应建立服务信息系统，满足用户查询、咨询、预约、投诉、缴费等业务的需求。

5.8.2 燃气经营企业应建立健全真实、完整的用户服务档案，实现服务的可追溯性。

5.8.3 对用户信息服务的提供方式包括：

a) 电子服务平台；

b) 电话、传真、短信等和自助终端设施；

c) 营业站点；

d) 气费账单；

e) 《燃气安全使用手册》和其他宣传材料；

f) 电视、报纸及其他媒体。

5.8.4 信息服务渠道应保持畅通，并方便用户使用。

5.9 上门服务

5.9.1 服务人员应遵循上门服务规范，规范应包括从入门至离开时全过程的行为要求。应避免多名服务人员为相同的目的或分解服务程序上门干扰用户。

5.9.2 上门服务实行预约制度，应按照与用户约定的时间，准时到达。对不能按时应约的，应及时告知用户需要等待的时间；对不能应约的，应在预约时间前采用有效方式及时通知用户，提前时间不宜小于 2 h。

5.9.3 服务人员应着企业标识服，带工作牌，主动说明来因和出示相关证件。

5.9.4 入户服务应尊重用户隐私，非经用户同意，不应进入与服务项目内容无关的场所。

5.9.5 服务完成，应清理现场，并带走作业垃圾。

5.9.6 服务结束，涉及作业记录的，应准确记录，并请用户签字。

5.9.7 对上门服务质量实行跟踪回访。

5.9.8 应有对残、障、孤、老等特殊服务对象的服务规定。

5.10 供气保障

5.10.1 燃气经营企业的燃气安全事故应急预案中应具有保证临时供气和维持服务的措施。

5.10.2 燃气经营企业遇到自然灾害、极端性气候、社会治安、生产事故和气源短缺等严重影响正常供气服务的事件，应遵照燃气应急预案采取相应措施。

5.10.3 燃气经营企业应向用户宣传燃气安全事故应急预案，适时组织用户参加培训或演习。

5.10.4 燃气经营企业应向社会公布 24 h 报险、抢修电话。

5.10.5 燃气经营企业应协助地方人民政府对特殊情况或残、障、孤、老等特殊人群的用气需求提供服务。

5.10.6 燃气计量和调度等信息应有利于燃气计量技术水平提高和对供求状况监测、预测和预警的实施。

5.11 用户燃气设施的安全检查

5.11.1 燃气经营企业应按照相关法规的规定组织对用户燃气设施的安全检查。

5.11.2 检查前，应提前告知用户，并按约定的时间实施。检查服务的人员应主动表明身份并说明来由。

5.11.3 对初次使用燃气的用户和新住宅用户装修后在供气设施投用前，应按规定或约定进行上门安全检查。不符合安全使用条件的，不应供气。

5.11.4 安全检查记录应有用户签字。

5.11.5 安全检查应符合 CJJ 51 的规定，并检查下列事项：

a) 嵌入式燃气灶和在隐蔽及不易观察位置安装的连接管道情况；

b) 采用不脱落连接方式的情况；

c) 燃气热水器排烟管的完好情况；

d) 用户燃气存放和使用场所的安全条件及通风情况。

5.11.6 对检查发现存在安全隐患的事项，应履行告知义务，并按照规定的燃气设施维护、更新责任范围实施相关工作，或者提示用户自行整改。向用户发出隐患整改通知书，整改通知书应要求用户签收。

5.11.7 用户要求燃气经营企业协助对其用户燃气设施维护、更新责任范围内的安全隐患整改时，燃气经营企业应组织有资质的施工单位实施。

5.11.8 燃气经营企业在入户检查时，发生下列情况，应做好相关记录。

a) 用户拒绝入户安全检查的；
b) 拒绝在安全检查记录上签字的；
c) 不签收整改通知书的。

5.11.9 因用户原因无法进行安全检查的，燃气经营企业应做好记录，并以书面形式告知用户约定安全检查时间及联系电话号码；发现燃气泄漏等严重安全隐患，燃气经营企业应采取相应措施进行及时处理。

6 管道燃气供应服务

6.1 新增用户

6.1.1 用气条件应包括：市政燃气管网覆盖的区域、管道供应能力、用气场所的安全用气条件。

6.1.2 管道燃气经营企业应公示新增用户的主要流程，应包括下列内容：

a) 前期咨询；
b) 申请受理；
c) 现场查勘；
d) 接气方案确定；
e) 合同签订；
f) 施工；
g) 工程验收；
h) 置换通气等。

6.1.3 管道燃气经营企业不应拒绝符合用气条件的用气申请者。对超出市政燃气管道负荷能力的地段的用气申请者，应告知原因和解决建议。

6.1.4 管道燃气经营企业接受用气申请后，经勘测符合用气条件的，并需要管道燃气经营企业提供安装施工的，应与申请用气者签订施工合同，按照合同约定期限完工。

6.1.5 新增用户的程序、时限应符合下列要求：

a) 管道燃气经营企业接受用气申请后，应在10个工作日内答复；
b) 工程应由具备相应施工资质的单位施工；
c) 管道燃气经营企业组织或参与工程竣工验收；
d) 验收合格后方可通气交付使用。

6.2 供气服务

6.2.1 对于符合国家质量标准，管道燃气经营企业参与工程竣工验收并验收合格的用户燃气设施，应依据供用气合同予以供气。

6.2.2 管道燃气计量、抄表与结算

6.2.2.1 管道燃气经营企业应向用户提供、安装经法定机构检测合格的燃气计量表。选用的燃气计量表应便于燃气经营企业的统一管理和安装、维修。使用预存款方式的燃气计量表应具有余额不足报警提示或者有限透支功能。管道燃气经营企业应按照规定定期更新、检定燃气计量表。非在线检测燃气计量表时，应向用户提供备用燃气计量表或者与用户商定检测期内的计量方式。

6.2.2.2 管道燃气经营企业应在供用气合同中，与用户明确燃气费的结算周期和方式。

6.2.2.3 燃气销售价格调整时，管道燃气经营企业应按照调价时间和价格，分别结算调价前后的燃气费，并告知用户。对使用非预存款方式燃气计量表的用户应及时抄表结算燃气费。

6.2.2.4 管道燃气经营企业应做到抄表作业及时准确：

a) 抄表应按照约定的时间周期进行。若需要变更抄表周期，应提前通知用户；

b) 对居民用户长期不在家而无法上门抄表或暂时无法正确抄表的，计量可按以下方法进行估量并告知用户：

——估量不应高于该用户以往实际用气一年中最高的单月用气量；

——估量后第一次进户抄表作业时，应按照“多退少补”的原则与用户结算。

c) 管道燃气经营企业不应对非居民用户进行估量抄表。

6.2.2.5 管道燃气经营企业抄表后，应按照承诺的时间通知用户缴纳燃气费。缴纳燃气费的期限除非合同另有约定不宜少于10日。

6.2.2.6 管道燃气经营企业的缴纳燃气费通知应包括下列内容：

a) 企业名称；

b) 用户编号、户名、地址；

c) 抄表数和用户当期使用的燃气量；

d) 燃气的价格和用户应缴纳的燃气费金额；

e) 缴纳燃气费的地址、时间和时限及缴费方式的提示；

f) 企业的缴费查询电话、服务投诉电话、监督电话或其他联系方式。

6.2.2.7 管道燃气经营企业应提供多种方式方便用户缴纳燃气费，并向用户提供合法收费凭证。

6.2.2.8 用户逾期未缴纳燃气费时，管道燃气经营企业应以有效方式提醒用户缴费，同时告知违约责任。

6.2.3 管道燃气经营企业接到用户改装、拆除、迁移燃气设施的申请后，应在5个工作日内予以答复。对受理的，居民用户按照约定时间的5个工作日内、非居民用户按照合同约定的时限，实施相关工程；对不予受理的，应以书面形式向用户说明理由。迁移、改装燃气设施的质量保证期应符合国家有关规定。

6.2.4 对燃气计量有异议的，可向法定检测机构提出检定申请：

a) 检定结果超出规定误差标准的，由管道燃气经营企业提供更换使用的燃气计量表并承担相关检定费用；检定结果符合规定的，由提出检定申请方承担检定燃气表的相关费用；

b) 对于超出的误差，应给予损失方按照计量误差累积量补偿，累计时间按照自拆表检定之日前1年计算。该表安装使用不足1年的，按实际使用时间计算；

c) 燃气用户的用气量以基表显示的数据为基准数据。

6.2.5 管道供应临时中断，应进行下列处置：

a) 管道燃气经营企业因管道施工、维修、检修等计划性而非突发性原因确需降压或暂停供气的，应提前48 h将暂停供气及恢复供气的时间公告和通知用户及燃气管理部门。降压或暂停供气的开始时间应避免用气高峰，暂停供气的时间一般不应超过24 h，并按时恢复供气；

b) 供气管道发生泄漏或突发性事件停气，应采取不间断的抢修措施，直至修复投用；

c) 对突发、意外造成停气、降压供气或者停气时间超过24 h以上，应及时通知停气影响范围内的用户，向用户说明情况，并通知用户恢复供气时间和安全注意事项；

d) 居民用户恢复供气时间等事项应按照相关法规的规定实施。再次停气或超时停气应再次通知用户。通知内容包括：停气原因、停气范围、停气开始时间、预计恢复供气时间等；

e) 管道施工、维修和检修提倡采取措施实现不停气作业。

6.2.6 用户燃气管道设施发生故障，向管道燃气经营企业报修，管道燃气经营企业应受理，并按照相关法规规定的时限响应；管道燃气经营企业接到用户室内燃气泄漏的报告，应在接报的同时，提示用户采取常规应对措施，按照相关法规的规定响应并立即赶到现场处置；管道燃气经营企业管理的燃气表井、阀门井等井盖缺损，应自接到报告或发现之时起 24 h 内修复，未能及时修复的，应采取监护措施。

6.2.7 管道燃气经营企业停业、歇业的，应提前 90 个工作日报经燃气管理部门同意，由燃气管理部门、管道燃气经营企业事先对供应范围内的用户的用气做出妥善安排并告知用户。

6.2.8 燃气燃烧器具前压力检查应符合下列要求：

a） 管道燃气经营企业应在调压装置出口的近端和最远端实施监测。定期抽查用户燃气燃烧器具前压力，每 2 个月不应少于一次，每次测试户数按当地实际确定。中压进户的用户燃气燃烧器具前压力检测按照有关规定实施；

b） 检测点应具有随机性和符合燃气种类特性；

c） 燃气燃烧器具前压力应符合 GB 50028 的规定。

6.2.9 管道燃气经营企业应按照规定定期在管网末端抽查燃气加臭的质量。

6.2.10 管道经营企业建立用户燃气设施隐患整改及跟踪的工作机制，督促用户整改。

6.3 燃气种类转换

6.3.1 管道燃气经营企业应在以下情况下对用户转换供应燃气种类：

a） 燃气专项规划要求转换燃气种类；

b） 其他种类燃气并入城镇燃气市政管网。

6.3.2 管道燃气经营企业在进行燃气种类转换时，应与转换地区的街镇、社区、物业管理等单位取得联系，告知相关工作，并提前 7 个工作日通知用户转换原因、流程、时间、注意事项、收费项目及标准、新燃气种类的特性、使用新种类燃气的价格及需要用户配合事项等。

6.3.3 管道燃气经营企业应在发布燃气种类转换通知前，至少应完成以下工作：

a） 检查用户燃气设施的安全情况；

b） 登记燃气燃烧器具品牌、型号；

c） 向用户告知安全检查结果并要求用户签字；

d） 对存在安全隐患的，应按照规定，向用户发出整改通知书，要求用户签收；

e） 因用户不在家无法入室进行安全检查的，应做好记录，并以书面形式告知用户联系方式，另行约定安检时间。

6.3.4 管道燃气经营企业应将普查的燃气燃烧器具相关数据提供给相关企业，并组织相关企业做好燃气燃烧器具更换或者改装的前期准备工作。

6.3.5 燃气燃烧器具的更换、改装应符合国家相关标准要求，改装后的燃气燃烧器具应有明显标识，改装情况应详细记录，包括改装企业名称、人员工号、改装内容、检测情况等内容并有用户签字。

管道燃气经营企业应对改装后的燃气燃烧器具和设施进行安全检查；未更新或未改装的燃气燃烧器具不得使用，并应告知用户。

6.3.6 除 6.3.3e）项外，管道燃气经营企业应在燃气种类转换前完成抄表和结算工作。

6.3.7 管道燃气经营企业应按公示的时间恢复正常供气，因特殊情况延时供气的应及时公示。

7 瓶装燃气供应服务

7.1 供气服务

7.1.1 瓶装燃气经营企业应向用户提供符合国家规定并经法定检测机构检测合格的燃气气瓶。

7.1.2 瓶装燃气经营企业的瓶装燃气供应站应符合国家设立瓶装燃气供应站的安全技术要求，应配备检查充装质量及检查泄漏的器具和器材。

7.1.3 瓶装燃气经营企业应依照燃气专项规划设置瓶装气供应站，开展瓶装气经营业务。需要撤消或者搬迁瓶装气供应站的，应制定方案，妥善安排用户的用气，并于瓶装气供应站撤消或者搬迁前，按照相关法规规定的时限，在该供应站公开通知。通知应包括下列内容：

a） 瓶装燃气经营企业名称；

b） 撤消或者搬迁的瓶装气供应站名称；

c） 撤消或者搬迁的日期；

d） 妥善安排用户用气措施；

e） 新设或改设供应站的站名、地址、方位图、服务电话或呼叫中心统一电话。

7.1.4 瓶装燃气经营企业应不断提高瓶装燃气的信息化管理水平，实现全过程信息的可追溯性，增强瓶装燃气的使用安全性。

7.1.5 瓶装燃气经营企业的燃气充装质量应符合国家有关规定。并应对其销售的瓶装燃气提供合格标识。

7.1.6 瓶装燃气经营企业应提供多种方式方便用户缴纳燃气费，向用户提供合法收费凭证。

7.1.7 瓶装燃气经营企业应使用本企业的燃气气瓶向用户销售瓶装燃气。用户有权选择瓶装气供应站。

7.1.8 瓶装燃气经营企业应向用户提供瓶装燃气搬运、检查充装质量和检查泄漏等服务。

7.1.9 瓶装燃气经营企业应在燃气气瓶（含检修、检测合格的燃气气瓶）首次投用前，对其进行抽真空处理，并做好记录。

7.1.10 瓶装燃气经营企业接到用户关于换气后，燃气燃烧器具无法正常燃烧的报告时，应提示用户暂停用气，并根据征询的情况及时告知用户可以处置的单位及联系方式，属于本企业解决的问题，应按约定的时间上门解决。

7.1.11 瓶装燃气经营企业接到用户报告瓶装燃气泄漏时，应提示用户采取常规措施，同时按照相关法规规定的时限响应，立即赶到现场处置。

7.1.12 瓶装燃气经营企业受理瓶装燃气用户设施维修的申请，应及时安排具有相应资格的维修人员处置。

7.1.13 瓶装燃气经营企业在服务窗口公示内容还应包括下列内容：

a） 残液标准、超标补偿时限和方法；

b） 国家规定的充装质量标准；

c） 国家规定的燃气气瓶强制检测、报废时间标准。

7.1.14 供应瓶装液化石油气还应符合下列要求：

a） 液化石油气钢瓶应符合 GB 5842 的规定；

b） 瓶装液化石油气充装质量应符合 GB 17267 的规定；

c） 瓶装液化石油气经营企业应保证液化气钢瓶内液化气残液量符合下列规定：

1） YSP-5 型钢瓶内残液量不大于 0.15 kg；

2） YSP-10 型钢瓶内残液量不大于 0.30 kg；

3） YSP-12 型钢瓶内残液量不大于 0.36 kg；

4） YSP-15 型钢瓶内残液量不大于 0.45 kg；

5） YSP-50 型钢瓶内残液量不大于 1.50 kg。

d） 液化石油气残液量超出前款规定的，瓶装燃气经营企业应对用户予以补偿。补偿后请用户签收。

7.2 送气服务

7.2.1 瓶装燃气经营企业应按约定的时间，为用户提供送气服务，并将相关合法收费凭证随同送达。

7.2.2 送气人员应为居民用户安装好燃气气瓶，并对安装部位进行泄漏检查和点火调试，直到使用正常，要求用户签收；若用户明确提出不要求送气人员安装，送气人员应该告知用户正确的安装、调试方法，并在签收单上注明。

7.2.3 应轻搬、轻放燃气气瓶、不应有在地上拖动、滚动燃气气瓶的不当行为。

8 车用燃气供应服务

8.1 加气服务

8.1.1 燃气汽车加气经营企业应保证加入燃气汽车气瓶的充装介质与气瓶规定的充装介质一致，充装程序和加气压力符合国家规定。

8.1.2 燃气汽车加气经营企业使用的加气机计量装置符合国家关于计量器具的规定。

8.1.3 燃气汽车加气经营企业收取加气费时，应向用户出具合法收费凭证。

8.1.4 不应拒绝向符合规定的燃气汽车充装车用燃气。

8.1.5 加气前应问清加气数量，将加气机显示归零并向用户告知。加气结束，应唱收唱付。

8.1.6 加气服务的人员应对有泄漏的燃气气瓶按程序立即处置。

8.1.7 加气站的安全设施应符合国家相关规定，加气站应有明确的运气槽车停车区域并有隔离设施与标识。

8.1.8 在向燃气汽车加气前，加气服务人员应按照规定检查气瓶、气瓶定期检验有效合格证件和气瓶充装合格证，符合规定方可为相应的汽车加气；对临近气瓶检验期限的气瓶，应提示用户检修。应采取措施提高气瓶信息化管理水平，实现全过程信息的可追溯性，增强瓶装燃气的使用安全性。

8.1.9 交接班时应对加气设施进行泄漏检查。

8.1.10 加气站的加气车辆进、出通道应符合要求并明示，有人员维持车辆秩序。

8.1.11 向燃气汽车加气时，应请车内人员下车并熄灭发动机。

8.1.12 不应从事超出经营范围的充装业务。

8.1.13 不应容许用户使用加气设施自行加气。

8.2 服务窗口

除应符合5.3的规定外，还应具有以下设施：

a) 安全监控系统；

b) 卫生间。

9 服务质量评价

9.1 评价方式

燃气服务质量的评价应实行企业自我评价和社会评价结合的方式。

9.2 燃气经营企业自我评价

燃气经营企业应依据本标准建立以用户对服务满意度为基础的服务质量自我评价体系。宜按照GB/T 19001的规定实施。

9.3 社会评价

社会评价包括：

a) 按照有关标准定期开展用户满意度测评；

b) 地方人民政府管理部门、协会、社会评价机构以及消费者组织等对服务质量进行的评价；

c) 利用媒体公布燃气服务质量评价结果。

评价数据可由以下渠道获得：市民信访、投诉；社会评价、调查机构对燃气服务进行的定期评价；燃气用户调查、专项服务项目咨询、社会征求意见、专家评议等以及对企业服务窗口和专题用户的调查。

9.4 评价参考指标及计算方法

9.4.1 共性指标

9.4.1.1 服务电话及时接通率

呼叫中心或服务电话及时接通率应大于80%。计算方法应按式(1)计算：

电话及时接通率＝(按时接通的电话数量÷打进电话总数量)×100% …………(1)

9.4.1.2 服务窗口服务用户平均等待时间

服务窗口服务用户平均等待时间不应超过15 min。计算方法应按式(2)计算：

平均等待时间＝(被现场抽查人数的等待时间之和÷现场抽查人数)×100% ………(2)

9.4.1.3 投诉处理及时率

投诉处理及时率应大于或等于99%。计算方法应按式(3)计算：

投诉处理及时率＝(规定时间内及时投诉处理次数÷投诉总次数)×100% ………(3)

9.4.1.4 投诉办结率

投诉办结率应100%。计算方法应按式(4)计算：

投诉办结率＝(规定时间内投诉办结次数÷投诉总次数)×100% ………(4)

9.4.2 对管道燃气经营企业的服务质量评价考核指标

9.4.2.1 燃气燃烧器具前压力合格率

燃气燃烧器具前压力合格率应大于或等于99%；计算方法应按式(5)计算：

燃气燃烧器具前压力合格率＝(规定时间内检测合格次数÷检测总数)×100% ……(5)

9.4.2.2 管道设施抢修响应率

管道设施抢修响应率应100%。计算方法应按式(6)计算：

管道设施抢修响应率＝(规定时间内检查合格次数÷检查总次数)×100% ………(6)

9.4.2.3 管道设施抢修及时率

管道设施抢修及时率不应低于99%。计算方法应按式(6)计算。

9.4.2.4 报修处理响应率

对用户设施报修处理响应率应100%，响应率计算方法应按式(7)计算：

报修处理响应率＝(规定时间内报修处理响应次数÷报修处理总数)×100% ………(7)

9.4.2.5 报修处理及时率

对用户设施报修处理及时率不应低于98%。及时率计算方法应按式(8)计算：

报修处理及时率＝(规定时间内报修处理及时次数÷报修处理总数)×100% ………(8)

9.4.3 对瓶装燃气经营企业的服务质量评价考核指标

9.4.3.1 无泄漏合格率

实瓶出站无泄露，合格率应100%。计算方法应按式(9)计算：

实瓶出站无泄漏合格率＝(检测无泄漏合格瓶数÷检测总瓶数)×100% …………(9)

9.4.3.2 充装合格率

液化石油气实瓶(重瓶)充装合格率应大于或等于98%。计算方法应按式(10)计算：

液化石油气实瓶(重瓶)充装合格率＝(检测实瓶合格数÷检测实瓶总数)×100% …(10)

9.4.3.3 报修处理响应率

对用户设施报修处理响应率应100%。计算方法应按式(7)计算。

9.4.3.4 报修处理及时率

对用户设施报修处理及时率不应低于98%。计算方法应按式(8)计算。

9.4.4 对汽车加气经营企业的服务质量评价考核指标

实瓶出站无泄露,合格率应100%。无泄漏合格率计算方法应按式(9)计算。

9.4.5 燃气服务满意度应按照构成满意度的因素和满意度分级的符合性进行测评。

附 录 A
(资料性附录)
燃气安全使用手册

A.1 燃气经营企业应专门为用户编制《燃气安全使用手册》。

A.2 《燃气安全使用手册》宜按燃气种类、供气方式编写,至少应有:管道气安全使用手册、瓶装气安全使用手册、汽车用气安全使用手册等。管道气按气种可分为天然气、液化石油气、人工燃气等,瓶装气可分为液化石油气、天然气等,汽车用气可分为压缩天然气、液化天然气、液化石油气等。

A.3 《燃气安全使用手册》由相应燃气经营企业编写。编写内容应符合科学、实用、通俗、准确、操作性强等要求。

A.4 《燃气安全使用手册》应组织有关专家论证后印发。

A.5 《燃气安全使用手册》至少应包括下列内容:

a) 供应燃气种类的基本知识;
b) 新增用户的用气条件;
c) 燃气使用、储存场所的安全条件;
d) 燃气燃烧器具的种类和相应的使用要求;
e) 用户使用燃气的权利、责任和义务;
f) 燃气经营企业的责任和义务;
g) 用户应遵循的正确的操作和行为;
h) 保障燃气使用安全所要求的事项;
i) 燃气事故的处置方法;
j) 服务电话及其他联系方式。

GB/T 28885—2012《燃气服务导则》国家标准第1号修改单

本修改单经国家标准化管理委员会于2018年12月28日批准，自2018年12月28日起实施。

一、6.1.2条

原条款：

6.1.2 管道燃气经营企业应公示新增用户的主要流程，应包括下列内容：

a) 前期咨询；
b) 申请受理；
c) 现场查勘；
d) 接气方案确定；
e) 合同签订；
f) 施工；
g) 工程验收；
h) 置换通气等。

修改为：

6.1.2 新增燃气用户办理流程包括下列内容：

a) 报装受理；
b) 现场查勘；
c) 接气方案确定；
d) 设计；
e) 施工；
f) 工程验收；
g) 签定供气合同；
h) 置换通气。

二、6.1.5条

原条款：

6.1.5 新增用户的程序、时限应符合下列要求：

a) 管道燃气经营企业接受用气申请后，应在10个工作日内答复；
b) 工程应由具备相应施工资质的单位施工；
c) 管道燃气经营企业组织或参与工程竣工验收；
d) 验收合格后方可通气交付使用。

修改为：

6.1.5 新增燃气用户的程序、时限应符合下列要求：

a) 管道燃气经营企业应公布新增燃气用户的报装受理流程和申请资料清单；
b) 对于新增建设项目，施工许可证核发之日后，即可申请报装；对于既有的建设项目可随时申请；
c) 报装受理应当场验核申请资料，符合条件的当场受理，对不符合申报要求的应一次性告知原因；
d) 管道燃气经营企业自报装受理之日起，完成现场查勘、接气方案确定和工程验收的累计时间不得超过16个工作日，其中接气方案确定的技术论证时间和非管道燃气经营企业原因造成的耗时不计算在内；

e) 工程应由具备相应施工资质的单位施工；

f) 管道燃气经营企业组织或参与工程竣工验收；

g) 验收合格后方可通气交付使用。

ICS 91.140
P 45

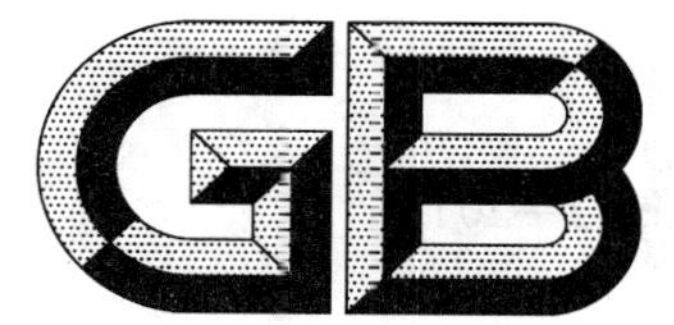

中华人民共和国国家标准

GB 29550—2013

民用建筑燃气安全技术条件

General safety technique conditions for gas in civil building

2013-07-19 发布　　2014-05-01 实施

中华人民共和国国家质量监督检验检疫总局
中国国家标准化管理委员会　发布

前 言

本标准的6.1、6.2.1、6.3.1、6.3.3为强制性的，其余为推荐性的。

本标准按照GB/T 1.1—2009给出的规则起草。

本标准由中华人民共和国住房和城乡建设部提出。

本标准由住房和城乡建设部城镇燃气标准技术归口单位归口。

本标准起草单位：中国市政工程华北设计研究总院、太原煤炭气化(集团)有限责任公司、广东万家乐燃气具有限公司、广东万和新电气股份有限公司、艾欧史密斯(中国)热水器有限公司、青岛经济技术开发区海尔热水器有限公司、樱花卫厨(中国)股份有限公司、北京菲斯曼供热技术有限公司、美的集团有限公司、宁波市鄞州安邦管业有限公司、迅达科技集团股份有限公司。

本标准主要起草人：高勇、夏文超、佘少言、钟家淞、刘永兴、郑涛、黄国金、嵇永飞、徐旻锋、叶宝华、伍斌强、渠艳红、杨小丰。

民用建筑燃气安全技术条件

1 范围

本标准规定了民用建筑中城镇燃气、燃气管道及设备、燃烧器具、燃具排烟技术条件、报警器和紧急切断阀的通用技术要求。

本标准适用于民用建筑中压力不大于 0.4 MPa 的管道城镇燃气。

2 规范性引用文件

下列文件对于本文件的应用是必不可少的。凡是注日期的引用文件，仅注日期的版本适用于本文件。凡是不注日期的引用文件，其最新版本(包括所有的修改单)适用于本文件。

GB/T 3091 低压流体输送用焊接钢管

GB/T 13611 城镇燃气分类和基本特性

GB/T 16411 家用燃气用具通用试验方法

GB 17905 家用燃气燃烧器具安全管理规则

GB 50028 城镇燃气设计规范

GB 50494 城镇燃气技术规范

CJJ 12 家用燃气燃烧器具安装及验收规程

CJJ 94 城镇燃气室内工程施工与质量验收规范

CJJ/T 146 城镇燃气报警控制系统技术规程

3 术语和定义

下列术语和定义适用于本文件。

3.1

民用建筑 civil building

供人们居住和进行公共活动的建筑的总称。

[GB 50352—2005,定义 2.0.1]

3.2

城镇燃气 city gas

由气源点，通过城镇或居住区的燃气输配和供应系统，供给城镇或居住区内，用于生产、生活等用途的，且符合本规范燃气质量要求的气体燃料。

[GB 50494—2009,定义 2.0.1]

3.3

燃气类别 sort of gases

根据燃气的来源或燃气燃烧特性指标，将燃气分成的不同种类。

[GB 50494—2009,定义 2.0.3]

3.4

燃具适应性 adaptability of appliance

燃具对燃气性质变化的适应能力。

[CJ/T 3085—1999,定义 7.1.55]

3.5

界限气(界限燃气)　limit gas

根据燃气允许的波动范围配制的标准气体。

[CJ/T 3085—1999,定义 7.1.54]

3.6

烟道　smoke uptake;smoke flue

排除各种烟气的管道。

[GB 50352—2005,定义 2.0.29]

3.7

燃气燃烧器具(燃具)　gas burning appliances

以燃气为燃料的燃烧装置的总称。

[CJJ 12—1999,定义 2.0.1]

4　城镇燃气

4.1　质量、类别和特性

4.1.1　城镇燃气的质量应符合 GB 50494 的规定。

4.1.2　城镇燃气的类别和特性应符合 GB/T 13611 的规定。

4.2　供气压力

4.2.1　燃具前供气压力的波动应符合 GB 50028 的规定。

4.2.2　海拔高度大于 500 m 的地区,燃具前供气压力应根据燃气密度变化进行修正,不同海拔高度(H)时低压燃具额定压力 P_n 可参照附录 A 采用。

5　燃气管道及设备

5.1　管材及管件

5.1.1　管材及管件应有技术说明书(样本),说明书至少应包括下列技术内容:

a)　用户安装使用:
   1)　适应介质(燃气及冷、热水等)条件;
   2)　适应环境温度及安装条件限制;
   3)　维护及维修;
   4)　其他事项。

b)　产品技术参数:
   1)　材料牌号和代号;
   2)　公称尺寸(通径)、外径或内径、公称压力和公称壁厚;
   3)　产品标记及执行标准;
   4)　其他事项。

5.1.2　管材及管件的质量应符合国家现行有关标准的规定。管材及管件的连接应符合下列规定:

a)　管材及管件的连接性能应符合国家现行有关标准的规定,连接性能至少应包括 1.5 倍设计压力的强度试验和 1.0 倍设计压力的严密性试验,试验条件及试验压力应符合 CJJ 94 的规定;

b) 采用镀锌钢管螺纹连接时，应采用符合 GB/T 3091 规定的热浸镀锌钢管，宜采用加厚钢管；

c) 采用软管连接时，接头的形状及尺寸应与软管的尺寸匹配。其拉拔(拔脱)强度应符合国家现行有关标准的规定。

5.1.3 燃气管材及管件的耐用性应符合下列规定：

a) 与燃具连接的软管的设计使用年限不宜低于燃具的判废年限，燃具判废年限应符合 GB 17905 的规定，对不符合要求的燃具连接用软管应及时更换；

b) 其他燃气管材及管件的设计使用年限应符合 GB 50494 和相关产品标准的规定。

5.1.4 管道系统的管道连接、管材和管件防腐、管道性能(运行压力、气密性、使用年限、冷热补偿、防沉降、防地震、防雷和防静电等)应符合 GB 50028、GB 50494 和 CJJ 94 的规定。

5.2 设备

5.2.1 燃气调压装置、计量装置和阀门应有技术说明书(样本)，说明书至少应包括下列内容：

a) 用户安装使用：

1) 适应燃气类别；

2) 适应环境温度及安装条件限制；

3) 维护及维修。

b) 产品技术参数：

1) 产品型号、标记及执行标准；

2) 产品结构、材料尺寸和性能；

3) 连接尺寸、进出口工作压力和工作温度。

5.2.2 燃气调压装置、计量装置和阀门的产品质量应符合国家现行有关标准的规定，其使用年限宜在 10 年以上。

5.2.3 燃气调压装置的进出口压力及流量应与使用条件匹配，调压装置中超压、欠压防护装置的性能和设置要求应符合国家现行有关标准的规定。当使用条件变化后，出口压力的调整应符合下列规定：

a) 海拔高度升高后，调压装置的出口压力应相应提高，其提高值可参照附录 A 规定的燃具额定压力和调压装置至最远燃具的总压力降确定；

b) 用户燃气改为用代用气(燃气华白数变化)后，调压装置的出口压力应相应改变，其改变值应依据燃具额定压力(如 10 T 天然气 P_n=2.5 kPa)和调压装置至最远燃具的总压力降确定；

c) 调压装置的出口压力调整后，应满足燃具额定压力和燃具额定热负荷的需要。

5.2.4 燃气计量装置的进出口压力及流量范围应与使用条件匹配，远传表、智能表的性能和设置要求应符合国家现行有关标准的规定。计量装置的流量应符合下列规定：

a) 家用燃气表的流量应依据用户所有用气设备同时使用时的总额定热负荷并通过计算确定，当用户安装一台灶具和一台热水器，并同时使用时的总额定热负荷宜取(25～30)kW(采暖除外)；

b) 商用燃气表的流量应依据燃具台数和同时工作系数确定。

5.2.5 燃气阀门宜采用快速切断式球阀，阀门过流切断装置和泄漏显示装置的性能和设置应符合国家现行有关标准的规定。阀门的结构型式应符合下列规定：

a) 阀门的公称尺寸 *DN* 和公称压力 *PN* 应与管道匹配；

b) 燃具前的阀门出口为软管插入式接头时，其接头的形状及尺寸应与软管匹配，其拉拔(拔脱)强度应符合国家现行有关产品标准的规定。

6 燃烧器具

6.1 安全保护装置

6.1.1 燃具应设熄火保护装置。

6.1.2 半密闭式燃具应有防倒烟措施。

6.2 燃具适应性

6.2.1 燃具采用界限气和(0.5 ～1.5)P_n 试验压力范围内检验时应有良好的燃烧性能，不应产生不完全燃烧、析碳、回火和脱火现象。

6.2.2 燃具适应性检验采用的界限气和试验压力应符合 GB/T 13611 和 GB/T 16411 的规定。

6.3 燃具额定压力

6.3.1 家用燃具应采用低压燃气(P<10 kPa)。

6.3.2 商用燃具宜采用低压燃气。

6.3.3 商用燃具采用中压燃气时应有相应的安全保护装置。

6.4 材料及结构

6.4.1 燃具材料应符合国家现行有关标准的规定。

6.4.2 燃具整体结构应符合国家现行有关标准的规定。

6.5 燃具说明书(样本)

6.5.1 燃具应有供技术人员使用的技术说明书和供用户使用的使用说明书。

6.5.2 技术说明书至少应包括下列内容：

a) 燃具类型(按给排气方式分)；
b) 燃气类别及供气额定压力；
c) 燃具额定热负荷、额定热输入和热输出、产热水率和水箱容水量(L)、热水最高温度等；
d) 通风和给排气；
e) 供水(水压、水质)、供电(交流电电压、频率和Ⅰ类器具接地等)；
f) 燃具安装。

6.5.3 使用说明书至少应包括下列内容：

a) 点火、熄火操作和调节方法；
b) 热水和采暖的操作调节方法；
c) 警示标志；
d) 防火、防爆和防中毒安全注意事项等；
e) 维护与保养等。

6.6 燃具用水电

6.6.1 燃具用水的水压、水量应与供水匹配。

6.6.2 燃具用电的电压、频率、功率应与供电匹配。

7 燃具排烟技术条件

7.1 敞开式燃具

7.1.1 家用燃具使用换气扇或吸油烟机等排气装置时应符合下列规定：

a) 风压(静压)不应小于 80 Pa；

b) 风量应根据敞开式(直排式)燃具热负荷确定;当采用换气扇时,风量宜为 40 m^3/kW;当采用吸油烟机时,风量宜为(20～30)m^3/kW。

7.1.2 商用燃具使用换气扇或吸油烟机等排气装置时应符合下列规定:

a) 风压应根据排烟阻力确定;

b) 送排风的风量应根据燃具热负荷及排烟方式确定。

7.2 半密闭式燃具

7.2.1 燃具与排烟烟道应匹配,并应有可靠的防倒烟装置。

7.2.2 烟道的结构、性能和安装要求应符合 CJJ 12 的规定。

7.3 密闭式燃具

7.3.1 燃具与给排气烟道应匹配,并应有明显的给排气接口标识。

7.3.2 给排气烟道的结构、性能和安装要求应符合 CJJ 12 的规定。

8 报警器和紧急切断阀

8.1 报警器

8.1.1 报警器的设置和安装应符合 GB 50028 和 CJJ/T 146 的规定。

8.1.2 燃气泄漏/不完全燃烧报警器的产品质量应符合相关标准规定,并应符合下列规定:

a) 无毒燃气(天然气和液化石油气等)泄漏到空气中,其浓度含量小于或等于爆炸下限的 25%时应能报警;

b) 有毒燃气(人工煤气等)泄漏到空气中,其一氧化碳浓度含量(体积分数)小于或等于 0.02%时应能报警;

c) 燃具不完全燃烧的烟气泄漏到空气中,其一氧化碳浓度含量(体积分数)小于或等于 0.02%时应能报警;

d) 报警器与紧急切断阀应连锁。

8.2 紧急切断阀

8.2.1 紧急切断阀的设置和安装应符合 GB 50028 和 CJJ/T 146 的规定。

8.2.2 紧急切断阀的产品质量应符合国家现行有关标准的规定。

8.2.3 与报警器连锁的紧急切断阀宜采用低压电源(≤24 V ⎓)、脉冲关闭和现场人工开启型产品。

附　录　A
（资料性附录）
不同海拔高度（H）及低压燃具额定压力（P_n）

表 A.1 给出了不同海拔高度（H）及低压燃具额定压力（P_n）的对照表。

表 A.1　不同海拔高度（H）及低压燃具额定压力（P_n）对照表

序号	海拔高度 H/m	燃具额定压力 P_n/kPa		
		人工煤气	天然气	液化石油气
1	0	1.0	2.0	2.8/5.0
2	500	1.1	2.1	2.9/5.2
3	1 000	1.1	2.2	3.1/5.5
4	1 500	1.2	2.3	3.2/5.8
5	2 000	1.2	2.4	3.4/6.1
6	2 500	1.3	2.6	3.6/6.4
7	3 000	1.3	2.7	3.8/6.7
8	3 500	1.4	2.8	4.0/7.1
9	4 000	1.5	3.0	4.2/7.5
10	4 500	1.6	3.2	4.4/7.9
11	5 000	1.7	3.3	4.7/8.3
12	6 000	1.9	3.7	5.2/9.3
注：液化石油气斜线前为家用或商用燃具额定压力，斜线后仅为商用燃具额定压力。				

参 考 文 献

[1] GB 15322.2—2003 可燃气体探测器 第2部分:测量范围为0～100% LEL的独立式可燃气体探测器

[2] GB 50352—2005 民用建筑设计通则

[3] CJ/T 3085—1999 城镇燃气术语

[4] BS 5440-1—2008 Flues and ventilation for gas appliances of rated input not exceeding 70 kW net (1st,2nd and 3rd family gases)—Part 1:Specification for installation of gas appliances to chimneys and for maintenance of chimneys

[5] BS EN 26—2000 Gas-fired instantaneous water heaters for the production of domestic hot water,fitted with atmospheric burners

[6] EN 437—2003 Test gases—Test pressures—Appliance categories

[7] NFPA 54—2006 National Fuel Gas code

ICS 91.140
P 45

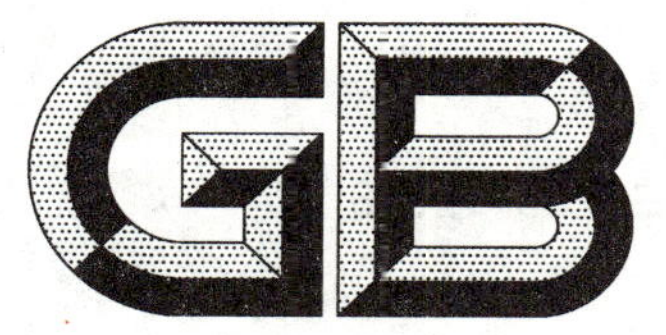

中华人民共和国国家标准

GB/T 36263—2018

城镇燃气符号和量度要求

Symbol and measurement requirements for city gas

2018-06-07 发布　　2019-05-01 实施

国家市场监督管理总局
中国国家标准化管理委员会　发布

前　言

本标准按照 GB/T 1.1—2009 给出的规则起草。

本标准由中华人民共和国住房和城乡建设部提出并归口。

本标准起草单位:中国市政工程华北设计研究总院有限公司、国家燃气用具质量监督检验中心、艾欧史密斯(中国)热水器有限公司、天津津能易安泰科技有限公司、浙江帅丰电器有限公司、上海梦地工业自动控制系统股份有限公司、特瑞斯能源装备股份有限公司、浙江蓝炬星电器有限公司。

本标准主要起草人:张金环、于雪连、张涛、毕大岩、常雪梅、邵于佶、金建民、郑安力、邢聪。

城镇燃气符号和量度要求

1 范围

本标准规定了城镇燃气领域常用符号和量度要求。

本标准适用于城镇燃气工程建设、产品制造、文献出版等。

2 规范性引用文件

下列文件对于本文件的应用是必不可少的。凡是注日期的引用文件,仅注日期的版本适用于本文件。凡是不注日期的引用文件,其最新版本(包括所有的修改单)适用于本文件。

GB 3100 国际单位制及其应用

GB/T 3101 有关量、单位和符号的一般原则

GB/T 3102.1 空间和时间的量和单位

GB/T 3102.2 周期及其有关现象的量和单位

GB/T 3102.3 力学的量和单位

GB/T 3102.4 热学的量和单位

GB/T 3102.5 电学和磁学的量和单位

GB/T 3102.6 光及其有关电磁辐射的量和单位

GB/T 3102.7 声学的量和单位

GB/T 3102.8 物理化学和分子物理学的量和单位

GB/T 3102.9 原子物理学和核物理学的量和单位

GB/T 3102.10 核反应和电离辐射的量和单位

GB/T 3102.11 物理科学和技术中使用的数学符号

GB/T 3102.12 特征数

GB/T 3102.13 固体物理学的量和单位

3 一般要求

3.1 城镇燃气符号的使用,应符合 GB 3100、GB/T 3101、GB/T 3102.1～GB/T 3102.13 的规定。

3.2 城镇燃气用量度应使用国家法定计量单位,且优先采用国际单位制。

3.3 一般情况下,每个量只给出一个名称和一个符号。在括号中的符号为“备用符号”,供在特定情况下主符号以不同意义使用时使用。

4 符号和量度

4.1 基本符号

基本符号和量度应符合表 1 的规定。

表 1 基本符号

序号	名称	符号	量度	
			中文	英文
1	热值	H	兆焦[耳]每立方米	MJ/m^3
1.1	高热值	H_s	兆焦[耳]每立方米	MJ/m^3
1.2	低热值	H_i	兆焦[耳]每立方米	MJ/m^3
2	华白数(沃泊指数)	W	兆焦[耳]每立方米	MJ/m^3
2.1	高华白数	W_s	兆焦[耳]每立方米	MJ/m^3
2.2	低华白数	W_i	兆焦[耳]每立方米	MJ/m^3
2.3	基准气华白数	W_r	兆焦[耳]每立方米	MJ/m^3
3	密度	ρ	千克每立方米	kg/m^3
3.1	基准气密度	ρ_r	千克每立方米	kg/m^3
3.2	干气密度	ρ_d	千克每立方米	kg/m^3
3.3	湿气密度	ρ_w	千克每立方米	kg/m^3
3.4	液态密度	ρ_L	千克每立方米	kg/m^3
3.5	临界密度	ρ_c	千克每立方米	kg/m^3
3.6	烟气密度	ρ_f	千克每立方米	kg/m^3
4	相对密度	d	—	1
4.1	基准气相对密度	d_r	—	1
4.2	干气相对密度	d_d	—	1
4.3	湿气相对密度	d_w	—	1
4.4	相对密度修正系数	a	—	1
5	相对湿度	φ	—	1
6	燃烧势	CP	—	1
7	燃烧速度指数	S_F	—	1
8	温度	t	摄氏度	℃
8.1	露点	t_{dp}	摄氏度	℃
8.2	水露点	$t_{dp,w}$	摄氏度	℃
8.3	露点降	Δt_{dp}	摄氏度	℃
8.4	烃露点	$t_{dp,h}$	摄氏度	℃
8.5	闪点	t_{fp}	摄氏度	℃

表 1（续）

序号	名称	符号	量度	
			中文	英文
8.6	沸点	t_{bp}	摄氏度	℃
8.7	浊点	t_c	摄氏度	℃
9	爆炸极限	L	—	1
9.1	爆炸上限〈体积百分比〉	L_u	—	1
9.2	爆炸下限〈体积百分比〉	L_l	—	1
10	压缩因子	Z	—	1

注 1：表中量度为常用单位，在使用过程中可通过其倍数单位适当选择，使数值处于实用范围内。
注 2：无量纲的量度中文用"—"表示，英文用"1"表示。
注 3：圆括号中的名称，是它前面名称的同义词。
注 4：尖括号中的名称，是它前面名称的描述词。
注 5：方括号中字，在不致引起混淆误解的情况下，可以省略；去掉方括号的字即为简称。
注 6：最大值用下标 max、中间值用下标 mid 表示、最小值用下标 min 表示，表中不再单独列出。
注 7：表中定义的量的符号在使用中若仍有重复，则可通过添加上、下标定义区分。

4.2 厂站工程涉及符号

厂站工程涉及符号和量度，应符合表 2 的规定。

表 2 厂站工程涉及符号

序号	名称	符号	量度	
			中文	英文
1	温度	t	摄氏度	℃
1.1	环境温度	t_{amb}	摄氏度	℃
1.2	设计温度	t_d	摄氏度	℃
1.3	工作温度	t_{op}	摄氏度	℃
2	压力	p	兆帕[斯卡]	MPa
2.1	设计压力	p_d	兆帕[斯卡]	MPa
2.2	设定压力	p_s	兆帕[斯卡]	MPa
2.3	工作压力	p_{op}	兆帕[斯卡]	MPa
2.4	大气压力	p_{amb}	兆帕[斯卡]	MPa
2.5	额定压力	p_n	兆帕[斯卡]	MPa
2.6	关闭压力	p_b	兆帕[斯卡]	MPa

表 2（续）

序号	名称	符号	量度	
			中文	英文
2.7	开启压力	p_p	兆帕[斯卡]	MPa
2.8	积聚压力	p_a	兆帕[斯卡]	MPa
2.9	泄放压力	p_m	兆帕[斯卡]	MPa
2.10	临界压力	p_c	兆帕[斯卡]	MPa
2.11	进口压力	p_1	兆帕[斯卡]	MPa
2.12	出口压力	p_2	兆帕[斯卡]	MPa
2.13	压力回差	Δp_h	兆帕[斯卡]	MPa
2.14	压力偏差	Δp_{de}	兆帕[斯卡]	MPa
2.15	压力正偏差	Δp_{de+}	兆帕[斯卡]	MPa
2.16	压力负偏差	Δp_{de-}	兆帕[斯卡]	MPa
2.17	公称压力	PN	0.1 兆帕[斯卡]	0.1 MPa
3.1	压力比	ν	—	1
3.2	临界压力比	ν_c	—	1
3.3	关闭压力等级	S_G	—	1
3.4	关闭压力区等级	S_Z	—	1
3.5	稳压精度	A	—	1
3.6	稳压精度等级	A_c	—	1
4	流通能力	q_v	立方米每小时	m^3/h
5	储气容积	V	立方米	m^3
5.1	公称容积	V_n	立方米	m^3
5.2	有效容积	V_{eff}	立方米	m^3
5.3	容积利用系数	φ	—	1
6	压缩比(增压比)	ε	—	1
7	当量长度	L_ε	米	m
8	产气率〈干基〉	V_c	立方米每吨	m^3/t
9	阀口直径	D_0	毫米	mm
10	流量系数	C_g	—	1
10.1	调压器在部分开度下的流量系数	C_{gx}	—	1

表 2（续）

序号	名称	符号	量度	
			中文	英文
10.2	流量系数 C_g 中亚临界流动状态下的测试工况数	m	—	1
10.3	流量系数 C_g 试验中临界流动状态下的测试工况数	n	—	1
11	加臭剂浓度	C	毫克每立方米	mg/m^3

注 1：表中量度为常用单位，在使用过程中可通过其倍数单位适当选择，使数值处于实用范围内。
注 2：无量纲的量度中文用“—”表示，英文用“1”表示。
注 3：圆括号中的名称，是它前面名称的同义词。
注 4：尖括号中的名称，是它前面名称的描述词。
注 5：方括号中字，在不致引起混淆误解的情况下，可以省略；去掉方括号的字即为简称。
注 6：最大值用下标 max、中间值用下标 mid 表示、最小值用下标 min 表示，表中不再单独列出。
注 7：表中定义的量的符号在使用中若仍有重复，则可通过添加上、下标定义区分。

4.3 管道工程涉及符号

管道工程涉及符号和量度，应符合表 3 的规定。

表 3 管道工程涉及符号

序号	名称	符号	量度	
			中文	英文
1	用气量指标	Q	兆焦[耳]每单位年	MJ/(单位·a)
1.1	居民生活用气量指标	Q_P	兆焦[耳]每人年	MJ/(人·a)
1.2	商业用气量指标	Q_C	兆焦[耳]每人年 兆焦[耳]每床年 兆焦[耳]每座年	MJ/(人·a) MJ/(床·a) MJ/(座·a)
1.3	工业企业生产用气量指标	Q_I	吉焦[耳]每单位年	GJ/(单位·a)
1.4	采暖用气量指标	Q_H	吉焦[耳]每平米年	$GJ/(m^2 \cdot a)$
1.5	制冷用气量指标	Q_c	吉焦[耳]每平米年	$GJ/(m^2 \cdot a)$
2.1	年用气量	q_{V_a}	立方米每年	m^3/a
2.2	平均小时用气量	q_{V_h}	立方米每小时	m^3/h
3	工作系数	K	—	1
3.1	月高峰系数	K_m	—	1
3.2	日高峰系数	K_d	—	1

表 3（续）

序号	名称	符号	量度	
			中文	英文
3.3	小时高峰系数	K_h	—	1
3.4	同时工作系数	K_0	—	1
4	最大负荷利用[小]时数	n	小时	h
5	压力降	Δp	帕[斯卡]	Pa
5.1	低压管网计算压力降	Δp_l	帕[斯卡]	Pa
5.2	中压管网计算压力降	Δp_m	帕[斯卡]	Pa
5.3	高压管网计算压力降	Δp_h	帕[斯卡]	Pa
5.4	沿程压力损失	$\Delta p_{l.a}$	帕[斯卡]	Pa
5.5	局部压力损失	$\Delta p_{l.l}$	帕[斯卡]	Pa
6	附加压力	ΔH	帕[斯卡]	Pa
7	管道摩擦阻力系数	λ	—	1
8	管壁内表面当量绝对粗糙度	K	毫米	mm
9.1	管道长度	L	米	m
9.2	管道厚度	δ	毫米	mm
9.3	管道内径	d	毫米	mm
9.4	管道外径	D	毫米	mm
9.5	公称直径	DN	毫米	mm
10	流量	q	立方米每小时	m^3/h
10.1	途泄流量	q_{V_d}	立方米每小时	m^3/h
10.2	转输流量	q_{V_t}	立方米每小时	m^3/h
10.3	管道计算流量	q_{V_s}	立方米每小时	m^3/h
10.4	节点流量	q_{V_n}	立方米每小时	m^3/h
11.1	管道材料的弹性模量	E	兆帕[斯卡]	MPa
11.2	应力	σ	兆帕[斯卡]	MPa
11.3	管道环向应力	σ_h	兆帕[斯卡]	MPa
11.4	管道轴向应力	σ_L	兆帕[斯卡]	MPa
11.5	当量应力	σ_e	兆帕[斯卡]	MPa
11.6	最小屈服强度	σ_s	兆帕[斯卡]	MPa

表 3(续)

序号	名称	符号	量度	
			中文	英文
11.7	钢材的线膨胀系数	α	每摄氏度	$℃^{-1}$
11.8	强度设计系数	F	—	1
11.9	焊缝系数	Φ	—	1
11.10	温度折减系数	t	—	1
11.11	压力折减系数	DF	—	1
11.12	标准尺寸比	SDR	—	1
12	非比例延伸强度	R_p	兆帕[斯卡]	MPa
13	断后伸长率	A	—	1
14.1	腐蚀裕量	C	毫米	mm
14.2	腐蚀速率	u_c	毫米每年 克每平方毫米小时	mm/a g/(mm^2 • h)
14.3	防腐层厚度	δ_c	毫米	mm
15.1	保护电流密度	J_s	安[培]每平方米	A/m^2
15.2	土壤电阻率	ρ	欧[姆]米	Ω • m
15.3	保护电流	I	安[培]	A
15.4	牺牲阳极输出电流	I_g	安[培]	A
15.5	牺牲阳极有效电位差	ΔE	伏[特]	V
15.6	牺牲阳极工作寿命	T_g	年	a
15.7	牺牲阳极消耗率	ω_g	千克每安年	kg/(A • a)

注 1：表中量度为常用单位，在使用过程中可通过其倍数单位适当选择，使数值处于实用范围内。

注 2：无量纲的量度中文用“—”表示，英文用“1”表示。

注 3：方括号中字，在不致引起混淆误解的情况下，可以省略；去掉方括号的字即为简称。

注 4：最大值用下标 max、中间值用下标 mid 表示、最小值用下标 min 表示，表中不再单独列出。

注 5：表中定义的量的符号在使用中若仍有重复，则可通过添加上、下标定义区分。

4.4 燃气燃烧及燃烧器具涉及符号

燃气燃烧及燃烧器具涉及符号和量度应符合表 4 的规定。

表 4 燃气燃烧及燃烧器具涉及符号

序号	名称	符号	量度	
			中文	英文
燃气燃烧				
1	[过剩]空气系数	α	—	1
1.1	一次空气系数	α_1	—	1
1.2	二次空气系数	α_2	—	1
2	互换指数	I	—	1
2.1	离焰互换指数	I_L	—	1
2.2	回火互换指数	I_F	—	1
2.3	黄焰互换指数	I_Y	—	1
3	指数	J	—	1
3.1	热负荷指数	J_H	—	1
3.2	引射指数	J_A	—	1
3.3	回火指数	J_F	—	1
3.4	脱火指数	J_L	—	1
3.5	CO 生成指数	J_I	—	1
3.6	黄焰指数	J_Y	—	1
4.1	燃烧噪声〈声压级〉	L_p	分贝[尔]	dB
4.2	燃烧噪声〈声功率级〉	L_W	分贝[尔]	dB
4.3	燃烧速度	u	米每秒	m/s
5.1	燃气温度	t_g T_g	摄氏度 开[尔文]	℃ K
5.2	空气温度	t_a T_a	摄氏度 开[尔文]	℃ K
5.3	烟气温度	t_f T_f	摄氏度 开[尔文]	℃ K
5.4	着火温度	t_i T_i	摄氏度 开[尔文]	℃ K
5.5	临界温度	t_c T_c	摄氏度 开[尔文]	℃ K
5.6	温升	$\Delta t, \Delta T$	开[尔文]	K
5.7	温升速率	$u_{\Delta t}, u_{\Delta T}$	开[尔文]每分	K/min

表 4（续）

序号	名称	符号	量度	
			中文	英文
燃气燃烧				
6.1	传热系数	K,(k)	瓦[特]每平方米摄氏度(开[尔文])	W/[m^2·℃(K)]
6.2	导热系数	λ	瓦[特]每米摄氏度(开[尔文])	W/[m·℃(K)]
6.3	有效导热系数	λ_e	瓦[特]每米摄氏度(开[尔文])	W/[m·℃(K)]
6.4	气体或固体导热系数	λ_t	瓦[特]每米摄氏度(开[尔文])	W/[m·℃(K)]
6.5	辐射导热系数	λ_τ	瓦[特]每米摄氏度(开[尔文])	W/[m·℃(K)]
6.6	固体接触导热系数	λ_c	瓦[特]每米摄氏度(开[尔文])	W/[m·℃(K)]
7.1	容积混合比	u_V	—	1
7.2	质量混合比	u_m	—	1
7.3	喷射压力比	β	—	1
7.4	临界压力比	β_c	—	1
8	引射段压力系数	Ψ	—	1
9	喷射气绝热指数	k	—	1
10	喷嘴流速系数	φ	—	1
11	阻尼系数	ζ	每秒	s^{-1}
12	衰减系数	α	每米	m^{-1}
13	传播系数	γ	每米	m^{-1}
14.1	燃气流量	q_{V_g}	立方米每小时	m^3/h
14.2	空气流量	q_{V_a}	立方米每小时	m^3/h
14.3	燃气空气混合气体流量	q_{V_m}	立方米每小时	m^3/h
14.4	烟气流量	q_{V_f}	立方米每小时	m^3/h
14.5	燃气泄漏量	q_{V_l}	立方米每小时	m^3/h
15.1	实际空气量	V_a	立方米每立方米	m^3/m^3
15.2	理论空气量	V_{a0}	立方米每立方米	m^3/m^3
15.3	实际烟气量〈干燃气〉	V_f	立方米每立方米	m^3/m^3
15.4	理论烟气量〈干燃气〉	V_{f0}	立方米每立方米	m^3/m^3
16	热损失	Q_h	千焦[耳]	kJ
16.1	排烟热损失	Q_{hf}	千焦[耳]	kJ

表 4（续）

序号	名称	符号	量度	
			中文	英文
燃气燃烧				
16.2	辐射热损失	Q_{hR}	千焦[耳]	kJ
16.3	炉气逸漏损失	Q_{hs}	千焦[耳]	kJ
17.1	碳氧化物含量	C_{CO_x}	毫克每立方米	mg/m^3
17.2	氮氧化物含量	C_{NO_x}	毫克每立方米	mg/m^3
17.3	硫含量	C_S	毫克每立方米	mg/m^3
17.4	硫化氢含量	C_{HS}	毫克每立方米	mg/m^3
17.5	一氧化碳含量	C_{CO}	—	1
17.6	二氧化碳含量	C_{CO_2}	—	1
17.7	氨含量	C_{NH_3}	毫克每立方米	mg/m^3
17.8	萘含量	C_{Ne}	毫克每立方米	mg/m^3
17.9	氧含量	C_{O_2}	—	1
燃烧器具				
18	热负荷(热流量)	$\boldsymbol{\Phi}$	千瓦[特]	kW
18.1	额定热负荷	$\boldsymbol{\Phi}_n$	千瓦[特]	kW
18.2	热负荷偏差百分比	K	—	1
18.3	算术平均热负荷	$\boldsymbol{\Phi}_a$	千瓦[特]	kW
18.4	点火热负荷	$\boldsymbol{\Phi}_{IGN}$	千瓦[特]	kW
18.5	热输出	P	千瓦[特]	kW
18.6	额定热输出	P_n	千瓦[特]	kW
18.7	算术平均热输出	P_a	千瓦[特]	kW
19.1	火孔面积	A	平方毫米	mm^2
19.2	喷嘴截面积	A_n	平方毫米	mm^2
20	喷嘴流量系数	φ	—	1
21	时间	T	秒	s
21.1	点火开阀时间	T_{IA}	秒	s
21.2	点火安全时间	T_{SA}	秒	s
21.3	熄火闭阀延迟时间	T_{IE}	秒	s

表 4（续）

序号	名称	符号	量度	
			中文	英文
燃烧器具				
21.4	熄火安全时间	T_{SE}	秒	s
22	比热容	C	焦[耳]每千克开[尔文]	J/(kg·K)
23.1	饱和水蒸气压	p_s	千帕[斯卡]	kPa
23.2	流量计中气体压力	p_m	千帕[斯卡]	kPa
24	出水量	m	千克	kg
25.1	产热水能力	q_{mh}	千克每分	kg/min
25.2	额定产热水能力	q_{mn}	千克每分	kg/min
26	热水产率	R_c	—	1
27	热效率	η	—	1
27.1	热水热效率	η_h	—	1
27.2	部分负荷热水热效率	η_{ph}	—	1
27.3	采暖热效率	η_c	—	1
27.4	部分负荷采暖热效率	η_{pc}	—	1
27.5	辐射热效率	η_R	—	1
28	燃具火孔热流[量]密度(火孔热强度)	q	千瓦[特]每平方毫米	kW/mm^2
29.1	锅深	h	毫米	mm
29.2	锅底厚	δ_1	毫米	mm
29.3	锅壁厚	δ_2	毫米	mm
29.4	锅内径	d	毫米	mm
30	加水水量	m	千克	kg
31.1	试验前气瓶质量	m_{t1}	克	g
31.2	试验后气瓶质量	m_{t2}	克	g

注 1：表中量度为常用单位，在使用过程中可通过其倍数单位适当选择，使数值处于实用范围内。
注 2：无量纲的量度中文用“—”表示，英文用“1”表示。
注 3：圆括号中的名称，是它前面名称的同义词。
注 4：尖括号中的名称，是它前面名称的描述词。
注 5：方括号中字，在不致引起混淆误解的情况下，可以省略；去掉方括号的字即为简称。
注 6：单位的最大值用下标 max、中间值用下标 mid 表示、最小值用下标 min 表示，表中不再单独列出。
注 7：表中定义的量的符号在使用中若仍有重复，则可通过添加上、下标定义区分。
注 8：序号 5.1～5.5 中，t 表示摄氏温度，单位符号“℃”；T 表示热力学温度，单位符号“K”。
注 9：涉及组分含量的符号用 C 表示，具体到哪种组分加下标表示。如一氧化碳含量 C_{co}。

5 通用符号

通用符号和量度应符合附录 A 的规定。

6 常用量度换算

常用量度换算参见附录 B。

附 录 A
（规范性附录）
通 用 符 号

表 A.1 给出了通用符号和量度要求。

表 A.1 通用符号

序号	名称	符号	量度	
			中文	英文
1	雷诺数	Re	—	1
2	加速度	a	米每二次方秒	m/s^2
3	自由落体加速度，重力加速度	g	米每二次方秒	m/s^2
4	角速度	ω	弧度每秒	rad/s
5	角加速度	α	弧度每二次方秒	rad/s^2
6	曲率	κ	每米	m^{-1}
7	周期	T	秒	s
8	时间常数	τ	秒	s
9	频率	f,ν	赫[兹]	Hz
10	质量	m	千克(公斤)	kg
11	体积质量，[质量]密度	ρ	千克每立方米	kg/m^3
12	相对体积质量，相对[质量]密度	d	—	1
13	质量体积，比体积	υ	立方米每千克	m^3/kg
14	动量	p	千克米每秒	kg·m/s
15	冲量	I	牛[顿]秒	N·s
16	力 重量	F $W,(P,G)$	牛[顿]	N
17	力矩 转矩	M M,T	牛[顿]米	N·m
18	压力，压强 正应力 切应力[剪应力]	p σ τ	帕[斯卡]	Pa
19	[体积]压缩率	κ	每帕[斯卡]	Pa^{-1}
20	动摩擦因数 静摩擦因数	$\mu,(f)$ $\mu_s,(f_s)$	—	1

表 A.1（续）

序号	名称	符号	量度	
			中文	英文
21	表现张力	γ ,σ	牛[顿]每米	N/m
22	功 能[量] 势量,位能 动能	W，(A) E E_p，(V) E_k，(T)	焦[耳]	J
23	质量流量	q_m	千克每秒	kg/s
24	体积流量	q_v	立方米每秒	m^3/s
25	热,热量	Q	焦[耳]	J
26	热流量	Φ	瓦[特]	W
27	面积热流量,热流[量]密度	q，φ	瓦[特]每平方米	W/m^2
28	热导率,(导热系数)	λ,(κ)	瓦[特]每米开[尔文]	W/(m·k)
29	传热系数 表面传热系数	K,(k) h,α	瓦[特]每平方米开[尔文]	$W/(m^2 \cdot K)$
30	热绝缘系数	M	平方米开[尔文]每瓦[特]	$m^2 \cdot K/W$
31	热阻	R	开[尔文]每瓦[特]	K/W
32	热容	C	焦[耳]每开[尔文]	J/K
33	质量热容,比热容 质量定压热容,比定压热容 质量定容热容,比定容热容 质量饱和热容,比饱和热容	c c_p c_v c_{sat}	焦[耳]每千克开[尔文]	J/(kg·K)
34	熵	S	焦[耳]每开[尔文]	J/K
35	质量熵,比熵	s	焦[耳]每千克开[尔文]	J/(kg·K)
36	摩尔熵	S_m	焦[尔]每摩[尔]开[尔文]	J/(mol·K)
37	焓	H	焦[耳]	J
38	质量焓,比焓	h	焦[耳]每千克	J/kg
39	摩尔焓	H_m	焦[尔]每摩[尔]	J/mol
40	电位,(电势) 电位差,(电势差),电压 电动势	V,φ U,(V) E	伏[特]	V
41	电流	I	安[培]	A

表 A.1（续）

序号	名称	符号	量度	
			中文	英文
42	电荷[量]	Q	库[仑]	C
43	电容	C	法[拉]	F
44	[直流]电导	G	西[门子]	S
45	[直流]电阻	R	欧[姆]	Ω
46	电阻率	ρ	欧[姆]米	Ω·m
47	电导率	γ，σ	西[门子]每米	S/m
48	磁通[量]	Φ	韦[伯]	Wb
49	自感	L	亨[利]	H
50	互感	M, L_{12}	亨[利]	H
51	辐[射]能	$Q, W, (U, Q_e)$	焦[耳]	J
52	辐[射]功率	$P, \Phi, (\Phi_e)$	瓦[特]	W
53	辐[射]强度	$I, (I_e)$	瓦[特]每球面积	W/Sr
54	物质的量	$n, (\nu)$	摩[尔]	mol
55	相对分子质量	M_r	—	1
56	摩尔质量	M	千克每摩[尔]	kg/mol
57	摩尔体积	V_m	立方米每摩[尔]	m^3/mol
58	摩尔热容 摩尔定压热容 摩尔定容热容	C_m $C_{p,m}$ $C_{V,m}$	焦[尔]每摩[尔]开[尔文]	J/(mol·K)
59	B 的分子浓度	C_B	每立方米	m^{-3}
60	B 的浓度，B 的物质的量浓度	c_B	摩[尔]每立方米 摩[尔]每升	mol/m^3 mol/L
61	B 的质量浓度	ρ_B	千克每升	kg/L
62	溶质 B 的质量摩尔浓度	b_B, m_B	摩[尔]每千克	mol/kg
63	B 的分压力(在气体混合物中)	p_B	帕[斯卡]	Pa

注 1：表中量度为常用单位，在使用过程中可通过其倍数单位适当选择，使数值处于实用范围内。

注 2：无量纲的量度中文用“—”表示，英文用“1”表示。

注 3：圆括号中的名称，是它前面名称的同义词。

注 4：方括号中字，在不致引起混淆误解的情况下，可以省略；去掉方括号的字即为简称。

注 5：单位的最大值用下标 max、中间值用下标 mid 表示、最小值用下标 min 表示，表中不再单独列出。

注 6：表中定义的量的符号在使用中若仍有重复，则可通过添加上、下标定义区分。

附 录 B
（资料性附录）
常用量度换算

表 B.1 给出了常用量度换算关系。

表 B.1 常用量度换算关系

<table>
<tr><th rowspan="2">序号</th><th rowspan="2" colspan="2">名称</th><th colspan="3">量度</th></tr>
<tr><th>中文</th><th>英文</th><th>换算关系</th></tr>
<tr><td rowspan="2">1</td><td rowspan="2" colspan="2">长度</td><td>英寸</td><td>in</td><td>1 in=0.025 4 m</td></tr>
<tr><td>英尺</td><td>ft</td><td>1 ft=12 in=0.304 8 m</td></tr>
<tr><td rowspan="3">2</td><td rowspan="3" colspan="2">面积</td><td>平方英寸</td><td>in^2</td><td>$1\ in^2=6.452\times10^{-4}\ m^2$</td></tr>
<tr><td>平方英尺</td><td>ft^2</td><td>$1\ ft^2=0.092\ 9\ m^2$</td></tr>
<tr><td>公顷</td><td>hm^2</td><td>$1\ hm^2=10^4\ m^2$</td></tr>
<tr><td rowspan="5">3</td><td rowspan="5" colspan="2">容积，体积</td><td>升</td><td>L</td><td>$1\ L=0.001\ m^3$</td></tr>
<tr><td>立方英寸</td><td>in^3</td><td>$1\ in^3=1.639\times10^{-5}\ m^3$</td></tr>
<tr><td>立方英尺</td><td>ft^3</td><td>$1\ ft^3=0.028\ 3\ m^3$</td></tr>
<tr><td>英加仑</td><td>UKgal</td><td>$1\ UKgal=0.004\ 5\ m^3$</td></tr>
<tr><td>美加仑</td><td>USgal</td><td>$1\ USgal=3.785\times10^{-3}\ m^3$</td></tr>
<tr><td rowspan="2">4</td><td rowspan="2">温度</td><td>热力学</td><td>开[尔文]</td><td>K</td><td>$\frac{t}{℃}+273.15$</td></tr>
<tr><td>华氏</td><td>华氏度</td><td>℉</td><td>$\frac{9}{5}\frac{t}{℃}+32$</td></tr>
<tr><td>5</td><td colspan="2">速度</td><td>千米每小时</td><td>km/h</td><td>1 km/h=0.277 8 m/s</td></tr>
<tr><td rowspan="2">6</td><td rowspan="2" colspan="2">质量（重量）</td><td>盎司</td><td>oz</td><td>1 oz=0.028 3 kg</td></tr>
<tr><td>英磅</td><td>1b</td><td>1 1b=16 oz=0.453 6 kg</td></tr>
<tr><td>7</td><td colspan="2">力</td><td>千克力</td><td>kgf</td><td>1 kgf =9.807 N</td></tr>
<tr><td rowspan="6">8</td><td rowspan="6" colspan="2">压力</td><td>牛[顿]每平方米</td><td>N/m^2</td><td>$1\ N/m^2=1\ Pa$</td></tr>
<tr><td>巴</td><td>bar</td><td>1 bar=100 kPa</td></tr>
<tr><td>磅力每平方英寸</td><td>psi</td><td>1 psi=6.895 kPa</td></tr>
<tr><td>毫米水柱</td><td>mmH_2O</td><td>$1\ mmH_2O=9.807\ Pa$</td></tr>
<tr><td>毫米汞柱</td><td>mmHg</td><td>1 mmHg=133.3 kPa</td></tr>
<tr><td>标准大气压</td><td>atm</td><td>1 atm=101.3 kPa</td></tr>
</table>

表 B.1（续）

序号	名称	量度		
		中文	英文	换算关系
9	功,能,热	千瓦[特]时	kW · h	1 kW · h=3.6 MJ
		千卡(大卡)	kcal	1 kcal=4.187 kJ
		标准煤当量	sce	1sce=29.30 MJ/kg
		英热单位	Btu	1 Btu=1.055 kJ
10	功率	焦[耳]每秒	J/s	1 J/s=1 W
		千卡每小时	kcal/h	1 kcal/h=1.163 W
		英热单位每小时	Btu/h	1 Btu/h =0.293 1 W
11	比热容	千卡每千克开[尔文]	kcal/(kg · K)	1 kcal/(kg · K) =4.187 kJ/(kg · K)
注 1：生活和贸易中,质量习惯为重量,千卡习惯为大卡。 注 2：换算因子最多保留 4 位有效数字。 注 3：序号 4 中 t 指代摄氏温度。				

参 考 文 献

GB/T 50680—2012 城市燃气工程基本术语标准

ICS 75.180.30;91.140
P 47

中华人民共和国城镇建设行业标准

CJ/T 449—2014

切断型膜式燃气表

Diaphragm gas meter with shut-off valve

2014-03-27 发布　　2014-07-01 实施

中华人民共和国住房和城乡建设部　发布

前　言

本标准按照 GB/T 1.1—2009 给出的规则起草。

本标准由住房和城乡建设部标准定额研究所提出。

本标准由住房和城乡建设部燃气标准化技术委员会归口。

本标准起草单位：重庆前卫克罗姆表业有限责任公司、太原煤炭气化(集团)有限责任公司、中国市政工程华北设计研究总院、天津市浦海新技术有限公司、成都秦川科技发展有限公司、浙江松川仪表科技股份有限公司、金卡高科技股份有限公司、新天科技股份有限公司、丹东岩谷东洋燃气表有限公司、天津费加罗电子有限公司、荣成市宇翔实业有限公司、河南汉威电子股份有限公司、沈阳市航宇星仪表有限责任公司、重庆市山城燃气设备有限公司、杭州先锋电子技术股份有限公司、天津市光大伟业计量仪表技术有限公司、宁波天鑫仪表有限公司、慈溪市三洋电子有限公司、宁波市天源电子仪表有限公司、国家燃气用具质量监督检验中心。

本标准主要起草人：蒋宇、王启、赵国卫、刘斌、牛军、权亚强、周福根、郭刚、费战波、李明发、李琦、殷睿、邹子明、常磊、程波、李克勤、谢骏、李玉霞、林爱素、宣国平、赵大力、胡臻、李军、严荣松。

切断型膜式燃气表

1 范围

本标准规定了切断型膜式燃气表(以下简称燃气表)的术语和定义,型号,一般要求,要求,试验方法,检验规则,标识、包装、运输与贮存。

本标准适用于最大工作压力不超过 10 kPa、最大流量不超过 10 m^3/h、适应最小工作温度范围为 −10 ℃~40 ℃的燃气表的设计、生产、试验与验收。

2 规范性引用文件

下列文件对于本文件的应用是必不可少的。凡是注日期的引用文件,仅注日期的版本适用于本文件。凡是不注日期的引用文件,其最新版本(包括所有的修改单)适用于本文件。

GB/T 191 包装储运图示标志

GB/T 1690 硫化橡胶或热塑性橡胶 耐液体试验方法

GB/T 2423.1 电工电子产品环境试验 第 2 部分:试验方法 试验 A:低温

GB/T 2423.2 电工电子产品环境试验 第 2 部分:试验方法 试验 B:高温

GB/T 2423.3 电工电子产品环境试验 第 2 部分:试验方法 试验 Cab:恒定湿热试验

GB/T 2423.17 电工电子产品环境试验 第 2 部分:试验方法 试验 Ka:盐雾

GB/T 2828.1 计数抽样检验程序 第 1 部分:按接收质量限(AQL)检索的逐批检验抽样计划

GB/T 2829 周期检验计数抽样程序及表(适用于对过程稳定性的检验)

GB 4208 外壳防护等级(IP 代码)

GB/T 5080.7—1986 设备可靠性试验 恒定失效率假设下的失效率与平均无故障时间的验证试验方案

GB/T 6968—2011 膜式燃气表

GB/T 17626.2 电磁兼容 试验和测量技术 静电放电抗扰度试验

GB/T 17626.3 电磁兼容 试验和测量技术 射频电磁场辐射抗扰度试验

GB/T 28885—2012 燃气服务导则

CJ/T 188 户用计量仪表数据传输技术条件

CJ/T 421 家用燃气燃烧器具电子控制器

3 术语和定义

GB/T 6968—2011 界定的以及下列术语和定义适用于本文件。

3.1

切断型膜式燃气表 diaphragm gas meter with shut-off valve

以膜式燃气表为计量基表,内置切断阀、控制器和其他辅助装置组成的具有监测燃气使用状态、异常情况切断燃气并报警的燃气计量装置。

3.2

基表 base gas meter

具有基础计量功能、直接显示用气量原始数据且与其他附加功能分离的计量器具。

[GB/T 28885—2012,定义 3.5]

3.3

公称流量　nominal flow-rate

燃气表设计时最佳工作状态的常用流量。

3.4

控制器　controller

用于信号采集和功能控制的电子装置。

3.5

切断阀　shut-off valve

用于切断燃气的装置。

3.6

机电转换　electric-mechanical conversion

将燃气表的机械计数转换为电信号。

4　型号

4.1　型号编制

燃气表的型号编制方法：

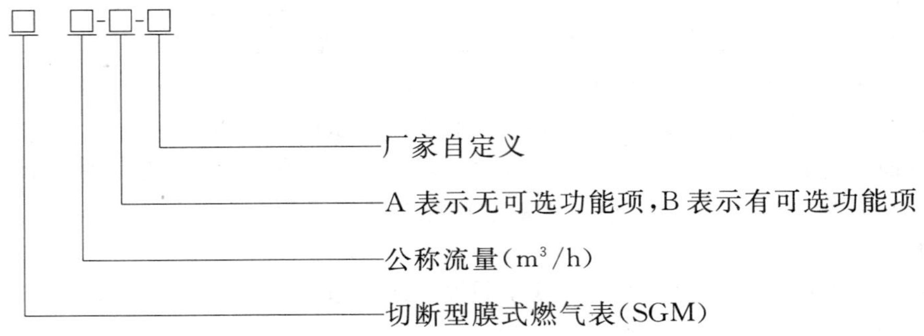

4.2　型号示例

公称流量为 4 m^3/h 的无可选功能项的 BK 型切断型膜式燃气表型号表示为:SGM4-A-BK。

5　一般要求

5.1　燃气表所采用的基表应符合 GB/T 6968 的规定。

5.2　燃气表控制器的应符合 CJ/T 421 的规定,其他部件应符合国家现行相应标准的规定。

5.3　燃气表的流量范围应符合表 1 的规定。

表 1　流量范围　　单位为立方米每小时

公称流量 q_n	最大流量值 q_{max}	最小流量上限值 q_{min}	最大始动流量
1.6	2.5	0.016	0.003
2.5	4	0.025	0.005
4	6	0.04	0.005
6	10	0.06	0.008

5.4 供电方式可采用外接电源、可更换电池、不可更换电池三种方式之一或它们之间的组合。工作电压不应大于 12 V(d.c.)。不可更换电池的工作寿命不应小于燃气表的使用期限。

5.5 在正常使用条件下，以天然气为介质的燃气表的使用期限为 10 年，以人工燃气、液化石油气等为介质的燃气表使用期限为 6 年，在使用期限内不应出现功能失效。

5.6 燃气表的外壳防护等级应符合 GB 4208 中 IP53 等级的规定。

6 要求

6.1 外观

燃气表的外观应符合下列规定：

a) 燃气表外壳涂层应均匀，无气泡、脱落、划痕等缺陷；

b) 金属部分应无锈蚀、无伤痕，涂覆颜色应一致；

c) 计数器和铭牌应清晰可辨；

d) 燃气表应具备不经破坏就不能拆卸的防护封印。

6.2 环境条件

6.2.1 温度

6.2.1.1 贮存温度

燃气表不应受正常贮存环境条件下温度变化的影响，按 7.4.1.1 试验方法试验，恢复工作温度后，燃气表应符合 6.6.2、6.7、6.8、6.9 和 6.10 的规定。

6.2.1.2 工作温度

燃气表不应受正常使用环境条件下温度变化的影响，按 7.4.1.2 试验后，燃气表应符合 6.6.2、6.7、6.8、6.9 和 6.10 的规定。

6.2.2 恒定湿热

燃气表不应受正常使用环境条件下湿热变化的影响，按 7.4.2 试验后，燃气表应符合 6.6.2、6.7、6.8、6.9 和 6.10 的规定。

6.2.3 耐盐雾

燃气表应有耐盐雾性能，按 7.4.3 试验后，燃气表应符合 6.1、6.6.2、6.7、6.8、6.9 和 6.10 的规定。

6.2.4 耐振动

燃气表应能承受正常运输搬运过程中的振动，按 7.4.4 试验后，燃气表应符合 6.6.2、6.7、6.8、6.9 和 6.10 的规定。

6.2.5 耐冲击

燃气表应能承受正常使用状态下的外来冲击力，按 7.4.5 试验后，燃气表应符合 6.6.2、6.7、6.8、6.9 和 6.10 的规定。

6.2.6 耐燃气

切断阀用的橡胶密封材料应具有耐燃气性能。按 7.4.6 试验后，样品的质量变化率不应大于 20%，同时确认样件无变质、变形等问题。

6.3 密封性

6.3.1 内密封性

当切断阀处于关闭状态时,允许的泄漏量不应大于 0.3 dm^3/h。

6.3.2 外密封性

输入 15 kPa 压力的气体时,燃气表不应泄漏。

6.4 耐用性

切断阀在 2.5 kPa 工作压力下,开关 5 000 次后,切断阀的内泄漏量应符合 6.3.1 的规定,并能正常工作。

6.5 压力损失

压力损失应符合 GB/T 6968—2011 中 5.2 的规定。

6.6 计量性能

6.6.1 示值误差

燃气表的示值误差应符合 GB/T 6968—2011 中 5.1 的规定。

6.6.2 机电转换

机电转换应符合 GB/T 6968—2011 附录 C 中 C.3.1.4 的规定。

6.7 安全监控及复位功能

6.7.1 燃气泄漏切断报警

燃气表应具有与燃气泄漏报警器通信的接口,燃气报警器宜具有不完全燃烧报警功能。在正常使用条件下,燃气表收到燃气泄漏报警器传来的报警信号时,应在 10 s 内切断燃气,并输出报警信号。当燃气泄漏报警事件发生时应优先处理燃气泄漏报警事件。

与燃气表连接的燃气泄漏报警器检测到有燃气泄漏时应持续发出报警信号。

6.7.2 流量过载切断报警

在正常使用条件下,流通燃气表的流量超过燃气表最大流量的 1.2 倍时,燃气表应在 120 s 内切断燃气并报警。

6.7.3 异常大流量切断报警

在正常使用条件下,流通燃气表的流量超过燃气用户最大负荷流量的 1.5 倍时,燃气表应在 120 s 内切断燃气并报警。

6.7.4 异常微小流量切断报警

在正常使用条件下,燃气表以低于 2 倍始动流量的流量持续流通时间达到制造商声明的设定值时(最长 10 d),燃气表应切断燃气并报警。

6.7.5 持续流量超时切断报警

在正常使用条件下，当燃气表以任一相对恒定流量持续使用的时间超过制造商声明的设定值时，燃气表应切断燃气并报警。

注：此流量段为2倍始动流量到过载流量之间，宜根据不同的流量大小分段设定不同的使用时间。

6.7.6 燃气压力过低切断报警

在正常使用条件下，燃气表内有燃气流动，持续检测到燃气压力低于0.4 kPa时，燃气表应切断燃气并报警。

6.7.7 长期未使用切断

在正常使用条件下，当燃气表在制造商声明的时间(最长30 d)内未检测到流量应切断燃气。

6.7.8 安全复位

燃气表的复位应符合以下规定：

a) 燃气表应具有方便用户复位操作的装置；

b) 燃气表显示自检完成信息后，在符合复位条件的情况下，人工现场复位；

c) 在人工现场确认安全的情况下，授权才能复位(指具有通信功能，远程复位)。

注：复位条件是指未检测到报警器泄漏报警信号、未检测到低气压、控制器其他功能正常、已授权复位等情况。

6.8 可选功能项

6.8.1 地震感震器动作切断报警

具有地震感震器的燃气表，在正常使用条件下，燃气表附近发生较强地震时，应在强度达到250 gal前，切断燃气并报警。

6.8.2 通信功能

具有通信功能的燃气表，应至少具有以下功能：

a) 远程读表：信息内容至少包括燃气表用气量、工作状态、报警信息、报警器连接状态等；

b) 远程控制：具备远程关阀和远程授权开阀功能；

c) 上传功能：及时主动上传切断报警等信息。

有线通信方式宜按CJ/T 188执行，微功率无线通信方式参考附录A执行。

6.8.3 其他可选功能项

燃气表可配置不降低本标准规定要求的其他附加功能。

6.9 电源管理要求

6.9.1 静态功耗

使用电池供电的燃气表，静态电流不应大于50 μA。

6.9.2 断电保护

当供电中断，燃气表应能关闭切断阀，当恢复供电后，表内数据与断电前一致，不丢失，不错乱。表内数据至少应包括燃气表用气量、报警信息、报警时间、报警器连接状态等，且至少应保存3个月不被刷新。

6.9.3 上电保护

燃气表掉电或电池欠压后重新上电,需人工复位才能开阀。

6.9.4 电源电压下降保护

当燃气表工作电压降至设计欠压值时,应有明确提示,当电源电压继续下降到设计最低工作电压时,应能关闭切断阀,且表内数据不丢失,不错乱。

6.10 提示功能

6.10.1 总体要求

提示功能总体要求如下:

a) 燃气表对工作状态的重要提示信息说明(如电源欠压、切断报警、阀门状态等)应明示在燃气表表体上。

b) 提示信息应清晰、明确。

6.10.2 电源欠压提示

当燃气表工作电压降至设计欠压值时,应有明确提示。

6.10.3 切断报警提示

燃气表应有对切断报警信息的明确提示,且应能明确显示其动作原因。

6.10.4 阀门开闭状态提示

燃气表应有对阀开或阀闭状态的明确提示,如果只有一种状态显示,应显示阀闭状态。

6.10.5 燃气泄漏报警器连接状态提示

燃气表应有对燃气泄漏报警器连接状态的时间记录及提示。

6.11 参数设定功能

燃气表应具有用制造商专用工具设置燃气表参数的功能。

6.12 抗干扰性

6.12.1 静电放电抗扰度

燃气表不应受正常使用状态下产生的静电放电电压影响。经过静电放电抗扰度试验后,应符合6.6.2、6.7、6.8、6.9和6.10的规定。

6.12.2 辐射电磁场抗扰度

燃气表不应受正常使用状态下产生的电磁波影响。经过射频电磁场辐射抗扰度试验后,应符合6.6.2、6.7、6.8、6.9和6.10的规定。

6.12.3 抗磁干扰

在正常使用条件下,外界磁干扰时,燃气表应能正常工作或自动关闭切断阀,信息不丢失,内容不改变。

6.13 外连接线性能

外连接线应符合以下规定：

a) 外连接线应具有明确的极性识别标识；

b) 连接部位应有防止连接线松动或脱落的锁紧机构；

c) 连接线经短路再放开，燃气表应工作正常；

d) 外连接线应具有足够的强度。

6.14 耐久性

燃气表应能承受正常使用的耐用年限。按7.16试验后，样品在测试中和测试完成后应符合6.3、6.6、6.7、6.8、6.9和6.10的规定。

6.15 可靠性(控制部分的平均无故障工作时间MTBF)

控制部分的可靠性(MTBF)下限值应大于2 000 h。

7 试验方法

7.1 试验环境条件

本标准的检验及试验方法，未特别规定试验条件时，均按下列条件实施：

a) 环境温度：(20±15)℃；

b) 环境湿度：相对湿度为(65±20)%；

c) 大气压力：一般为86 kPa～106 kPa；

d) 介质条件：空气或实气。

7.2 试验设备及测试仪器

试验中所用的试验设备及测试仪器见表2。

表2 试验设备及测试仪器

序号	设备名称	技术要求	用途
1	大气压力计	最大允许误差：±2.5 hPa	测量大气压力
2	温度计	分度值：≤0.2 ℃	测量环境温度等
3	湿度计	最大允许误差：±5%(相对湿度)	测量环境湿度
4	稳压电源	电压0 V～36 V连续可调，分度值：≤0.1 V	提供测试电源
5	数字万用表	3位半以上	测量电压、电流
6	调压阀	最大允许误差：±5%	调节气体压力
7	检漏仪	分辨力：≤10 Pa	密封性试验
8	标准流量计	1.0级	流量检测
9	恒压空气源	—	提供空气介质

表 2（续）

序号	设备名称	技术要求	用途
10	秒表	分度值:0.01 s	测量时间
11	压力表	1.0 级	密封性试验
12	永磁体	磁场强度 400 mT～500 mT	磁场干扰试验
13	天平	分度值:1 mg	测量质量
14	电磁兼容试验设备	符合 GB/T 17626.2 和 GB/T 17626.3 的规定	电磁兼容试验
15	温度试验设备	符合 GB/T 2423.1 和 2423.2 的规定	温度试验
16	湿热试验设备	符合 GB/T 2423.3 的规定	湿热试验
17	盐雾试验设备	符合 GB/T 2423.17 的规定	盐雾试验
18	振动试验设备	符合 GB/T 6968—2011 中 6.2.7 的规定	振动试验
19	冲击试验设备	符合 GB/T 6968—2011 中 6.2.8 的规定	冲击试验

7.3 外观试验

目测检查燃气表外观，应符合 6.1 的规定。

7.4 环境条件试验

7.4.1 温度

7.4.1.1 贮存温度

按以下方法进行试验：

a) 低温试验按 GB/T 2423.1 中试验 Ab 执行，试验温度－20 ℃（或制造商声明的更低温度），持续时间 2 h，然后取出在室温下恢复 2 h，检查燃气表应符合 6.2.1.1 的规定；

b) 高温试验按 GB/T 2423.2 中试验 Ab 执行，试验温度 60 ℃（或制造商声明的更高温度），持续时间 2 h，然后取出在室温下恢复 2 h，检查燃气表应符合 6.2.1.1 的规定。

7.4.1.2 工作温度

按以下方法进行试验：

a) 低温试验按 GB/T 2423.1 中试验 Ae 执行，试验温度－10 ℃（或制造商声明的更低温度），持续时间 2 h，在此温度条件下，检查燃气表应符合 6.2.1.2 的规定；

b) 高温试验按 GB/T 2423.2 中试验 Ae 执行，试验温度 40 ℃（或制造商声明的更高温度），持续时间 2 h，在此温度条件下，检查燃气表应符合 6.2.1.2 的规定。

7.4.2 恒定湿热试验

恒定湿热试验按 GB/T 2423.3 执行，将燃气表放在温度（40±2）℃、相对湿度（93±3）%的环境中保持时间 48 h，然后取出在室温下恢复 2 h，检查燃气表应符合 6.2.2 的规定。

7.4.3 耐盐雾试验

耐盐雾试验按 GB/T 2423.17 执行，试验周期为 24 h，然后取出在室温下静置 2 h，试验完成后检查燃气表应符合 6.2.3 的规定。

7.4.4 耐振动试验

耐振动试验按 GB/T 6968—2011 中 6.2.7 执行，试验完成后检查燃气表应符合 6.2.4 的规定。

7.4.5 耐冲击性试验

耐冲击性试验按 GB/T 6968—2011 中 6.2.8 执行，试验完成后检查燃气表应符合 6.2.5 的规定。

7.4.6 耐燃气性试验

耐燃气性试验液体选择正戊烷或 B 溶液，天然气燃具选用正戊烷，人工燃气燃具选用 B 溶液，试验方法按 GB/T 1690 执行，试验完成后结果应符合 6.2.6 的规定。

7.5 密封性试验

7.5.1 内密封性

按图 1 连接好装置或其他等效装置进行试验，切断阀关闭，在进气口分别加入 0.6 kPa 和 15 kPa 的空气压力，打开排气阀，切断阀的密封性应符合 6.3.1 的规定。

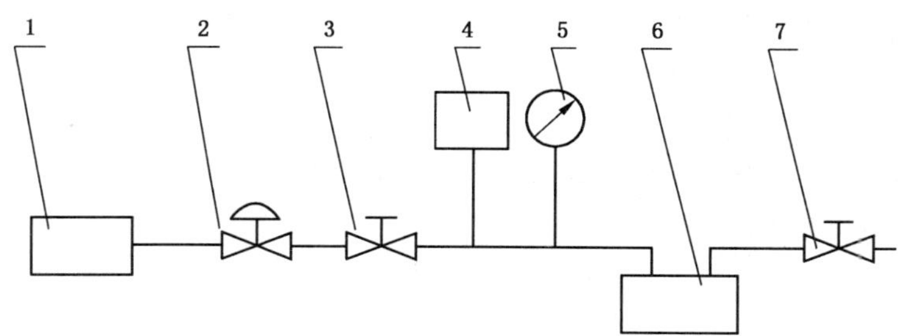

说明：

1——恒压空气源；

2——调压阀；

3——进气阀；

4——检漏仪；

5——压力表；

6——燃气表；

7——排气阀。

图 1 内密封性试验示意图

7.5.2 外密封性

按图 2 连接好装置或其他等效装置进行试验，切断阀打开，关闭排气阀，向燃气表输入 15 kPa 压力的空气后关闭进气阀，保持时间不少于 3min，观察压力表指示值不应下降。

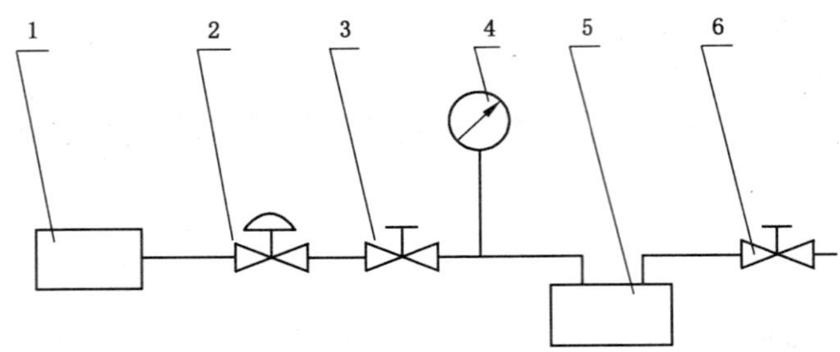

说明：
1——恒压空气源；
2——调压阀；
3——进气阀；
4——压力表；
5——燃气表；
6——排气阀。

图 2 外密封性试验示意图

7.6 耐用性

按图 2 连接好装置或其他等效装置进行试验，将燃气表置于下列恒温环境中，调整燃气表进气口压力为 2.5 kPa，调节流量到 0.2 q_{max}，进行以下试验：

a) 在试验温度(−10±2)℃的条件下，控制切断阀开关操作 1 000 次，再按 7.5.1 方法进行试验，其结果符合 6.3.1 的规定；
b) 在试验温度(40±2)℃的条件下，控制切断阀开关操作 1 000 次，再按 7.5.1 方法进行试验，其结果符合 6.3.1 的规定；
c) 在试验温度(20±2)℃的条件下，控制切断阀开关操作 3 000 次，再按 7.5.1 方法进行试验，其结果符合 6.3.1 的规定。

7.7 压力损失试验

压力损失试验应按 GB/T 6968—2011 中 5.2 执行。

7.8 计量性能

7.8.1 示值误差试验

示值误差试验应按 GB/T 6968—2011 中 5.1 执行。

7.8.2 机电转换试验

机电转换试验应按 GB/T 6968—2011 附录 C 中 C.3.1.4 执行。

7.9 安全监控及复位

7.9.1 燃气泄漏切断报警试验

燃气泄漏切断报警试验按下列操作之一执行：

a) 按图 3 连接好装置，调整燃气表进气口压力为 2.5 kPa，用制造商提供的工具及试验方法使燃气泄漏报警器报警，燃气表收到由燃气泄漏报警器传来的信号时，其结果应符合 6.7.1 的规定。

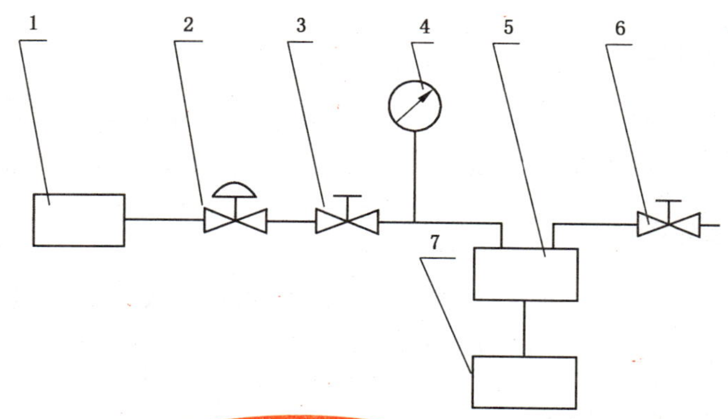

说明：
1——恒压空气源；
2——调压阀；
3——进气阀；
4——压力表；
5——燃气表；
6——排气阀；
7——燃气泄漏报警器。

图 3 燃气泄漏报警切断试验示意图

b) 用模拟报警器报警信号测试，燃气表收到报警信号时，其结果应符合 6.7.1 的规定。

7.9.2 流量过载切断报警试验

按图 4 连接好装置，调整燃气表进气口压力为 2.5 kPa，逐渐调节流量，到流量超过最大流量 1.2 倍时，其结果应符合 6.7.2 的规定。

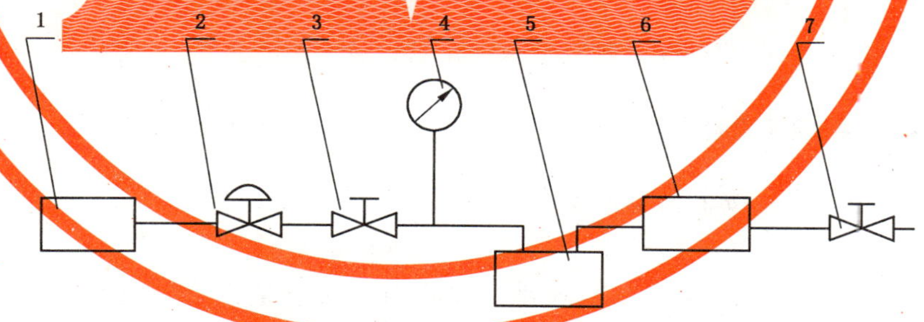

说明：
1——恒压空气源；
2——调压阀；
3——进气阀；
4——压力表；
5——燃气表；
6——标准流量计；
7——排气阀。

图 4 流量过载报警切断试验示意图

7.9.3 异常大流量切断报警试验

按图4连接好装置，调整燃气表进气口压力为2.5 kPa，逐渐调节流量，到流量超过燃气用户最大负荷流量的1.5倍时，其结果应符合6.7.3的规定。

7.9.4 微小流量泄漏切断报警试验

按图4连接好装置，调整燃气表进气口压力为2.5 kPa，将燃气表流量从“零”起，缓慢增加至始动流量值，以此流量持续流通，其结果应符合6.7.4的规定。

7.9.5 持续流量超时切断报警试验

按图4连接好装置，调整燃气表进气口压力为2.5 kPa，调节燃气表流量至使用流量范围内，以此流量持续流通，检查在制造商声明的时间内，其结果应符合6.7.5的规定。

7.9.6 燃气压力过低切断报警试验

按图4连接好装置，调整燃气表进气口压力为2.5 kPa，调节燃气表流量至用户使用流量范围内，调整入口空气压力，使燃气表入口压力缓慢下降至0.4 kPa ～ 0.2 kPa时，其结果应符合6.7.6的规定。

7.9.7 长期未使用切断

按图4连接好装置，关闭排气阀，调整燃气表进气口压力为2.5 kPa，在制造商声明的时间内燃气表没有检测到流量，其结果应符合6.7.7的规定。

7.9.8 安全复位功能试验

按7.9.1～7.9.7、7.10对应的试验方法试验完成后，再按制造商声明的复位操作方法复位，其结果应符合6.7.8的规定。

7.10 可选功能项

7.10.1 地震感震器报警切断试验

地震感震器报警切断试验按下列步骤操作：

a) 型式检验

把燃气表放在振动试验台上，固定好。振动试验机对燃气表全方位(至少包含 X 方向、Y 方向有2方位以上，见图5)施加水平振动，其周期范围自0.3 s起至0.7 s，加速度自9 gal起，以11 gal/s的比率增加，在到达250 gal过程中，切断阀应关闭。

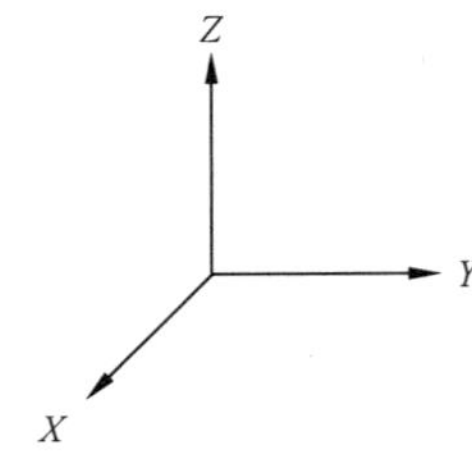

图5 地震感震器报警切断试验示意图

b) 生产检测

在燃气表切断阀开启的情况下，使燃气表倾斜30°，切断阀应关闭。

7.10.2 通信功能试验

用燃气表制造商提供的工具及试验方法测试燃气表的通信功能，其结果应符合 6.8.2 的规定。

7.11 电源管理要求

7.11.1 静态功耗试验

按图 6 连接好装置，开关 K 打至 K3 位，将稳压电源调整至燃气表规定的工作电压范围，开关 K 打至 K2 位，使燃气表正常工作，当燃气表稳定工作后，开关 K 打至 K1 位，电流表测得的静态电流应符合 6.9.1 的规定。

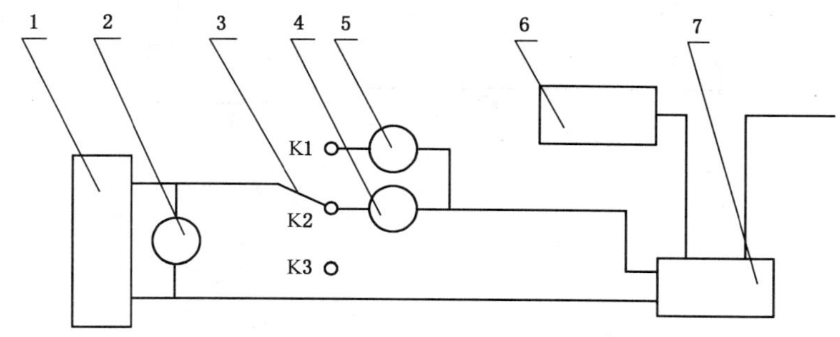

说明：
1——稳压电源；
2——电压表；
3——开关；
4——安培级电流表；
5——微安级电流表；
6——恒压空气源；
7——燃气表。

图 6 静态功耗试验示意图

7.11.2 断电保护试验

在正常工作的情况下，断开燃气表电源，再恢复供电，其结果应符合 6.9.2 的规定。

7.11.3 上电保护试验

燃气表断电后，再恢复供电，其结果应符合 6.9.3 的规定。

7.11.4 电源电压下降保护试验

按图 6 连接好装置，开关 K 打至 K3 位，将稳压电源调整至燃气表规定的工作电压范围，开关 K 打至 K2 位，使燃气表正常工作，缓慢下调稳压电源电压至燃气表的设计欠压值时，应有提示，继续下调稳压电源电压至燃气表的设计最低工作电压值，检查其结果应符合 6.9.4 的规定。

7.12 提示功能试验

7.12.1 提示信息要求

目测检测燃气表的提示信息，其结果应符合 6.10.1 的规定。

7.12.2 电源欠压提示

按图7连接好装置，闭合开关，将稳压电源调整至燃气表规定的工作电压范围，使燃气表正常工作，然后缓慢下调稳压电源的电压至制造商声明的设计欠压值时，按制造商提供的规格书记载的标示方法确认，其结果应符合6.10.2的规定。

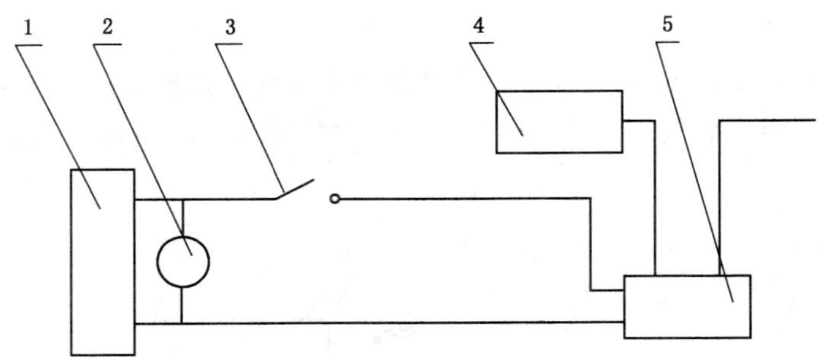

说明：
1——稳压电源；
2——电压表；
3——开关；
4——恒压空气源；
5——燃气表。

图7 电源欠压试验示意图

7.12.3 切断报警提示

完成7.9试验后，按制造商提供的规格书记载的标示方法确认，其结果应符合6.10.3的规定。

7.12.4 阀门开闭状态提示

用特殊工具或设定操作使切断阀关闭，其结果应符合6.10.4的规定。

7.12.5 泄漏报警器连接状态提示

按制造商提供的规格书记载的标示方法确认，其结果应符合6.10.5的规定。

7.13 参数设定功能试验

参数设定功能试验按下列步骤操作：

a) 按制造商提供的参数设定方法设定燃气泄漏切断报警时间，按7.9.1的方法试验，其结果应符合6.7.1的规定。
b) 按制造商提供的参数设定方法设定燃气流量过载切断报警时间，按7.9.2的方法试验，其结果应符合6.7.2的规定。
c) 按制造商提供的参数设定方法设定异常大流量值及切断报警时间，按7.9.3的方法试验，其结果应符合6.7.3的规定。
d) 按制造商提供的参数设定方法设定微小流量切断报警时间，按7.9.4的方法试验，其结果应符合6.7.4的规定。
e) 按制造商提供的参数设定方法设定持续流量值(相对恒定流量)及切断报警时间，按7.9.5的方法试验，其结果应符合6.7.5的规定。

f) 按制造商提供的参数设定方法设定燃气表长期未使用切断报警时间，按 7.9.7 的方法试验，其结果应符合 6.7.7 的规定。

7.14 抗干扰性试验

7.14.1 静电放电抗扰度试验

按 GB/T 17626.2 进行试验，试验等级 3 级，其结果应符合 6.12.1 的规定。

7.14.2 射频电磁场抗扰度试验

按 GB/T 17626.3 进行试验，试验等级 3 级，其结果应符合 6.12.2 的规定。

7.14.3 磁干扰防护功能试验

使燃气表正常工作，用一块 400 mT～500 mT 磁铁贴近燃气表的任何部位，检测燃气表的工作状态，其结果应符合 6.12.3 的规定。

7.15 外连接线性能试验

外连接线性能试验按下列步骤操作：

a) 连接线极性确认。连接线有极性要求的，目测检查连接线应有明确的极性标识，应能识别其极性。

b) 连接部位锁紧机构确认。目测检查连接线与燃气表的连接部位应有防止连接线松动或脱落的锁紧机构。

c) 连接线短路试验。在正常工作状态下，将连接线接成短路状态后再放开，实施 7.9.1 燃气泄漏切断报警试验，确认其结果应符合 6.7.1 的规定。实施 7.9.8 安全复位功能试验，其结果应符合 6.7.8 的规定。

d) 连接线强度试验。在连接线引出面的垂直方向加 30 N 力向内推和向外拉各 15 s，目测检查连接线及连接件应无异常；实施 7.9.1 燃气泄漏切断报警试验，确认其结果应符合 6.7.1 的规定；实施 7.9.8 安全复位功能试验，其结果应符合 6.7.8 的规定。

7.16 耐久性试验

抽取耐久性试验所用样表不少于 3 只。

用实气（如果制造商证明燃气表的材料对气体成分不敏感，可以选用空气）以 q_{max} 运行受试燃气表，在 120 d 内以连续或断续的方式，累计运行不小于 2 000 h 对应的体积量，其结果应符合 6.14 的规定。运行步骤如下：

a) 在低温（－10±2）℃（或声称的更低温度）条件下，试验时间不小于 600 h；

b) 在常温（20±2）℃，相对湿度为（65±20）%条件下，试验时间不小于 800 h；

c) 在高温（40±2）℃（或声称的更高温度），相对湿度为（65±20）%条件下，试验时间不小于 600 h。

7.17 可靠性试验（控制部分的平均无故障时间 MTBF）

可靠性试验在下列条件下按 GB/T 5080.7—1986 第 5 章表 12 定时（定数）截尾试验方案 5.9 进行试验。具体操作如下：

a) 在常温下选取 32 台样表和 5 台备用表分别对 6.6.2、6.7、6.8、6.9 和 6.10 进行试验，且每项功能至少每 24 h 进行一次试验。

b) 用空气以各项功能试验对应的流量、额定工作电压运行受试燃气表。

c) 记录每次发生的失效的时间及故障现象。若发生失效的试验样表，应立即用备用样表。

d）试验经过 168 h，如果未出现失效，即可推断 MTBF 下限值达到 2 000 h 以上，判定产品可靠性合格，结束试验。

e）当有出现失效时，继续运行 336 h，试验结束。当失效样表台数小于或等于 2 台时，MTBF 下限值达到 2 000 h 以上，判定产品可靠性试验合格；当失效样表台数大于或等于 3 台时，判定产品可靠性试验不合格。

32 台样表及 5 台备用表在进行可靠性试验前应符合 6.6.2、6.7、6.8、6.9 和 6.10 的规定。

8 检验规则

8.1 出厂检验

8.1.1 产品应已经通过型式检验。

8.1.2 燃气表出厂时应按表 3 中所列项目逐项检验。

表 3 检验项目要求

项目名称			出厂检验	型式检验	技术要求	试验方法	缺陷分类	
							A	B
外观			●	●	6.1	7.3		√
环境条件	温度	贮存温度	—	●	6.2.1.1	7.4.1.1		√
		工作温度	—	●	6.2.1.2	7.4.1.2		√
	恒定湿热		—	●	6.2.2	7.4.2		√
	耐盐雾		—	●	6.2.3	7.4.3		√
	耐振动		—	●	6.2.4	7.4.4		√
	耐冲击		—	●	6.2.5	7.4.5		√
	耐燃气		—	●	6.2.6	7.4.6	√	
密封性	内密封性		●	●	6.3.1	7.5.1	√	
	外密封性		●	●	6.3.2	7.5.2	√	
耐用性			—	●	6.4	7.6		√
压力损失			●	●	6.5	7.7		√
计量要求	示值误差		●	●	6.6.1	7.8.1		√
	机电转换		●	●	6.6.2	7.8.2		√
安全监控及复位	燃气泄漏切断报警		●	●	6.7.1	7.9.1	√	
	流量过载切断报警		●	●	6.7.2	7.9.2	√	
	异常大流量切断报警		⊙	●	6.7.3	7.9.3	√	
	微小流量泄漏切断报警		⊙	●	6.7.4	7.9.4	√	
	持续流量超时切断报警		⊙	●	6.7.5	7.9.5	√	
	燃气压力过低切断报警		●	●	6.7.6	7.9.6	√	
	长期未使用切断		⊙	●	6.7.7	7.9.7	√	
	安全复位		●	●	6.7.8	7.9.8	√	

表 3（续）

项目名称		出厂检验	型式检验	技术要求	试验方法	缺陷分类	
						A	B
可选功能项	地震感震器动作切断报警	▲	▲	6.8.1	7.10.1	√	
	通信功能	▲	▲	6.8.2	7.10.2		√
电源管理要求	静态功耗	●	●	6.9.1	7.11.1		√
	断电保护	●	●	6.9.2	7.11.2	√	
	上电保护	●	●	6.9.3	7.11.3	√	
	电源电压下降保护	●	●	6.9.4	7.11.4	√	
提示功能	总体要求	●	●	6.10.1	7.12.1		√
	电源欠压	●	●	6.10.2	7.12.2		√
	切断报警	●	●	6.10.3	7.12.3		√
	阀门开闭状态	●	●	6.10.4	7.12.4		√
	泄漏报警器连接状态提示	●	●	6.10.5	7.12.5		√
参数设定功能		⊙	●	6.11	7.13		√
抗干扰性能	静电放电抗扰度	—	●	6.12.1	7.14.1		√
	射频电磁场抗扰度	—	●	6.12.2	7.14.2		√
	抗磁干扰	●	●	6.12.3	7.14.3	√	
连接线性能		⊙	●	6.13	7.15		√
耐久性		—	●	6.14	7.16	√	
可靠性		—	●	6.15	7.17	√	
A 类不合格不允许出现；B 类不合格，指能够造成故障或严重降低产品实用性的缺陷。 抽样标准按 GB/T 2828.1 执行。 **注**：●为必检项目；▲为可选功能项检验项目；⊙为抽检项目；—为不检项目。							

8.1.3 项目检验要求及缺陷分类应符合表 3 规定。

8.2 型式检验

8.2.1 有下列情况之一时，应进行型式检验：

a) 新产品定型时；

b) 正式生产后，如结构、材料、工艺有较大改变，可能影响产品性能时；

c) 产品停产一年以上，再恢复生产时；

d) 国家质量监督机构提出进行型式检验时。

8.2.2 型式检验抽样方法应按 GB/T 2829 执行，但每次型式检验不应少于 3 台。

8.2.3 制造商进行产品型式检验时，应提供产品技术使用说明书及与样品所具有功能配套的符合相应国家或行业标准的配件（如报警器等）。

8.2.4 检验项目按表 3 中所列项目试验，试验方法按第 7 章对应条款执行。

9 标识、包装、运输与贮存

9.1 标识

9.1.1 燃气表铭牌应标明以下内容：

a) 计量器具生产许可证编号；

b) 产品名称、型号规格；

c) 出厂编号；

d) 制造年份；

e) 制造厂名或商标；

f) 最大工作压力(kPa)；

g) 回转体积 $V_c(dm^3)$；

h) 最大流量值 q_{max} 和最小流量值 $q_{min}(m^3/h)$；

i) 准确度等级；

j) 机电转换值；

k) 工作电压。

9.1.2 燃气表上应有明显表示气流方向的永久性标识。

9.2 包装

9.2.1 燃气表出厂时进出气口应设置防止异物进入表内的保护设施。

9.2.2 包装箱的图示标志应符合 GB/T 191 的规定。

9.2.3 包装箱内应装有产品使用说明书和合格证。

9.3 运输与贮存

9.3.1 在运输中应防止强烈振动、挤压、碰撞、潮湿、倒置、翻滚等。

9.3.2 贮存燃气表的环境应通风良好，无腐蚀性气体并应符合以下规定：

a) 贮存环境温度－20 ℃～＋60 ℃；

b) 相对湿度：≤85％；

c) 贮存时间不应超过 6 个月，超过 6 个月应重新进行性能检测。

附 录 A
（资料性附录）
切断型膜式燃气表无线通信接口

A.1 概要

切断型膜式燃气表可以与系统其他部件通过无线信号进行通信，例如手持式抄读设备、中继器或采集器、集中器或者系统其他无线网络部件。

A.2 无线接口主要特性

主要特性见表A.1。

表 A.1 主要特性

无线速率	频率范围	调制方式	编码方式
38.4 kbps	470 MHz～510 MHz	GFSK	曼彻斯特编码

A.3 通信性能参数

通信性能参数见表A.2。

表 A.2 通信性能参数

特性	符号	最小值	典型值	最大值	单位	备注
发射功率				50	mW(e.r.p)	
中心频率		470.000	470.800(默认值)	510.000	MHz	
频率容限			100		1×10^{-6}	
占用带宽				200	kHz	
无线通信空中编码	Fchip		38.4		kcps	
灵敏度	Po		−100		dBm	38.4 kbps，20 bytes，1%BER
数据波特率(曼彻斯特编码)			Fchip ×½		kps	
引导码		32			chips	
同步码			32		chips	

ICS 75.160.30
P 45

中华人民共和国城镇建设行业标准

CJ/T 341—2010

混 空 轻 烃 燃 气

Air-light hydrocarbon mixing gas

2010-07-29 发布　　　　2011-01-01 实施

中华人民共和国住房和城乡建设部　　发 布

前　　言

本标准的附录A为资料性附录。

本标准由住房和城乡建设部标准定额研究所提出。

本标准由住房和城乡建设部城镇燃气标准技术归口单位归口。

本标准起草单位：中国城市燃气协会、北京市公用事业科研所、内蒙古晔路盛燃气工程有限公司、上海浦东新区海科集团公司、山西亿德燃气有限公司、北京市公用工程设计监理公司、武汉松安节能燃气工程有限公司、上海联翔置业有限公司、中国能源投资集团股份有限公司。

本标准主要起草人：张榕林、王天锡、张路、沈凯民、迟国敬、刘玉德、徐静、汪隆毓、刘松安、张湘婷、丁淑兰、沈修泉。

混空轻烃燃气

1 范围

本标准规定了混空轻烃燃气的要求、试验方法及检验规则。

本标准适用于城镇居民生活、商业和工业企业使用的混空轻烃燃气。

2 规范性引用文件

下列文件中的条款通过本标准的引用而成为本标准的条款。凡是注日期的引用文件，其随后所有的修改单(不包括勘误的内容)或修订版均不适用于本标准，然而，鼓励根据本标准达成协议的各方研究是否可使用这些文件的最新版本。凡是不注日期的引用文件，其最新版本适用于本标准。

GB/T 511 石油产品和添加剂机械杂质测定法(重量法)

GB 1884 石油和液体石油产品密度测定法(密度计法)

GB 4756 石油液体手工取样法

GB 5096 石油产品铜片腐蚀试验法

GB/T 6536 石油产品蒸馏测定法

GB/T 8017 石油产品蒸气压测定法(雷德法)

GB 9053—1998 稳定轻烃

GB/T 13610 天然气的组成分析 气相色谱法

GB/T 17283 天然气水露点的测定 冷却镜面凝析湿度计法

GB/T 18605.1 天然气中硫化氢含量的测定 第1部分：醋酸铅反应速率双光路检测法

GB/T 18605.2 天然气中硫化氢含量的测定 第2部分：醋酸铅反应速率单光路检测法

GB/T 19206 天然气用有机硫化物加臭剂的要求和测试方法

GB 50494 城镇燃气技术规范

NY 313—1997 轻烃民用燃料

SH/T 0232 液化石油气铜片腐蚀试验法

SH/T 0253 轻质石油产品中总硫含量测定法(电量法)

SY/T 7504 原油中正辛烷及以前烃组分分析 气相色谱法

3 术语和定义

以下术语和定义适用于本标准。

3.1

轻烃原料 light hydrocarbon fuel

以 C_5 为主并符合混空轻烃燃气要求的液体轻烃。

3.2

混空轻烃燃气 air-light hydrocarbon mixing gas

轻烃原料经过工艺装置气化、与空气按一定比例充分混合配制成的可燃气体。

4 轻烃原料

轻烃原料的质量指标和试验方法应符合表1的规定。

表 1　轻烃原料的质量指标和试验方法

序号	项　　目	质量指标	试验方法
1	密度/(kg/m³)(15 ℃)	≤660	GB/T 1884
2	蒸汽压(绝对)(37.8 ℃)/kPa	≤180	GB/T 8017
3	馏程 5%　蒸发温度/℃ 85%　蒸发温度/℃ 100%　蒸发温度/℃	 ≤1 ≤40 ≤65	GB/T 6536
4	低热值/(MJ/kg)	>45	SY/T 7504
5	铜片腐蚀[a](40 ℃,3 h)/级	≤1	GB 5096
6	总硫含量/(mg/m³)	≤340	SH/T 0253
7	机械杂质及游离水分[b]	无	目测 GB/T 511
8	双烯烃/%[c]	≤1	NY 313—1997 附录 A

a　轻烃原料的蒸汽压大于 124 kPa 时，按照 SH/T 0232 进行；

b　在(20±3) ℃下目测在透明液体中无不溶水及机械杂质，如有争议用 GB/T 511 方法进行测定；

c　双烯烃总含量折算为环戊二烯烃。

5　要求

5.1　混空轻烃燃气的质量应符合 GB 50494 和表 2 的要求。

表 2　混空轻烃燃气质量要求

序号	项　　目	质　量　要　求	
		Ⅰ类	Ⅱ类
1	轻烃在混空燃气中的体积含量/%	>16.6	>12.5
2	低热值/(MJ/m³)	>24.8	>18.6
3	烃露点	比管外壁温度低 5 ℃	
4	加臭剂量	爆炸下限 20%时能察觉	
5	硫化氢含量/(mg/m³)	≤20	

5.2　当采用Ⅱ类燃气时，应采取可靠的防止混合气中可燃气体的体积分数达到爆炸极限的措施。独立供气站的流量不应大于 1 500 m³/h。

5.3　混空轻烃燃气的特性值可按附录 A 计算。

5.4　混空轻烃燃气的华白数 W 的波动值应小于±10%。

6　试验方法

6.1　轻烃含量在混空燃气中的体积分数按 GB/T 13610 检测。

6.2　混空轻烃燃气低热值按 GB/T 13610 检测。

6.3　混空轻烃燃气露点温度按 GB/T 17283 检测。

6.4　混空轻烃燃气加臭量按 GB/T 19206 检测。

6.5　混空轻烃燃气中硫化氢含量按 GB/T 18605.1 或 GB/T 18605.2 检测。

7 检验规则

7.1 轻烃原料

7.1.1 混空轻烃燃气生产单位宜根据表1的规定，要求轻烃原料供应商按GB 4756规定取样，提供产品质量检验报告。

7.1.2 当缺乏完整检验报告时混空轻烃燃气生产单位对入库的轻烃原料至少应对组分、热值、密度及饱和蒸气压进行检验。

7.1.3 混空轻烃燃气生产单位应抽查交付时产品的质量。当发现产品不符合规定的质量标准时，可提出复检，保留样品及分析结果，并请仲裁单位裁决。

7.1.4 检验结果若密度或双烯烃一项不合格，应重新抽取二倍样品进行复检，如仍不合格则判定该批产品为不合格。

7.2 混空轻烃燃气

7.2.1 采样地点应在管网最远终端处。

7.2.2 燃气供应商应在原料变更时或每周一次测定其热值、华白数及烃露点。

7.2.3 燃气供应商对所生产的混气热值应随时进行检测，如不符合表2要求即判定为不合格，应及时进行调整。

7.2.4 装有热值、华白数等自动测试仪时，应随时检查记录仪表的测量值。

附　录　A
（资料性附录）
混空轻烃燃气特性

A.1　单一气体特性值

常用轻烃单一气体特性值可按表 A.1 的规定采用。

表 A.1　常用轻烃单一气体特性值（15 ℃，101.325 kPa，干）

成　分	相对密度 d	热值/(MJ/m^3)		爆炸极限(上/下)(体积分数)/%
		H_i	H_s	
1-丁烯(C_4H_8)	1.966 3	110.783 5	118.536 1	10/1.6
正丁烷($n\text{-}C_4H_{10}$)	2.085 2	116.476 6	126.207 3	8.5/1.5
异丁烷($i\text{-}C_4H_{10}$)	2.072 3	115.954 0	125.640 9	8.5/1.8
正戊烷($n\text{-}C_5H_{12}$)	2.657 5	147.684 1	159.722 5	8.3/1.4
异戊烷($i\text{-}C_5H_{12}$)	2.625 5	145.664 6	157.552 7	8.47/1.3
新戊烷($nco\text{-}C_5H_{12}$)	2.606 2	143.968 5	155.769 6	8.48/1.3
己烷(C_6H_{14})	3.257 1	180.065 7	194.468 8	7.5/1.2
异己烷(2-甲基戊烷)($i\text{-}C_6H_{14}$)	3.253 6	179.518 6	193.905 9	7.43/1.1
新己烷(2,2 二甲基丁烷)(C_6H_{14})	3.194 1	175.789 5	189.924 8	7.43/1.1

注 1：干空气的真实气体密度：ρ_{air}(288.15 K，101.325 kPa)＝1.225 4 kg/m^3。

注 2：爆炸极限也可采用公式计算确定(表中异戊烷至己烷为计算值)。

A.2　混空轻烃燃气露点

A.2.1　计算公式

轻烃混空气中气液平衡时轻烃的蒸气分压可按式(A.1)进行计算：

$$P=\frac{1}{\sum(r_i/p_i')} \qquad \text{(A.1)}$$

式中：

P——轻烃混空气中气液平衡时轻烃的蒸气分压(Pa，绝)；

r_i——该组分在轻烃气相中的体积分数(%)；

p_i'——轻烃混合液体中该组分的蒸气压(Pa，绝)。

A.2.2　计算步骤

A.2.2.1　轻烃原料蒸气压

a)　轻烃原料蒸气压可按式(A.2)进行计算：

$$\log P=A-\frac{B}{t+C}+2.125 \qquad \text{(A.2)}$$

式中：

t——液体温度(℃)；

P——t 时蒸汽压(Pa，绝)；

A、B、C——与碳氢化合物种类有关的系数，按表 A.2 安托内公式的常数采用。

表 A.2 安托内公式的常数

名　称	A	B	C
正戊烷	6.852	1 065	232
异戊烷	6.790	1 020	233.1

b) 根据环境温度,C5、C6 饱和蒸气压可按有关图表的规定采用。

A.2.2.2 混空轻烃燃气的蒸气分压

按管道输送的压力确定,管道输送压力不应低于 103 kPa(绝)。

A.2.2.3 露点计算

按比管外壁温度低 5 ℃确定轻烃混空气的露点温度,可分别按 −5 ℃、−2.5 ℃、0 ℃和公式(A.1)试算,当计算结果公式两边相等时,完成露点计算。

A.3 爆炸极限计算公式

A.3.1 爆炸下限可按式(A.3)进行计算:

$$L=\frac{4.3\times 10^{6}}{M\times \Delta H_{\mathrm{i}}} \qquad (A.3)$$

式中:

L——可燃物的爆炸下限(可燃物体积分数);

M——可燃物的相对分子量;

ΔH_{i}——可燃物的低热值,单位为千焦每千克(kJ/kg)。

A.3.2 爆炸上限可按式(A.4)进行计算:

$$R=L+\frac{143}{M^{0.7}} \qquad (A.4)$$

式中:

R——可燃物的爆炸上限(体积分数);

L——可燃物的爆炸下限(体积分数);

M——可燃物的相对分子量。

ICS 91.140
P 45

中华人民共和国城镇建设行业标准

CJ/T 513—2018

城镇燃气设备材料分类与编码

Classification and coding of city gas equipments and materials

2018-03-20 发布　　2018-11-01 实施

中华人民共和国住房和城乡建设部　发布

前　言

本标准按照 GB/T 1.1—2009 给出的规则起草。

本标准由住房和城乡建设部标准定额研究所提出。

本标准由住房和城乡建设部燃气标准化技术委员会归口。

本标准起草单位:北京市燃气集团有限责任公司、港华投资有限公司、重庆燃气集团股份有限公司、中国燃气控股有限公司、新奥(中国)燃气投资有限公司、石化盈科信息技术有限责任公司、北京市煤气热力工程设计院有限公司、上海飞奥燃气设备有限公司、北京市公用工程设计监理有限公司、杭州市燃气集团、北京信息科技大学。

本标准主要起草人:韩金丽、李清、金洁羽、张大兵、闫喜彬、方喜群、翁丽红、齐研科、杨颖、刘智生、梁光胜、葛涛、万德民、蔡春久、杨炯、曹晖、田雅杰、李伟锋、张伟。

城镇燃气设备材料分类与编码

1 范围

本标准规定了城镇燃气设备材料的分类方法与编码规则、分类及其代码。

本标准适用于城镇燃气行业所属各型企业的城镇燃气设备材料分类管理，包括：

——管材；

——管件及其他连接材料；

——阀门；

——仪器仪表；

——防腐绝热材料；

——工艺设备；

——动力设备；

——法兰、紧固件、密封件；

——机械机具；

——气体与石油及化工产品；

——用气产品及配件；

——安全消防与劳动保护用品；

——建材及五金产品；

——通信器材与电子工业产品；

——电气电工设备与材料；

——实验用品。

2 规范性引用文件

下列文件对于本文件的应用是必不可少的。凡是注日期的引用文件，仅注日期的版本适用于本文件。凡是不注日期的引用文件，其最新版本(包括所有的修改单)适用于本文件。

GB/T 150(所有部分) 压力容器

GB/T 706 热轧型钢

GB/T 1227 精密压力表

GB/T 1499.2 钢筋混凝土用钢 第2部分:热轧带肋钢筋

GB/T 3091 低压流体输送用焊接钢管

GB/T 3274 碳素结构钢和低合金结构钢热轧钢板和钢带

GB/T 3277 花纹钢板

GB/T 3280 不锈钢冷轧钢板和钢带

GB/T 3287 可锻铸铁管路连接件

GB/T 4213 气动调节阀

GB/T 4237 不锈钢热轧钢板和钢带

GB/T 5310 高压锅炉用无缝钢管

GB/T 5842 液化石油气钢瓶

GB/T 6479 高压化肥设备用无缝钢管
GB 6932 家用燃气快速热水器
GB/T 6968 膜式燃气表
GB/T 7920.6 建筑施工机械与设备打桩设备 术语和商业规格
GB/T 8163 输送流体用无缝钢管
GB/T 8511 振动压路机
GB/T 8590 推土机 术语
GB/T 9711 石油天然气工业 管线输送系统用钢管
GB/T 9948 石油裂化用无缝钢管
GB/T 10180 工业锅炉热工性能试验规程
GB/T 10869 电站调节阀
GB 11174 液化石油气
GB/T 11253 碳素结构钢冷轧薄钢板及钢带
GB/T 12235 石油、石化及相关工业用钢制截止阀和升降式止回阀
GB/T 12237 石油、石化及相关工业用的钢制球阀
GB/T 12238 法兰和对夹连接弹性密封蝶阀
GB/T 12240 铁制旋塞阀
GB/T 12241 安全阀 一般要求
GB/T 12337 钢制球形储罐
GB/T 12459 钢制对焊管件 类型与参数
GB/T 12777 金属波纹管膨胀节通用技术条件
GB/T 13277.1 压缩空气 第1部分:污染物净化等级
GB/T 13295 水及燃气用球墨铸铁管、管件和附件
GB/T 14193 液化气体气瓶充装规定
GB/T 14382 管道用三通过滤器
GB/T 14383 锻制承插焊和螺纹管件
GB/T 14525 波纹金属软管通用技术条件
GB/T 14976 流体输送用不锈钢无缝钢管
GB/T 15558.1 燃气用埋地聚乙烯(PE)管道系统 第1部分:管材
GB/T 15558.2 燃气用埋地聚乙烯(PE)管道系统 第2部分:管件
GB/T 15558.3 燃气用埋地聚乙烯(PE)管道系统 第3部分:阀门
GB/T 15969 可编程序控制器 第3部分:编程语言
GB 16163 瓶装气体分类
GB 16410 家用燃气灶具
GB/T 16411 家用燃气用具通用试验方法
GB/T 17258 汽车用压缩天然气钢瓶
GB/T 17371 硅酸盐复合绝热涂料
GB/T 17731 镁合金牺牲阳极
GB 17820 天然气
GB/T 18033 无缝铜水管和铜气管
GB 18047 车用压缩天然气

GB/T 18362 直燃型溴化锂吸收式冷(温)水机组

GB/T 18604 用气体超声流量计测量天然气流量

GB/T 18940 封闭管道中气体流量的测量 涡轮流量计

GB/T 18997 铝塑复合压力管

GB 19206 天然气用有机硫化合物加臭剂的要求和测试方法

GB/T 19228.1 不锈钢卡压式管件组件 第1部分:卡压式管件

GB/T 19228.2 不锈钢卡压式管件组件 第2部分:连接用薄壁不锈钢管

GB/T 19229 燃煤烟气脱硫设备

GB/T 19237 汽车用压缩天然气加气机

GB/T 19238 汽车用液化石油气加气机

GB/T 20368 液化天然气(LNG)生产、储存和装运

GB/T 20529 企业信息分类编码导则

GB/T 20727 封闭管道中流体流量的测量 热式质量流量计

GB/T 20776 起重机械分类

GB/T 21448 埋地钢质管道阴极保护技术规范

GB/T 21785 实验室玻璃器皿 密度计

GB/T 22069 燃气发动机驱动空调(热泵)机组

GB/T 22357 土方机械 机械挖掘机 术语

GB/T 23257 埋地钢质管道聚乙烯防腐层

GB 25034 燃气采暖热水炉

GB/T 25626 冲击压路机

GB/T 25922 封闭管道中流体流量的测量 用安装在充满流体的圆形截面管道中的涡街流量计测量流量的方法

GB/T 26002 燃气输送用不锈钢波纹软管及管件

GB/T 26255 燃气用聚乙烯管道系统的机械管件

GB 27790 城镇燃气调压器

GB 27791 城镇燃气调压箱

GB/T 28055 钢质管道带压封堵技术规范

GB/T 28473.1 工业过程测量和控制系统用温度变送器 第1部分:通用技术条件

GB/T 28474 工业过程测量和控制系统用压力/差压变送器

GB 50028 城镇燃气设计规范

GB 50236 现场设备、工业管道焊接工程施工规范

GB/T 50392 机械通风冷却塔工艺设计规范

CB/T 3782 油漆产品物资分类与代码

CJJ 145 燃气冷热电三联供工程技术规程

CJJ/T 153 城镇燃气标志标准

CJ/T 28 中餐燃气炒菜灶

CJ/T 112 IC卡膜式燃气表

CJ/T 125 燃气用钢骨架聚乙烯塑料复合管及管件

CJ/T 180 建筑用手动燃气阀门

CJ/T 197 燃气用具连接用不锈钢波纹软管

CJ/T 394　电磁式燃气紧急切断阀
CJ/T 435　燃气用铝合金衬塑复合管材及管件
CJ/T 447　管道燃气自闭阀
CJ/T 448　城镇燃气加臭装置
CJ/T 451　商用燃气燃烧器具通用技术条件
CJ/T 490　燃气用具连接用金属包覆软管
CJ/T 491　燃气用具连接用橡胶复合软管
CJ/T 503　无线远传膜式燃气表
JB/T 5910　电除尘器
JB/T 7385　气体腰轮流量计
JB/T 7387　工业过程控制系统用电动控制阀
JB/T 7486　温度传感器系列型谱
JB/T 8214.7　QDZ 气动单元组合仪表　压力变送器
SY/T 0076　天然气脱水设计规范
SY/T 0414　钢质管道聚乙烯胶粘带防腐层技术标准
SY/T 0516　绝缘接头与绝缘法兰技术规范
SY/T 5257　油气输送用钢制感应加热弯管
SY/T 6535　高压气地下储气井
TSG D2002　燃气用聚乙烯管道焊接技术规则

3　术语和定义、缩略语

3.1　术语和定义

下列术语和定义适用于本文件。

3.1.1

城镇燃气设备材料　city gas equipments and materials

与城镇燃气供应系统建设运维相关的管材、管件及其他连接材料、阀门、仪器仪表、防腐绝热材料、工艺设备、动力设备、法兰、紧固件、密封件、机械机具、气体与石油及化工产品、用气产品及配件、安全消防与劳动保护用品、建材及五金产品、通信器材与电子工业产品、电气电工设备与材料、实验用品等材料的总称。

3.1.2

城镇燃气设备材料分类　classification of city gas equipments and materials

依据某种共同属性对城镇燃气设备材料进行划分的方法。

3.1.3

城镇燃气设备材料代码　code of city gas equipments and materials

标定特定城镇燃气设备材料分类的一个或一组字符。

3.1.4

城镇燃气设备材料代码结构　code structure of city gas equipments and materials

城镇燃气设备材料代码的字符排列的逻辑顺序。

3.1.5

城镇燃气设备材料编码　coding of city gas equipments and materials

为城镇燃气设备材料赋予城镇燃气设备材料代码的过程。依靠预先规定的方法将设备材料用字母、数字的形式表达出来。

3.1.6

城镇燃气设备材料描述规则　descripting regularity of city gas equipments and materials

为解决设备材料描述的规范化问题，对城镇燃气设备材料进行的描述性定义。生成的每一种设备材料自然属性的具体描述，包括城镇燃气设备材料主要自然属性、取值范围和相互关系。

3.1.7

特征量　feature value

对特定城镇燃气设备材料自然属性的具体表述，城镇燃气设备材料的自然属性可由多个特征量组成。

3.2　缩略语

下列缩略语适用于本文件。

BOG　闪蒸汽(boiled off gas)

CNG　压缩天然气(compressed natural gas)

EAG　放散气(emission ambient gas)

EPS　应急电源(emergency power supply)

GIS　全封闭组合电器(gas insulated switchgear)

LNG　液化天然气(liquefied natural gas)

LPG　液化石油气(liquefied petroleum gas)

PE　聚乙烯(polyethylene)

PLC　可编程逻辑控制器(programmable logic controller)

PPR　无规共聚聚丙烯(polypropylene random)

PVC　聚氯乙烯(polyvinyl chloride)

RTU　远程终端控制单元(remote terminal unit)

UPS　不间断电源(uninterrupted power supply)

4　城镇燃气设备材料分类方法与编码规则

4.1　分类方法

按 GB/T 20529《企业信息分类编码导则》的基本要求，将城镇燃气设备材料划分为大类、中类、小类 3 级。

4.2　代码编码规则

城镇燃气设备材料代码由 14 位数字串组成。前 6 位数字串代表燃气设备材料大、中、小类的分类代码；第 7 位为连接码，用数字“6”表达；第 8～14 位数字串代表燃气设备材料的企业自定码，由企业自定义。

城镇燃气设备材料代码的结构如图 1 所示。

设备材料分类码采取层次化嵌套数字表达方式，1～2 位表示某城镇燃气设备材料大类代码，1～4 位表示该大类所属的中类代码，1～6 位表示该中类所属的小类代码。所采用代码应符合第 5 章的规定。

城镇燃气设备材料分类码各层数字应全部按升序排列，设备材料大类代码从数字“01”开始，连续排列；中类代码从数字“0101”开始以奇数排列；小类代码从数字“010102”开始以偶数排列。各层数字代码分别最多可编至“99”“××99”、“××××99”。

城镇燃气设备材料代码的后8位采用连接码“6”与7位企业自定码连接的结构。

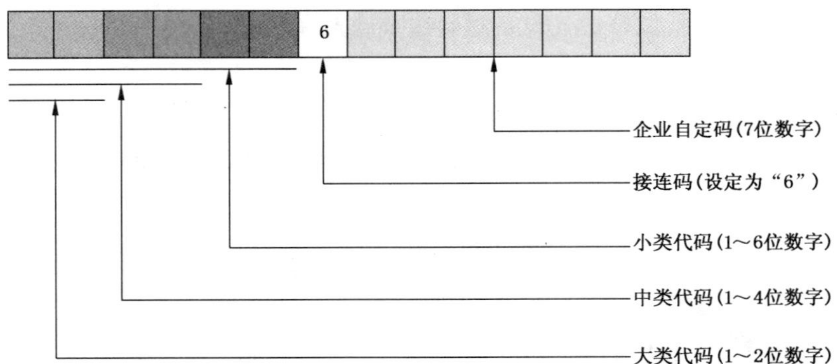

图1 城镇燃气设备材料代码结构图

示例：01010260000001

表示外径为325 mm，壁厚为8 mm，防腐形式为3PE，防腐级别为加强级，材质为20＃，计量单位为m，物料名称为无缝钢管GB/T 8163的设备材料代码。

4.3 代码的数据库表设计

城镇燃气设备材料代码的数据库表设计，宜采取设备材料分类代码与设备材料企业自定码分字段存储的形式。

4.4 描述规则

城镇燃气设备材料的描述参见附录A。

5 城镇燃气设备材料分类及其代码

5.1 管材

管材分类及代码应符合表1的规定。

表1 管材分类及代码

大类代码	大类名称	中类代码	中类名称	小类代码	小类名称	分类说明
01	管材	0101	无缝钢管	010102	无缝钢管 GB/T 8163	同类防腐管归为此类。执行GB/T 8163
				010104	无缝钢管 GB/T 9711	同类防腐管归为此类。执行GB/T 9711
				010106	无缝钢管 GB/T 5310	同类防腐管归为此类。执行GB/T 5310
				010108	无缝钢管 GB/T 6479	同类防腐管归为此类。执行GB/T 6479
				010110	无缝钢管 GB/T 9948	同类防腐管归为此类。执行GB/T 9948
				010112	不锈钢无缝钢管 GB/T 14976	同类防腐管归为此类。执行GB/T 14976
				010114	其他无缝钢管	

表 1（续）

大类代码	大类名称	中类代码	中类名称	小类代码	小类名称	分类说明
01	管材	0103	螺旋钢管	010302	螺旋钢管 GB/T 3091	同类防腐管归为此类。执行 GB/T 3091
				010304	螺旋钢管 GB/T 9711	同类防腐管归为此类。执行 GB/T 9711
				010306	其他螺旋钢管	
		0105	直缝钢管	010502	直缝钢管 GB/T 3091	除热镀锌直缝钢管外，同类防腐管归为此类，热镀锌直缝钢管见 010902 分类。执行 GB/T 3091
				010504	直缝钢管 GB/T 9711	同类防腐管归为此类。执行 GB/T 9711
				010506	其他直缝钢管	
		0107	PE 管	010702	PE80 燃气管	执行 GB/T 15558.1 及同类进口 PE 80 燃气管材
				010704	PE100 燃气管	执行 GB/T 15558.1 及同类进口 PE 100 燃气管材
		0109	热镀锌钢管	010902	热镀锌钢管	执行 GB/T 3091，其他类型直缝钢管见 010502 分类。包含预涂覆环氧镀锌钢管
		0111	薄壁不锈钢管	011102	薄壁不锈钢管	执行 GB/T 19228.2
		0113	软连接管材	011302	燃气输送用波纹软管	执行 GB/T 26002
				011304	燃气具用波纹软管	执行 CJ/T 197
				011306	金属包覆软管	执行 CJ/T 490
				011308	橡胶复合软管	执行 CJ/T 491
		0115	其他管材	011502	球墨铸铁管	执行 GB/T 13295
				011504	铝塑复合管	执行 GB/T 18997
				011506	衬塑铝合金管	执行 CJ/T 435
				011510	钢塑复合管	执行 CJ/T 125
				011508	铜管	执行 GB/T 18033
				011512	其他管材	
		0117	非燃气输送用管材	011702	非热镀锌钢管	此分类为非燃气输送使用的管材，主要是作为套管、支架应用的管材
				011704	PPR 管	
				011706	其他 PE 管	
				011708	PVC 管	
				011710	其他管材	

5.2 管件及其他连接材料

管件及其他连接材料分类及代码应符合表 2 的规定。

表 2 管件及其他连接材料分类及代码

大类代码	大类名称	中类代码	中类名称	小类代码	小类名称	分类说明
02	管件及其他连接材料	0201	钢制焊接管件	020102	钢制三通	等径三通、异径三通、防腐三通及同类进口钢制三通归为此类。执行 GB/T 12459 和 GB/T 14383
				020104	钢制弯头	等径弯头、异径弯头、防腐弯头及同类进口钢制弯头归为此类。执行 GB/T 12459 和 GB/T 14383
				020106	钢制异径管	钢制同心/偏心异径管、防腐钢制异径管及同类进口钢制异径管归为此类。执行 GB/T 12459 和 GB/T 14383
				020108	钢制热煨弯管	防腐钢制热煨弯管及同类进口钢制热煨弯管归为此类。执行 SY/T 5257
				020110	钢制凝水缸	
				020112	其他钢制管件	钢制四通、钢制管帽、钢制管堵、进口及其他钢制管件、钢制定制管件归为此类。执行 GB/T 12459 和 GB/T 14383
		0203	PE 管件	020302	电熔管件	执行 GB/T 15558.2 及同类进口电熔管件
				020304	热熔管件	执行 GB/T 15558.2 及同类进口热熔管件
				020306	钢塑转换	执行 GB/T 26255 及同类进口钢塑转换
				020308	防腐法兰片	所有与 PE 法兰接头配套的防腐法兰片归为此类
				020310	PE 凝水缸	所有采用 PE 材料生产的凝水缸归为此类
		0205	镀锌管件	020502	镀锌接头	热镀锌内丝、外丝、内外丝、镀锌补芯及进口镀锌接头归为此类。执行 GB/T 3287
				020504	镀锌三通	除三通活接归为 020508 类外，其他异径三通及进口镀锌三通归为此类。执行 GB/T 3287
				020506	镀锌弯头	异径弯头、过桥弯、月弯及进口镀锌弯头归为此类。执行 GB/T 3287
				020508	镀锌活接	热镀锌活接、三通活接及长速接、短速接及进口镀锌活接归为此类。执行 GB/T 3287
				020510	其他镀锌管件	管帽、管堵、根母、进口及其他镀锌管件归为此类。执行 GB/T 3287

表 2（续）

大类代码	大类名称	中类代码	中类名称	小类代码	小类名称	分类说明
02	管件及其他连接材料	0207	薄壁不锈钢管件	020702	卡压式管件组件	执行 GB/T 19228.1
				020704	环压式管件组件	与薄壁不锈钢管配套使用的环压式管件组件归为此类
				020706	薄壁不锈钢管工具及配件	与薄壁不锈钢管配套使用的工具及其配件归为此类
		0209	绝缘接头	020902	绝缘接头	包含各类规格绝缘接头，执行SY/T 0516等
				020904	绝缘法兰	包含Ⅰ型、Ⅱ型绝缘法兰，执行SY/T 0516
		0211	补偿器	021102	波纹补偿器	包含拉杆型、自由型等补偿器，执行GB/T 12777 等
				021104	波纹金属软管	包含环形、螺旋、加强型等波纹金属软管，执行 GB/T 14525 等
		0213	软连接管管件	021302	燃气输送用波纹管件	执行 GB/T 26002
				021304	家用燃气软管配件	软管管卡、抱箍及其配件归为此类
		0215	其他管件	021502	球墨铸铁管件	执行 GB/T 13295
				021504	铝塑管件	各类仅与铝塑管相接的管件归为此类
				021506	衬塑铝合金管件	执行 CJ/T 435
				021508	铜管件	各类仅与铜管相接的管件归为此类
				021510	钢塑复合管管件	执行 CJ/T 125
		0217	管道安装其他材料	021702	管卡架	管卡和管架归为此类
				021704	排卡	
				021706	管道安装其他材料	管道支撑架、保护架、防盗架等

5.3 阀门

阀门分类及代码应符合表 3 的规定。

表 3 阀门分类及代码

大类代码	大类名称	中类代码	中类名称	小类代码	小类名称	分类说明
03	阀门	0301	闸阀	030102	法兰连接闸阀	法兰连接的手动闸阀、蜗轮蜗杆驱动闸阀、电动闸阀、低温法兰闸阀及各类防腐、带放散口闸阀归为此类
				030104	焊接连接闸阀	焊接连接的手动闸阀、蜗轮蜗杆驱动闸阀、电动闸阀、低温焊接闸阀；及各类防腐、带放散口闸阀归为此类

表 3（续）

大类代码	大类名称	中类代码	中类名称	小类代码	小类名称	分类说明
03	阀门	0301	闸阀	030106	PE 连接闸阀	含 PE 连接的手动闸阀、蜗轮蜗杆驱动闸阀、电动闸阀及各类防腐、带放散口闸阀归为此类
		0303	球阀	030302	PE 球阀	手动 PE 球阀、蜗轮蜗杆驱动 PE 球阀、电动 PE 球阀、进口 PE 球阀以及其他特异型 PE 材质的球阀归为此类。执行 GB/T 15558.3
				030304	铜球阀	其他标准生产的带锁控、测压类等功能的各类铜球阀及进口铜球阀归为此类。执行 CJ/T 180
				030306	钢铁制螺纹球阀	执行 GB/T 12237、CJ/T 180 及进口钢铁制螺纹球阀
				030308	钢铁制法兰球阀	手动球阀、蜗轮蜗杆驱动球阀、电动球阀及进口钢铁制法兰球阀归为此类。执行 GB/T 12237 及 CJ/T 180
				0303010	钢制焊接球阀	手动球阀、蜗轮蜗杆驱动球阀、电动球阀、及进口钢制焊接球阀归为此类。执行 GB/T 12237 及 CJ/T 180
		0305	电磁阀	030502	常开型电磁阀	执行 CJ/T 394
				030504	常闭型电磁阀	执行 CJ/T 394
		0307	截止阀	030702	截止阀	手动截止阀、蜗轮蜗杆驱动截止阀、电动、气动截止阀、低温截止阀、节流截止阀及进口截止阀归为此类。执行 GB/T 12235
		0309	安全阀	030902	安全阀	执行 GB/T 12241
		0311	自闭阀	031102	燃气自闭阀	执行 CJ/T 447
		0313	蝶阀	031302	蝶阀	执行 GB/T 12238 及进口蝶阀
		0315	止回阀	031502	止回阀	执行 GB/T 12235 及进口止回阀
		0317	其他阀门	031702	节流阀	除节流截止阀归为 030702 外，其他节流阀归为此类
				031704	旋塞阀	执行 CJ/T 180 及 GB/T 12240 及进口旋塞阀
				031706	其他阀门	以上分类中未表述的阀门归为此类
		0319	阀门配件	031902	阀门配件	与阀门配套使用的各类配件归为此类

5.4 仪器仪表

仪器仪表分类及代码应符合表 4 的规定。

表4　仪器仪表分类及代码

大类代码	大类名称	中类代码	中类名称	小类代码	小类名称	分类说明
04	仪器仪表	0401	流量仪表	040102	膜式燃气表	执行 GB/T 6968
				040104	腰轮流量计	又名“罗茨流量计”，执行 JB/T 7385
				040106	涡轮流量计	执行 GB/T 18940
				040108	超声波流量计	执行 GB/T 18604
				040110	涡街流量计	执行 GB/T 25922
				040112	质量流量计	执行 GB/T 20727
				040114	卡式膜式燃气表	执行 CJ/T 112
				040116	卡式腰轮流量计	执行 JB/T 7385
				040118	卡式涡轮流量计	执行 GB/T 18940
				040120	远传膜式燃气表	执行 CJ/T 503
				040122	智能腰轮流量计	此分类包括各类带远传功能的腰轮流量计
				040124	智能涡轮流量计	此分类包括各类带远传功能的涡轮流量计
				040126	流量计算机	此分类包括各类型流量计算机
				040128	其他流量仪表	
		0403	压力仪表	040302	燃气压力表	执行 GB/T 1227
				040304	压力变送器	执行 JB/T 8214.7
				040306	差压变送器	执行 GB/T 28474
				040308	压力效验仪	此类包含各类压力效验仪
				040310	其他压力仪表	
		0405	温度仪表	040502	温度计	执行 JB/T 7486
				040504	温度变送器	执行 GB/T 28473.1
				040506	温度效验仪	此类包含各类温度效验仪
				040508	其他温度仪表	
		0407	其他仪表	040702	硫化氢检测仪	此类包含各类硫化氢检测仪
				040704	密度计	执行 GB/T 21785
				040706	色谱分析仪	此类包括各类色谱分析仪
				040708	露点仪	此分类包括各类精密露点仪
				040710	热能计	机械式热能计、电磁式热能计、超声波式热能计归为此类
				040712	修正仪	此分类包括各类气体体积修正仪
				040714	其他	

表 4（续）

大类代码	大类名称	中类代码	中类名称	小类代码	小类名称	分类说明
04	仪器仪表	0409	自动化控制设备	040902	PLC	执行 GB/T 15969
				040904	RTU	此分类包括各型号 RTU 装置
				040906	其他控制设备	此分类包括 DTU 等自动化控制装置
		0411	仪器仪表配件	041102	气表表头	此分类包括各类膜式燃气表接头
				041104	气表表箱	此分类包括各类膜式燃气表表箱
				041106	其他配件	此分类表卡、表垫、表架、音速喷嘴、钟罩、各类流量计机芯等仪器仪表配件

5.5 防腐绝热材料

防腐绝热材料分类及代码应符合表 5 的规定。

表 5 防腐绝热材料分类及代码

大类代码	大类名称	中类代码	中类名称	小类代码	小类名称	分类说明
05	防腐绝热材料	0501	防腐材料	050102	油漆	树脂类、油脂类、沥青类、橡胶类、其他类执行 GB/T 3782
				050104	冷缠带	执行 SY/T 0414
				050106	热收缩缠绕带	执行 GB/T 23257
				050108	其他防腐材料	此分类包括防腐胶水、聚乙烯颗粒、环氧粉末、玻纤布、环氧煤沥青、黑膜等
		0503	绝热材料	050302	绝热玻璃	此分类包括真空类绝热玻璃、贴膜类绝热玻璃、热反射玻璃等
				050304	石棉	此分类包括石棉板、石棉垫、石棉绳等
				050306	硅酸盐	执行 GB/T 17371
				050308	其他绝热材料	此分类包括岩棉等

5.6 工艺设备

工艺设备分类及代码应符合表 6 的规定。

表 6 工艺设备分类及代码

大类代码	大类名称	中类代码	中类名称	小类代码	小类名称	分类说明
06	工艺设备	0601	过滤设备	060102	过滤器	包含直流式 T 型过滤器、Y 型过滤器等，执行 GB/T 14382 等
				060104	除尘器	包含电除尘、旋风除尘等，执行 JB/T 5910 等
				060106	其他除尘过滤设备及配件	

表 6（续）

大类代码	大类名称	中类代码	中类名称	小类代码	小类名称	分类说明
06	工艺设备	0603	调压设备	060302	燃气调压器	包含调压柜类设备，执行 GB 27790
				060304	燃气调压箱	包含调压箱类设备，执行 GB 27791
				060306	燃气调压装置	包含调压站、调压计量站类装置，执行 GB 27790 等
				060308	其他调压设备及配件	
		0605	调节阀	060502	流量调节阀	包含气动调节阀、电站调节阀、电动控制阀。执行 GB/T 4213、GB/T 10869 及 JB/T 7387
				060504	压力调节阀	包含气动调节阀、电站调节阀、电动控制阀。执行 GB/T 4213、GB/T 10869 及 JB/T 7387
				060506	其他调节阀	
		0607	加臭装置	060702	加臭装置	包含泵给式加臭装置等，执行 CJ/T 448
				060704	其他加臭设备及配件	
		0609	储气设备	060902	球罐	包含各类球罐，执行 GB/T 150 及 GB/T 12337 等
				060904	圆筒罐	包含立式、卧式圆筒罐，标准执行 GB/T 150 等
				060906	子母型罐	标准执行 GB/T 150 等
				060908	其他储气设备及配件	低压湿式、干式气柜、储槽归于此类
		0611	CNG 专用设备	061102	CNG 撬车	包含各类 CNG 撬车，执行 GB/T 150 等
				061104	CNG 脱硫装置	包含各类 CNG 脱硫装置，执行GB/T 150 及 GB/T 19229 等
				061106	CNG 脱水装置	包含各类 CNG 脱水装置，执行GB/T 150 及 SY/T 0076 等
				061108	CNG 缓冲罐	包含各类 CNG 缓冲罐，执行 GB/T 150 等
				061110	冷却塔	包含各类冷却塔，执行 GB/T 50392 等
				061112	优先顺序控制盘	包含各类优先顺序控制盘，执行 GB/T 150 等
				061114	CNG 储气瓶/罐/瓶组	包含各类 CNG 储气瓶/罐/瓶组，执行 GB/T 17258、GB/T 150 及 GB/T 28054 等
				061116	CNG 储气井	包含各类 CNG 储气井，执行 SY/T 6535
				061118	CNG 加气机	包含各类 CNG 加气机，执行GB/T 19237 等
				061120	CNG 加气柱/卸气柱	包含各类 CNG 加气柱/卸气柱，执行 GB/T 19237 等

表 6（续）

大类代码	大类名称	中类代码	中类名称	小类代码	小类名称	分类说明
06	工艺设备	0611	CNG专用设备	061122	CNG 减压撬	包含各规格 CNG 减压撬，执行 GB/T 150 等
				061124	CNG 集成撬装加气站设备	包含各类集成撬装加气子站、标准站等，执行 GB/T 150 等
				061126	其他 CNG 设备及配件	
		0613	LNG专用设备	061302	LNG 槽车	包含各规格 CNG 槽车，执行 GB/T 150 等
				061304	LNG 瓶/瓶组	包含各规格 LNG 瓶/瓶组，执行 GB/T 14193 及 GB/T 150 等
				061306	LNG 气化调压撬	包含各规格 LNG 气化调压撬，执行 GB/T 150 等
				061308	空温式气化器	包含各规格空温式气化器，执行 GB/T 150 等
				061310	EAG/BOG 加热器	包含各规格 EAG/BOG 加热器，执行 GB/T 150 等
				061312	增压器	包含各类卸车、储罐增压器，执行 GB/T 150 等
				061314	复热器	包含各类规格电、水浴式复热器，执行 GB/T 150 等
				061316	LNG 加气机	包含各类规格 LNG 加气机，执行 GB/T 150 等
				061318	LNG 瓶组气化撬	包含各类规格 LNG 瓶组气化撬，标准执行 GB/T 150 等
				061320	集成式 LNG 撬装供气设备	包含各类规格小型（1 m^3 ～5 m^3）、10 m^3～30 m^3 LNG 撬装气化设备，执行 GB/T 150 等
				061322	集成式 LNG 撬装加气站设备	包含集装箱式等，标准执行 GB/T 150 等
				061324	其他 LNG 设备及配件	
		0615	LPG专用设备	061502	LPG 储气瓶组	包含各类规格瓶组，执行 GB/T 5842 等
				061504	LPG 气化器	包含各类规格 LPG 气化器，执行 GB/T 150 等
				061506	LPG 混气装置	包含各类规格 LPG 混气装置，执行 GB/T 150 等
				061508	LPG 加气机	包含各类规格 LPG 加气机，执行 GB/T 19238 等
				061510	LPG 混气撬	包含各类规格 LPG 混气撬，执行 GB/T 150 等
				061512	LPG 瓶组气化撬	包含各类规格 LPG 瓶组气化撬，执行 GB/T 150 等
				061514	其他 LPG 装置及配件	

表 6（续）

大类代码	大类名称	中类代码	中类名称	小类代码	小类名称	分类说明
06	工艺设备	0617	阴极保护设备	061702	恒电位仪/整流器	用于输出恒定的电流的装置
				061704	牺牲阳极	包含高纯镁、镁合金、高纯锌、锌合金等；根据规格不同又分为 D 型、带状等。执行 GB/T 21448、GB/T 17731 等
				061706	辅助阳极	包含石墨阳极、高硅铸铁阳极、钢铁阳极、柔性阳极等，可浅埋或深埋。执行 GB/T 21448 等
				061708	参比电极	包含长效参比电极、便携式硫酸铜参比电极等
				061710	测试桩	包含电位、电流、套管、绝缘连接、牺牲阳极测试桩等，由水泥柱、钢管、玻璃钢等材料制作
				061712	其他阴极保护用设备及配件	包含铝热焊剂、铝热焊模具、金属测试片、电缆等
		0619	燃气加热器	061902	燃气加热器	
		0621	其他工艺设备	062102	收发球装置	包含各类规格收发球装置，执行 GB/T 150 等
				062104	汇气管	包含各类规格汇气管，执行 GB/T 150 等
				062106	其他各种工艺设备及配件	

5.7 动力设备

动力设备分类及代码应符合表 7 的规定。

表 7 动力设备分类及代码

大类代码	大类名称	中类代码	中类名称	小类代码	小类名称	分类说明
07	动力设备	0701	压缩机	070102	离心式压缩机	包含石油、石化和天然气工业所用的工作原理为离心式的压缩机
				070104	往复式压缩机	包含石油、石化和天然气工业所用的工作原理为往复式的压缩机，汽车加气站用往复式压缩机归于此类
				070106	轴流式压缩机	包含石油、石化和天然气工业所用的工作原理为轴流式的压缩机
				070108	回转式压缩机	包含石油、石化和天然气工业所用的工作原理为回转式的压缩机，汽车加气站用回转式压缩机归于此类
				070110	制冷压缩机	应用于制冷系统的压缩机归于此类
				070112	其他压缩机	

表 7（续）

大类代码	大类名称	中类代码	中类名称	小类代码	小类名称	分类说明
07	动力设备	0703	泵	070302	LNG 潜液泵	LNG 站所用的低温浸没式离心泵归于此类
				070304	高压柱塞泵	L-CNG 站所用的高压柱塞泵归于此类
				070306	烃泵	液化石油气站所用的叶片泵、螺杆泵、离心泵归于此类
				070308	水泵	以水为介质的泵归于此类
				070310	其他泵	不包含消防泵
		0705	风机	070502	鼓风机	包含出口压力(表压)高于 30 kPa 但不超过 200 kPa,或压力比大于 1.3 但不超过 3 的气体输送设备
				070504	通风机	包含单位质量功一般不超过 25 kJ/kg,出口压力不超过 30 kPa 的气体输送设备
				070506	其他风机	
		0707	燃气冷热电三联供集成设备	070502	燃气冷热电三联供集成设备	包括天然气、人工煤气、液化石油气等类型;根据负荷,包括供热面积、制冷面积、供电量。执行 CJJ 145
		0709	发电机组	070902	柴油发电机组	包含以柴油机为原动机,拖动同步发电机发电的电源设备
				070904	汽油发电机组	包含以汽油机为原动机,拖动同步发电机发电的电源设备
				070906	燃气内燃发电机组	包含用液体和气体燃料通过内燃机转变为机械能,然后带动发电机发电的发电机组
				070908	燃气轮机发电机组	包含用液体和气体燃料通过燃气轮机转变为机械能,然后带动发电机发电的发电机组
				070910	其他发电机组	
		0711	空调设备	071102	空调设备	包含所有按国内外标准生产的冷库制冷设备、空调机组、专用制冷空调设备、分体式空调、新风机组、新风净化机、恒温恒湿空调机(包括配套室外机)、变制冷剂空调主机、变制冷剂空调室内机
		0713	交流电动机及配件	071302	交流电动机	包含防爆同步电动机、高压防爆异步电动机、低压异步电动机、低压防爆异步电动机及配件
		0715	直流电动机及配件	071502	直流电动机	包含永磁直流电动机、他励直流电动机和自励直流电动机(包含并励、串励和复励直流电动机)及配件
		0717	其他通用设备	071702	其他各种通用设备	

5.8 法兰、紧固件、密封件

法兰、紧固件、密封件分类及代码应符合表8的规定。

表8 法兰、紧固件、密封件分类及代码

大类代码	大类名称	中类代码	中类名称	小类代码	小类名称	分类说明
08	法兰、紧固件、密封件	0801	金属法兰	080102	法兰	包含整体法兰、螺纹法兰、对焊法兰、带颈平焊法兰、带颈承插焊法兰、对焊环带颈松套法兰、板式平焊法兰、对焊环板式松套法兰、平焊环板式松套法兰、翻边环板式松套法兰
				080104	法兰盖	包含平面法兰盖、突面法兰盖、凹凸面法兰盖、榫槽面法兰盖、环连接面法兰盖、八字盲板
				080106	其他金属法兰	
		0803	紧固件	080302	螺栓	包含六角螺栓、内六角螺栓、外六角螺栓、沉头内六角螺栓、圆杯头内六角螺栓、花篮螺栓、膨胀螺栓、法兰螺栓、方头螺栓、活节螺栓、地脚螺栓、T型槽用螺栓
				080304	螺柱	包含双头螺柱、U形螺柱、全螺纹螺栓
				080306	螺钉	包含一字槽螺钉、十字槽螺钉、内六角螺钉、紧定螺钉、吊环螺钉、内方插口螺钉、无槽实心螺钉、一字/方插口螺钉、三翼或风车槽螺钉、梅花带针槽螺钉、一字/十字槽螺钉、三角槽螺钉、米字槽螺钉、凹穴六角槽螺钉、梅花槽螺钉、工字槽螺钉
				080308	螺母	包含六角螺母、方螺母、蝶形螺母、圆螺母
				080310	垫圈	包含弹簧垫圈、平垫圈、球锥面垫圈、开口垫圈、止动垫圈、锁紧垫圈、弹性垫圈、方斜垫圈、高强度垫圈
				080312	铆钉	包含半圆头铆钉、沉头铆钉、平头铆钉、抽芯铆钉、平锥头铆钉、扁圆头铆钉、标牌铆钉
				080314	其他紧固件	
		0805	密封件	080502	填料密封	包含盘根、毛毡
				080504	密封圈、条	包含O型密封圈、密封条
				080506	缠绕垫片	包含带内外环缠绕垫片、带内环缠绕垫片、带外环缠绕垫片、基本型缠绕垫片、异形缠绕垫片
				080508	金属法兰垫片	包含金属平垫片、金属波纹形垫片、金属齿形垫片、金属环形垫片、金属透镜垫片

表 8（续）

大类代码	大类名称	中类代码	中类名称	小类代码	小类名称	分类说明
08	法兰、紧固件、密封件	0805	密封件	080510	复合法兰垫片	包含石墨复合垫片、金属包覆垫片、金属波齿复合垫片、金属齿型复合垫片
				080512	非金属垫片	包含石墨垫片、石棉橡胶垫片、聚四氟乙烯垫片、橡胶垫片、合成树脂垫片
				080514	其他密封件	

5.9 机械机具

机械机具分类及代码应符合表 9 的规定。

表 9　机械机具分类及代码

大类代码	大类名称	中类代码	中类名称	小类代码	小类名称	分类说明
09	机械机具	0901	开孔封堵机械及附件	090102	开孔机	
				090104	封堵机	包含塞式和筒式。执行 GB/T 28055
				090106	其他开孔封堵机械及附件	
		0903	焊接设备	090302	金属管道焊接设备	包含气体保护焊、直流、交流、氩弧、埋弧、电焊机附件。执行 GB 50236
				090304	电熔焊接设备	执行 TSG D2002
				090306	热熔焊接设备	执行 TSG D2002
				090308	焊接设备配件	
		0905	混合设备	090502	混合设备	包含低粘度液体混合器、膏状物混合机械、热塑性物料混合机、固体物料混合机械
		0907	管道完整性评估产品	090702	管道防腐层检测仪	
				090704	管道定位仪	兼具管道定位与防腐层检测的仪器归为防腐层检测仪
				090706	土壤腐蚀性测试仪	
				090708	杂散电流测试仪	
		0909	燃气泄漏检测产品	090902	燃气报警器	含家用、工商用等
				090904	便携式燃气检测仪器	
				090906	燃气检测机具	含装配有燃气浓度检测装置的汽车、摩托车、无人机等
				090908	其他燃气泄漏检测产品	
		0911	普通重工工程机械	091102	挖掘机械	包含履带式挖掘机、轮胎式挖掘机。执行 GB/T 22357
				091104	铲土运输机械	包含推土机、铲运机、装载机、平地机、运输车、平板车和自卸汽车。执行 GB/T 8590

表 9（续）

大类代码	大类名称	中类代码	中类名称	小类代码	小类名称	分类说明
09	机械机具	0911	普通重工工程机械	091106	起重机械	包含塔式起重机、自行式起重机、桅杆起重机、抓斗起重机。执行 GB/T 20776
				091108	压实机械	包含轮胎压路机、光面轮压路机、单足式压路机、振动压路机、夯实机、捣固机。执行 GB/T 8511 及 GB/T 25626
				091110	桩工机械	包含钻孔机(不包括管道开孔机)、柴油打桩机、振动打桩机、破碎锤。执行 GB/T 7920.6
				091112	其他工程机械	
		0913	通用工具及其他小型机械	091302	小五金	包含工具箱、套筒、螺丝批、锤、钳、尺、剪刀、管工工具、绝缘工具等手动工具，金属切削、砂磨、木工、装配、充电等电动工具，刃具量具磨具及模具，及加油工具
				091304	其他各种小型机械	

5.10 气体与石油及化工产品

气体与石油及化工产品分类及代码应符合表 10 的规定。

表 10　气体与石油及化工产品分类及代码

大类代码	大类名称	中类代码	中类名称	小类代码	小类名称	分类说明
10	气体与石油及化工产品	1001	气体	100102	天然气	执行 GB 50028、GB 17820
				100104	液化石油气	执行 GB 50028、GB 11174
				100106	压缩天然气	执行 GB 50028、GB 18047
				100108	液化天然气	执行 GB 50028、GB 16163 及 GB/T 20368
				100110	压缩空气	执行 GB/T 13277.1
				100112	氮气	液氮包括在其中
				100114	其他气体	
		1003	石油及化工产品	100302	加臭剂	执行 GB 19206
				100304	油与油脂	包含凡士林、汽油、柴油、润滑油、密封脂
				100306	橡胶制品	包含橡胶板、橡胶带、橡胶球胆
				100308	塑料制品	包含塑料薄膜、塑料板、塑料丝、绳及编织品、泡沫塑料、生料带
		1005	其他石油化工产品及气体	100502	其他石油化工产品及气体	

5.11 用气产品及配件

用气产品及配件分类及代码应符合表11的规定。

表11 用气产品及配件分类及代码

大类代码	大类名称	中类代码	中类名称	小类代码	小类名称	分类说明
11	用气产品及配件	1101	工商业燃气用具	110102	燃气窑炉	按炉体材料,包括玻璃、陶瓷、水泥等类型;按用途,包括热处理、熔炼、锻压、干燥、烘焙等类型;按照使用行业,包括食品、有色金属、陶瓷、水泥、化工等;按照气质,包括天然气、人工煤气、液化石油气等类型
				110104	燃气锅炉	按照用途,包括燃气锅炉、蒸汽锅炉、烧烤炉、茶水锅炉等类型;按照压力,包括常压、承压等类型;按照气质,包括天然气、人工煤气、液化石油气等类型。执行GB/T 10180
				110106	燃气发动机驱动空调(热泵)机组	按照热源,包括空气源、水源等类型;按照气质,包括天然气、人工煤气、液化石油气等类型。执行GB/T 22069
				110108	燃气直燃机	按制冷剂材质,包括溴化锂、氟利昂等类型;按照气质,包括天然气、人工煤气、液化石油气等类型。执行GB/T 18362
				110110	公服用燃气灶具	按照用途,包括煲仔炉、矮仔炉、烧烤炉、大锅灶、炒灶、蒸柜、烤箱等类型;按照结构,包括不同灶眼数等类型;按照气质,包括天然气、人工煤气、液化石油气等类型。执行CJ/T 28
				110112	其他工商业燃气用具	执行CJ/T 451
		1103	民用燃气用具	110302	家用燃气灶具	按照结构,包括不同灶眼数的嵌入式灶具、台式灶具等类型;按照用途,包括烤箱灶、烘烤灶、饭锅等类型;按照气质,包括天然气、人工煤气、液化石油气等类型。执行GB 16410
				110304	家用燃气热水器	按照结构,包括强排式、自然平衡式、强制平衡式等类型;按照气质,包括天然气、人工煤气、液化石油气等类型。执行GB 6932
				110306	燃气采暖热水炉	按照用途,包括提供热水、采暖等类型;按照结构,包括落地式、挂壁式等类型;按照气质,包括天然气、人工煤气、液化石油气等类型。执行GB 25034
				110308	其他民用燃气用具	执行GB/T 16411
		1105	其他用气产品及配件(其他燃气用具)	110502	其他用气产品及配件(其他燃气用具)	

5.12 安全消防与劳动保护用品

安全消防与劳动保护用品分类及代码应符合表12的规定。

表12 安全消防与劳动保护用品分类及代码

大类代码	大类名称	中类代码	中类名称	小类代码	小类名称	分类说明
12	安全消防与劳动保护用品	1201	消防设备及器具	120102	消防设备	包含消防泵、喷淋等各种灭火设备
				120104	消防器具	包含各种消防、灭火器具及配件
				120106	消防其他附属配件	包含消防水带、消防栓、接口等
		1203	劳动保护用品	120302	工作服	
				120304	其他劳动保护用品	
		1205	标志产品	120502	禁止标志	执行CJJ/T 153,属于安全标志
				120504	警告标志	
				120506	指令标志	
				120508	提示标志	
				120510	燃气输配管线标志	执行CJJ/T 153,属于专用标志
				120512	燃气设施名称标志	
				120514	燃气场站内地上工艺管道标志	

5.13 建材及五金产品

建材及五金产品分类及代码应符合表13的规定。

表13 建材及五金产品分类及代码

大类代码	大类名称	中类代码	中类名称	小类代码	小类名称	分类说明
13	建材及五金产品	1301	型钢	130102	工字钢	执行GB/T 706
				130104	角钢	执行GB/T 706
				130106	槽钢	执行GB/T 706
				130108	螺纹钢	执行GB/T 1499.2
				130110	其他型材	
		1303	钢板	130302	热轧钢板	包含热轧碳素结构钢板和钢带，执行GB/T 3274;也包含热轧不锈钢板和钢带，执行GB/T 4237
				130304	冷轧钢板	包含冷轧碳素结构钢板和钢带，执行GB/T 11253;也包含冷轧不锈钢板和钢带，执行GB/T 3230
				130306	花纹钢板	执行GB/T 3277
				130308	其他钢板	
		1305	其他建材及五金产品	130502	其他建材及五金产品	

5.14 通信器材与电子工业产品

通信器材与电子工业产品分类及代码应符合表 14 的规定。

表 14 通信器材与电子工业产品分类及代码

大类代码	大类名称	中类代码	中类名称	小类代码	小类名称	分类说明
14	通信器材与电子工业产品	1401	通信器材	140102	移动通信网终端	包含无线电话机、对讲机、移动通信设备等
				140104	通信卡	
				140106	其他通信器材	
		1403	监视设备及配件	140302	监视设备	包含电视监视设备、防盗系统、楼宇控制系统等
				140304	监视设备配件	包含电视监视设备、防盗系统、楼宇控制系统等配件

5.15 电气电工设备与材料分类及代码

电气电工设备与材料分类及代码应符合表 15 的规定。

表 15 电气电工设备与材料分类及代码

大类代码	大类名称	中类代码	中类名称	小类代码	小类名称	分类说明
15	电气电工设备与材料	1501	电工材料	150102	电缆	包含各种电线电缆
				150104	其他电工材料	
		1503	防爆电器、装置及附件	150302	防爆磁力起动器	
				150304	防爆开关	
				150306	防爆电器元件	包含防爆按钮、防爆控制器、防爆断路器、防爆镇流器、防爆主令控制器
				150308	防爆电器装置	包含防爆操作柱，防爆配电箱(柜)，防爆检修电源箱，防爆控制箱；不含三防电器装置
				150310	防爆电器灯具	不含没有防爆等级的防腐防水防尘灯具
				150312	防爆电器安装管件	包含防爆接线盒，防爆穿线盒，防爆电缆夹紧密封接头(DQM 系列)、防爆补芯、防爆管接头、防爆活接头、防爆变径接头、防爆隔离密封盒、防爆吊灯盒、各种安装附件(螺纹堵头、护罩、护口、锁紧螺母、接地片、安装管夹、U 型管卡、压紧螺母)
				150314	防爆挠性连接管	
				150316	防爆空调	
				150318	防爆接线箱	

表 15（续）

大类代码	大类名称	中类代码	中类名称	小类代码	小类名称	分类说明
15	电气电工设备与材料	1503	防爆电器、装置及附件	150320	其他防爆电器及装置	包含防爆插销，防爆风机、防爆电加热器（管）、防爆插头、防爆插座、防爆插接装置
				150322	其他防爆电器及装置附件	包含防爆镇流器芯等

5.16 实验用品

实验用品分类及代码应符合表 16 的规定。

表 16 实验用品分类及代码

大类代码	大类名称	中类代码	中类名称	小类代码	小类名称	分类说明
16	实验用品	1601	玻璃仪器、化学试剂及杂件	160102	玻璃仪器	包含烧器类玻璃仪器、量器类玻璃仪器、漏斗类玻璃仪器、蒸馏冷凝类玻璃仪器、气体分析玻璃仪器类等各种玻璃仪器
				160104	化学试剂	包含无机试剂、有机试剂、基准及标准等试剂
				160106	试纸及滤纸	包含 pH 试纸和滤纸
				160108	化验用杂件	包含化验室用瓶刷、玻璃搅拌棒、化验室用瓶塞等杂件
				160110	其他玻璃仪器、化学试剂	

附　录　A
（资料性附录）
城镇燃气设备材料描述规则

A.1　管材大类归属小类的描述规则见表 A.1。

表 A.1　管材大类归属小类的描述规则表

设备材料小类名称	特征量名称	特征量说明或举例
无缝钢管 GB/T 8163	物料名称	无缝钢管 GB/T 8163
	外径	159 mm
	壁厚	5 mm
	防腐形式	不防腐、3PE、单环氧、双环氧、耐候单环氧、耐候双环氧、耐候聚酯、耐候 3PE
	防腐级别	普通、加强
	材质	20#
	计量单位	m
无缝钢管 GB/T 9711	物料名称	无缝钢管 GB/T 9711
	外径	159 mm
	壁厚	5 mm
	防腐形式	不防腐、3PE、单环氧、双环氧、耐候单环氧、耐候双环氧、耐候聚酯、耐候 3PE
	防腐级别	普通、加强
	材质	L245、L360
	计量单位	m
无缝钢管 GB/T 5310	物料名称	无缝钢管 GB/T 5310
	外径	159 mm
	壁厚	5 mm
	防腐形式	不防腐、3PE、单环氧、双环氧、耐候单环氧、耐候双环氧、耐候聚酯、耐候 3PE
	防腐级别	普通、加强
	材质	20G、20MnG
	计量单位	m
无缝钢管 GB/T 6479	物料名称	无缝钢管 GB/T 6479
	外径	159 mm
	壁厚	5 mm
	防腐形式	不防腐、3PE、单环氧、双环氧、耐候单环氧、耐候双环氧、耐候聚酯、耐候 3PE
	防腐级别	普通、加强
	材质	20#、Q345B
	计量单位	m

表 A.1（续）

设备材料小类名称	特征量名称	特征量说明或举例
无缝钢管 GB/T 9948	物料名称	无缝钢管 GB/T 9948
	外径	159 mm
	壁厚	5 mm
	防腐形式	不防腐、3PE、单环氧、双环氧、耐候单环氧、耐候双环氧、耐候聚酯、耐候 3PE
	防腐级别	普通、加强
	材质	20＃、12CrMo
	计量单位	m
无缝钢管 GB/T 14976	物料名称	无缝钢管 GB/T 14976
	外径	159 mm
	壁厚	5 mm
	防腐形式	不防腐、3PE、单环氧、双环氧、耐候单环氧、耐候双环氧、耐候聚酯、耐候 3PE
	防腐级别	普通、加强
	材质	12Cr18Ni9、06Cr19Ni10
	计量单位	m
其他无缝钢管	物料名称	无缝钢管＋标准号
	外径	159 mm
	壁厚	5 mm
	材质	
	计量单位	m
螺旋钢管 GB/T 3091	物料名称	螺旋钢管 GB/T 3091
	外径	273 mm
	壁厚	7 mm
	防腐形式	不防腐、3PE、单环氧、双环氧、耐候单环氧、耐候双环氧、耐候聚酯、耐候 3PE
	防腐级别	普通、加强
	材质	Q235B
	焊接工艺	HFW
	计量单位	m
螺旋钢管 GB/T 9711	物料名称	螺旋钢管 GB/T 9711
	外径	426 mm
	壁厚	8 mm
	防腐形式	不防腐、3PE、单环氧、双环氧、耐候单环氧、耐候双环氧、耐候聚酯、耐候 3PE
	防腐级别	普通、加强
	材质	Q235B、L245、L360
	焊接工艺	SAWH
	计量单位	m

表 A.1（续）

设备材料小类名称	特征量名称	特征量说明或举例
其他螺旋钢管	物料名称	螺旋钢管+标准号
	外径	426 mm
	壁厚	8 mm
	材质	
	计量单位	m
直缝钢管 GB/T 3091	物料名称	直缝钢管 GB/T 3091
	外径	273 mm
	壁厚	7 mm
	防腐形式	不防腐、3PE、单环氧、双环氧、耐候单环氧、耐候双环氧、耐候聚酯、耐候 3PE
	防腐级别	普通、加强
	材质	Q235B
	焊接工艺	HFW
	计量单位	m
直缝钢管 GB/T 9711	物料名称	直缝钢管 GB/T 9711
	外径	355 mm
	壁厚	8 mm
	防腐形式	不防腐、3PE、单环氧、双环氧、耐候单环氧、耐候双环氧、耐候聚酯、耐候 3PE
	防腐级别	普通、加强
	材质	Q235B、L245、L290、L360、L290M
	焊接工艺	SAWL、HFW
	计量单位	m
其他直缝钢管	物料名称	直缝钢管+标准号
	外径	355 mm
	壁厚	8 mm
	材质	
	计量单位	m
PE80 燃气管	物料名称	PE 燃气管
	PE 等级	PE 80
	公称外径	dn 160
	标准尺寸比	SDR11、SDR17
	颜色	橙、黑
	计量单位	m

表 A.1（续）

设备材料小类名称	特征量名称	特征量说明或举例
PE100 燃气管	物料名称	PE 燃气管
	PE 等级	PE 100
	公称外径	dn 160
	标准尺寸比	SDR11、SDR17
	颜色	橙、黑
	计量单位	m
热镀锌钢管	物料名称	热镀锌钢管
	公称直径	DN 20
	壁厚	3.5 mm
	壁厚级别	普通、加强
	镀锌层厚度	350 g、500 g
	材质	Q235B
	计量单位	m
薄壁不锈钢管	物料名称	薄壁不锈钢管
	公称直径	DN15
	外径系列	Ⅰ、Ⅱ
	材质	304 mm
	计量单位	m
燃气输送用波纹软管	物料名称	燃气输送用波纹软管
	公称尺寸/mm	10、13、15、20、25、32、40、50
	公称压力	Ⅰ(PN 0.2)、Ⅱ(PN 0.01)
	被覆层防腐蚀功能	F(带普通被覆层的非埋地软管)、M(带加厚被覆层的埋地软管)
	计量单位	m
燃气具用波纹软管	物料名称	热水器用波纹软管
	公称尺寸/mm	9.5、10、14、15、20、25、32
	用途代号	Z(灶具连接)、B(燃气表连接)、R(热水器连接)
	波纹形式	L(螺旋形波纹管)、H(环形波纹管)
	接口形式	S(二端螺纹连接)、C(二端插入连接)、CS(一端为螺纹另一端为插入连接)
	规格	每 100 mm 为一个规格，如 100 mm、200 mm
	功能	防盗、超柔
	计量单位	根

表 A.1（续）

设备材料小类名称	特征量名称	特征量说明或举例
金属包覆软管	物料名称	金属包覆软管
	外径/mm	9、9.5、10
	壁厚/mm	3、4
	材质	PE、铝
	计量单位	m
橡胶包覆软管	物料名称	橡胶包覆软管
	外径/mm	9、9.5、10
	壁厚/mm	3、4
	材质	丁晴橡胶
	计量单位	m
球墨铸铁管	物料名称	球墨铸铁管
	公称直径	DN 50
	计量单位	m
铝塑复合管	物料名称	铝塑管
	公称直径	DN 15
	用途	燃气
	计量单位	m
衬塑铝合金管	物料名称	衬塑铝合金管
	公称直径	DN 15
	计量单位	m
钢塑复合管	物料名称	钢塑复合管
	公称内径	DN 100
	计量单位	m
铜管	物料名称	铜管
	外径	15 mm
	壁厚	0.8 mm
	计量单位	m
其他管材	物料名称	
	公称直径	
	计量单位	m
非热镀锌钢管	物料名称	非热镀锌钢管
	公称直径	DN 100
	计量单位	m

表 A.1（续）

设备材料小类名称	特征量名称	特征量说明或举例
PPR 管	物料名称	PPR 管
	公称直径	DN 32
	计量单位	m
其他 PE 管	物料名称	水用 PE 管
	外径	dn 63
	计量单位	m
PVC 管	物料名称	PVC 管
	公称直径	DN 100
	计量单位	m
其他管材	物料名称	
	公称直径	
	计量单位	m
注：参照《中华人民共和国法定计量单位》,本标准计量单位分为基本计量单位和常用计量单位。本标准中每个小类的计量单位即为基本计量单位,实际使用时宜选择基本计量单位。		

A.2 管件及其他连接材料大类归属小类的描述规则见表 A.2。

表 A.2 管件及其他连接材料大类归属小类的描述规则表

设备材料小类名称	特征量名称	特征量说明或举例
钢制三通	物料名称	钢制等径三通
	公称直径	DN 100
	壁厚等级	Sch 40
	坡口处外径系列	系列Ⅰ、系列Ⅱ
	材质	20#
	生产标准	GB/T 12459
	计量单位	个
钢制弯头	物料名称	钢制弯头
	转弯度数	45°、90°、22.5°
	管程之公称直径	DN 200
	管程之坡口处外径系列	Ⅰ、Ⅱ
	管程之壁厚系列	Sch 40
	材质	20#
	生产标准	GB/T 12459
	计量单位	个

表 A.2（续）

设备材料小类名称	特征量名称	特征量说明或举例
钢制异径管	物料名称	钢制异径弯头
	转弯度数	45°、90°、22.5°
	大端之公称直径	DN 200
	大端之坡口处外径系列	Ⅰ、Ⅱ
	大端之壁厚系列	Sch 40
	小端之公称直径	DN 90
	小端之坡口处外径系列	Ⅰ、Ⅱ
	小端之壁厚系列	Sch 40
	材质	20#
	生产标准	GB/T 12459
	计量单位	个
钢制热煨弯管	物料名称	钢制热煨弯管
	外径	D 610
	直管段名义壁厚	11.9 mm
	弯曲半径	$R=6D$
	弯曲角度范围(3°为一个范围)	0°～3°
	材质	L290
	生产标准	SY/T 5257
	外防腐类型	3 PE、FBE
	外防腐等级	加强、普通
	计量单位	个
钢制凝水缸	物料名称	钢制凝水缸
	公称直径	DN 200
	计量单位	个
其他钢制管件	物料名称	钢制管帽
	公称直径	DN 200
	管程坡口处外径系列	Ⅰ、Ⅱ
	材质	20#
	生产标准	GB/T 12459
	计量单位	个
电熔管件	物料名称	电熔套筒
	公称外径	dn 110
	PE 等级	PE 80、PE 100
	标准尺寸比	SDR11、SDR17
	颜色	黑、橙、黄
	计量单位	个

表 A.2（续）

设备材料小类名称	特征量名称	特征量说明或举例
热熔管件	物料名称	热熔异径三通
	公称外径	dn 200 mm×160 mm
	PE 等级	PE 80、PE 100
	标准尺寸比	SDR11、SDR17
	颜色	黑、橙、黄
	计量单位	个
钢塑转换	物料名称	直管焊接式钢塑转换
	PE 端公称外径	dn 32
	钢管端外径	D 32
	PE 等级	PE 80、PE 100
	标准尺寸比	SDR11、SDR17
	颜色	黑、橙、黄
	钢管端材质	20#
	钢管端防腐结构	FBE、3PE
	钢管端防腐等级	普通、加强
	计量单位	个
防腐法兰片	物料名称	防腐法兰片
	公称直径	DN 200
	材质	20#
	公称压力	PN 16
	防腐结构	FBE
	防腐等级	普通、加强
	计量单位	个
PE 凝水缸	物料名称	PE 凝水缸
	公称外径	dn 200
	PE 等级	PE 80、PE 100
	标准尺寸比	SDR11、SDR17
	结构	带回水、无回水
	计量单位	个
镀锌接头	物料名称	热镀锌内丝
	公称直径	DN 15
	管件类型	普通、宽边
	计量单位	个

表 A.2（续）

设备材料小类名称	特征量名称	特征量说明或举例
镀锌三通	物料名称	热镀锌三通
	公称直径	DN 15
	管件类型	普通、宽边
	计量单位	个
镀锌弯头	物料名称	热镀锌 90°弯头
	公称直径	DN 15
	管件类型	普通、宽边
	计量单位	个
镀锌活接	物料名称	热镀锌活接
	公称直径	DN 15
	管件类型	普通、宽边
	计量单位	个
其他镀锌管件	物料名称	热镀锌管帽
	公称直径	DN 15
	计量单位	个
卡压式管件组件	物料名称	等径接头
	公称直径	DN 15
	连接方式	卡压、双卡压
	材质	304
	结构型式	S 型、D 型
	系列	Ⅰ、Ⅱ
	计量单位	个
环压式管件组件	物料名称	等径接头
	公称直径	DN 15
	连接方式	环卡压
	材质	304
	结构型式	S 型、D 型
	系列	Ⅰ、Ⅱ
	计量单位	个
薄壁不锈钢管工具及配件	物料名称	卡压钳口
	公称直径	DN 15
	品牌/供应商	品牌或供应商简称
	工具具体型号	电源式
	计量单位	个、把、套、根、台

表 A.2（续）

设备材料小类名称	特征量名称	特征量说明或举例
绝缘接头	名称	绝缘接头
	规格型号	
	公称压力	1.6 MPa～10 MPa
	公称通径	DN 100～DN 500
	防腐等级	普通级/加强级/特加强级
绝缘法兰	名称	绝缘法兰
	规格型号	
	公称压力	1.6 MPa～10 MPa
	公称通径	DN 100～DN 500
	防腐等级	普通级/加强级/特加强级
波纹补偿器	名称	管道补偿器
	规格型号	
	补偿器形式	拉杆型
	工作压力	1.6 MPa～10 MPa
	公称通径	DN 100～DN 500
	长度	1 m
波纹金属软管	名称	波纹金属软管
	规格型号	
	工作压力	
	公称通径	DN 100
	长度	1 m
	执行标准	GB/T 14525
燃气输送用波纹管件	物料名称	波纹管接头
	管件功能	快接、普通
	螺纹形式	内螺纹、外螺纹
	品牌/供应商	品牌或供应商简称
	名称代号	RBG
	公称压力代号	Ⅰ、Ⅱ
	泄漏检测功能代号	X、无检漏功能则缺省
	外部型式代号	S、L、T
	公称尺寸	15 mm×15 mm
	计量单位	个

表 A.2（续）

设备材料小类名称	特征量名称	特征量说明或举例
家用燃气软管配件	物料名称	家用燃气软管卡箍
	规格	D9
	型号	弹簧、65Mn、14.0 mm～16.8 mm
	计量单位	个
球墨铸铁管件	物料名称	球墨铸铁弯头
	规格	DN 15
	计量单位	个
铝塑管件	物料名称	铝塑管弯头
	规格	DN 15
	计量单位	个
衬塑铝合金管件	物料名称	衬塑铝合金管弯头
	规格	DN 15
	计量单位	个
铜管件	物料名称	铜管弯头
	规格	DN 15
	计量单位	个
钢塑复合管管件	物料名称	钢塑复合三通
	公称内径	DN 100
	计量单位	个
管卡架	物料名称	钢制管卡架
	公称尺寸	DN 15
	计量单位	个
排卡	物料名称	钢制排卡
	卡位	1 卡位/2 卡位/3 卡位
	公称尺寸	DN 15
	计量单位	个
管道安装其他材料	物料名称	不锈钢支撑架
	公称尺寸	DN 15
	计量单位	个

A.3 阀门大类归属小类的描述规则见表 A.3。

表 A.3 阀门大类归属小类的描述规则表

设备材料小类名称	特征量名称	特征量说明或举例
法兰连接闸阀	物料名称	法兰铸钢闸阀
	公称直径	DN 100
	型号	Z47F-16C(进口阀门用阀门品牌/型号表示)
	密封型式	软密封
	公称压力	PN 1.0
	防腐形式	普通表面处理、普通级防腐、加强级防腐
	放散型式	单放散、双放散
	产地类型	国产/组装/进口
	计量单位	个
焊接连接闸阀	物料名称	焊接铸钢闸阀
	公称直径	DN 100
	型号	Z67F-16C(进口阀门用阀门品牌/型号表示)
	密封型式	软密封
	公称压力	PN 1.0
	防腐形式	普通表面处理、普通级防腐、加强级防腐
	放散型式	单放散、双放散
	产地类型	国产/组装/进口
	计量单位	个
PE 连接闸阀	物料名称	PE 连接铸钢闸阀
	公称外径	dn 63
	PE 等级	PE 80、PE 100
	标准尺寸比	SDR 11、SDR 17
	阀体防腐形式	普通表面处理、普通级防腐、加强级防腐
	放散型式	单放散、双放散
	产地类型	国产/组装/进口
	计量单位	个
PE 球阀	物料名称	PE 球阀
	公称外径	dn 63
	PE 等级	PE 80、PE 100
	标准尺寸比	SDR 11、SDR 17
	放散型式	单放散、双放散
	产地类型	国产/组装/进口
	计量单位	个

表 A.3（续）

设备材料小类名称	特征量名称	特征量说明或举例
铜球阀	物料名称	内螺纹铜球阀
	螺纹规格	Rc½×Rc½
	型号	RQL-PN16/DN15
	锁控类型	磁控锁、普通锁
	测压口类型	固定测压、旋转测压
	特殊功能	固定座、活接
	产地类型	国产/组装/进口
	计量单位	个
钢铁制螺纹球阀	物料名称	钢制内螺纹球阀
	公称直径	DN 50
	型号	Q11F-16C
	放散型式	单放散、双放散
	产地类型	国产/组装/进口
	计量单位	个
钢铁制法兰球阀	物料名称	法兰浮动球阀
	公称直径	DN 50
	型号	Q41F-16C
	防腐处理	普通表面处理、普通级防腐、加强级防腐
	阀体形式	一体式、两片式、三片式
	放散型式	单放散、双放散
	产地类型	国产/组装/进口
	计量单位	个
钢制焊接球阀	物料名称	焊接固定球阀
	公称直径	DN 50
	型号	Q67F-16C
	防腐处理	普通表面处理、普通级防腐、加强级防腐
	阀体形式	一体式、两片式、三片式
	放散型式	单放散、双放散
	产地类型	国产/组装/进口
	计量单位	个

表 A.3（续）

设备材料小类名称	特征量名称	特征量说明或举例
常开型电磁阀	物料名称	常开型电磁阀
	公称直径	DN 50
	控制形式	直动式
	壳体材质	铸铁、铝合金
	连接方式	法兰
	公称压力	PN 1.6
	入口压力	0.05 MPa
	产地类型	国产/组装/进口
	计量单位	个
常闭型电磁阀	物料名称	常闭型电磁阀
	公称直径	DN 50
	控制形式	直动式
	壳体材质	铸铁、铝合金
	连接方式	法兰
	公称压力	PN 1.6
	入口压力	0.05 MPa
	产地类型	国产/组装/进口
	计量单位	个
截止阀	物料名称	截止阀
	公称直径	DN 65
	型号	J41N-16C
	产地类型	国产/组装/进口
	计量单位	个
安全阀	物料名称	安全阀
	公称直径	DN 50
	型号	A12F-16C
	产地类型	国产/组装/进口
	计量单位	个
燃气自闭阀	物料名称	燃气自闭阀
	型号	Z0.6TZ-15/9.5
	产地类型	国产/组装/进口
	计量单位	个

表 A.3(续)

设备材料小类名称	特征量名称	特征量说明或举例
蝶阀	物料名称	蝶阀
	公称直径	DN 200
	型号	D741X-25C
	产地类型	国产/组装/进口
	计量单位	个
止回阀	物料名称	止回阀
	公称直径	DN 100
	型号	H41N-16C
	产地类型	国产/组装/进口
	计量单位	个
节流阀	物料名称	节流阀
	公称直径	DN 200
	型号	L41Y-40C
	产地类型	国产/组装/进口
	计量单位	个
旋塞阀	物料名称	旋塞阀
	公称直径	DN 200
	型号	X13T-16C
	产地类型	国产/组装/进口
	计量单位	个
其他阀门	物料名称	针阀
	公称直径	DN 15
	型号	
	产地类型	国产/组装/进口
	计量单位	个
阀门配件	物料名称	
	公称直径	
	型号	
	计量单位	个

A.4 仪器仪表大类归属小类的描述规则见表 A.4。

表 A.4 仪器仪表大类归属小类的描述规则表

设备材料小类名称	特征量名称	特征量说明或举例
膜式燃气表	名称	普通膜式燃气表
	流量范围	
	规格	
	型号	G 2.5
	准确度等级	1.5 级
	壳体材质	铝合金、不锈钢、碳钢
	进气方向	左、右
	有无测压口	有、无
	产地类型	国产、进口
	防雷防爆等级	
腰轮流量计	名称	腰轮流量计
	规格	
	型号	
	接口口径	DN 25、DN 50、DN 50
	流量范围	
	耐压等级	<1.6 MPa、1.6 MPa～2.5 MPa
	壳体材质	铝合金、不锈钢、碳钢
	产地类型	国产、进口
涡轮流量计	名称	涡轮流量计
	规格	
	型号	
	接口口径	DN50
	流量范围	
	耐压等级	<1.6 MPa、1.6 MPa～2.5 MPa
	壳体材质	铝合金、不锈钢、碳钢
	产地类型	国产、进口
超声波流量计	名称	超声波流量计
	规格	多声道、单声道
	型号	
	接口口径	DN 50、DN 100、DN 150、DN 200、DN 250
	准确度等级	0.5 级、1.0 级
	耐压等级	1.6 MPa、2.5 MPa、4.0 MPa
	壳体材质	铝合金、不锈钢、碳钢
	产地类型	国产、进口

表 A.4（续）

设备材料小类名称	特征量名称	特征量说明或举例
涡街流量计	名称	涡街流量计
	规格	
	型号	
	接口口径	DN 25
	耐压等级	2.5 MPa
	测量范围	5 m^3/h～25 m^3/h
	壳体材质	铝合金
	产地类型	国产、进口
质量流量计	名称	质量流量计
	公称直径	DN 50、DN 100
	测量范围	
	制造商	
卡式膜式燃气表	名称	卡膜式燃气表
	流量范围	
	规格	
	型号	G 2.5
	壳体材质	铝合金、不锈钢、碳钢
	进气方向	左、右
	产地类型	国产、进口
	防雷防爆等级	
卡式腰轮流量计	名称	卡式腰轮流量计
	规格	
	型号	
	接口口径	DN 25
	流量范围	0.25 m^3/h～25 m^3/h
	耐压等级	<1.6 MPa、1.6 MPa～2.5 MPa
	壳体材质	铝合金、不锈钢、碳钢
	产地类型	国产、进口
	结构形式	一体、分体
卡式涡轮流量计	名称	卡式涡轮流量计
	规格	
	型号	
	接口口径	DN 50
	流量范围	6.5 m^3/h～65 m^3/h
	耐压等级	<1.6 MPa、1.6 MPa～2.5 MPa
	壳体材质	铝合金、不锈钢、碳钢
	产地类型	国产、进口
	结构形式	一体、分体

表 A.4（续）

设备材料小类名称	特征量名称	特征量说明或举例
远传膜式燃气表	名称	远传膜式燃气表
	流量范围	
	规格	
	型号	G 2.5
	壳体材质	铝合金、不锈钢、碳钢
	进气方向	左、右
	产地类型	国产、进口
	防雷防爆等级	
	远传方式	无线、有线、物联网、蓝牙
智能腰轮流量计	名称	智能腰轮流量计
	规格	
	型号	
	接口口径	DN 25
	流量范围	0.25 m^3/h～25 m^3/h
	耐压等级	<1.6 MPa、1.6 MPa～2.5 MPa
	壳体材质	铝合金、不锈钢、碳钢
	产地类型	国产、进口
	结构形式	一体、分体
智能涡轮流量计	名称	智能涡轮流量计
	规格	
	型号	
	接口口径	DN 50
	流量范围	6.5 m^3/h～65 m^3/h
	耐压等级	<1.6 MPa、1.6 MPa～2.5 MPa
	壳体材质	铝合金、不锈钢、碳钢
	产地类型	国产、进口
流量计算机	名称	流量计算机
	型号	DTFX1020
	制造商	
	基本计量单位	台
	额定量程	1.6 MPa
	制造商	
	产地	国产、进口

表 A.4（续）

设备材料小类名称	特征量名称	特征量说明或举例
其他流量仪表	名称	
	型号	
	制造商	
燃气压力表	名称	弹簧管压力表、隔膜压力表、膜盒压力表、膜片压力表、差压压力表
	型号	
	公称直径	160 mm～250 mm
	精确度等级	0.4 级
	量程	0 MPa～4.0 MPa
	材质	不锈钢
	产地	国产、进口
压力变送器	名称	压力变送器
	型号	
	材质	不锈钢、铝合金
	额定量程	1.6 MPa
	制造商	
	产地	国产、进口
差压变送器	名称	差压变送器
	型号	
	测量范围	0.06 kPa～0.3 kPa
	材质	铝合金
	量程	0 kPa～200 kPa、0 kPa～100 kPa
	制造商	
	产地	国产、进口
	基本计量单位	台
压力效验仪	名称	压力效验仪
	制造商	
	测量范围	0 MPa～4.0 MPa
	准确度等级	0.05 级
	产地	进口
	基本计量单位	台
其他压力仪表	名称	
	型号	
	制造商	

表 A.4（续）

设备材料小类名称	特征量名称	特征量说明或举例
温度计	名称	双金属温度计
	测量范围	0 ℃～100 ℃
	制造商	
	产地	国产
	基本计量单位	台
温度变送器	名称	温度变送器
	型号	3144P
	准确度等级	0.5 ℃
	测量范围	－20 ℃～80 ℃
	制造商	
	产地	国产、进口
温度效验仪	名称	温度效验仪
	型号	744、743
	制造商	
	产地	进口
	基本计量单位	台
其他温度仪表	名称	
	型号	
	制造商	
硫化氢检测仪	名称	硫化氢检测仪
	安装形式	在线式
	型号	
	制造商	
	产地	国产、进口
	基本计量单位	台
密度计	名称	密度计
	测量种类	固体、液体
	制造商	
	基本计量单位	件
色谱分析仪	名称	色谱分析仪
	规格型号	
	温控范围	5 ℃～400 ℃
	启动进样	手动、自动
	气路控制方式	
	基本计量单位	台

表 A.4（续）

设备材料小类名称	特征量名称	特征量说明或举例
露点仪	名称	露点仪
	安装形式	便携式、在线式
	测量原理	表面声波、冷镜面
	测量范围	0 RH～100 RH
	制造商	
	产地	国产、进口
	基本计量单位	台
热能计	名称	热能计
	通径	DN 10
	精确度	0.1 ℃
	温度分辨率	0.01 ℃
	产地	国产、进口
	制造商	
	基本计量单位	台
修正仪	名称	体积修正仪
	型号	
	准确度等级	0.5 级
	上限压力	10 MPa
	产地	国产、进口
	基本计量单位	台
其他	名称	
	型号	
	制造商	
PLC	名称	PLC(可编程逻辑控制器)
	规格型号	SR 20
	外型尺寸	
	程序内存	
	中断种类	定时中断、计数中断
	最大 I/O 点数	
RTU	名称	RTU(远程终端单元)
	规格型号	
	外型尺寸	
	输出电压	直流 5 V
	数据存储大小	16 M

表 A.4（续）

设备材料小类名称	特征量名称	特征量说明或举例
RTU	通讯协议	Modbus 标准协议
	采集精度	
其他控制设备	名称	
	规格型号	
气表表头	名称	气表表头
	材质	铜制
	规格型号	
	产地类型	
气表表箱	名称	气表表箱
	材质	铁制
	规格型号	一排多表位
	防护等级	1 级
其他配件	名称	
	规格型号	

A.5 防腐绝热材料大类归属小类的描述规则见表 A.5。

表 A.5 防腐绝热材料大类归属小类的描述规则表

设备材料小类名称	特征量名称	特征量说明或举例
油漆	名称	油漆
	材质	树脂、沥青、橡胶、油脂
	产地	国产、进口
冷缠带	名称	冷缠带
	材质	聚乙烯
热收缩缠绕带	名称	热收缩缠绕带
	材质	三层聚乙烯
其他防腐材料	名称	
	材质	
绝热玻璃	名称	绝热玻璃
	绝热形式	真空绝热
石棉	名称	石棉
	产品类型	石棉板
硅酸盐	名称	硅酸盐
	产品类型	硅酸盐涂料
其他绝热材料	名称	
	产品类型	

A.6 工艺设备大类归属小类的描述规则见表 A.6。

表 A.6 工艺设备大类归属小类的描述规则表

设备材料小类名称	特征量名称	特征量说明或举例
过滤器	名称	Y 型过滤器
	规格型号	
	设计压力	0.4 MPa
	连接口径	接管公称直径 DN 150
	处理规模	500 m^3/h
	连接方式	法兰
	过滤精度	≤50 μm
	材质	不锈钢
	介质	天然气
除尘器	名称	燃气除尘器
	规格型号	
	设计压力	0.4 MPa
	连接口径	接管公称直径 DN 150
	处理规模	500 m^3/h
	连接方式	法兰
	过滤精度	≤50 μm
	形式	干式/湿式
	材质	不锈钢
	介质	天然气
其他除尘过滤设备及配件	名称	
	规格型号	
燃气调压器	名称	燃气调压器
	规格型号	RTZ-150/0.4-A
	气质种类	天然气
	工作原理	直接作用式/间接作用式
	公称尺寸	DN 150
	连接形式	法兰连接
	最大进口压力	0.4 MPa
	自定义项	
	执行标准	GB 27790
燃气调压箱	名称	燃气调压箱
	规格型号	RX300/0.4B
	公称流量	300 m^3/h

表 A.6（续）

设备材料小类名称	特征量名称	特征量说明或举例
燃气调压箱	最大进口压力	0.4 MPa
	管道结构	1+0/1+1/2+0/2+1
	箱体材质	彩钢板/不锈钢
	自定义项	
	执行标准	GB 27791
燃气调压装置	名称	燃气调压撬
	规格型号	
	公称流量	1 000 m^3/h
	进口压力范围	1.6 MPa～2.3 MPa
	出口压力范围	0.3 MPa～0.36 MPa
	管道结构	1+0/1+1/2+0/2+1
	是否带流量计	是/否
	是否有加臭装置	是/否
	是否有自控装置	是/否
其他调压设备及配件	名称	调压箱备件包
	规格型号	1 套
流量调节阀	名称	流量调节阀
	规格型号	
	执行机构使用动力	气动/液动/电动
	调节阀动作方式	直行程/角行程
	调节阀调节方式	调节型/切断型/调节切断型
	公称通径	DN 50
	公称压力	PN 64
压力调节阀	名称	压力调节阀
	规格型号	
	执行机构使用动力	气动/液动/电动
	调节阀动作方式	直行程/角行程
	调节阀调节方式	调节型/切断型/调节切断型
	公称通径	DN 50
	公称压力	PN 64
其他调节阀	名称	调节阀
	规格型号	
	执行机构使用动力	气动/液动/电动
	调节阀动作方式	直行程/角行程

表 A.6（续）

设备材料小类名称	特征量名称	特征量说明或举例
其他调节阀	调节阀调节方式	调节型/切断型/调节切断型
	公称通径	DN 50
	公称压力	PN 64
加臭装置	名称	燃气加臭装置
	规格型号	JCB-200-1.5/1.6-X
	加臭剂注入设备类别	计量泵
	加臭机储存量	200 kg
	加臭剂最大输出量	1.5 L/h
	加臭剂最大输出压力	1.6 MPa
	执行标准	CJ/T 448
其他加臭设备及配件	名称	
	规格型号	
球罐	名称	球罐
	规格型号	
	设计压力	1.6 MPa
	几何容积	50 m^3
	安装方式	单独
	使用温度	℃
	燃气介质	LNG
	绝热形式	高真空/珠光砂
	外罐材质	06Cr19Ni10、X5CrNi18-10
	内罐材质	06Cr19Ni10、X5CrNi18-10
圆筒罐	名称	LNG 圆筒罐
	规格型号	
	设计压力	0.8 MPa
	几何容积	60 m^3
	安装方式	卧式/立式
	使用温度	℃
	燃气介质	LNG
	绝热形式	高真空/珠光砂
	外罐材质	06Cr19Ni10、X5CrNi18-10
	内罐材质	06Cr19Ni10、X5CrNi18-10

表 A.6（续）

设备材料小类名称	特征量名称	特征量说明或举例
子母型罐	名称	LNG 子母罐
	规格型号	
	设计压力	0.8 MPa
	几何容积	2 000 m^3
	安装方式	卧式/立式
	使用温度	℃
	燃气介质	LNG
	绝热形式	高真空/珠光砂
	外罐材质	06Cr19Ni10、X5CrNi18-10
	内罐材质	06Cr19Ni10、X5CrNi18-10
其他储气设备及配件	名称	干式气柜
	规格型号	
	设计压力	0.1 MPa
	几何容积	2 000 m^3
	使用温度	℃
	燃气介质	天然气
	绝热形式	高真空/珠光砂
	外罐材质	06Cr19Ni10
	内罐材质	06Cr19Ni10
CNG 撬车	名称	CNG 撬车
	规格型号	
	设计压力	0.8 MPa
	几何水容积	18 m^3
CNG 脱硫装置	名称	CNG 脱硫装置
	规格型号	
	设计压力	25 MPa
	工作压力	20 MPa
	公称流量	2 000 m^3/h
CNG 脱水装置	名称	CNG 脱水装置
	规格型号	
	设计压力	25 MPa
	工作压力	20 MPa
	标准状态公称流量	2 000 m^3/h
	形式	单缸/双缸

表 A.6（续）

设备材料小类名称	特征量名称	特征量说明或举例
CNG 缓冲罐	名称	CNG 缓冲罐
	规格型号	
	设计压力	25 MPa
	几何容积	3 m^3
冷却塔	名称	冷却塔
	规格型号	
	冷却方式	风冷/水冷
	标准状态公称流量	2 000 m^3/h
优先顺序控制盘	名称	优先顺序控制盘
	规格型号	
	接口数量	3
	设计压力	25 MPa
	标准状态公称流量	2 000 m^3/h
	进出口管径	DN 25
	是否有直通功能	是/否
	是否有优先功能	是/否
CNG 储气瓶/罐/瓶组	名称	CNG 瓶组撬/CNG 储罐
	规格型号	
	工作压力	25 MPa
	几何容积	1.3 m^3
	瓶子数量	3 个
	组成方式	撬装
	安装形式	卧式/立式
	材质	30CrMo、Q345R、16MnDR
CNG 储气井	名称	CNG 储气井
	规格型号	
	公称容积	4.5 m^3
	额定工作压力	25 MPa
	井筒外径	ϕ244.5 mm
	井筒材质	TP 80CQJ
	执行标准	SY/T 6535
CNG 加气机	名称	CNG 加气机
	规格型号	
	工作压力	20 MPa

表 A.6（续）

设备材料小类名称	特征量名称	特征量说明或举例
CNG 加气机	额定流量	30 m^3/min
	枪数及入口线路	三线双枪
	是否含质量流量计	是/否
	泵数量	单泵/双泵
CNG 加气柱/卸气柱	名称	CNG 加气柱/卸气柱
	规格型号	
	工作压力	20 MPa
	额定流量	80 m^3/min
	枪数及入口线路	三线双枪
	是否含质量流量计	是/否
	泵数量	单泵/双泵
CNG 减压撬	名称	CNG 减压撬
	规格型号	
	出口压力	0.4 MPa
	标准状态公称流量	2 000 m^3/h
	调压级数	二级
CNG 集成撬装加气站设备	名称	CNG 集成撬装加气站设备
	规格型号	
	撬装类型	CNG 集成撬装加气子站
	设计规模(标准状态)	2 000 m^3/h
	主要设备	压缩机 1 台、加气机 4 台
其他 CNG 设备及配件	名称	
	规格型号	
LNG 槽车	名称	LNG 槽车
	规格型号	
	设计压力	0.88 MPa
	几何水容积	20 m^3
LNG 储气瓶/瓶组	名称	LNG 钢瓶
	规格型号	
	工作压力	1.6 MPa
	几何容积	410 L
	瓶子数量	1 个
	组成方式	撬装
	安装形式	卧式/立式
	使用温度	℃

表 A.6（续）

设备材料小类名称	特征量名称	特征量说明或举例
空温式气化器	名称	空温式气化器
	规格型号	
	工作压力	25 MPa
	小时气化量(标准状态)	1 000 m^3/h
EAG/BOG 加热器	名称	EAG 加热器/BOG 加热器
	规格型号	
	工作压力	25 MPa
	小时气化量(标准状态)	1 000 m^3/h
增压器	名称	LNG 卸车增压器
	规格型号	
	工作压力	1.6 MPa
	小时气化量(标准状态)	300 m^3/h
复热器	名称	电复热器
	规格型号	
	加热形式	电加热式
	设计压力	1.6 MPa
	标准状态公称流量	300 m^3/h
LNG 加气机	名称	LNG 加气机
	规格型号	
	工作压力	1.6 MPa
	额定流量	80 kg/min
	枪数及入口线路	三线双枪
	是否含质量流量计	是/否
	泵数量	单泵/双泵
LNG 瓶组气化撬	名称	LNG 瓶组气化撬
	规格型号	
	撬装类型	气化器、调压计量成撬
	设计规模(标准状态)	500 m^3/h
集成式 LNG 撬装供气设备	名称	小型 LNG 撬装气化设备
	规格型号	
	撬装类型	撬装气化撬
	设计规模(标准状态)	1 000 m^3/h
	储罐容积	10 m^3
	储罐个数	1 个

表 A.6（续）

设备材料小类名称	特征量名称	特征量说明或举例
集成式 LNG 撬装加气站设备	名称	LNG 撬装加气站
	规格型号	
	设计规模(标准状态)	30 000 m^3/d
	储罐容积	60 m^3
	储罐个数	1 个
	安装形式	立式
其他 LNG 设备及配件	名称	
	规格型号	
LPG 储气瓶组	名称	LPG 钢瓶/瓶组
	规格型号	
	设计压力	1.76 MPa
	几何容积	15 L
	数量	2 个
LPG 气化器	名称	LPG 气化器
	规格型号	
	工作压力	1.76 MPa
	小时气化量	50 kg/h～200 kg/h
	换热方式	电加热
LPG 混气装置	名称	LPG 混气装置
	规格型号	
	设计压力	1.6 MPa
	标准状态额定流量	50 m^3/h～2 000 m^3/h
	混气方式	文丘里式/高压比例式/随动流量式
LPG 加气机	名称	LPG 加气机
	规格型号	
	工作压力	1.8 MPa
	额定流量	5 L/min～60 L/min
	枪数及入口线路	双枪
	是否含质量流量计	是/否
	泵数量	单泵/双泵
LPG 混气撬	名称	LPG 混气撬
	规格型号	
	设计压力	1.6 MPa
	设计规模(标准状态)	2 000 m^3/h

表 A.6（续）

设备材料小类名称	特征量名称	特征量说明或举例
LPG 瓶组气化撬	名称	LPG 混气撬
	规格型号	
	设计压力	1.6 MPa
	设计规模	80 kg/h
其他 LPG 装置及配件	名称	
	规格型号	
恒电位仪/整流器	名称	恒电位仪
	规格型号	
	电源类型	
	电源功率	
牺牲阳极	名称	镁合金阳极
	规格型号	700 mm×(75 mm+85 mm)×80 mm
	重量	8 kg
辅助阳极	名称	石墨阳极
	规格型号	
	重量	
参比电极	名称	长效参比电极
	规格型号	ϕ200 mm×350 mm
	材料	$Cu/CuSO_4$
	内阻	0.2 kΩ～1.6 kΩ
测试桩	名称	测试桩
	规格型号	
	主材	水泥
	长度	1.2 m
其他其他阴极保护用设备及配件	名称	
	规格型号	
燃气加热器	名称	燃气加热器
	规格型号	DN 500
	额定流量	
	工作压力	0.6 MPa～20 MPa
	工作温度	
	防爆等级	ExdⅡ CT1～ CT4
	防护等级	IP 45～IP 68
收发球装置	名称	收发球装置
	规格型号	套

表 A.6（续）

设备材料小类名称	特征量名称	特征量说明或举例
汇气管	名称	天然气汇气管
	规格型号	
	工作压力	1.6 MPa～10 MPa
	几何容积	10 m^3
其他各种工艺设备及配件	名称	
	规格型号	

A.7 动力设备大类归属小类的描述规则见表 A.7。

表 A.7 动力设备大类归属小类的描述规则表

设备材料小类名称	特征量名称	特征量说明或举例
离心式压缩机	名称	离心式压缩机
	型号	H130-9/0.95
	结构形式	双轴
	排气量	130 m^3/min
	吸气压力	0.095 MPa
	出口压力	0.90 MPa
	转速	20 174 r/min/24 656 r/min
	轴功率	718 kW
	执行标准	EN ISO 10439
往复式压缩机	名称	石油及天然气工业用往复压缩机
	结构形式	D 型
	压缩级数	2
	吸气压力(表压)	3.0 MPa
	排气压力(表压)	22.0 MPa
	标准状态公称容积流量	3 000 m^3/h
	整机泄漏率	≤0.05%
	电机防爆等级	EXdⅡBT4
	噪声声功率级/声压级	≤115 dB(A)/87 dB(A)
	振动烈度	≤18 mm/s
	冷却方式	混冷
	电动机功率	250 kW
	压缩机转速	740 r/min
	执行标准	API 618

表 A.7（续）

设备材料小类名称	特征量名称	特征量说明或举例
轴流式压缩机	名称	全静叶可调轴流压缩机
	轴功率	27 768 kW
	多变效率	91.31%
	转速	3 750 r/min
	公称容积流量	7 300 m^3/min
	吸气压力	0.098 MPa
	出口压力	0.45 MPa
	执行标准	SY/T 6651
回转式压缩机	名称	天然气螺杆式压缩机
	规格型号	LGJ55
	电机功率	55 kW
	冷却方式	水冷
	公称容积流量	10 m^3/min
	出口压力	0.7 MPa
	执行标准	GB/T 25357
制冷压缩机	名称	螺杆式制冷压缩机
	型号	LG16BM
	功率	110.4 kW
	运行工况	−10 ℃/+40 ℃
	制冷量	372.3 kW
	执行标准	GB/T 19410
其他压缩机	名称	
	型号	
	结构形式	
	功率	
	吸气压力	
	出口压力	
	执行标准	
LNG 潜液泵	名称	低温浸没式离心泵
	规格型号	
	设计扬程	260 m
	公称流量	340 L/min
	电机功率	11 kW

表 A.7（续）

设备材料小类名称	特征量名称	特征量说明或举例
高压柱塞泵	名称	高压柱塞泵
	规格型号	
	功率	30 kW
	公称流量	25 L/min
烃泵	名称	烃泵
	规格型号	
	形式	液化石油气专用叶片泵
	额定流量	15 m^3/h
	进出口压差	0.5 MPa
水泵	名称	潜水电泵
	流量	3 m^3/h
	扬程	20 m
	配管内径	25 mm
	额定功率	0.55 kW
	额定电压	380 V
	额定电流	1.61 A
	额定转速	2 860 r/min
	额定频率	50 Hz
	执行标准	JB/T 8092
其他泵	名称	
	规格型号	
	功率	
	公称流量	
鼓风机	名称	罗茨鼓风机
	转速	1 650 r/min
	流量	7.26 m^3/min
	压力	150 kPa
	电机功率	11 kW
	执行标准	JB/T 8941.1
通风机	名称	离心轴流式通风机
	转速	720 r/min
	流量	4 860 m^3/h
	压力	150 Pa
	电机功率	0.75 kW
	执行标准	GB/T 19075

表 A.7（续）

设备材料小类名称	特征量名称	特征量说明或举例
其他风机	名称	
	转速	
	流量	
	压力	
	电机功率	
	执行标准	
燃气冷热电三联供集成设备	名称	燃气冷热电三联供集成设备
	容量范围	300 kW
	发电效率	32%
	余热回收形态	650 ℃烟气
	所需燃气压力	0.8 MPa
	NO_x 排放水平	25 ppm
	执行标准	CJJ 145
柴油发电机组	名称	柴油发电机组
	额定功率	55 kW
	额定电压	400 V
	额定频率	50 Hz
	功率因数	0.8
	相数	三相
	转速	1 500 r/min
	压缩比	16.5：1
	供油方式	直喷
	调速方式	电子调速
	冷却方式	闭式水循环冷却
	燃油消耗量	216 g/kW·h
	防护等级	IP 22
	励磁方式	自励磁
	绝缘等级	H 级
	执行标准	GB/T 31038
汽油发电机组	名称	汽油发电机组
	额定功率	35 kW
	额定电压	400 V
	额定电流	45.3 A
	额定频率	50 Hz

表 A.7（续）

设备材料小类名称	特征量名称	特征量说明或举例
汽油发电机组	功率因数	0.8
	相数	三相
	转速	3 000 r/min
	压缩比	9.5∶1
	点火方式	ECU 电子点火
	启动方式	电启动
	冷却方式	闭式水循环冷却
	汽油消耗量	10.5 kg/h
	防护等级	IP 22
	类型	永磁无刷
	极数	2 极
	连接方式	直接耦合
	绝缘等级	H 级
	执行标准	GB 8365
燃气内燃发电机组	名称	燃气内燃发电机组
	额定功率	120 kW
	额定转速	1 500 r/min
	额定电压	400 V
	额定电流	216 A
	额定频率	50 Hz
	功率因数	0.8
	供电制式	三相四线制
	励磁方式	无刷
	启动方式	24 VDC 电启动
	冷却方式	闭式水冷
	燃气消耗	≤0.33 m^3/(kW·h)
	执行标准	GB/T 22343
燃气轮机发电机组	名称	燃气轮机发电机组
	净功率	255.6 MW
	净热耗	9 757 kJ/(kW·h)
	净效率	36.9%
	燃气初温	1 327 ℃
	排气温度	609 ℃
	发电机频率	50 Hz
	执行标准	GB/T 10489

表 A.7(续)

设备材料小类名称	特征量名称	特征量说明或举例
其他发电机组	名称	
	输出功率	
	电流	
	燃气类型	
	执行标准	
空调设备	名称	风冷恒温恒湿型空调
	制冷量	12 kW
	制热量	9 kW
	风量	6 000 m^3/h
	总功率	26.1 kW(380 V)
	噪声	≤60 dB
	加湿量	4 kg/h
	机外余压	150 Pa
	执行标准	中国家电维修协会推出的
交流电动机	名称	三相异步电动机
	型号	Y355L2-4
	接线方式	△型
	额定功率	315 kW
	额定电压	380 V
	额定电流	555 A
	额定转速	1 490 r/min
	额定频率	50 Hz
	功率因数	0.87
	防护等级	44
	绝缘等级	F 级
	执行标准	JB/T 5274
直流电动机	名称	直流电动机
	型号	Z500-4AP
	励磁方式	他励式
	额定功率	566 kW
	额定电压	660 V
	额定电流	922 A
	额定转速	410 r/min/1 200 r/min
	冷却方式	W37A86

表 A.7（续）

设备材料小类名称	特征量名称	特征量说明或举例
直流电动机	冷却风量	3 m³/s
	防护等级	44
	绝缘等级	F 级
	执行标准	GB 755
其他各种通用设备	名称	
	规格型号	
	执行标准	

A.8 法兰、紧固件、密封件大类归属小类的描述规则见表 A.8。

表 A.8 法兰、紧固件、密封件大类归属小类的描述规则表

设备材料小类名称	特征量名称	特征量说明或举例
法兰	名称	板式平焊法兰
	公称直径	DN 100
	公称压力	PN 16
	密封面形式	平面(FF)
	材料牌号	20#
	焊端外径系列	系列 1
	执行标准	GB/T 9119
法兰盖	名称	钢制管法兰盖
	公称尺寸	DN 80
	公称压力	PN 16
	材料牌号	20#
	密封面形式	突面(RF)
	执行标准	GB/T 9123
其他金属法兰	名称	
	公称直径	
	公称压力	
	密封面形式	
	材料牌号	
	焊端外径系列	
	执行标准	
螺栓	名称	六角头螺栓
	螺纹规格	M12
	公称长度	80 mm

表 A.8（续）

设备材料小类名称	特征量名称	特征量说明或举例
螺栓	材质	低碳合金钢
	性能等级	8.8
	表面处理	表面氧化处理
	执行标准	GB/T 5782
螺柱	名称	等长双头螺柱
	螺纹规格	M12
	公称长度	100 mm
	材质	碳钢
	性能等级	4.8
	表面处理	镀锌钝化
	执行标准	GB/T 901
螺钉	名称	十字槽盘头螺钉
	螺纹规格	M5
	公称长度	20 mm
	材质	碳钢
	性能等级	4.8
	表面处理	镀锌钝化
	执行标准	GB/T 818
螺母	名称	六角螺母
	螺纹规格	M12
	螺距	1 mm
	材质	碳钢
	性能等级	10 级
	表面处理	镀锌钝化
	执行标准	GB/T 6170
垫圈	名称	平垫圈
	公称尺寸	8 mm
	材质	碳钢
	性能等级	140 HV
	表面处理	镀锌钝化
	执行标准	GB/T 97.2
铆钉	名称	平头铆钉
	公称直径	5 mm
	长度	20 mm

表 A.8（续）

设备材料小类名称	特征量名称	特征量说明或举例
铆钉	材质	ML 2
	表面处理	镀锌钝化
	执行标准	GB/T 109
其他紧固件	名称	
	规格尺寸	
	材质	
	表面处理	
	执行标准	
填料密封	名称	盘根
	规格代号	3 cm×3 cm
	材质	聚四氟乙烯
	执行标准	JB/T 6626
密封圈、条	名称	O 型密封圈
	规格代号	8.75 mm×1.80mm
	材质	丁腈橡胶
	执行标准	GB/T 3452
缠绕垫片	名称	带内环金属缠绕垫片
	规格尺寸	DN 50
	材质	内环：SUS 316、金属缠绕带：SUS 316、填料带：石墨、外环：碳钢
	压力等级	PN 16
	执行标准	GB/T 4622
金属法兰垫片	名称	金属平垫片
	规格尺寸	DN 50
	材质	SUS 304
	压力等级	PN 200
	执行标准	GB/T 9128
复合法兰垫片	名称	石墨复合垫片
	规格尺寸	DN 50×1.2
	材质	304，石墨
	执行标准	GB/T 19066
非金属垫片	名称	石棉橡胶垫片
	规格尺寸	XB 450
	厚度	1.5 mm
	材质	石棉橡胶
	执行标准	GB/T 9126

表 A.8（续）

设备材料小类名称	特征量名称	特征量说明或举例
其他密封件	名称	
	规格尺寸	
	材质	
	执行标准	

A.9 机械机具大类归属小类的描述规则见表 A.9。

表 A.9 机械机具大类归属小类的描述规则表

设备材料小类名称	特征量名称	特征量说明或举例
开孔机	名称	开孔机
	规格	DN 200～DN 300
	型号	
	带压情况	是、否
	压力等级	≤10 MPa(带压＝否时，为无)
	驱动方式	液动、手动、电动
	产地类型	国产、进口
	执行标准	执行 GB/T 28055
封堵机	名称	塞式封堵机
	规格	DN 200～DN 300
	型号	
	压力等级	≤6.4 MPa
	产地类型	国产、进口
	执行标准	执行 GB/T 28055
其他开孔封堵机械及附件	名称	下堵器
	规格	DN 200～DN 300
	型号	
	压力等级	≤6.4 MPa
	产地类型	国产、进口
	执行标准	
金属焊接设备	名称	交流焊接设备
	规格	
	型号	
	焊接原理	对焊
	额定输出电流	300 A

表 A.9（续）

设备材料小类名称	特征量名称	特征量说明或举例
金属焊接设备	工作形式	氩弧焊
	产地类型	国产、进口
	执行标准	GB 50236
电熔焊接设备	名称	直流焊接设备
	规格	
	型号	
	额定输出电流	350 A
	产地类型	国产、进口
	执行标准	TSG D2002
热熔焊接设备	名称	交流焊接设备
	规格	
	型号	
	额定输出电流	200 A
	产地类型	国产、进口
	执行标准	TSG D2002
焊接设备配件	名称	焊枪
	规格	
	型号	
	产地类型	国产、进口
	执行标准	
混合设备	名称	SV 型混合器
	单元水力直径	2.3 mm
	公称通径	25 mm
	公称压力	1.6 MPa
	混合器长度	500 mm
	产地类型	国产、进口
	执行标准	JB/T 7660
管道防腐层检测仪	名称	管道防腐层检测仪
	规格	
	型号	
	产地类型	国产、进口
	执行标准	
管道定位仪	名称	管道定位仪
	规格	

表 A.9（续）

设备材料小类名称	特征量名称	特征量说明或举例
管道定位仪	型号	
	产地类型	国产、进口
	执行标准	
土壤腐蚀性测试仪	名称	土壤腐蚀性测试仪
	规格	
	型号	
	产地类型	国产、进口
	执行标准	
杂散电流测试仪	名称	杂散电流测试仪
	规格	
	型号	
	产地类型	国产、进口
	执行标准	
燃气报警器	名称	可燃气体报警器
	规格	
	型号	
	产地类型	国产、进口
	执行标准	
便携式燃气检测仪器	名称	便携式燃气检测仪
	规格	
	型号	
	产地类型	国产、进口
	执行标准	
燃气检测机具	名称	检测机器人
	规格	
	型号	
	产地类型	国产、进口
	执行标准	
其他燃气泄漏检测产品	名称	
	规格	
	型号	
	产地类型	
	执行标准	

表 A.9（续）

设备材料小类名称	特征量名称	特征量说明或举例
挖掘机械	名称	履带式挖掘机、轮胎式挖掘机
	规格	小型、中型、大型
	型号	
	铲斗容量	21 m^3
	最大挖掘宽	12 266 mm
	最大挖掘深	3 668 mm
	传动方式	液压
	发动机功率	40 kW
	产地类型	国产、进口
	执行标准	GB/T 22357
铲土运输机械	名称	轮胎式推土机
	规格	大型、中型、小型
	型号	
	额定载重	1 000 kg
	额定斗容量	0.4 m^3
	装卸方式	前卸式
	产地类型	国产、进口
	执行标准	GB/T 8590
起重机械	名称	自行式起重机
	规格	
	型号	
	起重量	25 t
	起升高度	48.5 m
	跨度	3 m
	最大回转速度	2.5 m/min
	产地类型	国产、进口
	执行标准	GB/T 20776
压实机械	名称	轮胎压路机
	规格	
	型号	小型压路机
	振动频率	70 Hz
	额定功率	1 kW
	工作重量	3 t
	振动轮直径	600 mm

表 A.9（续）

设备材料小类名称	特征量名称	特征量说明或举例
压实机械	振动轮宽度	430 mm
	产地类型	国产、进口
	执行标准	GB/T 8511、GB/T 25626
桩工机械	名称	振动打桩机
	规格	
	型号	
	钻孔直径	ϕ4～ϕ45
	钻孔深度	50 m
	回转速度	50 r/min
	回转角度	360°
	产地类型	国产、进口
	执行标准	GB/T 7920.6
其他工程机械	名称	手持凿岩机
	规格	
	型号	
	机械用途	凿岩
	产地类型	国产、进口
	执行标准	
小五金	名称	
	规格	
	型号	
	用途	
	产地类型	
	其他	
	执行标准	
其他各种小型机械	名称	
	规格	
	型号	
	用途	
	产地类型	
	其他	
	执行标准	

A.10 气体与石油及化工产品大类归属小类的描述规则见表 A.10。

表 A.10 气体与石油及化工产品大类归属小类的描述规则表

设备材料小类名称	特征量名称	特征量说明或举例
天然气	名称	天然气
	高位发热量	MJ/m³
	总硫含量	mg/m³
	硫化氢含量	mg/m³
	二氧化碳含量	%
	加臭剂含量	%
	用途	民用、工业
	执行标准	GB 50028、GB 17820
液化石油气	名称	液化石油气
	密度	kg/m³
	蒸汽压	kPa
	蒸发残留物	mL/100 mL
	油渍观察	通过、不通过
	加臭剂含量	%
	用途	民用、工业
	执行标准	GB 50028、GB 11174
压缩天然气	名称	压缩天然气
	高位发热量	MJ/m³
	总硫含量	mg/m³
	硫化氢含量	mg/m³
	二氧化碳含量	%
	加臭剂含量	%
	用途	民用、工业
	执行标准	GB 50028、GB 18047
液化天然气	名称	焊接气、激光气、保鲜气、消毒气、电子气
	密度	kg/m³
	用途	民用、工业
	执行标准	GB 16163 瓶装气体分类
压缩空气	名称	压缩空气
	用途	民用、工业
	执行标准	GB/T 13277.1
氮气	名称	氮气
	密度	kg/m³

表 A.10（续）

设备材料小类名称	特征量名称	特征量说明或举例
氮气	用途	民用、工业
	执行标准	
其他气体	名称	乙炔
	执行标准	
加臭剂	名称	四氢噻吩加臭剂
	熔点	℃
	沸点	℃
	执行标准	GB 19206
油与油脂	名称	密封脂、凡士林、汽油、柴油、润滑油、密封脂
	规格	
	型号	
	功能说明	适用于玻璃转动活塞与磨口接头处在有化学介质存在条件下的润滑和密封
	黏度	120 Pa·s
	包装规格	12 盒/箱
	其他	高真空硅质
	执行标准	
橡胶制品	名称	橡胶板、橡胶带、橡胶球胆
	规格	黑色
	型号	
	功能说明	化工
	其他参数	强力 2 MPa
	执行标准	
塑料制品	名称	塑料薄膜、塑料板、塑料丝、绳及编织品、泡沫塑料、生料带
	规格	8 s
	型号	
	材质	HDPE
	功能说明	包装袋
	其他参数	无色透明
	执行标准	
其他石油化工产品及气体	名称	
	规格	
	型号	
	材质	
	功能说明	
	其他参数	
	执行标准	

A.11 用气产品及配件大类归属小类的描述规则见表 A.11。

表 A.11 用气产品及配件大类归属小类的描述规则表

设备材料小类名称	特征量名称	特征量说明或举例
燃气窑炉	名称	燃气窑炉
	规格	输出功率 kW
	型号	
	炉体材料	铸铁
	使用行业	加工
	气质	天然气
	执行标准	
燃气锅炉	名称	燃气锅炉
	规格	输出功率 kW
	型号	WNS 0.7-1.0/95/70-Q
	压力	1.0 MPa
	气质	天然气
	执行标准	GB/T 10180
燃气发动机驱动空调(热泵)机组	名称	燃气发动机驱动空调(热泵)机组
	规格	消耗燃气热量 kW
	型号	
	热源	空气
	气质	天然气
	执行标准	GB/T 22069
燃气直燃机	名称	直燃型溴化锂吸收式冷(温)水机组
	规格	制冷量 kW
	型号	
	制冷剂材质	溴化锂
	气质	天然气
	执行标准	GB/T 18362
公服用燃气灶具	名称	中餐燃气炒菜灶
	规格	50 kW
	型号	ZCTG1-50 A
	结构	直排式
	气质	天然气
	执行标准	CJ/T 28
其他工商业燃气用具	名称	燃气低汤灶
	规格	14 kW

表 A.11（续）

设备材料小类名称	特征量名称	特征量说明或举例
其他工商业燃气用具	型号	DTZT 2-14/28 A
	型号	直排式
	气质	天然气
	执行标准	CJ/T 451
家用燃气灶具	名称	家用燃气灶具
	规格	最大额定 4.0 kW
	型号	JZT-A
	结构	嵌入式
	灶眼数	双眼
	面板材质	不锈钢
	气质	天然气
	执行标准	GB 16410
家用燃气热水器	名称	家用燃气快速热水器
	规格	16 kW
	型号	JSQ 16-A
	结构	强排式
	用途	洗浴
	气质	天然气
	执行标准	GB 6932
燃气采暖热水炉	名称	燃气采暖热水炉
	规格	输入功率 24 kW
	型号	L1PB 24-A
	结构	强制给排气式
	气质	天然气
	执行标准	GB 25034
其他民用燃气用具	名称	燃气洗碗机
	规格	容积
	型号	
	气质	天然气
	执行标准	GB/T 16411
其他用气产品及配件（其他燃气用具）	名称	
	规格型号	
	材质	
	功能说明	
	其他参数	
	执行标准	

A.12 安全消防与劳动保护用品大类归属小类的描述规则见表 A.12。

表 A.12 安全消防与劳动保护用品大类归属小类的描述规则表

设备材料小类名称	特征量名称	特征量说明或举例
消防设备	名称	消防泵
	规格型号	XB 3.0/5-50(65)
	材质	铸铁
	原动机参数(功率/防爆等级)	4 kW
	其他	立式单级
消防器具	名称	二氧化碳灭火器
	型号规格	MTT 20
	其他	推车式、直立、悬挂
消防其他附属配件	名称	消防水带
	型号	16 型
	直径	DN 50
	材质	衬胶
工作服	名称	单工服上衣
	规格	长袖
	材质	锦纶
	其他	
	基本计量单位	套
其他劳动保护用品	名称	耐油手套
	规格	加长
	材质	PVC 衬里
	其他	
	基本计量单位	付
禁止标志	名称	禁止烟火标志
	规格	
	其他要求	符合 CJJ/T 153
警告标志	名称	当心触电警告标志
	规格	
	其他要求	符合 CJJ/T 153
指令标志	名称	必须戴安全帽指令标志
	规格	
	其他要求	符合 CJJ/T 153
提示标志	名称	动火区域提示标志
	规格	
	其他要求	符合 CJJ/T 153

表 A.12（续）

设备材料小类名称	特征量名称	特征量说明或举例
燃气输配管线标志	名称	燃气输配管线里程桩标志
	规格	
	其他要求	符合 CJJ/T 153
燃气设施名称标志	名称	燃气储罐区标志
	规格	
	其他要求	符合 CJJ/T 153
燃气场站内地上工艺管道标志	名称	天然气管道标志
	颜色	淡黄色
	其他要求	符合 CJJ/T 153

A.13 建材及五金产品大类归属小类的描述规则见表 A.13。

表 A.13 建材及五金产品大类归属小类的描述规则表

设备材料小类名称	特征量名称	特征量说明或举例
工字钢	名称	碳素工字钢
	规格	I 200×100×7
	材质	Q235B
	标准	GB/T 706
	基本计量单位	t
角钢	名称	碳素等边角钢
	规格	∠63×6
	材质	Q235A、Q235B
	标准	GB/T 706
	基本计量单位	t
槽钢	名称	碳素槽钢
	规格	[100×48×5.3
	材质	Q235B
	标准	GB/T 706
	基本计量单位	t
螺纹钢	名称	普通螺纹钢
	规格	ϕ10
	材质	HRB335、HRB335E、HRB400、HRB400E
	标准	GB/T 1499.2
	基本计量单位	t

表 A.13（续）

设备材料小类名称	特征量名称	特征量说明或举例
其他型材	名称	C 型钢
	规格	120×50×20×2.5
	材质	Q235A
	标准	GB/T 6725
	基本计量单位	t
热轧钢板	名称	热轧碳素钢板
	规格	δ=10 mm
	材质	Q235B
	标准	GB/T 3274
	基本计量单位	t
冷轧钢板	名称	冷轧碳素钢板
	规格	δ=3 mm
	材质	Q235A
	标准	GB/T 11253
	基本计量单位	t
花纹钢板	名称	碳素结构花纹钢板
	规格	δ=5 mm
	材质	Q235B
	标准	GB/T 3277
	基本计量单位	t
其他钢板	名称	合金钢结构钢板
	规格	δ=10 mm
	材质	15CrMo
	标准	GB/T 11251
	基本计量单位	t
其他施工用具及施工材料	名称	环型压板
	规格型号	3-1/2″\10 mm×100 mm
	材质	Q235A
	其他	镀锌
	基本计量单位	件

A.14 通信器材与电子工业产品大类归属小类的描述规则见表 A.14。

表 A.14 通信器材与电子工业产品大类归属小类的描述规则表

设备材料小类名称	特征量名称	特征量说明或举例
移动通信网终端	名称	调幅对讲机
	规格型号	GP328
	其他	无
	基本计量单位	件
通信卡	名称	网络通信卡
	规格型号	NFN-GW-PC-HNSF
	其他	无
	基本计量单位	件
其他通信器材	名称	热敏传真机
	规格型号	FAX388
	其他	无
	基本计量单位	台
监视设备	名称	一体化摄像仪
	规格型号	XJH 200
	其他	防爆
	基本计量单位	件
监视设备配件	配件名称	解码器
	设备型号	HS-1641-8
	配件规格型号\图号	
	其他	
	基本计量单位	件

A.15 电气电工设备与材料大类归属小类的描述规则见表 A.15。

表 A.15 电气电工设备与材料大类归属小类的描述规则表

设备材料小类名称	特征量名称	特征量说明或举例
电缆	名称	1 kV 交联电力电缆
	规格型号	ZR-YJV22 0.6/1 kV 3×120+2×70
	其他	
	基本计量单位	km
其他电工材料	名称	6 kV 悬式绝缘子
	规格型号	XWP2-7
	材质	陶瓷、钢化、复合
	其他	
	基本计量单位	个

表 A.15（续）

设备材料小类名称	特征量名称	特征量说明或举例
防爆磁力起动器	名称	防爆磁力起动器
	型号	BQD53-12N
	额定电流	12 A
	整定电流	12 A
	额定电压	380 V
	其他特征量代号	N
	防爆等级	dⅡBT6
	防护等级	IP54
	防腐等级	WF1
	基本计量单位	件
防爆开关	名称	防爆防腐照明开关
	型号	BZM8030
	额定电流	10 A
	额定电压	380 V
	极数	4 P
	防爆等级	dⅡBT6
	防护等级	IP 65
	防腐等级	WF 2
	其他	
	基本计量单位	件
防爆电器元件	名称	防爆断路器
	型号	BLK 51
	额定电流	40 A
	额定电压	220 V
	防爆等级	ExdⅡ CT4
	防护等级	IP 65
	防腐等级	WF 2
	基本计量单位	件
防爆电器装置	名称	防爆操作柱
	型号	BZC51\K4L
	防爆等级	ExdⅡ CT4
	防护等级	IP 65
	防腐等级	WF 2
	附件	
	其他	
	基本计量单位	件

表 A.15（续）

设备材料小类名称	特征量名称	特征量说明或举例
防爆电器灯具	名称	防爆泛光灯\FAD-Z125XWF1\1×125W/ⅡC/IP 52/WF1
	型号	FAD-Z125XWF1
	光源类型	卤光灯、钠灯
	光源数量	1
	光源功率	125 W
	安装方式	吸顶式、吊杆式、墙壁式、护栏式、法兰式、立杆式
	防爆等级	dⅡCT4
	防护等级	IP 52
	防腐等级	WF1
	附件	
	其他	
	基本计量单位	件
防爆电器安装管件	名称	防爆活接头
	型号	BHJ
	规格	1″
	材质	铜
	防爆等级	BT 6
	防护等级	IP 55
	防腐等级	WF1
	其他	
	基本计量单位	件
防爆挠性连接管	名称	防爆挠性管
	管径	DN 20
	长度	700 mm
	端部螺纹规格	G3/4 外
	尾部螺纹规格	G3/4 外
	材质	Ⅲ(不锈钢网)、Ⅰ(橡胶护套)
	防爆等级	dⅡBT4
	防护等级	IP 55
	防腐等级	WF 1
	基本计量单位	件
防爆空调	名称	防爆空调
	型号	BKF(R)-50/220
	额定输入功率(制冷)	1.5 kW

表 A.15（续）

设备材料小类名称	特征量名称	特征量说明或举例
防爆空调	防爆等级	dⅡBT4
	防护等级	IP 55
	基本计量单位	台
防爆接线箱	名称	防爆接线箱
	型号	BXJ51
	进出线数	1 进 8 出
	进出线位置	上进线 35 下出线 8
	材质	L(铸铝)、G(不锈钢)
	额定电流	20 A
	额定电压	220 V
	防爆等级	dⅡBT4
	防护等级	IP 55
	防腐等级	WF 1
	其他	
	基本计量单位	台
其他防爆电器及装置	名称	防爆电扇
	型号	BAS51
	规格	1 400 mm
	防爆等级	dⅡBT4
	防护等级	IP 55
	防腐等级	WF 1
	其他	
	基本计量单位	件
其他防爆电器及装置附件	配件名称	防爆扬声器音圈
	主机型号	UN-25ES
	配件型号	
	其他	
	基本计量单位	件

A.16 实验用品大类归属小类的描述规则见表 A.16。

表 A.16 实验用品大类归属小类的描述规则表

小类名称	特征量名称	特征量说明或举例
玻璃仪器	名称	三角烧瓶、分馏烧瓶
	容量规格	1 000 mL

表 A.16（续）

小类名称	特征量名称	特征量说明或举例
玻璃仪器	标准及说明	17 料、19 料、普通玻璃
	基本计量单位	件
化学试剂	名称	过硫酸铵
	级别	CP、AR、GR
	包装规格	500 g
试纸及滤纸	名称	广范 pH 试纸
	规格	0～14.0
	包装	100 条/盒
	基本计量单位	盒
化验用杂件	名称	比色管架
	规格大小	50 mL 12 孔
	包装及说明	
	基本计量单位	件
其他各种玻璃仪器、化学试剂	名称	
	规格大小	
	包装及说明	
	基本计量单位	件

二、燃气特性测定标准

ICS 75.160.30
P 45

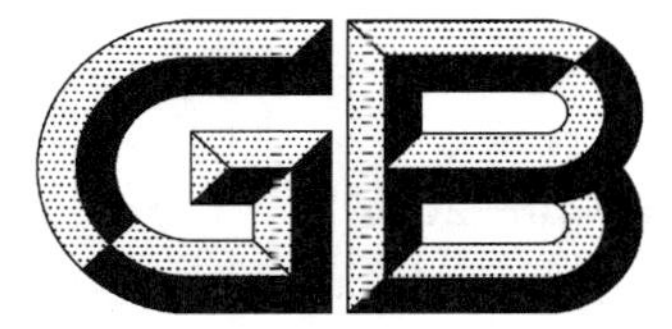

中华人民共和国国家标准

GB/T 10410—2008
代替 GB/T 10410.1—1989,GB/T 10410.3—1989

人工煤气和液化石油气常量组分气相色谱分析法

Analysis of manufactured gas and liquefied petroleum gas normal composition by gas chromatography

2008-08-07 发布　　　　2009-04-01 实施

中华人民共和国国家质量监督检验检疫总局
中国国家标准化管理委员会　发布

前　言

本标准与日本标准 JIS K 2301—1992《燃料气及天然气分析、试验方法》的一致性程度为非等效。

本标准同时代替 GB/T 10410.1—1989《人工煤气组分气相色谱分析法》和 GB/T 10410.3—1989《液化石油气组分气相色谱分析法》。

本标准与 GB/T 10410.1—1989 和 GB/T 10410.3—1989 主要技术内容的改变与差异如下：

——用惰性气体氦气取代氢气作为载气。

本标准由中华人民共和国住房和城乡建设部提出。

本标准由建设部城镇燃气标准技术归口单位中国市政工程华北设计研究院归口。

本标准起草单位：国家燃气用具质量监督检验中心、广州迪森家用锅炉制造有限公司、天津市燃气集团公司、重庆川仪总厂有限公司重庆川仪九厂、中国市政工程华北设计研究院。

本标准主要起草人：李文硕、楼英、金建平、刘念慈、孟庆祥、陈岚。

本标准所代替标准的历次版本发布情况为：

——GB/T 10410.1—1989；

——GB/T 10410.3—1989。

人工煤气和液化石油气
常量组分气相色谱分析法

1 范围

本标准规定了人工煤气和液化石油气中主要常量组分的气相色谱分析法。

本标准适用于GB/T 13611、GB/T 13612和GB 11174中规定的人工煤气和液化石油气。

2 规范性引用文件

下列文件中的条款通过本标准的引用而成为本标准的条款。凡是注日期的引用文件，其随后所有的修改单(不包括勘误的内容)或修订版均不适用于本标准，然而，鼓励根据本标准达成协议的各方研究是否可使用这些文件的最新版本。凡是不注日期的引用文件，其最新版本适用于本标准。

GB/T 4946 气相色谱法术语

GB/T 5274 气体分析 校准用混合气体的制备 称量法

GB 11174 液化石油气

GB/T 13609 天然气取样导则

GB/T 13611 城镇燃气分类和基本特性

GB/T 13612 人工煤气

3 术语和定义

GB/T 4946确立的术语和定义适用于本标准。

4 方法原理

4.1 用气相色谱仪，使用氦气和氮气做载气，通过气相色谱柱来分离试样中的主要常量组分，并在积分仪或微处理机上记下各组分的色谱峰峰面积数值。

在同样操作条件下，采用外标法分析已知组分含量的标准气体，把测得的试样色谱峰峰面积数值与标准气色谱峰峰面积数值相比较来计算各组分的含量。

当试样中全部组分都显示出色谱峰时，也可采用校正面积归一法计算各组分的含量，但应验证其结果的准确性。

4.2 组分在色谱柱上的分离应符合下列要求：

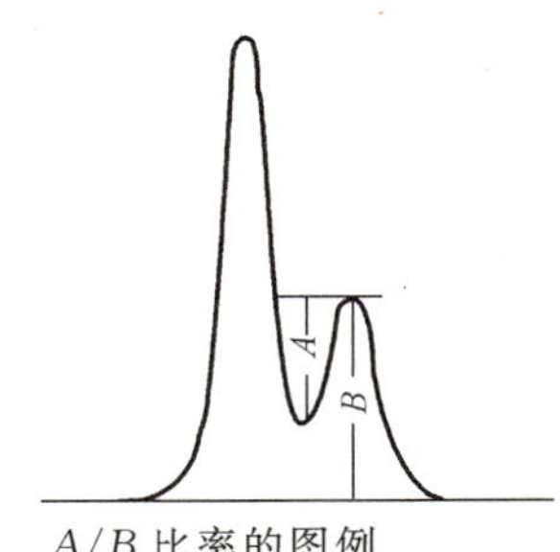

A/B 比率的图例

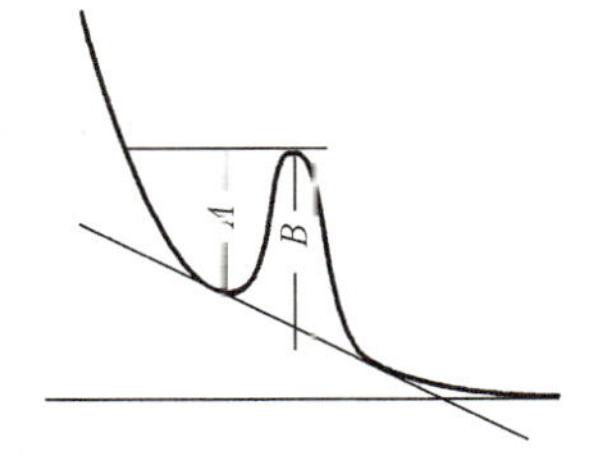

对小组分峰 A/B 比率的图例

A——两峰间峰谷深；

B——两相邻峰高于基线的较小峰的高。

图1 组分在色谱柱上的分离效果

当组分含量大于等于5%时，A/B应大于0.8；组分含量小于5%时，A/B应大于0.4。在小组分相邻于大组分时，取小峰的斜率作为基线。

5 标准气

5.1 一般要求

分析需要的标准气可采用国家二级标准物质，或按GB/T 5274制备。

对于氧和氮标准气，稀释的干空气是一种适用的标准物。

标准气的组分应处于均匀的气态。对于试样中浓度不大于5%的组分，标准气组分的浓度不应大于10%，也不应低于试样中相应组分浓度的50%。对于试样中浓度大于5%的组分，标准气组分的浓度不应低于试样中组分浓度的50%，也不应大于试样中相应组分浓度的50%。

5.2 自行配制标准气

可采用经过校验的注射器，用纯标准气体配制成与试样中组分浓度尽可能接近的标准气。配制时，应保证其准确性。

连续三次配气，其峰高差或峰面积差不应大于1%，应取三次峰值的平均值作为标准值。

氢标准气宜在使用前配制。

采用注射器配制标准气时，应保证其准确性。

6 人工煤气气相色谱分析

人工煤气中主要有氢、氧、氮、一氧化碳、二氧化碳、甲烷、乙烯、乙烷、丙烯、丙烷等常量组分。

6.1 取样

6.1.1 取样位置

取样时应避开合流点附近，应选择在流路的截面组分浓度基本均一的位置。取样前应排除取样管中的余气。

6.1.2 取样方法

6.1.2.1 直接采取试样

根据实际情况，当气源离分析装置距离较近时，可以直接采取试样，使试样通过取样管或导管直接进入气相色谱仪。

6.1.2.2 使用试样容器采取试样

6.1.2.2.1 应按GB/T 13609中的规定执行。

6.1.2.2.2 当气源离分析装置距离较近时，并且取样后可立即分析，可采用玻璃注射器取样法采取试样。可用图2所示的玻璃注射器，通过内针管的抽吸，把试样导入后取样。

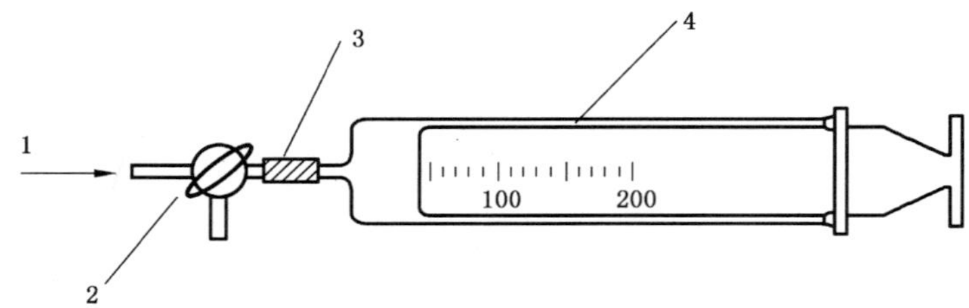

1——试样；

2——三通旋塞；

3——塑料管；

4——100 mL玻璃注射器。

图2 玻璃注射器

6.1.2.2.3 当使用试样容器取样时，为防止试样组分发生变化，应尽快进行分析。

6.2 气相色谱仪

使用1～2台带有热导检测器的气相色谱仪，其中应有1台气相色谱仪为双气路。

6.3 典型色谱工作条件

所选择的色谱工作条件应保证试样中的各组分都能被有效分离，在色谱图上，试样中各组分的色谱峰与相邻组分色谱峰的分离度应满足定量要求。表1给出了分析人工煤气中组分的气相色谱典型工作条件。

表1 典型色谱工作条件

工作条件	A	B	C
检测器类型	热导检测器(TCD)		
载气	氮气，浓度不低于99.99%	氦气，浓度不低于99.99%	
色谱柱类型	分子筛填充柱，5 A或13X，0.23 mm～0.18 mm（60目～80目）	分子筛填充柱，5 A或13X，0.23 mm～0.18 mm（60目～80目）	GDX-104或407等有机载体填充柱，0.23 mm～0.18 mm(60目～80目）
柱长度/内径	1 m～2 m/3 mm～5 mm	1 m～2 m/3 mm～5 mm	2 m～4 m/3 mm～5 mm
气体六通阀进样量	进样量为1 mL		
汽化室温度	100 ℃		
柱箱温度	室温～40 ℃		
检测器温度	100 ℃		
载气流量	30 mL～60 mL/min		
分析组分	H_2	O_2，N_2，CH_4，CO	C_2H_4，C_2H_6，CO_2，C_3H_6，C_3H_8
注：也可采用能达到同等或更高分析效果的其他色谱工作条件。			

6.4 分析方法

6.4.1 标准气的导入

在进样定量管应采取标准气体，切换六通阀进样装置使之导入色谱柱，使记录器记录下色谱图，或使积分仪、微处理机等数据处理装置记录下色谱峰数据。应重复操作两次，两次峰高或峰面积的相对偏差不应大于1%，取两次重复性合格的数值的平均值作为标准值。

6.4.2 试样的导入

将试样容器或导管接到六通阀进样装置，应把试样通入进样定量管反复吹洗，然后切换六通阀进样装置使试样导入色谱柱，使记录器记录下色谱图，或使积分仪、微处理机等数据处理装置记录下色谱峰数据。应重复操作两次，两次峰高或峰面积的相对偏差不能大于1%，取两次重复性合格的数值的平均值作为分析值。

6.4.3 组分的定性

试样中各组分的出峰次序分别见图3、图4和图5。可把试样的色谱图同已知组分气样的色谱峰的保留时间相比较来进行各色谱峰的组分定性。

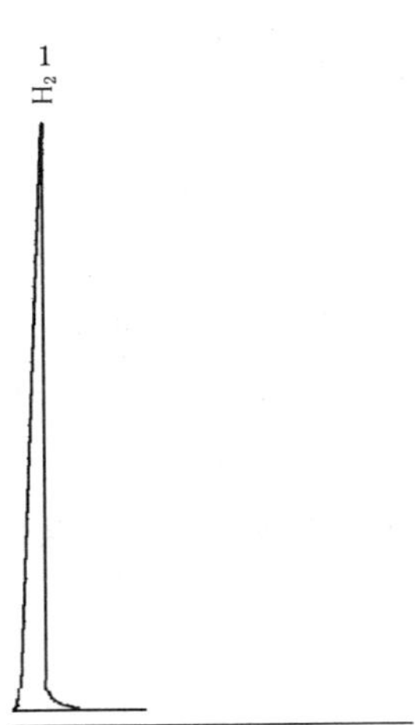

1——氢色谱峰。

注：色谱工作条件见表 1 中的 A。

图 3　氢组分的色谱图

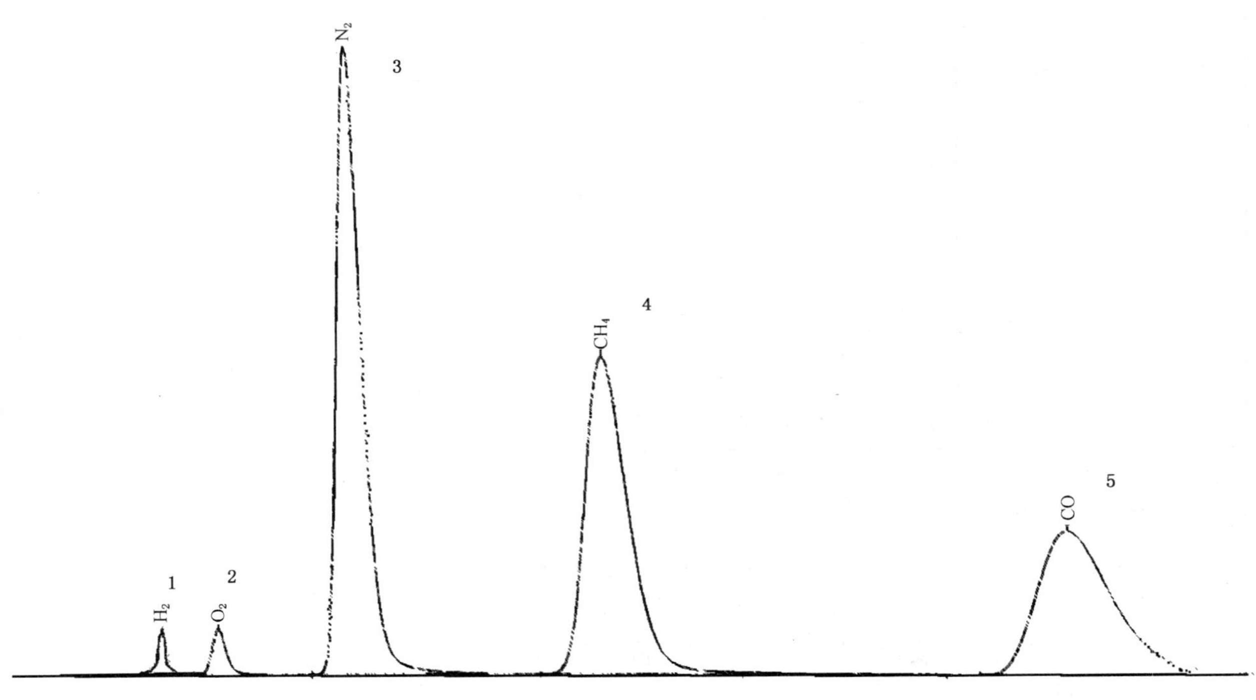

1——氢气色谱峰；

2——氧气色谱峰；

3——氮气色谱峰；

4——甲烷色谱峰；

5——一氧化碳色谱峰。

注：色谱工作条件见表 1 中的 B。

图 4　5A 分子筛柱色谱图

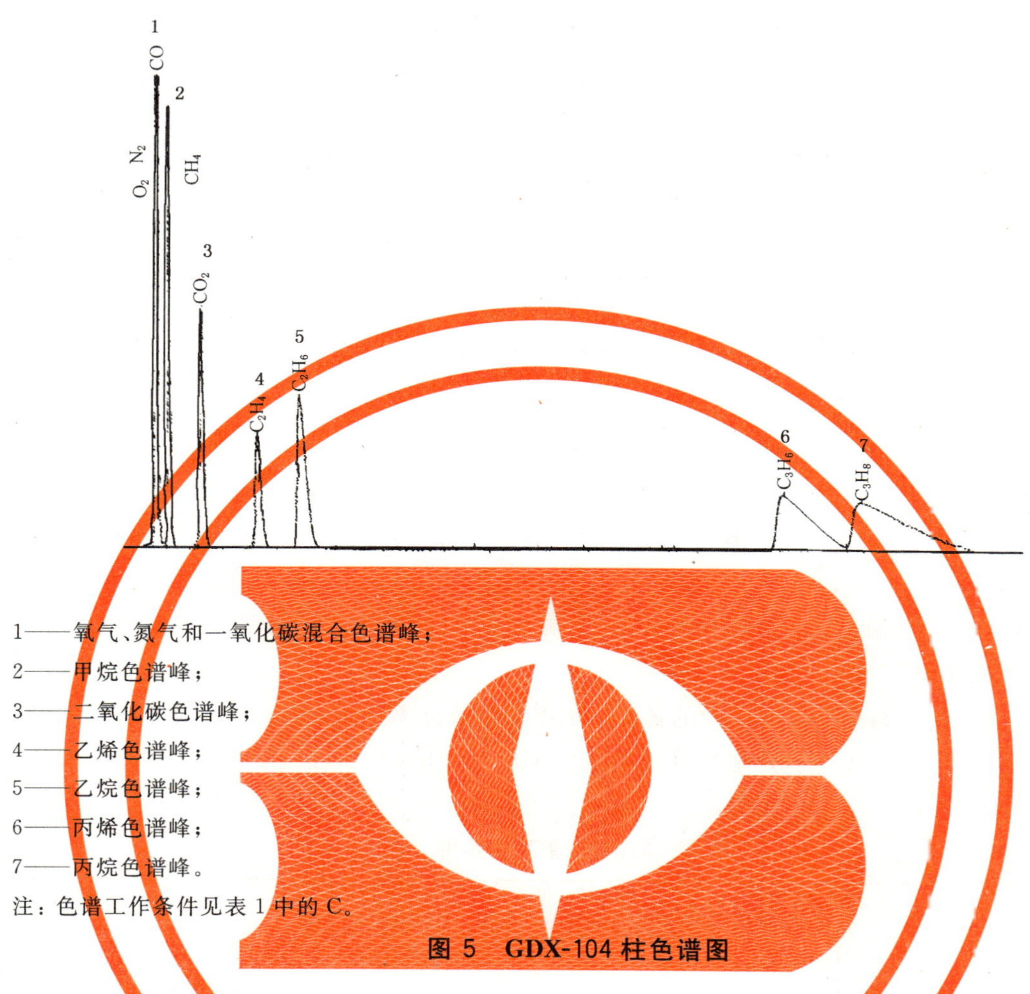

1——氧气、氮气和一氧化碳混合色谱峰；
2——甲烷色谱峰；
3——二氧化碳色谱峰；
4——乙烯色谱峰；
5——乙烷色谱峰；
6——丙烯色谱峰；
7——丙烷色谱峰。

注：色谱工作条件见表1中的C。

图5　GDX-104柱色谱图

7　液化石油气气相色谱分析

液化石油气中主要有乙烷、乙烯、丙烷、丙烯、正丁烷、异丁烷、正异丁烯、反丁烯、顺丁烯、正戊烷和异戊烷等常量组分。

7.1　取样

将液化石油气取样器的进样口与罐体或钢瓶连接，依次打开取样器的放空阀、进样阀和罐体或钢瓶的截止阀，使样品充分冲洗取样器并将取样器中的空气全部置换掉。然后依次关闭取样器的放空阀、进样阀和罐体或钢瓶的截止阀，断开取样器与罐体或钢瓶的连接。

将取样器按照图6所示连接，恒温水浴为50 ℃～70 ℃。打开阀门A、C，缓慢打开流量调节阀B，控制气化速度为5 mL/min～50 mL/min，使管路中的空气全部置换出来。排出的冲洗管路的气体应引出室外。冲洗、置换完全后，关闭阀门C，立即转动六通阀至进样位置，将采集的试样引入色谱柱。

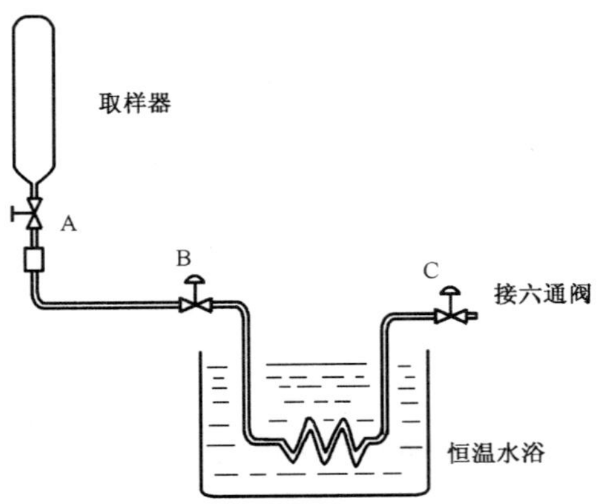

A——截止阀；

B、C——针形阀。

图6 气化试样系统连接图

7.2 气相色谱仪

配有热导检测器的气相色谱仪。采用气体六通阀进样器进样，材质为不锈钢。

7.3 典型色谱工作条件

所选择的色谱工作条件应保证试样中的各组分都能被有效分离，在色谱图上，试样中各组分的色谱峰与相邻组分色谱峰的分离度应满足定量要求。表2给出了分析液化石油气中各组分质量分数的气相色谱典型工作条件。

表2 典型色谱工作条件

工作条件	A	B
检测器类型	热导检测器(TCD)	
载气	氦气，纯度不低于99.99%	
色谱柱类型	DNBM-ODPN 填充柱	DBP-ODPN 填充柱
混合固定液	95% 顺丁烯二酸二丁酯+5% 一氧二丙腈	95% 邻苯二甲酸二丁酯+5% 一氧二丙腈
液相载荷量(质量分数，%)	26	
载体	6201 红色担体，0.23 mm～0.18 mm(60 目～80 目)	
柱长度/内径	8 m～10 m/3 mm	
气体六通阀进样量	进样量为1 mL	
汽化室温度	100 ℃	
柱箱温度	室温～40 ℃	
检测器温度	100 ℃	
载气流量	30 mL～60 mL/min	
注：也可采用能达到同等或更高分析效果的其他色谱工作条件。		

7.4 分析方法

7.4.1 标准气的导入

在进样定量管应采取标准气体，切换六通阀进样装置使之导入色谱柱，使记录器记录下色谱图，或使积分仪、微处理机等数据处理装置记录下色谱峰数据。应重复操作两次，两次峰高或峰面积的相对偏差不应大于1%，取两次重复性合格的数值的平均值作为标准值。

7.4.2 试样的导入

将试样容器或导管接到六通阀进样装置，应把试样通入进样定量管反复吹洗，然后切换六通阀进样装置使试样导入色谱柱，使记录器记录下色谱图，或使积分仪、微处理机等数据处理装置记录下色谱峰数据。应重复操作两次，两次峰高或峰面积的相对偏差不能大于1%，取两次重复性合格的数值的平均值作为分析值。

7.4.3 组分的定性

试样中各组分的出峰次序见图7。可把试样的色谱图同已知组分气样的色谱峰的保留时间相比较来进行各色谱峰的组分定性。

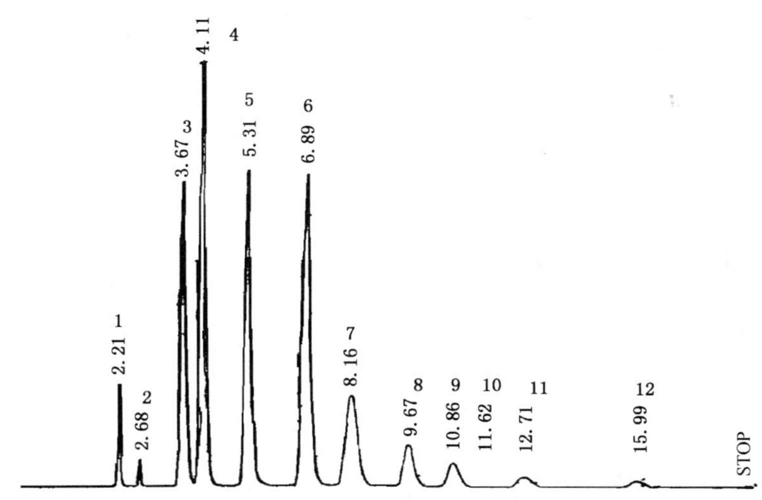

1——空气、甲烷混合色谱峰；

2——乙烷、乙烯混合色谱峰；

3——丙烷色谱峰；

4——丙烯色谱峰；

5——异丁烷色谱峰；

6——正丁烷色谱峰；

7——正异丁烯色谱峰；

8——反丁烯色谱峰；

9——顺丁烯色谱峰；

10——1,3丁二烯色谱峰；

11——异戊烷色谱峰；

12——正戊烷色谱峰。

注：色谱工作条件见表2中的A。

图7 DNBM-ODPN混合固定液柱色谱图

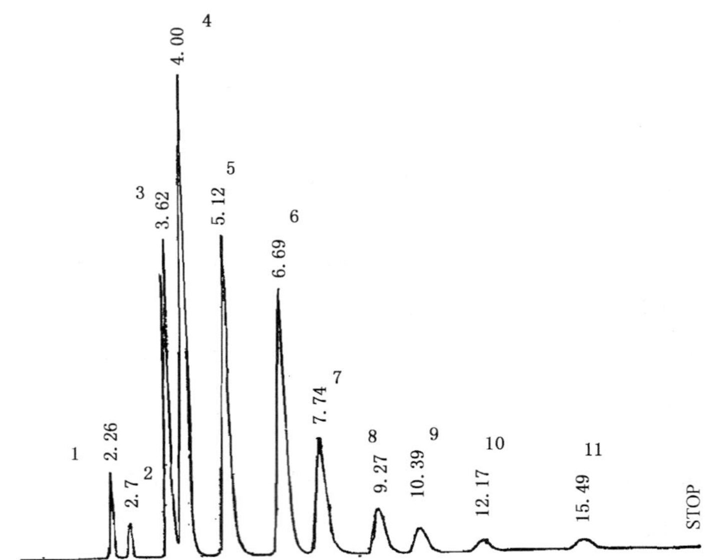

1——空气、甲烷混合色谱峰；
2——乙烷、乙烯混合色谱峰；
3——丙烷色谱峰；
4——丙烯色谱峰；
5——异丁烷色谱峰；
6——正丁烷色谱峰；
7——正异丁烯色谱峰；
8——反丁烯色谱峰；
9——顺丁烯色谱峰；
10——异戊烷色谱峰；
11——正戊烷色谱峰。

注：色谱工作条件见表 2 中的 B。

图 8　DBP-ODPN 混合固定液柱色谱图

8　组分的定量

8.1　外标法

8.1.1　应使用标准气外标法分析试样中各组分的含量，用公式(1)计算。

$$X'_i = E_i \times \frac{A_i}{A_E} \qquad \cdots\cdots(1)$$

式中：

X'_i——试样中组分 i 的计算含量的数值，%；

A_i——试样中组分 i 的色谱峰峰面积的数值；

A_E——标准气组分 i 的色谱峰峰面积的数值；

E_i——标准气组分 i 的含量的数值，%。

8.1.2　组分浓度的归一化

计算出试样中各组分的计算含量后，再计算各组分的计算含量之和，以检查其是否为 100%。当试样中各组分计算含量之和达到 98.00%～102.00%时，可用公式(2)计算出各组分含量的归一化值：

$$X_i = \frac{X'_i}{\Sigma X'_i} \times 100 \qquad \cdots\cdots(2)$$

式中：

X_i——试样中组分 i 的归一化计算含量的数值，%；

X'_i——试样中组分 i 的计算含量的数值，%；

$\Sigma X'_i$——试样中各组分的计算含量之和的数值，%。

如果试样中各组分计算含量之和在 98.00%～102.00%之外，则应检查仪器装置和分析操作是否存在问题，或者检查有无分析组分以外的其他组分被遗漏。

8.2 也可采用修正法，使用表 3 中的校正因子分析试样中各组分的含量，用公式(3)计算。

$$X'_i = \frac{A_i \times f_i}{\Sigma A_i \times f_i} \times 100 \quad \cdots\cdots(3)$$

式中：

X'_i——试样中组分 i 的计算含量的数值，%；

A_i——试样中组分 i 的色谱峰峰面积的数值；

f_i——试样中组分 i 的校正因子。

表 3 各组分体积校正因子

组分名称	氧	氮	一氧化碳	二氧化碳	甲烷	乙烷
校正因子	2.50	2.38	2.38	2.08	2.80	1.96
组分名称	乙烯	丙烷	丙烯	异丁烷	正丁烷	正丁烯
校正因子	2.08	1.55	1.54	1.22	1.18	1.23
组分名称	异丁烯	反丁烯	顺丁烯	异戊烷	正戊烷	1,3 丁二烯
校正因子	1.22	1.18	1.15	0.98	0.95	1.25

9 精密度

9.1 重复性

在同一实验室，由同一操作者使用相同设备，按相同的测试方法，并在短时间内对同一被测试样相互独立进行测试获得的两次独立测试结果的绝对差值应符合表 4 要求。

9.2 再现性

在不同的实验室，由不同的操作者使用不相同的设备，按相同的测试方法，对同一被测试样相互独立进行测试获得的两次独立测试结果的绝对差值应符合表 4 要求。

表 4 分析结果的重复性和再现性

组分含量/%	重复性/%	再现性/%
<1	0.10	0.20
1～5	0.20	0.40
5～25	0.40	0.70
>25	0.70	1.00

注：表 4 中的数据单位为体积分数。

ICS 75.160.30
P 45

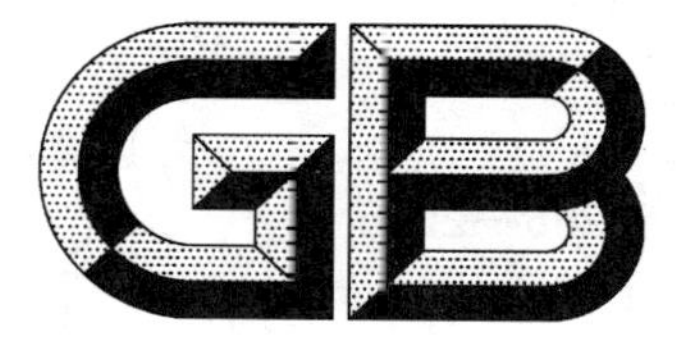

中华人民共和国国家标准

GB/T 12206—2006
代替 GB/T 12206～12207—1990

城镇燃气热值和相对密度测定方法

Testing method to determine the calorific values of town gas

2006-09-12 发布　　　　2007-03-01 实施

中华人民共和国国家质量监督检验检疫总局
中国国家标准化管理委员会　发布

前　言

本标准与日本 JIS K 2301—1992《燃料气体及天然气——分析、试验方法》的一致程度为非等效。

本标准与 JIS K 2301—1992 相比，主要差异如下：

——对 JIS K 2301—1992 中测定燃气热值的系统进行了调整：将湿式燃气调压器 C 放在燃气加湿器后面，使燃气流量更加稳定。同时提出以真实气体热值为标准，以便与 GB/T 11062—1998《天然气发热量、密度、相对密度和沃泊指数的计算方法》协调。

——城镇燃气相对密度测定方法，强调了气密性实验。采用真实气体的相对密度，以便与 GB/T 11062—1998 协调。

本标准代替 GB/T 12206—1990《城市燃气热值测定方法》和 GB/T 12207—1990《城市燃气相对密度测定方法》。

本标准与 GB/T 12206—1990 和 GB/T 12207—1990 相比，主要变化如下：

——城镇燃气热值测定方法，主要加强了测试条件的要求，增加了测试次数，提高了测试结果准确度。为了适应国际贸易发展需要，增加了燃烧参比条件和计量参比条件术语。

——城镇燃气相对密度测定方法，强调了进入仪器的燃气与空气是湿气体，得到的时间比值的平方是湿燃气的相对密度。为了计算干燃气真实气体的相对密度值，给出了干燃气相对密度的附加值 a 的计算公式。

本标准附录 A 为规范性附录，附录 B、附录 C 为资料性附录。

本标准由中华人民共和国建设部提出。

本标准由建设部城镇燃气标准技术归口单位中国市政工程华北设计研究院归口。

本标准起草单位：天津大学、国家燃气用具质量监督检验中心、湖南迅达集团有限公司、宁波方太厨具有限公司、北京灵捷技术开发公司。

本标准主要起草人：由世俊、张金环、金志刚、王启、伍斌强、茅忠群、李长印。

本标准所代替标准的历次版本发布情况为：

——GB/T 12206—1990；

——GB/T 12207—1990。

城镇燃气热值和相对密度测定方法

1 范围

本标准规定了用“容克式水流式热量计”测定城镇燃气热值、用“本生-希林式气体相对密度计”测定气体相对密度的方法。

本标准适用于高位热值低于 62 800 kJ/m^3 的城镇燃气。

2 规范性引用文件

下列文件中的条款通过本标准的引用而成为本标准的条款。凡是注日期的引用文件，其随后所有的修改单(不包括勘误的内容)或修订版均不适用于本标准，然而，鼓励根据本标准达成协议的各方研究是否可使用这些文件的最新版本。凡是不注日期的引用文件，其最新版本适用于本标准。

GB/T 11062 天然气发热量、密度、相对密度和沃泊指数的计算方法(GB/T 11062:1998，neq ISO 6976:1995)

3 术语和定义

下列术语和定义适用于本标准。

3.1

高位热值 superior calorific value

规定量的燃气在空气中完全燃烧时所释放出的热量。在燃烧反应发生时，压力 P_1 保持恒定，所有燃烧产物的温度降至与规定的反应物温度 t_1 相同的温度，除燃烧中生成的水在温度 t_1 下全部冷凝为液态外，其余所有燃烧产物均为气态。此时单位体积燃气释放出的热量即为该燃气的高位热值，以符号 H_S 表示，量纲为 kJ/m^3。

3.2

低位热值 inferior calorific value

规定量的燃气在空气中完全燃烧时所释放出的热量。在燃烧反应发生时，压力 P_1 保持恒定，所有燃烧产物的温度降至与规定的反应物温度 t_1 相同的温度，所有的燃烧产物均为气态。此时单位体积燃气释放出的热量即为该燃气的低位热值，以符号 H_i 表示，量纲为 kJ/m^3。

3.3

燃烧参比条件 combustion reference condition

规定的燃气燃烧时的温度 t_1 与压力 P_1。本标准控制的实验室温度与大气压力，近似燃烧参比条件。

3.4

计量参比条件 metering reference condition

规定的燃气燃烧时，计量的温度 t_2 和压力 P_2。本标准的计量参比条件为 0℃，101.325 kPa，干。计量体积量纲为 m^3。

3.5

燃气相对密度 specific gravity of a gas

一定体积干燃气的质量与同温度同压力下等体积的干空气质量的比值。无量纲，以符号 d 表示。

3.6

湿燃气相对密度　specific gravity of a wet gas

一定体积的湿燃气的质量与同温度同压力下等体积的湿空气质量的比值。无量纲，以符号 d_w 表示。d_w 受测定时温度与压力的影响，需要通过计算将其换算成相对密度 d。

4　城镇燃气热值测定方法

4.1　测定方法原理

在“容克式水流式热量计”中，用流量不变的连续水流，吸收燃气完全燃烧释放出的热量，根据达到稳定状态时的各个参数，计算计量参比条件下的燃气的热值。

4.2　实验室条件

实验室应满足下列条件。

4.2.1　按照图1及4.3的各项规定将测定装置配置好，保证正常工作。

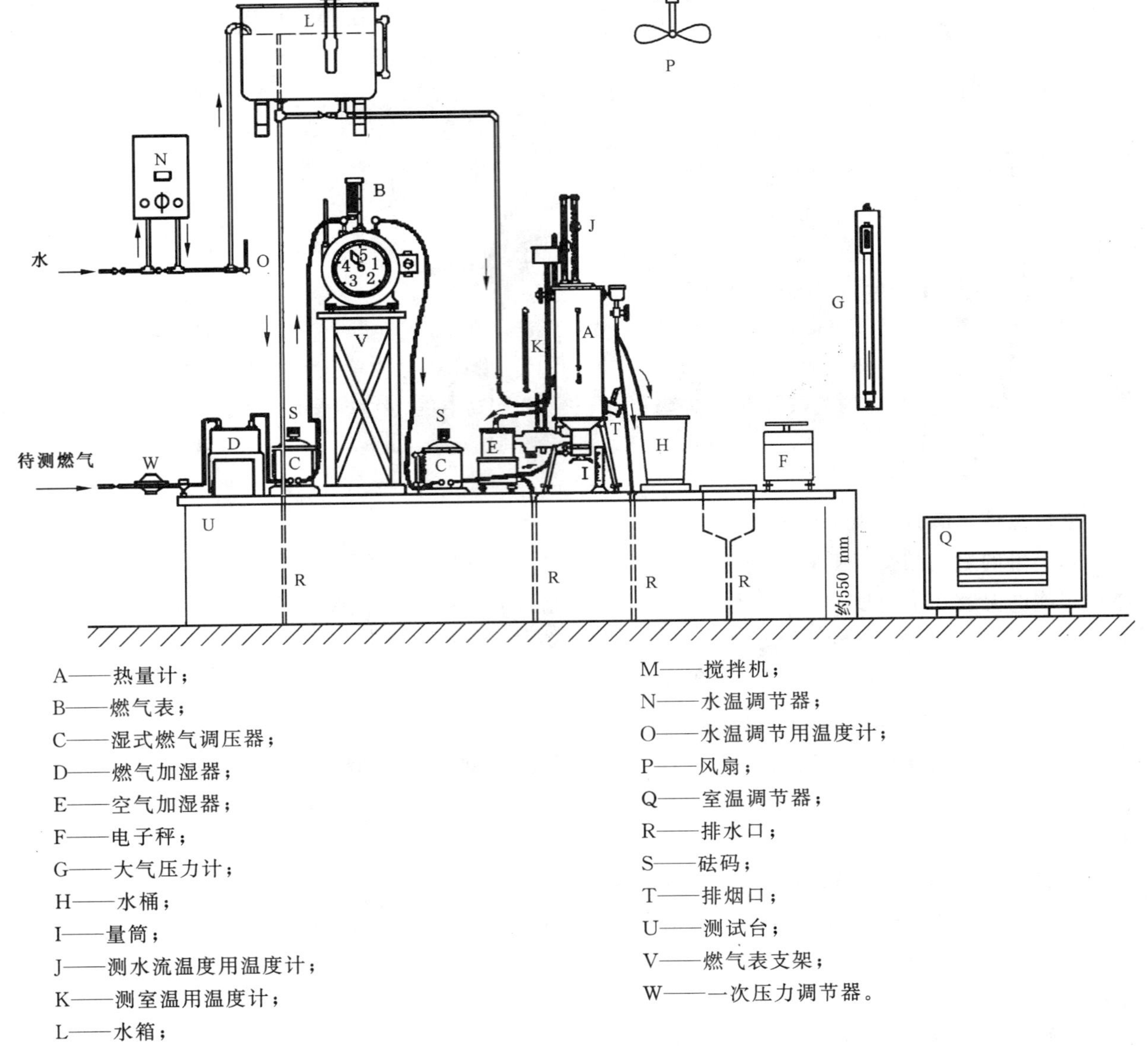

A——热量计；
B——燃气表；
C——湿式燃气调压器；
D——燃气加湿器；
E——空气加湿器；
F——电子秤；
G——大气压力计；
H——水桶；
I——量筒；
J——测水流温度用温度计；
K——测室温用温度计；
L——水箱；
M——搅拌机；
N——水温调节器；
O——水温调节用温度计；
P——风扇；
Q——室温调节器；
R——排水口；
S——砝码；
T——排烟口；
U——测试台；
V——燃气表支架；
W——一次压力调节器。

图1　热值测定装置配置图

4.2.2 采取措施防止测定装置受日光或其他热源的直接照射或辐射。

4.2.3 采取措施防止室内温度受到气流的影响。

4.2.4 为了满足4.3的要求，应采用空调及缓慢扰动室内空气的措施，保证室温均匀。

4.2.5 实验室应设置有效排除烟气的设施。

4.2.6 实验室的温度应为20℃±5℃。

4.3 测定装置

测定装置由下列设备组成。

——热量计；

——空气加湿器；

——湿式燃气表。

湿式燃气表的量程与最小刻度要求如下：

流量 20 L/h～1 000 L/h；

最小刻度 0.02 L 。

——湿式燃气调压器

用砝码调节出口燃气压力，调压范围为0.20 kPa～0.60 kPa。

——燃气加湿器；

——温度计。

热量计进口与出口温度计采用双层玻璃管的精密水银温度计；

温度范围0℃～50℃，最小刻度0.1℃；

其他温度计，温度范围0℃～50℃，最小刻度0.2℃。

——电子称 要求如下：

标量8 kg，感量2 g以下；

——大气压力计 要求如下：

水银大气压力计：大气压力指示值，0.01 kPa；附带温度计，最小刻度不大于0.2℃。也可用精度不低于0.01 kPa的其他大气压力计。

——水温控制装置(水箱和水温调节器)

水箱容量不宜小于0.3 m^3；水流量为2 L/min～3 L/min；水温低于室温2℃±0.5℃。

——燃烧器的喷嘴

燃烧器的喷嘴出口直径与高位热值、燃气流量的关系如下：

高位热值/(kJ/m^3)	燃气流量/(L/h)	喷嘴出口直径/(mm)
62 800	65	1.0
54 400	75	1.0
46 000	90	1.0
37 700	110	1.5
29 300	140	2.0
21 900	200	2.0
16 700	250	2.0
12 600	330	2.5
8 400	500	4.0

——水桶

盛水容量8 kg。

——冷凝水量筒

容量 50 mL，最小刻度不大于 0.5 mL。

——秒表

最小刻度不大于 0.1 s。

各种测量仪表必须根据我国对计量仪表的要求定期标定，在使用时必须作相应的修正。

4.4 测定条件

4.4.1 控制燃气热量计的热流量为 3 800 kJ/h～4 200 kJ/h。

4.4.2 测定系统中各个仪表(如湿式燃气表等)内的水温与室温相差在±0.5℃范围内。

4.4.3 供给热量计的水温比室温低(2±0.5)℃，并且每次测定时的温度变化保持在 0.05℃以下。

4.4.4 调节进入热量计的水量，使热量计的进出口温差在 10℃～12℃范围内。

4.4.5 调节进入热量计的空气的湿度在(80±5)%的范围内。

4.4.6 控制读 10 次热量计进出口温度时所用的燃气量如下：

高位热值小于 31 400 kJ/m^3 时，所用燃气量大于 10 L，并且是燃气表的整圈数的燃气量。

高位热值大于 31 400 kJ/m^3 时，所用燃气量大于 5 L，并且是燃气表的整圈数的燃气量。

4.5 测定前准备

4.5.1 热量计安装应垂直；温度计安装位置应正确；燃烧器喷嘴的出口直径应符合 4.3 要求。

4.5.2 应将温度与室温相同的水分别注入湿式调压器、湿式燃气表、燃气加湿器。

4.5.3 调整湿式燃气表的水位高度，用标准容量瓶求出体积校正系数 f_1。

4.5.4 将燃烧器从热量计中取出并关闭一次空气门。打开燃气阀门，使燃气与空气自燃烧器排出，直至可以点燃燃烧器，并且出口呈现扩散火焰。

4.5.5 关闭燃烧器阀门，当燃气管内压力达到 1.5 倍工作压力时，将燃气入口阀门关闭。5 min 后，目测燃气压力无压降，即为气密性合格。

4.5.6 点燃燃烧器，调节燃烧器的一次空气门，当火焰呈清晰的双层火焰时，将燃烧器装入热量计。

4.5.7 调节进入热量计入口水的温度，使其达到 4.4.3 的要求。

4.5.8 调节热量计进水阀，使进出口水的温差及水流量达到 4.4.4 的要求。

4.5.9 缓慢调节热量计排烟口的开度，使排烟温度比室温低 0℃～0.5℃。

4.5.10 将水桶的内表面沾湿，在测量水桶的质量后放在热量计水流出口的下面。

4.6 操作步骤

4.6.1 系统运行约 10 min 后，各种参数均应达到 4.4 的各项要求，并且热量计出口水温度变化范围应小于 0.2℃。当冷凝水均匀滴下时，可开始测定。当燃气表的指针指到某整数时，将冷凝水量筒放在热量计冷凝水出口的下面，并记录燃气表读数。

4.6.2 当燃气表指针指到某整数刻度的瞬时，迅速拨动热量计的水流切换阀，并确认水流向水桶的一侧。应在拨动切换阀的同时，读出热量计的进出口水温。温度值应估读到小数点后第二位。

4.6.3 根据 4.4.6 要求的燃气量，分 10 次读出热量计的进出口水的温度，并按照附录 A 表 A 填写热值测定表。

4.6.4 当燃气表累计读数达到 4.4.6 要求时，拨动切换阀，并确认水流向排水的一侧。

4.6.5 当水流出口无水滴下时，称量水桶内的水的质量，并记录。第一回测定结束。

4.6.6 按以上方法重复 2 回。共记录 3 回结果。

4.6.7 当燃气表指针经过某整数时，拿开凝结水量筒，并记录接冷凝水期间的燃气量。

4.6.8 记录热值测定表中其他数据

4.6.8.1 记录湿式燃气表上的燃气温度计的读数，读至 0.1℃。

4.6.8.2 记录室内空气温度（读至 0.1℃）及大气压力（读至 0.01 kPa）。

4.6.8.3 记录热量计上的烟气温度，读至 0.1℃。

4.7 计算

4.7.1 换算系数

4.7.1.1 燃气体积修正系数

$$f_1 = \frac{273.15}{273.15 + t_g} \times \frac{B_0 + P - S}{101.325} \times f$$

$$B_0 = B - \alpha$$

式中：

f_1——计量参比条件下干燃气的体积换算系数；

t_g——燃气温度的数值，单位为摄氏度（℃）；

B_0——换算到 0℃ 时的大气压力的数值，单位为千帕（kPa）；

α——大气压力温度修正值的数值，单位为千帕（kPa）；

B——实验室内大气压力的数值，单位为千帕（kPa）；

P——燃气压力的数值，单位为千帕（kPa）；

S——在燃气温度 t_g 条件下的水蒸气饱和蒸汽压的数值，单位为千帕（kPa）；

f——湿式燃气表的校正系数，根据标准计量瓶对燃气表读数的校正，标准值与测得值的比值。

4.7.1.2 换算系数

$$F = f_1 \times f_2$$

式中：

f_2——燃气热量计的修正系数。可用已知热值的纯燃气（应使用由计量行政部门批准的有证标准纯物质），按本标准的方法求得的纯燃气的热值。测得热值与已知热值之比值即为 f_2，已知热值应根据 GB/T 11062—1998 要求，计算成真实气体的热值。f_2 值应由计量管理单位验证。

4.7.2 热值计算 每一次测得的热值，可按下式计算：

$$H_i = 4.1868 \frac{W \times \Delta t}{V}$$

式中：

H_i——每一次测得的热值的数值，单位为千焦[耳]每立方米（kJ/m^3）；

W——每一次测得的水量的数值，单位为克（g）；

V——每一次测得的燃气量的数值，单位为升（L）；

Δt——每一次测得的热量计进出口水温度的平均温差。要求对每个温度计做本身误差校正及温度计露出校正的数值，单位为摄氏度（℃）。

4.7.3 热值数据处理 同一个人连续进行测定 3 回，如果不能满足下式要求，测定值无效，需重新测试。

$$\frac{H_{i\max} - H_{i\min}}{\sum_{i=1}^{3} \frac{H_i}{3}} \leqslant 0.010$$

式中：

H_i——某回测定的热值的数值，单位为千焦[耳]每立方米（kJ/m^3）；

H_{imax}——测定热值中的最大值的数值，单位为千焦[耳]每立方米（kJ/m^3）；

H_{imin}——测定热值中的最小值的数值，单位为千焦[耳]每立方米（kJ/m^3）。

4.7.4 燃气高位热值计算

$$H_S = \frac{\sum_{i=1}^{3} H_i}{3} \times \frac{1}{F}$$

式中：

H_S——燃气高位热值的数值，单位为千焦[耳]每立方米（kJ/m^3）；

其他符号同前。

4.7.5 燃气低位热值计算

$$Hi = H_S - \frac{l_Q \times W' \times 1\,000}{V' \times f_1}$$

式中：

Hi——燃气低位热值的数值，单位为千焦[耳]每立方米（kJ/m^3）；

W'——燃烧 V'（L）燃气生成的冷凝水量的数值，单位为毫升（mL）；

V'——与 W' 对应的燃气耗量的数值，单位为升（L）；

l_Q——冷凝水的凝结潜热的数值，单位为 2.5 千焦[耳]每克（2.5 kJ/g）；

其他符号同前。

5 城镇燃气相对密度测定方法

5.1 测定方法原理

在相同的温度与压力下，在等体积的不同种类的气体流过某固定直径的锐孔所需要的时间的平方与气体的密度成正比。

5.2 实验室条件

实验室应满足下列条件。

5.2.1 采取措施防止测定装置受日光或其他热源的直接照射或辐射。

5.2.2 采取措施防止室内温度受到气流的影响。

5.2.3 实验室应设置有效排除燃气的设施。

5.3 测定装置

测定装置由下列设备组成。

——气相对密度计

燃气相对密度计的结构参见图 2，也可以采用其他具有同等或同等以上精度的气体相对密度计。使用的密度计需要根据注 1 的要求校验。

注 1：各种燃气相对密度计均应用纯度不低于 99.99% 的氮气按本标准进行校验。测出的数据与氮气的相对密度值 0.967 的相对误差不应超过 ±2%。

—— 温度计

量程 0℃～50℃；

最小刻度 0.2℃。

—— 秒表

最小刻度 0.1 s。

——大气压力计的要求如下：

水银大气压力计：大气压力指示值，0.01 kPa；附带温度计，最小刻度不大于 0.2℃。也可以用精度不低于 0.01 kPa 的其他大气压力计。

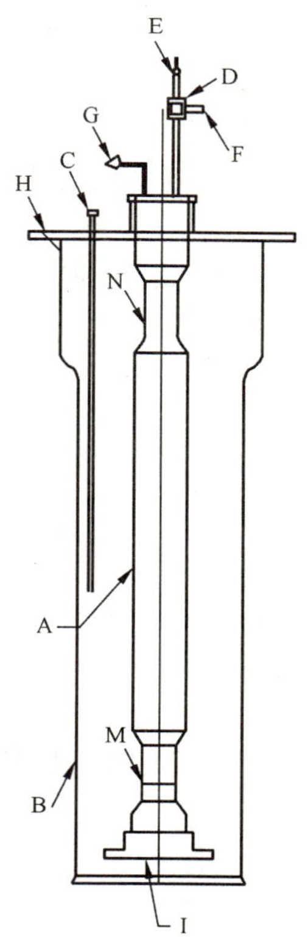

A——玻璃内筒；

B——玻璃外筒；

C——温度计；

D——三向阀(空气及燃气出口)；

E——测试孔；

F——放气孔；

G——气体入口；

H——上部支架；

I——下部支架；

M,N——标线。

图 2 相对密度计结构图

5.4 操作步骤

5.4.1 将密度计摆正调平，并装满温度与室温相同的水。测试时燃气与空气的温度应等于室温。

5.4.2 向密度计的内筒中，注入空气，使内筒中水位降至最低。维持 5 min 后，水位位置目测无变化，表示达到气密性要求。

5.4.3 打开放气孔阀，放出湿空气后，再注入湿空气。直到确认密度计的内筒中充满纯的湿空气为止。

5.4.4 打开测试孔阀，使湿空气自测试孔流出，用秒表记录水位由下部刻线到上部刻线所需的时间，要求读到 0.05 s。

5.4.5 再次注入湿空气。按 5.4.4 重复两次。当 3 次记录值相对偏差 $\Delta\tau$ 值超过 1%时，应重测。相对偏差按下式计算：

$$\Delta\tau = \frac{\tau_{max} - \tau_{min}}{\tau} \times 100(\%)$$

$$\bar{\tau} = \frac{\tau_1 + \tau_2 + \tau_3}{3}$$

式中：

τ_1、τ_2、τ_3——分别为 3 次记录的时间的数值，单位为秒(s)；

$\bar{\tau}$——平均时间的数值，单位为秒(s)；

τ_{max}，τ_{min}——分别为 3 次记录的时间中的最大值与最小值的数值，单位为秒(s)。

5.4.6 向密度计的内筒中，注入湿燃气。打开三通阀放气孔阀，放出湿燃气后，再注入湿燃气。直到确认密度计内筒中充满湿燃气为止。

5.4.7 按 5.4.4 与 5.4.5 步骤求出湿燃气通过测试孔的平均时间。

5.5 计算

5.5.1 湿燃气相对密度计算

$$d_w = \left(\frac{\bar{\tau}_g}{\bar{\tau}_a}\right)^2$$

式中：

d_w——湿燃气的相对密度；

$\bar{\tau}_g$——燃气通过锐孔的平均时间的数值，单位为秒(s)；

$\bar{\tau}_a$——空气通过锐孔的平均时间的数值，单位为秒(s)。

5.5.2 干燃气相对密度计算

当测定时燃气与空气都被水蒸气饱和时，干燃气的相对密度按下式计算：

$$d = d_w + a$$

$$a = \frac{d_s^t S}{B + P_p - S}(d_w - 1)$$

$$P_p = \frac{9.81 \times h}{2}$$

式中：

d——干燃气真实气体的相对密度；

d_s^t——在温度 t 下水蒸气真实气体的相对密度(根据 GB/T 11062 计算)；

B——测定环境大气压力的数值，单位为帕[斯卡](Pa)；

P_p——测定过程中气体的平均压力的数值，单位为帕[斯卡](Pa)；

h——密度计的水位差的数值，单位为毫米(mm)；

S——测定环境温度下，饱和水蒸气压的数值，单位为帕[斯卡](Pa)；

a——换算为干燃气相对密度的修正值。

5.6 干燃气相对密度数据处理

当 2 次平行的测定结果 d_1 与 d_2 的相对偏差 Δd 不大于 1%时，d_1 与 d_2 的平均值 $\bar{d}$ 即为测定结果。相对偏差按下式计算：

$$\Delta d = \frac{d_1 - d_2}{\bar{d}} \times 100 \quad (\%)$$

$$\bar{d} = \frac{d_1 + d_2}{2}$$

式中：

d_1 与 d_2——分别为第一次与第二次的测试值。

附　录　A
（规范性附录）
水流式燃气热量计测试记录表

表 A.1　水流式燃气热量计测试记录表

<table>
<tr><td colspan="2">燃气　　　　喷嘴尺寸　　　　mm 测定地点</td><td colspan="7">测试时间　　　　年　　月　　日 始　　　　终</td></tr>
<tr><td colspan="2">热量计编号　　　　　　燃气流量计编号</td><td colspan="7">流水温度计编号(进水　　　　　　出水　　　　　　)</td></tr>
<tr><td colspan="2">燃气流量计内的燃气温度 $t_g=$　　　　℃</td><td colspan="7">t_g 时饱和水蒸汽压 $S=$　　　　kPa</td></tr>
<tr><td colspan="2">室温　　　　℃</td><td colspan="7">燃烧废气温度　　　　℃</td></tr>
<tr><td rowspan="3">空气加湿器</td><td>干球温度　　　　℃</td><td colspan="2" rowspan="3">大气压力
温度/℃</td><td colspan="5">大气压力 $B=$　　　　kPa</td></tr>
<tr><td>湿球温度　　　　℃</td><td colspan="5">温度修正值 $\alpha=$　　　　kPa</td></tr>
<tr><td>相对湿度　　　　%</td><td colspan="5">换算到 0℃时大气压力 $B_0=B-\alpha=$　　kPa</td></tr>
<tr><td colspan="2">燃气流量计内的燃气压力 $P=$　　　　kPa</td><td colspan="7">燃气流量计的修正系数　　$f=$</td></tr>
<tr><td colspan="2">燃气热量计修正系数 $f_2=$</td><td colspan="7">热值换算系数　　$F=f_1\times f_2=$</td></tr>
<tr><td colspan="9">体积换算系数 $f_1=\frac{273.15}{273.15+t_g}\times\frac{B_0+P-S}{101.325}\times f=$</td></tr>
<tr><td colspan="2" rowspan="4">一次测试中消耗的燃气量　　$V=$______L
与 W' 对应的燃气耗量　　$V'=$______L
燃烧 V'(L)燃气生成的冷凝水量 $W'=$______g</td><td colspan="7">流水温度</td></tr>
<tr><td rowspan="2">次数</td><td colspan="2">Ⅰ</td><td colspan="2">Ⅱ</td><td colspan="2">Ⅲ</td></tr>
<tr><td>进水</td><td>出水</td><td>进水</td><td>出水</td><td>进水</td><td>出水</td></tr>
<tr><td>1</td><td></td><td></td><td></td><td></td><td></td><td></td></tr>
<tr><td colspan="2" rowspan="4">高热值 $H_i=4.1868\times\frac{W\times\Delta t}{V}$</td><td>2</td><td></td><td></td><td></td><td></td><td></td><td></td></tr>
<tr><td>3</td><td></td><td></td><td></td><td></td><td></td><td></td></tr>
<tr><td>4</td><td></td><td></td><td></td><td></td><td></td><td></td></tr>
<tr><td>5</td><td></td><td></td><td></td><td></td><td></td><td></td></tr>
<tr><td colspan="2" rowspan="5">三次测试相对极差
$\frac{H_{i\max}-H_{i\min}}{\sum_{i=1}^{3}\frac{H_i}{3}}\leqslant 0.010$</td><td>6</td><td></td><td></td><td></td><td></td><td></td><td></td></tr>
<tr><td>7</td><td></td><td></td><td></td><td></td><td></td><td></td></tr>
<tr><td>8</td><td></td><td></td><td></td><td></td><td></td><td></td></tr>
<tr><td>9</td><td></td><td></td><td></td><td></td><td></td><td></td></tr>
<tr><td>10</td><td></td><td></td><td></td><td></td><td></td><td></td></tr>
<tr><td colspan="3">平均温度 t_i/℃</td><td></td><td></td><td></td><td></td><td></td><td></td></tr>
<tr><td colspan="3">温度计的仪器差修正值 δ/℃</td><td></td><td></td><td></td><td></td><td></td><td></td></tr>
<tr><td colspan="3">温度计的露出修正值 θ_i/℃</td><td></td><td></td><td></td><td></td><td></td><td></td></tr>
<tr><td colspan="3">修正后温度 t/℃，$t=t_i+\delta+\theta_i$</td><td></td><td></td><td></td><td></td><td></td><td></td></tr>
<tr><td colspan="3">流水温度差 Δt/℃</td><td colspan="2"></td><td colspan="2"></td><td colspan="2"></td></tr>
<tr><td colspan="3">一次测试流水量 W/g</td><td colspan="2"></td><td colspan="2"></td><td colspan="2"></td></tr>
<tr><td colspan="3">高热值 H_i/(kJ/m³)</td><td colspan="2"></td><td colspan="2"></td><td colspan="2"></td></tr>
<tr><td colspan="3">平均值 $\overline{H}$/(kJ/m³)，$\overline{H}=\frac{\sum H_i}{3}$</td><td colspan="6"></td></tr>
<tr><td colspan="3">相对极差</td><td colspan="6"></td></tr>
<tr><td colspan="3">标准状态下干燃气高热值　H_S/(kJ/m³)，$H_S=\frac{\overline{H}}{F}$</td><td colspan="6"></td></tr>
<tr><td colspan="3">低热值　Hi/(kJ/m³)，$Hi=H_S-\frac{2.5\times W'\times 1000}{V'\times f_1}$</td><td colspan="6"></td></tr>
<tr><td colspan="9">注：如采用盒式大气压力计时应按盒式大气压力计要求修正。</td></tr>
</table>

附　录　B
（资料性附录）
有关技术参数表

表 B.1　饱和蒸汽压(S)

Pa

温度/℃	0.0	0.1	0.2	0.3	0.4	0.5	0.6	0.7	0.8	0.9
0	611	616	620	625	629	634	638	643	648	652
1	657	662	667	671	676	681	686	691	696	701
2	706	711	716	721	726	732	737	742	747	753
3	758	763	769	774	780	785	791	797	802	808
4	814	819	825	831	837	843	848	854	860	866
5	873	879	885	891	897	903	910	916	922	929
6	935	942	948	955	961	968	975	982	988	995
7	1 002	1 009	1 016	1 023	1 030	1 037	1 044	1 051	1 058	1 066
8	1 073	1 089	1 088	1 095	1 102	1 110	1 117	1 125	1 133	1 140
9	1 148	1 156	1 164	1 172	1 180	1 187	1 195	1 204	1 212	1 220
10	1 228	1 236	1 245	1 253	1 261	1 270	1 278	1 287	1 295	1 304
11	1313	1 321	1 330	1 339	1 348	1 357	1 367	1 375	1 384	1 393
12	1 403	1 412	1 421	1 431	1 440	1 449	1 459	1 469	1 478	1 488
13	1 498	1 508	1 517	1 527	1 537	1 547	1 558	1 568	1 578	1 588
14	1 599	1 609	1 619	1 630	1 641	1 651	1 662	1 673	1 684	1 694
15	1 705	1 716	1 727	1 739	1 750	1 761	1 772	1 784	1 795	1 807
16	1 818	1 830	1 842	1 853	1 865	1 877	1 889	1 901	1 913	1 926
17	1 938	1 950	1 963	1 975	1 988	2 000	2 013	2 026	2 038	2 051
18	2 064	2 077	2 090	2 103	2 117	2 130	2 143	2 157	2 170	2 184
19	2 198	2 211	2 225	2 239	2 253	2 267	2 281	2 295	2 310	2 324
20	2 339	2 353	2 368	2 382	2 397	2 412	2 427	2 442	2 457	2 472
21	2 487	2 503	2 518	2 534	2 549	2 565	2 581	2 596	2 612	2 628
22	2 644	2 660	2 677	2 693	2 710	2 726	2 743	2 760	2 776	2 793
23	2 810	2 827	2 844	2 862	2 879	2 896	2 914	2 931	2 949	2 968
24	2 985	3 003	3 021	3 039	3 057	3 076	3 094	3 113	3 131	3 150
25	3 169	3 188	3 207	3 226	3 245	3 264	3 284	3 303	3 323	3 343
26	3 363	3 383	3 403	3 423	3 443	3 463	3 484	3 504	3 525	3 546
27	3 567	3 588	3 609	3 630	3 651	3 673	3 694	3 716	3 738	3 760
28	3 782	3 804	3 826	3 848	3 871	3 893	3 916	3 939	3 961	3 984
29	4 008	4 031	4 054	4 078	4 101	4 125	4 149	4 173	4 197	4 221
30	4 245	4 270	4 294	4 319	4 344	4 369	4 394	4 419	4 444	4 470
31	4 495	4 521	4 547	4 572	4 599	4 625	4 651	4 677	4 704	4 731
32	4 758	4 785	4 812	4 839	4 866	4 894	4 921	4 949	4 977	5 005
33	5 033	5 062	5 090	5 119	5 147	5 176	5 205	5 234	5 264	5 293
34	5 323	5 352	5 382	5 412	5 442	5 473	5 503	5 534	5 565	5 595
35	5 627	5 658	5 689	5 721	5 752	5 784	5 816	5 848	5 880	5 913
36	5 945	5 978	6 011	6 044	6 077	6 110	6 144	6 177	6 211	6 245
37	6 279	6 314	6 348	6 383	6 418	6 452	6 488	6 523	6 558	6 594
38	6 630	6 666	6 702	6 738	6 774	6 811	6 848	6 885	6 922	6 959
39	6 997	7 034	7 072	7 110	7 148	7 187	7 225	7 264	7 303	7 342
40	7 381	7 420	7 460	7 500	7 540	7 580	7 621	7 661	7 702	7 743

表 B.2 温度计露出修正值(θ)

℃

露出部度数	水温(t_1)－室温(t_r)/(℃)													
n	1.0	1.5	2.0	2.5	3.0	4.0	5.0	6.0	7.0	8.0	9.0	10.0	11.0	12.0
1	0.000	000	000	000	001	001	001	001	001	001	002	002	002	002
2	0.000	001	001	001	001	001	002	002	002	003	003	003	004	004
3	0.001	001	001	001	002	002	003	003	004	004	005	005	006	006
4	0.001	001	001	002	002	003	003	004	005	005	006	007	007	008
5	0.001	001	002	002	003	003	004	005	006	007	008	008	009	010
6	0.001	002	002	003	003	004	005	006	007	008	009	010	011	012
7	0.001	002	002	003	004	005	006	007	008	009	011	012	013	014
8	0.001	002	003	003	004	005	007	008	009	011	012	013	015	016
9	0.002	002	003	004	005	006	008	009	011	012	014	015	017	018
10	0.002	003	003	004	005	007	008	010	012	013	015	017	018	020
11	0.002	003	004	005	006	007	009	011	013	015	017	018	020	022
12	0.002	003	004	005	006	008	010	012	014	016	018	020	022	024
13	0.002	003	004	005	007	009	011	013	015	017	020	022	024	026
14	0.002	004	005	006	007	009	012	014	016	019	021	023	026	028
15	0.003	004	005	006	008	010	013	015	018	020	023	025	028	030
16	0.003	004	005	007	008	011	013	016	019	021	024	027	029	032
17	0.003	004	006	007	009	011	014	017	020	023	026	028	031	034
18	0.003	005	006	008	009	012	015	018	021	024	027	030	033	036
19	0.003	005	006	008	010	013	016	019	022	025	029	032	035	038
20	0.003	005	007	008	010	013	017	020	023	027	030	033	037	040
21	0.004	005	007	009	011	014	018	021	025	028	032	035	039	042
22	0.004	006	007	009	011	015	018	022	026	029	033	037	040	044
23	0.004	006	008	010	012	015	019	023	027	031	035	038	042	046
24	0.004	006	008	010	012	016	020	024	028	032	036	040	044	048
25	0.004	006	008	010	013	017	021	025	029	033	038	042	046	050
26	0.004	007	009	011	013	017	022	026	030	035	039	043	048	052
27	0.005	007	009	011	014	018	023	027	032	036	041	045	050	054
28	0.005	007	009	012	014	019	023	028	033	037	042	047	051	056
29	0.005	007	010	012	015	019	024	029	034	039	043	048	053	058
30	0.005	008	010	013	015	020	025	030	035	040	045	050	055	060
31	0.005	008	010	013	016	021	026	031	036	041	047	052	057	062
32	0.005	008	011	013	016	021	027	032	037	043	048	053	059	064
33	0.006	008	011	014	017	022	028	033	039	044	050	055	061	066
34	0.006	009	011	014	017	023	028	034	040	045	051	057	062	068
35	0.006	009	012	015	018	023	029	035	041	047	053	058	064	070
36	0.006	009	012	015	018	024	030	036	042	048	054	060	066	072
37	0.006	009	012	015	019	025	031	037	043	049	056	062	068	074
38	0.006	010	013	016	019	025	032	038	044	051	057	063	070	076
39	0.007	010	013	016	020	026	033	039	046	052	059	065	072	078
40	0.007	010	013	017	020	027	033	040	047	053	060	067	073	080
41	0.007	010	014	017	021	027	034	041	048	055	062	068	075	082
42	0.007	011	014	018	021	028	035	042	049	056	063	070	077	084
43	0.007	011	014	018	022	029	036	043	050	057	065	072	079	086
44	0.007	011	015	018	022	029	037	044	051	059	066	073	081	088
45	0.008	011	015	019	023	030	038	045	053	060	068	075	083	090
46	0.008	012	015	019	023	031	038	046	054	061	069	077	084	092
47	0.008	012	016	020	024	031	039	047	055	063	071	078	086	094
48	0.008	012	016	020	024	032	040	048	056	064	072	080	088	096
49	0.008	012	016	020	025	033	041	049	057	065	074	082	090	098
50	0.008	013	017	021	025	033	042	050	058	067	075	083	092	100

$$\theta=\frac{n(t_1-t_r)}{6\ 000}$$

式中：t_1——读取温度(℃)；t_r——室温(℃)；n——露出的度数(℃)。

表 B.3 大气压力温度修正值(α)

Pa

t/℃ \ P/Pa	88 000	89 000	90 000	91 000	92 000	93 000	94 000	95 000	96 000	97 000	98 000	99 000	100 000	101 000	102 000	103 000	104 000	105 000
1	14	15	15	15	15	15	15	16	16	16	16	16	16	17	17	17	17	17
2	29	29	29	30	30	30	31	31	31	32	32	32	33	33	33	34	34	34
3	43	44	44	45	45	46	46	47	47	48	48	49	49	49	50	50	51	51
4	57	58	59	59	60	61	61	62	63	63	64	65	65	66	67	67	68	69
5	72	73	73	74	75	76	77	78	78	79	80	81	82	82	83	84	85	86
6	86	87	88	89	90	91	92	93	94	95	96	97	98	99	100	101	102	103
7	101	102	103	104	105	106	107	109	110	111	112	113	114	115	117	118	119	120
8	115	116	117	119	120	121	123	124	125	127	128	129	131	132	133	134	136	137
9	129	131	132	134	135	137	138	139	141	142	144	145	147	148	150	151	153	154
10	144	145	147	148	150	152	153	155	157	158	160	161	163	165	166	168	170	171
11	158	160	161	163	165	167	169	170	172	174	176	178	179	181	183	185	187	188
12	172	174	176	178	180	182	184	186	188	190	192	194	196	198	200	202	203	205
13	186	189	191	193	195	197	199	201	203	206	208	210	212	214	216	218	220	223
14	201	203	205	208	210	212	214	217	219	221	224	226	228	230	233	235	237	240
15	215	218	220	222	225	227	230	232	235	237	240	242	244	247	249	252	254	257
16	229	232	235	237	240	242	245	248	250	253	255	258	261	263	266	269	271	274
17	244	246	249	252	255	258	260	263	266	269	271	274	277	280	282	285	288	291
18	258	261	264	267	270	273	276	279	281	284	287	290	293	296	299	302	305	308
19	272	275	278	282	285	288	291	294	297	300	303	306	309	312	316	319	322	325
20	287	290	293	296	300	303	306	309	313	316	319	322	326	329	332	335	339	342

表 B.3（续）

Pa

t/℃ \ P/Pa	88 000	89 000	90 000	91 000	92 000	93 000	94 000	95 000	96 000	97 000	98 000	99 000	100 000	101 000	102 000	103 000	104 000	105 000
21	301	304	308	311	314	318	321	325	328	332	335	338	342	345	349	352	356	359
22	315	319	322	326	329	333	337	340	344	347	351	354	358	362	365	369	372	376
23	329	333	337	341	344	348	352	356	359	363	367	371	374	378	382	385	389	393
24	344	348	351	355	359	363	367	371	375	379	383	387	390	394	398	402	406	410
25	358	362	366	370	374	378	382	386	390	394	399	403	407	411	415	419	423	427
26	372	376	381	385	389	393	397	402	406	410	414	419	423	427	431	436	440	444
27	386	391	395	400	404	408	413	417	421	426	430	435	439	443	448	452	457	461
28	401	405	410	414	419	423	428	432	437	442	446	451	455	460	464	469	473	478
29	415	420	424	429	434	438	443	448	453	457	462	467	471	476	481	486	490	495
30	429	434	439	444	449	453	458	463	468	473	478	483	488	492	497	502	507	512
31	443	448	453	458	463	468	473	479	484	489	494	499	504	509	514	519	524	529
32	457	463	468	473	478	483	489	494	499	504	509	515	520	525	530	535	541	546
33	472	477	482	488	493	498	504	509	515	520	525	531	536	541	547	552	557	563
34	486	491	497	502	508	513	519	525	530	536	541	547	552	558	563	569	574	580
35	500	506	511	517	523	529	534	540	546	551	557	563	568	574	580	585	591	597
36	514	520	526	532	538	544	549	555	561	567	573	579	584	590	596	602	608	614
37	528	534	540	546	552	559	565	571	577	583	589	595	601	607	613	619	625	631
38	543	549	555	561	567	573	580	586	592	598	604	610	617	623	629	635	641	647
39	557	563	569	576	582	588	595	601	607	614	620	626	633	639	645	652	658	664
40	571	578	584	590	597	603	610	616	623	629	636	642	649	655	662	668	675	681

表 B.4　相对湿度表

%

干球温度/℃	干湿温差/℃																															
	0.0	0.5	1.0	1.5	2.0	2.5	3.0	3.5	4.0	4.5	5.0	5.5	6.0	6.5	7.0	7.5	8.0	8.5	9.0	9.5	10.0	10.5	11.0	11.5	12.0	12.5	13	13.5	14	14.5	15	16
16	100	95	90	85	81	76	71	67	63	58	54	50	46	42	38	34	30	26	23	19	15	12	8	5								
17	100	95	90	86	81	76	72	68	64	60	55	51	47	43	40	36	32	28	25	21	18	14	11	8								
18	100	95	91	86	82	77	73	69	65	61	57	53	49	45	41	38	34	30	27	23	20	17	14	10	7							
19	100	95	91	87	82	78	74	70	65	62	58	54	50	46	43	39	36	32	29	26	22	19	16	13	10	7						
20	100	96	91	87	83	78	74	70	66	63	59	55	51	48	44	41	37	34	31	28	24	21	18	15	12	9	6					
21	100	96	91	87	83	79	75	71	67	64	60	56	53	49	46	42	39	36	32	29	26	23	20	17	14	12	9	6				
22	100	96	92	87	83	80	76	72	68	64	61	57	54	50	47	44	40	37	34	31	28	25	22	19	17	14	11	8	6			
23	100	96	92	88	84	80	76	72	69	65	62	58	55	52	48	45	42	39	36	33	30	27	24	21	19	16	13	11	8	6		
24	100	96	92	88	84	80	77	73	69	66	62	59	56	53	49	46	43	40	37	34	31	29	26	23	20	18	15	13	10	8	5	
25	100	96	92	88	84	81	77	74	70	67	63	60	57	54	50	47	44	41	39	36	33	30	28	25	22	20	17	15	12	10	8	
26	100	96	92	88	85	81	78	74	71	67	64	61	58	54	51	49	46	43	40	37	34	32	29	26	24	21	19	17	14	12	10	
27	100	96	92	89	85	82	78	75	71	68	65	62	58	56	52	50	47	44	41	38	36	33	31	28	26	23	21	18	16	14	12	7
28	100	96	93	89	85	82	78	75	72	69	65	62	59	56	53	51	48	45	42	40	37	34	32	29	27	25	22	20	18	16	13	9
29	100	96	93	89	86	82	79	76	72	69	66	63	60	57	54	52	49	46	43	41	38	36	33	31	28	26	24	22	19	17	15	11
30	100	96	93	89	86	83	79	76	73	70	67	64	61	58	55	52	50	47	44	42	39	37	35	32	30	28	25	23	21	19	17	13
31	100	96	93	90	86	83	80	77	73	70	67	64	61	59	56	53	51	48	45	43	40	38	36	33	31	29	27	25	22	20	18	14
32	100	96	93	90	86	83	80	77	74	71	68	65	62	60	57	54	51	49	46	44	41	39	37	35	32	30	28	26	24	22	20	16
33	100	97	93	90	87	83	80	77	74	71	68	66	63	60	57	55	52	50	47	45	42	40	38	36	33	31	29	27	25	23	21	17
34	100	97	93	90	87	84	81	78	75	72	69	66	63	61	58	56	53	51	48	46	43	41	39	37	35	32	30	28	26	24	23	19
35	100	97	94	90	87	84	81	78	75	72	69	67	64	61	59	56	54	51	49	47	44	42	40	38	36	34	32	30	28	26	24	20
36	100	97	94	90	87	84	81	78	75	73	70	67	64	62	59	57	54	52	50	48	45	43	41	39	37	35	33	31	29	27	25	21
37	100	97	94	91	87	84	82	79	76	73	70	68	65	63	60	58	55	53	51	48	46	44	42	40	38	36	34	32	30	28	26	23
38	100	97	94	91	88	84	82	79	76	74	71	68	66	63	61	58	56	54	51	49	47	45	43	41	39	37	35	33	31	29	27	24
39	100	97	94	91	88	85	82	79	77	74	71	69	66	64	61	59	57	54	52	50	48	46	43	42	39	38	36	34	32	30	28	25
40	100	97	94	91	88	85	82	80	77	74	72	69	67	64	62	59	57	54	53	51	48	46	44	43	40	38	36	35	33	31	29	26

附　录　C
（资料性附录）
换算为干燃气相对密度的修正值(a)

表 C.1　换算为干燃气相对密度的修正值(a)

$\left(\frac{\tau_g}{\tau_a}\right)^2$ 水温/℃	0.3	0.4	0.5	0.6	0.7	0.8	0.9	1.0	1.1	1.2	1.3	1.4	1.5	1.6	1.7	1.8	1.9	2.0
1	−0.003	−0.002	−0.002	−0.002	−0.001	−0.001	−0.000	0	+0.000	+0.001	+0.001	+0.002	+0.002	+0.002	+0.003	+0.003	+0.004	+0.004
2	−0.003	−0.003	−0.002	−0.002	−0.001	−0.001	−0.000	0	+0.000	+0.001	+0.001	+0.002	+0.002	+0.003	+0.003	+0.003	+0.004	+0.004
3	−0.003	−0.003	−0.002	−0.002	−0.001	−0.001	−0.000	0	+0.000	+0.001	+0.001	+0.002	+0.002	+0.003	+0.003	+0.004	+0.004	+0.005
4	−0.003	−0.003	−0.002	−0.002	−0.001	−0.001	−0.000	0	+0.000	+0.001	+0.001	+0.002	+0.002	+0.003	+0.003	+0.004	+0.004	+0.005
5	−0.004	−0.003	−0.003	−0.002	−0.002	−0.001	−0.001	0	+0.001	+0.001	+0.002	+0.002	+0.003	+0.003	+0.004	+0.004	+0.005	+0.005
6	−0.004	−0.003	−0.003	−0.002	−0.002	−0.001	−0.001	0	+0.001	+0.001	+0.002	+0.002	+0.003	+0.003	+0.004	+0.004	+0.005	+0.006
7	−0.004	−0.004	−0.003	−0.002	−0.002	−0.001	−0.001	0	+0.001	+0.001	+0.002	+0.002	+0.003	+0.004	+0.004	+0.005	+0.005	+0.006
8	−0.004	−0.004	−0.003	−0.003	−0.002	−0.001	−0.001	0	+0.001	+0.001	+0.002	+0.003	+0.003	+0.004	+0.004	+0.005	+0.006	+0.006
9	−0.005	−0.004	−0.003	−0.003	−0.002	−0.001	−0.001	0	+0.001	+0.001	+0.002	+0.003	+0.003	+0.004	+0.005	+0.005	+0.006	+0.007
10	−0.005	−0.004	−0.004	−0.003	−0.002	−0.001	−0.001	0	+0.001	+0.001	+0.002	+0.003	+0.004	+0.004	+0.005	+0.006	+0.007	+0.007
11	−0.005	−0.005	−0.004	−0.003	−0.002	−0.002	−0.001	0	+0.001	+0.002	+0.002	+0.003	+0.004	+0.005	+0.005	+0.006	+0.007	+0.008
12	−0.006	−0.005	−0.004	−0.003	−0.003	−0.002	−0.001	0	+0.001	+0.002	+0.003	+0.003	+0.004	+0.005	+0.006	+0.007	+0.008	+0.008
13	−0.006	−0.005	−0.004	−0.004	−0.003	−0.002	−0.001	0	+0.001	+0.002	+0.003	+0.004	+0.004	+0.005	+0.006	+0.007	+0.008	+0.009
14	−0.007	−0.006	−0.005	−0.004	−0.003	−0.002	−0.001	0	+0.001	+0.002	+0.003	+0.004	+0.005	+0.006	+0.007	+0.008	+0.009	+0.010
15	−0.007	−0.006	−0.005	−0.004	−0.003	−0.002	−0.001	0	+0.001	+0.002	+0.003	+0.004	+0.005	+0.006	+0.007	+0.008	+0.009	+0.010
16	−0.008	−0.007	−0.005	−0.004	−0.003	−0.002	−0.001	0	+0.001	+0.002	+0.003	+0.004	+0.005	+0.007	+0.008	+0.009	+0.010	+0.011
17	−0.008	−0.007	−0.006	−0.005	−0.003	−0.002	−0.001	0	+0.001	+0.002	+0.003	+0.005	+0.006	+0.007	+0.008	+0.009	+0.010	+0.012
18	−0.009	−0.007	−0.006	−0.005	−0.004	−0.002	−0.001	0	+0.001	+0.002	+0.004	+0.005	+0.006	+0.007	+0.009	+0.010	+0.011	+0.012
19	−0.009	−0.008	−0.007	−0.005	−0.004	−0.003	−0.001	0	+0.001	+0.003	+0.004	+0.005	+0.007	+0.008	+0.009	+0.011	+0.012	+0.013
20	−0.010	−0.009	−0.007	−0.006	−0.004	−0.003	−0.001	0	+0.001	+0.003	+0.004	+0.006	+0.007	+0.009	+0.010	+0.011	+0.013	+0.014

表 C.1（续）

水温/℃ \ $\left(\frac{\tau_g}{\tau_a}\right)^2$	0.3	0.4	0.5	0.6	0.7	0.8	0.9	1.0	1.1	1.2	1.3	1.4	1.5	1.6	1.7	1.8	1.9	2.0
21	−0.010	−0.009	−0.008	−0.006	−0.005	−0.003	−0.002	0	+0.002	+0.003	+0.005	+0.006	+0.008	+0.009	+0.010	+0.012	+0.014	+0.015
22	−0.011	−0.010	−0.008	−0.006	−0.005	−0.003	−0.002	0	+0.002	+0.003	+0.005	+0.006	+0.008	+0.010	+0.011	+0.013	+0.014	+0.016
23	−0.012	−0.010	−0.009	−0.007	−0.005	−0.003	−0.002	0	+0.002	+0.003	+0.005	+0.007	+0.009	+0.010	+0.012	+0.014	+0.015	+0.017
24	−0.013	−0.011	−0.009	−0.007	−0.005	−0.004	−0.002	0	+0.002	+0.004	+0.005	+0.007	+0.009	+0.011	+0.013	+0.014	+0.016	+0.018
25	−0.013	−0.012	−0.010	−0.008	−0.006	−0.004	−0.002	0	+0.002	+0.004	+0.006	+0.008	+0.010	+0.012	+0.013	+0.015	+0.017	+0.019
26	−0.014	−0.012	−0.010	−0.008	−0.006	−0.004	−0.002	0	+0.002	+0.004	+0.006	+0.008	+0.010	+0.012	+0.014	+0.016	+0.018	+0.020
27	−0.015	−0.013	−0.011	−0.009	−0.007	−0.004	−0.002	0	+0.002	+0.004	+0.007	+0.009	+0.011	+0.013	+0.015	+0.017	+0.020	+0.022
28	−0.016	−0.014	−0.012	−0.009	−0.007	−0.005	−0.002	0	+0.002	+0.005	+0.007	+0.009	+0.012	+0.014	+0.016	+0.018	+0.021	+0.023
29	−0.017	−0.015	−0.012	−0.010	−0.007	−0.005	−0.002	0	+0.002	+0.005	+0.007	+0.010	+0.012	+0.015	+0.017	+0.020	+0.022	+0.025
30	−0.018	−0.016	−0.013	−0.010	−0.008	−0.005	−0.003	0	+0.003	+0.005	+0.008	+0.010	+0.013	+0.016	+0.018	+0.021	+0.023	+0.026
31	−0.019	−0.017	−0.014	−0.011	−0.008	−0.006	−0.003	0	+0.003	+0.006	+0.008	+0.011	+0.014	+0.017	+0.019	+0.022	+0.025	+0.028
32	−0.021	−0.018	−0.015	−0.012	−0.009	−0.006	−0.003	0	+0.003	+0.006	+0.009	+0.012	+0.015	+0.018	+0.021	+0.023	+0.026	+0.029
33	−0.022	−0.019	−0.016	−0.012	−0.009	−0.006	−0.003	0	+0.003	+0.006	+0.009	+0.012	+0.016	+0.019	+0.022	+0.025	+0.028	+0.031
34	−0.023	−0.020	−0.017	−0.013	−0.010	−0.006	−0.003	0	+0.003	+0.007	+0.010	+0.013	+0.017	+0.020	+0.023	+0.026	+0.030	+0.033
35	−0.025	−0.021	−0.018	−0.014	−0.011	−0.007	−0.004	0	+0.004	+0.007	+0.010	+0.014	+0.018	+0.021	+0.025	+0.028	+0.032	+0.035

ICS 75.160.30
P 45

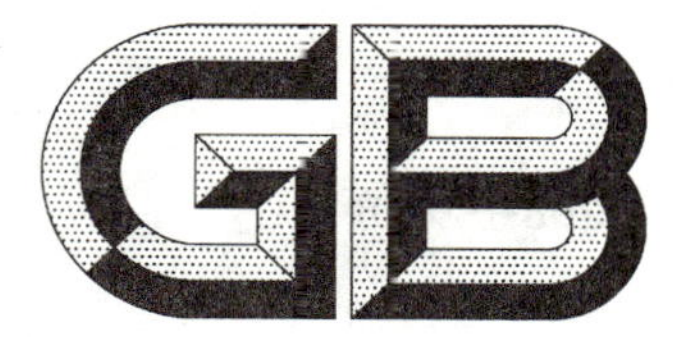

中华人民共和国国家标准

GB/T 12208—2008
代替 GB/T 12208—1990、GB/T 12209.1—1990、GB/T 12209.2—1990、
GB/T 12210—1990、GB/T 12211—1990

人工煤气组分与杂质含量测定方法

Test methods of components and impurities of the manufactured gas

2008-11-04 发布　　　　2009-06-01 实施

中华人民共和国国家质量监督检验检疫总局
中国国家标准化管理委员会　发布

前　言

本标准代替 GB/T 12208—1990《城市燃气中焦油和灰尘含量的测定方法》、GB/T 12209.1—1990《城市燃气中萘含量测定苦味酸法》、GB/T 12209.2—1990《城市燃气中萘含量测定气相色谱法》、GB/T 12210—1990《城市燃气中氨含量测定》和 GB/T 12211—1990《城市燃气中硫化氢含量测定》。

本标准与 GB/T 12208—1990、GB /T 12209.1—1990 、GB/T 12209.2—1990、GB/T 12210—1990 和 GB/T 12211—1990 相比，主要变化如下：

——标准名称修改为“人工煤气组分与杂质含量测定方法”；

——增加了人工煤气组分含量的化学分析方法；

——增加了计算结果表示到小数点后的位数；

——增加了硫化氢含量碘量法测定的反应式；

——修改了人工煤气中杂质含量的取样位置；

——修改了人工煤气中氨含量中和滴定法测定的精密度；

——删除了人工煤气中硫化氢分析方法中的乙酸铅试纸法；

——增加了附录 A《换算至标准状态下的取样体积的公式》和附录 B《试验报告》。

本标准附录 A 为规范性附录；附录 B 为资料性附录。

本标准由中华人民共和国住房和城乡建设部提出。

本标准由住宅和城乡建设部城镇燃气标准技术归口单位中国市政工程华北设计研究院归口。

本标准主要起草单位：中国市政工程华北设计研究院、太原市煤气公司、广州迪森家用锅炉制造有限公司、上海燃气集团、国家燃气用具质量监督检验中心。

本标准主要起草人：李娟、俞永娟、徐伟、周晓民、渠艳红。

本标准所代替标准的历次版本发布情况为：

——GB/T 12208—1990；

——GB/T 12209.1—1990；

——GB/T 12209.2—1990；

——GB/T 12210—1990；

——GB/T 12211—1990。

人工煤气组分与杂质含量测定方法

1 范围

本标准规定了城镇燃气中人工煤气的组分以及焦油和灰尘、萘、氨、硫化氢等杂质含量的分析范围、原理、试剂和材料、仪器、取样、分析、结果计算和精密度等的要求。

本标准适用于GB/T 13611规定的人工煤气组分及杂质的分析。

GB/T 13611规定的天然气中的沼气(6T)的组分分析可参照人工煤气组分的化学分析方法执行。

2 规范性引用文件

下列文件中的条款通过本标准的引用而成为本标准的条款。凡是注日期的引用文件,其随后所有的修改单(不包括勘误的内容)或修订版均不适用于本标准,然而,鼓励根据本标准达成协议的各方研究是否可使用这些文件的最新版本。凡是不注日期的引用文件,其最新版本适用于本标准。

GB/T 601—2002 化学试剂 标准滴定溶液的制备

GB/T 603—2002 化学试剂 试验方法中所用制剂及制品的制备

GB/T 13611 城镇燃气分类和基本特性

3 组分化学分子式

本标准所分析的组分化学分子式表述如下:

——酸性气体的总含量:以 CO_2 表示;

——不饱和烃气体的总含量:以 C_nH_m 表示;

——烷烃气体的总含量:以 CH_4 表示;

——惰性气体的总含量:以 N_2 表示。

4 人工煤气组分的化学分析方法

4.1 原理

用直接吸收法测定二氧化碳(CO_2)、不饱和烃(C_nH_m)、氧(O_2)和一氧化碳(CO)含量;剩余的可燃气体加氧进行爆炸,根据反应结果,计算甲烷(CH_4)及氢(H_2)含量;惰性气体(N_2)含量采用减差法求得。

4.2 反应式

4.2.1 氢氧化钾溶液吸收二氧化碳及酸性气体:

$$CO_2 + 2KOH = K_2CO_3 + H_2O$$

4.2.2 邻苯三酚(焦性没食子酸)碱性溶液吸收氧:

$$C_6H_3(OH)_3 + 3KOH \longrightarrow C_6H_3(OK)_3 + 3H_2O$$

$$2C_6H_3(OK)_3 + 1/2O_2 \longrightarrow C_{12}H_4(OK)_3 + H_2O$$

4.2.3 发烟硫酸吸收不饱和烃(C_nH_m),如 C_2H_4,C_6H_6:

$$C_2H_4 + H_2SO_4 \cdot SO_3 \longrightarrow C_2H_6S_2O_7\text{(乙烯磺酸)}$$

$$C_6H_6 + H_2SO_4 \cdot SO_3 \longrightarrow C_6H_6SO_3\text{(苯磺酸)} + H_2SO_4$$

4.2.4 氨性氯化亚铜液,吸收一氧化碳:

$$Cu_2Cl_2 + 2CO = Cu_2Cl_2 \cdot 2CO$$

$$Cu_2Cl_2 \cdot 2CO + 4NH_3 + 2H_2O \longrightarrow 2NH_4Cl + Cu_2 \cdot 2COONH_4$$

4.2.5 甲烷和氢加氧发生爆炸反应：

$$CH_4 + 2O_2 \xlongequal{\text{电火花}} CO_2 + 2H_2O$$

$$2H_2 + O_2 \xlongequal{\text{电火花}} 2H_2O$$

4.3 试剂和材料

下列试剂和材料中除非另有说明，在分析中仅使用确认为分析纯的试剂和蒸馏水或去离子水或相当纯度的水。

以(%)表示的均指质量分数，只有“氧气含量大于 99%”中的(%)为体积分数。

4.3.1 氢氧化钾(KOH)；

4.3.2 焦性没食子酸(邻苯三酚)[$C_6H_3(OH)_3$]；

4.3.3 硫酸(H_2SO_4)：密度为 1.84 g/mL，含量 95%～98%；

4.3.4 氯化亚铜(Cu_2Cl_2)；

4.3.5 氯化铵(NH_4Cl)；

4.3.6 硫酸钠(Na_2SO_4)：化学纯；

4.3.7 氯化钠(NaCl)：化学纯；

4.3.8 氨水($NH_3 \cdot H_2O$)：密度为 0.88 g/mL，含量 25%～28%；

4.3.9 甲基橙：化学纯；

4.3.10 液体石蜡；

4.3.11 发烟硫酸($H_2SO_4 \cdot SO_3$)：三氧化硫含量 20%～30%。发烟硫酸灌入吸收管后，通大气的透气口上应套橡皮袋以防三氧化硫外逸。

4.3.12 氢氧化钾溶液(30%)：称取 30 g 氢氧化钾，溶于 70 mL 水中。

4.3.13 焦性没食子酸碱性溶液：称取 10 g 焦性没食子酸，溶于 100 mL 氢氧化钾溶液(30%)中。焦性没食子酸的碱性溶液在灌入吸收管后，通大气的液面上应加液体石蜡隔绝空气。

4.3.14 氨性氯化亚铜溶液：称取 27 g 氯化亚铜和 30 g 氯化铵，加入 100 mL 蒸馏水中，搅拌成混浊液，灌入吸收管内，并加入紫铜丝。其后加入氨水(密度为 0.88 g/mL)至吸收液澄清，通大气的液面上应加液体石蜡隔绝空气。氨性氯化亚铜溶液分别装在两只吸收管中，前只吸收管在使用一定次数后，须更换新溶液，后一只吸收管改为前一只吸收管继续使用。

4.3.15 硫酸溶液(10%)：量取 5.5 mL～6.0 mL 硫酸(密度为 1.84 g/mL)，缓缓注入 100 mL 水中，加入 1～2 滴甲基橙指示液显红色。

4.3.16 氢氧化钠标准滴定溶液[$c(NaOH) = 0.1$ mol/L]：按 GB/T 601—2002 中 4.1 制备。

4.3.17 甲基橙指示液(1 g/L)：应按 GB/T 603—2002 中 4.1.4.8 制备。

4.3.18 封闭液：将煤气贮罐中的煤气饱和水或煤气饱和蒸馏水过滤后，加入硫酸钠或氯化钠，至室温下饱和，倒出澄清液。在不断搅拌的同时加入硫酸(密度为 1.84 g/mL)。用氢氧化钠标准滴定溶液滴定，确定封闭液中硫酸浓度为 1.5%±0.5%时，加入几滴甲基橙，即可使用。在使用一段时间后，必须进行硫酸含量的分析，保证硫酸含量在 1.5%±0.5%。

4.3.19 氧气(O_2)：含量大于 99%。

4.3.20 紫铜丝。

4.3.21 软质聚乙烯管或聚氯乙烯管或硅橡胶管：5 mm×7 mm 或 6 mm×9 mm。

4.4 仪器

4.4.1 煤气组分分析仪：奥氏式(仪器型号不限，但必须保证分析原理和精密度与本标准一致)。

量气管的容量为 100 mL，分度值 0.2 mL。如图 1 所示。

4.4.2 高频火花发生器：220 V，50 Hz。

4.4.3 天平：分度值 0.5 g。

4.4.4 铝箔复合膜取样袋或橡皮袋。

1——接触式吸收管，盛氢氧化钾溶液(30%)；

2——接触式吸收管，盛发烟硫酸；

3——接触式吸收管，盛焦性没食子酸碱性溶液；

4、5——鼓泡式吸收管，盛氨性氯化亚铜溶液；

6——接触式吸收管，盛硫酸溶液(10%)；

7——爆炸管；

8——铂丝极，接收火花发生器；

9——水冷夹套管；

10——量气管；

11——封气水准瓶；

12——进样直通旋塞；

13——吸收管旋塞(七只)；

14——梳形管；

15——中心三通旋塞。

图1 煤气组分分析仪示意图

4.5 取样

取样可采用取样瓶的排水集气法或铝箔复合膜取样袋、橡皮袋取气法。取样瓶法可在微负压或正压气流的管道上取样，取样瓶内盛的应是封闭液。铝箔复合膜取样袋、橡皮袋可在正压气流的管道上取样。取样前均须用样气置换3～4次。取样时注意不要带入外界空气。取样瓶或取样袋存放气样时间不宜超过2 h。

4.6 分析步骤

4.6.1 准备工作

宜按图1所示安装组分分析仪，在安装组分分析仪之前，应先测定梳形管和七只吸收管旋塞上端的体积。各旋塞壳芯之间的润滑脂要涂得均匀，且旋转灵活。量气管内和爆炸管内不应有任何油脂等沾污物，应保持清洁。

检查整套分析仪的严密性，保证不漏气。方法如下：

把进样直通旋塞、吸收管旋塞关闭，将中心三通旋塞处在量气管和梳型管连通位置，使量气管内存有一定量的气体。然后将水准瓶放在仪器上方，5 min后气体体积没有减少，说明仪器不漏气。

将各吸收管内吸收液的液面都调在吸收管旋塞下面，不得超过旋塞。

4.6.2 进样

a) 先将量气管中的气体排出，使量气管的液面升到零点，关闭进样直通旋塞；

b) 取样瓶或取样袋上的硅橡胶管与分析仪接通，打开硅橡胶管上的夹子，打开分析仪进样直通旋塞；

c) 使样气流进量气管中，约20 mL～30 mL，关闭进样直通旋塞，再旋转中心三通旋塞，将水准瓶升高，使量气管内的样气放空，直到量气管液面升至零点，如此至少三次；

d) 取准100 mL样气(包括梳形管和吸收管旋塞上端的体积)，平衡压力，使压力与大气压相同后，关闭进样直通旋塞。

4.6.3 吸收二氧化碳

a) 打开氢氧化钾溶液吸收管旋塞，与量气管接通，升高水准瓶，使量气管内的气体压入吸收管，而量气管液面上升近零点时，降低水准瓶使气体吸回量气管中，然后重新把气体送入吸收管，如此来回须吸收7～8次；

b) 在最后一次把气体全部吸回量气管，使吸收管内液面停在未吸收时的位置，关闭旋塞；

c) 当量气管内的压力与大气压相同时，读取体积数，然后重复上述操作来回吸收，再读取体积数，直至与前次吸收后的体积数相同时，减少的体积数即为二氧化碳的体积数值。

4.6.4 吸收不饱和烃

a) 打开盛有发烟硫酸吸收管的旋塞，使上述剩余下来的气体流入吸收管中，用升降水准瓶的方法，使气体至少来回18次与吸收管中发烟硫酸作用，最后降低水准瓶使气体全部吸回量气管，使吸收管中的液面停在未吸收时的位置，关闭旋塞；

b) 打开盛有氢氧化钾溶液吸收管的旋塞，除去三氧化硫，用升降水准瓶的方法，使气体与氢氧化钾溶液反复接触4～5次，如还有酸雾，继续吸收，直至与前次吸收后的体积数相同；

c) 最后将全部气体吸回量气管，使吸收管的液面停在未吸收时的位置，关闭旋塞；

d) 当量气管内的压力与大气压相同时读取体积数；

e) 而后重复上面的操作，直到与前次吸收后的体积数相同为止。减少的体积数即为不饱和烃的体积数值。

4.6.5 吸收氧

用盛有焦性没食子酸碱性溶液的吸收管进行吸收，来回至少8次，操作步骤同4.6.3吸收二氧化碳。

4.6.6 吸收一氧化碳

用氨性氯化亚铜溶液吸收，先分三步：

第一步：用旧的一只氨性氯化亚铜溶液吸收管吸收剩余气体至少8次，使吸收管的液面停在未吸收时的位置，关闭旋塞。

第二步：打开新的一只氨性氯化亚铜溶液吸收管旋塞进行吸收至少15次，使吸收管的液面停在未吸收时的位置，关闭旋塞。

第三步：打开硫酸溶液吸收管旋塞吸收气体中的氨，来回至少吸收4次，使硫酸溶液吸收管中液面停在未吸收时的位置，关闭旋塞，读取体积数。

再重复第二步、第三步操作，直至两次读取的体积数相同时，减少的体积数即为一氧化碳的体积数值。

注：以上吸收是按4.6.3～4.6.6顺序进行，此顺序中不饱和烃与氧可前后互换，但二氧化碳必须先吸收，一氧化碳必须最后吸收。

4.6.7 分析甲烷和氢

a) 根据分析的气体分类，按表1取一定量吸收后剩余的气体于量气管中，多余的气样存放于硫酸溶液吸收管中；

b) 在中心三通旋塞处加规定的氧气量，旋转中心三通旋塞，混合后记下量气管体积数，为爆炸前体积 V_5；

c) 然后进行爆炸，爆炸次数根据表1确定；

例如分析焦炉气时，打开中心三通旋塞与爆炸管连通，再打开爆炸管旋塞，使约10 mL混合气送入爆炸管，关闭爆炸管旋塞，上面中心三通旋塞按顺时针转45°，用高频火花发生器点火进行爆炸，第一次爆炸后，打开爆炸管旋塞再放入量气管剩余下的气体约20 mL左右，混入已爆炸气体中，关闭爆炸管旋塞，点火使之再爆炸。

d) 在同样操作下须按规定进行第三次、第四次爆炸；

e) 全部爆炸后，将爆炸管内爆炸后的升温气体压入量气管内来回冷却，上升液面到爆炸管的旋塞下面，下降爆炸管内液面高度恰为铂丝下1 cm，这样称冷却一次；

f) 如此从爆炸管至量气管来回冷却应为五次半；

g) 冷却后使全部气体流入量气管中，关闭爆炸管旋塞，旋转量气管上中心三通旋塞，记下量气管体积数，为爆炸后体积 V_6；

h) 再将此爆炸后气体用氢氧化钾溶液吸收，除去二氧化碳后，再读取量气管中剩余气体的体积为 V_7。

表1 不同气样进行爆炸的技术要求

气体分类		吸收后剩余气体倍数 $1/R$	计算倍数 R	加入氧气量/mL	爆炸次数	各次气体量/mL
人工煤气	混合煤气	1/2	2	60～70	分四次	约10,20,30,40
	焦炉气、纯炭化炉气、油制气	1/3	3	65～75	分四次	约10,20,30,40
	水煤气	1/2	2	40～45	分三次	约10,30,>50
	发生炉气	全部气体	1	15～25	只一次	全部
沼气		1/3	3	70～80	分四次	约10,20,30,40

注1：防止爆炸过分剧烈，加氧量必须调节，使可爆混合气浓度略高于爆炸下限，不可接近化学计量的需氧量。

注2：沼气的可燃组分含量是按甲烷45%～56%，氢小于10%，如甲烷、氢的含量超过上述范围，则爆炸取样体积、加氧量、爆炸次数等要求，由分析人员酌情调整。

4.6.8 吸收液的更换：根据所分析的气样中各组分含量及各吸收液吸收效率的不同，确定吸收液的使用次数，部分吸收液因长时间放置也会失效，均应及时更换。

4.7 结果计算

4.7.1 人工煤气中二氧化碳含量以体积分数 ϕ_1 计，数值以(%)表示，按式(1)计算：

$$\phi_1 = \frac{V_0 - V_1}{V_0} \times 100 \quad \cdots\cdots(1)$$

式中：

V_0——样气的取样体积(含梳形管和吸收管旋塞上端的体积)的数值，单位为毫升(mL)；

V_1——100.0 mL 样气吸收尽二氧化碳后的体积的数值，单位为毫升(mL)。

4.7.2 人工煤气中不饱和烃含量以体积分数 ϕ_2 计，数值以(%)表示，按式(2)计算：

$$\phi_2 = \frac{V_1 - V_2}{V_0} \times 100 \quad \cdots\cdots(2)$$

式中：

V_2——剩余样气吸收尽不饱和烃后的体积的数值，单位为毫升(mL)。

4.7.3 人工煤气中氧含量以体积分数 ϕ_3 计，数值以(%)表示，按式(3)计算：

$$\phi_3 = \frac{V_2 - V_3}{V_0} \times 100 \quad \cdots\cdots(3)$$

式中：

V_3——剩余样气吸收尽氧后的体积的数值，单位为毫升(mL)。

4.7.4 人工煤气中一氧化碳含量以体积分数 ϕ_4 计，数值以(%)表示，按式(4)计算：

$$\phi_4 = \frac{V_3 - V_4}{V_0} \times 100 \quad \cdots\cdots(4)$$

式中：

V_4——剩余样气吸收尽一氧化碳后的体积的数值，单位为毫升(mL)。

4.7.5 人工煤气中甲烷含量以体积分数 ϕ_5 计，数值以(%)表示，按式(5)计算：

$$\phi_5 = \frac{R(V_6 - V_7)}{V_0} \times 100 \quad \cdots\cdots(5)$$

式中：

R——计算倍数；

V_6——爆炸后冷却的样气的体积的数值，单位为毫升(mL)；

V_7——爆炸后冷却的样气再吸收尽二氧化碳后的体积的数值，单位为毫升(mL)。

4.7.6 人工煤气中氢含量以体积分数 ϕ_6 计，数值以(%)表示，按式(6)计算：

$$\phi_6 = \frac{2R[V_5 - V_6 - 2(V_6 - V_7)]}{3V_0} \times 100 \quad \cdots\cdots(6)$$

式中：

V_5——爆炸前剩余样气与加入氧混合后的体积的数值，单位为毫升(mL)。

4.7.7 人工煤气中氮含量以体积分数 ϕ_7 计，数值以(%)表示，按式(7)计算：

$$\phi_7 = 100\% - \phi_1 - \phi_2 - \phi_3 - \phi_4 - \phi_5 - \phi_6 \quad \cdots\cdots(7)$$

计算结果表示到小数点后一位。

4.8 精密度

精密度应按表 2 和表 3。

表 2 在重复性条件下获得的两次独立测试结果的允许绝对差值 单位：%

燃气种类	二氧化碳	不饱和烃	氧	一氧化碳	甲烷	氢
人工煤气	0.1	0.1	0.1	0.1	0.2	0.5
沼气	0.1	0.1	0.1	0.1	0.6	1.2

表 3　在再现性条件下获得的两次独立测试结果的允许绝对差值　　单位：%

燃气种类	二氧化碳	不饱和烃	氧	一氧化碳	甲烷	氢
人工煤气	0.1	0.1	0.1	0.1	0.4	1.0
沼气	0.1	0.1	0.1	0.1	1.0	2.0

4.9　试验报告

试验报告内容参见附录 B。

5　人工煤气中焦油和灰尘含量的测定

5.1　原理

一定体积的人工煤气，通过已知质量的滤膜，以滤膜的质量增加量和取样体积，计算出焦油和灰尘的含量。

5.2　材料和仪器

a)　49 型或 59 型超精细玻璃纤维滤膜，滤膜孔径 0.24 μm；

b)　聚乙烯薄膜垫圈；

c)　橡胶垫圈；

d)　镊子；

e)　取样器：如图 2 所示；

单位为毫米

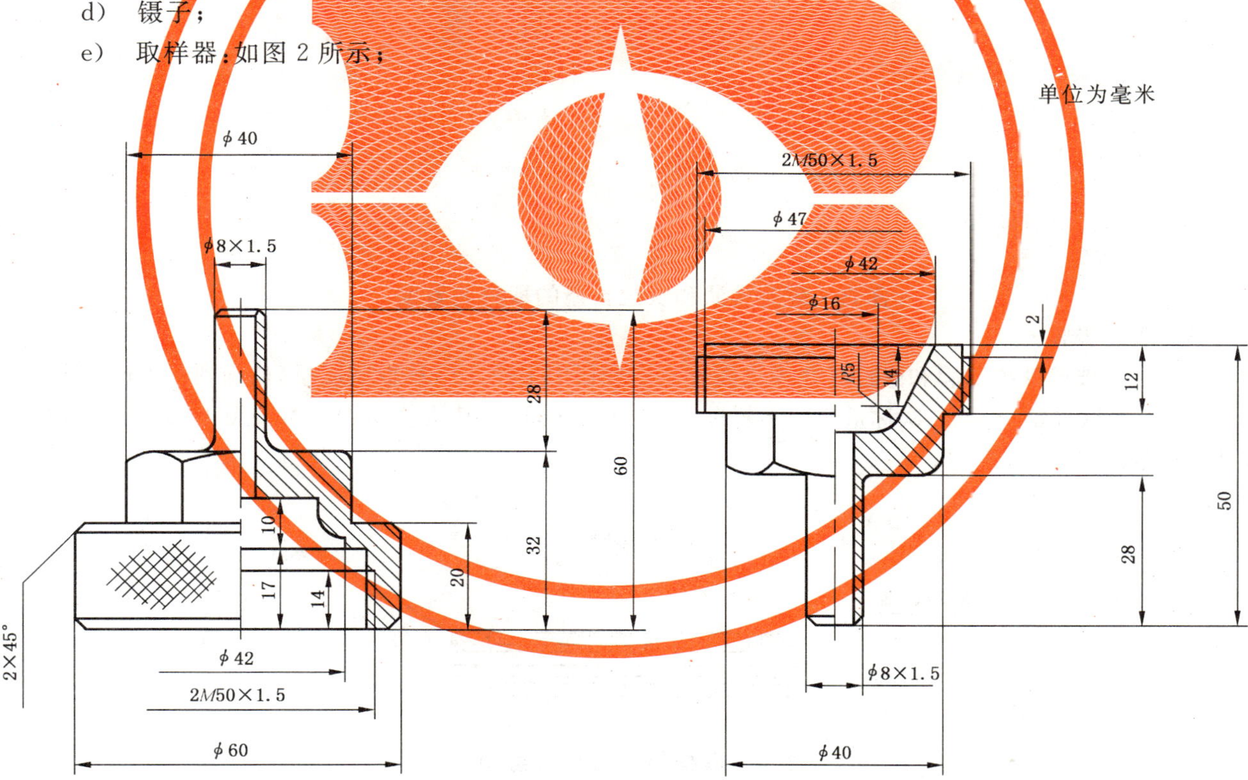

图 2　取样器（材质：尼龙）

f)　分析天平，分度值 0.1 mg；

g)　干燥器，内装变色硅胶；

h)　湿式气体流量计：0.5 m^3/h，分度值 0.02 L；

i)　大气压力计：分度值 0.1 kPa。

5.3　取样

5.3.1　取样位置及要求

取样点应选在气流平稳的直管段管道上，与管道弯曲部分和截面形状急剧变化部分的距离，不小于管道直径的 1.5 倍。将内径 8 mm，壁厚 1 mm 的不锈钢取样管，插入煤气主管中心 1/3 半径的断面内，开口方向对准气流方向。取样管出口前装有取样阀。

取样前，打开取样阀，放散 2 min 以上，直至排净取样管内残留气体和水分。

5.3.2 取样装置如图 3 所示。

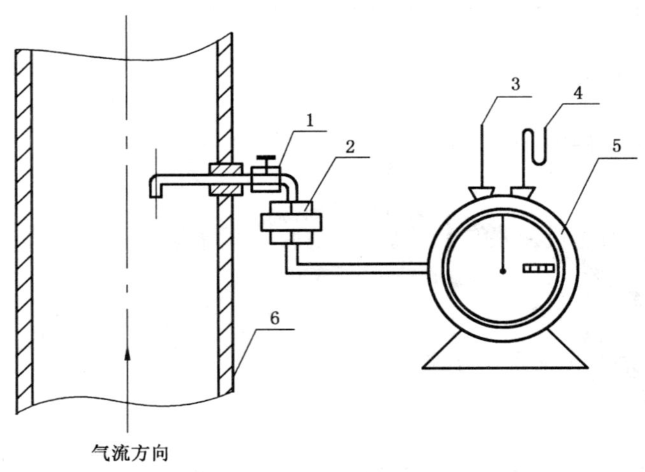

1——取样阀；
2——取样器；
3——温度计；
4——U 型压力计；
5——湿式气体流量计；
6——煤气管。

图 3 测定焦油和灰尘含量的取样装置图

5.3.3 取样步骤

5.3.3.1 将玻璃纤维滤膜和聚乙烯薄膜垫圈置于干燥器中干燥 2 h，称取其质量，精确到 0.1 mg，继续干燥 30 min 后称量，直至二次称量之差不超过 0.3 mg 为止，记下其质量(m_1)。再按图 4 顺序放入取样器内，拧紧。

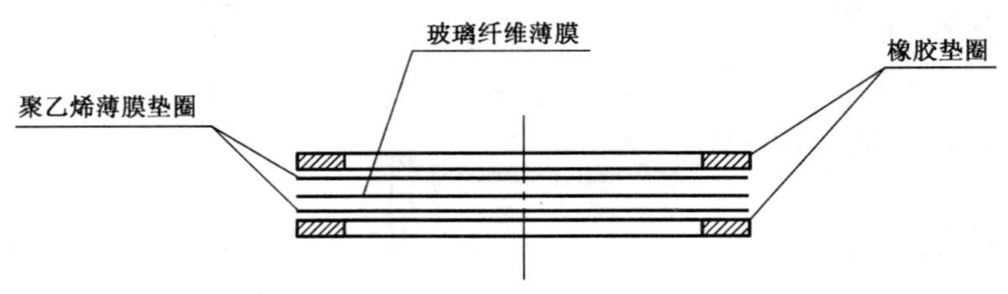

图 4 取样器内材料放置图

5.3.3.2 按图 3 连接。煤气管外至取样器之间的最长距离不超过 200 mm。检查装置的气密性，确认系统严密后，记下流量计读数(V_1)。

5.3.3.3 打开取样阀，将煤气流速调节为 3.5 L/min～4 L/min。记录取样时的煤气平均温度(t_1)、大气压力(P)和煤气压力(P_1)。

5.3.3.4 当焦油和灰尘捕集量不少于 2 mg 时。关闭取样阀，记下流量计读数(V_2)。

5.4 分析

打开取样器，用镊子将滤膜连同聚乙烯薄膜垫圈置于干燥器中干燥 2 h 称量，继续干燥 30 min 称量，直至二次称量之差不超过 0.3 mg 为止，记下其质量(m_2)。

5.5 结果计算

人工煤气中焦油和灰尘含量以质量浓度 ρ_m 计，数值以毫克每立方米（mg/m^3）表示，按式（8）进行计算：

$$\rho_m = \frac{m_2 - m_1}{V_0} \times 10^6 \qquad \cdots\cdots(8)$$

式中：

m_1——取样前滤膜和聚乙烯薄膜垫圈的质量的数值，单位为克(g)；

m_2——取样后滤膜和聚乙烯薄膜垫圈的质量的数值，单位为克(g)；

V_0——换算至标准状态下的取样体积的数值（计算公式见附录 A），单位为升(L)。

计算结果应保留到小数点后两位。

5.6 精密度

精密度按表 4：

表 4 测量范围和重复性

测定范围/(mg/m^3)	重复性/(mg/m^3)
<5	0.40
5～10	0.70

5.7 试验报告

试验报告内容参见附录 B。

6 人工煤气中萘含量的测定

6.1 苦味酸法

6.1.1 原理

煤气中的萘系物（含萘、甲基萘等），在通过苦味酸溶液时生成结合物沉淀，将过滤后的沉淀溶于丙酮中，用标准碱液滴定，但煤气中含有茚等某些不饱和烃也能部分地与苦味酸生成结合物沉淀。以一氯化碘溶液加以校正。在测定中控制一定温度，并在测定结果中加上温度的相应校正值，以求得正确的粗萘含量。

6.1.2 试剂和材料

除非另有说明，在分析中仅使用确认为分析纯的试剂和蒸馏水或去离子水或相当纯度的水。

a) 硫酸（H_2SO_4）：密度为 1.84 g/mL，含量 95%～98%；

b) 氢氧化钠（NaOH）；

c) 硫代硫酸钠（$Na_2S_2O_3 \cdot 5H_2O$）；

d) 苦味酸（2、4、6 三硝基酚）[$C_6H_2OH(NO_2)_3$]；

e) 乙酸铅[$Pb(CH_3COO)_2 \cdot 3H_2O$]化学纯；

f) 碘化钾（KI）；

g) 丙酮（CH_3COCH_3）；

h) 冰乙酸（CH_3COOH）；

i) 一氯化碘（ICl）化学纯；

j) 可溶性淀粉；

k) 溴百里香酚蓝（$C_{27}H_{28}O_5Br_2S$）；

l) 硫酸溶液（5→100）：量取 5 mL 硫酸，缓缓注入约 70 mL 水中，冷却，稀释至 100 mL；

m) 乙酸铅溶液（50 g/L）：称取 5 g 乙酸铅，溶于 70 mL 水中，加 1 mL 冰乙酸，用水稀释至 100 mL；

n) 一氯化碘溶液：称取 25 g 一氯化碘液体，倒入 1 500 mL 冰乙酸中完全溶解，置于棕色瓶中，放置于干燥暗处；

o) 碘化钾溶液(100 g/L)：称取 100 g 碘化钾，溶于 800 mL 水中，稀释至 1 000 mL；

p) 氢氧化钠标准滴定溶液[c(NaOH)＝ 0.1 mol/L]：按 GB/T 601—2002 中 4.1 制备；

q) 硫代硫酸钠标准滴定溶液[$c(Na_2S_2O_3)$＝0.05 mol/L]：按 GB/T 601—2002 中 4.6 稀释一倍制备；

r) 苦味酸溶液：将 1 瓶 25 g 的苦味酸溶解在 2 000 mL 蒸馏水中，煮沸，冷却，过滤，将其澄清液用氢氧化钠标准滴定溶液[c(NaOH)＝0.1 mol/L]滴定，配制成下列浓度：

1) 洗涤液[c(苦味酸)＝0.02 mol/L]；

2) 13 ℃～18 ℃的吸收液[c(苦味酸)＝0.042 mol/L]；

3) 0 ℃的吸收液[c(苦味酸)＝0.033 mol/L]。

吸收过萘的苦味酸溶液可汇集后煮沸、浓缩、冷却、过滤，将其澄清液再配置成苦味酸溶液[c(苦味酸)＝ 0.033 mol/L]或[c(苦味酸)＝0.042 mol/L]，重新使用。

s) 淀粉指示液(5 g/L)：称取 1 g 可溶性淀粉，加入 10 mL 水使其成糊状，在搅拌下将糊状物加到 200 mL 沸水中，微沸 2 min，冷却；

t) 溴百里香酚蓝指示液(1 g/L)：应按 GB/T 603—2002 中 4.1.4.27 制备；

u) 软质聚乙烯管或聚氯乙烯管或硅橡胶管：5 mm×7 mm 或 6 mm×9 mm。

6.1.3 仪器

a) 多孔式气体洗瓶(孟氏)：250 mL；

b) 恒温水浴；

c) 湿式气体流量计：0.5 m^3/h 分度值 0.02 L；

d) 真空抽气泵；

e) 砂芯漏斗：No. 3 或 No. 4，30 mL；

f) 抽滤瓶：1 000 mL；

g) 移液管：5 mL，10 mL；

h) 碱式滴定管：50 mL　分度值 0.1 mL，
　　　　　　　25 mL　分度值 0.1 mL；

i) 碘量瓶：500 mL；

j) 量筒：10 mL、50 mL、250 mL；

k) 天平：分度值 0.1 g；

l) 大气压力计：分度值 0.1 kPa。

6.1.4 取样

6.1.4.1 取样位置及要求

取样点应选在气流平稳的直管段管道上，与管道弯曲部分和截面形状急剧变化部分的距离，不小于管道直径的 1.5 倍。将内径 8 mm，壁厚 1 mm 的不锈钢取样管，插入煤气主管中心 1/3 半径的断面内。煤气管外至吸收瓶的部分应尽量短，取样管外须装有同心外套蒸气加热管，通入间接蒸气，且取样管可与直接注入水蒸气的支管接通。取样管中的气样温度必须控制在比总管中的气温高 5 ℃～10 ℃。取样管出口前装有取样阀。

取样前，打开取样阀，放散 2 min 以上，直至排净取样管内残留的气体和水分。

6.1.4.2 取样装置如图 5 所示。

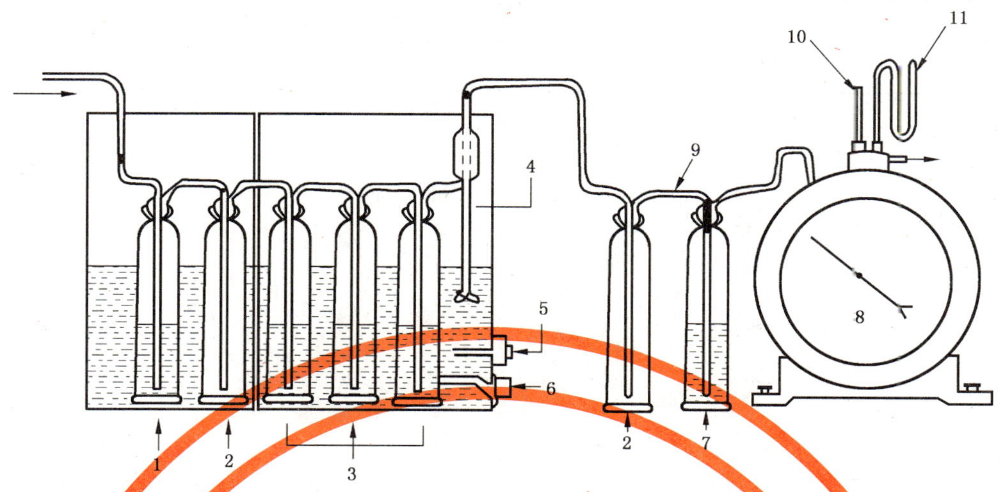

1——硫酸溶液；

2——空瓶；

3——苦味酸吸收液；

4——搅拌器；

5——自动调温器；

6——加热、致冷器；

7——乙酸铅溶液；

8——湿式气体流量计；

9——聚乙烯管接头；

10——温度计；

11——U形压力计。

图5 苦味酸法测定萘含量的取样装置图

6.1.5 吸收

6.1.5.1 按图5连接，检查装置气密性，确认系统严密。

各吸收瓶的顺序为：

——第一只瓶：100 mL硫酸溶液(5→100)，以除去煤气中存在的氨等碱性组分；

——第二只瓶：空瓶；

——第三只、第四只、第五只瓶：分别装100 mL苦味酸吸收液[c(苦味酸)=0.042 mol/L]；

——第六只瓶：空瓶；

——第七只瓶：100 mL乙酸铅溶液(50 g/L)，以除去煤气中的硫化氢，保护流量计。

吸收系统应放在保温的塑料箱中。其中1号、2号瓶放在不低于20 ℃的水浴中，以防止温度过低，萘会析出。3号、4号、5号苦味酸洗瓶放在可调节温度箱中，要求控制在13 ℃～18 ℃。

注：[c(苦味酸)=0.033 mol/L]适用于控制温度为0 ℃。

6.1.5.2 选择合适的技术条件，按煤气中可能存在的萘含量应从表5中，选择适宜的煤气流速和取样时间，以保证吸收气相的萘接近100 mg。

6.1.5.3 在仪器装置和吸收条件都符合规定要求的情况下，记录流量计读数(V_1)。

6.1.5.4 打开取样阀，调节到适宜的煤气流速。记录取样时的煤气平均温度(t[illegible])、大气压力(P)和煤气压力(P_1)。

6.1.5.5 取样到规定时间后，关闭取样阀，记下流量计读数(V_2)。

表 5 煤气中不同萘含量的取样时间和流速参考表

煤气萘含量/(mg/m³)	流速/(L/h)			
	24 h	8 h	4 h	2 h
10	400	—	—	—
20	200	—	—	—
30	140	—	—	—
40	100	—	—	—
60	70	200	400	—
80	50	150	300	—
150	—	80	160	320
200	—	60	120	240
300	—	—	80	160
400	—	—	60	120
500	—	—	—	100
600	—	—	—	80

由于煤气中萘含量随温度变化而变化，出厂煤气萘含量测定的取样周期宜为 24 h。

6.1.6 分析

将吸收瓶从取样点送到分析室过程中，时间应尽可能短，且要即刻抽滤。如需放置较长时间，且气温与吸收温度相差较大时，应将吸收系统保持在吸收温度之下。

6.1.6.1 将盛有苦味酸吸收液的三只洗气瓶中的沉淀用 No.3 或 No.4 砂芯漏斗吸滤。用滤液洗涤吸收瓶中粘附的沉淀物。并将其全部转移到漏斗中。

6.1.6.2 用 10 mL 洗涤液[c(苦味酸)= 0.02 mol/L]洗涤漏斗中的沉淀，抽干。

6.1.6.3 将有沉淀的砂芯漏斗倒置于干燥的碘量瓶上，用 5 mL 移液管移取 10 mL 丙酮滴入砂芯漏斗尾部，共需 10 mL 丙酮以洗涤沉淀(根据需要可增至 15 mL 或 20 mL)。

为了便于洗净沉淀应将砂芯漏斗倾斜，不断转动使沉淀全部洗入碘量瓶中，且可用吸球将漏斗尾部中丙酮吹出。

6.1.6.4 在碘量瓶中加入 2～3 滴溴百里香酚蓝指示液(1 g/L)，用氢氧化钠标准滴定溶液[c(NaOH)= 0.1 mol/L]滴定，至果绿色即为终点，记录滴定消耗体积(V_3)。

6.1.6.5 在上述溶液中加入冰乙酸 50 mL，用移液管加入一氯化碘溶液 10 mL，避光静置 20 min，加入 10 mL KI 溶液(100 g/L)，静置 5 min。

6.1.6.6 用硫代硫酸钠标准滴定溶液[$c(Na_2S_2O_3)$= 0.05 mol/L] 滴定游离出来的碘，当滴定到微黄色时，加入 1 mL 淀粉指示液(5 g/L)，继续滴定至原有苦味酸颜色为终点。在到达终点前加入 200 mL 蒸馏水冲淡之，使滴定终点更为明显，记录滴定消耗体积(V_4)。

6.1.6.7 苦味酸吸收液的空白试验

6.1.6.7.1 用 10 mL 洗涤液[c(苦味酸)= 0.02 mol/L]洗涤通过 6.1.6.1 所用的砂芯漏斗且抽干。

6.1.6.7.2 同 6.1.6.3(空白的丙酮加入量应与测定中的丙酮加入量相同)。

6.1.6.7.3 同 6.1.6.4，并加 0.05 mL 洗涤液[c(苦味酸)= 0.02 mol/L]以补偿沉淀中所夹带的苦味酸液，记录[c(NaOH)= 0.1 mol/L]的滴定消耗体积(V_5)。

6.1.6.7.4 在上述溶液中加入蒸馏水，其量应是测定时与空白试验时氢氧化钠标准滴定溶液[c(NaOH)= 0.1 mol/L]的滴定消耗体积之差(V_3-V_5)。

6.1.6.7.5 同 6.1.6.5。

6.1.6.7.6 同 6.1.6.6，记录硫代硫酸钠标准滴定溶液[$c(Na_2S_2O_3)$=0.05 mol/L]的滴定消耗体

积 V_6。

6.1.7 结果计算

人工煤气中萘含量以质量浓度 ρ_m 计，数值以毫克每立方米(mg/m^3)表示，按式(9)进行计算：

$$\rho_m = \frac{M[(V_3 - V_5)c_1 - \frac{1}{2}(V_6 - V_4)c_2] \times 10^3}{V_0} + \rho_0 \qquad \cdots\cdots(9)$$

式中：

V_3——氢氧化钠标准滴定溶液的体积的数值，单位为毫升(mL)；

V_5——空白试验氢氧化钠标准滴定溶液的体积的数值，单位为毫升(mL)；

V_4——硫代硫酸钠标准滴定溶液的体积的数值，单位为毫升(mL)；

V_6——空白试验硫代硫酸钠标准滴定溶液的体积的数值，单位为毫升(mL)；

c_1——氢氧化钠标准滴定溶液的浓度的准确数值，单位为摩尔每升(mol/L)；

c_2——硫代硫酸钠标准滴定溶液的浓度的准确数值，单位为摩尔每升(mol/L)；

M——萘的摩尔质量的数值，单位为克每摩尔(g/mol)[$M(C_{10}H_8)=128$]；

ρ_0——分解作用的萘含量损失校正值，可按苦味酸浓度及吸收时控制的温度自图 6 中查得，单位为毫克每立方米(mg/m^3)；

V_0——换算至标准状态下的取样体积的数值(计算公式见附录 A)，单位为升(L)。

计算结果表示到小数点后两位。

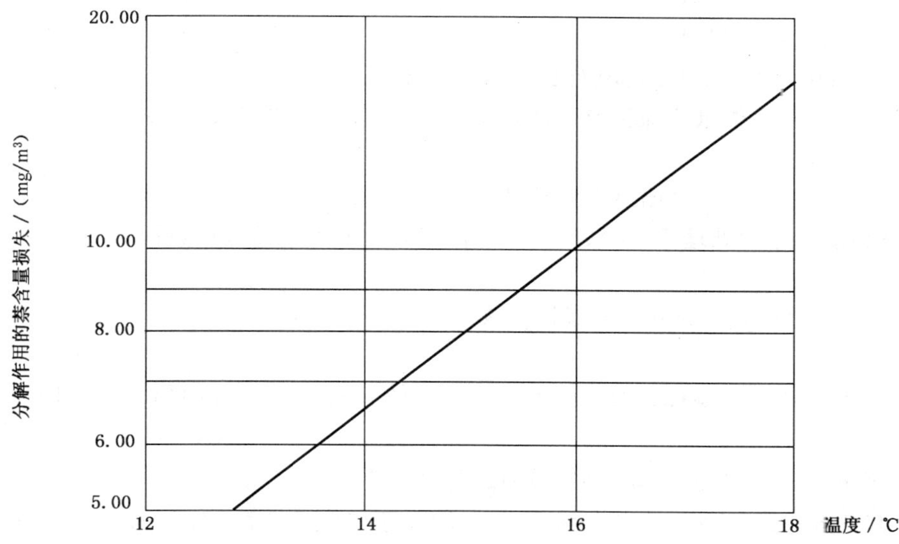

图 6 13 ℃～18 ℃下实测萘含量损失校正值图

6.1.8 精密度

精密度按表 6。

表 6 测量范围和重复性

测定范围	重复性
<50 mg/m^3	3.00 mg/m^3
(50～100)mg/m^3	3%
>100 mg/m^3	3%

6.1.9 试验报告

试验报告内容参见附录 B。

6.2 气相色谱法

6.2.1 分析范围

本标准适用于萘含量在 5 mg/m^3 以上的人工煤气。

6.2.2 原理

用二甲苯或甲苯吸收煤气中的萘及其他杂质(茚、硫茚、甲基萘等),吸收液中加入一定量的内标物正十六烷,用气相色谱法分离,测定萘的含量。

6.2.3 试剂和材料

除非另有说明,在分析中仅使用确认为分析纯的试剂。

以(%)表示的均指体积分数,只有“萘含量≥99.8%”中的(%)为质量分数。

a) 正十六烷($C_{16}H_{34}$):色谱标准试剂;

b) 萘($C_{10}H_8$):结晶点不低于 79.9 ℃,含量≥99.8%;

c) 甲苯($C_6H_5CH_3$);

d) 二甲苯[$C_6H_4(CH_3)_2$];

e) 色谱固定液:丁二酸乙二醇聚酯;

f) 色谱载体:201 红色载体,酸洗,0.25 mm～0.18 mm(60 目～80 目),或使用性能相似的其他载体;

g) 三氯甲烷($CHCl_3$);

h) 氮气(N_2):含量≥99.9%;

i) 氢气(H_2):含量≥99.9%;

j) 净化空气:用活性炭、分子筛和硅胶净化过的压缩空气;

k) 软质聚乙烯管或聚氯乙烯管或硅橡胶管:5 mm×7 mm 或 6 mm×9 mm。

6.2.4 仪器

6.2.4.1 气相色谱仪:带有氢火焰离子化检测器。

6.2.4.2 积分仪或色谱微处理机:能采集、记录、储存以及处理色谱分析数据。

6.2.4.3 色谱柱

——柱管:长 2 m、内径 3 mm 的不锈钢柱管。

——填充物

a) 载体:201 红色载体,酸洗,0.25 mm～0.18 mm(60 目～80 目),或使用性能相似的其他载体;

b) 固定液:丁二酸乙二醇聚酯,液相载荷量 6.5%;

c) 制备方法:在 200 mL 烧杯中称入 0.70 g 丁二酸乙二醇聚酯,加入与 10 g 载体等体积的三氯甲烷,搅拌至完全溶解。称取 10.0 g 201 酸洗载体,倒入溶液中,混匀,在不时翻动下,在通风柜中使溶剂全部挥发。

——色谱柱的填充与老化:将制备好的填充物紧密装入洁净干燥的柱管内,两端各填少许玻璃棉。填充好的色谱柱安装在色谱仪中,柱出口端暂勿与检测器连接。通小流量氮气,在柱箱温度 160 ℃下老化 4 h 以上,直至基线稳定。

——分离度

在 6.2.4.4 给定的条件下,正十六烷和萘的分离度不应小于 1.0。

6.2.4.4 调整仪器

按下列条件调整仪器,允许根据实际情况作适当变动。典型色谱图如图 7 所示,各组分的相对保留值见表 7。

——汽化室温度:250 ℃;

——柱箱和色谱柱温度:恒温 130 ℃;

——载气为氮气:柱前压约 73.5 kPa,流速 35 mL/min,为柱后测量值;

——检测器:氢火焰离子化检测器;

——检测器温度:140 ℃;

——辅助气体流速:

a) 氢气流速:40 mL/min;

b) 空气流速:400 mL/min;

——灵敏度和衰减的调节:在萘的绝对进样量为 2.5×10^{-8} g,产生的峰高不低于 10 mm。

注:也可采用能达到同等或更高分析效果的其他色谱工作条件。

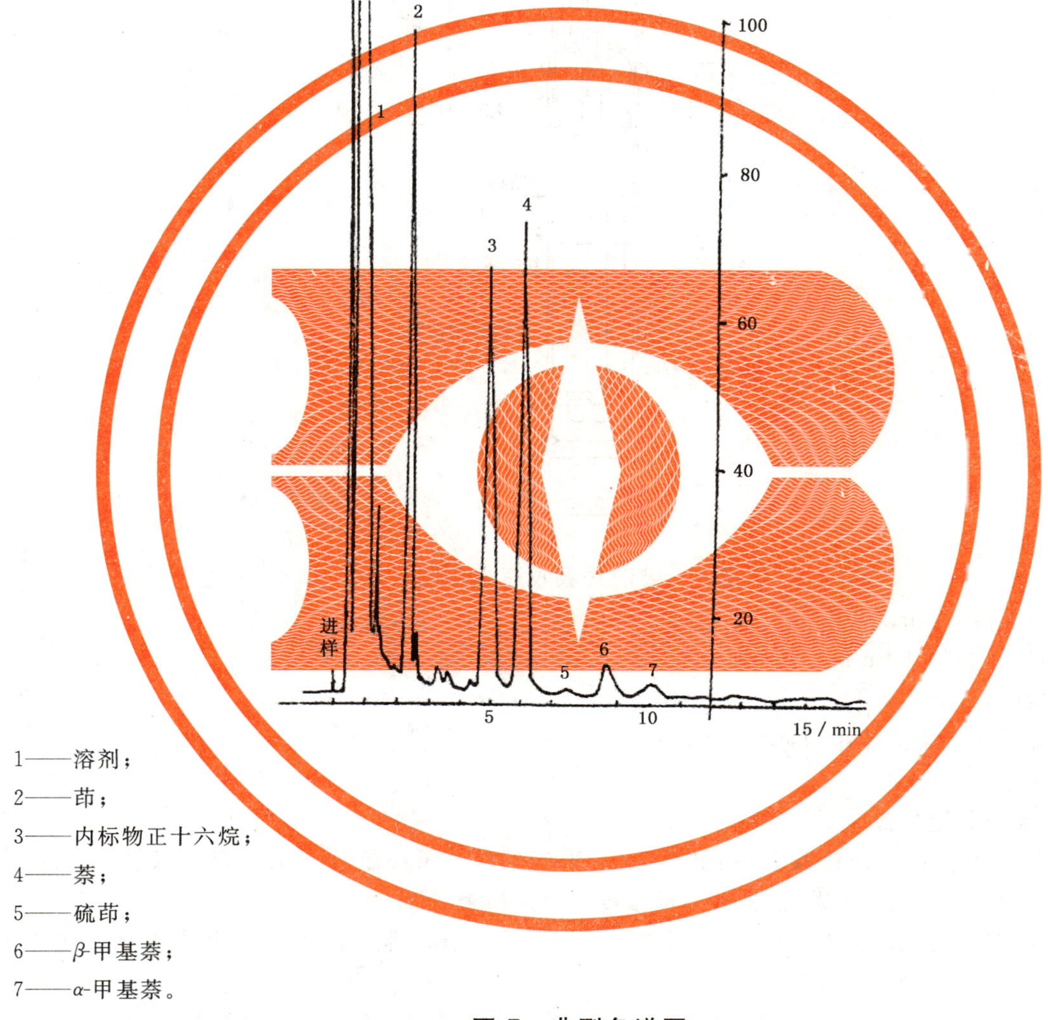

1——溶剂;

2——茚;

3——内标物正十六烷;

4——萘;

5——硫茚;

6——β-甲基萘;

7——α-甲基萘。

图 7 典型色谱图

表 7 各组分相对保留值

组分名称	相对保留值
茚	0.41
正十六烷	0.84
萘	1.00(约 6 min)
硫茚	1.25
β-甲基萘	1.45
α-甲基萘	1.88

6.2.4.5 进样器：10 μL、100 μL 微量注射器。

6.2.4.6 分析天平：分度值 0.1 mg 。

6.2.4.7 吸收瓶：鼓泡式，60 mL，如图 8 所示。

单位为毫米

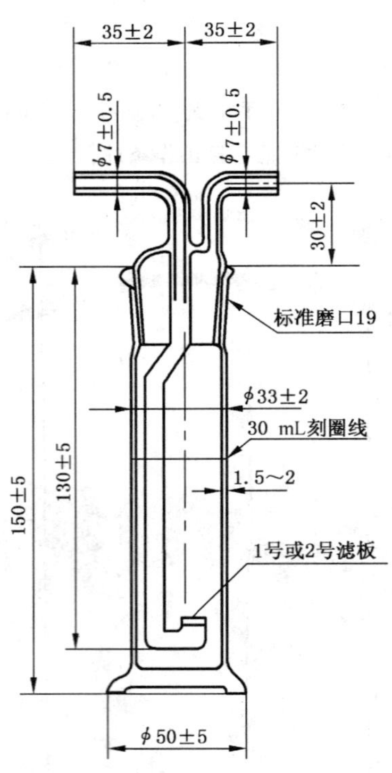

图 8 鼓泡式吸收瓶规格图

6.2.4.8 容量瓶：50 mL。

6.2.4.9 小口试剂瓶：50 mL。

6.2.4.10 量筒：50 mL。

6.2.4.11 湿式气体流量计：0.5 m^3/h ，分度值 0.02 L。

6.2.5 **校准**

6.2.5.1 **标准样品的制备**

a) 正十六烷标准溶液：称取 7.5 g 正十六烷，准确到 0.2 mg，置于 50 mL 容量瓶中，用二甲苯稀释至刻度，混匀，密封贮存备用，溶液浓度应定期检查；

b) 萘标准溶液：称取 7.5 g 萘，准确到 0.2 mg 置于 50 mL 容量瓶中，用二甲苯溶解并稀释至刻度，混匀，密封贮存备用；

c) 校准用标准样品系列的制备：在 6 个 50 mL 小口试剂瓶中，用 50 mL 量筒各加 30 mL 二甲苯。用 100 μL 微量注射器各加 100 μL 正十六烷标准溶液，再分别加入 20，60，100，150，200，300 μL 萘标准溶液，混匀，加盖保存备用。

6.2.5.2 **校正曲线的确定**

按 6.2.4.4 调整好色谱仪，用 10 μL 微量注射器分别抽取 6.2.5.1 c）中校准用标准样品 0.4 μL，注入色谱仪。测量正十六烷和萘的保留时间（s）和峰高（mm），以保留时间与峰高的乘积作峰面积，或用积分仪直接测量正十六烷和萘的峰面积。按式（10）、（11）分别计算各标准样品中萘和正十六烷的质量比 Y_i 和峰面积比 X_i。

$$Y_i = \frac{m_1}{m_2} \times \frac{V_{1i}}{V_{2i}} \qquad \cdots\cdots(10)$$

$$X_i = \frac{A_{1i}}{A_{2i}} \qquad \cdots\cdots(11)$$

式中：

Y_i——第 i 个标准试样中萘与正十六烷的质量比；

m_1——配制萘标准溶液时萘的质量的准确数值，单位为克(g)；

m_2——配制正十六烷标准溶液时正十六烷的质量的准确数值，单位为克(g)；

V_{1i}——配制第 i 个标准试样时所用萘标准溶液的体积的数值，单位为微升(μL)；

V_{2i}——配制第 i 个标准试样时所用正十六烷标准溶液的体积的数值，单位为微升(μL)；

X_i——第 i 个标准试样的萘与正十六烷峰面积比；

A_{1i}——第 i 个标准试样相应的萘的峰面积，以保留时间(s)与峰高(mm)之乘积表示或用积分仪测得的积分数表示；

A_{2i}——第 i 个标准试样相应的正十六烷的峰面积，以保留时间(s)与峰高(mm)之乘积表示或用积分仪测得的积分数表示。

将 X 对 Y 作校准曲线，或用数学回归法建立式(12)的线性回归方程：

$$Y = a + bX \qquad \cdots\cdots(12)$$

每个标准试样进样三次，计算三次峰面积比后，取算术平均值作图或进行数学回归。

计算结果应保留到小数点后二位。

6.2.6　取样

6.2.6.1　取样位置及要求

同苦味酸法中的6.1.4.1。

6.2.6.2　取样装置如图9所示。

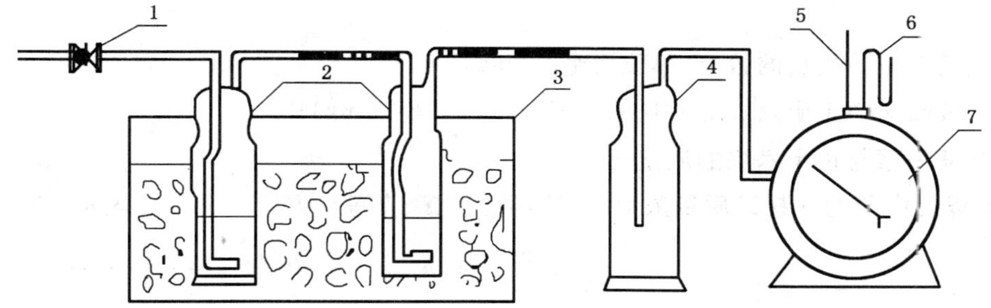

1——取样阀；
2——吸收瓶；
3——冰水浴；
4——空瓶；
5——温度计；
6——U型压力计；
7——湿式气体流量计。

图9　色谱法测定萘含量的取样装置图

6.2.7　吸收

6.2.7.1　将两只各加有30 mL甲苯或二甲苯的吸收瓶置于加冰的冷水浴中，保证在取样时吸收液温度不高于10 ℃。

6.2.7.2　按图9连接取样管、吸收瓶和湿式气体流量计，取样管与吸收瓶之间的连接，使用软质聚乙烯管，管口应尽量互相对接，避免气样与连接管接触，检查其气密性，确认系统严密后，记下流量计读数(V_1)。

6.2.7.3　打开取样阀，调节煤气流速为0.5 L/min～1.0 L/min。记录取样时的煤气平均温度(t_1)、煤气压力(P_1)及大气压力(P)。

6.2.7.4 当吸收的萘量在 2 mg～40 mg 之间时,关闭取样阀,记录流量计读数(V_2)。

6.2.7.5 取样过程中,应注意避免吸收瓶入口处形成萘的结晶。

6.2.8 分析

在二个吸收瓶中,用 100 μL 微量注射器各加入 100 μL 正十六烷标准溶液,充分混匀,用洗耳球对吸收瓶的吸收管吹气,使吸收液置换数次以保证混合均匀。调整仪器的操作条件与进行标准试样分析时的条件相同。用 10 μL 注射器抽取 0.4 μL 吸收液注入色谱仪进行分析。测量正十六烷和萘的保留时间(s)和峰高(mm),或用积分仪直接测量正十六烷和萘的峰面积。每个吸收液各作两次分析。第二个吸收瓶中所含萘应一并计算。

6.2.9 结果计算

6.2.9.1 按式(13)分别计算两吸收液中萘与正十六烷的峰面积比:

$$X = \frac{A_1}{A_2} \quad \cdots\cdots(13)$$

式中:

X——吸收液中萘与正十六烷的峰面积比;

A_1——萘的峰面积,用保留时间(s)和峰高(mm)的乘积表示或积分仪的积分值表示;

A_2——正十六烷的峰面积,用保留时间(s)和峰高(mm)的乘积表示或积分仪的积分值表示。

6.2.9.2 根据 X 从校正曲线上查出或用式(12)计算出 Y 值,即为吸收液中萘与正十六烷的质量比。

6.2.9.3 按式(14)分别计算两个吸收液瓶中的萘含量:

$$m = Y \times m_s \quad \cdots\cdots(14)$$

式中:

m——吸收液中萘的质量的数值,单位为毫克(mg);

m_s——加入吸收液中正十六烷的质量的数值,单位为毫克(mg);

Y——吸收液中萘与正十六烷的质量比。

6.2.9.4 人工煤气中萘的含量以质量浓度 ρ_m 计,数值以毫克每立方米(mg/m³)表示,按式(15)计算:

$$\rho_m = \frac{m}{V_0} \times 1\,000 \quad \cdots\cdots(15)$$

式中:

m——吸收液中萘的质量的数值,单位为毫克(mg);

V_0——换算至标准状态下的取样体积的数值(计算公式见附录 A),单位为升(L)。

计算结果表示到小数点后二位。

6.2.10 精密度

精密度按表 8。

表 8 测定范围和重复性

测定范围	重复性
≤200 mg/m³	4.10 mg/m³
200～400 mg/m³	2.8%

6.2.11 试验报告

试验报告内容参见附录 B。

7 人工煤气中氨含量的测定

7.1 中和滴定法

7.1.1 分析范围

本标准适用于氨含量在 10 mg/m^3 以上的的人工煤气。

7.1.2 原理

把一定量的煤气通入硫酸溶液中，以吸收其中的氨，过剩的硫酸用氢氧化钠标准滴定溶液回滴，根据消耗的硫酸量，计算氨的含量。

7.1.3 反应式

$$2NH_3 + H_2SO_4 = (NH_4)_2SO_4$$

$$2NaOH + H_2SO_4 = Na_2SO_4 + 2H_2O$$

7.1.4 试剂和材料

除非另有说明，在分析中仅使用确认为分析纯的试剂和蒸馏水或去离子水或相当纯度的水。

7.1.4.1 硫酸(H_2SO_4)：密度为 1.84 g/mL，含量 95%～98%。

7.1.4.2 氢氧化钠(NaOH)。

7.1.4.3 乙酸铅[$Pb(CH_3COO)_2 \cdot 3H_2O$]：化学纯。

7.1.4.4 冰乙酸(CH_3COOH)。

7.1.4.5 甲基红($C_{15}H_{15}O_2N_3$)。

7.1.4.6 亚甲基蓝($C_{16}H_{18}ClN_3S \cdot 3H_2O$)。

7.1.4.7 乙酸铅溶液(50 g/L)：称取 5 g 乙酸铅，溶于 70 mL 水中，加 1 mL 冰乙酸，用水稀释至 100 mL。

7.1.4.8 硫酸标准滴定溶液[$c(1/2H_2SO_4)$ = 0.1 mol/L]：按 GB/T 601—2002 中 4.3 配制。

7.1.4.9 氢氧化钠标准滴定溶液[c(NaOH) = 0.1 mol/L]：按 GB/T 601—2002 中 4.1 配制。

7.1.4.10 甲基红-亚甲基蓝混合指示液：按 GB/T 603—2002 中 4.1.4.7 配制。

7.1.4.11 软质聚乙烯管或聚氯乙烯管或硅橡胶管：5 mm×7 mm 或 6 mm×9 mm。

7.1.5 仪器

7.1.5.1 湿式气体流量计：0.5 m^3/h，分度值 0.02 L。

7.1.5.2 滴定管：50 mL，分度值 0.1 mL。

7.1.5.3 移液管：50 mL。

7.1.5.4 试剂瓶：50 mL。

7.1.5.5 锥形瓶：500 mL。

7.1.5.6 天平：分度值 0.1 g。

7.1.5.7 大气压力计：分度值 0.1 kPa。

7.1.5.8 洗气瓶：125 mL，如图 10 所示。

单位为毫米

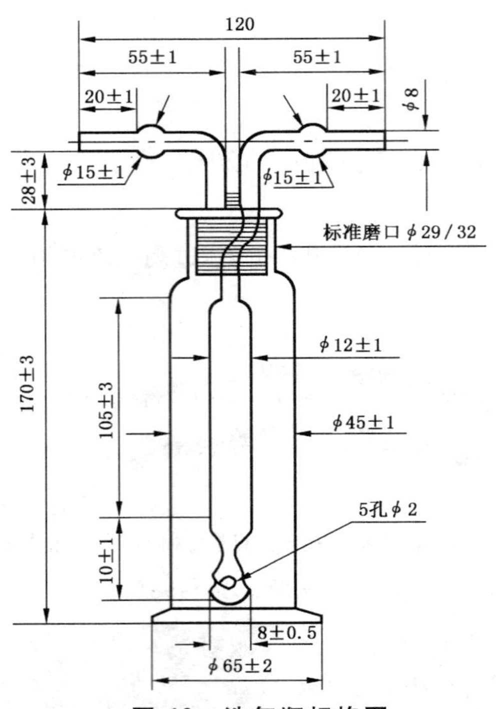

图 10 洗气瓶规格图

7.1.6 **取样**

7.1.6.1 取样位置及要求

取样点应选在气流平稳的直管段管道上，与管道弯曲部分和截面形状急剧变化部分的距离，不小于管道直径的 1.5 倍。将内径 8 mm，壁厚 1 mm 的不锈钢取样管，插入煤气主管中心 1/3 半径的断面内。取样管出口前装有取样阀。取样管到仪器之间用软质聚乙烯管或硅橡胶管连接，连接管应尽量短。

取样前，打开取样阀，放散 2 min 以上，直至排净取样管内残留的气体和水分。

7.1.6.2 取样装置如图 11 所示。

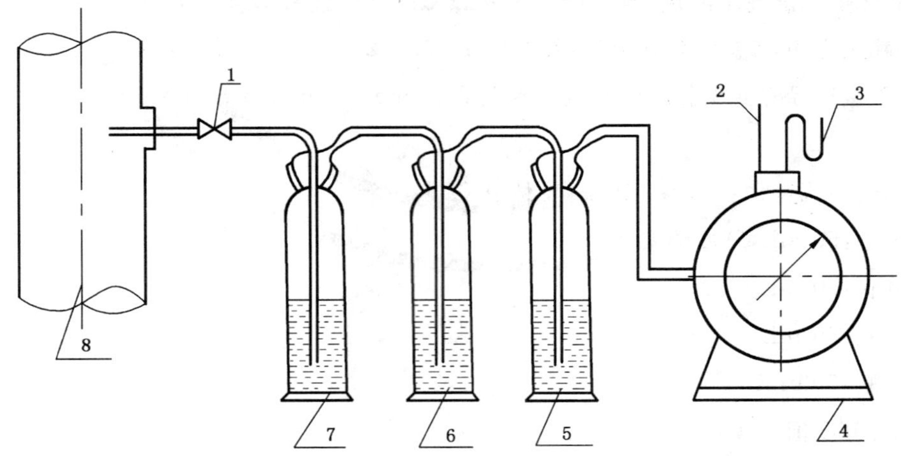

1——取样阀；
2——温度计；
3——U 型压力计；
4——湿式气体流量计；
5、6、7——洗气瓶；
8——煤气管道。

图 11 测定氨含量的取样装置图

7.1.7 吸收

7.1.7.1 在洗气瓶 6 和 7 中,用移液管各加入 50 mL 硫酸标准滴定溶液[$c(1/2H_2SO_4)=0.1$ mol/L]和 1~2 滴甲基红-亚甲基蓝混合指示液。

7.1.7.2 在洗气瓶 5 内加入 50 mL 乙酸铅溶液(50 g/L),以除去煤气中的硫化氢。

7.1.7.3 按图 11 连接,检查装置气密性,确认系统严密后,记下流量计读数(V_1)。

7.1.7.4 打开取样阀,调节煤气流速为 0.25 L/min~0.50 L/min。记录取样时的煤气平均温度(t_1)、大气压力(P)和煤气压力(P_1)。

7.1.7.5 当吸收的氨量在 2 mg~30 mg 之间时,关闭取样阀,记下流量计读数(V_2)。

7.1.8 分析

7.1.8.1 将洗气瓶 6 和 7 中的硫酸吸收液倒入 500 mL 锥形瓶中,用蒸馏水冲洗洗气瓶(取样管中如有冷凝液也应用蒸馏水冲洗干净),洗涤液并入锥形瓶中,用氢氧化钠标准滴定溶液[$c(NaOH)=0.1$ mol/L]滴定,至呈绿色为终点,记录滴定消耗体积(V_3)。

7.1.8.2 同时作试样硫酸吸收液的空白试验,按 7.1.7.1 和 7.1.8.1 操作,记录滴定消耗体积(V_4)。

7.1.9 结果计算

人工煤气中氨含量以质量浓度 ρ_m 计,数值以毫克每立方米(mg/m³)表示,按式(16)进行计算:

$$\rho_m=\frac{M\times c(V_4-V_3)\times 1\ 000}{V_0} \qquad \cdots\cdots(16)$$

式中:

c——氢氧化钠标准滴定溶液的浓度的准确数值,单位为摩尔每升(mol/L);

V_4——空白试验氢氧化钠标准滴定溶液的体积的数值,单位为毫升(mL);

V_3——氢氧化钠标准滴定溶液的体积的数值,单位为毫升(mL);

M——氨的摩尔质量的数值,单位为克每摩尔(g/mol)[$M(NH_3)=17.03$];

V_0——换算至标准状态下的取样体积的数值(计算公式见附录 A),单位为升(L)。

计算结果表示到小数点后两位。

7.1.10 精密度

精密度按表 9。

表 9 测定范围和重复性

测定范围	重复性
>10 mg/m³	7%

7.1.11 试验报告

试验报告内容参见附录 B。

7.2 纳氏试剂分光光度法

7.2.1 分析范围

本标准适用于氨含量在 50 mg/m³ 以下的人工煤气。

7.2.2 原理

一定量的煤气通入硫酸溶液中,气样中的氨被硫酸吸收,被吸收的氨与纳氏试剂作用生成黄色化合物,用比色法测定。

7.2.3 试剂和材料

除非另有说明,在分析中仅使用确认为分析纯的试剂和无氨水。

7.2.3.1 硫酸(H_2SO_4):密度为 1.84 g/mL,含量 95%~98%。

7.2.3.2 碘化钾(KI)。

7.2.3.3 二氯化汞($HgCl_2$)。

7.2.3.4 氢氧化钾(KOH)。

7.2.3.5 酒石酸钾钠($C_4H_4O_6KNa\cdot 4H_2O$)。

7.2.3.6 氯化铵(NH_4Cl):优级纯。

7.2.3.7 无氨水(所有试剂均用无氨水配制):按 GB/T 603—2002 的 4.1.1.3 配制。

7.2.3.8 氨标准溶液:称取 0.785 5 g 经 105 ℃干燥 1 h 的氯化氨,溶于少量水中,移入 250 mL 容量瓶后加水稀释至刻度,配成 1 mL 相当于 1 mg 氨标准贮备液。

临用时,吸收 5.00 mL 氨标准贮备液于 250 mL 容量瓶中加水稀释至刻度,此溶液 1 mL 相当于 20 μg 氨的标准溶液。

7.2.3.9 硫酸吸收液[$c(1/2H_2SO_4)$ = 0.02 mol/L]:取硫酸 0.6 mL 缓慢注入 1 000 mL 水中,摇匀。

7.2.3.10 纳氏试剂:称取 5 g 碘化钾溶于 5 mL 水中。另称取 2.5 g 二氯化汞,溶于 10 mL 热水。将二氯化汞溶液缓慢加入碘化钾溶液中,不断搅拌,直到形成红色沉淀不溶为止。冷却后,加入 30 mL 氢氧化钾溶液(15 g 氢氧化钾溶于 30 mL 水),用水稀释至 100 mL,再加入上述配制的 0.5 mL 二氯化汞溶液,静置 1 d~2 d,将上部澄清液移入棕色瓶中,用橡皮塞塞紧保存备用。

7.2.3.11 酒石酸钾钠溶液(0.5 g/mL):称取 50 g 酒石酸钾钠,溶于水中,加热煮沸以驱除氨,冷却后,移入 100 mL 容量瓶中加水稀释至刻度。

7.2.3.12 乙酸铅溶液(50 g/L):配制同中和滴定法的 7.1.4.5。

7.2.3.13 软质聚乙烯管或聚氯乙烯管或硅橡胶管:5 mm×7 mm 或 6 mm×9 mm。

7.2.4 仪器

7.2.4.1 分光光度计。

7.2.4.2 湿式气体流量计:0.5 m^3/h ,分度值 0.02 L。

7.2.4.3 具塞比色管:10 mL。

7.2.4.4 洗气瓶:125 mL,如图 10 所示。

7.2.4.5 容量瓶:250 mL。

7.2.4.6 分度吸量管:容量 5 mL,分度值 0.02 mL。

7.2.4.7 大气压力计:分度值 0.1 kPa。

7.2.5 标准曲线的绘制

取 8 支比色管,按表 10 配制标准色列。

表 10 标准色列表

管号	1	2	3	4	5	6	7	8
氨标准溶液的体积/mL	0	0.10	0.20	0.40	0.70	1.00	1.50	1.70
水的体积/mL	10.00	9.90	9.80	9.60	9.30	9.00	8.50	8.30
氨含量/μg	0	2.0	4.0	8.0	14.0	20.0	30.0	34.0

在各管中加入 0.20 mL 酒石酸钾钠溶液(0.5 g/mL),再加入 0.20 mL 纳氏试剂,摇匀放置 10 min,以空白液(管号 1)为参比液,用 1 cm 比色皿,于波长 420 nm 处,测定其吸光度。以氨含量为横坐标,吸光度为纵坐标,绘制标准曲线。

7.2.6 取样

7.2.6.1 取样位置及要求

同中和滴定法中的 7.1.6.1。

7.2.6.2 取样装置:如图 11 所示。

7.2.7 吸收

7.2.7.1 在洗气瓶 6 和 7 中,用移液管分别加入 50 mL 硫酸吸收液[$c(1/2H_2SO_4)$ = 0.02 mol/L]。

7.2.7.2 在洗气瓶 5 中,加入 50 mL 乙酸铅溶液(50 g/L),以除去硫化氢。

7.2.7.3 按图 11 连接,检查气密性,确认系统严密后,记下流量计读数(V_1)。

7.2.7.4 打开取样阀,调节煤气流速为 0.25 L/min~0.5 L/min。记录取样时的煤气平均温度(t_1)、大气压力(P)和煤气压力(P_1)。

7.2.7.5 当吸收的氨量在 0.02 mg~0.85 mg 之间时,关闭取样阀,记下流量计读数(V_2)。

7.2.8 分析

将吸收液全部移入 250 mL(V_3)容量瓶内,用水洗净洗气瓶,洗涤液并入容量瓶中,加水至刻度,摇匀。吸取 10 mL(V_4)试样溶液注入干燥的比色管中,加入 0.20 mL 酒石酸钾钠溶液(0.5 g/mL)和 0.20 mL 纳氏试剂,摇匀放置 10 min,以空白液为参比液,用 1 cm 比色皿,于波长 420 nm 处,测定其吸光度,由标准曲线查得氨含量(m)。

7.2.9 结果计算

人工煤气中氨含量以质量浓度 ρ_m 计,数值以毫克每立方米(mg/m^3)表示,按式(17)进行计算:

$$\rho_m = \frac{m}{V_0} \times \frac{V_3}{V_4} \qquad \cdots\cdots(17)$$

式中:

m——在标准曲线上由吸光度查得的试液中氨含量的数值,单位为微克(μg);

V_3——试样溶液总体积的数值,单位为毫升(mL);

V_4——比色时取用试样溶液体积的数值,单位为毫升(mL);

V_0——换算成标准状态下的采样体积的数值(计算公式见附录 A),单位为升(L)。

计算结果表示到小数点后两位。

7.2.10 精密度

精密度按表 11。

表 11 测定范围和重复性

测定范围 ρ_m(mg/m^3)	重复性(mg/m^3)
$\rho_m<1$	0.26
$1\leqslant \rho_m<10$	0.65
$10\leqslant \rho_m<25$	0.93
$25\leqslant \rho_m\leqslant 50$	1.29

7.2.11 试验报告

试验报告内容参见附录 B。

8 人工煤气中硫化氢含量的测定

8.1 碘量法

8.1.1 分析范围

本标准适用于硫化氢含量在 10 mg/m^3 以上的人工煤气。

8.1.2 原理

煤气中的硫化氢被锌氨络合溶液吸收后,形成硫化锌沉淀,在弱酸性条件下,同碘作用,过量的碘用硫代硫酸钠溶液滴定,根据硫代硫酸钠溶液的消耗量,计算硫化氢的含量。

8.1.3 反应式

$$H_2S + [Zn(NH_3)_4](OH)_2 = ZnS\downarrow + 2H_2O + 4NH_3\uparrow$$

$$ZnS + 2HCl + I_2 = ZnCl_2 + 2HI + S\downarrow$$

$$I_2 + 2Na_2S_2O_3 = 2NaI + Na_2S_4O_6$$

8.1.4 试剂和材料

除非另有说明,在分析中仅使用确认为分析纯的试剂和蒸馏水或去离子水或相当纯度的水。

8.1.4.1 硫酸锌($ZnSO_4 \cdot 7H_2O$)。

8.1.4.2 氢氧化钠($NaOH$)。

8.1.4.3 硫酸铵[$(NH_4)_2SO_4$]。

8.1.4.4 盐酸(HCl):密度为 1.19 g/mL,含量≥36%~38%。

8.1.4.5 碘(I_2)。

8.1.4.6 碘化钾(KI)。

8.1.4.7 硫代硫酸钠($Na_2S_2O_3 \cdot 5H_2O$)。

8.1.4.8 可溶性淀粉。

8.1.4.9 锌氨络合溶液:称取 5 g 硫酸锌($ZnSO_4 \cdot 7H_2O$)溶解于 500 mL 水中,另称取 6 g 氢氧化钠溶解于 300 mL 水中,将其混合,边搅拌边加入 70 g 硫酸铵,当氢氧化锌沉淀全部溶解后,用水稀释至 1 L。

8.1.4.10 盐酸溶液(1+1):将 1 体积的盐酸缓缓加入 1 体积的水中,混匀。

8.1.4.11 硫代硫酸钠标准滴定溶液 [$c(Na_2S_2O_3)$ = 0.1 mol/L]:按 GB/T 601—2002 中 4.6 配制。

8.1.4.12 碘标准滴定溶液[$c(1/2I_2)$ = 0.1 mol/L]:按 GB/T 601—2002 中 4.9 配制。

8.1.4.13 淀粉指示液(5 g/L):配制同萘含量测定苦味酸法中 6.1.2.19。

8.1.4.14 中速定性滤纸。

8.1.4.15 软质聚乙烯管或聚氯乙烯管或硅橡胶管:5 mm×7 mm 或 6 mm×9 mm。

8.1.5 仪器

8.1.5.1 湿式气体流量计:0.5 m^3/h,分度值 0.02 L。

8.1.5.2 筒形气体洗瓶:250 mL,如图 12 所示。

单位为毫米

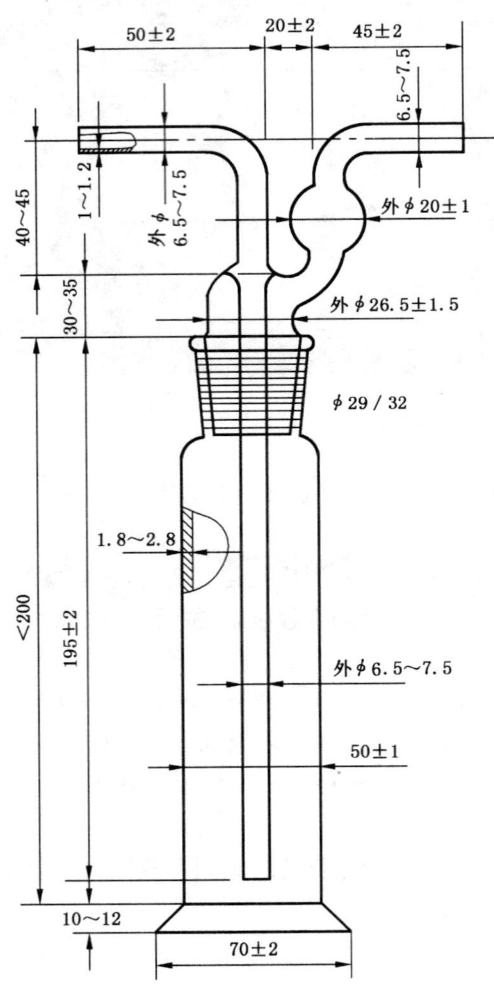

图 12 筒形气体洗瓶规格图

8.1.5.3 碘量瓶:500 mL。

8.1.5.4 滴定管:25 mL,分度值 0.1 mL。

8.1.5.5 短管漏斗:75 mm。

8.1.5.6 漏斗架。

8.1.5.7 移液管:25 mL。

8.1.5.8 量筒:100 mL、250 mL。

8.1.5.9 天平:分度值 0.1 g。

8.1.5.10 大气压力计:分度值 0.1 kPa。

8.1.6 取样

8.1.6.1 取样位置及要求

同氨含量测定中和滴定法中 7.1.6.1。

8.1.6.2 取样装置:如图 13 所示。

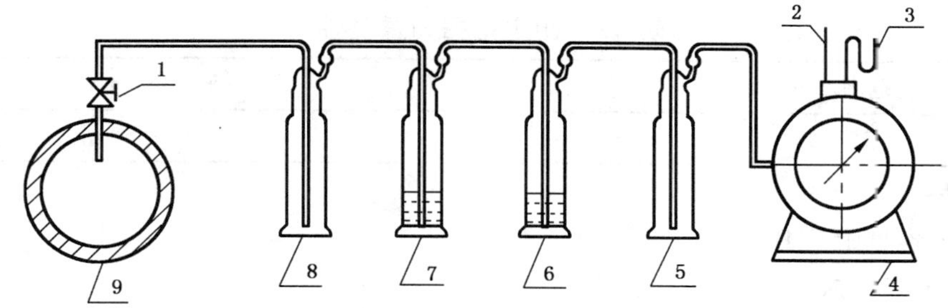

1——取样阀;

2——温度计;

3——U 型压力计;

4——湿式气体流量计;

5、8——空瓶;

6、7——洗气瓶;

9——煤气管道。

图 13 碘量法测定硫化氢含量的取样装置图

8.1.7 吸收

8.1.7.1 在洗气瓶 6 和 7 中,各加入 100 mL 锌氨络合溶液。

8.1.7.2 按图 13 连接,检查装置气密性,确认系统严密后,记下流量计读数(V_1)。

8.1.7.3 打开取样阀,调节煤气速度为 0.5 L/min~1.0 L/min。记录取样时的煤气平均温度(t_1)、大气压力(P)和煤气压力(P_1)。

8.1.7.4 当吸收的硫化氢量在 0.85 mg~35 mg 之间时,关闭取样阀,记下流量计读数(V_2)。

8.1.8 分析

8.1.8.1 取下装有锌氨络合溶液的洗气瓶 6 和 7,用水仔细冲洗两个洗气瓶的管口及瓶壁,并用中速定性滤纸过滤吸收液。

8.1.8.2 用移液管吸取 25 mL 碘标准滴定溶液[$c(1/2I_2)=0.1$ mol/L],放入 500 mL 碘量瓶中,加 200 mL 水、10 mL 盐酸溶液(1+1),立即加入带有沉淀的滤纸,盖上瓶塞,摇动碘量瓶至瓶内滤纸摇碎为止,碘量瓶用水封口,置于暗处 10 min 后,用少量水冲洗瓶壁及瓶塞,然后用硫代硫酸钠标准滴定溶液 [$c(Na_2S_2O_3)=0.1$ mol/L]滴定,待溶液呈淡黄色时,加 1 mL 淀粉指示液(5 g/L),继续滴定至溶液蓝色消失为终点,记录滴定消耗体积(V_3)。

8.1.8.3 取同样量锌氨络合溶液按照 8.1.8.1~8.1.8.2 做空白试验,记录滴定消耗体积(V_4)。

8.1.9 结果计算

人工煤气中硫化氢含量以质量浓度 ρ_m 计，数值以毫克每立方米（mg/m³）表示，按式（18）进行计算：

$$\rho_m = \frac{M \times c(V_4 - V_3)}{V_0} \times 1\ 000 \qquad \cdots\cdots(18)$$

式中：

c——硫代硫酸钠标准滴定溶液的浓度的准确数值，单位为摩尔每升（mol/L）；

V_3——硫代硫酸钠标准滴定溶液的体积的数值，单位为毫升（mL）；

V_4——空白试验硫代硫酸钠标准滴定溶液的体积的数值，单位为毫升（mL）；

M——硫化氢的摩尔质量的数值，单位为克每摩尔（g/mol）[$M(1/2H_2S)=17.04$]；

V_0——换算至标准状态下的取样体积的数值（计算公式见附录 A），单位为升（L）。

计算结果表示到小数点后两位。

8.1.10 精密度

精密度按表 12：

表 12 测定范围和重复性

测定范围/(mg/m³)	重复性/(mg/m³)
10～25	2.65

8.1.11 试验报告

试验报告内容参见附录 B。

8.2 亚甲基蓝分光光度法

8.2.1 分析范围

本标准适用于硫化氢含量为（1～30）mg/m³ 的人工煤气。

8.2.2 原理

气样中的硫化氢被锌氨络合溶液吸收后，在三氯化铁存在下与盐酸对氨基二甲苯胺作用生成亚甲基蓝进行比色测定。

8.2.3 试剂和材料

除非另有说明，在分析中仅使用确认为分析纯的试剂和蒸馏水或去离子水或不含氧蒸馏水。

8.2.3.1 硫酸锌（$ZnSO_4 \cdot 7H_2O$）。

8.2.3.2 氢氧化钠（NaOH）。

8.2.3.3 硫酸铵[$(NH_4)_2SO_4$]。

8.2.3.4 盐酸（HCl）：密度为 1.19 g/mL，含量≥36%～38%。

8.2.3.5 碘（I_2）。

8.2.3.6 碘化钾（KI）。

8.2.3.7 硫代硫酸钠（$Na_2S_2O_3 \cdot 5H_2O$）。

8.2.3.8 三氯化铁（$FeCl_3 \cdot 6H_2O$）。

8.2.3.9 硫酸（H_2SO_4）：密度为 1.84 g/mL，含量 95%～98%。

8.2.3.10 盐酸对氨基二甲苯胺 [$C_6H_4 \cdot NH_2 \cdot N(CH_3)_2 \cdot HCl$]。

8.2.3.11 硫化钠（$Na_2S \cdot 9H_2O$）。

8.2.3.12 可溶性淀粉。

8.2.3.13 不含氧的蒸馏水：按照 GB/T 603—2002 中 4.1.1.2 配制。

8.2.3.14 硫酸溶液（1+3）：量取 1 体积硫酸，缓缓注入 3 体积水中，混匀。

8.2.3.15 硫酸溶液（1+100）：量取 1 体积硫酸，缓缓注入 100 体积水中，混匀。

8.2.3.16 锌氨络合溶液：配制同碘量法的 8.1.4.9。

8.2.3.17 三氯化铁溶液(10 g/L):称取 1 g 三氯化铁,溶解于 100 mL 硫酸溶液(1+100)中。

8.2.3.18 盐酸对氨基二甲苯胺溶液(1 g/L):称取 0.1 g 盐酸对氨基二甲苯胺,溶解于 100 mL 硫酸溶液(1+3)中,于棕色瓶贮存(此溶液颜色变深时应及时更换,重新配制)。

8.2.3.19 碘标准滴定溶液 [$c(1/2I_2)=0.1$ mol/L]:应按 GB/T 601—2002 中 4.9 配制。

8.2.3.20 硫代硫酸钠标准滴定溶液 [$c(Na_2S_2O_3)=0.1$ mol/L]:按 GB/T 601—2002 中 4.6 配制。

8.2.3.21 淀粉指示液(5 g/L):配制同萘含量测定苦味酸法中 6.1.2.19。

8.2.3.22 软质聚乙烯管或聚氯乙烯管或硅橡胶管:5 mm×7 mm 或 6 mm×9 mm。

8.2.4 仪器及装置

8.2.4.1 分光光度计。

8.2.4.2 湿式气体流量计:0.5 m^3/h,分度值 0.02 L。

8.2.4.3 全显色吸收瓶:50 mL,如图 14 所示。

8.2.4.4 具塞比色管:50 mL。

8.2.4.5 容量瓶:100 mL,1 000 mL。

8.2.4.6 滴定管:25 mL,分度值 0.1 mL。

8.2.4.7 移液管:5 mL、10 mL、15 mL、20 mL、25 mL。

8.2.4.8 碘量瓶:250 mL。

8.2.4.9 量筒:50 mL。

8.2.4.10 天平:分度值 0.1 g。

8.2.4.11 大气压力计:分度值 0.1 kPa。

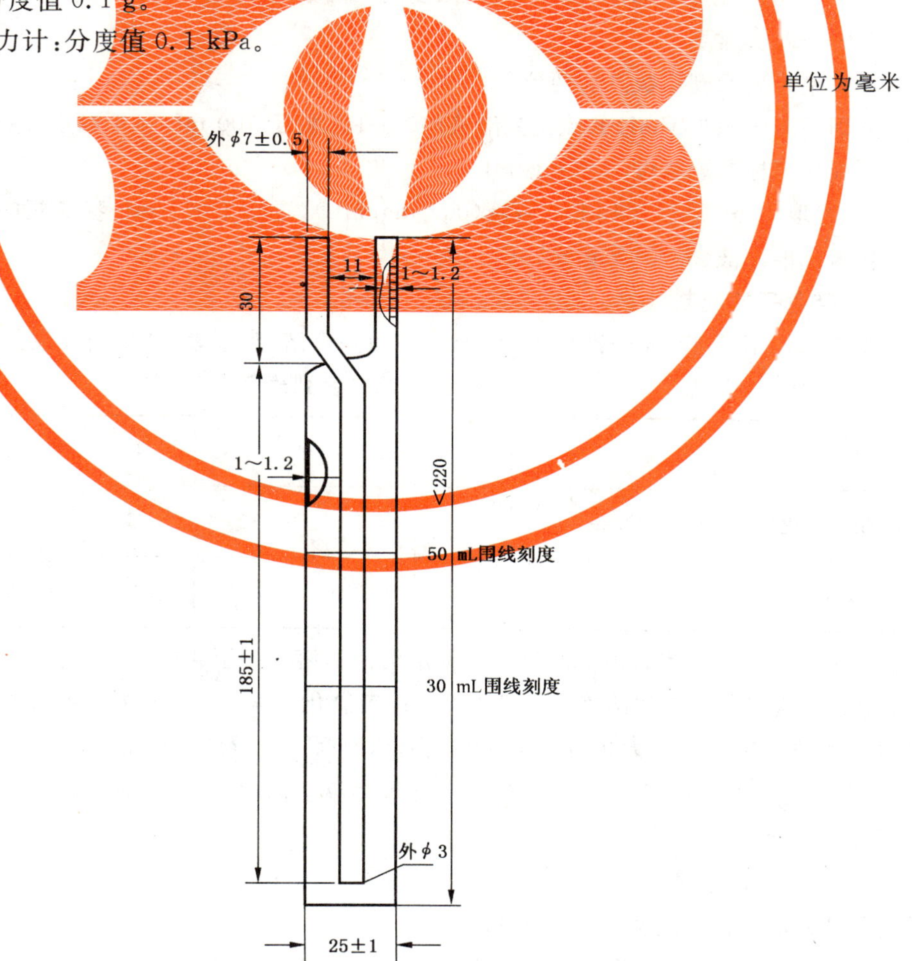

图 14 全显色吸收瓶规格图

8.2.5 标准曲线的绘制

8.2.5.1 硫化氢标准溶液的配制(此溶液于使用前现配现标，所用的水为不含氧的蒸馏水)。

8.2.5.1.1 硫化氢标准贮备液的配制

1) 硫化氢溶液(10 g/L):称取约1 g硫化钠于100 mL容量瓶中，用水溶解并稀释至刻度。

2) 吸取10 mL硫化氢溶液(10 g/L)，加入到盛有25 mL碘标准滴定溶液[$c(1/2I_2)$ = 0.1 mol/L]及1 mL盐酸(8.2.3.4)的250 mL碘量瓶中，摇匀，加塞于暗处放置10 min后，加入1 mL淀粉指示液(5 g/L)，用硫代硫酸钠标准滴定溶液[$c(Na_2S_2O_3)$=0.1 mol/L]滴定，至溶液蓝色消失，记录滴定消耗体积(V_3)。

3) 做空白试验:同2)，但不加硫化氢溶液。记录硫代硫酸钠标准滴定溶液[$c(Na_2S_2O_3)$ = 0.1 mol/L]滴定消耗体积(V_4)。

所取硫化氢溶液的体积以V计，数值以毫升(mL)表示，按式(19)进行计算：

$$V = \frac{11.76}{(V_4 - V_3)c} \qquad \cdots\cdots(19)$$

式中：

V_3——硫代硫酸钠标准滴定溶液的体积的数值，单位为毫升(mL)；

V_4——空白试验硫代硫酸钠标准滴定溶液的体积的数值，单位为毫升(mL)；

c——硫代硫酸钠标准滴定溶液的浓度的准确数值，单位为摩尔每升(mol/L)；

11.76——计算常数。

计算结果表示到小数点后两位。

4) 立即吸取体积为VmL的硫化氢溶液(10 g/L)，置于100 mL容量瓶中，用水稀释至刻度，即得到硫化氢标准贮备液(0.2 mg/mL)。

8.2.5.1.2 吸取5 mL硫化氢标准贮备液(0.2 mg/mL)，置于1 000 mL容量瓶中，用水稀释至刻度，即得到硫化氢标准溶液(0.001 mg/mL)。

8.2.5.2 标准色列的配制

取7支50 mL比色管，先分别加入约5 mL锌氨络合溶液，按表13配制标准色列。

表13 标准色列表

管 号	1	2	3	4	5	6	7
0.001 mg/mL硫化氢标准溶液的体积/mL	0	5	10	15	20	25	30
硫化氢含量/mg	0	0.005	0.01	0.015	0.02	0.025	0.03

各个管中加入的锌氨络合溶液和硫化氢标准溶液的溶液量至40 mL时，盖塞，摇匀，沿管壁缓慢加入4 mL盐酸对氨基二甲苯胺溶液(1 g/L)，2 mL三氯化铁溶液(10 g/L)，用锌氨络合溶液稀释至刻度，充分混合均匀，室温下放置30 min后，以空白液(管号1)为参比液，用1 cm比色皿，于波长670 nm处，测定其吸光度。以硫化氢含量为横坐标，吸光度为纵坐标，绘制标准曲线。

8.2.6 取样

8.2.6.1 取样位置及要求

同氨含量测定中和滴定法中7.1.6.1。

8.2.6.2 取样装置:如图15所示。

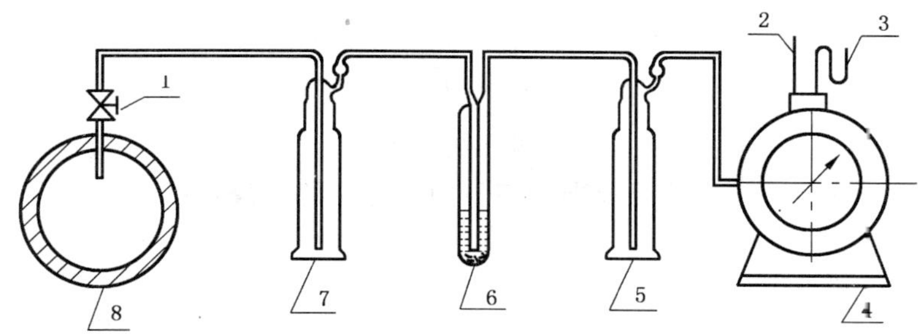

1——取样阀；
2——温度计；
3——U 型压力计；
4——湿式气体流量计；
5、7——空瓶；
6——全显色吸收瓶；
8——煤气管道。

图 15 分光光度法测定 H_2S 含量取样装置图

8.2.7 吸收

在进行下述操作时，应避免阳光直射。

8.2.7.1 在全显色吸收瓶 6 中，加入 30 mL 锌氨络合溶液。

8.2.7.2 按图 15 连接，检查装置气密性，确认系统严密后，记下流量计读数(V_1)。

8.2.7.3 打开取样阀，调节煤气流速为 0.25 L/min～0.5 L/min。记录取样时的煤气平均温度(t_1)、大气压力(P)和煤气压力(P_1)。

8.2.7.4 当吸收的硫化氢量在 0.005 mg～0.03 mg 之间时，关闭取样阀，记下流量计读数(V_2)。

8.2.8 分析

取下吸收瓶，用少量水冲洗吸收瓶管壁，加入 4 mL 盐酸对氨基二甲苯胺溶液(1 g/L)，2 mL 三氯化铁溶液(10 g/L)，加蒸馏水稀释至 50 mL 刻度，用吸耳球轻轻地上下吹吸几次使显色液混合均匀。

同时用一支 50 mL 比色管取同样量的试剂做空白试验，室温下放置 30 min 后，用 1 cm 比色皿，于波长 670 nm 处，以试剂空白液为参比液，测定吸光度。根据吸光度从标准曲线上查出硫化氢含量(m)。

8.2.9 结果计算

人工煤气中硫化氢的含量以质量浓度 ρ_m 计，数值以毫克每立方米(mg/m^3)表示，按式(20)进行计算：

$$\rho_m = \frac{m}{V_0} \times 1\,000 \qquad \cdots\cdots(20)$$

式中：

m——在标准曲线上由吸光度查得的试液中硫化氢含量的数值，单位为毫克(mg)；

V_0——换算至标准状态下的取样体积的数值(计算公式见附录 A)，单位为升(L)。

计算结果表示到小数点后两位。

8.2.10 精密度

精密度按表 14：

表 14 测定范围和重复性

测定范围 ρ_m/(mg/m^3)	重复性/(mg/m^3)
$1<\rho_m<5$	0.56
$5\leqslant\rho_m<15$	1.67
$15\leqslant\rho_m\leqslant30$	3.26

8.2.11 试验报告

试验报告内容参见附录 B。

附　录　A
（规范性附录）
换算至标准状态下的取样体积的公式

A.1　标准状态

温度：273.15 K；

大气压力：101.325 kPa。

A.2　换算至标准状态下的取样体积 V_0 的公式见式(A.1)：

$$V_0 = (V_2 - V_1) \times f \times \frac{273.15}{t_1 + 273.15} \times \frac{P + P_1 - P_2}{101.325} \qquad \text{(A.1)}$$

式中：

V_1——取样前流量计读数，单位为升(L)；

V_2——取样后流量计读数，单位为升(L)；

f——湿式气体流量计的校正系数；

t_1——取样时煤气的平均温度的数值，单位为摄氏度(℃)；

P——取样时大气压力的数值，单位为千帕(kPa)；

P_1——取样时煤气压力的数值，单位为千帕(kPa)；

P_2——取样时煤气温度下的饱和水蒸气压力的数值，单位为千帕(kPa)。

附 录 B
（资料性附录）
试 验 报 告

B.1 试验报告应包括以下内容：试样名称、试样来源、试验方法标准、取样时间、试验结果、试验人员和试验日期（具体格式参见下表）。

试样名称		试样来源	
试验方法标准		取样时间	
试验人员		试验日期	
试验结果			

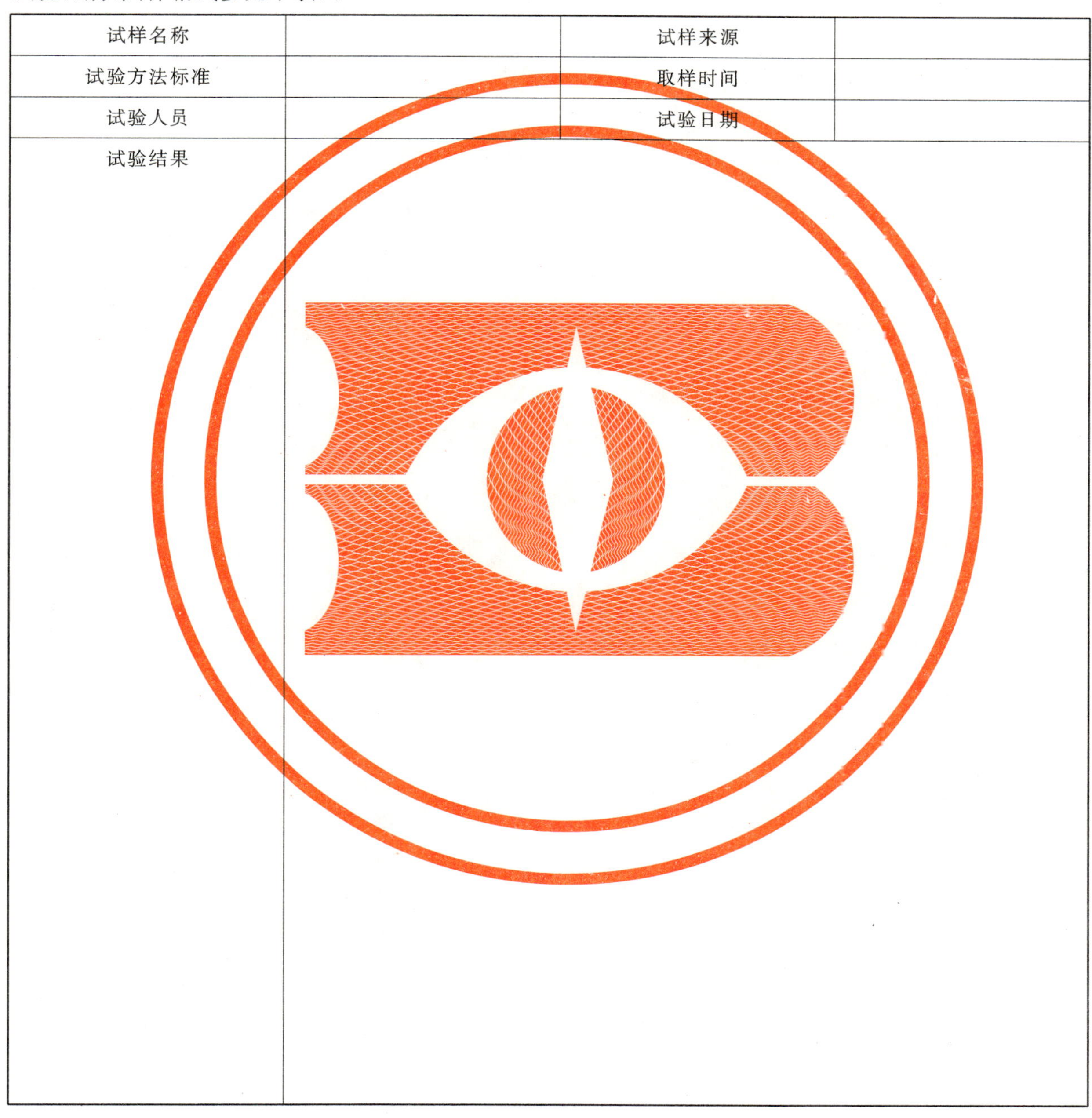

ICS 75.060
E 24

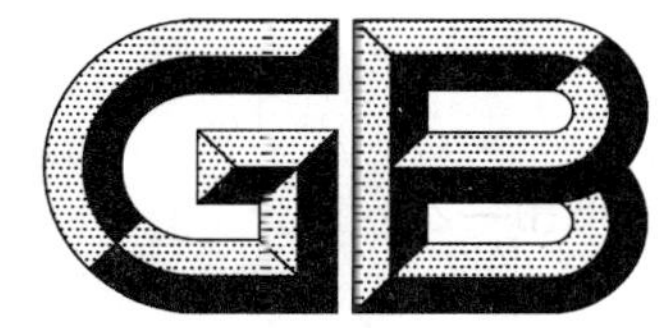

中华人民共和国国家标准

GB/T 13610—2014
代替 GB/T 13610—2003

天然气的组成分析　气相色谱法

Analysis of natural gas composipion—Gas chromatography

2014-12-05 发布　　2015-05-01 实施

中华人民共和国国家质量监督检验检疫总局
中国国家标准化管理委员会　发布

前　言

本标准按照 GB/T 1.1—2009 给出的规则起草。

本标准代替 GB/T 13610—2003《天然气的组成分析　气相色谱法》。与 GB/T 13610—2003 相比，主要技术变化如下：

——修改了标准气浓度要求。对所有的组分，均采用同一要求，即对气样中被测组分数，标准气中相应组分的浓度，应不低于样品中组分浓度的一半，也不大于该组分浓度的两倍。同时也增加了标准气组分最低浓度的要求，要求标准气组分的最低浓度应大于 0.1%。

——修改了精密度的表述方式。组分的浓度范围的边界点由原来的交叉变为连续但不交叉。如将边界点“0～0.1”和“0.1～1”改为“0～0.09”和“0.1～0.9”。

本标准由中国石油天然气集团公司提出。

本标准由全国天然气标准化技术委员会(SAC/TC 244)归口。

本标准起草单位：中国石油西南油气田分公司天然气研究院、成都天科石油天然气工程有限公司、泸天化集团有限责任公司。

本标准主要起草人：唐蒙、曾文平、迟永杰、张娅娜、刘蔷。

本标准所代替标准的历次版本发布情况为：

——GB 13610—1992、GB/T 13610—2003。

天然气的组成分析　气相色谱法

警告：本标准不涉及与其应用有关的所有安全问题。在使用本标准前，使用者有责任制定相应的安全和健康操作规程，并明确其限定的适用范围。

1　范围

本标准规定了用气相色谱法测定天然气及类似气体混合物的化学组成的分析方法。

本标准适用于如表1所示天然气组分范围的分析，也适用于一个或几个组分的测定。

表1　天然气的组分及浓度范围

组分	浓度范围 摩尔分数 y/%
氦	0.01～10
氢	0.01～10
氧	0.01～20
氮	0.01～100
二氧化碳	0.01～100
甲烷	0.01～100
乙烷	0.01～100
丙烷	0.01～100
异丁烷	0.01～10
正丁烷	0.01～10
新戊烷	0.01～2
异戊烷	0.01～2
正戊烷	0.01～2
己烷	0.01～2
庚烷和更重组分	0.01～1
硫化氢	0.3～30

2　规范性引用文件

下列文件对于本文件的应用是必不可少的。凡是注日期的引用文件，仅注日期的版本适用于本文件。凡是不注日期的引用文件，其最新版本（包括所有的修改单）适用于本文件。

GB/T 5274　气体分析　校准用混合气体的制备 称量法

3 方法提要

具有代表性的气样和已知组成的标准混合气(以下简称标准气),在同样的操作条件下,用气相色谱法进行分离。样品中许多重尾组分可以在某个时间通过改变流过柱子载气的方向,获得一组不规则的峰,这组重尾组分可以是 C_5 和更重组分,C_6 和更重组分,或 C_7 和更重组分。由标准气的组成值,通过对比峰高、峰面积或者两者均对比,计算获得样品的相应组成。

天然气中较重组分的补充分析方法见附录 A。

4 试剂与材料

4.1 载气

4.1.1 氦气或氢气,纯度不低于 99.99%;

4.1.2 氮气或氩气,纯度不低于 99.99%。

4.2 标准气

分析需要的标准气可采用国家二级标准物质,或按 GB/T 5274 制备。

在氧和氮组分分析中,稀释的干空气是一种适用的标准物。

标准气的所有组分应处于均匀的气态。对于样品中的被测组分,标准气中相应组分的浓度,应不低于样品中组分浓度的一半,也不大于该组分浓度的两倍。标准气中组分的最低浓度应大于 0.05%。

5 仪器与设备

5.1 检测器

选用热导检测器,或在灵敏度和稳定性方面与之相当的检测器。要求对于正丁烷摩尔分数为 1% 的气样,进样 0.25 mL,至少应产生 0.5 mV 的信号。

5.2 记录系统

5.2.1 记录仪

记录仪满标量程为 1 mV~5 mV,记录纸宽不少于 150 mm,记录笔的最大响应时间等于或小于 2 s。如果人工测量色谱峰,纸速可快至 100 mm/min。

5.2.2 电子积分仪或微机处理机

能检测色谱分离并记录响应值。

5.3 衰减器

如果人工测量色谱峰,应使用衰减器,以使检测器输出信号的最大峰值保持在记录仪的纸宽范围内,衰减档之间的误差应小于 0.5%。

5.4 进样系统

应选用对气样中的组分呈惰性和无吸附性的材料制成,应优先选用不锈钢。

进样系统应配备带定量管的进样阀,定量管体积为 0.25 mL~2 mL,内径为 2 mm。如果内径小于

2 mm，定量管应带加热器。

对于在真空下的进样，可选用图 1 所示的管线排列。

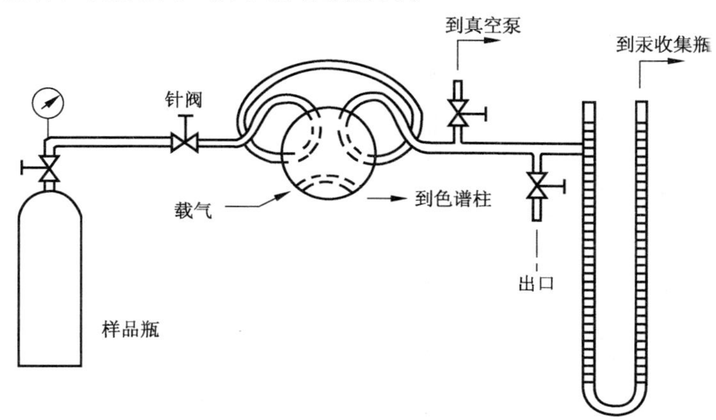

图 1 用于真空下进样的管线排列

5.5 柱温控制

恒温操作时，柱温保持恒定，其变化应在 0.3 ℃以内；程序升温时，柱温不应超过柱中填充物推荐的温度限额。

5.6 检测器温度控制

在分析的全过程中，检测器温度应等于或高于最高柱温，并保持恒定，其变化应在 0.3 ℃以内。

5.7 载气控制

在分析的全过程中，载气流量保持恒定，其变化应在 1%以内。

5.8 色谱柱

5.8.1 一般要求

色谱柱的材料对气样中的组分应呈惰性和无吸附性，应优先选用不锈钢管。柱内填充物对被检测的组分的分离应能达到规定的要求。色谱柱的排列参见附录 B。

5.8.2 吸附柱

应能完全分离氧、氮和甲烷，分离度 R 应大于或等于 1.5，分离度按式(1)计算。图 2 是采用吸附柱获得的一例典型色谱图。

$$R=2(t_2-t_1)/(W_2+W_1) \quad\cdots\cdots(1)$$

式中：

t_1 ——在相邻的两个峰中，第 1 个色谱峰的绝对保留时间，单位为秒(s)；

t_2 ——第 2 个色谱峰的绝对保留时间，单位为秒(s)；

W_1——第 1 个色谱峰的峰宽，单位为秒(s)；

W_2——相邻的第 2 个色谱峰的峰宽，单位为秒(s)。

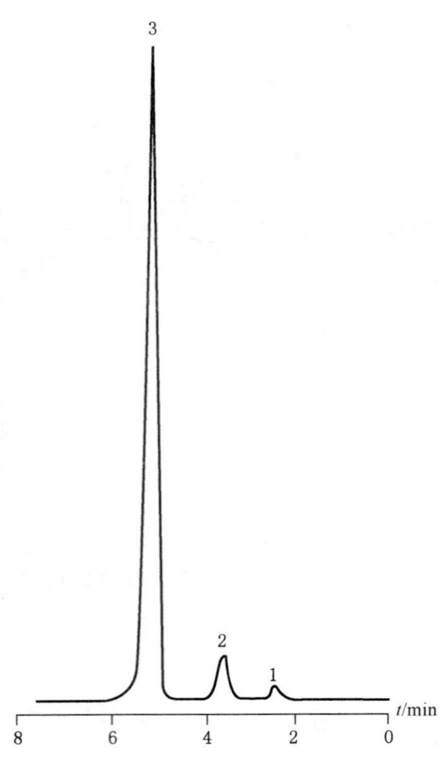

说明：
1——氧；
2——氮；
3——甲烷。
色谱条件：
色谱柱：13X 分子筛，60～80 目；
柱长：2 m；
载气：氦气，30 mL/min；
进样量：0.25 mL。

图 2　分离氧、氮和甲烷的典型色谱图

5.8.3　分配柱

应能分离二氧化碳和乙烷到戊烷之间的各组分。在丙烷之前的组分，峰返回基线的程度应在满标量的 2%以内。二氧化碳的分离度 R 应大于或等于 1.5。要求对于二氧化碳摩尔分数为 0.1%的气样，进样 0.25 mL 时要求能产生一个清晰可测的峰。整个分离过程(包括正戊烷之后，通过反吹获得的己烷和更重组分的一组响应)应在 40 min 内完成。图 3、图 4 和图 5 是采用某些分配柱获得的典型色谱实例，图 6 是多柱应用获得的典型色谱实例。

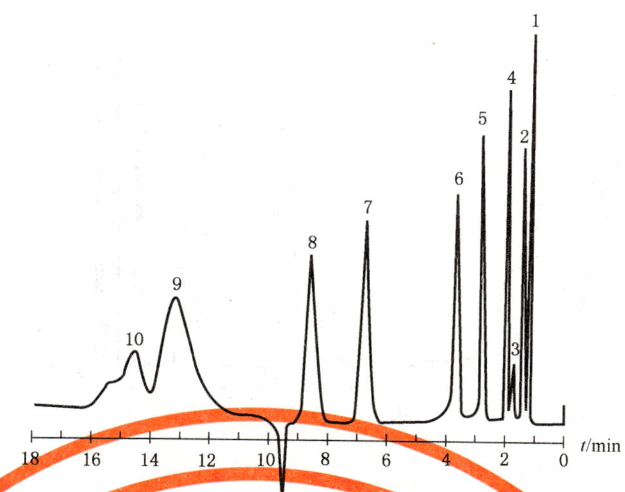

说明：

1 ——甲烷和空气；

2 ——乙烷；

3 ——二氧化碳；

4 ——丙烷；

5 ——异丁烷；

6 ——正丁烷；

7 ——异戊烷；

8 ——正戊烷；

9 ——庚烷及更重组分；

10——己烷。

色谱条件：

色谱柱：25%BMEE Chromosorb P；

柱长：7 m；

柱温：25 ℃；

载气：氦气，40 mL/min；

进样量：0.25 mL。

图 3 天然气的典型色谱图

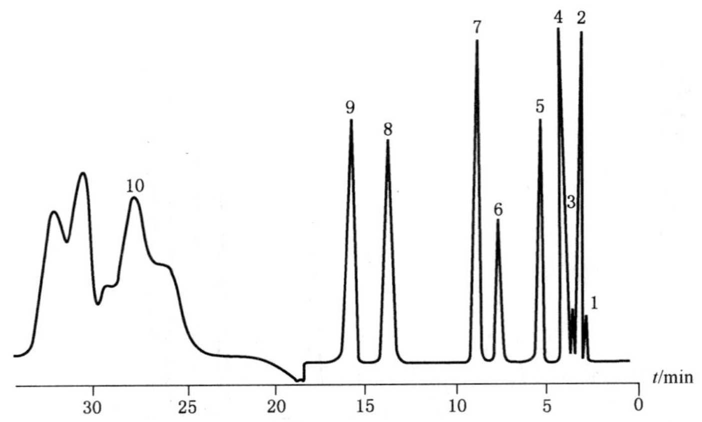

说明：

1 ——空气；

2 ——甲烷；

3 ——二氧化碳；

4 ——乙烷；

5 ——丙烷；

6 ——异丁烷；

7 ——正丁烷；

8 ——异戊烷；

9 ——正戊烷；

10——己烷及更重组分。

色谱条件：

色谱柱：Silicone 200/500 Chromosorb P AW；

柱长：10 m；

载气：氦气，40 mL/min；

进样量：0.25 mL。

图 4 天然气的典型色谱图

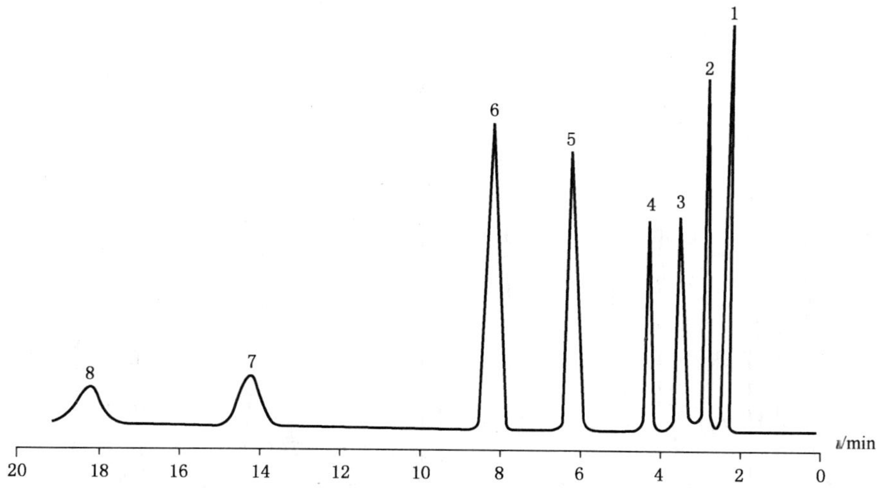

说明：

1——甲烷和空气；

2——乙烷；

3——二氧化碳；

4——丙烷；

5——异丁烷；

6——正丁烷；

7——异戊烷；

8——正戊烷。

色谱条件：

色谱柱：3 m DIDP＋6 m DMS；

载气：氦气，75 mL/min；

进样量：0.50 mL。

图 5　天然气的典型色谱图

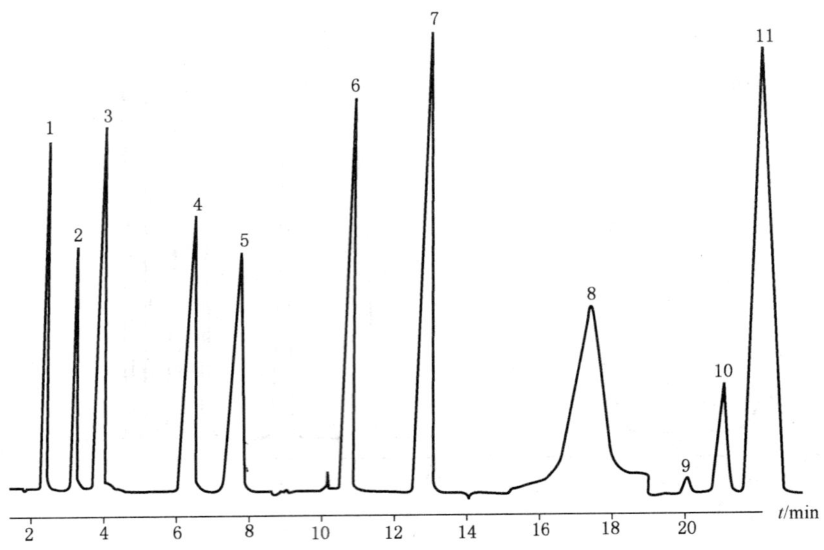

说明：

1 ——丙烷；

2 ——异丁烷；

3 ——正丁烷；

4 ——异戊烷；

5 ——正戊烷；

6 ——二氧化碳；

7 ——乙烷；

8 ——己烷及更重组分；

9 ——氧；

10——氮；

11——甲烷。

色谱条件：

色谱柱 1：Squalance，Chromosorb P AW，80～100 目，柱长 3 m；

色谱柱 2：Porapak N，80～100 目，柱长 2 m；

色谱柱 3：5 A 分子筛，80～100 目，柱长 2 m。

图 6 天然气的典型色谱图(多柱应用)

5.9 干燥器

除已知水分对分析不干扰外，在进样阀前应配备干燥器。干燥器应只脱除气样中的水分而不脱除待测组分。干燥器的制备见附录 C。

5.10 阀

使用阀或试样分流器，或二者兼用，用于反吹或切换。

5.11 压力计

可采用 U 型压力计，或精确计量且易读的其他压力计，测量范围是－100 kPa 至＋120 kPa 或更大范围。如果采用 U 型水银压力计，应按有关安全规格执行。

5.12 真空泵

真空泵的真空度应达到绝对压力为 130 Pa 或更低。

6 操作步骤

6.1 仪器的准备

按照分析要求，安装好色谱柱。调整操作条件，并使仪器稳定。

6.2 线性检查

6.2.1 概述

对于摩尔分数大于 5%的任何组分，应获得其线性数据。在宽浓度范围内，色谱检测器并非真正的线性，应在与被测样品浓度接近的范围内，建立其线性。

对于摩尔分数不大于 5%的组分，可用 2～3 个标准气在大气压下，用进样阀进样，获得组分浓度与响应的数据。

对于摩尔分数大于 5%的组分，可用纯组分或一定浓度的混合气，在一系列不同的真空压力下，用进样阀进样，获得组分浓度与响应的数据。

将线性检查获得的数据制作成表格，并以此来评价检测器的线性，表 2 和表 3 分别是甲烷和氮气线性评价表的示例。

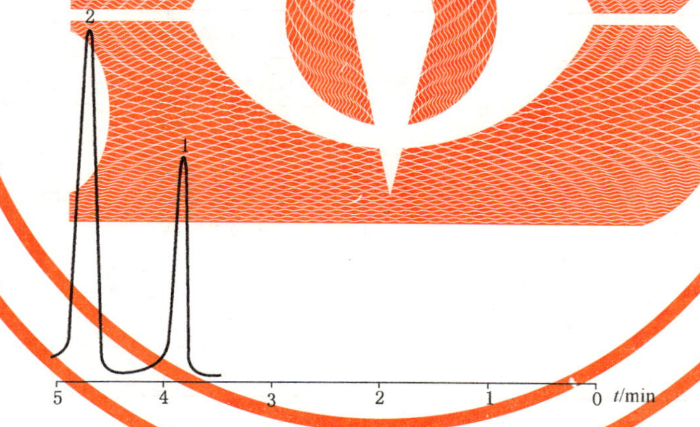

说明：

1——氦；

2——氢。

色谱条件：

色谱柱：13X 分子筛；

柱长：2 m；

柱温：50 ℃；

检测器电流：100 mA；

载气：氩气，40 mL/min。

图 7 分离氦和氢的典型色谱图

表 2 甲烷的线性评价

峰面积 A	摩尔分数 y/%	y/A	y/A 之间的偏差 %
223 119 392	51	$2.285\ 8\times10^{-7}$	
242 610 272	56	$2.308\ 2\times10^{-7}$	−0.98
261 785 320	61	$2.330\ 2\times10^{-7}$	−0.95
280 494 912	66	$2.353\ 0\times10^{-7}$	−0.98
299 145 504	71	$2.373\ 4\times10^{-7}$	−0.87
317 987 328	76	$2.390\ 0\times10^{-7}$	−0.70
336 489 056	81	$2.407\ 2\times10^{-7}$	−0.72
351 120 721	85	$2.420\ 8\times10^{-7}$	−0.57

注：y/A 之间的偏差是指相邻的两个浓度点之间的偏差，以%表示，计算如下：

y/A 的偏差$=[(y/A)_1-(y/A)_2]/(y/A)_1\times100\%$。

表 3 氮气的线性评价

峰面积 A	摩尔分数 y/%	y/A	y/A 之间的偏差 %
5 879 836	1	$1.700\ 7\times10^{-7}$	
29 137 066	5	$1.716\ 0\times10^{-7}$	−0.89
57 452 364	10	$1.704\ 6\times10^{-7}$	−1.43
84 953 192	15	$1.765\ 7\times10^{-7}$	−1.44
111 491 232	20	$1.793\ 9\times10^{-7}$	−1.60
137 268 784	25	$1.821\ 2\times10^{-7}$	−1.53
162 852 288	30	$1.842\ 2\times10^{-7}$	−1.15
187 232 496	35	$1.869\ 3\times10^{-7}$	−1.48

6.2.2 线性检查步骤

6.2.2.1 将纯组分气源和样品进样系统连接。抽空样品进样系统，观察 U 型压力计是否泄漏(见图 1)。样品进样系统应处于真空状态并且密封。

6.2.2.2 小心打开针阀，让纯组分气体进入该系统并且使绝压达到 13 kPa。

6.2.2.3 准确记录分压，打开样品阀，将样品注入色谱柱，记录纯组分的峰面积。

6.2.2.4 重复步骤 6.2.2.1 和 6.2.2.2，让压力计读数分别为 26 kPa、39 kPa、52 kPa、65 kPa、78 kPa 和 91 kPa，记录相应压力下每一次样品分析获得的色谱峰的面积。

6.2.3 线性检查的注意事项

在大气压下，氮气、甲烷和乙烷的可压缩性小于 1%。天然气中的其他组分，在低于大气压下，仍具有明显的可压缩性。

对于蒸气压小于 100 kPa 的组分，由于没有足够的蒸气压，不应使用纯气体来检测其线性。对于这类组分，可用氮气或甲烷与之混合，由此获得其分压，并使总压达到 100 kPa。天然气中常见组分在 38 ℃下的饱和蒸气压见表 4。

可采用一个含有各种待测组分的标准气，通过在不同的压力下，分别进样的方法来进行线性检查。

表 4　天然气中各组分在 38 ℃时的蒸气压

组分	绝对压力/kPa
氮 N_2	>34 500
甲烷 CH_4	>34 500
二氧化碳 CO_2	>5 520
乙烷 C_2H_6	>5 520
硫化氢 H_2S	2 720
丙烷 C_3H_8	1 300
异丁烷 iC_4H_{10}	501
正丁烷 nC_4H_{10}	356
异戊烷 iC_5H_{12}	141
正戊烷 nC_5H_{12}	108
正己烷 nC_6H_{14}	34.2
正庚烷 nC_7H_{16}	11.2

6.3　仪器重复性检查

当仪器稳定后，两次或两次以上连续进标准气检查，每个组分响应值相差应在 1%以内。在操作条件不变的前提下，无论是连续两次进样，还是最后一次与以前某一次进样，只要它们每个组分相差在 1%以内，都可作为随后气样分析的标准，推荐每天进行校正操作。

6.4　气样的准备

如果需要脱除硫化氢，有两种方法可供使用(见附录 C)。

在实验室，样品应在比取样时气源温度高 10 ℃～25 ℃的温度下达到平衡。温度越高，平衡所需时间就越短(300 mL 或更小的样品容器，约需 2 h)。本方法假定，在现场取样时已经脱除了夹带在气体中的液体。

如果气源温度高于实验室温度，那么气样在进入色谱仪之前需预先加热。如果已知气样的烃露点低于环境最低温度，就不需加热。

6.5　进样

6.5.1　一般要求

为了获得检测器对各组分，尤其是对甲烷的线性响应，进样量不应超过 0.5 mL。除了微量组分，使用这样的进样量，都能获得足够的精密度。测定摩尔分数不高于 5%的组分时，进样量允许增加到 5 mL。

样品瓶到仪器进样口之间的连接管线应选用不锈钢或聚四氟乙烯管，不得使用铜、聚乙烯、聚氯乙烯或橡胶管。

6.5.2 吹扫法

打开样品瓶的出口阀，用气样吹扫包括定量管在内的进样系统。对于每台仪器应确定和验证所需的吹扫量。定量管进样压力应接近大气压，关闭样品瓶阀，使定量管中的气样压力稳定。然后立即将定量管中气样导入色谱柱中，以避免渗入污染物。

6.5.3 封液置换法

如果气样是用封液置换法获得，那么可用封液置换瓶中气样吹扫包括定量管在内的进样系统。某些组分，如二氧化碳、硫化氢、己烷和更重组分可能被水或其他封液部分或全部脱除，当精密测定时，不得采用封液置换法。

6.5.4 真空法

将进样系统抽空，使绝对压力低于 100 Pa，将与真空系统相连的阀关闭，然后仔细地将气样从样品瓶充入定量管至所要求的压力，随后将气样导入色谱柱。

6.6 分离乙烷和更重组分、二氧化碳的分配柱操作

使用氦气或氢气作载气，选择合适的进样量进样，并在适当时候反吹重组分。按同样方法获得标准气相应的响应。如果此色谱柱能将甲烷与氮和氧分离(见图 4)，那么也可用此柱来测定甲烷，但进样量不得超过 0.5 mL。

6.7 分离氧、氮和甲烷的吸附柱操作

使用氦气或氢气作载气，对于甲烷的测定，进样量不得超过 0.5 mL，进样获得气样中氧、氮和甲烷的响应。按同样方法获得氮和甲烷标准气的响应。如有必要，导入在一定真空压力下并且压力被精确测量的干空气或经氦气稀释的干空气，获得氧和氮的响应。

氧含量约为 1%的混合物可按以下方法制备，将一个常压干空气气瓶用氦气充压到 2 MPa，此压力不需精确测量。因为此混合物中的氮应通过和标准气中的氮比较来确定。此混合物氮的摩尔分数乘以 0.268，就是氧的摩尔分数，或者乘以 0.280 就是氧加氩的摩尔分数，几天前制备的氧标准气是不可靠的。由于氧的响应因子相对稳定，对于氧允许使用响应因子。

6.8 分离氦气和氢气的吸附柱操作

使用氮气或氩气作载气，进样 1 mL～5 mL。记录氦和氢的响应，按同样方法获得合适浓度氦和氢标准气相应的响应(见图 7)。

6.9 常见误差和预防措施

常见误差和预防措施参见附录 D。

7 计算

7.1 数据取舍

每个组分浓度的有效数字应按量器的精密度和标准气的有效数字取舍。气样中任何组分浓度的有效数字位数，不应多于标准气中相应组分浓度的有效数字位数。

7.2 外标法

7.2.1 戊烷和更轻组分

测量每个组分的峰高或峰面积，将气样和标准气中相应组分的响应换算到同一衰减，气样中 i 组分的浓度 y_i 按式(2)计算：

$$y_i = y_{si}(H_i / H_{si}) \quad \cdots\cdots(2)$$

式中：

y_{si} ——标准气中 i 组分的摩尔分数，%；

H_i ——气样中 i 组分的峰高或峰面积；

H_{si}——标准气中 i 组分的峰高或峰面积，H_i 和 H_{si} 用相同的单位表示。

如果是在一定真空压力下导入空气作氧或氮的标准气，按式(3)进行压力修正：

$$y_i = y_{si}(H_i / H_{si})(p_a / p_b) \quad \cdots\cdots(3)$$

式中：

p_a——空气进样时的绝对压力，单位为千帕(kPa)；

p_b——空气进样时，实际的大气压力，单位为千帕(kPa)。

7.2.2 己烷和更重组分

测量反吹的己烷，庚烷及更重组分的峰面积，并在同一色谱图上测量正、异戊烷的峰面积，将所有的测量峰面积换算到同一衰减。气样中己烷(C_6)和庚烷加(C_7+)的浓度按式(4)计算：

$$y(C_n) = \frac{y(C_5)A(C_n)M(C_5)}{A(C_5)M(C_n)} \quad \cdots\cdots(4)$$

式中：

$y(C_n)$ ——气样中碳数为 n 的组分的摩尔分数，%；

$y(C_5)$ ——气样中异戊烷与正戊烷摩尔分数之和，%；

$A(C_n)$ ——气样中碳数为 n 的组分的峰面积；

$A(C_5)$ ——气样中异戊烷和正戊烷的峰面积之和，$A(C_n)$ 和 $A(C_5)$ 用相同的单位表示；

$M(C_5)$——戊烷的相对分子质量，取值为 72；

$M(C_n)$——碳数为 n 的组分的相对分子质量，对于 C_6，取值为 86，对于 C_7+，为平均相对分子质量。

如果异戊烷和正戊烷的浓度已通过较小的进样量单独进行了测定，那么就不需重新测定。

7.2.3 归一化

将每个组分的原始含量值乘以 100，再除以所有组分原始含量值的总和，即为每个组分归一的摩尔分数，所有组分原始含量值的总和与 100.0%的差值不应超过 1.0%，气样的计算示例参见附录 E。

8 精密度

8.1 重复性

由同一操作人员使用同一仪器，对同一气样重复分析获得的结果，如果连续两个测定结果的差值超过了表 5 规定的数值，应视为可疑。

8.2 再现性

对同一气样由两个实验室提供的分析结果，如果差值超过了表 5 规定的数值，每个实验室的结果都应视为可疑。

表5 精密度

组分浓度范围 y/%	重复性	再现性
0～0.09	0.01	0.02
0.1～0.9	0.04	0.07
1.0～4.9	0.07	0.10
5.0～10	0.08	0.12
>10	0.20	0.30

附 录 A
（规范性附录）
补 充 方 法

A.1 分析丙烷和更重组分

A.1.1 使用分离丙烷、异丁烷、正丁烷、异戊烷、正戊烷、己烷及更重组分的色谱柱进行测定，此测定不考虑乙烷和更轻组分的分离。

A.1.2 使用一根长 5 m 的 BMEE[双-2-(2-甲氧基乙氧基)乙基醚]色谱柱，柱温 30 ℃，或合适长度的其他分配柱。用 5 min 分离丙烷到正戊烷之间的各组分，进样 1 mL～5 mL，在正戊烷分离后反吹。按同样方法获得标准气相应的响应，用与全分析相同的方法进行计算。

A.2 分析乙烷和更重组分

A.2.1 可用单独的一根分配柱，进样 1 mL～5 mL，测定乙烷和更重组分。

A.2.2 进样后，在正戊烷分离后反吹，按同样方法获得标准气相应的响应，用与全分析相同的方法进行乙烷和更重组分含量的计算。甲烷和更轻组分的总含量，可用 100 与已测定组分含量总和之差来表示。

A.3 分析己烷和更重组分

A.3.1 可用一根短的分配柱单独分离己烷和更重组分，以获得反吹馏分更详细的组成分类资料，这些资料提供定性数据，用于计算这些馏分的物理性质，如计算平均相对分子质量。

A.3.2 图 A.1 是一根长 2 m 的 BMEE 柱用 20 min 分离组分的色谱图。测定时，进样 5 mL，在正庚烷分离后反吹。将正戊烷之后分离的所有峰的含量进行归一化，每个峰的相对含量 x_i 按式(A.1)计算：

$$x_i = \frac{A_i/M_i}{\sum_{i=6}^{i=8} A_i/M_i} \qquad \text{(A.1)}$$

式中：

A_i——i 组分的峰面积，i 可以是己烷 C_6、庚烷 C_7 或辛烷及更重组分 C_8；

M_i——i 组分的相对分子质量或平均相对分子质量，辛烷及更重组分(C_8+)的平均相对分子质量可使用 120。

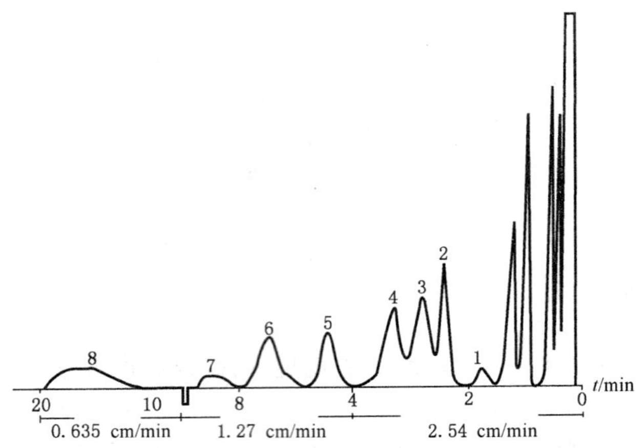

说明：

1——2,2-二甲基丁烷；

2——2-甲基戊烷和 2,3-二甲基丁烷；

3——3-甲基戊烷；

4——正己烷；

5——甲基环戊烷；

6——环己烷,3-甲基己烷和 2-甲基己烷；

7——正庚烷；

8——辛烷及更重组分。

图 A.1 己烷和更重组分的典型色谱图

附 录 B
（资料性附录）
色谱柱的排列

对于已烷及更重组分的测定，图 B.1 表示了一种通过选择阀的转动，能快速而容易地切换色谱柱的排列方式。在这种排列方式中，有两类色谱柱，一根吸附柱和两根分配柱。两根一长一短的分配柱，既可单独使用，也可串联使用，这样就提供了具有灵活性的三种长度的分配柱。在图 B.1 中，阀 1 和阀 2 之间的连接应尽可能短（如实用 20 mm），以便当两根分配柱串联使用时，使柱间死体积降到最小。如所有色谱柱在相同的柱温下操作，则可使色谱柱所需的稳定时间变得最短。

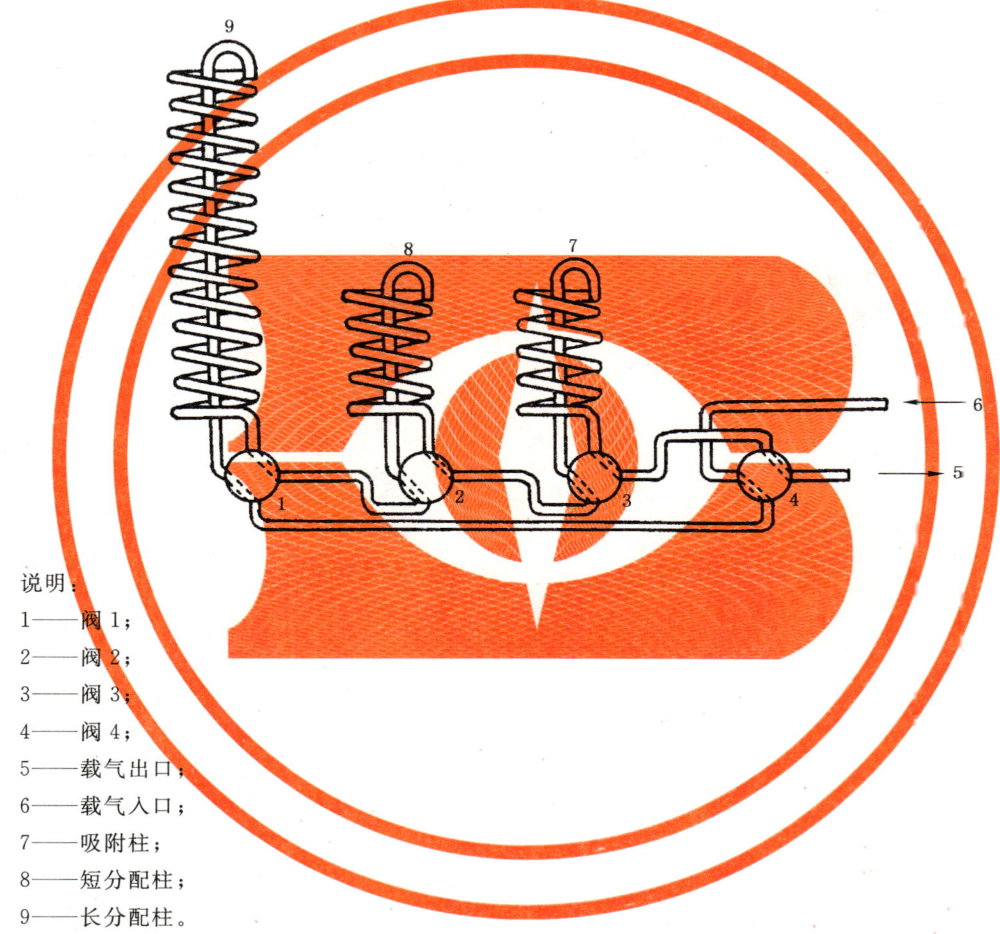

说明：

1——阀 1；

2——阀 2；

3——阀 3；

4——阀 4；

5——载气出口；

6——载气入口；

7——吸附柱；

8——短分配柱；

9——长分配柱。

图 B.1　三根色谱柱连用的排列方式

附 录 C
（规范性附录）
干燥器的制备和硫化氢的脱除

C.1 干燥器的制备

将粒状的五氧化二磷或高氯酸镁装入直径 10 mm，长 100 mm 的玻璃管中，装填时注意安全并遵守有关的操作规程。当干燥剂约有一半失效时，需更换。

C.2 硫化氢的脱除

C.2.1 当气样中的硫化氢质量分数大于 300×10^{-6} 时，取样或进样时在取样瓶前连接一根装有氢氧化钠吸收剂（碱石棉）的不锈钢管子，以脱除硫化氢。此过程也将二氧化碳脱除，这样获得的分析结果是无酸气基的结果。

C.2.2 将一根浸渍了硫酸铜的浮石管连接在色谱仪和干燥管的上游，也可脱除硫化氢。此过程适用于硫化氢含量少的气样，对二氧化碳影响极小。

附　录　D
（资料性附录）
常见误差和预防措施

D.1　己烷和更重组分含量变化

在天然气中，己烷和更重组分在处理和进样时易变化，从而使分析值出现严重偏差，偏高或偏低。在许多情况下，进样系统的吹扫过程中，由于重组分在定量管中聚集，从而发生浓缩。如果在进样系统发生油膜积累或气样中重组分含量越高，这类问题也就越严重。当气样中已烷和更重组分含量大于戊烷含量时，不能把具有表面效应的小直径管用在进样系统。

应准备一个含有己烷和更重组分的气样，定期在仪器上检查已烷和更重组分的重复性。当发现这些重组分的峰增大时，可采用以下措施使这类污染降到最小。如用惰性气体吹扫、加热、使用真空系统或用丙酮清洗定量管。

D.2　酸气含量的变化

气样中二氧化碳和硫化氢的含量在取样和处理的过程中易变化。由于水选择吸收酸气，所以需使用干燥的样品瓶、接头和导管。

D.3　气样的露点

气样中产生凝析物会使气样不具代表性。所有气样应保持在露点之上。如果气样被冷却到露点以下，使用前需在高于露点 10 ℃或更高温度下加热几小时。如果露点是未知的，应把气样加热到取样温度。

D.4　进样系统

为便于吹扫，进样系统的连接管线应尽可能短，干燥器也应尽可能小。

D.5　进样量的重复性

D.5.1　进样定量管出口压力的改变会影响进样量的重复性。

D.5.2　气样和标准气中的相应组分应在相同的载气流动方向进行测定。

D.5.3　进样系统前连接的干燥器应处于良好的工作状态。

D.5.4　色谱柱应处于洁净状态。这样，载气无论在正反方向流动，基线均迅速达到平稳。

D.5.5　转动反吹阀时，在柱子的末端引起压力反向从而干扰载气流，载气应迅速恢复到原来的流量，基线应恢复到原有的水平。否则，可能由于系统中载气泄漏，流量调节器发生故障，或气路不平衡。

D.6　标准气

标准气应在 15 ℃或高于露点的温度下保存。如果标准气在低温下放置，使用前，气瓶应加热几小时。如果对异戊烷和正戊烷的含量有怀疑，应用纯组分检查。

D.7 测量

基线和峰的顶部应清晰，以便测量峰高。峰面积应用同一种方法测量，测量时可用面积仪、几何作图或其他方法，但不同方法不得混杂使用。

D.8 其他

D.8.1 载气中的水气干扰测定，可在仪器载气入口装一根长 1 m，直径 6 mm，填有 30 目～60 目分子筛的管子。

D.8.2 定期用肥皂水或检漏液对载气流动系统进行检漏。

D.8.3 如果衰减器出现接触不良，应清洗。

D.8.4 如果出现平头峰或小峰被隐含的情况，可能是记录仪的量程或增益使用不当，调节后仍不能纠正，则需检查记录仪的电器部分。

附 录 E
（资料性附录）
计 算 示 例

表 E.1 为天然气组成分析的示例。

表 E.1 天然气组成分析计算示例

组 分	标准气 y/%	标准气 响应值	气样 响应值	气样 y/%	气样归一化结果 y/%
氦	0.11	135.5	20.9	0.017	0.02
氢	0.11	178.8	20.0	0.012	0.01
氧	0.13	28.9	1.0	0.004	0.00
氮	0.67	116.0	61.0	0.352	0.35
甲烷	92.02	319.8	317.1	91.243	91.14
乙烷	3.91	70.5	103.3	5.729	5.72
二氧化碳	0.57	99.0	32.0	0.184	0.18
丙烷	0.95	65.0	106.7	1.559	1.56
异丁烷	0.46	85.0	56.0	0.303	0.30
正丁烷	0.43	73.0	58.0	0.341	0.34
异戊烷	0.45	402.7	95.4	0.107	0.11
正戊烷	0.43	398.1	72.3	0.078	0.08
己烷及更重组分			219.0	0.189	0.19
总和				100.118	100.00
注 1：标准气和气样的响应已换到同一衰减。 **注 2**：己烷及更重组分的平均相对分子质量使用 92。					

三、燃气器具设备检验标准

ICS 23.020.30
J 74

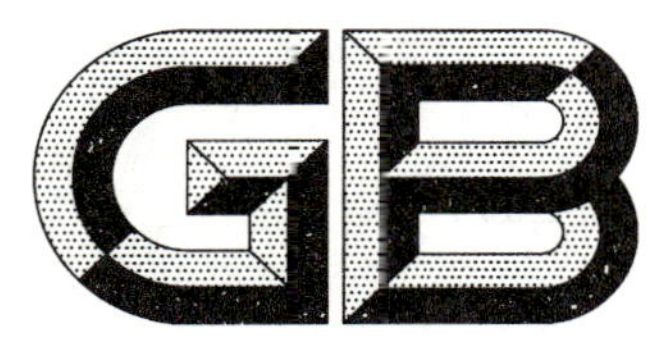

中华人民共和国国家标准

GB 8334—2011
代替 GB 8334—1999

液化石油气钢瓶定期检验与评定

Periodic inspection and evaluation of liquefied petroleum steel gas cylinders

根据国家标准委2017年第7号公告转为推荐性标准

2011-11-21 发布　　2012-10-01 实施

中华人民共和国国家质量监督检验检疫总局
中国国家标准化管理委员会
发布

前　　言

本标准的全部技术内容为强制性。

本标准按照 GB/T 1.1—2009《标准化工作导则　第 1 部分：标准的结构和编写》给出的规则起草。

本标准代替 GB 8334—1999《液化石油气钢瓶定期检验与评定》。

本标准与 GB 8334—1999 相比，主要技术变化如下：

——修改了适用范围：依据 GB 5842—2006《液化石油气钢瓶》将适用范围修改为公称容积不大于 150 L；去掉了"民用液化石油气钢瓶"的"民用"；

——增加了 YSP118-Ⅱ液化石油气钢瓶及有关要求；

——依据 GB 5842—2006 更改了钢瓶型号的表示方法，将 YSP-0.5、YSP-2.0、YSP-5.0、YSP-10、YSP-15、YSP-50 型更改为 YSP4.7、YSP12、YSP26.2、YSP35.5、YSP118 和 YSP118-Ⅱ型；

——将外观初检中需要对钢瓶外表面处理后或测量得到数据的检查内容放到外观复检与评定中，按照钢瓶定期检验的顺序，对检验内容进行理顺，按缺陷分类，对标准结构进行调整；

——将 GB 8334—1999 中的"水压试验或残余变形率测定"改为"水压试验"；

——规定瓶体剩余壁厚应不小于设计壁厚；

——将容积测定作为补充检测项目。

本标准由全国气瓶标准化技术委员会(SAC/TC 31)提出并归口。

本标准起草单位：大连市锅炉压力容器检验研究院、江苏昌华企业、余杭兄弟实业有限公司。

本标准主要起草人：王丽萍、郑宁、丁纪昌、陈香根。

本标准所代替标准的历次版本发布情况为：

——GB 8334—1987；GB 8334—1999。

液化石油气钢瓶定期检验与评定

1 范围

本标准规定了按照GB 5842《液化石油气钢瓶》设计、制造的液化石油气钢瓶(以下简称钢瓶)定期检验与评定的基本方法和技术要求。

本标准适用于在正常环境温度(−40～60)℃下使用、公称工作压力为2.1 MPa,公称容积不大于150 L的可重复充装的钢瓶。

2 规范性引用文件

下列文件对于本文件的应用是必不可少的。凡是注日期的引用文件,仅注日期的版本适用于本文件。凡是不注日期的引用文件,其最新版本(包括所有的修改单)适用于本文件。

GB/T 3864 工业氮

GB 5842 液化石油气钢瓶

GB 7144 气瓶颜色标志

GB 7512 液化石油气瓶阀

GB 8335 气瓶专用螺纹

GB/T 8336 气瓶专用螺纹量规

GB/T 9251 气瓶水压试验方法

GB/T 10878 气瓶锥螺纹丝锥

GB 12135 气瓶定期检验站技术条件

GB/T 12137 气瓶气密性试验方法

JB/T 4730 承压设备无损检测

TSG Z7001 特种设备检验检测机构核准规则

气瓶安全监察规程

3 检验机构、检验周期与检验项目

3.1 检验机构

进行钢瓶定期检验的检验机构,必须符合GB 12135的要求,并按TSG Z7001经国家特种设备安全监督管理部门核准。

3.2 检验周期

3.2.1 对在用的YSP118和YSP118-Ⅱ型钢瓶,自钢瓶钢印所示的制造日期起,每3年检验一次;其余型号的钢瓶自制造日期起至第三次检验的检验周期均为4年,第三次检验的有效期为3年。

3.2.2 在使用过程中发现有严重腐蚀、损伤或对其安全可靠性有怀疑时,应提前进行检验。

3.2.3 库存或停用时间超过一个检验周期的钢瓶,启用前应重新进行检验。

3.3 检验项目

钢瓶定期检验项目包括:外观检查、阀座检查、壁厚测定、水压试验、瓶阀检验、气密性试验。经外观检查,若对钢瓶容积有怀疑时,应进行容积测定(补充检验)。

4 检验准备

4.1 记录

4.1.1 逐只检查记录钢瓶的制造标志和检验标志。记录的内容至少包括制造单位名称代号或制造许可编号、钢瓶编号、制造年月、公称工作压力、水压试验压力、钢瓶重量、公称容积、瓶体设计壁厚、上次检验日期(年、月)及检验单位或代号等信息,对进口钢瓶应当记录国别。

4.1.2 对未取得特种设备制造许可的制造企业生产的钢瓶、制造标志模糊不清或项目不全导致无法评定的钢瓶、特种设备安全监督管理部门规定不准再用的钢瓶,记录后不予检验,按报废处理。

4.1.3 对判定不能继续使用的钢瓶以及使用期超过设计使用年限的任何类型钢瓶,记录后不予检验,按报废处理。

4.2 瓶内残液、残气的处理

4.2.1 对于无法证明有无余压的钢瓶,应与待检瓶分开存放以待另行妥善处理。在保证不泄漏、不污染环境、不影响操作人员健康的前提下,采取适当方法,逐只回收瓶内残液和残气。经外观检查报废的钢瓶,亦应逐只回收瓶内残液和残气。

4.2.2 按4.2.4和4.2.5要求进行蒸汽吹扫或采用经安全评定不影响钢瓶安全性能的方法对瓶内残液和残气进行处理。

4.2.3 确认瓶内压力与大气压力一致时,将瓶阀卸掉。

4.2.4 将钢瓶倒置于蒸汽吹扫装置上,利用蒸汽吹扫瓶内残液和残气,在一般情况下,蒸汽压力应大于等于0.2 MPa,吹扫时间应不少于3 min。

4.2.5 用可燃气体检测器测定瓶内吹扫后的残气浓度,凡浓度高于0.4%(体积)的钢瓶,应重新对瓶内残液和残气进行处理。

4.3 瓶阀拆卸与表面清理

4.3.1 将钢瓶制造标志和阀座螺纹加以妥善保护免于受损。

4.3.2 采用不损伤瓶体的除锈装置,逐只清除钢瓶外表面的锈蚀物和涂敷物等。

5 外观检查与评定

5.1 外观初检与评定

逐只目测检查易于发现和评定的外观缺陷,凡属下列情况之一的钢瓶,按报废处理:

a) 无任何制造标志的钢瓶;

b) 护罩用螺丝联接到瓶体的钢瓶;

c) 护罩脱落或其焊接接头断裂以及瓶体的对接接头出现裂纹的钢瓶;

d) 因底座脱落、变形、腐蚀、破裂、磨损以及其他缺陷影响直立的钢瓶。

5.2 外观复检与评定

5.2.1 应逐只对钢瓶进行目测检查,检查其外表面是否存在裂纹、鼓包、皱折、夹层、凹坑、磕伤、划伤、凹陷、热损伤、腐蚀等缺陷,还应对底座和瓶体形状进行检查。对外观检查发现有凹坑、磕伤、划伤、腐蚀缺陷的部位,应采用超声波测厚仪器测量缺陷处瓶壁的最小壁厚。

5.2.2 机械损伤的检查与评定

5.2.2.1 瓶体存在裂纹、鼓包、皱折、夹层和肉眼可见的容积变形等缺陷的钢瓶应报废。

5.2.2.2 瓶体磕伤、划伤、凹坑处的剩余壁厚小于设计壁厚的钢瓶应报废(测量方法参见附录A)。

5.2.2.3 瓶体凹陷深度不小于6 mm或大于凹陷短径的1/10的钢瓶应报废(测量方法参见附录A)。

5.2.2.4 瓶体凹陷深度小于6 mm,若凹陷中带有划伤或磕伤缺陷,且缺陷处的剩余壁厚小于设计壁厚,则该钢瓶应报废。

5.2.2.5 对未达到报废条件的缺陷,特别是线性缺陷或尖锐的机械损伤,应进行修磨,使其边缘圆滑过渡,但修磨后的剩余壁厚应不小于设计壁厚。

5.2.3 热损伤的检查与评定

瓶体存在弧疤、焊迹或存在可能使金属受损的明显火焰烧灼迹象的钢瓶应报废。

5.2.4 腐蚀的检查与评定

5.2.4.1 瓶体上孤立点腐蚀、线腐蚀、局部腐蚀及普遍腐蚀处的剩余壁厚小于设计壁厚的钢瓶应报废。

5.2.4.2 因腐蚀严重,难以确定腐蚀深度和范围的钢瓶应报废。

5.2.5 底座松脱的检查与评定

5.2.5.1 底座应保证钢瓶的直立和稳定性。

5.2.5.2 底座支撑面与瓶底中心的间距小于表1规定尺寸的钢瓶应报废。

表1 底座支撑面与瓶底中心的间距

型号	间距/mm
YSP4.7、YSP12	4
YSP26.2、YSP35.5	6
YSP118、YSP118-Ⅱ	8

6 焊接接头的检查与评定

6.1 焊接接头外观检查应逐只进行。对YSP118、YSP118-Ⅱ钢瓶的纵焊缝以及纵、环焊缝交接处应进行重点检验。

6.2 焊缝和热影响区表面存在裂纹、气孔、弧坑、夹渣、未熔合的钢瓶应报废。

6.3 纵、环焊缝或与瓶体焊接的附件的焊缝在瓶体一侧存在咬边的钢瓶应报废。

6.4 焊缝表面存在凹陷或不规则突变的钢瓶应报废。

6.5 纵、环焊缝上的划伤、磕伤或凹坑经修磨后,焊缝低于母材的钢瓶应报废。

6.6 纵、环焊缝热影响区的划伤或磕伤经修磨后,剩余壁厚小于设计壁厚的钢瓶应报废。

6.7 纵、环焊缝热影响区的凹陷深度大于等于6 mm的钢瓶应报废。

6.8 对焊接接头缺陷的类型和严重性有疑问时,应由检验员确定无损检测部位、方法和检测比例,按JB/T 4730进行磁粉、渗透或射线无损检测。进行磁粉、渗透检测的合格级别为不低于Ⅰ级,射线检测的合格级别为不低于Ⅲ级。

7 阀座的检查与评定

7.1 检查内容与评定方法

7.1.1 目测或用低倍放大镜逐只检查阀座以及螺纹有无裂纹、变形、腐蚀或其他机械损伤。

7.1.2 阀座有裂纹、倾斜、塌陷的钢瓶应报废。

7.1.3 螺纹不得有裂纹或裂纹性缺陷，但允许有不影响使用的轻微损伤，即在有效螺纹中允许有不超过3牙的缺口，缺口长度不超过圆周的1/6，缺口深度不超过牙高的1/3。

7.2 螺纹修复

对螺纹存在轻度腐蚀、磨损或其他损伤，可用符合GB/T 10878规定的丝锥修复。修复后应用符合GB/T 8336规定的量规检查，检查结果应符合GB 8335的要求，螺纹修理后检查不合格的钢瓶应报废。

8 壁厚测定

8.1 检查要求

8.1.1 除对钢瓶有缺陷部位应进行局部测厚外，还应逐只进行定点测厚。

8.1.2 测厚点应在上下封头圆弧过渡区内各选择一点，筒体部分应选择在距环焊缝两侧50 mm处各一点；对腐蚀严重的钢瓶，应在上下封头圆弧过渡区内各选择两点，筒体部分应选择三点；对YSP118和YSP118-Ⅱ型钢瓶筒体下部和下封头圆弧过渡区内应增测两点。

8.2 结果评定

剩余壁厚小于设计壁厚的钢瓶应报废。

9 容积测定(补充检测)

9.1 一般规定

经外观检验，对钢瓶容积有怀疑时，应进行容积测定。

9.2 衡器要求

称重用的衡器应保持准确。衡器的最大量程应为常用量程值的1.5倍～3.0倍，衡器的检定周期不应超过3个月。

9.3 数值处理

容积应以三位有效数字表示，第四位数值一律舍去。

9.4 测定与结果评定

容积测定采用水容积测定法(见附录B)，实测容积小于公称容积的钢瓶应报废。

10 水压试验

10.1 试验要求

10.1.1 钢瓶应逐只进行水压试验。水压试验装置、方法和安全措施应符合GB/T 9251的要求。

10.1.2 水压试验压力为3.2 MPa，保压时间不得少于1 min。

10.1.3 对水压试验合格的钢瓶，应用适当方法排净瓶内残留水。

10.2 结果评定

在水压试验过程中，瓶体出现渗漏、明显变形或保压期间压力下降现象(非因试验装置、瓶阀或瓶口泄露)的钢瓶应报废。

11 瓶阀检验与装配

11.1 瓶阀检验

11.1.1 应逐只对瓶阀进行外观检验和清洗，保证开闭自如、不泄漏。

11.1.2 阀体和其他部件不得有严重变形，螺纹不得有严重损伤，其要求按照第7章的规定。

11.1.3 当瓶阀损坏时，应更换新的有制造资格的单位生产的瓶阀。

11.1.4 在装配瓶阀之前，应逐只按GB 7512的要求对瓶阀进行气密性试验。

11.2 瓶阀装配

11.2.1 密封材料应根据液化石油气的性质选用相容的材料。

11.2.2 瓶阀应装配牢固，并保证其与阀座连接的有效螺纹牙数和密封性能，装配后其外露螺纹数应为1牙～2牙。

12 气密性试验

12.1 试验要求

12.1.1 钢瓶水压试验合格后，应逐只进行气密性试验。

12.1.2 凡以空气为介质进行气密性试验的钢瓶，试验前应逐只测定瓶内残留物释放的燃气浓度。对于浓度大于0.4%(体积)的钢瓶，应进行二次蒸汽吹扫或采用其他安全处理方法，浓度符合要求后，方可用空气进行试验，否则应用氮气进行试验。

12.1.3 气密性试验所用压缩空气，不应含油水；所用的氮气纯度应不低于GB/T 3864中规定的Ⅱ类二级指标。

12.1.4 钢瓶气密性试验采用浸水试验，其充气装置、试验水槽、试验条件和方法等应符合GB/T 12137的规定。

12.1.5 充气过程中若充气装置或试验过程中瓶阀装配不当产生泄漏时，应立即停止试验，待修理或重新装配后再试验。

12.1.6 气密性试验压力为2.1 MPa，保压时间不应少于1 min。

12.2 结果评定

12.2.1 在保压过程中压力表不应有回降现象。

12.2.2 瓶体泄漏或变形的钢瓶应报废。

13 其他工作

13.1 检验标志

13.1.1 凡经检验合格的钢瓶，应在钢瓶上留下不易损坏、不易失落、字迹清晰的检验标志，其内容包括检验机构代号、本次和下次检验日期(年、月)。

13.1.2 检验标记的打印部位和方式，视不同情况而定：具有滚压装置或专用机械的检验机构，可将检验标记滚压或打印在钢瓶护罩的适当部位上；对采用检验标志环(外形尺寸参照附录C)套于瓶阀锥形尾部上的检验机构，应将其检验标记用专用机械或人工方法打印在检验标志环规定的部位上。

13.1.3 钢印字体高度应为 5 mm～10 mm，深度为 0.3 mm～0.5 mm。

13.1.4 钢瓶在重新涂敷后，应粘贴安全使用提示，内容应符合 GB 5842 的规定。

13.2 涂敷

13.2.1 经检验合格的钢瓶，在清除其表面上的灰尘、油污、锈蚀物以及制造时留下的氧化皮和焊接飞溅物等杂质，在干燥的状态下进行涂敷。

13.2.2 除执行 GB 7144 的规定外，还应按下列规定进行涂敷：

a） “液化石油气”红色字样的高度为 60 mm～80 mm 的仿宋体；

b） 涂层应均匀，不得出现气泡、流痕、龟裂或剥落等缺陷；

c） 在涂敷钢瓶漆色的同时，应在滚压或打印检验标记的部位喷涂检验色标；使用检验环时，应喷涂在护罩上。

13.3 钢瓶检验记录、报告与报废处理

13.3.1 检验人员应当认真填写钢瓶定期检验与评定记录，检验结束后应当按照《气瓶安全监察规程》的规定对检验合格或报废的钢瓶及时出具钢瓶检验报告。

钢瓶检验报告至少应包括以下内容：

a） 产权单位名称；

b） 制造单位和钢瓶使用登记号；

c） 钢瓶出厂编号；

d） 检验钢印代号；

e） 检验结果；

f） 下次检验日期。

13.3.2 报废钢瓶由检验机构负责破坏性处理，方式为压扁或瓶体解体，不得采用钻孔或破坏瓶口螺纹的方式进行破坏性处理，以避免报废钢瓶被重新使用。

13.4 其他要求

对于已采用电子标签等先进信息化手段对钢瓶进行管理的地区，检验机构应配备相应的装置，用于检验前核实送检钢瓶电子标签录入信息的准确性以及检验后将钢瓶检验信息录入电子标签。

附 录 A
（资料性附录）
凹陷、凹坑、磕伤和划伤深度值的测量方法

A.1 凹陷深度(*h*)的测量方法

以凹陷的弦为基准测量深度，量具为游标卡尺、直尺，直尺应沿钢瓶轴线放置，直尺长度应大于凹陷最大直径的三倍，如图 A.1 a)所示。

以凹陷处瓶体外圆周的弧为基准测量深度，量具为游标卡尺、弧形样板，弧形样板应沿圆周放置，样板弧长应大于钢瓶周长的 2/5，如图 A.1 b)所示。

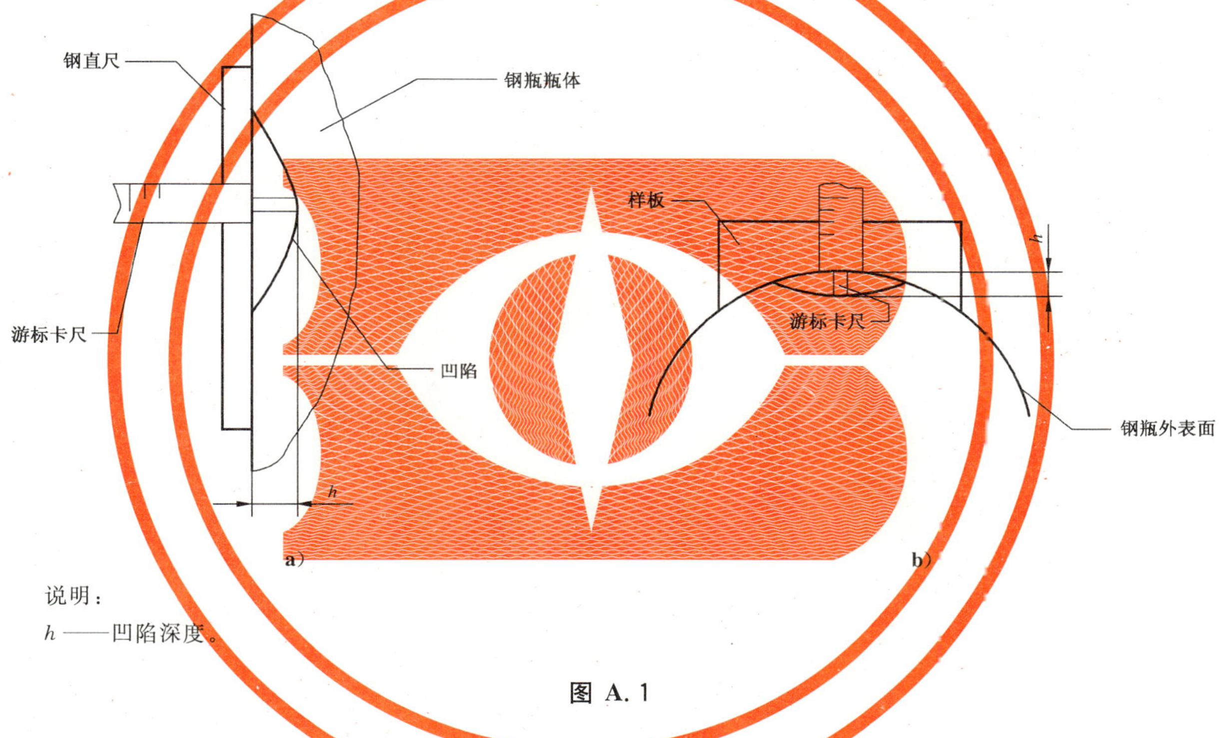

说明：
h——凹陷深度。

图 A.1

A.2 凹坑、磕伤、划伤深度值的测量方法

A.2.1 凹坑、磕伤、划伤的深度可用下面两种方法中的任一种进行测量：

a) 凹坑、磕伤、划伤深度值以最深处为准，测量用的专用量具如图 A.2 所示。卡板的型面曲率半径应与钢瓶外廓相吻合，千分尺的针尖插入缺陷中测量其深度，针尖的楔角应不大于 30°，半径应不大于 0.25 mm。要定期校核千分尺的读数，以消除由于针尖磨损造成的误差。

b) 将软铅锤满凹坑、磕伤、划伤之中，取出软铅，用卡尺量得最大软铅高度即为凹坑、磕伤或划伤深度。

A.2.2 凹陷、凹坑、磕伤的周边，有时可见少许突起，使测量样板或直尺不能与基面(瓶体表面)完成贴合，此时应考虑由此引起的测量误差。

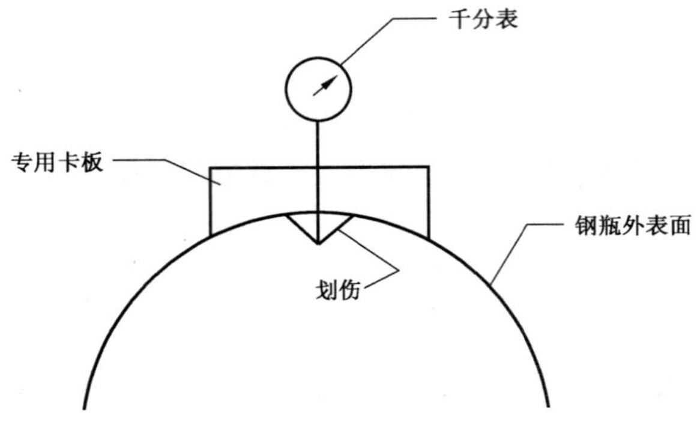

图 A.2

附　录　B
（规范性附录）
钢瓶水容积测定方法

钢瓶容积测定，应在清除瓶内锈蚀物和沾染物之后进行，以免造成误差，其测定方法如下：

B.1　将经过空瓶称重的钢瓶，瓶口朝上置于检验室的地坪上，向瓶内注满清水，静置 8 h（注入瓶内的清水应已在试验用水槽内静置 24 h）。其间应断续的用木锤自下而上轻敲瓶壁数次，并将瓶内每次下降的水补满，直至瓶口水面不再下降为止。

B.2　确认瓶内气泡排出，瓶口液面不再下降时，将钢瓶移至称重衡器上称出瓶与水的总重量。

B.3　以“瓶水总重”减去实测的空瓶重量得出瓶内容纳的水重，再乘以称重时瓶内水温下的每千克水的体积数（见表 B.1），即得出该钢瓶的现容积值。

表 B.1　不同水温下每千克水的体积

温度/℃	体积/L	温度/℃	体积/L	温度/℃	体积/L	温度/℃	体积/L
5	1.000 00	14	1.000 73	23	1.002 24	32	1.004 97
6	1.000 03	15	1.000 87	24	1.002 69	33	1.005 30
7	1.000 07	16	1.001 03	25	1.002 94	34	1.005 63
8	1.000 12	17	1.001 20	26	1.003 20	35	1.005 98
9	1.000 19	18	1.001 38	27	1.003 47	36	1.006 33
10	1.000 27	19	1.001 57	28	1.003 75	37	1.006 69
11	1.000 37	20	1.001 77	29	1.004 05	38	1.007 06
12	1.000 48	21	1.001 99	30	1.004 35	39	1.007 43
13	1.000 60	22	1.002 21	31	1.004 66	40	1.007 82

附 录 C
（资料性附录）
检验标志环

钢瓶的检验标记环外形尺寸见图 C.1，其材质为铝，检验标记为检验单位代号、检验年月。

单位为毫米

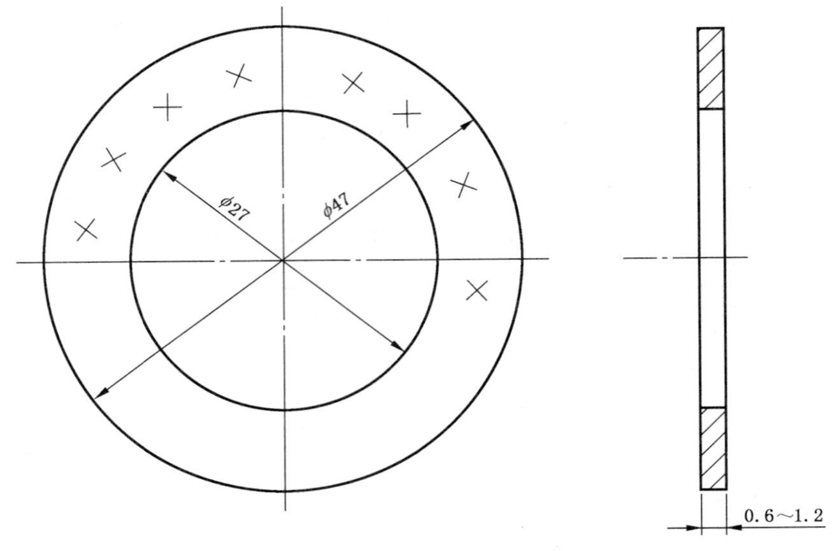

图 C.1

ICS 75.160.30
P 45

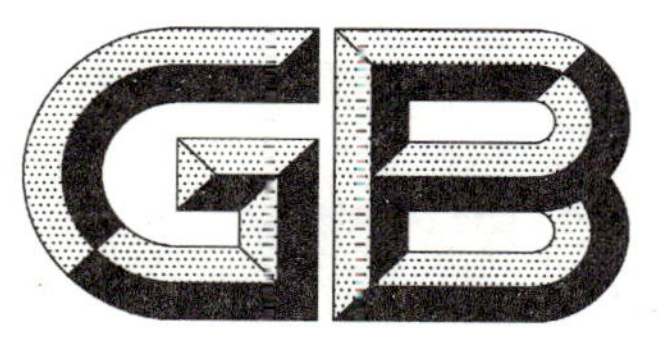

中华人民共和国国家标准

GB/T 16411—2008
代替 GB/T 16411—1996

家用燃气用具通用试验方法

Universal test methods of gas burning appliances for domestic use

2008-08-07 发布 2009-04-01 实施

中华人民共和国国家质量监督检验检疫总局
中国国家标准化管理委员会 发布

前　言

本标准与日本 JIS S 2093—1996《家用燃气用具的试验方法》的一致性程度为非等效。

本标准与 JIS S 2093—1996 相比，主要差异如下：

——试验条件（燃气基准状态、环境温度、电源电压、燃气种类）不同；

——燃气密封垫片、垫圈类材料的耐燃气性能试验方法；

——电气试验内容不同；

——删除了“气密结构部件的气密性”等 9 项非通用性试验内容。

本标准代替 GB/T 16411—1996《家用燃气用具的通用试验方法》。

本标准与 GB/T 16411—1996 相比，主要变化如下：

——适用范围由液化石油气、天然气、人工煤气改为 GB/T 13611 规定的燃气；

——增加了基准状态的要求；

——给出了试验气压力具体数值；

——修改热流量公式为基准状态下的计算公式；

——扩充了干烟气中一氧化碳含量的计算公式；

——干烟气中一氧化碳含量的试验气条件改为“0-2”气；

——修改了燃气密封垫片、垫圈类材料的耐燃气性能试验方法；

——修改电气安全条款使其符合 IEC 标准的要求。

本标准的附录 A 为资料性附录。

本标准由中华人民共和国住房和城乡建设部提出。

本标准由建设部城镇燃气标准技术归口单位中国市政工程华北设计研究院归口。

本标准主要起草单位：国家燃气用具质量监督检验中心、广州迪森家用锅炉制造有限公司、广东万家乐燃气具有限公司、艾欧史密斯（中国）热水器有限公司、广东万和集团有限公司、博西华电器（江苏）有限公司、中国市政工程华北设计研究院。

本标准主要起草人：张金环、余少言、付安涛、鞠平、钟家淞、刘松辉、渠艳红。

本标准所代替标准的历次版本发布情况为：

——GB/T 16411—1996。

家用燃气用具通用试验方法

1 范围

本标准规定了燃气用具的术语和定义、试验条件、试验用燃气及其通用性能的试验方法。

本标准适用于家庭用的各种燃气热水器、采暖器、热水采暖炉、灶具、烤箱、烤箱灶和饭锅等。

本标准所指燃气，是GB/T 13611规定的燃气。使用GB/T 13611规定以外燃气种类的家用燃气用具可参照使用本标准。

2 规范性引用文件

下列文件中的条款通过本标准的引用而成为本标准的条款。凡是注日期的引用文件，其随后所有的修改单(不包括勘误的内容)或修订版均不适用于本标准，然而，鼓励根据本标准达成协议的各方研究是否可使用这些文件的最新版本。凡是不注日期的引用文件，其最新版本适用于本标准。

GB/T 1690—2006 硫化橡胶或热塑性橡胶耐液体试验方法(ISO 1817:2005,MOD)

GB/T 1740 漆膜耐湿热测定法

GB/T 1765 测定耐湿热、耐盐雾、耐候性(人工加速)的漆膜制备法

GB/T 1771 色漆和清漆 耐中性盐雾性能的测定

GB/T 2421 电工电子产品环境试验 第1部分:总则(GB/T 2421—1999,IEC 68-1:1988,IDT)

GB/T 2903 铜-铜镍(康铜)热电偶丝

GB/T 3772 铂铑10-铂热电偶丝

GB 4706.1—2005 家用和类似用途电器的安全 第1部分:通用要求(IEC 60335-1:2004(Ed4.1),IDT)

GB/T 12206—2006 城镇燃气热值和相对密度测定方法

GB/T 13611 城镇燃气分类和基本特性

GB/T 17626.4 电磁兼容 试验和测量技术 电快速瞬变脉冲群抗扰度试验(GB/T 17626.4—1998,IEC 61000-4-4:1995,IDT)

GB/T 17626.5 电磁兼容 试验和测量技术 浪涌(冲击)抗扰度试验(GB/T 17626.5—1999,IEC 61000-4-5:1995,IDT)

GB/T 17626.11 电磁兼容 试验和测量技术 电压暂降、短时中断和电压变化的抗扰度试验(GB/T 17626.11—1999,IEC 61000-4-11:1994,IDT)

GB/T 17799.1—1999 电磁兼容 通用标准 居住、商业和轻工业环境中的抗扰度试验(IEC 61000-6-1:1997,IDT)

CJ/T 3075.2 燃气燃烧器具实验室—试验装置和仪器

CJ/T 3085—1999 城镇燃气术语

QB/T 3826 轻工产品金属镀层和化学处理层的耐腐蚀试验方法 中性盐雾试验(NSS)法

QB/T 3832 轻工产品金属镀层腐蚀试验结果的评价

3 术语和定义

下列术语和定义适用于本标准。

3.1

基准状态　reference conditions

温度为15 ℃,绝对压力为101.3 kPa条件下的干燥燃气状态。

3.2

标准状态　standard conditions

温度为0 ℃,绝对压力为101.3 kPa条件下的干燥燃气状态。

3.3

额定热流量　nominal heat flow rate

额定热负荷　rated heat input

在额定燃气压力下,燃具使用基准气在单位时间内放出的热量。

[CJ/T 3085—1999,定义7.2.15]

3.4

实测折算热流量　converted actual heat rate

试验条件下,使用试验气时的燃具热流量折算到基准状态条件下的数值。

4　试验条件

4.1　实验室条件

当本标准各检验项目或各燃具标准没有特别规定实验室条件时,应按以下规定执行:

a)　实验室温度:20 ℃±5 ℃;

b)　大气压力:86 kPa～106 kPa;

c)　实验室内环境空气:一氧化碳含量小于0.002%,二氧化碳含量小于0.2%。不应有影响燃烧的气流。

注1:电气试验时实验室的湿度要求参照GB/T 2421的规定。

注2:室温确定方法:在距燃具正前方,左及右各1 m处,将温度计感温部分固定在与燃具上端大致等高位置,测量上述三点的温度,其平均值即为室温。

4.2　燃具的安装与试验状态

燃具的安装按本标准各检验项目或各燃具标准规定执行;

使用空气量可调节的燃具,试验开始时,应将空气调节器调节到适当开度,并且试验过程中不应再对其进行调整。

4.3　电源条件

试验的电源条件,应符合下列规定:

4.3.1　使用市电的燃具

使用市电的燃具,用额定频率的额定电压做试验。

4.3.2　使用干电池的燃具

使用干电池的燃具,用说明书规定的干电池电压做试验。

4.4　试验用仪器仪表

试验用主要仪器仪表按表A.1所列,或使用同等以上精度的其他仪器仪表。

5　试验用燃气

5.1　试验用燃气应使用GB/T 13611所规定的试验用气。

使用GB/T 13611规定以外的燃气的燃具,试验用燃气可按产品设计时所依据的燃气,波动范围参考GB/T 13611的有关规定。

5.2　本标准及各燃具标准所使用的试验气条件,以试验气种类代号和试验气压力代号表示,见表1。

表 1 试验气条件

试验气种类		试验气压力/Pa					
代号	气 质	代 号	人工煤气	天然气			液化石油气
0	基准气	—	3R,4R,5R,6R,7R	3T,4T	6T	10T,12T	19Y,20Y,22Y
1	黄焰和不完全燃烧界限气	1(最高压力)	1 500	1 500	2 400	3 000	3 300
2	回火界限气	2(额定压力)	1 000	1 000	1 600	2 000	2 800
3	离焰界限气	3(最低压力)	500	500	800	1 000	2 000
注：对特殊气源，如果当地燃气供气压力与本表不符时，使用当地额定燃气供气压力。							

示例 1:“2-2”气，表示回火界限气-额定压力条件。

示例 2:“0-1”气，表示基准气-最高压力条件。

5.3 配制试验气的华白指数波动应在±2%范围内。

6 燃具热流量试验

6.1 燃具状态：按图 1 或各燃具标准规定的方法连接，在点燃燃具前应使燃具气路上的旋塞、燃气调节装置处于最大通气状态。

6.2 试验气条件：应使用“0-2”气试验，图 1 中压力计 2 的燃气压力，应符合额定燃气压力。

6.3 试验方法：点燃燃具，当热流量达到稳定状态后，开始测定，一次测定时间在燃气表旋转一周以上的整圈数，且时间在 1 min 以上。重复测定 2 次以上，读数误差小于 2%时，按 6.3.1 计算燃具实测折算热流量。

6.3.1 试验燃具按式(1)、式(2)计算实测折算热流量：

$$\phi = \frac{1}{3.6} \times Q_i \times V \times \frac{P_a + P_m}{P_a + P_g} \times \sqrt{\frac{101.3 + P_g}{101.3} \times \frac{P_a + P_g}{101.3} \times \frac{288}{273 + t_g} \times \frac{d}{d_r}} \quad \cdots\cdots\cdots (1)$$

$$d_h = \frac{d(P_a + P_m - P_s) + 0.622P_s}{P_a + P_g} \quad \cdots\cdots\cdots (2)$$

式中：

ϕ——基准状态条件下，燃具前燃气压力为额定压力时干燃气实测折算热流量的数值，单位为千瓦(kW)；

Q_i——基准状态条件下，基准干燃气的低位热值的数值，单位为兆焦每立方米(MJ/m^3)；

V——试验时试验气流量的数值，单位为立方米每小时(m^3/h)；

P_a——试验时的大气压力的数值，单位为千帕(kPa)；

P_m——试验时通过燃气流量计的试验气压力的数值，单位为千帕(kPa)；

P_g——试验时燃具前试验气压力的数值，单位为千帕(kPa)；

t_g——试验时通过燃气流量计的试验气温度的数值，单位为摄氏度(℃)；

d——干试验气的相对密度的数值；

d_r——基准气的相对密度的数值；

d_h——湿试验气的相对密度的数值(使用湿式流量计时用 d_h 代替式(1)中的 d)；

0.622——理想状态下水蒸汽的相对密度；

P_s——在温度为 t_g 时饱和水蒸气的压力的数值，单位为千帕(kPa)。

注：饱和水蒸气的压力 P_s 与温度 t_g 的对应值见 GB/T 12206—2006 表 B.1。

6.3.2 当燃具的使用地点与检测单位的海拔高度差大于 1 000 m 时，检测单位宜在燃具使用地点试验。

6.4 **燃具的热流量偏差**

按式(3)计算燃具的热流量偏差

$$\Delta\phi=\frac{\phi-\phi_n}{\phi_n}\times 100 \qquad \cdots\cdots(3)$$

式中：

$\Delta\phi$——热流量偏差，%；

ϕ——基准状态条件下，燃具前燃气压力为额定压力时干燃气实测折算热流量的数值，单位为千瓦(kW)；

ϕ_n——在额定燃气压力下，燃具使用基准气在单位时间内放出的热量的数值，单位为千瓦(kW)。

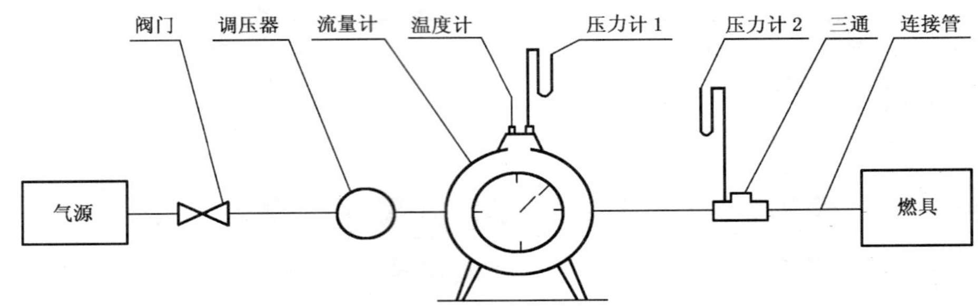

注 1：燃具安装为使用状态。

注 2：接至燃具的连接管使用与燃具接头适用的管子，连接管的长度不大于 100 mm。

注 3：压力计 2 中的数值为额定燃气压力值。

a) 试验装置连接示意图

注 4：测压力用三通试样图见图 1b)

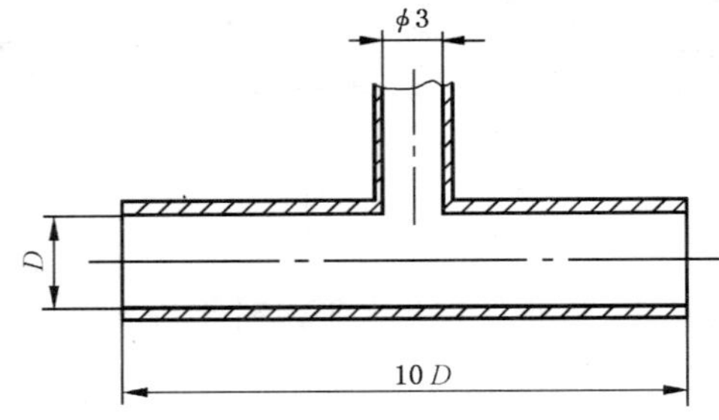

图中：$D=(1\sim1.1)d$，其中 D 为三通的内径，d 为燃具燃气入口燃气管的内径，单位为毫米。

b) 三通式样图

图 1 燃具热流量试验流程示意图

7 燃气管路系统气密性试验

7.1 打开燃具燃气入口处的第二个密封阀门，关闭燃具燃气入口处的第一个密封阀门，在燃具燃气入口处，用 4.2 kPa 的空气，试验燃具第一个密封阀门的气密性。

7.2 打开燃具燃气入口处的第一个密封阀门，关闭燃具燃气入口处的第二个密封阀门，在燃具燃气入口处用 4.2 kPa 的空气，试验燃具中第二个密封阀门的气密性。

7.3 使用“0-1”气，点燃全部燃烧器，从燃具燃气入口处的第一个密封阀门到燃烧器火孔，用检漏液试验外部气密性。

8 燃烧工况试验

8.1 燃具燃烧工况试验时的燃具状态和试验气的条件应符合表2的规定。

使用市电的燃具，其电压条件应为220 V。

8.2 燃烧工况试验方法

8.2.1 火焰传递：点燃主燃烧器一处火孔后，试验火焰传递到全部火孔的时间和有无爆鸣，点火方法按各燃具标准的规定进行。

8.2.2 离焰：在主燃烧器点燃15 s后观察。

8.2.3 熄火：在点燃主燃烧器15 s后观察。

8.2.4 火焰均匀性：点燃主燃烧器，在火焰稳定后观察。

8.2.5 回火：在主燃烧器点燃30 min内观察。

8.2.6 燃烧噪声：点燃全部燃烧器，按本标准9.2.1的规定测定最大噪声。

8.2.7 熄火噪声：在主燃烧器点燃30 min后进行熄火操作，按本标准9.2.2的规定测定熄火噪声，并试验有无爆鸣噪声。

在熄火操作时应迅速关闭燃气阀。对装有自动熄火保护装置的燃具应在其自动关闭时测定其熄火噪声。

8.2.8 干烟气中一氧化碳含量：在主燃烧器点燃15 min后，应尽可能均匀地在排烟部位采集烟气样，采样的位置和方法按各燃具标准规定。

测定烟气中的一氧化碳和氧的含量，按式(4)计算：

$$CO_{\alpha=1} = (CO)_m \times \frac{(O_2)_\alpha}{(O_2)_\alpha - (O_2)_m} \quad \cdots\cdots (4)$$

对于试验中能确定气体组分时，测定烟气中一氧化碳和二氧化碳含量，按式(5)计算：

$$CO_{\alpha=1} = (CO)_m \times \frac{(CO_2)_N}{(CO_2)_m} \quad \cdots\cdots (5)$$

式中：

$CO_{\alpha=1}$——过剩空气系数α等于1时，干烟气样中一氧化碳含量的数值，体积分数(%)；

$(CO)_m$——干烟气样中一氧化碳含量的数值，体积分数(%)；

$(O_2)_\alpha$——供气口周围干空气中的氧含量的数值，体积分数(%)；

(新鲜空气中$(O_2)_\alpha=20.9\%$)

$(O_2)_m$——干烟气中氧含量的数值，体积分数(%)；

$(CO_2)_N$——过剩空气系数α等于1时，干烟气样中的二氧化碳含量计算的数值，体积分数(%)；

$(CO_2)_m$——干烟气中的二氧化碳含量测定的数值，体积分数(%)。

注1：式(4)的使用条件是，烟气中氧的含量小于14%；

注2：$(CO_2)_N$的数值按实际燃气的理论烟气量计算或参照GB/T 13611。

8.2.9 黄焰和接触黄焰：点燃主燃烧器，目视有无黄焰，在任意1 min内，电极或热交换器连续接触黄焰在30 s以上时，为电极或热交换器接触黄焰。

8.2.10 黑烟：点燃主燃烧器，目测是否有黑烟生成，点火时除外。

8.2.11 点火燃烧器试验：点火燃烧器点燃15 min后，目测点火燃烧器单独燃烧时有无回火、熄火。用点火燃烧器点燃主燃烧器后，试验在主燃烧器熄火时，点火燃烧器是否回火、熄火。

8.2.12 烟气从防逆风罩处逸出：点燃主燃烧器，根据各燃具规定方法检查。

表 2 燃烧工况试验条件

试验项目		燃具状态		燃气调节方式		试验气条件
器具条件		强制排气式燃具排气筒长度	强制给排气式燃具给排气筒长度	燃气量调节方式	燃气量切换方式	试验气代号
火焰传递		短	短	大、小	全	3-2
离焰		短	短	大	全	3-1
熄火		短	短	大、小	全	3-3
火焰均匀性		短	短	大	大	0-2
回火		短	短	大、小	全	2-3
燃烧噪声		短	短	大	大	2-1
熄火噪声		短	短	大	大	2-1
一氧化碳含量		长	长	大	大	0-2
黄焰和接触黄焰		长	长	大	大	1-1
黑烟		长	长	大	大	1-1
点火燃烧器	熄火	长	短	大	大	3-3
	回火	长	短	大	大	2-3
烟气从防逆风罩处逸出		长	长	大、小	大、小	1-1

注 1：“燃气量调节方式”指在调节燃气旋钮或拨杆时，可调节燃气量。“大”指燃气量最大状态，“小”指燃气量最小状态。如不能确定最小状态，则取其最大燃气流量的 1/3 量为最小状态。

注 2：“燃气量切换方式”指调节燃气旋钮时可改变燃烧器数量的调节方式。其中“大”指点燃全部燃烧器，“小”指点燃最少量燃烧器，“全”指逐个切换点燃每个燃烧器状态。

注 3：“长”和“短”指安装或使用说明书规定的排气筒或给排气筒的最大长度和最短长度的安装状态。

9 噪声试验

9.1 试验气条件：噪声试验应使用表 2 中所规定的试验气。

9.2 试验方法

9.2.1 燃烧噪声试验：使用普通声级计，以 A 档测定。

a) 试验点应放在距燃具外壳中心 1 m 处，正对受测设备噪声源，但不应受到排出烟气的影响；

b) 环境本底噪声应小于 40 dB，或比燃具工作时实测噪声低 10 dB，否则按表 3 修正。

9.2.2 熄火噪声试验

以声级计按上述规定进行试验，应读取噪声变动的最大值。

a) 应用普通声级计快速挡试验；

b) 噪声最大值应加 5 dB 作为试验值。

表 3 噪声修正值

燃具实测噪声与环境噪声之差/Db	修正值/dB
<6	测量无效
6	−1.0
7	−1.0
8	−1.0
9	−0.5
10	−0.5
>10	0

10 温升试验

10.1 燃具状态:把燃具安装在图 2 所示装置上,或安装在各燃具标准所规定的装置上。

10.2 试验气条件:应用“0-1”试验气。

10.3 试验方法:点燃主燃烧器,按各燃具标准规定的时间试验燃具各部位温升,检测燃具周围木壁、木台的温度。

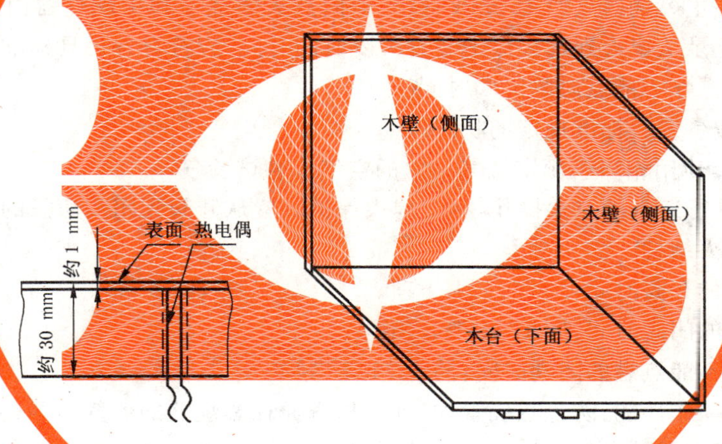

注 1:木壁、木台的材料应使用 5~7 层胶合板,木台表面应涂漆,木壁表面应涂不亮的黑漆。

注 2:木壁、木台的尺寸应比燃具稍大。

注 3:应尽量多埋热电偶(阻),使其成网状。

注 4:热电偶(阻)应埋在木壁、木台深 1 mm 处。

注 5:热电偶(阻)应参照 GB/T 3772 和 GB/T 2903 选用。

图 2 木壁、木台表面温度试验装置

11 点火装置性能试验

11.1 燃具状态:按各燃具标准规定的状态。

使用干电池的点火装置应调节电源电压为额定电压的 70%。使用交流电源的点火装置应调节电压为额定电压的 90%。

11.2 试验气条件:应用“3-1”、“3-3”试验气。

11.3 试验方法:应按各燃具标准规定的操作点火。以下面操作程序,反复点火 10 次,检测着火次数及有无爆鸣现象。操作程序是预先进行数次预备性点火,每次点火应在点火装置大致接近室温时进行。点火操作方式及点火速度,按点火装置不同,规定如下:

a) 单发式压电点火装置一次操作为一回,每次速度控制在 0.5 s～1 s 时间内。

b) 回转式点火装置以转动一次为一回,其转速与 a)相同。

c) 使用交流电或直流电源的连续放电式或加热丝点火装置,以放在"点火"位置上停留 2 s 时间为一回。

12 熄火保护装置和防过热装置动作性能试验

12.1 熄火保护装置

12.1.1 燃气通路可自动关闭结构

12.1.1.1 点火时的开阀时间

a) 器具状态:按各燃具标准规定的状态。

b) 试验气条件:应用"3-3"试验气。

c) 试验方法:测定从点火操作开始,到熄火保护装置处于开阀状态时的时间,应符合各燃具标准中规定的时间。

12.1.1.2 熄火闭阀时间

a) 燃具状态:按各燃具标准规定状态。

b) 试验气条件:应用"1-1"试验气。

c) 试验方法:在主燃烧器点燃 15 min 后,立即向点火燃烧器和主燃烧器内通入相同压力的空气强行熄火,记录从熄火到熄火保护装置关闭时的时间,应符合各燃具标准中规定的时间。

12.1.1.3 自动点火操作不能点燃的闭阀时间

a) 器具状态:按各燃具标准规定的状态。

b) 试验气条件:使用相当于额定燃气压力的空气代替试验气。

c) 试验方法:进行通常的点火操作,测定熄火保护装置从开阀到闭阀所需的时间。

12.1.2 可自动再点火结构

12.1.2.1 再点火时的开阀时间:同 12.1.1.1 项。

12.1.2.2 再点火时的闭阀时间:同 12.1.1.2 项。

12.1.2.3 再点火时不能点燃的闭阀时间:同 12.1.1.3 项。

12.2 防过热装置的动作性能:防过热装置动作时,检查通往燃烧器的燃气通路是否关闭。当温度恢复到常温时,检查通往燃烧器的燃气通路是否自动开启。

注 1:"燃气通路可自动关闭结构"是指不点火或熄火时,燃气通路能自动关闭的结构。

注 2:"可自动再点火结构"是指不点火或熄火时,燃气通路不关闭,只是立即进行再次点火,再点火结束后,在一定时间内,燃气通路即自动关闭的结构。

13 耐用性试验

13.1 燃具旋塞阀及其他燃气手动的阀门

使用额定压力的燃气或相同压力的空气,以 5 次/min～20 次/min 的速度开闭阀门,在按各燃具标准规定的次数试验后,检查下列各项:

a) 按本标准第 7 章要求进行"燃气管路气密性"试验;

b) 检查是否有使用障碍:开关是否灵活、是否有破损之处。

13.2 电点火装置

以 5 次/min～20 次/min 的速度作点火、熄火操作,按各燃具标准规定的次数试验后,检查下列各项:

a) 按本标准第 11 章要求检查"电点火性能";

b) 目测检查是否有使用障碍。

13.3 燃具调压器

将额定压力的燃气或相同压力的空气以每次 2 s～3 s 的速率通过调压器，按各燃具标准规定的次数试验后，检查下列各项：

a) 按本标准第 7 章要求进行“燃气管路气密性”试验；

b) 调整气流量为燃具额定流量，测定耐用性试验前后，调压器出口压力(二次压力)变化值。

13.4 熄火保护装置

额定压力的燃气点燃燃烧器，加热传感器 1 min，然后通空气熄火，使传感器冷却 1 mim，这样操作为一次。在按各燃具标准规定的次数试验后，检查下列各项：

a) 按本标准第 7 章要求进行“燃气管路气密性”试验；

b) 按第 12 章进行熄火保护装置性能试验。

13.5 燃气自动截止阀

使用额定压力的燃气或相同压力的空气，以 10 次/min～30 次/min 速度反复开闭，在按各燃具标准中规定的次数试验后，检查下列各项：

a) 按本标准第 7 章要求进行“燃气管路气密性”试验；

b) 检查是否有使用障碍：开闭阀动作是否正常、是否有破损之处。

13.6 可回转式软管接头

以 5 次/min～20 次/min 速度，反复以最大回转角转动，在按各燃具标准中规定的次数试验后，检查下列各项：

a) 按本标准第 7 章要求进行“燃气管路气密性”试验；

b) 检查是否有使用障碍：旋转是否灵活、是否有破损之处。

14 耐热性能试验

耐热性能试验应按耐热等级进行，耐热等级和温度应符合表 4 规定。

表 4 耐热等级和温度

耐热等级	温度/℃
15	150
14	140
13	130
12	120
11	110
10	100
9	90
8	80
7	70
6	60
5	50

14.1 燃气旋塞和其他燃气阀门

试验方法：按各燃具标准中规定的相应耐热等级温度，把样品放入恒温箱中 24 h，取出后自然冷却至室温，应按本标准第 7 章进行气密性试验，并进行开关操作检查有无使用障碍。

14.2 点火装置

试验方法：按各燃具标准中规定的相应耐热等级温度，把样品放入恒温箱中 24 h，取出后自然冷却至室温,应按本标准第 11 章进行点火性能试验。

14.3 燃具调压器

试验方法:按各燃具标准中规定的相应耐热等级温度,把调压器放入恒温箱中 24 h,取出后自然冷却至室温,按 13.3a)和 13.3b)要求试验。

15 结构试验

15.1 振动

试验方法:把燃具按运输状态水平放置在振动机上,以 10 Hz 的频率,全振幅 5 mm 上下、左右各振动 30 min 后,应按本标准第 7 章进行气密性试验。

15.2 倾斜翻倒

试验方法:把燃具水平放置在试验台上,应渐渐倾倒到各燃具标准规定的角度,目测是否翻倒,有引起火灾危险的部件是否产生移动或脱落现象。

16 材料性能试验

16.1 耐热性能

试验方法:把试样放入加热炉中,在 30 min 内缓慢升温到各燃具标准规定的温度,并在该温度下持续 1 h,目测材料是否产生熔融。

16.2 耐腐蚀性能

16.2.1 电镀试样耐盐雾试验

试验方法:把电镀试样放入规定的盐水喷雾设备中,在 35 ℃±2 ℃温度下,以浓度为 5%的氯化钠溶液进行喷雾,氯化钠沉降量为 1 mL/80 cm^2 · h～2 mL/80 cm^2 · h,雾化空气压力为 70 kPa～100 kPa,时间按各燃具标准规定。取出试样后,检测腐蚀程度。试验方法应按 QB/T 3826 执行,质量评定应按 QB/T 3832 执行。

16.2.2 涂漆试样耐盐雾试验

试验方法:按 GB/T 1765 要求制备样板,把样板放入规定的盐水喷雾设备中,在 35 ℃±2 ℃温度下,以浓度为 5%的氯化钠溶液进行喷雾,氯化钠沉降量为 1 mL/80 cm^2 · h～2 mL/80 cm^2 · h,时间按各器具标准规定,试验方法按 GB/T 1771 规定进行,按 GB/T 1740 评定腐蚀程度。

16.3 耐燃气性能

16.3.1 膜片、燃气密封垫片、垫圈类

a) 试验方法:把预先测量出质量的三个试样,放在温度为 5 ℃～25 ℃的正戊烷中浸泡 72 h,取出放空气中 24 h,应按 GB/T 1690—2006 试验其质量变化。人工燃气燃具用品采用 GB/T 1690—2006中规定的"B"溶液试验。

b) 试样制作:膜片类以 10 mm×10 mm 为标准式样,小型密封垫片、垫圈类采用整体浸泡,大型密封垫片、垫圈类参考膜片式样尺寸,厚度不限。

16.3.2 浆状、油脂密封材料

试验方法:称取约 1 g 密封材料涂于铝片上,在室温下放置 24 h 后,放入图 3 所示的试验设备中。打开旋塞 A 和 B,把内部空气用丁烷气置换出来,关闭 B 旋塞,保持 U 型管内燃气压力为 5 kPa,并在 20 ℃±1 ℃和 4 ℃±1 ℃条件下,分别放置 1 h,然后计算密封脂质量变化率,应小于各燃具标准中的规定值。

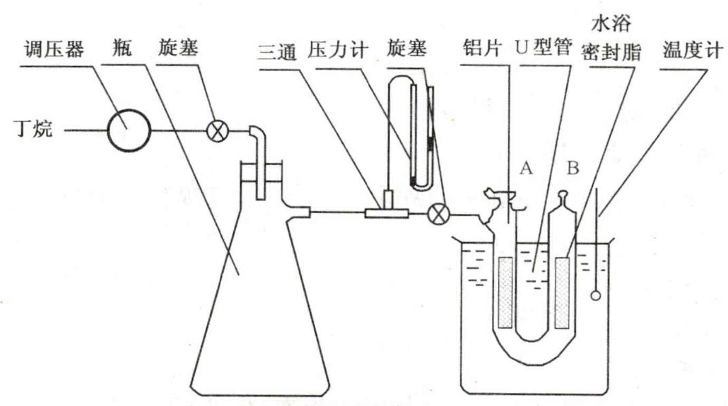

图 3　油脂耐燃气试验装置

16.4　钢球冲击试验

试验方法：把经过搪瓷处理的燃烧器放在相应尺寸的木板上，用直径为 30 mm 钢球从 300 mm 高处自由落下，试验搪瓷有无剥落。

16.5　保温材料和隔热材料燃烧性能

试验方法：在材料均匀的地方，取长 150 mm±1 mm、宽 50 mm±1 mm、厚 13 mm±1 mm 的试样放在图 4 所示的装置上，试样接触火焰 1 min 后，将火焰离开试样 20 cm 以上，目视试样是否燃烧。当试样产生燃烧时，测定从燃烧开始到自行熄火时的时间。

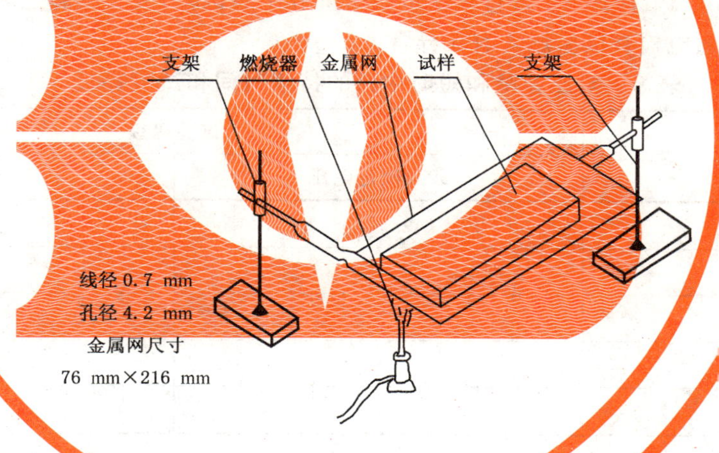

注 1：金属网应水平放置；

注 2：调整燃烧器(可采用本生灯)火焰为约 38 mm 高的蓝色火苗，燃烧器上端与金属网距离为 13 mm；

注 3：试样片紧靠金属网弯折处。

图 4　材料燃烧性能试验装置

17　电气安全性能试验

对于市电类燃具，应按表 5 内容进行电气安全性能试验。

表 5　电气安全性能试验内容

序　号	试验内容	试验方法
1	对触及带电部件的防护	按 GB 4706.1—2005 中第 8 章进行试验
2	泄漏电流和电气强度	按 GB 4706.1—2005 中第 16 章进行试验
3	工作温度下的泄漏电流和电气强度	按 GB 4706.1—2005 中第 13 章进行试验
4	接地措施	按 GB 4706.1—2005 中第 27 章进行试验

18 电源干扰试验

对于单片机控制的燃具，进行以下项目检验。

18.1 电源干扰试验条件和判定准则

试验时按 GB/T 17799.1—1999 中表 4 的规定，进行交流电源输入端口抗扰度检验。

a) 实验室条件：

环境温度：同 4.1.1；

大气压力：同 4.1.2；

相对湿度：25%～75%。

b) 燃具运行状态：燃具分别置于启动状态、运行状态、停止状态，干扰电脉冲加到电源输入端，检查试验燃具是否正常运行或安全关闭。

c) 判定准则：

准则 1：进行下面试验时，燃具应正常运行；

准则 2：进行下面试验时，燃具应处于安全状态。

18.2 电源电压暂降和短时中断的抗扰度试验

a) 试验方法

燃具使用“0-2”试验气，在燃具点燃达到稳定运行状态后，按表 6 给出的持续时间和试验等级组合顺序按 GB/T 17626.11 进行三次电压暂降和中断试验，两次试验之间的最小时间间隔为 10 s。试验后通电检查试验燃具有无异常。

表 6 电压暂降和短时中断的持续时间和试验等级

持续时间/ms	试验等级	
	50%额定电压	0%额定电压
10	—	V
20	—	V
50	V	V
500	V	V
2 000	V	V

b) 试验结果判定：

对电压暂降、短时中断时间小于等于 20 ms 时，燃具应符合判定准则 1 的要求；

对电压暂降、短时中断时间大于 20 ms 时，燃具应符合判定准则 2 的要求。

18.3 浪涌抗扰度试验

a) 试验方法

燃具使用“0-2”试验气，在燃具点燃达到稳定运行状态后，按表 7 给定条件，根据 GB/T 17626.5 进行试验，试验后通电检查试验燃具有无异常。

表 7 浪涌抗扰度的试验等级

试验等级	主电源电压/kV	
	L1-L2(线-线)	L1-G，L2-G(线-地)
2	0.5	1.0
3	1.0	2.0

注 1：浪涌波形为：1.2/50 μs；

注 2：L1、L2 为相线、G 为地线。

b） 试验结果判定：

按试验等级 2 试验时，燃具应符合判定准则 1 的要求。

按试验等级 3 试验时，燃具应符合判定准则 2 的要求。

18.4 电快速瞬变脉冲群抗扰度试验

a） 试验方法

燃具使用“0-2”试验气，在燃具点燃达到稳定运行状态后，按表 8 给定条件，根据 GB/T 17626.4 进行试验，试验后通电检查试验燃具有无异常。

表 8 电快速瞬变脉冲群抗扰度的试验等级

试验等级	主电源电压/kV	重复频率/kHz
2	1.0	5
3	2.0	5

b） 试验结果判定：

按试验等级 2 试验时，燃具应符合判定准则 1 的要求。

按试验等级 3 试验时，燃具应符合判定准则 2 的要求。

附　录　A
（资料性附录）
试验用仪器仪表

试验用主要仪器仪表参照 CJ/T 3075.2 规定如下。

表 A.1　试验用仪器仪表

检验项目	仪器仪表名称示例	规格或范围	最大允许测量误差
室温	温度计	0～50 ℃	0.5 ℃
燃气温度	温度计	0～50 ℃	0.5 ℃
水温	温度计	0～100 ℃	0.2 ℃
表面温度	表面温度计	0～250 ℃	1 ℃
大气压力	气压计	81 kPa～107 kPa	0.1 kPa
燃气压力	U 型压力计或压力表	0 Pa～5 000 Pa	10 Pa
燃气流量	气体流量计	—	0.1 L
燃气热值	热量计	—	—
燃气密度	气体相对密度计	—	—
燃气成分	色谱仪	—	—
氧气	氧气测试仪	0～21%	0.1%
一氧化碳	一氧化碳测试仪	0～0.2%	0.001%
二氧化碳	二氧化碳测试仪	0～15%	0.1%
噪声	声级计	40 dB～120 dB	0.5 dB
时间	秒表	—	0.1 s
防触电保护	试验探棒	—	—
泄漏电流	泄漏电流	—	—
耐电压强度	耐压试验仪	200 mA	—
电压暂降、电压中断	电压暂降、瞬断和电压变化模拟器	符合 GB 17626.11 要求	
浪涌抗扰度	浪涌/冲击模拟试验仪	符合 GB 17626.5 要求	
快速瞬变抗扰度	快速瞬变模拟器	符合 GB 17626.4 要求	
注：以上主要试验仪器仪表仅为试验的最基本条件，应尽量采用试验手段更先进，精度更高的仪器、仪表进行检测。			

ICS 27.010
F 01

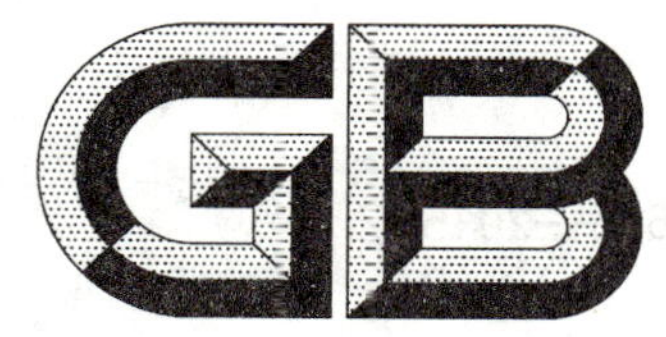

中华人民共和国国家标准

GB 20665—2015
代替 GB 20665—2006

家用燃气快速热水器和燃气采暖热水炉能效限定值及能效等级

Minimum allowable values of energy efficiency and energy efficiency grades for domestic gas instantaneous water heaters and gas fired heating and hot water combi-boilers

2015-05-15 发布 2016-06-01 实施

中华人民共和国国家质量监督检验检疫总局
中国国家标准化管理委员会 发布

前　言

本标准4.3为强制性的，其余为推荐性的。

本标准按照GB/T 1.1—2009给出的规则起草。

本标准代替GB 20665—2006《家用燃气快速热水器和燃气采暖热水炉能效限定值及能效等级》。与GB 20665—2006相比，除编辑性修改外主要技术变化如下：

——范围中将“本标准适用于热负荷不大于70 kW的热水器和采暖炉”更改为“本标准适用于仅以燃气作为能源的热负荷不大于70 kW的热水器和采暖炉”；

——引用标准中增加了GB 25034《燃气采暖热水炉》、CJ/T 336《冷凝式家用燃气快速热水器》和CJ/T 395《冷凝式燃气暖浴两用炉》；

——第4章中增加了“4.1　基本要求”；

——表1中各个级别的最低允许能效指标由原来固定的针对额定负荷和部分负荷热效率的单一限值变为只限定这两个热效率值的较大值下限和较小值下限；

——试验方法中除了要按GB 6932《家用燃气快速热水器》的要求进行外，还增加了按照GB 25034《燃气采暖热水炉》、CJ/T 336《冷凝式家用燃气快速热水器》和CJ/T 395《冷凝式燃气暖浴两用炉》的相关要求的内容。

本标准由国家发展和改革委员会资源节约和环境保护司、工业和信息化部节能与综合利用司提出。

本标准由全国能源基础与管理标准化技术委员会(SAC/TC 20)归口。

本标准起草单位：中国标准化研究院、国家燃气用具质量监督检验中心、国家燃气用具产品质量监督检验中心(佛山)、广东万和新电气股份有限公司、广州迪森家用锅炉制造有限公司、艾欧史密斯(中国)热水器有限公司、广东万家乐燃气具有限公司、海尔热水器有限公司、广东美的厨卫电器制造有限公司、威能(北京)供暖设备有限公司、上海林内有限公司、国际铜业协会(中国)、华帝股份有限公司、宁波方太厨具有限公司、能率(中国)投资有限公司。

本标准主要起草人：刘伟、陈海红、刘彤、林力、钟家淞、楼英、毕大岩、胡定钢、郑涛、梁国荣、盖新峰、徐蔚春、申隽、易洪斌、徐德明、张坤东。

本标准所代替标准的历次版本发布情况为：

——GB 20665—2006。

家用燃气快速热水器和燃气采暖热水炉能效限定值及能效等级

1 范围

本标准规定了家用燃气快速热水器(含冷凝式家用燃气快速热水器,以下简称热水器)和燃气采暖热水炉(含冷凝式燃气暖浴两用炉,以下简称采暖炉)的能效限定值、节能评价值、能效等级、试验方法和检验规则。

本标准适用于仅以燃气作为能源的热负荷不大于 70 kW 的热水器和采暖炉。

本标准不适用于燃气容积式热水器。

本标准所指燃气应符合 GB/T 13611 的规定。

2 规范性引用文件

下列文件对于本文件的应用是必不可少的。凡是注日期的引用文件,仅注日期的版本适用于本文件。凡是不注日期的引用文件,其最新版本(包括所有的修改单)适用于本文件。

GB 6932—2001 家用燃气快速热水器

GB/T 13611 城镇燃气分类和基本特性

GB 25034—2010 燃气采暖热水炉

CJ/T 336—2010 冷凝式家用燃气快速热水器

CJ/T 395—2012 冷凝式燃气暖浴两用炉

3 术语和定义

GB 6932、GB 25034、CJ/T 336 和 CJ/T 395 界定的以及下列术语和定义适用于本文件。

3.1

热水器和采暖炉能效限定值 minimum allowable values of energy efficiency for domestic gas instantaneous water heaters and gas fired heating and hot water combi-boilers

按照规定的试验条件,热水器和采暖炉应达到的最低热效率值。

3.2

热水器和采暖炉节能评价值 evaluating values of energy conservation for domestic gas instantaneous water heaters and gas fired heating and hot water combi-boilers

按照规定的试验条件,节能热水器和节能采暖炉应达到的最低热效率值。

4 技术要求

4.1 基本要求

本标准所适用的热水器和采暖炉应分别符合 GB 6932—2001、GB 25034—2010、CJ/T 336—2010 和 CJ/T 395—2012 的规定。

4.2 能效等级

热水器和采暖炉能效等级分为3级，其中1级能效最高。各等级的热效率值不应低于表1的规定。表1中的η_1为热水器或采暖炉额定热负荷和部分热负荷(热水状态为50%的额定热负荷，采暖状态为30%的额定热负荷)下两个热效率值中的较大值，η_2为较小值。当η_1与η_2在同一等级界限范围内时判定该产品为相应的能效等级；如η_1与η_2不在同一等级界限范围内，则判为较低的能效等级。

表1 热水器和采暖炉能效等级

类型			热效率值 η/% 能效等级 1级	2级	3级
热水器		η_1	98	89	86
		η_2	94	85	82
采暖炉	热水	η_1	96	89	86
		η_2	92	85	82
	采暖	η_1	99	89	86
		η_2	95	85	82

注：能效等级判定举例：
例1：某热水器产品实测$\eta_1=98\%$，$\eta_2=94\%$，η_1和η_2同时满足1级要求，判为1级产品；
例2：某热水器产品实测$\eta_1=88\%$，$\eta_2=81\%$，虽然η_1满足3级要求，但η_2不满足3级要求，故判为不合格产品；
例3：某采暖炉产品热水状态实测$\eta_1=98\%$，$\eta_2=94\%$，热水状态满足1级要求；采暖状态实测$\eta_1=100\%$，$\eta_2=82\%$，采暖状态为3级产品；故判为3级产品。

4.3 能效限定值

热水器和采暖炉能效限定值为表1中能效等级的3级。

4.4 节能评价值

热水器和采暖炉节能评价值为表1中能效等级的2级。

5 试验方法

5.1 家用燃气快速热水器

家用燃气快速热水器的试验条件除符合以下条件外，其他试验条件应符合GB 6932—2001的有关规定。

a) 试验室环境温度为20 ℃±5 ℃；

b) 进水口冷水温度为20 ℃±2 ℃。

测定额定热负荷热效率时，试验方法按GB 6932—2001的表26进行。测定50%的额定热负荷热效率时，调节出水温度比进水温度高20 K±1 K，其他试验方法按GB 6932—2001的表26进行。

5.2 冷凝式家用燃气快速热水器

冷凝式家用燃气快速热水器的试验条件和试验方法按 CJ/T 336—2010 的要求进行，分别测定额定热负荷和 50%的额定热负荷时的热效率。

5.3 燃气采暖热水炉

燃气采暖热水炉热水状态的试验条件按 GB 25034—2010 的要求进行。测定额定热负荷热效率时，试验方法按 GB 25034—2010 的 7.7.3 进行；测定 50%的额定热负荷热效率时，调节出水温度比进水温度高 20 K±1 K，其他试验方法按 GB 25034—2010 的 7.7.3 进行。采暖炉采暖状态的试验条件按 GB 25034—2010 的要求进行，测定额定热负荷热效率时，试验方法按 GB 25034—2010 的 7.7.1 进行；测定 30%的额定热负荷热效率时，试验方法按 GB 25034—2010 的 7.7.2.2.1 进行。

5.4 冷凝式燃气暖浴两用炉

冷凝式燃气暖浴两用炉热水状态的试验条件按 CJ/T 395—2012 进行，测定额定热负荷热效率时，试验方法按 CJ/T 395—2012 的 7.6.4 进行；测定 50%的额定热负荷热效率时，调节出水温度比进水温度高 20 K±1 K，其他试验方法按 CJ/T 395—2012 的 7.6.4 进行。冷凝炉采暖状态的试验条件按 CJ/T 395—2012 进行，测定额定热负荷热效率时，试验方法按 CJ/T 395—2012 的 7.6.2 进行；测定 30%的额定热负荷热效率时，试验方法按 CJ/T 395—2012 的 7.6.3 进行。

6 检验规则

6.1 出厂检验

6.1.1 能效限定值应作为热水器和采暖炉出厂检验项目。抽样方案由生产企业质量检验部门自行决定。

6.1.2 经检验认定能效不满足 4.3 要求的产品不允许出厂。

6.2 型式检验

6.2.1 热水器和采暖炉产品出现下列情况之一时，应进行能效型式检验：

a) 试制的新产品；

b) 改变产品设计、工艺或所用材料明显影响其性能时；

c) 质量技术监督部门提出检验要求时。

6.2.2 能效型式检验的抽样，每次抽 3 台，其中两台试验，一台备用。试验结果两台均符合本标准要求，则该批为合格；如果两台均不符合本标准要求，则该批为不合格。如果有一台能效值不符合本标准要求，应对备用热水器和采暖炉进行测试，如测试结果符合本标准要求则该批为合格；如测试结果仍不符合本标准要求，则该批为不合格。

ICS 27.060.20
F 04

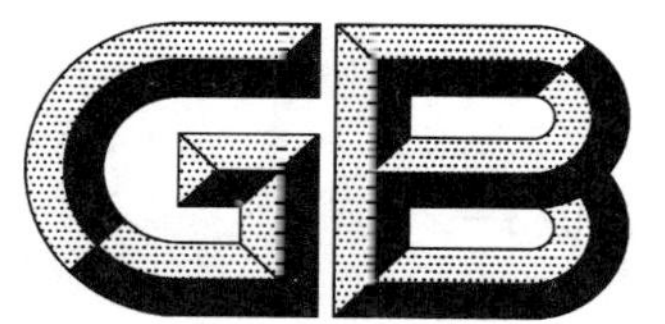

中华人民共和国国家标准

GB/T 35073—2018

燃气燃烧器节能等级评价方法

Evaluation method of energy saving grade for gas burner

2018-05-14 发布　　　　2018-12-01 实施

国家市场监督管理总局
中国国家标准化管理委员会　发布

前　言

本标准按照 GB/T 1.1—2009 给出的规则起草。

本标准由全国燃烧节能净化标准化技术委员会(SAC/TC 441)提出并归口。

本标准主要起草单位:中认武汉华中创新技术服务有限公司、苏州安鸿泰新材料有限公司、神雾科技集团股份有限公司、中国石油规划总院。

本标准参加起草单位:合肥顺昌分布式能源综合应用技术有限公司、中国科学技术大学、中国质量认证中心武汉分中心、华中科技大学、湖南巴陵炉窑节能股份有限公司、宝武集团宝钢中央研究院武汉分院、武汉安和节能新技术有限公司、无锡布鲁塞能源科技有限公司、安徽省凤形耐磨材料股份有限公司、湖北谁与争锋节能灶具股份有限公司、绍兴市金帝电器有限公司、浙江省燃气具和厨具厨电行业协会。

本标准主要起草人:陈卫斌、刘可、吴道洪、解红军、曾鉴三、靳世平、陈远新、郑文红、周绍芳、欧阳德刚、龙妍、裴青龙、余卫国、王东方、顾利民、林一歆、朱齐艳、王祥、丁翠娇、徐风、赵光洁、马小勇、刘志春、黄剑、杜一庆、李力炜、杨鹏、姚斌、舒朝晖、王小禹、葛大中、张秀梅、台启龙、高杰、程钧、张正东、张家顺、林其钊。

燃气燃烧器节能等级评价方法

1 范围

本标准规定了燃气燃烧器节能等级指标和节能等级评价方法。

本标准适用于一般工业燃气燃烧器，不适用于无氧化燃烧器、蓄热式燃烧器、自身预热式燃烧器、高速烧嘴、多孔介质燃烧器、民用燃烧器和其他特殊燃烧器。

2 术语和定义

下列术语和定义适用于本文件。

2.1

燃烧效率 combustion efficiency

燃料燃烧后实际释放的热量占其完全燃烧后释放的热量的百分比。

注：燃烧效率是考察燃料燃烧充分程度的重要指标。

2.2

过量空气系数 excess air coefficient

燃烧每千克燃料实际供给的空气质量与理论上完全燃烧每千克燃料所需的空气质量百分比。

2.3

炉膛有效容积 effective furnace volume

炉膛边界范围以内进行燃料燃烧及有效辐射换热过程的空间的几何容积。

2.4

炉膛容积放热强度 furnace volume heat release rate

单位炉膛有效容积在单位时间内的释热量，其值等于炉膛输入热功率与炉膛有效容积之比。

注：炉膛容积放热强度简称炉膛容积热强度，又称炉膛容积热负荷。

2.5

负荷率 load regulating ratio

在规定时间内燃烧器的平均负荷与额定负荷的百分比。

3 评价方法

3.1 技术要求

3.1.1 燃烧效率≥99.9%或烟气中可燃物(一氧化碳和碳氢化合物总量)含量≤0.05%。

3.1.2 炉膛容积放热强度应符合表1的要求。

表1 燃气燃烧器容积放热强度要求

种类	炉膛容积放热强度
燃气燃烧器	负荷率100%工况下，炉膛容积放热强度应为(1±0.1)MW/m³；其余负荷率工况下，炉膛容积放热强度与负荷率同比率降低

3.2 测试方法

采用燃气燃烧器所对应的燃气种类，在统一规定的标准测试环境、测试炉和测试系统条件下进行测试。

3.3 计算方法

3.3.1 针对负荷率为100%、80%、70%、50%、30%的五种工况下的过量空气系数，采用加权平均法，根据计算出的平均过量空气系数进行等级评价。

3.3.2 不同负荷率工况下过量空气系数权重应符合表2的要求。

表2 不同负荷率工况下过量空气系数权重表

负荷率	100%	80%	70%	50%	30%
权重	0.3	0.3	0.25	0.1	0.05

3.3.3 平均过量空气系数计算公式见式(1)：

$$M=\sum m_i \times \eta_i \quad \cdots\cdots(1)$$

式中：

M ——平均过量空气系数；

m ——过量空气系数；

η ——权重；

i ——第 i 种负荷率。

3.4 燃气燃烧器节能等级

燃气燃烧器节能等级划分见表3。

表3 燃气燃烧器节能等级表

等级	评价指标	评价
1级	平均过量空气系数<1.05	优
2级	1.05≤平均过量空气系数<1.10	良
3级	1.10≤平均过量空气系数<1.15	中
4级	1.15≤平均过量空气系数<1.20	合格
5级	1.20≤平均过量空气系数	不合格

ICS 27.060.20
F 04

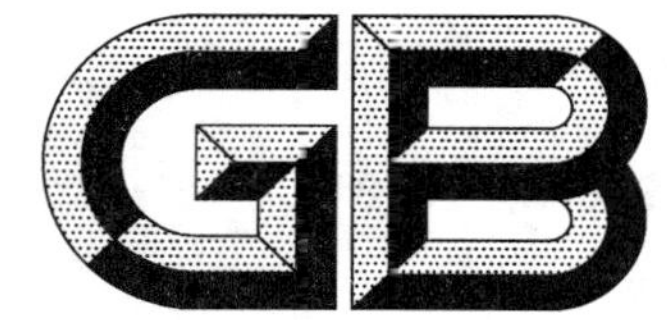

中华人民共和国国家标准

GB/T 35075—2018

燃气燃烧器节能试验规则

Energy saving test rules for gas burner

2018-05-14 发布　　　　2018-12-01 实施

国家市场监督管理总局
中国国家标准化管理委员会　发布

前　言

本标准按照GB/T 1.1—2009给出的规则起草。

本标准由全国燃烧节能净化标准化技术委员会(SAC/TC 441)提出并归口。

本标准主要起草单位:华中科技大学、苏州安鸿泰新材料有限公司、神雾科技集团股份有限公司、中国石油规划总院。

本标准参加起草单位:合肥顺昌分布式能源综合应用技术有限公司、中国质量认证中心武汉分中心、中认武汉华中创新技术服务有限公司、中国科学技术大学、湖南巴陵炉窑节能股份有限公司、宝武集团宝钢中央研究院武汉分院、武汉安和节能新技术有限公司、无锡布鲁塞能源科技有限公司、安徽省凤形耐磨材料股份有限公司、绍兴西曼生活电器有限公司、绍兴博乐米厨卫科技有限公司、绍兴市海乐电器有限公司、浙江省燃气具和厨具厨电行业协会。

本标准主要起草人:靳世平、陈卫斌、吴道洪、解红军、曾鉴三、陈远新、刘可、台启龙、周绍芳、欧阳德刚、龙妍、裴青龙、余卫国、王东方、顾利民、郑文红、姚斌、丁翠娇、徐风、杜一庆、赵光洁、马小勇、刘志春、朱齐艳、舒朝晖、林一歆、文午琪、李坦、王小禹、黄剑、彭超、周凯、张秀梅、骆晓平、高杰、张家顺、林其钊。

燃气燃烧器节能试验规则

1 范围

本标准规定了燃气燃烧器节能测试的条件、要求、内容和方法。

本标准适用于一般工业燃气燃烧器,不适用于无氧化燃烧器、蓄热式燃烧器、自身预热式燃烧器、高速烧嘴、多孔介质燃烧器、民用燃烧器和其他特殊燃烧器。

2 规范性引用文件

下列文件对于本文件的应用是必不可少的。凡是注日期的引用文件,仅注日期的版本适用于本文件。凡是不注日期的引用文件,其最新版本(包括所有的修改单)适用于本文件。

GB/T 11062 天然气 发热量、密度、相对密度和沃泊指数的计算方法

GB/T 13610 天然气的组成分析 气相色谱法

TSG ZB001 燃油(气)燃烧器安全技术规则

3 术语和定义

下列术语和定义适用于本文件。

3.1

燃烧效率 combustion efficiency

燃料燃烧后实际释放的热量占其完全燃烧后释放的热量的百分比。

注:燃烧效率是考察燃料燃烧充分程度的重要指标。

3.2

过量空气系数 excess air coefficient

燃烧每千克燃料实际供给的空气质量与理论上完全燃烧每千克燃料所需的空气质量百分比。

3.3

炉膛有效容积 effective furnace volume

炉膛边界范围以内进行燃料燃烧及有效辐射换热过程的空间的几何容积。

3.4

炉膛容积放热强度 furnace volume heat release rate

单位炉膛有效容积在单位时间内的释热量,其值等于炉膛输入热功率与炉腔有效容积之比。

注:炉膛容积放热强度简称炉膛容积热强度,又称炉膛容积热负荷。

3.5

负荷率 load regulating ratio

规定时间内燃烧器的平均负荷与额定负荷的百分比。

4 测试条件与要求

4.1 测试燃料要求

采用燃气燃烧器所对应的燃气种类,如天然气、液化石油气、焦炉煤气、高炉煤气、转炉煤气、城市煤

气、发生炉煤气、合成气、沼气、混合煤气等。

4.2 测试环境与系统要求

4.2.1 燃烧器应安装在通风良好的空间，室内环境温度为 5 ℃～35 ℃。

4.2.2 测试过程中，实验室内空气中的 CO 含量应小于 0.002%，CO_2 含量应小于 0.2%，同时，测试现场不得有影响燃烧的气流。

4.2.3 燃烧器系统的连接应符合 TSG ZB001 的规定，确保测试工作安全顺利进行。

4.2.4 测试实验室应提供燃烧器所需的稳定额定电压和额定频率的电源。

4.2.5 测试仪器精度应符合表 1 的要求。

表 1 测试项目及仪器精度要求

序号	测试项目	仪器精度
1	燃料热值	±0.5%
2	密度	±0.5%
3	质量(重量)	±0.5%
4	压力	±10 Pa
5	压力传感器	±1%满量程
6	测温仪器	±1 ℃
7	流量测量仪器	±0.5%满量程
8	长度测量仪器	±1%满量程
9	CO_2 含量	±1%满量程
10	O_2 含量	±1%满量程
11	CO 含量	±0.5 mg/m^3

4.3 测试炉的要求

4.3.1 结构要求

4.3.1.1 测试台装设的火焰测试炉，其本体的设计应可根据燃烧器的输出热功率、容积热强度、燃烧器火焰直径以及火焰长度来调节其炉膛大小。

4.3.1.2 测试炉的燃烧室出口或者烟道内，应安装可以改变燃烧室压力的调节挡板，以调节燃烧室的压力。

4.3.1.3 测试炉炉墙除前墙以外，都应该被冷却。

4.3.1.4 测试炉上应设置火焰观察孔。

4.3.1.5 测试炉上应当布置 2 个以上的测压点，能够测量燃烧室内压力。

4.3.1.6 在负压条件下工作的燃烧器的测试，应该在测试炉系统中的下游安装引风机，通过手动调节装置或者自动压力控制系统来调节燃烧室的压力。

4.3.1.7 如果燃烧器的输出热功率(热负荷)大于或等于 4.5 MW,可以在与之匹配的供热装置上进行测试,考虑实际环境影响应对测试结果进行必要修正。

4.3.2 冷却条件要求

燃烧器在进行热态测试过程中,测试炉冷却介质的温度应在 40 ℃～80 ℃之间,温度波动应在±1 ℃以内。

4.3.3 调节性要求

测试炉应具备精确调节和稳定燃料流量、空气流量的功能,流量调节精度应在±1%以内,流量波动应在±1%以内。

4.4 测试测点要求

4.4.1 燃气管道测点

管道的流量、温度、压力均应设置测点,详细布置见图 1:

a) 流量测点前端至少保持 $2D$ 长度水平管道,且满足流量计所需要的前后直管段距离要求;

b) 流量、温度、压力三个测点距离不超过 $0.15D$,压力测点应安装在温度测点上游;

c) 根据流量计型式正确安装流量计。插入式流量计插入方向与燃气流动方向垂直,插入深度为管道 1/2 内径。

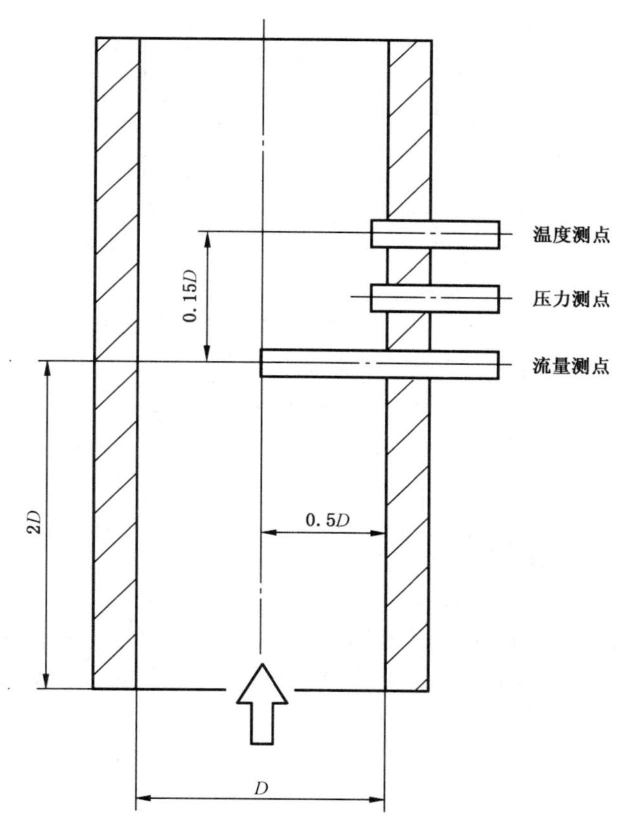

图 1 燃料管道测点布置

4.4.2　空气管道测点

空气管道布置流量、温度、压力三个测点，详细布置见图2：

a)　流量测点前端至少保持2*D*长度水平管道，且满足流量计所需要的前后直管段距离要求；

b)　流量、温度、压力三个测点距离不超过0.15*D*，压力测点应安装在温度测点上游；

c)　根据流量计型式正确安装流量计。插入式流量计插入方向与燃气流动方向垂直，插入深度为管道1/2内径。

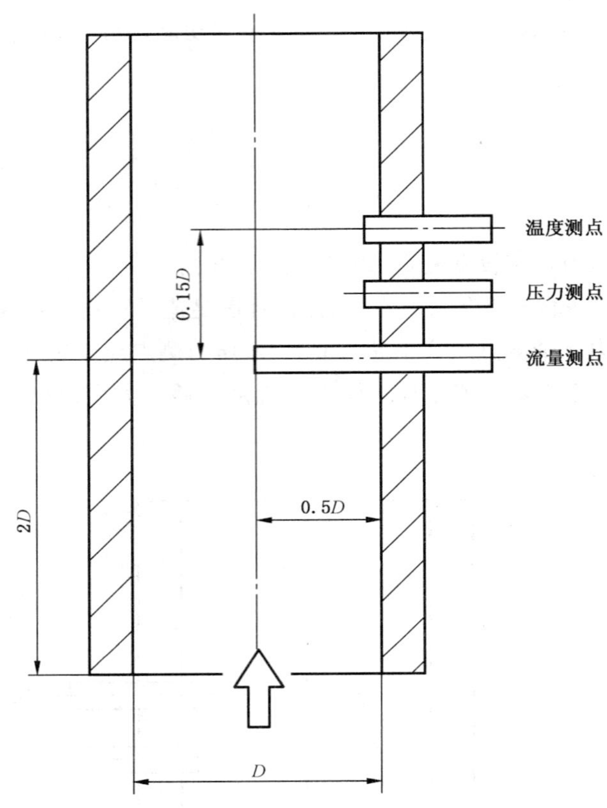

图2　空气管道测点布置

4.4.3　烟气管道测点

烟气管道布置温度、压力、成分三个测点，详细布置见图3：

a)　测点前端至少保持2*D*长度水平管道；

b)　温度、压力、成分三个测点距离不超过0.15*D*，压力测点应安装在温度测点上游；

c)　插入式烟气成分取样管插入方向与烟气流动方向垂直，插入深度为1/3管道内径，测试时不能有空气漏入。

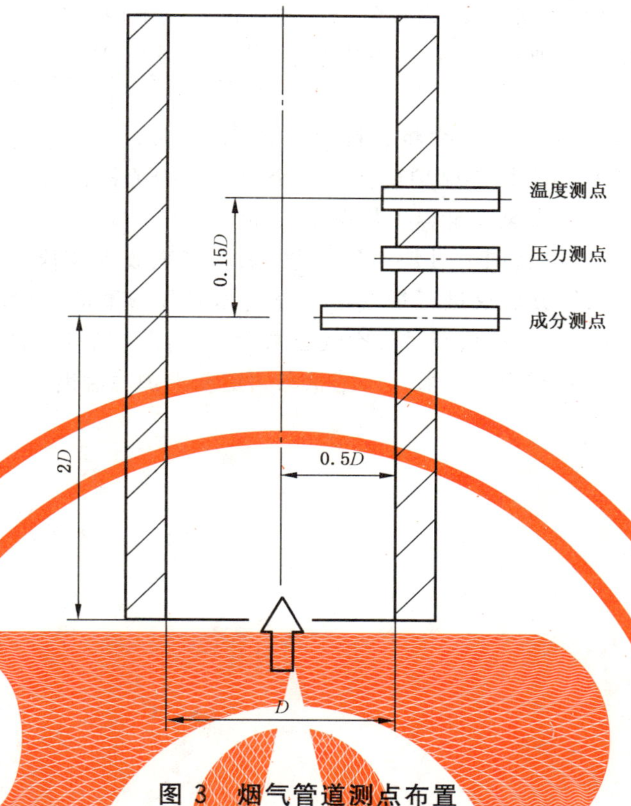

图 3 烟气管道测点布置

4.4.4 炉膛温度测点

沿炉膛内部四周及长度方向需均匀分布多个温度测点，测点间距 200 mm，温度测量元件插入深度 100 mm。

4.5 燃烧效率要求

燃烧效率≥99.9%或烟气中可燃物含量≤0.05%。

4.6 容积热强度要求

负荷率 100%工况下，炉膛容积放热强度应为(1±0.1)MW/m³。

4.7 负荷率要求

测试负荷率为 100%、80%、70%、50%、30%五种工况。

5 测试内容与方法

5.1 测试内容

在规定的燃烧效率、容积热强度条件下，测定燃烧器在不同负荷率下的过量空气系数。

5.2 测试步骤

测试按以下步骤进行，并参照附录 A 各记录表的模板对测试结果进行记录报告：

a) 燃烧器测试前应该将燃料取样,由具备资质的单位对以下内容进行分析检测:气体成分、相对密度、低位热值。各种燃气的气体成分测试均依据 GB/T 13610,相对密度计算依据 GB/T 11062。

b) 根据负荷率,计算相应输出功率,将燃料调节至相应流量。

c) 保持负荷率,以火焰不直接接触炉壁面等安全性要求为前提,在过量空气系数为 1.1 条件下,调整测试炉燃烧空间,直至满足容积热强度条件。

d) 保持负荷率与炉膛容积,调节过量空气系数,采用燃烧效率仪检测烟气成分,直至燃烧效率≥99.9%;或采用烟气分析仪进行烟气中可燃气体成分测量,直至可燃气体成分≤0.05%,记录此时过量空气系数。每次调节过量空气系数后,须待测试炉达到热稳定状态并持续 5 min,再进行下一次调节,直至满足要求。稳定状态判定要求炉膛温度、烟气成分上下波动在测量值的±1%以内。

附 录 A
（资料性附录）
测试报告模板

测试报告模板见表 A.1～表 A.3。

表 A.1 测试报告

<table>
<tr><td>制造单位名称</td><td colspan="2"></td><td>报告编号</td><td></td></tr>
<tr><td>制造单位地址</td><td colspan="4"></td></tr>
<tr><td>委托单位名称</td><td colspan="4"></td></tr>
<tr><td>燃烧器产品编号</td><td></td><td>样品来源</td><td colspan="2"></td></tr>
<tr><td>燃烧器制造日期</td><td></td><td>测试地点</td><td colspan="2"></td></tr>
<tr><td colspan="5">燃烧器基本情况</td></tr>
<tr><td>燃烧器名称</td><td></td><td>燃烧器型号</td><td colspan="2"></td></tr>
<tr><td>燃烧器类别</td><td></td><td>供气压力(或范围)</td><td colspan="2"></td></tr>
<tr><td>调节方式</td><td colspan="4">□单级　□两(多)级调节(调节比：　)　□连续调节(调节比：　)</td></tr>
<tr><td>关键原材料</td><td colspan="4"></td></tr>
<tr><td>设计燃料</td><td></td><td>设计燃料低位发热值</td><td colspan="2"></td></tr>
<tr><td>设计最大输出热功率</td><td>kW</td><td>设计最小输出热功率</td><td colspan="2">kW</td></tr>
<tr><td colspan="5">主要部件基本情况</td></tr>
<tr><td>配件名称</td><td>型号</td><td>主要参数</td><td colspan="2">制造单位名称</td></tr>
<tr><td>程序控制器</td><td></td><td></td><td colspan="2"></td></tr>
<tr><td>点火变压器</td><td></td><td></td><td colspan="2"></td></tr>
<tr><td>火焰监测器</td><td></td><td></td><td colspan="2"></td></tr>
<tr><td>安全切断阀</td><td></td><td></td><td colspan="2"></td></tr>
<tr><td>测试依据</td><td colspan="4"></td></tr>
<tr><td colspan="5">实验结果</td></tr>
<tr><td>实验工况</td><td>负荷率</td><td>输出功率</td><td colspan="2">测试状况过量空气系数</td></tr>
<tr><td>1</td><td></td><td></td><td colspan="2"></td></tr>
<tr><td>2</td><td></td><td></td><td colspan="2"></td></tr>
<tr><td>3</td><td></td><td></td><td colspan="2"></td></tr>
<tr><td>4</td><td></td><td></td><td colspan="2"></td></tr>
<tr><td>5</td><td></td><td></td><td colspan="2"></td></tr>
<tr><td>6</td><td></td><td></td><td colspan="2"></td></tr>
<tr><td>平均过量空气系数</td><td colspan="4"></td></tr>
<tr><td>等级</td><td colspan="4">□1 级　□2 级　□3 级　□4 级　□5 级</td></tr>
<tr><td colspan="2">测试负责人：　　　日期：</td><td colspan="3" rowspan="3">测试单位：
（机构专用章）
日期：</td></tr>
<tr><td colspan="2">审 核：　　　日期：</td></tr>
<tr><td colspan="2">批 准：　　　日期：</td></tr>
</table>

燃烧器照片

侧视照片
正视照片

表 A.2 燃气特性

序号	项目名称	符号	单位	检测数据	备注
1	甲烷	CH_4	%		
2	乙烷	C_2H_6	%		
3	丙烷	C_3H_8	%		
4	氧气	O_2	%		
5	氮气	N_2	%		
6	二氧化碳	CO_2	10^{-6}		
7	高位发热量	Q_g	MJ/m^3		
8	低位发热量	Q^d	MJ/m^3		
9	相对密度	d			
注：测试标准：GB/T 13610《天然气的组成分析 气相色谱法》。					

表 A.3 工况测试记录

工况总述			
试验环境状况参数	环境温度/℃	环境湿度/(%RH)	环境气压/Pa
负荷率/%	燃烧效率/%	容积热强度/(W/m^3)	过量空气系数
炉膛情况描述			
炉膛容量情况：长宽高等			
燃料数据			
燃料流量/(m^3/h)	燃料温度/℃	燃料压力/Pa	折合流量(计算量)V：(标准状态)/(m^3/h)
输出功率(计算量)/W			
容积热强度(计算量)/(W/m^3)			
空气数据			
空气流量/(m^3/h)	空气温度/℃	空气压力/Pa	折合流量(计算量)V：(标准状态)/(m^3/h)
烟气数据			
烟气流量/(m^3/h)	烟气温度/℃	烟气压力/Pa	折合流量(计算量)V：(标准状态)/(m^3/h)
烟气成分			
项目	名称	质量含量/%	备注
1	氧气		
2	二氧化碳		
3	一氧化碳		
4	氮气		
5	粉尘		
6	其他		
燃烧效率/%			

ICS 91.140
P 45

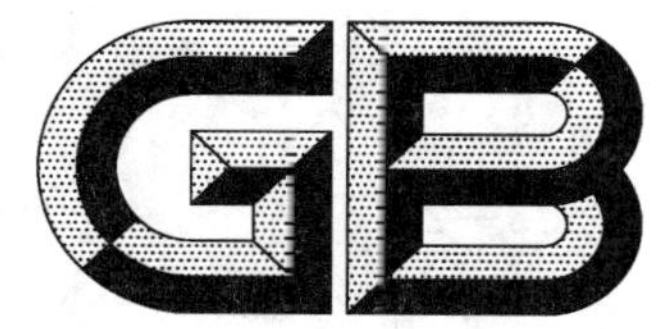

中华人民共和国国家标准

GB/T 36503—2018

燃气燃烧器具质量检验与等级评定

Quality inspection and grade evaluation for gas-burning appliances

2018-07-13 发布 2019-06-01 实施

国家市场监督管理总局
中国国家标准化管理委员会 发布

前　言

本标准按照GB/T 1.1—2009给出的规则起草。

本标准由中华人民共和国住房和城乡建设部提出并归口。

本标准起草单位:中国市政工程华北设计研究总院有限公司、国家燃气用具质量监督检验中心、艾欧史密斯(中国)热水器有限公司、广东万家乐燃气具有限公司、广东万和新电气股份有限公司、宁波方太厨具有限公司、青岛经济技术开发区海尔热水器有限公司、芜湖美的厨卫电器制造有限公司、广州迪森家居环境技术有限公司、北京菲斯曼供热技术有限公司、合肥百年五星饮食设备有限责任公司、裕富宝厨具设备(深圳)有限公司、北京市公用事业科学研究所、浙江帅丰电器有限公司、博西华电器(江苏)有限公司、北京东邦御厨科技股份有限公司、广州市精鼎电器科技有限公司、成都前锋电子有限责任公司、英联斯特(广州)餐饮设备有限公司、上海梦地工业自动控制系统股份有限公司、浙江徐氏厨房设备有限公司、浙江博立灶具科技有限公司、上海林内有限公司、湖北谁与争锋节能灶具股份有限公司、浙江新涛智控科技股份有限公司、能率(中国)投资有限公司、浙江板川电器有限公司、佛山市贝尔塔电器有限公司、山东金佰特商用厨具有限公司、无锡市金达成套厨房设备有限公司、永康市华港厨具配件有限公司、威能(中国)供热制冷环境技术有限公司、山东华杰厨业有限公司、上海科能特餐饮设备有限公司、浙江蓝炬星电器有限公司、嵊州市豪普电器有限公司。

本标准主要起草人:王启、刘斌、毕大岩、余少言、钟家淞、郑军妹、郑涛、徐国平、李祖芹、邵柏桂、唐林东、唐波、颜谨、邵于佶、于磊、岳大刚、庞博、朱宁东、张志林、金建民、徐委康、鞠木春、阮国强、程钧、何明辉、陈华、宋明亮、朱敏、徐清东、邓文伟、施世佐、马海峰、王月华、张文龙、邢聪、蒋华钧、陈津蕊、刘仁昌。

燃气燃烧器具质量检验与等级评定

1 范围

本标准规定了使用城镇燃气的燃气燃烧器具(以下简称燃具)及其相关部件的第一方检验、第二方检验、第三方检验和等级评定。

本标准适用于燃具及其相关部件的单个产品及产品批的质量分级及检验。

本标准所指城镇燃气为符合 GB/T 13611 的燃气,燃具为符合 GB 16914 的燃具。

2 规范性引用文件

下列文件对于本文件的应用是必不可少的。凡是注日期的引用文件,仅注日期的版本适用于本文件。凡是不注日期的引用文件,其最新版本(包括所有的修改单)适用于本文件。

GB/T 2828.1 计数抽样检验程序 第1部分:按接收质量限(AQL)检索的逐批检验抽样计划

GB/T 2828.3 计数抽样检验程序 第3部分:跳批抽样程序

GB/T 2829 周期检验计数抽样程序及表(适用于对过程稳定性的检验)

GB 6932 家用燃气快速热水器

GB/T 10111 随机数的产生及其在产品质量抽样检验中的应用程序

GB/T 13264 不合格品百分数的小批计数抽样检验程序及抽样表

GB/T 13611 城镇燃气分类和基本特性

GB 16410 家用燃气灶具

GB 16914 燃气燃烧器具安全技术条件

GB 17905 家用燃气燃烧器具安全管理规则

GB 20665 家用燃气快速热水器和燃气采暖热水炉能效限定值及能效等级

GB 25034 燃气采暖热水炉

GB 30531 商用燃气灶具能效限定值及能效等级

GB 30720 家用燃气灶具能效限定值及能效等级

CJ/T 28 中餐燃气炒菜灶

CJ/T 132 家用燃气燃烧器具用自吸阀

CJ/T 187 燃气蒸箱

CJ/T 336 冷凝式家用燃气快速热水器

CJ/T 346 家用燃具自动截止阀

CJ/T 392 炊用燃气大锅灶

CJ/T 393 家用燃气器具旋塞阀总成

CJ/T 421 家用燃气燃烧器具电子控制器

CJ/T 451 商用燃气燃烧器具通用技术条件

CJ/T 469 燃气热水器及采暖炉用热交换器

3 术语和定义

下列术语和定义适用于本文件。

3.1

型式检验 type-test

根据产品技术标准或设计文件或试验大纲要求,对产品的各项质量指标进行的全面试验和检验。

3.2

过程检验 in process quality control

零件或产品在加工过程中的试验和检验。其目的是防止产生批量的不合格品,防止不合格品流入下道工序。

3.3

周期检验 periodic inspection

为判断在规定的周期(时间)内,生产过程的稳定性是否符合规定要求,从逐批检验合格的某批或若干批中抽取样本进行的试验和检验。

3.4

首件检验 first article inspection

在生产开始时(上班或换班)或工序因素调整后(调整工艺、工装、设备等)对制造的第一件或前几件进行的试验和检验。

3.5

巡回检验 tour inspection

也称流动检验,检验员在生产现场按一定的时间间隔对有关工序的产品质量和加工工艺进行的监督检验。

3.6

完工检验 end inspection

对某工序完工的一批产品进行的检验。

3.7

质量一致性检验 quality consistency inspection

也称最终检验、出厂检验或交收检验,由企业质检部门在生产线批量逐批检验合格的基础上所进行的入库前的把关检验,以确认产品生产过程中是否能保证产品质量的持续稳定,防止不合格品流入到用户手中。

4 第一方检验

4.1 过程检验

4.1.1 燃具或部件的过程检验应在生产车间实施。

4.1.2 燃具或部件的过程检验应包括首件检验、巡回检验和完工检验等。

4.1.3 燃具或部件装配工序必检项目应包含产品标准中 A 类不合格中的安全性能、操作性能及产品标志和产品说明书,见表 1。

表 1 燃具或部件产品的装配工序全检项目

序号	检验项目	
1	燃气系统气密性	
2	水路系统耐压性	
3	点火性能	
4	燃烧稳定性能	
5	电气性能	接地电阻
6		泄漏电流
7		常态电气强度
8	标志、说明书(安全条款)	

4.1.4 过程检验不合格的产品应及时返工或做相应的处理。

4.2 质量一致性检验

4.2.1 抽样检验

4.2.1.1 燃具及部件质量一致性检验应包括但不仅限于最终检验、入库/出厂检验和交收检验等,抽样方案可依据本标准制定,也可根据供需双方实际情况协商确定,抽样检验示例参见附录 A。

4.2.1.2 供方和采购方应根据产品的质量要求、交付和验收的规定,经协商选用合理的验收抽样方案。具体协商内容如下:

a) 明确单位产品是否符合规定的判据及什么是合格品和不合格品。
b) 明确要求每个单位产品都合格还是批合格,当要求每个单位产品都合格时,不应采用抽样验收。
c) 选用抽样方案应以供方与采购方都可以接收的风险因素为基础。同时考虑平均样本量等其他因素。供方应了解批质量符合要求时被拒收的概率;采购方应了解批质量劣于某规定质量时被接收的概率。
d) 明确抽样方案及批接收与否的判据。

4.2.1.3 燃具产品逐批抽检应符合 GB/T 2828.1 的规定。抽样方案由供需双方确定,所选取的抽样方案的接收概率宜控制在 94%～96%。

4.2.1.4 具有相似质量水平的小批宜汇集成大批进行组批。

4.2.1.5 所需的样本应是随机抽取,可按 GB/T 10111 执行。

4.2.1.6 燃具或部件抽样检验项目见表 2。

表 2 燃具或部件抽样检验项目

序号	产品名称	检验项目
1	燃气灶具	气密性,燃烧工况,温升,安全性能,点火性能,热效率,电气性能,热负荷
2	燃气热水器(或采暖炉)	燃气系统气密性,水路系统耐压性,点火性能,燃烧工况,温升,安全装置性能,电气性能,热水性能,运行安全,热负荷
3	旋塞阀总成	气密性,材料

表 2（续）

序号	产品名称	检验项目
4	燃具火盖，灶头支架	尺寸，表面处理
5	灶具面板	耐热冲击、重力冲击、标志
6	烤箱内壁，烤盘，玻璃门	尺寸，表面处理
7	热水器燃烧器喷嘴	尺寸，表面处理，材质
8	热水器换热器	尺寸，耐压试验，材质
9	热水器外壳，管路	尺寸，表面处理
10	热水器旋塞阀，总成	气密性，点火性能
11	熄火保护	气密性，闭阀时间
12	机械定时器	尺寸，引线强度
13	膨胀式温控器	配合尺寸
14	陶瓷点火器	尺寸，初期输出电压
15	电子脉冲点火器	放电频率，初期输出电压
16	具有再点火功能的电子脉冲点火器	放电频率，初期输出电压，再点火时间
17	直流电源电子控制器	各种安全时间
18	遥控器（直流电源）	显示功能，调节功能
19	自动热水器控制器（交流电源）	安全时间，绝缘性能，耐电压强度
20	遥控器（交流电源）	显示功能，调节功能，遥控距离
21	水流开关，微动开关	尺寸，开关触点接触电阻
22	水气联动阀	尺寸，水密性，动作灵活性
23	燃气压差阀（膜片式）	尺寸，气密性，额定电流，绝缘电阻，引线强度
24	直流低压直动阀	尺寸，线圈电阻，气密性，关闭功能
25	交流或直流电磁阀	尺寸，气密性，关闭功能，耐电压强度
26	燃气比例阀	尺寸，关闭功能
27	热安全保护装置，倒烟保护装置	尺寸，动作温度，引线强度
28	风机总成	尺寸，耐电压强度，引线强度，风量，匝间绝缘电阻
29	交流变压器	耐电压强度，引线强度
30	膨胀水箱	尺寸，密封性
31	热交换器	尺寸，水流通量，密封性
32	水泵	尺寸，密封性，流量
33	风压开关	尺寸，开关触点接触电阻

4.2.1.7　批量为 10～250 的单批或孤立批燃具或部件的抽样应符合 GB/T 13264 的规定，或进行全检。

4.2.1.8　对于连续批，应采用 GB/T 2828.1 的转移规则。除非负责部门有指示，开始检验时应采用正常检验；产品逐批抽检方案的转移规则应符合表 3 的规定。在方案 AQL 值和样品批量不变的条件下，加严方案抽样量应符合 GB/T 2828.1 的规定。

表 3　抽样方案转移规则

转移方向	转移条件
正常检验→加严检验	连续不超过 5 批中有 2 批是不可接收的
加严检验→正常检验	连续 5 批被接收
正常检验→放宽检验	下列条件全部满足： a) 当前的转移得分至少是 30 分； b) 生产稳定； c) 负责部门认为放宽检验可取
放宽检验→正常检验	下列条件之一发生： a) 有一批放宽检查不被接收； b) 生产不稳定或延迟； c) 认为恢复正常检验正当的其他情况
加严检验→暂停检验	加严控制时，累计 5 批不被接收
暂停检验→加严检验	供应方改进了质量

4.2.1.9　当产品质量稳定时，按 GB/T 2828.3 执行跳批抽样程序。

4.2.1.10　检验的样品数量应等于方案给出的样本量。样本中发现的不合格品数小于或等于接收数时，应判该批接收，样本中发现的不合格品数大于或等于拒收数时，应判该批拒收。

4.2.1.11　对于拒收批，经过 100%检验，剔除所有不合格品，并经过修理或调换合格品后，应再次提交批。

4.2.1.12　对于接收批，检验发现的不合格品，不应混入产品批。经负责部门批准可采取下列办法处理：

a) 经过返工修理并累积一个时期后，可作为混合批重新提交，但应对所有质量特征重新进行检验，检验的严格性由负责部门根据情况确定，但不得采用放宽检验；
b) 经过返修处理后，可返回原批重新提交；
c) 由生产方按照批准的不合格品处理办法重新处理；
d) 按使用方与生产方协商的办法处理；
e) 由生产方作废品处理。

4.2.2　周期检验

4.2.2.1　燃具及部件短周期抽样检验应符合 GB/T 2829 的规定。抽样方案应由生产方确定，但所选取的抽样方案的接收概率应控制在 94%～96%。

4.2.2.2　燃具及部件产品短周期检验项目宜包括工序检验中未检的产品标准中的 A 类不合格项和B 类不合格项。

4.2.2.3　产品短周期检验的时间应为 1 d～365 d。具体时间企业应根据批质量的稳定性和生产实际需要自行决定。

4.2.2.4　产品短周期检验后的处理应符合下列要求：

a) 短周期检验合格时，该周期的所有逐批检验合格的产品批，可整批交付定货或暂时入库。
b) 短周期检验不合格时，应采取下列步骤：
    1) 应立即查明短周期检验不合格的原因，并报告上级负责部门；

2） 检查结果如发现是试验设备原因时，应允许纠正试验设备后重新进行周检；

3） 不是检验设备问题，但其造成短周期检验不合格的原因能马上纠正时，应允许用纠正后的产品重新短周期检查；

4） 短周期检验不合格的产品能通过筛选或处理予以纠正时，应允许纠正后的产品再进行周期检查；

5） 不是上述情况时，周期检验所代表的产品应立即停止逐批检查，已逐批检查合格的产品停止交货；已交货时，宜全部退回，或双方协议解决，同时停产整顿、限期纠正。

5 第二方检验

5.1 进货抽样检验

5.1.1 燃具或部件进货检验的检验方案可由供需双方协商确定，双方未确定检验方案时，可按 5.1.2～5.1.8 执行。

5.1.2 当产品是连续批时，应符合 GB/T 2828.1 的规定；当产品是孤立批时，应符合 GB/T 13264 的规定。

5.1.3 燃具或部件进货逐批检验项目应按表 2 确定。

5.1.4 燃具或部件进货逐批检验抽样方案可由使用方和生产方协商确定，但选取的抽样方案接收概率宜控制在 94％～96％。

5.1.5 燃具或部件进货逐批检验方案转移规则应符合表 3 的规定。

5.1.6 检验后判为合格应整批接收，同时应允许需方在协商的基础上向供货方提出附加条件；判为不合格的批宜全部退回供货方或由供货方与需方协商解决。

5.1.7 对于经逐批检验合格暂时尚未立即交付需方，若在库房存放超过一定时间（具体时间应在产品技术标准或订货合同中规定）时，应重新进行逐批检验，再次接收后方能交付需方；重新进行逐批检验的拒收批，应进行处理后再次提交检验批。

5.1.8 不合格品或不合格批的后处理应符合下列要求：

a） 不合格品的再提交需方有权拒收不合格品，拒收的不合格品可修理或校正，经过需方同意后，可按规定再次提交检验；

b） 不合格批的再提交，供货方在对不合格批进行百分之百检验基础上，将发现的不合格品剔除或修理好后，应允许再次提交检验。对于再提交检验的批，是使用正常检验还是加严检验，是检测所有类型的不合格还是仅仅检验造成批不合格的个别类型的不合格，均由需方决定。

5.2 进货周期检验

5.2.1 燃具或部件进货周期检验应符合 GB/T 2829 的规定，具体检验方案可由使用方和生产方协商确定，选取的抽样方案接收概率宜控制在 94％～96％。

5.2.2 燃具或部件进货周期检验的周期由企业根据部件批量和性质自行决定。

5.2.3 燃具或部件进货周期检验后的处理应符合 4.2.2.4 的规定。

6 第三方检验

6.1 型式检验

6.1.1 燃具型式检验的项目应为国家现行有关产品标准中全部要求。

6.1.2 企业应向相关检验机构提交型式检验的申请。

6.1.3 送检企业应按要求提供技术资料、样机和相关配件。

6.1.4 型式检验的同一型式可包括多个规格，只要这些不同规格产品符合技术法规(或产品标准)要求的相关强制性能的风险是相同的。家用燃具主检机型检验数量为2台(其中一台进行强制性能试验，另一台根据具体要求决定检验项目)，差异性检验机型的检验数量为1台；商用燃具主检机型数量为1台。

6.1.5 型式检验应对样品按相关标准或要求进行试验，试验合格后应对样品的相关技术资料登记，登记的内容包括产品和配件的相关信息、材料、样机图片等，对产品型式检验的样品不符合要求时，应允许重新提供样品进行一次复检。

6.1.6 型式检验的样品应退还给企业。

6.1.7 企业后续开发的产品，如与原主检机型符合技术法规(或产品标准)要求的相关强制性能的风险是相同时，可申请型式扩充，型式扩充机型按差异性检验机型进行检验。

6.2 产品质量监督检验

燃具或部件的质量监督检验应按照相应部门的规定执行。

6.3 仲裁检验

安全事故仲裁应符合GB 17905的规定。

7 等级评定

7.1 评定原则

7.1.1 燃具或部件的质量分为A、B、C三个级别，A级质量等级为最高，其次为B级。

7.1.2 单台燃具或部件评定应按下列要求进行：

a) 当所有质量特征项目(单个部件作为一项)中至少有80%项目达到A级，其他指标均达到B级时，该台产品应评为A级产品；

b) 当所有质量特征项目(单个部件作为一项)中至少有80%项目达到B级及以上，其他指标均达到C级时，该台产品应评为B级产品；

c) 当所有质量特征项目(单个部件作为一项)均达到C级及以上时，该台产品应评为C级。

注：7.1.2和7.1.3中计算项目数出现小数时，采取四舍五入法。

7.1.3 产品批的评定，当采用抽检方式时应符合4.2.1的规定，并应符合下列要求：

a) 抽样检验的实施方应预先制订抽样方案；

b) 当批的质量以不合格品百分数表示时，样品的评定应符合7.1.2的规定；

7.1.4 整机或部件产品的质量等级评定的项目应包括7.2中与其相关的项目。

7.1.5 第三方合格评定机构应按6.1.2执行。

7.1.6 当生产商声明的测试要求更严格时，应以本标准规定的环境要求进行测试。

7.1.7 进行质量等级评定的产品应符合其对应的国家现行标准的规定。

7.1.8 企业自我声明产品质量等级时，应保留质量控制及检验的相关记录；由第三方认证时应建立完善的监管体系。

7.2 评定指标

7.2.1 家用燃气灶具

家用燃气灶具的质量等级特征指标应符合表4的规定。

表 4　家用燃气灶具质量等级特征指标

<table>
<tr><th rowspan="2">序号</th><th rowspan="2" colspan="2">质量特征</th><th colspan="3">质量特征值</th><th rowspan="2">试验方法</th></tr>
<tr><th>A</th><th>B</th><th>C</th></tr>
<tr><td>1</td><td colspan="2">一氧化碳浓度(α=1)/%</td><td>0.03</td><td>0.04</td><td>0.05</td><td rowspan="3">GB 16410</td></tr>
<tr><td>2</td><td rowspan="2">噪声/dB(A)</td><td>燃烧</td><td>55</td><td>60</td><td>65</td></tr>
<tr><td>3</td><td>熄火</td><td>75</td><td>80</td><td>85</td></tr>
<tr><td>4</td><td colspan="2">能效/%</td><td colspan="4">执行 GB 30720,分别与 1 级、2 级、3 级对应</td></tr>
<tr><td>5</td><td rowspan="2">表面温升/K</td><td>金属材料和带涂层的金属材料</td><td>31</td><td>33</td><td>35</td><td rowspan="5">GB 16410</td></tr>
<tr><td>6</td><td>非金属材料</td><td>41</td><td>43</td><td>45</td></tr>
<tr><td>7</td><td rowspan="2">熄火保护装置/s</td><td>开阀时间</td><td>3</td><td>7</td><td>15</td></tr>
<tr><td>8</td><td>闭阀时间</td><td>30</td><td>45</td><td>60</td></tr>
<tr><td>9</td><td colspan="2">热负荷偏差/%</td><td>±5</td><td>±8</td><td>±10</td></tr>
</table>

7.2.2　燃气热水器

燃气热水器的质量等级特征指标应符合表 5 的规定。

表 5　燃气热水器质量等级特征指标

<table>
<tr><th rowspan="2">序号</th><th rowspan="2" colspan="4">质量特征</th><th colspan="3">质量特征值</th><th rowspan="2">试验方法</th></tr>
<tr><th>A</th><th>B</th><th>C</th></tr>
<tr><td>1</td><td rowspan="5">一氧化碳浓度(α=1)/%</td><td rowspan="3">无风状态</td><td rowspan="2">非冷凝</td><td>自然排气式
强制排气式</td><td>0.04</td><td>0.05</td><td>0.06</td><td rowspan="2">GB 6932</td></tr>
<tr><td>2</td><td>自然给排气式
强制给排气式</td><td>0.05</td><td>0.08</td><td>0.10</td></tr>
<tr><td>3</td><td colspan="2">冷凝</td><td>0.04</td><td>0.08</td><td>0.10</td><td>CJ/T 336</td></tr>
<tr><td>4</td><td rowspan="2">有风状态</td><td colspan="2">非冷凝(不包括 D、Q 型)</td><td>0.06</td><td>0.10</td><td>0.14</td><td>GB 6932</td></tr>
<tr><td>5</td><td colspan="2">冷凝</td><td>0.06</td><td>0.12</td><td>0.20</td><td>CJ/T 336</td></tr>
<tr><td>6</td><td rowspan="2">噪声/dB(A)</td><td colspan="3">燃烧</td><td>59</td><td>62</td><td>65</td><td rowspan="2">GB 6932</td></tr>
<tr><td>7</td><td colspan="3">熄火</td><td>79</td><td>82</td><td>85</td></tr>
<tr><td>8</td><td rowspan="4">能效/%</td><td rowspan="2" colspan="2">非冷凝</td><td>η_1</td><td>91</td><td>89</td><td>86</td><td rowspan="2">GB 20665</td></tr>
<tr><td>9</td><td>η_2</td><td>87</td><td>85</td><td>82</td></tr>
<tr><td>10</td><td rowspan="2" colspan="2">冷凝</td><td>额定热效率</td><td>103</td><td>100</td><td>96</td><td rowspan="2">CJ/T 336</td></tr>
<tr><td>11</td><td>部分热效率</td><td>101</td><td>98</td><td>94</td></tr>
</table>

表 5（续）

序号	质量特征		质量特征值 A	质量特征值 B	质量特征值 C	试验方法
12	耐用性能/次	水气联动阀	70 000	60 000	50 000	GB 6932
13		防止不完全燃烧安全装置	2 000	1 500	1 000	
14		防干烧安全装置	2 000	1 500	1 000	
15		风机	40 000	30 000	20 000	
16		风压开关	70 000	60 000	50 000	
17	加热时间/s		25	30	35	
18	最小热负荷不大于额定负荷/%		25	30	35	
19	水温超调幅度(适用于具有自动恒温功能)/℃		±3	±4	±5	
20	热水产率/%		95	92	90	
21	耐振性能/min		50	40	30	

7.2.3 燃气采暖热水炉

燃气采暖热水炉的质量等级特征指标应符合表 6 的规定。

表 6 燃气采暖热水炉质量等级特征指标

序号	质量特征				质量特征值 A	质量特征值 B	质量特征值 C	试验方法
1	一氧化碳浓度($\alpha=1$)(极限热输入)/%				0.05	0.08	0.10	GB 25034
2	噪声/dB(A)		燃烧		55	60	65	
3			熄火		75	80	85	
4	能效/%	普通炉	采暖	η_1	92	90	89	GB 20665
5				η_2	89	87	85	
6			热水	η_1	91	90	89	
7				η_2	89	87	85	
8		冷凝炉	采暖	η_1	105	101	99	
9				η_2	101	97	95	
10			热水	η_1	102	98	96	
11				η_2	97	94	92	

表 6(续)

<table>
<tr><th rowspan="2">序号</th><th rowspan="2" colspan="3">质量特征</th><th colspan="3">质量特征值</th><th rowspan="2">试验方法</th></tr>
<tr><th>A</th><th>B</th><th>C</th></tr>
<tr><td>12</td><td rowspan="7">耐用性能/次</td><td rowspan="2">感应或控制部件</td><td>每次受控停机都动作的部件</td><td>350 000</td><td>300 000</td><td>250 000</td><td rowspan="9">GB 25034</td></tr>
<tr><td>13</td><td>常开型阀</td><td>7 000</td><td>6 000</td><td>5 000</td></tr>
<tr><td>14</td><td rowspan="2">火焰监控装置</td><td>热电式</td><td>7 000</td><td>6 000</td><td>5 000</td></tr>
<tr><td>15</td><td>自动燃烧控制系统</td><td>350 000</td><td>300 000</td><td>250 000</td></tr>
<tr><td>16</td><td colspan="2">控制温控器</td><td>350 000</td><td>300 000</td><td>250 000</td></tr>
<tr><td>17</td><td rowspan="2">过热保护和安全限温器</td><td>热循环(不启动)</td><td>6 500</td><td>5 500</td><td>4 500</td></tr>
<tr><td>18</td><td>关机和复位</td><td>700</td><td>600</td><td>500</td></tr>
<tr><td>19</td><td colspan="2" rowspan="2">采暖热输入调节准确度</td><td>偏差≥500 W/%</td><td>5</td><td>8</td><td>10</td></tr>
<tr><td>20</td><td>偏差<500 W/W</td><td>300</td><td>400</td><td>500</td></tr>
</table>

7.2.4 商用燃气具

商用燃气灶具的质量等级特征指标应符合表 7 的规定。

表 7 商用燃气灶具质量等级特征指标

<table>
<tr><th rowspan="2">序号</th><th rowspan="2" colspan="4">质量特征</th><th colspan="3">质量特征值</th><th rowspan="2">试验方法</th></tr>
<tr><th>A</th><th>B</th><th>C</th></tr>
<tr><td>1</td><td colspan="4">一氧化碳浓度($\alpha=1$)/%</td><td>0.015</td><td>0.05</td><td>0.10</td><td>CJ/T 451</td></tr>
<tr><td>2</td><td rowspan="9">噪声/dB(A)</td><td rowspan="2">炒菜灶</td><td colspan="2">运行</td><td colspan="4">执行 CJ/T 28,分别与一级、二级、三级对应</td></tr>
<tr><td>3</td><td colspan="2">熄火</td><td>55</td><td>65</td><td>85</td><td>CJ/T 28</td></tr>
<tr><td>4</td><td rowspan="2">大锅灶</td><td colspan="2">运行</td><td colspan="4">执行 CJ/T 392,分别与一级、二级、三级对应</td></tr>
<tr><td>5</td><td colspan="2">熄火</td><td>50</td><td>70</td><td>85</td><td>CJ/T 392</td></tr>
<tr><td>6</td><td rowspan="2">蒸箱</td><td colspan="2">运行</td><td colspan="4">CJ/T 187,分别与一级、二级、三级对应</td></tr>
<tr><td>7</td><td colspan="2">熄火</td><td>50</td><td>65</td><td>85</td><td>CJ/T 187</td></tr>
<tr><td>8</td><td rowspan="3">其他商用灶</td><td rowspan="2">运行</td><td>鼓风式</td><td>60</td><td>70</td><td>80</td><td rowspan="3">CJ/T 451</td></tr>
<tr><td>9</td><td>非鼓风式</td><td>50</td><td>65</td><td>80</td></tr>
<tr><td>10</td><td colspan="2">熄火</td><td>75</td><td>80</td><td>85</td></tr>
<tr><td>11</td><td colspan="4">能效/%</td><td colspan="4">执行 GB 30531,分别与 1 级、2 级、3 级对应</td></tr>
<tr><td>12</td><td colspan="2" rowspan="3">耐用性能/次</td><td colspan="2">燃气阀门</td><td>24 000</td><td>18 000</td><td>12 000</td><td rowspan="3">CJ/T 28
CJ/T 187
CJ/T 392</td></tr>
<tr><td>13</td><td colspan="2">点火装置</td><td>18 000</td><td>15 000</td><td>12 000</td></tr>
<tr><td>14</td><td colspan="2">熄火保护装置</td><td>15 000</td><td>10 000</td><td>7 000</td></tr>
<tr><td>15</td><td colspan="4">热负荷准确度/%</td><td>±5</td><td>±8</td><td>±10</td><td>CJ/T 451</td></tr>
<tr><td>16</td><td colspan="4">使用期/年</td><td>8</td><td>6</td><td>4</td><td>生产商声明</td></tr>
</table>

7.2.5 部件

7.2.5.1 家用燃具旋塞阀总成的质量等级特征指标应符合表8的规定。

表8 旋塞阀总成质量等级特征指标

序号	质量特征			质量特征值			试验方法
				A	B	C	
1	外部泄漏量/(mL/h)	DN<10 mm		40	50	60	CJ/T 393
2		10 mm≤DN≤25 mm		80	100	120	
3	内部泄漏量/(mL/h)	DN<10 mm		10	15	20	
4		10 mm≤DN≤25 mm		20	30	40	
5	恒温器内部气密性/(mL/h)	DN<15 mm		40	50	60	
6		15 mm≤DN≤25 mm		60	70	80	
7	衬垫耐燃气性	质量变化率应小于/%		6	8	10	
8	点火/次			15	12	10	
9	耐久性/次	压电点火装置		20 000	16 000	12 000	
10		旋塞阀	户外燃具	7 000	5 000	5 000	
11			小型采暖炉	20 000	15 000	10 000	
12			家用燃气灶	60 000	50 000	40 000	
13		恒温器	燃气灶和快速热水器	50 000	40 000	30 000	
14			其他型	7 000	6 000	5 000	
15		恒温器热循环		15 000	13 000	10 000	

7.2.5.2 家用燃具电子控制器的质量等级特征指标应符合表9的规定。

表9 电子控制器质量等级特征指标

序号	质量特征		质量特征值			试验方法
			A	B	C	
1	热应力试验/次	高低温循环	55 000	50 000	45 000	CJ/T 421
		高温环境	3 500	3 000	2 500	
		低温环境	3 500	3 000	2 500	
		传感器或开关	6 000	5 500	5 000	
2	连续运行性能/次		350 000	300 000	250 000	

7.2.5.3 家用燃具自吸阀的质量等级特征指标应符合表10的规定。

表 10 自吸阀质量等级特征指标

<table>
<tr><th rowspan="2">序号</th><th rowspan="2" colspan="2">质量特征</th><th colspan="3">质量特征值</th><th rowspan="2">试验方法</th></tr>
<tr><th>A</th><th>B</th><th>C</th></tr>
<tr><td>1</td><td rowspan="3">外部泄漏量/(mL/h)</td><td>DN<10 mm</td><td>10</td><td>15</td><td>20</td><td rowspan="8">CJ/T 132</td></tr>
<tr><td>2</td><td>10 mm≤DN≤25 mm</td><td>20</td><td>30</td><td>40</td></tr>
<tr><td>3</td><td>25 mm<DN≤32 mm</td><td>40</td><td>50</td><td>60</td></tr>
<tr><td>4</td><td rowspan="3">内部泄漏量/(mL/h)</td><td>DN<10 mm</td><td>10</td><td>15</td><td>20</td></tr>
<tr><td>5</td><td>10 mm≤DN≤25 mm</td><td>20</td><td>30</td><td>40</td></tr>
<tr><td>6</td><td>25 mm<DN≤32 mm</td><td>40</td><td>50</td><td>60</td></tr>
<tr><td>7</td><td rowspan="2">耐久性/次</td><td>(60±5)℃</td><td>200 000</td><td>150 000</td><td>100 000</td></tr>
<tr><td>8</td><td>(20±5)℃</td><td>400 000</td><td>300 000</td><td>200 000</td></tr>
</table>

7.2.5.4 家用燃具自动截止阀的质量等级特征指标应符合表 11 的规定。

表 11 自动截止阀质量等级特征指标

<table>
<tr><th rowspan="2">序号</th><th rowspan="2" colspan="4">质量特征</th><th colspan="3">质量特征值</th><th rowspan="2">试验方法</th></tr>
<tr><th>A</th><th>B</th><th>C</th></tr>
<tr><td>1</td><td rowspan="8">耐久性/次</td><td rowspan="6">操作循环次数</td><td rowspan="3">(60±5)℃</td><td>DN≤25 mm,开启时间≤1 s,最大工作压力≤10 kPa</td><td>200 000</td><td>150 000</td><td>100 000</td><td rowspan="8">CJ/T 346</td></tr>
<tr><td>2</td><td>DN≤25 mm,开启时间>1 s</td><td>70 000</td><td>60 000</td><td>50 000</td></tr>
<tr><td>3</td><td>25 mm<DN≤50 mm</td><td>35 000</td><td>20 000</td><td>25 000</td></tr>
<tr><td>4</td><td rowspan="3">(20±5)℃</td><td>DN≤25 mm,开启时间≤1 s,最大工作压力≤10 kPa</td><td>600 000</td><td>500 000</td><td>400 000</td></tr>
<tr><td>5</td><td>DN≤25 mm,开启时间>1 s</td><td>250 000</td><td>200 000</td><td>150 000</td></tr>
<tr><td>6</td><td>25 mm<DN≤50 mm</td><td>95 000</td><td>85 000</td><td>75 000</td></tr>
<tr><td>7</td><td rowspan="2">灶具用</td><td colspan="2">(60±5)℃</td><td>1 000 000</td><td>900 000</td><td>800 000</td></tr>
<tr><td>8</td><td colspan="2">(20±5)℃</td><td>300 000</td><td>250 000</td><td>200 000</td></tr>
</table>

7.2.5.5 燃气热水器及采暖炉用热交换器的质量等级特征指标应符合表 12 的规定。

表 12 热交换器质量等级特征指标

<table>
<tr><th rowspan="2">序号</th><th rowspan="2" colspan="2">质量特征</th><th colspan="3">质量特征值</th><th rowspan="2">试验方法</th></tr>
<tr><th>A</th><th>B</th><th>C</th></tr>
<tr><td>1</td><td colspan="2">耐水冲击</td><td>200 000</td><td>150 000</td><td>100 000</td><td rowspan="4">CJ/T 469</td></tr>
<tr><td>2</td><td rowspan="2">耐冷热冲击</td><td>热水器</td><td>40</td><td>30</td><td>20</td></tr>
<tr><td>3</td><td>采暖炉</td><td>120 000</td><td>100 000</td><td>80 000</td></tr>
<tr><td>4</td><td colspan="2">耐交变压力</td><td>200 000</td><td>150 000</td><td>100 000</td></tr>
</table>

7.3 质量等级标志

7.3.1 产品质量等级标志应符合附录B的规定，且整机产品应牢固张贴于产品本身明显部位。

7.3.2 整机产品质量等级应在说明书及包装箱上注明，并应明示作出该质量等级评定的机构名称。

7.3.3 部件产品的质量等级应在合同中约定，且应在产品包装箱上注明。

7.3.4 整机表面不应标注部件的等级。

附 录 A
（资料性附录）
家用燃气器具旋塞阀总成产品批抽样检验示例及分析

A.1 产品质量标准

家用燃气器具旋塞阀总成产品批的合格标准和试验方法应符合本标准和 CJ/T 393—2012 的规定。

A.2 抽样方案

A.2.1 抽样方案准备

产品批数量为 3 000 件，根据产品批的数量、检验项目、相关 AQL 值及检验水平通过 GB/T 2828.1 检索相应的抽样方案，具体方案见表 A.1。

表 A.1 抽样方案

序号	方案类型	检验项目	不合格分类	检验水平	AQL			样本字码
					内控	合同	检验	
1	计件一次	燃气连接	A	一般Ⅱ	1.0	1.8	1.5	L
2	计件一次	额定流量	A	一般Ⅱ	1.0	1.8	1.5	L
3	计件一次	压电点火装置性能	B	一般Ⅱ	3.5	4.5	4.0	L
4	计件一次	器械恒温器的性能	B	一般Ⅱ	3.5	4.5	4.0	L

A.2.2 抽样方案

由样本字码 L 和 AQL=1.5(4.0)可从 GB/T 2828.1—2012 的表 2-A、表 2-B 和表 2-C 检索出旋塞阀总成正常、加严、放宽检验方案，转移规则和程序应符合 GB/T 2828.1 的规定。

A 类不合格分类项目：

正常检验方案：样本量 $n=200$，接收数 Ac=7，拒收数 Re=8；

加严检验方案：样本量 $n=200$，接收数 Ac=5，拒收数 Re=6；

放宽检验方案：样本量 $n=80$，接收数 Ac=5，拒收数 Re=6。

B 类不合格分类项目：

正常检验方案：样本量 $n=200$，接收数 Ac=14，拒收数 Re=15；

加严检验方案：样本量 $n=200$，接收数 Ac=12，拒收数 Re=13；

放宽检验方案：样本量 $n=80$，接收数 Ac=8，拒收数 Re=9。

A.3 抽样计划的分析与评价

A.3.1 分析与评价

运用样本字码和 AQL，可从 GB/T 2828.1—2012 的表 5-A、表 5-B、表 5-C 检索出正常、加严、放宽

检验的生产方风险 α(对一次抽样方案以未接收批的百分数表示);从 GB/T 2828.1—2012 的表 6-A、表 6-B、表 6-C 检索出正常、加严、放宽检验的生产方风险质量(对一次抽样方案以不合格百分数表示,适用于不合格品百分数检验);从 GB/T 2828.1—2012 的表 8-A、表 8-B 检索出正常、加严平均检出质量上限,具体见表 A.2 和表 A.3。

表 A.2　A 类不合格项抽样检验方案评价表

检验种类	生产方风险	生产方风险质量	使用方风险	使用方风险质量	抽样方案鉴别大	平均检出质量上限
正常检验	1.13	1.5	10	5.82	2.90	2.24
加严检验	8.24	1.5	10	4.59	3.50	1.59
放宽检验	0.720	1.5	10	9.74	—	—

表 A.3　B 类不合格项抽样检验方案评价表

检验种类	生产方风险	生产方风险质量	使用方风险	使用方风险质量	抽样方案鉴别力	平均检出质量上限
正常检验	1.52	4.0	10	9.91	2.12	4.73
加严检验	5.99	4.0	10	8.76	2.25	4.00
放宽检验	0.468	4.0	10	15.7	—	—

A.3.2　结论

A.3.2.1　所有检测项目样本中含有的不合格品数均小于接收数时,接收该批。

A.3.2.2　产品批的质量分级应符合 7.1.3 的规定。

A.3.2.3　可根据产品批的实际被接收的百分比判断产品的实际质量水平。

A.3.2.4　生产方可根据分析和预测的结果对成本核算、质量控制、售后服务及风险预案等进行控制。

A.3.2.5　使用方可根据分析和预测的结果对本单位产品的质量和使用风险进行预测。

附 录 B
（规范性附录）
质量等级标志

B.1 产品质量等级标志

燃气燃烧器具的产品质量等级标识应符合图 B.1、图 B.2 和图 B.3 的规定。

图 B.1 产品质量等级为 A 级的标志

图 B.2 产品质量等级为 B 级的标志

图 B.3 产品质量等级为 C 级的标志

B.2 标志要求

B.2.1 颜色

绿色图案颜色应为 RGB(0,255,0),黄色图案颜色应为 RGB(255,255,0),红色图案颜色应为 RGB(255,0,0);标志中黑色字体颜色应为 RGB(0,0,0),蓝色字体颜色应为 RGB(0,0,255)。

B.2.2 尺寸

标志图案的尺寸应符合图 B.4 的规定,可等比例缩放使用。

单位为毫米

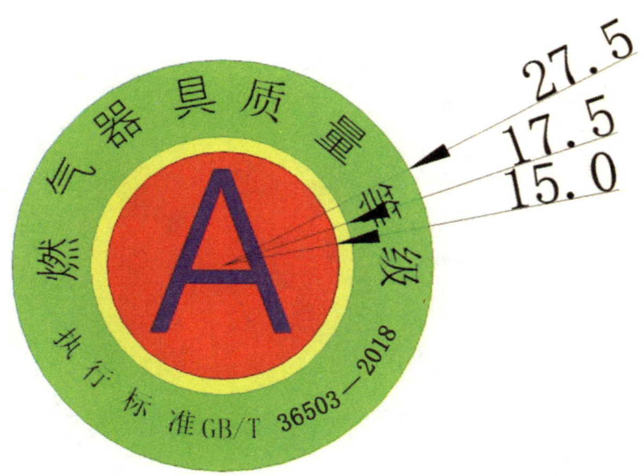

图 B.4 标志图案尺寸

B.2.3 文字

B.2.3.1 图案中“燃气器具质量等级”字体高度应为 5.5 mm,字体应为宋体,均匀分布绿色区域上半部,字体朝向圆心。

B.2.3.2 图案中“执行标准 GB/T 36503—2018”字体高度应为 4.0 mm,字体应为宋体,均匀分布绿色区域下半部,字体朝向圆心。

B.2.3.3 图案中心字母字体高度应为 22.0 mm,位于红色图案的中央。

ICS 91.140.40
P 47

中华人民共和国城镇建设行业标准

CJ/T 222—2006

家用燃气燃烧器具合格评定程序及检验规则

Quality assessment procedures and test rules for gas-burning appliances for domestic use

2006-06-26 发布　　2006-11-01 实施

中华人民共和国建设部　发布

前　言

本标准的所有条款均为推荐性。

本标准的型式试验与产品合格监督内容参考了欧盟 90/396/EEC“燃具指令”的相关内容。

本标准的附录 A 为规范性附录，附录 B、附录 C、附录 D、附录 E、附录 F 为资料性附录。

本标准由建设部标准定额研究所提出。

本标准由建设部城镇燃气标准技术归口单位中国市政工程华北设计研究院归口。

本标准起草单位：江苏省产品质量监督检验中心所、中山华帝燃具股份有限公司、湖南迅达集团有限公司、陕西省城市燃气用具质量监督检测中心、佛山市美的厨房电器制造有限公司、江苏光芒热水器有限公司、广东万家乐燃气具有限公司。

本标准主要起草人：操恺、王凤玲、易洪斌、伍斌强、雷冰、蔡位明、卢玉书、仇明贵。

本标准为首次制定。

家用燃气燃烧器具合格评定程序及检验规则

1 范围

本标准规定了使用城镇燃气的家用燃气燃烧器具及其相关部件的第一方检验、第二方检验、第三方检验的检验程序、抽样方案、检验项目及合格评定程序。

本标准适用于城镇燃气燃烧器具及其相关部件的合格评定程序及检验。

2 规范性引用文件

下列文件中的条款通过本标准的引用而成为本标准的条款。凡是注日期的引用文件，其随后所有的修改单(不包括勘误的内容)或修订版均不适用于本标准，然而，鼓励根据本标准达成协议的各方研究是否可使用这些文件的最新版本。凡是不注日期的引用文件，其最新版本适用于本标准。

GB/T 2828.1 计数抽样检验程序 第1部分：按接收质量限(AQL)检索的逐批检验抽样计划

GB/T 2828.3 跳批计数抽样检验程序

GB/T 2829 周期检验计数抽样程序及抽样表(适用于对过程稳定性的检验)

GB/T 13264 不合格品率的小批计数抽样检查程序及抽样表

GB 17905 家用燃气燃烧器具安全管理规则

GB/T 19001 质量管理体系 要求

3 术语和定义

术语和定义见附录A。

4 第一方检验及合格评定

4.1 生产检验

4.1.1 装配流水线工序检验(由生产车间实施)

4.1.1.1 燃具装配流水线工序采用100%全验方案，工序检验项目参见附录B。

4.1.1.2 燃具装配流水线工序必检的项目由企业自定，但至少应包含产品标准中A类不合格中的综合安全性能、操作性能及产品标示和产品说明书。

4.1.1.3 装配流水线工序检验不合格的产品应及时返工或做相应处理。

4.1.2 产品质量一致性检验(出厂检验、最终检验或交收检验)

4.1.2.1 燃具产品逐批抽样检验(A组、B组)

4.1.2.1.1 燃具产品逐批抽验按GB/T 2828.1进行。抽样方案由生产方确定，但所选取的抽样方案的接收概率应控制在94%～96%。[1)]

4.1.2.1.2 燃具产品逐批抽验的项目与装配线工序检验项目相同。

4.1.2.1.3 除非负责部门有指示，开始检验时应采用正常检验；产品逐批抽验方案的转移方法见表1。在方案AQL值和样品批量不变的条件下，加严方案抽样量按GB/T 2828.1执行。

---

1) 本标准所有抽样方案均为推荐性的，供需双方可根据实际情况协商确定抽样方案；大件小批的燃具产品抽样应按GB/T 13264进行。

表 1 抽样方案的转移规定

转移方向	转移条件
正常检验→加严检验	连续不超过5批中有2批是不可接收的
加严检验→正常检验	连续5批被接收
正常检验→放宽检验	下列条件全部满足： 1. 当前的转移得分至少是30分； 2. 生产稳定； 3. 负责部门认为放宽检验可取
放宽检验→正常检验	下列条件之一发生： 1. 有一批放宽检查不被接收； 2. 生产不稳定或延迟； 3. 认为恢复正常检验正当的其他情况
加严检验→暂停检验	加严控制时，累计5批不被接收
暂停检验→加严检验	供应方改进了质量

4.1.2.1.4 产品逐批抽验后的处理

检验的样品数量应等于方案给出的样本量。如果样本中发现的不合格品数小于或等于接收数，应认为该批是可接收的。如果样本中发现的不合格品数大于或等于拒收数，应认为该批是不可接收的。

对于不可接受的批，负责部门应决定怎样处置，这样的批不得入库，出售；这样的批可以报废、分选（替换或不替换不合格品）、返工；针对更专门的适用准则再评定，或作为辅助信息保存。

对于接收的批，检验所发现的不合格品，可以返工或以合格品代替。经负责部门批准。可按负责部门规定的方式再次提交检验。[2)]

4.1.2.2 燃具产品短周期检验（C组）

4.1.2.2.1 燃具产品短周期抽样按GB/T 2829标准进行。

抽样方案由生产方确定，但所选取的抽样方案的接收概率应控制在94%～96%。[2)]

4.1.2.2.2 燃具产品短周期检验项目是工序检验中未检的产品标准中的A类不合格项和B类不合格项目，不合格分类参见附录E。

检验项目企业可以根据生产实际进行调整。

4.1.2.2.3 产品短期检验的时间为1日～1月。具体时间企业应根据批质量的稳定性和生产实际需要自行决定。

4.1.2.2.4 产品短周期检验后的处理

短周期周检合格时，该周期的所有逐批检查合格的产品批，可整批交付定货或暂时入库。

短周期周检不合格时应采取下列步骤：

应立即查明短周期周检不合格的原因，并报告上级负责部门；

检查结果，如发现是试验设备原因，允许纠正试验设备后重新进行周检；

如果不是检验设备问题，但其造成短周期周检不合格的原因能马上纠正的，允许用纠正后的产品重新短周期检查；

如短周期周检不合格的产品能通过筛选或处理予以纠正的，允许纠后的产品再进行周期检查；

如果不是上述情况，那么周检所代表的产品应立即停止逐批检查，已逐批检查合格的产品停止交货，已交货的，原则上全部退回，或双方协议解决，同时停产整顿、限期纠正。

2）本标准中所有使用GB/T 2828.1标准的检验，只要生产稳定，负责部门可考虑使用GB/T 2828.3跳批计数抽样检查程序。

4.1.2.3 燃具产品长周期检验(D组)

4.1.2.3.1 燃具产品长周期检验按GB/T 2829标准进行。

抽样方案可由生产方确定,但所选取的抽样方案的接收概率应控制在94%~96%。

燃具产品长周期检验时间为1月~1年。具体时间由企业根据批质量的稳定和生产实际需要自行决定。

4.1.2.3.2 产品长周期检验后的处理

产品长周期检验后结果的处理同3.1.2.2.4。

4.2 定型检验(或鉴定检验或例行检验)

4.2.1 企业在下列情况下,应进行定型检验:

——新产品或老产品改进的设计定型和产品生产定型;

——正式批量生产的燃具,当其结构、材料或工艺有较大变动,可能影响产品质量时;

——产品长期停产,恢复生产时;

——正常生产后的周期检验;

——生产检验发现与最初定型检验有较大差异时。

4.2.2 当企业不具备检验条件时,可委托第三方检验机构代检全部或部分检验项目;但委托检验机构出具的检验报告只对委托样品负责。

4.2.3 第三方检验机构应在检验报告中注明检验类别是设计定型还是生产定型,设计定型检验的项目是产品企业标准或行业标准或国家标准中的所有项目或部分项目;生产定型检验的项目是产品企业标准或行业标准或国家标准中的所有项目。

4.2.4 产品定型检验的样品数量和检验结果的处理由企业自行决定;本标准不限定其复检次数和纠正方法。

4.3 科技成果鉴定检验

4.3.1 检验机构在收到组织鉴定单位或主持鉴定单位委托后,受理科技成果鉴定检验申请。

4.3.2 科技成果鉴定检验的检验项目和检验依据由委托方确定。

4.3.3 科技成果鉴定检验的样品数量由检验机构和委托方协商确定。

4.3.4 检验机构应依据委托书及相应的技术要求对样品进行检验并出具检验报告。

4.3.5 检验机构应根据检验结果,对成果作出综合评价,写出评价意见,评价意见应聘请3~5名行业专家共同做出。

4.3.6 检验报告和评价意见交组织鉴定单位或主持鉴定单位。

4.3.7 如成果鉴定委托单位对检验结果有异议时,检验机构应根据组织鉴定单位或主持鉴定单位的要求,对科技成果鉴定检验进行复检。

4.4 燃具气源适配性检验

4.4.1 使用人工煤气的燃气具在销售时应进行气源适配性检验。

4.4.2 适配性检验的检验项目为燃烧工况检验。

4.4.3 适配性检验不合格的产品不得销售、使用,必须做返厂处理。

5 第二方检验及合格评定

5.1 零部件及整机进货检验的检验方案可由供需双方协商确定,如双方未确定检验方案,可按以下条款执行。

5.2 燃具零部件及整机进货逐批检验,进货逐批检验项目参见附录C。

5.2.1 燃具零部件及整机进货逐批检验,按GB/T 2828.1标准执行,具体方案可由使用方和生产方协商确定,但选取的抽样方案的接受概率应控制在94%~96%。

5.2.2 燃具零部件及整机进货逐批检验方案的转移规定同表1。

5.2.3 燃具零部件及整机逐批检验后的处理

判为合格就整批接收，同时允许需方在协商的基础上向供货方提出某些附加条件；判为不合格的批原则上全部退回供货方或由供货方与需方协商解决。

对于经逐批检验合格暂时尚未立即交付需方的产品，若在库房存放超过一定时间(具体时间应在产品技术标准或定货合同中规定)，则必须重新进行逐批检验，合格后方能交付需方。对于重新进行逐批检验不合格的批，按再次提交检验批处理。

a) 不合格品的再提交

不管整批产品接收或拒收，也不管不合格品是否是样品的一部分，只要是在检验时发现的不合格品，需方就有权拒绝接收。拒收的不合格品可以修理或校正，经需方同意后，可按规定再次提交检验。

b) 不合格批的再提交

供货方在对不合格批进行百分之百检验的基础上，将发现的不合格品剔除或修理好以后，允许再次提交检验。

对于再提交检验的批，是使用正常检验还是加严检验，是检测所有类型的不合格还是仅仅检验造成批不合格的个别类型的不合格，均由需方决定。

5.3 燃具零部件及整机进货周期检验

5.3.1 零部件及进货周期检验，按 GB/T 2829 标准进行，具体方案可由使用方和生产方协商确定，但选取的抽样方案的接受概率应控制在 94%～96%，进货周期检验项目参见附录 D。

5.3.2 燃具零部件及整机进货周期检验的周期为 1 日～1 年，具体时间由企业根据零部件批量和性质自行决定。

5.3.3 燃具零部件及整机进货周期检验后的处理同 3.1.2.2.4。

6 第三方检验及合格评定

6.1 认证检验

6.1.1 型式试验

6.1.1.1 燃具产品型式试验的项目应至少包含产品企业标准或行业标准或国家标准中符合(或支持)相关技术法规的产品强制性能(A 类不合格项目)和特定要求。

6.1.1.2 企业应向相关检验机构提交型式试验的申请。

6.1.1.3 送检企业应按要求提供技术资料、样机、相关配件。

6.1.1.4 燃具产品型式试验的同一型式可以包括多个规格，只要这些不同规格产品符合技术法规(或产品标准)要求的相关强制性能的风险是相同的；其主检机型检验数量为 2 台(其中一台进行强制性能试验，另一台根据具体要求决定检验项目)，差异性检验机型的检验数量为 1 台。

6.1.1.5 燃具产品型式试验应对样品按相关标准或要求进行试验，试验合格后，应对样品的相关技术资料进登记，登记的内容包括产品和配件的相关信息、材料、样机图片等；对产品型式试验的样品不符合要求时，允许重新提供样品进行一次复检。

6.1.1.6 燃具产品型式检验的样品应退还给企业，送检企业应保留样机，时间为 5 年。

6.1.1.7 型式试验的产品的型式扩充：企业后续开发的产品，如与原主检机型符合技术法规(或产品标准)要求的相关强制性能的风险是相同的，可申请型式扩充，型式扩充机型按差异性检验机型进行检验。

6.1.2 认证产品的生产监督

产品在通过 5.1.1 的型式试验通过后，根据企业具体情况，可以选择以下模式之一对产品进行检验，以监督其保持质量与样机的一致性：

——每年至少一次随机抽样检验，进行产品型式监督并给出合格与否的结论。

——对规定批量生产的产品进行批量产品抽样检验，进行产品型式监督并给出合格与否的结论。

——对执行 GB/T 19001，有质量保证模式的企业，检查其质量保证体系，检查企业产品最终检验结果，进行产品型式监督并给出合格与否的结论。

6.2 **产品质量监督检验**

6.2.1 燃具产品质量监督检验的检验项目是产品企业标准或行业标准或国家标准中符合相关技术法规要求的强制性能、要求及企业明示的质量承诺。

6.2.2 燃具产品质量监督检验的抽样数量为2台，其中1台检验，1台备样。单台燃具有一项不符合强制性能要求，即判为单位不合格品；当检验燃具合格，则代表通过本次监督检验；如检验过程中出现非正常损坏(如运输不当造成的损坏)，则允许对备份样品进行复检，复检合格，则判为通过本次监督检验，如不合格，则判为监督抽检不合格。

6.2.3 监督检验的结果由检验机构向下达委托任务的质量监督部门通报，未经许可，检验机构不得向其他方透露检验结果，不应将检验结果用于非正当用途。

6.2.4 燃具产品质量监督检验的样品，在检验结束后，如对检验结果无异议，应退还样品；如对结果有异议，由检验机构保留样品至复议结束。复议结束后，由检验机构通知企业限期取回，对逾期不取回的样品由检验机构核对销毁。

6.3 **仲裁检验和鉴定**

6.3.1 质量仲裁检验和鉴定按国家质量技术监督局第4号令《产品质量仲裁检验和产品质量鉴定管理办法》执行。

6.3.2 安全事故仲裁按GB 17905的规定执行。

附 录 A
（规范性附录）
术语及定义

A.1

抽样 sampling

抽样是取出部分物质、材料或产品作为整体的代表性样品进行测试或校准的规定过程。取样要求可由物质、材料或产品的测试或校准的有关规范提出。

A.2

检验 inspection

指通过观察和判断(适宜时辅之以测量、测试或度量)进行符合性评价。

A.3

符合性评价 evaluation of conformity

系统性检查某个产品、过程或服务满足规定要求的程度。

A.4

认证 certification

由第三方用于对产品、过程或服务符合规定要求给出书面保证的程序。

A.5

合格评定 conformity assessment

也可译为符合性评定。直接或间接确定是否满足相关要求的任何活动。

A.6

合格评定程序 conformity assessment procedures

也可译为符合性评定程序。任何用以直接或间接确定是否满足技术法规或标准有关要求的程序。

A.7

技术法规 technical regulation

规定强制执行的产品特性或其相关工艺和生产方法，包括使用的管理规定在内的文件。该文件还可以包括或专门适用于产品、工艺或生产方法的专门术语、符号、包装、标志或标签要求。

A.8

标准 standard

经公认机构批准的、规定非强制执行的、供通用或专门使用的产品或相关工艺和生产方法的规则、指南或特性的文件。该文件还可以包括或专门适用于产品、工艺或生产方法的专门术语、符号、包装、标志或标签要求。

A.9

合格监督　conformity surveillance

确定是否按规定的要求持续合格的合格评价。

A.10

第一方检验　first party inspection

第一方即供方，第一方检验指企业内部为保证产品质量合格所进行的检验，又称为生产检验；其包括工序检验、质量一致性检验（出厂检验或交收检验）、定型检验（鉴定检验）和计量、工具和设备的定期检查。

A.10.1

生产检验　production party inspection

生产检验指企业为确保产品质量，对产品生产的监督和测量过程。

生产检验的功能（目的）是鉴别、分选、剔除生产过程中的不合格产品；分析获得的信息和数据，发现并解决问题；对获得的信息和数据进行分析、评价和报告，减少和防止不合格产品的产生。

A.10.1.1

（生产线）工序检验　working procedure inspection

指产品在生产过程中的检验，防止生产过程中产生不合格品；防止不合格品流入下道工序。

生产线工序检验主要检验产品的重要或关键安全性能、操作性能、包装、标示等，企业可根据自身产品的特性选择检验项目。

A.10.1.2

质量一致性检验　quality consistency inspection

质量一致性检验又称为最终检验、出厂检验或交收检验。

质量一致性检验由企业质检部门在生产线批量逐批检验合格的基础上所进行的入库前的把关检验，以确认产品生产过程中是否能保证产品质量的持续稳定，防止不合格品流入到用户手中。

质量一致性检验由四组检验组成：

——A组（逐批）：A组要检验的产品性能是受生产工艺或生产技能变化影响的特性及涉及产品安全的至关重要的特性。

——B组（逐批）：B组要检验的产品性能是受零部件质量或加工设备质量影响的性能。

——C组（周期）：C要检的是与设计和材料有关的性能，一般属于破坏性试验。

——D组（周期）：D组要检验的是消耗部分或全部产品寿命的长期试验，也是破坏性的试验。

A.10.1.3

定型检验　finalize inspection

产品定型检验又称为鉴定检验，一般分为设计定型检验和生产定型检验两种。

定型检验由企业对产品的各项性能进行全面的检验，如企业把定型检验委托第三方进行，则其属于产品的委托检验。

定型检验是确定产品是否符合技术法规、产品标准、设计要求或组织生产的要求的检验。

A.10.2

科技成果鉴定检验　production qualification inspection

检验机构受组织或主持科技成果鉴定部门的委托，对样品按委托要求进行检验，并给出成果综合评价的过程。

A.10.3

气源适配性检验　gas matching inspection

对使用人工煤气的燃具，当标注的使用气源和实际气源有差异时，对燃具的燃烧工况进行检验，以验证该燃具是否满足使用要求。

A.11

第二方检验　second party inspection

第二方即需方，第二方检验指需方为保证所购买的产品符合需要而进行的检验，第二方检验又称为交收检验。

整机生产企业检验中的零部件进货检验也可称为交收检验。

A.12

第三方检验　third party inspection

第三方是指在所涉及的问题上公认的独立于有关各方的个人和机构。第三方检验指独立于第一、第二方的检验，其对双方具有局外公正性。

第三方检验主要包括产品型式试验、产品质量监督检验、仲裁检验等。

A.12.1

型式试验　type testing

根据一个或多个代表生产产品样品所进行的合格测试。

A.12.2

质量监督检验　quality surveillance inspection

是由国家质量监督部门或其他质量管理部门委托第三方检验机构进行的产品质量抽查性检验，其目的是监督企业批量生产的产品持续符合相关的技术法规或行政法规的规定及相关标准要求。

A.12.3

质量仲裁检验　quality arbitrament inspection

是指经省级以上产品质量技术监督部门或其授权的部门考核合格的产品质量检验机构，在考核部门授权其检验的产品范围内根据申请人的委托要求，对质量争议的产品进行检验，出具检验报告的过程。

附　录　B

（资料性附录）

生产检验（装配流水线工序检验项目）

表 B.1　家用燃气用具产品的流水线工序检验项目示例

序号	检验项目	备注
1	燃气系统的气密性	
2	水路系统的耐压性能	
3	点火性能	
4	燃烧稳定性能	
5	电气部分（接地电阻）	
6	电气部分（泄漏电流）	
7	电气部分（常态电气强度）	
8	铭牌、说明书（安全条款）	
……	……	

附　录　C
（资料性附录）
燃具零部件、整机Ⅱ级检验水平、正常二次单独抽样的抽样方案示例

表 C.1　燃具零部件、整机Ⅱ级检验水平、正常二次单独抽样的抽样方案示例

零部件名称	A类不合格	AQL	n	AcRe
旋塞阀总成	气密性，材料，点火性能			
燃具火盖，灶头支架	尺寸，表面处理			
灶面，燃气管旋塞	尺寸，表面处理			
烤箱内壁，烤盘子，玻璃门	尺寸，表面处理			
饭锅内壁，外壁，按钮				
热水器燃烧器喷嘴	尺寸，表面处理，材质			
热水器换热器	尺寸，耐压实验，材质			
热水器外壳，管路	尺寸，表面处理			
热水器旋塞阀，总成	气密性，点火性能			
熄火保护	配合尺寸，吸合性能			
机械定时器	尺寸，引线强度			
膨胀式温控器	配合尺寸			
陶瓷点火器	尺寸，初期输出电压			
电子脉冲点火器	放电频率，初期输出电压			
具有再点火功能的电子脉冲点火器	放电频率，初期输出电压，再点火时间	0.4	32 32	0　2 1　2
直流电源电子控制器	各种安全时间			
遥控器(直流电源)	显示功能，调节功能			
自动热水器控制器(交流电源)	安全时间，绝缘性能，耐电压强度			
遥控器(交流电源)	显示功能，调节功能			
水流开关，微动开关	尺寸			
水气联动阀	尺寸，水密性，动作灵活性			
燃气压差阀(膜片式)	尺寸，气密性，额定电流，绝缘电阻，引线强度			
直流低压直动阀	尺寸，线圈电阻，引线强度			
交流或直流电磁阀	尺寸，引线强度，耐电压强度			
燃气比例阀	尺寸，引线强度，调节特性			
热安全保护装置，倒烟保护装置	尺寸，动作温度，引线强度			
风机	尺寸，耐电压强度，引线强度			
交流变压器	耐电压强度，引线强度			

附　录　D
（资料性附录）
燃具零部件Ⅲ级判别水平一次周期抽样表示例

表 D.1　燃具零部件Ⅲ级判别水平一次周期抽样表示例

零部件名称	B类不合格	AQL	n	Ac
燃具旋塞阀总成	耐用性	50	3	0
热水器旋塞阀总成	耐用性			
熄火保护	耐用性，内阻变化，弹簧力变化			
机械定时器	耐用性			
膨胀控制器	耐用性			
压电陶瓷点火器	耐用性			
电子脉冲点火器	耐用性			
有再点火功能的电子脉冲点火器	耐用性			
热水器控制器	耐用性			
水气联动阀	耐用性，耐水压			
燃气压差式膜片阀	耐用性，耐燃烧性能			
直流自吸阀，强吸阀	耐用性，耐燃气性能			
电磁阀	耐用性，耐燃气性能			
燃气比例阀	耐用性，耐燃气性能			
热安全保护装置，倒烟保护装置	耐用性			
热水器控制器和遥控器	耐用性，耐高温性能			
水流开关，微动开关	耐用性			
水驱动安全阀	耐用性			
有再点火功能的电子脉冲点火器	耐用性			
热水器控制器	耐用性			

附　录　E
（资料性附录）
燃具不合格分类和检验项目示例

表 E.1　燃具不合格分类和检验项目示例

序号	检验项目	不合格分类	第一方检验	第三方检验	
				型式检验(至少包含项目)	质量监督检验
1	气密性	A	√	√	√
2	热负荷	A	√	√	√
3	无风燃烧工况				
	回火	A	√	√	√
	熄火	A	√	√	√
	离焰	A	√	√	√
	黄焰	A	√	√	√
	黑烟	A	√	√	√
	烟气中的 CO 含量	A	√	√	√
	烟道堵塞	A	√	√	√
	其他项目	B	√		
4	有风状态燃烧工况				
	燃烧器工况	A	√	√	√
	烟气中的 CO 含量	A	√	√	√
	排烟系统	A	√	√	√
5	喷淋燃烧工况				
	燃烧器工况	A	√	√	√
6	表面温升和异常温升				
	金属表面	A	√	√	√
	按钮和手柄	A	√	√	√
	其他部位	B	√		
	异常温升	A	√	√	√
7	点火性能				
	无风状态	A	√	√	√
	喷淋状态	A	√	√	√
	有风状态	A	√	√	√
8	安全装置				
	熄火装置	A	√	√	√
	缺氧保护	A	√	√	√

表 E.1（续）

序号	检验项目	不合格分类	第一方检验	第三方检验	
				型式检验(至少包含项目)	质量监督检验
	防风压过大装置	A	√	√	√
	防烟道堵塞保护装置	A	√	√	√
	其他保护装置	A	√	√	√
9	电气性能				
	耐电压强度	A	√	√	√
	接地	A	√	√	√
	绝缘电阻	A	√	√	√
	电机启动性能	B	√		
	功率	B	√		
	线圈温升	B	√		
	交流电异常	B	√		
	瞬间敏感度	B	√		
	电源干扰	B	√		
	直流电源异常	B	√		
	控制器设置和显示	B	√		
10	使用性能				
	辐射效率	A	√	√	√
	热效率	A	√	√	√
	热风温度	B	√		
	热水产率	B	√		
	停水温升	B	√		
	热水温升	B	√		
	加热时间	B	√		
	供暖热输出准确度	A	√	√	√
	烤箱烘烤性能	A	√	√	√
	饭锅焖饭性能	A	√	√	√
	保温性能	B	√		
	升温时间	B	√		
	温度分布	B	√		
	控制器灵敏度	B	√		
	烤箱门耐热冲击	B	√		
11	耐用性能				
	燃气阀门	B	√		
	电点火器	B	√		

表 E.1（续）

序号	检验项目	不合格分类	第一方检验	第三方检验	
				型式检验(至少包含项目)	质量监督检验
	电磁阀	B	√		
	定时器	B	√		
	温控器	B	√		
	熄火保护装置	B	√		
	缺氧保护装置	B	√		
	燃气调压器	B	√		
	取暖器插座	B	√		
	胶管接头	B	√		
	非电控制器	B	√		
12	耐振性能	B	√		
13	连续燃烧				
	气密性	A	√	√	√
	燃烧工况	B	√		
	热交换器结构正常	B	√		
	辐射体正常	B	√		
14	主燃烧器材料和厚度	A	√	√	√
15	耐水压	A	√	√	√
16	密封结构	B	√		
17	铭牌				
	燃气压力、种类和安装方法	A	√	√	√
	其他项目	B	√		
18	说明书				
	燃气压力、种类和安装操作方法及限制	A	√	√	√
	需要新鲜空气流动	A	√	√	√
	燃烧产物消散条件	A	√	√	√
19	产品包装				
	警示标识	A	√	√	√
	其他要求	B	√		
……	……				

附 录 F
（资料性附录）
欧盟灶具产品 CE 认证合格评定程序示例

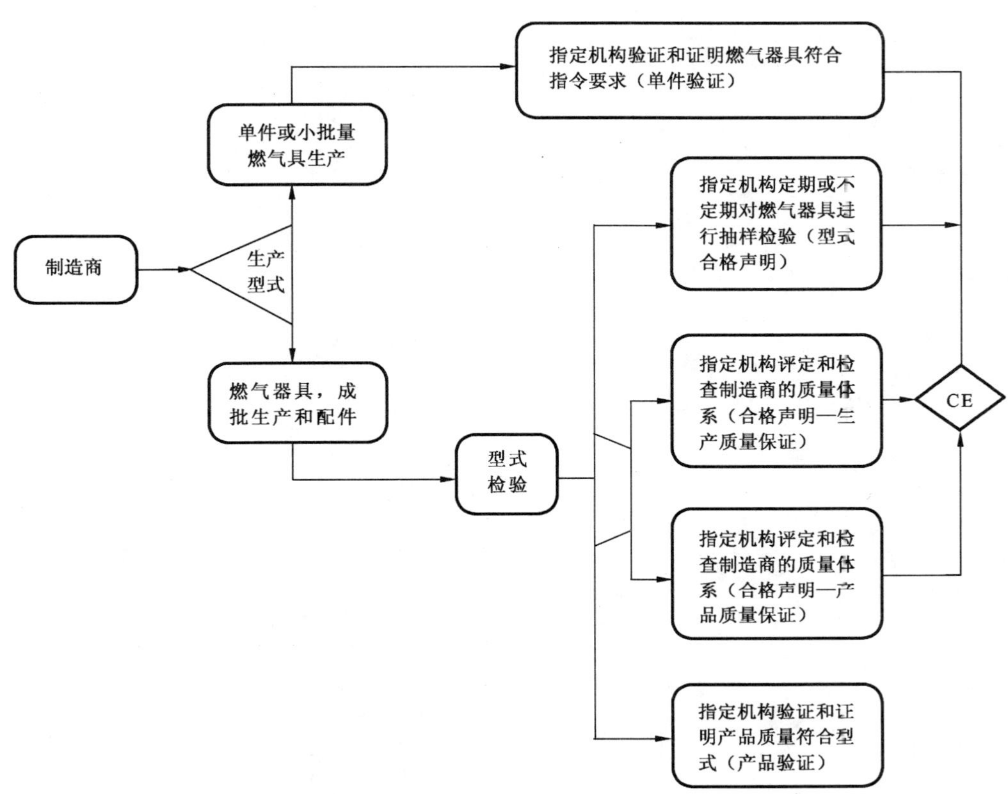

CE 合格评定程序流程图

四、工程设计、运行和维护标准

ICS 03.100.99
A 01

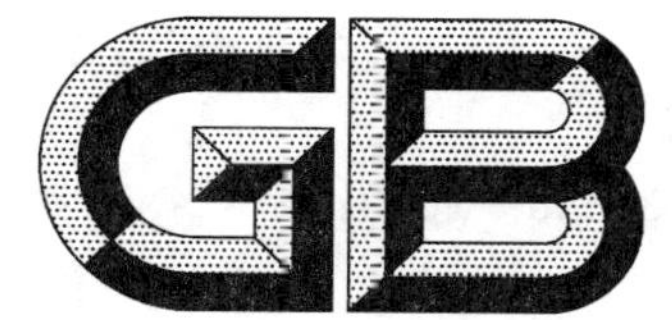

中华人民共和国国家标准

GB/T 37580—2019

聚乙烯(PE)埋地燃气管道腐蚀控制工程全生命周期要求

Requirements for buried polyethylene(PE) gas pipeline corrosion control engineering life cycle

2019-06-04 发布　　2020-05-01 实施

国家市场监督管理总局
中国国家标准化管理委员会　发布

前　言

本标准按照 GB/T 1.1—2009 给出的规则起草。

本标准由中国石油和化学工业联合会提出。

本标准由全国防腐蚀标准化技术委员会(SAC/TC 381)归口。

本标准起草单位:宁波市宇华电器有限公司、安徽杰蓝特新材料有限公司、中蚀国际腐蚀控制工程技术研究院(北京)有限公司、高科建材(咸阳)管道科技有限公司、浙江新大塑料管件有限公司、浙江声波管阀实业有限公司、沧州鑫泰管业有限公司、宁波联大塑料管件有限公司、浙江佰通防腐设备有限公司、浙江锦宇枫叶管业有限公司、宁波欧陆管道实业有限公司、卓通管道系统(中山)有限公司、上海日高科技集团有限公司、沈阳中科腐蚀控制工程技术有限公司、中国工业防腐蚀技术协会。

本标准主要起草人:陈建强、刘俊峰、刘维玉、王广、王贵明、刘信社、孙俊辉、邵金星、王忠悌、童增耀、叶佰通、傅芳英、顾方和、刘凯维、叶丰慧、汪晓岗、臧晗宇、孙斌。

聚乙烯(PE)埋地燃气管道腐蚀控制工程全生命周期要求

1 范围

本标准规定了聚乙烯(PE)埋地燃气管道腐蚀控制工程全生命周期中总则、目标、腐蚀源、材料、技术、开发、设计、制造、施工与安装、装卸贮存和运输、调试、验收、测试检验、维护保养、维修、延寿、资源报废与事后绿色环保处理预警、文件和记录、评估应控制的各要素的要求。

本标准适用于聚乙烯(PE)埋地燃气管道腐蚀控制工程全生命周期中有关活动的管理。

2 规范性引用文件

下列文件对于本文件的应用是必不可少的。凡是注日期的引用文件,仅注日期的版本适用于本文件。凡是不注日期的引用文件,其最新版本(包括所有的修改单)适用于本文件。

GB/T 15558.1 燃气用埋地聚乙烯(PE)管道系统 第1部分:管材

GB/T 15558.2 燃气用埋地聚乙烯(PE)管道系统 第2部分:管件

GB/T 15558.3 燃气用埋地聚乙烯(PE)管道系统 第3部分:阀门

GB/T 26255.1 燃气用聚乙烯管道系统的机械管件 第1部分:公称外径不大于63 mm的管材用钢塑转换管件

GB/T 26255.2 燃气用聚乙烯管道系统的机械管件 第2部分:公称外径大于63 mm的管材用钢塑转换管件

GB/T 29639 生产经营单位生产安全事故应急预案 编制导则

GB/T 33314—2016 腐蚀控制工程生命周期 通用要求

CJJ 63 聚乙烯燃气管道工程技术规程

TSG D2002 燃气用聚乙烯管道焊接技术规则

3 术语和定义

下列术语和定义适用于本文件。

3.1

聚乙烯(PE)埋地燃气管道腐蚀控制工程全生命周期 buried polyethylene(PE) gas pipeline corrosion control engineering life cycle

耐蚀聚乙烯(PE)埋地燃气管道从基于材料以及最初勘察、工况条件、产品设计与制造、管道设计到施工、验收、运行、维护、环境温度、使用寿命评估、报废与事后绿色环境处理的整个应用控制过程。

3.2

腐蚀源 corrosion source

造成或引起聚乙烯(PE)埋地燃气管道腐蚀的各种因素的总称。

4 总则

4.1 聚乙烯(PE)埋地燃气管道(以下简称管道)全生命周期要求应贯穿于整个管道系统全生命周期过

程，对其应用全生命周期内的目标、腐蚀源、工况条件、材料、技术、开发、设计、制造、施工与安装、装卸贮存和运输、调试、验收、运行、测试检验、维护保养、维修、延寿、资源、报废与事后绿色环保处理预警、文件及记录和评估等要素做出相应规定，满足整体性、系统性和相互协调优化性，实现安全、经济和长生命周期运行。

4.2 对管道应用全生命周期要求的实施，应以各要素为对象，制定或选用相应的具体技术标准和规范。

4.3 在管道应用全生命周期内，应按照 GB/T 33314—2016 中 4.3 的要求，针对计划、实施、验收、运行、维护等过程，建立管理体系，并有效执行和持续改进，以实现对应用过程的整体控制，如图 1 所示。

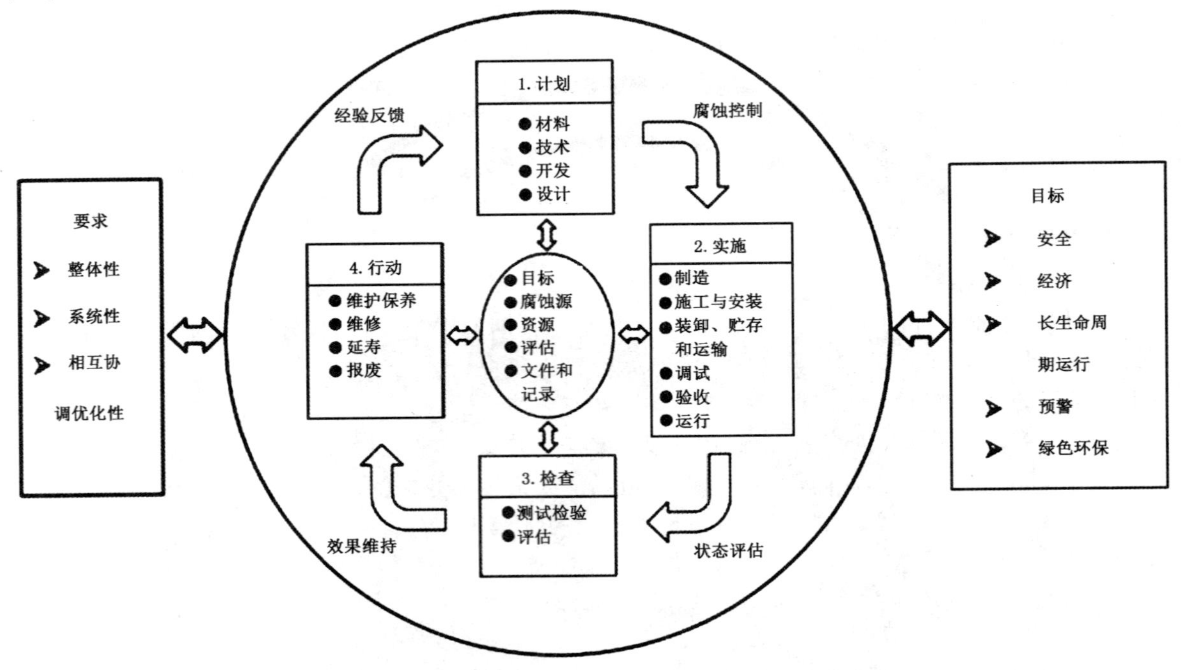

图 1 耐蚀聚乙烯（PE）埋地燃气管道体系持续改进示意图

5 目标

5.1 管道全生命周期贯穿于整体管道系统全生命周期内各要素中，实现整体性、系统性和相互协调优化性，使腐蚀得到有效控制，符合安全、经济、长生命周期运行、预警及绿色环保的目标。

5.2 管道腐蚀控制目标应分解落实到全生命周期内各要素中，符合安全、质量和环境要求。同时，在生命周期的各个环节中实施和保持，并对其持续适宜性进行评审和改进。

5.3 协调和优化管道腐蚀控制全生命周期内的各要素，使其与被保护管道的生命周期相适应。可维修或更换的材料和设备的使用寿命可短于主体管道的生命周期；不可维修或更换的材料和设备使用寿命应与主体管道生命周期一致。

6 腐蚀源

6.1 管道腐蚀源包括内部因素和外部因素。内部因素应考虑材料成分、等级、应力分布、管件结构及管道材质防腐性能等因素；外部因素应考虑不同条件下与材料作用的腐蚀介质与温度、湿度等工况条件及其他外部因素的破坏。

6.2 在管道腐蚀控制全生命周期内，应根据腐蚀源对管道寿命的不同影响，对腐蚀源进行调查分析，采取针对性的管道腐蚀控制技术及保护措施。

6.3 应识别管道腐蚀控制相对应的管道整体状态，包括管道的运行温度、压力、介质等与腐蚀相关的工况条件。

6.4 对管道腐蚀控制本体的工况条件也应进行识别，例如管道厚度、不圆度、表面损伤等。

7 材料

7.1 在材料选择过程中，应对材料成分、结构、应力、表面状态等进行调查，确定材料在腐蚀环境中的防腐蚀性能，满足安全、经济、环保、长生命周期运行及预警的目标。

7.2 选材应遵循以下原则：

a) 针对腐蚀源和管道腐蚀控制全生命周期要求，制定恰当的选材方案；
b) 考虑材料的理化性能和材料在不同腐蚀环境中的耐腐蚀性能，同时考虑环境保护；
c) 管道及其配件应使用专用混配料；
d) 在满足材料性能的基础上，考虑其加工性、通用性、经济性。

7.3 选材应遵循以下步骤：

a) 对腐蚀环境进行实地勘察，确定腐蚀参数、腐蚀等级；
b) 查阅相关标准和手册，使选用的材料满足耐腐蚀性能和理化性能的要求；
c) 对材料进行腐蚀性评估，在没有相同工程或相似应用时，应通过实验室模拟试验或现场试验筛选材料；
d) 在保证使用年限的基础上，应优先考虑经济性，但在各种条件下优先考虑材料的通用性和耐用性。

7.4 选用新型防腐蚀材料时，应通过有关机构的测试检验，并通过论证能够满足使用要求，方可使用。

8 技术

8.1 在管道腐蚀控制全生命周期内会产生不同程度的腐蚀，可采用适宜的一种或多种技术或方法实施腐蚀控制。

8.2 技术类型选择原则：

a) 正确选材应符合第7章要求；
b) 合理结构设计，考虑应力集中、疲劳等情况；
c) 首要考虑管道运行的安全性，评价能否满足安全性能；
d) 在满足技术要求的基础上，提倡选用先进技术、工艺、设备和材料，并同时考虑选用经济性高的腐蚀控制措施；
e) 选用的腐蚀控制技术应满足环境适应性，确保全生命周期运行。

9 开发

9.1 当现有材料及技术、工艺不能满足腐蚀控制要求时，应进行新材料研发、技术开发和工艺改进。

9.2 开发过程应包含以下要求：

a) 目标应符合第5章要求；
b) 内容包括新材料研发、技术开发、结构设计、工艺改进、工艺评价、制造设备、检测设备和新产品研制；
c) 程序是提出需求，确定需求的技术指标，确定开发方案和流程，实施开发，验证和评价；

d) 对新材料研发和技术开发以及工艺改进应在验证和评价合格后方可进行推广应用。

10 设计

10.1 一般规定

10.1.1 根据燃气管道运营环境情况，针对燃气管道腐蚀控制全生命周期内的腐蚀问题和相关因素，采取相应的腐蚀控制设计方案和工艺方案。

10.1.2 制定设计控制目的及措施，确保规定的技术要求和质量标准纳入整体设计方案中。

10.1.3 制定程序，控制对原设计技术要求和质量标准的变更和偏离范围实施控制。

10.1.4 制定措施，对关键材料、设备和工艺进行优化选择，并审查适用性。

10.2 接口

10.2.1 规定设计单位和人员间的内部和外部接口。

10.2.2 明确文件的编制、审核、批准、发布、分发和修订责任，规定设计文件的传递和存档。

10.3 内容

10.3.1 首先调查了解现场腐蚀环境情况。

10.3.2 考虑管道腐蚀控制方法、选材、产品设计、制造工艺、安装施工方案及技术要求、验收、保护措施、验收标准、环境控制、运行工况等。

10.4 设计程序

10.4.1 设计输入

包括腐蚀源、腐蚀参数及等级、设计寿命、运行工况、结构、工艺、输送介质、材质、环境、施工条件、法规、标准及技术规范。

10.4.2 设计输出

根据设计输入的要求，确定腐蚀控制方法，形成腐蚀控制工程的设计方案。

10.4.3 设计验证

10.4.3.1 在相似的环境、工况等条件下进行满足燃气管道腐蚀控制目标的验证。

10.4.3.2 通过设计审查、其他计算、执行试验大纲等措施进行验证。

10.4.3.3 采用试验大纲作为设计验证方法时，应包括适当的样件或试验件的鉴定试验和专家评审。该试验应在最苛刻的设计工况下进行验证。当最苛刻的设计工况无法模拟时，可在其他相似工况下验证设计特性，并将结果外推到最苛刻设计工况。

10.4.4 设计变更

10.4.4.1 制定设计变更程序，并形成文件。

10.4.4.2 考虑设计变更所产生的技术方面的影响，应采用与原设计相同的没计控制措施。

10.4.4.3 除特别指定外，设计变更文件应由原设计方审核和批准。

11 制造

11.1 制造依据

11.1.1 依据最新颁布的国家标准、相关技术规范及要求、设计文件及图纸、检验标准等进行制造。

11.1.2 如采用企业标准或国外标准,标准的安全技术要求应经过相应的技术机构审查通过。

11.2 制造单位的条件

11.2.1 制造单位应当具有法定资格,并取得所在地政府部门合法注册,同时制造单位应具备证明其生产制造能力的资质。

11.2.2 应具有满足制造产品需要的专业技术人员、检验人员和技术工人。

11.2.3 应具备满足制造产品需要的生产条件。

11.2.4 应具备产品标准中规定项目的检验条件和试验设备、相关配套设施。

11.2.5 应具备健全有效的质量、安全、环境管理体系,通过相关体系认证。

11.2.6 应具有有效的特种设备制造许可证。

11.3 制造过程要求

11.3.1 应建立完善的组织机构、加强人员培训、落实岗位责任。

11.3.2 应建立档案、编制台账、定期进行维护保养、保证正常使用、明确责任人,落实管理使用责任。

11.3.3 产品制造应按照确定的质量目标,依据相关的产品标准、工艺文件、作业指导书的要求进行,并定期考核;制造单位应制定相应的质量管理保证体系和程序文件,并有效实施;制造单位应对其所进行分包的工作质量、所采购原材料及产品质量负责。

11.3.4 应制定环境、安全保证体系及环境安全生产责任制度,并严格监督实施;编制环境、安全措施预案。

11.4 质量控制

11.4.1 所用原材料在进厂时,应对其主要性能指标进行复验,复验合格的原材料方可入库待用。

11.4.2 制造单位应对每一批次生产的产品进行出厂性能抽样检测。

11.4.3 应采用第三方监理监督机制,按相关标准要求进行第三方型式检验和质量检验。

11.4.4 建立质量控制档案,包括原材料适用性及复验结果、制造工艺及参数、产品检验检测结果等资料,质量控制档案应随制造验收发货后进行归档并可追溯。

11.5 产品标识

产品应标有产品标志,并附有产品合格证、质量保证书、使用说明。其要求如下:

a) 产品标志应按国家有关规定执行,包括以下内容:生产许可证编号、制造商商标、流体介质、公称直径、壁厚、标准尺寸比、材料、混配料牌号、生产批号、生产时间、标准号;

b) 产品合格证应包括:产品质量承诺函、性能测试报告、质检部门印章、产品信息等。

12 施工与安装

12.1 施工计划

现场施工与安装管理应包括计划管理、技术管理、安全和质量管理、物资管理、工程监管、工程验收、工程交接等，并针对以上内容制定施工与安装的控制管理程序。

12.2 管道施工

12.2.1 管道焊接准备工作：根据相关规程 CJJ 63 和规则 TSG D2002 制定相应的施工方案，确定连接方法、连接条件、焊接设备及工具、操作者技术水平和质量控制方法等。

12.2.2 管道施工按照下列步骤进行：

a) 焊接施工人员应经过防腐施工、PE 管道焊接施工培训并取得相应资格证书；

b) 管道连接前，应根据管道设计要求选定需要连接的管道元件；

c) 施工环境温度应在－5 ℃～＋40 ℃之间，若存在影响焊接效果的其他因素则应采取相应的保护措施；

d) 管道焊接完成后，应使其自然冷却，冷却过程中不得移动、拆卸夹紧工具、对管道焊接处施加外力或快速冷却；

e) 与管道连接的阀门应设置阀门井，且不得裸露于地面。

12.2.3 管道修补施工按照下列步骤进行：

a) 修补施工的材料其性能符合设计技术要求；

b) 应先除去损伤部位的污物以及修补区域的氧化层再根据修补技术要求进行修补；

c) 修补完成后，应按设计文件或有关标准规定的性能指标进行检测是否合格。

12.2.4 下沟回填按照下列步骤进行：

a) 管子下沟前，应检查连接质量、沟底标高及密实度，符合要求后方可下沟。

b) 管道的管沟尺寸应符合设计要求，沟底应平整，无碎石、砖块等硬物。沟底为硬层时，应先铺垫细软土，垫层厚度应符合有关管道施工标准的规定。

c) 管道下沟时，应采用尼龙吊带或其他不损伤 PE 管道的吊具，并应防止管道撞击沟壁及硬物且应先回填管底局部悬空部位，再回填管道两侧。

d) 管道下沟后，应先用软土回填，软土厚度应符合有关管道施工标准的规定，铺上警示带或警示保护板然后才能进行二次回填。

e) 管道回填后，全线应按照规范要求依次进行管道吹扫、强度试验和严密性试验，发现漏点应进行开挖修补。

13 装卸、贮存和运输

13.1 应制定管道装卸、贮存和运输措施（含应急措施），并且形成文件，避免装卸、贮存和运输期间产生损伤、腐蚀和丢失。

13.2 管道装卸、贮存和运输应符合相应规程要求。

14 调试

14.1 调试的基本要求：

a) 需要调试的腐蚀控制工程，应制定调试程序；

b) 对组成部件进行外观检查，确认安装符合要求、进行标识，并按照程序进行调试。

14.2 调试前准备应包括：

a) 制定调试程序；

b) 培训调试人员；

c) 检查、检验工具和仪表；

d) 评估可能存在的风险，并制定相应的应急措施；
e) 准备调试记录文件。

14.3 调试过程控制应包括：
a) 应严格按照调试程序或相应的规范标准执行；
b) 应有人员监护；
c) 应避免触电、机械伤害等安全风险；
d) 应有详细的记录；
e) 调试结果形成的记录，应有编写、审核、批准三级会签。

14.4 调试结果不满足设计要求的，应对工程进行改造、维修或重建。

15 验收

15.1 按照相应标准制定验收程序，未经完工验收，不得交付使用。

15.2 管道防腐工程质量不符合设计要求时，不得验收，达到要求后方可验收。

15.3 完工验收应提交以下资料：
a) PE 管材、PE 管件及 PE 球阀出厂合格证、质量检验报告；
b) 勘察、设计及变更文件；
c) 管道质量控制过程文件；
d) 管道施工与安装过程文件；
e) 交工技术文件；
f) 施工监理文件，包括但不仅限于《工程质量评估报告》；
g) 不符合项处理记录；
h) 完工验收文件。

16 运行

16.1 应实施系统化的腐蚀控制大纲，确保安全、经济、长生命周期运行。

16.2 腐蚀控制应考虑下述经验和因素：
a) 根据主体管道和腐蚀源状况实施系统化的腐蚀控制大纲；
b) 管道运行、维护人员应了解管道腐蚀控制的基本知识，并参与定期培训和考核；
c) 处理复杂的腐蚀问题应多专业、多部门参与并制定合理的维修方案；
d) 建立有效的内部交流及外部交流、经验反馈的机制；
e) 编制运行管道腐蚀控制管理手册；
f) 建立运行管道腐蚀控制工程中的系统和部件的管理数据库。

16.3 运行管理方法包括：
a) 依据管道腐蚀控制使用手册、相关的法规、标准等进行制定；
b) 使用单位应确保和提供满足管道腐蚀控制使用条件的资源；
c) 工作内容包括现场巡检、现场维护、过程报告、问题处置、过程记录、过程分析、经验反馈等。

16.4 运行管道内、外腐蚀控制要求：
a) 内腐蚀控制：应对输送燃气介质的腐蚀性进行分析，并依据分析结果选择合适的内腐蚀控制措施。
b) 外腐蚀控制：
   1) 应遵循聚乙烯材料特性要求，建立外腐蚀控制程序；

2） 应定期检查管道及阀门、钢塑转换运行性能，调查原因并采取措施；
3） 应识别、测试、减缓外部因素对管道的影响；
4） 对发现的管道缺陷及伤痕应及时修复。

17 测试检验

17.1 测试检验要求：

a） 对管道腐蚀控制工程进行测试检验，确保满足设计的指标、功能与全生命周期的要求；
b） 测试检验结果应符合相应的标准、合同条款等；
c） 进行测试的相关人员应经过专业培训并取得授权。

17.2 测试检验所用的仪器设备应进行校准检验。

17.3 测试结果的管理：

a） 测试检验的结果应有编写、审核、批准三级会签。
b） 测试检验结果应作为管道腐蚀控制工程的验收依据，保存周期应与管道腐蚀控制工程生命周期相同。对于测试检验结果不满足管道腐蚀控制工程设计要求的，应进行整改。

18 维护保养

18.1 一般性原则

18.1.1 根据管道工程项目和腐蚀源状况，制定日常、定期、全面维护保养周期及计划，并编制相应维护保养程序，包括以下内容：

a） 日常维护保养包括巡视、巡检等；
b） 定期维护保养包括性能状态检查和计划性能修理及定期维护等；
c） 维护保养程序文件应与材料或设备维护手册、技术规范及相关标准要求一致。

18.1.2 维护保养工作应安排专人实施，并符合下列要求：

a） 维护保养人员应经过相关的培训并具备相应的技能和经验；
b） 应使用专用的维护保养工具；
c） 维护保养前应充分评估可能存在的风险，并制定相应的应急措施，做好相关检查及维护记录。

18.1.3 维护保养工作后，应及时向相关负责人汇报腐蚀控制工程项目所出现的问题，并及时跟踪和处理。

18.1.4 维护保养工作不应对设备设施造成新的腐蚀或损坏风险。

18.2 重点维护保养

应定期对阀门、钢塑转换管件进行检查和维护，以确保阀门能够正常启闭以及其相关配件的使用寿命能否满足使用要求，并对检查与维护所得的数据和所发现的情况进行分析，进而完成以下工作：

a） 评价阀门维护控制管理和钢塑转换管件防腐措施是否适当；
b） 指出可能存在的安全隐患及改进措施；
c） 说明对阀门和钢塑转换管件腐蚀控制状况进行详细调查评价的必要性。

19 维修

19.1 维修应不影响管道整体安全功能，并符合规范、标准及其他相关规定。

19.2 维修质量应不低于原建造时的设计要求。

19.3 对管道系统产生影响的维修,应由具有相应资质的单位承担。

19.4 维修完成后应按照第15章的规定验收。

19.5 应急措施:

a) 按GB/T 29639规定编制管道维修应急预案;
b) 应急措施准备;
c) 应急资源准备;
d) 应急数据准备;
e) 应急抢修应由专业的管道抢维修人员执行;
f) 专业抢修人员应经过专业的抢修培训和抢修工作演练。

20 延寿

20.1 当管道腐蚀控制工程的材料和设备已达到预期使用寿命,仍能正常运行时,应考虑延寿;但国家规定有强制报废要求的不应延寿。为论证延寿可行性,应评估且验证材料和设备仍符合安全运行标准,并核算其经济性和延寿年限;由使用部门提出延寿申请、相关部门审核、单位负责人批准,办理延寿申请手续。

20.2 确定实施延寿之后,应建立延寿管理大纲,包含以下内容:

a) 腐蚀控制文件;
b) 腐蚀评估计划;
c) 材料修复与工程改造技术资料。

21 资源

21.1 一般规定

制定人力、设备、材料与技术、方法、环境等资源管理计划,使其与管道腐蚀控制工程生命周期内每个要素条件相适应。

21.2 人力

21.2.1 建立完善的管理组织,明确工作目标、职责分工、工作流程及与其他组织和管理机构的接口,以协调各项腐蚀控制工程要素,保障足以完成腐蚀控制工程目标的人员配备。

21.2.2 应具备管道的设计、工艺、生产及检验检测等环节的责任人员;工程技术人员应满足国家有关规定。

21.2.3 定期对人员进行国家有关法律法规、安全技术规范、标准培训考核。关键岗位操作人员应进行实操培训,并定期进行现场绩效评估,建立培训考核档案。

21.3 设备

21.3.1 管道元件生产企业应具备满足国家有关规定的生产及检测设备。

21.3.2 生产企业应制定设备管理程序,建立台账与档案。

21.3.3 对设备进行定期检定、校准、维护、保养和维修,确保设备满足腐蚀控制二程的需要。

21.4 材料与技术

21.4.1 对腐蚀控制工程物料进行严格的采购、质量控制、物流和仓储管理,制定管理程序及措施。

21.4.2 保证供应,满足工程施工进度要求。

21.4.3 对于新材料及新技术的使用，应明确其知识产权或专利，避免法律纠纷。

21.5 方法

21.5.1 管道生产企业应严格按照 GB/T 15558.1、GB/T 15558.2 、GB/T 15558.3、GB/T 26255.1、GB/T 26255.2的规定生产产品。

21.5.2 允许生产企业采用行业或团体标准或企业标准执行设计和生产制造。

21.5.3 管道生产企业应制定、健全相关的作业指导规则。

21.5.4 管道安装企业应按相关标准或规则制定质量保证手册和程序文件以及作业指导书。

21.6 环境

21.6.1 管道生产企业厂房面积按照国家有关规定执行。

21.6.2 原料库房应能满足生产的需要，原料不得露天堆放，不同牌号原材料应分区存放，防止混批混用。

21.6.3 管道制造企业要有检验场所，检验场所应光照条件良好，不应有较多粉尘。

21.6.4 管道施工焊接应在－5 ℃～＋40 ℃环境温度下进行，管道运行工作温度应在－20 ℃～＋40 ℃。

22 报废与事后绿色环境处理预案

22.1 应符合循环经济法律规定要求。

22.2 应履行社会责任担当。

23 文件和记录

23.1 文件应提供以下资料：

a) 对文件的编制、审核、批准和发放进行控制；明确文件的发布和分发渠道；文件变更及废止应按照规定的程序进行审核和批准；外来文件应确保得到识别，有效管理；
b) 在管道腐蚀控制工程设计、施工、运行等阶段建立腐蚀控制管理程序，编制工作大纲及其具有配套技术支持的文件。

23.2 文件记录包括以下内容：

a) 质量保证大纲中编写的质量保证记录应包含对腐蚀控制工程质量的审查、检验、质量计划的执行、数据分析等内容，其内容应涵盖腐蚀控制工程生命周期的通用要求；
b) 对腐蚀控制记录和报告进行管理和控制，符合整体管道腐蚀控制工程质量保证有关规范、标准和程序的要求 ；
c) 按程序要求进行记录，记录表格由执行者和监督者共同签署，并对记录的收集、归档、保管和处置进行归档；
d) 签署和记录的腐蚀控制工程生命周期的文件和记录，应由有关单位保存，并对记录保存时间做出规定。

23.3 文件和记录应进行定期评审，以获得最新腐蚀控制信息，并满足下列要求：

a) 对材料、环境、腐蚀机理、危害因素、腐蚀部位等腐蚀信息进行定期评审，以确保未发生明显变化；
b) 考虑相关经验反馈和研究成果的基础上对现有评估、监检测技术进行评审，以确保有效控制腐蚀；

c) 管道腐蚀控制工程定期评审应形成文件并通过审查。

24 评估

24.1 评估要求:对管道腐蚀控制工程各要素以及要素间的整体性、系统性、协调性和优化性进行评估,确保腐蚀控制工程的安全性、经济性和长生命周期运行及预期的目标。

24.2 评估内容:对管道腐蚀控制工程全生命周期的不同阶段进行全过程评估、使用部门评估和综合性评估。

24.3 按照以下程序进行评估:

a) 确定评估对象;

b) 组建评估团队;

c) 确定评估标准;

d) 收集相关资料;

e) 现场测试、实验室测试验证;

f) 出具评估报告。

24.4 评估结果及作用:

a) 应对管道腐蚀控制工程可持续的生命周期进行评估,评估结果应满足主体工程的生命周期要求;

b) 评估结果应作为管道腐蚀控制工程设计、过程管理、验收及持续改进、完善的依据。

UDC

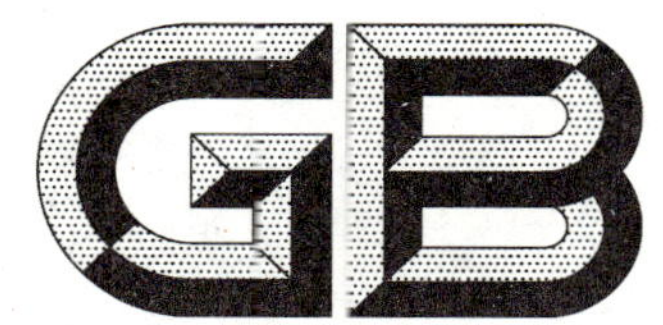

中华人民共和国国家标准

P　　　　　　　　　　　　　　　　　　GB 50028—2006

城镇燃气设计规范

Code for design of city gas engineering

2006-07-12 发布　　　　　　　　　　　　　　　　2006-11-01 实施

中华人民共和国建设部
中华人民共和国国家质量监督检验检疫总局　联合发布

中华人民共和国建设部
公　　告

第451号

建设部关于发布国家标准《城镇燃气设计规范》的公告

现批准《城镇燃气设计规范》为国家标准，编号为GB 50028—2006，自2006年11月1日起实施。其中，第3.2.1(1)、3.2.2、3.2.3、4.2.11(3)、4.2.12、4.2.13、4.3.2、4.3.15、4.3.23、4.3.26、4.3.27(8、10、11、12)、4.4.13、4.4.17、4.4.18(4)、4.5.13、5.1.4、5.3.4、5.3.6(7)、5.4.2(1、3)、5.11.8、5.12.5、5.12.17、5.14.1、5.14.2、5.14.3、5.14.4、6.1.6、6.3.1、6.3.2、6.3.3、6.3.8、6.3.11(2、4)、6.3.13、6.3.15(1、3)、6.4.4(2)、6.4.11、6.4.12、6.4.13、6.5.3、6.5.4、6.5.5(2、3、4)、6.5.7(5)、6.5.12(2、3、6)、6.5.13、6.5.19(1、2)、6.5.20、6.5.22、6.6.2(6)、6.6.3、6.6.10(2、5、7)、6.7.1、7.1.2、7.2.2、7.2.4、7.2.5、7.2.9、7.2.16、7.2.21、7.4.1(1)、7.4.3、7.5.1、7.5.3、7.5.4、7.6.1、7.6.4、7.6.8、8.2.2、8.2.9、8.2.11、8.3.7、8.3.8、8.3.9、8.3.10、8.3.12、8.3.14、8.3.15、8.3.19(1、2、4、6)、8.3.26、8.4.3、8.4.4、8.4.6、8.4.10、8.4.12、8.4.15、8.4.20、8.5.2、8.5.3、8.5.4、8.6.4、8.7.4、8.8.1、8.8.3、8.8.4、8.8.5、8.8.11(1、2、3)、8.8.12、8.9.1、8.10.2、8.10.4、8.10.8、8.11.1、8.11.3、9.2.4、9.2.5、9.2.10、9.3.2、9.4.2、9.4.13、9.4.16、9.5.5、9.6.3、10.2.1、10.2.7(3)、10.2.14(1)、10.2.21(2、3、4)、10.2.23、10.2.24、10.2.26、10.3.2(2)、10.4.2、10.4.4(4)、10.5.3(1、3、5)、10.5.7、10.6.2、10.6.6、10.6.7、10.7.1、10.7.3、10.7.6(1)条(款)为强制性条文，必须严格执行。原《城镇燃气设计规范》GB 50028—93同时废止。

中华人民共和国建设部
2006年7月12日

前　　言

根据建设部《关于印发"2000至2001年度工程建设国家标准制订、修订计划"的通知》(建标〔2001〕87号)要求，由中国市政工程华北设计研究院会同有关单位共同对《城镇燃气设计规范》GB 50028—93进行了修订。在修订过程中，编制组根据国家有关政策，结合我国城镇燃气的实际情况，进行了广泛的调查研究，认真总结了我国城镇燃气工程建设和规范执行十年来的经验，吸收了国际上发达国家的先进规范成果，开展了必要的专题研究和技术研讨，并广泛征求了全国有关单位的意见，最后由建设部会同有关部门审查定稿。

本规范共分10章和6个附录，其主要内容包括：总则、术语、用气量和燃气质量、制气、净化、燃气输配系统、压缩天然气供应、液化石油气供应、液化天然气供应和燃气的应用等。

本次修订的主要内容是：

1. 增加第2章术语，将原规范中"名词解释"改为"术语"，并作了补充与完善。

2. 第3章用气量和燃气质量中，取消了居民生活和商业用户用气量指标，增加了采暖用气量的计算原则。补充了天然气的质量要求、液化石油气与空气的混合气质量安全指标和燃气加臭的标准。

3. 第4、5章制气和净化中，增加了两段煤气(水煤气)发生炉制气、轻油制气、流化床水煤气、天然气改制、一氧化碳变换和煤气脱水，并对主要生产场所火灾及爆炸危险分类等级等条文进行了修订。

4. 第6章燃气输配系统中，提高了城镇燃气管道压力至4.0 MPa，吸收了美、英等发达国家的先进标准成果，增加了高压燃气管道敷设、管道结构设计和新型管材，补充了地上燃气管道敷设，门站、储配站设计和调压站设置形式、管道水力计算等。

5. 增加第7章压缩天然气供应，主要包括压缩天然气加气站、储配站、瓶组供气站及配套设施要求。

6. 第8章液化石油气供应，对液化石油气供应基地和混气站、气化站、瓶组气化站及瓶装供应站等补充了有关内容。

7. 增加第9章液化天然气供应，主要包括气化站储罐与站外建、构筑物的防火间距，站内总平面布置防火间距及配套设施等要求。

8. 第10章燃气的应用中，增加了新型管材，燃气管道和燃气用具在地下室、半地下室和地上密闭房间内的敷设，室内燃气管道的暗设以及燃气的安全监控设施等要求。

本规范由建设部负责管理和对强制性条文的解释，由中国市政工程华北设计研究院负责日常管理工作和具体技术内容的解释。

本规范在执行过程中，希望各单位结合工程实践，注意总结经验，积累资料，如发现对本规范需要修改和补充，请将意见和有关资料函寄：中国市政工程华北设计研究院　城镇燃气设计规范国家标准管理组(地址：天津市气象台路，邮政编码：300074)，以便今后修订时参考。

本规范主编单位、参编单位及主要起草人：

主编单位：中国市政工程华北设计研究院

参编单位：上海燃气工程设计研究有限公司

香港中华煤气有限公司

北京市煤气热力工程设计院有限公司

沈阳市城市煤气设计研究院

成都市煤气公司

苏州科技学院

国际铜业协会(中国)
新奥燃气控股有限公司
深圳市燃气工程设计有限公司
天津市煤气工程设计院
北京市燃气工程设计公司
长春市燃气热力设计研究院
珠海市煤气集团有限公司
新兴铸管股份有限公司
亚大塑料制品有限公司
华创天元实业发展有限责任公司
佛山市日丰企业有限公司
北京中油翔科科技有限公司
上海飞奥燃气设备有限公司
宁波志清集团有限公司
宁波市华涛不锈钢管材料有限公司
华北石油钢管厂
沈阳光正工业有限公司
天津新科成套仪表有限公司
乐泰(中国)有限公司

主要起草人:金石坚 李颜强 徐　良 冯长海 王昌遒 高　勇 陈云玉 顾　军 沈余生
孙欣华 李建勋 邵　山 曹开朗 王　启 李猷嘉 贾秋明 刘松林 应援农
沈仲棠 曹永根 杨永慧 吴　珊 樊金光 周也路 刘　正 郑海燕 田大栓
张　琳 王广柱 韩建平 徐　静 刘　军 吴国奇 李绍海 王　华 牛铭昌
张力平 边树奎 苏国荣 陈志清 缪德伟 王晓香 孟　光 孙建勋 沈伟康

1 总 则

1.0.1 为使城镇燃气工程设计符合安全生产、保证供应、经济合理和保护环境的要求，制定本规范。

1.0.2 本规范适用于向城市、乡镇或居民点供给居民生活、商业、工业企业生产、采暖通风和空调等各类用户作燃料用的新建、扩建或改建的城镇燃气工程设计。

注：1 本规范不适用于城镇燃气门站以前的长距离输气管道工程。

2 本规范不适用于工业企业自建供生产工艺用且燃气质量不符合本规范质量要求的燃气工程设计，但自建供生产工艺用且燃气质量符合本规范要求的燃气工程设计，可按本规范执行。

工业企业内部自供燃气给居民使用时，供居民使用的燃气质量和工程设计应按本规范执行。

3 本规范不适用于海洋和内河轮船、铁路车辆、汽车等运输工具上的燃气装置设计。

1.0.3 城镇燃气工程设计，应在不断总结生产、建设和科学实验的基础上，积极采用行之有效的新工艺、新技术、新材料和新设备，做到技术先进，经济合理。

1.0.4 城镇燃气工程规划设计应遵循我国的能源政策，根据城镇总体规划进行设计，并应与城镇的能源规划，环保规划、消防规划等相结合。

1.0.5 城镇燃气工程设计，除应遵守本规范外，尚应符合国家现行的有关标准的规定。

2 术 语

2.0.1 城镇燃气 city gas

从城市、乡镇或居民点中的地区性气源点，通过输配系统供给居民生活、商业、工业企业生产、采暖通风和空调等各类用户公用性质的，且符合本规范燃气质量要求的可燃气体。城镇燃气一般包括天然气、液化石油气和人工煤气。

2.0.2 人工煤气 manufactured gas

以固体、液体或气体（包括煤、重油、轻油、液体石油气、天然气等）为原料经转化制得的，且符合现行国家标准《人工煤气》GB 13612 质量要求的可燃气体。人工煤气又简称为煤气。

2.0.3 居民生活用气 gas for domestic use

用于居民家庭炊事及制备热水等的燃气。

2.0.4 商业用气 gas for commercial use

用于商业用户（含公共建筑用户）生产和生活的燃气。

2.0.5 基准气 reference gas

代表某种燃气的标准气体。

2.0.6 加臭剂 odorant

一种具有强烈气味的有机化合物或混合物。当以很低的浓度加入燃气中，使燃气有一种特殊的、令人不愉快的警示性臭味，以便泄漏的燃气在达到其爆炸下限 20%或达到对人体允许的有害浓度时，即被察觉。

2.0.7 直立炉 vertical retort

指武德式连续式直立炭化炉的简称。

2.0.8 自由膨胀序数 crucible swelling number

是表示煤的粘结性的指标。

2.0.9 葛金指数 Gray-King index

是表示煤的结焦性的指标。

2.0.10 罗加指数 Roga index

是表示煤的粘结能力的指标。

2.0.11 煤的化学反应性 chemical reactivity of coal

是表示在一定温度下，煤与二氧化碳相互作用，将二氧化碳还原成一氧化碳的反应能力的指标，是我国评价气化用煤的质量指标之一。

2.0.12 煤的热稳定性 thermal stability of coal

是指煤块在高温作用下(燃烧或气化)保持原来粒度的性质(即对热的稳定程度)的指标，是我国评价块煤质量指标之一。

2.0.13 气焦 gas coke

是焦炭的一种，其质量低于冶金焦或铸造焦，直立炉所生产的焦一般称为气焦，当焦炉大量配入气煤时，所产生的低质的焦炭也是气焦。

2.0.14 电气滤清器(电捕焦油器) electric filter

用高压直流电除去煤气中焦油和灰尘的设备。

2.0.15 调峰气 peak shaving gas

为了平衡用气量高峰，供作调峰手段使用的辅助性气源和储气。

2.0.16 计算月 design month

指一年中逐月平均的日用气量中出现最大值的月份。

2.0.17 月高峰系数 maximum uneven factor of monthly consumption

计算月的平均日用气量和年的日平均用气量之比。

2.0.18 日高峰系数 maximum uneven factor of daily consumption

计算月中的日最大用气量和该月日平均用气量之比。

2.0.19 小时高峰系数 maximum uneven factor of hourly consumption

计算月中最大用气量日的小时最大用气量和该日平均小时用气量之比。

2.0.20 低压储气罐 low pressure gasholder

工作压力(表压)在 10 kPa 以下，依靠容积变化储存燃气的储气罐。分为湿式储气罐和干式储气罐两种。

2.0.21 高压储气罐 high pressure gasholder

工作压力(表压)大于 0.4 MPa，依靠压力变化储存燃气的储气罐。又称为固定容积储气罐。

2.0.22 调压装置 regulator device

将较高燃气压力降至所需的较低压力调压单元总称。包括调压器及其附属设备。

2.0.23 调压站 regulator station

将调压装置放置于专用的调压建筑物或构筑物中，承担用气压力的调节。包括调压装置及调压室的建筑物或构筑物等。

2.0.24 调压箱(调压柜) regulator box

将调压装置放置于专用箱体，设于用气建筑物附近，承担用气压力的调节。包括调压装置和箱体。悬挂式和地下式箱称为调压箱，落地式箱称为调压柜。

2.0.25 重要的公共建筑 important public building

指性质重要、人员密集，发生火灾后损失大、影响大、伤亡大的公共建筑物。如省市级以上的机关办公楼、电子计算机中心、通信中心以及体育馆、影剧院、百货大楼等。

2.0.26 用气建筑的毗连建筑物 building adjacent to building supplied with gas

指与用气建筑物紧密相连又不属于同一个建筑结构整体的建筑物。

2.0.27 单独用户 individual user

指主要有一个专用用气点的用气单位，如一个锅炉房、一个食堂或一个车间等。

2.0.28 压缩天然气 compressed natural gas (CNG)

指压缩到压力大于或等于 10 MPa 且不大于 25 MPa 的气态天然气。

2.0.29 压缩天然气加气站 CNG fuelling station

由高、中压输气管道或气田的集气处理站等引入天然气，经净化、计量、压缩并向气瓶车或气瓶组充装压缩天然气的站场。

2.0.30 压缩天然气气瓶车 CNG cylinders truck transportation

由多个压缩天然气瓶组合并固定在汽车挂车底盘上，具有压缩天然气加(卸)气系统和安全防护及安全放散等的设施。

2.0.31 压缩天然气瓶组 muhiple CNG cylinder installations

具有压缩天然气加(卸)气系统和安全防护及安全放散等设施，固定在瓶筐上的多个压缩天然气瓶组合。

2.0.32 压缩天然气储配站 CNG stored and distributed station

具有将槽车、槽船运输的压缩天然气进行卸气、加热、调压、储存、计量、加臭，并送入城镇燃气输配管道功能的站场。

2.0.33 压缩天然气瓶组供应站 station for CNG multiple cylinder installations

采用压缩天然气气瓶组作为储气设施，具有将压缩天然气卸气、调压、计量和加臭，并送入城镇燃气输配管道功能的设施。

2.0.34 液化石油气供应基地 liquefied petroleum gases (LPG) supply base

城镇液化石油气储存站、储配站和灌装站的统称。

2.0.35 液化石油气储存站 LPG stored station

储存液化石油气，并将其输送给灌装站、气化站和混气站的液化石油气储存站场。

2.0.36 液化石油气灌装站 LPG filling station

进行液化石油气灌装作业的站场。

2.0.37 液化石油气储配站 LPG stored and delivered station

兼有液化石油气储存站和灌装站两者全部功能的站场。

2.0.38 液化石油气气化站 LPG vaporizing station

配置储存和气化装置，将液态液化石油气转换为气态液化石油气，并向用户供气的生产设施。

2.0.39 液化石油气混气站 LPG-air (other fuel gas)minxing station

配置储存、气化和混气装置，将液态液化石油气转换为气态液化石油气后，与空气或其他可燃气体按一定比例混合配制成混合气，并向用户供气的生产设施。

2.0.40 液化石油气-空气混合气 LPG-air mixture

将气态液化石油气与空气按一定比例混合配制成符合城镇燃气质量要求的燃气。

2.0.41 全压力式储罐 fully pressurized storage tank

在常温和较高压力下盛装液化石油气的储罐。

2.0.42 半冷冻式储罐 semi-refrigerated storage tank

在较低温度和较低压力下盛装液化石油气的储罐。

2.0.43 全冷冻式储罐 fully refrigerated storage tank

在低温和常压下盛装液化石油气的储罐。

2.0.44 瓶组气化站 vaporizing station of multiple cylinder installations

配置2个以上15 kg、2个或2个以上50 kg气瓶，采用自然或强制气化方式将液态液化石油气转换为气态液化石油气后，向用户供气的生产设施。

2.0.45 液化石油气瓶装供应站 bottled LPG delivered station

经营和储存液化石油气气瓶的场所。

2.0.46 液化天然气 liquefied natural gas (LNG)

液化状况下的无色流体，其主要组分为甲烷。

2.0.47　液化天然气气化站　LNG vaporizing station

具有将槽车或槽船运输的液化天然气进行卸气、储存、气化、调压、计量和加臭，并送入城镇燃气输配管道功能的站场。又称为液化天然气卫星站(LNG satellite plant)。

2.0.48　引入管　service pipe

室外配气支管与用户室内燃气进口管总阀门(当无总阀门时，指距室内地面 1 m 高处)之间的管道。

2.0.49　管道暗埋　piping embedment

管道直接埋设在墙体、地面内。

2.0.50　管道暗封　piping concealment

管道敷设在管道井、吊顶、管沟、装饰层内。

2.0.51　钎焊　capillary joining

钎焊是一个接合金属的过程，在焊接时作为填充金属(钎料)是熔化的有色金属，它通过毛细管作用被吸入要被连接的两个部件表面之间的狭小空间中，钎焊可分为硬钎焊和软钎焊。

3　用气量和燃气质量

3.1　用　气　量

3.1.1　设计用气量应根据当地供气原则和条件确定，包括下列各种用气量：

1　居民生活用气量；

2　商业用气量；

3　工业企业生产用气量；

4　采暖通风和空调用气量；

5　燃气汽车用气量；

6　其他气量。

注：当电站采用城镇燃气发电或供热时，尚应包括电站用气量。

3.1.2　各种用户的燃气设计用气量，应根据燃气发展规划和用气量指标确定。

3.1.3　居民生活和商业的用气量指标，应根据当地居民生活和商业用气量的统计数据分析确定。

3.1.4　工业企业生产的用气量，可根据实际燃料消耗量折算，或按同行业的用气量指标分析确定。

3.1.5　采暖通风和空调用气量指标，可按国家现行标准《城市热力网设计规范》CJJ 34 或当地建筑物耗热量指标确定。

3.1.6　燃气汽车用气量指标，应根据当地燃气汽车种类、车型和使用量的统计数据分析确定。当缺乏用气量的实际统计资料时，可按已有燃气汽车城镇的用气量指标分析确定。

3.2　燃 气 质 量

3.2.1　城镇燃气质量指标应符合下列要求：

1　**城镇燃气(应按基准气分类)的发热量和组分的波动应符合城镇燃气互换的要求；**

2　城镇燃气偏离基准气的波动范围宜按现行的国家标准《城市燃气分类》GB/T 13611 的规定采用，并应适当留有余地。

3.2.2　采用不同种类的燃气做城镇燃气除应符合第 3.2.1 条外，还应分别符合下列第 1～4 款的规定。

1　天然气的质量指标应符合下列规定：

1)　天然气发热量、总硫和硫化氢含量、水露点指标应符合现行国家标准《天然气》GB 17820 的一类气或二类气的规定；

2） 在天然气交接点的压力和温度条件下：

天然气的烃露点应比最低环境温度低 5 ℃；

天然气中不应有固态、液态或胶状物质。

2 液化石油气质量指标应符合现行国家标准《油气田液化石油气》GB 9052.1 或《液化石油气》GB 11174的规定；

3 人工煤气质量指标应符合现行国家标准《人工煤气》GB 13612 的规定；

4 液化石油气与空气的混合气做主气源时，液化石油气的体积分数应高于其爆炸上限的 2 倍，且混合气的露点温度应低于管道外壁温度 5 ℃。硫化氢含量不应大于 20 mg/m³。

3.2.3 城镇燃气应具有可以察觉的臭味，燃气中加臭剂的最小量应符合下列规定：

1 无毒燃气泄漏到空气中，达到爆炸下限的 20%时，应能察觉；

2 有毒燃气泄漏到空气中，达到对人体允许的有害浓度时，应能察觉；

对于以一氧化碳为有毒成分的燃气，空气中一氧化碳含量达到 0.02%（体积分数）时，应能察觉。

3.2.4 城镇燃气加臭剂应符合下列要求：

1 加臭剂和燃气混合在一起后应具有特殊的臭味；

2 加臭剂不应对人体、管道或与其接触的材料有害；

3 加臭剂的燃烧产物不应对人体呼吸有害，并不应腐蚀或伤害与此燃烧产物经常接触的材料；

4 加臭剂溶解于水的程度不应大于 2.5%（质量分数）；

5 加臭剂应有在空气中应能察觉的加臭剂含量指标。

4 制 气

4.1 一 般 规 定

4.1.1 本章适用于煤的干馏制气、煤的气化制气与重、轻油催化裂解制气及天然气改制等工程设计。

4.1.2 各制气炉型和台数的选择，应根据制气原料的品种，供气规模及各种产品的市场需要，按不同炉型的特点，经技术经济比较后确定。

4.1.3 制气车间主要生产场所爆炸和火灾危险区域等级划分应符合本规范附录 A 的规定。

4.1.4 制气车间的"三废"处理要求除应符合本章有关规定外，还应符合国家现行有关标准的规定。

4.1.5 各类制气炉型及其辅助设施的场地布置除应符合本章有关规定外，还应符合现行国家标准《工业企业总平面设计规范》GB 50187 的规定。

4.2 煤的干馏制气

4.2.1 煤的干馏炉装炉煤的质量指标，应符合下列要求：

1 直立炉：

挥发分（干基） ＞25％；

坩埚膨胀序数 1½～4；

葛金指数 F～G_1；

灰分（干基） ＜25％；

粒度 ＜50 mm（其中小于 10 mm 的含量应小于 75％）。

注：1 生产铁合金焦时，应选用低灰分、弱粘结的块煤。

灰分（干基） ＜10％；

粒度 15～50 mm；

热稳定性（TS） ＞60％。

2 生产电石焦时，应采用灰分小于10%的煤种，粒度要求与直立炉装炉煤粒度相同。

3 当装炉煤质量不符合上述要求时，应做工业性的单炉试验。

2 焦炉：

挥发分(干基) 24%～32%；

胶质层指数(Y) 13～20 mm；

焦块最终收缩度(X) 28～33 mm；

粘结指数 58～72；

水分 <10%；

灰分(干基) ≤11%；

硫分(干基) <1%；

粒度(<3 mm的含量) 75%～80%。

注：1 指标仅给出范围，最终指标应按配煤试验结果确定。

2 采用焦炉炼制气焦时，其灰分(干基)可小于16%。

3 采用焦炉炼制冶金焦或铸造焦时，应按焦炭的质量要求决定配煤的质量指标。

4.2.2 采用直立炉制气的煤准备流程应设破碎和配煤装置。

采用焦炉制气的煤准备宜采取先配煤后粉碎流程。

4.2.3 原料煤的装卸和倒运应采用机械化运输设备。卸煤设备的能力，应按日用煤量、供煤不均衡程度和供煤协议的卸煤时间确定。

4.2.4 储煤场地的操作容量应根据来煤方式不同，宜按10～40 d的用煤量确定。其操作容量系数，宜取65%～70%。

4.2.5 配煤槽和粉碎机室的设计，应符合下列要求：

1 配煤槽总容量，应根据日用煤量和允许的检修时间等因素确定；

2 配煤槽的个数，应根据采用的煤种数和配煤比等因素确定；

3 在粉碎装置前，必须设置电磁分离器；

4 粉碎机室必须设置除尘装置和其他防尘措施，室内含尘量应小于10 mg/m³；

排入室外大气中的粉尘最高允许浓度标准为150 mg/m³；

5 粉碎机应采用隔声、消声、吸声、减振以及综合控制噪声等措施，生产车间及作业场所的噪声A声级不得超过90 dB。

4.2.6 煤准备流程的各胶带运输机及其相连的运转设备之间，应设连锁集中控制装置。

4.2.7 每座直立炉顶层的储煤仓总容量，宜按36 h用煤量计算。辅助煤箱的总容量，应按2 h用煤量计算。储焦仓的总容量，宜按一次加满四门炭化室的装焦量计算。

焦炉的储煤塔，宜按两座炉共用一个储煤塔设计，其总容量应按12～16 h用煤量计算。

4.2.8 煤干馏的主要产品的产率指标，可按表4.2.8采用。

表4.2.8 煤干馏的主要产品的产率指标

主要产品名称	直立炉	焦炉
煤气	350～380 m³/t	320～340 m³/t
全焦	71%～74%	72%～76%
焦油	3.3%～3.7%	3.2%～3.7%
硫铵	0.9%	1.0%
粗苯	0.8%	1.0%

注：1 直立炉煤气其低热值为16.3 MJ/m³；

2 焦炉燃气其低热值为17.9 MJ/m³；

3 直立炉水分按7%的煤计；

4 焦炉按干煤计。

4.2.9 焦炉的加热煤气系统，宜采用复热式。

4.2.10 煤干馏炉的加热煤气，宜采用发生炉（含两段发生炉）或高炉煤气。

发生炉煤气热值应符合现行国家标准《发生炉煤气站设计规范》GB 50195 的规定。

煤干馏炉的耗热量指标，宜按表 4.2.10 选用。

表 4.2.10 煤干馏炉的耗热量指标[kJ/kg(煤)]

加热煤气种类	焦炉	直立炉	适用范围
焦炉煤气	2 340	—	作为计算生产消耗用
发生炉煤气	2 640	3 010	
焦炉煤气	2 570	—	作为计算加热系统设备用
发生炉煤气	2 850	—	

注：1 直立炉的指标系按炭化室长度为 2.1 m 炉型所牦发生炉热煤气计算。
焦炉的指标系按炭化室有效容积大于 20 m^3 炉型所耗冷煤气计算。
2 水分按 7%的煤计。

4.2.11 加热煤气管道的设计应符合下列要求：

1 当焦炉采用发生炉煤气加热时，加热煤气管道上宜设置混入回炉煤气装置；当焦炉采用回炉煤气加热时，加热煤气管道上宜设置煤气预热器；

2 应设置压力自动调节装置和流量计；

3 必须设置低压报警信号装置，其取压点应设在压力自动调节装置的蝶阀前的总管上。管道末端应设爆破膜；

4 应设置蒸汽清扫和水封装置；

5 加热煤气的总管的敷设，宜采用架空方式。

4.2.12 直立炉、焦炉桥管上必须设置低压氨水喷洒装置。直立炉的荒煤气管或焦炉集气管上必须设置煤气放散管，放散管出口应设点火燃烧装置。

焦炉上升管盖及桥管与水封阀承插处应采用水封装置。

4.2.13 炉顶荒煤气管，应设压力自动调节装置。调节阀前必须设置氨水喷洒设施。调节蝶阀与煤气鼓风机室应有联系信号和自控装置。

4.2.14 直立炉炉顶捣炉与炉底放焦之间应有联系信号。焦炉的推焦车、拦焦车、熄焦车的电机车之间宜设置可靠的连锁装置以及熄焦车控制推焦杆的事故刹车装置。

4.2.15 焦炉宜设上升管隔热装置和高压氨水消烟加煤装置。

4.2.16 氨水喷洒系统的设计，应符合下列要求：

1 低压氨水的喷洒压力，不应低于 0.15 MPa。氨水的总耗用量指标应按直立炉 4 m^3/t(煤)、焦炉 6～8 m^3/t(煤)选用；

2 直立炉的氨水总管，应布置成环形；

3 低压氨水应设事故用水管；

4 焦炉消烟装煤用高压氨水的总耗用量为低压氨水总耗用量的 3.4%～3.6%，其喷洒压力应按 1.5～2.7 MPa 设计。

注：1 直立炉水分按 7%的煤计；
2 焦炉按干煤计。

4.2.17 直立炉废热锅炉的设置应符合下列规定：

1 每座直立炉的废热锅炉，应设置在废气总管附近；

2 废热锅炉的废气进口温度，宜取 800～900 ℃，废气出口温度宜取 200 ℃；

3 废热锅炉宜设置 1 台备用；

4 废热锅炉应有清灰与检修的空间；

5 废热锅炉的引风机应采取防振措施。

4.2.18 直立炉排焦和熄焦系统的设计应符合下列要求：

1 直立炉应采用连续的水熄焦，熄焦水的总管，应布置成环形。熄焦水应循环使用，其用水量宜按3～4 m^3/t(水分为7%的煤)计算；

2 排焦传动装置应采用调速电机控制；

3 排焦箱的容量，宜按4 h的排焦量计算；

采用弱粘结性煤时，排焦箱上应设排焦控制器；

4 排焦门的启闭，宜采用机械化装置；

5 排出的焦炭运出车间以前，应有大于80 s的沥水时间。

4.2.19 焦炉可采用湿法熄焦和干法熄焦两种方式。当采用湿法熄焦时应设自动控制装置，在熄焦塔内应设置捕尘装置。

熄焦水应循环使用，其用水量宜按2 m^3/t(干煤)计算。熄焦时间宜为90～120 s。

粉焦沉淀池的有效容积应保证熄焦水有足够的沉淀时间。清除粉焦沉淀池内的粉焦应采用机械化设施。

大型焦化厂有条件的应采用干法熄焦装置。

4.2.20 当熄焦使用生化尾水时，其水质应符合下列要求：

酚≤0.5 mg/L；

CN^-≤0.5 mg/L；

COD_{cr}≈350 mg/L。

4.2.21 焦炉的焦台设计宜符合下列要求：

1 每两座焦炉宜设置1个焦台；

2 焦台的宽度，宜为炭化室高度的2倍；

3 焦台上焦炭的停留时间，不宜小于30 min；

4 焦台的水平倾角，宜为28°。

4.2.22 焦炭处理系统，宜设置筛焦楼及其储焦场地或储焦设施。

筛焦楼内应设有除尘通风设施。

焦炭筛分设施，宜按筛分后的粒度大于40 mm、40～25 mm、25～10 mm和小于10 mm，共4级设计。

注：生产冶金、铸造焦时，焦炭筛分设施宜增加大于60 mm或80 mm的一级。生产铁合金焦时，焦炭筛分设施宜增加10～5 mm和小于5 mm两级。

4.2.23 筛焦楼内储焦仓总容量的确定，应符合下列要求：

1 直立炉的储焦仓，宜按10～12 h产焦量计算；

2 焦炉的储焦仓，宜按6～8 h产焦量计算。

4.2.24 储焦场的地面，应做人工地坪并应设排水设施。

4.2.25 独立炼焦制气厂储焦场的操作容量宜按焦炭销售运输方式不同采用15～20 d产焦量。

4.2.26 自产的中、小块气焦，宜用于生产发生炉煤气。自产的大块气焦，宜用于生产水煤气。

4.3 煤的气化制气

4.3.1 本节适用于下列炉型的煤的气化制气：

1 煤气发生炉；两段煤气发生炉；

2 水煤气发生炉；两段水煤气发生炉；

3 流化床水煤气炉。

注：1 煤气发生炉、两段煤气发生炉为连续气化炉；水煤气发生炉、两段水煤气发生炉、流化床水煤气炉为循环气化炉。

2 鲁奇高压气化炉暂不包括在本规范内。

4.3.2 煤的气化制气宜作为人工煤气气源厂的辅助(加热)和掺混用气源。**当作为城市的主气源时,必须采取有效措施,使煤气组分中一氧化碳含量和煤气热值等达到现行国家标准《人工煤气》GB 13612 质量标准。**

4.3.3 气化用煤的主要质量指标宜符合表 4.3.3 的规定。

表 4.3.3 气化用煤主要质量指标

指标项目	煤气发生炉	两段煤气发生炉	水煤气发生炉	两段水煤气发生炉	流化床水煤气炉
粒度(mm)	—	—	—	—	—
1 无烟煤	6~13, 13~25, 25~50	—	25~100	—	0~13 其中 1 以下<10%, 大于 13<15%
2 烟煤	—	20~40, 25~50, 30~60	—	20~40, 25~50, 30~60	
3 焦炭	6~10, 10~25, 25~40	—	25~100	—	
质量指标	—	—	—	—	—
1 灰分(干基)	<35% (气焦)	<25% (烟煤)	<35% (气焦)	<25% (烟煤)	—
	<24% (无烟煤)	—	<24% (无烟煤)	—	<35% (各煤)
2 热稳定性(TS)$_{+6}$	>60%	>60%	>60%	>60%	>45%
3 抗碎强度(粒度大于 25 mm)	>60%	>60%	>60%	>60%	—
4 灰熔点(ST)	>1 200 ℃ (冷煤气)	>1 250 ℃	>1 300 ℃	>1 250 ℃	>1 200 ℃
	>1 250 ℃ (热煤气)	—	—	—	—
5 全硫(干基)	<1%	<1%	<1%	<1%	<1%
6 挥发分(干基)	—	>20%	<9%	>20%	—
7 罗加指数(R. I)	—	≤20	—	≤20	<45
8 自由膨胀序数(F. S. I)	—	≤2	—	≤2	—
9 煤的化学反应性(a)	—	—	—	—	>30% (1 000 ℃时)

注:1 发生炉入炉的无烟煤或焦炭,粒度可放宽选用相邻两级。

2 两段煤气发生炉、两段水煤气发生炉用煤粒度限使用其中的一级。

4.3.4 煤场的储煤量,应根据煤源远近、供应的不均衡性和交通运输方式等条件确定,宜采用 10~30 d 的用煤量;当作为辅助、调峰气源使用本厂焦炭时,宜小于 1 d 的用焦量。

4.3.5 当气化炉按三班制时,储煤斗的有效储量应符合表 4.3.5 的要求。

表 4.3.5 储煤斗的有效储量

备煤系统工作班制	储煤斗的有效储量
一班工作	20～22 h 气化炉用煤量
二班工作	14～16 h 气化炉用煤量

注：1 备煤系统不宜按三班工作。

2 用煤量应按设计产量计算。

4.3.6 煤气化后的灰渣宜采用机械化处理措施并进行综合利用。

4.3.7 煤气化炉煤气低热值应符合下列规定：

1 煤气发生炉，不应小于 5 MJ/m^3。

2 两段发生炉，上段煤气不应小于 6.7 MJ/m^3；

下段煤气不应大于 5.44 MJ/m^3。

3 水煤气发生炉，不应小于 10 MJ/m^3。

4 两段水煤气发生炉，上段煤气不应小于 13.5 MJ/m^3；

下段煤气不应大于 10.8 MJ/m^3。

5 流化床水煤气炉，宜为 9.4～11.3 MJ/m^3。

4.3.8 气化炉吨煤产气率指标，应根据选用的煤气发生炉炉型、煤种、粒度等因素综合考虑后确定。对曾用于气化的煤种，应采用其平均产气率指标；对未曾用于气化的煤种，应根据其气化试验报告的产气率确定。当缺乏条件时，可按表 4.3.8 选用。

表 4.3.8 气化炉煤气产气率指标

原料	产气率(m^3/t)(干基)					灰分含量
	煤气发生炉	两段煤气发生炉	水煤气发生炉	两段水煤气发生炉	流化床水煤气炉	
无烟煤	3 000～3 400	—	1 500～1 700	—	900～1 000	15%～25%
烟煤	—	2 600～3 000	—	800～1 100		18%～25%
焦炭	3 100～3 400	—	1 500～1 650	—		13%～21%
气焦	2 600～3 000	—	1 300～1 500	—		25%～35%

4.3.9 气化炉组工作台数每 1～4 台宜另设一台备用。

4.3.10 水煤气发生炉、两段水煤气发生炉，每 3 台宜编为 1 组；流化床水煤气炉每 2 台宜编为 1 组；合用一套煤气冷却系统和废气处理及鼓风设备。

4.3.11 循环气化炉的空气鼓风机的选择，应符合本规范第 4.4.9 条的要求。

4.3.12 循环气化炉的煤气缓冲罐宜采用直立式低压储气罐，其容积宜为 0.5～1 倍煤气小时产气量。

4.3.13 循环气化炉的蒸汽系统中应设置蒸汽蓄能器，并宜设有备用的蒸汽系统。

4.3.14 煤气排送机和空气鼓风机的并联工作台数不宜超过 3 台，并应另设一台备用。

4.3.15 作为加热和掺混用的气化炉冷煤气温度宜小于 35 ℃，**其灰尘和液态焦油等杂质含量应小于 20 mg/m^3；气化炉热煤气至用气设备前**温度不应小于 350 ℃，**其灰尘含量应小于 300 mg/m^3。**

4.3.16 采用无烟煤或焦炭作原料的气化炉，煤气系统中的电气滤清器应设有冲洗装置或能连续形成水膜的湿式装置。

4.3.17 煤气的冷却宜采用直接冷却。

冷却用水和洗涤用水应采用封闭循环系统。

冷循环水进口温度不宜大于 28 ℃，热循环水进口温度不宜小于 55 ℃。

4.3.18 废热锅炉和生产蒸汽的水夹套，其给水水质应符合现行的国家标准《工业锅炉水质标准》

GB 1576中关于锅壳锅炉水质标准的规定。

4.3.19 当水夹套中水温小于或等于100 ℃时，给水水质应符合现行的国家标准《工业锅炉水质标准》GB 1576中关于热水锅炉水质标准的规定。

4.3.20 煤气净化设备、废热锅炉及管道应设放散管和吹扫管接头，其位置应能使设备内的介质吹净，当净化设备相联处无隔断装置时，可仅在较高的设备上装设放散管。

设备和煤气管道放散管的接管上，应设取样嘴。

4.3.21 放散管管口高度应符合下列要求：

1 高出管道和设备及其走台4 m，并距地面高度不小于10 m；

2 厂房内或距厂房10 m以内的煤气管道和设备上的放散管管口，应高出厂房顶4 m。

4.3.22 煤气系统中应设置可靠的隔断煤气装置，并应设置相应的操作平台。

4.3.23 在电气滤清器上必须装有爆破阀。洗涤塔上宜设有爆破阀，**其装设位置应符合下列要求：**

1 装在设备薄弱处或易受爆破气浪直接冲击的位置；

2 离操作面的净空高度小于2 m时，应设有防护措施；

3 爆破阀的泄压口不应正对建筑物的门或窗。

4.3.24 厂区煤气管道与空气管道应架空敷设。热煤气管道上应设有清灰装置。

4.3.25 空气总管末端应设有爆破膜。煤气排送机前的低压煤气总管上，应设爆破阀或泄压水封。

4.3.26 煤气设备水封的高度，不应小于表4.3.26的规定。

表4.3.26 煤气设备水封有效高度

最大工作压力(Pa)	水封的有效高度(mm)
<3 000	最大工作压力(以Pa表示)×0.1+150，但不得小于250
3 000～10 000	最大工作压力(以Pa表示)×0.1×1.5
>10 000	最大工作压力(以Pa表示)×0.1+500

注：发生炉煤气钟罩阀的放散水封的有效高度应等于煤气发生炉出口最大工作压力(以Pa表示)乘0.1加50 mm。

4.3.27 生产系统的仪表和自动控制装置的设置应符合下列规定：

1 宜设置空气、蒸汽、给水和煤气等介质的计量装置；

2 宜设置气化炉进口空气压力检测仪表；

3 宜设置循环气化炉鼓风机的压力、温度测量仪表；

4 宜设置连续气化炉进口饱和空气温度及其自动调节；

5 宜设置气化炉进口蒸汽和出口煤气的温度及压力检测仪表；

6 宜设置两段炉上段出口煤气温度自动调节；

7 应设置汽包水位自动调节；

8 应设置循环气化炉的缓冲气罐的高、低位限位器分别与自动控制机和煤气排送机连锁装置，并应设报警装置；

9 应设置循环气化炉的高压水罐压力与自动控制机连锁装置，并应设报警装置；

10 应设置连续气化炉的煤气排送机(或热煤气直接用户如直立炉的引风机)与空气总管压力或空气鼓风机连锁装置，并应设报警装置；

11 应设置当煤气中含氧量大于1%(体积)或电气滤清器的绝缘箱温度低于规定值、或电气滤清器出口煤气压力下降到规定值时，能立即切断高压电源装置，并应设报警装置；

12 应设置连续气化炉的低压煤气总管压力与煤气排送机连锁装置，并应设报警装置；

13 应设置气化炉的加煤的自动控制、除灰加煤的相互连锁及报警装置；

14 循环气化系统应设置自动程序控制装置。

4.4 重油低压间歇循环催化裂解制气

4.4.1 重油制气用原料油的质量，宜符合下列要求：

碳氢比 (C/H)<7.5；

残炭 <12%；

开口闪点 >120 ℃；

密度 900～970 kg/m^3。

4.4.2 原料重油的储存量，宜按15～20 d的用油量计算，原料重油的储罐数量不应少于2个。

4.4.3 重油低压间歇循环制气应采用催化裂解工艺，其炉型宜采用三筒炉。

4.4.4 重油低压间歇循环催化裂解制气工艺主要设计参数宜符合下列要求：

1 反应器液体空间速度：0.60～0.65 $m^3/(m^3 \cdot h)$；

2 反应器内催化剂层高度：0.6～0.7 m；

3 燃烧室热强度：5 000～7 000 $MJ/(m^3 \cdot h)$；

4 加热油用量占总用油量比例：小于16%；

5 过程蒸汽量与制气油量之比值：1.0～1.2(质量比)；

6 循环时间：8 min；

7 每吨重油的催化裂解产品产率可按下列指标采用：

煤气：1 100～1 200 m^3(低热值按21 MJ/m^3计)；

粗苯：6%～8%；

焦油：15%左右；

8 选用含镍量为3%～7%的镍系催化剂。

4.4.5 重油间歇循环催化裂解装置的烟气系统应设置废热回收和除尘设备。

4.4.6 重油间歇循环催化裂解装置的蒸汽系统应设置蒸汽蓄能器。

4.4.7 每2台重油制气炉应编为1组，合用1套冷却系统和鼓风设备。

冷却系统和鼓风设备的能力应按1台炉的瞬时流量计算。

4.4.8 煤气冷却宜采用间接式冷却设备或直接—间接—直接三段冷却流程。冷却后的燃气温度不应大于35 ℃，冷却水应循环使用。

4.4.9 空气鼓风机的选择，应符合下列要求：

1 风量应按空气瞬时最大用量确定；

2 风压应按油制气炉加热期的空气废气系统阻力和废气出口压力之和确定；

3 每1～2组炉应设置1台备用的空气鼓风机；

4 空气鼓风机应有减振和消声措施。

4.4.10 油泵的选择，应符合下列要求：

1 流量应按瞬时最大用量确定；

2 压力应按输油系统的阻力和喷嘴的要求压力之和确定；

3 每1～3台油泵应另设1台备用。

4.4.11 输油系统应设置中间油罐，其容量宜按1 d的用油量确定。

4.4.12 煤气系统应设置缓冲罐，其容量宜按0.5～1.0 h的产气量确定。缓冲气罐的水槽，应设置集油、排油装置。

4.4.13 在炉体与空气系统连接管上应采取防止炉内燃气窜入空气管道的措施，并应设防爆装置。

4.4.14 油制气炉宜露天布置。主烟囱和副烟囱高出油制气炉炉顶高度不应小于4 m。

4.4.15 控制室不应与空气鼓风机室布置在同一建筑物内。控制室应布置在油制气区夏季最大频率风向的上风侧。

4.4.16 油水分离池应布置在油制气区夏季最小频率风向的上风侧。对油水分离池及焦油沟，应采取减少挥发性气体散发的措施。

4.4.17 重油制气厂应设污水处理装置，污水排放应符合现行国家标准《污水综合排放标准》GB 8978 的规定。

4.4.18 自动控制装置的程序控制系统设计，应符合下列要求：

1 能手动和自动切换操作；

2 能调节循环周期和阶段百分比；

3 设置循环中各阶段比例和阀门动作的指示信号；

4 主要阀门应设置检查和连锁装置，在发生故障时应有显示和报警信号，并能恢复到安全状态。

4.4.19 自动控制装置的传动系统设计，应符合下列要求：

1 传动系统的形式应根据程序控制系统的形式和本地区具体条件确定；

2 应设置储能设备；

3 传动系统的控制阀、自动阀和其他附件的选用或设计，应能适应工艺生产的特点。

4.5 轻油低压间歇循环催化裂解制气

4.5.1 轻油制气用的原料为轻质石脑油，质量宜符合下列要求：

1 相对密度(20 ℃)0.65～0.69；

2 初馏点>30 ℃；终馏点<130 ℃；

3 直链烷烃>80%(体积分数)，芳香烃<5%(体积分数)，烯烃<1%(体积分数)；

4 总硫含量 1×10^{-4}(质量分数)，铅含量 1×10^{-7}(质量分数)；

5 碳氢比(质量)5～5.4；

6 高热值 47.3～48.1 MJ/kg。

4.5.2 原料石脑油储存应采用内浮顶式油罐，储罐数量不应少于 2 个，原料油的储存量宜按 15～20 d 的用油量计算。

4.5.3 轻油低压间歇循环催化裂解制气装置宜采用双筒炉和顺流式流程。加热室宜设置两个主火焰监视器，燃烧室应采取防止爆燃的措施。

4.5.4 轻油低压间歇循环催化裂解制气工艺主要设计参数宜符合下列要求：

1 反应器液体空间速度：0.6～0.9 $m^3/(m^3\cdot h)$；

2 反应器内催化剂高度：0.8～1.0 m；

3 加热油用量与制气用油量比例，小于 29/100；

4 过程蒸汽量与制气油量之比值为 1.5～1.6(质量比)；有 CO 变换时比值增加为 1.8～2.2(质量比)；

5 循环时间：2～5 min；

6 每吨轻油的催化裂解煤气产率：

2 400～2 500 m^3(低热值按 15.32～14.70 MJ/m^3 计)；

7 催化剂采用镍系催化剂。

4.5.5 制气工艺宜采用 CO 变换方案，两台制气炉合用一台变换设备。

4.5.6 轻油制气增热流程宜采用轻质石脑油热增热方案，增热程度宜限制在比燃气烃露点低 5 ℃。

4.5.7 轻油制气炉应设置废热回收设备，进行 CO 变换时应另设置废热回收设备。

4.5.8 轻油制气炉应设置蒸汽蓄能器，不宜设置生产用汽锅炉。

4.5.9 每 2 台轻油制气炉应编为一组，合用一套冷却系统和鼓风设备。

冷却系统和鼓风设备的能力应按瞬时最大流量计算。

4.5.10 煤气冷却宜采用直接式冷却设备。冷却后的燃气温度不宜大于 35 ℃，冷却水应循环使用。

4.5.11 空气鼓风机的选择，应符合本规范第4.4.9条的要求，宜选用自产蒸汽来驱动透平风机，空气鼓风机入口宜设空气过滤装置。

4.5.12 原料泵的选择，应符合本规范第4.4.10条的要求，宜设置断流保护装置及连锁。

4.5.13 轻油制气炉宜设置防爆装置，在炉体与空气系统连接管上应采用防止炉内燃气窜入空气管道的措施，并应设防爆装置。

4.5.14 轻油制气炉应露天布置。

烟囱高出制气炉炉顶高度不应小于4 m。

4.5.15 控制室不应与空气鼓风机布置在同一建筑物内。

4.5.16 轻油制气厂可不设工业废水处理装置。

4.5.17 自动控制装置的程序控制系统设计，应符合本规范第4.4.18条的要求，宜采用全冗余，且宜设置手动紧急停车装置。

4.5.18 自动控制装置的传动系统设计，应符合本规范第4.4.19条的要求。

4.6 液化石油气低压间歇循环催化裂解制气

4.6.1 液化石油气制气用的原料，宜符合本规范第3.2.2条第2款的规定，其中不饱和烃含量应小于15%(体积分数)。

4.6.2 原料液化石油气储存宜采用高压球罐，球罐数量不应小于2个，储存量宜按15～20 d的用气量计算。

4.6.3 液化石油气低压间歇循环催化裂解制气工艺主要设计参数宜符合下列要求：

1 反应器液体空间速度：0.6～0.9 $m^3/(m^3 \cdot h)$；

2 反应器内催化剂高度：0.8～1.0 m；

3 加热油用量与制气用油量比例：小于29/100；

4 过程蒸汽量与制气油量之比为1.5～1.6(质量比)，有CO变换时比值增加为1.8～2.2(质量比)；

5 循环时间：2～5 min；

6 每吨液化石油气的催化裂解煤气产率：

2 400～2 500 m^3(低热值按15.32～14.70 MJ/m^3 计算)；

7 催化剂采用镍系催化剂。

4.6.4 液化石油气宜采用液态进料，开关阀宜设置在喷枪前端。

4.6.5 制气工艺中CO变换工艺的设计应符合本规范第4.5.5条的要求。

4.6.6 制气炉后应设置废热回收设备，选择CO变换时，在制气后和变换后均应设置废热回收设备。

4.6.7 液化石油气制气炉应设置蒸汽蓄能器，不宜设置生产用汽锅炉。

4.6.8 冷却系统和鼓风设备的设计应符合本规范第4.5.9条的要求。

煤气冷却设备的设计应符合本规范第4.5.10条的要求。

空气鼓风机的选择，应符合本规范第4.5.11条的要求。

4.6.9 原料泵的选择，应符合本规范第4.5.12条的要求。

4.6.10 炉子系统防爆设施的设计，应符合本规范第4.5.13条的要求。

4.6.11 制气炉的露天布置应符合本规范第4.5.14条的要求。

4.6.12 控制室不应与空气鼓风机室布置在同一建筑物内。

4.6.13 液化石油气催化裂解制气厂可不设工业废水处理装置。

4.6.14 自动控制装置的程序控制系统设计，应符合本规范第4.4.18条的要求。

4.6.15 自动控制装置的传动系统设计应符合本规范第4.4.19条的要求。

4.7 天然气低压间歇循环催化改制制气

4.7.1 天然气改制制气用的天然气质量，应符合现行国家标准《天然气》GB 17820 二类气的技术指标。

4.7.2 在各个循环操作阶段，天然气进炉总管压力的波动值宜小于 0.01 MPa。

4.7.3 天然气低压间歇循环催化改制制气装置宜采用双筒炉和顺流式流程。

4.7.4 天然气低压间歇循环催化改制制气工艺主要设计参数宜符合下列要求：

1 反应器内改制用天然气空间速度：500～600 $m^3/(m^3 \cdot h)$；

2 反应器内催化剂高度：0.8～1.2 m；

3 加热用天然气用量与制气用天然气用量比例：小于 29/100；

4 过程蒸汽量与改制用天然气量之比值：1.5～1.6（质量比）；

5 循环时间：2～5 min；

6 每千立方米天然气的催化改制煤气产率：

改制炉出口煤气：2 650～2 540 m^3（高热值按 12.56～13.06 MJ/m^3 计）。

4.7.5 天然气改制煤气增热流程宜采用天然气掺混方案，增热程度应根据煤气热值、华白指数和燃烧势的要求确定。

4.7.6 天然气改制炉应设置废热回收设备。

4.7.7 天然气改制炉应设置蒸汽蓄热器，不宜设置生产用汽锅炉。

4.7.8 冷却系统和鼓风设备的设计应符合本规范第 4.5.9 条的要求。

天然气改制流程中的冷却设备的设计应符合本规范第 4.5.10 条的要求。

空气鼓风机的选择，应符合本规范第 4.5.11 条的要求。

4.7.9 天然气改制炉宜设置防爆装置，并应符合本规范第 4.5.13 条的要求。

4.7.10 天然气改制炉的露天布置应符合本规范第 4.5.14 条的要求。

4.7.11 控制室不应与空气鼓风机布置在同一建筑物内。

4.7.12 天然气改制厂可不设工业废水处理装置。

4.7.13 自动控制装置的程序控制系统设计应符合本规范第 4.4.18 条的要求。

4.7.14 自动控制装置的传动系统设计，应符合本规范第 4.4.19 条的要求。

4.8 调　　峰

4.8.1 气源厂应具有调峰能力，调峰气量应与外部调峰能力相配合，并应根据燃气输配要求确定。

在选定主气源炉型时，应留有一定余量的产气能力以满足用气高峰负荷需要。

4.8.2 调峰装置必须具有快开、快停能力，调度灵活，投产后质量稳定。

4.8.3 气源厂的原料和产品的储量应满足用气高峰负荷的需要。

4.8.4 气源厂设计时，各类管线的口径应考虑用气高峰时的处理量和通过量。混合前、后的出厂煤气，均应设置煤气计量装置。

4.8.5 气源厂应设置调度室。

4.8.6 季节性调峰出厂燃气组分宜符合现行国家标准《城市燃气分类》GB/T 13611 的规定。

5 净　　化

5.1 一般规定

5.1.1 本章适用于煤干馏制气的净化工艺设计。煤炭气化制气及重油裂解制气的净化工艺设计可参照采用。

5.1.2 煤气净化工艺的选择，应根据煤气的种类、用途、处理量和煤气中杂质的含量，并结合当地条件和煤气掺混情况等因素，经技术经济方案比较后确定。

煤气净化主要有煤气冷凝冷却、煤气排送、焦油雾脱除、氨脱除、粗苯吸收、萘最终脱除、硫化氢及氰化氢脱除、一氧化碳变换及煤气脱水等工艺。各工段的排列顺序根据不同的工艺需要确定。

5.1.3 煤气净化设备的能力，应按小时最大煤气处理量和其相应的杂质含量确定。

5.1.4 煤气净化装置的设计，应做到当净化设备检修和清洗时，出厂煤气中杂质含量仍能符合现行的国家标准《人工煤气》GB 13612 的规定。

5.1.5 煤气净化工艺设计，应与化工产品回收设计相结合。

5.1.6 煤气净化车间主要生产场所爆炸和火灾危险区域等级应符合本规范附录B的规定。

5.1.7 煤气净化工艺的设计应充分考虑废水、废气、废渣及噪声的处理，符合国家现行有关标准的规定，并应防止对环境造成二次污染。

5.1.8 煤气净化车间应提高计算机自动监测控制系统水平，降低劳动强度。

5.2 煤气的冷凝冷却

5.2.1 煤气的冷凝冷却宜采用间接式冷凝冷却工艺。也可采用先间接式冷凝冷却，后直接式冷凝冷却工艺。

5.2.2 间接式冷凝冷却工艺的设计，宜符合下列要求：

1 煤气经冷凝冷却后的温度，当采用半直接法回收氨以制取硫铵时，宜低于35 ℃；当采用洗涤法回收氨时，宜低于25 ℃；

2 冷却水宜循环使用，对水质宜进行稳定处理；

3 初冷器台数的设置原则，当其中1台检修时，其余各台仍能满足煤气冷凝冷却的要求；

4 采用轻质焦油除去管壁上的萘。

5.2.3 直接式冷凝冷却工艺的设计，宜符合下列要求：

1 煤气经冷却后的温度，低于35 ℃；

2 开始生产及补充用冷却水的总硬度，小于0.02 mmol/L；

3 洗涤水循环使用。

5.2.4 焦油氨水分离系统的工艺设计，应符合下列要求：

1 煤气的冷凝冷却为直接式冷凝冷却工艺时，初冷器排出的焦油氨水和荒煤气管排出的焦油氨水，宜采用分别澄清分离系统；

2 煤气的冷凝冷却为间接式冷凝冷却工艺时，初冷器排出的焦油氨水和荒煤气管排出的焦油氨水的处理：当脱氨为硫酸吸收法时，可采用混合澄清分离系统；当脱氨为水洗涤法时，可采用分别澄清分离系统；

3 剩余氨水应除油后再进行溶剂萃取脱酚和蒸氨；

4 焦油氨水分离系统的排放气应设置处理装置。

5.3 煤气排送

5.3.1 煤气鼓风机的选择，应符合下列要求：

1 风量应按小时最大煤气处理量确定；

2 风压应按煤气系统的最大阻力和煤气罐的最高压力的总和确定；

3 煤气鼓风机的并联工作台数不宜超过3台。每1～3台，宜另设1台备用。

5.3.2 离心式鼓风机宜设置调速装置。

5.3.3 煤气循环管的设置，应符合下列要求：

1 当采用离心式鼓风机时，必须在鼓风机的出口煤气总管至初冷器前的煤气总管间设置大循环管。数台风机并联时，宜在鼓风机的进出口煤气总管间，设置小循环管；

注：当设有调速装置，且风机转速的变化能适应输气量的变化时可不设小循环管。

2　当采用容积式鼓风机时，每台鼓风机进出口的煤气管道上，必须设置旁通管。数台风机并联时，应在风机出口的煤气总管至初冷器前的煤气总管间设置大循环管，并应在风机的进出口煤气总管间设置小循环管。

5.3.4　**用电动机带动的煤气鼓风机，其供电系统应符合现行的国家标准《供配电系统设计规范》GB 50052的“二级负荷”设计的规定；电动机应采取防爆措施。**

5.3.5　离心式鼓风机应设有必要的连锁和信号装置。

5.3.6　鼓风机的布置，应符合下列要求：

1　鼓风机房安装高度，应能保证进口煤气管道内冷凝液排出通畅。当采用离心式鼓风机时，鼓风机进口煤气的冷凝液排出口与水封槽满流口中心高差不应小于2.5 m(以水柱表示)。

2　鼓风机机组之间和鼓风机与墙之间的通道宽度，应根据鼓风机的型号、操作和检修的需要等因素确定。

3　鼓风机机组的安装位置，应能使鼓风机前阻力最小，并使各台初冷器阻力均匀。

4　鼓风机房宜设置起重设备。

5　鼓风机应设置单独的仪表操作间；仪表操作间可毗邻鼓风机房的外墙设置，但应用耐火极限不低于3 h的非燃烧体实墙隔开，并应设置能观察鼓风机运转的隔声耐火玻璃窗。

6　离心鼓风机用的油站宜布置在底层，楼板面上留出检修孔或安装孔。油站的安装高度应满足鼓风机主油泵的吸油高度。鼓风机应设置事故供油装置。

7　**鼓风机房应设煤气泄漏报警及事故通风设备。**

8　鼓风机房应做不发火花地面。

5.4　焦油雾的脱除

5.4.1　煤气中焦油雾的脱除设备，宜采用电捕焦油器。电捕焦油器不得少于2台，并应并联设置。

5.4.2　电捕焦油器设计，应符合下列要求：

1　**电捕焦油器应设置泄爆装置、放散管和蒸汽管，负压回收流程可不设泄爆装置；**

2　电捕焦油器宜设有煤气含氧量的自动测量仪；

3　**当干馏煤气中含氧量大于1%(体积分数)时应进行自动报警，当含氧量达到2%或电捕焦油器的绝缘箱温度低于规定值时，应有能立即切断电源的措施。**

5.5　硫酸吸收法氨的脱除

5.5.1　采用硫酸吸收进行氨的脱除和回收时，宜采用半直接法。当采用饱和器时，其设计应符合下列要求：

1　煤气预热器的煤气出口温度，宜为60～80 ℃；

2　煤气在饱和器环形断面内的流速，应为0.7～0.9 m/s；

3　饱和器出口煤气中含氨量应小于30 mg/m^3；

4　循环母液的小时流量，不应小于饱和器内母液容积的3倍；

5　氨水中的酚宜回收。酚的回收可在蒸氨工艺之前进行；蒸氨后的废氨水中含氨量，应小于300 mg/L。

5.5.2　硫铵工段布置应符合下列要求：

1　硫铵工段可由硫铵、吡啶、蒸氨和酸碱储槽等组成，其布置应考虑运输方便；

2　硫铵工段应设置现场分析台；

3　吡啶操作室应与硫铵操作室分开布置，可用楼梯间隔开；

4 蒸氨设备宜露天布置并布置在吡啶装置一侧。

5.5.3 饱和器机组布置宜符合下列要求：

1 饱和器中心与主厂房外墙的距离，应根据饱和器直径确定，并宜符合表 5.5.3-1 的规定；

2 饱和器中心间的最小距离，应根据饱和器直径确定，并宜符合表 5.5.3-2 的规定；

表 5.5.3-1 饱和器中心与主厂房外墙的距离

饱和器直径(mm)	6 250	5 500	4 500	3 000	2 000
饱和器中心与主厂房外墙距离(m)	＞12	＞10	7～10		

表 5.3.3-2 饱和器中心间的最小距离

饱和器直径(mm)	6 250	5 500	4 500	3 000
饱和器中心距(m)	12	10	9	7

3 饱和器锥形底与防腐地坪的垂直距离应大于 400 mm；

4 泵宜露天布置。

5.5.4 离心干燥系统设备的布置宜符合下列要求。

1 硫铵操作室的楼层标高，应满足下列要求：

1） 由结晶槽至离心机母液能顺利自流；

2） 离心机分离出母液能自流入饱和器。

2 2 台连续式离心机的中心距不宜小于 4 m。

5.5.5 蒸氨和吡啶系统的设计应符合下列要求：

1 吡啶生产应负压操作；

2 各溶液的流向应保证自流。

5.5.6 硫铵系统设备的选用和设置应符合下列要求：

1 饱和器机组必须设置备品，其备品率为 50%～100%；

2 硫铵系统宜设置 2 个母液储槽；

3 硫铵结晶的分离应采用耐腐蚀的连续离心机，并应设置备品；

4 硫铵系统必须设置粉尘捕集器。

5.5.7 设备和管道中硫酸浓度小于 75%时，应采取防腐蚀措施。

5.5.8 离心机室的墙裙，各操作室的地面、饱和器机组母液储槽的周围地坪和可能接触腐蚀性介质的地方，均应采取防腐蚀措施。

5.5.9 对酸焦油、废酸液等应分别处理。

5.6 水洗涤法氨的脱除

5.6.1 煤气进入洗氨塔前，应脱除焦油雾和萘。进入洗氨塔的煤气含萘量应小于 500 mg/m^3。

5.6.2 洗氨塔出口煤气含氨量，应小于 100 mg/m^3。

5.6.3 洗氨塔出口煤气温度，宜为 25～27 ℃。

5.6.4 新洗涤水的温度应低于 25 ℃，总硬度不宜大于 0.02 mmol/L。

5.6.5 水洗涤法脱氨的设计宜符合下列要求：

1 洗涤塔不得少于 2 台，并应串联设置；

2 两相邻塔间净距不宜小于 2.5 m；当塔径超过 5 m 时，塔间净距宜取塔径的一半；当采用多段循环洗涤塔时，塔间净距不宜小于 4 m；

3 洗涤泵房与塔群间净距不宜小于 5 m；

4 蒸氨和黄血盐系统除泵、离心机和碱、铁刨花、黄血盐等储存库外，其余均宜露天布置；

5 当采用废氨水洗氨时，废氨水冷却器宜设置在洗涤部分。

5.6.6 富氨水必须妥善处理，不得造成二次污染。

5.7 煤气最终冷却

5.7.1 煤气最终冷却宜采用间接式冷却。

5.7.2 煤气经最终冷却后，其温度宜低于 27 ℃。

5.7.3 当煤气最终冷却采用横管式间接式冷却时，其设计应符合下列要求：

1 煤气在管间宜自上向下流动，冷却水在管内宜自下向上流动。在煤气侧宜有清除管壁上萘的设施；

2 横管内冷却水可分为两段，其下段水入口温度，宜低于 20 ℃；

3 冷却器煤气出口处宜设捕雾装置。

5.8 粗苯的吸收

5.8.1 煤气中粗苯的吸收，宜采用溶剂常压吸收法。

5.8.2 吸收粗苯用的洗油，宜采用焦油洗油。

5.8.3 洗油循环量，应按煤气中粗苯含量和洗油的种类等因素确定。循环洗油中含萘量宜小于 5%。

5.8.4 采用不同类型的洗苯塔时，应符合下列要求：

1 当采用木格填料塔时，不应少于 2 台，并应串联设置；

2 当采用钢板网填料塔或塑料填料塔时，宜采用 2 台并宜串联设置；

3 当煤气流量比较稳定时，可采用筛板塔。

5.8.5 洗苯塔的设计参数，应符合下列要求：

1 木格填料塔：煤气在木格间有效截面的流速，宜取 1.6～1.8 m/s；吸收面积宜按 1.0～1.1 $m^2/(m^3 \cdot h)$（煤气）计算；

2 钢板网填料塔：煤气的空塔流速，宜取 0.9～1.1 m/s；吸收面积宜按 0.6～0.7 $m^2/(m^3 \cdot h)$（煤气）计算；

3 筛板塔：煤气的空塔流速，宜取 1.2～2.5 m/s。每块湿板的阻力，宜取 200 Pa。

5.8.6 系统必须设置相应的粗苯蒸馏装置。

5.8.7 所有粗苯储槽的放散管皆应装设呼吸阀。

5.9 萘的最终脱除

5.9.1 萘的最终脱除，宜采用溶剂常压吸收法。

5.9.2 洗萘用的溶剂宜采用直馏轻柴油或低萘焦油洗油。

5.9.3 最终洗萘塔，宜采用填料塔，可不设备用。

5.9.4 最终洗萘塔，宜分为两段。第一段可采用循环溶剂喷淋；第二段应采用新鲜溶剂喷淋，并设定时定量控制装置。

5.9.5 当进入最终洗萘塔的煤气中含萘量小于 400 mg/m^3 和温度低于 30 ℃时，最终洗萘塔的设计参数宜符合下列要求：

1 煤气的空塔流速 0.65～0.75 m/s；

2 吸收面积按大于 0.35 $m^2/(m^3 \cdot h)$（煤气）计算。

5.10 湿法脱硫

5.10.1 以煤或重油为原料所产生的人工煤气的脱硫脱氰宜采用氧化再生法。

5.10.2 氧化再生法的脱硫液，应选用硫容量大、副反应小、再生性能好、无毒和原料来源比较方便的脱硫液。

5.10.3 当采用氧化再生法脱硫时，煤气进入脱硫装置前，应脱除油雾。

当采用氨型的氧化再生法脱硫时，脱硫装置应设在氨的脱除装置之前。

5.10.4 当采用蒽醌二磺酸钠法常压脱硫时，其吸收部分的设计应符合下列要求：

1 脱硫液的硫容量，应根据煤气中硫化氢的含量，并按照相似条件下的运行经验或试验资料确定；

注：当无资料时，可取 0.2～0.25 kg(硫)/m^3(溶液)。

2 脱硫塔宜采用木格填料塔或塑料填料塔；

3 煤气在木格填料塔内空塔流速，宜取 0.5 m/s；

4 脱硫液在反应槽内停留时间，宜取 8～10 min；

5 脱硫塔台数的设置原则，应在操作塔检修时，出厂煤气中硫化氢含量仍能符合现行的国家标准《人工煤气》GB 13612 的规定。

5.10.5 蒽醌二磺酸钠法常压脱硫再生设备，宜采用高塔式或喷射再生槽式。

1 当采用高塔式再生设备时，其设计应符合下列要求：

1） 再生塔吹风强度宜取 100～130 $m^3/(m^2 \cdot h)$。空气耗量可按 9～13 m^3/kg(硫)计算；

2） 脱硫液在再生塔内停留时间，宜取 25～30 min；

3） 再生塔液位调节器的升降控制器，宜设在硫泡沫槽处；

4） 宜设置专用的空气压缩机。入塔的空气应除油。

2 当采用喷射再生设备时，其设计宜符合下列要求：

1） 再生槽吹风强度，宜取 80～145 $m^3/(m^2 \cdot h)$；空气耗量可按 3.5～4 m^3/m^3(溶液)计算；

2） 脱硫液在再生槽内停留时间，宜取 6～10 min。

5.10.6 脱硫液加热器的设置位置，应符合下列要求：

1 当采用高塔式再生时，加热器宜位于富液泵与再生塔之间。

2 当采用喷射再生槽时，加热器宜位于贫液泵与脱硫塔之间。

5.10.7 蒽醌二磺酸钠法常压脱硫中硫磺回收部分的设计，应符合下列要求：

1 硫泡沫槽不应少于 2 台，并轮流使用。硫泡沫槽内应设有搅拌装置和蒸汽加热装置；

2 硫磺成品种类的选择，应根据煤气种类、硫磺产量并结合当地条件确定；

3 当生产熔融硫时，可采用硫膏在熔硫釜中脱水工艺。熔硫釜宜采用夹套罐式蒸汽加热。

硫渣和废液应分别回收集中处理，并应设废气净化装置。

5.10.8 事故槽的容量，应按系统中存液量大的单台设备容量设计。

5.10.9 煤气脱硫脱氰溶液系统中副产品回收设备的设置，应按煤气种类及脱硫副反应的特点进行设计。

5.11 常压氧化铁法脱硫

5.11.1 脱硫剂可选择成型脱硫剂、也可选用藻铁矿、钢厂赤泥、铸铁屑或与铸铁屑有同样性能的铁屑。

藻铁矿脱硫剂中活性氧化铁含量宜大于 15%。当采用铸铁屑或铁屑时，必须经氧化处理。

配制脱硫剂用的疏松剂宜采用木屑。

5.11.2 常压氧化铁法脱硫设备可采用箱式或塔式。

5.11.3 当采用箱式常压氧化铁法时，其设计应符合下列要求：

1 当煤气通过脱硫设备时，流速宜取 7～11 mm/s；当进口煤气中硫化氢含量小于 1.0 g/m^3 时，其流速可适当提高；

2 煤气与脱硫剂的接触时间，宜取 130～200 s；

3 每层脱硫剂的厚度，宜取 0.3～0.8 m；

4 氧化铁法脱硫剂需用量不应小于下式的计算值：

$$V=\frac{1\ 637\ \sqrt{C_s}}{f\cdot\rho} \tag{5.11.3}$$

式中 V——每小时 1 000 m^3 煤气所需脱硫剂的容积（m^3）；

C_s——煤气中硫化氢含量（体积分数）；

f——新脱硫剂中活性氧化铁含量，可取 15%～18%；

ρ——新脱硫剂密度（t/m^3）。当采用藻铁矿或铸铁屑脱硫剂时，可取 0.8～0.9。

5 常压氧化铁法脱硫设备的操作设计温度，可取 25～35 ℃。每个脱硫设备应设置蒸汽注入装置。寒冷地区的脱硫设备，应有保温措施。

6 每组脱硫箱（或塔），宜设一个备用。连通每个脱硫箱间的煤气管道的布置，应能依次向后轮环输气。

5.11.4 脱硫箱宜采用高架式。

5.11.5 箱式和塔式脱硫装置，其脱硫剂的装卸，应采用机械设备。

5.11.6 常压氧化铁法脱硫设备，应设有煤气安全泄压装置。

5.11.7 常压氧化铁法脱硫工段应设有配制和堆放脱硫剂的场地；场地应采用混凝土地坪。

5.11.8 脱硫剂采用箱内再生时，掺空气后煤气中含氧量应由煤气中硫化氢含量确定。但出箱时煤气中含氧量应小于 2%（体积分数）。

5.12 一氧化碳的变换

5.12.1 本节适用于城镇煤气制气厂中对两段炉煤气、水煤气、半水煤气、发生炉煤气及其混合气体等人工煤气降低煤气中一氧化碳含量的工艺设计。

5.12.2 煤气一氧化碳变换可根据气质情况选择全部变换或部分变换工艺。

5.12.3 煤气的一氧化碳变换工艺宜采用常压变换工艺流程，根据煤气工艺生产情况也可采用加压变换工艺流程。

5.12.4 用于进行一氧化碳变换的煤气应为经过净化处理后的煤气。

5.12.5 用于进行一氧化碳变换的煤气，应进行煤气含氧量监测，煤气中含氧量（体积分数）不应大于 0.5%。当煤气中含氧量达 0.5%～1.0%时应减量生产，当含氧量大于 1%时应停车置换。

5.12.6 变换炉的设计应力求做到触媒能得到最有效的利用，结构简单、阻力小、热损失小、蒸汽耗量低。

5.12.7 一氧化碳变换反应宜采用中温变换，中温变换反应温度宜为 380～520 ℃。

5.12.8 一氧化碳变换工艺的主要设计参数宜符合下列要求：

1 饱和塔入塔热水与出塔煤气的温度差宜为：3～5 ℃；

2 出饱和塔煤气的饱和度宜为：70%～90%；

3 饱和塔进、出水温度宜为：85～65 ℃；

4 热水塔进、出水温度宜为：65～80 ℃；

5 触媒层温度宜为：350～500 ℃；

6 进变换炉蒸汽与煤气比宜为：0.8～1.1（体积分数）；

7 变换炉进口煤气温度宜为：320～400 ℃；

8 进变换炉煤气中氧气含量应≤0.5%；

9 饱和塔、热水塔循环水杂质含量应≤5×10^{-4}；

10 一氧化碳变换系统总阻力宜≤0.02 MPa；

11 一氧化碳变换率宜为：85%～95%。

5.12.9 常压变换系统中热水塔应叠放在饱和塔之上。

5.12.10 一氧化碳变换工艺所用热水应采用封闭循环系统。

5.12.11 一氧化碳变换系统宜设预腐蚀器除酸。

5.12.12 循环水量应保证完成最大限度地传递热量，应满足喷淋密度的要求，并应使设备结构和运行费用经济合理。

5.12.13 一氧化碳变换炉、热水循环泵及冷却水泵宜设置为一开一备。

5.12.14 变换炉内触媒宜分为三段装填。

5.12.15 一氧化碳变换工艺过程中所产生的热量应进行回收。

5.12.16 一氧化碳工艺生产过程应设置必要的自动监控系统。

5.12.17 一氧化碳变换炉应设置超温报警及连锁控制。

5.13 煤气脱水

5.13.1 煤气脱水宜采用冷冻法进行脱水。

5.13.2 煤气脱水工段宜设在压送工段后。

5.13.3 煤气脱水宜采用间接换热工艺。

5.13.4 工艺过程中的冷量应进行充分回收。

5.13.5 煤气脱水后的露点温度应低于最冷月地面下 1 m 处平均地温 3～5 ℃。

5.13.6 换热器的结构设计应易于清理内部杂质。

5.13.7 制冷机组应选用变频机组。

5.13.8 煤气冷凝水应集中处理。

5.14 放散和液封

5.14.1 严禁在厂房内放散煤气和有害气体。

5.14.2 设备和管道上的放散管管口高度应符合下列要求：

1 当放散管直径大于 150 mm 时，放散管管口应高出厂房顶面、煤气管道、设备和走台 4 m 以上。

2 当放散管直径小于或等于 150 mm 时，放散管管口应高出厂房顶面、煤气管道、设备和走台 2.5 m以上。

5.14.3 煤气系统中液封槽液封高度应符合下列要求：

1 煤气鼓风机出口处，应为鼓风机全压（以 Pa 表示）乘 0.1 加 500 mm；

2 硫铵工段满流槽内的液封高度和水封槽内液封高度应满足煤气鼓风机全压（以 Pa 表示）乘 0.1 要求；

3 其余处均应为最大操作压力（以 Pa 表示）乘 0.1 加 500 mm。

5.14.4 煤气系统液封槽的补水口严禁与供水管道直接相接。

6 燃气输配系统

6.1 一般规定

6.1.1 本章适用于压力不大于 4.0 MPa（表压）的城镇燃气（不包括液态燃气）室外输配工程的设计。

6.1.2 城镇燃气输配系统一般由门站、燃气管网、储气设施、调压设施、管理设施、监控系统等组成。城镇燃气输配系统设计，应符合城镇燃气总体规划。在可行性研究的基础上，做到远、近期结合，以近期为主，并经技术经济比较后确定合理的方案。

6.1.3 城镇燃气输配系统压力级制的选择，以及门站、储配站、调压站、燃气干管的布置，应根据燃气供应来源、用户的用气量及其分布、地形地貌、管材设备供应条件、施工和运行等因素，经过多方案比较，择优选取技术经济合理、安全可靠的方案。

城镇燃气干管的布置，应根据用户用量及其分布，全面规划，并宜按逐步形成环状管网供气进行设计。

6.1.4 采用天然气作气源时，城镇燃气逐月、逐日的用气不均匀性的平衡，应由气源方（即供气方）统筹调度解决。

需气方对城镇燃气用户应做好用气量的预测，在各类用户全年的综合用气负荷资料的基础上，制定逐月、逐日用气量计划。

6.1.5 在平衡城镇燃气逐月、逐日的用气不均匀性基础上，平衡城镇燃气逐小时的用气不均匀性，城镇燃气输配系统尚应具有合理的调峰供气措施，并应符合下列要求：

1 城镇燃气输配系统的调峰气总容量，应根据计算月平均日用气总量、气源的可调量大小、供气和用气不均匀情况和运行经验等因素综合确定。

2 确定城镇燃气输配系统的调峰气总容量时，应充分利用气源的可调量（如主气源的可调节供气能力和输气干线的调峰能力等）。采用天然气做气源时，平衡小时的用气不均所需调峰气量宜由供气方解决，不足时由城镇燃气输配系统解决。

3 储气方式的选择应因地制宜，经方案比较，择优选取技术经济合理、安全可靠的方案。对来气压力较高的天然气输配系统宜采用管道储气的方式。

6.1.6 城镇燃气管道的设计压力（P）分为7级，并应符合表6.1.6的要求。

表6.1.6 城镇燃气管道设计压力（表压）分级

名称		压力（MPa）
高压燃气管道	A	$2.5<P\leqslant 4.0$
	B	$1.6<P\leqslant 2.5$
次高压燃气管道	A	$0.8<P\leqslant 1.6$
	B	$0.4<P\leqslant 0.8$
中压燃气管道	A	$0.2<P\leqslant 0.4$
	B	$0.01\leqslant P\leqslant 0.2$
低压燃气管道		$P<0.01$

6.1.7 燃气输配系统各种压力级别的燃气管道之间应通过调压装置相连。当有可能超过最大允许工作压力时，应设置防止管道超压的安全保护设备。

6.2 燃气管道计算流量和水力计算

6.2.1 城镇燃气管道的计算流量，应按计算月的小时最大用气量计算。该小时最大用气量应根据所有用户燃气用气量的变化叠加后确定。

独立居民小区和庭院燃气支管的计算流量宜按本规范第10.2.9条规定执行。

6.2.2 居民生活和商业用户燃气小时计算流量（0℃和101.325 kPa），宜按下式计算：

$$Q_h = \frac{1}{n}Q_a \tag{6.2.2-1}$$

$$n = \frac{365 \times 24}{K_m K_d K_h} \tag{6.2.2-2}$$

式中 Q_h——燃气小时计算流量（m^3/h）；

Q_a——年燃气用量（m^3/a）；

n——年燃气最大负荷利用小时数（h）；

K_m——月高峰系数，计算月的日平均用气量和年的日平均用气量之比；

K_d——日高峰系数，计算月中的日最大用气量和该月日平均用气量之比；

K_h——小时高峰系数，计算月中最大用气量日的小时最大用气量和该日小时平均用气量之比。

6.2.3 居民生活和商业用户用气的高峰系数，应根据该城镇各类用户燃气用量（或燃料用量）的变化情况，编制成月、日、小时用气负荷资料，经分析研究确定。

工业企业和燃气汽车用户燃气小时计算流量，宜按每个独立用户生产的特点和燃气用量（或燃料用量）的变化情况，编制成月、日、小时用气负荷资料确定。

6.2.4 采暖通风和空调所需燃气小时计算流量，可按国家现行的标准《城市热力网设计规范》CJJ 34 有关热负荷规定并考虑燃气采暖通风和空调的热效率折算确定。

6.2.5 低压燃气管道单位长度的摩擦阻力损失应按下式计算：

$$\frac{\Delta P}{l} = 6.26 \times 10^7 \lambda \frac{Q^2}{d^5} \rho \frac{T}{T_0} \tag{6.2.5}$$

式中 ΔP——燃气管道摩擦阻力损失（Pa）；

λ——燃气管道摩擦阻力系数，宜按式（6.2.6-2）和附录 C 第 C.0.1 条第 1、2 款计算；

l——燃气管道的计算长度（m）；

Q——燃气管道的计算流量（m^3/h）；

d——管道内径（mm）；

ρ——燃气的密度（kg/m^3）；

T——设计中所采用的燃气温度（K）；

T_0——273.15（K）。

6.2.6 高压、次高压和中压燃气管道的单位长度摩擦阻力损失，应按式（6.2.6-1）计算：

$$\frac{P_1^2 - P_2^2}{L} = 1.27 \times 10^{10} \lambda \frac{Q^2}{d^5} \rho \frac{T}{T_0} Z \tag{6.2.6-1}$$

$$\frac{1}{\sqrt{\lambda}} = -2\lg\left[\frac{K}{3.7d} + \frac{2.51}{Re\sqrt{\lambda}}\right] \tag{6.2.6-2}$$

式中 P_1——燃气管道起点的压力（绝对压力，kPa）；

P_2——燃气管道终点的压力（绝对压力，kPa）；

Z——压缩因子，当燃气压力小于 1.2 MPa（表压）时，Z 取 1；

L——燃气管道的计算长度（km）；

λ——燃气管道摩擦阻力系数，宜按式（6.2.6-2）计算；

K——管壁内表面的当量绝对粗糙度（mm）；

Re——雷诺数（无量纲）。

注：当燃气管道的摩擦阻力系数采用手算时，宜采用附录 C 公式。

6.2.7 室外燃气管道的局部阻力损失可按燃气管道摩擦阻力损失的 5%～10%进行计算。

6.2.8 城镇燃气低压管道从调压站到最远燃具管道允许阻力损失，可按下式计算：

$$\Delta P_d = 0.75 P_n + 150 \tag{6.2.8}$$

式中 ΔP_d——从调压站到最远燃具的管道允许阻力损失（Pa）；

P_n——低压燃具的额定压力（Pa）。

注：ΔP_d 含室内燃气管道允许阻力损失，室内燃气管道允许阻力损失应按本规范第 10.2.11 条确定。

6.3 压力不大于 1.6 MPa 的室外燃气管道

6.3.1 中压和低压燃气管道宜采用聚乙烯管、机械接口球墨铸铁管、钢管或钢骨架聚乙烯塑料复合管，并应符合下列要求：

1 聚乙烯燃气管道应符合现行的国家标准《燃气用埋地聚乙烯管材》GB 15558.1 和《燃气用埋地

聚乙烯管件》GB 15558.2 的规定；

2 机械接口球墨铸铁管道应符合现行的国家标准《水及燃气管道用球墨铸铁管、管件和附件》GB/T 13295的规定；

3 钢管采用焊接钢管、镀锌钢管或无缝钢管时，应分别符合现行的国家标准《低压流体输送用焊接钢管》GB/T 3091、《输送流体用无缝钢管》GB/T 8163 的规定；

4 钢骨架聚乙烯塑料复合管道应符合国家现行标准《燃气用钢骨架聚乙烯塑料复合管》CJ/T 125 和《燃气用钢骨架聚乙烯塑料复合管件》CJ/T 126 的规定。

6.3.2 次高压燃气管道应采用钢管。其管材和附件应符合本规范第 6.4.4 条的要求。地下次高压 B 燃气管道也可采用钢号 Q235B 焊接钢管，并应符合现行国家标准《低压流体输送用焊接钢管》GB/T 3091的规定。

次高压钢质燃气管道直管段计算壁厚应按式(6.4.6)计算确定。最小公称壁厚不应小于表 6.3.2 的规定。

表 6.3.2 钢质燃气管道最小公称壁厚

钢管公称直径 *DN*(mm)	公称壁厚(mm)
*DN*100～150	4.0
*DN*200～300	4.8
*DN*350～450	5.2
*DN*500～550	6.4
*DN*600～700	7.1
*DN*750～900	7.9
*DN*950～1 000	8.7
*DN*1 050	9.5

6.3.3 地下燃气管道不得从建筑物和大型构筑物(不包括架空的建筑物和大型构筑物)的下面穿越。

地下燃气管道与建筑物、构筑物或相邻管道之间的水平和垂直净距，不应小于表 6.3.3-1 和表 6.3.3-2的规定。

表 6.3.3-1 地下燃气管道与建筑物、构筑物或相邻管道之间的水平净距(m)

项目		地下燃气管道压力(MPa)				
		低压	中压		次高压	
			B	A	B	A
		≤0.01	≤0.2	≤0.4	0.8	1.6
建筑物	基础	0.7	1.0	1.5	—	—
	外墙面(出地面处)	—	—	—	5.0	13.5
给水管		0.5	0.5	0.5	1.0	1.5
污水、雨水排水管		1.0	1.2	1.2	1.5	2.0
电力电缆(含电车电缆)	直埋	0.5	0.5	0.5	1.0	1.5
	在导管内	1.0	1.0	1.0	1.0	1.5
通信电缆	直埋	0.5	0.5	0.5	1.0	1.5
	在导管内	1.0	1.0	1.0	1.0	1.5
其他燃气管道	*DN*≤300 mm	0.4	0.4	0.4	0.4	0.4
	DN>300 mm	0.5	0.5	0.5	0.5	0.5

表 6.3.3-1（续）

项目		地下燃气管道压力（MPa）				
		低压	中压		次高压	
			B	A	B	A
		<0.01	≤0.2	≤0.4	0.8	≤1.6
热力管	直埋	1.0	1.0	1.0	1.5	2.0
	在管沟内（至外壁）	1.0	1.5	1.5	2.0	4.0
电杆（塔）的基础	≤35 kV	1.0	1.0	1.0	1.0	1.0
	>35 kV	2.0	2.0	2.0	5.0	5.0
通信照明电杆（至电杆中心）		1.0	1.0	1.0	1.0	1.0
铁路路堤坡脚		5.0	5.0	5.0	5.0	5.0
有轨电车钢轨		2.0	2.0	2.0	2.0	2.0
街树（至树中心）		0.75	0.75	0.75	1.2	1.2

表 6.3.3-2 地下燃气管道与构筑物或相邻管道之间垂直净距（m）

项目		地下燃气管道（当有套管时，以套管计）
给水管、排水管或其他燃气管道		0.15
热力管、热力管的管沟底（或顶）		0.15
电缆	直埋	0.50
	在导管内	0.15
铁路（轨底）		1.20
有轨电车（轨底）		1.00

注：1 当次高压燃气管道压力与表中数不相同时，可采用直线方程内插法确定水平净距。

2 如受地形限制不能满足表 6.3.3-1 和表 6.3.3-2 时，经与有关部门协商，采取有效的安全防护措施后，表 6.3.3-1和表 6.3.3-2 规定的净距，均可适当缩小，但低压管道不应影响建（构）筑物和相邻管道基础的稳固性，中压管道距建筑物基础不应小于 0.5 m 且距建筑物外墙面不应小于 1 m，次高压燃气管道距建筑物外墙面不应小于 3.0 m。其中当对次高压 A 燃气管道采取有效的安全防护措施或当管道壁厚不小于 9.5 mm 时，管道距建筑物外墙面不应小于 6.5 m；当管壁厚度不小于 11.9 mm 时，管道距建筑物外墙面不应小于3.0 m。

3 表 6.3.3-1 和表 6.3.3-2 规定除地下燃气管道与热力管的净距不适于聚乙烯燃气管道和钢骨架聚乙烯塑料复合管外，其他规定均适用于聚乙烯燃气管道和钢骨架聚乙烯塑料复合管道。聚乙烯燃气管道与热力管道的净距应按国家现行标准《聚乙烯燃气管道工程技术规程》CJJ 63 执行。

4 地下燃气管道与电杆（塔）基础之间的水平净距，还应满足本规范表 6.7.5 地下燃气管道与交流电力线接地体的净距规定。

6.3.4 地下燃气管道埋设的最小覆土厚度（路面至管顶）应符合下列要求：

1 埋设在机动车道下时，不得小于 0.9 m；

2 埋设在非机动车车道（含人行道）下时，不得小于 0.6 m；

3 埋设在机动车不可能到达的地方时，不得小于 0.3 m；

4 埋设在水田下时，不得小于 0.8 m。

注：当不能满足上述规定时，应采取有效的安全防护措施。

6.3.5 输送湿燃气的燃气管道，应埋设在土壤冰冻线以下。

燃气管道坡向凝水缸的坡度不宜小于 0.003。

6.3.6 地下燃气管道的基础宜为原土层。凡可能引起管道不均匀沉降的地段，其基础应进行处理。

6.3.7 地下燃气管道不得在堆积易燃、易爆材料和具有腐蚀性液体的场地下面穿越，并不宜与其他管道或电缆同沟敷设。当需要同沟敷设时，必须采取有效的安全防护措施。

6.3.8 地下燃气管道从排水管（沟）、热力管沟、隧道及其他各种用途沟槽内穿过时，应将燃气管道敷设于套管内。套管伸出构筑物外壁不应小于表6.3.3-1中燃气管道与该构筑物的水平净距。套管两端应采用柔性的防腐、防水材料密封。

6.3.9 燃气管道穿越铁路、高速公路、电车轨道或城镇主要干道时应符合下列要求：

1 穿越铁路或高速公路的燃气管道，应加套管。

注：当燃气管道采用定向钻穿越并取得铁路或高速公路部门同意时，可不加套管。

2 穿越铁路的燃气管道的套管，应符合下列要求：

1） 套管埋设的深度：铁路轨底至套管顶不应小于1.20 m，并应符合铁路管理部门的要求；

2） 套管宜采用钢管或钢筋混凝土管；

3） 套管内径应比燃气管道外径大100 mm以上；

4） 套管两端与燃气管的间隙应采用柔性的防腐、防水材料密封，其一端应装设检漏管；

5） 套管端部距路堤坡脚外的距离不应小于2.0 m。

3 燃气管道穿越电车轨道或城镇主要干道时宜敷设在套管或管沟内；穿越高速公路的燃气管道的套管、穿越电车轨道或城镇主要干道的燃气管道的套管或管沟，应符合下列要求：

1） 套管内径应比燃气管道外径大100 mm以上，套管或管沟两端应密封，在重要地段的套管或管沟端部宜安装检漏管；

2） 套管或管沟端部距电车道边轨不应小于2.0 m；距道路边缘不应小于1.0 m。

4 燃气管道宜垂直穿越铁路、高速公路、电车轨道或城镇主要干道。

6.3.10 燃气管道通过河流时，可采用穿越河底或采用管桥跨越的形式。当条件许可时，可利用道路桥梁跨越河流，并应符合下列要求：

1 随桥梁跨越河流的燃气管道，其管道的输送压力不应大于0.4 MPa。

2 当燃气管道随桥梁敷设或采用管桥跨越河流时，必须采取安全防护措施。

3 燃气管道随桥梁敷设，宜采取下列安全防护措施：

1） 敷设于桥梁上的燃气管道应采用加厚的无缝钢管或焊接钢管，尽量减少焊缝，对焊缝进行100%无损探伤；

2） 跨越通航河流的燃气管道管底标高，应符合通航净空的要求，管架外侧应设置护桩；

3） 在确定管道位置时，与随桥敷设的其他管道的间距应符合现行国家标准《工业企业煤气安全规程》GB 6222支架敷管的有关规定；

4） 管道应设置必要的补偿和减振措施；

5） 对管道应做较高等级的防腐保护；

对于采用阴极保护的埋地钢管与随桥管道之间应设置绝缘装置；

6） 跨越河流的燃气管道的支座（架）应采用不燃烧材料制作。

6.3.11 燃气管道穿越河底时，应符合下列要求：

1 燃气管道宜采用钢管；

2 燃气管道至河床的覆土厚度，应根据水流冲刷条件及规划河床确定。对不通航河流不应小于0.5 m；对通航的河流不应小于1.0 m，还应考虑疏浚和投锚深度；

3 稳管措施应根据计算确定；

4 在埋设燃气管道位置的河流两岸上、下游应设立标志。

6.3.12 穿越或跨越重要河流的燃气管道，在河流两岸均应设置阀门。

6.3.13 在次高压、中压燃气干管上，应设置分段阀门，并应在阀门两侧设置放散管。在燃气支管的起

点处，应设置阀门。

6.3.14　地下燃气管道上的检测管、凝水缸的排水管、水封阀和阀门，均应设置护罩或护井。

6.3.15　室外架空的燃气管道，可沿建筑物外墙或支柱敷设，并应符合下列要求：

1　**中压和低压燃气管道，可沿建筑耐火等级不低于二级的住宅或公共建筑的外墙敷设；次高压B、中压和低压燃气管道，可沿建筑耐火等级不低于二级的丁、戊类生产厂房的外墙敷设。**

2　沿建筑物外墙的燃气管道距住宅或公共建筑物中不应敷设燃气管道的房间门、窗洞口的净距：中压管道不应小于0.5 m，低压管道不应小于0.3 m。燃气管道距生产厂房建筑物门、窗洞口的净距不限。

3　**架空燃气管道与铁路、道路、其他管线交叉时的垂直净距不应小于表6.3.15的规定。**

表6.3.15　架空燃气管道与铁路、道路、其他管线交叉时的垂直净距

建筑物和管线名称		最小垂直净距(m)	
		燃气管道下	燃气管道上
铁路轨顶		6.0	—
城市道路路面		5.5	—
厂区道路路面		5.0	—
人行道路路面		2.2	—
架空电力线，电压	3 kV以下	—	1.5
	3～10 kV	—	3.0
	35～66 kV	—	4.0
其他管道，管径	≤300 mm	同管道直径，但不小于0.10	同左
	>300 mm	0.30	0.30

注：1　厂区内部的燃气管道，在保证安全的情况下，管底至道路路面的垂直净距可取4.5 m；管底至铁路轨顶的垂直净距，可取5.5 m。在车辆和人行道以外的地区，可在从地面到管底高度不小于0.35 m的低支柱上敷设燃气管道。

2　电气机车铁路除外。

3　架空电力线与燃气管道的交叉垂直净距尚应考虑导线的最大垂度。

4　输送湿燃气的管道应采取排水措施，在寒冷地区还应采取保温措施。燃气管道坡向凝水缸的坡度不宜小于0.003。

5　工业企业内燃气管道沿支柱敷设时，尚应符合现行的国家标准《工业企业煤气安全规程》GB 6222的规定。

6.4　压力大于1.6 MPa的室外燃气管道

6.4.1　本节适用于压力大于1.6 MPa(表压)但不大于4.0 MPa(表压)的城镇燃气(不包括液态燃气)室外管道工程的设计。

6.4.2　城镇燃气管道通过的地区，应按沿线建筑物的密集程度划分为四个管道地区等级，并依据管道地区等级作出相应的管道设计。

6.4.3　城镇燃气管道地区等级的划分应符合下列规定：

1　沿管道中心线两侧各200 m范围内，任意划分为1.6 km长并能包括最多供人居住的独立建筑

物数量的地段，作为地区分级单元。

注：在多单元住宅建筑物内，每个独立住宅单元按一个供人居住的独立建筑物计算。

2 管道地区等级应根据地区分级单元内建筑物的密集程度划分，并应符合下列规定：

1） 一级地区：有 12 个或 12 个以下供人居住的独立建筑物。

2） 二级地区：有 12 个以上，80 个以下供人居住的独立建筑物。

3） 三级地区：介于二级和四级之间的中间地区。有 80 个或 80 个以上供人居住的独立建筑物但不够四级地区条件的地区、工业区或距人员聚集的室外场所 90 m 内铺设管线的区域。

4） 四级地区：4 层或 4 层以上建筑物(不计地下室层数)普遍且占多数、交通频繁、地下设施多的城市中心城区(或镇的中心区域等)。

3 二、三、四级地区的长度应按下列规定调整：

1） 四级地区垂直于管道的边界线距最近地上 4 层或 4 层以上建筑物不应小于 200 m。

2） 二、三级地区垂直于管道的边界线距该级地区最近建筑物不应小于 200 m。

4 确定城镇燃气管道地区等级，宜按城市规划为该地区的今后发展留有余地。

6.4.4 高压燃气管道采用的钢管和管道附件材料应符合下列要求：

1 燃气管道所用钢管、管道附件材料的选择，应根据管道的使用条件(设计压力、温度、介质特性、使用地区等)、材料的焊接性能等因素，经技术经济比较后确定。

2 燃气管道选用的钢管，应符合现行国家标准《石油天然气工业 输送钢管交货技术条件 第 1 部分：A 级钢管》GB/T 9711.1(L175 级钢管除外)、《石油天然气工业 输送钢管交货技术条件 第 2 部分：B 级钢管》GB/T 9711.2 和《输送流体用无缝钢管》GB/T 8163 的规定，或符合不低于上述三项标准相应技术要求的其他钢管标准。三级和四级地区高压燃气管道材料钢级不应低于 L245。

3 燃气管道所采用的钢管和管道附件应根据选用的材料、管径、壁厚、介质特性、使用温度及施工环境温度等因素，对材料提出冲击试验和(或)落锤撕裂试验要求。

4 当管道附件与管道采用焊接连接时，两者材质应相同或相近。

5 管道附件中所用的锻件，应符合国家现行标准《压力容器用碳素钢和低合金钢锻件》JB 4726、《低温压力容器用低合金钢锻件》JB 4727 的有关规定。

6 管道附件不得采用螺旋焊缝钢管制作，严禁采用铸铁制作。

6.4.5 燃气管道强度设计应根据管段所处地区等级和运行条件，按可能同时出现的永久荷载和可变荷载的组合进行设计。当管道位于地震设防烈度 7 度及 7 度以上地区时，应考虑管道所承受的地震荷载。

6.4.6 钢质燃气管道直管段计算壁厚应按式(6.4.6)计算，计算所得到的厚度应按钢管标准规格向上选取钢管的公称壁厚。最小公称壁厚不应小于表 6.3.2 的规定。

$$\delta = \frac{PD}{2\sigma_s \phi F} \quad (6.4.6)$$

式中 δ——钢管计算壁厚(mm)；

P——设计压力(MPa)；

D——钢管外径(mm)；

σ_s——钢管的最低屈服强度(MPa)；

F——强度设计系数，按表 6.4.8 和表 6.4.9 选取；

ϕ——焊缝系数。当采用符合第 6.4.4 条第 2 款规定的钢管标准时取 1.0。

6.4.7 对于采用经冷加工后又经加热处理的钢管，当加热温度高于 320 ℃(焊接除外)或采用经过冷加工或热处理的钢管煨弯成弯管时，则在计算该钢管或弯管壁厚时，其屈服强度应取该管材最低屈服强度(σ_s)的 75%。

6.4.8 城镇燃气管道的强度设计系数(F)应符合表 6.4.8 的规定。

表 6.4.8　城镇燃气管道的强度设计系数

地区等级	强度设计系数(*F*)
一级地区	0.72
二级地区	0.60
三级地区	0.40
四级地区	0.30

6.4.9　穿越铁路、公路和人员聚集场所的管道以及门站、储配站、调压站内管道的强度设计系数，应符合表 6.4.9 的规定。

表 6.4.9　穿越铁路、公路和人员聚集场所的管道以及门站、储配站、调压站内管道的强度设计系数(*F*)

<table>
<tr><th rowspan="2">管道及管段</th><th colspan="4">地　区　等　级</th></tr>
<tr><th>一</th><th>二</th><th>三</th><th>四</th></tr>
<tr><td>有套管穿越Ⅲ、Ⅳ级公路的管道</td><td>0.72</td><td>0.6</td><td rowspan="5">0.4</td><td rowspan="5">0.3</td></tr>
<tr><td>无套管穿越Ⅲ、Ⅳ级公路的管道</td><td>0.6</td><td>0.5</td></tr>
<tr><td>有套管穿越Ⅰ、Ⅱ级公路、高速公路、铁路的管道</td><td>0.6</td><td>0.6</td></tr>
<tr><td>门站、储配站、调压站内管道及其上、下游各 200 m 管道，截断阀室管道及其上、下游各 50 m 管道(其距离从站和阀室边界线起算)</td><td>0.5</td><td>0.5</td></tr>
<tr><td>人员聚集场所的管道</td><td>0.4</td><td>0.4</td></tr>
</table>

6.4.10　下列计算或要求应符合现行国家标准《输气管道工程设计规范》GB 50251 的相应规定：

1　受约束的埋地直管段轴向应力计算和轴向应力与环向应力组合的当量应力校核；

2　受内压和温差共同作用下弯头的组合应力计算；

3　管道附件与没有轴向约束的直管段连接时的热膨胀强度校核；

4　弯头和弯管的管壁厚度计算；

5　燃气管道径向稳定校核。

6.4.11　一级或二级地区地下燃气管道与建筑物之间的水平净距不应小于表 6.4.11 的规定。

表 6.4.11　一级或二级地区地下燃气管道与建筑物之间的水平净距(m)

燃气管道公称直径 *DN* (mm)	地下燃气管道压力(MPa)		
	1.61	2.50	4.00
900＜*DN*≤1 050	53	60	70
750＜*DN*≤900	40	47	57
600＜*DN*≤750	31	37	45
450＜*DN*≤600	24	28	35
300＜*DN*≤450	19	23	28
150＜*DN*≤300	14	18	22
DN≤150	11	13	15

注：1　当燃气管道强度设计系数不大于 0.4 时，一级或二级地区地下燃气管道与建筑物之间的水平净距可按表 6.4.12确定。

2　水平净距是指管道外壁到建筑物出地面处外墙面的距离。建筑物是指平常有人的建筑物。

3　当燃气管道压力与表中数不相同时，可采用直线方程内插法确定水平净距。

6.4.12　三级地区地下燃气管道与建筑物之间的水平净距不应小于表 6.4.12 的规定。

表 6.4.12 三级地区地下燃气管道与建筑物之间的水平净距(m)

燃气管道公称直径和壁厚 δ (mm)	地下燃气管道压力(MPa)		
	1.61	2.50	4.00
A 所有管径 δ<9.5	13.5	15.0	17.0
B 所有管径 9.5≤δ<11.9	6.5	7.5	9.0
C 所有管径 δ≥11.9	3.0	5.0	8.0

注:1 当对燃气管道采取有效的保护措施时,δ<9.5 mm 的燃气管道也可采用表中 B 行的水平净距。
2 水平净距是指管道外壁到建筑物出地面处外墙面的距离。建筑物是指平常有人的建筑物。
3 当燃气管道压力与表中数不相同时,可采用直线方程内插法确定水平净距。

6.4.13 高压地下燃气管道与构筑物或相邻管道之间的水平和垂直净距,不应小于表 6.3.3-1 和表 6.3.3-2 次高压 A 的规定。但高压 A 和高压 B 地下燃气管道与铁路路堤坡脚的水平净距分别不应小于 8 m 和 6 m;与有轨电车钢轨的水平净距分别不应小于 4 m 和 3 m。

注:当达不到本条净距要求时,采取有效的防护措施后,净距可适当缩小。

6.4.14 四级地区地下燃气管道输配压力不宜大于 1.6 MPa(表压)。其设计应遵守本规范 6.3 节的有关规定。

四级地区地下燃气管道输配压力不应大于 4.0 MPa(表压)。

6.4.15 高压燃气管道的布置应符合下列要求:

1 高压燃气管道不宜进入四级地区;当受条件限制需要进入或通过四级地区时,应遵守下列规定:

1) 高压 A 地下燃气管道与建筑物外墙面之间的水平净距不应小于 30 m(当管壁厚度 δ≥9.5 mm或对燃气管道采取有效的保护措施时,不应小于 15 m);

2) 高压 B 地下燃气管道与建筑物外墙面之间的水平净距不应小于 16 m(当管壁厚度 δ≥9.5 mm或对燃气管道采取有效的保护措施时,不应小于 10 m);

3) 管道分段阀门应采用遥控或自动控制。

2 高压燃气管道不应通过军事设施、易燃易爆仓库、国家重点文物保护单位的安全保护区、飞机场、火车站、海(河)港码头。当受条件限制管道必须在本款所列区域内通过时,必须采取安全防护措施。

3 高压燃气管道宜采用埋地方式敷设。当个别地段需要采用架空敷设时,必须采取安全防护措施。

6.4.16 当管道安全评估中危险性分析证明,可能发生事故的次数和结果合理时,可采用与表 6.4.11、表 6.4.12 和 6.4.15 条不同的净距和采用与表 6.4.8、表 6.4.9 不同的强度设计系数(F)。

6.4.17 焊接支管连接口的补强应符合下列规定:

1 补强的结构形式可采用增加主管道或支管道壁厚或同时增加主、支管道壁厚、或三通、或拔制扳边式接口的整体补强形式,也可采用补强圈补强的局部补强形式。

2 当支管道公称直径大于或等于 1/2 主管道公称直径时,应采用三通。

3 支管道的公称直径小于或等于 50 mm 时,可不作补强计算。

4 开孔削弱部分按等面积补强,其结构和数值计算应符合现行国家标准《输气管道工程设计规范》GB 50251 的相应规定。其焊接结构还应符合下述规定:

1) 主管道和支管道的连接焊缝应保证全焊透,其角焊缝腰高应大于或等于 1/3 的支管道壁厚,且不小于 6 mm;

2) 补强圈的形状应与主管道相符,并与主管道紧密贴合。焊接和热处理时补强圈上应开一排气孔,管道使用期间应将排气孔堵死,补强圈宜按国家现行标准《补强圈》JB/T 4736 选用。

6.4.18 燃气管道附件的设计和选用应符合下列规定:

1 管件的设计和选用应符合国家现行标准《钢制对焊无缝管件》GB 12459、《钢板制对焊管件》

GB/T 13401、《钢制法兰管件》GB/T 17185、《钢制对焊管件》SY/T 0510 和《钢制弯管》SY/T 5257 等有关标准的规定。

2 管法兰的选用应符合国家现行标准《钢制管法兰》GB/T 9112～GB/T 9124、《大直径碳钢法兰》GB/T 13402 或《钢制法兰、垫片、紧固件》HG 20592～HG 20635 的规定。法兰、垫片和紧固件应考虑介质特性配套选用。

3 绝缘法兰、绝缘接头的设计应符合国家现行标准《绝缘法兰设计技术规定》SY/T 0516 的规定。

4 非标钢制异径接头、凸形封头和平封头的设计，可参照现行国家标准《钢制压力容器》GB 150 的有关规定。

5 除对焊管件之外的焊接预制单体(如集气管、清管器接收筒等)，若其所用材料、焊缝及检验不同于本规范所列要求时，可参照现行国家标准《钢制压力容器》GB 150 进行设计、制造和检验。

6 管道与管件的管端焊接接头形式宜符合现行国家标准《输气管道工程设计规范》GB 50251 的有关规定。

7 用于改变管道走向的弯头、弯管应符合现行国家标准《输气管道工程设计规范》GB 50251 的有关规定，且弯曲后的弯管其外侧减薄处厚度应不小于按式(6.4.6)计算得到的计算厚度。

6.4.19 燃气管道阀门的设置应符合下列要求：

1 在高压燃气干管上，应设置分段阀门；分段阀门的最大间距：以四级地区为主的管段不应大于 8 km；以三级地区为主的管段不应大于 13 km；以二级地区为主的管段不应大于 24 km；以一级地区为主的管段不应大于 32 km。

2 在高压燃气支管的起点处，应设置阀门。

3 燃气管道阀门的选用应符合国家现行有关标准，并应选择适用于燃气介质的阀门。

4 在防火区内关键部位使用的阀门，应具有耐火性能。需要通过清管器或电子检管器的阀门，应选用全通径阀门。

6.4.20 高压燃气管道及管件设计应考虑日后清管或电子检管的需要，并宜预留安装电子检管器收发装置的位置。

6.4.21 埋地管线的锚固件应符合下列要求：

1 埋地管线上弯管或迂回管处产生的纵向力，必须由弯管处的锚固件、土壤摩阻或管子中的纵向应力加以抵消。

2 若弯管处不用锚固件，则靠近推力起源点处的管子接头处应设计成能承受纵向拉力。若接头未采取此种措施，则应加装适用的拉杆或拉条。

6.4.22 高压燃气管道的地基、埋设的最小覆土厚度、穿越铁路和电车轨道、穿越高速公路和城镇主要干道、通过河流的形式和要求等应符合本规范 6.3 节的有关规定。

6.4.23 市区外地下高压燃气管道沿线应设置里程桩、转角桩、交叉和警示牌等永久性标志。

市区内地下高压燃气管道应设立管位警示标志。在距管顶不小于 500 mm 处应埋设警示带。

6.5 门站和储配站

6.5.1 本节适用于城镇燃气输配系统中，接受气源来气并进行净化、加臭、储存、控制供气压力、气量分配、计量和气质检测的门站和储配站的工程设计。

6.5.2 门站和储配站站址选择应符合下列要求：

1 站址应符合城镇总体规划的要求；

2 站址应具有适宜的地形、工程地质、供电、给水排水和通信等条件；

3 门站和储配站应少占农田、节约用地并注意与城镇景观等协调；

4 门站站址应结合长输管线位置确定；

5 根据输配系统具体情况，储配站与门站可合建；

6 储配站内的储气罐与站外的建、构筑物的防火间距应符合现行国家标准《建筑设计防火规范》GB 50016 的有关规定。站内露天燃气工艺装置与站外建、构筑物的防火间距应符合甲类生产厂房与厂外建、构筑物的防火间距的要求。

6.5.3 储配站内的储气罐与站内的建、构筑物的防火间距应符合表 6.5.3 的规定。

表 6.5.3 储气罐与站内的建、构筑物的防火间距(m)

储气罐总容积(m^3)	≤1 000	>1 000～≤12 000	>10 000～≤50 000	>50 000～≤200 000	>200 000
明火、散发火花地点	20	25	30	35	40
调压室、压缩机室、计量室	10	12	15	20	25
控制室、变配电室、汽车库等辅助建筑	12	15	20	25	30
机修间、燃气锅炉房	15	20	25	30	35
办公、生活建筑	18	20	25	30	35
消防泵房、消防水池取水口	20				
站内道路(路边)	10	10	10	10	10
围墙	15	15	15	15	18

注:1 低压湿式储气罐与站内的建、构筑物的防火间距,应按本表确定;
2 低压干式储气罐与站内的建、构筑物的防火间距,当可燃气体的密度比空气大时,应按本表增加 25%;比空气小或等于时,可按本表确定;
3 固定容积储气罐与站内的建、构筑物的防火间距应按本表的规定执行。总容积按其几何容积(m^3)和设计压力(绝对压力,10^2 kPa)的乘积计算;
4 低压湿式或干式储气罐的水封室、油泵房和电梯间等附属设施与该储罐的间距按工艺要求确定;
5 露天燃气工艺装置与储气罐的间距按工艺要求确定。

6.5.4 储气罐或罐区之间的防火间距,应符合下列要求:

1 湿式储气罐之间、干式储气罐之间、湿式储气罐与干式储气罐之间的防火间距,不应小于相邻较大罐的半径;

2 固定容积储气罐之间的防火间距,不应小于相邻较大罐直径的 2/3;

3 固定容积储气罐与低压湿式或干式储气罐之间的防火间距,不应小于相邻较大罐的半径;

4 数个固定容积储气罐的总容积大于 200 000 m^3 时,应分组布置。组与组之间的防火间距:卧式储罐,不应小于相邻较大罐长度的一半;球形储罐,不应小于相邻较大罐的直径,且不应小于 20.0 m;

5 储气罐与液化石油气罐之间防火间距应符合现行国家标准《建筑设计防火规范》GB 50016 的有关规定。

6.5.5 门站和储配站总平面布置应符合下列要求:

1 总平面应分区布置,即分为生产区(包括储罐区、调压计量区、加压区等)和辅助区。

2 站内的各建构筑物之间以及与站外建构筑物之间的防火间距应符合现行国家标准《建筑设计防火规范》GB 50016 的有关规定。站内建筑物的耐火等级不应低于现行国家标准《建筑设计防火规范》GB 50016"二级"的规定。

3 站内露天工艺装置区边缘距明火或散发火花地点不应小于 20 m,距办公、生活建筑不应小于 18 m,距围墙不应小于 10 m。与站内生产建筑的间距按工艺要求确定。

4 储配站生产区应设置环形消防车通道,消防车通道宽度不应小于 3.5 m。

6.5.6 当燃气无臭味或臭味不足时,门站或储配站内应设置加臭装置。加臭量应符合本规范第 3.2.3 条的有关规定。

6.5.7 门站和储配站的工艺设计应符合下列要求：

1 功能应满足辅配系统输气调度和调峰的要求；

2 站内应根据辅配系统调度要求分组设置计量和调压装置，装置前应设过滤器；门站进站总管上宜设置分离器；

3 调压装置应根据燃气流量、压力降等工艺条件确定设置加热装置；

4 站内计量调压装置和加压设备应根据工作环境要求露天或在厂房内布置，在寒冷或风沙地区宜采用全封闭式厂房；

5 进出站管线应设置切断阀门和绝缘法兰；

6 储配站内进罐管线上宜设置控制进罐压力和流量的调节装置；

7 当长输管道采用清管工艺时，其清管器的接收装置宜设置在门站内；

8 站内管道上应根据系统要求设置安全保护及放散装置；

9 站内设备、仪表、管道等安装的水平间距和标高均应便于观察、操作和维修。

6.5.8 站内宜设置自动化控制系统，并宜作为输配系统的数据采集监控系统的远端站。

6.5.9 站内燃气计量和气质的检验应符合下列要求：

1 站内设置的计量仪表应符合表 6.5.9 的规定；

2 宜设置测定燃气组分、发热量、密度、湿度和各项有害杂质含量的仪表。

表 6.5.9 站内设置的计量仪表

进、出站参数	功能		
	指示	记录	累计
流量	+	+	+
压力	+	+	—
温度	+	+	—

注：表中"+"表示应设置。

6.5.10 燃气储存设施的设计应符合下列要求：

1 储配站所建储罐容积应根据输配系统所需储气总容量、管网系统的调度平衡和气体混配要求确定；

2 储配站的储气方式及储罐形式应根据燃气进站压力、供气规模、输配管网压力等因素，经技术经济比较后确定；

3 确定储罐单体或单组容积时，应考虑储罐检修期间供气系统的调度平衡；

4 储罐区宜设有排水设施。

6.5.11 低压储气罐的工艺设计，应符合下列要求：

1 低压储气罐宜分别设置燃气进、出气管，各管应设置关闭性能良好的切断装置，并宜设置水封阀，水封阀的有效高度应取设计工作压力（以 Pa 表示）乘 0.1 加 500 mm。燃气进、出气管的设计应能适应气罐地基沉降引起的变形；

2 低压储气罐应设储气量指示器。储气量指示器应具有显示储量及可调节的高低限位声、光报警装置；

3 储气罐高度超越当地有关的规定时应设高度障碍标志；

4 湿式储气罐的水封高度应经过计算后确定；

5 寒冷地区湿式储气罐的水封应设有防冻措施；

6 干式储气罐密封系统，必须能够可靠地连续运行；

7 干式储气罐应设置紧急放散装置；

8 干式储气罐应配有检修通道。稀油密封干式储气罐外部应设置检修电梯。

6.5.12 高压储气罐工艺设计，应符合下列要求：

1 高压储气罐宜分别设置燃气进、出气管，不需要起混气作用的高压储气罐，其进、出气管也可合为一条；燃气进、出气管的设计宜进行柔性计算；

2 **高压储气罐应分别设置安全阀、放散管和排污管；**

3 **高压储气罐应设置压力检测装置；**

4 高压储气罐宜减少接管开孔数量；

5 高压储气罐宜设置检修排空装置；

6 **当高压储气罐罐区设置检修用集中放散装置时，集中放散装置的放散管与站外建、构筑物的防火间距不应小于表6.5.12-1的规定；集中放散装置的放散管与站内建、构筑物的防火间距不应小于表6.5.12-2的规定；放散管管口高度应高出距其25 m内的建构筑物2 m以上，且不得小于10 m；**

7 集中放散装置宜设置在站内全年最小频率风向的上风侧。

表6.5.12-1 集中放散装置的放散管与站外建、构筑物的防火间距

项目		防火间距(m)
明火、散发火花地点		30
民用建筑		25
甲、乙类液体储罐，易燃材料堆场		25
室外变、配电站		30
甲、乙类物品库房，甲、乙类生产厂房		25
其他厂房		20
铁路(中心线)		40
公路、道路(路边)	高速，Ⅰ、Ⅱ级，城市快速	15
	其他	10
架空电力线(中心线)	>380 V	2.0倍杆高
	≤380 V	1.5倍杆高
架空通信线(中心线)	国家Ⅰ、Ⅱ级	1.5倍杆高
	其他	1.5倍杆高

表6.5.12-2 集中放散装置的放散管与站内建、构筑物的防火间距

项目	防火间距(m)
明火、散发火花地点	30
办公、生活建筑	25
可燃气体储气罐	20
室外变、配电站	30
调压室、压缩机室、计量室及工艺装置区	20
控制室、配电室、汽车库、机修间和其他辅助建筑	25
燃气锅炉房	25
消防泵房、消防水池取水口	20
站内道路(路边)	2
围墙	2

6.5.13 站内工艺管道应采用钢管。燃气管道设计压力大于0.4 MPa时，其管材性能应分别符合现行国家标准《石油天然气工业输送钢管交货技术条件》GB/T 9711、《输送流体用无缝钢管》GB/T 8163的规定；设计压力不大于0.4 MPa时，其管材性能应符合现行国家标准《低压流体输送用焊接钢管》GB/T 3091的规定。

阀门等管道附件的压力级别不应小于管道设计压力。

6.5.14 燃气加压设备的选型应符合下列要求：

1 储配站燃气加压设备应结合输配系统总体设计采用的工艺流程、设计负荷、排气压力及调度要求确定；

2 加压设备应根据吸排气压力、排气量选择机型。所选用的设备应便于操作维护、安全可靠，并符合节能、高效、低振和低噪声的要求；

3 加压设备的排气能力应按厂方提供的实测值为依据。站内加压设备的形式应一致，加压设备的规格应满足运行调度要求，并不宜多于两种。

储配站内装机总台数不宜过多。每1～5台压缩机宜另设1台备用。

6.5.15 压缩机室的工艺设计应符合下列要求：

1 压缩机宜按独立机组配置进、出气管及阀门、旁通、冷却器、安全放散，供油和供水等各项辅助设施；

2 压缩机的进、出气管道宜采用地下直埋或管沟敷设，并宜采取减振降噪措施；

3 管道设计应设有能满足投产置换，正常生产维修和安全保护所必需的附属设备；

4 压缩机及其附属设备的布置应符合下列要求：

1） 压缩机宜采取单排布置；

2） 压缩机之间及压缩机与墙壁之间的净距不宜小于1.5 m；

3） 重要通道的宽度不宜小于2 m；

4） 机组的联轴器及皮带传动装置应采取安全防护措施；

5） 高出地面2 m以上的检修部位应设置移动或可拆卸式的维修平台或扶梯；

6） 维修平台及地坑周围应设防护栏杆；

5 压缩机室宜根据设备情况设置检修用起吊设备；

6 当压缩机采用燃气为动力时，其设计应符合现行国家标准《输气管道工程设计规范》GB 50251和《石油天然气工程设计防火规范》GB 50183的有关规定；

7 压缩机组前必须设有紧急停车按钮。

6.5.16 压缩机的控制室宜设在主厂房一侧的中部或主厂房的一端。控制室与压缩机室之间应设有能观察各台设备运转的隔声耐火玻璃窗。

6.5.17 储配站控制室内的二次检测仪表及操作调节装置宜按表6.5.17规定设置。

表6.5.17 储配站控制室内二次检测仪表及调节装置

参数名称		现场显示	控制室		
			显示	记录或累计	报警连锁
压缩机室进气管压力		—	+	—	+
压缩机室出气管压力		—	+	+	—
机组	吸气压力	+	—	—	—
	吸气温度	+	—	—	—
	排气压力	+	+	—	+
	排气温度	+	—	—	—

表 6.5.17（续）

参数名称		现场显示	控制室		
			显示	记录或累计	报警连锁
压缩机室	供电电压	—	+	—	—
	电流	—	+	—	—
	功率因数	—	+	—	—
	功率	—	+	—	—
机组	电压	+	+	—	—
	电流	+	+	—	—
	功率因数	—	+	—	—
	功率	—	+	—	—
压缩机室	供水温度	—	+	—	—
	供水压力	—	+	—	+
机组	供水温度	+	—	—	—
	回水温度	+	—	—	—
	水流状态	+	+	—	—
润滑油	供油压力	+	—	—	+
	供油温度	+	—	—	—
	回油温度	+	—	—	—
电机防爆通风系统排风压力		—	+	—	+

注：表中"+"表示应设置。

6.5.18　压缩机室、调压计量室等具有爆炸危险的生产用房应符合现行国家标准《建筑设计防火规范》GB 50016 的"甲类生产厂房"设计的规定。

6.5.19　门站和储配站内的消防设施设计应符合现行国家标准《建筑设计防火规范》GB 50016 的规定，并符合下列要求：

1　储配站在同一时间内的火灾次数应按一次考虑。储罐区的消防用水量不应小于表 6.5.19 的规定。

表 6.5.19　储罐区的消防用水量

储罐容积（m^3）	>500～≤10 000	>10 000～≤50 000	>50 000～≤100 000	>100 000～≤200 000	>200 000
消防用水量（L/s）	15	20	25	30	35

注：固定容积的可燃气体储罐以组为单位，总容积按其几何容积（m^3）和设计压力（绝对压力，10^2 kPa）的乘积计算。

2　当设置消防水池时，消防水池的容量应按火灾延续时间 3 h 计算确定。当火灾情况下能保证连续向消防水池补水时，其容量可减去火灾延续时间内的补水量。

3　储配站内消防给水管网应采用环形管网，其给水干管不应少于 2 条。当其中一条发生故障时，其余的进水管应能满足消防用水总量的供给要求。

4　站内室外消火栓宜选用地上式消火栓。

5　门站的工艺装置区可不设消防给水系统。

6　门站和储配站内建筑物灭火器的配置应符合现行国家标准《建筑灭火器配置设计规范》GB 50140的有关规定。储配站内储罐区应配置干粉灭火器，配置数量按储罐台数每台设置 2 个；每组相对独立的调压计量等工艺装置区应配置干粉灭火器，数量不少于2个。

注：1 干粉灭火器指8 kg手提式干粉灭火器。

2 根据场所危险程度可设置部分35 kg手推式干粉灭火器。

6.5.20 门站和储配站供电系统设计应符合现行国家标准《供配电系统设计规范》GB 50052的“二级负荷”的规定。

6.5.21 门站和储配站电气防爆设计符合下列要求：

1 站内爆炸危险场所的电力装置设计应符合现行国家标准《爆炸和火灾危险环境电力装置设计规范》GB 50058的规定。

2 其爆炸危险区域等级和范围的划分宜符合本规范附录D的规定。

3 站内爆炸危险厂房和装置区内应装设燃气浓度检测报警装置。

6.5.22 储气罐和压缩机室、调压计量室等具有焊炸危险的生产用房应有防雷接地设施，其设计应符合现行国家标准《建筑物防雷设计规范》GB 50057的“第二类防雷建筑物”的规定。

6.5.23 门站和储配站的静电接地设计应符合国家现行标准《化工企业静电接地设计规程》HGJ 28的规定。

6.5.24 门站和储配站边界的噪声应符合现行国家标准《工业企业厂界噪声标准》GB 12348的规定。

6.6 调压站与调压装置

6.6.1 本节适用于城镇燃气输配系统中不同压力级别管道之间连接的调压站、调压箱(或柜)和调压装置的设计。

6.6.2 调压装置的设置应符合下列要求：

1 自然条件和周围环境许可时，宜设置在露天，但应设置围墙、护栏或车挡；

2 设置在地上单独的调压箱(悬挂式)内时，对居民和商业用户燃气进口压力不应大于0.4 MPa；对工业用户(包括锅炉房)燃气进口压力不应大于0.8 MPa；

3 设置在地上单独的调压柜(落地式)内时，对居民、商业用户和工业用户(包括锅炉房)燃气进口压力不宜大于1.6 MPa；

4 设置在地上单独的建筑物内时，应符合本规范第6.6.12条的要求；

5 当受到地上条件限制，且调压装置进口压力不大于0.4 MPa时，可设置在地下单独的建筑物内或地下单独的箱体内，并应分别符合本规范第6.6.14条和第6.6.5条的要求；

6 液化石油气和相对密度大于0.75燃气的调压装置不得设于地下室、半地下室内和地下单独的箱体内。

6.6.3 调压站(含调压柜)与其他建筑物、构筑物的水平净距应符合表6.6.3的规定。

表6.6.3 调压站(含调压柜)与其他建筑物、构筑物水平净距(m)

设置形式	调压装置入口燃气压力级制	建筑物外墙面	重要公共建筑、一类高层民用建筑	铁路(中心线)	城镇道路	公共电力变配电柜
地上单独建筑	高压(A)	18.0	30.0	25.0	5.0	6.0
	高压(B)	13.0	25.0	20.0	4.0	6.0
	次高压(A)	9.0	18.0	15.0	3.0	4.0
	次高压(B)	6.0	12.0	10.0	3.0	4.0
	中压(A)	6.0	12.0	10.0	2.0	4.0
	中压(B)	6.0	12.0	10.0	2.0	4.0

表 6.6.3（续）

设置形式	调压装置入口燃气压力级制	建筑物外墙面	重要公共建筑、一类高层民用建筑	铁路（中心线）	城镇道路	公共电力变配电柜
调压柜	次高压(A)	7.0	14.0	12.0	2.0	4.0
	次高压(A)	4.0	8.0	8.0	2.0	4.0
	中压(A)	4.0	8.0	8.0	1.0	4.0
	中压(B)	4.0	8.0	8.0	1.0	4.0
地下单独建筑	中压(A)	3.0	6.0	6.0	—	3.0
	中压(B)	3.0	6.0	6.0	—	3.0
地下调压箱	中压(A)	3.0	6.0	6.0	—	3.0
	中压(B)	3.0	6.0	6.0	—	3.0

注：1 当调压装置露天设置时，则指距离装置的边缘；
2 当建筑物(含重要公共建筑)的某外墙为无门、窗洞口的实体墙，且建筑物耐火等级不低于二级时，燃气进口压力级别为中压 A 或中压 B 的调压柜一侧或两侧(非平行)，可贴靠上述外墙设置；
3 当达不到上表净距要求时，采取有效措施，可适当缩小净距。

6.6.4 地上调压箱和调压柜的设置应符合下列要求：

1 调压箱(悬挂式)

1) 调压箱的箱底距地坪的高度宜为 1.0～1.2 m，可安装在用气建筑物的外墙壁上或悬挂于专用的支架上；当安装在用气建筑物的外墙上时，调压器进出口管径不宜大于 *DN*50；

2) 调压箱到建筑物的门、窗或其他通向室内的孔槽的水平净距应符合下列规定：
当调压器进口燃气压力不大于 0.4 MPa 时，不应小于 1.5 m；
当调压器进口燃气压力大于 0.4 MPa 时，不应小于 3.0 m；
调压箱不应安装在建筑物的窗下和阳台下的墙上；
不应安装在室内通风机进风口墙上；

3) 安装调压箱的墙体应为永久性的实体墙，其建筑物耐火等级不应低于二级；

4) 调压箱上应有自然通风孔。

2 调压柜(落地式)

1) 调压柜应单独设置在牢固的基础上，柜底距地坪高度宜为 0.30 m；

2) 距其他建筑物、构筑物的水平净距应符合表 6.6.3 的规定；

3) 体积大于 1.5 m^3 的调压柜应有爆炸泄压口，爆炸泄压口不应小于上盖或最大柜壁面积的 50%(以较大者为准)；爆炸泄压口宜设在上盖上；通风口面积可包括在计算爆炸泄压口面积内；

4) 调压柜上应有自然通风口，其设置应符合下列要求：
当燃气相对密度大于 0.75 时，应在柜体上、下各设 1%柜底面积通风口；调压柜四周应设护栏；
当燃气相对密度不大于 0.75 时，可仅在柜体上部设 4%柜底面积通风口；调压柜四周宜设护栏。

3 调压箱(或柜)的安装位置应能满足调压器安全装置的安装要求。

4 调压箱(或柜)的安装位置应使调压箱(或柜)不被碰撞，在开箱(或柜)作业时不影响交通。

6.6.5 地下调压箱的设置应符合下列要求：

1　地下调压箱不宜设置在城镇道路下，距其他建筑物、构筑物的水平净距应符合本规范表 6.6.3 的规定；

2　地下调压箱上应有自然通风口，其设置应符合本规范第 6.6.4 条第 2 款 4）项规定；

3　安装地下调压箱的位置应能满足调压器安全装置的安装要求；

4　地下调压箱设计应方便检修；

5　地下调压箱应有防腐保护。

6.6.6　单独用户的专用调压装置除按本规范第 6.6.2 条和第 6.6.3 条设置外，尚可按下列形式设置，但应符合下列要求：

1　当商业用户调压装置进口压力不大于 0.4 MPa，或工业用户（包括锅炉）调压装置进口压力不大于 0.8 MPa 时，可设置在用气建筑物专用单层毗连建筑物内；

1）　该建筑物与相邻建筑应用无门窗和洞口的防火墙隔开，与其他建筑物、构筑物水平净距应符合本规范表 6.6.3 的规定；

2）　该建筑物耐火等级不应低于二级，并应具有轻型结构屋顶爆炸泄压口及向外开启的门窗；

3）　地面应采用撞击时不会产生火花的材料；

4）　室内通风换气次数每小时不应小于 2 次；

5）　室内电气、照明装置应符合现行的国家标准《爆炸和火灾危险环境电力装置设计规范》GB 50058的“1 区”设计的规定。

2　当调压装置进口压力不大于 0.2 MPa 时，可设置在公共建筑的顶层房间内：

1）　房间应靠建筑外墙，不应布置在人员密集房间的上面或贴邻，并满足本条第 1 款 2）、3）、5）项要求；

2）　房间内应设有连续通风装置，并能保证通风换气次数每小时不小于 3 次；

3）　房间内应设置燃气浓度检测监控仪表及声、光报警装置。该装置应与通风设施和紧急切断阀连锁，并将信号引入该建筑物监控室；

4）　调压装置应设有超压自动切断保护装置；

5）　室外进口管道应设有阀门，并能在地面操作；

6）　调压装置和燃气管道应采用钢管焊接和法兰连接。

3　当调压装置进口压力不大于 0.4 MPa，且调压器进出口管径不大于 *DN*100 时，可设置在用气建筑物的平屋顶上，但应符合下列条件：

1）　应在屋顶承重结构受力允许的条件下，且该建筑物耐火等级不应低于二级；

2）　建筑物应有通向屋顶的楼梯；

3）　调压箱、柜（或露天调压装置）与建筑物烟囱的水平净距不应小于 5 m。

4　当调压装置进口压力不大于 0.4 MPa 时，可设置在生产车间、锅炉房和其他工业生产用气房间内，或当调压装置进口压力不大于 0.8 MPa 时，可设置在独立、单层建筑的生产车间或锅炉房内，但应符合下列条件：

1）　应满足本条第 1 款 2）、4）项要求；

2）　调压器进出口管径不应大于 *DN*80；

3）　调压装置宜设不燃烧体护栏；

4）　调压装置除在室内设进口阀门外，还应在室外引入管上设置阀门。

注：当调压器进出口管径大于 *DN*80 时，应将调压装置设置在用气建筑物的专用单层房间内，其设计应符合本条第 1 款的要求。

6.6.7　调压箱（柜）或调压站的噪声应符合现行国家标准《城市区域环境噪声标准》GB 3096 的规定。

6.6.8　设置调压器场所的环境温度应符合下列要求：

1　当输送干燃气时，无采暖的调压器的环境温度应能保证调压器的活动部件正常工作；

2 当输送湿燃气时，无防冻措施的调压器的环境温度应大于0℃；当输送液化石油气时，其环境温度应大于液化石油气的露点。

6.6.9 调压器的选择应符合下列要求：

1 调压器应能满足进口燃气的最高、最低压力的要求；

2 调压器的压力差，应根据调压器前燃气管道的最低设计压力与调压器后燃气管道的设计压力之差值确定；

3 调压器的计算流量，应按该调压器所承担的管网小时最大输送量的1.2倍确定。

6.6.10 调压站(或调压箱或调压柜)的工艺设计应符合下列要求：

1 连接未成环低压管网的区域调压站和供连续生产使用的用户调压装置宜设置备用调压器，其他情况下的调压器可不设备用。

调压器的燃气进、出口管道之间应设旁通管，用户调压箱(悬挂式)可不设旁通管。

2 高压和次高压燃气调压站室外进、出口管道上必须设置阀门；

中压燃气调压站室外进口管道上，应设置阀门。

3 调压站室外进、出口管道上阀门距调压站的距离：

当为地上单独建筑时，不宜小于10 m，当为毗连建筑物时，不宜小于5 m；

当为调压柜时，不宜小于5 m；

当为露天调压装置时，不宜小于10 m；

当通向调压站的支管阀门距调压站小于100 m时，室外支管阀门与调压站进口阀门可合为一个。

4 在调压器燃气入口处应安装过滤器。

5 在调压器燃气入口(或出口)处，应设防止燃气出口压力过高的安全保护装置(当调压器本身带有安全保护装置时可不设)。

6 调压器的安全保护装置宜选用人工复位型。安全保护(放散或切断)装置必须设定启动压力值并具有足够的能力。启动压力应根据工艺要求确定，当工艺无特殊要求时应符合下列要求：

1) 当调压器出口为低压时，启动压力应使与低压管道直接相连的燃气用具处于安全工作压力以内；

2) 当调压器出口压力小于0.08 MPa时，启动压力不应超过出口工作压力上限的50%；

3) 当调压器出口压力等于或大于0.08 MPa，但不大于0.4 MPa时，启动压力不应超过出口工作压力上限0.04 MPa；

4) 当调压器出口压力大于0.4 MPa时，启动压力不应超过出口工作压力上限的10%。

7 调压站放散管管口应高出其屋檐1.0 m以上。

调压柜的安全放散管管口距地面的高度不应小于4 m；设置在建筑物墙上的调压箱的安全放散管管口应高出该建筑物屋檐1.0 m；

地下调压站和地下调压箱的安全放散管管口也应按地上调压柜安全放散管管口的规定设置。

注：清洗管道吹扫用的放散管、指挥器的放散管与安全水封放散管属于同一工作压力时，允许将它们连接在同一放散管上。

8 调压站内调压器及过滤器前后均应设置指示式压力表，调压器后应设置自动记录式压力仪表。

6.6.11 地上调压站内调压器的布置应符合下列要求：

1 调压器的水平安装高度应便于维护检修；

2 平行布置2台以上调压器时，相邻调压器外缘净距、调压器与墙面之间的净距和室内主要通道的宽度均宜大于0.8 m。

6.6.12 地上调压站的建筑物设计应符合下列要求：

1 建筑物耐火等级不应低于二级；

2 调压室与毗连房间之间应用实体隔墙隔开，其设计应符合下列要求：

1） 隔墙厚度不应小于 24 cm，且应两面抹灰；

2） 隔墙内不得设置烟道和通风设备，调压室的其他墙壁也不得设有烟道；

3） 隔墙有管道通过时，应采用填料密封或将墙洞用混凝土等材料填实；

3 调压室及其他有漏气危险的房间，应采取自然通风措施，换气次数每小时不应小于 2 次；

4 城镇无人值守的燃气调压室电气防爆等级应符合现行国家标准《爆炸和火灾危险环境电力装置设计规范》GB 50058“1 区”设计的规定（见附录图 D-7）；

5 调压室内的地面应采用撞击时不会产生火花的材料；

6 调压室应有泄压措施，并应符合现行国家标准《建筑设计防火规范》GB 50016 的有关规定；

7 调压室的门、窗应向外开启，窗应设防护栏和防护网；

8 重要调压站宜设保护围墙；

9 设于空旷地带的调压站或采用高架遥测天线的调压站应单独设置避雷装置，其接地电阻值应小于 10 Ω。

6.6.13 燃气调压站采暖应根据气象条件、燃气性质、控制测量仪表结构和人员工作的需要等因素确定。当需要采暖时严禁在调压室内用明火采暖，但可采用集中供热或在调压站内设置燃气、电气采暖系统，其设计应符合下列要求：

1 燃气采暖锅炉可设在与调压器室毗连的房间内；

调压器室的门、窗与锅炉室的门、窗不应设置在建筑的同一侧；

2 采暖系统宜采用热水循环式；

采暖锅炉烟囱排烟温度严禁大于 300 ℃；烟囱出口与燃气安全放散管出口的水平距离应大于 5 m；

3 燃气采暖锅炉应有熄火保护装置或设专人值班管理；

4 采用防爆式电气采暖装置时，可对调压器室或单体设备用电加热采暖。电采暖设备的外壳温度不得大于 115 ℃。电采暖设备应与调压设备绝缘。

6.6.14 地下调压站的建筑物设计应符合下列要求：

1 室内净高不应低于 2 m；

2 宜采用混凝土整体浇筑结构；

3 必须采取防水措施；在寒冷地区应采取防寒措施；

4 调压室顶盖上必须设置两个呈对角位置的人孔，孔盖应能防止地表水浸入；

5 室内地面应采用撞击时不产生火花的材料，并应在一侧人孔下的地坪设置集水坑；

6 调压室顶盖应采用混凝土整体浇筑。

6.6.15 当调压站内、外燃气管道为绝缘连接时，调压器及其附属设备必须接地，接地电阻应小于 100 Ω。

6.7 钢质燃气管道和储罐的防腐

6.7.1 钢质燃气管道和储罐必须进行外防腐。其防腐设计应符合国家现行标准《城镇燃气埋地钢质管道腐蚀控制技术规程》CJJ 95 和《钢质管道及储罐腐蚀控制工程设计规范》SY 0007 的有关规定。

6.7.2 地下燃气管道防腐设计，必须考虑土壤电阻率。对高、中压输气干管宜沿燃气管道途经地段选点测定其土壤电阻率。应根据土壤的腐蚀性、管道的重要程度及所经地段的地质、环境条件确定其防腐等级。

6.7.3 地下燃气管道的外防腐涂层的种类，根据工程的具体情况，可选用石油沥青、聚乙烯防腐胶带、环氧煤沥青、聚乙烯防腐层、氯磺化聚乙烯、环氧粉末喷涂等。当选用上述涂层时，应符合国家现行有关标准的规定。

6.7.4 采用涂层保护埋地敷设的钢质燃气干管应同时采用阴极保护。

市区外埋地敷设的燃气干管，当采用阴极保护时，宜采用强制电流方式，并应符合国家现行标准《埋地钢质管道强制电流阴极保护设计规范》SY/T 0036 的有关规定。

市区内埋地敷设的燃气干管，当采用阴极保护时，宜采用牺牲阳极法，并应符合国家现行标准《埋地钢质管道牺牲阳极阴极保护设计规范》SY/T 0019 的有关规定。

6.7.5 地下燃气管道与交流电力线接地体的净距不应小于表 6.7.5 的规定。

表 6.7.5 地下燃气管道与交流电力线接地体的净距(m)

电压等级(kV)	10	35	110	220
铁塔或电杆接地体	1	3	5	10
电站或变电所接地体	5	10	15	30

6.8 监控及数据采集

6.8.1 城市燃气输配系统，宜设置监控及数据采集系统。

6.8.2 监控及数据采集系统应采用电子计算机系统为基础的装备和技术。

6.8.3 监控及数据采集系统应采用分级结构。

6.8.4 监控及数据采集系统应设主站、远端站。主站应设在燃气企业调度服务部门，并宜与城市公用数据库连接。远端站宜设置在区域调压站、专用调压站、管网压力监测点、储配站、门站和气源厂等。

6.8.5 根据监控及数据采集系统拓扑结构设计的需求，在等级系统中可在主站与远端站之间设置通信或其他功能的分级站。

6.8.6 监控及数据采集系统的信息传输介质及方式应根据当地通信系统条件、系统规模和特点、地理环境，经全面的技术经济比较后确定。信息传输宜采用城市公共数据通信网络。

6.8.7 监控及数据采集系统所选用的设备、器件、材料和仪表应选用通用性产品。

6.8.8 监控及数据采集系统的布线和接口设计应符合国家现行有关标准的规定，并具有通用性、兼容性和可扩性。

6.8.9 监控及数据采集系统的硬件和软件应有较高可靠性，并应设置系统自身诊断功能，关键设备应采用冗余技术。

6.8.10 监控及数据采集系统宜配备实时瞬态模拟软件，软件应满足系统进行调度优化、泄漏检测定位、工况预测、存量分析、负荷预测及调度员培训等功能。

6.8.11 监控及数据采集系统远端站应具有数据采集和通信功能，并对需要进行控制或调节的对象点，应有对选定的参数或操作进行控制或调节功能。

6.8.12 主站系统设计应具有良好的人机对话功能，宜满足及时调整参数或处理紧急情况的需要。

6.8.13 远端站数据采集等工作信息的类型和数量应按实际需要予以合理地确定。

6.8.14 设置监控和数据采集设备的建筑应符合现行国家标准《计算站场地技术要求》GB 2887 和《电子计算机机房设计规范》GB 50174 以及《计算机机房用活动地板技术条件》GB 6550 的有关规定。

6.8.15 监控及数据采集系统的主站机房，应设置可靠性较高的不间断电源设备及其备用设备。

6.8.16 远端站的防爆、防护应符合所在地点防爆、防护的相关要求。

7 压缩天然气供应

7.1 一般规定

7.1.1 本章适用于下列工作压力不大于 25.0 MPa(表压)的城镇压缩天然气供应工程设计：

1 压缩天然气加气站；

2 压缩天然气储配站；

3 压缩天然气瓶组供气站。

7.1.2 **压缩天然气的质量应符合现行国家标准《车用压缩天然气》GB 18047的规定。**

7.1.3 压缩天然气可采用汽车载运气瓶组或气瓶车运输，也可采用船载运输。

7.2 压缩天然气加气站

7.2.1 压缩天然气加气站站址选择应符合下列要求：

1 压缩天然气加气站宜靠近气源，并应具有适宜的交通、供电、给水排水、通信及工程地质条件；

2 在城镇区域内建设的压缩天然气加气站站址应符合城镇总体规划的要求。

7.2.2 **压缩天然气加气站与天然气储配站合建时，站内的天然气储罐与气瓶车固定车位的防火间距不应小于表7.2.2的规定。**

表7.2.2 天然气储罐与气瓶车固定车位的防火间距(m)

储罐总容积(m^3)		≤50 000	>50 000
气瓶车固定车位最大储气容积(m^3)	≤10 000	12.0	15.0
	>10 000～≤30 000	15.0	20.0

注：1 储罐总容积按本规范表6.5.3注3计算；

2 气瓶车在固定车位最大储气总容积(m^3)为在固定车位储气的各气瓶车总几何容积(m^3)与其最高储气压力(绝对压力直10^2 kPa)乘积之和，并除以压缩因子；

3 天然气储罐与气瓶车固定车位的防火间距，除符合本表规定外，还不应小于较大罐直径。

7.2.3 压缩天然气加气站与天然气储配站的合建站，当天然气储罐区设置检修用集中放散装置时，集中放散装置的放散管与站内、外建、构筑物的防火间距不应小于本规范第6.5.12条的规定。集中放散装置的放散管与气瓶车固定车位的防火间距不应小于20 m。

7.2.4 **气瓶车固定车位与站外建、构筑物的防火间距不应小于表7.2.4的规定。**

表7.2.4 气瓶车固定车位与站外建、构筑物的防火间距(m)

项目 \ 气瓶车在固定车位最大储气总容积(m^3)			>4 500～≤10 000	>10 000～≤30 000
明火、散发火花地点，室外变、配电站			25.0	30.0
重要公共建筑			50.0	60.0
民用建筑			25.0	30.0
甲、乙、丙类液体储罐，易燃材料堆场，甲类物品库房			25.0	30.0
其他建筑	耐火等级	一、二级	15.0	20.0
		三级	20.0	25.0
		四级	25.0	30.0
铁路(中心线)			40.0	
公路、道路(路边)	高速，Ⅰ、Ⅱ级，城市快速		20.0	
	其他		15.0	
架空电力线(中心线)			1.5倍杆高	
架空通信线(中心线)	Ⅰ、Ⅱ级		20.0	
	其他		1.5倍杆高	

注：1 气瓶车在固定车位最大储气总容积按本规范表7.2.2注2计算；

2 气瓶车在固定车位储气总几何容积不大于18 m^3，且最大储气总容积不大于4 500 m^3时，应符合现行国家标准《汽车加油加气站设计与施工规范》GB 50156 的规定。

7.2.5 气瓶车固定车位与站内建、构筑物的防火间距不应小于表 7.2.5 的规定。

表 7.2.5 气瓶车固定车位于站内建、构筑物的防火间距(m)

名称 \ 气瓶车在固定车位最大储气总容积(m^3)		>4 500～≤10 000	>10 000～≤30 000
明火、散发火花地点		25.0	30.0
压缩机室、调压室、计量室		10.0	12.0
变、配电室、仪表室、燃气热水炉室、值班室、门卫		15.0	20.0
办公、生活建筑		20.0	25.0
消防泵房、消防水池取水口		20.0	
站内道路(路边)	主要	10.0	
	次要	5.0	
围墙		6.0	10.0

注：1 气瓶车在固定车位最大储气总容积按本规范表 7.2.2 注 2 计算。

2 变、配电室、仪表室、燃气热水炉室、值班室、门卫等用房的建筑耐火等级不应低于现行国家标准《建筑设计防火规范》GB 50016 中"二级"规定。

3 露天的燃气工艺装置与气瓶车固定车位的间距可按工艺要求确定。

4 气瓶车在固定车位储气总几何容积不大于 18 m^3，且最大储气总容积不大于 4 500 m^3 时，应符合现行国家标准《汽车加油加气站设计与施工规范》GB 50156 的规定。

7.2.6 站内应设置气瓶车固定车位，每个气瓶车的固定车位宽度不应小于 4.5 m，长度宜为气瓶车长度，在固定车位场地上应标有各车位明显的边界线，每台车位宜对应 1 个加气嘴，在固定车位前应留有足够的回车场地。

7.2.7 气瓶车应停靠在固定车位处，并应采取固定措施，在充气作业中严禁移动。

7.2.8 气瓶车在固定车位最大储气总容积不应大于 30 000 m^3。

7.2.9 加气柱宜设在固定车位附近，距固定车位 2～3 m。加气柱距站内天然气储罐不应小于 12 m，距围墙不应小于 6 m，距压缩机室、调压室、计量室不应小于 6 m，距燃气热水炉室不应小于 12 m。

7.2.10 压缩天然气加气站的设计规模应根据用户的需求量与天然气气源的稳定供气能力确定。

7.2.11 当进站天然气硫化氢含量超过本规范第 7.1.2 条的规定时，应进行脱硫。当进站天然气水量超过本规范第 7.1.2 条规定时，应进行脱水。

天然气脱硫和脱水装置设计应符合现行国家标准《汽车加油加气站设计与施工规范》GB 50156 的有关规定。

7.2.12 进入压缩机的天然气含尘量不应大于 5 mg/m^3，微尘直径应小于 10 μm；当天然气含尘量和微尘直径超过规定值时，应进行除尘净化。进入压缩机的天然气质量还应符合选用的压缩机的有关要求。

7.2.13 在压缩机前应设置缓冲罐，天然气在缓冲罐内停留的时间不宜小于 10 s。

7.2.14 压缩天然气加气站总平面应分区布置，即分为生产区和辅助区。压缩天然气加气站宜设 2 个对外出入口。

7.2.15 进压缩天然气加气站的天然气管道上应设切断阀；当气源为城市高、中压输配管道时，还应在切断阀后设安全阀。切断阀和安全阀应符合下列要求：

1 切断阀应设置在事故情况下便于操作的安全地点；

2 安全阀应为全启封闭式弹簧安全阀，其开启压力应为站外天然气输配管道最高工作压力；

3 安全阀采用集中放散时，应符合本规范第 6.5.12 条第 6 款的规定。

7.2.16 压缩天然气系统的设计压力应根据工艺条件确定，且不应小于该系统最高工作压力的1.1倍。

向压缩天然气储配站和压缩天然气瓶组供气站运送压缩天然气的气瓶车和气瓶组，在充装温度为20℃时，充装压力不应大于20.0 MPa(表压)。

7.2.17 天然气压缩机应根据进站天然气压力、脱水工艺及设计规模进行选型，型号宜选择一致，并应有备用机组。压缩机排气压力不应大于25.0 MPa(表压)；多台并联运行的压缩机单台排气量，应按公称容积流量的80%～85%进行计算。

7.2.18 压缩机动力宜选用电动机，也可选用天然气发动机。

7.2.19 天然气压缩机应根据环境和气候条件露天设置或设置于单层建筑物内，也可采用橇装设备。压缩机宜单排布置，压缩机室主要通道宽度不宜小于1.5 m。

7.2.20 压缩机前总管中天然气流速不宜大于15 m/s。

7.2.21 压缩机进口管道上应设置手动和电动(或气动)控制阀门。压缩机出口管道上应设置安全阀、止回阀和手动切断阀。出口安全阀的泄放能力不应小于压缩机的安全泄放量；安全阀放散管管口应高出建筑物2 m以上，且距地面不应小于5 m。

7.2.22 从压缩机轴承等处泄漏的天然气，应汇总后由管道引至室外放散，放散管管口的设置应符合本规范第7.2.21条的规定。

7.2.23 压缩机组的运行管理宜采用计算机控制装置。

7.2.24 压缩机应设有自动和手动停车装置，各级排气温度大于限定值时，应报警并人工停车。在发生下列情况之一时，应报警并自动停车：

1 各级吸、排气压力不符合规定值；

2 冷却水(或风冷鼓风机)压力和温度不符合规定值；

3 润滑油压力、温度和油箱液位不符合规定值；

4 压缩机电机过载。

7.2.25 压缩机卸载排气宜通过缓冲罐回收，并引入进站天然气管道内。

7.2.26 从压缩机排出的冷凝液处理应符合如下规定：

1 严禁直接排入下水道。

2 采用压缩机前脱水工艺时，应在每台压缩机前排出冷凝液的管路上设置压力平衡阀和止回阀。冷凝液汇入总管后，应引至室外储罐，储罐的设计压力应为冷凝系统最高工作压力的1.2倍。

3 采用压缩机后脱水或中段脱水工艺时，应设置在压缩机运行中能自动排出冷凝液的设施。冷凝液汇总后应引至室外密闭水封塔，释放气放散管管口的设置应符合本规范第7.2.21条的规定；塔底冷凝水应集中处理。

7.2.27 从冷却器、分离器等排出的冷凝液，应按本章第7.2.26条第3款的要求处理。

7.2.28 压缩天然气加气站检测和控制调节装置宜按表7.2.28规定设置。

表7.2.28 压缩天然气加气站检测和控制调节装置

参数名称		现场显示	控制室		
			显示	记录或累计	报警连锁
天然气进站压力		+	+	+	—
天然气进站流量		—	+	+	—
压缩机室	调压器出口压力	+	+	+	—
	过滤器出口压力	+	+	+	—
	压缩机吸气总管压力	—	+	—	—
	压缩机排气总管压力	+	+	—	—

表 7.2.28（续）

参数名称		现场显示	控制室		
			显示	记录或累计	报警连锁
压缩机室	冷却水：供水压力	+	+	+	—
	供水温度	+	+	+	+
	回水温度	+	+	+	+
	润滑油：供油压力	+	+	+	—
	供油温度	+	+	—	—
	回油温度	+	+	—	—
	供电：电压	+	+	—	—
	电流	—	+	—	—
	功率因数	—	+	—	—
	功率	—	+	—	—
压缩机组	压缩机各级：吸气、排气压力	+	+	—	+
	排气温度	+	+	—	+（手动）
	冷却水：供水压力	+	+	—	+
	供水温度	+	+	—	+
	回水温度	+	+	—	+
	润滑油：供油压力	+	+	—	+
	供油温度	+	+	—	—
	回油温度	+	+	—	+
脱水装置	出口总管压力	+	+	+	—
	加热用气：压力	+	+	—	+
	温度	—	—	+	—
	排气温度	+	+	—	—

注：表中“+”表示应设置。

7.2.29　压缩天然气加气站天然气系统的设计，应符合本规范第 6.5 节的有关规定。

7.3　压缩天然气储配站

7.3.1　压缩天然气储配站站址选择应符合下列要求：

1　符合城镇总体规划的要求；

2　应具有适宜的地形、工程地质、交通、供电、给水排水及通信条件；

3　少占农田、节约用地并注意与城市景观协调。

7.3.2　压缩天然气储配站的设计规模应根据城镇各类天然气用户的总用气量和供应本站的压缩天然气加气站供气能力及气瓶车运输条件等确定。

7.3.3　压缩天然气储配站的天然气总储气量应根据气源、运输和气候等条件确定，但不应小于本站计算月平均日供气量的1.5倍。

压缩天然气储配站的天然气总储气量包括停靠在站内固定车位的压缩天然气气瓶车的总储气量。当储配站天然气总储气量大于30 000 m^3时,除采用气瓶车储气外应建天然气储罐等其他储气设施。

注:有补充或替代气源时,可按工艺条件确定。

7.3.4 压缩天然气储配站内天然气储罐与站外建、构筑物的防火间距应符合现行国家标准《建筑设计防火规范》GB 50016的规定。站内露天天然气工艺装置与站外建、构筑物的防火间距按甲类生产厂房与厂外建、构筑物的防火间距执行。

7.3.5 压缩天然气储配站内天然气储罐与站内建、构筑物的防火间距应符合本规范第6.5.3条的规定。

7.3.6 天然气储罐或罐区之间的防火间距应符合本规范第6.5.4条的规定。

7.3.7 当天然气储罐区设置检修用集中放散装置时,集中放散装置的放散管与站内、外建、构筑物的防火间距应符合本规范第7.2.3条的规定。

7.3.8 气瓶车固定车位与站外建、构筑物的防火间距应符合本规范第7.2.4条的规定。

7.3.9 气瓶车固定车位与站内建、构筑物的防火间距应符合本规范第7.2.5条的规定。

7.3.10 气瓶车固定车位的设置和气瓶车的停靠应符合本规范第7.2.6条和第7.2.7条的规定。卸气柱的设置应符合本规范第7.2.9条有关加气柱的规定。

7.3.11 压缩天然气储配站总平面应分区布置,即分为生产区和辅助区。压缩天然气储配站宜设2个对外出入口。

7.3.12 当压缩天然气储配站与液化石油气混气站合建时,站内天然气储罐及固定车位与液化石油气储罐的防火间距应符合现行国家标准《建筑设计防火规范》GB 50016的规定。

7.3.13 压缩天然气系统的设计压力应符合本章第7.2.16条的规定。

7.3.14 压缩天然气应根据工艺要求分级调压,并应符合下列要求:

1 在一级调压器进口管道上应设置快速切断阀。

2 调压系统应根据工艺要求设置自动切断和安全放散装置。

3 在压缩天然气调压过程中,应根据工艺条件确定对调压器前压缩天然气进行加热,加热量应能保证设备、管道及附件正常运行。加热介质管道或设备应设超压泄放装置。

4 在一级调压器进口管道上宜设置过滤器。

5 各级调压器系统安全阀的安全放散管宜汇总至集中放散管,集中放散管管口的设置应符合本规范第7.2.21条的规定。

7.3.15 通过城市天然气输配管道向各类用户供应的天然气无臭味或臭味不足时,应在压缩天然气储配站内进行加臭,加臭量应符合本规范第3.2.3条的规定。

7.3.16 压缩天然气储配站的天然气系统,应符合本规范第6.5节的有关规定。

7.4 压缩天然气瓶组供气站

7.4.1 瓶组供气站的规模应符合下列要求:

1 气瓶组最大储气总容积不应大于1 000 m^3,气瓶组总几何容积不应大于4 m^3。

2 气瓶组储气总容积应按1.5倍计算月平均日供气量确定。

注:气瓶组最大储气总容积为各气瓶组总几何容积(m^3)与其最高储气压力(绝对压力10^2 kPa)乘积之和,并除以压缩因子。

7.4.2 压缩天然气瓶组供气站宜设置在供气小区边缘,供气规模不宜大于1 000户。

7.4.3 气瓶组应在站内固定地点设置。气瓶组及天然气放散管管口、调压装置至明火散发火花的地点和建、构筑物的防火间距不应小于表7.4.3的规定。

表 7.4.3 气瓶组及天然气放散管管口、调压装置至明火散发火花的地点和建、构筑物的防火间距(m)

项目 \ 名称		气瓶组	天然气放散管管口	调压装置
明火、散发火花地点		25	25	25
民用建筑、燃气热水炉间		18	18	12
重要公共建筑、一类高层民用建筑		30	30	24
道路(路边)	主要	10	10	10
	次要	5	5	5

注:本表以外的其他建、构筑物的防火间距应符合国家现行标准《汽车用燃气加气站技术规范》CJJ 84 中天然气加气站三级站的规定。

7.4.4 气瓶组可与调压计量装置设置在一起。

7.4.5 气瓶组的气瓶应符合国家有关现行标准的规定。

7.4.6 气瓶组供气站的调压应符合本规范第 7.3 节的规定。

7.5 管道及附件

7.5.1 压缩天然气管道应采用高压无缝钢管,其技术性能应符合现行国家标准《高压锅炉用无缝钢管》GB 5310、流体输送用《不锈钢无缝钢管》GB/T 14976 或《化肥设备用高压无缝钢管》GB 6479 的规定。

7.5.2 钢管外径大于 28 mm 时压缩天然气管道宜采用焊接连接,管道与设备、阀门的连接宜采用法兰连接;小于或等于 28 mm 的压缩天然气管道及其与设备、阀门的连接可采用双卡套接头、法兰或锥管螺纹连接。双卡套接头应符合现行国家标准《卡套管接头技术条件》GB 3765 的规定。管接头的复合密封材料和垫片应适应天然气的要求。

7.5.3 压缩天然气系统的管道、管件、设备与阀门的设计压力或压力级别不应小于系统的设计压力,其材质应与天然气介质相适应。

7.5.4 压缩天然气加气柱和卸气柱的加气、卸气软管应采用耐天然气腐蚀的气体承压软管;软管的长度不应大于 6.0 m,有效作用半径不应小于 2.5 m。

7.5.5 室外压缩天然气管道宜采用埋地敷设,其管顶距地面的埋深不应小于 0.6 m,冰冻地区应敷设在冰冻线以下。当管道采用支架敷设时,应符合本规范第 6.3.15 条的规定。埋地管道防腐设计应符合本规范第 6.7 节的规定。

7.5.6 室内压缩天然气管道宜采用管沟敷设。管底与管沟底的净距不应小于 0.2 m。管沟应用干砂填充,并应设活动门与通风口。室外管沟盖板应按通行重载汽车负荷设计。

7.5.7 站内天然气管道的设计,应符合本规范第 6.5.13 条的有关规定。

7.6 建筑物和生产辅助设施

7.6.1 压缩天然气加气站、压缩天然气储配站和压缩天然气瓶组供气站的生产厂房及其他附属建筑物的耐火等级不应低于二级。

7.6.2 在地震烈度为 7 度或 7 度以上地区建设的压缩天然气加气站、压缩天然气储配站和压缩天然气瓶组供气站的建、构筑物抗震设计,应符合现行国家标准《构筑物抗震设计规范》GB 50191 和《建筑物抗震设计规范》GB 50011 的有关规定。

7.6.3 站内具有爆炸危险的封闭式建筑应采取良好的通风措施;在非采暖地区宜采用敞开式或半敞开

式建筑。

7.6.4 压缩天然气加气站、压缩天然气储配站在同一时间内的火灾次数应按一次考虑，消防用水量按储罐区及气瓶车固定车位（总储气容积按储瞄区储气总容积与气瓶车在固定车位最大储气容积之和计算）的一次消防用水量确定。

7.6.5 压缩天然气加气站、压缩天然气储配站内的消防设施设计应符合现行国家标准《建筑设计防火规范》GB 50016 的规定，并应符合本规范第 6.5.19 条第 1、2、3、6 款的要求。

7.6.6 压缩天然气加气站、压缩天然气储配站的废油水、洗罐水等应回收集中处理。

7.6.7 压缩天然气加气站的供电系统设计应符合现行国家标准《供配电系统设计规范》GB 50052“三级负荷”的规定。但站内消防水泵用电应为“二级负荷”。

7.6.8 压缩天然气储配站的供电系统设计应符合现行国家标准《供配电系统设计规范》GB 50052“二级负荷”的规定。

7.6.9 压缩天然气加气站、压缩天然气储配站和压缩天然气瓶组供气站站内爆炸危险场所和生产用房的电气防爆、防雷和静电接地设计及站边界的噪声控制应符合本规范第 6.5.21 条至第 6.5.24 条的规定。

7.6.10 压缩天然气加气站、压缩天然气储配站和压缩天然气瓶组供气站应设置燃气浓度检测报警系统。

燃气浓度检测报警器的报警浓度应取天然气爆炸下限的 20%（体积分数）。

燃气浓度检测报警器及其报警装置的选用和安装，应符合国家现行标准《石油化工企业可燃气体和有毒气体检测报警设计规范》SH 3063 的规定。

8 液化石油气供应

8.1 一般规定

8.1.1 本章适用于下列液化石油气供应工程设计：

1 液态液化石油气运输工程；

2 液化石油气供应基地（包括：储存站、储配站和灌装站）；

3 液化石油气气化站、混气站、瓶组气化站；

4 瓶装液化石油气供应站；

5 液化石油气用户。

8.1.2 本章不适用于下列液化石油气工程和装置设计：

1 炼油厂、石油化工厂、油气田、天然气气体处理装置的液化石油气加工、储存、灌装和运输工程；

2 液化石油气全冷冻式储存、灌装和运输工程（液化石油气供应基地的全冷冻式储罐与基地外建、构筑物的防火间距除外）；

3 海洋和内河的液化石油气运输；

4 轮船、铁路车辆和汽车上使用的液化石油气装置。

8.2 液态液化石油气运输

8.2.1 液态液化石油气由生产厂或供应基地至接收站可采用管道、铁路槽车、汽车槽车或槽船运输。运输方式的选择应经技术经济比较后确定。条件接近时，宜优先采用管道输送。

8.2.2 液态液化石油气输送管道应按设计压力（*P*）分为 3 级，并应符合表 8.2.2 的规定。

8.2.3 输送液态液化石油气管道的设计压力应高于管道系统起点的最高工作压力。管道系统起点最高工作压力可按下式计算：

表 8.2.2　液态液化石油气输送管道设计压力(表压)分级

管道级别	设计压力(MPa)
Ⅰ级	$P>4.0$
Ⅱ级	$1.6<P\leqslant 4.0$
Ⅲ级	$P\leqslant 1.6$

$$P_q = H + P_s \quad (8.2.3)$$

式中　P_q——管道系统起点最高工作压力(MPa);

H——所需泵的扬程(MPa);

P_s——始端储罐最高工作温度下的液化石油气饱和蒸气压力(MPa)。

8.2.4　液态液化石油气采用管道输送时,泵的扬程应大于公式(8.2.4)的计算值。

$$H_j = \Delta P_Z + \Delta P_Y + \Delta H \quad (8.2.4)$$

式中　H_j——泵的计算扬程(MPa);

ΔP_Z——管道总阻力损失,可取 1.05～1.10 倍管道摩擦阻力损失(MPa);

ΔP_Y——管道终点进罐余压,可取 0.2～0.3(MPa);

ΔH——管道终、起点高程差引起的附加压力(MPa)。

注:液态液化石油气在管道输送过程中,沿途任何一点的压力都必须高于其输送温度下的饱和蒸气压力。

8.2.5　液态液化石油气管道摩擦阻力损失,应按下式计算:

$$\Delta P = 10^{-6}\lambda \frac{Lu^2\rho}{2d} \quad (8.2.5)$$

式中　ΔP——管道摩擦阻力损失(MPa);

L——管道计算长度(m);

u——液态液化石油气在管道中的平均流速(m/s);

d——管道内径(m);

ρ——平均输送温度下的液态液化石油气密度(kg/m^3);

λ——管道的摩擦阻力系数,宜按本规范第 6.2.6 条中公式(6.2.6-2)计算。

注:平均输送温度可取管道中心埋深处,最冷月的平均地温。

8.2.6　液态液化石油气在管道内的平均流速,应经技术经济比较后确定,可取 0.8～1.4 m/s,最大不应超过 3 m/s。

8.2.7　液态液化石油气输送管线不得穿越居住区、村镇和公共建筑群等人员集聚的地区。

8.2.8　液态液化石油气管道宜采用埋地敷设,其埋设深度应在土壤冰冻线以下,且应符合本规范第 6.3.4条的有关规定。

8.2.9　地下液态液化石油气管道与建、构筑物或相邻管道之间的水平净距和垂直净距不应小于表 8.2.9-1和表 8.2.9-2 的规定。

表 8.2.9-1　地下液态液化石油气管道与建、构筑物或相邻管道之间的水平净距(m)

项　目 ＼ 管道级别	Ⅰ级	Ⅱ级	Ⅲ级
特殊建、构筑物(军事设施、易燃易爆物品仓库、国家重点文物保护单位、飞机场、火车站和码头等)	100		
居民区、村镇、重要公共建筑	50	40	25
一般建、构筑物	25	15	10

表 8.2.9-1（续）

项目 \ 管道级别		Ⅰ级	Ⅱ级	Ⅲ级
给水管		1.5	1.5	1.5
污水、雨水排水管		2	2	2
热力管	直埋	2	2	2
	在管沟内（至外壁）	4	4	4
其他燃料管道		2	2	2
埋地电缆	电力线（中心线）	2	2	2
	通信线（中心线）	2	2	2
电杆（塔）的基础	≤35 kV	2	2	2
	>35 kV	5	5	5
通信照明电杆（至电杆中心）		2	2	2
公路、道路（路边）	高速，Ⅰ、Ⅱ级，城市快速	10	10	10
	其他	5	5	5
铁路（中心线）	国家线	25	25	25
	企业专用线	10	10	10
树木（至树中心）		2	2	2

注：1 当因客观条件达不到本表规定时，可按本规范第 6.4 节的有关规定降低管道强度设计系数，增加管道壁厚和采取有效的安全保护措施后，水平净距可适当减小；

2 特殊建、构筑物的水平净距应从其划定的边界线算起；

3 当地下液态液化石油气管道或相邻地下管道中的防腐采用外加电流阴极保护时，两相邻地下管道（缆线）之间的水平净距尚应符合国家现行标准《钢质管道及储罐腐蚀控制工程设计规范》SY 0007 的有关规定。

表 8.2.9-2 地下液态液化石油气管道与构筑物或地下管道之间的垂直净距（m）

项目		地下液态液化石油气管道（当有套管时，以套管计）
给水管，污水、雨水排水管（沟）		0.20
热力管、热力管的管沟底（或顶）		0.20
其他燃料管道		0.20
通信线、电力线	直埋	0.50
	在导管内	0.25
铁路（轨底）		1.20
有轨电车（轨底）		1.00
公路、道路（路面）		0.90

注：1 地下液化石油气管道与排水管（沟）或其他有沟的管道交叉时，交叉处应加套管；

2 地下液化石油气管道与铁路、高速公路、Ⅰ级或Ⅱ级公路交叉时，尚应符合本规范第 6.3.9 条的有关规定。

8.2.10 液态液化石油气输送管道通过的地区，应按其沿线建筑密集程度划分为 4 个地区等级，地区等级的划分和管道强度设计系数选取、管道及其附件的设计应符合本规范第 6.4 节的有关规定。

8.2.11 在下列地点液态液化石油气输送管道应设置阀门：

1 起、终点和分支点；

2 穿越铁路国家线、高速公路、Ⅰ级或Ⅱ级公路、城市快速路和大型河流两侧；

3 管道沿线每隔约5 000 m处。

注：管道分段阀门之间应设置放散阀，其放散管管口距地面不应小于2.5 m。

8.2.12 液态液化石油气管道上的阀门不宜设置在地下阀门井内。如确需设置，井内应填满干砂。

8.2.13 液态液化石油气输送管道采用地上敷设时，除应符合本节管道埋地敷设的有关规定外，尚应采取有效的安全措施。地上管道两端应设置阀门。两阀门之间应设置管道安全阀，其放散管管口距地面不应小于2.5 m。

8.2.14 地下液态液化石油气管道的防腐应符合本规范第6.7节的有关规定。

8.2.15 液态液化石油气输送管线沿途应设置里程桩、转角桩、交叉桩和警示牌等永久性标志。

8.2.16 液化石油气铁路槽车和汽车槽车应符合国家现行标准《液化气体铁路槽车技术条件》GB 10478和《液化石油气汽车槽车技术条件》HG/T 3143的规定。

8.3 液化石油气供应基地

8.3.1 液化石油气供应基地按其功能可分为储存站、储配站和灌装站。

8.3.2 液化石油气供应基地的规模应以城镇燃气专业规划为依据，按其供应用户类别、户数和用气量指标等因素确定。

8.3.3 液化石油气供应基地的储罐设计总容量宜根据其规模、气源情况、运输方式和运距等因素确定。

8.3.4 液化石油气供应基地储罐设计总容量超过3 000 m³时，宜将储罐分别设置在储存站和灌装站。灌装站的储罐设计容量宜取1周左右的计算月平均日供应量，其余为储存站的储罐设计容量。

储罐设计总容量小于3 000 m³时，可将储罐全部设置在储配站。

8.3.5 液化石油气供应基地的布局应符合城市总体规划的要求，且应远离城市居住区、村镇、学校、影剧院、体育馆等人员集聚的场所。

8.3.6 液化石油气供应基地的站址宜选择在所在地区全年最小频率风向的上风侧，且应是地势平坦、开阔、不易积存液化石油气的地段。同时，应避开地震带、地基沉陷和废弃矿井等地段。

8.3.7 液化石油气供应基地的全压力式储罐与基地外建、构筑物、堆场的防火间距不应小于表8.3.7的规定。

半冷冻式储罐与基地外建、构筑物的防火间距可按表8.3.7的规定执行。

表8.3.7 液化石油气供应基地的全压力式储罐与基地外建、构筑物、堆场的防火间距(m)

项目 \ 总容积(m³)	≤50	>50~≤200	>200~≤500	>500~≤1 000	>1 000~≤2 500	>2 500~≤5 000	>5 000
单罐容积(m³)	≤20	≤50	≤100	≤200	≤400	≤1 000	—
居住区、村镇和学校、影剧院、体育馆等重要公共建筑(最外侧建、构筑物外墙)	45	50	70	90	110	130	150
工业企业(最外侧建、构筑物外墙)	27	30	35	40	50	60	75
明火、散发火花地点和室外变、配电站	45	50	55	60	70	80	120
民用建筑，甲、乙类液体储罐，甲、乙类生产厂房，甲、乙类物品仓库，稻草等易燃材料堆场	40	45	50	55	65	75	100

表 8.3.7（续）

项目			总容积（m³）≤50	>50～≤200	>200～≤500	>500～≤1 000	>1 000～≤2 500	>2 500～≤5 000	>5 000
		单罐容积（m³）	≤20	≤50	≤100	≤200	≤400	≤1 000	—
丙类液体储罐，可燃气体储罐，丙、丁类生产厂房，丙、丁类物品仓库			32	35	40	45	55	65	80
助燃气体储罐、木材等可燃材料堆场			27	30	35	40	50	60	75
其他建筑	耐火等级	一、二级	18	20	22	25	30	40	50
		三级	22	25	27	30	40	50	60
		四级	27	30	35	40	50	60	75
铁路（中心线）	国家线		60	70		80		100	
	企业专用线		25	30		35		40	
公路、道路（路边）	高速，Ⅰ、Ⅱ级，城市快速		20	25				30	
	其他		15	20				25	
架空电力线（中心线）			1.5 倍杆高				1.5 倍杆高，但 35 kV 以上架空电力线不应小于 40		
架空通信线（中心线）	Ⅰ、Ⅱ级		30		40				
	其他		1.5 倍杆高						

注：1 防火间距应按本表储罐总容积或单罐容积较大者确定，间距的计算应以储罐外壁为准；

2 居住区、村镇系指 1 000 人或 300 户以上者，以下者按本表民用建筑执行；

3 当地下储罐单罐容积小于或等于 50 m³，且总容积小于或等于 400 m³ 时，其防火间距可按本表减少 50%；

4 与本表规定以外的其他建、构筑物的防火间距，应按现行国家标准《建筑设计防火规范》GB 50016 执行。

8.3.8 液化石油气供应基地的全冷冻式储罐与基地外建、构筑物、堆场的防火间距不应小于表 8.3.8 的规定。

表 8.3.8 液化石油气供应基地的全冷冻式储罐与基地外建、构筑物、堆场的防火间距（m）

项　目	间　距
明火、散发火花地点和室外变配电站	120
居住区、村镇和学校、影剧院、体育场等重要公共建筑（最外侧建、构筑物外墙）	150
工业企业（最外侧建、构筑物外墙）	75
甲、乙类液体储罐，甲、乙类生产厂房，甲、乙类物品仓库，稻草等易燃材料堆场	100
丙类液体储罐，可燃气体储罐，丙、丁类生产厂房，丙、丁类物品仓库	80
助燃气体储罐、可燃材料堆场	75
民用建筑	100

表 8.3.8（续）

项　目			间　距
其他建筑	耐火等级	一、二级	50
		三级	60
		四级	75
铁路（中心线）		国家线	100
		企业专用线	40
公路、道路（路边）		高速，Ⅰ、Ⅱ级，城市快速	30
		其他	25
架空电力线（中心线）			1.5 倍杆高，但 35 kV 以上架空电力线应大于 40
架空通信线（中心线）		Ⅰ、Ⅱ级	40
		其他	1.5 倍杆高

注：1　本表所指的储罐为单罐容积大于 5 000 m^3，且设有防液堤的全冷冻式液化石油气储罐。当单罐容积等于或小于 5 000 m^3 时，其防火间距可按本规范表 8.3.7 条中总容积相对应的全压力式液化石油气储罐的规定执行；

2　居住区、村镇系指 1 000 人或 300 户以上者，以下者按本表民用建筑执行；

3　与本表规定以外的其他建、构筑物的防火间距，应按现行国家标准《建筑设计防火规范》GB 50016 执行；

4　间距的计算应以储罐外壁为准。

8.3.9　液化石油气供应基地的储罐与基地内建、构筑物的防火间距应符合下列规定：

1　全压力式储罐的防火间距不应小于表 8.3.9 的规定；

2　半冷冻式储罐的防火间距可按表 8.3.9 的规定执行；

3　全冷冻式储罐与基地内道路和围墙的防火间距可按表 8.3.9 的规定执行。

表 8.3.9　液化石油气供应基地的全压力式储罐与基地内建、构筑物的防火间距（m）

<table>
<tr><td>总容积（m^3）</td><td>≤50</td><td>>50～≤200</td><td>>200～≤500</td><td>>500～≤1 000</td><td>>1 000～≤2 500</td><td>>2 500～≤5 000</td><td>>5 000</td></tr>
<tr><td>单罐容积（m^3）
项　目</td><td>≤20</td><td>≤50</td><td>≤100</td><td>≤200</td><td>≤400</td><td>≤1 000</td><td>—</td></tr>
<tr><td>明火、散发火花地点</td><td>45</td><td>50</td><td>55</td><td>60</td><td>70</td><td>80</td><td>120</td></tr>
<tr><td>办公、生活建筑</td><td>25</td><td>30</td><td>35</td><td>40</td><td>50</td><td>60</td><td>75</td></tr>
<tr><td>灌瓶间、瓶库、压缩机室、仪表间、值班室</td><td>18</td><td>20</td><td>22</td><td>25</td><td>30</td><td>35</td><td>40</td></tr>
<tr><td>汽车槽车库、汽车槽车装卸台柱（装卸口）、汽车衡及其计量室、门卫</td><td>18</td><td>20</td><td>22</td><td>25</td><td colspan="2">30</td><td>40</td></tr>
<tr><td>铁路槽车装卸线（中心线）</td><td colspan="2">—</td><td colspan="4">20</td><td>30</td></tr>
<tr><td>空压机室、变配电室、柴油发电机房、新瓶库、真空泵房、库房</td><td>18</td><td>20</td><td>22</td><td>25</td><td>30</td><td>35</td><td>40</td></tr>
<tr><td>汽车库、机修间</td><td>25</td><td>30</td><td colspan="2">35</td><td colspan="2">40</td><td>50</td></tr>
<tr><td>消防泵房、消防水池（罐）取水口</td><td colspan="4">40</td><td colspan="2">50</td><td>60</td></tr>
</table>

表 8.3.9（续）

项目		总容积(m^3) ≤50	>50～≤200	>200～≤500	>500～≤1 000	>1 000～≤2 500	>2 500～≤5 000	>5 000
		单罐容积(m^3) ≤20	≤50	≤100	≤200	≤400	≤1 000	—
站内道路（路边）	主要	10	15					20
	次要	5	10					15
围墙		15	20					25

注：1 防火间距应按本表总容积或单罐容积较大者确定；间距的计算应以储罐外壁为准；
2 地下储罐单罐容积小于或等于 50 m^3，且总容积小于或等于 400 m^3 时，其防火间距可按本表减少 50%；
3 与本表规定以外的其他建、构筑物的防火间距应按现行国家标准《建筑设计防火规范》GB 50016 执行。

8.3.10 全冷冻式液化石油气储罐与全压力式液化石油气储罐不得设置在同一罐区内，两类储罐之间的防火间距不应小于相邻较大储罐的直径，且不应小于 35 m。

8.3.11 液化石油气供应基地总平面必须分区布置，即分为生产区（包括储罐区和灌装区）和辅助区；

生产区宜布置在站区全年最小频率风向的上风侧或上侧风侧；

灌瓶间的气瓶装卸平台前应有较宽敞的汽车回车场地。

8.3.12 液化石油气供应基地的生产区应设置高度不低于 2 m 的不燃烧体实体围墙。辅助区可设置不燃烧体非实体围墙。

8.3.13 液化石油气供应基地的生产区应设置环形消防车道。消防车道宽度不应小于 4 m。当储罐总容积小于 500 m^3 时，可设置尽头式消防车道和面积不应小于 12 m×12 m 的回车场。

8.3.14 液化石油气供应基地的生产区和辅助区至少应各设置 1 个对外出入口。当液化石油气储罐总容积超过 1 000 m^3 时，生产区应设置 2 个对外出入口，其间距不应小于 50 m。

对外出入口宽度不应小于 4 m。

8.3.15 液化石油气供应基地的生产区内严禁设置地下和半地下建、构筑物（寒冷地区的地下式消火栓和储罐区的排水管、沟除外）。

生产区内的地下管（缆）沟必须填满干砂。

8.3.16 基地内铁路引入线和铁路槽车装卸线的设计应符合现行国家标准《工业企业标准轨距铁路设计规范》GBJ 12 的有关规定。

供应基地内的铁路槽车装卸线应设计成直线，其终点距铁路槽车端部不应小于 20 m，并应设置具有明显标志的车档。

8.3.17 铁路槽车装卸栈桥应采用不燃烧材料建造，其长度可取铁路槽车装卸车位数与车身长度的乘积，宽度不宜小于 1.2 m，两端应设置宽度不小于 0.8 m 的斜梯。

8.3.18 铁路槽车装卸栈桥上的液化石油气装卸鹤管应设置便于操作的机械吊装设施。

8.3.19 全压力式液化石油气储罐不应少于 2 台，其储罐区的布置应符合下列要求：

1 地上储罐之间的净距不应小于相邻较大罐的直径；

2 数个储罐的总容积超过 3 000 m^3 时，应分组布置。组与组之间相邻储罐的净距不应小于 20 m；

3 组内储罐宜采用单排布置；

4 储罐组四周应设置高度为 1 m 的不燃烧体实体防护墙；

5 储罐与防护墙的净距：球形储罐不宜小于其半径，卧式储罐不宜小于其直径，操作侧不宜小于3.0 m；

6 防护墙内储罐超过 4 台时，至少应设置 2 个过梯，且应分开布置。

8.3.20 地上储罐应设置钢梯平台，其设计宜符合下列要求：

1 卧式储罐组宜设置联合钢梯平台。当组内储罐超过 4 台时，宜设置 2 个斜梯；

2 球形储罐组宜设置联合钢梯平台。

8.3.21 地下储罐宜设置在钢筋混凝土槽内，槽内应填充干砂。储罐罐顶与槽盖内壁净距不宜小于 0.4 m；各储罐之间宜设置隔墙，储罐与隔墙和槽壁之间的净距不宜小于 0.9 m。

8.3.22 液化石油气储罐与所属泵房的间距不应小于 15 m。当泵房面向储罐一侧的外墙采用无门窗洞口的防火墙时，其间距可减少至 6 m。液化石油气泵露天设置在储罐区内时，泵与储罐之间的距离不限。

8.3.23 液态液化石油气泵的安装高度应保证不使其发生气蚀，并采取防止振动的措施。

8.3.24 液态液化石油气泵进、出口管段上阀门及附件的设置应符合下列要求：

1 泵进、出口管应设置操作阀和放气阀；

2 泵进口管应设置过滤器；

3 泵出口管应设置止回阀，并宜设置液相安全回流阀。

8.3.25 灌瓶间和瓶库与站外建、构筑物之间的防火间距，应按现行国家标准《建筑设计防火规范》GB 50016中甲类储存物品仓库的规定执行。

8.3.26 灌瓶间和瓶库与站内建、构筑物的防火间距不应小于表 8.3.26 的规定。

表 8.3.26 灌瓶间和瓶库与站内建、构筑物的防火间距(m)

项目 \ 总存瓶量(t)		≤10	>10~≤30	>30
明火、散发火花地点		25	30	40
办公、生活建筑		20	25	30
铁路槽车装卸线(中心线)		20	25	30
汽车槽车库、汽车槽车装卸台柱(装卸口)、汽车衡及其计量室、门卫		15	18	20
压缩机室、仪表间、值班室		12	15	18
空压机室、变配电室、柴油发电机房		15	18	20
机修间、汽车库		25	30	40
新瓶库、真空泵房、备件库等非明火建筑		12	15	18
消防泵房、消防水池(罐)取水口		25	30	
站内道路(路边)	主要	10		
	次要	5		
围墙		10	15	

注：1 总存瓶量应按实瓶存放个数和单瓶充装质量的乘积计算；

2 瓶库与灌瓶间之间的距离不限；

3 计算月平均日灌瓶量小于 700 瓶的灌瓶站，其压缩机室与灌瓶阀可合建成一幢建筑物，但其间应采用无门、窗洞口的防火墙隔开；

4 当计算月平均日灌瓶量小于 700 瓶时，汽车槽车装卸柱可附设在灌瓶间或压缩机室山墙的一侧，山墙应是无门、窗洞口的防火墙。

8.3.27 灌瓶间内气瓶存放量宜取 1～2 d 的计算月平均日供应量。当总存瓶量(实瓶)超过 3 000 瓶时，宜另外设置瓶库。

灌瓶间和瓶库内的气瓶应按实瓶区、空瓶区分组布置。

8.3.28 采用自动化、半自动化灌装和机械化运瓶的灌瓶作业线上应设置灌瓶质量复检装置，且应设置检漏装置或采取检漏措施。

采用手动灌瓶作业时，应设置检斤秤，并应采取检漏措施。

8.3.29 储配站和灌装站应设置残液倒空和回收装置。

8.3.30 供应基地内液化石油气压缩机设置台数不宜少于2台。

8.3.31 液化石油气压缩机进、出口管道上阀门及附件的设置应符合下列要求：

1 进、出口应设置阀门；

2 进口应设置过滤器；

3 出口应设置止回阀和安全阀；

4 进、出口管之间应设置旁通管及旁通阀。

8.3.32 液化石油气压缩机室的布置宜符合下列要求：

1 压缩机机组间的净距不宜小于1.5 m；

2 机组操作侧与内墙的净距不小宜小2.0 m；其余各侧与内墙的净距不宜小于1.2 m；

3 气相阀门组宜设置在与储罐、设备及管道连接方便和便于操作的地点。

8.3.33 液化石油气汽车槽车库与汽车槽车装卸台柱之间的距离不应小于6 m。

当邻向装卸台柱一侧的汽车槽车库山墙采用无门、窗洞口的防火墙时，其间距不限。

8.3.34 汽车槽车装卸台柱的装卸接头应采用与汽车槽车配套的快装接头，其接头与装卸管之间应设置阀门。装卸管上宜设置拉断阀。

8.3.35 液化石油气储配站和灌装站宜配置备用气瓶，其数量可取总供应户数的2%左右。

8.3.36 新瓶库和真空泵房应设置在辅助区。新瓶和检修后的气瓶首次灌瓶前应将其抽至80 kPa真空度以上。

8.3.37 使用液化石油气或残液做燃料的锅炉房，其附属储罐设计总容积不大于10 m^3 时，可设置在独立的储罐室内，并应符合下列规定：

1 储罐室与锅炉房之间的防火间距不应小于12 m，且面向锅炉房一侧的外墙应采用无门、窗洞口的防火墙。

2 储罐室与站内其他建、构筑物之间的防火间距不应小于15 m。

3 储罐室内储罐的布置可按本规范第8.4.10条第1款的规定执行。

8.3.38 设置非直火式气化器的气化间可与储罐室毗连，但其间应采用无门、窗洞口的防火墙。

8.4 气化站和混气站

8.4.1 液化石油气气化站和混气站的储罐设计总容量应符合下列要求：

1 由液化石油气生产厂供气时，其储罐设计总容量宜根据供气规模、气源情况，运输方式和运距等因素确定；

2 由液化石油气供应基地供气时，其储罐设计总容量可按计算月平均日3 d左右的用气量计算确定。

8.4.2 气化站和混气站站址的选择宜按本规范第8.3.6条的规定执行。

8.4.3 气化站和混气站的液化石油气储罐与站外建、构筑物的防火间距应符合下列要求：

1 总容积等于或小于50 m^3 且单罐容积等于或小于20 m^3 的储罐与站外建、构筑物的防火间距不应小于表8.4.3的规定。

2 总容积大于50 m^3 或单罐容积大于20 m^3 的储罐与站外建、构筑物的防火间距不应小于本规范第8.3.7条的规定。

表 8.4.3 气化站和混气站的液化石油气储罐与站外建、构筑物的防火间距(m)

项目 \ 总容积(m³)			≤10	>10～≤30	>30～≤50
单罐容积(m³)			—	—	≤20
居住区、村镇和学校、影剧院、体育馆等重要公共建筑，一类高层民用建筑(最外侧建、构筑物外墙)			30	35	45
工业企业(最外侧建、构筑物外墙)			22	25	27
明火、散发火花地点和室外变配电站			30	35	45
民用建筑，甲、乙类液体储罐，甲、乙类生产厂房，甲、乙类物品仓库，稻草等易燃材料堆场			27	32	40
丙类液体储罐，可燃气体储罐，丙、丁类生产厂房，丙、丁类物品仓库			25	27	32
助燃气体储罐、木材等可燃材料堆场			22	25	27
其他建筑	耐火等级	一、二级	12	15	18
		三级	18	20	22
		四级	22	25	27
铁路(中心线)		国家线	40	50	60
		企业专用线	25		
公路、道路(路边)		高速，Ⅰ、Ⅱ级，城市快速	20		
		其他	15		
架空电力线(中心线)			1.5 倍杆高		
架空通信线(中心线)			1.5 倍杆高		

注：1 防火间距应按本表总容积或单罐容积较大者确定；间距的计算应以储罐外壁为准；

2 居住区、村镇系指 1 000 人或 300 户以上者，以下者按本表民用建筑执行；

3 当采用地下储罐时，其防火间距可按本表减少 50%；

4 与本表规定以外的其他建、构筑物的防火间距应按现行国家标准《建筑设计防火规范》GB 50016 执行；

5 气化装置气化能力不大于 150 kg/h 的瓶组气化混气站的瓶组间、气化混气间与建、构筑物的防火间距可按本规范第 8.5.3 条执行。

8.4.4 气化站和混气站的液化石油气储罐与站内建、构筑物的防火间距不应小于表 8.4.4 的规定。

表 8.4.4 气化站和混气站的液化石油气储罐与站内建、构筑物的防火间距(m)

项目 \ 总容积(m³)	≤10	>10～≤30	>30～≤50	>50～≤200	>200～≤500	>500～≤1 000	>1 000
单罐容积(m³)	—	—	≤20	≤50	≤100	≤200	—
明火、散发火花地点	30	35	45	50	55	60	70
办公、生活建筑	18	20	25	30	35	40	50
气化间、混气间、压缩机室、仪表间、值班室	12	15	18	20	22	25	30

表 8.4.4（续）

项目 \ 总容积（m^3）	≤10	>10～≤30	>30～≤50	>50～≤200	>200～≤500	>500～≤1 000	>1 000
单罐容积（m^3）	—	—	≤20	≤50	≤100	≤200	—
汽车槽车库、汽车槽车装卸台柱（装卸口）、汽车衡及其计量室、门卫	15		18	20	22	25	30
铁路槽车装卸线（中心线）	—				20		
燃气热水炉间、空压机室、变配电室、柴油发电机房、库房	15		18	20	22	25	30
汽车库、机修间	25			30	35		40
消防泵房、消防水池（罐）取水口	30		40				50
站内道路（路边） 主要	10			15			
站内道路（路边） 次要	5			10			
围墙	15			20			

注：1 防火间距应按本表总容积或单罐容积较大者确定，间距的计算应以储罐外壁为准；

2 地下储罐单罐容积小于或等于 50 m^3，且总容积小于或等于 400 m^3 时，其防火间距可按本表减少 50%；

3 与本表规定以外的其他建、构筑物的防火间距应按现行国家标准《建筑设计防火规范》GB 50016 执行；

4 燃气热水炉间是指室内设置微正压室燃式燃气热水炉的建筑。当设置其他燃烧方式的燃气热水炉时，其防火间距不应小于 30 m；

5 与空温式气化器的防火间距，从地上储罐区的防护墙或地下储罐室外侧算起不应小于 4 m。

8.4.5 液化石油气气化站和混气站总平面应按功能分区进行布置，即分为生产区（储罐区、气化、混气区）和辅助区。

生产区宜布置在站区全年最小频率风向的上风侧或上侧风侧。

8.4.6 液化石油气气化站和混气站的生产区应设置高度不低于 2 m 的不燃烧体实体围墙。

辅助区可设置不燃烧体非实体围墙。

储罐总容积等于或小于 50 m^3 的气化站和混气站，其生产区与辅助区之间可不设置分区隔墙。

8.4.7 液化石油气气化站和混气站内消防车道、对外出入口的设置应符合本规范第 8.3.13 条和第 8.3.14条的规定。

8.4.8 液化石油气气化站和混气站内铁路引入线、铁路槽车装卸线和铁路槽车装卸栈桥的设计应符合本规范第 8.3.16 条～第 8.3.18 条的规定。

8.4.9 气化站和混气站的液化石油气储罐不应少于 2 台。液化石油气储罐和储罐区的布置应符合本规范第 8.3.19 条～第 8.3.21 条的规定。

8.4.10 工业企业内液化石油气气化站的储罐总容积不大于 10 m^3 时，可设置在独立建筑物内，并应符合下列要求：

1 储罐之间及储罐与外墙的净距，均不应小于相邻较大罐的半径，且不应小于 1 m；

2 储罐室与相邻厂房之间的防火间距不应小于表 8.4.10 的规定；

3 储罐室与相邻厂房的室外设备之间的防火间距不应小于 12 m；

4 设置非直火式气化器的气化间可与储罐室毗连，但应采用无门、窗洞口的防火墙隔开。

表 8.4.10　总容积不大于 10 m^3 的储罐室与相邻厂房之间的防火间距

相邻厂房的耐火等级	一、二级	三级	四级
防火间距(m)	12	14	16

8.4.11　气化间、混气间与站外建、构筑物之间的防火间距应符合现行国家标准《建筑设计防火规范》GB 50016中甲类厂房的规定。

8.4.12　气化间、混气间与站内建、构筑物的防火间距不应小于表 8.4.12 的规定。

表 8.4.12　气化间、混气间与站内建、构筑物的防火间距

项　　目		防火间距(m)
明火、散发火花地点		25
办公、生活建筑		18
铁路槽车装卸线(中心线)		20
汽车槽车库、汽车槽车装卸台柱(装卸口)、汽车衡及其计量室、门卫		15
压缩机室、仪表间、值班室		12
空压机室、燃气热水炉间、变配电室、柴油发电机房、库房		15
汽车库、机修间		20
消防泵房、消防水池(罐)取水口		25
站内道路(路边)	主要	10
	次要	5
围墙		10

注：1　空温式气化器的防火间距可按本表规定执行；

2　压缩机室可与气化间、混气间合建成一幢建筑物，但其间应采用无门、窗洞口的防火墙隔开；

3　燃气热水炉间的门不得面向气化间、混气间。柴油发电机伸向室外的排烟管管口不得面向具有火灾爆炸危险的建、构筑物一侧；

4　燃气热水炉间是指室内设置微正压室燃式燃气热水炉的建筑。当采用其他燃烧方式的热水炉时，其防火间距不应小于 25 m。

8.4.13　液化石油气储罐总容积等于或小于 100 m^3 的气化站、混气站，其汽车槽车装卸柱可设置在压缩机室山墙一侧，其山墙应是无门、窗洞口的防火墙。

8.4.14　液化石油气汽车槽车库和汽车槽车装卸台柱之间的防火间距可按本规范第 8.3.33 条执行。

8.4.15　燃气热水炉间与压缩机室、汽车槽车库和汽车槽车装卸台柱之间的防火间距不应小于 15 m。

8.4.16　气化、混气装置的总供气能力应根据高峰小时用气量确定。

当设有足够的储气设施时，其总供气能力可根据计算月最大日平均小时用气量确定。

8.4.17　气化、混气装置配置台数不应少于 2 台，且至少应有 1 台备用。

8.4.18　气化间、混气间可合建成一幢建筑物。气化、混气装置亦可设置在同一房间内。

1　气化间的布置宜符合下列要求：

1)　气化器之间的净距不宜小于 0.8 m；

2)　气化器操作侧与内墙之间的净距不宜小于 1.2 m；

3)　气化器其余各侧与内墙的净距不宜小于 0.8 m。

2　混气间的布置宜符合下列要求：

1)　混合器之间的净距不宜小于 0.8 m；

2)　混合器操作侧与内墙的净距不宜小于 1.2 m；

3)　混合器其余各侧与内墙的净距不宜小于 0.8 m。

3 调压、计量装置可设置在气化间或混气间内。

8.4.19 液化石油气可与空气或其他可燃气体混合配制成所需的混合气。混气系统的工艺设计应符合下列要求：

1 液化石油气与空气的混合气体中，液化石油气的体积百分含量必须高于其爆炸上限的2倍。

2 混合气作为城镇燃气主气源时，燃气质量应符合本规范第3.2节的规定；作为调峰气源、补充气源和代用其他气源时，应与主气源或代用气源具有良好的燃烧互换性。

3 混气系统中应设置当参与混合的任何一种气体突然中断或液化石油气体积百分含量接近爆炸上限的2倍时，能自动报警并切断气源的安全连锁装置。

4 混气装置的出口总管上应设置检测混合气热值的取样管。其热值仪宜与混气装置连锁，并能实时调节其混气比例。

8.4.20 热值仪应靠近取样点设置在混气间内的专用隔间或附属房间内，并应符合下列要求：

1 热值仪间应设有直接通向室外的门，且与混气间之间的隔墙应是无门、窗洞口的防火墙；

2 采取可靠的通风措施，使其室内可燃气体浓度低子其爆炸下限的20%；

3 热值仪间与混气间门、窗之间的距离不应小于6 m；

4 热值仪间的室内地面应比室外地面高出0.6 m。

8.4.21 采用管道供应气态液化石油气或液化石油气与其他气体的混合气时，其露点应比管道外壁温度低5 ℃以上。

8.5 瓶组气化站

8.5.1 瓶组气化站气瓶的配置数量宜符合下列要求：

1 采用强制气化方式供气时，瓶组气瓶的配置数量可按1～2 d的计算月最大日用气量确定。

2 采用自然气化方式供气时，瓶组宜由使用瓶组和备用瓶组组成。使用瓶组的气瓶配置数量应根据高峰用气时间内平均小时用气量、高峰用气持续时间和高峰用气时间内单瓶小时自然气化能力计算确定。

备用瓶组的气瓶配置数量宜与使用瓶组的气瓶配置数量相同。当供气户数较少时，备用瓶组可采用临时供气瓶组代替。

8.5.2 当采用自然气化方式供气，且瓶组气化站配置气瓶的总容积小于1 m^3时，瓶组间可设置在与建筑物（住宅、重要公共建筑和高层民用建筑除外）外墙毗连的单层专用房间内，并应符合下列要求：

1 建筑物耐火等级不应低于二级；

2 应通风良好，并设有直通室外的门；

3 与其他房间相邻的墙应为无门、窗洞口的防火墙；

4 应配置燃气浓度检测报警器；

5 室温不应高子45 ℃，且不应低于0 ℃。

注：当瓶组间独立设置，且面向相邻建筑的外墙为无门、窗洞口的防火墙时，其防火间距不限。

8.5.3 当瓶组气化站配置气瓶的总容积超过1 m^3时，应将其设置在高度不低于2.2 m的独立瓶组间内。

独立瓶组间与建、构筑物的防火间距不应小于表8.5.3的规定。

表8.5.3 独立瓶组间与建、构筑物的防火间距（m）

项目 ＼ 气瓶总容积（m^3）	≤2	＞2～≤4
明火、散发火花地点	25	30
民用建筑	8	10
重要公共建筑、一类高层民用建筑	15	20

表 8.5.3（续）

项目 \ 气瓶总容积（m³）		≤2	>2～≤4
道路（路边）	主要	10	
	次要	5	

注：1 气瓶总容积应按配置气瓶个数与单瓶几何容积的乘积计算。

2 当瓶组间的气瓶总容积大于 4 m³ 时，宜采用储罐，其防火间距按本规范第 8.4.3 和第 8.4.4 条的有关规定执行。

3 瓶组间、气化间与值班室的防火间距不限。当两者毗连时，应采用无门、窗洞口的防火墙隔开。

8.5.4 瓶组气化站的瓶组间不得设置在地下室和半地下室内。

8.5.5 瓶组气化站的气化间宜与瓶组间合建一幢建筑，两者间的隔墙不得开门窗洞口，且隔墙耐火极限不应低于 3 h。瓶组间、气化间与建、构筑物的防火间距应按本规范第 8.5.3 条的规定执行。

8.5.6 设置在露天的空温式气花器与瓶组间的防火间距不限，与明火、散发火花地点和其他建、构筑物的防火间距可按本规范第 8.5.3 条气瓶总容积小于或等于 2 m³ 一档的规定执行。

8.5.7 瓶组气化站的四周宜设置非实体围墙，其底部实体部分高度不应低于 0.6 m。围墙应采用不燃烧材料。

8.5.8 气化装置的总供气能力应根据高峰小时用气量确定。气化装置的配置台数不应少于 2 台，且应有 1 台备用。

8.6 瓶装液化石油气供应站

8.6.1 瓶装液化石油气供应站应按其气瓶总容积 V 分为三级，并应符合表 8.6.1 的规定。

表 8.6.1 瓶装液化石油气供应站的分级

名称	气瓶总容积（m³）
Ⅰ级站	$6<V\leqslant 20$
Ⅱ级站	$1<V\leqslant 6$
Ⅲ级站	$V\leqslant 1$

注：气瓶总容积按实瓶个数和单瓶几何容积的乘积计算。

8.6.2 Ⅰ、Ⅱ级液化石油气瓶装供应站的瓶库宜采用敞开或半敞开式建筑。瓶库内的气瓶应分区存放，即分为实瓶区和空瓶区。

8.6.3 Ⅰ级瓶装供应站出入口一侧的围墙可设置高度不低于 2 m 的不燃烧体非实体围墙，其底部实体部分高度不应低于 0.6 m，其余各侧应设置高度不低于 2 m 的不燃烧体实体围墙。

Ⅱ级瓶装液化石油气供应站的四周宜设置非实体围墙，其底部实体部分高度不应低于 0.6 m。围墙应采用不燃烧材料。

8.6.4 Ⅰ、Ⅱ级瓶装供应站的瓶库与站外建、构筑物的防火间距不应小于表 8.6.4 的规定。

表 8.6.4 Ⅰ、Ⅱ级瓶装供应站的瓶库与站外建、构筑物的防火间距（m）

项目 \ 气瓶总容积（m³） \ 名称	Ⅰ级站		Ⅱ级站	
	>10～≤20	>6～≤10	>3～≤6	>1～≤3
明火、散发火花地点	35	30	25	20
民用建筑	15	10	8	6

表 8.6.4（续）

项目 \ 名称 / 气瓶总容积(m³)		Ⅰ级站		Ⅱ级站	
		＞10～≤20	＞6～≤10	＞3～≤6	＞1～≤3
重要公共建筑、一类高层民用建筑		25	20	15	12
道路（路边）	主要	10		8	
	次要	5		5	

注：气瓶总容积按实瓶个数与单瓶几何容积的乘积计算。

8.6.5 Ⅰ级瓶装液化石油气供应站的瓶库与修理间或生活、办公用房的防火间距不应小于 10 m。

管理室可与瓶库的空瓶区侧毗连，但应采用无门、窗洞口的防火墙隔开。

8.6.6 Ⅱ级瓶装液化石油气供应站由瓶库和营业室组成。两者宜合建成一幢建筑，其间应采用无门、窗洞口的防火墙隔开。

8.6.7 Ⅲ级瓶装液化石油气供应站可将瓶库设置在与建筑物（住宅、重要公共建筑和高层民用建筑除外）外墙毗连的单层专用房间，并应符合下列要求：

1 房间的设置应符合本规范第 8.5.2 条的规定；

2 室内地面的面层应是撞击时不发生火花的面层；

3 相邻房间应是非明火、散发火花地点；

4 照明灯具和开关应采用防爆型；

5 配置燃气浓度检测报警器；

6 至少应配置 8 kg 干粉灭火器 2 具；

7 与道路的防火间距应符合本规范第 8.6.4 条中Ⅱ级瓶装供应站的规定；

8 非营业时间瓶库内存有液化石油气气瓶时，应有人值班。

8.7 用 户

8.7.1 居民用户使用的液化石油气气瓶应设置在符合本规范第 10.4 节规定的非居住房间内，且室温不应高于 45 ℃。

8.7.2 居民用户室内液化石油气气瓶的布置应符合下列要求：

1 气瓶不得设置在地下室、半地下室或通风不良的场所；

2 气瓶与燃具的净距不应小于 0.5 m；

3 气瓶与散热器的净距不应小于 1 m，当散热器设置隔热板时，可减少到 0.5 m。

8.7.3 单户居民用户使用的气瓶设置在室外时，宜设置在贴邻建筑物外墙的专用小室内。

8.7.4 商业用户使用的气瓶组严禁与燃气燃烧器具布置在同一房间内。瓶组间的设置应符合本规范第 8.5 节的有关规定。

8.8 管道及附件、储罐、容器和检测仪表

8.8.1 液态液化石油气管道和设计压力大于 0.4 MPa 的气态液化石油气管道应采用钢号 10、20 的无缝钢管，并应符合现行国家标准《输送流体用无缝钢管》GB/T 8163 的规定，或符合不低于上述标准相应技术要求的其他钢管标准的规定。

设计压力不大于 0.4 MPa 的气态液化石油气、气态液化石油气与其他气体的混合气管道可采用钢号 Q235B 的焊接钢管，并应符合现行国家标准《低压流体输送用焊接钢管》GB/T 3091 的规定。

8.8.2 液化石油气站内管道宜采用焊接连接。管道与储罐、容器、设备及阀门可采用法兰或螺纹连接。

8.8.3 液态液化石油气输送管道和站内液化石油气储罐、容器、设备、管道上配置的阀门及附件的公称

压力(等级)应高于其设计压力。

8.8.4 液化石油气储罐、容器、设备和管道上严禁采用灰口铸铁阀门及附件,在寒冷地区应采用钢质阀门及附件。

注:1 设计压力不大于 0.4 MPa 的气态液化石油气、气态液化石油气与其他气体的混合气管道上设置的阀门和附件除外。

2 寒冷地区系指量冷月平均最低气温小于或等于 -10 ℃ 的地区。

8.8.5 液化石油气管道系统上采用耐油胶管时,最高允许工作压力不应小于 6.4 MPa。

8.8.6 站内室外液化石油气管道宜采用单排低支架敷设,其管底与地面的净距宜为 0.3 m。

跨越道路采用支架敷设时,其管底与地面的净距不应小于 4.5 m。

管道埋地敷设时,应符合本规范第 8.2.8 条的规定。

8.8.7 液化石油气储罐、容器及附件材料的选择和设计应符合现行国家标准《钢制压力容器》GB 150、《钢制球形容器》GB 12337 和国家现行《压力容器安全技术监察规程》的规定。

8.8.8 液化石油气储罐的设计压力和设计温度应符合国家现行《压力容器安全技术监察规程》的规定。

8.8.9 液化石油气储罐最大设计允许充装质量应按下式计算:

$$G = 0.9\rho V_h \tag{8.8.9}$$

式中 G——最大设计允许充装质量(kg);

ρ——40 ℃时液态液化石油气密度(kg/m³);

V_h——储罐的几何容积(m³)。

注:采用地下储罐时,液化石油气密度可按当地最高地温计算。

8.8.10 液化石油气储罐第一道管法兰、垫片和紧固件的配置应符合国家现行《压力容器安全技术监察规程》的规定。

8.8.11 液化石油气储罐接管上安全阀件的配置应符合下列要求:

1 **必须设置安全阀和检修用的放散管;**

2 **液相进口管必须设置止回阀;**

3 **储罐容积大于或等于 50 m³ 时,其液相出口管和气相管必须设置紧急切断阀;**储罐容积大于 20 m³,但小于 50 m³ 时,宜设置紧急切断阀;

4 排污管应设置两道阀门,其间应采用短管连接。并应采取防冻措施。

8.8.12 液化石油气储罐安全阀的设置应符合下列要求:

1 必须选用弹簧封闭全启式,其开启压力不应大于储罐设计压力。安全阀的最小排气截面积的计算应符合国家现行《压力容器安全技术监察规程》的规定。

2 容积为 100 m³ 或 100 m³ 以上的储罐应设置 2 个或 2 个以上安全阀。

3 安全阀应设置放散管,其管径不应小于安全阀的出口管径;

地上储罐安全阀放散管管口应高出储罐操作平台 2 m 以上,且应高出地面 5 m 以上;

地下储罐安全阀放散管管口应高出地面 2.5 m 以上。

4 安全阀与储罐之间应装设阀门,且阀口应全开,并应铅封或锁定。

注:当储罐设置 2 个或 2 个以上安全阀时,其中 1 个安全阀的开启压力应按本条第 1 款的规定执行,其余安全阀的开启压力可适当提高,但不得超过储罐设计压力的 1.05 倍。

8.8.13 储罐检修用放散管的管口高度应符合本规范第 8.8.12 条第 3 款的规定。

8.8.14 液化石油气气液分离器、缓冲罐和气化器可设置弹簧封闭式安全阀。

安全阀应设置放散管。当上述容器设置在露天时,其管口高度应符合本规范第 8.8.12 条第 3 款的规定。设置在室内时,其管口应高出屋面 2 m 以上。

8.8.15 液化石油气储罐仪表的设置应符合下列要求:

1 必须设置就地指示的液位计、压力表;

2　就地指示液位计宜采用能直接观测储罐全液位的液位计；

3　容积大于100 m^3 的储罐，应设置远传显示的液位计和压力表，且应设置液位上、下限报警装置和压力上限报警装置；

4　宜设置温度计。

8.8.16　液化石油气气液分离器和容积式气化器等应设置直观式液位计和压力表。

8.8.17　液化石油气泵、压缩机、气化、混气和调压、计量装置的进、出口应设置压力表。

8.8.18　爆炸危险场所应设置燃气浓度检测报警器，报警器应设在值班室或仪表间等有值班人员的场所。检测报警系统的设计应符合国家现行标准《石油化工企业可燃气体和有毒气体检测报警设计规范》SH 3063的有关规定。

瓶组气化站和瓶装液化石油气供应站可采用手提式燃气浓度检测报警器。

报警器的报警浓度值应取其可燃气体爆炸下限的20%。

8.8.19　地下液化石油气储罐外壁除采用防腐层保护外，尚应采用牺牲阳极保护。地下液化石油气储罐牺牲阳极保护设计应符合国家现行标准《埋地钢质管道牺牲阳极阴极保护设计规范》SY/T 0019的规定。

8.9　建、构筑物的防火、防爆和抗震

8.9.1　具有爆炸危险的建、构筑物的防火、防爆设计应符合下列要求：

1　建筑物耐火等级不应低于二级；

2　门、窗应向外开；

3　封闭式建筑应采取泄压措施，其设计应符合现行国家标准《建筑设计防火规范》GB 50016的有关规定；

4　地面面层应采用撞击时不产生火花的材料，其技术要求应符合现行国家标准《建筑地面工程施工质量验收规范》GB 50209的规定。

8.9.2　具有爆炸危险的封闭式建筑应采取良好的通风措施。事故通风量每小时换气不应少于12次。

当采用自然通风时，其通风口总面积按每平方米房屋地面面积不应少于300 cm^2 计算确定。通风口不应少于2个，并应靠近地面设置。

8.9.3　非采暖地区的灌瓶间及附属瓶库、汽车槽车库、瓶装供应站的瓶库等宜采用敞开或半敞开式建筑。

8.9.4　具有爆炸危险的建筑，其承重结构应采用钢筋混凝土或钢框架、排架结构。钢框架和钢排架应采用防火保护层。

8.9.5　液化石油气储罐应牢固地设置在基础上。

卧式储罐的支座应采用钢筋混凝土支座。球形储罐的钢支柱应采用不燃烧隔热材料保护层，其耐火极限不应低于2 h。

8.9.6　在地震烈度为7度和7度以上的地区建设液化石油气站时，其建、构筑物的抗震设计应符合现行国家标准《建筑抗震设计规范》GB 50011和《构筑物抗震设计规范》GB 50191的规定。

8.10　消防给水、排水和灭火器材

8.10.1　液化石油气供应基地、气化站和混气站在同一时间内的火灾次数应按一次考虑，其消防用水量应按储罐区一次最大小时消防用水量确定。

8.10.2　液化石油气储罐区消防用水量应按其储罐固定喷水冷却装置和水枪用水量之和计算，并应符合下列要求：

1　储罐总容积大于50 m^3 或单罐容积大于20 m^3 的液化石油气储罐、储罐区和设置在储罐室内的小型储罐应设置固定喷水冷却装置。固定喷水冷却装置的用水量应按储罐的保护面积与冷却水供水强

度的乘积计算确定。着火储罐的保护面积按其全表面积计算；距着火储罐直径（卧式储罐按其直径和长度之和的一半）1.5倍范围内（范围的计算应以储罐的最外侧为准）的储罐按其全表面积的一半计算；冷却水供水强度不应小于0.15 L/(s·m²)。

2 水枪用水量不应小于表8.10.2的规定。

3 地下液化石油气储罐可不设置固定喷水冷却装置，其消防用水量应按水枪用水量确定。

表8.10.2 水枪用水量

总容积(m³)	≤500	>500～≤2 500	>2 500
单罐容积(m³)	≤100	≤400	>400
水枪用水量(L/s)	20	30	45

注：1 水枪用水量应按本表储罐总容积或单罐容积较大者确定。

2 储罐总容积小于或等于50 m³，且单罐容积小于或等于20 m³的储罐或储罐区，可单独设置固定喷水冷却装置或移动式水枪，其消防用水量应按水枪用水量计算。

8.10.3 液化石油气供应基地、气化站和混气站的消防给水系统应包括：消防水池（罐或其他水源）、消防水泵房、给水管网、地上式消火栓和储罐固定喷水冷却装置等。

消防给水管网应布置成环状，向环状管网供水的干管不应少于两根。当其中一根发生故障时，其余干管仍能供给消防总用水量。

8.10.4 消防水池的容量应按火灾连续时间6 h所需最大消防用水量计算确定。当储罐总容积小于或等于220 m³，且单罐容积小于或等于50 m³的储罐或储罐区，其消防水池的容量可按火灾连续时间3 h所需最大消防用水量计算确定。当火灾情况下能保证连续向消防水池补水时，其容量可减去火灾连续时间内的补水量。

8.10.5 消防水泵房的设计应符合现行国家标准《建筑设计防火规范》GB 50016的有关规定。

8.10.6 液化石油气球形储罐固定喷水冷却装置宜采用喷雾头。卧式储罐固定喷水冷却装置宜采用喷淋管。储罐固定喷水冷却装置的喷雾头或喷淋管的管孔布置，应保证喷水冷却时将储罐表面全覆盖（含液位计、阀门等重要部位）。

液化石油气储罐固定喷水冷却装置的设计和喷雾头的布置应符合现行国家标准《水喷雾灭火系统设计规范》GB 50219的规定。

8.10.7 储罐固定喷水冷却装置出口的供水压力不应小于0.2 MPa。水枪出口的供水压力：对球形储罐不应小于0.35 MPa，对卧式储罐不应小于0.25 MPa。

8.10.8 液化石油气供应基地、气化站和混气站生产区的排水系统应采取防止液化石油气排入其他地下管道或低洼部位的措施。

8.10.9 液化石油气站内干粉灭火器的配置除应符合表8.10.9的规定外，还应符合现行国家标准《建筑灭火器配置设计规范》GB 50140的规定。

表8.10.9 干粉灭火器的配置数量

场 所	配置数量
铁路槽车装卸栈桥	按槽车车位数，每车位设置8 kg、2具，每个设置点不宜超过5具
储罐区、地下储罐组	按储罐台数，每台设置8 kg、2具，每个设置点不宜超过5具
储罐室	按储罐台数，每台设置8 kg、2具
汽车槽车装卸台柱（装卸口）	8 kg不应少于2具

表 8.10.9（续）

场　　所	配置数量
灌瓶间及附属瓶库、压缩机室、烃泵房、汽车槽车库、气化间、混气间、调压计量间、瓶组间和瓶装供应站的瓶库等爆炸危险性建筑	按建筑面积，每 50 m^2 设置 8 kg、1 具，且每个房间不应少于 2 具，每个设置点不宜超过 5 具
其他建筑（变配电室、仪表间等）	按建筑面积，每 80 m^2 设置 8 kg、1 具，且每个房间不应少于 2 具

注：1　表中 8 kg 指手提式干粉型灭火器的药剂充装量。

2　根据场所具体情况可设置部分 35 kg 手推式干粉灭火器。

8.11　电　　气

8.11.1　液化石油气供应基地内消防水泵和液化石油气气化站、混气站的供电系统设计应符合现行国家标准《供配电系统设计规范》GB 50052"二级负荷"的规定。

8.11.2　液化石油气供应基地、气化站、混气站、瓶装供应站等爆炸危险场所的电力装置设计应符合现行国家标准《爆炸和火灾危险环境电力装置设计规范》GB 50058 的规定，其用电场所爆炸危险区域等级和范围的划分宜符合本规范附录 E 的规定。

8.11.3　液化石油气供应基地、气化站、混气站、瓶装供应站等具有爆炸危险的建、构筑物的防雷设计应符合现行国家标准《建筑物防雷设计规范》GB 50057 中"第二类防雷建筑物"的有关规定。

8.11.4　液化石油气供应基地、气化站、混气站、瓶装供应站等静电接地设计应符合国家现行标准《化工企业静电接地设计规程》HGJ 28 的规定。

8.12　通信和绿化

8.12.1　液化石油气供应基地、气化站、混气站内至少应设置 1 台直通外线的电话。

年供应量大于 10 000 t 的液化石油气供应基地和供应居民 50 000 户以上的气化站、混气站内宜设置电话机组。

8.12.2　在具有爆炸危险场所使用的电话应采用防爆型。

8.12.3　液化石油气供应基地、气化站、混气站内的绿化应符合下列要求：

1　生产区内严禁种植易造成液化石油气积存的植物；

2　生产区四周和局部地区可种植不易造成液化石油气积存的植物；

3　生产区围墙 2 m 以外可种植乔木；

4　辅助区可种植各类植物。

9　液化天然气供应

9.1　一 般 规 定

9.1.1　本章适用于液化天然气总储存容积不大于 2 000 m^3 的城镇液化天然气供应站工程设计。

9.1.2　本章不适用于下列液化天然气工程和装置设计：

1　液化天然气终端接收基地；

2　油气田的液化天然气供气站和天然气液化工厂（站）；

3　轮船、铁路车辆和汽车等运输工具上的液化天然气装置。

9.2 液化天然气气化站

9.2.1 液化天然气气化站的规模应符合城镇总体规划的要求，根据供应用户类别、数量和用气量指标等因素确定。

9.2.2 液化天然气气化站的储罐设计总容积应根据其规模、气源情况、运输方式和运距等因素确定。

9.2.3 液化天然气气化站站址选择应符合下列要求：

1 站址应符合城镇总体规划的要求。

2 站址应避开地震带、地基沉陷、废弃矿井等地段。

9.2.4 液化天然气气化站的液化天然气储罐、集中放散装置的天然气放散总管与站外建、构筑物的防火间距不应小于表9.2.4的规定。

9.2.5 液化天然气气化站的液化天然气储罐、集中放散装置的天然气放散总管与站内建、构筑物的防火间距不应小于表9.2.5的规定。

表9.2.4 液化天然气气化站的液化天然气储罐、天然气放散总管与站外建、构筑物的防火间距(m)

<table>
<tr><th colspan="2" rowspan="2">名称
项目</th><th colspan="7">储罐总容积(m³)</th><th rowspan="2">集中放散装置的天然气放散总管</th></tr>
<tr><th>≤10</th><th>>10～≤30</th><th>>30～≤50</th><th>>50～≤200</th><th>>200～≤500</th><th>>500～≤1 000</th><th>>1 000～≤2 000</th></tr>
<tr><td colspan="2">居住区、村镇和影剧院、体育馆、学校等重要公共建筑(最外侧建、构筑物外墙)</td><td>30</td><td>35</td><td>45</td><td>50</td><td>70</td><td>90</td><td>110</td><td>45</td></tr>
<tr><td colspan="2">工业企业(最外侧建、构筑物外墙)</td><td>22</td><td>25</td><td>27</td><td>30</td><td>35</td><td>40</td><td>50</td><td>20</td></tr>
<tr><td colspan="2">明火、散发火花地点和室外变、配电站</td><td>30</td><td>35</td><td>45</td><td>50</td><td>55</td><td>60</td><td>70</td><td>30</td></tr>
<tr><td colspan="2">民用建筑，甲、乙类液体储罐，甲、乙类生产厂房，甲、乙类物品仓库，稻草等易燃材料堆场</td><td>27</td><td>32</td><td>40</td><td>45</td><td>50</td><td>55</td><td>65</td><td>25</td></tr>
<tr><td colspan="2">丙类液体储罐，可燃气体储罐，丙、丁类生产厂房，丙、丁类物品仓库</td><td>25</td><td>27</td><td>32</td><td>35</td><td>40</td><td>45</td><td>55</td><td>20</td></tr>
<tr><td rowspan="2">铁路(中心线)</td><td>国家线</td><td>40</td><td>50</td><td>60</td><td colspan="2">70</td><td colspan="2">80</td><td>40</td></tr>
<tr><td>企业专用线</td><td colspan="3">25</td><td colspan="2">30</td><td colspan="2">35</td><td>30</td></tr>
<tr><td rowspan="2">公路、道路(路边)</td><td>高速，Ⅰ、Ⅱ级，城市快速</td><td colspan="3">20</td><td colspan="4">25</td><td>15</td></tr>
<tr><td>其他</td><td colspan="3">15</td><td colspan="4">20</td><td>10</td></tr>
<tr><td colspan="2">架空电力线(中心线)</td><td colspan="5">1.5倍杆高</td><td colspan="2">1.5倍杆高，但35 kV以上架空电力线不应小于40 m</td><td>2.0倍杆高</td></tr>
<tr><td rowspan="2">架空通信线(中心线)</td><td>Ⅰ、Ⅱ级</td><td colspan="2">1.5倍杆高</td><td colspan="2">30</td><td colspan="3">40</td><td>1.5倍杆高</td></tr>
<tr><td>其他</td><td colspan="8">1.5倍杆高</td></tr>
</table>

注：1 居住区、村镇系指1 000人或300户以上者，以下者按本表民用建筑执行；

2 与本表规定以外的其他建、构筑物的防火间距应按现行国家标准《建筑设计防火规范》GB 50016执行；

3 间距的计算应以储罐的最外侧为准。

表 9.2.5 液化天然气气化站的液化天然气储罐、天然气放散总管与站内建、构筑物的防火间距(m)

<table>
<tr><th colspan="2" rowspan="2">名称
项目</th><th colspan="7">储罐总容积(m^3)</th><th rowspan="2">集中放散装置的天然气放散总管</th></tr>
<tr><th>≤10</th><th>>10～≤30</th><th>>30～≤50</th><th>>50～≤200</th><th>>200～≤500</th><th>>500～≤1 000</th><th>>1 000～≤2 000</th></tr>
<tr><td colspan="2">明火、散发火花地点</td><td>30</td><td>35</td><td>45</td><td>50</td><td>55</td><td>60</td><td>70</td><td>30</td></tr>
<tr><td colspan="2">办公、生活建筑</td><td>18</td><td>20</td><td>25</td><td>30</td><td>35</td><td>40</td><td>50</td><td>25</td></tr>
<tr><td colspan="2">变配电室、仪表间、值班室、汽车槽车库、汽车衡及其计量室、空压机室
汽车槽车装卸台柱(装卸口)、钢瓶灌装台</td><td colspan="2">15</td><td>18</td><td>20</td><td>22</td><td>25</td><td>30</td><td>25</td></tr>
<tr><td colspan="2">汽车库、机修间、燃气热水炉间</td><td colspan="3">25</td><td>30</td><td colspan="2">35</td><td>40</td><td>25</td></tr>
<tr><td colspan="2">天然气(气态)储罐</td><td>20</td><td>24</td><td>26</td><td>28</td><td>30</td><td>31</td><td>32</td><td>20</td></tr>
<tr><td colspan="2">液化石油气全压力式储罐</td><td>24</td><td>28</td><td>32</td><td>34</td><td>36</td><td>38</td><td>40</td><td>25</td></tr>
<tr><td colspan="2">消防泵房、消防水池取水口</td><td colspan="2">30</td><td colspan="4">40</td><td>50</td><td>20</td></tr>
<tr><td rowspan="2">站内道路(路边)</td><td>主要</td><td colspan="3">10</td><td colspan="4">15</td><td rowspan="2">2</td></tr>
<tr><td>次要</td><td colspan="3">5</td><td colspan="4">10</td></tr>
<tr><td colspan="2">围墙</td><td colspan="3">15</td><td colspan="2">20</td><td colspan="2">25</td><td>2</td></tr>
<tr><td colspan="2">集中放散装置的天然气放散总管</td><td colspan="7">25</td><td>—</td></tr>
</table>

注：1 自然蒸发气的储罐(BOG 罐)与液化天然气储罐的间距按工艺要求确定；

2 与本表规定以外的其他建、构筑物的防火间距应按现行国家标准《建筑设计防火规范》GB 50016 执行；

3 间距的计算应以储罐的最外侧为准。

9.2.6 站内兼有灌装液化天然气钢瓶功能时，站区内设置储存液化天然气钢瓶(实瓶)的总容积不应大于 2 m^3。

9.2.7 液化天然气气化站内总平面应分区布置，即分为生产区(包括储罐区、气化及调压等装置区)和辅助区。

生产区宜布置在站区全年最小频率风向的上风侧或上侧风侧。

液化天然气气化站应设置高度不低于 2 m 的不燃烧体实体围墙。

9.2.8 液化天然气气化站生产区应设置消防车道，车道宽度不应小于 3.5 m。当储罐总容积小于 500 m^3 时，可设置尽头式消防车道和面积不应小于 12 m×12 m 的回车场。

9.2.9 液化天然气气化站的生产区和辅助区至少应各设 1 个对外出入口。当液化天然气储罐总容积超过 1 000 m^3 时，生产区应设置 2 个对外出入口，其间距不应小于 30 m。

9.2.10 液化天然气储罐和储罐区的布置应符合下列要求：

1 储罐之间的净距不应小于相邻储罐直径之和的 1/4，且不应小于 1.5 m；储罐组内的储罐不应超过两排；

2 储罐组四周必须设置周边封闭的不燃烧体实体防护墙，防护墙的设计应保证在接触液化天然气时不应被破坏；

3 防护墙内的有效容积(V)应符合下列规定：

1) 对因低温或因防护墙内一储罐泄漏着火而可能引起防护墙内其他储罐泄漏，当储罐采取了防止措施时，V 不应小于防护墙内最大储罐的容积；

2) 当储罐未采取防止措施时，V 不应小于防护墙内所有储罐的总容积；

4 **防护墙内不应设置其他可燃液体储罐；**

5 **严禁在储罐区防护墙内设置液化天然气钢瓶灌装口；**

6 **容积大于0.15 m^3 的液化天然气储罐(或容器)不应设置在建筑物内。任何容积的液化天然气容器均不应永久地安装在建筑物内。**

9.2.11 气化器、低温泵设置应符合下列要求：

1 环境气化器和热流媒体为不燃烧体的远程间接加热气化器、天然气气体加热器可设置在储罐区内，与站外建、构筑物的防火间距应符合现行国家标准《建筑设计防火规范》GB 50016中甲类厂房的规定。

2 气化器的布置应满足操作维修的要求。

3 对于输送液体温度低于－29 ℃的泵，设计中应有预冷措施。

9.2.12 液化天然气集中放散装置的汇集总管，应经加热将放散物加热成比空气轻的气体后方可排入放散总管；放散总管管口高度应高出距其25 m内的建、构筑物2 m以上，且距地面不得小于10 m。

9.2.13 液化天然气气化后向城镇管网供应的天然气应进行加臭，加臭量应符合本规范第3.2.3条的规定。

9.3 液化天然气瓶组气化站

9.3.1 液化天然气瓶组气化站采用气瓶组作为储存及供气设施，应符合下列要求：

1 气瓶组总容积不应大于4 m^3。

2 单个气瓶容积宜采用175 L钢瓶，最大容积不应大于410 L，灌装量不应大于其容积的90%。

3 气瓶组储气容积宜按1.5倍计算月最大日供气量确定。

9.3.2 气瓶组应在站内固定地点露天(可设置罩棚)设置。气瓶组与建、构筑物的防火间距不应小于表9.3.2的规定。

表9.3.2 气瓶组与建、构筑物的防火间距(m)

项目 \ 气瓶总容积(m^3)		≤2	>2～≤4
明火、散发火花地点		25	30
民用建筑		12	15
重要公共建筑、一类高层民用建筑		24	30
道路(路边)	主要	10	10
	次要	5	5

注：气瓶总容积应按配置气瓶个数与单瓶几何容积的乘积计算。单个气瓶容积不应大于410 L。

9.3.3 设置在露天(或罩棚下)的空温式气化器与气瓶组的间距应满足操作的要求，与明火、散发火花地点或其他建、构筑物的防火间距应符合本规范第9.3.2条气瓶总容积小于或等于2 m^3 一档的规定。

9.3.4 气化装置的总供气能力应根据高峰小时用气量确定。气化装置的配置台数不应少于2台，且应有1台备用。

9.3.5 瓶组气化站的四周宜设置高度不低于2 m的不燃烧体实体围墙。

9.4 管道及附件、储罐、容器、气化器、气体加热器和检测仪表

9.4.1 液化天然气储罐、设备的设计温度应按－168 ℃计算，当采用液氮等低温介质进行置换时，应按置换介质的最低温度计算。

9.4.2 对于使用温度低于－20 ℃的管道应采用奥氏体不锈钢无缝钢管，其技术性能应符合现行的国家标准《流体输送用不锈钢无缝钢管》GB/T 14976的规定。

9.4.3 管道宜采用焊接连接。公称直径不大于 50 mm 的管道与储罐、容器、设备及阀门可采用法兰、螺纹连接；公称直径大于 50 mm 的管道与储罐、容器、设备及阀门连接应采用法兰或焊接连接；法兰连接采用的螺栓、弹性垫片等紧固件应确保连接的紧密度。阀门应能适用于液化天然气介质，液相管道应采用加长阀杆和能在线检修结构的阀门（液化天然气钢瓶自带的阀门除外），连接宜采用焊接。

9.4.4 管道应根据设计条件进行柔性计算，柔性计算的范围和方法应符合现行国家标准《工业金属管道设计规范》GB 50316 的规定。

9.4.5 管道宜采用自然补偿的方式，不宜采用补偿器进行补偿。

9.4.6 管道的保温材料应采用不燃烧材料，该材料应具有良好的防潮性和耐候性。

9.4.7 液态天然气管道上的两个切断阀之间必须设置安全阀，放散气体宜集中放散。

9.4.8 液化天然气卸车口的进液管道应设置止回阀。液化天然气卸车软管应采用奥氏体不锈钢波纹软管，其设计爆裂压力不应小于系统最高工作压力的 5 倍。

9.4.9 液化天然气储罐和容器本体及附件的材料选择和设计应符合现行国家标准《钢制压力容器》GB 150、《低温绝热压力容器》GB 18442 和国家现行《压力容器安全技术监察规程》的规定。

9.4.10 液化天然气储罐必须设置安全阀，安全阀的开启压力及阀口总通过面积应符合国家现行《压力容器安全技术监察规程》的规定。

9.4.11 液化天然气储罐安全阀的设置应符合下列要求：

1 必须选用奥氏体不锈钢弹簧封闭全启式；

2 单罐容积为 100 m^3 或 100 m^3 以上的储罐应设置 2 个或 2 个以上安全阀；

3 安全阀应设置放散管，其管径不应小于安全阀出口的管径。放散管宜集中放散；

4 安全阀与储罐之间应设置切断阀。

9.4.12 储罐应设置放散管，其设置要求应符合本规范第 9.2.12 条的规定。

9.4.13 储罐进出液管必须设置紧急切断阀，并与储罐液位控制连锁。

9.4.14 液化天然气储罐仪表的设置，应符合下列要求：

1 应设置两个液位计，并应设置液位上、下限报警和连锁装置。

注：容积小于 3.8 m^3 的储罐和容器，可设置一个液位计（或固定长度液位管）。

2 应设置压力表，并应在有值班人员的场所设置高压报警显示器，取压点应位于储罐最高液位以上。

3 采用真空绝热的储罐，真空层应设置真空表接口。

9.4.15 液化天然气气化器的液体进口管道上宜设置紧急切断阀，该阀门应与天然气出口的测温装置连锁。

9.4.16 液化天然气气化器或其出口管道上必须设置安全阀，安全阀的泄放能力应满足下列要求：

1 环境气化器的安全阀泄放能力必须满足在 1.1 倍的设计压力下，泄放量不小于气化器设计额定流量的 1.5 倍。

2 加热气化器的安全阀泄放能力必须满足在 1.1 倍的设计压力下，泄放量不小于气化器设计额定流量的 1.1 倍。

9.4.17 液化天然气气化器和天然气气体加热器的天然气出口应设置测温装置并应与相关阀门连锁；热媒的进口应设置能遥控和就地控制的阀门。

9.4.18 对于有可能受到土壤冻结或冻胀影响的储罐基础和设备基础，必须设置温度监测系统并应采取有效保护措施。

9.4.19 储罐区、气化装置区域或有可能发生液化天然气泄漏的区域内应设置低温检测报警装置和相关的连锁装置，报警显示器应设置在值班室或仪表室等有值班人员的场所。

9.4.20 爆炸危险场所应设置燃气浓度检测报警器。报警浓度应取爆炸下限的 20%，报警显示器应设置在值班室或仪表室等有值班人员的场所。

9.4.21 液化天然气气化站内应设置事故切断系统，事故发生时，应切断或关闭液化天然气或可燃气体来源，还应关闭正在运行可能使事故扩大的设备。

液化天然气气化站内设置的事故切断系统应具有手动、自动或手动自动同时启动的性能，手动启动器应设置在事故时方便到达的地方，并与所保护设备的间距不小于 15 m。手动启动器应具有明显的功能标志。

9.5 消防给水、排水和灭火器材

9.5.1 液化天然气气化站在同一时间内的火灾次数应按一次考虑，其消防水量应按储罐区一次消防用水量确定。

液化天然气储罐消防用水量应按其储罐固定喷淋装置和水枪用水量之和计算，其设计应符合下列要求：

1 总容积超过 50 m^3 或单罐容积超过 20 m^3 的液化天然气储罐或储罐区应设置固定喷淋装置。喷淋装置的供水强度不应小于 0.15 L/(s·m^2)。着火储罐的保护面积按其全表面积计算，距着火储罐直径（卧式储罐按其直径和长度之和的一半）1.5 倍范围内（范围的计算应以储罐的最外侧为准）的储罐按其表面积的一半计算。

2 水枪宜采用带架水枪。水枪用水量不应小于表 9.5.1 的规定。

表 9.5.1 水枪用水量

总容积(m^3)	≤200	>200
单罐容积(m^3)	≤50	>50
水枪用水量(L/s)	20	30

注：1 水枪用水量应按本表总容积和单罐容积较大者确定。

2 总容积小于 50 m^3 且单罐容积小于等于 20 m^3 的液化天然气储罐或储罐区，可单独设置固定喷淋装置或移动水枪，其消防水量应按水枪用水量计算。

9.5.2 液化天然气立式储罐固定喷淋装置应在罐体上部和罐顶均匀分布。

9.5.3 消防水池的容量应按火灾连续时间 6 h 计算确定。但总容积小于 220 m^3 且单罐容积小于或等于 50 m^3 的储罐或储罐区，消防水池的容量应按火灾连续时间 3 h 计算确定。当火灾情况下能保证连续向消防水池补水时，其容量可减去火灾连续时间内的补水量。

9.5.4 液化天然气气化站的消防给水系统中的消防泵房，给水管网和供水压力要求等设计应符合本规范第 8.10 节的有关规定。

9.5.5 液化天然气气化站生产区防护墙内的排水系统应采取防止液化天然气流入下水道或其他以顶盖密封的沟渠中的措施。

9.5.6 站内具有火灾和爆炸危险的建、构筑物、液化天然气储罐和工艺装置区应设置小型干粉灭火器，其设置数量除应符合表 9.5.6 的规定外，还应符合现行国家标准《建筑灭火器配置设计规范》GB 50140 的规定。

表 9.5.6 干粉灭火器的配置数量

场 所	配 置 数 量
储罐区	按储罐台数，每台储罐设置 8 kg 和 35 kg 各 1 具
汽车槽车装卸台（柱、装卸口）	按槽车车位数，每个车位设置 8 kg、2 具
气瓶灌装台	设置 8 kg 不少于 2 具
气瓶组（≤4 m^3）	设置 8 kg 不少于 2 具
工艺装置区	按区域面积，每 50 m^2 设置 8 kg、1 具，且每个区域不少于 2 具

注：8 kg 和 35 kg 分别指手提式和手推式干粉型灭火器的药剂充装量。

9.6 土建和生产辅助设施

9.6.1 液化天然气气化站建、构筑物的防火、防爆和抗震设计，应符合本规范第8.9节的有关规定。

9.6.2 设有液化天然气工艺设备的建、构筑物应有良好的通风措施。通风量按房屋全部容积每小时换气次数不应小于6次。在蒸发气体比空气重的地方，应在蒸发气体聚集最低部位设置通风口。

9.6.3 液化天然气气化站的供电系统设计应符合现行国家标准《供配电系统设计规范》GB 50052“二级负荷”的规定。

9.6.4 液化天然气气化站爆炸危险场所的电力装置设计应符合现行国家标准《爆炸和火灾危险环境电力装置设计规范》GB 50058的有关规定。

9.6.5 液化天然气气化站的防雷和静电接地设计，应符合本规范第8.11节的有关规定。

10 燃气的应用

10.1 一般规定

10.1.1 本章适用于城镇居民、商业和工业企业用户内部的燃气系统设计。

10.1.2 燃气调压器、燃气表、燃烧器具等，应根据使用燃气类别及其特性、安装条件、工作压力和用户要求等因素选择。

10.1.3 燃气应用设备铭牌上规定的燃气必须与当地供应的燃气相一致。

10.2 室内燃气管道

10.2.1 用户室内燃气管道的最高压力不应大于表10.2.1的规定。

表10.2.1 用户室内燃气管道的最高压力(表压 MPa)

燃气用户		最高压力
工业用户	独立、单层建筑	0.8
	其他	0.4
商业用户		0.4
居民用户(中压进户)		0.2
居民用户(低压进户)		<0.01

注：1 液化石油气管道的最高压力不应大于0.14 MPa；
2 管道井内的燃气管道的最高压力不应大于0.2 MPa；
3 室内燃气管道压力大于0.8 MPa的特殊用户设计应按有关专业规范执行。

10.2.2 燃气供应压力应根据用户设备燃烧器的额定压力及其允许的压力波动范围确定。

民用低压用气设备的燃烧器的额定压力宜按表10.2.2采用。

表10.2.2 民用低压用气设备燃烧器的额定压力(表压 kPa)

<table>
<tr><th rowspan="2">燃气
燃烧器</th><th rowspan="2">人工煤气</th><th colspan="2">天然气</th><th rowspan="2">液化石油气</th></tr>
<tr><th>矿井气</th><th>天然气、油田伴生气、液化石油气混空气</th></tr>
<tr><td>民用燃具</td><td>1.0</td><td>1.0</td><td>2.0</td><td>2.8或5.0</td></tr>
</table>

10.2.3 室内燃气管道宜选用钢管，也可选用铜管、不锈钢管、铝塑复合管和连接用软管，并应分别符合第10.2.4～10.2.8条的规定。

10.2.4 室内燃气管道选用钢管时应符合下列规定：

1 钢管的选用应符合下列规定：

1） 低压燃气管道应选用热镀锌钢管（热浸镀锌），其质量应符合现行国家标准《低压流体输送用焊接钢管》GB/T 3091 的规定；

2） 中压和次高压燃气管道宜选用无缝钢管，其质量应符合现行国家标准《输送流体用无缝钢管》GB/T 8163 的规定；燃气管道的压力小于或等于 0.4 MPa 时，可选用本款第 1）项规定的焊接钢管。

2 钢管的壁厚应符合下列规定：

1） 选用符合 GB/T 3091 标准的焊接钢管时，低压宜采用普通管，中压应采用加厚管；

2） 选用无缝钢管时，其壁厚不得小于 3 mm，用于引入管时不得小于 3.5 mm；

3） 当屋面上的燃气管道和高层建筑沿外墙架设的燃气管道，在避雷保护范围以外时，采用焊接钢管或无缝钢管时其管道壁厚均不得小于 4 mm。

3 钢管螺纹连接时应符合下列规定：

1） 室内低压燃气管道（地下室、半地下室等部位除外）、室外压力小于或等于 0.2 MPa 的燃气管道，可采用螺纹连接；

管道公称直径大于 *DN*100 时不宜选用螺纹连接。

2） 管件选择应符合下列要求：

管道公称压力 $PN \leqslant 0.01$ MPa 时，可选用可锻铸铁螺纹管件；

管道公称压力 $PN \leqslant 0.2$ MPa 时，应选用钢或铜合金螺纹管件。

3） 管道公称压力 $PN \leqslant 0.2$ MPa 时，应采用现行国家标准《55°密封螺纹　第 2 部分：圆锥内螺纹与圆锥外螺纹》GB/T 7306.2 规定的螺纹（锥/锥）连接。

4） 密封填料，宜采用聚四氟乙烯生料带、尼龙密封绳等性能良好的填料。

4 钢管焊接或法兰连接可用于中低压燃气管道（阀门、仪表处除外），并应符合有关标准的规定。

10.2.5 室内燃气管道选用铜管时应符合下列规定：

1 铜管的质量应符合现行国家标准《无缝铜水管和铜气管》GB/T 18033 的规定。

2 铜管道应采用硬钎焊连接，宜采用不低于 1.8％的银（铜—磷基）焊料（低银铜磷钎料）。铜管接头和焊接工艺可按现行国家标准《铜管接头》GB/T 11618 的规定执行。

铜管道不得采用对焊、螺纹或软钎焊（熔点小于 500 ℃）连接。

3 埋入建筑物地板和墙中的铜管应是覆塑铜管或带有专用涂层的铜管，其质量应符合有关标准的规定。

4 燃气中硫化氢含量小于或等于 7 mg/m^3 时，中低压燃气管道可采用现行国家标准《无缝铜水管和铜气管》GB/T 18033 中表 3-1 规定的 A 型管或 B 型管。

5 燃气中硫化氢含量大于 7 mg/m^3 而小于 20 mg/m^3 时，中压燃气管道应选用带耐腐蚀内衬的铜管；无耐腐蚀内衬的铜管只允许在室内的低压燃气管道中采用；铜管类型可按本条第 4 款的规定执行。

6 铜管必须有防外部损坏的保护措施。

10.2.6 室内燃气管道选用不锈钢管时应符合下列规定：

1 薄壁不锈钢管：

1） 薄壁不锈钢管的壁厚不得小于 0.6 mm（*DN*15 及以上），其质量应符合现行国家标准《流体输送用不锈钢焊接钢管》GB/T 12771 的规定；

2） 薄壁不锈钢管的连接方式，应采用承插氩弧焊式管件连接或卡套式管件机械连接，并宜优先选用承插氩弧焊式管件连接。承插氩弧焊式管件和卡套式管件应符合有关标准的规定。

2 不锈钢波纹管：

1） 不锈钢波纹管的壁厚不得小于 0.2 mm，其质量应符合国家现行标准《燃气用不锈钢波纹软管》CJ/T 197 的规定；

2） 不锈钢波纹管应采用卡套式管件机械连接，卡套式管件应符合有关标准的规定。

3 薄壁不锈钢管和不锈钢波纹管必须有防外部损坏的保护措施。

10.2.7 室内燃气管道选用铝塑复合管时应符合下列规定：

1 铝塑复合管的质量应符合现行国家标准《铝塑复合压力管　第1部分：铝管搭接焊式铝塑管》GB/T 18997.1 或《铝塑复合压力管　第2部分：铝管对接焊式铝塑管》GB/T 18997.2 的规定。

2 铝塑复合管应采用卡套式管件或承插式管件机械连接，承插式管件应符合国家现行标准《承插式管接头》CJ/T 110 的规定，卡套式管件应符合国家现行标准《卡套式管接头》CJ/T 111 和《铝塑复合管用卡压式管件》CJ/T 190 的规定。

3 铝塑复合管安装时必须对铝塑复合管材进行防机械损伤、防紫外线（UV）伤害及防热保护，并应符合下列规定：

1） 环境温度不应高于 60 ℃；

2） 工作压力应小于 10 kPa；

3） 在户内的计量装置（燃气表）后安装。

10.2.8 室内燃气管道采用软管时，应符合下列规定：

1 燃气用具连接部位、实验室用具或移动式用具等处可采用软管连接。

2 中压燃气管道上应采用符合现行国家标准《波纹金属软管通用技术条件》GB/T 14525、《液化石油气（LPG）用橡胶软管和软管组合件　散装运输用》GB/T 10546 或同等性能以上的软管。

3 低压燃气管道上应采用符合国家现行标准《家用煤气软管》HG 2486 或国家现行标准《燃气用不锈钢波纹软管》CJ/T 197 规定的软管。

4 软管最高允许工作压力不应小于管道设计压力的 4 倍。

5 软管与家用燃具连接时，其长度不应超过 2 m，并不得有接口。

6 软管与移动式的工业燃具连接时，其长度不应超过 30 m，接口不应超过 2 个。

7 软管与管道、燃具的连接处应采用压紧螺帽（锁母）或管卡（喉箍）固定。在软管的上游与硬管的连接处应设阀门。

8 橡胶软管不得穿墙、顶棚、地面、窗和门。

10.2.9 室内燃气管道的计算流量应按下列要求确定：

1 居民生活用燃气计算流量可按下式计算：

$$Q_h = \sum kNQ_n \tag{10.2.9}$$

式中 Q_h——燃气管道的计算流量（m^3/h）；

k——燃具同时工作系数，居民生活用燃具可按附录 F 确定；

N——同种燃具或成组燃具的数目；

Q_n——燃具的额定流量（m^3/h）。

2 商业用和工业企业生产用燃气计算流量应按所有用气设备的额定流量并根据设备的实际使用情况确定。

10.2.10 商业和工业用户调压装置及居民楼栋调压装置的设置形式应符合本规范第 6.6.2 条和第 6.6.6 条的规定。

10.2.11 当由调压站供应低压燃气时，室内低压燃气管道允许的阻力损失，应根据建筑物和室外管道等情况，经技术经济比较后确定。

10.2.12 室内燃气管道的阻力损失，可按本规范第 6.2.5 条和第 6.2.6 条的规定计算。

室内燃气管道的局部阻力损失宜按实际情况计算。

10.2.13 计算低压燃气管道阻力损失时，对地形高差大或高层建筑立管应考虑因高程差而引起的燃气附加压力。燃气的附加压力可按下式计算：

$$\Delta H = 9.8 \times (\rho_k - \rho_m) \times h \qquad (10.2.13)$$

式中 ΔH——燃气的附加压力(Pa)；

ρ_k——空气的密度(kg/m^3)；

ρ_m——燃气的密度(kg/m^3)；

h——燃气管道终、起点的高程差(m)。

10.2.14 燃气引入管敷设位置应符合下列规定：

1 燃气引入管不得敷设在卧室、卫生间、易燃或易爆品的仓库、有腐蚀性介质的房间、发电间、配电间、变电室、不使用燃气的空调机房、通风机房、计算机房、电缆沟、暖气沟、烟道和进风道、垃圾道等地方。

2 住宅燃气引入管宜设在厨房、外走廊、与厨房相连的阳台内(寒冷地区输送湿燃气时阳台应封闭)等便于检修的非居住房间内。当确有困难，可从楼梯间引入(高层建筑除外)，但应采用金属管道且引入管阀门宜设在室外。

3 商业和工业企业的燃气引入管宜设在使用燃气的房间或燃气表间内。

4 燃气引入管宜沿外墙地面上穿墙引入。室外露明管段的上端弯曲处应加不小于 $DN15$ 清扫用三通和丝堵，并做防腐处理。寒冷地区输送湿燃气时应保温。

引入管可埋地穿过建筑物外墙或基础引入室内。当引入管穿过墙或基础进入建筑物后应在短距离内出室内地面，不得在室内地面下水平敷设。

10.2.15 燃气引入管穿墙与其他管道的平行净距应满足安装和维修的需要，当与地下管沟或下水道距离较近时，应采取有效的防护措施。

10.2.16 燃气引入管穿过建筑物基础、墙或管沟时，均应设置在套管中，并应考虑沉降的影响，必要时应采取补偿措施。

套管与基础、墙或管沟等之间的间隙应填实，其厚度应为被穿过结构的整个厚度。

套管与燃气引入管之间的间隙应采用柔性防腐、防水材料密封。

10.2.17 建筑物设计沉降量大于 50 mm 时，可对燃气引入管采取如下补偿措施：

1 加大引入管穿墙处的预留洞尺寸。

2 引入管穿墙前水平或垂直弯曲 2 次以上。

3 引入管穿墙前设置金属柔性管或波纹补偿器。

10.2.18 燃气引入管的最小公称直径应符合下列要求：

1 输送人工煤气和矿井气不应小于 25 mm；

2 输送天然气不应小于 20 mm；

3 输送气态液化石油气不应小于 15 mm。

10.2.19 燃气引入管阀门宜设在建筑物内，对重要用户还应在室外另设阀门。

10.2.20 输送湿燃气的引入管，埋设深度应在土壤冰冻线以下，并宜有不小于 0.01 坡向室外管道的坡度。

10.2.21 地下室、半地下室、设备层和地上密闭房间敷设燃气管道时，应符合下列要求：

1 净高不宜小于 2.2 m。

2 应有良好的通风设施，房间换气次数不得小于 3 次/h；并应有独立的事故机械通风设施，其换气次数不应小于 6 次/h。

3 应有固定的防爆照明设备。

4 应采用非燃烧体实体墙与电话间、变配电室、修理间、储藏室、卧室、休息室隔开。

5 应按本规范第 10.8 节规定设置燃气监控设施。

6 燃气管道应符合本规范第 10.2.23 条要求。

7 当然气管道与其他管道平行敷设时，应敷设在其他管道的外侧。

8　地下室内燃气管道末端应设放散管，并应引出地上。放散管的出口位置应保证吹扫放散时的安全和卫生要求。

注：地上密闭房间包括地上无窗或窗仅用作采光的密闭房间等。

10.2.22　液化石油气管道和烹调用液化石油气燃烧设备不应设置在地下室、半地下室内。当确需要设置在地下一层、半地下室时，应针对具体条件采取有效的安全措施，并进行专题技术论证。

10.2.23　敷设在地下室、半地下室、设备层和地上密闭房间以及竖井、住宅汽车库（不使用燃气，并能设置钢套管的除外）的燃气管道应符合下列要求：

1　管材、管件及阀门、阀件的公称压力应按提高一个压力等级进行设计；

2　管道应采用钢号为10、20的无缝钢管或具有同等及同等以上性能的其他金属管材；

3　除阀门、仪表等部位和采用加厚管的低压管道外，均应焊接和法兰连接；应尽量减少焊缝数量，钢管道的固定焊口应进行100%射线照相检验，活动焊口应进行10%射线照相检验，其质量不得低于现行国家标准《现场设备、工业管道焊接工程施工及验收规范》GB 50236—98中的Ⅲ级；其他金属管材的焊接质量应符合相关标准的规定。

10.2.24　燃气水平干管和立管不得穿过易燃易爆品仓库、配电间、变电室、电缆沟、烟道、进风道和电梯井等。

10.2.25　燃气水平干管宜明设，当建筑设计有特殊美观要求时可敷设在能安全操作、通风良好和检修方便的吊顶内，管道应符合本规范第10.2.23条的要求；当吊顶内设有可能产生明火的电气设备或空调回风管时，燃气干管宜设在与吊顶底平的独立密封∩型管槽内，管槽底宜采用可卸式活动百叶或带孔板。

燃气水平干管不宜穿过建筑物的沉降缝。

10.2.26　燃气立管不得敷设在卧室或卫生间内。立管穿过通风不良的吊顶时应设在套管内。

10.2.27　燃气立管宜明设，当设在便于安装和检修的管道竖井内时，应符合下列要求：

1　燃气立管可与空气、惰性气体、上下水、热力管道等设在一个公用竖井内，但不得与电线、电气设备或氧气管、进风管、回风管、排气管、排烟管、垃圾道等共用一个竖井；

2　竖井内的燃气管道应符合本规范第10.2.23条的要求，并尽量不设或少设阀门等附件。竖井内的燃气管道的最高压力不得大于0.2 MPa；燃气管道应涂黄色防腐识别漆；

3　竖井应每隔2～3层做相当于楼板耐火极限的不燃烧体进行防火分隔，且应设法保证平时竖井内自然通风和火灾时防止产生“烟囱”作用的措施；

4　每隔4～5层设一燃气浓度检测报警器，上、下两个报警器的高度差不应大于20 m；

5　管道竖井的墙体应为耐火极限不低于1.0 h的不燃烧体，井壁上的检查门应采用丙级防火门。

10.2.28　高层建筑的燃气立管应有承受自重和热伸缩推力的固定支架和活动支架。

10.2.29　燃气水平干管和高层建筑立管应考虑工作环境温度下的极限变形，当自然补偿不能满足要求时，应设置补偿器；补偿器宜采用Π形或波纹管形，不得采用填料型。补偿量计算温差可按下列条件选取：

1　有空气调节的建筑物内取20 ℃；

2　无空气调节的建筑物内取40 ℃；

3　沿外墙和屋面敷设时可取70 ℃。

10.2.30　燃气支管宜明设。燃气支管不宜穿过起居室（厅）。敷设在起居室（厅）、走道内的燃气管道不宜有接头。

当穿过卫生间、阁楼或壁柜时，燃气管道应采用焊接连接（金属软管不得有接头），并应设在钢套管内。

10.2.31　住宅内暗埋的燃气支管应符合下列要求：

1　暗埋部分不宜有接头，且不应有机械接头。暗埋部分宜有涂层或覆塑等防腐蚀措施。

2 暗埋的管道应与其他金属管道或部件绝缘，暗埋的柔性管道宜采用钢盖板保护。

3 暗埋管道必须在气密性试验合格后覆盖。

4 覆盖层厚度不应小于 10 mm。

5 覆盖层面上应有明显标志，标明管道位置，或采取其他安全保护措施。

10.2.32 住宅内暗封的燃气支管应符合下列要求：

1 暗封管道应设在不受外力冲击和暖气烘烤的部位。

2 暗封部位应可拆卸，检修方便，并应通风良好。

10.2.33 商业和工业企业室内暗设燃气支管应符合下列要求：

1 可暗埋在楼层地板内；

2 可暗封在管沟内，管沟应设活动盖板，并填充干砂；

3 燃气管道不得暗封在可以渗入腐蚀性介质的管沟中；

4 当暗封燃气管道的管沟与其他管沟相交时，管沟之间应密封，燃气管道应设套管。

10.2.34 民用建筑室内燃气水平干管，不得暗埋在地下土层或地面混凝土层内。

工业和实验室的室内燃气管道可暗埋在混凝土地面中，其燃气管道的引入和引出处应设钢套管。钢套管应伸出地面 5～10 cm。钢套管两端应采用柔性的防水材料密封；管道应有防腐绝缘层。

10.2.35 燃气管道不应敷设在潮湿或有腐蚀性介质的房间内。当确需敷设时，必须采取防腐蚀措施。

输送湿燃气的燃气管道敷设在气温低于 0 ℃的房间或输送气相液化石油气管道处的环境温度低于其露点温度时，其管道应采取保温措施。

10.2.36 室内燃气管道与电气设备、相邻管道之间的净距不应小于表 10.2.36 的规定。

表 10.2.36 室内燃气管道与电气设备、相邻管道之间的净距

管道和设备		与燃气管道的净距(cm)	
		平行敷设	交叉敷设
电气设备	明装的绝缘电线或电缆	25	10(注)
	暗装或管内绝缘电线	5(从所做的槽或管子的边缘算起)	1
	电压小于 1 000 V 的裸露电线	100	100
	配电盘或配电箱、电表	30	不允许
	电插座、电源开关	15	不允许
相邻管道		保证燃气管道、相邻管道的安装和维修	2

注：1 当明装电线加绝缘套管且套管的两端各伸出燃气管道 10 cm 时，套管与燃气管道的交叉净距可降至 1 cm。

2 当布置确有困难，在采取有效措施后，可适当减小净距。

10.2.37 沿墙、柱、楼板和加热设备构件上明设的燃气管道应采用管支架、管卡或吊卡固定。

管支架、管卡、吊卡等固定件的安装不应妨碍管道的自由膨胀和收缩。

10.2.38 室内燃气管道穿过承重墙、地板或楼板时必须加钢套管，套管内管道不得有接头，套管与承重墙、地板或楼板之间的间隙应填实，套管与燃气管道之间的间隙应采用柔性防腐、防水材料密封。

10.2.39 工业企业用气车间、锅炉房以及大中型用气设备的燃气管道上应设放散管，放散管管口应高出屋脊(或平屋顶)1 m 以上或设置在地面上安全处，并应采取防止雨雪进入管道和放散物进入房间的措施。

当建筑物位于防雷区之外时，放散管的引线应接地，接地电阻应小于 10 Ω。

10.2.40 室内燃气管道的下列部位应设置阀门：

1 燃气引入管；

2 调压器前和燃气表前；

3 燃气用具前；

4 测压计前；

5 放散管起点。

10.2.41 室内燃气管道阀门宜采用球阀。

10.2.42 输送干燃气的室内燃气管道可不设置坡度。输送湿燃气(包括气相液化石油气)的管道，其敷设坡度不宜小于0.003。

燃气表前后的湿燃气水平支管应分别坡向立管和燃具。

10.3 燃气计量

10.3.1 燃气用户应单独设置燃气表。

燃气表应根据燃气的工作压力、温度、流量和允许的压力降(阻力损失)等条件选择。

10.3.2 用户燃气表的安装位置，应符合下列要求：

1 宜安装在不燃或难燃结构的室内通风良好和便于查表、检修的地方。

2 严禁安装在下列场所：

1) 卧室、卫生间及更衣室内；

2) 有电源、电器开关及其他电器设备的管道井内，或有可能滞留泄漏燃气的隐蔽场所；

3) 环境温度高于45℃的地方；

4) 经常潮湿的地方；

5) 堆放易燃易爆、易腐蚀或有放射性物质等危险的地方；

6) 有变、配电等电器设备的地方；

7) 有明显振动影响的地方；

8) 高层建筑中的避难层及安全疏散楼梯间内。

3 燃气表的环境温度，当使用人工煤气和天然气时，应高于0℃；当使用液化石油气时，应高于其露点5℃以上。

4 住宅内燃气表可安装在厨房内，当有条件时也可设置在户门外。

住宅内高位安装燃气表时，表底距地面不宜小于1.4 m；当燃气表装在燃气灶具上方时，燃气表与燃气灶的水平净距不得小于30 cm；低位安装时，表底距地面不得小于10 cm。

5 商业和工业企业的燃气表宜集中布置在单独房间内，当设有专用调压室时可与调压器同室布置。

10.3.3 燃气表保护装置的设置应符合下列要求：

1 当输送燃气过程中可能产生尘粒时，宜在燃气表前设置过滤器；

2 当使用加氧的富氧燃烧器或使用鼓风机向燃烧器供给空气时，应在燃气表后设置止回阀或泄压装置。

10.4 居民生活用气

10.4.1 居民生活的各类用气设备应采用低压燃气，用气设备前(灶前)的燃气压力应在$0.75P_n$～$1.5P_n$的范围内(P_n为燃具的额定压力)。

10.4.2 居民生活用气设备严禁设置在卧室内。

10.4.3 住宅厨房内宜设置排气装置和燃气浓度检测报警器。

10.4.4 家用燃气灶的设置应符合下列要求：

1 燃气灶应安装在有自然通风和自然采光的厨房内。利用卧室的套间(厅)或利用与卧室连接的走廊作厨房时，厨房应设门并与卧室隔开。

2 安装燃气灶的房间净高不宜低于2.2 m。

3 燃气灶与墙面的净距不得小于10 cm。当墙面为可燃或难燃材料时，应加防火隔热板。

燃气灶的灶面边缘和烤箱的侧壁距木质家具的净距不得小于 20 cm，当达不到时，应加防火隔热板。

4 放置燃气灶的灶台应采用不燃烧材料，当采用难燃材料时，应加防火隔热板。

5 厨房为地上暗厨房(无直通室外的门和窗)时，应选用带有自动熄火保护装置的燃气灶，并应设置燃气浓度检测报警器、自动切断阀和机械通风设施，燃气浓度检测报警器应与自动切断阀和机械通风设施连锁。

10.4.5 家用燃气热水器的设置应符合下列要求：

1 燃气热水器应安装在通风良好的非居住房间、过道或阳台内；

2 有外墙的卫生间内，可安装密闭式热水器，但不得安装其他类型热水器；

3 装有半密闭式热水器的房间，房间门或墙的下部应设有效截面积不小于 0.02 m^2 的格栅，或在门与地面之间留有不小于 30 mm 的间隙；

4 房间净高宜大于 2.4 m；

5 可燃或难燃烧的墙壁和地板上安装热水器时，应采取有效的防火隔热措施；

6 热水器的给排气筒宜采用金属管道连接。

10.4.6 单户住宅采暖和制冷系统采用燃气时，应符合下列要求：

1 应有熄火保护装置和排烟设施；

2 应设置在通风良好的走廊、阳台或其他非居住房间内；

3 设置在可燃或难燃烧的地板和墙壁上时，应采取有效的防火隔热措施。

10.4.7 居民生活用燃具的安装应符合国家现行标准《家用燃气燃烧器具安装及验收规程》CJJ 12 的规定。

10.4.8 居民生活用燃具在选用时，应符合现行国家标准《燃气燃烧器具安全技术条件》GB 16914 的规定。

10.5 商业用气

10.5.1 商业用气设备宜采用低压燃气设备。

10.5.2 商业用气设备应安装在通风良好的专用房间内；商业用气设备不得安装在易燃易爆物品的堆存处，亦不应设置在兼做卧室的警卫室、值班室、人防工程等处。

10.5.3 商业用气设备设置在地下室、半地下室(液化石油气除外)或地上密闭房间内时，应符合下列要求：

1 燃气引入管应设手动快速切断阀和紧急自动切断阀；停电时紧急自动切断阀必须处于关闭状态；

2 用气设备应有熄火保护装置；

3 用气房间应设置燃气浓度检测报警器，并由管理室集中监视和控制；

4 宜设烟气一氧化碳浓度检测报警器；

5 应设置独立的机械送排风系统；通风量应满足下列要求：

1) 正常工作时，换气次数不应小于 6 次/h；事故通风时，换气次数不应小于 12 次/h；不工作时换气次数不应小于 3 次/h；

2) 当燃烧所需的空气由室内吸取时，应满足燃烧所需的空气量；

3) 应满足排除房间热力设备散失的多余热量所需的空气量。

10.5.4 商业用气设备的布置应符合下列要求：

1 用气设备之间及用气设备与对面墙之间的净距应满足操作和检修的要求；

2 用气设备与可燃或难燃的墙壁、地板和家具之间应采取有效的防火隔热措施。

10.5.5 商业用气设备的安装应符合下列要求：

1 大锅灶和中餐炒菜灶应有排烟设施，大锅灶的炉膛或烟道处应设爆破门；

2 大型用气设备的泄爆装置，应符合本规范第10.6.6条的规定。

10.5.6 商业用户中燃气锅炉和燃气直燃型吸收式冷（温）水机组的设置应符合下列要求：

1 宜设置在独立的专用房间内；

2 设置在建筑物内时，燃气锅炉房宜布置在建筑物的首层，不应布置在地下二层及二层以下；燃气常压锅炉和燃气直燃机可设置在地下二层；

3 燃气锅炉房和燃气直燃机不应设置在人员密集场所的上一层、下一层或贴邻的房间内及主要疏散口的两旁；不应与锅炉和燃气直燃机无关的甲、乙类及使用可燃液体的丙类危险建筑贴邻；

4 燃气相对密度（空气等于1）大于或等于0.75的燃气锅炉和燃气直燃机，不得设置在建筑物地下室和半地下室；

5 宜设置专用调压站或调压装置，燃气经调压后供应机组使用。

10.5.7 商业用户中燃气锅炉和燃气直燃型吸收式冷（温）水机组的安全技术措施应符合下列要求：

1 燃烧器应是具有多种安全保护自动控制功能的机电一体化的燃具；

2 应有可靠的排烟设施和通风设施；

3 应设置火灾自动报警系统和自动灭火系统；

4 设置在地下室、半地下室或地上密闭房间时应符合本规范第10.5.3条和第10.2.21条的规定。

10.5.8 当需要将燃气应用设备设置在靠近车辆的通道处时，应设置护栏或车挡。

10.5.9 屋顶上设置燃气设备时应符合下列要求：

1 燃气设备应能适用当地气候条件。设备连接件、螺栓、螺母等应耐腐蚀；

2 屋顶应能承受设备的的荷载；

3 操作面应有1.8 m宽的操作距离和1.1 m高的护栏；

4 应有防雷和静电接地措施。

10.6 工业企业生产用气

10.6.1 工业企业生产用气设备的燃气用量，应按下列原则确定：

1 定型燃气加热设备，应根据设备铭牌标定的用气量或标定热负荷，采用经当地燃气热值折算的用气量；

2 非定型燃气加热设备应根据热平衡计算确定；或参照同类型用气设备的用气量确定；

3 使用其他燃料的加热设备需要改用燃气时，可根据原燃料实际消耗量计算确定。

10.6.2 当城镇供气管道压力不能满足用气设备要求，需要安装加压设备时，应符合下列要求：

1 在城镇低压和中压B供气管道上严禁直接安装加压设备。

2 在城镇低压和中压B供气管道上间接安装加压设备时应符合下列规定：

1） 加压设备前必须设低压储气罐。其容积应保证加压时不影响地区管网的压力工况；储气罐容积应按生产量较大者确定；

2） 储气罐的起升压力应小于城镇供气管道的量低压力；

3） 储气罐进出口管道上应设切断阀，加压设备应设旁通阀和出口止回阀；由城镇低压管道供气时，储罐进口处的管道上应设止回阀；

4） 储气罐应设上、下限位的报警装置和储量下限位与加压设备停机和自动切断阀连锁。

3 当城镇供气管道压力为中压A时，应有进口压力过低保护装置。

10.6.3 工业企业生产用气设备的燃烧器选择，应根据加热工艺要求、用气设备类型、燃气供给压力及附属设施的条件等因素，经技术经济比较后确定。

10.6.4 工业企业生产用气设备的烟气余热宜加以利用。

10.6.5 工业企业生产用气设备应有下列装置：

1 每台用气设备应有观察孔或火焰监测装置，并宜设置自动点火装置和熄火保护装置；

2 用气设备上应有热工检测仪表，加热工艺需要和条件允许时，应设置燃烧过程的自动调节装置。

10.6.6 工业企业生产用气设备燃烧装置的安全设施应符合下列要求：

1 燃气管道上应安装低压和超压报警以及紧急自动切断阀；

2 烟道和封闭式炉膛，均应设置泄爆装置，泄爆装置的泄压口应设在安全处；

3 鼓风机和空气管道应设静电接地装置。接地电阻不应大于 100 Ω；

4 用气设备的燃气总阀门与燃烧器阀门之间，应设置放散管。

10.6.7 燃气燃烧需要带压空气和氧气时，应有防止空气和氧气回到燃气管路和回火的安全措施，并应符合下列要求：

1 燃气管路上应设背压式调压器，空气和氧气管路上应设泄压阀。

2 在燃气、空气或氧气的混气管路与燃烧器之间应设阻火器；混气管路的最高压力不应大于0.07 MPa。

3 使用氧气时，其安装应符合有关标准的规定。

10.6.8 阀门设置应符合下列规定：

1 各用气车间的进口和燃气设备前的燃气管道上均应单独设置阀门，阀门安装高度不宜超过1.7 m；燃气管道阀门与用气设备阀门之间应设放散管；

2 每个燃烧器的燃气接管上，必须单独设置有启闭标记的燃气阀门；

3 每个机械鼓风的燃烧器，在风管上必须设置有启闭标记的阀门；

4 大型或并联装置的鼓风机，其出口必须设置阀门；

5 放散管、取样管、测压管前必须设置阀门。

10.6.9 工业企业生产用气设备应安装在通风良好的专用房间内。当特殊情况需要设置在地下室、半地下室或通风不良的场所时，应符合本规范第 10.2.21 条和第 10.5.3 条的规定。

10.7 燃烧烟气的排除

10.7.1 燃气燃烧所产生的烟气必须排出室外。设有直排式燃具的室内容积热负荷指标超过 207 W/m³ 时，必须设置有效的排气装置将烟气排至室外。

注：有直通洞口（哑口）的毗邻房间的容积也可一并作为室内容积计算。

10.7.2 家用燃具排气装置的选择应符合下列要求：

1 灶具和热水器（或采暖炉）应分别采用竖向烟道进行排气。

2 住宅采用自然换气时，排气装置应按国家现行标准《家用燃气燃烧器具安装及验收规程》CJJ 12—99 中 A.0.1 的规定选择。

3 住宅采用机械换气时，排气装置应按国家现行标准《家用燃气燃烧器具安装及验收规程》CJJ 12—99 中 A.0.3 的规定选择。

10.7.3 浴室用燃气热水器的给排气口应直接通向室外，其排气系统与浴室必须有防止烟气泄漏的措施。

10.7.4 商业用户厨房中的燃具上方应设排气扇或排气罩。

10.7.5 燃气用气设备的排烟设施应符合下列要求：

1 不得与使用固体燃料的设备共用一套排烟设施；

2 每台用气设备宜采用单独烟道；当多台设备合用一个总烟道时，应保证排烟时互不影响；

3 在容易积聚烟气的地方，应设置泄爆装置；

4 应设有防止倒风的装置；

5 从设备顶部排烟或设置排烟罩排烟时，其上部应有不小于 0.3 m 的垂直烟道方可接水平烟道；

6 有防倒风排烟罩的用气设备不得设置烟道闸板；无防倒风排烟罩的用气设备，在至总烟道的每个支管上应设置闸板，闸板上应有直径大于 15 mm 的孔；

7 安装在低于 0 ℃房间的金属烟道应做保温。

10.7.6 水平烟道的设置应符合下列要求：

1 **水平烟道不得通过卧室；**

2 居民用气设备的水平烟道长度不宜超过 5 m，弯头不宜超过 4 个(强制排烟式除外)；

商业用户用气设备的水平烟道长度不宜超过 6 m；

工业企业生产用气设备的水平烟道长度，应根据现场情况和烟囱抽力确定；

3 水平烟道应有大于或等于 0.01 坡向用气设备的坡度；

4 多台设备合用一个水平烟道时，应顺烟气流动方向设置导向装置；

5 用气设备的烟道距难燃或不燃顶棚或墙的净距不应小于 5 cm；距燃烧材料的顶棚或墙的净距不应小于 25 cm。

注：当有防火保护时，其距离可适当减小。

10.7.7 烟囱的设置应符合下列要求：

1 住宅建筑的各层烟气排出可合用一个烟囱，但应有防止串烟的措施；多台燃具共用烟囱的烟气进口处，在燃具停用时的静压值应小于或等于零；

2 当用气设备的烟囱伸出室外时，其高度应符合下列要求：

1) 当烟囱离屋脊小于 1.5 m 时(水平距离)，应高出屋脊 0.6 m；

2) 当烟囱离屋脊 1.5～3.0 m 时(水平距离)，烟囱可与屋脊等高；

3) 当烟囱离屋脊的距离大于 3.0 m 时(水平距离)，烟囱应在屋脊水平线下 10°的直线上；

4) 在任何情况下，烟囱应高出屋面 0.6 m；

5) 当烟囱的位置临近高层建筑时，烟囱应高出沿高层建筑物 45°的阴影线；

3 烟囱出口的排烟温度应高于烟气露点 15 ℃以上；

4 烟囱出口应有防止雨雪进入和防倒风的装置。

10.7.8 用气设备排烟设施的烟道抽力(余压)应符合下列要求：

1 热负荷 30 kW 以下的用气设备，烟道的抽力(余压)不应小于 3 Pa；

2 热负荷 30 kW 以上的用气设备，烟道的抽力(余压)不应小于 10 Pa；

3 工业企业生产用气工业炉窑的烟道抽力，不应小于烟气系统总阻力的 1.2 倍。

10.7.9 排气装置的出口位置应符合下列规定：

1 建筑物内半密闭自然排气式燃具的竖向烟囱出口应符合本规范第 10.7.7 条第 2 款的规定。

2 建筑物壁装的密闭式燃具的给排气口距上部窗口和下部地面的距离不得小于 0.3 m。

3 建筑物壁装的半密闭强制排气式燃具的排气口距门窗洞口和地面的距离应符合下列要求：

1) 排气口在窗的下部和门的侧部时，距相邻卧室的窗和门的距离不得小于 1.2 m，距地面的距离不得小于 0.3 m。

2) 排气口在相邻卧室的窗的上部时，距窗的距离不得小于 0.3 m。

3) 排气口在机械(强制)进风口的上部，且水平距离小于 3.0 m 时，距机械进风口的垂直距离不得小于 0.9 m。

10.7.10 高海拔地区安装的排气系统的最大排气能力，应按在海平面使用时的额定热负荷确定，高海拔地区安装的排气系统的最小排气能力，应按实际热负荷(海拔的减小额定值)确定。

10.8 燃气的监控设施及防雷、防静电

10.8.1 在下列场所应设置燃气浓度检测报警器：

1 建筑物内专用的封闭式燃气调压、计量间；

2 地下室、半地下室和地上密闭的用气房间；

3　燃气管道竖井；

4　地下室、半地下室引入管穿墙处；

5　有燃气管道的管道层。

10.8.2　燃气浓度检测报警器的设置应符合下列要求：

1　当检测比空气轻的燃气时，检测报警器与燃具或阀门的水平距离不得大于8 m，安装高度应距顶棚0.3 m以内，且不得设在燃具上方。

2　当检测比空气重的燃气时，检测报警器与燃具或阀门的水平距离不得大于4 m，安装高度应距地面0.3 m以内。

3　燃气浓度检测报警器的报警浓度应按国家现行标准《家用燃气泄漏报警器》CJ 3057的规定确定。

4　燃气浓度检测报警器宜与排风扇等排气设备连锁。

5　燃气浓度检测报警器宜集中管理监视。

6　报警器系统应有备用电源。

10.8.3　在下列场所宜设置燃气紧急自动切断阀：

1　地下室、半地下室和地上密闭的用气房间；

2　一类高层民用建筑；

3　燃气用量大、人员密集、流动人口多的商业建筑；

4　重要的公共建筑；

5　有燃气管道的管道层。

10.8.4　燃气紧急自动切断阀的设置应符合下列要求：

1　紧急自动切断阀应设在用气场所的燃气入口管、干管或总管上；

2　紧急自动切断阀宜设在室外；

3　紧急自动切断阀前应设手动切断阀；

4　紧急自动切断阀宜采用自动关闭、现场人工开启型。

10.8.5　燃气管道及设备的防雷、防静电设计应符合下列要求：

1　进出建筑物的燃气管道的进出口处，室外的屋面管、立管、放散管、引入管和燃气设备等处均应有防雷、防静电接地设施；

2　防雷接地设施的设计应符合现行国家标准《建筑物防雷设计规范》GB 50057的规定；

3　防静电接地设施的设计应符合国家现行标准《化工企业静电接地设计规程》HGJ 28的规定。

10.8.6　燃气应用设备的电气系统应符合下列规定：

1　燃气应用设备和建筑物电线、包括地线之间的电气连接应符合有关国家电气规范的规定。

2　电点火、燃烧器控制器和电气通风装置的设计，在电源中断情况下或电源重新恢复时，不应使燃气应用设备出现不安全工作状况。

3　自动操作的主燃气控制阀、自动点火器、室温恒温器、极限控制器或其他电气装置（这些都是和燃气应用设备一起使用的）使用的电路应符合随设备供给的接线图的规定。

4　使用电气控制器的所有燃气应用设备，应当让控制器连接到永久带电的电路上，不得使用照明开关控制的电路。

附录A 制气车间主要生产场所爆炸和火灾危险区域等级

表A 制气车间主要生产场所爆炸和火灾危险区域等级

项目及名称	场所及装置		生产类别	耐火等级	易燃或可燃物质释放源、级别	等级		说明
						室内	室外	
备煤及焦处理	受煤、煤场(棚)		丙	二	固体状可燃物	22区	23区	
	破碎机、粉碎机室		乙	二	煤尘	22区		
	配煤室、煤库、焦炉煤塔顶		丙	二	煤尘	22区		
	胶带通廊、转运站(煤、焦),水煤气独立煤斗室		丙	二	煤尘、焦尘	22区		
	煤、焦试样室、焦台		丙	二	焦尘、固状可燃物	22区	23区	
	筛焦楼、储焦仓		丙	二	焦尘	22区		
	制气主厂房储煤层	封闭建筑且有煤气漏入	乙	二	煤气、二级	22区		包括直立炉、水煤气、发生炉等顶上的储煤层
		敞开、半敞开建筑或无煤气漏入	乙	二	煤尘	22区		
焦炉	焦炉地下室、煤气水封室、封闭煤气预热器室		甲	二	煤气、二级	1区		通风不好
	焦炉分烟道走廊、炉端台底层		甲	二	煤气、二级	无		通内良好,可使煤气浓度不超过爆炸下限值的10%
	煤塔底层计器室		甲	二	煤气、二级	1区		变送器在室内
	炉间台底层		甲	二	煤气、二级	2区		
直立炉	直立炉顶部操作层		甲	二	煤气、二级	1区		
	其他空间及其他操作层		甲	二	煤气、二级	2区		
水煤气炉、两段水煤气炉、流化床水煤气炉	煤气生产厂房		甲	二	煤气、二级	1区		
	煤气排送机间		甲	二	煤气、二级	2区		
	煤气管道排水器间		甲	二	煤气、二级	1区		
	煤气计量器室		甲	二	煤气、二级	1区		
	室外设备		甲	二	煤气、二级		2区	
发生炉、两段发生炉	煤气生产厂房		乙	二	煤气、二级	无		
	煤气排送机间		乙	二	煤气、二级	2区		
	煤气管道排水器间		乙	二	煤气、二级	2区		
	煤气计量器室		乙		煤气、二级	2区		
	室外设备				煤气、二级	2区		

表 A（续）

项目及名称	场所及装置	生产类别	耐火等级	易燃或可燃物质释放源、级别	等级		说明
					室内	室外	
重油制气	重油制气排送机房	甲	二	煤气、二级	2 区		
	重油泵房	丙	二	重油	21 区		
	重油制气室外设备			煤气、二级		2 区	
轻油制气	轻油制气排送机房	甲	二	煤气、二级	2 区		天然气改制，可参照执行。当采用 LPG 为原料时，还必须执行本规范第 8 章中相应的安全条文
	轻油泵房、轻油中间储罐	甲	二	轻油蒸气、二级	1 区	2 区	
	轻油制气室外设备			煤气、二级	2 区		
缓冲气罐	地上罐体			煤气、二级		2 区	
	煤气进出口阀门室				1 区		

注：1 发生炉煤气相对密度大于 0.75，其他煤气相对密度均小于 0.75。

2 焦炉为一利用可燃气体加热的高温设备，其辅助土建部分的建筑物可化为单元，对其爆炸和火灾危险等级进行划分。

3 直立炉、水煤气炉等建筑物高度满足不了甲类要求，仍按工艺要求设计。

4 从释放源向周围辐射爆炸危险区域的界限应按现行国家标准《爆炸和火灾危险环境电力装置设计规范》GB 50058执行。

附录B　煤气净化车间主要生产场所爆炸和火灾危险区域等级

表 B-1　煤气净化车间主要生产场所生产类别

生产场所或装置名称	生产类别
煤气鼓风机室室内、粗苯(轻苯)泵房、溶剂脱酚的溶剂泵房、吡啶装置室内	甲
1　初冷器、电捕焦油器、硫铵饱和器、终冷、洗氨、洗苯、脱硫、终脱萘、脱水、一氧化碳变换等室外煤气区； 2　粗苯蒸馏装置、吡啶装置、溶剂脱酚装置等的室外区域； 3　冷凝泵房、洗苯洗萘泵房； 4　无水氨(液氨)泵房、无水氨装置的室外区域； 5　硫磺的熔融、结片、包装区及仓库	乙
化验室和鼓风机冷凝的焦油罐区	丙

表 B-2　煤气净化车间主要生产场所爆炸和火灾危险区域等级

生产场所或装置名称	区域等级
煤气鼓风机室室内、粗苯(轻苯)泵房、溶剂脱酚的溶剂泵房、吡啶装置室内、干法脱硫箱室内	1区
1　初冷器、电捕焦油器、硫铵饱和器、终冷、洗氨、洗苯、脱硫、终脱萘、脱水、一氧化碳变换等室外煤气区； 2　粗苯蒸馏装置、吡啶装置、溶剂脱酚装置等的室外区域； 3　无水氨(液氨)泵房、无水氨装置的室外区域； 4　浓氨水(≥8%)泵房，浓氨水生产装置的室外区域； 5　粗苯储槽、轻苯储槽	2区
脱硫剂再生装置	10区
硫磺仓库	11区
焦油氨水分离装置及焦油储槽、焦油洗油泵房、洗苯洗萘泵房、洗油储槽、轻柴油储槽、化验室	21区
稀氨水(<8%)储槽、稀氨水泵房、硫铵厂房、硫铵包装设施及仓库、酸碱泵房、磷铵溶液泵房	非危险区

注：1　所有室外区域不应整体划分某级危险区，应按现行国家标准《爆炸和火灾危险环境电力装置设计规范》GB 50058，以释放源和释放半径划分爆炸危险区域。本表中所列室外区域的危险区域等级均指释放半径内的爆炸危险区域等级，未被划入的区域则均为非危险区。

2　当本表中所列21区和非危险区被划入2区的释放源释放半径内时，则此区应划为2区。

附录C 燃气管道摩擦阻力计算

C.0.1 低压燃气管道：

根据燃气在管道中不同的运动状态，其单位长度的摩擦阻力损失采用下列各式计算：

1 层流状态：$Re \leqslant 2\ 100$ $\lambda = 64/Re$

$$\frac{\Delta P}{l} = 1.13 \times 10^{10} \frac{Q}{d^4} \nu \rho \frac{T}{T_0} \tag{C.0.1-1}$$

2 临界状态：$Re = 2\ 100 \sim 3\ 500$

$$\lambda = 0.03 + \frac{Re - 2\ 100}{65Re - 10^5}$$

$$\frac{\Delta P}{l} = 1.9 \times 10^6 \left(1 + \frac{11.8Q - 7 \times 10^4 d\nu}{23Q - 10^5 d\nu}\right) \frac{Q^2}{d^5} \rho \frac{T}{T_0} \tag{C.0.1-2}$$

3 湍流状态：$Re > 3\ 500$

1) 钢管：

$$\lambda = 0.11 \left(\frac{K}{d} + \frac{68}{Re}\right)^{0.25}$$

$$\frac{\Delta P}{l} = 6.9 \times 10^6 \left(\frac{K}{d} + 192.2 \frac{d\nu}{Q}\right)^{0.25} \frac{Q^2}{d^5} \rho \frac{T}{T_0} \tag{C.0.1-3}$$

2) 铸铁管：

$$\lambda = 0.102\ 236 \left(\frac{1}{d} + 5\ 158 \frac{d\nu}{Q}\right)^{0.284}$$

$$\frac{\Delta P}{l} = 6.4 \times 10^6 \left(\frac{1}{d} + 5\ 158 \frac{d\nu}{Q}\right)^{0.284} \frac{Q^2}{d^5} \rho \frac{T}{T_0} \tag{C.0.1-4}$$

式中 Re——雷诺数；

ΔP——燃气管道摩擦阻力损失(Pa)；

λ——燃气管道的摩擦阻力系数；

l——燃气管道的计算长度(m)；

Q——燃气管道的计算流量(m^3/h)；

d——管道内径(mm)；

ρ——燃气的密度(kg/m^3)；

T——设计中所采用的燃气温度(K)；

T_0——273.15(K)；

ν——0 ℃和 101.325 kPa 时燃气的运动黏度(m^2/s)；

K——管壁内表面的当量绝对粗糙度，对钢管：输送天然气和气态液化石油气时取 0.1 mm；输送人工煤气时取 0.15 mm。

C.0.2 次高压和中压燃气管道：

根据燃气管道不同材质，其单位长度摩擦阻力损失采用下列各式计算：

1 钢管：

$$\lambda = 0.11 \left(\frac{K}{d} + \frac{68}{Re}\right)^{0.25}$$

$$\frac{P_1^2 - P_2^2}{L} = 1.4 \times 10^9 \left(\frac{K}{d} + 192.2 \frac{d\nu}{Q}\right)^{0.25} \frac{Q^2}{d^5} \rho \frac{T}{T_0} \tag{C.0.2-1}$$

2 铸铁管：

$$\lambda = 0.102\,236\left(\frac{1}{d} + 5\,158\,\frac{d\nu}{Q}\right)^{0.284}$$

$$\frac{P_1^2 - P_2^2}{L} = 1.3 \times 10^9\left(\frac{1}{d} + 5\,158\,\frac{d\nu}{Q}\right)^{0.284}\frac{Q^2}{d^5}\rho\frac{T}{T_0} \qquad (C.0.2\text{-}2)$$

式中 L——燃气管道的计算长度(km)。

C.0.3 高压燃气管道的单位长度摩擦阻力损失，宜按现行的国家标准《输气管道工程设计规范》GB 50251有关规定计算。

注：除附录C所列公式外，其他计算燃气管道摩擦阻力系数(λ)的公式，当其计算结果接近本规范式(6.2.6-2)时，也可采用。

附录D 燃气输配系统生产区域用电场所的爆炸危险区域等级和范围划分

D.0.1 本附录适用于运行介质相对密度小于或等于0.75的燃气。相对密度大于0.75的燃气爆炸危险区域等级和范围的划分宜符合本规范附录E的有关规定。

D.0.2 燃气输配系统生产区域用电场所的爆炸危险区域等级和范围划分应符合下列规定:

1 燃气输配系统生产区域所有场所的释放源属第二级释放源。存在第二级释放源的场所可划为2区,少数通风不良的场所可划为1区。其区域的划分宜符合以下典型示例的规定:

1) 露天设置的固定容积储气罐的爆炸危险区域等级和范围划分见图D-1。

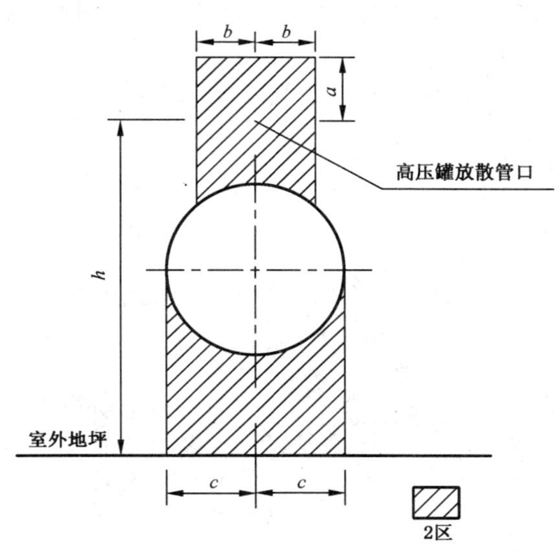

图 D-1 露天设置的固定容积储气罐的爆炸危险区域等级和范围划分

以储罐安全放散阀放散管管口为中心,当管口高度 h 距地坪大于4.5 m时,半径 b 为3 m,顶部距管口 a 为5 m(当管口高度 h 距地坪小于等于4.5 m时,半径 b 为5 m,顶部距管口 a 为7.5 m)以及管口到地坪以上的范围为2区。

储罐底部至地坪以上的范围(半径 c 不小于4.5 m)为2区。

2) 露天设置的低压储气罐的爆炸危险区域等级和范围划分见图D-2(a)和D-2(b)。

干式储气罐内部活塞或橡胶密封膜以上的空间为1区。储气罐外部罐壁外4.5 m内,罐顶(以放散管管口计)以上7.5 m内的范围为2区。

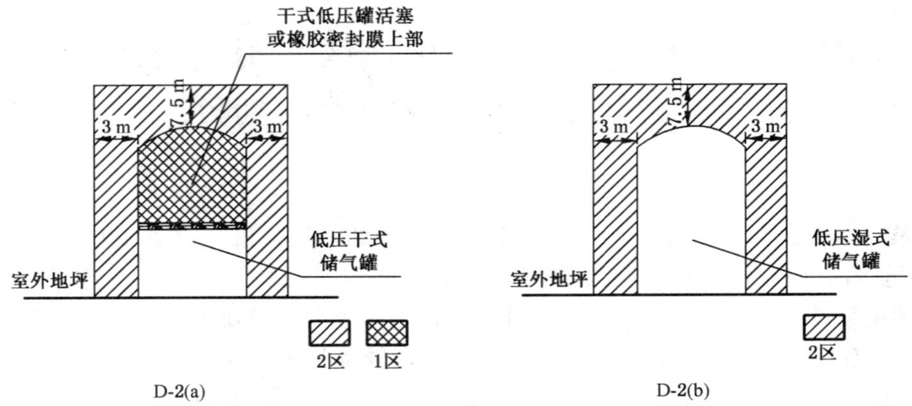

图 D-2 露天设置的低压储气罐的爆炸危险区域等级和范围划分

3） 低压储气罐进出气管阀门间的爆炸危险区域等级和范围划分见图 D-3。

阀门间内部的空间为 1 区。

阀门间外壁 4.5 m 内，屋顶(以放散管管口计)7.5 m 内的范围为 2 区。

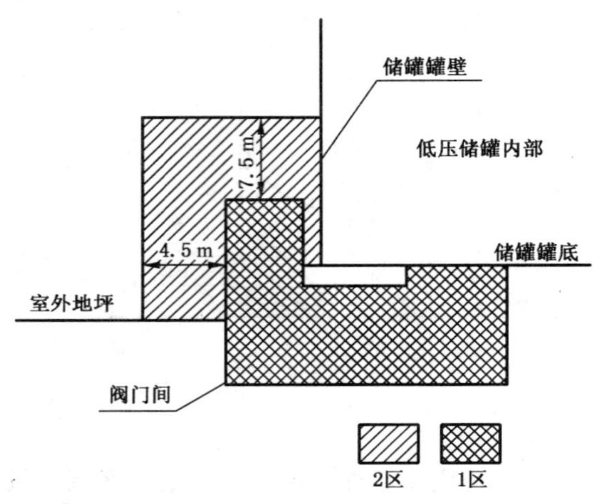

图 D-3 低压储气罐进出气管阀门间的爆炸危险区域等级和范围划分

4） 通风良好的压缩机室、调压室、计量室等生产用房的爆炸危险区域等级和范围划分见图 D-4。

建筑物内部及建筑物外壁 4.5 m 内，屋顶(以放散管管口计)以上 7.5 m 内的范围为 2 区。

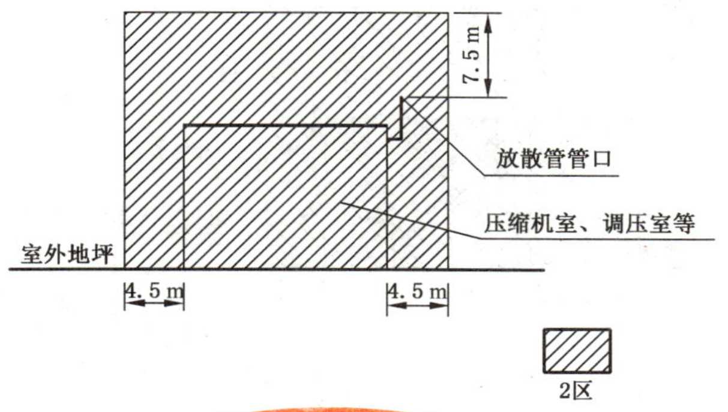

图 D-4 通风良好的压缩机室、调压室、计量室等生产用房的爆炸危险区域等级和范围划分

5） 露天设置的工艺装置区的爆炸危险区域等级和范围的划分见图 D-5。

工艺装置区边缘外 4.5 m 内，放散管管口（或最高的装置）以上 7.5 m 内范围为 2 区。

6） 地下调压室和地下阀室的爆炸危险区域等级和范围划分见图 D-6。

地下调压室和地下阀室内部的空间为 1 区。

7） 城镇无人值守的燃气调压室的爆炸危险区域等级和范围划分见图 D-7。

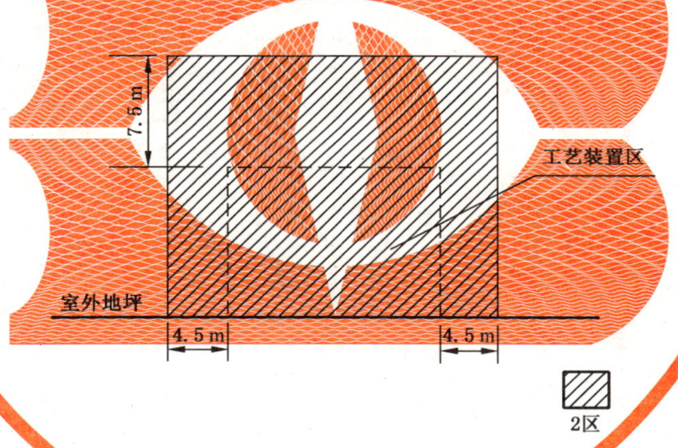

图 D-5 露天设置的工艺装置区的爆炸危险区域等级和范围划分

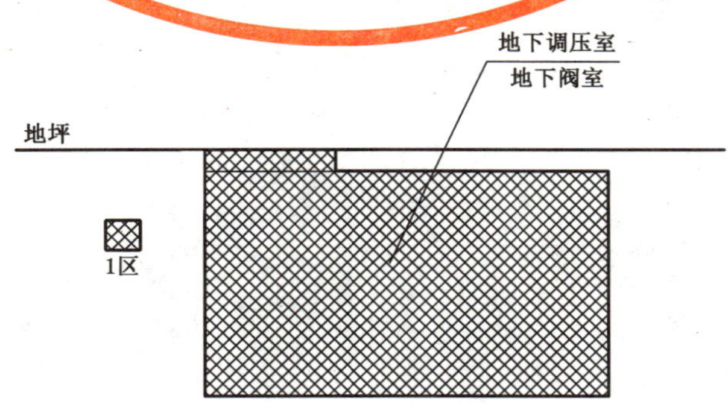

图 D-6 地下调压室和地下阀室的爆炸危险区域等级和范围划分

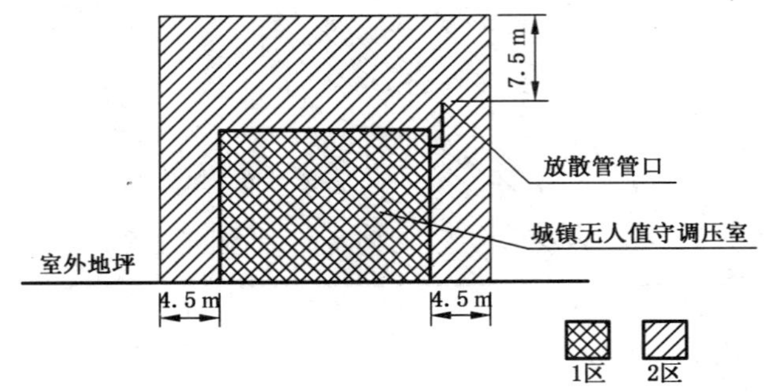

图 D-7 城镇无人值守的燃气调压室的爆炸危险区域等级和范围划分

调压室内部的空间为1区。调压室建筑物外壁4.5 m内,屋顶(以放散管管口计)以上7.5m内的范围为2区。

2 下列用电场所可划分为非爆炸危险区域:

1) 没有释放源,且不可能有可燃气体侵入的区域;

2) 可燃气体可能出现的最高浓度不超过爆炸下限的10%的区域;

3) 在生产过程中使用明火的设备的附近区域,如燃气锅炉房等;

4) 站内露天设置的地上管道区域。但设阀门处应按具体情况确定。

附录E 液化石油气站用电场所爆炸危险区域等级和范围划分

E.0.1 液化石油气站生产区用电场所的爆炸危险区域等级和范围划分宜符合下列规定：

1 液化石油气站内灌瓶间的气瓶灌装嘴、铁路槽车和汽车槽车装卸口的释放源属第一级释放源，其余爆炸危险场所的释放源属第二级释放源。

2 液化石油气站生产区各用电场所爆炸危险区域的等级，宜根据释放源级别和通风等条件划分。

1）根据释放源的级别划分区域等级。存在第一级释放源的区域可划为1区，存在第二级释放源的区域可划为2区。

2）根据通风等条件调整区域等级。当通风条件良好时，可降低爆炸危险区域等级；当通风不良时，宜提高爆炸危险区域等级。有障碍物、凹坑和死角处，宜局部提高爆炸危险区域等级。

3 液化石油气站用电场所爆炸危险区域等级和范围划分宜符合第E.0.2条～第E.0.6条典型示例的规定。

注：爆炸危险性建筑的通风，其空气流量能使可燃气体很快稀释到爆炸下限的20%以下时，可定为通风良好。

E.0.2 通风良好的液化石油气灌瓶间、实瓶库、压缩机室、烃泵房、气化间、混气间等生产性建筑的爆炸危险区域等级和范围划分见图E.0.2，并宜符合下列规定：

1 以释放源为中心，半径为15 m，地面以上高度7.5 m和半径为7.5 m，顶部与释放源距离为7.5 m的范围划为2区；

2 在2区范围内，地面以下的沟、坑等低洼处划为1区。

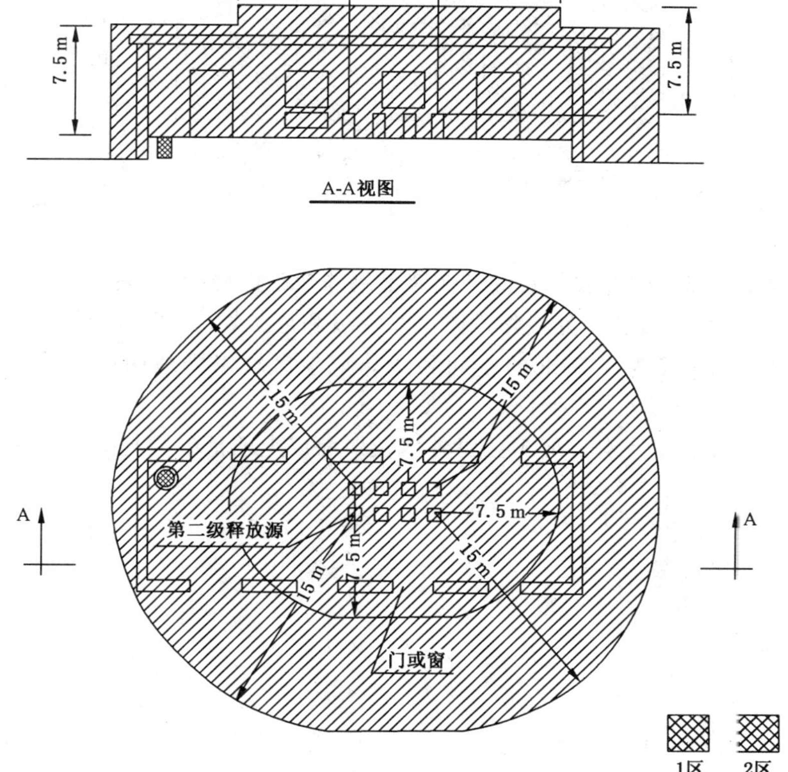

图E.0.2 通风良好的生产性建筑爆炸危险区域等级和范围划分

E.0.3 露天设置的地上液化石油气储罐或储罐区的爆炸危险区域等级和范围的划分见图 E.0.3，并宜符合下列规定：

1 以储罐安全阀放散管管口为中心，半径为 4.5 m，以及至地面以上的范围内和储罐区防护墙以内，防护墙顶部以下的空间划为 2 区；

2 在 2 区范围内，地面以下的沟、坑等低洼处划为 1 区；

3 当烃泵露天设置在储罐区时，以烃泵为中心，半径为 4.5 m 以及至地面以上范围内划为 2 区。

注：地下储罐组的爆炸危险区域等级和范围可参照本条规定划分。

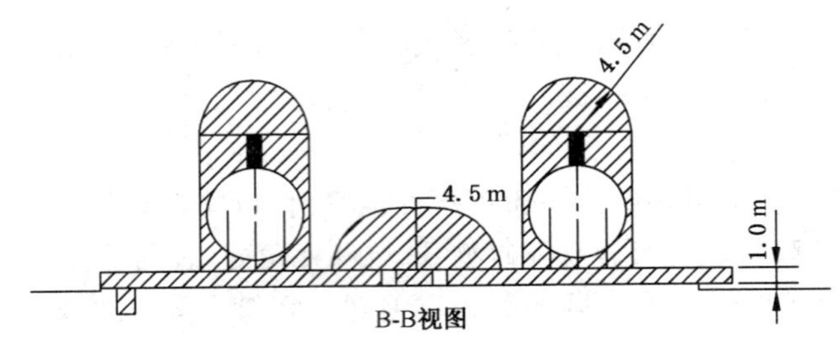

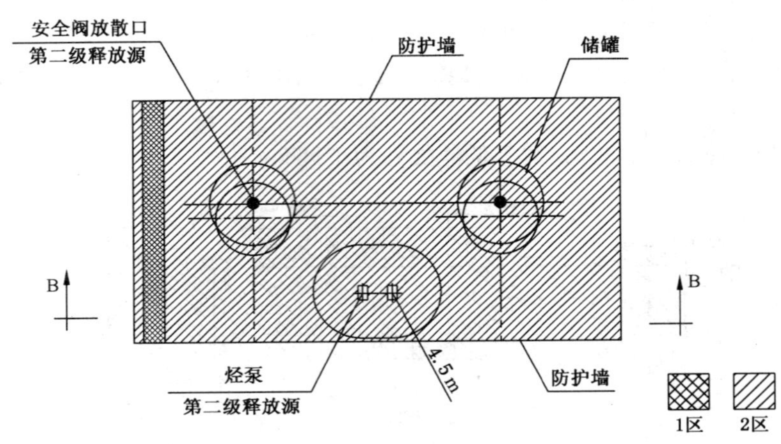

图 E.0.3 地上液化石油气储罐区爆炸危险区域等级和范围划分

E.0.4 铁路槽车和汽车槽车装卸口处爆炸危险区域等级和范围划分见图 E.0.4，并宜符合下列规定：

1 以装卸口为中心，半径为 1.5 m 的空间和爆炸危险区域以内地面以下的沟、坑等低洼处划为 1 区；

2 以装卸口为中心，半径为 4.5 m，1 区以外以及地面以上的范围内划分为 2 区。

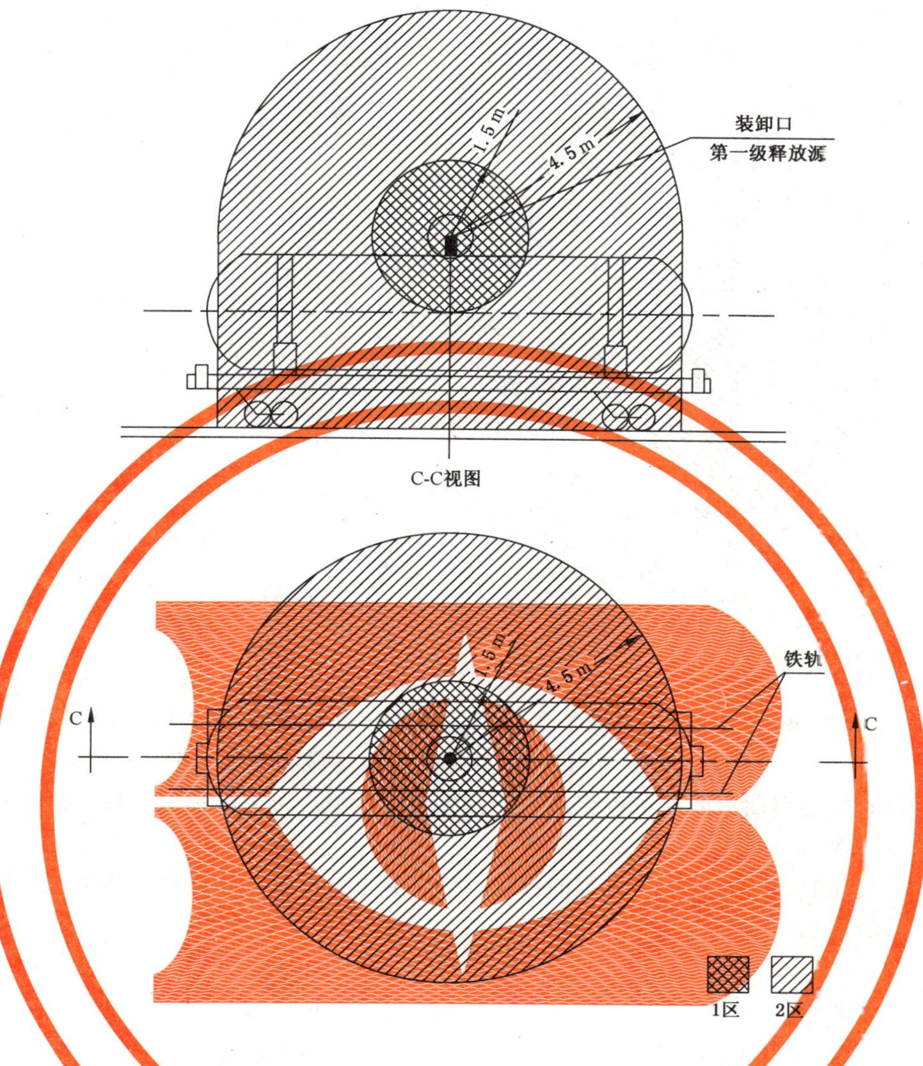

图 E.0.4 槽车装卸口处爆炸危险区域等级和范围划分

E.0.5 无释放源的建筑与有第二级释放源的建筑相邻，并采用不燃烧体实体墙隔开时，其爆炸危险区域和范围划分见图 E.0.5，宜符合下列规定：

1 以释放源为中心，按本附录第 E.0.2 条规定的范围内划分为 2 区；

2 与爆炸危险建筑相邻，并采用不燃烧体实体墙隔开的无释放源建筑，其门、窗位于爆炸危险区域内时划为 2 区；

3 门、窗位于爆炸危险区域以外时划为非爆炸危险区。

E.0.6 下列用电场所可划为非爆炸危险区域：

1 没有释放源，且不可能有液化石油气或液化石油气和其他气体的混合气侵入的区域；

2 液化石油气或液化石油气和其他气体的混合气可能出现的最高浓度不超过其爆炸下限 10％的区域；

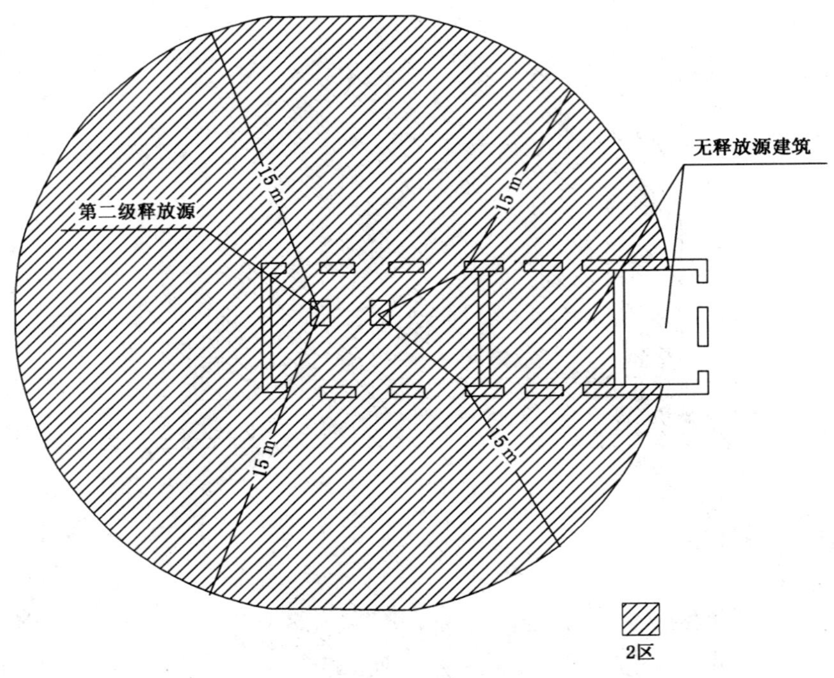

图 E.0.5 与具有第二级释放源的建筑物相邻，并采用不燃烧体实体墙隔开时，其爆炸危险区域和范围划分

3 在生产过程中使用明火的设备或炽热表面温度超过区域内可燃气体着火温度的设备附近区域。如锅炉房、热水炉间等；

4 液化石油气站生产区以外露天设置的液化石油气和液化石油气与其他气体的混合气管道，但其阀门处视具体情况确定。

附录F 居民生活用燃具的同时工作系数 K

表F 居民生活用燃具的同时工作系数 K

同类型燃具数目 N	燃气双眼灶	燃气双眼灶和快速热水器	同类型燃具数目 N	燃气双眼灶	燃气双眼灶和快速热水器
1	1.000	1.000	40	0.390	0.180
2	1.000	0.560	50	0.380	0.178
3	0.850	0.440	60	0.370	0.176
4	0.750	0.380	70	0.360	0.174
5	0.680	0.350	80	0.350	0.172
6	0.640	0.310	90	0.345	0.171
7	0.600	0.290	100	0.340	0.170
8	0.580	0.270	200	0.310	0.160
9	0.560	0.260	300	0.300	0.150
10	0.540	0.250	400	0.290	0.140
15	0.480	0.220	500	0.280	0.138
20	0.450	0.210	700	0.260	0.134
25	0.430	0.200	1 000	0.250	0.130
30	0.400	0.190	2 000	0.240	0.120

注：1 表中“燃气双眼灶”是指一户居民装设一个双眼灶的同时工作系数；当每一户居民装设两个单眼灶时，也可参照本表计算。

2 表中“燃气双眼灶和快速热水器”是指一户居民装设一个双眼灶和一个快速热水器的同时工作系数。

3 分散采暖系统的采暖装置的同时工作系数可参照国家现行标准《家用燃气燃烧器具安装及验收规程》CJJ 12—99 中表 3.3.6-2 的规定确定。

本规范用词说明

1 为便于在执行本规范条文时区别对待，对要求严格程度不同的用词说明如下：

1） 表示很严格，非这样做不可的用词：

正面词采用“必须”；

反面词采用“严禁”。

2） 表示严格，在正常情况下均这样做的用词：

正面词采用“应”；

反面词采用“不应”或“不得”。

3） 表示允许稍有选择，在条件许可时首先应这样做的用词：

正面词采用“宜”或“可”；

反面词采用“不宜”。

表示有选择，在一定条件下可以这样做的用词，采用“可”。

2 条文中指定应按其他有关标准、规范执行时，写法为“应符合……的规定”或“应按……执行”。

中华人民共和国国家标准

城镇燃气设计规范

GB 50028—2006

条 文 说 明

前　　言

根据建设部建标[2001]87 号文的要求，由建设部负责主编，具体由中国市政工程华北设计研究院会同有关单位共同对《城镇燃气设计规范》GB 50028—93 进行了修订，经建设部 2006 年 7 月 12 日以中华人民共和国建设部公告第 451 号批准发布。

为便于广大设计、施工、科研、学校等有关单位人员在使用本规范时能正确理解和执行条文规定，《城镇燃气设计规范》编制组根据建设部关于编制工程标准、条文说明的统一规定，按《城镇燃气设计规范》的章、节、条的顺序，编制了本条文说明，供本规范使用者参考。在使用中如发现本条文说明有欠妥之处，请将意见函寄：天津市气象台路，中国市政工程华北设计研究院城镇燃气设计规范国家标准管理组（邮政编码：300074）。

1 总 则

1.0.1 提出使城镇燃气工程设计符合安全生产、保证供应、经济合理、保护环境的要求，这是结合城镇燃气特点提出的。

由于燃气是公用的，它具有压力，又具有易燃易爆和有毒等特性，所以强调安全生产是非常必要的。

保证供应这个要求是与安全生产密切联系的。要求城镇燃气在质量上要达到一定的质量指标，同时，在量的方面要能满足任何情况下的需要，做到持续、稳定的供气，满足用户的要求。

1.0.2 本规范适用范围明确为"城镇燃气工程"。所谓城镇燃气，是指城市、乡镇或居民点中，从地区性的气源点，通过输配系统供给居民生活、商业、工业企业生产、采暖通风和空调等各类用户公用性质的，且符合本规范燃气质量要求的气体燃料。

1.0.3 积极采用行之有效的新技术、新工艺、新材料和新设备，早日改变城镇燃气落后面貌，把我国建设成为社会主义的现代化强国，需要在设计方面加以强调，故作此项规定。

1.0.4 城镇燃气工程牵涉到城市能源、环保、消防等的全面布局，城镇燃气管道、设备建设后，也不应轻易更换，应有一个经过全面系统考虑过的城镇燃气规划作指导，使当前建设不致于盲目进行，避免今后的不合理或浪费。因而提出应遵循能源政策，根据城镇总体规划进行设计，并应与城镇能源规划、环保规划、消防规划等相结合。

2 术 语

本章所列术语，其定义及范围，仅适用于本规范。

3 用气量和燃气质量

3.1 用 气 量

3.1.1 供气原则是一项与很多重大设计原则有关联的复杂问题，它不仅涉及国家的能源政策，而且和当地具体情况、条件密切有关。从我国已有煤气供应的城市来看，例如在供给工业和民用用气的比例上就有很大的不同。工业和民用用气的比例是受城市发展包括燃料资源分配、环境保护和市场经济等多因素影响形成的，不能简单作出统一的规定。故本规范对供气原则不作硬性规定。在确定气量分配时，一般应优先发展民用用气，同时也要发展一部分工业用气，两者要兼顾，这样做有利于提高气源厂的效益，减少储气容积，减轻高峰负荷，增加售气收费，有利于节假日负荷的调度平衡等。那种把城镇燃气单纯地看成是民用用气是片面的。

采暖通风和空调用气量，在气源充足的条件下，可酌情纳入。燃气汽车用气量仅指以天然气和液化石油气为气源时才考虑纳入。

其他气量中主要包括了两部分内容：一部分是管网的漏损量；另一部分是因发展过程中出现没有预见到的新情况而超出了原计算的设计供气量。其他气量中的前一部分是有规律可循的，可以从调查统计资料中得出参考性的指标数据；后一部分则当前还难掌握其规律，暂不能作出规定。

3.1.3 居民生活和商业的用气量指标，应根据当地居民生活和商业用气量的统计数据分析确定。这样做更加切合当地的实际情况，由于燃气已普及，故一般均具备了统计的条件。对居民用户调查时：

1 要区分用户有无集中采暖设备。有集中采暖设备的用户一般比无集中采暖设备用户的用气量要高一些，这是因为无集中采暖设备的用户在采暖期采用煤火炉采暖兼烧水、做饭，因而减少了燃气用量。一般每年差10%～20%，这种差别在采暖期比较长的城市表现得尤为明显；

2 一般瓶装液化石油气居民用户比管道供燃气的居民用户用气量指标要低10%～15%；

3 根据调研表明，居民用户用气量指标增加是非常缓慢的，个别还有下降的情况，平均每年的增长率小于1%，因而在取用气量指标时，不必对今后发展考虑过多而加大用气量指标。

3.2 燃气质量

3.2.1 城镇燃气是供给城镇居民生活、商业、工业企业生产、采暖通风和空调等做燃料用的，在燃气的输配、储存和应用的过程中，为了保证城镇燃气系统和用户的安全，减少腐蚀、堵塞和损失，减少对环境的污染和保障系统的经济合理性，要求城镇燃气具有一定的质量指标并保持其质量的相对稳定是非常重要的基础条件。

为保证燃气用具在其允许的适应范围内工作，并提高燃气的标准化水平，便于用户对各种不同燃具的选用和维修，便于燃气用具产品的国内外流通等，各地供应的城镇燃气（应按基准气分类）的发热量和组分应相对稳定，偏离基准气的波动范围不应超过期气用具适应性的允许范围，也就是要符合城镇燃气互换的要求。具体波动范围，根据燃气类别宜按现行的国家标准《城市燃气分类》GB/T 13611的规定采用并应适当留有余地。

现行的国家标准《城市燃气分类》GB/T 13611，详见表1（华白数按燃气高发热量计算）。

以常见的天然气10T和12T为例（相当于国际联盟标准的L类和H类），其成分主要由甲烷和少量惰性气体组成，燃烧特性比较类似，一般可用单一参数（华白数）判定其互换性。表1中所列华白数的范围是指GB/T 13611—92规定的最大允许波动范围，但作为商品天然气供给作城镇燃气时，应适当留有余地，参考英国规定，是留有3%～5%的余量，则10T和12T作城镇燃气商品气时华白数波动范围如表2，可作为确定商品气波动范围的参考。

表1 GB/T 13611—92 城市燃气的分类（干，0 ℃，101.3 kPa）

类别		华白数 W，MJ/m³（kcal/m³）		燃烧势 CP	
		标准	范围	标准	范围
人工煤气	5R	22.7(5 430)	21.1(5 050)～24.3(5 810)	94	55～96
	6R	27.1(6 470)	25.2(6 017)～29.0(6 923)	108	63～110
	7R	32.7(7 800)	30.4(7 254)～34.9(8 346)	121	72～128
天然气	4T	18.0(4 300)	16.7(3 999)～19.3(4 601)	25	22～57
	6T	26.4(6 300)	24.5(5 859)～28.2(6 741)	29	25～65
	10T	43.8(10 451)	41.2(9 832)～47.3(11 291)	33	31～34
	12T	53.5(12 768)	48.1(11 495)～57.8(13 796)	40	36～88
	13T	56.5(13 500)	54.3(12 960)～58.8(14 040)	41	40～94
液化石油气	19Y	81.2(19 387)	76.9(18 379)～92.7(22 152)	48	42～49
	20Y	84.2(20 113)	76.9(18 379)～92.7(22 152)	46	42～49
	22Y	92.7(22 152)	76.9(18 379)～92.7(22 152)	42	42～49

注：6T为液化石油气混空气，燃烧特性接近天然气。

表 2 10T 和 12T 天然气华白数波动范围(MJ/m³)

类别	标准(基准气)	GB/T 13611—92 范围	城镇燃气商品气范围
10T	43.8	41.2～47.3 －5.94％～＋8％	42.49～45.99 －3％～＋5％
12T	53.5	48.1～57.8 －10.1％～＋8％	50.83～56.18 －5％～＋5％

3.2.2 本条对作为城镇燃气且已有产品标准的燃气引用了现行的国家标准，并根据城镇燃气要求作了适当补充；对目前尚无产品标准的燃气提出了质量安全指标要求。

1 天然气的质量技术指标国家现行标准《天然气》GB 17820—1999 的一类气或二类气的规定，详见表 3。

表 3 天然气的技术指标

项　目	一类	二类	三类	试验方法
高位发热量，MJ/m³	＞31.4			GB/T 11062
总硫(以硫计)，mg/m³	≤100	≤200	≤460	GB/T 11061
硫化氢，mg/m³	≤6	≤20	≤460	GB/T 11060.1
二氧化碳，％(体积分数)	≤3.0			GB/T 13610
水露点，℃	在天然气交接点的压力和温度条件下，天然气的水露点应比最低环境温度低 5 ℃			GB/T 17283

注：1 标准中气体体积的标准参比条件是 101.325 kPa，20 ℃；

2 取样方法按 GB/T 13609。

本规范历史上对燃气中硫化氢的要求为小于或等于 20 mg/m³，因而符合二类气的要求是允许的；但考虑到今后户内燃气管的暗装等要求，进一步降低 H_2S 含量以减少腐蚀，也是适宜的。故在此提出应符合一类气或二类气的规定；应补充说明的是：一类或二类天然气对二氧化碳的要求为小于或等于 3％(体积分数)，作为燃料用的城镇燃气对这一指标要求是不高的，其含量应根据天然气的类别而定，例如对 10T 天然气，二氧化碳加氮等惰性气体之和不应大于 14％，故本款对惰性气体含量未作硬性规定。对于含惰性气体较多、发热量较低的天然气，供需双方可在协议中另行规定。

3 人工煤气的质量技术指标中关于通过电捕焦油器时氧含量指标和规模较小的人工煤气工程煤气发热量等需要适当放宽的问题，于正在进行修订中的《人工煤气》GB 13621 标准中表达，故本规范在此采用引用该标准。

4 采用液化石油气与空气的混合气做主气源时，液化石油气的体积分数应高于其爆炸上限的 2 倍(例如液化石油气爆炸上限如按 10％计，则液化石油气与空气的混合气做主气源时，液化石油气的体积分数应高于 20％)，以保证安全，这是根据原苏联建筑法规的规定制定的。

3.2.3 本条规定了燃气具有臭味的必要及其标准。

1 关于空气—燃气中臭味"应能察觉"的含义

"应能察觉"与空气中的臭味强度和人的嗅觉能力有关。臭味的强度等级国际上燃气行业一般采用 Sales 等级，是按嗅觉的下列浓度分级的：

0 级——没有臭味；

0.5 级——极微小的臭味(可感点的开端)；

1 级——弱臭味；

2 级——臭味一般，可由一个身体健康状况正常且嗅觉能力一般的人识别，相当于报警或安全浓度；

3 级——臭味强；

4 级——臭味非常强；

5 级——最强烈的臭味，是感觉的最高极限。超过这一级，嗅觉上臭味不再有增强的感觉。

“应能察觉”的含义是指嗅觉能力一般的正常人，在空气—燃气混合物臭味强度达到 2 级时，应能察觉空气中存在燃气。

2 对无毒燃气加臭剂的最小用量标准

美国和西欧等国，对无毒燃气（如天然气、气态液化石油气）的加臭剂用量，均规定在无毒燃气泄漏到空气中，达到爆炸下限的 20%时，应能察觉。故本规范也采用这个规定。在确定加臭剂用量时，还应结合当地燃气的具体情况和采用加臭剂种类等因素，有条件时，宜通过试验确定。

据国外资料介绍，空气中的四氢噻吩（THF）为 0.08 mg/m^3 时，可达到臭味强度 2 级的报警浓度。以爆炸下限为 5%的天然气为例，则 5%×20%＝1%，相当于在天然气中应加 THT 8 mg/m^3，这是一个理论值。实际加入量应考虑管道长度、材质、腐蚀情况和天然气成分等因素，取理论值的 2～3 倍。以下是国外几个国家天然气加臭剂量的有关规定：

1） 比利时 加臭剂为四氢噻吩（THT） 18～20 mg/m^3

2） 法国 加臭剂为四氢噻吩（THT）

低热值天然气 20 mg/m^3

高热值天然气 25 mg/m^3

当燃气中硫醇总量大于 5 mg/m^3 时，可以不加臭。

3） 德国 加臭剂为四氢噻吩（THT） 17.5 mg/m^3

加臭剂为硫醇（TBH） 4～9 mg/m^3

4） 荷兰 加臭剂为四氢噻吩（THT） 18 mg/m^3

据资料介绍，北京市天然气公司、齐齐哈尔市天然气公司也采用四氢噻吩（THT）作为加臭剂，加入量北京为 18 mg/m^3，齐齐哈尔为 16～20 mg/m^3。

根据上述国内外加臭剂用量情况，对于爆炸下限为 5%的天然气，取加臭剂用量不宜小于 20 mg/m^3。并以此作为推论，当不具备试验条件时，对于几种常见的无毒燃气，在空气中达到爆炸下限的 20%时应能察觉的加臭用量，不宜小于表 4 的规定，可做确定加臭剂用量的参考。

表 4 几种常见的无毒燃气的加臭剂用量

燃 气 种 类	加臭剂用量（mg/m^3）
天然气（天然气在空气中的爆炸下限为 5%）	20
液化石油气（C_3 和 C_4 各占一半）	50
液化石油气与空气的混合气 （液化石油气：空气＝50：50；液化石油气成分为 C_3 和 C_4 各占一半）	25

注：1 本表加臭剂按四氢噻吩计。

2 当燃气成分与本表比例不同时，可根据燃气在空气中的爆炸下限，对比爆炸下限为 5%的天然气的加臭剂用量，按反比计算出燃气所需加臭剂用量。

3 对有毒燃气加臭剂的最少用量标准

有毒燃气一般指含 CO 的可燃气体。CO 对人体毒性极大，一旦漏入空气中，尚未达到爆炸下限 20%时，人体早就中毒，故对有毒燃气，应按在空气中达到对人体允许的有害浓度之时应能察觉来确定加臭剂用量。关于人体允许的有害浓度的含义，根据“一氧化碳对人体影响”的研究，其影响取决于空气中 CO 含量、吸气持续时间和呼吸的强度。为了防止中毒死亡，必须采取措施保证在人体血液中决不能使碳氧血红蛋白浓度达到65%，因此，在相当长的时间内吸入的空气中CO浓度不能达到0.1%。当然这个标准是一个极限程度，空气中CO浓度也不应升高到足以使人产生严重症状才发现，因而空气中CO报警标准的选取应比0.1%低很多，以确保留有安全余量。

含有CO的燃气漏入室内，室内空气中CO浓度的增长是逐步累计的，但其增长开始时快而后逐步变缓，最后室内空气中CO浓度趋向于一个最大值X，并可用下式表示：

$$X=\frac{V\cdot K}{I}\% \tag{1}$$

式中 V——漏出的燃气体积(m^3/h)；

K——燃气中CO含量(%)(体积分数)；

I——房间的容积(m^3)。

此式是在时间$t\to\infty$，自然换气次数$n=1$的条件下导出的。

对应于每一个最大值X，有一个人体血液中碳氧血红蛋白浓度值，其关系详见表5。

表5 空气中不同的CO含量与血液中最大的碳氧血红蛋白浓度的关系

空气中CO含量X(%)(体积分数)	血液中最大的碳氧血红蛋白浓度(%)	对人影响
0.100	67	致命界限
0.050	50	严重症状
0.025	33	较重症状
0.018	25	中等症状
0.010	17	轻度症状

德、法和英等发达国家，对有毒燃气的加臭剂用量，均规定为在空气中一氧化碳含量达到0.025%(体积分数)时，臭味强度应达到2级，以便嗅觉能力一般的正常人能察觉空气中存在燃气。

从表5可以看到，采用空气中CO含量0.025%为标准，达到平衡时人体血液中碳氧血红蛋白最高只能到33%，对人一般只能产生头痛、视力模糊、恶心等，不会产生严重症状，据此可理解为，空气中CO含量0.025%作为燃气加臭理论的“允许的有害浓度”标准，在实际操作运行中，还应留有安全余量，本规范推荐采用0.02%。

一般含有CO的人工煤气未经深度净化时，本身就有臭味，是否应补充加臭，有条件时，宜通过试验确定。

3.2.4 本条1～4款对加臭剂的要求是按美国联邦法规第49号192部分和美国联邦标准ANSI/ASME B31.8规定等效采用的。其中“加臭剂不应对人体有害”是指按本规范第3.2.3条要求加入微量加臭剂到燃气中后不应对人体有害。

4 制　　气

4.1 一般规定

4.1.1 本章节内容属人工制气气源，其工艺是成熟的，运行安全可靠，所采用的炉型有焦炉、直立炉、煤气发生炉、两段煤气发生炉、水煤气发生炉、两段水煤气发生炉、流化床水煤气炉与三筒式重油裂解炉、二筒式轻油裂解炉等。国内外虽还有新的工艺、新的炉型，但由于在国内城镇燃气方面尚未普遍应用，因此未在本规范中编写此类内容。

4.1.2 本条文规定了炉型选择原则。

目前我国人工制气厂有大、中、小规模70余家，大都由上述某单一炉型或多种炉型互相配合组成。其中小气源厂制气规模为$10\times10^4\sim5\times10^5$ m^3/d，有的大型气源厂制气规模达到$5\times10^5\sim10\times10^5$ m^3/d以上。

各制气炉型的选择，主要应根据制气原料的品种：如取得合格的炼焦煤，且冶金焦有销路，则选择焦炉作制气炉型；当取得气煤或肥气煤时，则采用直立炉作为制气炉型，副产气焦，一般作为煤气发生炉、水煤气发生炉的原料生产低热值煤气供直立炉加热和调峰用；其他炉型选择条件，可详见本章有关条文。

焦炉及煤气发生炉的工艺设计，除本章内结合城镇燃气设计特点重点列出的条文以外，还可参照《炼焦工艺设计技术规定》YB 9069—96及《发生炉煤气站设计规范》GB 50195—94。

4.1.3 附录A是根据《建筑设计防火规范》GBJ 16—97、《爆炸和火灾危险环境电力装置设计规范》GB 50058—92和制气生产工艺特殊要求编制的。

4.2 煤的干馏制气

4.2.1 本条提出了煤干馏炉煤的质量要求。

1 直立炉装炉煤的坩埚膨胀序数，葛金指数等指标规定的理由：

因直立炉是连续干馏制气炉型，它的装炉煤要求与焦炉有所不同。装炉煤的粘结性和结焦性的化验指标习惯上均采用国际上通用的指标。在坩埚膨胀序数和葛金指数方面，从我国各直立炉煤气厂几十年的生产经验来看，装炉煤的坩埚膨胀序数以在“$1\frac{1}{2}\sim4$”之间为好，特别是“3～4”时更适用于直立炉的生产。此时煤斤行速正常、操作顺利，生产的焦炭块度大小适当。其中块度为25～50 mm的焦炭较多。但煤的粘结性和结焦性所表达的内容还有所不同，故还必须得到煤的葛金指数。葛金指数中A、B、C型表明是不粘结或粘结性差的，所产焦块松碎。这种煤装入炉内将使生产操作不正常，容易脱煤，甚至造成炉子爆炸的恶性事故。某煤气厂就因此发生过事故，死伤数人。其主要原因就是煤不合要求（当时使用的主要煤种是阜新煤，其坩埚膨胀序数为$1\frac{1}{2}$号，葛金指数为B，颗粒小于10 mm的煤占重量的80%以上）。因此，对连续式直立炉的装炉煤的质量指标作本条规定。葛金指数必须在$F\sim G_1$的范围，以保证直立炉的安全生产。

经过十余年的运行管理与科学研究，通过排焦机械装置的改进，可以扩大直立炉使用的煤种，生产焦炭新品种。鞍山热能研究所与大连煤气公司、大同矿务局与杨树浦煤气厂在不同时间，不同地点相继对弱粘结性的大同煤块在直立炉中作了多次成功的试验，炼制出合格的高质量铁合金焦。因此对炼制铁合金焦时的直立炉装炉煤质安全指标在注中明确煤种可选用弱粘结煤，但煤的粒度应为15～50 mm块煤。灰分含量应小于10%，并具有热稳定性大于60%的煤种。目前大同矿务局连续直立式炭化炉，采用大同煤块炼制优质铁合金焦，运行良好。

直立炉的装炉煤粒度定为小于50 mm，是防止过大的煤块堵塞辅助煤箱上的煤阀进口。

2 焦炉装炉煤的各项主要指标是由其中各单种煤的性质及配比决定的。目前我国炼焦工业的配煤大多数立足本省、本区域的煤炭资源，在满足生产工艺要求的范围内，要求充分利用我国储量较多，具有一定粘结性的高挥发量煤（如肥气煤）进行配煤，因此冶金工业中炼焦煤的挥发分（干基）已达到了24%～31%，胶质层指数（Y）在14～20 mm。（详：《炼焦工艺设计技术规定》YB 9069）。

对于城市煤气厂，为了不与冶金炼焦争原料，装炉煤的气、肥气煤种的配入量要多一些，一般到70%～80%。很多炼焦制气厂装炉煤挥发分高达32%～34%，而胶质指数（Y）甚至低到13 mm。

结合上述因素，在制定本条文时，考虑到冶金，城建等各方面的炼焦工业，对装炉煤挥发分规定为“24%～32%”及胶质层指数（Y）规定为13～20 mm。

配煤粘结指数（G）的提出，是由于单用胶质层指数（Y）这项指标有其局限性，即对瘦煤和肥煤的试验条件不易掌握，因此就必须采用我国煤炭学会正式选定的烟煤粘结指数 G 与 Y 值共同决定炼焦用煤的粘结性。焦炉用煤的灰分、硫分、粒度等指标均是为了保证焦炭的质量。

灰分指标对冶金工业和煤气厂(站)都很重要，炼焦原煤灰分越高，焦炭的灰分越大，则高炉焦比增加，致使高炉利用系数和生产效率降低。焦炭的灰分过高，焦炭的强度也会下降，耐磨性变坏，关系到高炉生产能力，所以规定装炉煤的灰分含量小于或等于11%(对1 000～4 000 m^3 高炉应为9%～10%，对大于4 000 m^3 高炉应小于或等于9%)。用于水煤气、发生炉作气化原料的焦炭，由于所产焦为气焦，原料煤中的灰分可放宽到16%。

原料煤中60%～70%的硫残留在焦炭中，焦炭硫含量高，在高炉炼铁时，易使生铁变脆，降低生铁质量。所以规定煤中硫含量应小于1%(对1 000～4 000 m^3 高炉应为0.6%～0.8%，对大于4 000 m^3 高炉应小于0.6%)。原料煤的粒度，决定装炉煤的堆积密度，装炉煤的堆积密度越大，焦炭的质量越好，但原料煤粉碎得过细或过粗都会使煤的堆积密度变化。因此本条文根据实际生产经验总结规定炼焦装炉煤粒度小于3 mm的含量为75%～80%。各级别高炉对焦炭质量要求见表6(重庆钢铁设计院编制的“炼铁工艺设计技术规定”)。

表6　各级别高炉对焦炭质量要求

焦炭质量 \ 炉容级别(m^3)	300	750	1 200	2 000	2 500～3 000	>4 000
焦炭强度						
M40(%)	≥74	≥75	≥76	≥78	≥80	≥82
M10(%)	≤9	≤9	≤8.5	≤8	≤8	≤7
焦炭灰分(%)	≤14	≤13	≤13	≤13	≤13	≤12
焦炭硫分(%)	≤0.7	≤0.7	≤0.7	≤0.7	≤0.7	≤0.6
焦炭粒度(mm)	75～15	75～15	75～20	75～20	75～20	75～25
>75 mm(%)	≤10	≤10	≤10	≤10	≤10	≤10

装炉煤的各质量指标的测定应按国家煤炭试验标准方法进行(见表7)。

表7　装炉煤质量指标的测定方法

序号	质量指标	国家煤炭试验标准	标准号
1	水分、灰分、挥发分	煤的工业分析方法	GB 212
2	坩埚膨胀序数(F.S.I)	烟煤自由膨胀序数(亦称坩埚膨胀)测定方法	GB 5448
3	葛金指数	煤的葛金低温干馏试验方法	GB 1341
4	胶质层指数(Y)焦块最终收缩度(X)	烟煤胶质层指数测定方法	GB 479
5	粘结指数(G)	烟煤粘结指数测定方法	GB 5447
6	全硫(St.d)	煤中全硫的测定方法	GB 214
7	热稳定性(TS+6)	煤的热稳定性测定方法	GB 1573
8	抗碎强度(>25 mm)	煤的抗碎强度测定方法	GB 15459
9	灰熔点(ST)	煤灰熔融性的测定方法	GB 219
10	罗加指数(RI)	烟煤罗加指数测定方法	GB 5449
11	煤的化学反应性(a)	煤对二氧化碳化学反应性的测定方法	GB 220
12	粒度分级	煤炭粒度分级	GB 189

4.2.2 直立炉对所使用装炉煤的粒度大小及其级配含量有一定要求，目的在于保证生产。直立炉使用煤粒度最低标准为：粒度小于50 mm，粒度小于10 mm的含量小于75%。所以在煤准备流程中应设破碎装置。

直立炉一般采用单种煤干馏制气，当煤种供应不稳定时，不得不采用一些粘结性差的煤，为了安全生产，必须配以强粘结性的煤种；有时为适应高峰供气的需要，也可适当增加一定配比的挥发物含量大于30%的煤种。因此直立炉车间应设置配煤装置。例：葛金指数为0的统煤，可配以1∶1G_3的煤种或配以1∶2G_2的煤种，使混配后的混合煤葛金指数接近F～G_1。

对焦炉制气用煤的准备，工艺流程基本上有两种，其根本区别在于是先配煤后粉碎（混合粉碎），还是先粉碎后配煤（分级粉碎），就相互比较而言各有特点。先配后粉碎工艺流程是我国目前普遍采用的一种流程，具有过程简单、布置紧凑、使用设备少、操作方便、劳动定员少，投资和操作费用低等优点。但不能根据不同煤种进行不同的粉碎细度处理，因此这种流程只适用于煤质较好，且均匀的煤种。当煤料粘结性较差，且煤质不均时宜采用先粉碎后配煤的工艺流程，也就是将组成炼焦煤料各单种煤先根据其性质（不同硬度）进行不同细度的分别粉碎，再按规定的比例配合、混匀，这对提高配煤的准确度、多配弱粘结性煤和改善焦炭质量有好处。因此目前国内有些焦化厂采用了这种流程。但该流程较复杂，基建投资也较多，配煤成本高。对于城市煤气厂，目前大量使用的是气煤，所得焦炭一般符合气化焦的质量指标，生产的煤气的质量不会因配煤工艺不同而异，因此煤准备宜采用先配煤后粉碎的流程。由于炼焦进厂煤料为洗精煤，粒度较小，无需设置破碎煤的装置。

4.2.3 原料煤的装卸和倒运作业量很大，如果不实行机械化作业，势必占用大量的劳动力并带来经营费用高、占地面积大、煤料损失多、积压车辆等问题。因此，无论大、中、小煤气厂原料煤受煤、卸煤、储存、倒运均应采用机械化设备，使机械化程序达到80%～90%以上。机械化程度可按下式评定：

$$\theta=\left(1-\frac{n_1}{n_2}\right)\times 100\% \qquad (2)$$

式中 θ——机械化程度（%）；

n_1——采用某种机械化设备后，作业实需定员（人）；

n_2——全部人工作业时需要的定员（人）。

4.2.4 本条文规定了储煤场场地确定原则。

1 影响储煤量大小的因素是很多的，与工厂的性质和规模，距供煤基地的远近、运输情况，使用的煤种数等因素都有关系。其中以运输方式为主要因素。因此储煤场操作容量：当由铁路来煤时，宜采用10～20 d的用煤量；当由水路来煤时，宜采用15～30 d的用煤量；当采用公路来煤时，宜采用30～40 d的用煤量。

2 煤堆高度的确定，直接影响储煤场地的大小，应根据机械设备工作高度确定，目前煤场各种机械设备一般堆煤高度如下：

推煤机	7～9 m
履带抓斗、起重机	7 m
扒煤机	7～9 m
桥式抓斗起重机	一般 7～9 m
门式抓斗起重机	一般 7～9 m
装卸桥	9 m
斗轮堆取料机	10～12 m

由于机械设备在不断革新，设计时应按厂家提供的堆煤高度技术参数为准。

3 储煤场操作容量系数

储煤场操作容量系数即储煤场的操作容量（即有效容量）和总容量之比。储煤场的机械装备水平直接影响其操作容量系数的大小。根据某些机械化储煤场，来煤供应比较及时的情况下的实际生产数据分析，储煤场操作容量系数一般可按0.65～0.7进行选用。

根据操作容量、堆煤高度和操作容量系数可以大致确定煤场的储煤面积和总面积：

$$F_H = \frac{W}{KH_m r_0} \tag{3}$$

式中 F_H——煤场的储煤面积(m^2)；

W——操作容量(t)；

H_m——实际可能的最大堆煤高度(m)；

K——与堆煤形状有关的系数：梯形断面的煤堆 $K=0.75\sim0.8$；三角形断面的煤堆 $K=0.45$；

r_0——煤的堆积密度(t/m^3)。

煤场的总面积 $F(m^2)$可按下式计算

$$F = \frac{F_H}{0.65 \sim 0.7} \tag{4}$$

4.2.5 本条规定了关于配煤槽和粉碎机室的设计要求。

1 配煤槽设计容量的正确合理，对于稳定生产和提高配煤质量都有很大的好处。如容量过小，就使得配煤前的机械设备的允许检修时间过短，适应不了生产上的需要，甚至影响正常生产，所以应根据煤气厂具体条件来确定。

2 配煤槽个数如果少了就不能适应生产上的需要，也不能保证配煤的合理和准确。如果个数太多并无必要且增加投资和土建工程量。因此，各厂应根据本身具体条件按照所用的煤种数目、配煤比以及清扫倒换等因素来决定配煤槽个数。

3 煤料中常混有或大或小的铁器，如铁块、铁棒、钢丝之类，这类东西如不除去，影响粉碎机的操作，熔蚀炉墙，损害炉体，故必须设置电磁分离器。

4 粉碎机运转时粉尘大，从安全和工业卫生要求必须有除尘装置。

5 粉碎机运转时噪声较大，从职工卫生和环境的要求，必须采取综合控制噪声的措施，按《工业企业噪声控制设计规范》GBJ 87要求设计。

4.2.6 煤准备系统中各工段生产过程的连续性是很强的，全部设备的启动或停止都必须按一定的顺序和方向来操作。在生产中各机械设备均有出现故障或损坏的可能。当某一设备发生故障时就破坏了整个工艺生产的连续性，进而损坏设备，故作本条规定以防这一恶性事故的发生。应设置带有模拟操作盘的连锁集中控制装置。

4.2.7 直立炉的储煤仓位于炉体的顶层，其形状受到工艺条件的限制及相互布置上的约束而设计为方形。这就造成了下煤时出现“死角”现象，实际下煤的数量只有全仓容量的1/2～2/3(现也有在煤仓底部的中间增加锥形的改进设计)。直立炉的上煤设备检修时间一般为8 h。综合以上两项因素，储煤仓总容量按36 h用量设计一般均能满足了。某地新建直立炉储煤仓按32 h设计，一般情况下操作正常，但当原煤中水分较大不易下煤时操作就较为紧张。所以在本条中推荐储煤仓总容量按36 h用煤量计算。

规定辅助煤箱的总容量按2 h用煤量计算。这就是说，每生产1 h只用去箱内存煤量的一半，保证还余下一半煤量可起密封作用，用以在炉顶微正压的条件下防止炉内煤气外窜，并保证直立炉的安全正常操作。

直立炉正常操作中每日需轮换两门炭化室停产烧空炉，以便烧去炉内石墨(俗称烧煤垢)，保证下料通畅。烧垢后需先加焦，然后才能加煤投入连续生产。另外，在直立炉的全年生产过程中，往往在供气量减少时安排停产检修，在这种情况下，为了适应开工投产的需要，故规定“储焦仓总容量按一次加满四门炭化室的装焦量计算”。

对于焦炉储煤塔总容量的设计规定，基本上是依据鞍山焦耐院多年来从设计到生产实践的经验总结。炭化室有效容积大于20 m^3焦炉总容量一般都是按16 h用煤量计算的，有的按12 h用煤量计算。

焦炉储煤塔容量的大小与备煤系统的机械化水平有很大的关系，因此规定储煤塔的容量均按 12～16 h 用量计算，主要是为了保证备煤系统中的设备有足够的允许检修时间。

4.2.8 煤干馏制气产品产率的影响因素很多，有条件时应作煤种配煤试验来确定。但在考虑设计方案而缺乏实测数据时可采用条文中的规定。

因为煤气厂要求的主要产品是煤气，气煤配入量一般较多，配煤中挥发分也相应增加，因而单位煤气发生量一般比焦化厂要大。根据多年操作实践证明，配煤挥发分与煤气发生量之间有如下关系：

根据一些焦化厂的生产统计数据证明：当配煤挥发分在"28%～30%"时，煤气发生量子均值为"345 m^3/t"。但南方一些煤气厂和焦化厂操作条件有所不同，即使在配煤情况相近时，煤气发生量也不相同，因此只能规定其波动范围(见表 8)。

表 8 焦炉煤气的产率

挥发分(V_f，%)	27	28	29	30
煤气生产量(m^3/t)	324	326	348	360

全焦产率随配煤挥发分增加相应要减少，焦炭中剩余挥发分的多少也影响全焦率的大小。在正常情况下，全焦率的波动范围较小，实际全焦率大于理论全焦率，其差值称为校正系数"a"。煤料的初次产物(荒煤气)遇到灼热的焦炭裂解时会生成石墨沉积于焦炭表面；挥发分越高，其裂解机会越多，"a"值也就越大。

全焦率计算公式：

$$B_{焦} = \frac{100 - V_{干煤}}{100 - V_{干焦}} \times 100 + a \tag{5}$$

$$a = 47.1 - 0.58 \frac{100 - V_{干煤}}{100 - V_{干焦}} \times 100 \tag{6}$$

式中 $B_{焦}$——全焦率(%)；

$V_{干煤}$——配煤的挥发分(干基)(%)；

$V_{干焦}$——焦炭中的挥发分(干基)(%)。

本规范所定全焦率指标就是根据此公式计算的。

此公式经焦化厂验证，实际全焦率与理论计算值是比较接近的。生产统计所得校正系数"a"相差不超过 1%。

直立炉所产的煤气及气焦的产率与挥发分、水分、灰分、煤的粒度及操作条件有关，条文中所规定各项指标也都是根据历年生产统计资料制定的。

4.2.9 焦炉的结构有单热式和复热式两种。焦炉的加热煤气耗用量一般要达到自身产气量的 45%～60%。如果利用其他热值较低的煤气来代替供加热用的优质回炉煤气，不但能提高出厂焦炉气的产量达 1 倍左右，而且也有利于焦炉的调火操作。各地煤气公司就是采用这种办法。此外，城市煤气的供应在 1 年中是不均衡的。在南方地区一般是寒季半年里供气量较大。此时焦炉可用热值低的煤气加热，而在暑季的半年里供气量较小，此时又可用回炉煤气加热。所以针对煤气厂的条件来看以采用复热式的炉型较为合适。

4.2.10 本条规定了加热煤气耗热量指标。

当采用热值较低的煤气作为煤干馏炉的加热煤气以顶替回炉煤气时，以使用机械发生炉(含两段机械发生炉或高炉)煤气最为相宜，因为它具有燃烧火焰长，可用自产的中小块气焦(弱粘结烟煤)来生产等项优点。上海、长春、昆明、天津、北京、南京等煤气公司加热煤气都是采用机械发生炉(或两段机械发生炉)煤气。

煤干馏炉的加热煤气的耗热量指标是一项综合性的指标。焦炉的耗热量指标是按鞍山焦耐院多年来的经验总结资料制定的。对炭化室有效容积大于 20 m^3 的焦炉。用焦炉煤气加热时规定耗热量指标为 2 340 kJ/kg。而根据实测数据，当焦炉的均匀系数和安定系数均在 0.95 以上时，3 个月平均耗热量为 2 260 kJ/kg；当全年的均匀系数和安定系数均在 0.90 以上时，耗热量为 2 350 kJ/kg。这说明本条规定的指标是符合实际情况的。

根据国务院国办[2003]10 号文件及国家经贸委第 14 号令的精神：今后所建焦炉炭化室高度应在 4 m以上（折合容积大于 20 m^3）。因此炭化室容积约为 10 m^3 和小于 6 m^3 的焦炉耗热量指标不再编入本条正文中。故在此条文说明中保留，以供现有焦炉生产、改建时参考（见表 9）。

表 9　焦炉耗热量指标[kJ/kg(煤)]

加热煤气种类	炭化室有效容积(m^3)		适用范围
	约 10	＜6	
焦炉煤气	2 600	2 930	作为计算生产消耗用
发生炉煤气	2 930	3 260	作为计算生产消耗用
焦炉煤气	2 850	3 180	作为计算加热系统设备用
发生炉煤气	3 140	3 470	作为计算加热系统设备用

直立炉的加热使用机械发生炉热煤气，由于热煤气难于测定煤气流量，在制定本条规定时只能根据生产上使用发生炉所耗的原料量的实际数据（每吨煤经干馏需要耗用 180～210 kg 的焦），经换算耗热量为 2 590～3 010 kJ/kg。考虑影响耗热量的因素较多，故指标按上限值规定为 3 010 kJ/kg。

上面所提到的耗热量是作为计算生产消耗时使用的指标。在设计加热系统时，还需稍留余地，应考虑增加一定的富裕量。根据鞍山焦耐院的总结资料，作为生产消耗指标与作为加热系统计算指标的耗热量之间相差为 210～250 kJ/kg。本条规定的加热系统计算用的耗热量指标就是根据这一数据制定的。

4.2.11　本条规定了加热煤气管道的设计要求。

1　要求发生炉煤气加热的管道上设置混入回炉煤气的装置，其目的是稳定加热煤气的热值，防止炉温波动。在回炉煤气加热总管上装设预热器，其目的是以防止煤气中的焦油、萘冷凝下来堵塞管件，并使入炉煤气温度稳定。

2　在加热煤气系统中设压力自动调节装置是为了保证煤气压力的稳定，从而使进入炉内的煤气流量维持不变，以满足加热的要求。

3　整个加热管道中必须经常保持正压状态，避免由于出现负压而窜入空气，引起爆炸事故。因此必须规定在加热煤气管道上设煤气的低压报警信号装置，并在管道末端设置爆破膜，以减少爆破时损坏程度。

5　加热煤气管道一般都是采用架空方式，这主要是考虑到便于排出冷凝物和清扫管道。

4.2.12　直立炉、焦炉桥管设置低压氨水喷洒，主要是使氨水蒸发，吸收荒煤气显热，大幅度降低煤气温度。

直立炉荒煤气或焦炉集气管上设置煤气放散管是由于直立炉与焦炉均为砖砌结构，不能承受较高的煤气压力，炉顶压力要求基本上为±0 大气压，防止砖缝由于炉内煤气压力过高而受到破坏，导致泄漏而缩短炉体寿命并影响煤气产率和质量。制气厂的生产工艺过程极为复杂，各种因素也较多，如偶尔逢电气故障、设备事故、管道堵塞时，干馏炉生产的煤气无法确保安全畅通地送出，而制气设备仍在连续不断地生产；同时，产气量无法瞬时压缩减产，因此必须采取紧急放散以策安全。放散出来的煤气为防止污染环境，必须燃烧后排出。放散管出口应设点火装置。

4.2.13　本条规定了干馏炉顶荒煤气管的设计要求。

1　荒煤气管上设压力自动调节装置的主要理由如下：

1) 煤干馏炉的荒煤气的导出流量是不均匀的，其中焦炉的气量波动更大，需要设该项装置以稳定压力；否则将影响焦炉及净化回收设备的正常生产。

2) 正常操作时要求炭化室始终保持微正压，同时还要求尽量降低炉顶空间的压力，使荒煤气尽快导出。这样才能达到减轻煤气二次裂解，减少石墨沉积，提高煤气质量和增加化工产品的产量和质量等目的，因此需要设置压力调节装置。

3) 为了维持炉体的严密性也需要设置压力调节装置以保持炉内的一定压力。否则空气窜入炉内，造成炉体漏损严重、裂纹增加，将大大降低炉体寿命。

2 因为煤气中含有大量焦油，为了保证调节蝶阀动作灵活就要防止阀上粘结焦油，因此必须采取氨水喷洒措施。

3 由于煤气产量不够稳定，煤气总管蝶阀或调节阀的自动控制调节是很重要的安全措施。尤其是当排送机室、鼓风机室或调节阀失常时，必须加强联系并密切注意，相互配合。当调节阀用人工控制调节时，更应加强信号联系。

4.2.14 捣炉与放焦的时间，在同一碳化炉上应绝对错开。捣炉或放焦时，炉顶或炉底的压力必须保持正常。任何一操作都会影响炉顶或炉底的压力，当炉顶与炉底压力不正常，偶尔空气渗入时，煤气与空气混合成爆炸性混合气遇火源发生爆炸，从而使操作人员受到伤害。因此捣炉与放焦之间应有联系信号，应避免在一个炉子上同时操作。

焦炉的推焦车、拦焦车、熄焦车在出焦过程中有密切的配合关系，因此在该设备中设计有连锁、控制装置，以防发生误操作。

4.2.15 设置隔热装置是为了减少上升管散发出来的热量，便于操作工人的测温和调火。

首钢、鞍钢为了改善焦炉的生产环境污染和节约能源，从 1981 年开始使用以高压氨水代替高压蒸汽进行消烟装煤生产以来，各地焦炉相继采用这项技术，已有 20 多年的历史了，对减少焦炉冒烟，降低初冷的负荷和冷凝酚水量取得了行之有效的结果，并经受了长时间的考验。

4.2.16 焦炉氨水耗量指标，多年来经过实践是适用的。总结各类焦炉生产情况该指标为 6～8 m^3/t(煤)，焦炉当采用双集气管时取大值，单集气管时取小值。

直立炉的氨水耗量主要是总结了实际生产数据。指标定为“4 m^3/t(煤)”比焦炉低，这是因为直立炉系中温干馏，荒煤气出口温度较低的原因。

高压氨水的耗量一般为低压氨水总耗量的 1/30(即 3.4%～3.6%)左右。这个数据是一个生产消耗定额，是以一个炭化室每吨干煤所需要的量。当选择高压氨水泵的小时流量时应考虑氨水喷嘴的孔径及焦炉加煤和平煤所需的时间。高压氨水压力应随焦炉炭化室容积不同而不同，这次规范修改是根据 1999 年焦化行业协会，与会专家一致认为 4.3 m 以下焦炉高压氨水压力 1.8～2.5 MPa，6 m 以下焦炉高压氨水压力为 1.8～2.7 MPa，完全可以满足焦炉的无烟装置操作，结合焦耐设计院近几年设计高压氨水多采用 2.2 MPa，压力过高影响焦油、氨水质量(煤粉含量高)的意见，因此对高压氨水压力调整为 1.5～2.7 MPa。每个工程设计在决定高压氨水泵压力时还应考虑焦炉氨水喷嘴安装位置的几何标高。氨水喷嘴的构造形式以及管线阻力等因素。

该条文中所规定的高压氨水的压力和流量指标均以当前几种常用的喷嘴为依据。如果喷嘴形式有较大变化，若设计时将高、低压氨水合用一个喷嘴，那么喷嘴的设计性能既要满足高压氨水喷射消烟除尘要求，又要保证低压氨水喷洒冷却的效果。

低压氨水应设事故用水，其理由是一旦氨水供应出问题，不致影响桥管中荒煤气的降温。事故用水一般是由生产所要求设置的清水管来供应的，为了避免氨水倒流进清水管系统腐蚀管件，该两管不应直接连接。

直立炉氨水总管以环网形连通安装，可避免管道末端氨水压力降得太多而使流量减少。

4.2.17 废热锅炉的设置地点与锅炉的出力有很大关系。同样形式的两台废热锅炉由于安装高度不一样，结果在产气量上有明显差别(见表 10)。

表 10　废热锅炉产气量的比较

放置地点	废气进口温度、产气量		蒸气压力(MPa)	引风机功率(kW)
	℃	t/h		
+14 m标高处	900	6～7	0.637	23
±0 m标高处	800	5～6	0.558	55

注：废气总管标高为+8.5 m处。

废热锅炉有卧式、立式、水管式与火管式、高压与低压等种类。采用火管式废热锅炉时，应留有足够的周围场地与清灰的措施，有利于清灰。

在定期检修或抢修期间，检修动力机械设备、各种类型的泵、调换火管等工作要求周围必须留有富裕的场地，便于吊装，有利于改善工作环境，并缩短检修周期。一般每一台废热锅炉的安全运行期为6个月，82英寸30门直立炉附属废热锅炉的每小时蒸汽产量可达6 t左右。

采用钢结构时，结构必须牢固，在运行中不应有振动，防止机械设备损坏，影响使用寿命或造成环境噪声。

4.2.18　本条规定了直立炉熄焦系统的设计要求。

1　本款规定主要是保证熄焦水能够连续(排焦是连续的)均衡供应。从三废处理角度出发，熄焦水中含酚水应循环使用，以减少外排的含酚污水量。

2　排焦传动装置采用调速电机控制，可达到无级变速，有利于准确地控制煤斤行速。

3　当焦炭运输设备一旦发生故障而停止运转进行抢修1～2 h时，还能保持直立炉的生产正常进行。因此，排焦箱容量须按4 h排焦量计算。

采用弱粘结性块煤时，为防止炉底排焦轴失控，造成脱煤、行速不均匀甚至造成爆炸的事故，炉底排焦箱内必须设置排焦控制器。现国内外已在W-D连续直立炉的排焦箱内推广应用。

4　为了减轻劳动强度、减少定员，人工放焦应改成液压机械排焦。为此，本款规定排焦门的启闭宜采用机械化设备，这是必要和可能的。

5　熄焦过程是在排焦箱内不断地利用循环水进行喷淋，每2 h放焦一次，焦内含水量一般在15%左右。当焦中含水分过高、含屑过多时，筛焦设备在分筛统焦过程中就会遇到困难，不易按级别分筛完善，不利于气化生产的原料要求与保证出售商品焦的质量。因此，不论采取什么运输方式，在运输过程中应有一段沥水的过程，以便逐步减少统焦中的水分，一般应考虑80 s的沥水时间，从而有利于分筛。80 s系某厂三组炭化炉自放焦、吊焦至筛焦的实测沥水时间的平均值。

4.2.19　湿法熄焦是目前焦化工业普遍采用的方法。载有赤热焦炭的熄焦车开进熄焦塔内，熄焦水泵自动(靠电机车压合极限开关或采用无触点的接近开关)喷水熄焦。并能按熄焦时间自动停止。熄焦时散发出含尘蒸汽是污染源，因此熄焦塔内应设置捕尘装置，效果尚好。熄焦用水量与熄焦时间是长期实践总结出的生产指标，可作为熄焦水泵选择的依据。

熄焦后的水经过沉淀池将粉焦沉淀下来，澄清后的水继续循环使用。因此沉淀池的长、宽尺寸应能满足粉焦的完全沉降，以及考虑粉焦抓斗在池内操作，以降低工人体力劳动强度。

提出大型焦化厂应采用干法熄焦。由于大型焦炉产量高，如100万t/a规模的焦化厂每小时出焦量114 t，并根据宝钢干熄焦生产经验，1 t红焦可产生压力4.6 MPa，温度为450 ℃的中压蒸汽0.45 t，是节能、改善焦炭质量和环境保护的有效措施；但由于基建投资高，资金回收期长，所以只有大型焦化厂采用。

4.2.20　在熄焦过程中蒸发的水量为0.4 m^3/t干煤，最好是由清水进行补充，但为了减少生产污水的外排量，可以使用生化处理后符合指标要求的生化尾水补充。

4.2.21　焦台设计各项数据是根据鞍山焦耐院对放焦过程的研究资料，以及该院对各厂的生产实践归纳出来的经验和数据而做出的。经测定及生产经验得知，运焦皮带能承受的温度一般是70～80 ℃，因此要求焦炭在焦台上须停留 30 min 以上，以保证焦炭温度由 100～130 ℃降至 70～80 ℃。

4.2.22 熄焦后的焦炭是多级粒度的混合焦，根据用户的需要须设筛焦楼，将混合焦粒度分级。综合冶金、化工、机械等行业的需要，焦炭筛分的设施按直接筛分后焦炭粒度大于 40 mm、40～25 mm、25～10 mm和小于 10 mm，共 4 级设计。为满足铁合金的需要，有些焦化厂还将小于 10 mm 级的焦炭筛分为 10～5 mm 和小于 5 mm 两级，前者可用于铁合金。也有焦化厂为了供铸造使用，将大于 60～80 mm 筛出。(详见《冶金焦炭质量标准》GB 1996，《铸造焦炭质量标准》GB 8729)。有利于经济效益和综合利用。

城市煤气厂生产的焦炭必须要有储存场地以保证正常的生产。对于采用直立炉的制气厂，厂内一般都设置配套的水煤气炉和发生炉设施。故中、小块以及大块焦都直接由本厂自用，经常存放在储焦场地上的仅为低谷生产任务时的大块焦和一部分中、小块焦。因此储焦场地的容量为“按 3～4 d”产焦量计算就够了。

采用炭化室有效容积大于 20 m³ 焦炉的制气厂焦炭总产量中很大部分是供给某一固定钢铁企业用户的。一般是按计划定期定量地采用铁路运输方式由制气厂向钢铁企业直接输送焦炭。

筛分设备在运行时，振动扬尘很大，从安全和工业卫生要求必须有除尘通风设施。

4.2.23 在筛焦楼内设有储焦仓，对于直立炉的储焦仓容量规定按 10～12 h 产焦量确定。这是根据目前生产厂的生产实践经验提出的。80 门直立炉二座筛焦楼，其储焦仓容量约为 11 h 产焦量，从历年生产情况看已能满足要求。

焦炉的储焦仓容量按 6～8 h 产焦量的规定，基本上是按照鞍山焦耐院历年来对各厂的生产总结资料确定的。生产实践证明不会影响焦炉的正常操作。

4.2.24 储焦场地应平整光洁，对倒运焦炭有利。

4.2.25 独立炼焦制气厂在铁路或公路运输周转不开的情况下，才需要将必须落地的焦炭存放在储焦场内。储焦场的操作容量，当铁路运输时，宜采用 15 d 产焦量；当采用公路运输时，宜采用 20 d 产焦量。

4.2.26 直立炉的气焦用于制气时一般可采用两种工艺：一为生产发生炉煤气，二为生产水煤气。发生炉的原料要求使用中、小块气焦，既有利于加焦，又有利于气化，另外成本也较低，因此将自产气焦制作发生炉煤气是较为合理的。水煤气的原料要求一般是大块焦。用它生产的水煤气成本高，作为城市煤气的主气源是不经济和不安全的。所以规定这部分生产的水煤气只供作为调峰掺混气，以适应不经常的短期高峰用气的要求。

注：大块焦为 40～60 mm，中、小块焦为 25～40 mm 和 25～10 mm。

4.3 煤的气化制气

4.3.1 煤的气化制气的炉型，本次规范修编由原有煤气发生炉、水煤气发生炉 2 种炉型基础上，又增加了两段煤气发生炉、两段水煤气发生炉和流化床水煤气炉等 3 种炉型，共 5 种炉型。

1 两段煤气发生炉和两段水煤气发生炉的特点是在煤气发生炉或水煤气发生炉的上部。增设了一个干馏段，这就可以广泛使用弱粘性烟煤，所产煤气，不但比常规的发生炉煤气、水煤气的发热量高，而且可以回收煤中的焦油。1980 年以来两段煤气发生炉，在我国的机械、建材、冶金、轻工、城建等行业作为工业加热能源广泛地被采用。粗略的统计有近千台套，两段水煤气发生炉已被采用作为城镇燃气的主气源(如：秦皇岛市、阜新市、威海市、保定市、白银市、汉阳市、安亭县等)，但该煤气供居民用 CO 指标不合格，应采取有效措施降低 CO 含量。

这两种炉型，国内开始采用时，是从波兰、意大利、法国、奥地利等国引进技术，(国外属 20 世纪 40 年代技术)后通过中国市政工程华北设计研究院、机械部设计总院、北京轻工设计院等单位消化吸收，按照中国的国情设计出整套设备和工艺图纸，一些设备厂家也成功地按图制造出合格的产品，满足了国内市场的需要。取得了各种生产数据，达到预想的结果。所以该工艺在技术上是成熟的，在运行时是安全可靠的。

2　流化床水煤气炉，是我国自行研制的一种炉型，是由江苏理工大学(江苏大学)研究发明：1985年承担国家计委节能局“沸腾床粉煤制气技术研究”课题(节科8507号)建立ϕ500 mm小型试验装置，1989年通过机电部组织的部级鉴定(机械委〈88〉教民005号)；1989年又提出流化床间歇制气工艺，并通过ϕ200 mm实验装置的小试，1990年在镇江市灯头厂建立ϕ400 mm的流化床水煤气试验示范站，日产气3 000 m^3，为工业化提供了可靠的技术数据及放大经验，并获国家发明专利(专利号ZL90105680.4)。1996年郑州永泰能源新设备有限公司从江苏理工大学购置粉煤流化床水煤气炉发明专利的实施权，经过开发1998年完成ϕ1.6 m气化炉的工业装置成套设备，并建成郑州金城煤气站3×ϕ1.6 m炉，日供煤气量48 000 m^3，向金城房地产公司居民小区供气，经过生产运行，气化炉的各技术指标达到设计要求。同年由国家经贸委委托河南省经贸委组织中国工程院院士岑可法教授等12位专家对“常压流化床水煤气炉”进行了新产品(新技术)鉴定(鉴定验收证号、豫经贸科鉴字1999/039)；河南省南阳市建设5×ϕ1.6 m气化炉煤制气厂，日产煤气10万m^3(采用沼气、LPG增热)，1999年9月向市区供气。该产品被国家经贸委、国经贸技术(1999)759号文列为1999年度国家重点新产品。

郑州永泰能源新设备有限公司，在此基础上又进行多项改进，并放大成ϕ2.5 m炉，逐步推广到工业用气领域。

近年来上海沃和拓新科技有限公司购买了该技术实施权从事流化床水煤气站工程建设。目前采用该技术的厂家有：文登开润曲轴有限公司、南阳市沼气公司、鲁西化工；正在兴建的有高平铸管厂、二汽襄樊基地第二动力分厂、贵州毕节市、新余恒新化工、兴义市等。

总的说来该炉型号以粉煤作原料，采用鼓泡型流化床技术，根据水煤气制气工艺原理，制取中热值煤气，工艺流程短、产品单一。经过开发、制造、建设、运行，取得了可靠成熟的经验，可作为我国利用粉煤制气的城市(或工业)煤气气源。

2002年国家科学技术部批准江苏大学为《国家科技成果重点推广计划》项目“常压循环流化床水煤气炉”的技术依托单位[项目编号2002EC000198]。

4.3.2　煤的气化制气，所产煤气一般是热值较低，煤气组分中一氧化碳含量较高，如要作为城市煤气主气源，前者涉及煤气输配的经济性，后者与煤气使用安全强制性要求指标(CO含量应小于20%)相抵触，因此提出必须采取有效措施使气质达到现行国家标准《人工煤气》GB 13612的要求。

4.3.3　气化用煤的主要质量指标的要求是根据《煤炭粒度分级》GB 189、《发生炉煤气站设计规范》GB 50195、《常压固定床煤气发生炉用煤质量标准》GB 9143以及现有煤气站实际生产数据总结而编写的。

1　根据气化原理，要求气化炉内料层的透气性均匀，为此选用的粒度应相差不太悬殊，所以在条文中发生炉煤气燃料粒度不得超过两级。

当发生炉、水煤气作为煤气厂辅助气源时，从煤气厂整体经济利益考虑并结合两种气化炉对粒度的实际要求，粒度25 mm以上的焦炭用于水煤气炉，而不用于发生炉。当煤气厂自身所产焦炭或气焦，其粒度能平衡时发生炉也可使用大于25 mm的焦炭或气焦。其粒度的上、下限可放宽选用相邻两级。

煤的质量指标：

灰分：《固定床煤气发生炉用煤质量标准》GB 9143规定，发生炉用煤中含灰分的要求小于24%。由于煤气厂采用直立炉作气源时，要求煤中含灰分小于25%，制成半焦后，其灰分上升至33%。从煤气厂总体经济利益出发，这种高灰分半焦应由厂内自身平衡，做水煤气炉和发生炉的原料。由于中块以上的焦供水煤气炉，小块焦供发生炉，条文中规定水煤气炉用焦含灰分小于33%；发生炉用焦含灰分小于35%。

灰熔点(ST)：在煤气厂中，发生炉热煤气的主要用途是作直立炉的加热燃料气，加热火道中的调节砖温度约1 200 ℃，热煤气中含尘量较高，当灰熔点低于1 250 ℃，灰渣在调节砖上熔融，造成操作困难。所以在条文中规定，当发生炉生产热煤气时，灰熔点(ST)应大于1 250 ℃。

2　两段煤气(水煤气)发生炉如果炉内煤块大小相差悬殊，会使大块中挥发分干馏不透，影响了干馏和气化效果，因此条文中规定用煤粒度限使用其中的一级。所使用的煤种主要是弱粘结性烟煤，为了提高煤气热值，并扩大煤源，条文中规定干基挥发分大于、等于 20%。煤中干基灰分定为小于、等于 25%，其理由是两段炉干馏段内半焦产率约为 75%～80%，则进入气化段的半焦灰分不致高于 33%。

煤的自由膨胀序数(F. S. I)和罗加指标(R. I)代表烟煤的粘结性指标(GB 5447，GB 5449)，两个指标起互补作用。本条文规定的指标数值对保证炉子的安全生产有很大的意义，如果指标过高，煤熔融的粘结性(膨胀量)超过于馏段的锥度，则煤层与炉壁粘附导致不能均匀下降，此时必须采取打钎操作，这样不但造成煤层不规则的大幅度下降，而且钎头多次打击炉壁，而使炉膛损坏。我国两段炉大都使用大同煤、阜新煤、神府煤等(F. S. I)均小于 2，(R. I)小于 20。

两段炉使用弱粘结性烟煤，其热稳定性优于无烟煤，因此仍采用一段炉对煤种热稳定性指标大于 60%。

两段炉加煤时，煤的落差较一段炉小，但两段炉标高较高，煤提升高度大，因此对用煤抗碎强度的规定不应低于一般炉的 60%的要求。

根据我国煤资源情况提出煤灰熔融性软化温度大于、等于 1 250 ℃，是能达到的，满足了两段炉生产的要求，不会产生结渣现象。

3 流化床水煤气炉对煤的粒度要求，最好是采用粒度(1～13 mm)均匀的煤。目前实际供应的末煤小于 13 mm 或小于 25 mm 的较多，为了防止煤气的带出物过多，使灰渣含碳量降低，对 1 mm 以下，大于 13 mm 以上煤分别规定为小于 10%和小于 15%的要求。当使用烟煤作原料时，要求罗加指数小于 45，以防流化床气化时产生煤干馏粘结。流化床气化，气化速度比固定床煤气化反应时间短，速度要高得多，故提出要求煤的化学反应性(a)大于 30%。

4 各气化用煤的含硫量均控制在 1%以内，是当前我国的环境保护政策的要求，高硫煤不准使用。

5 气化用煤的各质量指标的测定应按国家煤炭试验标准方法进行(详见表 7)。

4.3.5 本条文是按气化炉为三班连续运行规定的，否则，煤斗中有效储量相应减少。

按《发生炉煤气站设计规范》GB 50195 规定，运煤系统为一班制工作时，储煤斗的有效储量为气化炉 18～20 h 耗煤量；运煤系统为两班制工作时，储煤斗的有效储量为气化炉 12～14 h 耗煤量；而本条文的有效储煤量的上、下限分别增加 2 h。因为在煤气厂中干馏炉、气化炉和锅炉等四大炉的上煤系统基本是共用的，在运煤系统前端运输带出故障修复后，四大炉需要依次供煤，排在最后供煤系统的气化炉，煤斗容量应适当增大。

备煤系统不宜按三班工作的理由是为了留有设备的充裕的检修时间。

4.3.7 各种煤气化炉煤气低热值指标的规定与炉型，工艺特点，煤的质量(气化用煤主要质量指标见表 4.3.3)操作条件都有关。本条文提出的指标在正常操作条件下，一般是可以达到的，如果用户有较高的要求，可采用热值增富方法(如富氧气化或掺入 LPG 等)。

4.3.8 气化炉吨煤产气率指标与选用的炉型有关，如 W-C 型炉比 D 型炉产气量要高，煤的质量与气化率也有密切的关系，如大同煤的气化率较高。煤的粒度大小与均匀性也直接影响气化炉的产气率。所以，本条文写明要把各种因素综合加以考虑。对已用于煤气站气化的煤种，应采用平均产气率指标(指在正常、稳定生产条件下所达到的指标)。对未曾用于气化的煤种，要根据气化试验报告的产气率确定。本条文提出的产气率指标是在缺乏上述条件时，供设计人员参考。表 4.3.8 中的数据，由中国市政工程华北设计研究院、中元国际工程设计研究院、郑州永泰能源新设备有限公司等单位提供。

4.3.9 本条文规定气化炉每 1～4 台以下宜另设一台备用，主要是城市煤气厂供气不允许间断，设备的完好率要求高。根据城市煤气厂(设有煤干馏炉、水煤气、发生炉)气化炉的检修率一般在 25%左右，对于流化床水煤气炉，该设备无转动机械部件，检修、开停方便，其设备备用率，目前尚无实践总结资料，故本条文暂按固定床气化炉情况确定。

4.3.10 对水煤气发生炉、两段水煤气发生炉，以 3 台编为一组再备用 1 台最佳，因为鼓风阶段约占1/3 时间。3 台炉共用 1 台鼓风机比较合理。而流化床水煤气的鼓风(或制气)阶段约为 1/2 时间，因此建议 2 台编为一组。由于这些气化炉均属于间歇式制气采用上述编制方法，可以保持气量均衡，这样可以合用一套煤气冷却和废气处理及鼓风设备，对于节约投资，方便管理，都有好处，实践证明是经济合理的。

目前流化床水煤气炉鼓风气温度较高，在高温阀门国内尚未解决前，其废热锅炉与气化炉应按一对一布置，便于生产切换。

4.3.12　一般循环制气炉的缓冲气罐，由于气量变化频繁，罐的上下位置移动大，若采用小型螺旋气罐易于卡轨，很多煤气厂均有反映，不得不改为直立式低压储气罐。该罐的容积定为 0.5～1 倍煤气小时产气量，完全满足需要。

4.3.13　循环制气炉因系间歇制气，作为气化剂的蒸汽也是间歇供应的，但锅炉是连续生产的。而气化炉使用蒸汽是间歇的，故应设置蒸汽蓄能器，作为蒸汽的缓冲容器。由于蒸汽蓄能器不设备用，其系统中配套装置与仪表一旦破坏，就无法向煤气炉供应蒸汽。因此，煤气站宜另设一套备用的蒸汽系统，以保证正常生产。

4.3.14　由于并联工作台数过多，其不稳定因素增加，且造成阻力损失，本条文规定并联工作台数不宜超过 3 台。

4.3.15　在煤气厂中，水煤气一般作为掺混气，掺混量约 1/3。与干馏气掺混后经过脱硫才能供居民使用，而干法脱硫的最佳操作温度为 25～30 ℃，极限温度为 45 ℃。在煤气厂内干馏煤气在于法脱硫箱前将煤气冷却至 25 ℃左右，与 35 ℃的水煤气混合后的温度约 28.3 ℃，仍在脱硫最佳操作温度的范围内。

在煤气厂中发生炉冷煤气除作干馏气的掺混气外，主要作焦炉的加热气。如果发生炉煤气的温度增高，将影响煤气排送机的输送能力和煤气热量的利用，最终将影响焦炉加热火道的温度，造成燃料的浪费，故规定冷煤气温度不宜超过 35 ℃。

热煤气在煤气厂中用作直立炉的加热气，发生炉燃料多采用直立炉的半焦，焦油含量少，故规定热煤气不低于 350 ℃(近年来，煤气发生炉煤气站多选用 W-G 型炉，其出口温度约 300～400 ℃)。

煤气厂中发生炉冷煤气作为焦炉加热，并通过焦炉的蓄热室进行预热，为防止蓄热室被堵塞，故该煤气中的灰尘和焦油雾，应小于 20 mg/m^3。

煤气厂的热煤气一般供直立炉加热，而热煤气目前只能作到一级除尘(旋风除尘器除尘)，所以煤气中含尘量仍很高，约 300 mg/m^3。因此，在设计煤气管道时沿管道应设置灰斗和清灰口，以便清除灰尘。

4.3.16　煤气厂中的发生炉煤气站一般采用无烟煤或本厂所产焦炭、半焦作原料，所得焦油流动性极差。当煤气通过电气滤清器时，焦油与灰尘沉降在沉淀极上结成岩石状物，不易流动，很难清理。所以本条文规定发生炉煤气站中电气滤清器应采用有冲洗装置或能连续形成水膜的湿式装置。如上海浦东煤气厂的气化炉以焦炭为原料，采用这种形式的电气滤清器已运转多年，电气滤清器本身无焦油灰尘沉淀积块，管道无堵塞现象。

4.3.17　煤气厂中，煤气站基本采用焦炭和半焦为原料，所产焦油流动性极差，如用间接冷却器冷却，焦油和灰尘沉积在间冷器的管壁上，使冷却效果大大降低，且这种沉积物坚如岩石，很难清除，故本条规定煤气的冷却与洗涤宜采用直接式。

按本规范第 4.3.15 规定冷煤气温度不应高于 35 ℃。因此，作为煤气站最终冷却的冷循环水，其进口温度不宜高于 28 ℃，这个条件对煤气厂来说是做得到的，因为煤气厂主气源的冷却系统基本设有制冷设备，适当增加制冷设备容量在夏季煤气站的冷循环水进口水温即可满足不高于 28 ℃的要求。

热循环水主要供竖管净化冷却煤气用，水温高时，水的蒸发系数大，热水在煤气中蒸发，吸热达到降温作用，再有水中焦油黏度小，水系统堵塞的机会少，而且其表面张力小，较易润湿灰尘，便于除尘。故规定热循环水温度不应低于 55 ℃。热循环水系统除了由冷循环水补充的部分冷水及自然冷却降温外，没有冷却设备，在正常情况下，热平衡的温度均不小于 55 ℃。

4.3.21　放散管管口的高度应考虑放散时排出的煤气对放散操作的工人及周围人员影响，防止中毒事故的发生。因此，规定必须高出煤气管道和设备及走台 4 m，并离地面不小于 10 m。

本条文还规定厂房内或距离厂房 10 m 以内的煤气管道和设备上的放散管管口必须高出厂房顶部 4 m，这也是考虑在煤气放散时，屋面上的人员不致因排出的煤气中毒，煤气也不会从建筑物天窗、侧窗侵入室内。

4.3.22 为适应煤气净化设备和煤气排送机检修的需要，应在系统中设置可靠的隔断煤气措施，以防止煤气漏入检修设备而发生中毒事故，所以在条文中作出了这方面的规定。

4.3.23 电气滤清器内易产生火花、操作上稍有不慎即有爆炸危险，根据《发生炉煤气设计规范》GB 50195编制组所调查的 65 个电气滤清器均设有爆破阀，生产工厂也确认电气滤清器的爆破阀在爆炸时起到了保护设备或减轻设备损伤的作用。所以本条文规定电气滤清器必须装设爆破阀。《发生炉煤气设计规范》GB 50195 编制组调查中，多数工厂单级洗涤塔设有爆破阀，但在某些工厂发生了几起由于误操作或动火时不按规定造成严重爆炸事件，故条文中规定“宜设有爆破阀”以防止误操作时发生爆炸事故。

4.3.24 本条文规定厂区煤气管道与空气管道应架空敷设，其理由如下：

1 水煤气与发生炉煤气一氧化碳含量很高，前者高达 37%，后者约 23%～27%，毒性大且地下敷设漏气不易察觉，容易引起中毒事故。

2 水煤气与发生炉煤气中杂质含量较高，冷煤气的凝结水量较大，地下敷设不便于清理、试压和维修，容易引起管道堵塞，影响生产。

3 地下敷设基本费用较高，而维护检修的费用更高。

因此，厂区煤气管道和空气管道采用架空敷设既安全又经济，在技术上完全能够做到。

由于热煤气除采用旋风除尘器外，无其他更有效的除尘设备，而旋风除尘器的效率约 70%。当产量降低时，除尘器的效率更低，因此旋风除尘器后的热煤气管道沿线应设有清灰装置，以便定时清除沿线积灰，保证管道畅通。

4.3.25 爆破膜作为空气管道爆炸时泄压之用，其安装位置应在空气流动方向管道末端，因为管末端是薄弱环节，爆破时所受冲击力较大。

关于煤气排送机前的低压煤气总管是否要设置爆破阀或泄压水封的问题，根据《发生炉煤气设计规范》GB 50195 编制组调查：因停电或停制气时，易有空气渗漏至低压煤气管内形成爆炸性混合气体，故本条文提出应设爆破阀和泄压水封。

4.3.26 根据我国煤气站几十年的经验，本条文规定的水封高度是能达到安全生产要求的。

热煤气站使用的湿式盘阀水封高度有低于本规范表 4.3.26 中第一项的规定，这种盘阀之所以允许采用，有下列几种原因：

1 由于大量的热煤气经过湿式盘阀，要考虑清理焦油渣的方便；为了经常掏除数量较多的渣，水封不能太高；

2 热煤气站煤气的压力比较稳定，一般不产生负压，水封安全高度低一些，也不致进入空气引起爆炸；

3 湿式盘阀只能装在室外，不允许装在室内，以防止炉出口压力过高时水封被突破，大量煤气逸出引起事故。

这种盘阀的有效水封高度不受表 4.3.26 的限制，但应等于最大工作压力（以 Pa 表示）乘 0.1 加 50 mm水柱。由于这种盘阀只能在室外安装，允许降低其水封高度，并限于在热煤气系统中使用，所以在本条文中加注。

4.3.27 本条规定了设置仪表和自动控制的要求。

1 设置空气、蒸汽、给水和煤气等介质计量装置，是经济运行和核算成本所必须的。

4 饱和空气温度是发生炉气化的重要参数，采用自动调节，可以保证饱和空气温度的稳定，使其能控制在±0.5 ℃范围内，从而保证了煤气的质量。特别是在煤气负荷变化较大时，有利于炉子的正常运行。

6 两段炉上段出口煤气温度，一般控制在120℃左右。控制方式是调节两段炉下段出口煤气量。

7 汽包水位自动调节，是防止汽包满水和缺水的事故发生。

8 气化炉缓冲柜位于气化装置与煤气排送机之间，缓冲柜到高限位时，如不停止自动控制机运转将有顶翻缓冲柜的危险。所以本条文规定煤气缓冲柜的高位限位器应与自动控制机连锁。当煤气缓冲柜下降到低限位时，如果不停止煤气排送机的运转将发生抽空缓冲柜的事故。因此规定循环气化炉缓冲柜的低位限位器与煤气排送机连锁。

9 循环制气煤气站高压水泵出口设有高压水罐，目的是保持稳定的压力，供自动控制机正常工作，但当压力下降到规定值时，便无法开启和关闭有关水压阀门，将导致危险事故发生。因此规定高压水罐的压力应与自动控制机连锁。

10 空气总管压力过低或空气鼓风机停车，必须自动停止煤气排送机，以保证煤气站内整个气体系统正压安全运行。所以两者之间设计连锁装置。

11 电气滤清器内易产生火花、操作上稍有不慎即有爆炸危险，因此为防止在电气滤清器内形成负压从外面吸入空气引起爆炸事故，特规定该设备出口煤气压力下降至规定值(小于50 Pa)、或气化煤气含氧量达到1%时即能自动立即切断电源；对于设备绝缘箱温度值的限制是因为煤气温度达到露点时，会析出水分，附着在瓷瓶表面，致使瓷瓶耐压性能降低、易发生击穿事故。所以一般规定绝缘保温箱的温度不应低于煤气入口温度加25℃(《工业企业煤气安全规程》GB 6222)，否则立即切断电源。

12 低压煤气总管压力过低，必须自动停止煤气排送机，以保证煤气系统正压安全运行，压力的设计值和允许值应根据工艺系统的具体要求确定。

13 气化炉自动加煤一般依据炉内煤位高度、炉出口煤气温度及炉内火层情况，设置自动加煤机构，保持炉内的煤层稳定。气化炉出灰都是自动的，但在某一质量的煤种的条件下，在正常生产时煤、灰量之比是一定的。因此自动加煤机构和自动出灰机构一定要互相协调连锁。

14 本条是为循环制气的要求而编制的。循环气化炉(水煤气发生炉、两段水煤气发生炉、流化床水煤气炉)的生产过程：水煤气炉是“吹风—吹净—制气—吹净”(每个循环约420 s)，流化床水煤气是“吹风—制气—吹风”(每个循环约150 s)周而复始进行，在各阶段中有几十个阀门都要循环动作，这就需要设置程序控制器指挥自动控制机的传动系统按预先所规定的次序自动操作运行。

4.4 重油低压间歇循环催化裂解制气

4.4.1 本条规定了重油的质量要求。

我国虽然规定了商品重油的各种牌号及质量标准，但实际供应的重油质量不稳定，有时甚至是几种不同油品的混合物。为了满足工艺生产的要求，本条文中针对作为裂解原料的重油规定了几项必要的质量指标要求。

对条文的规定分别说明如下：

1 碳氢比(C/H)指标，绝大多数厂所用重油的C/H指标都在7.5以下，C/H越低，产气率越高，越适合作为制气原料。根据上述情况，作出“C/H宜小于7.5”的规定。

2 残炭指标：残炭量的大小决定积炭量的多少，如果积炭量多就会降低催化剂的效果，并提高焦油产品中游离碳的含量，造成处理上的困难。一般说来残碳值比较低的重油适宜于造气。故对残炭的上限值有所限制，规定了“小于12%”的指标要求。

4.4.2 确定原料油储存量的因素较多，总的来说要根据原料油的供应情况、运输方式、运距以及用油的不均衡性等条件进行综合分析后确定。

炼油厂的检修期一般为15 d左右，在这一期间制气厂的原料用油只能由自己的储存能力来解决。储存能力的大小既要考虑满足生产需要，又要考虑占地与基建投资的节约。综合以上因素，确定为：“一般按15～20 d的用油量计算”。

4.4.3 本条规定了工艺和炉型的选择要求。

重油催化裂解制气工艺所生产的油制气组分与煤干馏制取的城市燃气组分较为接近，可适应目前使用的煤干馏气灶具。且由于催化裂解制气的产气量较大，粗苯质量较好，所以经济效果也是比较好的。另外，副产焦油含水较低，这对综合利用提供了有利条件。因此用于城市燃气的生产应采用催化裂解制气工艺。

采用催化裂解制气工艺时，要求催化剂床温度均匀，上下层温度差应在±100 ℃范围内，不宜再大；同时要求催化剂表面尽量少积炭，以防止局部温度升高；也不允许温度低的蒸汽直接与催化剂接触。以上这些要求是一般单、双筒炉难以达到的，而三筒炉则容易满足。

4.4.4 本条规定了重油低压间歇循环催化裂解制气工艺主要设计参数。

1 反应器的液体空间速度。

反应器液体空间速度的选取对确定炉体的大小有着直接关系。催化裂解炉实际液体空间速度与工艺计算选用的液体空间速度一般相差不大，根据国内几个厂的实际液体空间速度的数据，规定催化裂解制气的液体空间速度为 0.6～0.65 $m^3/(m^3 \cdot h)$。

4 关于加热油用量占总用油量的比例。加热油量占总用油量的比例与炉子大小有关，也与操作管理水平有关。现有厂的加热油量占总用油量的实际比例在 15%～16%。

5 过程蒸汽量与制气油量之比值。

重油裂解主要产物为燃气和焦油，它受到裂解温度、液体空间速度和过程蒸汽量等较多条件和因素的综合影响，如处理不好就会增加积炭。因此不能孤立地确定水蒸气与油量之比值，它要受裂解温度、液体空间速度和催化床厚度等具体条件的约束，应综合考虑燃气热值和产气率的相互关系，随着过程蒸汽量与油量之比值的增加将会提高裂解炉的得热，同时对煤气的组成也有很大的影响。采用过程蒸汽的目的是促进炉内产生水煤气反应，同时要控制油在炉内停留时间以保证正常生产。

据国外资料报道：日本北港厂建的 13.2 万 $m^3/(d \cdot 台)$ 蓄热式裂解炉，从平衡含氢物质的计算中推算出过程蒸汽中水蒸气分解率仅为 23%，可说明在一般情况下，过程蒸汽在炉内之作用和控制在炉内停留时间二者间的数量关系；根据日本冈崎建树所作的“油催化裂解实验的曲线”中可看出随着水蒸气和油比例的增加而气化率直线增加，热值直线下降，而总热量则以缓慢的二次曲线的坡度增加。其中：H_2 增加最明显；CO 的增加极少；CO_2 几乎不变；CH_4 和重烃类的组分有降低。说明了水蒸气和碳反应生成的 H_2 和 CO 都不多，主要是热分解促进了 H_2 的生成。所以过多的水蒸气对炉内温度、油的停留时间都不利。一般蒸汽与油的比值应为 1.0～1.2 范围，实际多取 1.1～1.2 较为适宜。

7 关于每吨重油催化裂解产品产率。煤气产率要根据产品气的热值确定。产品气的热值高，煤气产率低，相反，产品气的热值低，煤气产率就高，一般煤气低热值按 21 MJ/m^3 时，煤气产率约为 1 100～1 200 m^3。

8 我国有催化剂的专业性生产厂，其含镍量可根据重油裂解制气工艺要求而不同。目前使用的催化剂含镍量为 3%～7%。

4.4.5 重油制气炉在加热期产生的燃烧废气温度较高，对余热应加以利用。对于 1 台 10 万 m^3/d 的油制气装置，废气温度如按 550 ℃计，每小时大约可生产 2.3 t 蒸汽（饱和蒸汽压力为 0.4 MPa）。鼓风期产生的燃烧废气中含有的热量大约相当于燃烧时所用加热油热量的 80%。如 2 台油制气炉设 1 台废热锅炉，则其产生的蒸汽可满足过程蒸汽需要量的一半，因此这部分相当可观的热量应该予以回收和利用。

因重油制气炉生产过程中会散出大量的尘粒（炭粒）污染周围环境，根据环境保护的要求应设置除尘装置。重油制气装置在不同操作阶段排放出不同性质的废气。在一加热、二加热和烧炭阶段中，烟囱排出的是燃烧废气，其中除了有二氧化碳外，还夹带着大量的烟尘炭粒。通过旋风除尘和水膜除尘设备或其他有效的除尘设备后，使含尘量小于 1 g/m^3，再通过 30 m 以上的烟囱排放以符合环保要求。

4.4.6 重油循环催化裂解装置生产是间歇的，生产过程中蒸汽的需要也是间歇的，而且瞬时用汽量较大，而锅炉则是连续生产的，因此应设蒸汽蓄能器作为蒸汽的缓冲容器。

4.4.7 油制气炉的生产系间歇式制气，为了保持产气均衡、节约投资、管理方便，所以规定每2台炉编为一组，合用一套煤气冷却系统和动力设备，这种布置已经在实践中证明是经济合理的。

4.4.8 重油制气的冷却在开发初期一直选用煤气直接式冷却的方法。直接式冷却对焦油和萘的洗涤、冷凝都是有利的，可以洗下大量焦油和萘，减少净化系统的负荷及管道堵塞现象。考虑到污染的防治，设计中改用了间接冷却方法，效果较好，减少了大量的污水，同时也消除了水冷却过程中的二次污染现象，至于采用间冷工艺后管道堵塞问题，可以采取措施解决。如北京751厂的运行经验，在设备上用加热循环水喷淋，冬季进行定期的蒸汽吹扫，没有发生因堵塞而停止运行。如上海吴淞制气厂在1992年60万m^3/d重油制气工程中，兼顾了直冷和间冷的优点，采用了直冷—间冷—直冷流程，取得了很好的效果。

4.4.9 本条规定了空气鼓风机的选择。

空气鼓风机的风压应按空气、燃烧废气通过反应器、蒸汽蓄热器、废热锅炉等设备的阻力损失和炉子出口压力之和来确定。也就是应按加热期系统的全部阻力确定。

4.4.11 本条规定是根据现有各厂的实际情况确定的。一般规模的厂原料油系统除设置总的储油罐外，均设中间油罐。原料油经中间油罐升温至80℃，再经预热器进入炉内，这样既保证了入炉前油温符合要求，也节省了加热用的蒸汽量。对于规模小的输油系统也有个别不设中间油罐，而直接从总储油罐处将重油加热到入炉要求的温度。

4.4.12 设置缓冲气罐的主要目的是为了保证煤气排送机安全正常运转，起到稳定煤气压力的作用，有利于整个生产系统的操作。缓冲气罐的容积各厂不一，其容量相当于20 min到1 h产气量的范围。根据各地调查，从历年生产经验来看，该罐不是用作储存煤气，而是仅作缓冲用的，因此容量不应太大。一般按0.5～1.0 h产气量计算已能满足生产要求。

据沈阳、上海等厂的实际生产情况，都发现进入缓冲气罐的煤气杂质较多，有大量的油(包括轻、重油)沉积在气罐底部，故应设集油、排油装置。

4.4.14 油制气炉的操作人员经常都在仪表控制室内进行工作，很少在炉体部分直接操作，因此没有必要将炉体设备安设在厂房内。采取露天设置后的主要问题是解决自控传送介质的防冻问题，例如在严寒地区若采用水压控制系统时，就必须同时考虑水的防冻措施(如加入防冻剂等)。

国内现有的油制气炉一般都布置在露天，根据近年来的生产实践均感到在厂房内的操作条件较差，尤其是夏季，厂房很热，焦油蒸气的气味很大，同时还增加了不少投资。因此除有特殊要求外，炉体设备不建厂房，所以本条规定:“宜露天布置”。

4.4.15 本条规定“控制室不应与空气鼓风机室布置在同一建筑物内”。这是由于空气鼓风机的振动和噪声很大，对仪表的正常运行及使用寿命都有影响，对操作人员的身体健康也有影响。有的厂空气鼓风机室设在控制室的楼下，振动和噪声的影响很大。上海吴淞煤气制气公司、北京751厂的空气鼓风机室是单独设置的，与控制室不在同一建筑物内，就减少了这种影响，效果较好。

条文中规定了“控制室应布置在油制气区夏季最大频率风向的上风侧”，主要是防止油制气炉生产时排出的烟尘、焦油蒸气等影响控制室的仪表和控制装置。

4.4.16 焦油分离池经常散发焦油蒸气，气味很大，而且在分离池附近还进行外运焦油、掏焦油渣作业，使周围环境很脏。故规定“应布置在油制气区夏季最小频率风向的上风侧”，以尽量减少对相邻设置的污染和影响。

4.4.17 重油制气污水主要来自制气生产过程中燃气洗涤、冷却设备中冷凝下来的污水和燃气冷却系统循环水经补充后的排放污水，每台10万m^3/d制气炉的污水排放量估计在30～35 t/h，其水质为：pH:7.5，COD 1 000～2 000 mg/L，BOD 200～500 mg/L，油类250～600 mg/L，挥发酚10～65 mg/L，CN 10～40 mg/L，硫化物5～40 mg/L，NH_3 40 mg/L，可见重油制气厂应设污水处理装置，污水经处理达到国家现行标准《污水综合排放标准》GB 8978的规定。

4.4.18 本条规定了自动控制装置程序控制系统设计的技术要求。

各种程序控制系统具有不同的特点，各地的具体条件也互不相同，不宜于统一规定采用程序控制系统的形式，因此本条仅规定工艺对程序控制系统的基本技术要求。

1　油制气炉生产过程是“加热—吹扫—制气—吹扫—加热……”周而复始进行的，在各阶段中许多阀门都要循环动作，就需要设置程序控制器自动操作运行。又因在生产过程中有时需要单独进入某一操作阶段(如升温、烧炭等)，故程序控制器还应能手动操作。

2　生产操作上要求能够根据运行条件灵活调节每一循环时间和每阶段百分比分配。例如催化裂解制气的每一循环时间可在6～8 min内调节；每循环中各阶段时间的分配可在一定范围内调节。

3　重油制气工艺过程在按照预定的程序自动或手动连续进行操作，为保证生产过程的安全，还需要对操作完成的正确性进行检查。故规定了“应设置循环中各阶段比例和阀门动作的指示信号”。

4　主要阀门如空气阀、油阀、煤气阀等应设置“检查和连锁装置”，以达到防止因阀门误动作而造成爆炸和其他意外事故，在控制系统的设计上还规定了“在发生故障时应有显示和报警信号，并能恢复到安全状态”，使操作人员能及时处理故障。

4.4.19　本条规定了设计自控装置的传动系统设计技术要求。

1　国内现采用的传动系统有气压、水压、油压式几种，各有其优缺点，在设计前应考虑所建的地区、炉子大小、厂地条件、程序控制器形式等综合条件合理选择。

2　在传动系统中设置储能设备，既是安全上的技术措施，又是节省动能的手段。储能设备是传送介质管理系统的缓冲机构，其中储备一部分能量以适应在启闭大容量装置的阀门时压力急剧变化的需要，满足大负荷容量，减少传动泵功率。当传动泵发生故障或停电时，储能设备还可起到应急的动力能源作用，使油制气炉处于安全状态。

3　由于重油制气炉是间歇循环生产的，生产过程中的流量瞬时变化大、阀门换向频繁，因此传动系统中采用的控制阀、工作缸、自动阀和附件等应和这种特点相适应，使生产过程能顺利进行。

4.5　轻油低压间歇循环催化裂解制气

4.5.1　生产煤气所用的石脑油随装置和催化剂而异，一般性质为相对密度0.65～0.69，含硫量小于10^{-4}，终馏点低于130 ℃，石蜡烃含量高于80%，芳香烃含量低于5%，采用这种性质的原料，其目的在于气化后：①燃气中含硫少，不需要净化装置；②不会生成焦油等副产品，所以不需要处理设备；③无烟尘及污水公害，不需要设置污水处理装置；④气化效率高。

原料油中石蜡烃高，产物中焦油和炭生成量就少，气体生成量就多，而且生成气中烃类多而氢气少，一般热值也高，当原料油中环状化合物多时，产物中焦油和炭生成量就多，气体生成量就少，而且气体含氢量多，烃类少，热值就低。原料中烯烃、芳香烃的增加会形成积炭，这些都可能导致催化剂失活。

根据国内外生产实践，本规范推荐如条文所列的对轻质石脑油的各种要求。从目前国外进口的轻质石脑油看，一般能满足上述要求，国产石脑油目前没有能满足此要求的晶牌油，一般终馏点高于130 ℃，但在140 ℃以内尚能顺利操作，超过140 ℃时要谨慎操作。

4.5.2　内浮顶罐是在固定顶油罐和浮顶罐的基础上发展起来的。为了减少油品损耗和保持油品的性质，内浮顶罐的顶部采用拱顶与浮顶的结合，外部为拱顶，内部为浮顶。内部浮顶可减少油品的蒸发损耗，使蒸发损失很小。而外部拱顶又可避免雨水、尘土等异物从环形空间进入罐内污染油品。轻油制气原料油为终馏点小于130 ℃的轻质石脑油，属易挥发烃类，故选用内浮顶罐储存轻油。

确定原料油储存量的因素较多，总的来说要根据原料油的供应情况、运输方式、运距以及用油的不均衡性等条件进行分析后确定。如采用国外进口油，要根据来船大小和来船周期考虑，采用国产油则要考虑运距大小、运输方式和炼油厂的检修周期，经综合分析，一般认为按15～20 d的用油量储存，南京轻油制气厂设计考虑采用国外油时按20 d储存量。

4.5.3　轻油间歇循环催化裂解制气装置是顺流式反应装置，它不同于重油逆流反应装置，当使用重质原料时，由于制气阶段沉积在催化剂层的炭多，利用这些炭可以补充热量，相比之下，采用石脑油为原料因沉积在催化剂层的炭很少，气体中也无液态产物，故对保持蓄热式装置的反应温度反而不利，因此采用能对吸热量最大的催化剂层进行直接加热的顺流式装置。同时裂化石脑油时，相对重油裂解而言，需要热量较少，生产能力和蒸汽用量就会大，高温气流的显热很大，鼓风阶段的空气相对用量却不多，用大量的高温气流显热去预热少量空气是不经济的，所以不设空气蓄热器，只需两筒炉，有的甚至采用单筒炉。

南京和大连进口装置的加热室均为一个火焰监视器，投产后发现其监视范围窄，后增加了一个火焰监视器，使操作可靠性增加。

4.5.4 本条文规定了轻油间歇循环催化裂解制气工艺主要设计参数：

1 反应器液体空间速度

推荐的液体空间速度为 0.6～0.9 $m^3/(m^3 \cdot h)$。这个数据和炉型、催化剂、循环时间均有关，一般说 UGI-CCR 炉直径较小，循环时间短，其液体空间速度可取高值，而 Onia-Cagi 炉直径较大，循环时间长，其液体空间速度可取低值。

3 关于加热油用量与制气油用量的比例

由于用于加热的轻油在燃烧时和重油制气中燃烧的重油相比，燃烧热量和效率相差不大，而用于气化的轻油却比重油制气中的气化原料重油的可用量却大得多，因而加热用油量与制气用油量的比值要比重油制气的这个参数高一些，根据国外介绍的材料和南京投产后的实际情况，推荐设计值为 29/100。

4 过程蒸汽量与制气油量比值

由于原料质量好，轻油制气比重油制气可用碳量大，因而过程蒸汽量与制气油量之比值要大于重油制气的比值 1.1～1.2。一般过程蒸汽和轻油的重量比应高于 1.5，低于 1.5 时会析出炭并吸附在催化剂气孔上，造成氧化铝载体碎裂，当炭和氧化铝的膨胀系数相差 10%即会产生这种现象。根据南京轻油制气厂实际数据，提出此比值宜取 1.5～1.6。

5 循环时间

循环时间 2～5 min 是针对不同的轻油制气炉型操作的一个范围，对于 UGI-C. C. R 炉炉子直径较小，采用的循环时间短，一般在 2～3 min 之间调节，南京轻油制气厂采用这种炉型，其循环时间为 2 min，它的特点是炉温波动较小，生成的燃气组成比较均匀。而 Onia-Gagi 炉，炉子设计直径较大，采用的循环时间较长，一般在 4～5 min 之间调节，香港马头角轻油制气厂采用 Onia-Gagi 炉，其循环时间为 5 min，一个周期内炉温波动较大，产生的气体组成前后差别较大，但完全能满足燃料气质量要求，使阀门等设备的机械磨损可以降低。

4.5.5 石油系原料的气化装置，不管是连续式还是间歇式，生成的气体中均含有 15%～20%的一氧化碳，根据我国城市燃气对人工制气质量的规定，要求气体中 CO 含量宜小于 10%，对于 CO 含量多的燃气发生装置，要求设立 CO 变换装置，我国大连煤气厂采用的 LPG 改质装置上设置了 CO 变换装置，使出口燃气中 CO 含量小于 5%。

CO 变换设备设置时，应考虑 CO 变换器能维持正常化学反应工况，如果炉子为调峰操作，时开时停，则 CO 变换效果不会太理想。

4.5.6 本条文对轻油制气采用石脑油增热时推荐的增热方式以及对燃气烃露点的限制。

所谓烃露点就是将饱和蒸汽加压或降低温度时发生液化并开始产生液滴的温度。用石脑油增热后的气体，将这种气体冷却或置于较低外界气温，在达到某温度时，气体中的一部分石脑油就液化，这个温度就称为露点。

城市燃气管道一般埋地铺设，并铺于冰冻线以下，为此规定石脑油增热程度限制在比燃气烃露点温度低 5 ℃，使燃气在管道中不致发生结露。

4.5.7 轻油制气炉采用顺流式流程，由制气炉出来的 700～750 ℃高温烟气或燃气均通过同一台废热锅炉回收余热，在加热期，将烟气温度降至 250 ℃，烟气通过 30 m 高烟囱排至大气，在制气期，将燃气温度也降至 250 ℃后进入后冷却系统。以 1 台 25 万 m^3/d 的轻油制气装置为例，每小时可生产 8.5 t 蒸汽(压力以 1.6 MPa 表压计),它可以经过蒸汽过热器过热至 320 ℃后进入蒸汽透平,驱动空气鼓风机后汇入低压蒸汽缓冲罐,作制气炉制气用汽或吹扫用汽,也可以不经蒸汽透平,产生较低压力的蒸汽汇入低压蒸汽缓冲罐后使用。

如果采用 CO 变换流程,其余热回收要分成两部分,需要设置 2 个废热锅炉,一个在 CO 变换器前,称为主废热锅炉,用于全部烟气和部分燃气的余热回收;另一个在 CO 变换器后,用于全部燃气的余热回收,经燃气部分旁通进入 CO 变换器的温度为 330 ℃,由于 CO 变换为放热反应,燃气离开 CO 变换器进入变换废热锅炉的温度为 420 ℃,经二次余热回收后以 1 台 17.5 万 m^3/d 的装置为例,每小时可生产 6 t 蒸汽。

4.5.8 轻油制气装置的生产属间歇循环性质,生产过程中使用蒸汽也是间歇的,而且瞬时用汽量较大,故需要设置蒸汽蓄能器作为缓冲储能以保持输出的蒸汽压力比较稳定。

轻油制气流程中烟气和燃气均通过同一台废热锅炉回收余热,产汽基本连续,蒸汽完全可能自给,除满足自给的蒸汽需要量外还可以有少量外供,因此轻油制气厂可以不设置生产用汽锅炉房。开工时的蒸汽可以采用外来蒸汽供应方式,也可以先加热废热锅炉自产供给。

4.5.9 本条文关于 2 台炉子编组的说明参照重油低压间歇循环催化裂解 4.4.7 条文说明。

4.5.10 轻油制气不同于重油制气,轻油制气所得到的为洁净燃气,燃气中无炭黑、无焦油、无萘,因而燃气的冷却宜采用直接式冷却设备,一是效果好,二是对环保有利,洗涤后的废水可以直接排放,三是投资省,冷却设备可以采用空塔或填料塔。

4.5.14 轻油制气炉的操作人员经常都在仪表控制室内进行工作,很少在炉体部分直接操作,因此没有必要将炉体设备安设在厂房内。由于以轻油为原料,其属易燃易爆物质,构成甲类火灾危险性区域,为此本条文规定"轻油制气炉应露天布置"。

4.5.15 本条文控制室与鼓风机布置关系的说明参照重油低压间歇循环催化裂解制气 4.4.15 条文中关于"控制室不应与空气鼓风机布置在同一建筑物内"的说明。

4.5.16 轻油制气炉出来的气体经余热回收后进入水封式洗涤塔中,采用循环水冷却。根据工业循环水加入部分新鲜水起调节作用的要求,以 50 万 m^3/d 产气量为例,经水量平衡后,每天约需排放多余的水 500 t,其排放水的水质根据国内外资料其数据如下:pH6~8,BOD 20 mg/L,COD 10~100 mg/L,重金属:无,颜色:清,油脂:无,悬浮物小于 30 mg/L,硫化物 1 mg/L,从上述可见,直接排放的废水已基本上达到我国污水排放一级标准,可见,轻油制气厂可不设污水处理装置。我国南京轻油制气厂、大连 LPG 改质厂均没有设置工业废水处理装置,香港马头角轻油制气厂也没有设置工业废水处理装置。

4.6 液化石油气低压间歇循环催化裂解制气

4.6.1 本条规定了制气用液化石油气的质量要求。

液化石油气制气用原料的不饱和烃含量要求小于 15%是基于不饱和烃量的增加会形成积炭,将会导致催化剂失活。理想的液化石油气原料是 C_3 和 C_4 烷烃,不饱和烃含量 15%是根据大连实际操作经验的上限。

4.6.3 本条规定了液化石油气低压间歇循环催化裂解制气工艺主要设计参数。

4 轻油或液化石油气间歇循环催化裂解制气工艺流程中若采用 CO 变换方案时,根据反应平衡的要求,提高水蒸气量,CO 变换率上升。为此,过程蒸汽量与制气油量的比例将从 1.5~1.6(重量比)上升为 1.8~2.2,过量的增加没有必要,不但浪费蒸汽,还将增加后系统的冷却负荷。

4.7 天然气低压间歇循环催化改制制气

4.7.2 本条文主要对天然气进炉压力的波动作出规定,进炉压力一般在 0.15 MPa,其波动值应小于 7%,以维持炉子的稳定操作,可采用增加炉前天然气的管道的直径和管道长度的方法,也可以采用储罐稳压的方法,但一般以前者方法可取。

4.7.4 本条文规定了天然气低压间歇循环催化改制制气工艺主要设计参数。

1 反应器改制用天然气催化床空间速度，其推荐值为500～600 $m^3/(m^3 \cdot h)$，这个数据和炉型、催化剂、循环时间均有关，UGI-CCR炉炉子直径小，循环时间短，其气体空间速度可取高值，而Onia-Gagi炉炉子直径较大，循环时间长，其气体空间速度可取低值。

4 过程蒸汽量与改制用天然气量之比值

由于天然气为洁净原料，可用碳量大，因而过程蒸汽量与改制用天然气量之比值和轻油制气类似，一般过程蒸汽和改制用天然气的重量比应高于1.5，低于1.5时会析出碳，并吸附在催化剂气孔上，使催化剂能力降低甚至破坏催化剂。根据上海吴淞煤气制气有限公司的实际操作，提出此比值取1.5～1.6。

5 净　　化

5.1 一般规定

5.1.1 本章内容是为了满足本规范第3.2.2条规定的人工煤气质量要求，所需进行的净化工艺设计内容而作出的相应规定，并不包括天然气或液化石油气等属于外部气源的净化工艺设计内容。

5.1.2 本章增加了一氧化碳变换及煤气脱水工艺，考虑到一氧化碳变换过程的主要目的是降低煤气中的有毒气体一氧化碳的含量，而煤气脱水的主要目的是为除去煤气中的水分，都属于净化煤气的工艺过程，因此将一氧化碳变换及煤气脱水工艺加入到煤气净化工艺中。

5.1.4 本章对煤气初冷器、电捕焦油器、硫铵饱和器等主要设备的有关备用设计问题都已分别作了具体规定。但是对于泵、机及槽等一般设备则没有一一作出有关备用的规定，以避免过于繁琐。净化设备的类型繁多，并且各种设备都需有清洗、检修等问题，所以本规定要求"应"指的是在设计中对净化设备的能力和台数要本着经济合理的原则适当考虑"留有余地"，也允许必要时可以利用另一台的短时间超负荷、强化操作来做到出厂煤气的杂质含量仍能符合《人工煤气》GB 13612的规定要求。

5.1.5 煤气的净化是将煤气中的焦油雾、氨、萘、硫化氢等主要杂质脱除至允许含量以下，以保证外供煤气的质量符合指标要求，在此同时还生成一些化工产品，这些产品的生成是与煤气净化相辅相成的，所以煤气净化有时也通称为"净化与回收"。

事实上，在有些净化工艺过程中，往往因未考虑回收副反应所生成的化工产品而使正常的运行难以维持，因此煤气净化设计必须与化工产品回收设计相结合。这里所指的化工产品实质上包括两种：一种是净化过程中直接生成的化工产品如硫铵、焦油等；另一种是由于副反应所生成的化工产品如硫代硫酸钠、硫氰酸钠等。

5.1.6 本条所列之爆炸和火灾区域等级是根据《爆炸和火灾危险环境电力装置设计规范》GB 50058并按该篇原则结合煤气净化各部分情况确定。

附录表B-1中鼓风机室室内、粗苯(轻苯)泵房、溶剂脱酚的溶剂泵房、吡啶装置室内应划为甲类生产场所，详见《建筑设计防火规范》GBJ 16附录三。初冷器、电捕焦油器、硫铵饱和器、终冷、洗氨、洗苯、脱硫、终脱萘等煤气区和粗苯蒸馏装置、吡啶装置、溶剂脱酚装置的室外区域均为敞开的建构筑物，通风良好，虽然处理的介质为易燃易爆介质，但塔器、管道等密封性好，不易泄漏。按照《建筑设计防火规范》GBJ 16生产的火灾危险性分类注①，应划为乙类生产场所。

附录表B-2煤气净化车间主要生产场所爆炸和火灾危险区域等级。

当粗苯洗涤泵房、氨水泵房未被划入以煤气为释放源划分为2区内时，应划为非危险区；当粗苯洗涤泵房、氨水泵房被划入以煤气为释放源划分的2区内时，则应划为2区。

理由：洗苯富油的闪点为45～60 ℃，洗苯的操作温度低于30 ℃；氨气的爆炸极限为15.7%～27.4%，与氨水相平衡的气相中氨气的浓度达不到此爆炸极限，都不符合《爆炸和火灾危险环境电力装置设计规范》GB 50058 中第 2.1.1 条中的条件，所以富油和氨水都不应作为释放源划分危险区，因此当粗苯洗涤泵房、氨水泵房未被划入以煤气为释放源划分的 2 区内时，应划为非危险区。当粗苯洗涤泵房、氨水泵房被划入以煤气为释放源划分的 2 区内时，则应划为 2 区。此外，根据《爆炸和火灾危险环境电力装置设计规范》GB 50058，所有室外区域不应整体划为某类危险区，应以释放源和释放半径划分危险区，这是比较科学准确的，且与国际接轨。

《焦化安全规程》GB 12710 是在《爆炸和火灾危险环境电力装置设计规范》GB 50058 之前根据老规范制定的，此时仅以区域划分爆炸和火灾危险类别，没有释放源的划分概念。在 GB 50058 制定后，GB 12710中的爆炸和火灾危险区域的划分有些内容不符合 GB 50058 中的规定，因此《焦化安全规程》中的有些内容未被引用到本规范中。

5.1.7　一些老的，简单的净化工艺往往只考虑以煤气净化达标为目的，对于那些从煤气中回收下来的废水、废渣和在煤气净化过程中所产生的废水、废渣、废气及噪声往往没有进行进一步的处理，因而对环境造成二次污染。随着我国对环境保护要求的提高，在净化工艺设计中应对煤气净化生产工艺过程产生的三废及噪声进行防治处理，并满足现行国家有关的环境保护的规范、标准的要求。

5.1.8　目前工业自动化水平已发展得越来越快，提高煤气净化工艺的自动化监控水平，是提高生产效率，改善劳动条件，降低成本，保障安全生产的重要措施。

5.2　煤气的冷凝冷却

5.2.1　煤干馏气的冷凝冷却工艺形式，在我国少数制气厂、焦化厂（如镇江焦化厂、南沙河焦化厂、上海吴淞炼焦制气厂等）曾经采用直接冷凝冷却工艺。这些工厂处理的煤气量一般较少（多为 5 000 m^3/h），故煤气中氨的脱除采用水洗涤法。

水洗涤法直接冷却煤气工艺的优点是，洗涤水在冷却煤气的同时，还起到冲刷煤气中萘的作用，其缺点是，制取的浓氨水销售不畅，增加了废气和废水的处理负荷。所以，煤干馏气的冷凝冷却一般推荐间接冷凝冷却工艺。

高于 50 ℃的粗煤气宜采用间接冷却，此阶段放出的热量主要是为水蒸汽冷凝热，传热效率高，萘不会凝结造成设备堵塞。当粗煤气低于 50 ℃时，水汽量减少，间冷传热效率低，萘易凝结，此阶段宜采用直接冷却。日本川铁千叶工场首创了“间-直混冷工艺”；1979 年石家庄焦化厂建成了间直混冷的试验装置。上海宝山钢铁厂焦化分厂的焦炉煤气就依据上述原理采用间冷和直冷相结合的初冷工艺。煤气进入横管式间接冷却器被冷却到 50～55 ℃，再进入直冷空喷塔冷却到 25～35 ℃。在直冷空喷塔内向上流动的煤气与分两段喷洒下来的氨水焦油混合液密切接触而得到冷却。循环液经沉淀析出除去固体杂质后，并用螺旋板换热器冷却到 25 ℃左右，再送到直冷空喷塔上、中两段喷洒。由于采用闭路液流系统，故减少了环境的污染。

5.2.2　为了保证煤气净化设备的正常操作和减轻煤气鼓风机的负荷，要求在冷却煤气时尽可能多地把萘、焦油等杂质冷凝下来并从系统中排出。为了达到这一目的就需对初冷器后煤气温度有一定的限制，一般控制在 20～25 ℃为好。如石家庄东风焦化厂因为采取了严格控制初冷器出口温度为(20±2)℃范围之内的措施，进入各净化设备之前煤气中萘含量就很少，保证了净化设备的正常运行，见表 11。

表 11　某焦化厂各净化设备后煤气中萘含量

取样点	萘含量（mg/m^3）	温度（℃）	备　　注
鼓风机后	1 088	＞25（煤气）	
2 洗氨塔后	651		
终冷塔后	353	18～21	终冷水上温度（15 ℃）

1　冷却后煤气的温度。当氨的脱除是采用硫酸吸收法时，一般来说煤气处理量往往较大（大于或等于 10 000 m^3/h）。在这种情况下，若要求初冷器出口煤气温度太低（25 ℃），则需要大量低温水

(23～24 t/1 000 m^3 干煤气)，这是十分困难的(尤其对南方地区)。再则煤气在进入饱和器之前还需通过预热器把煤气加热到 70～80 ℃。故在工艺允许范围内初冷器出口煤气温度可适当提高。

当氨的脱除是采用水洗涤法时，一般来说煤气处理量往往较少(一般为 5 000 m^3/h)，需要的冷却水量不太多，故欲得相应量的低温水而把煤气冷却到 25 ℃是有可能的。再如若初冷时不把煤气冷却到 25 ℃，则当洗氨时也仍须把煤气冷却到 25 ℃左右，而这样做是十分不合理的(因煤气中萘和焦油会将洗氨塔堵塞)。故要求初冷器出口煤气温度应小于 25 ℃。

初冷器的冷却水出口温度。为了防止初冷器内水垢生成，又要照顾到对冷却水的暂时硬度不宜要求过分严格(否则导致水的软化处理投资过高)，因此需要控制初冷器出口水的温度。排水温度与水的硬度有关。见表 12。

表 12　排水温度与水硬度关系

碳酸盐硬度(mmol/L(me/L)	排水温度(℃)
≤2.5(5)	45
3(6)	40
3.5(7)	35
5(10)	30

在实际操作中一般控制小于 50 ℃。在设计时应权衡冷却水的暂时硬度大小及通过水量这两项因素，选取一经济合理的参数，而不宜做硬性的规定。

2　本款制定原则是根据节约用水角度出发的。我国许多制气厂、焦化厂的初冷器冷却水是采用循环使用的。例如大连煤气公司、鞍钢化工总厂、南京梅山焦化厂等均采用凉水架降温，循环使用皆有一定效果。但我国地域广大，各地气象条件不一，尤其南方气温高，湿度大，凉水架降温作用较差。

在冷却水循环使用过程中，由于蒸发浓缩水中可溶解性的钙盐、镁盐等盐类和悬浮物的浓度会逐渐增大，容易导致换热设备和管路的内壁结垢或腐蚀，甚至菌藻类生物的生长。为了消除换热设备和管路内壁结垢堵塞或减弱腐蚀被损坏，延长设备使用寿命，提高水的循环利用率，国内外大多在循环水中投加药剂进行水质的稳定处理。

不同地区的水质不尽相同，因此在循环水中投加的药剂品种和数量亦不相同，可选用的阻垢缓蚀的药剂举例如下：

1)　有机磷酸盐：如氨基三甲叉磷酸盐(ATMP)，羟基乙叉磷酸盐(HEDP)，能与成垢离子 Ca^{2+}、Mg^{2+} 等形成稳定的化合物或络合物，这样提高了钙、镁离子在水中的溶解度，促使产生一些易被水冲掉的非结晶颗粒，抑制 $CaCO_3$、$MgCO_3$ 等晶格的生长，从而阻止了垢物的生成；

2)　聚磷酸盐：如六偏磷酸钠，添入循环水中，既有阻垢作用也有缓蚀作用；

3)　聚羧酸类：如聚丙烯酸钠(TS-604)添入循环水中也有阻垢作用和缓蚀作用。

循环水中投加阻垢缓蚀的药剂，一般是复合配制的。

在设计中，如初冷器的循环冷却水系统中，一般有加药装置，配好的药剂由泵送入冷却器的出水管中，加药后的冷却水再流入吸水池内，再用循环水泵抽送入初冷器中循环使用。

循环冷却水中添加适宜的药剂，都有良好的阻垢和缓腐蚀作用。例如平顶山焦化厂对初冷器循环水的稳定处理进行了标定总结：循环水量 1 050 m^3/h，加药运行阶段用的药剂为羟基乙叉磷酸盐(HEDP)、聚丙烯酸钠(TS-604)及六偏磷酸钠等，运行取得了良好的效果，阻垢率达 99%，腐蚀速度小于 0.01 mm/年，循环水利用率为 97%，达到国内外同类循环水处理技术的先进水平。又如，上海宝钢焦化厂循环冷却水采用了水质稳定的处理技术，投产数年后，初冷器水管内壁几乎光亮如初，获得了显著的阻垢和缓蚀效果。

5.2.3 本条规定了直接冷凝冷却工艺的设计要求。

1 冷却后煤气的温度。洗涤水与煤气直接接触过程中，除起冷却煤气的作用外，还同时能起到洗萘与洗焦油雾的作用。如果把煤气冷却到同一温度时，直接式冷凝冷却工艺的洗萘、洗焦油雾的效果比间接式冷凝冷却工艺的效果好。如在脱氨工艺都是水洗涤法时，在基本保证煤气净化设备的正常操作前提下，可以允许直接式初冷塔出口煤气温度比间接式初冷器出口煤气温度高 10 ℃左右，间冷和直冷在初冷后煤气中萘含量基本相当。

2 含有氨的煤气在直接与水接触过程中，氨会促使水中的碳酸盐发生反应，加速水垢的生成而容易堵塞初冷塔。故对水的硬度应加以规定，但又不宜要求太高。所以本条规定的洗涤水的硬度指标采用了锅炉水的标准，即《工业锅炉水质标准》GB 1576 规定的不大于 0.03 mmol/L。

3 本款是执行现行国家标准《室外给水设计规范》和《室外排水设计规范》的有关规定。

5.2.4 本条规定了焦油氨水分离系统的设计要求。

1、2 当采用水洗涤法脱氨时，为了保证剩余氨水中氨的浓度，不论初冷方式采用直接式或间接式冷凝冷却工艺，对初冷器排出的焦油氨水均应单独进行处理，而不宜与从荒煤气管排出的焦油氨水合并在一起处理，其原因有二：

1) 当初冷工艺为间接式时，其冷凝液中氨浓度为 6～7 g/L，而当与荒煤气管排出的焦油氨水混合后则氨的浓度降为 1.5～2.5 g/L(本溪钢铁公司焦化厂分析数据)。

2) 当初冷工艺为直接式时，出初冷塔的洗涤水温度小于 60 ℃，为了保证集气管喷淋氨水温度大于 75 ℃，则两者也不宜掺混。所以规定宜“分别澄清分离”。

采用硫酸吸收法脱氨时，初冷工艺一般采用间接式冷凝冷却工艺，则初冷器排出的焦油氨水与荒煤气管排出的焦油氨水可采用先混合后分离系统。其原因是，间接式初冷器排出的焦油氨水冷凝液较少，且含有$(NH_4)_2S$、NH_4CN、$(NH_4)_2CO_3$ 等挥发氨盐，而荒煤气管排出的焦油氨水冷凝液中含有NH_4Cl、NH_4CNS、$(NH_4)_2S_2O_3$ 等固定氨盐，其浓度为 30～40 g/L。若将两者分别分离则焦油中固定氨盐浓度较大，必将引起焦油在进一步加工时严重腐蚀设备。如将两者先混合后分离，则可以保持焦油中固定氨盐浓度为 2～5 g/L 左右，在焦油进一步加工时，对设备内腐蚀程度可以大大减轻。

3 含油剩余氨水进行溶剂萃取脱酚容易乳化溶剂，增加萃取脱酚的溶剂消耗。含油剩余氨水进入蒸氨塔蒸氨，容易堵塞蒸氨塔内的塔板或填料。剩余氨水除油的方法，一般为澄清分离法或过滤法。剩余氨水澄清分离法除油需要较长的停留时间，需要建造大容积澄清槽，投资额和占地面积都较大，而且氨水中的轻油和乳化油也不能用澄清法除去。许多煤气厂都采用焦炭过滤器过滤剩余氨水，除油效果较好但至少需半年调换焦炭一次，此项工作既脏又累。

4 焦油氨水分离系统的澄清槽、分离槽、储槽等都会散发有害气体(如氰化氢、硫化氢、轻质吡啶等等)而污染大气、妨碍职工身体健康。为此，应将焦油氨水分离系统的槽体封闭，把所有的放散管集中，使放散气进入洗涤塔处理，洗涤塔后用引风机使之负压操作，洗涤水掺入工业污水进行生化处理。上海宝钢焦化厂的焦油氨水分离系统的排放气处理装置的运行状况良好。

5.3 煤 气 排 送

5.3.1 本条规定了煤气鼓风机的选择原则。

1 当若干台鼓风机并联运行时，其风量因受并联影响而有所减少，在实际操作中，两台容积式鼓风机并联时的流量损失约为 10%，两台离心式鼓风机并联时的流量损失则大于 10%。

鼓风机并联时流量损失值取决于下列三个因素：

1) 管路系统阻力(管路特性曲线)；

2) 鼓风机本身特性(风机特性曲线)；

3) 并联风机台数。

所以在设计时应从经济角度出发，一般将流量损失控制在 20%内较为合理。

3 关于备用鼓风机的设置。大型焦化厂中，煤气的排送一般采用离心式鼓风机，每2台鼓风机组成一辅气系统，其中1台备用。煤制气厂采用容积式鼓风机，往往是每2～4台组成一输气系统（内设1台备用）。考虑到各厂规模大小不同，对煤气鼓风机备用要求也不同，故本条规定台数的幅度较大。

5.3.2 本条规定了离心式鼓风机宜设置调速装置的要求。

上海市浦东煤气厂和大连市第二煤气厂的冷凝鼓风工段，在离心式鼓风机上配置了调速装置。生产实践表明，不仅能使风机便于启动、噪声低、运转稳定可靠，而且不用“煤气小循环管”即能适应煤气产量的变化，节约大量的电能。调速装置的应用可延长鼓风机的检修周期，又便于煤气生产的调度，因此有明显的综合效益。

调速装置一般可采用液力偶合器。

5.3.3 本条规定了煤气循环管的设置要求。由于输送的煤气种类不同，鼓风机构造不同，所要求设置循环管的形式也不相同。

1 离心式鼓风机在其转速一定的情况下，煤气的输送量与其总压头有关。对应于鼓风机的最高运行压力，煤气输送量有一临界值，输送量大于临界值，则鼓风机的运行处于稳定操作范围；输送量小于临界值，则鼓风机操作将出现“喘振”现象。

另外，为了保证煤干馏制气炉炉顶吸气管内压力稳定，可以采用鼓风机煤气进口管阀门的开度调节，也可用鼓风机进出口总管之间的循环管（小循环器）来调节，但此法只适宜在循环量少时使用。

目前大连煤气公司选用D250-42离心式鼓风机，配置了调速装置，调速范围1～5，所以本条注规定只有在风机转速变化能适应流量变化时，才可不设小循环管。

当煤干馏制气炉刚开工投产或者因故需要延长结焦时间时的煤气发生量较少，为了保证鼓风机操作的稳定，同时又不使煤气温上升过高，通常采用煤气“大循环”的方法调节，即将鼓风机压出的一部分煤气返回送至初冷器前的煤气总管道中。虽然这种调节方法将增加鼓风机能量的无效消耗，还会增加初冷器处理负荷和冷却水用量，但是能保证循环煤气温度保持在鼓风机允许的温度范围之内，各厂（例如南京煤气厂、青岛煤气厂等）的实际经验说明了这个“大循环管道”设置的必要性。

2 当冷凝鼓风工段的煤气处理量较小时，一般可选用容积式鼓风机。

5.3.4 本规范将“用电动机带动的煤气鼓风机的供电系统设计”由“一级负荷”调整为“二级负荷”，主要考虑按一级负荷设计实施起来难度往往很大，而且按照《供配电系统设计规范》GB 50052关于电力负荷分级规定，用电动机带动的煤气鼓风机其供电系统对供电可靠性要求程度及中断供电后可能会造成的影响进行分级，其供电负荷等级应确定为二级负荷。

二级负荷的供电系统要求应满足《供配电系统设计规范》GB 50052的有关规定。

人工煤气厂中除发生炉煤气工段之外，皆属“甲类生产”，所以带动鼓风机的电动机应采取防爆措施。如鼓风机的排送煤气量大，无防爆电机可配备时，国内目前采用主电机配置通风系统来解决。

5.3.5 离心式鼓风机机组运行要求的电气连锁及信号系统如下：

1 鼓风机的主电机与电动油泵连锁。当电动油泵启动，油压达到正常稳定后，主电机才能开始合闸启动；当主电机达到额定转数主油泵正常工作后，电动油泵停车；主电机停车时，电动油泵自启运转；

2 机组的轴承温度达到65℃时，发出声、光预告信号；轴承温度达到75℃时，发出声光紧急信号，鼓风机主电机自动停车；

3 轴承润滑系统主进油管油压低于0.06 MPa时，发出声光预告信号，电动油泵自启运转；当主进油管油压降至鼓风机机组润滑系统规定的最低允许油压时，发出声、光紧急信号，鼓风机的主电机自动停车。鼓风机转于的轴向位移达到规定允许的低限值时，发出声、光预告信号；当达到规定允许的高限值时，发出声光紧急信号，鼓风机主电机自动停车；

4 润滑油油箱中的油位下降到比低位线高100 mm时，发出声、光信号；

5 鼓风机的主电机与其通风机连锁。当通风机正常运转后，进风压力达到规定值时，主电机再合闸启动；

6 鼓风机主电机通风系统。当进口风压降至 400 Pa 或出口风压降至 200 Pa 时发出声、光信号。

5.3.6 本条规定了鼓风机房的布置要求。

1 规定对鼓风机机组安装高度要求，是对鼓风机正常运转的必要措施。如果冷凝液不能畅通外排时，会引起机内液量增多，从而会破坏鼓风机的正常操作，产生严重事故。《煤气设计手册》规定，当采用离心鼓风机时，煤气管底部标高在 3 m 以上，机前煤气吸入管阀门后的冷凝液排出口与水封槽满流口中心高差应大于 2.5 m，就是考虑到鼓风机的最大吸力，防止水封液被吸入煤气管和鼓风机内所需要的高度差；

2 鼓风机机组之间和鼓风机与墙之间的距离，应根据操作和检查的需要确定，一般设计尺寸见表 13。

表 13 鼓风机之间距离

鼓风机型号	D1250-22	D750-23	D250-23	D60×4.8-120/3500
机组中心距(m)	12	8	8	6
厂房跨距(m)	15	12	12	9

5 规定“应设置单独的仪表操作间”是为了改善工人操作条件和保持一个比较安静的生产操作环境，便于与外界联系工作。在以往设计中，凡仪表间与鼓风机房设在同一房间内且无隔墙分开的，鼓风机运转时，其噪声大大超过人的听力保护标准及语言干扰标准，长期在这样的环境中操作对工人健康和工作均不利。

按照《建筑设计防火规范》要求，压缩机室与控制室之间应设耐火极限不低于 3 h 的非燃烧墙。但是为了便于观察设备运转应设有生产必需的隔声玻璃窗。本条文与《工业企业煤气安全规程》GB 6222 第 5.2.1 条要求是一致的。

5.4 焦油雾的脱除

5.4.1 煤气中的焦油雾在冷凝冷却过程中，除大部进入冷凝液中外，尚有一部分焦油雾以焦油气泡或粒径 1～7 μm 的焦油雾滴悬浮于煤气气流中。为保证后续净化系统的正常运行，在冷凝鼓风工段设计中，应选用电捕焦油器清除煤气中的焦油雾。

电捕焦油器按沉淀极的结构形式分为管式、同心圆(环板)式和板式三种。我国通常采用的是前两种电捕焦油器。

虽然可以采用机捕焦油器捕除煤气中的焦油雾，但效率不甚理想，目前国内新建煤气厂中已不采用。

本条文规定“电捕焦油器不得少于 2 台”，是为了当其中 1 台检修时仍能保证有效地脱除焦油雾的要求。

各厂实践证明，设有 3 台及 3 台以上并联的电捕焦油器时，在实际操作中可以不设置备品。电捕焦油器具有操作弹性较大的特点。例如，煤气在板式电捕焦油器内流速为 0.4～1 m/s，停留时间为 3～6 s；煤气在板式电捕焦油器内流速为 1～1.5 m/s，停留时间为 2～4 s，故只要在设计时充分运用这一特点，虽然不设备品仍能维持正常生产。

5.4.2 不同煤气的爆炸极限各不相同，我们通常所说的爆炸极限是指煤气在空气中的体积百分比，而煤气中的含氧量是指氧气在煤气中的体积百分比。由于煤气中的氧气主要是由于煤气生产操作过程中吸入或掺进了空气造成的，因此可考虑把煤气中的氧含量理解为是掺入了一定量的空气，这样就可计算出煤气中氧的体积百分比或空气的体积百分比为多少时达到爆炸极限。各种人工煤气的爆炸极限范围见表 14。

由表14可看出，各种燃气的爆炸上限最大为70%，这时空气所占比例即为30%，则氧含量大于6%，这样越过置换终止点的20%的安全系数时，此时氧含量可达4.8%，因此生产中要求氧含量指标小于1%是有点过于保守了。

表14 各种人工煤气爆炸极限表(体积百分比)

序号	名 称	煤气空气混合物中煤气(体积百分比)		煤气空气混合物中空气(体积百分比)		煤气空气混合物中氧气(体积百分比)	
		上限	下限	上限	下限	上限	下限
1	焦炉煤气	35.8	4.5	64.2	95.5	13.5	20.1
2	直立炉煤气	40.9	4.9	59.1	95.1	12.4	20.0
3	发生炉煤气	67.5	21.5	32.5	79.5	6.8	16.5
4	水煤气	70.4	6.2	29.6	93.8	6.2	19.7
5	油制气	42.9	4.7	57.1	95.3	12.0	20.0

从表14可看出：正常生产情况下，煤气中的空气量不可能达到如此高浓度，没有必要控制煤气中氧含量一定要低于1%。实际生产过程中由于控制煤气中含氧量小于1%很难进行操作，许多企业采用含氧量小于或等于1%切断电源的控制，经常发生断电停车，影响后续工段的正常生产。国内大部分企业都反映很难将电捕焦油器含氧量控制在小于或等于1%，一般控制在2%～4%，同时国内国际经过几十年的实际生产运行，没有发生电捕焦油器爆炸的情况。国外一些国家将煤气中含氧量设定为4%，个别企业甚至达到6%。因此采用控制煤气中含氧量小于或等于2%(体积分数)并经上海吴淞煤气厂实践证明是很安全的，从爆炸极限角度分析是完全可行的。

5.5 硫酸吸收法氨的脱除

5.5.1 塔式硫酸吸收法脱除煤气中的氨，这种装置在我国已有多家工厂在运行。如上海宝山钢铁总厂焦化分厂、天津第二煤气厂等。不过，半直接法采用饱和器生产硫酸铵已是我国各煤气厂、焦化厂普遍采用的成熟工艺，这不仅回收煤气中的氨，而且也能回收煤气冷凝水中的氨，所以本规范目前仍推荐这一工艺。

1 确定进入饱和器前的煤气温度的指标为“60～80 ℃”。这是根据饱和器内水平衡的要求，总结了各厂实践经验而确定的。《煤气设计手册》及《焦化设计参考资料》的数据均为“60～70 ℃”。这一指标与蒸氨塔气分缩器出气温度的控制有关。

3 凡采用硫酸铵工艺的，饱和器出口煤气含氨量都能达到小于30 mg/m^{3}的要求，例如沈阳煤气二厂、上海杨树浦煤气厂、鞍钢化工总厂等。

4 母液循环量是影响饱和器内母液搅拌的一个重要因素，特别是当气量不稳定时尤其突出。在以往设计中采用的小时母液循环量一般为饱和器内母液量的2倍，实践证明这是不能满足生产要求的，会引起饱和器内酸度不均、硫铵颗粒小、饱和器底部结晶、结块等现象，故目前各厂在生产实践中逐步增大了母液循环量，例如上海杨树浦煤气厂将母液循环量由2倍改为3倍，丹东煤气公司为5倍，均取得良好效果。但随着母液循环量的增大，动力消耗也相应增大，所以应在满足生产基础上选择一个适当值，一般来说规定循环量为饱和器内母液量3倍已能满足生产的要求。

5 煤气厂一般对含酚浓度高的废水多采取溶剂萃取法回收酚，效果较为理想。故条文规定“氨水中的酚宜回收”。

先回收酚后蒸氨的生产流程有下列优点：

1) 可避免在蒸氨过程中挥发酚的损失，减少氨类产品受酚的污染；

2） 氨水中轻质焦油进入脱酚溶剂中，能减轻轻质焦油对蒸氨塔的堵塞。但也有认为这项工艺的蒸汽消耗量稍大；氨气用于提取吡啶对吡啶质量有影响。因此条文规定“酚的回收宜在蒸氨之前进行”。

废氨水中含氨量的规定是按照既要尽可能多回收氨，又要合理使用蒸汽，而且还应能达到此项指标的要求等项原则而制定的。表15列举各厂蒸氨后的废氨水中含氨量。

表15 废氨水中含氨量

脱氨工艺	厂名	蒸氨塔塔型	原料氨水含氨(%)	废氨水含氨(%)
硫铵	北京焦化厂	泡罩	0.08～0.09	0.02
	上海杨树浦煤气厂	瓷环	0.3	0.03
	上海焦化厂	浮阀	0.1～0.15	<0.01
	梅山焦化厂	瓷环	0.18	0.005
	鞍钢化工总厂二回收	泡罩	0.126～0.139 8	0.01～0.012
	鞍钢化工总厂三回收	泡罩	0.21～0.238	0.008～0.01
	鞍钢化工总厂四回收	泡罩	0.086～0.156	0.019～0.014
水洗氨	桥西焦化厂	泡罩	0.82	0.03
	东风焦化厂一回收	栅板	0.5	0.007
	东风焦化厂二回收	栅板	0.3	0.043 5
	东风焦化厂一回收	泡罩	0.795	0.009 7

5.5.2 本条规定了硫铵工段的工艺布置要求。

3 吡啶生产虽然属于硫铵工段的一个组成部分，但不宜由硫铵的泵工和卸料工来兼任，宜由专职的吡啶生产工人进行操作，并切实加强防毒、防泄漏、防火工作，设单独操作室为宜。

4 蒸氨塔的位置应尽量靠近吡啶装置，方便吡啶生产操作。

5.5.3 本条规定了饱和器机组的布置。

1、2 规定饱和器与主厂房的距离和饱和器中心距之间的距离，考虑到检修设备应留有一定的回转余地。

3 规定锥形底与防腐地坪的垂直距离，以便于饱和器底部敷设保温层。冲洗地坪时，尽可能避免溅湿饱和器底部。

4 为防止硫酸和硫铵母液的输送泵在故障或检修时，流散或溅出的液体腐蚀建筑物或构筑物，故硫铵工段的泵类宜集中布置在露天。对于寒冷地区则可将泵成组设置在泵房内。

5.5.4 本条规定了离心干燥系统设备的布置要求。

2 规定2台连续式离心机的中心距是考虑到结晶槽的安装距离，并能使结晶料浆直接通畅地进入离心机，同时也保证了设备的检修和安装所需的空间。

5.5.5 吡啶蒸气有毒，含硫化氢、氰化氢等有毒气体，故吡啶系统皆应在负压下进行操作。中和器内吸力保持500～2 000 Pa为宜。其方法可将轻吡啶设备的放散管集中在一起接到鼓风机前的负压煤气管道上，即可达到轻吡啶设备的负压状态。

5.5.6 本条规定了硫铵系统的设备要求。

1 饱和器机组包括饱和器、满流槽、除酸器、母液循环泵、结晶液泵、硫酸泵、结晶槽、离心分离机等。由于皆易损坏，为在检修时能维持正常生产，故都需要设置备品。以各厂的实践经验来看，二组中一组生产一组备用，或三组中二组生产一组备用是可行的。而结晶液泵和母液循环泵的管线设计安装中，也可互为通用。

2　硫铵工段设置的两个母液储槽，一个是为满流槽溢流接受母液用的；另一个是必须能容纳一个饱和器机组的全部母液，作为待抢修饱和器抽出母液储存用。

3　规定了硫铵结晶的分离方法。

4　国内已普遍采用沸腾床干燥硫酸铵结晶，效果良好，上海市杨树浦煤气厂、上海市浦东煤气厂和上海焦化厂都建有这种装置。

硫铵工段的沸腾干燥系统都配备有结晶粉尘的收集和热风洗涤装置，运行效果都较好。

5.5.7　从上海市杨树浦煤气厂和上海焦化厂的生产实践来看，紫铜管、防酸玻璃钢制成的满流槽、中央管、泡沸伞和结晶槽的耐腐蚀效果较好；用普通不锈钢的泵管和连续式离心机的筛网，损坏较快。92%以上的浓硫酸用硅钢翼片泵和碳钢管其使用寿命较长。

5.5.8　上海杨树浦煤气厂硫铵厂房改造时，以花岗岩石块用耐酸胶泥勾缝做成室内外地坪，防腐涂料做成室内墙面，防腐蚀效果良好。

5.5.9　硫铵工段的酸焦油尚无妥善处理方法，一般当燃料使用。包钢焦化厂硫铵工段的酸焦油，曾经配入精苯工段的酸焦油中，作为橡胶的胶粘剂。

废酸液是指饱和器机组周围的漏失酸液和洗刷设备、地坪的含酸废水，流经地沟汇总在地下槽里，作为补充循环母液的水分而重复使用。在国外某些炼油制气厂里，连雨水也汇总经过沉淀处理除去杂质，如有害物质的含量超过排放标准，则也要掺入有害物质浓度较高的废水中去活性污泥处理。因此硫铵工段的含氨并呈酸性的废水不能任意排放。

5.6　水洗涤法氨的脱除

5.6.1　煤气中焦油雾和萘是使洗氨塔堵塞的主要因素。例如石家庄东风焦化厂、首钢焦化厂等洗氨塔木格填料曾经被焦油等杂质堵塞，每年都需清扫一次，而且清扫不易彻底。而长春煤气公司在洗氨塔前设置了电捕焦油器，故木格填料连续操作两年多还未发生堵塞现象。为了保证木格塔的洗氨除萘效果，故规定"煤气进入洗氨塔前，应脱除焦油雾和萘"。

按本规范规定脱除焦油雾最好是采用电捕焦油器，但也有不采用电捕焦油器脱焦油的。例如唐山焦化厂和石家庄原桥西焦化厂等厂未设置电捕焦油器时期，是利用低温水使初冷器出口煤气温度降低到 25 ℃以下，使大量焦油和萘在初冷器中被冲洗下来，再通过机械脱焦油器脱焦油，这样处理也能保证正常操作。脱除萘是指水洗萘或油洗萘。一般规模小的生产厂均采用水洗萘，这样可与洗氨水合在一起，减少一个油洗系统。水中的萘还需人工捞出，但操作环境很差，对环境污染较大；规模较大的生产厂一般采用油洗萘流程，在这方面莱芜焦化厂、攀钢焦化厂等均有成功的经验，油洗萘后煤气中萘含量均能达到本条要求的"小于 500 mg/m^3"的指标。还需说明的是：当采用洗萘时应在终冷洗氨塔中同时洗萘和洗氨，以达到小于 500 mg/m^3 的指标。

5.6.2　这是因为煤气中的氨在洗苯塔中会少量地溶入洗油中，容易使洗油老化。当溶解有氨的富油升温蒸馏时，氨将析出腐蚀粗苯蒸馏设备。所以要求尽量减少进入洗苯塔煤气中的含氨量，以保证最大程度地减轻氨对粗苯蒸馏设备的腐蚀和洗油的老化。为此，在洗氨塔的最后一段要设置净化段，用软水进一步洗涤粗煤气中的氨。

5.6.3　本条规定"洗氨塔出口煤气温度，宜为 25～27 ℃"的根据如下：

1　与煤气初冷器煤气出口温度相适应，从而避免大量萘的析出而堵塞木格填料；

2　便于煤气中氨能充分地被洗涤水吸收下来。塔后煤气温度若高于 27 ℃，则会使煤气中含氨量增加，以使粗苯吸收工段的蒸馏部分设备腐蚀。

5.6.4　本条规定了洗涤水的水质要求。

在一定的洗涤水量条件下水温低些对氨吸收有利，这是早经理论与实践证实的一条经验。从上海吴淞炼焦制气厂的生产实践表明：随着水温从21 ℃上升到33～35 ℃则洗氨塔后煤气中含氨量从“50～120 mg/m^3 上升为250～500 mg/m^3”。详见表16。

表16 洗涤水温度与塔后煤气中含氨量关系

冷却水种类	冷却后废水温度（℃）	2号终冷洗氨塔后煤气温度（℃）	煤气中氨含量(g/m^3)		
			1号终冷洗氨塔前	1号终冷洗氨塔后	2号终冷洗氨塔后
深井水（21 ℃）	21～23	23～25	1～2	0.15～0.5	0.05～0.12
制冷水（23～25 ℃）	25～28	28～30	2.5～5	0.3～0.7	0.2～0.4
黄浦江水（33～35 ℃）	35～38	38～40	2.5～5	0.45～1.5	0.25～0.5

临汾钢铁厂的《氨洗涤工艺总结》中指出，“只有控制洗涤水温度在25 ℃左右时，才能依靠调节水量来保证塔后煤气中含氨量小于30 mg/m^3，从降温水获得的可能性来说也是以25 ℃为宜，否则成本太高”。

过去对洗涤水中硬度指标无明确规定，但从实践中了解到，含氨煤气会促使洗涤水生成水垢，堵塞管道和塔填料，故有些工厂（例如临汾钢铁厂）采用软化水作为洗涤水，经过长期运转未发现有水垢堵塞现象，确定水的软化程度需从技术和经济两个方面来考虑，目前很难得出确切的结论。因为洗涤水是循环使用的，所以补充水量不大，故对小型煤气厂来说，为了节约软化设备投资，采取从锅炉房中获得如此少量的软化水是可能的。因此本条规定对软化水指标即按锅炉用水最低一级标准，即《工业锅炉水质标准》GB 1576中水总硬度不大于0.03 mmol/L。

5.6.5 本条规定了水洗涤法脱氨的设计要求。

1 规定了洗氨塔的设置不得少于2台，并应串联设置，这是为了当其中一台清扫时，其余各台仍能起洗氨作用，从而保证了后面工序能顺利进行。

5.6.6 当采用水洗涤法回收煤气中的氨时，有的厂将全部洗涤水进行蒸馏（如莱芜焦化厂、上海吴淞煤气厂等）。这种流程中原料富氨水中含氨量可达5 g/L左右。也有的厂将部分洗氨水蒸馏回收氨，而将净化段之洗涤水直接排放（如以前的桥西焦化厂、攀钢焦化厂等），这种流程中原料富氨水中含氨量可达8～10 g/L，也有少数煤气厂由于氨产量少没有加工成化肥（如以前的北京751厂、大连煤气一厂等），曾将洗氨水直接排放。煤气的洗氨水中，含有大量的氨、氰、硫、酚和COD等成分，严重污染环境，故必须经过处理，达到排放标准后才能外排。

在洗氨的同时，煤气中的氰化物也同时被洗下来，如上海吴淞煤气厂的洗氨水中含氰化物250～400 mg/L；石家庄东风焦化厂一回收工段的洗氨水含氰化物约300 mg/L，二回收工段的洗氨水含氰化物200～600 mg/L，鉴于目前从氨水中回收黄血盐的工艺已经成熟，故在本条中明确规定“不得造成二次污染”。

5.7 煤气最终冷却

5.7.1 由于采用直接式冷却煤气的工艺进行煤气的最终冷却将产生一定量的废水、废气，特别是在用水直接冷却煤气时，水会将煤气中的氰化氢等有毒气体洗涤下来，而在水循环换热的过程中这些有毒气体将挥发出来散布到空气中造成二次污染，这种煤气最终冷却工艺已逐步淘汰，目前国内新建的项目已不考虑采用直接式冷却工艺，许多已建的直接式冷却工艺也逐步改为间接式冷却工艺，因此本规范不再采用直接式冷却工艺。

5.7.2 终冷器出口煤气温度的高低，是决定煤气中萘在终冷器内净化和粗苯在洗涤塔内被吸收的效果的极重要因素。苯的脱除与煤气出终冷器的温度有关。其温度越低，终冷后煤气中苯含量就越少。而对粗苯而言，煤气温度越高，吸收效率越差。由于吸苯洗油温度与煤气温度差是一定值，在表17洗油温度与吸苯效率关系中反映了终冷后煤气温度高低对吸苯效率的影响。

表17 洗油温度与吸苯效率的关系

洗油温度(℃)	20	25	30	35	40	45
吸苯效率 η(%)	96.4	95.15	93.96	87.7	83.7	69.6

当然终冷后温度太低（如低于15 ℃）也会导致洗油性质变化，而使吸苯效率降低，且温度低会影响横管冷却器内喷洒的轻质焦油冷凝液的流动性。

现在规定的“宜低于27 ℃”是参照上海吴淞炼焦制气厂在出塔煤气温度为25～27 ℃时洗苯塔运行良好，塔后煤气中萘含量小于400 mg/m³ 而定的。

5.7.3 本条规定了煤气最终冷却采用横管式间接冷却的设计要求。

1 采用煤气自上而下流动使煤气与冷凝液同向流动便于冷凝液排出，条文中所列“在煤气侧宜有清除管壁上萘的设施”。目前国内设计及使用的有轻质焦油喷洒来脱除管壁上萘，但考虑喷洒焦油后会有焦油雾进入洗苯工段，故也可采用喷富油来脱除管壁上萘的措施。

2 冷却水可分两段，上段可用凉水架冷却水，下段需用低温水目的是减少低温水的消耗量。

3 冷却器煤气出口设捕雾装置可将喷洒液的雾状液滴及随煤气冷却后在煤气中未被冲刷下去的杂质捕集，一些厂选用旋流板捕雾器效果较好。

5.8 粗苯的吸收

5.8.1 对于煤气中粗苯的吸收，国内外有固体吸附法、溶剂常压吸收法及溶剂压力吸收法。

溶剂压力吸收法吸收效率较高、设备较小，但是国内的煤气净化系统一般均为常压，若再为提高效率增加压力在经济上就不合理了。固体吸附国内有活性炭法，此法适用于小规模而且脱除苯后净化度较高的单位，此法成本较高。

5.8.2 洗苯用洗油目前可以采用焦油洗油和石油洗油两种。我国绝大多数煤气厂、焦化厂是采用焦油洗油，该法十分成熟；有少数厂使用石油洗油。例如北京751厂，但洗苯效果不理想而且再生困难。过去我国煤气厂大量发展仅依赖于焦化厂生产的洗油，出现了洗油供不应求的状况。故在本条中用“宜”表示对没有焦油洗油来源的厂留有余地。

5.8.3 本条规定了洗油循环量和其质量要求。

在相同的吸收温度条件下，影响循环洗油量的主要因素有以下两项：一是煤气中粗苯含量，其二是洗油种类。循环洗油量大小与上述两方面的因素有关。一般情况下对煤干馏气焦油洗油循环量取为1.6～1.8 L/m³（煤气），石油洗油2.1～2.2 L/m³（煤气），油制气（催化裂解）为2 L/m³（煤气）。

“循环洗油中含萘量宜小于5%”是为了使洗苯塔后煤气含萘量可以达到“小于400 mg/m³”的指标要求，从而减少了最终除萘塔轻柴油的喷淋量。

从平衡关系资料可知，当操作温度为30 ℃、洗油中含萘为5%时，焦油洗油洗萘则与之相平衡的煤气含萘量为150～200 mg/m³，石油洗油则为200～250 mg/m³。当然实际操作与平衡状态是有一定差距的，但400 mg/m³ 还是能达到。国内各厂中已采用循环洗油含萘小于5%者均能使煤气含萘量小于400 mg/m³。

5.8.4 本条规定了洗苯塔形式的选择。

1 木格填料塔是吸苯的传统设备，它操作稳定，弹性大，因而为我国大多数制气厂、焦化厂所采用。但木格填料塔设备庞大，需要消耗大量的木材，多年来有一些工厂先后采用筛板塔、钢板网塔、塑料填料塔成功地代替了木格填料塔。木格填料塔的木格清洗、检修时间较长，一般应设置不小于 2 台并且应串联设置。

2　钢板网填料塔在国内一些厂经过一段时间使用有了一定的经验。塑料填料塔以聚丙烯花形填料为主的填料塔，近年来逐渐得到广泛的应用。该两种填料塔都具有操作稳定、设备小、节约木材之优点。但该设备要求进塔煤气中焦油雾的含量少，否则会造成填料塔堵塞，需要经常清扫。为考虑 1 台检修时能继续洗苯宜设 2 台串联使用。当 1 台检修时另 1 台可强化操作。

3　筛板塔比木格填料塔及钢板网填料塔有节约木材、钢材之优点。清扫容易，检修方便，但要求煤气流量比较稳定，而且塔的阻力大(约为 4 000 Pa)，在煤气鼓风机压头计算时应予以考虑。

5.8.5　本条规定了洗苯塔的设计参数要求。

1　所列木格填料塔的各项设计参数是长期操作经验积累数据所得，比较可靠。

2　钢板网填料塔设计参数是经“吸苯用钢板网填料塔经验交流座谈会”上，9 个使用工厂和设计单位共同确定的。

3　本条所列数据是近年来筛板塔设计及实践操作经验的总结，一般认为是合适的。各厂筛板塔的空塔流速见表 18。

表 18　各厂筛板塔的煤气空塔流速表

厂　　名	空塔流速(m/s)
大连煤气公司一厂	1
吉林电石厂	2～2.5
沈阳煤气公司二厂	1.3
本规范推荐值	1.2～2.5

5.8.6　粗苯蒸馏装置是获得符合质量要求的循环洗油和回收粗苯必不可少的装置，它与吸苯装置有机结成一体不可分割。因此本系统必须设置相应的粗苯蒸馏装置，其具体设计参数应遵守有关专业设计规范的规定。

5.9　萘的最终脱除

5.9.1　萘的最终脱除方法，一般采用的是溶剂常压吸收法。此外也可用低温冷却法，即使煤气温度降低脱除其中的萘，低温冷却法由于生产费用较高，国内尚未推广。

5.9.2　最终洗涤用油在实际应用中以直馏轻柴油为好。一般新鲜的直馏轻柴油无萘，吸收效果较好。而且在使用过程中不易聚合生成胶状物质防止堵塞设备及管道。近年来有些直立炉干馏气厂考虑直馏轻柴油的货源以及价格问题，经比较效益较差。因此也有用直立炉的焦油蒸馏制取低萘洗油作为最终洗萘用油。此法脱萘效果较无萘直馏轻柴油差，但也可以使用，故本规范规定，宜用直馏轻柴油或低萘焦油洗油。

直馏轻柴油之型号视使用厂所在地区之寒冷程度，一般选用 0 号或－10 号直馏轻柴油。

5.9.3　最终除萘塔可不设备晶，因为进入最终除萘塔时的煤气其杂质已很少，一般不易堵塔，而且在操作制度上，每年冬季当洗苯塔操作良好时，可以允许最终除萘塔暂时停止生产，进行清扫而不影响煤气净化效果。当最终除萘为独立工段时，一般将单塔改为双塔，此时，最终除萘可一塔橙修另外一塔操作。

5.9.4　轻柴油喷淋方式在国外采用塔中部循环，塔顶定时、定量喷淋，国内有的厂仅有塔顶定时喷淋不设中部循环，也有的厂设有中部循环，顶部定时、定量喷淋甚至将洗萘塔变换为两个串联的塔，前塔用轻柴油循环喷淋，后塔用塔顶定时、定量喷淋。

塔顶定时、定量喷淋是在洗油喷淋量较少，又能保证填料湿润均匀而采取的措施。一般电器对泵启动采取定时控制装置。

5.9.5 本条规定了最终除萘塔设计参数和指标要求。

上海吴淞炼焦制气厂控制进入最终除萘塔煤气中含萘量(即出洗苯塔煤气中含萘量)小于400 mg/m³,以便在可能条件下达到降低轻柴油耗量的目的,上海焦化厂也采用类似的做法。因为目前吸萘后的轻柴油出路尚未很好解决,而以低价出售做燃料之用,经济亏损较大。日本一般是把吸萘后的轻柴油做裂化原料,而我国尚未应用。所以当吸萘后的轻柴油尚无良好出路之前,设计时应贯彻尽可能降低进入最终除萘塔前煤气中的含萘量的原则。

最终除萘塔的设计参数是按上海吴淞炼焦制气厂实践操作经验总结得出的。

5.10 湿法脱硫

5.10.1 常用的湿法脱硫有直接氧化法、化学吸收法和物理吸收法。由于煤或重油为原料的制气厂一般操作压力为常压,而化学吸收法和物理吸收法在压力下操作适宜,因此本规范规定宜采用氧化再生脱硫工艺。当采用鲁奇炉等压力下制气工艺时可采用物理或化学吸收法脱硫工艺。

5.10.2 目前国内直接氧化法脱硫方法较多,因此本规范作了一般原则性规定,希望脱硫液硫容量大、副反应小,再生性能好、原料来源方便以及脱硫液无毒等。

目前国内使用较多的直接氧化法是改良蒽醌(改良A.D.A)法,栲胶法、苦味酸法及萘醌法等在一些厂也有较广泛的应用。

5.10.3 焦油雾的带入会使脱硫液及产品受污染并且使填料表面积降低,因此无论哪一种脱硫方法都希望将焦油雾除去。

直接氧化法有氨型和钠型两种,当采用氨型(如氨型的苦味酸法及萘醌法)时必须充分利用煤气中的氨,因此必须设在氨脱除之前。

原规范本条规定采用蒽醌二磺酸钠法常压脱硫时煤气进入脱硫装置前应脱除苯类,本条不用明确规定。由于仅仅是油煤气未经脱苯进入蒽醌法脱硫装置内含有部分轻油带入脱硫液中使脱硫液产生恶臭。但大多数的煤气厂该现象不明显,所以国内有一些厂已将蒽醌二磺酸钠法常压脱硫放在吸苯之前。

5.10.4 本条规定了蒽醌二磺酸钠法常压脱硫吸收部分的设计要求:

1 硫容量是设计脱硫液循环量的主要依据。影响硫容量的因素不仅是硫化氢的浓度、脱硫效率、还有脱硫液的成分和操作控制条件等。

上海及四川几个厂的不同煤气及不同气量的硫容量数据约为0.17~0.26 kg/m³(溶液)。设计过程中如有条件在设计前根据运行情况进行试验,则应按试验资料确定硫容量进行计算选型。如果没有条件进行试验则应从实际出发,其硫容量可根据煤气中硫化氢含量按照相似条件下的运行经验数据,在0.2~0.25 kg/m³(溶液)中选取。

2 国内蒽醌法脱硫的脱硫塔普遍采用木格填料塔,个别厂采用旋流板塔、喷射塔以及空塔等。木格填料塔具有操作稳定、弹性大之优点,但需要消耗大量木材。为此有些厂采用竹格以及其他材料来代替木格。在上海宝山钢铁厂和天津第二煤气厂所采用的萘醌法和苦味酸法脱硫中脱硫塔填料均采用了塑料填料,因此本条文只提"宜采用填料塔",这就不排除今后新型塔的选用。

3 空塔速度采用0.5 m/s,经实践证明是合理指标。

4 反应槽内停留时间的长短是影响到脱硫液中氢硫化物的含量能否全部转化为硫的一个关键。国内各制气厂均认为槽内停留时间不宜太短。表19是各厂蒽醌法脱硫液在反应槽内的停留时间。

表19 脱硫液在反应槽内停留时间

厂　名	上海杨树浦煤气厂	上海吴淞炼焦制气厂	四川化工厂	衢州化工厂	上海焦化厂
停留时间(min)	8	10~12	3.9~11	6~10	10

按国外资料报道，对于不同硫容量和反应时间消耗氢硫化物的百分比见图1。

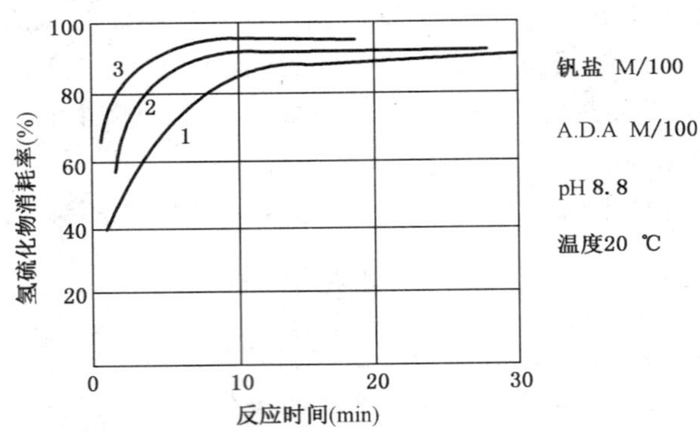

图1 不同硫容量和反应时间消耗氢硫化物的百分比图

硫容量：1—0.33 kg/m^3；2—0.25 kg/m^3；3—0.20 kg/m^3

因此规定采用“在反应槽内的停留时间一般取8～10 min”。

5 原规范中考虑木格清洗时间较长，规定宜设置1台备用塔，本条中没写此项。考虑常压木格填料塔都比较庞大，木材用量也大，因此基建投资费用较高，平时闲置1台备品的必要性应在设计中予以考虑。是设置1台备用塔还是设计中做成2塔同时生产，在检修时一个塔加大喷淋强化操作，由设计时统一考虑。因此本条文中未加规定。

5.10.5 喷射再生槽在国内已有大量使用。但高塔式再生在国内使用时间较长，为较成熟可靠之设备。故本规范对两者均加以肯定。

1 条文中规定采用9～13 m^3/kg(硫)的空气用量指标，来源于目前国内几个设计院所采用的经验数据。

空气在再生塔内的吹风强度定为100～130 $m^3/(m^2 \cdot h)$是参考“南京化工公司化工研究院合成氨气体净化调查组”在总结对鲁南、安阳、宜化、盘锦、本溪等地化肥厂的蒽醌法脱硫实地调查后所确定的。

由表20可见“再生塔内的停留时间，一般取25～30 min”是可行的。

表20 脱硫液在再生塔内的停留时间统计表

厂 名	上海杨树浦煤气厂	上海吴淞炼焦制气厂	四川化工厂	衢州化工厂	上海焦化厂
停留时间(min)	24	25～30	36	29～42	32

“宜设置专用的空气压缩机”是根据大多数煤气厂和焦化厂的操作经验制定的。湿法脱硫工段如果没有专用的空气压缩机而与其他工段合用时，则容易出现空气压力的波动，引起再生塔内液面不稳定现象，因而硫泡沫可能进入脱硫塔内。例如南化公司合成氨气体净化组有下列报告记载：“安阳、宜化等化肥厂其压缩空气要供仪表、变换、触媒等部门使用，因此进入再生塔的空气很不稳定，再生的硫不能及时排出，大量沉积于循环槽及脱硫塔内造成堵塔”。在编制规范的普查中，很多煤气厂都反映发生过类似情况。

规定“入塔的空气应除油”的理由在于避免油质带入脱硫液与硫粘合后堵塞脱硫塔内的木格填料，所以一般都设有除油器。如采用无油润滑的空气压缩机就没有设置除油装置的必要了。

2 蒽醌二磺酸法常压脱硫再生部分的设计中对喷射再生设备的选用已逐渐增多，本条所列举数据是根据广西大学以及广西、浙江的化肥厂使用经验汇总的。喷射再生槽在制气厂、焦化厂已被普遍采用，经实际使用效果良好。

5.10.6 脱硫液的加热器除与脱硫系统的反应温度有关以外还取决于系统中水平衡的需要。

在以往采用高塔再生时该加热器宜设于富液泵与再生塔之间。而再生塔与脱硫塔之间的溶液靠液体之高差，由再生塔自流入脱硫塔，若在此间设加热器，一则设置的位置不好放置（在较高的平台上），二则由于自流速度较小使其传热效率较低。

当采用喷射再生槽时该加热器可以设于贫脱硫液泵与脱硫塔之间或富液泵与喷射再生槽之间，由于喷射再生槽目前大多是自吸空气型，则要求泵出口压力比脱硫液泵出口压力高。在富液泵后设加热器还应增加泵的扬程，故不经济。另外加热器设于富液管道系统较设于贫液管道上容易堵塞加热器，因此加热器宜设于贫脱硫液泵与脱硫塔之间。

5.10.7 本条规定了蒽醌二磺酸钠法常压脱硫回收部分的设计要求。

1 设置两台硫泡沫槽的目的是可以轮流使用，即使在硫泡沫槽中修、大修的时候，也不致影响蒽醌脱硫正常运行；

2 煤干馏气、水煤气、油煤气等硫化氢含量各不相同，处理气量也有多有少，所以不宜对生产粉硫或融熔硫作硬性规定，在气量少且硫化氢含量低的地方以及如机械发生炉煤气中所含焦油在前工序较难脱除，因此不宜生产融熔硫；

3 多年来上海焦化厂等厂采用了取消真空过滤器而硫膏的脱水工作在熔硫釜中进行，先脱水后将水在压力下排放并半连续加料最后再熔硫，这样在不增加能耗情况下可简化一个工序，提高设备利用率。

由于对废液硫渣的处理方法很多，因此在本条中仅规定“硫渣和废液应分别回收并应设废气净化装置”。

5.10.9 各种煤气含氰化氢、氧等杂质浓度不同，并且操作温度也不相同，所以副反应的生成速度不同。有的必须设置回收硫代硫酸钠、硫氰酸钠等副产品的设备，以保持脱硫液中杂质含量不致过高而影响脱硫效果和正常操作。有的副反应速度缓慢，则可不设置回收副产品的装置。

在设置中对硫代硫酸钠，硫氰酸钠等副产品的加工深度应是以保护煤气厂或焦化厂的脱硫液为主，一般加工到粗制产品即可，至于进一步的加工或精制品应随市场情况因地制宜确定。

5.11 常压氧化铁法脱硫

5.11.1 常压氧化铁法脱硫（下简称干法脱硫）常用的脱硫剂有藻铁矿（来自伊春、蓟县、怀柔等地）、氧化铸铁屑、钢厂赤泥等等。

天然矿如藻铁矿由于不同地区及矿井，其活性氧化铁的含量是有差异的，脱硫效果不同，钢厂赤泥也随着不同的钢厂其活性也有差异，再则脱硫工场与矿或钢厂地理位置不同，有交通运输等各种问题。因此干法脱硫剂的选择强调要根据当地条件，因地制宜选用。

氧化铸铁屑是较常用的脱硫剂，有的厂认为氧化后的钢屑也有较好的脱硫性能。氧化后的铸铁屑一般控制在 Fe_2O_3/FeO 大于 1.5 作为氧化合格的指标。条文只原则的提出“当采用铸铁屑或铁屑时，必须经过氧化处理”。

由于不同的脱硫剂或即使相同品种的脱硫剂产地不同，脱硫剂的品位也会有较大的差异。因此本条只原则规定脱硫剂中活性氧化铁重量含量应大于 15%。

疏松剂可用木屑，小木块、稻糠等等，由于考虑表面积的大小以及吸水性能，本条规定为“宜采用木屑”。

关于其他新型高效脱硫剂暂不列入规范。

5.11.2 常压氧化铁法脱硫设备目前大多采用箱式脱硫设备。而箱式脱硫设备中又以铸铁箱比钢板箱使用得多。目前国内个别厂使用塔式脱硫设备，该设备在装、卸脱硫剂时机械化程度较高脱硫效率较高，随着新型、高效脱硫剂的使用，塔式脱硫设备正逐渐得到推广。因此本条定为“可采用箱式和塔式两种”。

5.11.3 本条规定了采用箱式常压氧化铁法的设计要求。

1 煤气通过干法脱硫箱的气速，本条规定宜取7～11 mm/s，参考了美国的数据 u=7～16 mm/s，英国的数据 u=7 mm/s，日本的数据 u=6.6 mm/s 而定的。

当处理的煤气中硫化氢含量低于1 g/m³ 时，如仍采用7～11 mm/s就过于保守了，事实上无论国内与国外的实践证明，当硫化氢含量较低时可以适当提高流速而不影响脱硫效率，如日本的4个煤气厂箱内流速分别为16.2 mm/s、28.6 mm/s、37.7 mm/s、47.4 mm/s，上海杨树浦煤气厂箱内流速为20.5 mm/s(见表21)。

表21 几个进箱硫化氢含量低的生产实况表

干箱＼厂名	甲煤气厂	乙煤气厂	日本(1)厂	日本(2)厂	日本(3)厂	日本(4)厂
长×宽(m²) 高(m)	148.8 2.13	2.5×3.5 3.0	13.0×8.0 4.0	15.0×11.0 4.1	15.0×11.0 4.1	6.0×7.0 4.0
使用箱数	二组分8箱	3(一箱备用)	2	3	2	4
气流方式	每组串联	串联	串联	并联	串联	串联
每箱内脱硫剂(m³)	208	17.55	208	330	396	100
每箱脱硫剂层数	2	5	2	2	4	8
每层脱硫剂厚度(mm)	700	400	1 000	1 000	600	300
处理燃气种类	直立炉煤气 水煤气 油煤气	立箱炉气	发生炉煤气	发生炉煤气及油煤气	煤煤气	发生炉煤气
处理量(m³/h)	22 000	2 400	14 100	22 000 及7 000	17 000	7 170
煤气在箱内流速(mm/s)	20.5	76.5	37.7	16.2	28.6	47.4
接触时间(s)	272	79	106	123	168	200
进口 H_2S(g/m³)	0.3～0.5	0.8～1.4	0.147	0.509	0.5	0.13
出口 H_2S(g/m³)	<0.008	<0.02	<0.02	<0.02	<0.04	0.0

2 煤气与脱硫剂的接触时间，本规定为宜取130～200 s，这是参考了国内外一些厂的数据综合的。如原苏联为130～200 s，日本四个厂为106～200 s，国内一些厂最小的为45.5 s，最多的为382 s，一般为130～200 s之间的脱硫效率都较高(见表22)。

表22 脱硫箱内气速和接触时间实况表

厂名	进口 H_2S(g/m³)	出口 H_2S(g/m³)	箱内气速(mm/s)	接触时间(s)
上海吴淞炼焦制气厂	0.02～1.0	<0.008	13	115
上海焦化厂	0.3	0.01	7.4	324
北京751厂①	0.8～1.4	<0.02	76.5	79
大连煤气二厂②	2.0～4.0	0.02	8.6	210
鞍山煤气公司化工厂	4.0	0.02	6.3	382

表 22（续）

厂　　名	进口 $H_2S(g/m^3)$	出口 $H_2S(g/m^3)$	箱内气速(mm/s)	接触时间(s)
沈阳煤气二厂	2.2	0.008～0.48	9.8	1.33
鞍山煤气公司铁西厂	4.0	0.2～0.3	62.5	103
大连煤气厂③	0.4～1.0	0.2～0.8	13.1	92.5

注：① 使用天然活性铁泥。

② 使用颜料厂的下脚铁泥。其余各厂都使用人工氧化铁脱硫剂。

3　每层脱硫剂厚度

日本《都市煤气工业》介绍脱硫剂厚度为 0.3～1.0 m，但根据北京、鞍山、沈阳、大连、丹东、上海等煤气公司的实况，多数使用脱硫剂高度在 0.4～0.7 m 之间，所以将这一指标制定为“0.3～0.8 m”之间。

4　干法脱硫剂量的计算公式

干法脱硫剂量的计算公式较多，可供参考的有如下四个公式：

1）　米特公式：

一组四个脱硫箱，每箱内脱硫剂 3′6″～4′，每个箱最小截面积是：

当 H_2S 量 500～700 格令/100 立方英尺时为

0.5 平方英尺/(1 000 立方英尺 · d)

当 H_2S 量小于 200 格令/100 立方英尺时为

0.4 平方英尺/(1 000 立方英尺 · d)

注：1 格令/100 立方英尺＝22.9 mg/m³

2）　爱佛里公式

$$R=\frac{\text{每小时煤气通过量(立方英尺)}}{\text{一个干箱内的氧化铁脱硫剂量(立方英尺)}} \tag{7}$$

R＝25～30(箱式)

R＞30(塔式)

3）　斯蒂尔公式：

$$A=\frac{GS}{3\,000(D+C)} \tag{8}$$

式中　A——煤气经过一组串联箱中任一箱内截面积(平方英尺)；

G——需要脱硫的最大煤气量(标准立方英尺/时)；

S——进口煤气中 H_2S 含量的校正系数；

当煤气中 H_2S 含量为 4.5～23 g/m³ 时 S 值为 480～720；

D——气体通过干箱组的氧化铁脱硫剂总深度(英尺)；

C——系数，对 2、3、4 个箱时分别为 4、8、10。

4）　密尔本公式：

$$V=\frac{1\,673\sqrt{C_s}}{f\rho} \tag{9}$$

式中　V——每小时处理 1 000 m³ 煤气所需脱硫剂(m³)；

C_s——煤气中 H_2S 含量(体积%)；

f——新脱硫剂中活性三氧化二铁重量含量(%)；

ρ——新脱硫剂的密度(t/m³)。

以上四个公式比较，米特和爱佛里公式较粗糙，而且不考虑煤气中 H_2S 含量的变化，故不宜推荐，斯蒂尔公式虽在 S 校正系数中考虑了 H_2S 的变化，但 S 值仅是 H_2S 在 4.5～23 g/m³ 间才适用，对于

法脱硫箱常用的低 H_2S 值时就不能适用了，经过一系列公式演算和实际情况对照认为密尔本公式较为适宜。

按《焦炉气及其他可燃气体的脱硫》一书说明，密尔本公式只适用于 H_2S 含量小于 0.8%体积比（相当于 12 g/m³ 左右），这符合一般人工煤气的范围。

5 脱硫箱的设计温度。根据一般资料介绍，干箱的煤气出口温度宜在 28～30 ℃，温度过低时将使硫化反应速度缓慢，煤气中的水分大量冷凝造成脱硫剂过湿，煤气与氧化铁接触不良，脱硫效率明显下降。这里规定了“25～35 ℃”的操作温度，即说明在设计时对于寒冷地区的干箱需要考虑保温。至于应采取哪些保温措施则需视具体情况决定，不作硬性规定。

规定“每个干箱宜设计蒸汽注入装置”是在必要时可以增加脱硫剂的水分和保持脱硫反应温度，有利于提高和保持脱硫效率。

6 规定每组干法脱硫设备宜设置一个备用箱是从实际出发的，考虑到我国幅员辽阔，生产条件各不相同。干法脱硫剂的配制、再生的时间也各不相同，为保证顺利生产，应设置备用箱，以做换箱时替代用。

条文中规定了连接每个脱硫箱间的煤气管道的布置应能依次向后轮换输气。向后轮换输气是指Ⅰ、Ⅱ、Ⅲ、Ⅳ→Ⅳ、Ⅰ、Ⅱ、Ⅲ→Ⅲ、Ⅳ、Ⅰ、Ⅱ→Ⅱ、Ⅲ、Ⅳ、Ⅰ（Ⅰ、Ⅱ、Ⅲ、Ⅳ代表干箱之号）。

煤气换向依次向后轮换输气之优点：

1） 保证在第Ⅰ、Ⅱ箱内保持足够的反应条件；

2） 煤气将渐渐冷却，由于后面箱中氧仍能发挥作用使硫化铁能良好再生；

3） 可有效避免脱硫剂着火的危险。

上海杨树浦煤气厂、北京 751 厂等均是向后轮换输气的，操作情况良好。

当采用赤泥时，虽然赤泥干法脱硫剂具有含活性氧化铁量较藻铁矿高，通过脱硫剂的气速可以较藻铁矿大，与脱硫剂的接触时间可以缩短以及通过脱硫剂的阻力降比藻铁矿的小等优点，但由于该脱硫剂在国内使用的不少厂仅仅停留在能较好替换原藻铁矿等，而该脱硫剂对一些生产参数尚需做进一步的工作。本规定赤泥脱硫剂仍可按公式(5.11.3)设计。但由于其密度为 0.3～0.5 t/m³ 会造成计算后需用脱硫剂体积增加，这与实际情况有差异，因此在设计中可取脱硫剂厚度的上限、停留时间的下限从而提高箱内气速。

5.11.4 干法脱硫箱有高架式、半地下式及地下式等形式。高架式便于脱硫剂的卸料也可用机械设备较半地下式及地下式均优越。本条规定宜采用高架式。

5.11.5 塔式的干法脱硫设备同样宜用机械设备装卸，从而减少劳动强度和改善工人劳动环境。

5.11.6 为安全生产，干法脱硫箱应有安全泄压装置，其安装位置为：

1 在箱前或箱后的煤气管道上安装水封筒；

2 在箱的顶盖上设泄压安全阀。

5.11.7 干法脱硫工段应有配制、堆放脱硫剂的场地。除此之外该场地还应考虑脱硫剂再生时翻晒用的场地。一般该场地宜为干箱总面积的 2～3 倍。

5.11.8 当采用脱硫剂箱内再生时，根据煤气中硫化氢的含量来确定煤气中氧的增加量，但从安全角度出发，一般出箱煤气中含氧量不应大于 2%（体积分数）。

5.12 一氧化碳的变换

5.12.1 一氧化碳与水蒸气在催化剂的作用下发生变换反应生成氢和二氧化碳的过程很早就用于合成氨工业，以后并用于制氢。在合成甲醇等生产中用来调整水煤气中一氧化碳和氢的比例，以满足工艺上的要求。多年来各国为了降低城市煤气中的一氧化碳的含量，也采用了一氧化碳变换装置，在降低城市煤气的毒性方面得到了广泛的应用，并取得了良好的效果。煤气中一氧化碳与水蒸气的变换反应可用下式表式：

$$CO + H_2O = CO_2 + H_2 + 热量$$

5.12.2 全部变换工艺是指将全部煤气引入一氧化碳变换工段进行处理，而部分变换工艺是指将一部分煤气引入一氧化碳变换工段进行一氧化碳变换处理，选择全部变换或部分变换工艺主要根据煤气中一氧化碳的含量确定，无论采用哪种工艺，其目的都是为降低煤气中一氧化碳的含量，使其达到规范规定的浓度标准。根据不同的催化剂的工艺条件，煤气中的一氧化碳含量可以降低至2%～4%或0.2%～0.4%。由于一氧化碳变换工艺是一个耗能降热值的工艺过程，因此可以选择将一部分煤气进行一氧化碳变换后与未进行一氧化碳变换的人工煤气进行掺混，使煤气中一氧化碳含量达到标准要求，采取部分变换工艺的主要目的是为了减少能耗，降低成本，减少煤气热值的降低。

5.12.3 一氧化碳变换工艺有常压和加压两种工艺流程，选择何种工艺流程主要是根据煤气生产工艺来确定，当制气工艺为常压生产工艺时，一氧化碳变换工艺宜采用常压变换流程，当制气工艺为加压气化工艺时宜考虑采用加压变换流程。

5.12.4 人工煤气中各种杂质较多，如不进行脱除硫化氢，焦油等净化处理，将会造成变换炉中的触媒污染和中毒，影响变换效果。触媒是一氧化碳变换反应的催化剂，它对硫化氢较为敏感，如果煤气中硫化氢含量过高将造成触媒中毒；如果煤气中焦油含量高，将会污染触媒的表面，从而降低反应效率。

5.12.5 由于一氧化碳变换的反应温度较高，最高可达520 ℃以上，接近或高于煤气的理论着火温度(例如氢的着火温度为400 ℃，一氧化碳的着火温度为605 ℃，甲烷的着火温度为540 ℃)，因此在有氧气的情况下就会首先引起煤气中的氢气发生燃烧，进而引燃煤气，如果局部达到爆炸极限还会引起爆炸。严格控制氧含量的目的主要是为安全生产考虑。

5.12.9 一氧化碳常压变换工艺流程中，热水塔通常都被叠装在饱和塔之上，热水靠自身位差经水加热器进入饱和塔，饱和塔的出水由水泵压回热水塔。

而在一氧化碳加压变换的工艺流程中，饱和塔叠装于热水塔之上，饱和塔出水自流入热水塔，加热后的热水用泵压入水加热器后再进入饱和塔。

5.12.10 一氧化碳变换工段热水用量较大，设计时应充分考虑节水、节能及环境保护的需要，采用封闭循环系统减少用水量，节省动力消耗，减少污水排放。

5.12.12 变换系统中设置了饱和热水塔，利用水为媒介将变换气的余热传递给煤气。因此在饱和塔与热水塔之间循环使用的水量必须保证能最大限度地传递热量。若水量太小则不能保证将变换气的热量最大限度地吸收下来，或最大限度地把热量传给煤气。在满足喷淋密度的情况下还要控制循环水量不能过大，水量偏大时，饱和塔推动力大，对饱和塔有利，而热水塔推动力小，对热水塔不利。同样水量偏小时，饱和塔推动力小对饱和塔不利，热水塔推动力大对热水塔有利，但两种情况都不利于生产，因此必须选择一合适水量，使饱和塔和热水塔都在合理范围之内。

对于填料塔，每1 000 m^3 煤气约需循环水量15 m^3，对于穿流式波纹塔，常玉变换操作下循环热水流量是气体重量的13～15倍。在加压变换操作下海1 000 m^3 煤气需循环水量10 m^3。

5.12.14 一氧化碳变换反应是放热反应，随着反应的进行，变换气的温度不断升高，它将使反应温度偏离最适宜的反应温度，甚至损坏催化剂，因此在设计中应采用分段变换的方法，在反应中间移走部分热量，使反应尽可能在接近最适宜的温度下进行。变换炉中的催化剂一般可设置2～3层，故通常称之为两段变换或三段变换。在变换炉上部的第一段一般是在较高的温度下进行近乎绝热的变换反应，然后对一段变换气进行中间冷却，再进入第二、三段，在较低温度下进行变换反应。这样既提高了反应速度也提高了催化剂的利用率。

5.13 煤 气 脱 水

5.13.1 煤气脱水可以采用冷冻法、吸附法、化学反应等方法进行，目前国内外在人工煤气生产领域中，普遍采用冷冻法脱除煤气中的水分。采用吸附法脱水需要增加相当多的吸附剂；采用化学方法脱水需要增加化学反应剂。冷冻法脱水有工艺流程简单、成本低、无污染、处理量大等特点。

5.13.2 煤气脱水工段一般情况下应设在压送工段后，主要有三个方面原因：一是考虑脱水工段的换热设备多，因此系统阻力损失较大，放在压送工段后可以满足系统阻力要求；二是脱水效果好，煤气压力提高后其所含水分的饱和蒸汽分压相应提高，有利于冷冻脱水；三是煤气加压后体积变小，使煤气脱水设备的体积都相应的减小。

5.13.5 煤气脱水的技术指标主要是控制煤气的露点温度，脱水的目的是为了降低煤气的露点温度，当环境温度高于煤气的露点温度时，煤气不会有水析出。当环境温度低于煤气的露点温度时煤气中的水分就会部分冷凝出来。由于煤气输配过程中，用于输送煤气的中、低压管网的平均覆土深度一般为地下1 m左右，根据多年的生产运行情况看，在环境温度比煤气露点温度高3～5 ℃时，煤气中的水分不会析出，因此将煤气的露点温度控制在低于最冷月地下平均地温3 ℃以上时就能保证煤气在输送过程中管道中不会有水析出。

5.13.6 由于煤气中的焦油、灰尘、萘等杂质在生产操作过程中会析出，粘结在换热设备的内壁上，从而影响换热效率，特别是冷却煤气的换热器。由于是采用冷水间接冷却煤气的工艺，当煤气中的萘遇冷时会在换热器的管壁析出，煤焦油及灰尘也会在管壁上逐渐地粘结，影响换热效果，因此需要定期清理这些换热器。国内现有清洗换热器的方法是用蒸汽吹扫，同时也采用人工清理的方式将换热器内的污垢除去。所以在进行换热器的结构设计时应考虑其内部结构便于清理及拆装。

5.13.7 冷冻法煤气脱水工段的主要动力消耗是制冷机组的电力消耗，由于城镇煤气供应量具有高、低峰值，选用变频制冷机组可以适应这种高低峰变化要求，并大大节省动力消耗，降低生产成本。

5.14 放散和液封

5.14.2 设备和管道上的放散管管口高度应考虑放散出有害气体对操作人员有危害及对环境有污染。《工业企业煤气安全规程》GB 6222中第4.3.1.2条中规定放散管管口高度必须高出煤气管道、设备和走台4 m并且离地面不小于10 m。本规定考虑对一些小管径的放散管高出4 m后其稳定性较差，因此本规定中按管径给予分类，公称直径大于150 mm的放散管定为高出4 m，不大于150 mm的放散管按惯例设计定为2.5 m而GB 6222规定离地不小于10 m，所以在本规定中就不作硬性规定，应视现场具体情况而定，原则是考虑人员及环境的安全。

5.14.3 煤气系统中液封槽高度在《工业企业煤气安全规程》GB 6222中第4.2.2.1条规定水封的有效高度为煤气计算压力加500 mm。本规定中根据气源厂内各工段情况做出的具体规定，其中第2款硫铵工段由于满流槽中是酸液，其密度大，液封高度相应较小，而且酸液漏出会造成腐蚀。因此该液封高度按习惯做法定为鼓风机的全压。

5.14.4 煤气系统液封槽、溶解槽等需补水的容器，在设计时都应注意其补水口严禁与供水管道直接相连，防止在操作失误、设备失灵或特殊情况下造成倒流，污染供水系统。

煤气厂供水系统被污染在国内已经发生过。由于煤气厂内许多化学物质皆为有毒物质，一旦发生水质污染，极易造成严重后果。

6 燃气输配系统

6.1 一般规定

6.1.1 城镇燃气管道压力范围是根据长输高压天然气的到来和参考国外城市燃气经验制定的。

据西气东输长输管道压力工况，压缩机出口压力为10.0 MPa，压缩机进口压力为8.0 MPa，这样从输气干线引支线到城市门站，在门站前能达到6.0 MPa左右，为城镇提供了压力高的气源。提高输配管道压力，对节约管材，减少能量损失有好处；但从分配和使用的角度看，降低管道压力有利于安全。为了适应天然气用气量显著增长和节约投资、减少能量损失的需要，提高城市输配干管压力是必然趋势；

但面对人口密集的城市过多提高压力也不适宜，适当地提高压力以适应输配燃气的要求，又能从安全上得到保障，使二者能很好地结合起来应是要点。参考和借鉴发达国家和地区的经验是一途径。一些发达国家和地区的城市有关长输管道和城市燃气输配管道压力情况如表23。

表23 燃气输配管道压力(MPa)

城市名称	长输管道	地区或外环高压管道	市区次高压管道	中压管道	低压管道
洛杉矶	5.93～7.17	3.17	1.38	0.138～0.41	0.002 0
温哥华	6.62	3.45	1.20	0.41	0.002 8 或0.006 9 或0.013 8
多伦多	9.65	1.90～4.48	1.20	0.41	0.001 7
香港	—	3.50	A. 0.40～0.70 B. 0.24～0.40	0.007 5～0.24	0.007 5 或0.002 0
悉尼	4.50～6.35	3.45	1.05	0.21	0.007 5
纽约	5.50～7.00	2.80		0.10～0.40	0.002 0
巴黎	6.80(一环以外整个法兰西岛地区)	4.00(巴黎城区向外10～15 km的一环)	0.4～1.9	A. ≤0.40 B. ≤0.04 (老区)	0.002 0
莫斯科	5.5	2.0	0.3～1.2	A. 0.1～0.3 B. 0.005～0.1	≤0.005 0
东京	7.0	4.0	1.0～2.0	A. 0.3～1.0 B. 0.01～0.3	<0.010 0

从上述九个特大城市看，门站后高压输气管道一般成环状或支状分布在市区外围，其压力为2.0～4.48 MPa不等，一般不需敷设压力大于4.0 MPa的管道，由此可见，门站后城市高压输气管道的压力为4.0 MPa已能满足特大城市的供气要求，故本规范把门站后燃气管道压力适用范围定为不大于4.0 MPa。

但不是说城镇中不允许敷设压力大于4.0 MPa的管道。对于大城市如经论证在工艺上确实需要且在技术、设备和管理上有保证，在门站后也可敷设压力大于4.0 MPa的管道，另外门站前肯定会需要和敷设压力大于4.0 MPa的管道。城镇敷设压力大于4.0 MPa的管道设计宜按《输气管道工程设计规范》GB 50251并参照本规范高压A(4.0 MPa)管道的有关规定执行。

6.1.3 "城镇燃气干管的布置，宜按逐步形成环状管网供气进行设计"，这是为保证可靠供应的要求，否则在管道检修和新用户接管安装时，影响用户用气的面就太大了。城镇燃气都是逐步发展的，故在条文中只提"逐步形成"，而不是要求每一期工程都必须完成环状管网；但是要求每一期工程设计都宜在一项最后"形成干线环状管网"的总体规划指导下进行，以便最后形成干线环状管网。

6.1.4、6.1.5 城镇各类用户的用气量是不均匀的，随月、日、小时而变化，平衡这种变化，需要有调峰措施(调度供气措施)。以往城镇燃气公司一般统管气源、输配和应用，平衡用气的不均匀性由当地燃气公司统筹调度解决。在天然气来到之后，城镇燃气属于整个天然气系统的下游(需气方)，长输管道为中游，天然气开采净化为上游(中游和上游可合称为城镇燃气的供气方)。上、中、下游有着密切的联系，应作为一个系统工程对待，调峰问题作为整个系统中的问题，需从全局来解决，以求得天然气系统的优化，达到经济合理的目的。

6.1.4 条所述逐月、逐日的用气不均匀性，主要表现在采暖和节假日等日用气量的大幅度增长，其日用量可为平常的2～3倍，平衡这样大的变化，除了改变天然气田采气量外，国外一般采用天然气地下储气库和液化天然气储库。液化天然气受经济规模限制，我国一般在沿海液化天然气进口地附近才有可能采用；而天然气地下库受地质条件限制也不可能在每个城市兴建，由于受用气城市分布和地质条件因素影响，本条规定应由供气方统筹调度解决(在天然气地下库规划分区基础上)。

为了做好对逐月、逐日的用气量不均匀性的平衡，城镇燃气部门(需气方)，应经调查研究和资料积累，在完成各类用户全年综合用气负荷资料(含计划中缓冲用户安排)的基础上，制定逐月、逐日用气量计划并应提前与供气方签订合同，据国外经验这个合同在实施中可根据近期变化进行调整，地下储气库和天然气气井可以用来平衡逐日用气量的变化，如果地下储气库距离城市近，还可以用来平衡逐小时用气量的变化，这些做法经国外的实践表明是可行的。

6.1.5 条所述平衡逐小时的用气量不均匀性，采用天然气做气源时，一般要考虑利用长距离输气干管的储气条件和地下储气库的利用条件、辅气干管向城镇小时供气量的允许调节幅度和安排等，本规范规定宜由供气方解决，在发挥长距离输气干管和地下储气库等设施的调节作用基础上，不足时由城镇燃气部门解决。

储气方式多种多样，本条强调应因地制宜，经方案比较确定。高压罐的储气方式在很多发达国家(包括以前采用高压罐较多的原苏联)已不再建于天然气工程，应引起我们的重视。

6.1.6 本条规定了城镇燃气管道按设计压力的分级

1 根据现行的国家标准《管道和管路附件的公称压力和试验压力》GB 1048，将高压管道分为 $2.5<P\leqslant4.0$ MPa；和 $1.6<P\leqslant2.5$ MPa 两档，以便于设计选用。

2 把低压管道的压力由小于或等于0.005 MPa提高到小于0.01 MPa。这是考虑为今后提高低压管道供气系统的经济性和为高层建筑低压管道供气解决高程差的附加压头问题提供方便。

低压管道压力提高到小于0.01 MPa在发达国家和地区是成熟技术，发达国家和地区低压燃气管道采用小于0.01 MPa的有：比利时、加拿大、丹麦、西德、匈牙利、瑞典、日本等；采用0.007 0～0.007 5 MPa有英国、澳大利亚、中国香港等。由于管道压力比原先低压管道压力提高不多，故仍可在室内采用钢管丝扣连接；此系统需要在用户燃气表前设置低—低压调压器，用户燃具前压力被稳定在较佳压力下，也有利于提高热效率和减少污染。

3 城镇燃气输配系统压力级制选择应在本条所规定的范围内进行，这里应说明的是：

1) 不是必须全部用上述压力级制，例如：

一种压力的单级低压系统；

二种压力的：中压B—低压两级系统；中压A—低压两级系统；

三种压力的：次高压B—中压A—低压系统；次高压A—中压A——低压系统；

四种或四种以上压力的多级系统等都是可以采用的。

各种不同的系统有其各自的适用对象，我们不能笼统地说哪种系统好或坏，而只能说针对某一具体城镇，选用哪种系统更好一些。

2) 也不是说在设计中所确定的压力上限值必须等于本条所规定的上限值。一般在某一个压力级范围内还应做进一步的分析与比较。例如中压B的取值可以在0.010～0.2 MPa中选择，这应根据当地情况做技术经济比较后才能确定。

6.2 燃气管道计算流量和水力计算

6.2.1 为了满足用户小时最大用气量的需要，城镇燃气管道的计算流量，应按计算月的小时最大用气量计算。即对居民生活和商业用户宜按第6.2.2条计算，对工业用户和燃气汽车用户宜按第6.2.3条计算。

对庭院燃气支管和独立的居民点，由于所接用具的种类和数量一般为已知，此时燃气管道的计算流量宜按本规范第10.2.9条规定计算，这样更加符合实际情况。

6.2.4 燃气作为建筑物采暖通风和空调的能源时，其热负荷与采用热水(或蒸汽)供热的热负荷是基本一致的，故可采用《城市热力网设计规范》CJJ 34中有关热负荷的规定，但生活热水的热负荷不计在内，因为生活热水的热负荷在燃气供应中已计入用户的用气量指标中。

6.2.5、6.2.6 本条以柯列勃洛克公式替代原来的阿里特苏里公式。柯氏公式是至今为世界各国在众多专业领域中广泛采用的一个经典公式，它是普朗特半经验理论发展到工程应用阶段的产物，有较扎实的理论和实验基础，在规范的正文中作这样的改变，符合中国加入WTO以后技术上和国际接轨的需要，符合今后广泛开展国际合作的需要。

柯列勃洛克公式是个隐函数公式，其计算上产生的困难，在计算机技术得到广泛应用的今天已经不难解决，但考虑到使用部门的实际情况，给出一些形式简单便于计算的显函数公式仍是需要的，在附录C中列出了原规范中的阿里特苏里公式，阿氏公式和柯式公式比较偏差值在5%以内，可认为其计算结果是基本一致的。

公式中的当量粗糙度 K，反映管道材质、制管工艺、施工焊接、输送气体的质量、管材存放年限和条件等诸多因素使摩阻系数值增大的影响，因此采用旧钢管的 K 值。

对于我国使用的焊接钢管，其新钢管当量粗糙度多数国家认定为 $K=0.045$ mm左右，1990年的燃气设计规范专题报告中，引用了二组新钢管实测数据，计算结果与 $K=0.045$ mm十分接近。在实际工程设计中参照其他国家规范对天然气管道采用当量粗糙度的情况，取 $K=0.1$ mm较合适。取 $K=0.1$ mm比新钢管取 $K=0.045$ mm，其 λ 值平均增大10.24%。

考虑到人工煤气气质条件，比天然气容易造成污塞和腐蚀，根据1990年的燃气设计规范专题报告中的二组旧钢管实测数据，反推当量粗糙度 K 为0.14～0.18 mm。

本规范对人工煤气使用钢管时取 $K=0.15$ mm，它比新钢管 $K=0.045$ mm，λ 值平均增大18.58%。

6.2.8 本条所述的低压燃气管道是指和用户燃具直接相接的低压燃气管道(其中间不经调压器)。我国目前大多采用区域调压站，出口燃气压力保持不变，由低压分配管网供应到户就是这种情况。

1 国内几个有代表性城市低压燃气管道计算压力降的情况见表24。燃具额定压力 P_n 为800 Pa时，燃具前的最低压力为600 Pa，约为 P_n 的600/800=75%。低压管道总压力降取值：北京较低、沈阳较高、上海居中。这有种种原因，如北京为1958年开始建设的，对今后的发展留有较大余地；又如沈阳是沿用旧的管网，由于用户在不断的增加，要求不断提高输气能力，不得不把调压站出口压力向上提，这是迫不得已采取的一种措施；上海市的情况界于上述两城市之间，其压力降为900 Pa，约为 P_n 的1.0倍。

表24 几个城市低压管道压力降(Pa)

项目＼城市	北京(人工煤气)	上海(人工煤气)	沈阳(人工煤气)	天津(天然气)
燃具的额定压力 P_n	800	900	800	2 000
调压站出口压力	1 100～1 200	1 500	1 800～2 000	3 150
燃具前最低压力	600	600	600	1 500
低压管道总压力降 ΔP	550	900	1 300	1 650
其中：干管	150	500	1 000	1 100
支管	200	200	100	300
户内管	100	80	80	100
煤气表	100	120	120	150

2　原苏联建筑法规《燃气供应、室内外燃气设备设计规范》对低压燃气管道的计算压力降规定如表25，其总压力降约为燃具额定压力的90%。

表25　低压燃气管道的计算压力降(Pa)

所用燃气种类及燃具额定压力	从调压站到最远燃具的总压力降	管道中包括	
		街区	庭院和室内
天然气、油田气、液化石油气与空气的混合气以及其他低热值为33.5～41.8 MJ/m³ 的燃气，民用燃气燃具前额定压力为2 000 Pa时	1 800	1 200	600
同上述燃气民用燃气燃具前额定压力为1 300 Pa时	1 150	800	350
低热值为14.65～18.8 MJ/m³ 的人工煤气与混合气，民用燃气燃具前额定压力为1 300 Pa时	1 150	800	350

3　从我国有关部门对居民用的人工煤气、天然气、液化石油气燃具所做的测定表明，当燃具前压力波动为 $0.5P_n \sim 1.5P_n$ 时，燃烧器的性能达到燃具质量标准的要求，燃具的这种性能，在我国的《家用燃气灶具标准》GB 16410 中已有明确规定。

但不少代表提出，在实际使用中不宜把燃具长期置于 $0.5\ P_n$ 下工作，因为这样不合乎中国人炒菜的要求，且使做饭时间加长，参照表24的情况，可见取 $0.7\ P_n$ 是可行的。这样一个压力相当于燃气灶热负荷比额定热负荷仅仅降低了13.4%，是能基本满足用户使用要求的，而且这只是对距调压站最远用户而言，在一年中也仅仅是在计算月的高峰时出现，对广大用户不会产生影响。

综上所述燃气灶具前的实际压力允许波动范围取为 $0.75\ P_n \sim 1.5\ P_n$ 是比较合适的。

4　因低压燃气管道的计算压力降必须根据民用燃气灶具压力允许的波动范围来确定，则有 $1.5\ P_n - 0.75\ P_n = 0.75\ P_n$。

按最不利情况即当用气量最小时，靠近调压站的最近用户处有可能达到压力的最大值，但由调压站到此用户之间最小仍有约150 Pa的阻力(包括煤气表阻力和干、支管阻力)，故低压燃气管道(包括室内和室外)总的计算压力降最少还可加大的150 Pa，故 $\Delta P_d = 0.75\ P_n + 150$

5　根据本条规定，低压管道压力情况如表26。

表26　低压燃气管道压力数值表(Pa)

燃　气　种　类	人工煤气		天然气
燃气灶额定压力 P_n	800	1 000	2 000
燃气灶前最大压力 P_{max}	1 200	1 500	3 000
燃气灶前最小压力 P_{min}	600	750	1 500
调压站出口最大压力	1 350	1 650	3 150
低压燃气管道总的计算压力降(包括室内和室外)	750	900	1 650

6　应当补充说明的是，本条所给出的只是低压燃气管道的总压力降，至于其在街区干管、庭院管和室内管中的分配，还应根据情况进行技术经济分析比较后确定。作为参考，现将原苏联建筑法规推荐的数值列如表27。

表27　《原苏联建筑法规》规定的低压燃气管道压力降分配表(Pa)

燃气种类及燃具额定压力	总压力降 ΔP	街区	单层建筑		多层建筑	
			庭院	室内	庭院	室内
人工煤气1300	1 150	800	200	150	100	250
天然气2000	1 800	1 200	350	250	250	350

对我国的一般情况参照原苏联建筑法规，列出的数值如表 28 可供参考。

表 28　低压燃气管道压力降分配参考表(Pa)

燃气种类及燃具额定压力	总压力降 ΔP	街区	单层建筑		多层建筑	
			庭院	室内	庭院	室内
人工煤气 1 000	900	500	200	200	100	300
天然气 2 000	1 650	1 050	300	300	200	400

6.3　压力不大于 1.6 MPa 的室外燃气管道

6.3.1　中、低压燃气管道因内压较低，其可选用的管材比较广泛，其中聚乙烯管由于质轻、施工方便、使用寿命长而被广泛使用在天然气输送上。机械接口球墨铸铁管是近年来开发并得到广泛应用的一种管材，它替代了灰口铸铁管，这种管材由于在铸铁熔炼时在铁水中加入少量球化剂，使铸铁中石墨球化，使其比灰口铸铁管具有较高的抗拉、抗压强度，其冲击性能为灰口铸铁管 10 倍以上。钢骨架聚乙烯塑料复合管是近年我国新开发的一种新型管材，其结构为内外两层聚乙烯层，中间夹以钢丝缠绕的骨架，其刚度较纯聚乙烯管好，但开孔接新管比较麻烦，故只作输气干管使用。根据目前产品标准的压力适应范围和工程实践，本规范将上述三种管材均列于中、低压燃气管道之列。

6.3.2　次高压燃气管道一般在城镇中心城区或其附近地区埋设，此类地区人口密度相对较大，房屋建筑密集，而次高压燃气管道输送的是易燃、易爆气体且管道中积聚了大量的弹性压缩能，一旦发生破裂，材料的裂纹扩展速度极快，且不易止裂，其断裂长度也很长，后果严重。因此必须采用具有良好的抗脆性破坏能力和良好的焊接性能的钢管，以保证输气管道的安全。

对次高压燃气管道的管材和管件，应符合本规范第 6.4.4 条的要求(即高压燃气管材和管件的要求)。但对于埋入地下的次高压 B 燃气管道，其环境温度在 0 ℃以上，据了解在竣工和运行的城镇燃气管道中，有不少地下次高压燃气管道(设计压力 0.4～1.6 MPa)采用了钢号 Q235B 的《低压流体输送用焊接钢管》，并已有多年使用的历史。考虑到城镇燃气管道位于人口密度较大的地区，为保障安全在设计中对压力不大于 0.8 MPa 的地下次高压 B 燃气管道采用钢号 Q235B 的《低压流体输送用焊接钢管》也是适宜的。(经对钢管制造厂调研，Q235A 材料成分不稳定，故不宜采用)。

最小公称壁厚是考虑满足管道在搬运和挖沟过程中所需的刚度和强度要求，这是参照钢管标准和有关国内外标准确定的，并且该厚度能满足在输送压力 0.8 MPa，强度系数不大于 0.3 时的计算厚度要求。例如在设计压力为 0.8 MPa，选用 L245 级钢管时，对应 DN100～1 050 最小公称壁厚的强度设计系数为 0.05～0.19。详见表 29。

表 29　L245 级钢管、设计压力 P 为 0.8 MPa、1.6 MPa 对应的强度设计系数 F

$DN(D)$	δ_{min}	$F\left(=\frac{PD}{2\sigma_s\delta_{min}}\right)$	
		P=0.8 MPa	P=1.6 MPa
100(114.3)	4.0	0.05	0.10
150(168.3)		0.07	0.14
200(219.1)	4.8	0.07	0.14
300(323.9)		0.11	0.22
350(355.6)	5.2	0.11	0.22
400(406.4)		0.13	0.26
450(457)		0.14	0.28

表 29（续）

$DN(D)$	δ_{min}	$F\left(=\frac{PD}{2\sigma_s\delta_{min}}\right)$	
		P=0.8 MPa	P=1.6 MPa
500(508)	6.4	0.13	0.26
550(559)		0.14	0.28
600(610)	7.1	0.14	0.28
700(711)		0.16	0.32
750(762)	7.9	0.16	0.32
900(914)		0.19	0.38
950(965)	8.7	0.18	0.36
1 000(1 016)		0.19	0.38
1 050(1 067)	9.5	0.18	0.36

注：如果选用 L210 级钢管，强度设计系数 F' 为表中 F 值乘 1.167。

6.3.3 本条规定了敷设地下燃气管道的净距要求。

地下燃气管道在城市道路中的敷设位置是根据当地远、近期规划综合确定的，厂区内煤气管道的敷设也应根据类似的原则，按工厂的规划和其他工种管线布置确定。另外，敷设地下燃气管道还受许多因素限制，例如：施工、检修条件、原有道路宽度与路面的种类、周围已建和拟建的各类地下管线设施情况、所用管材、管接口形式以及所输送的燃气压力等。在敷设燃气管道时需要综合考虑，正确处理以上所提供的要求和条件。本条规定的水平净距和垂直净距是在参考各地燃气公司和有关其他地下管线规范以及实践经验后，在保证施工和检修时互不影响及适当考虑燃气输送压力影响的情况下而确定的，基本沿用原规范数据，现补充说明如下：

1 与建筑物及地下构筑物的净距

长期实践经验与燃气管道漏气中毒事故的统计资料表明，压力不高的燃气管道漏气中毒事故的发生在一定范围内并不与燃气管道与建筑物的净距有必然关系，采用加大管道与房屋的净距的办法并不能完全避免事故的发生，相反会增加设计时管位选择的困难或使工程费用增加（如迁移其他管道或绕道等方法来达到规定的要求）。实践经验证明，地下燃气管道的安全运行与提高工程施工质量、加强管理密切相关。考虑到中、低压管道是市区中敷设最多的管道，故本次修订中将原规定的中压管道与建筑物净距予以适当减小，在吸收了香港的经验并采取有效的防护措施后，把次高、中、低压管道与建筑物外墙面净距，分别降至应不小于 3 m、1 m（距建筑物基础 0.5 m）和不影响基础的稳固性。有效的防护措施是指：

1） 增加管壁厚度，钢管可按表 6.3.2 酌情增加，但次高压 A 管道与建筑物外墙面为 3 m 时，管壁厚度不应小于 11.9 mm；对于聚乙烯管、球墨铸铁管和钢骨架聚乙烯塑料复合管可不采取增加厚度的办法；

2） 提高防腐等级；

3） 减少接口数量；

4） 加强检验（100％无损探伤）等。

以上措施根据管材种类不同可酌情采用。

本条原规范是指到建筑物基础的净距，考虑到基础在管道设计时不便掌握，且次高压管道到建筑物净距要求较大，不会碰到建筑物基础，为方便管道布置，故改为到建筑物外墙面；中、低压管道净距要求较小，有可能碰到建筑物的基础，故规定仍指到建筑物基础的净距。

应该说明的是，本规范规定的至建筑物净距综合了南北各地情况，低压管取至建筑物基础的净距为0.7 m，对于北方地区，考虑到在开挖管沟时不至于对建筑物基础产生影响，应根据管道埋深适当加大与建筑物基础的净距。并不是要求一律按表6.3.3-1水平净距进行设计，在条件许可时（如在比较宽敞的道路上敷设燃气管道）宜加大管道到建筑物基础的净距。

2 地下燃气管道与相邻构筑物或管道之间的水平净距与垂直净距

1） 水平净距：基本上是采用原规范规定，与现行的国家标准《城市工程管线综合规划规范》GB 50289—98基本相同。

2） 垂直净距：与现行的国家标准《城市工程管线综合规划规范》GB 50289—98完全一致。

6.3.4 对埋深的规定是为了避免因埋设过浅使管道受到过大的集中轮压作用，造成设计浪费或出现超出管道负荷能力而损坏。

按我国铸铁管的技术标准进行验算，条文中所规定的覆土深度，对于一般管径的铸铁管，其强度都是能适应的。如上海地区在车行道下最小覆土深度为0.8 m的铸铁管，经长期的实践运行考验，情况良好。此次修编中将埋在车行道下的最小覆土深度由0.8 m改为0.9 m，主要是考虑到今后车行道上的荷载将会有所增加。对埋设在庭院内地下燃气管道的深度同埋设在非车行道下的燃气管道深度早先的规定是均不能小于0.6 m。但在我国土壤冰冻线较浅的南方地区，埋设在街坊内泥土下的小口径管道（指口径50 mm以下的）的覆土厚度一般为0.30 m，这个深度同时也满足砌筑排水明沟的要求，参照中南地区、上海市煤气公司与四川省城市煤气设计施工规程，在修订中增加了对埋设在机动车不可能到达地方的地下燃气管道覆土厚度为0.3 m的规定，以节约工程投资。“机动车道”或“非机动车道”分别是指机动车能或不能通行的道路，这对于城市道路是容易区分的，对于居民住宅区内道路，按如下区分掌握：如果是机动车以正常行驶速度通行的主要道路则属于机动车道；住宅区内由上述主要道路到住宅楼门之间的次要道路，机动车只是缓行进入或停放的，可视为非机动车道。目前国内外有关燃气管道埋设深度的规定如表30所示。

表30 国内外燃气管道的埋设深度（至管顶）(m)

地点	条件	埋设深度	最大冻土深度	备注
北京	主干道 干线 支线 非车行道	≥1.20 ≥1.00 ≥0.80	0.85	北京市《地下煤气管道设计施工验收技术规定》
上海	机动车道 车行道 人行道 街坊 引入管	1.00 0.80 0.60 0.60 0.30	0.06	上海市标准《城市煤气、天然气管道工程技术规程》DGJ 08-10
大连		≥1.00	0.93	《煤气管道安全技术操作规程》
鞍山		1.40	1.08	
沈阳	*DN*250 mm以下 *DN*250 mm以上	≥1.20 ≥1.00		
长春		1.80	1.69	
哈尔滨	向阳面 向阴面	1.80 2.30	1.97	

表 30（续）

地点	条　件	埋设深度	最大冻土深度	备　注
中南地区	车行道 非车行道 水田下 街坊泥土路	≥0.80 ≥0.60 ≥0.60 ≥0.40		《城市煤气管道工程设计、施工、验收规程》(城市煤气协会中南分会)
四川省	车行道　直埋 　　　　套管 非车行道 郊区旱地 郊区水田 庭院	0.80 0.60 0.60 0.60 0.80 0.40		《城市煤气输配及应用工程设计、安装、验收技术规程》
美国	一级地区 二、三、四级地区 (正常土质/岩石)	0.762/0.457 0.914/0.610		美国联邦法规 49-192《气体管输最低安全标准》
日本	干管 特殊情况 供气管: 　车行道 　非车行道	1.20 0.60 >0.60 >0.30		道路施行法第 12 条及本支管指针(设计篇);供给管、内管指针(设计篇)
原苏联	高级路面 非高级路面 运输车辆不通行之地	≥0.80 ≥0.90 0.60		《燃气供应建筑法规》CH_nⅡⅡ-37
原东德	一般 采取特别防护措施	0.8～1.0 0.6		DINZ 470

6.3.5　规定燃气管道敷设于冻土层以下，是防止燃气中冷凝液被冻结堵塞管道，影响正常供应。但在燃气中有些是干气，如长输的天然气等，故只限于湿气时才须敷设在冻土层以下。但管道敷设在地下水位高于输气管道敷设高度的地区时，无论是对湿气还是干气，都应考虑地下水从管道不严密处或施工时灌入的可能，故为防止地下水在管内积聚也应敷设有坡度，使水容易排除。

为了排除管内燃气冷凝水，要求管道保持一定的坡度。国内外有关燃气管道坡度的规定如表 31，地下燃气管道的坡度国内外一般所采用的数值大部分都不小于 0.003。但在很多旧城市中的地下管一般都比较密集，往往有时无法按规定坡度敷设，在这种情况下允许局部管段坡度采取小于 0.003 的数值，故本条规范用词为“不宜”。

表 31　国内处室外地下燃气管道的坡度

地点	管　别	坡　度	备　注
北京	干管、支管 干管、支管 (特殊情况下)	>0.003 0 >0.001 5	北京市《地下煤气管道设计施工验收技术规定》
上海	中压管 低压管 引入管	≥0.003 ≥0.005 ≥0.010	上海市标准《城市煤气、天然气管道工程技术规程》DGJ 08-10

表 31（续）

地点	管 别	坡 度	备 注
沈阳	干管、支管	0.003～0.005	
长春	干管	＞0.003	
大连	干管、支管： 逆气流方向 顺气流方向 引入管	 ＞0.003 ＞0.002 ＞0.010	《煤气管道安全技术操作规程》
天津		＞0.003	天津市《煤气化工程管道安装技术规定》
中南地区		＞0.003	《城市煤气管道工程设计、施工、验收规程》(城市煤气协会中南分会)
四川省		＞0.003	《城市煤气输配及应用工程设计、安装、验收技术规程》
英国	配气干管 支管	0.003 0.005	《配气干管规程》IGE/TD/3 《配气支管规程》IGE/TD/4
日本		0.001～0.003	本支管指针(设计篇)
原苏联	室外地下煤气管道	≥0.002	《燃气供应建筑法规》CH_{n} II2.04.08

6.3.7 地下燃气管道在堆积易燃、易爆材料和具有腐蚀性液体的场地下面通过时，不但增加管道负荷和容易遭受侵蚀，而且当发生事故时相互影响，易引起次生灾害。

燃气管道与其他管道或电缆同沟敷设时，如燃气管道漏气易引起燃烧或爆炸，此时将影响同沟敷设的其他管道或电缆使其受到损坏；又如电缆漏电时，使燃气管道带电，易产生人身安全事故。故对燃气管道说来不宜采取和其他管道或电缆同沟敷设；而把同沟敷设的做法视为特殊情况，必须提出充足的理由并采取良好的通风和防爆等防护措施才允许采用。

6.3.8 地下燃气管道不宜穿过地下构筑物，以免相互产生不利影响。当需要穿过时，穿过构筑物内的地下燃气管应敷设在套管内，并将套管两端密封，其一是为了防止燃气管被损或腐蚀而造成泄漏的气体沿沟槽向四周扩散，影响周围安全；其二若周围泥土流入安装后的套管内后，不但会导致路面沉陷，而且燃气管的防腐层也会受到损伤。

关于套管伸出构筑物外壁的长度原规范规定为不小于 0.1 m，考虑到套管与构筑物的交接处形成薄弱环节，并且由于伸出构筑物外壁长度较短，构筑物在维修或改建时容易影响燃气管道的安全，且对套管与构筑物之间采取防水渗漏措施的操作较困难，故修订时将套管伸出构筑物外壁的长度由原来的 0.1 m 改为表 6.3.3-1 燃气管道与该构筑物的水平净距，其目的是为了更好地保护套管内的燃气管道和避免相互影响。

6.3.9 本条规定了燃气管道穿越铁路、高速公路、电车轨道或城镇主要干道时敷设要求。

套管内径裕量的确定应考虑所穿入的燃气管根数及其防腐层的防护带或导轮的外径、管道的坡度、可能出现的偏弯以及套管材料与顶管方法等因素。套管内径比燃气管道外径大 100 mm 以上的规定系参照：①加拿大燃气管线系统规程中套管口径的规定：燃气管外径小于 168.3 mm 时，套管内径应大于燃气管外径 50 mm 以上；燃气管外径大于或等于 168.3 mm 时，套管内径应大于燃气管外径 75 mm 以上；②原苏联建筑法规关于套管直径应比燃气管道直径大 100 mm 以上的规定；③我国西南地区的《城市煤气输配及应用工程设计、安装、验收技术规定》中关于套管内径应大于输气管外径 100 mm 的规定等，是结合施工经验而定的。

燃气管道不应在高速公路下平行敷设，但横穿高速公路是允许的，应将燃气管道敷设在套管中，这在国外也常采用。

套管端部距铁路堤坡脚的距离要求是结合各地经验并参照“石油天然气管道保护条例第五章第二节第 4 条”的规定编制。

6.3.10 燃气管道通过河流时，目前采用的有穿越河底、敷设在桥梁上或采用管桥跨越等三种形式。一般情况下，北方地区由于气温较低，采用穿越河底者较多，其优点是不需保温与经常维修，缺点是施工费用高，损坏时修理困难。南方地区则采用敷设在桥梁上或采用管桥跨越形式者较多，例如上海市煤气和天然气管道通过河流采用敷设于桥梁上的方式很多。南京、广州、湘潭和四川亦有很多燃气管道采用敷设于桥梁上，其输气压力为 0.1～1.6 MPa。上述敷设于桥梁上的燃气管道在长期(有的已达百年)的运行过程中没有出现什么问题。利用桥梁敷设形式的优点是工程费用低，便于检查和维修。

上述敷设在桥梁上通过河流的方式实践表明有着较大的优点，但与《城市桥梁设计准则》原规定燃气管道不得敷设于桥梁上有矛盾。为此 2001 年 6 月 5 日由建设部标准定额研究所召开有建设部城市建设研究院、《城镇燃气设计规范》主编单位中国市政工程华北设计研究院和《城市桥梁设计准则》主编单位上海市政工程设计研究院，以及北京市政工程设计研究院、部分城市煤气公司、市政工程设计和管理部门等参加的协调会，与会专家经过讨论达成如下共识，一致认为“两个标准的局部修订协调应遵循以下三个原则：①安全适用、技术先进、经济合理；②必须符合国家有关法律、法规的规定；③必须采取具体的安全防护措施。确定条文改为：当条件许可，允许利用道路桥梁跨越河流时，必须采取安全防护措施。并限定燃气管道输送压力不应大于 0.4 MPa”。

本条文是按上述协调会结论和会后协调修订的，并补充了安全防护措施规定。

6.3.11 原规范规定燃气管道穿越河底时，燃气管道至规划河底的覆土深度只提出应根据水流冲刷条件确定并不小于 0.5 m，但水流冲刷条件的提法不具体又很难界定，此次修订增加了对通航河流及不通航河流分别规定了不同的覆土深度，目的是不使管道裸露于河床上。另外根据有关河、港监督部门的意见，以往有些过河管道埋于河底，因未满足疏浚和投锚深度要求，往往受到破坏，故规定“对通航的河流还应考虑疏浚和投锚深度”。

6.3.12 对于穿越和跨越重要河流的燃气管道，从船舶运行与水流冲刷的条件看，要预计到它受到损坏的可能性，且损坏之后修复时间较长，而重要河流必然担负着运输等项重大任务，不能允许受到燃气管道破坏时的影响，为了当一旦燃气管道破坏时便于采取紧急措施，故规定在河流两侧均应设置阀门。

6.3.13 本条规定了阀门的布置要求。

在次高压、中压燃气干管上设置分段阀门，是为了便于在维修或接新管操作或事故时切断气源，其位置应根据具体情况而定，一般要掌握当两个相邻阀门关闭后受它影响而停气的用户数不应太多。

将阀门设置在支管上的起点处，当切断该支管供应气时，不致影响干管停气；当新支管与干管连接时，在新支管上的起点处所设置的阀门，也可起到减少干管停气时间的作用。

在低压燃气管道上，切断燃气可以采用橡胶球阻塞等临时措施，故装设阀门的作用不大，且装设阀门增加投资、增加产生漏气的机会和日常维修工作。故对低压管道是否设置阀门不作硬性规定。

6.3.14 地下管道的检测管、凝水缸的排水管均设在燃气管道上方，且在车行道部分的燃气管经常遭受车辆的重压，由于检测和排水管口径较小，如不进行有效保护，容易受损，因此应在其上方设置护罩。并且管口在护罩内也便于检测和排水时的操作。

水封阀和阀门由于在检修和更换时人员往往要至地下操作，设置护井可方便维修人员操作。

6.3.15 燃气管道沿建筑物外墙敷设的规定，是参照苏联建筑法规《燃气供应》$CH_nП$2.04.08-87 确定。其中“不应敷设燃气管道的房间”见本规范第 10.2.14 条。

与铁路、道路和其他管线交叉时的最小垂直净距是按《工业企业煤气安全规程》GB 6222 和上海市的规定而定；与架空电力线最小垂直净距是按《66 kV 及以下架空电力线路设计规范》GB 50061—97 的规定而定。

6.4 压力大于 1.6 MPa 的室外燃气管道

6.4.2、6.4.3 我国城镇燃气管道的输送压力均不高，本规范原规定的压力范围为小于或等于1.6 MPa，保证管道安全除对管道强度、严密性有一定要求外，主要是控制管道与周围建筑物的距离，在实践中管道选线有时遇到困难。随着长输天然气的到来，输气压力必然提高，如果单纯保证距离则难以实施。在规范的修订中，吸收和引用了国外发达国家和我国 GB 50251 规范的成果，采取以控制管道自身的安全性主动预防事故的发生为主，但考虑到城市人员密集，交通频繁，地下设施多等特殊环境以及我国的实际情况，规定了适当控制管道与周围建筑物的距离（详见本规范第 6.4.11 和第 6.4.12 条说明），一旦发生事故时使恶性事故减少或将损失控制在较小的范围内。

控制管道自身的安全性，如美国联邦法规 49 号 192 部分《气体管输最低安全标准》、美国国家标准 ANSI/ASME B31.8 和英国气体工程师学会标准 IGE/TD/1 等，采用控制管道及构件的强度和严密性，从管材设备选用、管道设计、施工、生产、维护到更新改造的全过程都要保障好，是一个质量保障体系的系统工程。其中保障管道自身安全的最重要设计方法，是在确定管壁厚度时按管道所在地区不同级别，采用不同的强度设计系数（计算采用的许用应力值取钢管最小屈服强度的系数）。因此，管道位置的地区等级如何划分，各级地区采用多大的强度设计系数，就是问题要点。

管道地区等级的划分方法英国、美国有所不同，但大同小异。美国联邦法规和美国国家标准 ANSI/ASME B31.8 是按不同的独立建筑物（居民户）密度将输气管道沿线划分为四个地区等级，其划分方法是以管道中心线两侧各 220 码（约 200 m）范围内，任意划分为 1 英里（约 1.6 km）长并能包括最多供人居住独立建筑物（居民户）数量的地段，以此计算出该地段的独立建筑物（居民户）密度，据此确定管道地区等级；我国国家标准《输气管道工程设计规范》GB 50251 的划分方法与美国法规和 ANSI/ASME B31.8 标准相同，但分段长度为 2 km；英国气体工程师学会标准 IGE/TD/1 是按不同的居民人数密度将输气管道沿线划分为三个地区等级，其划分方法是以管道中心线两侧各 4 倍管道距建筑物的水平净距（根据压力和管径查图）范围内，任意划分为 1 英里（约 1.6 km）长并能包括最多数量居民的地段，以此计算出该地段每公顷面积上的居民密度，并据此确定管道地区等级。从以上划分方法看，美国法规和标准划分合理，简单清晰，容易操作，故本规范管道地区等级的划分方法采用美国法规规定。

几个国家和地区管道地区分级标准和强度设计系数 *F* 详见表 32。

表 32 管道地区分级标准和强度设计系数 *F*

标准及使用地	一级地区	二级地区	三级地区	四级地区
美国联邦法规 49-192 和标准 ANSI/ASME B31.8	户数≤10 *F*=0.72	10<户数<46 *F*=0.6	户数≥46 *F*=0.5	4 层或 4 层以上建筑占多数的地区 *F*=0.4
英国气体工程师学会 IGE/TD/I 标准（第四版）	户数<54[注] *F*≤0.72		中间地区 *F*=0.3	人口密度大，多层建筑多，交通频繁和地下设施多的城市或镇的中心区域管道压力≤1.6 MPa
法国燃料气管线安全规程	户数≤4 *F*=0.73	4<户数<40 *F*=0.6	户数≥40 *F*=0.4	
我国《输气管道工程设计规范》GB 50251	户数≤12[注] *F*=0.72	12<户数<80[注] *F*=0.6	户数≥80[注] *F*=0.5	4 层或 4 层以上建筑普遍集中、交通频繁、地下设施多的地区 *F*=0.4
香港中华煤气公司	户数<54[注] *F*≤0.72		中间地区 *F*=0.3	本岛区管道压力≤0.7 MPa

表 32（续）

标准及使用地	一级地区	二级地区	三级地区	四级地区
多伦多燃气公司			多伦多市市区 $F=0.3$	
洛杉矶南加州燃气公司	没有人住的地区 $F=0.72$		低层建筑(≤3 层)为主的地区 $F=0.5$	多层建筑为主的地区 $F=0.4$
本规范采用值	户数≤12 $F=0.72$	12<户数<80 $F=0.6$	户数≥80 的中间地区 $F=0.4$	4 层或 4 层以上建筑普遍且占多数、交通频繁、地下设施多的城市中心城区(或镇的中心区域等)。$F=0.3$

注：为了便于对比，我们均按美国标准要求计算，即折算为沿管道两边宽各 200 m，长 1 600 m 面积内(64×10^4 m^2)的户数计算(多单元住宅中，每一个独立单元按 1 户计算，每 1 户按 3 人计算)。表中的“户数”在各标准中表达略有不同，有“居民户数”“居住建筑物数”和“供人居住的独立建筑物数”等。

从表 32 可知，各标准对各级地区范围密度指数和描述是不尽相同的。在第 6.4.3 条第 2 款地区等级的划分中：

1、2 项从美国、英国、法国和我国 GB 50251 标准看，一级和二级地区的范围密度指数相差不大，(其中 GB 50251 的二级地区密度指数相比国外标准差别稍大一些，这是编制该规范时根据我国农村实际情况确定的)。本规范根据上述情况，对一级和二级地区的范围密度指数取与 GB 50251 相同。

3 三级地区是介于二级和四级之间的中间地区。指供人居住的建筑物户数在 80 或 80 以上，但又不够划分为四级地区的任一地区分级单元。

另外，根据美国标准 ANSI/ASME B31.8，工业区应划为三级地区；根据美国联邦法规 49-192，对距人员聚集的室外场所 100 码(约 91 m)范围也应定为三级地区；本规范均等效采用(取为 90 m)，人员聚集的室外场所是指运动场、娱乐场、室外剧场或其他公共聚集场所等。

4 根据英国标准 IGE/TD/1(第四版)对燃气管道的 T 级地区(相当于本规范的四级地区)规定为“人口密度大，多层建筑多，交通频繁和地下服务设施多的城市或镇的中心区域。”并规定燃气管道的压力不大于 1.6 MPa，强度设计系数 F 一般不大于 0.3 等，更加符合城镇的实际情况和有利于安全，因而本规范对四级地区的规定采用英国标准。其中“多层建筑多”的含义明确为 4 层或 4 层以上建筑物(不计地下室层数)普遍且占多数；“城市或镇的中心区域”的含义明确为“城市中心城区(或镇的中中区域等)”。从而将 4 层或 4 层以上建筑物普遍且占多数的地区分为：城市的中心城区(或镇的中心区域等)和城市管辖的(或镇管辖的)其他地区两种情况，区别对待。在此需要进一步说明的是：

1) 管道经过城市的中心城区(或镇的中心区域等)且 4 层或 4 层以上建筑物普遍且占多数同时具备才被划入管道的四级地区。

2) 此处除指明包括镇的中心区域在内外，凡是与镇相同或比镇大的新城区、卫星城的中心区域等是否属于管道的四级地区，也应根据四级地区的地区等级划分原则确定。

3) 对于城市的非中心城区(或镇的非中心区域等)地上 4 层或 4 层以上建筑物普遍且占多数的燃气管道地区，应划入管道的三级地区，其强度设计系数 $F=0.4$，这与《输气管道设计规范》GB 50251 中的燃气管道四级地区强度系数 F 是相同的。

4) 城市的中心城区(不包括郊区)的范围宜按城市规划并应由当地城市规划部门确定。据了解：例如：上海市的中心城区规划在外环道路以内(不包括外环道路红线内)。又如：杭州市的中心城区规划在距外环道路内侧最少 100 m 以内。

5) “4 层或 4 层以上建筑物普遍且占多数”可按任一地区分级单元中燃气管道任一单侧 4 层或 4 层以上建筑物普遍且占多数，即够此项条件掌握。建筑物层数的计算除不计地下室层数外，顶层为平常没有人的美观装饰观赏间、水箱间等时可不计算在建筑物层数内。

第 6.4.3 条第 4 款，关于今后发展留有余地问题，其中心含义是在确定地区等级划分时，应适当考虑地区今后发展的可能性，如果在设计一条新管道时，看到这种将来的发展足以改变该地区的等级，则这种可能性应在设计时予以考虑。至于这种将来的发展考虑多远，是远期、中期或近期规划，应根据具体项目和条件确定，不作统一规定。

6.4.4 本条款是对高压燃气管道的材料提出的要求。

2 钢管标准《石油天然气工业输送钢管交货技术条件第 1 部分：A 级钢管》GB/T 9711.1 中 L175 级钢管有三种与相应制造工艺对应的钢管：无缝钢管、连续炉焊钢管和电阻焊钢管。其中连续炉焊钢管因其焊缝不进行无损检测，其焊缝系数仅为 0.6，并考虑到 175 级钢管强度较低，不适用于高压燃气管道，因此规定高压燃气管道材料不应选用 GB/T 9711.1 标准中的 L175 级钢管。为便于管材的设计选用，将该条款规定的标准钢管的最低屈服强度列于表 33。

表 33 钢管的最低屈服强度

钢级或钢号				最低屈服强度[①]
GB/T 9711.1	GB/T 9711.2	ANSI/API5L[②]	GB/T 8163	σ_s（$R_{t0.5}$）(MPa)
L210		A		210
L245	L245…	B		245
L290	L290…	X42		290
L320		X46		320
L360	L360…	X52		360
L390		X56		390
L415	L415…	X60		415
L450	L450…	X65		450
L485	L485…	X70		485
L555	L555…	X80		555
			10	205
			20	245
			Q295	295（S>16 时，285）[③]
			Q345	325（S>16 时，315）

注：① GB/T 9711.1、GB/T 9711.2 标准中，最低屈服强度即为规定总伸长应力 $R_{t0.5}$。

② 在此列出与 GB/T 9711.1、GB/T 9711.2 对应的 ANSI/API5L 类似钢级，引自标准 GB/T 9711.1、GB/T 9711.2标准的附录。

③ S 为钢管的公称壁厚。

3 材料的冲击试验和落锤撕裂试验是检验材料韧性的试验。冲击试验和落锤撕裂试验可按照《石油天然气工业输送钢管交货技术条件 第 1 部分：A 级钢管》GB/T 9711.1 标准中的附录 D 补充要求

SR3 和 SR4 或《石油天然气工业输送钢管交货技术条件　第 2 部分:B 级钢管》GB/T 9711.2 标准中的相应要求进行。GB/T 9711.2 标准将韧性试验作为规定性要求,GB/T 9711.1 将其作为补充要求(由订货协议确定),GB/T 8163 未提这方面要求。试验温度应考虑管道使用时和压力试验(如果用气体)时预测的最低金属温度,如果该温度低于标准中的试验温度(GB/T 9711.1 为 10 ℃,GB/T 9711.2 为 0 ℃),则试验温度应取该较低温度。

6.4.5　管道的抗震计算可参照国家现行标准《输油(气)钢质管道抗震设计规范》SY/T 0450。

6.4.6　直管段的计算壁厚公式与《输气和配气管线系统》ASMEB31.8、《输气管道工程设计规范》GB 50251等规范中的壁厚计算式是一致的。该公式是采用弹性失效准则,以最大剪应力理论推导得出的壁厚计算公式。因城镇燃气温度范围对管材强度没有影响,故不考虑温度折减系数。在确定管道公称壁厚时,一般不必考虑壁厚附加量。对于钢管标准允许的壁厚负公差,在确定强度设计系数时给予了适当考虑并加了裕量;对于腐蚀裕量,因本规范中对外壁防腐设计提出了要求,因此对外壁腐蚀裕量不必考虑,对于内壁腐蚀裕量可视介质含水分多少和燃气质量酌情考虑。

6.4.7　经冷加工的管子又经热处理加热到一定温度后,将丧失其应变强化性能,按国内外有关规范和资料,其屈服强度降低约 25%,因此在进行该类管道壁厚计算或允许最高压力计算时应予以考虑。条文中冷加工是指为使管子符合标准规定的最低屈服强度而采取的冷加工(如冷扩径等),即指利用了冷加工过程所提高强度的情况。管子摵弯的加热温度一般为 800～1 000 ℃,对于热处理状态管子,热弯过程会使其强度有不同程度的损失,根据 ASME B31.8 及一些热弯管机械性能数据,强度降低比率按 25%考虑。

6.4.8　强度设计系数 F,根据管道所在地区等级不同而不同。并根据各国国情(如地理环境、人口等)其取值也有所不同。几个国家管道地区分级标准和强度设计系数 F 的取值情况详见表 32。

1　从美国、英国、法国和我国 GB 50251 标准看,对一级和二级地区的强度设计系数的取值基本相同,本规范也取为 0.72 和 0.60,与上述标准相同。

2　对三级地区,英国标准比法国、美国和我国 GB 50251 标准控制严,其强度设计系数依次分别为 0.3、0.4、0.5、0.5。考虑到对于城市的非中心城区(或镇的非中心区域等)地上 4 层或 4 层以上建筑物普遍且占多数的燃气管道地区,已划入管道的三级地区;对于城市的中心城区(或镇的中心区域等)三级和四级地区的分界线主要是以 4 层或 4 层以上硅筑是否普遍且占多数为标准,而我国每户平均住房面积比发达国家要低很多,同样建筑面积的一幢 4 层楼房,我国的住户数应比发达国家多,而其他小于或等于 3 层的低层建筑,在发达国家大多是独门独户,我国则属多单元住宅居多,因而当我国采用发达国家这一分界线标准时,不少划入三级地区的地段实际户数已相当于进入发达国家四级地区规定的户数范围(地区分级主要与户数有关,但为了统计和判断方便又常以住宅单元建筑物数为尺度);参考英国、法国、美国标准和多伦多、香港等地的规定,本规范对三级地区强度设计系数取为 0.4。

3　对四级地区英国标准比法国、美国和我国 GB 50251 标准控制更严,这是由于英国标准提出四级地区是指城市或镇的中心区域且多层建筑多的地区(本规范已采用),同时又规定燃气管道压力不应超过 1.6 MPa(最近该标准第四版已由 0.7 MPa 改为 1.6 MPa)。由于管道敷设有最小壁厚的规定,按 L245 级钢管和设计压力 1.6 MPa 时反算强度设计系数约为 0.10～0.38,一般比其他标准 0.4 低很多。香港采用英国标准,多伦多燃气公司市区燃气管道强度设计系数采用 0.3。我国是一个人口众多的大国,城市人口(特别是四级地区)普遍比较密集,多层和高层建筑较多,交通频繁,地下设施多,高压燃气管道一旦破坏,对周围危害很大,为了提高安全度,保障安全,故要适当降低强度设计系数,参考英国标准和多伦多燃气公司规定,本规范对四级地区取为 0.3。

6.4.9　本条根据美国联邦法规 49-192 和我国 GB 50251 标准并结合第 6.4.8 条规定确定。

6.4.11、6.4.12　关于地下燃气管道到建筑物的水平净距。

控制管道自身安全是从积极的方面预防事故的发生,在系统各个环节都按要求做到的条件下可以保障管道的安全。但实际上管道难以做到绝对不会出现事故,从国内和国外的实践看也是如此,造成事故的主要原因是:外力作用下的损坏,管材、设备及焊接缺陷,管道腐蚀,操作失误及其他原因。外力作用下的损坏常常和法制不健全、管理不严有关,解决尚难到位;管材、设备和施工中的缺陷以及操作中的失误应该避免,但也很难杜绝;管道长期埋于地下,目前城镇燃气行业对管内、外的腐蚀情况缺乏有效的检测手段和先进设备,管道在使用后的质量得不到有效及时的监控,时间一长就会给安全带来隐患;而城市又是人群集聚之地,交通频繁、地下设施复杂,燃气管道压力越来越高,一旦破坏、危害甚大。因此,适当控制高压燃气管道与建筑物的距离,是当发生事故时将损失控制在较小范围,减少人员伤亡的一种有效手段。在条件允许时要积极去实施,在条件不允许时也可采取增加安全措施适当减少距离,为了处理好这一问题,结合国情,在本规范第 6.4.11 条、第 6.4.12 条等效采用了英国气体工程师学会 IGE/TD/1《高压燃气输送钢管》标准的成果。

1 从表 6.4.11 可见,由于高压燃气管道的弹性压缩能量主要与压力和管径有关,因而管道到建筑物的水平净距根据压力和管径确定。

2 三级地区房屋建筑密度逐渐变大,采用表 6.4.11 的水平净距有困难,此时强度设计系数应取 0.4(IGE/TD/1 标准取 0.3),即可采用表 6.4.12(此时在一、二区也可采用)。其中:

1) 采取行之有效的保护措施,表 6.4.12 中 A 行管壁厚度小于 9.5 mm 的燃气管道可采用 B 行的水平净距。据 IGE/TD/1 标准介绍,“行之有效的保护措施”是指沿燃气管道的上方设置加强钢筋混凝土板(板应有足够宽度以防侧面侵入)或增加管壁厚度等措施,可以减少管道被破坏,或当管壁厚度达到 9.5 mm 以上后可取得同样效果。因此在这种条件下,可缩小高压燃气管道到建筑物的水平净距。对于采用 B 行的水平净距有困难的局部地段,可将管壁厚度进一步加厚至不小于 11.9 mm 后可采用 C 行的水平净距。

2) 据英国气体工程师学会人员介绍:经实验证明,在三级地区允许采用的挖土机,不会对强度设计系数不大于 0.3(本规范取为 0.4)管壁厚度不小于 11.9 mm 的钢管造成破坏,因此采用强度设计系数不大于 0.3(本规范为 0.4)管壁厚度不小于 11.9 mm 的钢管(管道材料钢级不低于 L245),基本上不需要安全距离,高压燃气管道到建筑物 3 m 的最小要求,是考虑挖土机的操作规定和日常维修管道的需要以及避免以后建筑物拆建对管道的影响。如果采用更高强度的钢管,原则上可以减少管壁的厚度(采用比 11.9 mm 小),但采用前,应反复对它防御挖土机破坏管道的能力作出验证。

6.4.14、6.4.15 这两条对不同压力级别燃气管道的宏观布局作了规定,以便创造条件减少事故及危害。规定四级地区地下燃气管道输配压力不宜大于 1.6 MPa,高压燃气管道不宜进入四级地区,不应从军事设施、易燃易爆仓库、国家重点文物保证区、机场、火车站、码头通过等,都是从有利于安全上着眼。但以上要求在受到条件限制时也难以实施(例如有要求燃气压力为高压 A 的用户就在四级地区,不得不从此通过,否则就不能供气或非常不合理等)。故本规范对管道位置布局只是提倡但不作硬性限制,对这些个别情况应从管道的设计、施工、检验、运行管理上加强安全防护措施,例如采用优质钢管、强度设计系数不大于 0.3、防腐等级提高、分段阀门采用遥控或自动控制、管道到建筑物的距离予以适当控制、严格施工检验、管道投产后对管道的运行状况和质量监控检查相对多一些等。

“四级地区地下燃气管道输配压力不应大于 4.0 MPa(表压)”这一规定,在一般情况下应予以控制,但对于大城市,如经论证在工艺上确实需要且在技术、设备和管理上有保证,并经城市建设主管部门批准,压力大于 4.0 MPa 的燃气管道也可进入四级地区,其设计宜按《输气管道工程设计规范》GB 50251 并参照本规范 4.0 MPa 燃气管道的有关规定执行(有关规定主要指:管道强度设计系数、管道距建筑物的距离等)。

第 6.4.15 条中高压 A 燃气管道到建筑物的水平净距 30 m 是参考温哥华、多伦多市的规定确定的。几个城市高压燃气管道到建筑物的净距见表 34。

表 34　几个城市高压燃气管道到建筑物的水平净距

城市	管道压力、管径与到建筑物的水平净距	备　注
温哥华	管道输气压力 3.45 MPa 至建筑物净距约为 30 m(100 英尺)	经过市区
多伦多	管道输气压力小于或等于 4.48 MPa 至建筑物净距约为 30 m(100 英尺)	经过市区
洛杉矶	管道输气压力小于或等于 3.17 MPa 至建筑物净距约为 6～9 m (20～30英尺)	洛杉矶市区 90%以上为三级地区(估计)
香港	管道输气压力 3.5 MPa,采用 AP15LX42 钢材,管径 *DN*700,壁厚 12.7 mm。至建筑物净距最小为 3 m	在三级或三级以下地区敷设,不进入居民点和四级地区

本条中所述"对燃气管道采取行之有效的保护措施",是指沿燃气管道的上方设置加强钢筋混凝土板(板应有足够宽度以防侧面侵入)或增加管壁厚度等措施。

6.4.16　在特殊情况下突破规范的设计今后可能会遇到,本条等效采用英国 IGE/TD/1 标准,对安全评估予以提倡,以利于我国在这方面制度和机构的建设。承担机构应具有高压燃气管道评估的资质、并由国家有关部门授权。

6.4.18　管道附件的国家标准目前还不全,为便于设计选用,列入了有关行业标准。

6.4.19　本条对高压燃气管道阀门的设置提出了要求。

1　分段阀门的最大间距是等效采用美国联邦法规 49-192 的规定。

6.4.20　对于管道清管装置工程设计中已普遍采用。而电子检管目前国内很少见。电子检管现在发达国家已日益普遍,已被证实为一有效的管道状况检查方法,且无需挖掘或中断燃气供应。对暂不装设电子检管装置的高压燃气管道,宜预留安装电子检管器收发装置的位置。

6.5　门站和储配站

6.5.1　本节规定了门站和储配站的设计要求。

在城镇输配系统中,门站和储配站根据燃气性质、供气压力、系统要求等因素,一般具有接收气源来气,控制供气压力、气量分配、计量等功能。当接收长输管线来气并控制供气压力、计量时,称之为门站。当具有储存燃气功能并控制供气压力时,称之为储配站。两者在设计上有许多共同的相似之处,为使规范简洁起见,本次修改将原规范第 5.4 节和第 5.5 节合并。

站内若设有除尘、脱萘、脱硫、脱水等净化装置,液化石油气储存,增热等设施时,应符合本规范其他章节相应的规定。

6.5.2　门站和储配站站址的选择应征得规划部门的同意并批准。在选址时,如果对站址的工程地质条件以及与邻近地区景观协调等问题注意不够,往往增大了工程投资又破坏了城市的景观。

6　国家标准《建筑设计防火规范》GB 50016 规定了有关要求。

6.5.3　为了使本规范的适用性和针对性更强,制定了表 6.5.3。此表的规定与《建筑设计防火规范》的规定是基本一致的。表中的储罐容积是指公称容积。

6.5.4　本条的规定与《建筑设计防火规范》的规定是一致的。

5　《建筑设计防火规范》GB 50016 规定了有关要求。

6.5.5　本条规定了站区总图布置的相关要求。

6.5.7　本条规定了门站和储配站的工艺设计要求。

3　调压装置流量和压差较大时,由于节流吸热效应,导致气体温度降低较多,常常引起管壁外结露或结冰,严重时冻坏装置,故规定应考虑是否设置加热装置。

7　本条系指门站作为长输管道的末站时,将清管的接收装置与门站相结合时布置紧凑,有利于集中管理，是比较合理的，故予以推荐。但如果在长输管道到城镇的边上，由长输管道部门在城镇边上又设有调压计量站时，则清管器的接收装置就应设在长输管道部门的调压计量站，而不应设在城镇的门站。

8 当放散点较多且放散量较大时，可设置集中放散装置。

6.5.10 本条规定了燃气储存设施的设计要求。

2 鉴于储罐造价较高而各型储罐造价差异也较大，因此在确定储气方式及储罐型式时应进行技术经济比较。

3 各种储罐的技术指标随单体容积增加而显著改善。在确定各期工程建罐的单体容积时，应考虑储罐停止运行(检修)时供气系统的调度平衡，以防止片面追求增加储罐单体容积。

4 罐区排水设施是指储罐地基下沉后应能防止罐区积水。

6.5.11 本条规定了低压储气罐的工艺设计要求。

2 为预防出现低压储气罐顶部塌陷而提出此要求。

4 湿式储气罐水封高度一般规定应大于最大工作压力(以 Pa 表示)的 1.5 倍，但实际证明这一数值不能满足运行要求，故本规范提出应经计算确定。

7 干式储气罐由于无法在罐顶直接放散，故要求另设紧急放散装置。

8 为方便干式储气罐检修，规定了此条要求。

6.5.12 本条规定了高压储气罐的工艺设计要求。

1 由于进、出气管受温度、储罐沉降、地震影响较大，故规定宜进行柔性计算。

4 高压储气罐开孔影响罐体整体性能。

5 高压储罐检修时，由于工艺所限，罐内余气较多，故规定本条要求。可采用引射器等设备尽量排空罐内余气。

6 大型球罐(3 000 m^3 以上)检修时罐内余气较多，为排除罐内余气，可设置集中放散装置。表 6.5.12-1 中的“路边”对公路是指用地界，对城市道路是指道路红线。

6.5.14 本条规定了燃气加压设备选型的要求。

3 规定压缩机组设置备用是为了保证安全和正常供气。“每 1～5 台燃气压缩机组宜另设 1 台备用”。这是根据北京、上海、天津与沈阳等地的备用机组的设置情况而规定的。如北京东郊储配站第一压缩车间的 8 台压缩机组中有 2 台为备用；天津千米桥储配站设计的 14 台压缩机组中有 3 台备用；上海水电路储配站的 6 台压缩机中有 1 台为备用等。从多年实际运行经验来看，上述各地备用数量是能适应生产要求的。

6.5.15 本条规定了压缩机室的工艺设计要求。

1、3 系针对工艺管道施工设计有时缺少投产置换及停产维修时必需的管口及管件而作出此规定。

4 规定“压缩机宜采取单排布置”，这样机组之间相互干扰少，管理维修方便，通风也较好。但考虑新建、扩建时压缩机室的用地条件不尽相同，故规定“宜”。

6.5.16 按照《建筑设计防火规范》GB 50016 要求，压缩机室与控制室之间应设耐火极限不低于 3 h 的非燃烧墙。但是为了便于观察设备运转应设有生产必需的隔声玻璃窗。本条文与《工业企业煤气安全规程》GB 6222—86 第 5.2.1 条要求是一致的。

6.5.19 1 此款与《建筑设计防火规范》GB 50016 的规定是一致的。

储配站内设置的燃气气体储罐类型一般按压力分为两大类，即常压罐(压力小于 10 kPa)和压力罐(压力通常为 0.5～1.6 MPa)。常压罐按密封形式可分为湿式和干式储气罐，其储气几何容积是变化的，储气压力变化很小。压力罐的储气容积是固定的，其储气量随储气压力变化而变化。

从燃气介质的性质来看，与液态液化石油气有较大的差别。气体储罐为单相介质储存，过程无相变。火灾时，着火部位对储罐内的介质影响较小，其温度、压力不会有较大的变化。从实际使用情况看，气体储罐无大事故发生。因此，气体储罐可以不设置固定水喷淋冷却装置。

由于储罐的类型和规格较多，消防保护范围也不尽相同，表 6.5.19 的消防用水量，系指消火栓给水系统的用水量，是基本安全的用水量。

6.5.20 原规范规定门站储配站为“一级负荷”主要是为了提高供气的安全可靠性。实际操作中，要达到“一级负荷”（应由两个电源供电，当一个电源发生故障时，另一个电源不应同时受到损坏）的电源要求十分困难，投资很大。“二级负荷”（由两回线路供电）的电源要求从供电可靠性上完全满足燃气供气安全的需要，当采用两回线路供电有困难时，可另设燃气或燃油发电机等自备电源，且可以大大节省投资，可操作性强。

6.5.21 本条是在《爆炸和火灾危险环境电力装置设计规范》GB 50058 的基础上，结合燃气输配工程的特点和工程实践编制的。根据 GB 50058 的有关内容，本次修订将原规范部分爆炸危险环境属“1 区”的区域改为“2 区”。由于爆炸危险环境区域的确定影响因素很多，设计时应根据具体情况加以分析确定。

6.6 调压站与调压装置

6.6.2 调压装置的设置形式多种式样，设计时应根据当地具体情况，因地制宜地选择采用，本条对调压装置的设置形式（不包括单独用户的专用调压装置设置形式）及其条件作了一般规定。调压装置宜设在地上，以利于安全和运行、维护。其中：

1 在自然条件和周围环境条件许可时，宜设在露天。这是较安全和经济的形式。对于大、中型站其优点较多。

2、3 在环境条件较差时，设在箱子内是一种较经济适用的形式。分为调压箱（悬挂式）和调压柜（落地式）两种。对于中、小型站优点较多。具体做法见第 6.6.4 条。

4 设在地上单独的建筑物内是我国以往用得较多的一种形式（与采用人工煤气需防冻有关）。

5、6 当受到地上条件限制燃气相对密度不大于 0.75，且压力不高时才可设置在地下，这是一种迫不得已才采用的形式。但相对密度大于 0.75 时，泄漏的燃气易集聚，故不得设于地下室、半地下室和地下箱内。

6.6.3 本条调压站（含调压柜）与其他建、构筑物水平净距的规定，是参考了荷兰天然气调压站建设经验和规定，并结合我国实践，对原规范进行了补充和调整。表 6.6.3 中所列净距适用于按规范建设与改造的城镇，对于无法达到该表要求又必须建设的调压站（含调压柜），本规范留有余地，提出采取有效措施，可适当缩小净距。有效措施是指：有效的通风，换气次数每小时不小于 3 次；加设燃气泄漏报警器；有足够的防爆泄压面积（泄爆方向有必要时还应加设隔爆墙）；严格控制火源等。各地可根据具体情况与有关部门协调解决。表 6.6.3 中的“一类高层民用建筑”详见现行国家标准《高层民用建筑设计防火规范》GB 50045—95 第 3.0.1 条（2005 年版）。

6.6.4 本条是调压箱和调压柜的设置要求。其中体积大于 1.5 m^3 调压柜爆炸泄压口的面积要求，是等效采用英国气体工程师学会标准 IGE/TD/10 和香港中华煤气公司的规定，当爆炸时能使柜内压力不超过 3.5 kPa，并不会对柜内任何部分（含仪表）造成损坏。

调压柜自然通风口的面积要求，是等效采用荷兰天然气调压站（含调压柜）的建设经验和规定。

6.6.6 “单独用户的专用调压装置”系指该调压装置主要供给一个专用用气点（如一个锅炉房、一个食堂或一个车间等），并由该用气点兼管调压装置，经常有人照看，且一般用气量较小，可以设置在用气建筑物的毗连建筑物内或设置在生产车间、锅炉房及其他生产用气厂房内。对于公共建筑也可设在建筑物的顶层内，这些做法在国内外都有成熟的经验，修订时根据国内的实践经验，补充了设在用气建筑物的平屋顶上的形式。

6.6.8 我国最早使用调压器（箱）的省份都在南方，其环境温度影响较小。北方省份使用调压箱时，则环境温度的影响是不可低估的。对于输送干燃气应主要考虑环境温度，介质温度对调压器皮膜及活动部件的影响；而对于输送湿燃气，应防止冷凝水的结冻；对于输送气态液化石油气，应防止液化石油气的冷凝。

6.6.10 本条规定了调压站(或调压箱或调压柜)的工艺设计要求。

1 调压站的工艺设计主要应考虑该调压站在确保安全的条件下能保证对用户的供气。有些城市的区域调压站不分情况均设置备用调压器,这就加大了一次性建设投资。而有些城市低压管网不成环,其调压器也不设旁通管,一旦发生故障只能停止供气,更是不可取的。对于低压管网不成环的区域调压站和连续生产使用的用户调压装置宜设置备用调压器,比之旁通管更安全、可靠。

2、3 调压器的附属设备较多,其中较重要的是阀门,各地对于调压站外设不设阀门有所争议。本条根据多数意见并参考国外规范,对高压和次高压室外燃气管道使用"必须"用语,而对中压室外进口燃气管道使用"应"的用语给予强调。并对阀门设置距离提出要求,以便在出现事故时能在室外安全操作阀门。

6 调压站的超压保护装置种类很多,目前国内主要采用安全水封阀,适用于放散量少的情况,一旦放散量较多时对环境的污染及周围建筑的火灾危险性是不容忽视的,一些管理部门反映,在超压放散的同时,低压管道压力仍然有可能超过 5 000 Pa,造成一些燃气表损坏漏气事故,说明放散法并不绝对安全,设计宜考虑使用能快速切断的安全阀门或其他防止超压的设备。调压的安全保护装置提倡选用人工复位型,在人工复位后应对调压器后的管道设备进行检查,防止发生意外事故。

本款对安全保护装置(切断或放散)的启动压力规定,是等效采用美国联邦法规 49-192《气体管输最低安全标准》的规定。

6.6.12 本条规定了地上式调压站的建筑物设计要求。

3 关于地上式调压站的通风换气次数,曾有过不同规定。北京最初定为每小时 6 次,但冬季感到通风面积太大,操作人员自动将进风孔堵上;后改为 3 次,但仍然认为偏大。上海地上调压站室内通风换气次数为 2 次,他们认为是能够满足运行要求的,冬季最冷的时候,调压器皮膜虽稍感有些僵硬,但未影响使用。《原苏联建筑法规》对地上调压站室内通风换气定为每小时 3 次。

原上海市煤气公司曾用"臭敏检漏仪"对调压站室内煤气(人工煤气)浓度进行测定,在正常情况下(通风换气为每小时 2 次),地上调压站室内空气中的煤气含量是极少的,详见表 35。

综上所述,对地上式调压站室内通风换气次数规定为每小时不应小于 2 次。

表 35 上海市部分调压站室内煤气浓度的测定记录(体积分数)

调压站地址 \ 煤气浓度 \ 时间	刚打开时	5 min 后	10 min 后	15 min 后	调压站形式
宜川四村	0	0	0	0	地上式
大陆机器厂光复西路	0	0	0	0	地上式
横滨路、四川北路	0.2/1 000	0	0	0	地上式
常熟路、淮海中路	80/1 000	80/ 1 000	12/1 000	4/1 000	地上式
江西中路、武昌路	2.4/1 000	2/1 000	2/1 000	1.4/1 000	地上式

6.6.13 我国北方城镇燃气调压站采暖问题不易解决,所以本条规定了使用燃气锅炉进行自给燃气式的采暖要求,以期在无法采用集中供热时用此办法解决实际问题,对于中、低调压站,宜采用中压燃烧器作自给燃气式采暖锅炉的燃烧器,可以防止调压器故障引起停止供热事故。

调压器室与锅炉室门、窗开口不应设置在建筑物的同一侧;烟囱出口与燃气安全放散管出口的水平距离应大于 5 m;这些都是防止发生事故的措施,应予以保证。

6.6.14 本条给出地下式调压站的建筑要求。设计中还应提出调压器进、出口管道与建筑本身之间的密封要求,以防地下水渗漏事故。

6.6.15 当调压站内外燃气管道为绝缘连接时，室内静电无法排除，极易产生火花引起事故，因此必须妥善接地。

6.7 钢质燃气管道和储罐的防腐

6.7.1 金属的腐蚀是一种普遍存在的自然现象，它给人类造成的损失和危害是十分巨大的。据国家科委腐蚀科学学科组对200多个企业的调查表明，腐蚀损失平均值占总产值的3.97%。某市一条ϕ325输气干管，输送混合气(天然气与发生炉煤气)，使用仅4年曾3次爆管，从爆管的部位查看，管内壁下部严重腐蚀，腐蚀麻坑直径5～14 mm，深度达2 mm，严重的腐蚀是引起爆管的直接原因。

设法减缓和防止腐蚀的发生是保证安全生产的根本措施之一，对于城镇燃气输配系统的管线、储罐、场站设备等都需要采用优质的防腐材料和先进的防腐技术加以保护。对于内壁腐蚀防治的根本措施是将燃气净化或选择耐腐蚀的材料以及在气体中加入缓蚀剂；对于净化后的燃气，则主要考虑外壁腐蚀的防护。本条明确规定了对钢质燃气管道和储罐必须进行外防腐，其防腐设计应符合《城镇燃气埋地钢质管道腐蚀控制技术规程》CJJ 95和《钢质管道及储罐腐蚀控制工程设计规范》SY 0007的规定。

6.7.2 关于土壤的腐蚀性，我国还没有一种统一的方法和标准来划分。目前国内外对土壤的研究和统计指出，土壤电阻率、透气性、湿度、酸度、盐分、氧化还原电位等都是影响土壤腐蚀性的因素，而这些因素又是相互联系和互相影响的，但又很难找出它们之间直接的，定量的相关性。所以，目前许多国家和我国也基本上采用土壤电阻率来对土壤的腐蚀性进行分级，表36列出的分级标准可供参考。

表36 土壤腐蚀等级划分参考表

等级 / 电阻率(Ω/m) / 国别	极强	强	中	弱	极弱
美国	＜20	20～45	45～60	60～100	
原苏联	＜5	5～10	10～20	20～100	＞100
中国		＜20	20～50	＞50	

注：中国数据摘自SY 0007规范。

土壤电阻率和土壤的地质、有机质含量、含水量、含盐量等有密切关系，它是表示土壤导电能力大小的重要指标。测定土壤电阻率从而确定土壤腐蚀性等级，这为选择防腐蚀涂层的种类和结构提供了依据。

6.7.3 随着科学技术的发展，地下金属管道防腐材料已从初期单一的沥青材料发展成为以有机高分子聚合物为基础的多品种、多规格的材料系列，各种防腐蚀涂层都具有自身的特点及使用条件，各类新型材料也具有很大的竞争力。条文中提出的外防腐涂层的种类，在国内应用较普遍。因它们具有技术成熟，性能较稳定，材料来源广，施工方便，防腐效果好等优点，设计人员可视工程具体情况选用。另外也可采用其他行之有效的防腐措施。

6.7.4 地下燃气管道的外防腐涂层一般采用绝缘层防腐，但防腐层难免由于不同的原因而造成局部损坏，对于防腐层已被损坏了的管道，防止电化学腐蚀则显得更为重要。美国、日本等国都明确规定了采用绝缘防腐涂层的同时必须采用阴极保护。石油、天然气长输管道也规定了同时采用阴极保护。实践证明，采取这一措施都取得了较好的防护效果。阴极保护法已被推广使用。

阴极保护的选择受多种因素的制约，外加电流阴极保护和牺牲阳极保护法各自又具有不同的特性和使用条件。从我国当前的实际情况考虑，长输管道采用外加电流阴极保护技术上是比较成熟的，也积累了不少的实践经验；而对于城镇燃气管道系统，由于地下管道密集，外加电流阴极保护对其他金属管道构筑物干扰大、互相影响，技术处理较难，易造成自身受益，他家受害的局面。而牺牲阳极保护法的主要优点在于此管道与其他不需要保护的金属管道或构筑物之间没有通电性，互相影响小，因此提出城市市区内埋地敷设的燃气干管宜选用牺牲阳极保护。

6.7.5 接地体是埋入地中并直接与大地接触的金属导体。它是电力装置接地设计主要内容之一，是电力装置安全措施之一。其埋设地位置和深度、形式不仅关系到电力装置本身的安全问题，而且对地下金属构筑物都有较大的影响，地下钢质管道必将受其影响，交流输电线路正常运行时，对与它平行敷设的管道将产生干扰电压。据资料介绍，对管道的每10 V交流干扰电压引起的腐蚀，相当于0.5 V的直流电造成的腐蚀。在高压配电系统中，甚至可产生高达几十伏的干扰电压。另外，交流电力线发生故障时，对附近地下金属管道也可产生高压感应电压，虽是瞬间发生，也会威胁人身安全，也可击穿管道的防腐涂层，故对此作了这一规定。

6.8 监控及数据采集

6.8.1 城市燃气输配系统的自动化控制水平，已成为城市燃气现代化的主要标志。为了实现城市燃气输配系统的自动化运行，提高管理水平，城市燃气输配系统有必要建设先进的控制系统。

6.8.2 电子计算机的技术发展很快。作为城市燃气箱配系统的自动化控制系统，必须跟上技术进步的步伐，与同期的电子技术水平同步。

6.8.4 监控及数据采集(SCADA)系统一般由主站(MTU)和远端站(RTU)组成，远端站一般由微处理机(单板机或单片机)加上必要的存储器和输入/输出接口等外围设备构成，完成数据采集或控制调节功能，有数据通信能力。所以，远端站是一种前端功能单元，应该按照气源点、储配站、调压站或管网监测点的不同参数测、控或调节需要确定其硬件和软件设计。主站一般由微型计算机(主机)系统为基础构成，特别对图像显示部分的功能应有新扩展，以使主站适合于管理监视的要求。在一些情况下，主机配有专用键盘更便于操作和控制。主站还需有打印机设备输出定时记录报表、事件记录和键盘操作命令记录，提供完善的管理信息。

6.8.5 SCADA系统的构成(拓扑结构)与系统规模、城镇地理特征、系统功能要求、通信条件有很密切的关系，同时也与软件的设计互相关联。SCADA系统中的MTU与RTU结点的联系可看成计算机网络，但是其特点是在RTU之间可以不需要互相通信，只要求各RTU能与MTU进行通信联系。在某些情况下，尤其是系统规模很大时在MTU与RTU之间增设中间层次的分级站，减少MTU的连接通道，节省通信线路投资。

6.8.6 信息传输是监控和数据采集系统的重要组成部分。信息传输可以采用有线及无线通信方式。由于国内城市公用数据网络的建设发展很快，且租用价格呈下降趋势，所以充分利用已有资源来建设监控和数据采集系统是可取的。

6.8.8 达到标准化的要求有利于通用性和兼容性，也是质量的一个重要方面。标准化的要求指对印刷电路板、接插件、总线标准、输入/输出信号、通信协议、变送器仪表等等逻辑的或物理的技术特性，凡属有标准可循的都要做到标准化。

6.8.9 SCADA是一种连输运转的管理技术系统。借助于它，城镇燃气供应企业的调度部门和运行管理人员得以了解整个辖配系统的工艺。因此，可靠性是第一位的要求，这要求SCADA系统从设计、设备器件、安装、调试各环节都达到高质量，提高系统的可靠性。从设计环节看，提高可靠性要从硬件设计和软件设计两方面都采取相应措施。硬件设计的可靠性可以通过对关键部件设备(如主机、通信系统、CRT操作接口，调节或控制单元、各极电源)采取双重化(一台运转一台备用)，故障自诊断，自动备用方式(通过监视单元 Watch Dog Unit)控制等实现。此外，提高系统的抗干扰能力也属于提高系统可靠性的范畴。在设计中应该分析干扰的种类、来源和传播途径，采取多种办法降低计算机系统所处环境的干扰电屏。如采用隔离、屏蔽、改善接地方式和地点等，改进通信电缆的敷设方法等。在软件设计方面也要采取措施提高程序的可靠性。在软件中增加数字滤波也有利于提高计算机控制系统的抗干扰能力。

6.8.10 系统的应用软件水平是系统功能水平高低的主要标志。采用实时瞬态模拟软件可以实时反映系统运行工况，进行调度优化，并根据分析和预测结果对系统采取相应的调度控制措施。

6.8.11 SCADA系统中每一个RTU的最基本功能要求是数据采集和与主站之间的通信。对某些端点应根据工艺和管理的需要增加其他功能，如对调压站可以增设在远端站建立对调压器的调节和控制回路，对压缩车间运行进行监视或设置由远端站进行的控制和调节。

随着SCADA技术应用的推广及设计、运行经验的积累，SCADA的功能设计可以逐渐丰富和完善。

从参数方面看，对燃气输配系统最重要的是压力与流量。在某些场合需要考虑温度、浓度以及火灾或人员侵入报警信号。具体哪些参数列入SCADA的范围，要因工程而异。

6.8.12 一般的SCADA系统都应有通过键盘CRT进行人机对话的功能。在需经由主站控制键盘对远端的调节控制单元组态或参数设置或紧急情况进行处理和人工干预时，系统应从硬件及软件设计上满足这些功能要求。

7 压缩天然气供应

7.1 一般规定

7.1.1 本条规定了压缩天然气供应工程设计的适用范围。

压缩天然气供应是城镇天然气供应的一种方式。目前我国天然气输气干线密度较小，许多城市还不具备由输气干线供给天然气的条件，对于一些距气源（气田或天然气输气干线等）不太远（一般在200 km以内），用气量较少的城镇，可以采用气瓶车（气瓶组）运输天然气到城镇供给居民生活、商业、工业及采暖通风和空调等各类用户作燃料使用，并在城镇区域内建设城镇天然气输配管道或工业企业供气管道。在选择压缩天然气供应方式时，应与城市其他燃气供应方式进行技术经济比较后确定。

1 本条提出的工作压力限值(25.0 MPa)是指天然气压缩后系统、气瓶车（气瓶组）加气系统及卸气系统（至一级调压器前）的压力限值。

2 压缩天然气加气站的主要供应对象是城镇的压缩天然气储配站和压缩天然气瓶组供气站；与汽车用天然气加气母站不同，它可以远离城市而且供气规模较大，可以同时供应数个城镇的用气。压缩天然气加气站也可兼有向汽车用天然气加气子站供气的能力。

对每次只向1辆气瓶车加气，在加气完毕后气瓶车即离站外运的压缩天然气加气站，可按现行国家标准《汽车加油加气站设计与施工规范》GB 50156 执行。

7.1.2 压缩天然气采用气瓶车（气瓶组）运输，必须考虑硫化物在高压下对钢瓶的应力腐蚀，则应严格控制天然气中硫化氢和水分含量。压缩天然气需在储配站中下调为城镇天然气管道的输送压力（一般为中低压系统），调压过程是节流降压吸热过程，为防止温度过低影响设备、设施及管道和附件的使用，保证安全运行，则应对天然气进行加热，也应控制天然气中不饱和烃类含量。所以规定了压缩天然气的质量应符合《车用压缩天然气》GB 18047 的规定。

7.2 压缩天然气加气站

7.2.1 本条规定对压缩天然气加气站站址的基本要求：

1 必须有稳定、可靠的气源条件，宜尽量靠近气源。

交通、供电、给水排水及工程地质等条件不仅影响建设投资，而且对运行管理和供气成本也有较大影响，是选择站址应考虑的条件，与用户（各城镇的压缩天然气储配站和压缩天然气瓶组供气站等）间的交通条件尤为重要。

2 压缩天然气加气站多与油气田集气处理站、天然气输气干线的分输站和城市天然气门站、储配站毗邻。在城镇区域内建设压缩天然气加气站应符合城市总体规划的要求，并应经城市规划主管部门批准。

7.2.2 气瓶车固定车位应在场地上标志明显的边界线；在总平面布置中确定气瓶车固定车位的位置时，天然气储罐与气瓶车固定车位防火间距应从气瓶车固定车位外边界线计算。

7.2.4 气瓶车在压缩天然气加气站内加气用时较长，以及因运输调度的需要，实车（已加完气的气瓶车）可能在站内较长时间停留，从全站安全管理考虑，应将停靠在固定车位的实车在安全防火方面视同储罐对待。气瓶车固定车位与站内外建、构筑物的防火间距，应从固定车位外边界线计算。为保证安全运行和管理，气瓶车在固定车位的最大储气总容积不应大于 30 000 m^3。

气瓶车固定车位储气总几何容积不大于 18 m^3（最大储气总容积不大于 4 500 m^3）符合国家标准《汽车加油加气站设计与施工规范》GB 50156 中压缩天然气储气设施总容积小于等于 18 m^3 的规定，应执行其有关规定。

7.2.6 为保证停靠在固定车位的气瓶车之间有足够的间距，各固定车位的宽度不应小于 4.5 m。为操作方便和控制加气软管的长度，每个固定车位对应设置 1 个加气嘴是适宜的。

气瓶车进站后需要在固定车位前的回车场地上进行调整，需倒车进入其固定车位，要求在固定车位前有较宽敞的回车场地。

7.2.7 气瓶车在固定车位停靠对中后，可采用车带固定支柱等设施进行固定，固定设施必须牢固可靠，在充装作业中严禁移动以确保充装安全。

7.2.8 控制气瓶车在固定车位的最大储气总容积，即控制气瓶车在充装完毕后的实车停靠数量（气瓶车一般充装量为 4 500 m^3/辆），是安全管理的需要。

7.2.9 加气软管的长度不大于 6 m，根据气瓶车加气操作要求，气瓶车与加气柱间距 2～3 m 为宜。

7.2.10 天然气压缩站的供应对象是周边的城镇用户，确定其设计规模应进行用户用气量的调查。

7.2.11 进站天然气含硫超过标准则应在进入压缩机前进行脱硫，可以保护压缩机。进站天然气中含有游离水应脱除。

天然气脱硫、脱水装置的设计在国家现行标准《汽车加油加气站设计与施工规范》GB 50156 作了规定。

7.2.12 控制进入压缩机天然气的含尘量、微尘直径是保护压缩机，减少对活塞、缸体等磨损的措施。

7.2.13 为保证压缩机的平稳运行在压缩机前设置缓冲罐，并应保证天然气在缓冲罐内有足够的停留时间。

7.2.14 压缩天然气系统运行压力高，气瓶数量多、接头多，其发生天然气泄漏的概率较高，为便于运行管理和安全管理，在压缩站采用生产区和辅助区分区布置是必要的。压缩站宜设 2 个对外出入口可便于车辆运行、消防和安全疏散。

7.2.15 在进站天然气管道上设置切断阀，并且对于以城市高、中压输配管道为气源时，还应在切断阀后设安全阀，是在事故状态下的一种保护措施，避免事故扩大。

1 切断阀的安全地点应在事故情况便于操作，又要离开事故多发区，并且能快速切断气源。

2 安全阀的开启压力应不大于来气的城市高、中压输配管道的最高工作压力，以避免天然气压缩系统高压的天然气进入城市高中压输配管道后，造成管道压力升高而危及附近用户的使用安全。

7.2.16 压缩天然气系统包括系统中所有的设备、管道、阀门及附件的设计压力不应小于系统设计压力。系统中设有的安全阀开启压力不应大于系统的设计压力。这是与国内外有关标准的规定相一致的。

在压缩天然气储配站及瓶组供气站内停靠的气瓶车或气瓶组，具备运输、储存和供气功能，在站内停留时间较长，在炎热季节气瓶车或瓶组受日晒或环境温度影响，将导致气瓶内压缩天然气压力升高。为控制储存、供气系统压缩天然气的工作压力小于 25.0 MPa，则应控制气瓶车或气瓶组的充装压力。一般地区在充装温度为 20 ℃时，充装压力不应大于 20.0 MPa。对高温地区或充装压力较高的情况，应考虑在固定车位或气瓶组停放区加罩棚等措施。

7.2.17 本条规定了压缩机的选型要求。选用型号相同的压缩机便于运行管理和维护及检修。根据运行经验，多台并联压缩机的总排气量为各单机台称排气量总和的80%～85%。设置备用机组是保证不间断供气的措施。

7.2.18 有供电条件的压缩天然气加气站，压缩机动力选择电动机可以节省投资，运行操作及维护都比较方便；对没有供电条件的压缩站也可选用天然气发动机。

7.2.20 控制压缩机进口管道中天然气的流速是保证压缩机平稳工作、减少振动的措施。

7.2.21 本条规定了压缩机进、出口管道设置阀门等保护措施要求。

1 进口管道设置手动阀和电动控制阀门（电磁阀），控制阀门可以与压缩机的电气开关连锁。

2 在出口管道上设置止回阀可以避免邻机运行干扰，设置安全阀对压缩机实施超压保护。

3 安全阀放散管口的设置必须符合要求，应避免天然气窜入压缩机室和邻近建筑物。

7.2.22 由压缩机轴承等处泄漏的天然气量很少，不宜引到压缩机入口等处，以保证运行的安全。

7.2.23 压缩机组采用计算机集中控制，可以提高机组运行的安全可靠程度及运行管理水平。

7.2.24 本条规定了压缩机的控制及保护措施。

1 受运行和环境温度的影响而发生排气温度大于限定值（冷却水温度达不到规定值）时，压缩机应报警并人工停车，操作及管理人员应根据实际发生的情况进行处理。

2 如果发生各级吸、排气压力不符合规定值、冷却水（或风冷鼓风机）压力或温度不符合规定值、润滑油的压力和温度及油箱液位不符合规定值、电动机过载等情况应视为紧急情况，应报警及自动停车，以便采取紧急措施。

7.2.25 压缩机停车后应卸载，然后方可启动。压缩卸载排气量较多，为使卸载天然气安全回收，天然气应通过缓冲罐等处理后，再引入压缩机进口管道。

7.2.26 本条规定了对压缩机排出的冷凝液处理要求。

1 压缩机排出的冷凝液中含有压缩后易液化的天然气中的 C_3、C_4 等组分，若直接排入下水道会造成危害。

2 采用压缩机前脱水时，压缩机排出的冷凝液中可能含有较多的 C_3、C_4 等组分，应引至室外储罐进行分离回收。

3 采用压缩机后脱水或中段脱水时，压缩机排出的冷凝液中含有的 C_3、C_4 等组分较少，应引至室外密封水塔，经露天储槽放掉冷凝液中溶解的可燃气体（释放气）后，方可集中处理。

7.2.27 从冷却器、分离器等排出的冷凝液，溶解少量的可燃气体，可引至室外密封水塔，经露天储槽放掉溶解的可燃气体后，方可排放冷凝液。

7.2.28 为防止误操作，预防事故发生，本条规定了天然气压缩站检测和控制装置的要求。一些重要参数除设置就地显示外，宜在控制室设置二次仪表和自动、手动控制开关。

7.3 压缩天然气储配站

7.3.1 压缩天然气储配站选址时应符合城镇总体规划的要求，并应经当地规划主管部门批准。为了靠近用户，储配站一般离城镇中心区域较近，选址应考虑环保及城镇景观的要求。

7.3.2 压缩天然气储配站首先应落实气源（压缩天然气加气站）的供气能力，对气瓶车的运输道路应作实地考察、调研（可以用其他车辆运输作参考），并在对用户用气情况的调研基础上，进行技术经济分析确定设计规模。

7.3.3 压缩天然气储配站应有必要的天然气储存量，以保证在特殊的气候和交通条件（如：洪水、暴雨、冰雪、道路及气源距离等）下造成气瓶车运输中断的紧急情况时，可以连续稳定的向用户供气。一般地区的储配站至少应备有相当于其计算月平均日供气量的1.5倍储气量。对有补充、替代气源（如：液化石油气混空气等）及气候与交通条件特殊的情况，应按实际情况确定储气能力。

压缩天然气储配站通常是由停靠在站内固定车位的气瓶车供气，气瓶车经卸气、调压等工艺将天然气通过城镇天然气输配管道供给各类用户。气瓶车在站内是一种转换型的供气设施，一车气用完后转由另一车供气。未供气的气瓶车则起储存作用。因此压缩天然气储配站的天然气总储气量包括停靠在站内固定车位气瓶车压缩天然气的储量和站内天然气储罐的储量。气瓶车在站内应采取转换式的供气、储气方式，避免气瓶车在站内储气时间（停靠时间）过长，应转换使用（运输、供气、储存按管理顺序转换）。气瓶车是一种活动式的储气设施，储气量过大，停靠在固定车位的气瓶车数量过多会给安全管理、运行管理带来不便，增加事故发生概率；根据我国已投产和在建的压缩天然气储配站实际情况调研，确定气瓶车在固定车位的最大储气能力不大于 30 000 m^3 是比较适宜的。

当储配站天然气总储量大于 30 000 m^3 时，除可采用气瓶车储气外，应设置天然气储罐等其他储气设施。

7.3.4 现行国家标准《建筑设计防火规范》GB 50016 规定了有关要求。

7.3.11 压缩天然气储配站有高压运行的压缩天然气系统，气瓶车运输频繁，其总平面布置应分为生产区和辅助区，宜设 2 个对外出入口。

7.3.12 一些规模较大的压缩天然气储配站选用液化石油气混空气设置作为替代气源，以减少天然气储气量，也有的压缩天然气储配站是在原液化石油气混气站、储配站站址内扩建的，这种合建站站内天然气储罐（包括气瓶车固定车位）与液化石油气储罐的防火间距应符合现行国家标准《建筑设计防火规范》GB 50016 的有关规定。

7.3.14 本条规定了压缩天然气调压工艺要求。

1 在一级调压器进口管道上设置快速切断阀，是在事故状态下快速切断气源（气瓶车）的保护措施，其安装地点应便于操作。

2 为保证调压系统安全、稳定运行，保护设备、管道及附件，必须严格控制各级调压器的出口压力，在出现调压器出口压力异常，并达到规定值（切断压力值）时，紧急切断阀应切断调压器进口。调压器出口压力过低时，也应有切断措施。

各级调压器后管道上设置的安全放散阀是对调压器出口压力异常的紧急状况的第二级保护设施。安全放散阀是在调压出口压力达到紧急切断压力值后，紧急切断阀的切断功能失效而出口压力继续升高时，达到安全阀开启力值，安全放散天然气，以保护调压系统。所以安全放散阀的开启压力高于该级调压器紧急切断压力。

3 对压差较大，流量较大的压缩天然气调压过程，吸热量需求很大，会造成系统运行温度过低，危及设备、管道、阀门及附件，所以必须加热天然气。在加热介质管道或设备设超压泄放装置是为了在发生压缩天然气泄漏时，保护加热介质管道和设备。

7.4 压缩天然气瓶组供气站

7.4.1 压缩天然气瓶组供气站一般设置在用气用户附近，为保证安全管理和安全运行，应限制其储气量和供应规模。

7.4.4 压缩天然气瓶组供气站的气瓶组储气量小，且调压、计量、加臭装置为气瓶组的附属设施，可设置在一起。

天然气放散管为气瓶组及调压设施的附属装置，应设置在气瓶组及调压装置处。

7.5 管道及附件

7.5.1 压缩天然气管道的材质是由压缩天然气系统的压力和环境温度确定的，必须按规定选用。

7.5.2 本条规定是根据压缩天然气系统的最高工作力可达 25.0 MPa，其设计压力不应小于 25.0 MPa，根据卡套式锥管螺纹管接头的使用范围，对公称压力为 40.0 MPa 时为 *DN*28；公称压力为 25.0 MPa 时为 *DN*42，在本规范中考虑压缩天然气的性质以及压缩天然气系统在本章中的设计压力规定范围，所以限定外径小于或等于 28 mm 的钢管采用卡套连接是比较安全的、可靠的。

7.5.4 本条对充气、卸气软管的选用作了规定，是安全使用的需要。

7.5.6 本条规定了采用双卡套接头连接和室内的压缩天然气管道宜采用管沟敷设，是为了便于维护、检修。

7.6 建筑物和生产辅助设施

7.6.1 压缩天然气加气站、压缩天然气储配站和压缩天然气瓶组供气站站内建筑物的耐火等级均不应低于现行国家标准《建筑设计防火规范》GB 50016 中“二级”的规定，是由于站内生产介质天然气的性质确定的，可以在事故状态下降低火灾的危害性和次生灾害。

7.6.3 敞开式、半敞开式厂房有利于天然气的扩散、消防及人员的撤离。

7.6.4 本条与现行国家标准《建筑设计防火规范》GB 50016 的有关规定是一致的，气瓶车在加气站、储配站起储存天然气作用，在计算消防用水量时应按天然气储罐对待。在站内气瓶车及储罐均储存的是气体燃气，气体储罐可以不设固定水喷淋装置。对每次只向 1 辆气瓶车加气，在加气完毕后气瓶车即离站外运的压缩天然气加气站，可执行现行国家标准《汽车加油加气站设计与施工规范》GB 50156 的规定。

7.6.6 废油水、洗罐水应回收集中处理，是环保和安全的要求，集中处理可以节省投资。

7.6.7 压缩天然气加气站的生产用电可以暂时中断，依靠其用户——各城镇的压缩天然气储配站或瓶组供气站的储气量保证稳定和不间断供应，因此其用电负荷属于现行国家标准《供配电系统设计规范》GB 50052“三级”负荷。但该站消防水泵用电负荷为“二级”负荷，应采用两回线路供电，有困难时可自备燃气或燃油发电机等，既满足要求，又可节约投资。

7.6.8 压缩天然气储配站不能间断供应，生产用电负荷及消防水泵用电负荷均属现行国家标准《供配电系统设计规范》GB 50052“二级”负荷。

7.6.10 设置可燃气体检测及报警装置，可以及时发现非正常的超量泄漏，以便操作和管理人员及时处理。

8 液化石油气供应

8.1 一 般 规 定

8.1.1 规定了本章的适用范围。这里要说明的是新建工程应严格执行本章规定，扩建和改建工程执行本章规定确有困难时，可采取有效的安全措施，并与当地有关主管部门协商后，可适当降低要求。

8.1.2 规定了本章不适用的液化石油气工程和装置设计，其原因是：

1 炼油厂、石油化工厂、油气田、天然气气体处理装置的液化石油气加工、储存、灌装和运输是指这些企业内部的工艺过程，应遵循有关专业规范。

2 世界各发达国家对液化石油气常温压力储存和低温常压储存分别称全压力式储存和全冷冻式储存，故本次规范修订采用国际通用命名。

液化石油气全冷冻式储存在国外早就使用，且有成熟的设计、施工和管理经验。我国虽在深圳、太仓、张家港和汕头等地已建成液化石油气全冷冻式储存基地，但尚缺乏设计经验，故暂未列入本规范。由于各地有关部门对全冷冻式储罐与基地外建、构筑物之间的防火间距希望作明确规定，故仅将这部分的规定纳入本规范。

3 目前在广州、珠海、深圳等东南部沿海和长江中下游等地区，采用全压力式槽船运输液化石油气，并积累一定运行经验，但属水上运输和码头装卸作业，其设计应执行有关专业规范。

4 在轮船、铁路车辆和汽车上使用的液化石油气装置设计，应执行有关专业规范。

8.2 液态液化石油气运输

8.2.1 液化石油气由生产厂或供应基地至接收站(指储存站、储配站、灌装站、气化站和混气站)可采用管道、铁路槽车、汽车槽车和槽船运输。在进行液化石油气接收站方案设计和初步设计时,运输方式的选择是首先要解决的问题之一。运输方式主要根据接收站的规模、运距、交通条件等因素,经过基建投资和常年运行管理费用等方面的技术经济比较择优确定。当条件接近时,宜优先采用管道输送。

1 管道输送:这种运输方式一次投资较大、管材用量多(金属耗量大),但运行安全、管理简单、运行费用低。适用于运输量大的液化石油气接收站,也适用于虽运输量不大,但靠近气源的接收站。

2 铁路槽车运输:这种运输方式的运输能力较大、费用较低。当接收站距铁路线较近、具有较好接轨条件时,可选用。而当距铁路线较远、接轨投资较大、运距较远、编组次数多,加之铁路槽车检修频繁、费用高,则应慎重选用。

3 汽车槽车运输:这种运输方式虽然运输量小,常年费用较高,但灵活性较大,便于调度,通常广泛用于各类中、小型液化石油气站。同时也可作为大中型液化石油气供应基地的辅助运输工具。

在实际工程中液化石油气供应基地通常采用两种运输方式,即以一种运输方式为主,另一种运输方式为辅。中小型液化石油气灌装站和气化站、混气站采用汽车槽车运输为宜。

8.2.2 液态液化石油气管道按设计压力 P(表压)分为:小于或等于 1.6 MPa、大于 1.6~4.0 MPa 和大于 4.0 MPa 三级,其根据有二:

1 符合目前我国各类管道压力级别划分;

2 符合目前我国液化石油气输送管道设计压力级别的现状。

8.2.3 原规定输送液态液化石油气管道的设计压力应按管道系统起点最高工作压力确定不妥。在设计时应按公式(8.2.3)计算管道系统起点最高工作压力后,再圆整成相应压力作为管道设计压力,故改为管道设计压力应高于管道系统起点的最高工作压力。

8.2.4 液态液化石油气采用管道输送时,泵的扬程应大于按公式(8.2.4)的计算扬程。关于该公式说明如下:

1 管道总阻力损失包括摩擦阻力损失和局部阻力损失。在实际工作中可不详细计算每个阀门及附件的局部阻力损失,而根据设计经验取 5%~10%的摩擦阻力损失。当管道较长时取较小值,管道较短时取较大值。

2 管道终点进罐余压是指液态液化石油气进入接收站储罐前的剩余压力(高于罐内饱和蒸气压力的差值)。为保证一定的进罐速度,根据运行经验取 0.2~0.3 MPa。

3 计算管道终、起点高程差引起的附加压头是为了保证液态液化石油气进罐压力。

“注”中规定管道沿线任何一点压力都必须高于其输送温度下的饱和蒸气压力,是为了防止液态液化石油气在输送过程发生气化而降低管道输送能力。

8.2.5 液态液化石油气管道摩擦阻力损失计算公式中的摩擦阻力系数 λ 值宜按本规范第 6.2.6 条中公式(6.2.6-2)计算。手算时,可按本规范附录 C 中第 C.0.2 条给定的 λ 公式计算。

8.2.6 液态液化石油气在管道中的平均流速取 0.8~1.4 m/s,是经济流速。

管道内最大流速不应超过 3 m/s 是安全流速,以确保液态液化石油气在管道内流动过程中所产生的静电有足够的时间导出,防止静电电荷集聚和电位增高。

国内外有关规范规定的烃类液体在管道内的最大流速如下:

美国《烃类气体和液体的管道设计》规定为 2.3~2.4 m/s;

原苏联建筑法规《煤气供应、室内外燃气设备设计规范》规定最大流速不应超过 3 m/s。

《输油管道工程设计规范》GB 50253 中规定与本规范相同。

《石油化工厂生产中静电危害及其预防》规定油品管道最大允许流速为 3.5~4 m/s。

据此，本规范规定液态液化石油气在管道中的最大允许流速不应超过 3 m/s。

8.2.7 液态液化石油气输送管道不得穿越居住区、村镇和公共建筑群等人员集聚的地区，主要考虑公共安全问题。因为液态液化石油气输送管道工作压力较高，一旦发生断裂引起大量液化石油气泄漏，其危险性较一般燃气管道危险性和破坏性大得多。因此在国内外这类管线都不得穿越居住区、村镇和公共建筑群等人员集聚的地区。

8.2.8 本条推荐液态液化石油气输送管道采用埋地敷设，且应埋设在冰冻线以下。

因为管道沿线环境情况比较复杂，埋地敷设相对安全。同时，液态液化石油气能溶解少量水分，在输送过程中，当温度降低时其溶解水将析出，为防止析出水结冻而堵塞管道，应将其埋设在冰冻线以下。此外，还要考虑防止外部动荷载破坏管道，故应符合本规范第 6.3.4 条规定的管道最小覆土深度。

8.2.9 本条表 8.2.9-1 和表 8.2.9-2 按不同压力级别，分三个档次分别规定了地下液态液化石油气管道与建、构筑物和相邻管道之间的水平和垂直净距，其依据如下：

1 关于地下液态液化石油气管道与建、构筑物或相邻管道之间的水平净距。

1) 国内现状。我国一些城市敷设的地下液态液化石油气管道与建、构筑物的水平净距见表 37。

表 37 我国一些城市地下液态液化石油气管道与建、构筑物的水平净距(m)

名称 \ 城市	北京	天津	南京	武汉	宁波
一般建、构筑物	15	15	25	15	25
铁路干线	15	25	25	25	10
铁路支线	10	20	10	10	10
公路	10	10	10	10	10
高压架空电力线	1～1.5 倍杆高	10	10	10	—
低压架空电力线	2	2	—	1	—
埋地电缆	2	2.5	—	1	—
其他管线	2	1	—	2.5	—
树木	2	1.5	—	1.5	—

2) 现行国家标准《输油管道工程设计规范》GB 50253 的规定见表 38。

表 38 液态液化石油气管道与建、构筑物的间距

项　目		间　距(m)
军工厂、军事设施、易燃易爆仓库、国家重点文物保护单位		200
城镇居民点、公共建筑		75
架空电力线		1 倍杆高，且≥10
国家铁路线（中心线）	干线	25
	支线(单线)	10
公路	高速、Ⅰ、Ⅱ级	10
	Ⅲ、Ⅳ级	5

3） 在美国和英国等发达国家敷设输气管道时，按建筑物密度划定地区等级，以此确定管道结构和试压方法。计算管道壁厚时，则按地区等级采取不同强度设计系数（F）求出所需的壁厚以此保证安全。美国标准对管道安全间距无明确规定。

4） 考虑管道断裂后大量液化石油气泄漏到大气中，遇到点火源发生爆炸并引起火灾时，其辐射热对人的影响。火焰热辐射对人的影响主要与泄漏量、地形、风向和风速等因素有关。一般情况下，火焰辐射热强度可视为半球形分布，随距离的增加其强度减弱。当辐射热强度为 22 000 kJ/(h・m^2)时，人在 3 s 后感觉到灼痛。为了安全不应使人受到大于 16 000 kJ/(h・m^2)的辐射热强度，故应让人有足够的时间跑到安全地点。计算表明，当安全距离为 15 m 时，相当于每小时有 1.5 t 液态液化石油气从管道泄漏，全部气化而着火，这是相当大的事故。因此，液态液化石油气管道与居住区、村镇、重要公共建筑之间的防火间距规定要大些，而与有人活动的一般建、构筑物的防火间距规定的小些。

5） 与给水排水、热力及其他燃料管道的水平净距不小于 1.5 m 和 2 m（根据《热力网设计规范》CJJ 34 设在管沟内时为 4 m），主要考虑施工和检修时互不干扰和防止液化石油气进入管沟的危害，同时也考虑设置阀门井的需要。

6） 与埋地电力线之间的水平净距主要考虑施工和检修时互不干扰。

对架空电力线主要考虑不影响电杆（塔）的基础，故与小于或等于 35 kV 和大于 35 kV 的电杆基础分别不小于 2 m 和 5 m。

7） 与公路和铁路线的水平间距是参照《中华人民共和国公路管理条例》和国家现行标准《铁路工程设计防火规范》TB 10063 等有关规范确定的。

8） 与树木的水平净距主要考虑管道施工时尽可能不伤及树木根系，因液化石油气管道直径较小，故规定不应小于 2 m。

表 8.2.9-1 注 1 采取行之有效的保护措施见本规范第 6.4.12 条条文说明。

注 3 考虑两相邻地下管道中有采用外加电流阴极保护时，为避免对其相邻管道的影响，故两者的水平和垂直净距尚应符合国家现行标准《钢质管道及储罐腐蚀控制工程设计规范》SY 0007 的有关规定。

2 地下液态液化石油气管道与构筑物或相邻管道之间的垂直净距。

1） 与给水排水、热力及其他燃料管道交叉时的垂直净距不小于 0.2 m，主要考虑管道沉降的影响。

2） 与电力线、通信线交叉时的垂直净距均规定不小于 0.5 m 和 0.25 m（在导管内）是参照国家现行标准《城市电力规划规范》GB 50293 的有关规定确定的。

3） 与铁路交叉时，管道距轨底垂直净距不小于 1.2 m 是考虑避免列车动荷载的影响。

4） 与公路交叉时，管道与路面的垂直净距不小于 0.9 m 是考虑避免汽车动荷载的影响。

8.2.10 本条是新增加的，主要参照本规范第 6.4 节和现行国家标准《输油管道工程设计规范》GB 50253的有关规定，以保证管道自身安全性为基本出发点确定的。

8.2.11 液态液化石油气输送管道阀门设置数量不宜过多。阀门的设置主要根据管段长度、各管段位置的重要性和检修的需要，并考虑发生事故时能及时将有关管段切断。

管路沿线每隔 5 000 m 左右设置一个阀门，是根据国内现状确定的。

8.2.12 液态液化石油气管道上的阀门不宜设置在地下阀门井内，是为了防止发生泄漏时，窝存液化石油气。若设置在阀门井内时，井内应填满干砂。

8.2.13 液态液化石油气输送管道采用地上敷设较地下敷设危险性大些，一般情况下不推荐采用地上敷设。当采用地上敷设时，除应符合本规范第 8.2 节管道地下敷设时的有关规定外，尚应采取行之有效的安全措施。如：采用较高级的管道材料，提高焊缝无损探伤的抽查率、加强日常检查和维护等。同时规定了两端应设置阀门。

两阀门之间设置管道安全阀是为了防止因太阳辐射热使其压力升高造成管道破裂。管道安全阀应从管顶接出。

8.2.15　增加本条的规定是为了便于日常巡线和维护管理。

8.2.16　本条规定设计时选用的铁路槽车和汽车槽车性能应符合条文中相应技术条件的要求，以保证槽车的安全运行。

8.3　液化石油气供应基地

8.3.1　使用液化石油气供应基地这一用语，其目的为便于本节条文编写。

液化石油气供应基地按其功能可分为储存站、储配站和灌装站。各站功能如下：

储存站即液化石油气储存基地，其主要功能是储存液化石油气，同时进行灌装槽车作业，并将其转输给灌装站、气化站和混气站。

灌装站　即液化石油气灌瓶基地，其主要功能是进行灌瓶作业，并将其送至瓶装供应站或用户。同时，也可灌装汽车槽车，并将其送至气化站和混气站。

储配站　兼有储存站和灌装站的全部功能，是储存站和灌装站的统称。

8.3.2　对液化石油气供应基地规模的确定做了原则性规定。其中居民用户液化石油气用气量指标应根据当地居民用气量指标统计资料确定。当缺乏这方面资料时，可根据当地居民生活水平、生活习惯、气候条件、燃料价格等因素并参考类似城市居民用气量指标确定。

我国一些城市居民用户液化石油气实际用气量指标见表39。

表39　我国一些城市居民用户液化石油气实际用气量指标

城市名称	北京	天津	上海	沈阳	长春	桂林	青岛	南京	济南	杭州
每户用气量指标 kg/(户·月)	9.6～10.76	9.65～10.8	13～14	10.5～11	10.4～11.5	10.23～10.3	10.0	15～17	10.5	10.0
每人用气量指标 kg/(人·月)	2.4～2.69	2.4～2.69	3.25～3.5	2.6～2.75	2.6～3.25	2.55～3.07	2.50	3.75～4.25	2.6	2.50

根据上表并考虑生活水平逐渐提高的趋势，北方地区可取15 kg/(月·户)，南方地区可取20 kg/(月·户)。

8.3.3　关于液化石油气供应基地储罐设计总容量仅作了原则性的规定。主要考虑如下：

1　20世纪80年代以来，我国各大、中城市建成的液化石油气储配站储罐容积多为35～60 d的用气量。

近年来我国液化石油气供销已实现市场经济模式运作，因此，其供应基地的储罐设计总容量不宜过大，应根据建站所在地区的具体情况确定。

2　2000年我国液化石油气年产量为870万t，进口液化石油气约570万t，年总消耗量达1 440万t，基本满足市场需要。

3　目前我国已建成一批液化石油气全冷冻式储存基地(一级站)，在我国东南沿海、长江中下游和内地等地区已有大型全压力式储存站(二级站)近百座。总储存能力可满足国内市场需要。

8.3.4　液化石油气供应基地储罐设计总容量分配问题

本条规定了液化石油气供应基地储罐设计总容量超过3 000 m^3 时，宜将储罐分别设置在储存站和灌装站，主要是考虑城市安全问题。

灌装站的储罐设计总容量宜取一周左右计算月平均日供应量，其余为储存站的储罐设计总容量，主要依据如下：

1 国内外液化石油气火灾和爆炸事故实例表明，其单罐容积和总容积越大，发生事故时所殃及的范围和造成的损失越大。

2 世界各液化石油气发达国家，如：美国、日本、原苏联、法国、西班牙等国的液化石油气分为三级储存，即一、二、三级储存基地。一级储存基地是国家或地区级的储存基地，通常采用全冷冻式储罐或地下储库储存，其储存量达数万吨级以上。二级储存量基地其储存量次之，通常采用全压力式储存，单罐容积和总容积较大。三级储存基地即灌装站，其储存量和单罐容积较小，储罐总容量一般为1～3 d的计算月平均日供应量。

3 我国一些大城市，如：北京、天津、南京、杭州、武汉、济南、石家庄等地采用两级储存，即分为储存站和灌装站两级储存。

一些城市液化石油气储存量及分储情况见表40。

表40 一些城市液化石油气储存量及分储情况表

城市		北京	天津	南京	杭州	济南	石家庄
总计	储罐总容量(m^3)	17 680	9 992	7 680	2 398	约4 000	5 020
	总储存天数(d)	21.8	52.4	36.4	70	43.9	77
储存站	储罐总容量(m^3)	15 600	7 600	5 600	2 000	3 200	4 000
	储存天数(d)	17.3	37.2	24.4	59	36	56
灌装站	储罐总容量(m^3)	2 080	2 392	2 080	398	约800	1 020
	储存天数(d)	4.5	15.2	12	11	约7.9	11

注：本表为1987年统计资料。

从上表可见，灌装站储罐设计容量定为计算月平均日供气量的一周左右是符合我国国情的。

8.3.5 因为液化石油气供应基地是城市公用设施重要组成部分之一，故其布局应符合城市总体规划的要求。

液化石油气供应基地的站址应远离居住区、村镇、学校、影剧院、体育馆等人员集中的地区是为了保证公共安全，以防止万一发生像墨西哥和我国吉林那样的恶性事故给人们带来巨大的生命财产损失和长期精神上的恐惧。

8.3.6 本条规定了液化石油气供应基地选址的基本原则

1 站址推荐选择在所在地区全年最小频率风向的上风侧，主要考虑站内储罐或设备泄漏而发生事故时，避免和减少对保护对象的危害；

2 站址应是地势平坦、开阔、不易积存液化石油气的地带，而不应选择在地势低洼，地形复杂，易积存液化石油气的地带，以防止一旦液化石油气泄漏，因积存而造成事故隐患，同时也考虑减少土石方工程量，节省投资；

3 避开地震带、地基沉陷和废弃矿井等地段是为防止万一发生自然灾害而造成巨大损失。

8.3.7 本条规定了液化石油气供应基地全压力式储罐与站外建、构筑物的防火间距。

条文中表8.3.7按储罐总容积和单罐容积大小分为七个档次，分别规定不同的防火间距要求。

第一、二档指小型灌装站；

第三、四档指中型灌装站；

第五、六档指大型储存站、灌装站和储配站；

第七档指特大型储存站。

表8.3.7规定的防火间距主要依据如下：

1 根据国内外液化石油气爆炸和火灾事故实例。当储罐、容器或管道破裂引起大量液化石油气泄漏与空气混合遇到点火源发生爆炸和火灾时，殃及范围和造成的损失与单罐容积、总容积、破坏程度、泄漏量大小、地理位置、气温、风向、风速等条件，以及安全消防设施和扑救等因素有关。

当储罐容积较大，且发生破裂时，其爆炸和火灾事故的殃及范围通常在 100～300 m 甚至更远（根据资料记载最远可达 1 500 m）。

当储罐容积较小，泄漏量不大时，其爆炸和火灾事故的殃及范围近者为 20～30 m，远者可达 50～60 m。

在此应说明，像我国吉林和墨西哥那样的恶性事故不作为本条编制依据，因为这类事故仅靠防火间距确保安全既不经济，也不可行。

2 国内有关规范

1） 本规范在修订过程中曾与现行国家标准《建筑设计防火规范》GB 50016 国家标准管理组多次协调。两规范规定的储罐与站外建、构筑物之间的防火间距协调一致。

2） 国内其他有关规范规定的液化石油气储罐与站外建、构筑物之间的防火间距见表 41。

表 41 国内有关规范规定的储罐与站外建、构筑物的防火间距（m）

<table>
<tr><td colspan="2" rowspan="3">规范名称 / 储罐容积 / 项目</td><td>《石油化工企业设计防火规范》GB 50160</td><td colspan="5">《原油和天然气工程设计防火规范》GB 50183</td></tr>
<tr><td rowspan="2">液化烃罐组</td><td colspan="5">液化石油气和天然气凝液厂、站、库（m^3）</td></tr>
<tr><td>≤200</td><td>201～1 000</td><td>1 001～2 500</td><td>2 501～5 000</td><td>>5 000</td></tr>
<tr><td colspan="2">居住区、公共福利设施、村庄</td><td>120</td><td>50</td><td>60</td><td>80</td><td>100</td><td>120</td></tr>
<tr><td colspan="2">相邻工厂（围墙）</td><td>120</td><td>50</td><td>60</td><td>80</td><td>100</td><td>120</td></tr>
<tr><td colspan="2">国家铁路线（中心线）</td><td>55</td><td>40</td><td>50</td><td>50</td><td>60</td><td>60</td></tr>
<tr><td colspan="2">厂外企业铁路线（中心线）</td><td>45</td><td>35</td><td>40</td><td>45</td><td>50</td><td>55</td></tr>
<tr><td colspan="2">国家或工业区铁路编组站（铁路中心线或建筑物）</td><td>55</td><td>—</td><td>—</td><td>—</td><td>—</td><td>—</td></tr>
<tr><td colspan="2">厂外公路（路边）</td><td>25</td><td>20</td><td>25</td><td>25</td><td>30</td><td>30</td></tr>
<tr><td colspan="2">变配电站（围墙）</td><td>80</td><td>50</td><td>60</td><td>70</td><td>80</td><td>80</td></tr>
<tr><td rowspan="2">架空电力线（中心线）</td><td>35 kV 以下</td><td rowspan="2">1.5 倍杆高</td><td colspan="5">1.5 倍杆高</td></tr>
<tr><td>35 kV 以上</td><td colspan="2">1.5 倍杆高，且≥30</td><td colspan="3">40</td></tr>
<tr><td rowspan="2">架空通信线（中心线）</td><td>Ⅰ、Ⅱ级</td><td>50</td><td colspan="5">40</td></tr>
<tr><td>其他</td><td>—</td><td colspan="5">1.5 倍杆高</td></tr>
<tr><td colspan="2">通航江、河、海岸边</td><td>25</td><td colspan="5">—</td></tr>
</table>

注：1 居住区、公共福利设施和村庄在 GB 50183 中指 100 人以上。

2 变配电站一栏 GB 50183 指 35 kV 及以上的变电所，且单台变压器在 10 000 kV·A 及以上者，单台变压器容量小于 10 000 kV·A 者可减少 25%。

3 国外有关规范

1） 美国有关规范的规定

美国国家消防协会《液化石油气规范》NFPA58（1998 年版）规定的储罐（单罐容积）与重要建筑、建筑群的防火间距见表 42。

表 42　美国消防协会《液化石油气规范》NFPA58(1998 年版)规定的全压力式储罐与重要公共建筑、建筑群的防火间距

安装形式 间距 英尺(m) 每个储罐的水容积 加仑(m³)	覆土储罐或地下储罐	地上储罐
<125(0.5)	—	—
125~250(>0.5~1.0)	10(3)	10(3)
251~500(>1.0~1.9)	10(3)	10(3)
501~2 000(>1.9~7.6)	10(3)	25(7.6)
2 001~30 000(>7.6~114)	50(15)	50(15)
30 001~70 000(>114~265)	50(15)	75(23)
70 001~90 000(>265~341)	50(15)	100(30)
90 001~120 000(>341~454)	50(15)	125(38)
120 001~200 000(>454~757)	50(15)	200(61)
200 001~1 000 000(>757~3 785)	50(15)	300(91)
>1 000 000(>3 785)	50(15)	400(122)

美国国家消防协会《公用供气站内液化石油气储存和装卸标准》NFPA59(1998 年版)规定的全压力式储罐与液化石油气站无关的重要建筑、建筑群或可以用于建设的相邻地产之间的距离与 NFPA58 的规定基本相同,故不另列表。

美国石油协会《LPG 设备的设计与制造》API2510(1995 年版)规定的全压力式储罐(单罐容积)与建、构筑物的防火间距见表 43。

表 43　美国石油协会《LPG 设备设计和制造》API 2510(1995 年版)规定的全压力式储罐与建、构筑物的防火间距

每个储罐的水容量 加仑(m³)	与可能开发的相邻地界线 英尺(m)
2 000~30 000(7.6~114)	50(15)
30 000~70 000(>114~265)	75(23)
70 001~90 000(>265~341)	100(30)
90 001~120 000(>341~454)	125(38)
>120 001(>454)	200(61)

注:1　与储罐无关建筑的水平间距 100 英尺(30 m)。

2　与火炬或其他外露火焰装置的水平间距 100 英尺(30 m)。

3　与架空电力线和变电站的水平间距 50 英尺(15 m)。

4　与船运水路、码头和桥礅的水平间距 100 英尺(30 m)。

美国以上三个标准中的储罐均指单罐,当其水容积在 12 000 加仑(45.4 m³)或以上时,规定一组储罐台数不应超过 6 台,组间距不应小于 50 英尺(15 m)。当设置固定水炮时,可减至 25 英尺(7.6 m)。当设置水喷雾系统或绝热屏障时,一组储罐不应超过 9 台,组间距不应小于 25 英尺(7.6 m)。

2)　澳大利亚标准《LPG-储存和装卸》AS 1596—1989 规定的地上储罐与建、构筑物的防火间距见表 44。

表 44　澳大利亚标准《LPG-储存和装卸》AS 1596—1989 规定的地上储罐与建、构筑物的防火间距

储罐储存能力（m^3）	与公共场所或铁路线的最小距离（m）	与保护场所的最小间距（m）
20	9	15
50	10	18
100	11	20
200	12	25
500	22	45
750	30	60
1 000	40	75
2 000	50	100
3 000	60	120
4 000 及上以	65	130

注：1　保护场所包括以下任何一种场所：

住宅、礼拜堂、公共建筑、学校、医院、剧院以及人们习惯聚集的任何建筑物；

工厂、办公楼、商店、库房以及雇员工作的建筑物；

可燃物存放地，其类型和数量足以在发生火灾时产生巨大的辐射热而危及液化石油气储罐；位于固定泊锚设施的船舶。

2　公共场所指不属于私人财产的任何为公众开放的场所，包括街道和公路。

3）《日本液化石油气安全规则》和《JLPA001 一般标准》(1992 年)规定。

第一类居住区(指居民稠密区)严禁设置液化石油气储罐，其他区域对储罐容量作了如表 45 的规定。

表 45　液化石油气储罐设置容量的限制表

所在区域	一般居住地	商业区	准工业区	工业区或工业专用用地
储罐容量(t)	3.5	7.0	35	不限

液化石油气储罐与站外一级保护对象或二级保护对象之间的防火间距分别按公式(10)、(11)计算确定。

$$L_1 = 0.12\sqrt{x + 10\,000} \qquad (10)$$

$$L_4 = 0.08\sqrt{x + 10\,000} \qquad (11)$$

式中　L_1——储罐与一级保护对象的防火间距(m)；当按此式计算结果超过 30 m 时，取不小于 30 m；

L_4——储罐与二级保护对象的防火间距(m)；当按此式计算结果超过 20 m 时，取不小于 20 m；

x——储罐总容量(kg)。

注：1　一级保护对象指居民区、学校、医院、影剧院、托幼保育院、残疾人康复中心、博物院、车站、机场、商店等公共建筑及设施。

2　二级保护对象指一级保护对象以外的供居住用建筑物。

当储罐与保护对象不能满足上述公式计算得出的防火间距时，可按《JLPA001 一般标准》中的规定，采用埋地、防火墙或水喷雾装置加防火墙等安全措施后，按该标准中规定的相应的公式计算确定。

此外，当单罐容量超过 20 t 时，与保护对象的防火间距不应小于 50 m，且不应小于按公式 $x = 0.480\sqrt[3]{328\times10^3\times W}$[式中：$W$ 为储存能力(t)的平方根]计算得出的间距值。例如：当储存能力为 1 000 t时，其防火间距不应小于 104 m。可见日本对单罐容积超过 20 t 时，其防火间距要求较大，主要是考虑公共安全。

4 原规范执行情况和局部修订情况

原规范(1993年版)规定的全压力式液化石油气储罐与基地外建、构筑物之间的防火间距是根据20世纪80年代国内情况制订的。原规范1993年颁布以来大都反映表6.3.7中第一、二项规定的防火间距偏大,选址比较困难。据此本规范国家标准管理组根据当时我国液化石油气行业水平,参考国外有关规范,会同有关部门认真讨论,在1998年进行了局部修订,将储罐与居住区、村镇和学校、影剧院、体育馆等重要公共建筑的防火间距,按罐容大小改定为60~200 m;将储罐与工业区的防火间距改定为50~180 m。并于1998年10月1日起以局部修订(1998年版)颁布实施。

5 本次修订情况

20世纪90年代以来在我国东南沿海和长江中下游地区先后建成数十座大型液化石油气全压力式储存基地。这些基地的建成带动了我国液化石油气行业的发展,其技术和装备、施工安装、运行管理和员工素质等均有较大提高。有些方面接近或达到世界先进水平。据此,本次修订本着逐步与先进国家同类规范接轨的原则,在1998年局部修订的基础上对原规范第6.3.7条作了修订:

1) 与居住区、村镇和学校、影剧院、体育馆等重要公共建筑的防火间距,按储罐总容积和单罐容积大小由60~200 m减少至45~150 m。

本项中,学校、影剧院和体育馆(场)人员流动量大,且集中,故其防火间距应从围墙算起。

2) 将工业区改为工业企业,其防火间距由50~180 m减少至27~75 m。必须注意,当液化石油气储罐与相邻的建、构筑物不属于本表所列建、构筑物时,方按工业企业的防火间距执行。

3) 本表第3项至第7项是新增加的。根据各项建、构筑物危险性大小和万一发生事故时,与液化石油气储罐之间的相互影响程度,其防火间距与现行国家标准《建筑设计防火规范》GB 50016的规定协调一致。

4) 架空电力线的防火间距做了调整后,与《建筑设计防火规范》的规定一致。

5) 与Ⅰ、Ⅱ级架空通信线的防火间距不变,增加了与其他级架空通信线的防火间距不应小于1.5倍杆高的规定。

表8.3.7中注2 居住区和村镇指1 000人或300户以上者是参照现行国家标准《城市居住区规划设计规范》GB 50180规定的居住区分级控制规模中组团一级为1 000~3 000人和300~700户的下限确定的。

注3 地下液化石油气储罐因其地温比较稳定,故罐内液化石油气饱和蒸气压力较地上储罐稳定,且较低,相对安全些。参照美国、日本和原苏联等国家有关规范,并与公安部七局和《建筑设计防火规范》国家管理组多次协商,规定其单罐容积小于或等于50 m³,且总容积小于或等于400 m³时,防火间距可按表8.3.7减少50%。

8.3.8 规定了液化石油气供应基地全冷冻式储罐与基地外建、构筑物的防火间距。主要依据如下。

1 国外有关规范

1) 美国、日本和德国等国家标准规定的液化石油气储罐与站外建、构筑物的防火间距与储存规模、单罐容积、安装形式等因素有关,而与储存方式无关,故全冷冻式或全压力式储罐与建、构筑物的防火间距规定相同。

2) 美国消防协会标准NFPA58-1998、NFPA59-1998均规定,按单罐容积大小分档提出不同的防火间距要求。例如:单罐容积大于1 000 000加仑(3 785 m³)时,不论采用哪种储存方式,与重要建筑物、可燃易燃液体储罐和可以进行建设的相邻地产界线的距离均不小于122 m。

美国石油协会标准API 2510—1995规定单罐容积大于454 m³时,其防火间距不应小于61 m。如果相邻地界有住宅、公共建筑、集会广场或工业用地时,应采用较大距离或增加安全防护措施。

3） 日本《石油密集区域灾害防止法》规定，大型综合油气基地与人口密集区域（学校、医院、剧场、影院、重要文化遗产建筑、日流动人口2万以上车站、建筑面积2 000 m^2 以上的商店、酒店等）的安全距离不小于150 m；与上述区域以外的居民居住建筑的安全距离不小于80 m。

《日本液化石油气安全规则》规定大于或等于990 t的全冷冻式储罐与第一种保护对象的防火间距不应小于120 m，与第二种保护对象不应小于80 m。

4） 德国TRB810规定有防液堤的全冷冻式液化石油气单罐容积大于3 785 m^3 时与建筑物距离不小于60 m。

2 国内情况

近年来为适应我国液化石油气市场需要先后在深圳、太仓、汕头和张家港等地区已建成一批大型全冷冻式液化石油气储存基地。这些基地的建设大都引进国外技术，与基地外建、构筑物之间的防火间距是参照国外有关规范和《建筑设计防火规范》，并结合当地情况与安全主管部门协商确定的。

3 全冷冻式液化石油气储罐是借助罐壁保冷、可靠的制冷系统和自动化安全保护措施保证安全运行。这种储存方式是比较安全的，目前未曾发生重大事故。

我国已建成的全冷冻式液化石油气供应基地虽然积累了一定的设计、施工和运行管理经验，但根据我国国情表8.3.8中第1～3项的防火间距取与本规范第8.3.7条罐容大于5 000 m^3 一档规定相同，略大于国外有关规范的规定。

表8.3.8中第4项以后的各项的防火间距主要是参照本规范第8.3.7条罐容大于5 000 m^3 一档和《建筑设计防火规范》中的有关规定确定的。

表8.3.8注1 本表所指的储罐为单罐容积大于5 000m^3 的全冷冻式储罐。根据有关部门的统计资料，目前我国每年进口液化石油气约600万t，预测以后逐年将以10%的速度增加。从技术、安全和经济等方面考虑，这种储存基地的建设应以大型为主，故对单罐容积大于5 000 m^3 储罐与站外建、构筑物的防火间距作了具体规定。当单罐容积小于或等于5 000 m^3 时，其防火间距按本规范表8.3.7中总容积相对应档的全压力式液化石油气储罐的规定执行。

注2 说明同8.3.7条注2。

8.3.9 本条规定的液化石油气供应基地全压力式储罐与站内建、构筑物的防火间距主要依据与本规范第8.3.7条类同，并本着内外有别的原则确定其防火间距，即与站内建、构筑物的间距较与站外小些。本条规定自颁布以来，工程建设实践证明基本是可行的。在本条修订过程中与《建筑设计防火规范》国家标准管理组进行了认真协调。同时对原规范按建、构筑物功能和危险类别进行排序，并对防火间距做了适当调整。

8.3.10 全冷冻式和全压力式液化石油气储罐不得设置在同一储罐区内，主要防止其中一种形式储罐发生事故时殃及另一种形式储罐。特别是当全压力式储罐发生火灾时导致全冷冻式储罐的保冷绝热层遭到破坏，是十分危险的。各国有关规范均如此规定。

关于两者防火间距 美国石油协会标准API 2510-95规定不应小于相邻较大储罐直径的3/4，且不应小于30 m。《日本石油密集区域灾害防止法》规定不应小于35 m。据此，本条规定取较大值，即两者间距不应小于相邻较大罐的直径，且不应小于35 m。

8.3.11 本条规定了液化石油气供应基地的总平面布置基本要求。

1 液化石油气供应基地必须分区布置。首先将其分为生产区和辅助区，其次按功能和工艺路线分小区布置。主要考虑：有利按本规范规定的防火间距大小顺序进行总图布置，节约用地；便于安全管理和生产管理；储罐区布置在边侧有利发展等。

2 生产区宜布置在站区全年最小频率风向上风侧或上侧风侧，主要考虑液化石油气泄漏和发生事故时减少对辅助区的影响，故有条件时推荐按本款规定执行。

3 灌瓶间的气瓶装卸台前应留有较宽敞的汽车回车场地是为了便于运瓶汽车回车的需要。场地宽度根据日灌瓶量和运瓶车往返的频繁程度确定，一般不宜小于 30 m。大型灌瓶站应宽敞一些，小型灌站可窄一些。

8.3.12 液化石油气供应基地的生产区和生产区与辅助区之间应设置高度不低于 2 m 的不燃烧体实体围墙，主要是考虑安全防范的需要。

辅助区的其他各侧围墙改为可设置不燃烧体非实体墙，因为辅助区没有爆炸危险性建、构筑物，同时有利辅助区进行绿化和美化。

8.3.13 关于消防车道设置的规定是根据液化石油气储罐总容量大小区分的。储罐总容积大于 500 m^3时，生产区应设置环形消防车道。小于 500 m^3 时，可设置尽头式消防车道和面积不小于 12 m×12 m 的回车场，这是消防扑救的基本要求。

8.3.14 液化石油气供应基地出入口设置的规定，除生产需要外还考虑发生火灾时保证消防车畅通。

8.3.15 因为气态液化石油气密度约为空气的 2 倍，故生产区内严禁设置地下、半地下建、构筑物，以防积存液化石油气酿成事故隐患。

同时，规定生产区内设置地下管沟时，必须填满干砂。

8.3.18 铁路槽车装卸栈桥上的液化石油气装卸鹤管应设置便于操作的机械吊装设施，主要考虑防止进行装卸作业时由于鹤管回弹而打伤操作人员和减轻劳动强度。

8.3.19 全压力式液化石油气储罐不应少于 2 台的规定是新增加的，主要考虑储罐检修时不影响供气，及发生事故时，适应倒罐的要求。

本条同时规定了地上液化石油气储罐和储罐区的布置要求，

1 储罐之间的净距主要是考虑施工安装、检修和运行管理的需要，故规定不应小于相邻较大罐的直径。

2 数个储罐总容积超过 3 000 m^3 时应分组布置。

国外有关规范对一组储罐的台数作了规定。如美国 NFPA58—1998、NFPA59—1998 和 API 2510—1995 规定单罐容积大于或等于 12 000 加仑(45.4 m^3)时，一组储罐不应多于 6 台，增加安全消防措施后可设置 9 台，主要考虑组内储罐台数太多事故概率大，且管路系统复杂，维修管理麻烦，也不经济。本条虽对组内储罐台数未作规定，但设计时一组储罐台数不宜过多。

组与组之间的距离不应小于 20 m，主要考虑发生事故时便于扑救和减少对相邻储罐组的殃及。

3 组内储罐宜采用单排布置，主要防止储罐一旦破裂时对邻排储罐造成严重威胁，乃至破坏而造成二次事故。

国外有关规范不允许储罐轴向面对建、构筑物布置，值得我们设计时借鉴。

4 储罐组四周应设置高度为 1 m 的不燃烧体实体防护墙是防止储罐或管道发生破坏时，液态液化石油气外溢而造成更大的事故。吉林事故的实例证明了设置防护墙的必要性。此外，防护墙高度为 1 m 不会使储罐区因通风不良而窝气。

8.3.21 地下储罐设置方式有：直埋式、储槽式（填砂、充水或机械通风）和覆盖式（采用混凝土或其他材料将储罐覆盖）等。在我国多采用储槽式，即将地下储罐置于钢筋混凝土槽内，并填充干砂，比较安全、切实可行，故推荐这种设置方式。

储罐罐顶与槽盖内壁间距不宜小于 0.4 m，主要考虑使其液温（罐内压力）比较稳定。

储罐与隔墙或槽壁之间的净距不宜小于 0.9 m 主要是考虑安装和检修的需要。

此外，尚应注意在进行钢筋混凝土槽设计和施工时，应采取防水和防漂浮的措施。

8.3.22 本条规定与《建筑设计防火规范》一致。

当液化石油气泵设置在泵房时，应能防止不发生气蚀，保证正常运行。

当液化石油气泵露天设置在储罐区内时，宜采用屏蔽泵。

8.3.23 正确地确定液化石油气泵安装高度（以储罐最低液位为准，其安装高度为负值）是防止泵运行时发生汽蚀，保证其正常运行的基本条件，故设计时应予以重视。

1 为便于设计时参考，给出离心式烃泵安装高度计算公式。

$$H_b \geqslant \frac{102 \times 10^3}{\rho} \Sigma \Delta P + \Delta h + \frac{u^2}{2g} \qquad (12)$$

式中 H_b——储罐最低液面与泵中心线的高程差(m)；

$\Sigma \Delta P$——储罐出口至泵入口管段的总阻力损失(MPa)；

Δh——泵的允许气蚀余量(m)；

u——液态液化石油气在泵入口管道中的平均流速，可取小于1.2(m/s)；

g——重力加速度(m/s^2)；

ρ——液态液化石油气的密度(kg/m^3)。

2 容积式泵(滑片泵)的安装要求根据产品样本确定。当样本未给出安装要求时，储罐最低液位与泵中心线的高程差可取不小于0.6 m，烃泵吸入管段的水平长度可取不大于3.6 m，且应尽量减少阀门和管件数量，并尽量避免管道采用向上竖向弯曲。

8.3.26 本条防火间距的编制依据与第8.3.9条类同。

因为灌瓶间和瓶库内储存一定数量实瓶，参照《建筑设计防火规范》中甲类库房和厂房与建筑物防火间距的规定，按其总存瓶量分为≤10 t、>10～≤30 t和>30 t(分别相当于储存15 kg实瓶为≤700瓶、>700瓶～≤2 100瓶和>2 100瓶)三个档次分别提出不同的防火间距要求。同时，对原规范按建、构筑物功能、危险类别调整排序，并对防火间距进行了局部调整后列于表8.3.26。

1 因为生活、办公用房与明火、散发火花地点不属同类性质场所，故将其单列在第2项，其防火间距为20～30 m，比原规定减少5～10 m。

2 汽车槽车库、汽车槽车装卸台(柱)、汽车衡及其计量室关系密切均列入第4项，其防火间距改为15～20 m。

3 空压机室、变配电室列于第6项，并增加了柴油发电机房，其防火间距调整为15～20 m。

4 因机修间、汽车库有时有明火作业列于第7项，其防火间距规定同本表第1项。

5 其余各项不变。

表8.3.26中注2 瓶库系灌瓶间的附属建筑，考虑便于配置机械化运瓶设施和瓶车装卸气瓶作业，故其间距不限。

注3 为减少占地面积和投资，计算月平均日灌瓶量小于700瓶的中、小型灌装站的压缩机室可与灌瓶间合建成一幢建筑物，为保证安全，防止和减少发生事故时相互影响，两者之间应采用防火墙隔开。

注4 计算月平均日灌瓶量小于700瓶的中、小型灌装站(供应量小于3 000 t/a，供应居民小于10 000户)，1～2 d一辆汽车槽车送液化石油气即可满足供气需要。为减少占地面积和节约投资可将汽车槽车装卸柱附设在灌瓶间或压缩机室山墙的一侧。为保证安全，其山墙应是无门、窗洞口的防火墙。

8.3.27 灌瓶间内气瓶存放量(实瓶)是根据各地燃气公司实际运行情况确定的。一些灌装站的实际气瓶存放情况见表46。

表46 一些灌装站气瓶实际储存情况

站名	津二灌瓶站	宁第一灌瓶厂	沪国权路灌瓶站	沈灌瓶站	汉灌瓶站	长春站
平均日灌瓶量(个/d)	约3 000	7 000～8 000	1 300～1 400	1 500	1 500～1 600	1 500
储存瓶数(个)	3 000～4 000	8 000	6 000～7 000	1 000	4 000	4 500
储存天数(d)	>1	约1	约4	0.67	2.7	约3

从上表可以看出，存瓶量取1～2 d的计算月平均日灌瓶量是可以保证连续供气的。

灌瓶间和瓶库内气瓶应按实瓶区和空瓶区分组布置，主要考虑便于有序管理和充分利用其有效的建筑面积。

8.3.28 本条规定是为了保证液化石油气的灌瓶质量，即灌装量应保证在允许误差范围内和瓶体各部位不应漏气。

8.3.33 液化石油气汽车槽车车库和汽车槽车装卸台(柱)属同一性质的建、构筑物，且两者关系密切，故规定其间距不应小于6 m。当邻向装卸台(柱)一侧的汽车槽车库外墙采用无门、窗洞口的防火墙时，其间距不限，可节约用地。

8.3.34 汽车槽车装卸台(柱)的快装接头与装卸管之间应设置阀门是为了减少装卸车完毕后液化石油气排放量。

推荐在汽车槽车装卸柱的装卸管上设置拉断阀是防止万一发生误操作将其管道拉断而引起大量液化石油气泄漏。

8.3.35 液化石油气储配站、灌装站备用新瓶数量可取总供应户数的2%左右，是根据各站实际运行经验确定的。

8.3.36 新瓶和检修后的气瓶首次灌瓶前将其抽至80.0 kPa真空度以上，可保证灌装完毕后，其瓶内气相空间的氧气含量控制在4%以下，以防止燃气用具首次点火时发生爆鸣声。

8.3.37 本条规定主要考虑有3点：

1 限制储罐总容积不大于10 m^3，为减少发生事故时造成损失。

2 设置在储罐室内以减少液化石油气泄漏时向锅炉房一侧扩散。

3 储罐室与锅炉房的防火间距不应小于12 m，是根据《建筑设计防火规范》中甲类厂房的防火间距确定的。面向锅炉房一侧的储罐室外墙应采用无门、窗洞口的防火墙是安全防火措施。

8.3.38 设置非直火式气化器的气化间可与储罐室毗连，可减少送至锅炉房的气态液化石油气管道长度，防止再液化。为保证安全，还规定气化间与储罐室之间采用无门、窗洞口的防火墙隔开。

8.4 气化站和混气站

8.4.1 气化站和混气站储罐设计总容量根据液化石油气来源的不同做了原则性规定。

为保证安全供气和节约投资。由生产厂供应时，其储存时间长些，储罐容积较大；由供应基地供气时其储存时间短些，储罐容积较小。

8.4.2 气化站和混气站站址选择原则宜按本规范第8.3.6条执行。这是选址的基本要求。

8.4.3 本条是新增加的。因为近年来随着我国城市现代化建设发展的需要，气化站和混气站建站数量渐多，规模也有所增大，有些站的供气规模已达供应居民(10～20)万户，同时还供应商业和小型工业用户等。本条编制依据与第8.3.7条类同。

1 表8.4.3将储罐总容积小于或等于50 m^3，且单罐容积小于或等于20 m^3的储罐共分三档，分别提出不同的防火间距要求。这类气化站和混气站属小型站，相当于供应居民10 000户以下，为节约投资和便于生产管理宜靠近供气负荷区选址建站。

2 储罐总容积大于50 m^3或单罐容积大于20 m^3的储罐，与站外建、构筑物之间的防火间距按本规范第8.3.7条的规定执行，根据储罐确定是合理的。

8.4.4 本条是在原规范的基础上按储罐总容积和单罐容积扩展后分七档，分别提出不同的防火间距要求。

第一至三档指小型气化站和混气站，相当于供应居民10 000户以下；

第四、五档指中型气化站和混气站，相当于供应居民10 000～50 000户；

第六、七档指大型气化站和混气站相当于供应居民50 000户以上；

本条表8.4.4规定的防火间距与第8.3.9条基本类同，其编制依据亦类同。

表 8.4.4 注 4 中燃气热水炉是指微正压室燃式燃气热水炉。这种燃气热水炉燃烧所需空气完全由鼓风机送入燃烧室，其燃烧过程是全封闭的，在微正压下燃烧无外露火焰，其燃烧过程实现自动化，并配有安全连锁装置，故该燃气热水炉间可不视为明火、散发火花地点，其防火间距按罐容不同分别规定为 15～30 m。当采用其他燃烧方式的燃气热水炉时，该建筑视为明火、散发火花地点，其防火间距不应小于 30 m。

注 5 是新增加的。空温式气化器通常露天就近储罐区（组）设置，两者的距离主要考虑安装和检修需要，并参考国外有关规范确定的。

8.4.5 本条规定与第 8.3.11 条的规定基本一致。

8.4.6 本条规定与第 8.3.12 条的规定基本一致，但对储罐总容积等于或小于 50 m^3 的小型气化站和混气站，为节约用地，其生产区和辅助区之间可不设置分区隔墙。

8.4.10 工业企业内液化石油气气化站的储罐总容积不大于 10 m^3 时，可将其设置在独立建筑物内是为了保证安全，并节约用地。同时，对室内储罐布置和与其他建筑物的防火间距作了具体规定。

1 室内储罐布置主要考虑安装、运行和检修的需要。

2、3 储罐室与相邻厂房和相邻厂房室外设备之间的防火间距分别不应小于表 8.4.10 和 12 m 的规定是按《建筑设计防火规范》中甲类厂房的防火间距规定确定的。

4 气化间可与储罐室毗连是考虑工艺要求和节省投资。但设置直火式气化器的气化间不得与储罐室毗连是防止一旦储罐泄漏而发生事故。

8.4.11 本条是新增加的。主要考虑执行本规范时的可操作性。

8.4.12 本条是在原规范基础上修订的。具体内容和防火间距的规定与表 8.4.4 中储罐总容积小于或等于 10 m^3 一档的规定基本相同，个别项目低于前表的规定。

注 1 空温式气化器气化方式属降压强制气化，其气化压力较低，虽设置在露天，其防火间距按表 8.4.12的规定执行是可行的。

注 2 压缩机室与气化间和混气间属同一性质建筑，将其合建可节省投资、节约用地和便于管理。

注 3 燃气热水炉间的门不得面向气化间、混气间是从安全角度考虑，以防止气化间、混气间有可燃气体泄漏时，窜入燃气热水炉间。柴油发电机伸向室外的排气管管口不得面向具有爆炸危险性建筑物一侧，是为了防止排放的废气带火花时对其构成威胁。

注 4 见本规范表 8.4.4 注 4 说明。

8.4.13 储罐总容积小于或等于 100 m^3 的气化站和混气站，日用气量较小，一般 2～3 d 来一次汽车槽车向站内卸液化石油气，故允许将其装卸柱设置在压缩机室的山墙一侧。山墙采用无门、窗洞口的防火墙是为保证安全运行。

8.4.15 本条是新增加的。燃气热水炉间与压缩机室、汽车槽车库和装卸台（柱）的防火间距规定不应小于 15 m，与本规范表 8.4.12 气化间和混气间与燃气热水炉间的防火间距规定相同。

8.4.16 本条是在原规范的基础上修订的。

1 气化、混气装置的总供气能力应根据高峰小时用气量确定，并合理地配置气化、混气装置台数和单台装置供气能力，以适应用气负荷变化需要。

2 当设有足够的储气设施时，可根据计算月最大日平均小时用气量确定总供气能力以减少装置配置台数和单台装置供气能力。

8.4.18 气化间和混气间关系密切将其合建成一幢建筑，节省投资和用地，且便于工艺布置和运行管理。

8.4.19 本条是对液化石油气混气系统工艺设计提出的基本要求。

1 液化石油气与空气的混合气体中，液化石油气的体积百分含量必须高于其爆炸上限的 2.0 倍，是安全性指标，这是根据原苏联建筑法规的规定确定的。

2 混合气作为调峰气源、补充气源和代用其他气源时，应与主气源或代用气源具有良好的燃烧互换性是为了保证燃气用具具有良好的燃烧性能和卫生要求。

3 本款规定是保证混气系统安全运行的重要安全措施。

4 本款是新增加的。规定在混气装置出口总管上设置混合气热值取样管，并推荐采用热值仪与混气装置连锁，实时调节混气比和热值，以保证燃器具稳定燃烧。

8.4.20 本条是新增加的。

热值仪应靠近取样点设置在混气间内的专用隔间或附属房间内是根据运行经验和仪表性能要求确定的，以减少信号滞后。此外，因为热值仪带有常明小火，为保证安全运行对热值仪间的安全防火设计要求作了具体规定。

8.4.21 本条规定是为了防止液态液化石油气和液化石油气与其他气体的混合气在管内输送过程中产生再液化而堵塞管道或发生事故。

8.5 瓶组气化站

8.5.1 本条是在原规范基础上修订的。修订后分别对两种气化方式的瓶组气化站气瓶的配置数量作了相应的规定。

1 采用强制气化方式时，主要考虑自气瓶组向气化器供气只是部分气瓶运行，其余气瓶备用。根据运行经验，气瓶数量按 1～2 d 的计算月最大日用气量配置可以保证连续向用户供气。

2 采用自然气化方式时，在用气时间内使用瓶组的气瓶，吸收环境大气热量而自然气化向用户供气。使用瓶组气瓶通常是同时运行的。为保证连续向用户供气，故推荐备用瓶组的气瓶配置数量与使用瓶组相同。当供气户数较少时，根据具体情况可采用临时供气瓶组代替备用瓶组，以保证在更换气瓶时正常向用户供气。

采用自然气化方式时，其使用瓶组、备用瓶组（或临时供气瓶组）气瓶配置数量参照日本有关资料和我国实际情况给出下列计算方法，供设计时参考。

1） 使用瓶组的气瓶配置数量可按公式(13)计算确定。

$$N_s = \frac{Q_f}{\omega} + N_y \tag{13}$$

式中 N_s——使用瓶组的气瓶配置数量（个）；

Q_f——高峰用气时间内平均小时用气量。可参照本规范第 10.2.9 条公式计算或根据统计资料得出高峰月高峰日小时用气量变化表，确定高峰用气持续时间和高峰用气时间内平均小时用气量(kg/h)；

ω——高峰用气持续时间内单瓶小时自然气化能力。此值与液化石油气组分，环境温度和高峰用气持续时间等因素有关。不带和带有自动切换装置的 50 kg 气瓶组单瓶自然气化能力可参照表 47 和表 48 确定(kg/h)；

N_y——相当于 1 d 左右计算月平均日用气量所需气瓶数量（个）。

2） 备用瓶组气瓶配置数量 N_b 和使用瓶组气瓶配置数量 N_s 相同，即：

$$N_b = N_s \tag{14}$$

表 47 不带自动切换装置的 50 kg 气瓶组单瓶自然气化能力

高峰用气持续时间(h)	1		2		3		4	
气温(℃)	5	0	5	0	5	0	5	0
高峰小时单瓶气化能力(kg/h)	1.14	0.45	0.79	0.39	0.67	0.34	0.62	0.32
非高峰小时单瓶气化能力(kg/h)	0.26	0.26	0.26	0.26	0.26	0.26	0.26	0.26

表 48　带有自动切换装置的 50 kg 气瓶组单瓶自然气化能力

高峰用气持续时间(h)	1		2		3		4	
气温(℃)	5	0	5	0	5	0	5	0
高峰小时单瓶气化能力(kg/h)	2.29	1.37	1.50	0.99	1.30	0.88	1.18	0.79
非高峰小时单瓶气化能力(kg/h)	0.41	0.41	0.41	0.41	0.41	0.41	0.41	0.41

3）当采用临时瓶组代替备用瓶组供气时，其气瓶配置数量可根据更换使用瓶组所需要的时间、高峰用气时间内平均小时用气量和临时供气时间内单瓶小时自然气化能力计算确定。

临时供气瓶组的气瓶配置数量可按公式(15)计算确定。

$$N_L = \frac{Q_f}{\omega_L} \tag{15}$$

式中　N_L——临时供气瓶组的气瓶配置数量(个)；

Q_f——同公式(13)；

ω_L——更换气瓶时，临时供气瓶组的单瓶自然气化能力，可参照表 49 确定(kg/h)。

4）总气瓶配置数量

① 瓶组供应系统的总气瓶配置数量按公式(16)计算。

$$N_Z = N_s + N_b = 2N_s \tag{16}$$

式中　N_Z——总气瓶配置数量(个)；

其余符号同前。

② 采用临时供气瓶组代替备用瓶组时，其瓶组供应系统总气瓶配置数量按公式(17)计算。

$$N_Z = N_s + N_L \tag{17}$$

式中　N_Z——总气瓶配置数量(个)；

N_L——临时供气瓶组的气瓶配置数量(个)；

其余符号同前。

表 49　临时供气的 50 kg 气瓶组单瓶自然气化能力(kg/h)

更换气瓶时间	2 d			1 d			1 h			30 min		
气温(℃)	5	0	−5	5	0	−5	5	0	−5	5	0	−5
高峰用气持续时间 4 h	1.8	1.0	0.2	2.5	1.7	0.9	—	—	—	—	—	—
高峰用气持续时间 3 h	2.3	1.3	0.3	3.0	2.0	1.0	8.0	6.8	4.8	14.8	11.8	8.7
高峰用气持续时间 2 h	3.3	2.1	1.0	4.1	2.9	1.7	—	—	—	—	—	—
高峰用气持续时间 1 h	6.4	4.4	2.5	7.1	5.1	4.2	—	—	—	—	—	—

8.5.2　采用自然气化方式供气，且瓶组气化站的气瓶总容积不超过 1 m^3(相当于 8 个 50 kg 气瓶)时，允许将其设置在与建筑物(重要公共建筑和高层民用建筑除外)外墙毗连的单层专用房间内。为了保证安全运行，同时提出相应的安全防火设计要求。

本条“注”是新增加的。根据工程实践，当瓶组间独立设置，且面向相邻建筑物的外墙采用无门、窗洞口的防火墙时，其防火间距不限，是合理的。

8.5.3　当瓶组气化站的气瓶总容积超过 1 m^3 时，对瓶组间的设置提出了较高的要求，即应将其设置在独立房间内。同时，规定其房间高度不应低于 2.2 m。

表 8.5.3 对瓶组间与建、构筑物的防火间距分两档提出不同要求，其依据与本规范第 8.6.4 条的依据类同，但较其同档瓶库的防火间距的规定略大些。

注 2 当瓶组间的气瓶总容积大于 4 m^3 时，气瓶数量较多，其连接支管和管件过多，漏气概率大，操作管理也不方便，故超过此容积时，推荐采用储罐。

注 3 瓶组间和气化间与值班室的间距不限，可节省投资、节约用地和便于管理。但当两者毗连时，应采用无门、窗洞口的防火墙隔开，且值班室内的用电设备应采用防爆型。

8.5.4 本条是新加的。明确规定瓶组气化站的气瓶不得设置在地下和半地下室内，以防因泄漏、窝气而发生事故。

8.5.5 瓶组气化站采用强制气方式供气时，其气化间和瓶组间属同一性质的建筑，考虑接管方便，利于管理和节省投资，故推荐两者合建成一幢建筑物，但其间应设置不开门、窗洞口的隔墙。隔墙的耐火极限不应低于 3 h，是按《建筑设计防火规范》GB 50016 确定。

8.5.6 本条是新增加的。目前有些地区采用空温式气化器，并将其设置在室外，为接管方便，宜靠近瓶组间。参照国外规范的有关规定，两者防火间距不限。空温式气化器的气化温度和气化压力均较低，故与明火、散发火花地点和建、构筑物的防火间距可按本规范第 8.5.3 条气瓶总容积小于或等于 2 m^3 一档的规定执行。

8.5.7 对瓶组气化站，考虑安全防护和管理需要，并兼顾与小区景观协调，故推荐其四周设置非实体围墙，但其底部实体部分高度不应低于 0.6 m。围墙应采用不燃烧材料砌筑，上部可采用不燃烧体装饰墙或金属栅栏。

8.6 瓶装液化石油气供应站

8.6.1 本条原规定的瓶装液化石油气供应站的供应范围（规模）和服务半径较大，用户换气不够方便，与站外建、构筑物的防火间距要求较大，建设用地多，站址选择比较困难。新建瓶装供应站选址只有纳入城市总体规划或居住区详规，才能得以实现。近年来随着市场经济的发展，这种服务半径较大的供应方式已不能满足市场需要。因此，在全国各城镇，特别是东南沿海和经济发达地区纷纷涌现了存瓶量较小和设施简陋的各种形式售瓶商店（代客充气服务站、分销店、代销店等）。这类商店在一些大中城市已达数百家之多。例如：在广东省除广州市原有 5 座瓶装供应站外，其余各城市多采用售瓶商店的方式向客户供气。长沙市有各类售瓶商店达 500 多家，天津市有 200 多家。这类售瓶商店虽然对活跃市场、方便用户起到积极作用，但因无序发展，环境比较复杂，设施比较简陋，规范经营者较少，不同程度上存在事故隐患，威胁自身和环境安全。为了规范市场，有序管理，更好地为客户服务，一些城市燃气行业管理部门多次提出，为解决瓶装液化石油气供应站选址困难，为适应市场需要，建议采用多元化的供应方式，瓶装液化石油气采用物流配送方式供应各类客户用气。物流配送供应方式是以电话、电脑等工具作交易平台，由配送中心、配送站、分销（代销）点、流动配送车辆等组成配送服务网络，实行现代化经营，可安全优质地为客户服务。并对原规范进行修订。

考虑燃气行业管理部门的上述意见，为适应市场经济发展的需要和体现规范可操作性的原则，故将瓶装液化石油气供应站按其供应范围（规模）和气瓶总容积分为：Ⅰ、Ⅱ、Ⅲ级站。

1 Ⅰ级站相当于原规范的瓶装供应站，其供应范围（规模）一般为 5 000～7 000 户，少数为 10 000 户左右。这类供应站大都设置在城市居民区附近，考虑经营管理、气瓶和燃器具维修、方便客户换气和环境安全等，其供应范围不宜过大，以 5 000～10 000 户较合适，气瓶总容积不宜超过 20 m^3（相当于 15 kg气瓶 560 瓶左右）。

2 Ⅱ级站供应范围宜为 1 000～5 000 户，相当于现行国家标准《城市居住区规划设计规范》GB 50180规定的 1～2 个组团的范围。该站可向Ⅲ级站分发气瓶，也可直接供应客户。气瓶总容积不宜超过 6 m^3（相当于 15 kg 气瓶 170 瓶左右）。

3 Ⅲ级站供应范围不宜超过 1 000 户，因为这类站数量多，所处环境复杂，故限制气瓶总容积不得超过 1 m^3(相当于 15 kg 气瓶 28 瓶)。

8.6.2 液化石油气气瓶严禁露天存放,是为防止因受太阳辐射热致使其压力升高而发生气瓶爆炸事故。

Ⅰ、Ⅱ级瓶装供应站的瓶库推荐采用敞开和半敞开式建筑,主要考虑利于通风和有足够的防爆泄压面积。

8.6.3 Ⅰ级瓶装供应站的瓶库一般距面向出入口一侧居住区的建筑相对远一些,考虑与周围环境协调,故面向出入口一侧可设置高度不低于 2 m 的不燃烧体非实体围墙,且其底部实体部分高度不应低于 0.6 m,其余各侧应设置高度不低于 2 m 的不燃烧体实体围墙。

Ⅱ级瓶装供应站瓶库内的存瓶较少,故其四周设置非实体围墙即可,但其底部实体部分高度不应低于 0.6 m。围墙应采用不燃烧材料。主要考虑与居住区景观协调。

8.6.4 Ⅰ、Ⅱ级瓶装供应站的瓶库与站外建、构筑物之间的防火间距按其级别和气瓶总容积分为四档,提出不同的防火间距要求。

Ⅰ级瓶装供应瓶库内气瓶的危险性较同容积的储罐危险性小些,故其防火间距较本规范第 8.4.3 条和第 8.4.4 条气化站、混气站中第一、二档储罐规定的防火间距小些。

同理,Ⅱ级瓶装供应站瓶库的防火间距较本规范第 8.5.3 条同容积瓶组间规定的防火间距小些。

8.6.5 Ⅰ级瓶装供应站内一般配置修理间,以便进行气瓶和燃器具等简单维修作业,生活、办公建筑的室内时有炊事用火,故瓶库与两者的间距不应小于 10 m。

营业室可与瓶库的空瓶区一侧毗连以便于管理,其间采用防火墙隔开是考虑安全问题。

8.6.6 Ⅱ级瓶装供应站由瓶库和营业室组成。站内不宜进行气瓶和燃器具维修作业。推荐两者连成一幢建筑,有利选址,节省用地和投资。

8.6.7 Ⅲ级瓶装供应站俗称售瓶点或售瓶商店。这种站随市场需要,其数量较多,为规范管理,保证安全供气,故采用积极引导的思路,对其设置条件和应采取的安全措施给予明确规定。

8.7 用　　户

8.7.1 居民使用的瓶装液化石油气供应系统由气瓶、调压器、管道及燃器具等组成。

设置气瓶的非居住房间室温不应超过 45 ℃,主要是为保证安全用气,以防止因气瓶内液化石油气饱和蒸气压升高时,超过调压器进口最高允许工作压力而发生事故。

8.7.2 居民使用的气瓶设置在室内时,对其布置提出的要求主要考虑保证安全用气。

8.7.3 单户居民使用的气瓶设置在室外时,推荐设置在贴邻建筑物外墙的专用小室内,主要是针对别墅规定的。小室应采用不燃烧材料建造。

8.7.4 商业用户使用的 50 kg 液化石油气气瓶组,严禁与燃烧器具布置在同一房间内是防止事故发生的基本措施。同时,规定了根据气瓶组的气瓶总容积大小按本规范第 8.5 节的有关规定进行瓶组间的设置。

8.8 管道及附件、储罐、容器和检测仪表

8.8.1 本条规定了液化石油气管道材料应根据输送介质状态和设计压力选择,其技术性能应符合相应的现行国家标准和其他有关标准的规定。

8.8.3 液态液化石油气输送管道和站内液化石油气储罐、容器、设备、管道上配置的阀门和附件的公称压力(等级)应高于其设计压力是根据《压力容器安全技术监察规程》和《工业金属管道设计规范》GB 50316的有关规定,以及液化石油气行业多年的工程实践经验确定的。

8.8.4 根据各地运行经验,参照《压力容器安全技术监察规程》和国外有关规范,本条规定液化石油气储罐、容器、设备和管道上严禁采用灰口铸铁阀门及附件。在寒冷地区应采用钢质阀门及附件,主要是防止因低温脆断引起液化石油气泄漏而酿成爆炸和火灾事故。

8.8.5　本条规定用于液化石油气管道系统上采用耐油胶管时，其公称工作压力不应小于 6.4 MPa 是参照国外有关规范和国内实践确定的。

8.8.6　本条对站区室外液化石油气管道敷设的方式提出基本要求。

站区室外管道推荐采用单排低支架敷设，其管底与地面净距取 0.3 m 左右。这种敷设方式主要是便于管道施工安装、检修和运行管理，同时也节省投资。

管道跨越道路采用支架敷设时，其管底与地面净距不应小于 4.5 m，是根据消防车的高度确定的。

8.8.9　液化石油气储罐最大允许充装质量是保证其安全运行的最重要参数。参照国家现行《压力容器安全技术监察规程》、美国国家消防协会标准 NFPA58—1998、NFPA59—1998 和《日本 JLPA001 一般标准》等有关规范的规定，并根据我国液化石油气站的运行经验，本条采用《日本 JLPA001 一般标准》相同的规定。

液化石油气储罐最大允许充装质量应按公式 $G=0.9\rho V_{h}$ 计算确定。

式中：系数 0.9 的含义是指液温为 40 ℃时，储罐最大允许体积充装率为 90%。液化石油气储罐在此规定值下运行，可保证罐内留有足够的剩余空间（气相空间），以防止过量灌装。同时，按本规范第 8.8.12条规定确定的安全阀开启压力值，可保证其放散前，罐内尚有 3%～5%的气相空间。0.9 是保证储罐正常运行的重要安全系数。

ρ 是指 40 ℃时液态液化石油气的密度。该密度应按其组分计算确定。当组分不清时，按丙烷计算。组分变化时，按最不利组分计算。

8.8.10　根据国家现行《压力容器安全技术监察规程》第 37 条的规定，设计盛装液化石油气的储存容器，应参照行业标准 HG 20592～20635 的规定，选取压力等级高于设计压力的管法兰、垫片和紧固件。液化石油气储罐接管使用法兰连接的第一个法兰密封面，应采用高颈对焊法兰，金属缠绕垫片（带外环）和高强度螺栓组合。

8.8.11　本条对液化石油气储罐接管上安全阀件的配置作了具体规定，以保证储罐安全运行。

容积大于或等于 50 m^3 储罐液相出口管和气相管上必须设置紧急切断阀，同时还应设置能手动切断的装置。

排污管阀门处应防水冻结，并应严格遵守排污操作规程，防止因关不住排污阀门而产生事故。

8.8.12　本条规定了液化石油气储罐安全阀的设置要求。

1　安全阀的结构形式必须选用弹簧封闭全启式。选用封闭式，可防止气体向周围低空排放。选用全启式，其排放量较大。安全阀的开启压力不应高于储罐设计压力是根据《压力容器安全技术监察规程》的规定确定的。

2　容积为 100 m^3 和 100 m^3 以上的储罐容积较大，故规定设置 2 个或 2 个以上安全阀。此时，其中一个安全阀的开启压力按本条第 1 款的规定取值，其余可略高些，但不得超过设计压力的 1.05 倍。

3　为保证安全阀放散时气流畅通，规定其放散管管径不应小于安全阀的出口直径。地上储罐放散管管口应高出操作平台 2 m 和地面 5 m 以上，地下储罐应高出地面 2.5 m 以上，是为了防止气体排放时，操作人员受到伤害。

4　美国标准 NFPA58 规定液化石油气储罐与安全阀之间不允许安装阀门，国家现行标准《压力容器安全技术监察规程》规定不宜设置阀门，但考虑目前国产安全阀开启后回座有时不能保证全关闭，且规定安全阀每年至少进行一次校验，故本款规定储罐与安全阀之间应设置阀门。同时规定储罐运行期间该阀门应全开，且应采用铅封或锁定（或拆除手柄）。

8.8.15　本条规定了液化石油气储罐上仪表的设置要求。

在液化石油气储罐测量参数中，首要的是液位，其次是压力，再次是液温。因此其仪表设置根据储罐容积的大小作了相应的规定。

储罐不分容积大小均必须设置就地指示的液位计、压力表。

单罐容积大于 100 m^3 的储罐除设置前述的就地指示仪表外，尚应设置远传显示液位计、压力表和相应的报警装置。

同时，推荐就地指示液位计采用能直接观测储罐全液位的液位计。因为这种液位计最直观，比较可靠，适于我国国情。

8.8.18 液化石油气站内具有爆炸危险的场所应设置可燃气体浓度检测报警器。检测器设置在现场，报警器应设置在有值班人员的场所。报警器的报警浓度应取液化石油气爆炸下限的20%。此值是参考国内外有关规范确定的。“20%”是安全警戒值，以警告操作人员迅速采取排险措施。瓶装供应站和瓶组气化站等小型液化石油气站危险性小些，也可采用手提式可燃气体浓度检测报警器。

8.9 建、构筑物的防火、防爆和抗震

8.9.1 为防止和减少具有爆炸危险的建、构筑物发生火灾和爆炸事故时造成重大损失，本条对其耐火等级、泄压措施、门窗和地面做法等防火、防爆设计提出了基本要求。

8.9.2 具有爆炸危险的封闭式建筑物应采取良好的通风措施。设计可根据建筑物具体情况确定通风方式。采用强制通风时，事故通风能力是按现行国家标准《采暖通风和空气调节设计规范》GB 50019的有关规定确定的。采用自然通风时，通风口的面积和布置是参照日本规范确定的，其通风次数相当于3次/h。

8.9.3 本条所列建筑物在非采暖地区推荐采用敞开式或半敞开式建筑，主要是考虑利于通风。同时也加大了建筑物的泄压比。

8.9.4 对具有爆炸危险的建筑，其承重结构形式的规定是参照现行国家标准《建筑设计防火规范》GB 50016有关规定确定的，以防止发生事故时建筑倒塌。

8.9.5 根据调查资料，有的液化石油气站将储罐置于砖砌或枕木等制作的支座上，没有良好的紧固措施，一旦发生地震或其他灾害十分危险，故本条规定储罐应牢固地设置在基础上。

对卧式储罐应采用钢筋混凝土支座。

球形储罐的钢支柱应采用不燃烧隔热材料保护层，其耐火极限不应低于2 h，以防止储罐直接受火过早失去支撑能力而倒塌。耐火极限不低于2 h是参照美国规范NFPA58—98的规定确定的。

8.10 消防给水、排水和灭火器材

8.10.1 本条是根据现行国家标准《建筑设计防火规范》中有关规定确定的。

8.10.2 液化石油气储罐和储罐区是站内最危险的设备和区域，一旦发生事故其后果不堪设想。液化石油气储罐区一旦发生火灾时，最有效的办法之一是向着火和相邻储罐喷水冷却，使其温度、压力不致升高。具体办法是利用固定喷水冷却装置对着火储罐和相邻储罐喷水将其全覆盖进行降温保护，同时利用水枪进行辅助灭火和保护，故其总用水量应按储罐固定喷水冷却装置和水枪用水量之和计算，具体说明如下。

1 本款规定的液化石油气储罐固定喷水冷却装置的设置范围及其用水量的计算方法，（保护面积和冷却水供水强度）与《建筑设计防火规范》GB 50016的规定一致。

液化石油气储罐区的消防用水量具体计算方法如下。

$$Q = Q_1 + Q_2 \tag{18}$$

式中 Q——储罐区消防用水量（m^3/h）；

Q_1——储罐固定喷水冷却装置用水量（m^3/h），按公式(19)计算；

Q_2——水枪用水量（m^3/h）。

$$Q_1 = 3.6F \cdot q + 1.8\sum_{i=1}^{n} F_i \cdot q \tag{19}$$

式中 F——着火罐的全表面积（m^2）；

F_i——距着火罐直径（卧式罐按直径和长度之和的一半）1.5倍范围内各储罐中任一储罐全表面

积(m^2);

q——储罐固定喷水冷却装置的供水强度,取 0.15 L/(s·m^2)。

2 水枪用水量按不同罐容分档规定,与《建筑设计防火规范》的规定一致。

本款注 2 储罐总容积小于或等于 50 m^3,且单罐容积小于或等于 20 m^3 的储罐或储罐区,其危险性小些,故可设置固定喷水冷却装置或移动式水枪,其消防水量按表 8.10.2 规定的水枪用水量计算。

3 本款是新增加的。因为地下储罐发生火灾时,其罐体不会直接受火,故可不设置固定水喷淋装置,其消防水量按水枪用水量确定。

8.10.4 消防水池(罐)容量的确定与《建筑设计防火规范》的规定一致。

8.10.6 因为固定喷水冷却装置采用喷雾头,对其储罐冷却效果较好,故对球形储罐推荐采用。卧式储罐的喷水冷却装置可采用喷淋管。

储罐固定喷水冷却装置的喷雾头或喷淋管孔的布置应保证喷水冷却时,将其储罐表面全覆盖,这是对其设计的基本要求。同时,对储罐液位计、阀门等重要部位也应采取喷水保护。

8.10.7 储罐固定喷水冷却装置出口的供水压力不应小于 0.2 MPa 是根据现行国家标准《水喷雾灭火系统设计规范》GB 50219 规定确定的。水枪供水压力是根据国内外有关规范确定的。

8.10.9 液化石油气站内具有火灾和爆炸危险的建、构筑物应设置干粉灭火器,其配置数量和规格根据场所的危险情况和现行国家标准《建筑灭火器配置设计规范》GB 50140 的有关规定确定。因为液化石油气火灾爆炸危险性大,初期发生火灾如不及时扑救,将使火势扩大而造成巨大损失。故本条规定的干粉灭火器的配置数量和规格较《建筑灭火器配置设计规范》的规定大一些。

8.11 电 气

8.11.1 本条规定了液化石油气供应基地、气化站和混气站的用电负荷等级。

液化石油气供应基地停电时,不会影响供气区域内用户正常用气,其供电系统用电负荷等级为"三级"即可。但消防水泵用电,应为"二级"负荷,以保证火灾时正常运行。

液化石油气气化站和混气站是采用管道向各类用户供气,为保证用户安全用气,不允许停电,并应保证消防用电需要,故规定其用电负荷等级为"二级"。

8.11.2 本条中的附录 E 是根据现行国家标准《爆炸和火灾环境电力装置设计规范》GB 50058,并考虑液化石油气站内运行介质特性,工艺过程特征、运行经验和释放源情况等因素进行释放源等级划分。在划定释放源等级后,根据其级别和通风等条件再进行爆炸危险区域等级和范围的划分。

爆炸危险区域范围的划分与诸多因素有关,如:可燃气体的泄放量、释放速度、浓度、爆炸下限、闪点、相对密度、通风情况、有无障碍物等。因此,具体爆炸危险区域范围划分的规定在世界各国还是一个长期没有得到妥善解决的问题。目前美国电工委员会(IEC)对爆炸危险区域范围的划分仅做原则性规定。GB 50058 规定的具体尺寸是推荐性的等效采用了国际上广泛采用的美国石油学会 API-RP-500 和美国国家消防协会(NF-PA)的有关规定。本规范在此也作了推荐性的规定。具体设计时,需要结合液化石油气站用电场所的实际情况妥善地进行爆炸危险区域范围的划分和相应的设计才能保证安全,切忌生搬硬套。

9 液化天然气供应

9.1 一般规定

9.1.1 本条规定了本章适用范围。

液化天然气(LNG)气化站(又称 LNG 卫星站),是城镇液化天然气供应的主要站场,是一种小型 LNG 的接收、储存、气化站,LNG 来自天然气液化工厂或 LNG 终端接收基地或 LNG 储配站,一般通过专用汽车槽车或专用气瓶运来，在气化站内设有储罐（或气瓶）、装卸装置、泵、气化器、加臭装置等，气化后的天然气可用做中小城镇或小区、或大型工业、商业用户的主气源，也可用做城镇调节用气不均匀的调峰气源。

规定液化天然气总储存量不大于 2 000 m^3，主要考虑国内目前液化天然气生产基地数量和地理位置的实际情况以及安全性，现有的液化天然气气化站的储存天数较长（一般在 7 d 内）等因素而确定的，该总储存量可以满足一般中小城镇的需要。

9.1.2 由于本章不适用的工程和装置设计，在规模上和使用环境、性质上均与本规范有较大差异，因此应遵守其他有关的相应规范。

9.2 液化天然气气化站

9.2.4 本条规定了液化天然气气化站的液化天然气储罐、天然气放散总管与站外建、构筑物的防火间距。

1 液化天然气是以甲烷为主要组分的烃类混合物，从液化石油气（LPG）与液化天然气的主要特性对比（见表 50）中可见，LNG 的自燃点、爆炸极限均比 LPG 高；当高于－112 ℃时，LNG 蒸气比空气轻，易于向高处扩散；而 LPG 蒸气比空气重，易于在低处集聚而引发事故；以上特点使 LNG 在运输、储存和使用上比 LPG 要安全些。

从燃烧发出的热量大小看，可以反映出对周围辐射热影响的大小。同样 1 m^3 的 LNG 或 LPG（以商品丙烷为例）变化为气体后，燃烧所产生的热量 LNG 比 LPG 要小一些，对周围辐射热影响也小些，采用表 50 数据经计算燃烧所产生的热量如下：

液化天然气　35 900×600＝2 154×10^4 kJ

商品丙烷气　93 244×271＝2 527×10^4 kJ

表 50　液化石油气与液化天然气的主要特性对比

项　　目	液化石油气（商品丙烷）	液化天然气
在 1 大气压力下初始沸腾点（℃）	－42	－162
15.6 ℃时，每立方米液体变成蒸气后的体积（m^3）	271	约 600
蒸气在空气中的爆炸极限（%）	2.15～9.60	5.00～15.00
自燃点（℃）	493	650
蒸气的低发热值（kJ/m^3）	93 244	约 35 900
蒸气的相对密度（空气为 1）	15.6 ℃时为 1.50	纯甲烷在高于－112 ℃时比 15.6 ℃时的空气轻
蒸气压力（表压 kPa）	37.8 ℃时不大于 1 430	在常温下放置，液态储罐的蒸气压力将不断增加
15.6 ℃时，每立方米液体的质量（kg/m^3）	504	430～470

2 综上所述，在防火间距和消防设施上对于小型 LNG 气化站的要求可比 LPG 气化站降低一些，但考虑到 LNG 气化站在我国尚处于初期发展阶段，采用与 LPG 气化站基本相同的防火间距和消防设施也是适宜的。

表 9.2.4 中 LNG 储罐与站外建、构筑物的防火间距，是参考我国 LPG 气化站的实践经验和本规范 LPG 气化站的有关规定编制的。

3 表 9.2.4 中集中放散装置的天然气放散总管与站外建、构筑物的防火间距，是参照本规范天然气门站、储配站的集中放散装置放散管的有关规定编制的。

9.2.5 本条规定了液化天然气气化站的液化天然气储罐、天然气放散总管与站内建、构筑物的防火间距。

1 本条的编制依据与第 9.2.4 条类同。

美国消防协会《液化天然气生产、储存和装卸标准》NFPA59A(2001 年版)规定的液化天然气储罐拦蓄区与建筑物和建筑红线的间距见表 51。

表 51 拦蓄区到建筑物和建筑红线的间距

储罐水容量 (m^3)	从拦蓄区或储罐排水系统边缘到建筑物和建筑红线最小距离 (m)	储罐之间最小距离 (m)
<0.5	0	0
0.5～1.9	3	1
1.9～7.6	4.6	1.5
7.6～56.8	7.6	1.5
56.8～114	15	1.5
114～265	23	相邻罐直径之和的 1/4 但不小于 1.5 m
>265	0.7 倍罐直径，但不小于 30 m	

表 9.2.5 中 LNG 储罐与站内建、构筑物的防火间距，是参考我国 LPG 气化站的实践经验、本规范 LPG 气化站的有关规定和 NFPA59A 的有关规定编制的。

2 表 9.2.5 中集中放散装置的天然气放散总管与站内建、构筑物的防火间距，是参照本规范天然气门站、储配站的集中放散装置放散管的有关规定编制的。

9.2.10 本条规定了液化天然气储罐和储罐区的布置要求。

1 储罐之间的净距要求是参照 NFPA59A(见表 51)编制的。

2～4 款是参照 NFPA59A(2001 年版)编制的，其中第 3 款的“防护墙内的有效容积”是指防护墙内的容积减去积雪、其他储罐和设备等占有的容积和裕量。

5 是保障储罐区安全的需要。

6 是参照 NFPA57《液化天然气车(船)载燃料系统规范》(1999 年版)的规定编制的。容器容积太大，遇有紧急情况时，在建筑物内不便于搬运。而长期放置在建筑物内的装有液化天然气的容器，将会使容器压力不断上升或经安全阀排放天然气，造成事故或浪费能源、污染环境。

9.2.11 本条规定了气化器、低温泵的设置要求。

1 参照 NFPA59A 标准，气化器分为加热、环境和工艺等三类。

1) 加热气化器是指从燃料的燃烧、电能或废热取热的气化器。又分为整体加热气化器(热源与气化换热器为一体)和远程加热气化器(热源与气化换热器分离，通过中间热媒流体作传热介质)两种。

2) 环境气化器是指从天然热源(如大气、海水或地热水)取热的气化器。本规范中将从大气取热的气化器称为空温式气化器。

3) 工艺气化器是指从另一个热力或化学过程取热，或储备或利用 LNG 冷量的气化器。

2 环境气化器、远程加热气化器(当采用的热媒流体为不燃烧流体时)，可设置在储罐区内，是参照 NFPA57(1999 年版)的规定编制的。

设在储罐区的天然气气体加热器也应具备上述环境式或远程加热气化器(当采用的热媒流体为不

燃烧流体时)的结构条件。

9.2.12 液化天然气集中放散装置的汇集总管,应经加热将放散物天然气加热成比空气轻的气体后方可放散,是使天然气易于向上空扩散的安全措施,放散总管距其 25 m 内的建、构筑物的高度要求是参照本规范天然气门站、储配站的放散总管的高度规定编制的。

天然气的放散是迫不得已采取的措施,对于储罐经常出现的 LNG 自然蒸发气(BOG 气)应经储罐收集后接到向外供应天然气的管道上,供用户使用。

9.3 液化天然气瓶组气化站

9.3.1 液化天然气瓶组气化站供应规模的确定主要依据如下:

液化天然气瓶组气化站主要供应城镇小区,气瓶组总容积 4 m^3 可以满足 2 000～2 500 户居民的使用要求,同时从安全角度考虑供应规模不宜过大。

为便于装卸、运输、搬运和安装,单个气瓶容积宜采用 175 L,最大不应大于 410 L,是根据实践和国内产品规格编制的。

9.3.2 本条编制依据与第 9.2.4 条类同。

LNG 气瓶组与建、构筑物的防火间距是参考本规范中液化石油气瓶组间至建、构筑物的防火间距编制的,但考虑到液化石油气的最大气瓶为 50 kg(容积 118 L),而 LNG 气瓶最大为 410 L,因而对气瓶组至民用建筑或重要公共建筑的防火间距规定,LNG 气瓶组比液化石油气气瓶间要大一些。

关于液化天然气气瓶上的安全阀是否要汇集后集中放散的问题,目前存在不同做法,只要是能保证系统的安全运行,可由设计人员根据实际情况确定,本规范不作硬性统一的规定。当需要设放散管时,放散口应引到安全地点。

9.4 管道及附件、储罐、容器、气化器、气体加热器和检测仪表

9.4.1 本条规定了液化天然气储罐和设备的设计温度,是参照 NFPA59A 标准编制的。

9.4.3 本条规定了液化天然气管道连接和附件的设计要求,是参照 NFPA59A 标准编制的。

9.4.7 液态天然气管道上两个切断阀之间设置安全阀是为了防止因受热使其压力升高而造成管道破裂。

9.4.8 本条规定了液化天然气卸车软管和附件的设计要求,是参照 NFPA59A 标准编制的。

9.4.14 本条规定了液化天然气储罐仪表设置的设计要求,是参照 NFPA59A 标准编制的。

9.4.15 本条规定了气化器的液体进口紧急切断阀的设计要求,是参照 NFPA59A 标准编制的。

9.4.16 本条规定了气化器安全阀的设计要求,是参照 NFPA59A 标准编制的。安全阀可以设在气化器上,也可设在紧接气化器的出口管道上。

9.4.17～9.4.19 此三条规定是参照 NFPA59A 标准编制的。

9.4.21 本条规定了液化天然气气化站紧急关闭系统的设计要求,是参照 NFPA59A 标准编制的。

9.5 消防给水、排水和灭火器材

9.5.1～9.5.4 此四条规定了液化天然气气化站消防给水的设计要求。

1 根据欧洲标准《液化天然气设施与设备 陆上设施的设计》BSEN 1473—1997 的有关说明,在液化天然气气化站内消防水有着与其他消防系统不同的用途,水既不能控制也不能熄灭液化天然气液池火灾,水在液化天然气中只会加速液化天然气的气化,进而增加其燃烧速度,对火灾的控制只会产生相反的结果。在液化天然气气化站内消防水大量用于冷却受到火灾热辐射的储罐和设备或可能以其他方式加剧液化天然气火灾的任何被火灾吞灭的结构,以减少火灾升级和降低设备的危险。

2 条文制定的原则是根据 NFPA58 和 NFPA59A 中有关消防系统的制订原则而确定的。根据 NFPA58 和 NFPA59A 的有关液化石油气和液化天然气站区的消防系统设计要求是基本一致的情况,

因此编制的液化天然气气化站的消防系统设计的要求和本规范中的液化石油气供应的消防系统设计有关要求基本一致。

9.5.5 本条规定是参照 NFPA59A 标准编制的。

9.5.6 液化天然气气化站内具有火灾和爆炸危险的建、构筑物、液化天然气储罐和工艺装置设置小型干粉灭火器，对初期扑灭失火避免火势扩大，具有重要作用，故应设置。根据《建筑灭火器配置设计规范》GB 50140 的规定，站内液化天然气储罐或工艺装置区应按严重危险级配置灭火器材。

9.6 土建和生产辅助设施

9.6.2 本条规定了液化天然气工艺设备的建、构筑物的通风设计要求，是参照 NFPA59A 标准编制的。

9.6.3 液化天然气气化站承担向城镇或小区大量用户或大型用户等供气的重要任务，电力的保证是气化站正常运行的必备条件，其用电负荷及其供配电系统设计应符合《供配电系统设计规范》GB 50052“二级”负荷的有关规定。

10 燃气的应用

10.1 一般规定

10.1.1 燃气系统设计指的是工艺设计。对于土建、公用设备等项设计还应按其他标准、规范执行。

10.2 室内燃气管道

10.2.1 本条规定了室内燃气管道的最高压力，主要参照原苏联和美国的规范编制的。

1 原苏联《燃气供应标准》(1991 年版)5.29 条规定：安装在厂房内或住宅及非生产性公共建筑外墙上的组合式调压器的燃气进口压力不应超过下列规定：

住宅和非生产性公共建筑——0.3 MPa；

工业(包括锅炉房)和农业企业——1.2 MPa。

2 美国规范 ASME B31.8 输气和配气系统第 845.243 条对送给家庭、小商业和小工业用户的燃气压力做了如下限定：

用户调压器的进口压力应小于或等于 60 磅/平方英寸(0.41 MPa)，如超压时应自动关闭并人工复位；

用户调压器的进口压力小于或等于 125 磅/平方英寸(0.86 MPa)时，除调压器外还应设置一个超压向室外放空的泄压阀，或在上游设辅助调压器，使通到用户的燃气压力不超过最大安全值。

3 我国燃气中压进户的情况。

四川、北京、天津等有高、中压燃气供应的城市中，有一部分锅炉房和工业车间内燃气的供应压力已达到 0.4 MPa，然后由专用调压器调至 0.1 MPa 以下供用气设备使用；

北京、成都、深圳等市早已开展了中压进户的工作，详见表 52。

表 52 我国部分城市中压进户的使用情况表

地点	燃气种类	厨房内调压器入口压力(MPa)	使用时间(年)
北京	人工煤气	0.1	20 以上
成都	天然气	0.2	20 以上
深圳	液化石油气	0.07	20 以上

4 国外中压进户表前调压的入户压力在第十五届世界煤气会议上曾有过报导，其入户的允许压力值详见表 53。

表 53　国外中压进户的燃气压力值

国别	户内表前最高允许压力(MPa)	国别	户内表前最高允许压力(MPa)
美国	0.05	法国	0.4
英国	0.2	比利时	0.5

5　中压进厨房的限定压力为 0.2 MPa，主要是根据我国深圳等地多年运行经验和参照国外情况制定的，为保证运行安全，故将进厨房的燃气压力限定为 0.2 MPa。

6　本条的表注 1 为等同美国国家燃气规范 ANSI Z223.1—1999 规定。

10.2.2　本条规定了用气设备燃烧器的燃气额定压力。

1　燃气额定压力是燃烧器设计的重要参数。为了逐步实现设备的标准化、系列化，首先应对燃气额定压力进行规定。

2　一个城市低压管网压力是一定的，它同时供应几种燃烧方式的燃烧器(如引射式、机械鼓风的混合式、扩散式等)，当低压管网的压力能满足引射式燃烧器的要求时，则更能满足另外两种燃烧器的要求(另外两种燃烧器对压力要求不太严格)，故对所有低压燃烧器的额定压力以满足引射式燃烧器为准而作了统一的规定，这样就为低压管网压力确定创造了有利条件。

3　国内低压燃气燃烧器的额定压力值如下：

人工煤气：1.0 kPa；天然气：2.0 kPa，液化石油气：2.8 kPa(工业和商业可取 5.0 kPa)。

4　国外民用低压燃气燃烧器的额定压力值如下：

1)　人工煤气：日本 1.0 kPa(煤气用具检验标准)；原苏联 1.3 kPa(《建筑法规》—1977)；美国 1.5 kPa(ASAZ 21.1.1—1964)。

2)　天然气：法国 2.0 kPa(法国气体燃料用具的鉴定)；原苏联 2.0 kPa(《建筑法规》—1977)；美国 1.75 kPa(ASAZ 21.1.1—1964)。

3)　液化石油气：原苏联 3.0 kPa(《建筑法规》—1977)；日本 2.8 kPa(日本 JIS)；美国 2.75 kPa(ASAZ 21.1.1)。

10.2.3　本条将原规范应采用镀锌钢管，改为宜采用钢管。对规范规定的其他管材，在有限制条件下可采用。

10.2.4　对钢管螺纹连接的规定的依据如下：

1　管道螺纹连接适用压力上限定为 0.2 MPa 是参照澳大利亚标准，但澳大利亚在此压力下，一般用于室外调压器之前，我国螺纹标准编制说明中也指出，采用圆锥内螺纹与圆锥外螺纹(锥/锥)连接时，可适用更高的介质压力。但考虑到室内管量大、面广、管件质量难保证、缺乏经常性维护、与用户安全关系密切等，故本规范对压力小于或等于 0.2 MPa 时只限在室外采用，室内螺纹连接只用于低压。

2　美国国家燃气规范 ANSI Z223.1—1999，对室内燃气管螺纹规定采用(锥/锥)连接，最高压力可用于 0.034 MPa。

我国国产螺纹管件一般为锥管螺纹。故本规范对室内燃气管螺纹规定采用(锥/锥)连接。

10.2.5　本条规定了铜管用做燃气管的使用条件。

1　城镇燃气中硫化氢含量的限定：

GB 17820—1999《天然气》标准附录 A 规定，金属材料无腐蚀的含量为小于或等于 6 mg/m^3(湿燃气)。

美国《燃气规范》ANSI Z223.1—1999 规定，对铜材允许的含量为小于或等于 7 mg/m^3(湿燃气)。

原苏联《燃气规范》和我国《天然气》标准规定，对钢材允许的含量为小于或等于 20 mg/m^3(湿燃气)。

本规范对铜管采用的是小于或等于 7 mg/m^3 的要求。

2　几个国家户内常用的铜管类型和壁厚见表 54。据此本规范对燃气用铜管选用为 A 型或 B 型。

3 我国已有铜管国家标准，上海、佛山等城市使用铜管用于燃气已有4～5年，明装和暗埋的均有，但以暗埋敷设的为主。

表54 几个国家户内常用的铜管类型及壁厚

通径(mm)	中国 类型、壁厚(mm)			澳大利亚 类型、壁厚(mm)				美国 壁厚(mm)
	A	B	C	A	B	C	D	—
5	1.0	0.8	0.6	—	—	—	—	—
6	1.0	0.8	0.6	0.91	0.71	—	—	—
8	1.0	0.8	0.6	0.91	0.71	—	—	—
10	1.2	0.8	0.6	1.02	0.91	0.71	—	—
15	1.2	1.0	0.7	1.02	0.91	0.71	—	1.06
—	1.2	1.0	0.8	1.22	1.02	0.91	—	1.07
20	1.5	1.2	0.9	1.42	1.02	0.91	—	1.14
25	1.5	1.2	0.9	1.63	1.22	0.91	—	1.27
32	2.0	1.5	1.2	1.63	1.22	—	0.91	1.40
40	2.0	1.5	1.2	1.63	1.22	—	0.91	1.52

注：1 澳大利亚燃气安装标准AS5601—2000/AG601—2000，规定燃气用户选用的铜管应为A型或B型。

2 美国联邦法规49-192(2000)，规定了如上表所列燃气用户铜管的最小壁厚。

3 我国现行国家标准《天然气》GB 17820—1999附录A中规定：燃气中H_2S≤6 mg/m³时，对金属无腐蚀；H_2S≤20 mg/m³时，对钢材无明显腐蚀。

4 根据美国西南研究院(SWRI)和天然气研究院(GRI)，关于"天然气成分对铜腐蚀作用的试验评估"(1993年3月)：

1) 试验分析表明，天然气中硫化氢、氧气和水的浓度在规定范围内(水：112 mg/m³，硫化氢：5.72～22.88 mg/m³，总硫：229～458 mg/m³，二氧化碳2.0%～3.0%，氧气：0.5%～1.0%)，铜管20年的最大的穿透值为0.23 mm，一般铜管的壁厚为0.90 mm以上，所以铜管不会因腐蚀而穿透。

2) 试验表明，天然气中硫化氢、氧气和水的浓度在规定范围内，腐蚀产物可能在铜管内形成，并可能脱落阻塞下游设备的喷嘴；可通过设过滤器除去腐蚀产物的碎片，以减少设备的堵塞；也可选用内壁衬锡的铜管，以防止铜管的内腐蚀。

10.2.6 对不锈钢管规定的根据如下：

1 薄壁不锈钢管的壁厚不得小于0.6 mm(*DN*15及以上)，按GB/T 12771标准，一般*DN*15及以上(外径≥13 mm)管子的壁厚≥0.6 mm，而外径8～12 mm管于壁厚为0.3～0.5 mm，比波纹管壁厚大。

管道连接方式一般可分以下六大类：螺纹连接、法兰连接、焊接连接、承插连接、粘结连接、机械连接(如胀接、压接、卡压、卡套等)。螺纹连接等前四种属传统的应用面较普遍的连接方式。粘结连接具有局限性。机械连接一般指较灵活的、现场可组装的，即安装较简便的连接方式。

薄壁不锈钢管采用承插氩弧焊式管件属无泄漏接头连接，与卡压、卡套等机械连接相比较具有明显优点，故推荐选用。

2 不锈钢波纹管的壁厚不得小于0.2 mm，是目前国内产品的一般要求。

3 薄壁不锈钢管和不锈钢波纹管必须有防外部损坏的保护措施，是参照美国、荷兰和欧洲燃气规范编制的。

10.2.7 本条规定了铝塑复合管用做燃气管的使用条件。

1 目前国外用于燃气的铝塑复合管的国家有荷兰(NPR3378-10,2001)和澳大利亚(AS5601-2004等,本条规定的根据主要来源于澳大利亚燃气安装标准(2004年版),该标准规定有铝塑管不允许暴露在60℃以上的温度下,最高使用压力为70 kPa等要求。

2 防阳光直射(防紫外线),防机械损伤等是对聚乙烯管的一般要求,由于铝塑复合管的内、外均为聚乙烯,因而也应有此要求。欧洲(BSEN 1775—1998)、美国法规49—192(2000)、荷兰(NPR 3378-10,2001)等国外《燃气规范》对室内用的PE和PE/AI/PE等塑料管材均有上述规定要求。

3 铝塑复合管我国已有国家标准,长春、福州等城市使用铝塑复合管用于燃气已有7～8年,主要采用明装且限用于住宅单元内的燃气表后。考虑到铝塑复合管不耐火和塑料老化问题,故本规范限制只允许在户内燃气表后采用。

10.2.9 关于居民生活使用的燃具同时工作系数(简称"系数"),是由上海煤气公司综合了上海、北京、沈阳、成都等地区的测定资料,经过整理、计算、验证后推荐的数据,详见附录F。由于"系数"的测定验证仅限于四个城市,就我国广大地区而言,尚有一定的局限性,故条文用词采用"可"。

10.2.11 低压燃气管道的计算总压力降可按本规范第6.2.8条确定,至于其在街区干管、庭院管和室内管中的分配,应根据建筑物等情况经技术经济比较后确定。当调压站供应压力不大于5 kPa的低压燃气时,对我国一般情况,参照原苏联《建筑法规》并作适当调整,推荐表55作为室内低压燃气管道压力损失控制值,可供设计时参考。

表55 室内低压燃气管道允许的阻力损失参考表

燃气种类	从建筑物引入管至管道末端阻力损失(Pa)	
	单层	多层
人工煤气、矿井气	200	300
天然气、油田伴生气、液化石油气混空气	300	400
液化石油气	400	500

注:1 阻力损失包括计量装置的损失。

2 当由楼幢调压箱供应低压燃气时,室内低压燃气管道允许的阻力损失,也可按本规范第6.2.8条计算确定。

推荐表55中室内燃气管道允许的阻力损失的参考值理由如下:

1 原苏联的住宅中一般不设置燃气计量装置。

1) 原苏联《室内燃气设备设计标准》(建筑法规Ⅱ)-62规定:当有使用气体燃料的采暖用具(炉子、小型采暖炉、壁炉)时,居住建筑的住宅中才设燃气表。

2) 原苏联《建筑法规》—77规定,室内压降的分配没提到燃气表的压力降。

3) 原苏联《建筑法规》—77规定:为了计量供给工业企业、公用生活企业和锅炉房的燃气流量应规定设置流量计(注:住宅计量没有规定)。

2 家用膜式燃气表的阻力损失。

1) 在原TJ 28—78《城市煤气设计规范》规定:低压计量装置的压力损失:当流量等于或小于3 m^3/h时,不应大于120 Pa;当流量大于3 m^3/h,等于或小于100 m^3/h时,不应大于200 Pa;当流量大于100 m^3/h时,应根据所选的表型确定。

2) 在GB/T 6968—1997《膜式煤气表》的表5中规定:煤气表的最大流量值Q_{max}为1～10 m^3/h时,总压力损失最大值为200 Pa。

3) 综上所述,家用燃气表的阻力损失一般为:流量小于或等于3 m^3/h时,阻力损失可取120 Pa;大于3 m^3/h而小于或等于10 m^3/h,或在1.5倍额定流量下使用时,阻力损失可取200 Pa。

3 室内燃气管道阻力损失的参考值。

因原苏联住宅厨房内不设置煤气表，故供气系统的阻力损失值不能等同采用原苏联《建筑法规》中的数值(详见本规范条文说明表27)，故作适当调整(见表55和表28)。

10.2.14 本条规定的目的是为了保证用气的安全和便于维修管理。

1 人工煤气引入管管段内，往往容易被萘、焦油和管道内腐蚀铁锈所堵塞，检修时要在引入管阀门处进行人工疏通管道的工作，需要带气作业。此外阀门本身也需要经常维修保养。因此，凡是检修人员不便进入的房间和处所都不能敷设燃气引入管。

2 规定燃气引入管应设在厨房或走廊等便于检修的非居住房间内的根据是：

原苏联1977年《建筑法规》第8.21条规定：住房内燃气立管规定设在厨房、楼梯间或走廊内；

我国的实际情况也是将燃气引入管设在厨房、楼梯间或走廊内。

10.2.16 规定燃气引入管"穿过建筑物基础、墙或管沟时，应设置在套管中"，前者是防止当房屋沉降时压坏燃气管道，以及在管道大修时便于抽换管道；后者是防止燃气管道漏气时沿管沟扩散而发生事故。

对于高层建筑等沉降量较大的地方，仅采取将燃气管道设在套管中的措施是不够的，还应采取补偿措施，例如，在穿过基础的地方采用柔性接管或波纹补偿器等更有效的措施，用以防止燃气管道损坏。

10.2.18 燃气引入管的最小公称直径规定理由如下：

1 当输送人工煤气或矿井气时，我国多数燃气公司根据多年生产实践经验，规定最小公称直径为*DN*25。国外有关资料如英国、美国、法国等国家也规定了最小公称直径为*DN*25。为了防止造成浪费，又要防止管道堵塞，根据国内外情况，将输送人工煤气或矿井气的引入管最小公称直径定为*DN*25。

2 当输送天然气或液化石油气时，因这类燃气中杂质较少，管道不易堵塞，且燃气热值高，因此引入管的管径不需过大。故将引入管的最小公称直径规定为：天然气*DN*20，液化石油气*DN*15。

10.2.19 本条规定了引入管阀门布置的要求。

规定"对重要用户应在室外另设置阀门"。这是为了万一在用气房间发生事故时，能在室外比较安全地带迅速切断燃气，有利于保证用户的安全。重要用户一般系指：国家重要机关、宾馆、大会堂、大型火车站和其他重要建筑物等，具体设计时还应听取当地主管部门的意见予以确定。

10.2.21 本条规定了地下室、半地下室、设备层和地上密闭房间敷设燃气管道时应具备的安全条件。

10.2.22 地下室和半地下室一般通风较差，比空气重的液化石油气泄漏后容易集聚达到爆炸极限并发生事故，故规定上述地点不应设置液化石油气管道和设备。当确需设置在上述地点时，参考美国、日本和我国深圳市的经验，建议采取下述安全措施，经专题技术论证并经建设、消防主管部门批准后方可实施。

1 只限地下一层靠外墙部位使用的厨房烹调设备采用，其装机热负荷不应大于0.75 MW(58.6 kg/h的液化石油气)；

2 应使用低压管道液化石油气，引入管上应设紧急自动切断阀，停电时应处于关闭状态；

3 应有防止燃气向厨房相邻房间泄漏的措施；

4 应设置独立的机械送排风系统，通风换气次数：正常工作不应小于6次/h，事故通风时不应小于12次/h；

5 厨房及液化石油气管道经过的场所应设置燃气浓度检测报警器，并由管理室集中监视；

6 厨房靠外墙处应有外窗并经过竖井直通室外，外窗应为轻质泄压型；

7 电气设备应采用防爆型；

8 燃气管道敷设应符合本规范第10.2.21条、第10.2.23条规定等。

10.2.23 本条规定了在地下室、管道井等危险部位敷设燃气管道时的具体安全措施。

1 管道提高一个压力等级的含义是指：低压提高到0.1 MPa；中压B提高到0.4 MPa；中压A提高到0.6 MPa。

3 管道焊缝射线照相检验，主要是根据现行国家标准《工业金属管道工程施工及验收规范》GB 50235—1997中7.4.3.1条的规定和我国燃气管道焊接的实际情况确定的。

10.2.25　室内燃气管道一般均应明设，这是为了便于检修、检漏并保证使用安全；同时明设作法也较节约。在特殊情况下(例如考虑美观要求而不允许设明管或明管有可能受特殊环境影响而遭受损坏时)允许暗设，但必须便于安装和检修，并达到通风良好的条件(通风换气次数大于2次/h)，例如装在具有百页盖板的管槽内等。

燃气管道暗设在建筑物的吊顶或密封的Π形管槽内，为上海市推荐做法及规定。

室内水平干管尽量不穿建筑物的沉降缝，但有时不可避免，故规定为不宜。穿过时应采取防护措施。

10.2.27　本条规定了燃气管道井的安全措施。燃气管道与下水管等设在同一竖井内为国内、以及澳大利亚住宅管道井的普遍做法，多年运行没发生什么问题。管道井防火、通风措施是根据国内管道井的普遍做法。主要是根据国家《建筑设计防火规范》、美国《燃气规范》和国内实际做法规定的。

10.2.28　高层建筑立管的自重和热胀冷缩产生的推力，在管道固定支架和活动支架设计、管道补偿等设计上是必须要考虑的，否则燃气管道可能出现变形、折断等安全问题。

10.2.29　室内燃气管道在设计时必须考虑工作环境温度下的极限变形，否则会使管道热胀冷缩造成扭曲、断裂，一般可以用室内管道的安装条件做自然补偿，当自然条件不能调节时，必须采用补偿器补偿；室内管道宜采用波纹补偿罪；因波纹补偿器安装方便，调节安装误差的幅度大，造型也轻巧美观。

补偿量计算温度为国内设计计算时的推荐数据。

10.2.31　本条规定了住宅内暗埋燃气管道的安全要求，为澳大利亚、荷兰等国外标准规定和我国上海等地的习惯做法。

机械接头指胀接、压接、卡压、卡套等连接方式用的接头，管螺纹连接未列入机械连接中。

10.2.32　住宅内暗封的燃气管道指隐蔽在柜橱、吊顶、管沟等部位的燃气管道。

10.2.33　为了使商业和工业企业室内暗设的燃气管便于安装和检修，并能延长使用年限达到安全可靠的目的，条文提出了敷设方式及措施。

10.2.34　民用建筑室内水平干管不应埋设在地下和地面混凝土层内主要为防腐蚀和便于检修。工业和实验室用的燃气管道可埋设在混凝土地面中为参照原苏联《建筑法规》的规定。

10.2.36　本条规定电表、电插座、电源开关与燃气管道的净距为我国上海、香港等地的实践经验，其他为原苏联《建筑法规》的规定。

10.2.38　为了防止当房屋沉降时损坏燃气管道及管道大修时便于抽换管道，以及因室内温度变化燃气管道随温度变化而有伸缩的情况，条文规定燃气管道穿过承重墙、地板或楼板时“必须”安装在套管中。

10.2.39　设置放散管的目的是为工业企业车间、锅炉房以及大中型用气设备首次使用或长时间不用又再次使用时，用来吹扫积存的燃气管道中的空气、杂质。当停炉时，如果总阀门关闭不严，漏到管道中的燃气可以通过放散管放散出去，以免燃气进入炉膛和烟道发生事故。

原苏联《建筑法规》规定：放散管应当服务于从离开引入地点最远的燃气管段开始引至最后一个阀门(按燃气流动方向)前面的每一机组的支管为止。具有相同的燃气压力的燃气管道的放散管可以连接起来。放散管的直径不应小于20 mm。放散管应设有为了能够确定放散程度而用的带有转心门或旋塞的取样管。

放散管要高出屋脊1 m以上或地面上安全处设置是为了防止由放散管放散出的燃气进入屋内。使燃气能尽快飘散在大气中。

为了防止雨水进入放散管，管口要加防雨帽或将管道揻一个向下的弯。对于设在屋脊为不耐火材料，周围建筑物密集、容易窝风地区的放散管，管口距屋脊应更高，以便燃气尽快扩散于大气中。

因为放散管是建筑物的最高点，若处在防雷区之外时，容易遭到雷击而引起火灾或燃气爆炸。所以放散管必须设接地引线。根据《中华人民共和国爆炸危险场所电气安全规程》的规定，确定引线接地电阻应小于10 Ω。

10.2.40　燃气阀门是重要的安全切断装置，燃气设备停用或检修时必须关断阀门，本条规定的部位应设置阀门是目前国内外的普遍做法。

10.2.41 选用能快速切断的球阀做室内燃气管道的切断装置是目前国内的普遍做法，安全性较好。

10.3 燃气计量

10.3.1 为减少浪费，合理使用燃气，搞好成本核算，各类用户按户计量是不可缺少的措施。目前，已充分认识到这一点，改变了过去按人收费和一表多户按户收费等不正常现象。

燃气表应按燃气的最大工作压力和允许的压力降（阻力损失）等条件选择为参照美国《燃气规范》的规定。

10.3.2 本条规定了用户燃气表安装设计要求。

1 “通风良好”是燃气表的保养和用气安全所需要的条件，各地煤气公司对要求“通风良好”均作了规定。如果使用差压式流量计则仅对二次仪表有通风良好的要求。

2 禁止安装燃气表的房间、处所的规定是根据上海市煤气公司的实践经验和规定提出的，这主要是为了安全。因为燃气表安装在卫生间内，外壳容易受环境腐蚀影响；安装在卧室则当表内发生故障时既不便于检修，又极易发生事故；在危险品和易燃物品堆存处安装煤气表，一旦出现漏气时更增加了易燃、易爆品的危险性，万一发生事故时必然加剧事故的灾情，故规定为“严禁安装”。

3 目前输配管道内燃气一般都含有水分。燃气经过燃气表时还有散热降温作用。如环境温度低于燃气露点温度或低于 0 ℃时，燃气表内会出现冷凝或冻结现象，从而影响计量装置的正常运转，故各地燃气公司对环境温度均有规定。

4 煤气表一般装在灶具的上方，煤气表与灶具、热水器等燃烧设备的水平净距应大于 30 cm 是参照北京、上海等地标准的规定制定的。

规定当有条件时燃气表也可设置在户门外，设置在门外楼梯间等部位应考虑漏气、着火后对消防疏散的影响，要有安全措施，如设表前切断阀、对燃气表的保护和加强自然通风等。

5 商业和工业企业用气的计量装置，目前多数用户都是安装在毗邻的或隔开的调压站内或单独的房间内，并设有测压、旁通等设施，计量装置本身体积也较大，故占地较大，为了管理方便，宜布置在单独房间内。

10.3.3 本条规定设置计量保护装置的技术条件。

1 输送过程中产生的尘埃来自没有保护层的钢管遇到燃气中的氧、水分、硫化氢等杂质而分别形成的氧化铁或硫化铁。四川省成都市和重庆市的天然气站或计量装置前安装过滤器来除去硫化铁及其他固体尘粒取得了实际效果。天津市因所用石油伴生气中杂质较少，其计量装置前没有装设过滤器。东北各地则普遍发现黑铁管内壁和计量装置内均有严重积垢和腐蚀现象，但没有定性定量分析资料，从外表观察积垢实物，估计是焦油、萘、硫化铁、氧化铁等的混合物。

原苏联 ГОСТ5364《家用燃气表技术要求》规定“表内应有护网防杂质进入机构”；英国标准没有规定；我国各地生产的燃气表也不附带过滤器。

我们认为并非所有的计量装置都需要安装过滤器，不必把它作为计量装置的固定附件，而应根据输送燃气的具体情况和当地实践经验来决定是否需要安装。

2 对于机械鼓风助燃的用气设备，当燃气或空气因故突然降低压力和或者误操作时，均会出现燃气、空气窜混现象，导致燃烧器回火产生爆炸事故，造成燃气表、调压器、鼓风机等设备损坏。设置泄压装置是为了防止一旦发生爆炸时，不至于损坏设备。

上海彭浦机器厂曾发生过加热炉爆炸事故，由于设了止回阀而保护了阀前的调压器。沈阳压力开关厂和华光灯泡厂原来在计量装置后未装防爆膜，曾发生过因回火爆炸而损坏燃气表的事故；在增加防爆膜后，当再次回火发生爆炸时则未造成损失。燃气压力较高时宜设止回阀，压力较低时宜设防爆膜。

10.4 居民生活用气

10.4.1 目前国内的居民生活用气设备，如燃气灶、热水器、采暖器等都使用 5 kPa 以下的低压燃气，主要是为了安全，即使中压进户(中压燃气进入厨房)也是通过调压器降至低压后再进入计量装置和用气设备的。

10.4.2 居民生活用气设备严禁安装在卧室内的理由：

1 原苏联《建筑法规》规定：居住建筑物内的燃气灶具应装在厨房内。采暖用容积式热水器和小型燃气采暖锅炉必须设在非居住房间内；

2 燃气红外线采暖器和火道(炕、墙)式燃气采暖装置在我国一些地区的卧室使用后，都曾发生过多起人身中毒和爆炸事故。

根据国内、国外情况，故规定燃气用具严禁在卧室内安装。

10.4.3 为保证室内的卫生条件，当设置在室内的直排式燃具，其容积热负荷指标不超过本规范第10.7.1条规定的207 W/m^3 时，也宜设置排气扇、吸油烟机等机械排烟设施；为保证室内的用气安全，非密闭的一般用气房间也宜设置可燃气体浓度检测报警器。

10.4.4 燃气灶安装位置的规定理由如下：

1 在通风良好的厨房中安装燃气灶是普遍的安装形式，当条件不具备时，也可安装在其他单独的房间内，如卧室的套间、走廊等处，为了安全和卫生，故规定要有门与卧室隔开。

2 一般新住宅的净高为2.4～2.8 m，为了照顾已有建筑并考虑到燃烧产生的废气层能够略高于成年人头部，以减少对人的危害，故规定燃气灶安装房间的净高不宜低于2.2 m；当低于2.2 m时，应限制室内燃气灶眼数量，并应采取措施保证室内较好的通风条件。

3 燃气灶或烤箱灶侧壁距木质家具的净距不小于20 cm，比原苏联标准大5 cm，主要是因我国灶具的热负荷比原苏联大，烤箱的温度(t=280 ℃)也比国外高，有可能造成烤箱外壁温度较高。另外，我国使用的锅型也较大，考虑到安全和使用的方便而作了上述规定。

10.4.5 燃气热水器安装位置的规定理由如下：

1 通风良好条件一般应采用机械换气的措施来解决，设置在阳台时应有防冻、防风雨的措施。

2 规定除密闭式热水器外其他类型热水器严禁安装在卫生间内，主要是防止因倒烟和缺氧而产生事故，国内外均有这方面的安全事故，故作此规定。

密闭式热水器燃烧需要的空气来自室外，燃烧后的烟气排至室外，在使用过程中不影响室内的卫生条件，故可以安装在卫生间内。

3 安装半密闭式热水器的房间的门或墙的下部设有不小于0.02 m^2 的格栅或在门与地面之间留有不小于30 mm的间隙，是参照原苏联规范的规定，目的在于增加房间的通风，以保证燃烧所需空气的供给。

4 房间净高宜大于2.4 m是8 L/min以上大型快速热水器在墙上安装时的需要高度。

5 大量使用的快速热水器都安装在墙上，不耐火的墙壁应采取有效的隔热措施。容积式热水器安装时也有同样的要求。

10.4.6 住宅单户分散采暖系统，由于使用时间长，通风换气条件一般较差，故规定应具备熄火保护和排烟设施等条件。

10.5 商业用气

10.5.1 商业用气设备宜采用低压燃气设备。对于在地下室、半地下室等危险部位使用时，应尽量选用低压燃气设备，否则应经有关部门批准方可选用中压燃气设备。

10.5.2 本条规定的通风良好的专用房间主要是考虑安全而规定的。

10.5.3 本条对地下室等危险部位使用燃气时的安全技术要求进行了规定，主要依据我国上海、深圳等城市的经验。

10.5.5 大锅灶热负荷较大，所以都设有炉膛和烟道，为保证安全，在这些容易聚集燃气的部位应设爆破门。

10.5.6、10.5.7 对商业用户中燃气锅炉和燃气直燃型吸收式冷(温)水机组的设置作了规定，主要依据《建筑设计防火规范》GB 50016、《高层民用建筑设计防火规范》GB 50045 和我国上海等地的实际运行经验。

10.6 工业企业生产用气

10.6.1 用气设备的燃气用量是燃气应用设计的重要资料，由于影响工业燃气用量的因素很多，现在所掌握的统计分析资料还达不到提出指标数据的程度，故本条只作出定性规定。

非定型用气设备的燃气用量，应由设计单位收集资料，通过分析确定计算依据，然后通过详细的热平衡计算确定。当资料数据不全，进行热平衡计算有困难时，可参照同类型用气设备的用气指标确定。

在实际生产中，影响炉子(用气设备)用气量的因素很多，如炉子的生产量、燃气及其助燃用空气的预热温度、燃烧过剩空气系数及燃烧效果的好坏、烟气的排放温度等。燃气用量指标是在一定的设备和生产条件下总结的经验数据，因此在选择运用各类经验耗热指标时，要注意分析对比，条件不同时要加以修正。

原有加热设备使用"其他燃料"，主要指的是使用固体和液体燃料的加热设备改烧气体燃料(城市燃气)的问题。在确定燃气用量时，不但要考虑不同热值因素的折算，还要考虑不同热效率因素的折算。

10.6.2 关于在供气管网上直接安装升压装置的情况在实际中已存在，由于安装升压装置的用户用气量大，影响了供气管网的稳定，尤其是对低压和中压 B 管网影响较大，造成其他用户燃气压力波动范围加大，降低了灶具燃烧的稳定性，增加了不安全因素。因此，条文规定"严禁"在低压和中压 B 供气管道上"直接"安装加压设备，并主要根据上海等地的经验规定了当用户用气压力需要升压时必须采取的相应措施，以确保供气管网安全稳定供气。

10.6.4 为了提高加热设备的燃烧温度、改善燃烧性能、节约燃气用量、提高炉子热效率，其有效的办法之一是搞好余热利用。

废热中余热的利用形式主要是预热助燃用的空气，当加热温度要求在 1 400 ℃以上时，助燃用空气必须预热，否则不能达到所要求的温度。如有些高温焙烧窑，当把助燃用的空气预热到 1 200 ℃时窑温可达到 1 800 ℃。

根据上海的经验和一些资料介绍，采用余热利用装置后，一般可节省燃气 10%～40%。当不便于预热助燃用空气时，也宜设置废热锅炉来回收废热。

10.6.5 规定了工业用气设备的一般工艺要求。

1 用气设备应有观察孔或火焰监测装置，并宜设置自动点火装置和熄火保护装置是对用气设备的一般技术要求。

由于工业用气设备用气量大、燃烧器的数量多，且因受安装条件的限制，使人工点火和观火比较困难；通过调查不少用气设备由于在点火阶段的误操作而发生爆炸事故。当用气设备装有自动点火和熄火保护装置后，对设备的点火和熄火起到安全监测作用，从而保证了设备的安全、正常运转。

2 用气设备的热工检测仪表是加热工艺应有的，不论是手动控制的还是自动控制的用气设备都应有热工检测仪表，包括有检测下述各方面的仪表：

1) 燃气、空气(或氧气)的压力、温度、流量直观式仪表；

2) 炉膛(燃烧室)的温度、压力直观式仪表；

3) 燃烧产物成分检测仪表(测定烟气中 CO、CO_2、O_2 含量)；

4) 排放烟气的温度、压力直观式仪表；

5) 被加热对象的温度、压力直观式仪表。

上述五个方面的热工检测仪表并不要求全部安装，而应根据不同加热工艺的具体要求确定；但对其中检测燃气、空气的压力和炉膛(燃烧室)温度、排烟温度等两个方面应有直观的指示仪表。

用气设备是否设燃烧过程的自动调节，应根据加热工艺需要和条件的可能确定。燃烧过程的自动调节主要是指对燃烧温度和燃烧气氛的调节。当加热工艺要求要有稳定的加热温度和燃烧气氛，只允许有很小的波动范围，而靠手动控制不能满足要求时，应设燃烧过程的自动调节。当加热工艺对燃烧后的炉气压力有要求时，还可设置炉气压力的自动调节装置。

10.6.6 规定了工业生产用气设备应设置的安全设施。

1 使用机械鼓风助燃的用气设备，在燃气总管上应设置紧急自动切断阀，一般是一台或几台设备装一个紧急自动切断阀，其目的是防止当燃气或空气压力降低(如突然停电)时，燃气和空气窜混而发生回火事故。

2 用气设备的防爆设施主要是根据各单位的实践经验而制定的。从调查中，各单位均认为用气设备的水平烟道应设置爆破门或起防爆作用的检查人孔。过去有些单位没有设置或设置了之后泄压面积不够，曾出现过炸坏烟道、烟囱的事故。

锅炉、间接式加热等封闭式的用气设备，其炉膛应设置爆破门，而非封闭式的用气设备，如果炉门和进出料口能满足防爆要求时则可不另设爆破门。

关于爆破门的泄压面积按什么标准确定，现在还缺乏这方面的充分依据。例如北京、上海等地习惯作法，均按每 1 m^3 烟道或炉膛的体积其泄压面积不小于 250 cm^2 设计。又如原苏联某《安全规程》中规定："每个锅炉，燃烧室、烟道及水平烟道都应设爆破门"。"设计单位改装采暖锅炉时，一般采用爆破门的总面积是每 1 m^3 的燃烧室、主烟道或水平烟道的体积不小于 250 cm^2"。

根据以上情况，本条规定用气设备的烟道和封闭式炉膛应设爆破门，爆破门的泄压面积指标，暂不作规定。

3 鼓风机和空气管道静电接地主要是防止当燃气泄漏窜入鼓风机和空气管道后静电引起的爆炸事故。

4 设置放散管的目的是在用气设备首次使用或长时间不用再次使用时，用来吹扫积存在燃气管道中的空气。另外，当停炉时，总阀门关闭不严漏出的燃气可利用放散管放出，以免进入炉膛和烟道而引发事故。

10.6.7 本条参照美国《燃气规范》的规定，根据有关技术资料说明如下：

1 背压式调压器(例如我国上海劳动阀门二厂等生产的 GQT 型大气压调压器)其工作原理如下：

在大气压调压器结构中，膜片、阀杆、阀瓣系统的自重为调压弹簧的反作用力所平衡，阀门通常保持"闭"的状态。即使当进口侧有气体压力输入时，阀门仍不致开启，出口侧压力保持零的状态。

当外部压力由控制孔进入上部隔膜室，致使压力升高时，或当下游气路中混合器动作抽吸管路中气体，下部隔膜室压力形成负压时，由于主隔膜存在上下压差，阀门向下开启，燃气由出口侧输出。并可使燃气与空气保持恒定的混合比。

此种调压器结构合理，灵敏度高，可在气路中组成吸气式、均压式、溢流式等多种用途，是自动控制出口压力、气体流量的机械式自动控制器，对提高燃气热效率、节约能源、简化燃烧装置的操作管理均有很好作用。其安装要求参见该产品说明书。

2 混气管路中的阻火器及其压力的限制：

1) 防回火的阻火器，其阻火网的孔径必须在回火的临界孔径之内。

2) 混合管路中的压力不得大于 0.07 MPa，其目的主要是当发生回火时，降低破坏力；另外，混气压力大于一般喷嘴的临界压力(0.08 MPa 左右)已无使用意义。

10.7 燃烧烟气的排除

10.7.1 本条规定的室内容积热负荷指标是参照美国《燃气规范》ANSI Z223.1—1999 的规定。

有效的排气装置一般指排气扇、排油烟机等机械排烟设施。

10.7.2 规定住宅内排气装置的选择原则。

1 烟气应尽量通过住宅的竖向烟道排至室外；20 m 以下高度的住宅可选用自然排气的独立烟道

或共用烟道，灶具和热水器(或采暖炉)的烟道应分开设置；20 m以上的高层住宅可选用机械抽气(屋顶风机)的负压共用烟道，但不均匀抽气问题还有待解决。

2 排烟设施应符合《家用燃气燃烧器具安装及验收规程》CJJ 12—99的规定。

10.7.5 为保证燃烧设备安全、正常使用而对排烟设备作了具体规定。

1 使用固体燃料时，加热设备的排烟设施一般没有防爆装置，停止使用时也可能有明火存在，所以它和用气设备不得共用一套排烟设施，以免相互影响发生事故。

2 多台设备合用一个烟道时，为防止排烟时的互相影响，一般都设置单独的闸板(带防倒风排烟罩者除外)，不用时关闭。另外，每台设备的分烟道与总烟道连接位置，以及它们之间的水平和垂直距离都将影响排烟，这是设计时一定要考虑的。

3 防倒风排烟罩：在现行国家标准《家用燃气快速热水器》GB 6932—2001中3.22中的名称为“防倒风排气罩”，其定义为：装在热水器烟气出口处，用于减少倒风对燃器燃烧性能影响的装置。

10.7.6～10.7.8 根据原苏联《建筑法规》《燃气在城乡中的应用》等标准和资料确定的。

10.7.9 参照美国《燃气规范》ANSI Z223.1—1999和我国香港《住宅式气体热水炉装置规定》2001年的规定编制。

10.7.10 参照美国《燃气规范》ANSI Z223.1—1999的规定编制。

10.8 燃气的监控设施及防雷、防静电

10.8.1 本条规定了在地上密闭房间、地下室、燃气管道竖井等通风不良场所应设置燃气浓度检测报警器，以策安全。

10.8.2 规定了燃气浓度检测报警器的安装要求，是参照《燃气燃烧器具安全技术通则》GB 16914—97和日本《燃具安装标准》的规定。

10.8.3 本条规定用燃气的危险部位和重要部位宜设紧急自动切断阀。

国内目前使用紧急自动切断阀的经验表明，该产品易出现误动作或不动作，国内深圳市已有将其拆除或停用的情况，故不作强行设置的规定。

10.8.5 本条规定了燃气管道和设备的防雷、防静电要求。目前高层建筑的室外立管、屋面管、以及燃气引入管等部位均要求有防雷、防静电接地，工业企业用的燃气、空气(氧气)混气设备也要求有静电接地。故规定燃气应用设计时要考虑防雷、防静电的安全接地问题，其工艺设计应严格按照防雷、防静电的有关规范执行。

10.8.6 本条是参照美国《燃气规范》ANSI Z223.1—1999的规定。

UDC

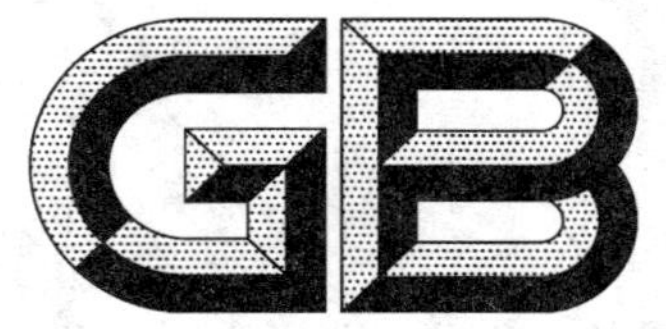

中华人民共和国国家标准

P　　　　GB 50494—2009

城镇燃气技术规范

Technical code for city gas

2009-03-31 发布　　　　2009-08-01 实施

中华人民共和国住房和城乡建设部
中华人民共和国国家质量监督检验检疫总局　联合发布

中华人民共和国住房和城乡建设部
公　　告

第 291 号

关于发布国家标准
《城镇燃气技术规范》的公告

现批准《城镇燃气技术规范》为国家标准，编号为 GB 50494—2009，自 2009 年 8 月 1 日起实施。本规范全部条文为强制性条文，必须严格执行。

中华人民共和国住房和城乡建设部
2009 年 3 月 31 日

前　言

根据原建设部《关于印发〈2005年工程建设标准规范制订、修订计划(第一批)〉的通知》(建标函[2005]84号)的要求，本规范由住房和城乡建设部标准定额研究所、中国市政工程华北设计研究院会同有关单位共同编制而成的。

本规范在编制过程中进行了深入调查研究，认真总结国内外科研成果和大量实践经验，并在广泛征求意见的基础上，经审查定稿。

本规范的主要技术内容是：总则、术语、基本性能规定、燃气质量、燃气厂站、燃气管道和调压设施、燃气汽车运输、燃具和用气设备等。

本规范全部条文为强制性条文，必须严格执行。

本规范由住房和城乡建设部负责管理和解释，由住房和城乡建设部标准定额研究所负责具体技术内容的解释。请各单位在执行过程中，总结实践经验，积累资料，随时将有关意见和建议反馈给住房和城乡建设部标准定额研究所(地址：北京三里河路9号；邮政编码：100835)。

本规范主编单位：住房和城乡建设部标准定额研究所
中国市政工程华北设计研究院

本规范参编单位：北京燃气集团
上海燃气工程设计有限公司
深圳市燃气集团
港华投资有限公司
沈阳市煤气设计院
吉林省中吉大地燃气集团股份有限公司

本规范主要起草人员：李颜强　雷丽英　陈云玉　李　铮　金石坚　李建勋　王　启　李美竹
王　伟　宇永香　陈秋雄　陈　敏　应援农　蒋克武　郑克敏　刘建辉
高　鹏　韩　露

1 总 则

1.0.1 为贯彻执行国家技术经济政策，保障人身和公共安全，节约资源，保护环境，规范城镇燃气设施的基本功能和性能要求，依据有关法律、法规，制定本规范。

1.0.2 本规范适用于城镇燃气设施的建设、运行维护和使用。

1.0.3 城镇燃气设施建设、运行维护和使用应遵循安全生产、保证供应、经济合理、节约资源和保护环境的原则。

1.0.4 本规范规定了城镇燃气设施的基本要求，当本规范与国家法律、行政法规的规定相抵触时，应按国家法律、行政法规的规定执行。

1.0.5 城镇燃气设施的建设、运行维护和使用，尚应符合经国家批准或备案的有关标准的规定。

2 术 语

2.0.1 城镇燃气 city gas

由气源点，通过城镇或居住区的燃气输配和供应系统，供给城镇或居住区内用于生产、生活等用途的，且符合本规范燃气质量要求的气体燃料。

2.0.2 城镇燃气设施 city gas facilities

用于城镇燃气生产、储存、输配和供应的各种设施（含其附属安全装置）和用户设施。

2.0.3 燃气类别 sort of gases

根据燃气的来源或燃气燃烧特性指标，将燃气分成的不同种类。

2.0.4 燃气互换性 interchangeability of gases

以 a 燃气（基准气）设计的燃具，改烧 s 燃气（置换气），如果燃烧器不作任何调整而能保证燃具正常工作，称 s 燃气对 a 燃气具有互换性。

2.0.5 设计使用年限 design working life

设计规定的管道、结构或构件等不需要大修即可按其预定目的使用的时间。

2.0.6 调压箱 regulator box

调压装置放置于专用箱体，承担用气压力调节的设施。包括调压装置和箱体。

2.0.7 调压站 regulator station

调压装置放置于建筑物内，承担用气压力调节的设施。包括调压装置和建（构）筑物。

2.0.8 调压装置 regulator device

将较高燃气压力降至所需的较低压力的设备单元总称。包括调压器及其附属设备。

2.0.9 燃气燃烧器具 gas burning appliance

以燃气作燃料的燃烧用具，简称燃具。包括燃气热水器、燃气热水炉、燃气灶具、燃气烘烤器具、燃气取暖器具等。

2.0.10 用气设备 gas burning equipment

以燃气作燃料进行加热或制冷的燃气工业炉、燃气锅炉、燃气直燃机等较大型设备。

2.0.11 附属安全装置 accessory safety device

当燃气供气系统发生异常或发生燃气泄漏时，具有切断燃气气源、泄放或发出报警信号等功能的紧急切断阀、安全放散装置和可燃气体报警器等装置的总称。

2.0.12 非居住房间 non-habitable room

住宅中除卧室、起居室（厅）外的其他房间。

2.0.13 用户管道 user piping

从用户室内总阀门到各用户燃具和用气设备之间的燃气管道。

3 基本性能规定

3.1 燃气设施基本性能要求

3.1.1 城镇燃气设施建设应符合城乡规划和燃气专业规划的要求。

3.1.2 城镇燃气设施选址选线时，应遵循节约用地、有效使用土地和空间的原则，根据工程地质、水文、气象和周边环境等条件确定。大型燃气设施应设置在城镇的边缘或相对独立的安全地带。

3.1.3 城镇燃气供应系统应具备稳定可靠的气源和保证对用户安全稳定供气的必要设施以及合理的供气参数。

3.1.4 重要的燃气设施及存在危险的操作场所应有规范的、明显的安全警示标志。

3.1.5 在设计使用年限内，城镇燃气设施应保证在正常使用条件下的可靠运行。当达到设计使用年限时或遭遇重大灾害后，应对其进行评估。

3.1.6 城镇燃气设施的建设、运行维护和使用，应采取有效保证人身和公共安全的措施。

3.1.7 城镇燃气设施的建设、运行维护和使用，应采取措施减少污染，并应按国家现行环境保护标准对产生的污染物进行处理。

3.1.8 城镇燃气设施的建设、运行维护和使用应能有效地利用能源和水资源。

3.1.9 对抗震设防烈度为6度及6度以上地区，燃气设施的建设必须采取抗震措施。

3.1.10 在燃气设施安全保护范围内，不得进行有可能损坏或危及燃气设施安全的活动。

3.1.11 城镇燃气设施的运行维护应有完善的安全生产、运行管理制度和相应的组织机构。

3.2 许可原则

3.2.1 城镇燃气设施必须使用质量合格并符合要求的材料与设备。

3.2.2 当城镇燃气设施建设采用不符合工程建设强制性标准的新技术、新工艺和新材料时，应经相关程序核准。

3.2.3 城镇燃气工程建设竣工后，应按规定程序进行验收，合格后方可使用。

4 燃气质量

4.1 质量要求

4.1.1 城镇燃气质量应符合现行国家标准的有关规定，热值和组分的变化应满足城镇燃气互换性的要求。

4.1.2 当使用液化石油气与空气的混合气作为城镇燃气气源时，混合气中液化石油气的体积分数应高于其爆炸上限的2倍，在工作压力下管道内混合气体的露点应始终低于管道温度。

4.1.3 当使用其他燃气与空气的混合气作为城镇燃气气源时，应采取可靠的防止混合气中可燃气体的体积分数达到爆炸极限的措施。

4.2 其他要求

4.2.1 城镇燃气应具有当其泄漏到空气中并在发生危险之前，嗅觉正常的人可以感知的警示性臭味。

4.2.2 城镇燃气加臭剂的添加量应符合国家相关标准的要求，其燃烧产物不应对人体有害，并不应腐蚀或损害与此燃烧产物经常接触的材料。

5 燃 气 厂 站

5.1 一 般 规 定

5.1.1 本章适用于燃气生产、净化、接收、储配、灌装和加气等场所。

5.1.2 燃气厂站的设计使用年限应由设计单位和建设单位确定并应符合国家有关规定，但厂站内主要建(构)筑物的设计使用年限不应小于50年；建(构)筑物结构的安全等级应符合国家相关标准的要求。

5.1.3 厂站的工艺流程应符合安全稳定供气和系统调度的要求。

5.1.4 厂站内燃气储存的有效储气容积应根据供气、调峰、调度、气体混配和应急的要求确定。

5.2 站 区 布 置

5.2.1 厂站站址的选择应根据周边环境、地质、交通、供水、供电和通信等条件综合确定，并应满足系统设计的要求。

5.2.2 厂站内的建(构)筑物与厂站外的建(构)筑物之间应有符合国家现行标准要求的防火间距，厂站边界应设置围墙或护栏。

5.2.3 厂站内的生产区和生产辅助区应分开布置；出入口设置应符合便于通行和紧急事故时人员疏散的要求。

5.2.4 不同类型的燃气储罐应分组布置，组与组之间、储罐之间及储罐与建(构)筑物之间应有符合国家现行标准要求的防火间距。

5.2.5 厂站的生产区内应设置消防车通道。

5.2.6 液化石油气和液化天然气厂站的生产区应设置高度不小于2 m的不燃烧体实体围墙。

5.2.7 液化石油气厂站的生产区内，除地下储罐、寒冷地区的地下式消火栓和储罐区的排水管、沟外，不应设置地下和半地下建(构)筑物。生产区的地下管沟内应填满干砂。

5.3 设备和管道

5.3.1 燃气设备、管道及附件的材质和连接形式应符合介质特性、压力、温度等条件及相关标准的要求，其压力级别不应小于系统设计压力。

5.3.2 燃气设备和管道的设置应满足操作、检查、维修和燃气置换的要求。

5.3.3 厂站内设备和管道应按工艺和安全的要求设置放散和切断装置。放散装置的设置应保证放散时的安全和卫生。

5.3.4 燃气进出厂站管道应设置切断阀门；当厂站外管道采用阴极保护腐蚀控制措施时，其与站内管道应采用绝缘连接。

5.3.5 燃气压缩、输送和调压的设备应符合节能、低噪声的要求。

5.3.6 燃气调压装置及出口管道应采取措施防止低温对装置和管道材料的不利影响。

5.3.7 燃气压送设备的设置应满足压力和流量的要求，应具备非正常工作状况的报警和自动停机功能；设备附近应设置手动紧急停车装置。

5.3.8 输送低温介质的管道和设备，在投入运行前，应采取预冷措施。

5.4 燃 气 储 罐

5.4.1 燃气储罐的进出口管道，应采取有效的防沉降和抗震措施，并应设置切断装置。

5.4.2 低压干式燃气储罐的密封系统应能可靠地运行。

5.4.3 寒冷地区低压湿式燃气储罐应有防止水封冻结的措施。

5.4.4 低压燃气储罐应设置具有显示储量、高低限位调节及报警功能的装置。

5.4.5 当燃气储罐高度超过当地有关限高规定时，应设飞行障碍灯和标志。

5.4.6 固定容积燃气储罐应设置压力、温度检测、安全泄放、切断等装置。

5.4.7 地上固定容积燃气储罐的金属支架应进行防火保护，其耐火极限不应小于 2 h。

5.4.8 液化天然气和容积大于 100 m^3 的液化石油气储罐应设置高低液位报警装置；液化天然气和容积大于或等于 50 m^3 的液化石油气储罐液相出口管应设置紧急切断阀。

5.4.9 地下或半地下固定容积燃气储罐的设置应符合下列要求：

1 地下储罐室应采取防渗透措施，室内应填满干砂；

2 储罐必须牢固固定在地基上，并应采取防浮措施；

3 罐的底部不应设置任何管道接口；

4 罐体应采取阴极保护和绝缘保护层等腐蚀控制措施。

5.4.10 容积大于 0.15 m^3 的液化天然气储罐（或钢瓶）不应设置在建筑物内。任何容积的液化天然气钢瓶不应固定安装或长期存放在建筑物内。

5.5 安全和消防

5.5.1 厂站应根据介质特性和工艺要求制定运行操作规程和事故应急预案。

5.5.2 厂站内应根据规模、燃气气质、运行条件和火灾危险性等因素设置消防系统。

5.5.3 厂站内燃气储罐、设备的设置和管道的敷设应满足防火的要求。

5.5.4 液化石油气和液化天然气储罐区应设置周边封闭的不燃烧体实体防护墙。防护墙内不应设置钢瓶灌装装置和其他可燃液体储罐。

5.5.5 厂站建（构）筑物的耐火等级和具有爆炸危险生产厂房的防爆要求应符合国家现行标准的规定。

5.5.6 厂站的供电电源应满足正常生产和消防的要求。

5.5.7 厂站内具有爆炸和火灾危险建（构）筑物的电气装置，应根据运行介质、工艺特征、运行和通风等条件确定的爆炸危险区域等级和范围采取相应的措施。

5.5.8 厂站内具有爆炸和火灾危险的建（构）筑物及露天钢质燃气储罐应采取防雷接地措施。

5.5.9 厂站内可能产生静电危害的储罐、设备和管道应采取静电接地措施。

5.5.10 厂站具有爆炸和火灾危险的建（构）筑物内不应有燃气聚积和滞留，严禁在厂房内直接放散燃气和其他有害气体。

5.5.11 厂站具有燃气泄漏和爆炸危险的场所应设置可燃气体泄漏检测报警装置。报警浓度不应高于可燃气体爆炸极限下限的 20%。

5.5.12 低温燃气储罐区、气化区等可能发生低温燃气泄漏的区域应设置低温检测报警连锁装置。

5.5.13 对可能受到土壤冻结影响的低温燃气储罐基础和设备基础应设置温度检测装置，并应对储罐基础和设备基础采取有效保护措施。

6 燃气管道和调压设施

6.1 一 般 规 定

6.1.1 城镇燃气输配系统压力级制和总体布置应根据城镇地理环境、燃气供应来源和供气压力、用户需求和用户分布、原有燃气设施状况等因素合理确定。

6.1.2 燃气管道的设计使用年限不应小于 30 年。

6.1.3 城镇燃气管道应按设计压力分级进行建设、运行维护和使用。管道的管径应本着合理利用压力降的原则，在水力计算的基础上确定。

6.1.4 不同压力级制的燃气管道之间应通过调压装置连接。

6.1.5 燃气管道与附件的材质应根据管道的使用条件确定，其性能应符合国家现行相关标准的规定。

6.1.6 钢质燃气管道和钢质附属设备应根据环境条件和管线的重要程度采取腐蚀控制措施。

6.1.7 当高层建筑内使用燃气作燃料时，应采用管道供气。

6.1.8 在管道安装结束后，应进行管道吹扫、强度试验和严密性试验，并应符合国家现行标准的规定。

6.2 燃气输配管道

6.2.1 燃气管道与建（构）筑物及其他管线之间应保持一定的距离，并应符合国家有关标准的规定。液态液化石油气管道不得穿越居住区。

6.2.2 地下燃气管道不得从建筑物和地上大型构筑物的下面穿越，但架空的建筑物和大型构筑物除外。

6.2.3 地下燃气管道应根据冻土层、路面荷载和道路结构层确定其埋设深度。当埋设深度不能满足技术要求时，应采取有效的安全防护措施。

6.2.4 当燃气管道架空敷设时，应采取防止车辆冲撞等外力损害的有效防护措施。

6.2.5 当地下燃气管道穿过排水管沟、热力管沟、电缆沟、联合地沟、隧道及其他沟槽时，应采取防止燃气泄漏到沟槽中的措施。

6.2.6 当燃气管道穿越铁路、公路、河流和城镇主要干道时，应采取不影响交通、水利设施和保证燃气管道安全的防护措施。

6.2.7 在设计压力大于或等于 0.01 MPa 的燃气管道上，应根据检修和事故处置的要求设置分段阀门。

6.2.8 在燃气管道的建设和维护过程中，应保证施工人员及其周边环境的安全。

6.2.9 对停用或废弃的燃气管道应采取有效措施，保障其安全性。

6.2.10 新建的下列燃气管道必须采用外防腐层辅以阴极保护系统的腐蚀控制措施：

1 设计压力大于 0.4 MPa 的燃气管道；

2 公称直径大于或等于 100 mm，且设计压力大于或等于 0.01 MPa 的燃气管道。

6.2.11 燃气管道外防腐层应保持完好；采用阴极保护时，阴极保护不应间断。

6.3 调压设施

6.3.1 城镇燃气调压站站址的选择应符合城乡规划和系统设置的要求，站内设置调压装置的建筑物或露天设置的调压装置与周围建（构）筑物之间的距离应符合国家现行标准的规定。

6.3.2 对调节燃气相对密度大于 0.75 的调压装置，不得设于地下室、半地下室内和地下单独的箱内。

6.3.3 调压箱的安装位置应根据周边环境条件综合确定。设置在建筑物外墙上的地上单独的调压箱，其燃气进口压力应符合国家现行标准的有关要求。

6.3.4 设置调压装置的建筑物和体积大于 1.5 m^3 的调压箱应符合国家现行标准有关防爆的要求。

6.3.5 设置调压装置的场所，其环境温度应能保证调压装置的正常工作。

6.3.6 调压装置应具有防止出口压力过高的安全措施。

6.3.7 下列调压站或调压箱的连接管道上应设置切断阀门：

1 进口压力大于或等于 0.01 MPa 的调压站或调压箱的燃气进口管道；

2 进口压力大于 0.4 MPa 的调压站或调压箱的燃气出口管道。

6.3.8 调压站或调压箱的燃气进出口管道上的切断阀门与调压站或调压箱应保持一定的距离。

6.4 用户管道

6.4.1 用户燃气管道的运行压力应符合下列规定：

1 住宅内，不应大于0.2 MPa；

2 商业用户建筑内，不应大于0.4 MPa；

3 工业用户的独立、单层建筑物内，不应大于0.8 MPa；其他建筑物内，不应大于0.4 MPa。

6.4.2 暗埋的用户燃气管道的设计使用年限不应小于50年，管道的最高运行压力不应大于0.01 MPa。

6.4.3 燃气管道不得穿过卧室、易燃易爆物品仓库、配电间、变电室、电梯井、电缆(井)沟、烟道、进风道和垃圾道等场所。

6.4.4 燃气管道敷设在地下室、半地下室及通风不良的场所时，应设置通风、燃气泄漏报警等安全设施。

6.4.5 穿越建筑物外墙或基础的燃气管道应适应建筑物的沉降；高层建筑的燃气立管应有承重的支撑和必要的补偿措施。

6.4.6 敷设在室外的用户燃气管道应有可靠的防雷接地装置。采用阴极保护腐蚀控制系统的室外埋地钢质燃气管道进入建筑物前应设置绝缘连接。

6.4.7 用户燃气管道的连接必须牢固、严密，不得断裂、脱落和漏气。

6.4.8 用户燃气立管、调压器和燃气表前、燃具前、测压点前、放散管起点等部位应设置手动快速式切断阀。

6.4.9 用户燃气管道与电器设备、相邻管道应保持一定的距离，并应符合国家现行标准的要求。

6.4.10 用户燃气管道应设在便于安装、检修和不受外力冲击的位置。

6.4.11 暗设的燃气管道除与设备、阀门的连接外，不应有机械接头。

6.4.12 燃气管道的安装不得损坏房屋的承重结构及房屋任何部分的耐火性。

7 燃气汽车运输

7.0.1 城镇燃气汽车运输应采用专用车辆运输，专用车辆上储存燃气的容器及附件应满足燃气特性和运输危险货物的要求。

7.0.2 燃气运输车辆应根据燃气种类的需要配备泄压阀、防波板、遮阳物、压力表、液位计、导除静电等相应的安全装置；罐(槽)外部的附件应有可靠的防护设施。

7.0.3 运送液化天然气、液化石油气等液体燃气的运输车辆的气、液相管道应设有紧急切断装置。

7.0.4 燃气运输车辆应按规定配备灭火器材；每具灭火器均应设置在方便取用的位置；灭火器应保持良好的性能。

7.0.5 燃气运输车辆车厢或罐体两侧和尾部的显著位置应有符合相关规定的安全标志，在驾驶室的两侧门上应标注遇有紧急情况时的联络电话。

7.0.6 燃气车辆运输，储气容器严禁过量充装。

7.0.7 燃气运输车辆的使用和装卸应有相应的安全操作规程和管理制度。

8 燃具和用气设备

8.1 一般规定

8.1.1 居民、商业和工业用户使用的燃具和用气设备应根据燃气特性和安装条件等因素选择符合国家现行标准的合格产品，并应与当地使用的燃气类别相匹配。

8.1.2 当燃具和用气设备安装在地下室、半地下室及通风不良的场所时，应设置通风、燃气泄漏报警等安全设施。

8.1.3 燃具与管道的连接软管应使用燃气专用软管，安装应牢固，软管长度不应超长，并应定期更换。

8.2 居民用燃具

8.2.1 居民住宅应使用低压燃具，其燃气压力应小于0.01 MPa。

8.2.2 居民住宅用燃具不应设置在卧室内。燃具应安装在通风良好，有给排气条件的厨房或非居住房间内。

8.2.3 燃具、用气设备与可燃或难燃的墙壁、地板、家具之间应采取有效的防火隔热措施。

8.2.4 安装直接排气式燃具的场所，应设置机械排烟设施。

8.2.5 使用烟道排气的燃具，其烟道的结构与状况应符合国家相关标准的要求。

8.3 工业和商业用气设备

8.3.1 用气设备应有熄火保护装置；大中型用气设备应有防爆装置、热工检测仪表和自动控制系统。

8.3.2 用气设备的安装场所应能满足其正常使用和检修的要求。

8.3.3 当工业和商业用气设备设置在地下室、半地下室时，应有机械通风、燃气泄漏报警器、自动切断等连锁控制装置和泄爆装置。

8.3.4 当使用鼓风机向燃烧器供给空气进行预混燃烧时，应在计量装置后的燃气管道上加装止回阀或安全泄压装置。

8.3.5 经过改造的用气设备应进行检测，合格后方可使用。

8.4 用户计量

8.4.1 使用管道燃气的用户应设置燃气计量装置。

8.4.2 燃气计量装置应根据各类燃气计量特点、使用工况条件等因素选用。

8.4.3 选用的燃气计量装置产品应符合国家有关计量法规的要求。

8.4.4 燃气计量装置的安装应满足抄表、检修、保养和安全使用的要求。燃气计量装置严禁安装在卧室、卫生间以及危险品和易燃品堆放处。

中华人民共和国国家标准

城镇燃气技术规范

GB 50494—2009

条 文 说 明

1 总 则

1.0.1 本条阐述了制定本规范的目的。条文以城镇燃气设施的基本功能和性能要求为目标，规定了直接涉及安全、人身健康、节约资源、保护环境和公众利益等国家需要控制的重要技术要求。

1.0.2 本条规定了本规范的适用范围。城镇燃气设施的建设包括新建、改建、扩建和技术改造工程，其过程含规划、设计、施工等。

1.0.3 本条规定了城镇燃气设施建设、使用和维护应遵循的基本原则，“安全生产、保证供应、经济合理、节约资源和保护环境”的原则也是本规范的核心，本规范的基本性能规定均以本原则为主而编制。

1.0.4 本条阐述了本规范与国家法律、行政法规之间的关系。

1.0.5 本条规定了本规范与现行标准之间的关系。本规范主要是在现行强制性条文的基础上重新编写而成的。本规范的重点是对城镇燃气设施建设、使用和维护提出性能目标要求，具体技术要求还应执行现行国家有关标准规范。

3 基本性能规定

3.1 燃气设施基本性能要求

3.1.1 本条根据《中华人民共和国城乡规划法》第三条“城市和镇应当依照本法制定城市规划和镇规划。城市、镇规划区内的建设活动应当符合规划要求”制定。

3.1.2 燃气设施选址选线应考虑自然条件和周边环境等因素的规定，是防止发生自然灾害时造成重大损失，避免或减少对保护对象的危害。

土地是国民经济和社会发展稀缺的资源和生产要素，节地和有效地使用土地及空间，使土地资源的合理配置对经济发展起着重要作用，并体现建设资源节约型和环境友好型社会的政策。

大型厂站的选址应远离城镇居住区、村镇、学校、影剧院、体育馆等人员集聚的场所，其目的是防止恶性事故造成生命和财产损失。大型燃气设施是指城镇燃气系统中的气源厂、门站、储配站(天然气、液化石油气、压缩天然气和液化天然气站)。

3.1.3 本条强调对用户的安全稳定供气是城镇燃气供应的基本功能和性能要求。因此城镇燃气供应除具备稳定可靠的气源外，还应具备安全稳定供气的必要条件。如燃气质量、储气调峰设施、调峰气源和应急供气措施等；为保证燃具和用气设备的正常工作，供应的燃气组分、热值和压力等供气和用气参数相对稳定，也是保障用户安全稳定用气的必要条件。

3.1.4 本条是根据燃气特性提出的。由于燃气具有易燃易爆的特性，所以应有对厂站外人员警示的措施；同时也时刻提醒从业人员的安全意识，切实减少各类违章行为，避免事故的发生。

重要的燃气设施是指燃气的厂站、输配系统的调压站、燃气管道等。

3.1.5 本条规定“达到设计使用年限或遭遇重大灾害后，应对其进行评估”，其目的主要是保障供气系统的安全性，评估后再确定继续使用、进行改造或更换，继续使用应制定相应的安全保证措施。

条文中重大灾害指自然灾害(地震、水灾等)和人为灾害(施工外力、火灾等)。评估的目的主要是保障供气系统的安全性，评估后再确定继续使用、进行改造或更换，继续使用应制定相应的安全保证措施。

3.1.6 城镇燃气设施的建设、运行维护和使用应强调以人为本，尊重生命，保障大多数人的利益。防止单纯追求经济效益，在施工和运行过程中减少安全的投入，从而对人身和公共安全构成严重的威胁。

3.1.7 城镇燃气设施的建设、运行维护和使用管理应按《中华人民共和国环境保护法》的相关规定，防止在生产建设或者其他活动中产生的废气、废水、废渣、粉尘、恶臭气体、放射性物质以及噪声、振动、电磁波辐射等对环境的污染和危害。应按国家或地方标准对产生的污染物进行处理。

3.1.8 能源、水资源问题已经成为制约我国经济和社会发展的重要因素，要从战略和全局的高度，充分认识做好能源和水资源工作的重要性，高度重视能源和水资源安全，实现能源的可持续发展。节能节水，利国利己，同时也体现建设资源节约型和环境友好型社会，防止气候变暖的政策要求。

3.1.9 地震是对建(构)筑物破坏较严重的自然灾害，而燃气设施是重要的基础设施工程，在国务院颁布的《破坏性地震应急条例》中被定为"生命线工程"，故根据国家现行的有关规范制定本条。

3.1.10 本条规定在燃气设施的地面和地下的安全保护范围内，禁止修建建(构)筑物，禁止堆放物品和挖坑取土等危害供气设施安全的活动。

3.1.11 根据《城市燃气安全管理规定》(中华人民共和国建设部、劳动部、公安部第10号令)、《城市燃气管理办法》(中华人民共和国建设部第62号令)的规定和燃气供应企业的管理经验制定本条款。具体安全生产、运行、维护管理制度的制定应符合国家现行标准《城镇燃气设施运行、维护和抢修安全技术规程》CJJ 51 的规定。

城镇燃气供应企业制定的安全生产、运行管理制度应包括事故应急救援预案和进入存在危险的燃气设施作业及进行带气作业的工作许可制度等；并应根据供应规模设立专职的抢修机构，配备必要的抢修车辆、抢修设备、抢修器材、通信设备、防护用具、消防器材、检测仪器等装备，并保证设备处于良好状态。

3.2 许可原则

3.2.1 根据《建设工程勘察设计管理条例》(中华人民共和国国务院第293号令)"设计文件中选用的材料、构配件、设备，应当注明其规格、型号、性能等技术指标，其质量要求必须符合国家规定的标准"的规定制定本条款。条文中的要求包括国家标准、设计文件及产品技术规格书等。

3.2.2 在《建设工程勘察设计管理条例》(中华人民共和国国务院第293号令)、《实施工程建设强制性标准监督规定》(中华人民共和国建设部第81号令)中均规定：工程建设中拟采用的新技术、新工艺、新材料，不符合现行强制性标准规定的，应当由拟采用单位提请建设单位组织专题技术论证，报批准标准的建设行政主管部门或者国务院有关主管部门审定。其相关核准程序按《"采用不符合工程建设强制性标准的新技术、新工艺、新材料核准"行政许可实施细则》的通知执行。

4 燃气质量

4.1 质量要求

4.1.1 本条根据《城市燃气安全管理规定》(中华人民共和国建设部、劳动部、公安部第10号令)中："城市燃气生产单位向城市供气的压力和质量应当符合国家规定的标准"制定的。城镇燃气质量应达到一定的质量指标，并保持其质量的相对稳定是正常供气非常重要的基础条件。《城镇燃气设计规范》GB 50028的相关要求是：

1 天然气热值、总硫和硫化氢含量、水露点指标应符合现行国家标准《天然气》GB 17820 的一类气或二类气的规定；在天然气交接点的压力和温度条件下，天然气的烃露点应比最低环境温度低5℃；天然气中不应有固态、液态或胶状物质。

2 液化天然气的质量应符合现行国家标准《液化天然气的一般特性》GB/T 19204 的规定。

3 压缩天然气的质量应符合现行国家标准《车用压缩天然气》GB 18047 的规定。

4 液化石油气的质量应符合现行国家标准《油气田液化石油气》GB 9052.1 或《液化石油气》GB 11174的规定。

5 以煤或油或天然气等为原料经转化制得的人工煤气质量指标应符合现行国家标准《人工煤气》GB 13612 的规定。

6 除上述燃气以外用作城镇燃气的其他燃气的质量应符合下列要求：

1） 燃气低热值不应小于 10 MJ/m³；

2） 在燃气输送的压力和温度条件下，露点应比最低环境温度低 5 ℃；

3） 适宜管道输送和设备储运。燃气（气态）中不应有固态、液态或胶状物质；

4） 燃气中一氧化碳含量不得超过 20%，硫化氢含量不得超过 20 mg/m³；其他有毒气体的含量应控制在当燃气泄漏到空气中，不应对人体构成伤害；

5） 在燃气输送、储存和使用过程中不得对所接触的材料有腐蚀和溶解作用；

6） 燃气的燃烧产物不应对人体有害，并不应腐蚀与其常接触的材料。

4.1.2 当采用液化石油气与空气的混合气作城镇燃气气源时，液化石油气的体积分数应高于其爆炸上限的 2 倍（例如液化石油气爆炸上限如按 10%计，则液化石油气与空气的混合气作主气源时，液化石油气的体积分数应高于 20%），以保证安全，这是根据原苏联建筑法规的规定制定的。“在工作压力下管道内混合气体的露点应始终低于管道温度”的规定，是防止混合气中气态燃气重新液化。

4.2 其他要求

4.2.1 根据《城市燃气安全管理规定》（中华人民共和国建设部、劳动部、公安部第 10 号令）中“城市燃气生产单位向城市供气，无臭燃气应当按照规定进行加臭处理”的规定制定。由于无味的燃气泄漏时无法察觉，所以要求燃气供应企业必须对燃气加臭。“可以感知”与空气中的臭味强度和人的嗅觉能力有关。臭味的强度等级国际上燃气行业一般采用 Sales 等级，是按嗅觉的下列浓度分级的：

0 级——没有臭味；

0.5 级——极微小的臭味（可感点的开端）；

1 级——弱臭味；

2 级——臭味一般，可由一个身体健康状况正常且嗅觉能力一般的人识别，相当于报警或安全浓度；

3 级——臭味强；

4 级——臭味非常强；

5 级——最强烈的臭味，是感觉的最高极限。超过这一级，嗅觉上臭味不再有增强的感觉。

“可以感知”的含义是指嗅觉能力一般的正常人，在空气—燃气混合物臭味强度达到 2 级时，应能察觉空气中存在燃气。

“警示性”的含义是所添加的臭剂必须具有刺鼻的臭味与家庭气味不混淆，以增加用气的安全性。

4.2.2 本条规定了燃气中加臭剂添加量的相关要求，燃气中加臭剂的添加量应符合国家标准《城镇燃气设计规范》GB 50028 的相关规定。

对加臭剂要求是参考美国联邦法规第 49 号 192 部分和美国联邦标准 ANSI/ASME B31.8 的有关规定：

1 加臭剂和燃气混合在一起后应具有特殊的臭味；

2 加臭剂不应对人体、管道或与其接触的材料有害；

3 加臭剂的燃烧产物不应对人体呼吸有害，并不应腐蚀或伤害与此燃烧产物经常接触的材料；

4 加臭剂溶解于水的程度不应大于 2.5%（质量分数）。

5 燃气厂站

5.1 一般规定

5.1.1 本条中燃气生产、净化、接收、储配、罐装和加气等场所包括人工制气厂、气本净化厂、输配系统的门站和储配站、液化石油气压缩天然气和液化天然气的储配站、灌瓶站、气化站、混气站以及汽车加气站等，不包括瓶组气化站、调压站和计量站。

5.1.2 本条中厂站主要建(构)筑物是指站内大型工艺基础设施、厂房(包括调压计量间、压缩机间、灌瓶间等)和办公用房。

根据现行国家标准《建筑结构可靠度设计统一标准》GB 50068—2001 中 1.0.5 和 1.0.8 条规定:结构的设计使用年限应按表 1 采用。

表 1 设计使用年限分类

类别	设计使用年限(年)	示 例
1	5	临时性结构
2	25	易于替换的结构构件
3	50	普通房屋和构筑物
4	100	纪念性建筑和特别重要的建筑结构

建筑结构设计时，应根据结构破坏可能产生的后果(危及人的生命、造成经济损失、产生社会影响等)的严重性，采用不同的安全等级。建筑结构安全等级的划分应符合表 2 的要求。

表 2 建筑结构的安全等级

安全等级	破坏后果	建筑物类型
一级	很严重	重要的房屋
二级	严重	一般的房屋
三级	不严重	次要的房屋

考虑到厂站主要建(构)筑物的安全性和可靠性，本条规定厂站主要建(构)筑物的设计使用年限不应少于 50 年，也就是其建筑结构的安全等级不低于二级。

5.1.4 燃气厂站的燃气储存设施，主要是保证输配系统中混配缓冲、部分调峰、临时调度、事故应急等。

本条中的有效储气容积是指将上、中、下游(生产和输配)作为一个系统工程对待来解决调峰问题，以整个系统达到经济合理为目标，分配在下游城镇燃气厂站应承担的储气量，不包括城镇输配系统中的管道储气量。

5.2 站区布置

5.2.1 站址的选择应综合考虑周边条件。交通、供电、给水排水、通信及工程地质等条件不仅影响建设投资，而且对运行管理和供气成本也有较大影响，是选择站址应考虑的条件，与用户间的交通条件尤为重要。例如:各城镇的压缩天然气储配站和液化石油气灌瓶站等交通条件是必须具备的。

5.2.2 主要考虑厂站发生事故后大量的可燃气(液)体泄漏到大气中，遇到点火源发生爆炸并引起火灾时，火焰热辐射对居民区等建筑物的影响。具体防火间距应按《城镇燃气设计规范》GB 50028 和《建筑设计防火规范》GB 50016 等规范的规定执行。

5.2.3 本条规定了厂站总平面布置的基本原则。

将其分为生产区和辅助区，主要考虑:有利于按规范规定的防火间距大小顺序进行总图布置，节约用地;便于安全、生产管理和燃气泄漏发生事故时减少对辅助区的威胁和殃及，一般情况下生产区宜布置在站区全年最小频率风向上风侧或上侧风侧。

出入口设置的规定，除生产需要外还考虑发生火灾时保证人员疏散和救援车辆、消防车通行顺畅。

5.2.4 本条中的“不同类型”是指气质、状态、储气压力、储罐形状、规模等不同的总称。储罐之间的平面布置和储罐与站内建(构)筑物的防火间距应符合现行国家标准《城镇燃气设计规范》GB 50028 的有关规定;气体储罐和液化石油气储罐之间的防火间距应符合现行国家标准《建筑设计防火规范》

GB 50016的规定。

5.2.5 根据《建筑设计防火规范》GB 50016 中第 6.0.7 条规定：可燃材料露天堆场区，液化石油气储罐区，甲、乙、丙类液体储罐区和可燃气体储罐区，应设置消防车道制定。

5.2.6 液化石油气、液化天然气厂站生产区设置高度不小于 2.0 m 的不燃烧体实体围墙，主要是考虑安全防范的需要。

5.2.7 根据《城镇燃气设计规范》GB 50028—2006 第 8.3.15 条制定。因为气态液化石油气密度约为空气的 2 倍，以防积存液化石油气酿成事故隐患；如果液化石油气在液态下大量泄漏，会在低洼处积存，不利于事故抢险和消除事故隐患。地下管沟包括：地下排水管沟、电缆沟等。

5.3 设备和管道

5.3.1 设备、管道及附件的材质选择及连接形式应根据介质的工作压力、温度等使用条件来确定。其压力级别不应小于系统设计压力是根据《压力容器安全技术监察规程》、《工业金属管道设计规范》GB 50316和《城镇燃气设计规范》GB 50028 的有关规定及燃气行业多年的工程实践经验确定的。燃气的特性、压力和温度不同对设备、管道及附件所选择的材料不同，例如《城镇燃气设计规范》GB 50028—2006 中规定：液态液化石油气管道和设计压力大于 0.4 MPa 的气态液化石油气管道应采用钢号 10、20 的无缝钢管，并应符合现行国家标准《输送流体用无缝钢管》GB/T 8163 的规定，或符合不低于上述标准相应技术要求的其他钢管国家现行标准的规定。对于使用温度低于－20 ℃的管道应采用奥氏体不锈钢无缝钢管，其技术性能应符合现行的国家标准《流体输送用不锈钢无缝钢管》GB/T 14976 的规定。

5.3.2 燃气设备和管道在验收合格和投产检修时，燃气的置换是一项必需的内容，所以设计工艺设备和管道附件时应满足置换的要求。

5.3.3 规定本条的目的是当某种原因使控制点的压力超过设定值时，自动将燃气气源切断或将超压燃气排放至大气，以保护设备、管线和用户的安全。《城镇燃气设计规范》GB 50028—2006 中对放散管的高度和至建筑物之间的距离作了相应的规定。

5.3.4 燃气进出站管道应设置阀门是对发生事故时，防止事故扩大的一种安全措施。燃气进出站管道应设置绝缘连接主要是考虑站内管道与站外采用阴极保护防腐的输配管道相互绝缘隔离，延长输配管道的使用寿命。

5.3.5 本条的目的是防止燃气压缩、输送和调压设备产生的噪声对人和环境的影响，体现以人为本和节约资源的原则。

5.3.6 调压装置流量和压差较大时，由于节流吸热效应，导致气体温度降低较多，常常引起管壁外结冰，严重时冻坏装置，应采取有效措施避免事故发生。

5.3.7 本条中“设备附近应设置手动紧急停车装置”的规定，主要是安全生产的需要，手动紧急停车装置用于燃气压送机异常时，就地停止运行，以避免可能造成财产损失和人员伤亡事故。

5.3.8 此条主要针对液化天然气和低温液化石油气工程。对于液化天然气的储罐、管道和设备，一般采用液氮等低温介质进行预冷置换，此时储罐、管道和设备的设计温度应按置换用低温介质的温度计算。

5.4 燃气储罐

5.4.1 本条主要强调燃气储罐进、出气管道受到温度、储罐沉降和地震影响时，避免进出口管受到损坏。

5.4.2 密封装置是低压干式燃气储罐安全运行的关键设备，应具有较高的可靠性。

5.4.3 主要是防止湿式储罐的水槽内水结冻，引起钟罩升降不畅，以至卡死，造成储罐损坏。

5.4.4 本条规定的目的是防止罐内储量过高或过低，出现低压储罐漏气或顶部塌陷等事故。

5.4.5 为保证航空飞机的安全，我国民用航空法规定：可能影响飞行安全的高大建筑物或设施，应设置飞行障碍灯和标志。

5.4.6 本条规定主要是防止压力过高使罐体产生变形和破裂。

5.4.7 本条规定主要是防止储罐直接受火过早失去支撑能力而倒塌。耐火极限不小于 2 h 是参照美国规范 NFPA58-98 的规定确定的。

5.4.8 本条规定主要是保证储罐液位在正常的情况下运行，防止和减少由于储罐泄漏造成的人身伤害及财产损失。

5.4.9 本条的规定主要是考虑地下水对地下储罐的上浮、腐蚀等因素而制定的。

5.4.10 遇有紧急情况时，储罐或容积太大的液化天然气钢瓶固定安装在建筑内不便于搬运。而长期放置在建筑物内的液化天然气钢瓶，将使钢瓶压力不断上升，容易发生事故。

5.5 安全和消防

5.5.1 强调安全运行管理制度化，明确责任和义务，从而减少事故的发生。

5.5.2 燃气气质不同，所需要消防系统的工艺不同；燃气气质相同但规模和运行条件不同，消防设施的配置也不同。厂站内消防系统和灭火器材的确定应符合现行国家标准《城镇燃气设计规范》GB 50028 和《建筑设计防火规范》GB 50016 的规定。

5.5.3 厂站内燃气储罐、设备的设置和管道的敷设不但要考虑工艺要求，还应符合现行国家标准《城镇燃气设计规范》GB 50028 和《建筑设计防火规范》GB 50016 中有关防火方面的规定。

5.5.4 储罐周边设置不燃烧体实体防护墙是防止储罐或管道发生破坏时，液态燃气外溢而造成更大的事故。不应设置其他可燃液体储罐是防止其中一种形式储罐发生事故时殃及另一种形式储罐。防护墙的高度按现行国家标准《城镇燃气设计规范》GB 50028 的规定执行。

5.5.5 根据现行国家标准《城镇燃气设计规范》GB 50028 各章节中规定：厂站内建(构)筑物的耐火等级不应低于现行国家标准《建筑设计防火规范》GB 50016“二级”的规定。为了保证建筑物的安全，必须采取必要的防火措施，使之具有一定的耐火性，即使发生了火灾也不至于造成太大的损失。

具有爆炸危险生产厂房的防爆要求是指：厂站具有爆炸危险的生产厂房应设置泄压设施，散发相对密度大于 0.75 燃气的生产厂房应采用不发火花的地面等，防爆要求应按《建筑设计防火规范》GB 50016的有关规定执行。

5.5.6 厂站内正常生产的供电要求是指满足生产所需的用电量和是否需要不间断供电的要求。厂站供电负荷等级和设施应符合现行国家标准《供配电系统设计规范》GB 50052 的规定。

5.5.7 厂站内具有爆炸和火灾危险的建(构)筑物的电气装置应根据现行国家标准《爆炸和火灾环境电力装置设计规范》GB 50058 的有关规定执行。

5.5.8 本条根据《建筑物防雷设计规范》GB 50057 中建筑物的防雷分类将工业企业内有爆炸危险的露天钢质封闭气罐和具有爆炸和火灾危险的建(构)筑物划为第二类防雷建筑物，厂站内具有爆炸和火灾危险的建(构)筑物及露天钢质燃气储罐的防雷装置应符合现行国家标准《建筑物防雷设计规范》GB 50057“第二类防雷建筑物”的要求。

5.5.9 厂站内可能产生静电危害的储罐、设备和管道的静电接地措施应按国家现行标准《化工企业静电接地设计规程》HGJ 28 的有关规定执行。

5.5.10 本条的规定主要是预防燃气泄漏的聚积而引起爆炸事故以及燃气和其他有害气体对人身的伤害。

5.5.11 本条规定的目的是预报可燃气体泄漏，可有效避免中毒及爆炸事故的发生。

5.5.12 如果低温燃气泄漏可能对储罐和设备造成损坏，还可能发生对操作人员的冻伤，所以监测储罐生产情况，发生事故时及时发现，及时解决，保证安全生产是十分必要的。

5.5.13 本条规定主要是防止液化天然气或低温液化石油气发生泄漏时，破坏整个低温储罐的基础结构。

6 燃气管道和调压设施

6.1 一般规定

6.1.1 本条主要规定城镇燃气系统的设计应经过多方案比较，择优选取技术经济合理、工艺安全可靠的方案。

充分利用天然气门站后的压力，也是节约能源；但要考虑高压输气的安全性和管理成本。

6.1.2 本条提出了对燃气输配管道设计年限不应小于 30 年的基本要求。钢质管道在腐蚀控制良好的条件下寿命可超过 30 年；聚乙烯管和铸铁管的使用寿命一般可达 40～50 年。为了节约资源，故作本条规定。

6.1.3 本条根据《城镇燃气设计规范》GB 50028 的相关要求编制的，城镇燃气管道按设计压力分级，见表 3。

表 3 城镇燃气管道设计压力（表压）分级

名称		压力（MPa）
高压燃气管道	A	$2.5<P\leq4.0$
	B	$1.6<P\leq2.5$
次高压燃气管道	A	$0.8<P\leq1.6$
	B	$0.4<P\leq0.8$
中压燃气管道	A	$0.2<P\leq0.4$
	B	$0.01\leq P\leq0.2$
低压燃气管道		$P<0.01$

将燃气管道压力分为四级，是适应燃气供应的需求便于设计选用。各种不同的级别系统有其各自的适用对象，选用哪种系统更好，应根据具体情况作技术经济比较后确定。

6.1.5 不同压力级制的燃气管道使用的管材及性能应根据设计压力、温度、燃气特性和敷设条件等选用，并应符合《城镇燃气设计规范》GB 50028 的有关规定。

6.1.6 本条中的"环境条件和管线的重要程度"主要是指：大气、土壤条件及敷设管线区域的安全设防要求等。

对于钢质管道和钢质附属设备必须采用防腐层进行外保护，防止钢质燃气管道和钢质附属设备腐蚀，如发生漏气，给城镇的公共安全、居民生活和工业生产等带来重大损失。

6.1.7 本条规定了高层建筑用气的规定。高层建筑如果使用瓶装燃气供气，往往使用电梯运输，一旦发生事故，钢瓶的撤离和救援工作难以开展，故本条规定高层建筑应采用管道供气。

6.1.8 本条规定"在管道安装结束后，应进行管道吹扫"，其目的是除去管道中的灰尘、焊渣及施工时进入的杂质和水等，以保证管道的通畅性及对管道进行干燥等。

强度试验和严密性试验应符合现行国家标准《城镇燃气输配工程施工及验收规范》CJJ 33 的有关规定。

6.2 燃气输配管道

6.2.1 本条规定燃气管道与建（构）筑物及其他管线之间的距离，应符合现行国家标准《城镇燃气设计规范》GB 50028 的有关规定。

液态液化石油气输送管道不得穿越居住区，主要考虑公共安全问题。因为液态液化石油气输送管道工作压力较高，一旦发生断裂引起大量液化石油气泄漏，其危险性较一般燃气管道危险性和破坏性大。国外也有类似规定。

居住区系指 1 000 人或 300 户以上居住区域。

6.2.2 本条的架空的大型构筑物是指如：立交桥、城市架空的轨道交通等。定向钻穿越等问题可根据具体情况协商确定。

6.2.3 本条对埋深的规定是为了避免因埋设过浅使管道受到过大的集中轮压作用而损坏。

《城镇燃气设计规范》GB 50028—2006 第 6.3.4 条规定：地下燃气管道埋设的最小覆土厚度（路面至管顶）应符合下列要求：

1 埋设在机动车道下时，不得小于 0.9 m；

2 埋设在非机动车车道（含人行道）下时，不得小于 0.6 m；

3 埋设在机动车不可能到达的地方时，不得小于 0.3 m；

4 埋设在水田下时，不得小于 0.8 m。

管道敷设在冻土层时，无论是对湿气还是干气，都应考虑湿冻土可能产生的热胀冷缩，对埋在冻土层中管道有破坏可能而导致管道漏气。

6.2.4 本条规定对室外架空燃气管道和燃气引入管等有可能被车辆等外力损害的部位应加护栏或车挡等对管道进行保护。

6.2.5 地下燃气管道不宜穿过地下构筑物，以免相互产生不利影响。当需要穿过时，对穿过构筑物内的地下燃气管应采取防护措施，以免燃气泄漏到排水管沟、热力管沟、电缆沟、联合地沟等中对其他公共设施和公共安全造成危害。

6.2.6 燃气管道穿越铁路、高速公路、电车轨道或城镇主要干道和河流时应符合国家标准《城镇燃气设计规范》GB 50028—2006 第 6.3.9～6.3.11 条的有关规定：

1 穿越铁路或高速公路的燃气管道，应加套管；当燃气管道采用定向钻穿越并取得铁路或高速公路部门同意时，可不加套管；

2 随桥梁跨越河流的燃气管道，其管道的输送压力不应大于 0.4 MPa；

3 当燃气管道随桥梁敷设或采用管桥跨越河流时，必须采取安全防护措施；

4 跨越通航河流的燃气管道管底标高，应符合通航净空的要求，管架外侧应设置护桩；

5 跨越管道应设置必要的补偿和减震措施；

6 燃气管道穿越河底时燃气管道至河床的覆土厚度，应根据水流冲刷条件及规划河床确定。对不通航河流不应小于 0.5 m；对通航的河流不应小于 1.0 m，还应考虑疏浚和投锚深度等。

6.2.7 本条规定了在中压燃气管道上应设置分段阀门，主要是为了便于在维修或接新管操作或事故时切断气源，其位置应根据具体情况而定。一般要掌握当两个相邻阀门关闭后受它影响而停气的用户数不应太多。

将阀门设置在支管上的起点处，当切断该支管供应气时，不致影响干管停气；当新支管与干管连接时，在新支管上的起点处所设置的阀门，也可起到减少干管停气时间的作用。

6.2.8 本条规定包括两方面：一方面指施工安装过程，对土质疏松地段应采取支撑的措施加固沟壁；钢质管道的焊接和管道试压等过程应采取防护措施，以保证施工人员的安全。另一方面指周边环境的安全，燃气管道施工过程中，应保证施工现场周围的行人安全，以及离电杆、树木等较近时采取加强支撑措施，并有防止燃气管道施工过程中对相邻管道和设施损害的保护措施。

6.2.9 本条主要是明确停用或废弃燃气管道的产权或使用单位应对停用或废弃的燃气管道尽管理义务和责任。对不能立即拆除的停用和废弃燃气管道，应采取保压、惰性气体置换等有效措施密封；未经许可，不得对废弃的燃气管道动火。

6.2.10 新建的埋地钢质管道应采用防腐蚀层辅以阴极保护的联合防护方式，是保证管道设计使用寿命的最好方法，也是发达国家普遍做法，在许多国家已列入相关法规。美国腐蚀工程师协会标准

NACE RP0169 在 1969 年发布时就率先规定，英国国家标准 BS 7361 等随后也作出规定。

在此强调管道的阴极保护，主要是由于以往城镇燃气钢质管道的腐蚀控制措施仅考虑采用管道的外防腐层防腐。

6.2.11 应对在役燃气管道的防腐层和阴极保护系统进行定期检测，检测周期和检测方法应符合国家现行标准《城镇燃气埋地钢质管道腐蚀控制技术规程》CJJ 95 的有关规定。

6.3 调压设施

6.3.1 调压站站址的选择应符合城乡总体规划并根据压力级制、用户用气量分布等确定；调压站与周围建(构)筑物之间的水平净距应符合现行国家标准《城镇燃气设计规范》GB 50028 的有关规定。

6.3.2 由于地下室、半地下室和地下箱内属通风不良场所，燃气相对密度大于 0.75 时，泄漏的燃气不易散去，故不得设于地下室、半地下室内和地下单独的箱内。

6.3.3 设置在建筑物外墙上的地上单独的调压箱，燃气进口压力应符合现行国家标准《城镇燃气设计规范》GB 50028 的规定：居民和商业用户燃气进口压力不应大于 0.4 MPa；工业用户(包括锅炉房)燃气进口压力不应大于 0.8 MPa。

6.3.4 本条规定调压站内建筑物和调压箱的设计应符合《城镇燃气设计规范》GB 50028—2006 第 6.6 节的有关的规定。

6.3.5 环境温度对调压装置的影响是不可低估的。对于输送干燃气应主要考虑环境温度，介质温度对调压器皮膜及活动部件的影响；而对于输送湿燃气，应防止冷凝水的结冻；对于输送气态液化石油气，应防止液化石油气的冷凝。

6.3.6 本条规定主要是防止压力过高对下游的燃气管道、设施和用户造成损害。

6.4 用户管道

6.4.1 本条根据《城镇燃气设计规范》GB 50028—2006 中第 10.2.1 条规定编写。户内供气压力越高风险越大，对用户燃气管压力大于 0.8 MPa 的特殊用户的建设应按国家有关规范执行。

6.4.2 暗埋的用户燃气管道的设计使用年限不应小于 50 年的规定，主要参考建筑物的设计使用年限确定的。本条规定的燃气管道不包括燃气管道和燃具之间的连接软管。

6.4.3 本条根据《城镇燃气设计规范》GB 50028—2006 第 10.2.14 条第 1 款制定，其目的是为了保证用气的安全和便于维修管理。

6.4.4 地下室和半地下室一般通风较差，燃气泄漏后容易集聚和滞留，故作上述规定。

6.4.5 高层建筑的燃气立管较长，自重大，作用在底部的力较大和环境温度变化管道产生热胀冷缩产生的推力，管道补偿等设计和安装上是必须要考虑的，否则燃气管道可能出现变形、折断等安全问题。

6.4.6 本条中规定埋地钢质燃气管道进入建筑物前应设置绝缘连接主要是考虑室外采用电防腐埋地管道与室内地上管道有电位差，使其相互绝缘隔离，延长室外燃气管道的寿命。

6.4.7 用户燃气引入管、穿墙管、穿楼板管等漏气发生爆炸是室内燃气多发事故之一，严重影响人身和公共安全，故作此规定。

6.4.8 本条规定的目的是发生事故时能快速切断气源。手动快速式切断阀指四分之一回转、带限位装置的阀门。

6.4.10 本条主要强调明设的用户燃气管道应方便安装和检修。暗设的用户燃气管道应安装在不受外力冲击的位置。

6.4.12 本条根据《住宅建筑规范》GB 50368—2005 第 11.0.4 条的规定制定，主要考虑建筑物本身的安全。

7 燃气汽车运输

7.0.1 本条根据《道路危险货物运输管理规定》(交通部2005年第9号令)的有关规定制定。

液化石油气、液化天然气和压缩天然气具有爆炸、易燃等特性,在运输、装卸和储存过程中,可能造成人身伤亡、财产毁损和环境污染而需要特别防护,所以要用专用汽车运输。

7.0.2 燃气运输车辆配备泄压阀、防波板、遮阳物、压力表、液位计、导除静电等相应的安全装置,主要根据燃气的特性制定。例如:液态LPG体积膨胀受温度影响很大,运输过程中液化石油气与罐壁摩擦产生静电等。

7.0.3 本条根据《汽车危险货物运输规则》JT 617—2004和《液化石油气汽车槽车安全管理规定》中的有关规定制定。

7.0.4 灭火器是扑救运输车辆小型火灾和初起火灾的主要设备。小型火灾和初起火灾范围小,火势弱,是火灾扑灭的最佳时期。按照有关规范和标准配备数量足、质量好的灭火器是防火和灭火的重要措施,灭火器维护保养不到位,技术状况不良等现象,会影响防火和灭火工作的落实。

7.0.5 根据《液化石油气汽车槽车安全管理规定》中第39条规定槽车的涂色与标志为:

1 槽车罐体外表面应涂银灰色。沿罐体水平中心线四周涂刷一道宽度不小于150 mm的红色色带。

2 罐体两侧中央部位(此处色带留空不涂色)应用红色喷写“严禁烟火”字样,字高不小于200 mm。

3 槽车的其余裸露部分涂色规定如下:

安全阀——红色;气相管——红色;液相管——银灰色;阀门——银灰色;其他——不限。

4 在罐体一侧后端部色带下方的适当部位,喷写“罐体下次检验日期:×年×月”字样,字高100 mm左右。

在驾驶室的两侧门上应标注遇有紧急情况时的联络电话主要是方便救援。

7.0.6 本条规定燃气运输车辆必须按规定的充装系数充装。

7.0.7 本条规定了燃气运输车辆的使用和装卸应按《危险化学品安全管理条例》和《道路危险货物运输管理规定》中危险化学品运输企业应遵守的制度执行。

8 燃具和用气设备

8.1 一般规定

8.1.1 本条根据《城镇燃气设计规范》GB 50028—2006第10.1.2条制定。燃气用户应根据用途、安装条件、使用的燃气种类等因素综合考虑后选择燃具。燃具上标明使用的燃气种类必须与实际使用的气质相同。

8.1.2 本条根据《城镇燃气设计规范》GB 50028—2006编写。地下室和半地下室一般通风较差,由于燃烧需要氧气和燃烧的废气不容易排除及燃气泄漏后容易积聚和滞留。

8.1.3 本条根据《城镇燃气设计规范》GB 50028—2006第10.2.8条制定。根据国内燃气用户情况,燃具和管道之间的软管经常因连接处松动和胶管老化产生漏气引发燃气中毒和火灾事故。在今后的使用中可考虑采用防脱落接头或快速切断接头的方式。

燃气软管的长度和使用期限应符合《城镇燃气设计规范》GB 50028—2006第10章的有关规定。

8.2 居民用燃具

8.2.1 本条根据《城镇燃气设计规范》GB 50028—2006第10.4.1条制定。目前国内的居民生活用燃具，如燃气灶、热水器、采暖器等都使用5 kPa以下的低压燃气，主要是为了安全，即使中压进户（中压燃气进入厨房）也是通过调压器降至低压后再进入计量装置和燃具的。

8.2.2 本条根据《城镇燃气设计规范》GB 50028—2006第10.4.4条和第10.4.5条编写。“通风良好，有给排气条件”主要是考虑燃具燃烧需要氧气，而通风条件差燃烧产生的烟气不能及时排至室外，使环境缺氧就会加剧不完全燃烧，产生大量的一氧化碳，会对燃具的使用者构成致命伤害。不应安装在卧室内和应安装在非居住房间是防止漏气或缺氧对人身的伤害。

8.2.3 本条根据《城镇燃气设计规范》GB 50028—2006第10.4.4条第4款制定。燃气灶与墙面的净距不得小于10 cm；当墙面为可燃或难燃材料时，应加防火隔热板；燃气灶的灶面边缘和烤箱的侧壁距木质家具的净距不得小于20 cm，当达不到时，应加防火隔热板。

放置燃气灶的灶台应采用不燃烧材料，当采用难燃材料时，应加防火隔热板。主要是防止火灾的发生。

8.2.4 本条主要是考虑直排式燃具是将燃烧的废气直接排在屋内，如果不能及时排至室外，室内缺氧使燃烧恶化和废气中的有害气体剧增对人体有致命的伤害等因素制定。机械排烟设施包括住宅厨房中的抽油烟机。

8.2.5 使用烟道排气的燃具，如果烟道排烟不畅同样会造成室内缺氧使燃烧恶化和废气中的有害气体剧增对人体有致命的伤害。所以烟道的结构与要求应符合《城镇燃气设计规范》GB 50028—2006第10.7节的有关规定。燃具安装前应确认烟道状况，经验证状况良好，方可使用。

8.3 工业和商业用气设备

8.3.1 由于用气设备用气量大、燃烧器的数量多，且因受安装条件的限制，使人工点火和观火比较困难；通过调查不少用气设备由于在点火阶段的误操作而发生爆炸事故。当用气设备装有熄火保护装置后，对设备的熄火起到安全监测作用，从而保证了设备的安全、正常运转。

不论是手动控制的还是自动控制的用气设备都应有热工检测仪表，主要是检测燃气、空气的压力和炉膛（燃烧室）温度、排烟温度等；燃烧过程的自动调节主要是指对燃烧温度和燃烧气氛的调节。当加热工艺要求要有稳定的加热温度和燃烧气氛，只允许有很小的波动范围，而靠手动控制不能满足要求时，应设燃烧过程的自动调节。当加热工艺对燃烧后的炉气压力有要求时，还可设置炉气压力的自动调节装置。

8.3.2 用气设备的燃烧条件包括燃烧的给排气条件。

8.3.3 根据《城镇燃气设计规范》GB 50028—2006第10.5.3条和第10.5.7条的规定制定。

8.3.4 使用机械鼓风助燃的用气设备，当燃气或空气因故突然降低压力和或者误操作时，均会出现燃气、空气窜混现象，导致燃烧器回火产生爆炸事故，将煤气表、调压器、鼓风机等设备损坏。设置止回阀或泄压装置是为了防止一旦发生爆炸时，不至于损坏设备。

8.4 用户计量

8.4.4 本条燃气计量装置安装在卫生间内，外壳容易受环境腐蚀影响；在危险品和易燃物品堆存处安装燃气计量装置，一旦出现漏气时更增加了易燃、易爆品的危险性，万一发生事故时必然加剧事故的灾情，故规定为“严禁安装”。

UDC

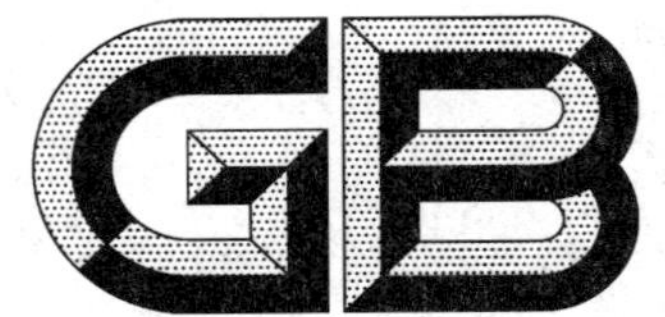

中华人民共和国国家标准

P

GB/T 51098—2015

城镇燃气规划规范

Code for planning of city gas

2015-03-08 发布　　2015-11-01 实施

中华人民共和国住房和城乡建设部
中华人民共和国国家质量监督检验检疫总局　联合发布

中华人民共和国住房和城乡建设部
公　　告

第 774 号

住房城乡建设部关于发布国家标准《城镇燃气规划规范》的公告

现批准《城镇燃气规划规范》为国家标准，编号为 GB/T 51098—2015，自 2015 年 11 月 1 日起实施。

中华人民共和国住房和城乡建设部

2015 年 3 月 8 日

前　言

根据原建设部《2007 年工程建设标准规范制订、修订计划(第一批)》(建标[2007]125 号)的要求。编制组经广泛调查研究，认真总结实践经验，参考有关国内、外标准，并在广泛征求意见的基础上，编制本规范。

本规范主要技术内容是：总则、术语、基本规定、用气负荷、燃气气源、燃气管网、调峰及应急储备、燃气厂站、运行调度系统等。

本规范由住房和城乡建设部负责管理，由北京市煤气热力工程设计院有限公司负责具体技术内容的解释。执行过程中如有意见或建议，请寄送北京市煤气热力工程设计院有限公司(地址：北京市西城区西单北大街小酱坊胡同甲 40 号，邮政编码：100032)。

本规范主编单位：北京市煤气热力工程设计院有限公司

本规范参编单位：北京市城市规划设计研究院
中国市政工程华北设计研究总院
港华投资有限公司
上海燃气工程设计研究院有限公司
中交煤气热力研究设计院有限公司
中国市政工程西南设计研究总院

本规范主要起草人员：段洁仪　陈　敏　福　鹏　杨永慧　胡周海　张秀梅　刘建伟　孙明烨
冯　涛　周天洪　徐彦峰　李颜强　范学军　应援农　林向荣　刘　军
金　芳　姜林庆　李连星　鞠　红　宋玉银

本规范主要审查人员：潘一玲　迟国敬　汪隆毓　刘志生　郑向阳　田贯三　刘　燕　李青平
杨　健　唐伟强　李雅琳　杨建红

1 总 则

1.0.1 为提高城镇燃气规划的科学性、合理性，贯彻节能减排政策，保障供气安全，促进燃气行业技术进步，指导城镇燃气工程建设，制定本规范。

1.0.2 本规范适用于城市规划或镇规划中的燃气规划的编制。

1.0.3 城镇燃气规划应结合社会、经济发展情况，坚持安全稳定、节能环保、节约用地的原则，以城市、镇的总体规划和能源规划为依据，因地制宜进行编制。

1.0.4 城镇燃气规划除应符合本规范外，尚应符合国家现行有关标准的规定。

2 术 语

2.0.1 集中负荷 concentrated load

大型工业用户、燃气电厂、大型燃气锅炉房等对管网布局和稳定运行构成较大影响的负荷。

2.0.2 可中断用户 interruptible customer

在系统事故、气源不足或供气高峰等特定时段内，可中断供气的用户。

2.0.3 不可中断用户 uninterruptible customer

停止供气将严重影响生活秩序或威胁设备及人身安全的用户。

2.0.4 非高峰期用户 off-peak customer

在低于城镇燃气管网年平均日供气量时才用气的用户。

2.0.5 负荷曲线 load curve

在一定时间内，一类或多类用户负荷叠加后的用气量变化曲线，包括：年负荷曲线、周负荷曲线、日负荷曲线。年负荷曲线反映月负荷波动，周负荷曲线反映日负荷波动，日负荷曲线反映小时负荷波动。

2.0.6 小时负荷系数 hourly load coefficient

年平均小时用气量与高峰小时用气量的比值。

2.0.7 日负荷系数 daily load coefficient

年均日负荷与高峰日负荷的比值，表示负荷变化的程度。数值越接近于1，表明用气越均衡。

2.0.8 最大负荷利用小时数 the maximum load utilization hours

年总用气量与高峰小时用气量的比值。

2.0.9 最大负荷利用日数 the maximum load utilization days

年总用气量与高峰日用气量的比值。

2.0.10 用气结构 structure of gas consumption

不同种类燃气用户年用气量占年总用气量的百分比。

2.0.11 年负荷增长率 yearly load growth rate

当年用气增长量与上年用气量的比值。

2.0.12 负荷密度 load density

供气区域的高峰小时用气量除以供气区域占地面积所得的数值，表示负荷分布密集程度的量化指标。

2.0.13 燃气气化率 gasification rate

某类燃气用户占规划区域内此类用户总量的比例，包括：居民气化率、采暖气化率、制冷气化率、汽车气化率等。

2.0.14 气源点 gas source point

城镇管道燃气的供气起点，包括：门站、液化天然气(LNG)供气站、压缩天然气(CNG)供气站、人工煤气制气厂或储配站、液化石油气(LPG)气化站或混气站等。

2.0.15 专供调压站(箱) special regulator station

仅为某个特定用户供气的调压站(箱)。

2.0.16 区域调压站(箱) regional regulator station

为某个区域供气的调压站(箱)。

2.0.17 厂站负荷率 station load factor

厂站的最大小时流量与厂站设计流量的比值,表示厂站的利用率。

3 基本规定

3.0.1 城镇燃气规划应结合当地资源状况及发展需求,统筹并科学合理选择各类气源,满足市场需求、保障供需平衡。

3.0.2 城镇燃气规划的编制应与城市或镇的总体规划、详细规划相衔接,规划范围及期限的划分应与城市或镇规划相一致。

3.0.3 城镇燃气规划应与城镇道路交通、水系、给水、排水、电力、电信、热力及其他专业规划相协调。

3.0.4 城镇燃气规划应近、远期相结合,统筹近期建设和远期发展的关系,且应适应城市远景发展的需要。

3.0.5 城镇燃气规划应从城市或镇全局出发,充分体现社会、经济、环境、节能等综合效益。

3.0.6 城镇燃气规划的主要内容应包括:负荷预测、气源选择、管网布置、厂站布局、储气调峰、应急储备等;成果文件应包括规划文本、说明书及图纸。

3.0.7 城镇燃气规划编制过程中需调研收集的资料及规划编制内容应符合本规范附录A的规定。

4 用气负荷

4.1 负荷分类

4.1.1 城镇燃气用气负荷按用户类型,可分为居民生活用气负荷、商业用气负荷、工业生产用气负荷、采暖通风及空调用气负荷、燃气汽车及船舶用气负荷、燃气冷热电联供系统用气负荷、燃气发电用气负荷、其他用气负荷及不可预见用气负荷等。

4.1.2 城镇燃气用气负荷按负荷分布特点,可分为集中负荷和分散负荷。

4.1.3 城镇燃气用气负荷按用户用气特点,可分为可中断用户和不可中断用户。

4.2 负荷预测

4.2.1 负荷预测应结合气源状况、能源政策、环保政策、社会经济发展状况及城市或镇发展规划等确定。

4.2.2 负荷预测前,应根据下列要求合理选择用气负荷:

1 应优先保证居民生活用气,同时兼顾其他用气;

2 应根据气源条件及调峰能力,合理确定高峰用气负荷,包括采暖用气、电厂用气等;

3 应鼓励发展非高峰期用户,减小季节负荷差,优化年负荷曲线;

4 宜选择一定数量的可中断用户,合理确定小时负荷系数、日负荷系数;

5 不宜发展非节能建筑采暖用气。

4.2.3 燃气负荷预测应包括下列内容:

1 燃气气化率,包括:居民气化率、采暖气化率、制冷气化率、汽车气化率等;

2 年用气量及用气结构；

3 可中断用户用气量和非高峰期用户用气量；

4 年、周、日负荷曲线；

5 计算月平均日用气量，计算月高峰日用气量，高峰小时用气量；

6 负荷年增长率，负荷密度；

7 小时负荷系数和日负荷系数；

8 最大负荷利用小时数和最大负荷利用日数；

9 时调峰量，季(月、日)调峰量，应急储备量。

4.2.4 总负荷的年、周、日负荷曲线应根据各类用户的年、周、日负荷曲线分别进行叠加后确定。

4.2.5 各类负荷量、调峰量及负荷系数均应根据负荷曲线确定。

4.2.6 燃气负荷预测可采用人均用气指标法、分类指标预测法、横向比较法、弹性系数法、回归分析法、增长率法等。

4.3 规划指标

4.3.1 城镇总体规划阶段，当采用人均用气指标法或横向比较法预测总用气量时，规划人均综合用气量指标应符合表4.3.1的规定，并应根据下列因素确定：

表4.3.1 规划人均综合用气量指标

指标分级	城镇用气水平	人均综合用气量(MJ/人·a)	
		现状	规划
一	较高	≥10 501	35 001～52 500
二	中上	7 001～10 500	21 001～35 000
三	中等	3 501～7 000	10 501～21 000
四	较低	≤3 500	5 250～10 500

1 城镇性质、人口规模、地理位置，经济社会发展水平、国内生产总值；

2 产业结构、能源结构、当地资源条件和气源供应条件；

3 居民生活习惯、现状用气水平；

4 节能措施等。

4.3.2 城镇燃气规划用气指标应按节能减排要求，在调查各类用户用能水平、分析用气发展趋势的基础上综合确定，并应符合下列规定：

1 居民生活用气指标，应根据气候条件、居民生活水平及生活习惯、燃气用途等综合分析比较后确定。

2 商业用气指标，应根据不同类型用户的实际燃料消耗量折算；也可根据当地经济发展情况、居民消费水平和生活习惯、公共服务设施完善程度，按其占城镇居民生活用气的适当比例确定。

3 工业用气负荷分为落实的和远期规划的负荷，其预测应符合下列规定：

1) 落实的负荷预测应按企业可被燃气替代的现用燃料量经过转换计算，或按生产规模及用气指标进行预测；

2) 远期规划负荷预测，可按同行业单位产能(或产量)或单位建筑面积(或用地面积)用气指标估算。

4 采暖通风及空调用气量预测，应符合下列规定：

1) 应根据不同类型建筑的建筑面积、建筑能耗指标分别测算用气量；

2）用气指标应按国家现行标准《采暖通风与空气调节设计规范》GB 50019 和《城镇供热管网设计规范》CJJ 34 确定；

3）无法获得分类建筑指标时，宜按当地建筑物耗热（冷）综合指标确定。

5 燃气汽车、船舶用气量，应符合下列规定：

1）应根据各类汽车、船舶的用气指标、车辆数量和行驶里程确定用气量；

2）用气指标应根据车辆、船舶的燃料能耗水平、行驶规律综合分析确定。

6 燃气冷热电联供系统及燃气电厂用气量应根据装机容量、运行规律、余热利用状况及相关政策等因素预测。

7 不可预见用气及其他用气量可按总用气量的 3%～5%估算。

5 燃气气源

5.0.1 燃气气源应符合现行国家标准《城镇燃气分类及基本特性》GB/T 13611 的规定，主要包括天然气、液化石油气和人工煤气。

5.0.2 燃气气源选择应遵循国家能源政策，坚持降低能耗、高效利用的原则；应与本地区的能源、资源条件相适应，满足资源节约、环境友好、安全可靠的要求。

5.0.3 燃气气源宜优先选择天然气、液化石油气和其他清洁燃料。当选择人工煤气作为气源时，应综合考虑原料运输、水资源因素及环境保护、节能减排要求。

5.0.4 燃气气源供气压力和高峰日供气量，应能满足燃气管网的输配要求。

5.0.5 气源点的布局、规模、数量等应根据上游来气方向、交接点位置、交接压力、高峰日供气量、季节调峰措施等因素，经技术经济比较确定。门站负荷率宜取 50%～80%。

5.0.6 中心城区规划人口大于 100 万人的城镇输配管网，宜选择 2 个及以上的气源点。气源选择时应考虑不同种类气源的互换性。

6 燃气管网

6.1 压力级制

6.1.1 燃气管道的设计压力分级应符合现行国家标准《城镇燃气设计规范》GB 50028 的规定。

6.1.2 燃气管网系统的压力级制选择应符合下列规定：

1 应简化压力级制，减少调压层级，优化网络结构；

2 输配系统的压力级制应通过技术经济比较确定；

3 最高压力级制的设计压力，应充分利用门站前输气系统压能，并结合用户用气压力、负荷量和调峰量等综合确定；其他压力级制的设计压力应根据城市或镇规划布局、负荷分布、用户用气压力等因素确定。

6.1.3 燃气管网系统宜结合城镇远期规划，优先选择较高压力级制管网，提高供气压力。

6.2 管网布置

6.2.1 城镇燃气管网敷设应符合下列规定：

1 燃气主干管网应沿城镇规划道路敷设，减少穿跨越河流、铁路及其他不宜穿越的地区；

2 应减少对城镇用地的分割和限制，同时方便管道的巡视、抢修和管理；

3 应避免与高压电缆、电气化铁路、城市轨道等设施平行敷设；

4 与建（构）筑物的水平净距应符合现行国家标准《城镇燃气设计规范》GB 50028 和《城市工程管

线综合规划规范》GB 50289 的规定。

6.2.2 中心城区规划人口大于 100 万人的城市，燃气主干管应选择环状管网。

6.2.3 长输管道应布置在规划城镇区域外围；当必须在城镇内布置时，应按现行国家标准《输气管道工程设计规范》GB 50251 和《城镇燃气设计规范》GB 50028 的规定执行。

6.2.4 长输管道和城镇高压燃气管道的走廊，应在城市、镇总体规划编制时进行预留，并与公路、城镇道路、铁路、河流、绿化带及其他管廊等的布局相结合。

6.2.5 城镇高压燃气管道布线，应符合下列规定：

1 高压燃气管道不应通过军事设施、易燃易爆仓库、历史文物保护区、飞机场、火车站、港口码头等地区。当受条件限制，确需在本款所列区域内通过时，应采取有效的安全防护措施。

2 高压管道走廊应避开居民区和商业密集区。

3 多级高压燃气管网系统间应均衡布置联通管线，并设调压设施。

4 大型集中负荷应采用较高压力燃气管道直接供给。

5 高压燃气管道进入城镇四级地区时，应符合现行国家标准《城镇燃气设计规范》GB 50028 的有关规定。

6.2.6 城镇中压燃气管道布线，宜符合下列规定：

1 宜沿道路布置，一般敷设在道路绿化带、非机动车道或人行步道下；

2 宜靠近用气负荷，提高供气可靠性；

3 当为单一气源供气时，连接气源与城镇环网的主干管线宜采用双线布置。

6.2.7 城镇低压燃气管道不应在市政道路上敷设。

6.3 水力计算

6.3.1 城镇燃气管网应根据规划分期进行各规划阶段的静态水力计算，并应进行相应的事故工况校核；遇下列情况宜进行管网动态模拟计算：

1 利用燃气管网储气，进行时调峰时；

2 集中负荷接入管网时；

3 需要设置增压装置的用户接入管网时。

6.3.2 燃气管网及厂站的布局应根据水力计算进行优化。

6.3.3 水力计算时，管网的计算流量应根据规划高峰小时用气量确定。

6.3.4 燃气管网的管径应根据气源点的供气压力、管网的计算流量以及最低允许压力等条件，通过管网水力计算确定，并适当留有余量。

7 调峰及应急储备

7.1 调峰

7.1.1 燃气调峰量应根据城镇用气负荷曲线和上游供气曲线确定。

7.1.2 城镇燃气输配系统应与上游统筹解决用气不均衡的问题。

7.1.3 城镇燃气调峰方式选择应根据当地地质条件和资源状况，经技术经济分析等综合比较确定，并宜符合下列规定：

1 城镇附近有建设地下储气库条件时，宜选择地下储气库调节季峰、日峰；

2 城镇天然气输气压力较高时，宜选用高压管道储气调节时峰；

3 当具备液化天然气或压缩天然气气源时，宜利用液化天然气或压缩天然气调日峰、时峰。

7.1.4 调峰设施应根据季节、日、时调峰量合理选择，并按实际调峰需求，统一规划，分期建设。

7.2 应急储备

7.2.1 城镇燃气应急气源应与主供气源具有互换性。

7.2.2 城镇燃气应急储备设施的储备量应按 3 d～10 d 城镇不可中断用户的年均日用气量计算。

7.2.3 应急储备设施布局应结合城镇燃气负荷分布、输配管网结构，经技术经济比较确定。

8 燃气厂站

8.1 一般规定

8.1.1 燃气厂站的布局和选址，应符合下列规定：

1 应符合城市、镇总体规划的要求；

2 应具有适宜的交通、供电、给排水、通信及工程地质条件，并应满足耕地保护、环境保护、防洪、防台风和抗震等方面的要求；

3 应根据负荷分布、站内工艺、管网布置、气源条件，合理配置厂站数量和用地规模；

4 应避开地震断裂带、地基沉陷、滑坡等不良地质构造地段；

5 应节约、集约用地，且结合城镇燃气远景发展规划适当留有发展空间；

6 燃气厂站与建(构)筑物的间距，应符合现行国家标准《建筑设计防火规范》GB 50016、《城镇燃气设计规范》GB 50028 及《石油天然气工程设计防火规范》GB 50183 的规定。

8.1.2 燃气指挥调度中心、维修抢修站、客户服务网点等燃气系统配套设施的规划应符合下列规定：

1 应与城镇燃气设施规模相匹配；

2 应与城镇燃气设施同步规划。

8.2 天然气厂站

8.2.1 门站站址应根据长输管道走向、负荷分布、城镇布局等因素确定，宜设在规划城市或镇建设用地边缘。规划有 2 个及以上门站时，宜均衡布置。

8.2.2 储配站站址应根据负荷分布、管网布局、调峰需求等因素确定，宜设在城镇主干管网附近。

8.2.3 门站和储配站用地，应符合现行国家标准《城镇燃气设计规范》GB 50028 的要求。

8.2.4 当城镇有 2 个及以上门站时，储配站宜与门站合建；但当城镇只有 1 个门站时，储配站宜根据输配系统具体情况与门站均衡布置。

8.2.5 调压站(箱)设置，应符合下列规定：

1 按供应方式与用户类型，调压站(箱)可分为区域调压站(箱)与专供调压站(箱)。

2 调压站(箱)的规模应根据负荷分布、压力级制、环境影响、水文地质等因素，经技术经济比较后确定。调压站(箱)的负荷率宜控制在 50%～75%。

3 调压站(箱)的布局，应根据管网布置、进出站压力、设计流量、负荷率等因素，经技术经济比较确定。

4 调压站(箱)的设置应与环境协调，运行噪声应符合现行国家标准《声环境质量标准》GB 3096 的有关规定。

5 集中负荷应设专供调压站(箱)。

8.2.6 高中压调压站不宜设置在居住区和商业区内；居住区及商业区内的中低压调压设施，宜采用调压箱。

8.2.7 液化天然气、压缩天然气厂站设置，应符合下列规定：

1 站址选择应考虑交通便利及与规划城镇燃气管网衔接等因素。

2 供应和储存规模应根据用户类别、用气负荷、调峰需求、运输方式、运输距离等因素，经技术经济比较确定。

3 液化天然气或压缩天然气作为临时或过渡气源时，厂站出线应与管网远期规划相衔接。

8.2.8 天然气门站、高压调压站、次高压调压站、液化天然气气化站、压缩天然气储配站用地面积指标可分别按本规范表 B.0.1-1～表 B.0.1-5 的规定执行。

8.3 液化石油气厂站

8.3.1 液化石油气厂站的供应和储存规模，应根据气源情况、用户类型、用气负荷、运输方式和运输距离，经技术经济比较确定。

8.3.2 液化石油气供应站的站址选择应符合下列规定：

1 应选择在全年最小频率风向的上风侧；

2 应选择在地势平坦、开阔，不易积存液化石油气的地段。

8.3.3 液化石油气供应站内铁路引入线和铁路槽车装卸线的布置，应符合现行国家标准《Ⅲ、Ⅳ级铁路设计规范》GB 50012 的规定。

8.3.4 液化石油气气化、混气、瓶装站的选址，应结合供应方式和供应半径确定，且宜靠近负荷中心。

8.3.5 瓶装液化石油气供应站和液化石油气灌装站用地面积指标可分别按本规范附录 B 表 B.0.2-1 和表 B.0.2-2 的规定执行。

8.4 汽车加气站

8.4.1 汽车加气站气源及数量，应根据城市、镇总体规划、资源条件、汽车数量、运营规律，以及经济发展、环保要求等因素，经技术经济比较后确定。

8.4.2 汽车加气站站址宜靠近气源或输气管线，方便进气、加气，且便于交通组织。

8.4.3 汽车加气站规模、选址应符合国家现行标准《汽车加油加气站设计与施工规范》GB 50156、《液化天然气(LNG)汽车加气站技术规范》NB/T 1001 等的规定。

8.4.4 汽车加气站建设应避免影响城镇燃气的正常供应，并宜符合下列规定：

1 常规加气站宜建在中压燃气管道附近；

2 加气母站宜建在高压燃气厂站或靠近高压燃气管道的地方。

8.4.5 压缩天然气常规加气站和加气子站、液化天然气加气站、液化石油气加气站可与加油站或其他燃气厂站合建，各类天然气加气站也可联合建站。

8.4.6 压缩天然气加气母站、压缩天然气常规加气站、液化天然气加气站的用地指标可分别按本规范表 B.0.3-1～表 B.0.3-3 的规定执行。

8.5 人工煤气厂站

8.5.1 人工煤气厂站的设计规模和工艺，应根据制气原料来源、原料种类、用气负荷、供气需求等，经技术经济比较确定。

8.5.2 人工煤气厂站应布置在该地区全年最小频率风向的上风侧。

8.5.3 人工煤气厂站的粉尘、废水、废气、灰渣、噪声等污染物排放浓度，应符合国家现行环保标准的规定。

8.5.4 人工煤气储配站站址应根据负荷分布、管网布局、调峰需求等因素确定，宜设在城镇主干管网附近。人工煤气储配站宜与人工煤气厂对置布置。

8.5.5 人工煤气储配站用地面积指标可按本规范表 B.0.4 的规定执行。

9 运行调度系统

9.0.1 应根据城镇燃气供气规模、运营模式，按照安全可靠、技术先进、合理适用、有利发展的原则，规划燃气指挥调度中心、维修抢修站、客户服务网点等燃气系统配套设施。

9.0.2 100万人口以上的城镇燃气输配系统宜设置包括监控和数据采集系统、地理信息系统、生产调度系统、应急保障系统等的运行调度系统。

9.0.3 城镇燃气运行调度系统宜设主控中心及本地站。

9.0.4 燃气系统配套设施的用地面积指标可按本规范表B.0.5的规定执行。

附录A　城镇燃气规划编制需调研收集的资料及规划编制内容

A.0.1　城镇燃气规划编制过程中需调研收集的资料应至少包括表A.0.1的内容。

表A.0.1　城镇燃气规划编制需调研收集的资料

序号	资　料　名　称
1	城市或镇总体规划、详细规划、能源规划，其他与能源发展相关的规划等
2	社会经济发展状况
3	水文、地质、气象、自然地理资料及城镇地形图
4	现状及潜在气源的基本状况和发展资料，城镇燃气用气现状及历史负荷、压力级制、用气指标、不均匀系数等
5	现状燃气设施，包括各类燃气厂站、管线、储气调峰设施等
6	各类用户的负荷曲线；集中负荷的运行变化规律
7	大用户及可中断用户的用气规模及规律等

A.0.2　城镇燃气规划的编制内容应至少包括表A.0.2的内容。

表A.0.2　城镇燃气规划编制内容

序号	编　制　内　容
1	规划分期、规划范围、规划原则、规划目标。规划目标包括：用气规模、用气结构、燃气气化率、门站数量及规模、调压站数量及规模、燃气主干管网长度等
2	燃气负荷预测与计算，包括规划指标的确定、年总用气量、高峰日用气量、高峰小时用气量
3	气源规划，包括气源种类、供应方式、供应量、位置与规模
4	燃气供需平衡分析及调峰需求，储气调峰方案
5	燃气用户用气规律或负荷曲线
6	管网水力计算分析结果
7	输配管网系统压力级制、主干管网布局及管径
8	燃气厂站布局、设计规模及用地规模、主要厂站选址
9	对原有供气设施的利用、改造方案
10	监控及数据管理系统方案
11	燃气工程配套设施方案项目建设进度计划及近期建设内容
12	节能篇
13	消防篇
14	健康、安全和环境(HSE)管理体系
15	燃气供应保障措施和安全保障措施
16	规划工程量及投资估算
17	现状负荷分布图、现状燃气设施分布示意图等
18	用地规划图、管网规划示意图、燃气厂站布局示意图等

附录B 燃气设施用地指标

B.0.1 门站用地面积指标、高压调压站用地面积指标、次高压调压站用地面积指标、液化天然气气化站用地面积指标、压缩天然气储配站用地面积指标应分别按表B.0.1-1～表B.0.1-5的规定执行。

表 B.0.1-1 门站用地面积指标

设计接收能力（10^4 m^3/h）	≤5	10	50	100	150	200
用地面积（m^2）	5 000	6 000～8 000	8 000～10 000	10 000～12 000	11 000～13 000	12 000～15 000

注：1 表中用地面积为门站用地面积，不含上游分输站或末站用地面积；
2 上游分输站和末站用地面积参照门站用地面积指标；
3 设计接收能力按标准状态(20 ℃、101.325 kPa)下的天然气当量体积计；
4 当门站设计接收能力与表中数不同时，可采用直线方程内插法确定用地面积指标。

表 B.0.1-2 高压调压站用地面积指标

供气规模（10^4 m^3/h）		≤5	5～10	10～20	20～30	30～50
用地面积（m^2）	高压A	2 500	2 500～3 000	3 000～3 500	3 500～4 000	4 000～6 000
	高压B	2 000	2 000～2 500	2 500～3 000	3 000～3 500	3 500～5 000

注：1 供气规模按标准状态(20 ℃、101.325 kPa)下的天然气当量体积计；
2 当高压调压站的供气规模与表中数不同时，可采用直线方程内插法确定用地面积指标。

表 B.0.1-3 次高压调压站用地面积指标

供气规模（10^4 m^3/h）	≤2	2～5	5～8	8～10
用地面积（m^2）	700	700～1 000	1 000～1 500	1 500～2 000

注：1 供气规模按标准状态(20℃、101.325 kPa)下的天然气当量体积计；
2 当次高压调压站供气规模与表中数不同时，可采用直线方程内插法确定用地面积指标。

表 B.0.1-4 液化天然气气化站用地面积指标

储罐水容积（m^3）	≤200	400	800	1 000	1 500	2 000
用地面积（m^2）	12 000	14 000～16 000	16 000～20 000	20 000～25 000	25 000～30 000	30 000～35 000

注：当储罐水容积与表中数不同时，可采用直线方程内插法确定用地面积指标。

表 B.0.1-5 压缩天然气储配站用地面积指标

储罐储气容积(m^3)	≤4 500	4 500～10 000	10 000～50 000
用地面积(m^2)	2 000	2 000～3 000	3 000～8 000

注：1 储罐储气容积按储罐几何容积计算；
2 当储罐储气容积与表中数不同时，可采用直线方程内插法确定用地面积指标。

B.0.2 瓶装液化石油气供应站用地指标、液化石油气灌装站用地面积指标应分别符合表 B.0.2-1 和表 B.0.2-2 的规定。

表 B.0.2-1 瓶装液化石油气供应站用地指标

名　称	气瓶总容积(m^3)	用地面积(m^2)
Ⅰ级站	$6<V\leqslant 20$	400～650
Ⅱ级站	$1<V\leqslant 6$	300～400
Ⅲ级站	$V\leqslant 1$	<300

注：气瓶容积按气瓶几何容积计算。

表 B.0.2-2 液化石油气灌装站用地面积指标

灌装规模(10^4 t/a)	≤0.5	0.5～1	1～2	2～3
用地面积(m^2)	13 000～16 000	16 000～20 000	20 000～28 000	28 000～32 000

B.0.3 压缩天然气加气母站用地面积指标、压缩天然气常规加气站用地面积指标、液化天然气加气站用地面积指标应分别符合表 B.0.3-1～表 B.0.3-3 的规定。

表 B.0.3-1 压缩天然气加气母站用地面积指标

供气规模(10^4 m^3/d)	≤5	5～10	10～30
用地面积(m^2)	4 000	4 000～6 000	6 000～10 000

注：供气规模按标准状态(20 ℃、101.325 kPa)下的天然气当量体积计。

表 B.0.3-2 压缩天然气常规加气站用地面积指标

供气规模(10^4 m^3/d)	≤1	1～3	3～5
用地面积(m^2)	2 500	2 500～3 000	3 000～4 000

注：供气规模按标准状态(20 ℃、101.325 kPa)下的天然气当量体积计。

表 B.0.3-3 液化天然气加气站用地面积指标

储罐储气总容积(m^3)	60	120	180
用地面积(m^2)	3 000～4 000	4 000～6 000	6 000～8 000

注：1 储罐储气容积按储罐几何容积计算；
2 当储罐总储气容积与表中数不同时，可采用直线方程内插法确定液化天然气加气站用地面积指标。

B.0.4 人工煤气储配站用地面积指标应符合表 B.0.4 的规定。

表 B.0.4 人工煤气储配站用地面积指标

储气罐气总容积(10^4 m^3)	≤1	2	5	10	15	20	30
用地面积(m^2)	8 000	10 000～12 000	15 000～18 000	20 000～26 000	28 000～35 000	30 000～40 000	45 000～50 000

注：1 储罐储气容积按储罐几何容积计算；
2 当储罐总储气容积与表中数不同时，可采用直线方程内插法确定人工煤气储配站用地面积指标。

B.0.5 燃气系统配套设施用地面积指标应符合表B.0.5的规定。

表B.0.5 燃气系统配套设施用地面积指标

供气规模(万户)	5	10	20	50	100
人员编制(人)	160	250	360	850	1 520
建筑面积(m^2)	3 200 (4 000)	5 000 (6 250)	7 200 (9 000)	17 000 (21 250)	30 400 (38 000)
用地面积(m^2)	2 909 (3 636)	4 545 (5 682)	6 545 (8 182)	15 455 (29 318)	27 636 (34 545)

注：1 对应供气规模下的人员编制以国内城市现状情况为样本分析整理得出；

2 人均建筑面积按20(25)m^2考虑，容积率按1.1计算。

本规范用词说明

1 为便于在执行本规范条文时区别对待，对要求严格程度不同的用词说明如下：

1）表示很严格，非这样做不可的用词：
正面词采用“必须”，反面词采用“严禁”；

2）表示严格，在正常情况下均这样做的用词：
正面词采用“应”，反面词采用“不应”或“不得”；

3）表示允许稍有选择，在条件许可时首先应这样做的用词：
正面词采用“宜”或“可”，反面词采用“不宜”；

4）表示有选择，在一定条件下可以这样做的用词，采用“可”。

2 条文中指明应按其他有关标准执行的，写法为：“应符合……的规定”或“应按……执行”。

引用标准名录

1 《Ⅲ、Ⅳ级铁路设计规范》GB 50012
2 《建筑设计防火规范》GB 50016
3 《采暖通风与空气调节设计规范》GB 50019
4 《城镇燃气设计规范》GB 50028
5 《汽车加油加气站设计与施工规范》GB 50156
6 《石油天然气工程设计防火规范》GB 50183
7 《输气管道工程设计规范》GB 50251
8 《城市工程管线综合规划规范》GB 50289
9 《声环境质量标准》GB 3096
10 《城镇燃气分类及基本特性》GB/T 13611
11 《城镇供热管网设计规范》CJJ 34
12 《液化天然气(LNG)汽车加气站技术规范》NB/T 1001

中华人民共和国国家标准

城镇燃气规划规范

GB/T 51098—2015

条 文 说 明

制 订 说 明

《城镇燃气规划规范》GB/T 51098—2015，经住房和城乡建设部2015年3月8日以第774号公告批准、发布。

本规范制订过程中，编制组进行了燃气用户用气指标和燃气设施用地指标的调查研究，总结了我国燃气工程规划和建设的实践经验，同时参考了国外先进技术法规、技术标准。

为了便于广大规划设计、建设、管理、科研、学校等单位有关人员在使用本规范时能正确理解和执行条文规定，《城镇燃气规划规范》编制组按章、节、条顺序编制本规范的条文说明，对条文规定的目的，依据以及执行中需要注意的有关事项进行了说明供使用者参考。但是，条文说明不具备与标准正文同等的法律效力，仅供使用者作为理解和把握标准规定的参考。

1 总 则

1.0.1 条文明确了本标准编制的目的。城镇燃气规划是重要的基础设施专项规划，具有政策性、综合性和专业性强特点。目前全国各地城镇燃气专项规划编制内容深度不统一，且尚没有相关的国家规范可依据，因此提高燃气规划的科学性、合理性是本规范制定的首要目的。

根据国家能源、城镇化发展方面的政策，发展城镇燃气是贯彻节能减排政策的重要利器，是提高人民生活质量的重要手段，是促进燃气行业技术进步的重要前提。此外，燃气设施建成后，不应轻易变动，因此城镇燃气工程建设应有一个深思熟虑的、统筹考虑其他市政基础设施的城镇燃气规划做指导。

因此，为了更好地贯彻节能减排政策，提高人民生活质量，促进燃气行业技术进步，指导城镇燃气工程建设，特制订本规范。

1.0.2 条文旨在说明本规范的适用范围。根据《中华人民共和国城乡规划法》，城乡规划包括城镇体系规划、城市规划、镇规划、乡规划和村庄规划。本规范的适用范围应为与城市和镇总体规划或详细规划阶段相对应的燃气专项规划的独立编制，城市和镇总体规划或详细规划中燃气专业规划可参照编制。

1.0.3 燃气为易燃易爆气体，安全供应、使用是首要原则，城镇燃气规划编制也应遵循该原则。此外，燃气一旦供应，大多数情况下便不能出现较大波动，更不能中断，所以城镇燃气规划编制还应坚持稳定供气的原则。

根据《中华人民共和国节约能源法》，国家实行固定资产投资项目节能评估和审查制度。不符合强制性节能标准的项目，依法负责项目审批或者核准的机关不得批准或者核准建设。燃气在生产、输送、分配、使用等环节涉及能源(包括水、电、气等)的消耗，燃气工程项目的建设也应遵循固定资产投资项目节能评估和审查制度，城镇燃气规划的编制也应坚持节约能源的原则。

燃气虽是清洁能源，但在燃气工程建设、运行、维护等过程中不可避免地会对环境造成或多或少的困扰。城镇燃气规划应坚持环境保护的原则，在前期阶段认真分析对项目实施可能遇到的环境问题，采取积极有效的措施进行应对，不能把解决民生问题的好事办成了坏事。

燃气厂站设施建设需占用大量永久土地，鉴于国家的用地政策和目前城镇建设用地紧张的局面，城镇燃气规划理应坚持节约用地的原则，前提条件是：①保证必要的技术工艺和功能要求；②保证燃气设施的安全经济运行；③方便维护管理。基本方法是：依靠科学进步，采用新技术、新设备、新材料、新工艺，或者通过技术革新，改造原有设备的布置方式等。

城镇燃气规划是一个系统工程，应结合社会、经济发展等诸多因素，并考虑城市、镇的自身的能源条件、资源条件，因地制宜地进行编制。

3 基本规定

3.0.1 城镇燃气供需平衡方式一般有两种：①根据气源能力寻找市场；②根据市场需求寻找气源。鉴于我国燃气资源分布不均的现状，在城镇燃气发展的实际过程中遇到的更多的是第二种情况。在有迫切的、大量的燃气需求的情况下，城镇燃气规划编制应综合分析气源条件，结合当地及周边燃气资源状况，统筹考虑其他各类气源，科学合理选择。在优先考虑采用天然气的同时，还应以液化石油气、煤层气、沼气等气源弥补管道天然气的不足或者作为其备用气源。

3.0.2 城镇燃气规划的编制应与城乡规划法定义的城市、镇规划阶段相衔接，总体规划是详细规划的依据，同时已确定的详细规划项目应纳入总体规划；城镇燃气规划的期限划分应与城市、镇规划一致，与总体规划和详细规划的编制同步进行，互相协调，确保规划的内容、深度与实施进度与城市、镇发展建设同步，解决燃气设施与其他工程设施之间的矛盾，取得最佳的社会、经济、环境综合效益。

3.0.3 城镇燃气、电力、电信、供水、排水、供热等工程管线均属市政工程管线，一般沿城镇道路地下敷设。由于城镇道路地下空间资源有限，在城镇燃气规划编制过程中，燃气管线布置应与其他管线工程位置很好地协调配合，统筹规划，减少相互间的影响和矛盾，保证燃气规划的顺利实施。

3.0.4 在近远期结合的问题上，城镇燃气规划方案要有前瞻性，既要适应未来城镇建设发展情况的变化（包括技术进步对方案的影响），具有一定的弹性，又要遵循近期建设的可操作性与燃气管网系统合理布局的原则。

3.0.5 城镇燃气规划不应仅考虑供气系统自身的经济性，还要考虑综合效益，包括社会效益、环境效益、节能效益等。然而供气系统的社会效益、环境效益、节能效益、经济效益中，有些是相辅相成的，有些则是互相矛盾的。当发生矛盾时，应以社会效益、环境效益、节能效益为先，以供气系统的经济性为辅。

3.0.6 本条规定了城镇燃气规划的主要内容。为保证内容清晰，并突出重点，当规划文本内容较多时，建议采用规划文本和说明书分开编制的形式。

规划图纸包括燃气设施现状图、气源规划与城镇区域位置图、天然气高压干管布置图、中压主干管网布置图、压缩天然气加气站及供气站布局规划图、液化石油气厂站布局规划图、汽车加气站布局规划图等，实际工程中应根据规划范围和内容确定。

4 用气负荷

4.1 负荷分类

4.1.1 根据近年来我国城镇燃气发展经验，本条从用户类型角度对城镇燃气用气负荷分类进行了规定。与《城镇燃气设计规范》GB 50028相比，本条增加了燃气冷热电联供系统用气、燃气发电用气和船舶用气等类型，将其他用气合并到不可预见用气类型。

4.1.2、4.1.3 从负荷分布特点和用户用气特点角度对用气负荷进行分类。城镇燃气规划阶段对集中负荷和分散负荷进行划分界定，作为管网水力分析的重要参数，更作为是否进行管网动态水力模拟分析的条件之一。对可中断用户和不可中断用户进行划分界定，为应急储备量计算和应急储备方案的制定提供依据。

4.2 负荷预测

4.2.1 燃气负荷预测是编制城镇燃气规划的基础工作和重要内容，是合理确定气源、管网压力级制、系统布局的基本依据。影响燃气规划负荷的因素很多，如气源状况、能源政策、环保政策、社会经济发展状况等，负荷预测工作不能与之脱离开来。

4.2.2 本条对城镇燃气规划阶段用气负荷确定的基本原则作了规定：

3 鼓励发展非高峰期用户可以优化年负荷曲线，提高燃气设施利用效率；

4 选择一定数量的可中断用户，可以调节小时负荷系数、日负荷系数，减小应急储备设施规模；

5 作为高品位能源，天然气价格昂贵。当条件具备时，鼓励对节能建筑发展天然气采暖，不适用于非节能建筑范畴。

4.2.4 本条对总负荷的年、周、日负荷曲线的绘制方式作了规定。年、周、日负荷曲线是以时间为横轴，用气量为纵轴，描述用户在一定时间内用气量变化的曲线。负荷曲线能够客观地反映各类用户总体对合理确定管道管径、优化输配系统布局方案具有重要意义。

4.2.5 本条对负荷量、调峰量及负荷系数的计算方式作了规定。负荷量指计算月平均日用气量、计算月高峰日用气量、高峰小时用气量等，调峰量指时调峰量、季（月、日）调峰量等，负荷系数指小时负荷系数和日负荷系数。

4.2.6 本条介绍了几种常用的燃气负荷预测方法。人均用气指标法在第4.3.1条详细阐述。

分类指标预测法是根据用气指标及其他基础数据对第4.1.1条各类用户的燃气负荷分别预测再汇

总的方法。

横向比较法是借鉴或参考同等规模城市或地区、某发达城市或地区的某一阶段燃气负荷发展情况来预测目标市场燃气负荷的方法。

弹性系数法是对燃气负荷在非突变的变化趋势条件下进行预测的方法。弹性系数的定义是B、A两类量的增长率的比值，即：

$$e=(\Delta y/y)/(\Delta x/x)=r_B/r_A$$

式中：e——弹性系数；

$y,\Delta y$——B类量在某年的总量及随后的增长量；

$x,\Delta x$——A类量在某年的总量及随后的增长量；

r_B,r_A——B类量和A类量的年增长量。

r_B,r_A 来源于历史数据，从而给出B、A两类量增长的一般性规律及弹性系数 e。用弹性系数法预测：

(1) 由已知 r_A 和 e 可给出对 r_B 的预测：$r_B=er_A$；

(2) 由已知 y 当前值，得到对B类量的预测值($y+\Delta y$)，其中 $\Delta y=r_B y$。

可以看到，为对B类量做出预测，需给出A类量的未来变化 Δx，即对A类量已有预测。它可采用各种分析或预测方法进行。可见弹性系数法是一种类推的、间接的预测方法。例如按燃气负荷对能源需求量的弹性系数，由给出的能源需求量的年增长率，即可预测燃气负荷的年增长量。

回归分析法是对影响燃气负荷的各因素应用回归分析方法判别主要因素，建立燃气负荷与主要因素之间的数学表达式，并利用该表达式来进行燃气负荷预测的方法，称为回归分析法。对于实际燃气负荷问题，一般可以采用多元线性回归模型解决。例如燃气负荷(q)与人口数量(x_1)，GDP总量(x_2)，……，能源消费量(x_m)等主要因素有关，可以建立回归模型表达式：$q_i=\beta_0+\beta_1 x_1+\beta_2 x_2+\cdots+\beta_j x_j+\cdots+\beta_m x_m+\varepsilon$，$\varepsilon$ 为服从正态分布 $N(0,\sigma)$ 的随机变量。

增长率法是通过预测燃气负荷增长率来预测燃气负荷的方法。根据地区历年的燃气负荷数据计算出年增长率。以历年燃气负荷增长率为基础，结合城镇总体规划、产业、结构布局规划、经济发展水平，合理预测未来燃气负荷年增长率，从而进一步预测燃气负荷。

弹性系数法、回归分析法和增长率法这3种方法一般需要规划城市或者区域至少5年以上的燃气负荷历史数据，因此不适用于燃气事业刚起步的城市或地区，横向比较法则不受此限制。

4.3 规划指标

4.3.1 人均综合用气量为某城市或镇年用气量与其总人口的比值，该指标主要用于在仅获悉某城市或镇人口规模和现状用气水平等基本情况时，对未来燃气发展规模的初判。具体选用人均综合用气量指标时，首先应对现状用气水平进行评价分级，再结合城镇性质、地理位置、经济社会发展水平、国内生产总值、产业结构等条件选取。

4.3.2

1 影响居民生活用气指标的因素很多，一般都以每户每年耗热量表示，再按当地燃气热值折算。据统计，全国各地居民生活用气指标差别较大。表1列出了全国部分省会城市中心城区2010年居民生活用气指标可供参考。

表1 全国部分省会城市中心城区2010年居民生活及商业用气指标

序号	城市名称	居民生活用气指标	商业用气指标
		户均指标(MJ/户·a)	占居民生活用气比例(%)
1	北京	7 525	58
2	天津	4 655	101

表 1（续）

序号	城市名称	居民生活用气指标	商业用气指标
		户均指标(MJ/户·a)	占居民生活用气比例(%)
3	石家庄	3 780	40
4	太原	4 270	171
5	沈阳	3 834	38
6	长春	5 075	47
7	哈尔滨	2 944	37
8	上海	7 500	73
9	南京	5 215	97
10	合肥	3 675	41
11	济南	5 040	63
12	郑州	6 300	100
13	武汉	3 500	89
14	长沙	7 750	43
15	广州	4 410	19
16	南宁	4 480	86
17	重庆	9 422	60
18	成都	11 865	41
19	西安	6 020	100
20	银川	7 735	26
21	乌鲁木齐	7 665	24

2 影响商业用气指标的因素很多，城镇燃气规划阶段商业用气量多采用按占居民生活用气量的比例计算，一般在40%～70%范围内选取。

3 在远期规划工业用气负荷预测时，除应考虑规划的工业企业类型、能耗水平等因素外，还应考虑其他竞争能源的价格和供应量。

7 不可预见用气量，是指在规划编制阶段，不可或难以预估算的用气量，不同于购入量与销售量之差。

5 燃气气源

5.0.1 本条文对城镇燃气气源的条件作了规定。致密气（致密砂岩气、火山岩气、碳酸盐岩气）、煤层气（瓦斯）、页（泥）岩气、天然气水合物（可燃冰）、水溶气、无机气以及盆地中心气、浅层生物气等非常规天然气都属于天然气范畴。

各类气源可有多种供气方式，如天然气包括管道供应、LNG供应、CNG供应等方式，液化石油气包括管道供应、瓶装供应等方式，人工煤气主要为管道供应方式。

5.0.2 我国能源政策的基本内容是：坚持“节约优先、立足国内、多元发展、保护环境、科技创新、深化改革、国际合作、改善民生”的能源发展方针，推进能源生产和利用方式变革，构建安全、稳定、经济、清洁的现代能源产业体系，努力以能源的可持续发展支撑经济社会的可持续发展。

燃气气源选择必须在国家现行能源政策指导下，对本地区能源条件、燃气资源种类、数量及外部可供应本地区的能源条件、燃气资源种类、数量进行调查研究的基础上进行，满足资源节约、环境友好、安全可靠、可持续发展、技术经济合理的要求。

5.0.3　相比人工煤气，天然气和液化石油气具有清洁高效、使用方便等优点；采用人工煤气作为气源受制于许多因素，只是在少数城镇采用，且供气规模不宜过大；天然气资源的勘探开发量日益增加，西气东输、川气东送、陕京线、忠武线等长输管道工程的实施与投运为天然气的输送与推广奠定了坚实的基础，人工煤气正逐步退出历史舞台。因此，天然气、液化石油气和其他清洁燃料宜优先作为城镇燃气气源。

人工煤气的生产需要消耗大量的煤、焦炭或重油及水等原料，其作为气源时应考虑原料运输条件。此外，人工煤气的制气流程会消耗大量的水资源及其他能源，并产生一定的水源及空气污染。因此，选择人工煤气作为气源，还应综合考虑水资源、环境保护、节能减排等因素。

5.0.5　当城镇采用天然气作为气源时，气源点的布局、规模、数量与上游来气方向、交接点位置、交接压力、高峰日供气量、季节调峰措施等因素密切相关。因此，城镇燃气规划阶段应该就上述因素与上游供气方充分沟通，以减少城镇内燃气工程量，降低工程建设投资。

门站负荷率指门站最大小时流量与设计流量的比值，该比值越高，说明门站的利用率越高；该比值越低，说明门站的利用率越低。根据实际工程经验，本条对门站负荷率给出推荐值为50%～80%。

5.0.6　本条对大城市的供气安全和多气源系统的供气安全作了规定。《国务院关于调整城市规模划分标准的通知》(国发〔2014〕51 号)以城区常住人口为统计口径，将城市划分为五类七档，其中城区常住人口 100 万以上 500 万以下的城市为大城市，城区常住人口 500 万以上 1 000 万以下的城市为特大城市，城区常住人口 1 000 万以上的城市为超大城市。

为确保燃气供应安全，许多城镇现在或者规划采用多种气源供气。目前，我国各气源产地燃气资源分布不均、成分不一，进口气源成分、物性参数也各不相同。各种不同气源接入同一管道系统时，应考虑各气源间的兼容性和互换性。

6　燃气管网

6.1　压力级制

6.1.1　根据《城镇燃气设计规范》GB 50028，城镇燃气管道的设计压力(P)分为 7 级，并应符合表 2 的规定。

表 2　城镇燃气管道设计压力(表压)分级

名　称		设计压力(表压)P(MPa)
高压燃气管道	高压 A	$2.5<P\leqslant4.0$
	高压 B	$1.6<P\leqslant2.5$
次高压燃气管道	次高压 A	$0.8<P\leqslant1.6$
	次高压 B	$0.4<P\leqslant0.8$
中压燃气管道	中压 A	$0.2<P\leqslant0.4$
	中压 B	$0.01\leqslant P\leqslant0.2$
低压燃气管道		$P<0.01$

6.1.2　本条规定主要基于以下考虑：

1　为便于燃气设施的调度运行和管理，应尽量简化压力级制。

2　城镇燃气管网系统的压力级制，指从门站后管网系统到用户燃气用器具前的管网压力分级。在选择压力级制时，应根据气源压力、城镇规划布局、用户用气压力、负荷需求、调峰需求等因素，经技术经济比较后确定。

3 我国天然气长输工程的建设，为城镇提供了高压力的气源。城镇输配管网接受燃气压力的提高具有诸多优势，如可以增加输送能力，节约管材，减少能量损失，满足用气压力较高用户要求，承担部分调峰任务等；但从分配和使用角度讲，降低管网压力有利于供气安全，特别是对于人口密集区域过多提高压力也存在一定的隐患。因此，一方面提高压力适应燃气输配的要求，另一方面要保证供气安全，是选择各压力级制的设计压力的主要考虑因素。

6.2 管网布置

6.2.2 为提高城镇燃气供应的安全可靠性，燃气主干管应按照环网布局。同时由于城镇燃气用户发展是一个逐步的过程，所以燃气主干管成环也是一个逐步的过程。本条对燃气主干管选择环状管网的城镇规模作了规定。

6.2.3 长输管道安排在规划城镇区域外围布置，主要是考虑能够为远期城镇发展留有足够的燃气管网布局空间。

为保证城镇用气安全，长输管道需在城镇区域穿过时，除执行《输气管道工程设计规范》GB 50251的规定外，在地区等级划分、安全间距等方面还应符合《城镇燃气设计规范》GB 50028的相关规定。当《输气管道工程设计规范》GB 50251和《城镇燃气设计规范》GB 50028对某项参数选取或技术指标要求不一致时，应从严执行。

6.2.4 本条是针对许多城镇燃气设施建设滞后于城镇建设的现状制定的。随着城镇规模的扩大，中心城区用气需求不断提高，市政用地日益紧张，必要的供气干线往往由于安全距离的限制难以引至中心负荷区域。因此，在城市或镇总体规划编制时，应根据供气干线的压力级制和其对安全净距的要求，安排燃气管线走廊。燃气管线走廊确定后，在其范围内不得安排任何与之相冲突的建设项目。

6.2.7 低压管道不应在市政道路上敷设，应布置在规划用地红线内。

6.3 水力计算

6.3.1 本条文对燃气管网水力计算作了相关规定。静态水力计算可以为管网输配系统布局及管道管径选择提供依据。进行管网动态模拟，可以计算拟接入用户的开关启停或者用气剧烈波动时对其他用户的影响程度。当计算结果为全时段均能满足管网系统中各类用户的压力需求时，表明接气方案可行，这是大型集中负荷用户接入管网所必要的前期研究工作。

6.3.2 燃气管网及厂站的布局在符合城市、镇总体规划的前提下，还应根据水力计算不断优化。

6.3.3 计算流量指在设计工况下用来选择燃气管网管径及计算管段阻力的流量。

6.3.4 燃气管网的管径选择除应满足规划燃气负荷的要求外，还应为城镇远景发展规划适当留有余量。

7 调峰及应急储备

7.1 调　　峰

城镇燃气的储备分为三个层次：调峰储备、应急储备和战略储备。调峰储备是在正常运行工况下，为平衡调节月、日和时用气不均匀的储气措施；应急储备是应对事故工况时的储气措施；战略储备是从能源安全角度制定的储气措施，在本规范中不做要求。城镇燃气规划中的调峰、应急储备方案内容应包括储备量和储备设施。

7.1.1 本条文说明了燃气调峰量的计算方法。调峰量需在规划阶段对各类用户（包括非高峰期用户及可中断用户)用气规律进行调查研究,并绘制用气负荷曲线,同时结合拟供气气源的供气曲线综合分析后确定。

7.1.2 在城镇供气系统中,城镇各类用户用气每月、每日、每时都在变化,而气源供气不可能完全按照城镇用气量的变化而随时改变。为了保证按用户需求不间断的供气,应解决气源供气与城镇用气平衡问题,必须考虑建设调峰储气设施。

根据目前国内城镇燃气发展的现状及行业惯例,为保证安全稳定供用气,应将上游气源供气、长输管道输气、城镇输配管网视为系统工程,调峰问题作为整个系统中的问题,需从全局来解决,即共同承担城镇燃气调峰的责任。

7.1.3 本条文对城镇燃气调峰方式选择需考虑的因素进行了说明。调峰储气方式多种多样,应因地制宜,经方案比较确定。

7.1.4 目前我国经济发展水平不高,城镇燃气调峰设施建设水平相对落后,而调峰设施建设成本一般较高,燃气峰、谷价格机制尚未建立,上游气源供应方和下游城镇燃气企业对建设城镇燃气调峰设施没有积极性,所以建议对燃气调峰设施一次规划,分期建设,达到安全适用、经济合理、持续发展目的。

7.2 应急储备

7.2.1 城镇燃气应急气源指在事故或紧急状态恢复之前的短时间内,满足城镇各类用户不改变用气设备情况下的安全使用的燃气气源,所以城镇燃气气源规划应考虑应急气源与城镇主供气源的互换性,以保证各类用气设备的安全使用。

7.2.2 应急储备量应根据各地区气源条件、对外依存度、供气安全保障度、经济发展水平要求等因素综合确定。表3为部分国家或组织燃气储备情况。

表3 部分国家或组织燃气储备情况

国家	美国	英国	法国	俄罗斯	意大利	EU(27)	日本	中国
LNG比例	1%	—	25.6%	—	2%	13%	100%	8.24%
储备比例	16%	4.8%	27.7%	11.1%	18.5%	15%	14.7%	2.7%
储备方式	储气库为主+LNG	储气库+LNG	储气库为主+LNG	储气库	储气库为主+LNG	储气库为主+LNG	LNG	储气库+LNG
对外依存度	16%	21%	98%	0%	99%	64%	98%	8%
储备目的	应急 调峰 交易	应急 调峰	战略 调峰	调峰 保障出口供应	战略 调峰	战略 调峰	战略 调峰 照付不议	应急 调峰
储备天数(天)	58.4	17.5	101.1	40.5	67.5	54.8	53.7	9.9

注:本表数据来源于国家能源局网站,研究单位为中海石油气电集团有限责任公司。

由上表可知,国外十分重视燃气储备问题。根据我国各地区经济发展水平、气源条件、供气规模、供气安全保障度要求存在较大差异,本规范推荐城镇燃气应急储备设施的储备量宜按3 d~10 d城镇不可中断用户的年均日用气量考虑。

7.2.3 城镇燃气应急储备设施的布局选址,应根据用气负荷分布、输配管网压力、布置等因素,以紧急情况下应急气源最快启动并接入管网,最大化保证用户安全稳定用气,符合城镇总体规划发展,近远期结合为原则,经多方案技术经济比较确定。

8 燃气厂站

8.1 一般规定

8.1.1 燃气厂站站址的选择应征得规划、土地等相关部门的同意和批准。选址时，除满足输配系统工艺要求，还须关注工程地质条件及站址与邻近地区的景观协调等问题，以节约工程投资、节约土地和保护城镇景观。

我国城镇化进程的加快实施，使城镇数量、规模、人口等迅速扩张，燃气厂站设施建设应为后期发展留有余地。

8.1.2 除管网、厂站等燃气生产设施之外，围绕燃气安全生产、运行调度、维护抢修、客户服务等功能，需配套建设燃气指挥调度中心、维修抢修站、客户服务网点等功能场所，以保障城镇燃气设施的安全运行和城镇燃气的可持续发展。配套设施建设不要贪大求全，要与燃气设施规模相匹配并同步规划，近远期结合，做到经济实用，适度超前。

8.2 天然气厂站

8.2.1 门站站址结合城镇发展方向和负荷分布选择，可以缩减燃气管网里程，降低工程投资，提高经济性。门站选址布置在城镇外围可以兼顾城镇远期发展。从提高供气安全可靠性角度而言，一个城市、镇宜设置均衡布置的两个以上气源，一方面气源之间可以互为备用，另一方面可以大大改善管网水力工况。

8.2.2 储配站具有储存燃气、控制供气压力、调峰功能，在设计上与门站有许多共同的相似之处，结合城镇发展方向和负荷分布，将布置在城镇主干管网附近对优化管网结构、改善管网水力工况有利。

8.2.3 一般来讲，门站和储配站的体量较大，设计压力较高，对周边环境有一定的要求，故站址选择应遵循城镇土地利用和建设用地规划的要求。

8.2.4 因储配站的功能与门站具有相似性，当城镇有2个以上门站时，二者合并在一个选址进行建设，可以节约土地、方便生产运行管理。但当城镇只有1个门站时，从改善水力工况、增强供气安全可靠性角度而言，储配站宜根据管网结构、负荷分布等因素与门站均衡布局。

8.2.5 调压装置的设置形式多种多样，应根据各城镇具体情况、输配管网结构，因地制宜选择采用，本条对调压站(箱)分类、设置形式及其条件作了一般规定。

1 根据调压站(箱)功能进行分类的意义在于：便于燃气输配系统的规划管理、日常运行维护，便于制定事故应急处理预案、便于用气低峰时合理安排调压站运行。

对于重要的专供调压站(箱)，应规划建设事故备用气源管线并提出相应事故应急保障方案。

2 调压站(箱)负荷率越高，燃气工程经济性越好，但调压站(箱)负荷率过高，将使管网在高峰用气时段供气安全稳定性大大降低，并且使得管网难以调节，因此，应该根据规划管网的气源保障、负荷曲线情况等选择合适的调压站(箱)负荷率，使管网既有较高的工程经济性，又有一定备份配气能力和调度余量。

3 调压站(箱)的布局与选址，以保障各类用户安全稳定用气为原则设置。

4 城镇建设要社会和谐、环境友好，调压站(箱)的设置也要考虑与周边环境协调问题，不破坏城镇景观。

5 调压站(箱)一般为区域调压站(箱)，其下游所带用户较多，燃气管网的压力波动较大，一方面，对于用气压力有较高要求的用户，管网的压力波动范围有可能超出其允许的入口压力范围，另一方面，因其用气量大在开机启动时，对管网有抽吸作用，从而引起管网的压力波动范围更大，影响管网其他用户的正常用气。因此，对用气压力较高且用气量大的集中负荷用户，如大型工业用户、锅炉房、电厂等，一般设专供调压站(箱)为其供气。

8.2.6 高中压调压站(箱)压力较高,要求的安全距离较大,且一旦发生事故,危险性较大,不宜设置在城镇居住区和商业区及人员密集区域。中低压调压装置设在箱子内是一种较经济适用的形式,其设备工艺非常成熟,在保证功能前提下,可以节约用地。

8.2.7 液化天然气、压缩天然气厂站包括液化天然气工厂、中转站、供气站(气化站、瓶组气化站);压缩天然气储配站、供气站等。

1 液化天然气和压缩天然气较多采用车船运输,站址宜选择在交通便利、与规划城镇燃气管网易与衔接之处,便于生产运行管理。

2 城镇采用液化天然气、压缩天然气供气时,要结合城镇发展近、远期具体情况,充分考虑用气结构、调峰量大小、气源与城镇的距离、运输方式、用户对气价的承受能力、未来是否有管道气源等因素,多方案进行技术经济比较确定供应和储存规模,做到近期具有可操作性,远期满足需求。

3 以液化天然气和压缩天然气作为临时和过渡气源时,其厂站后的城镇输配管网布局,需结合城镇远景规划、用户发展、永久气源情况综合考虑燃气管网的设置。

8.2.8 本条关于天然气厂站用地面积指标的规定,是调研参考目前我国城镇天然气厂站的实际建设情况,按常规工艺装置和必需的生产用房布置并考虑工艺装置与建筑物的防火间距后确定。各地应因地制宜选用,并依据天然气新技术、新工艺、新设备的不断发展,对指标进行修改完善。

8.3 液化石油气厂站

8.3.1 液化石油气厂站包括液化石油气供应基地、液化石油气气化站和混气站、液化石油气瓶组气化站、瓶装液化石油气供应站。液化石油气供应基地按其功能可分为储存站、储配站和灌装站。

本条是对液化石油气厂站规模确定的原则规定。

8.3.2 因气态液化石油气(LPG)比重大于空气,站址不应选在地势低洼,地形复杂,易积存 LPG 的地带,防止一旦 LPG 泄漏,因积存而造成事故隐患,同时也可减少土石方工程量,节省投资。

8.3.3 液化石油气厂站规划除应遵守燃气相关规范、规定外,尚应遵守与其相关的其他专业现行国家标准。

8.3.4 当城镇采用液化石油气供应时,液化石油气气化、混气、瓶装站是直接为用户服务的设施,其规模应根据用户用气需求合理确定,保证安全可靠。

8.3.5 本条关于液化石油气厂站用地面积指标的规定,是调研参考目前我国城镇液化石油气厂站的实际建设情况,按常规工艺装置和必需的生产用房布置并考虑工艺装置与建筑物的防火间距后确定。各地应因地制宜选用。

8.4 汽车加气站

8.4.1 燃气汽车加气站分为液化石油气汽车加气站、压缩天然气汽车加气站和液化天然气汽车加气站。压缩天然气汽车加气站分为常规加气站、加气母站和加气子站。

天然气以其良好的燃料特性和减少二氧化碳等有毒废气排放的环保优势,成为现阶段最有潜力的汽车替代燃料。各地燃气汽车发展规划及加气站布局应根据城市、镇总体规划、当地资源条件、经济发展水平及环保要求等因素确定。

8.4.2 燃气汽车加气站站址宜靠近气源或输气管线,以降低运输或输送成本,提高工程经济性。此外,站址选择还应重点考虑交通条件,一方面为方便槽车进出,另一方面为方便汽车加气。

8.4.3 汽车加气站的规模及选址,与当地城镇规划、交通规划、汽车种类和数量、气源条件、环保状况和政策等诸多因素相关,需遵循相关现行国家标准、规范。

8.4.4 各类型压缩天然气加气站的建设条件是根据各自特点提出的。

常规加气站气源取自于燃气管道,经站内压缩机加压等一系列流程后,给汽车加气,选址条件在于:

燃气管道附近可以降低输送成本；进站管道压力较高可以降低增压成本；气量充足可避免压缩机从燃气管道抽吸时对燃气管道所供其他用户的影响。

与常规加气站相同，母站气源取自于燃气管道，在站内也要经过压缩机加压等一系列流程，不同的是母站可以给 CNG 槽车、子站拖车、汽车等加气，站址选择在高压燃气管道和气量充足的地方的原因与常规加气站相同。母站结合高压燃气厂站建设是为节约城市、镇用地。

8.4.5 我国燃气汽车发展近几年才起步，无法与汽油车和柴油车的发展历史相比。由于各城市、镇建设用地紧张，燃气汽车加气站选址困难，将各类加气站统筹协调规划建设，可以节约用地、集约用地。特别是汽车加油站几乎遍布各大、中、小城市、镇，且地理位置优越，毗邻加油站建设加气站是比较理想的选择。

8.4.6 本条关于汽车加气站用地面积指标的规定，是调研参考目前我国汽车加气站的实际建设情况，按常规工艺装置和必需的生产用房布置并考虑工艺装置与建筑物的防火间距后确定。各地应因地制宜选用。

8.5 人工煤气厂站

本节提出了人工煤气厂站布置的一般原则。

根据我国能源发展政策，各地应在充分考虑资源条件、环境承载能力、城镇发展远景规划基础上，慎重选择发展人工煤气。

9 运行调度系统

9.0.1 作为城镇的重要生命线之一，燃气管网关系到社会稳定和公共安全。如何有效地对城镇燃气管网运行工况监测、控制、管理，并进行合理调度，保证燃气管网自身安全显得尤为重要。城镇燃气输配系统的自动化控制水平，是城镇燃气现代化的主要标志。作为城镇燃气输配系统的自动化控制系统，应与同期电子技术水平同步。

为实现城镇安全供气，除建设燃气管道、厂站等设施外，还应有必要的配套设施，如燃气指挥调度中心、维修抢修站、客户服务网点等。

9.0.2 100 万人口以上城市的燃气厂站设施、燃气管网压力级制及布局已具有一定规模，对安全稳定供气提出了较高要求，宜设置包括监控和数据采集系统、地理信息系统、生产调度系统、应急保障系统等的运行调度系统。

9.0.3 主控中心的主要功能是监测整个管网的运行参数、控制管网压力及流量平衡、优化系统调度运行、抢险调度管理、负荷预测等。本地站的主要功能是数据采集、通信、控制、调节等。

9.0.4 燃气系统配套设施的用地面积，应与城镇燃气输配系统规模相匹配，综合考虑城镇燃气输配系统的近远期发展情况，合理选择相应指标。

UDC

中华人民共和国行业标准

P

CJJ 51—2016
备案号 J 112—2016

城镇燃气设施运行、维护和抢修安全技术规程

Technical specification for safety of operation, maintenance and rush-repair of city gas facilities

2016-06-06 发布　　2016-12-01 实施

中华人民共和国住房和城乡建设部　发布

中华人民共和国住房和城乡建设部
公　　告

第 1132 号

住房城乡建设部关于发布行业标准《城镇燃气设施运行、维护和抢修安全技术规程》的公告

现批准《城镇燃气设施运行、维护和抢修安全技术规程》为行业标准，编号为 CJJ 51—2016，自 2016 年 12 月 1 日起实施。其中，第 3.0.2、3.0.9、3.0.11、5.2.5、5.3.10、6.1.4、7.2.5 条为强制性条文，必须严格执行。原《城镇燃气设施运行、维护和抢修安全技术规程》CJJ 51—2006 同时废止。

中华人民共和国住房和城乡建设部

2016 年 6 月 6 日

前　言

根据住房和城乡建设部《关于印发〈2012年工程建设标准规范制订修订计划〉的通知》(建标[2012]5号)的要求,规程编制组经广泛调查研究,认真总结实践经验,参考有关国际标准和国外先进标准,并在广泛征求意见的基础上,修订本规程。

本规程的主要技术内容是:1.总则;2.术语;3.基本规定;4.运行与维护;5.抢修;6.生产作业;7.液化石油气设施的运行、维护和抢修;8.图档资料。

本规程修订的主要技术内容是:1.增加第3章基本规定,对运行维护及抢修人员和机构配备、建立健全安全管理制度、燃气设施定期进行安全评价等提出了原则性要求;2.新增对调压装置定期进行分级维护保养、周期及内容的要求;3.补充完善了压缩天然气设施和液化天然气设施运行维护的要求,并各自独立为一节;4.新增对发电厂、供热厂等大型用户燃气设施运行、维护的要求,并明确供气单位与用户双方的职责。

本规程中以黑体字标志的条文为强制性条文,必须严格执行。

本规程由住房和城乡建设部负责管理和对强制性条文的解释,由主编单位负责具体技术内容的解释。在执行过程中如有意见或建议,请寄送中国城市燃气协会(地址:北京市西城区西直门内南小街22号;邮政编码:100035)。

本规程主编单位:中国城市燃气协会

本规程参编单位:北京市燃气集团有限责任公司
成都城市燃气有限责任公司
港华投资有限公司
上海燃气(集团)有限公司
深圳市燃气集团股份有限公司
山东淄博绿博燃气有限公司
杭州市燃气(集团)有限公司
新奥能源控股有限公司
天津市燃气集团有限公司
广州燃气集团有限公司
南京港华燃气有限公司
哈尔滨中庆燃气有限责任公司
贵州燃气(集团)有限责任公司
西安秦华天然气有限公司
武汉市燃气热力集团有限公司
中交煤气热力研究设计院有限公司
北京市公用工程设计监理公司
中石油昆仑燃气有限公司
中国燃气控股有限公司
中石油昆仑燃气有限公司燃气技术研究院
北京市燃气集团研究院
上海飞奥燃气设备有限公司
江西泰达长林特种设备有限责任公司

武汉安耐杰科技工程有限公司
北京天环燃气有限公司
亚大塑料制品有限公司
北京大方安科技术咨询有限公司

本规程主要起草人员：李长缨　迟国敬　马长城　李美竹　颜丹平　万　云　江　民　应援农
陈　江　李业强　陈秋雄　陈运文　刘新领　王忠平　杨俊杰　孟　红
孙永明　李自强　贾兆公　广　宏　杨开武　肖成相　于京春　张　雷
张宏伟　李秉君　王智学　雷素敏　潘　良　宋新文　李英杰　曹国权
王志伟　李宝才

本规程主要审查人员：杨　健　汪隆毓　高立新　李树旺　车立新　林雅蓉　曾　胜　詹淑慧
李念文　李长江　钟　军

1 总　　则

1.0.1 为使城镇燃气设施运行、维护和抢修符合安全生产、保证正常供气、保障公共安全和保护环境的要求，制定本规程。

1.0.2 本规程适用于城镇燃气厂站、管网、用户燃气设施、监控及数据采集系统等城镇燃气设施的运行、维护和抢修。本规程不适用于汽车加气站的运行、维护和抢修。

1.0.3 城镇燃气设施的运行、维护和抢修除应执行本规程外，尚应符合国家现行有关标准的规定。

2 术　　语

2.0.1 城镇燃气供应单位　city gas supply firms

城镇燃气供应企业和城镇燃气自管单位的统称。

城镇燃气供应企业是指从事城镇燃气储存、输配、经营、管理、运行、维护的企业。

城镇燃气自管单位是指自行给所属用户供应燃气，并对燃气设施进行管理、运行、维护的单位。

2.0.2 燃气设施　city gas facility

用于燃气储存、输配和应用的设备、装置、系统，包括厂站、管网、用户燃气设施、监控及数据采集系统等。

2.0.3 用户燃气设施　customer's gas installation

用户燃气管道、阀门、计量器具、调压设备、气瓶等。

2.0.4 燃气燃烧器具　gas burning equipment

以燃气作燃料的燃烧用具的总称，简称燃具。包括燃气热水器、燃气热水炉、燃气灶具、燃气烘烤器具、燃气取暖器等。

2.0.5 用气设备　gas appliance

以燃气作燃料进行加热或驱动的较大型燃气设备，如工业炉、燃气锅炉、燃气直燃机、燃气热泵、燃气内燃机、燃气轮机等。

2.0.6 运行　operation

从事燃气供应的专业人员，按照工艺要求和操作规程对燃气设施进行巡检、操作、记录等常规工作。

2.0.7 维护　maintenance

为保障燃气设施的正常运行，预防故障、事故发生所进行的检查、维修、保养等工作。

2.0.8 抢修　rush-repair

燃气设施发生危及安全的泄漏以及引起停气、中毒、火灾、爆炸等事故时，采取紧急措施的作业。

2.0.9 降压　pressure relief

燃气设施进行维护和抢修时，为了操作安全和维持部分供气，将燃气压力调节至低于正常工作压力的作业。

2.0.10 停气　interruption

在燃气供应系统中，采用关闭阀门等方法切断气源，使燃气流量为零的作业。

2.0.11 明火　flame

外露火焰或赤热表面。

2.0.12 动火　flame operation

在燃气设施或其他禁火区内进行焊接、切割等产生明火的作业。

2.0.13 作业区　operation area

燃气设施在运行、维修或抢修作业时，为保证操作人员正常作业所确定的区域。

2.0.14 警戒区 outpost area

燃气设施发生事故后，已经或有可能受到影响需进行隔离控制的区域。

2.0.15 直接置换 direct purging

采用燃气置换燃气设施中的空气或采用空气置换燃气设施中的燃气的过程。

2.0.16 间接置换 indirect purging

采用惰性气体或水置换燃气设施中的空气后，再用燃气置换燃气设施中的惰性气体或水的过程；或采用惰性气体或水置换燃气设施中的燃气后，再用空气置换燃气设施中的惰性气体或水的过程。

2.0.17 吹扫 purging

燃气设施在投产或维修前清除其内部剩余气体和污垢物的作业。

2.0.18 放散 relief

利用放散设备排空燃气设施内的空气、燃气或混合气体的过程。

2.0.19 防护用具 protection equipment

用以保障作业人员安全和隔离燃气的用具，一般有工作服、工作鞋、手套、安全帽、耳塞、隔离式呼吸设备等。

2.0.20 监护 supervision and protection

在燃气设施运行、维护、抢修作业时，对作业人员进行的监视、保护；或对其他工程施工等可能引起危及燃气设施安全而采取的监督、保护。

2.0.21 带压开孔 hot-tapping

利用专用机具在有压力的燃气管道上加工出孔洞，操作过程中无燃气外泄的作业。

2.0.22 封堵 plugging

从开孔处将封堵头送入并密封管道，从而阻止管道内介质流动的作业。

2.0.23 波纹管调长器 bellows unit

由波纹管及构件组成，用于调节燃气设备拆装引起的管道与设备轴向位置变化的装置。

3 基本规定

3.0.1 城镇燃气供应单位应建立、健全安全生产管理制度及运行、维护、抢修操作规程。

3.0.2 城镇燃气供应单位应配备专职安全管理人员，抢修人员应 24 h 值班；应设置并向社会公布 24 h 报修电话。

3.0.3 在城镇燃气设施运行、维护和抢修中，应利用监控及数据采集系统，逐步实现故障判断、作业指挥及事故统计分析的智能化。

3.0.4 城镇燃气设施或重要部位应设置标志，并应定期进行检查和维护。燃气设施运行、维护和抢修过程中，应设置安全标志。标志的设置和制作应符合现行行业标准《城镇燃气标志标准》CJJ/T 153 的有关规定。

3.0.5 城镇燃气供应单位应建立燃气安全事故报告和统计分析制度，并应制定事故等级标准。燃气安全事故报告和统计分析的内容可按本规程附录 A 的格式确定。

3.0.6 城镇燃气供应单位应制定燃气安全生产事故应急预案，应急预案的编制程序、内容和要素等应符合现行国家标准《生产经营单位生产安全事故应急预案编制导则》GB/T 29639 的有关规定。针对具体的装置、场所或设施、岗位应编制现场处置方案。应急预案应按有关规定进行备案，组织实施演习每年不得少于 1 次，并应对预案及演习结果进行评定。

3.0.7 对于停止运行、报废的管道，管道所属企业应及时进行处置；暂时没有处置的应采取安全措施，继续对其进行管理，并应与运行中的室外管道及室内管道进行有效隔断。报废的室外及室内管道在具备条件时应予以拆除。

3.0.8 当城镇燃气设施运行、维护和抢修需要切断电源时，应在安全的地方进行操作。

3.0.9 人员进入燃气调压室、压缩机房、计量室、瓶组气化间、阀室、阀门井和检查井等场所前，应先检查所进场所是否有燃气泄漏；人员在进入地下调压室、阀门井、检查井内作业前，还应检查其他有害气体及氧气的浓度，确认安全后方可进入。作业过程中应有专人监护，并应轮换操作。

3.0.10 进入燃气调压室、压缩机房、计量室、瓶组气化间、阀室、阀门井和检查井等场所作业时，应符合下列规定：

1 应穿戴防护用具，进入地下场所作业应系好安全带；

2 维修电气设备时，应切断电源；

3 带气检修维护作业过程中，应采取防爆和防中毒措施，不得产生火花；

4 应连续监测可燃气体、其他有害气体及氧气的浓度，如不符合要求，应立即停止作业，撤离人员。

3.0.11 液化石油气、压缩天然气、液化天然气的在用气瓶内应保持正压，不得给无合格证或有故障的气瓶充装。

3.0.12 进入厂站生产区的机动车辆应在排气管出口加装消火装置，并应限速行驶。

3.0.13 消防设施和器材的管理、检查、维修和保养等应设专人负责，并应定期对其进行检查和补充，消防设施周围不得堆放杂物。消防通道的地面上应有明显的安全标志，应保持畅通无阻。

3.0.14 站内防雷、防静电装置应完好并处于正常运行状态。防雷装置应按国家有关规定定期进行检测，检测宜在雷雨季节前进行，检测结果应符合设计要求；防静电装置检测每半年不得少于1次。

3.0.15 压力容器、安全装置及仪器仪表等应按国家有关规定进行运行维护、定期校验和更换。

3.0.16 燃气供应单位应定期对燃气设施进行安全评价，并应符合现行国家标准《燃气系统运行安全评价标准》GB/T 50811的有关规定。

4 运行与维护

4.1 一般规定

4.1.1 城镇燃气供应单位制定的安全生产管理制度和操作规程应包括下列内容：

1 事故统计分析制度；

2 隐患排查和分级治理整改制度；

3 城镇燃气管道及其附属系统、厂站内工艺管道的运行、维护制度和操作规程；

4 供气设备的运行、维护制度和操作规程；

5 用户燃气设施的报修制度及检查、维护的操作规程；

6 日常运行中发现问题及事故处理的报告程序。

4.1.2 进入厂站内生产区不得携带火种、非防爆型无线通信设备，未经批准不得在厂站内生产区从事可能产生火花性质的操作。

4.1.3 站内装卸软管及防拉断阀应定期进行检查、检验和维护保养，软管有老化或损伤时应及时更换。

4.1.4 液化石油气、压缩天然气、液化天然气的运输车辆应符合国家有关危险化学品运输的规定。

4.1.5 装卸液化石油气、压缩天然气、液化天然气的运输车应按要求停车入位，并应采取静电接地措施。连接软管前，运输车应处于制动状态。装卸作业过程中，应采取设置防移动决等措施防止运输车移动。装卸完成后，应关闭阀门，在卸除连接软管后，运输车方可启动。

4.1.6 高压或次高压设备进行维护时，应有人监护。

4.1.7 施工完毕未投入运行的燃气管道应采取安全措施，并应符合下列规定：

1 宜采用惰性气体或空气保压，压力不宜超过运行压力，并应按本规程第4.2节的有关规定进行检查和维护；

2 未投入运行的管道与运行管道应采取有效隔断，不得单独使用阀门做隔断；

3 未进行保压的管道，应在通气前重新进行压力试验，试验合格后方可通气运行。

4.1.8 大型燃气设备基础的沉降情况应定期进行观测，其沉降值不得大于设计允许值。

4.1.9 压缩天然气、液化天然气厂站的全站紧急切断装置应定期进行检查和维护。

4.1.10 安装在用户室内外的公用阀门应设置永久性警示标志。

4.2 管道及管道附件

4.2.1 同一管网中输送不同种类、不同压力燃气的相连管段之间应进行有效隔断。

4.2.2 运行、维护制度应明确燃气管道运行、维护的周期，并应做好相关记录。运行、维护中发现问题应及时上报，并应采取有效的处理措施。

4.2.3 燃气管道巡检应包括下列内容：

1 在燃气管道设施保护范围内不应有土体塌陷、滑坡、下沉等现象，管道不应裸露；

2 未经批准不得进行爆破和取土等作业；

3 管道上方不应堆积、焚烧垃圾或放置易燃易爆危险物品、种植深根植物及搭建建(构)筑物等；

4 管道沿线不应有燃气异味、水面冒泡、树草枯萎和积雪表面有黄斑等异常现象或燃气泄出声响等；

5 穿跨越管道、斜坡及其他特殊地段的管道，在暴雨、大风或其他恶劣天气过后应及时巡检；

6 架空管道及附件防腐涂层应完好，支架固定应牢靠；

7 燃气管道附件及标志不得丢失或损坏。

4.2.4 在燃气管道保护范围内施工时，施工单位应在开工前向城镇燃气供应单位申请现场安全监护，并应符合下列规定：

1 对有可能影响燃气管道安全运行的施工现场，应加强燃气管道的巡查与现场监护，并应设立临时警示标志；

2 施工过程中如有可能造成燃气管道的损坏或使管道悬空等，应及时采取有效的保护措施；

3 临时暴露的聚乙烯管道，应采取防阳光直晒及防外界高温和火源的措施。

4.2.5 燃气管道及设施的安全控制范围内进行爆破作业时，应采取可靠的安全保护措施。

4.2.6 地下燃气管道的检查应符合下列规定：

1 地下燃气管道应定期进行泄漏检查；泄漏检查应采用仪器检测，检查内容、检查方法和检查周期等应符合现行行业标准《城镇燃气管网泄漏检测技术规程》CJJ/T 215 的有关规定。

2 对燃气管道的阴极保护系统和在役管道的防腐层应定期进行检查；检查周期和内容应符合现行行业标准《城镇燃气埋地钢质管道腐蚀控制技术规程》CJJ 95 的有关规定；在土体情况复杂、杂散电流强、腐蚀严重或人工检查困难的地方，对阴极保护系统的检测可采用自动远传检测的方式。

3 运行中的钢质管道第一次发现腐蚀漏气点后，应查明腐蚀原因并对该管道的防腐涂层及腐蚀情况进行选点检查，并应根据实际情况制定运行、维护方案。

4 当钢质管道服役年限达到管道的设计使用年限时，应对其进行专项安全评价。

5 应对聚乙烯燃气管道的示踪装置进行检查。

4.2.7 架空敷设的燃气管道应设置安全标志，在可能被车辆碰撞的位置，应设置防碰撞保护设施，并应定期对管道的外防腐层进行检查和维护。

4.2.8 在非开挖修复后的燃气管道上接支管时，应符合下列规定：

1 采用聚乙烯材料做内插或内衬修复的燃气管道上接支管时，宜选在设计预留的位置。当预留位置不能满足要求时，应在采用机械断管方式割除连接位置原有修复管道外的旧管后再进行接管操作，不得使用气割或加热方法割除旧管。

2 采用复合筒状材料做翻转内衬修复的燃气管道上接支管时，应选择在连接钢管处开孔，不得在其他有内衬修复层的部位开孔接支管。

4.2.9 阀门的运行、维护应符合下列规定：

1 应定期检查阀门，不得有燃气泄漏、损坏等现象；

2 阀门井内不得积水、塌陷，不得有妨碍阀门操作的堆积物；

3 应根据管网运行情况对阀门定期进行启闭操作和维护保养；

4 无法启闭或关闭不严的阀门，应及时维修或更换；

5 带电动、气动、电液联动、气液联动执行机构的阀门，应定期检查执行机构的运行状态。

4.2.10 凝水缸的运行、维护应符合下列规定：

1 护罩（或护井）、排水装置应定期进行检查，不得有泄漏、腐蚀和堵塞的现象及妨碍排水作业的堆积物；

2 应定期排放积水，排放时不得空放燃气；

3 排出的污水应收集处理，不得随地排放。

4.2.11 波纹管调长器应定期进行严密性及工作状态检查。与调长器连接的燃气设备拆装完成后，应将调长器拉杆螺母拧紧。

4.3 设　备

4.3.1 调压装置的运行应符合下列规定：

1 调压装置应定期进行检查，内容应包括调压器、过滤器、阀门、安全设施、仪器、仪表、换热器等设备及工艺管路的运行工况及运行参数，不得有泄漏等异常情况。

2 严寒和寒冷地区应在采暖期前检查调压室的采暖状况或调压器的保温情况。

3 过滤器前后压差应定期进行检查，并应及时排污和清洗。

4 应定期对切断阀、安全放散阀、水封等安全装置进行可靠性检查。

5 地下调压装置的运行检查尚应符合下列规定：

1） 地下调压箱或地下式调压站内应无积水；

2） 地下调压箱或地下式调压站的通风或排风系统应有效，上盖不得受重压或冲撞；

3） 地下调压箱的防腐保护措施应完好，地下式调压站室内燃气泄漏报警装置应有效。

4.3.2 调压装置的维护应符合下列规定：

1 当发现调压器及各连接点有燃气泄漏、调压器有异常喘振或压力异常波动等现象时，应及时处理；

2 应及时清除各部位油污、锈斑，不得有腐蚀和损伤；

3 新投入使用和保养修理后重新启用的调压器，应在经过调试达到技术要求后，方可投入运行；

4 停气后重新启用的调压器，应检查进出口压力及有关参数。

4.3.3 调压装置除应按本规程第 4.3.1 条、第 4.3.2 条的规定进行运行、维护外，尚应定期进行分级维护保养，并应符合本规程附录 B 的规定。

4.3.4 加臭装置的运行、维护除应符合现行行业标准《城镇燃气加臭技术规程》CJJ/T 148 的规定外，尚应符合下列规定：

1 加臭装置初次投入使用前或加臭泵检修后，应对加臭剂输出量进行标定；

2 带有备用泵的加臭装置应定期进行切换运行，每 3 个月不得少于 1 次；

3 向现场储罐补充加臭剂的过程中，应保持加臭剂原料罐与现场储罐之间密闭连接，现场储罐内排出的气体应进行吸附处理，加臭剂气味不得外泄；

4 加臭剂原料罐宜采用可循环使用的储罐，一次性原料罐的处理应符合国家有关规定；

5 加臭剂浓度检测点宜选取在管网末端，且应具有覆盖性。

4.3.5 高压或次高压设备进行拆装维护保养时，宜采用惰性气体进行间接置换。置换作业应符合本规程第 6.2.2 条的规定。

4.3.6 低压湿式储气柜的运行、维护应符合下列规定：

1 储气柜运行压力不得超出所规定的压力，储气柜升降幅度和升降速度应在规定范围内，当大风天气对气柜安全运行有影响时，应适当降低气柜运行高度。

2 对储气柜的运行状况应定期进行检查，并应符合下列规定：

1） 塔顶、塔壁不得有裂缝损伤和漏气，水槽壁板与环形基础连接处不应漏水；

2） 导轮与导轨的运动应正常；

3） 放散阀门应启闭灵活；

4） 寒冷地区在采暖期前应检查保温系统；

5） 应定期、定点测量各塔节环形水封的水位。

3 当导轮与轴瓦之间发生磨损时，应及时修复。

4 导轮润滑油应定期加注，发现损坏应立即维修。

5 气柜外壁防腐情况应定期进行检查，出现防腐涂层破损时，应及时进行修补。

6 维修储气柜时，操作人员应佩戴安全帽、安全带等防护用具，所携带的工具应严加保管，严禁以抛接方式传递工具。

4.3.7 低压干式储气柜的运行、维护除应符合本规程第 4.3.6 条的有关规定外，尚应符合下列规定：

1 进入气柜作业前，应确认电梯、吊笼动作正常，限位开关工作应准确有效，柜内可燃或有毒气体浓度应在安全范围内。

2 应定期对储气柜的运行状况进行检查，并应符合下列规定：

1） 气柜柜体应完好，不得有燃气泄漏、渗油、腐蚀、变形和裂缝损伤；

2） 气柜活塞油槽油位、横向分隔板及密封装置应正常，气柜活塞水平倾斜度、升降幅度和升降速度应在规定范围内，并应做好测量记录；

3） 气柜柜底油槽水位、油位应保持在规定值范围内；

4） 气柜可燃气体报警器、外部电梯及内部升降机（吊笼）的各种安全保护装置应可靠有效，电器控制部分应动作灵敏，运行平稳。

3 密封油黏度和闪点应定期进行化验分析，当超过规定值时，应及时进行更换。

4 气柜油泵启动频繁或两台泵经常同时启动时，应分析原因并及时排除故障。

5 油泵入口过滤网应定期进行清洗。

4.3.8 低压湿式储气柜、低压干式储气柜除应按本规程第 4.3.6 条和第 4.3.7 条规定进行运行、维护外，尚宜定期对气柜进行全面检修。

4.3.9 高压储罐的运行、维护除应符合国家现行标准的规定外，尚应符合下列规定：

1 应控制运行压力，不得超压运行，并应对温度、压力等各项参数定时观察。

2 应定期对阀门做启闭性能测试，当阀门无法正常启闭或关闭不严时，应及时维修或更换。

3 应填写运行、维修记录。

4.3.10 储配站内压缩机、烃泵的运行、维护应符合下列规定：

1 压力、温度、流量、密封、润滑、冷却和通风系统应定期进行检查。

2 阀门开关应灵活，连接部件应紧固。

3 指示仪表应正常，各运行参数应在规定范围内。

4 应定期对各项自动、连锁保护装置进行测试、维护。

5 当有下列异常情况时应及时停车处理：

1） 自动、连锁保护装置失灵；

2） 润滑、冷却、通风系统出现异常；

3） 压缩机运行压力高于规定压力；

4） 压缩机、烃泵、电动机、发动机等有异声、异常振动、过热、泄漏等现象。

6 压缩机检修完毕重新启动前应进行置换，置换合格后方可开机。

4.3.11 储配站内压缩机的大、中、小修理，应按设备的保养、维护要求执行。

4.4 压缩天然气设施

4.4.1 压缩天然气加气站进站气源组分应定期进行抽查复验。

4.4.2 压缩天然气加气站、压缩天然气储配站、压缩天然气瓶组供气站站内管道、阀门应定期进行巡查和维护，并应符合下列规定：

1 管道、阀门不得锈蚀；

2 站内管道不应泄漏；

3 阀门和接头不得有泄漏、损坏现象；

4 阀门应定期进行启闭操作和维护保养，启闭不灵活或关闭不严的阀门，应及时维修或更换。

4.4.3 压缩天然气加气站、压缩天然气储配站、压缩天然气瓶组供气站站内过滤器进出口压差应定期进行检查，并应对过滤器进行清洗。

4.4.4 调压装置的运行、维护应符合本规程第4.3.1条和第4.3.2条的有关规定。配有伴热系统的调压装置，应定期对伴热系统的进、出口温度进行检查，不得超出正常范围。

4.4.5 压缩机的运行、维护除应符合本规程第4.3.10条、第4.3.11条的有关规定外，尚应符合下列规定：

1 对压缩机的压力、温度、流量等参数应进行动态监测管理；

2 压缩机的连锁装置应定期进行测试、维护；

3 压缩机的振动情况应定期进行检查；

4 压缩机及其附属、配套设施应定期进行排污，污物应集中处理，不得随意排放；

5 压缩机橇箱内不得堆放任何杂物。

4.4.6 干燥器、脱硫装置的运行、维护除应按设备的保养维护标准执行外，尚应符合下列规定：

1 系统内各部件的运行应按设定程序进行；

2 指示仪表应正常，运行参数应在规定范围内；

3 阀门切换、开关应灵活，运动部件应平稳，无异响、泄漏等；

4 脱硫剂的处理应符合环境保护要求；

5 应根据运行情况对干燥器定期进行排污；

6 露点仪应进行动态监测和定期维护，并应根据露点情况及时更换干燥剂。

4.4.7 箱式变压器、控制柜、电机等电气设施应进行日常巡检维护，每半年应至少进行1次清洁和检查。

4.4.8 压缩天然气加气、卸气操作应符合下列规定：

1 加气、卸气前应检查连接部位，密封应良好，自动、连锁保护装置应正常，接地应良好。

2 在接好软管准备打开瓶组阀门时，操作人员不得面对阀门；加气时不得正对加气枪口；与作业无关人员不得在附近停留。

3 充装压力不得超过气瓶的公称工作压力。

4 遇有下列情况之一时，不得进行加气、卸气作业：

1） 雷电天气；

2） 附近发生火灾；

3） 检查出有燃气泄漏；

4） 压力异常；

5） 其他不安全因素。

4.4.9 压缩天然气汽车运输应符合下列规定：

1 运输时应符合国家有关危险化学品运输的规定；

2 运输车辆严禁携带其他易燃、易爆物品或搭乘无关人员；

3 应按指定路线和规定时间行车，途中不得随意停车；

4 运输途中因故障临时停车时，应避开其他危险品、火源和热源，宜停靠在阴凉通风的地方，并应设置醒目的停车标志；

5 运输车辆加气、卸气或回厂后应在指定地点停放；

6 气瓶组满载时不得长时间停放在露天暴晒，当可能出现高温情况时，应进行泄压或降温处理；

7 运输车辆应配置有效的通信工具和安装静电接地带，随车应携带排气管阻火器和配备干粉灭火器。

4.5 液化天然气设施

4.5.1 液化天然气储罐及管道检修前后应采用干燥氮气进行置换，不得采用充水置换的方式。在检修后投入使用前应进行预冷试验，预冷试验时储罐及管道中不应含有水分及杂质。

4.5.2 液化天然气储罐的运行、维护应符合下列规定：

1 储罐内液化天然气的液位、压力和温度应定期进行现场检查和实时监控；储存液位宜控制在20％～90％范围内，储存压力不得高于最大工作压力。

2 不同来源、不同组分的液化天然气宜存放在不同的储罐中。当不具备条件只能储存在同一储罐内时，应采用正确的进液方法，并应根据储罐类型监测其气化速率与温度变化。

3 储罐内较长时间静态储存的液化天然气，宜定期进行倒罐。

4 储罐基础应牢固，立式储罐的垂直度应定期进行检查。

5 应对储罐外壁定期进行检查，表面应无凹陷，漆膜应无脱落，且应无结露、结霜现象。

6 储罐的静态蒸发率应定期进行监测。

7 真空绝热储罐的真空度检测每年不应少于1次。

8 隔热型储罐的绝热材料、夹层内可燃气体浓度和夹层补气系统的状况应定期进行检查。

4.5.3 储罐外置低温潜液泵的运行、维护应符合下列规定：

1 低温潜液泵开机运行前应进行预冷。

2 潜液泵的运行状况应定期进行检查，进、出口压力应符合设定值。当发现泵体有异常噪声或振动时，应及时停机处理。

3 泵罐（泵池）的密封及保冷状况应定期进行检查。

4 潜液泵应定期检修，检修完毕重新投用前，应采用干燥氮气对潜液泵进行置换，置换合格且经预冷后方可开机运行。

4.5.4 气化器的运行、维护应符合下列规定：

1 应定期检查空温式气化器的结霜情况。

2 应定期检查水浴式气化器的储水量和水温状况。

3 气化器的基础应完好、无破损。

4 应定期检查液化天然气经气化器气化后的温度，并应符合设计文件的要求。当设计文件没有明确要求时，温度不应低于5℃。

4.5.5 液化天然气厂站内的低温工艺管道应定期进行检查，并应符合下列规定：

1 管道焊缝及连接管件应无泄漏，发现有漏点时应及时进行处理；

2 管道外保冷材料应完好无损，当材料的绝热保冷性能下降时应及时更换；

3 管道管托应完好。

4.5.6 液化天然气卸（装）车操作应符合下列规定：

1 卸(装)车的周围应设警示标志。

2 卸(装)车时,操作人员不得离开现场,并应按规定穿戴防护用具,人体未受保护部分不得接触未经隔离装有液化天然气的管道和容器。

3 卸(装)车前,应采用干燥氮气或液化天然气气体对卸(装)车软管进行吹扫。

4 卸(装)车作业与气化作业同时进行时,不应使用同一个储罐。

5 卸(装)车过程中,应按操作规程开关阀门。

6 卸(装)车后,应将卸(装)车软管内的剩余液体回收;拆卸下的低温软管应处于自然伸缩状态,严禁强力弯曲,并应对其接口进行封堵。

7 出现储罐液位异常和阀门或接头有泄漏、损坏现象时,不得卸(装)车。

4.5.7 卸(装)车作业结束后,应及时对滞留在密闭管段内的液化天然气液体进行回收或放散。

4.5.8 液化天然气气瓶充装应符合下列规定:

1 充装前应对液化天然气气瓶逐只进行检查,不符合要求的气瓶不得充装;

2 气瓶的充装量不得超过其铭牌规定的最大充装量;

3 充装完毕后应对瓶阀等进行检查,不得泄漏;

4 新气瓶首次充装时,应控制速度缓慢充装;

5 灌装秤应在检定有效期内使用,充装前应进行校准;

6 不得使用槽车充装液化天然气气瓶。

4.5.9 液化天然气厂站内消防设施的运行、维护除应符合本规范第3.0.13条的规定外,尚应符合下列规定:

1 消防水池内应保持设计规定的储水量。

2 储罐喷淋装置(含消防水炮)应每年至少开启喷淋1次。喷淋设施应完好,喷淋头应无堵塞。消防水炮应转动灵活,喷射距离应符合消防要求。

3 高倍泡沫灭火系统应每月进行检查,高倍泡沫发生器、泡沫比例混合器、泡沫液储罐应完好,压力表、过滤器、管道及管件等不应有损伤。

4 高倍泡沫灭火系统应每年进行1次喷泡沫试验,同时应对系统所有组件、设施进行全面检查。系统试验和检查完毕后,应对高倍泡沫发生器、泡沫比例混合器、过滤器等用清水冲洗干净后放空,复原系统。

5 除高倍泡沫发生器进口端控制阀后管道外,其余管道应每半年冲洗1次。

4.5.10 液化天然气储罐围堰(围堤)的集液池或集液井内应保持清洁无水状态,不得存有积水、杂物。

4.5.11 液化天然气汽车运输应符合本规程4.4.9条的规定。

4.5.12 液化天然气瓶组气化站运行、维护应符合下列规定:

1 瓶组站的气瓶总容量不得超出设计的数量,不得随意更改气瓶存放数量及气瓶接口数量;

2 瓶组站宜设专人值守,无人值守的瓶组站应每日进行巡检;

3 站内密封点应无泄漏,管道及设备应运行正常,瓶组站周边环境应良好;

4 站内的工艺管道应有明确的工艺流向标志,阀门开、关状态应明晰,安全附件应齐全完好;

5 备用的气化器应定期启动,且每月不得少于1次;

6 换瓶后应对接口的密封性进行检查,不得泄漏。

4.6 监控及数据采集

4.6.1 监控及数据采集系统设备外观应保持完好。在爆炸危险区域内的仪器仪表应有良好的防爆性能,不得有漏电、漏气和堵塞状况。机箱、机柜和仪器仪表应有良好的接地。

4.6.2 监控及数据采集系统的监控中心应符合下列规定:

1 系统的各类设备应运行正常;

2 操作键接触应良好，显示屏幕显示应清晰、亮度适中，系统状态指示灯指示应正常，状态画面显示系统应运行正常；

3 记录曲线应清晰、无断线，打印机打字应清楚、字符完整；

4 机房环境应符合现行国家标准《电子信息系统机房设计规范》GB 50174 的有关规定。

4.6.3 采集点和传输系统的仪器仪表应按国家有关规定定期进行检定和校准。

4.6.4 监控及数据采集系统运行维护人员应掌握安全防爆知识，且应按有关安全操作规程进行操作。

4.6.5 运行维护人员应定期对系统及设备进行巡检，并应对现场仪表与远传仪表的显示值、同管段上下游仪表的显示值以及远传仪表和监控中心的数据进行对比检查。

4.6.6 对无人值守站，应定期到现场对仪器、仪表及设备进行检查。

4.6.7 仪表维修人员拆装带压管线和爆炸危险区域内的仪器仪表设备时，应在取得管理部门同意和现场配合后方可进行。

4.6.8 运行维护人员应定期对系统数据进行备份。

4.7 用户燃气设施

4.7.1 用户燃气设施应定期进行入户检查，并应符合下列规定：

1 商业用户、工业用户、采暖及制冷用户每年检查不得少于1次；

2 居民用户每两年检查不得少于1次。

4.7.2 发电厂、供热厂等大型用户可结合用户用气特点定期进行检查。

4.7.3 定期入户检查应包括下列内容，并应做好检查记录：

1 应确认用户燃气设施完好，安装应符合规范要求；

2 管道不应被擅自改动或作为其他电气设备的接地线使用，应无锈蚀、重物搭挂，连接软管应安装牢固且不应超长及老化，阀门应完好有效；

3 不得有燃气泄漏；

4 用气设备、燃气燃烧器具前燃气压力应正常。

4.7.4 进入室内作业应首先检查有无燃气泄漏。当发现有燃气泄漏时，应采取措施降低室内燃气浓度。当确认可燃气体浓度低于爆炸下限的20%时，方可进行检修作业。

4.7.5 用户燃气设施进行维护和检修作业时，可采用检查液检漏或仪器检测，发现问题应及时处理。维护和检修应在确认无燃气泄漏并正常点燃灶具后，方可结束作业。

4.7.6 用户燃气设施的维护和检修应由具备燃气维检修专业技能的单位及专业人员进行。

4.7.7 发电厂、供热厂等大型用户设施进行维护和检修作业应符合下列规定：

1 在用和备用燃气设备应定期进行轮换使用，过滤器应及时进行清理及排污；

2 燃气设施出现损坏或漏气等异常情况需要停气时，燃气用户应及时与城镇燃气供应单位沟通协调，共同配合进行维护和检修工作；

3 对于供热厂等周期性用气的用户，停止用气时，宜对停气的用户设施进行保压，并应符合下列规定：

1） 采用燃气保压时，应定期监测压力，不得有燃气泄漏；

2） 采用空气或惰性气体保压及不采用保压方式时，应将停气用户的燃气设施与供气管道进行有效隔断。恢复供气前应对用户设施进行置换，置换作业应符合本规程第6.2节的有关规定。

4.7.8 燃气用户使用燃气设施和燃气用具时，应符合下列规定：

1 正确使用燃气设施和燃气用具；严禁使用不合格的或已达到判废年限的燃气设施和燃气用具；

2 不得擅自改动燃气管道，不得擅自拆除、改装、迁移、安装燃气设施和燃气用具；

3 安装燃气计量仪表、阀门及气化器等设施的专用房间内不得有人居住和堆放杂物；

4 不得加热、摔砸、倒置液化石油气钢瓶，不得倾倒瓶内残液和拆卸瓶阀等附件；

5 严禁使用明火检查泄漏；

6 连接燃气用具的软管应定期更换，不得使用不合格和出现老化龟裂的软管，软管应安装牢固，不得超长；

7 正常情况下，严禁用户开启或关闭公用燃气管道上的阀门；

8 当发现室内燃气设施或燃气用具异常、燃气泄漏、意外停气时，应在安全的地方切断电源、关闭阀门、开窗通风，严禁动用明火、启闭电器开关等，并应及时向城镇燃气供应单位报修，严禁在漏气现场打电话报警；

9 应协助城镇燃气供应单位对燃气设施进行检查、维护和抢修。

5 抢　修

5.1 一般规定

5.1.1 城镇燃气供应单位应制定事故抢修制度和事故上报程序。

5.1.2 城镇燃气供应单位应根据供应规模设立抢修机构和配备必要的抢修车辆、抢修设备、抢修器材、通信设备、防护用具、消防器材、检测仪器等装备，并应保证设备处于良好状态。

5.1.3 接到抢修报警后应迅速出动，并应根据事故情况联系有关部门协作抢修。抢修作业应统一指挥，服从命令，并应采取安全措施。

5.1.4 当发生中毒、火灾、爆炸事故，危及燃气设施和周围人身财产安全时，应协助公安、消防及其他有关部门进行抢救、保护现场和疏散人员。

5.1.5 当燃气厂站或管线发生较大事故处理完成后，应对燃气厂站或管线及存在类似风险的燃气设施进行全面安全评价。评价内容及方法应符合现行国家标准《燃气系统运行安全评价标准》GB/T 50811的有关规定。

5.2 抢修现场

5.2.1 抢修人员到达现场后，应根据燃气泄漏程度和气象条件等确定警戒区、设立警示标志。在警戒区内应管制交通，严禁烟火，无关人员不得留在现场，并应随时监测周围环境的燃气浓度。

5.2.2 抢修人员应佩戴职责标志。进入作业区前应按规定穿戴防静电服、鞋及防护用具，并严禁在作业区内穿脱和摘戴。作业现场应有专人监护，严禁单独操作。

5.2.3 当燃气设施发生火灾时，应采取切断气源或降低压力等方法控制火势，并应防止产生负压。

5.2.4 当燃气泄漏发生爆炸后，应迅速控制气源和火种，防止发生次生灾害。

5.2.5 管道和设备修复后，应对周边夹层、窨井、烟道、地下管线和建(构)筑物等场所的残存燃气进行全面检查。

5.2.6 当事故隐患未查清或隐患未消除时，抢修人员不得撤离现场，并应采取安全措施，直至隐患消除。

5.3 抢修作业

5.3.1 燃气设施泄漏的抢修宜在降压或停气后进行。

5.3.2 当燃气浓度未降至爆炸下限的20%以下时，作业现场不得进行动火作业，警戒区内不得使用非防爆型的机电设备及仪器、仪表等。

5.3.3 抢修时，与作业相关的控制阀门应有专人值守，并应监视管道内的压力。

5.3.4 当抢修中暂时无法消除漏气现象或不能切断气源时，应及时通知有关部门，并应做好现场的安全防护工作。

5.3.5 处理地下泄漏点开挖作业时，应符合下列规定：

1 抢修人员应根据管道敷设资料确定开挖点，并应对周围建（构）筑物的燃气浓度进行检测和监测；当发现漏出的燃气已渗入周围建（构）筑物时，应根据事故情况及时疏散建（构）筑物内人员并驱散聚积的燃气。

2 应对作业现场的燃气或一氧化碳的浓度进行连续监测。当环境中燃气浓度超过爆炸下限的20％或一氧化碳浓度超过规定值时，应进行强制通风，在浓度降低至允许值以下后方可作业。

3 应根据地质情况和开挖深度确定作业坑的坡度和支撑方式，并应设专人监护。

5.3.6 钢质管道、铸铁管道的泄漏抢修，除应符合本规程第5.3.1条～第5.3.5条规定外，尚应符合下列规定：

1 钢质管道泄漏点进行焊接处理后，应对焊缝进行内部质量和外观检查。

2 钢质管道抢修作业后，应对防腐层进行修复，并应达到原管道防腐层等级。

3 当采用阻气袋阻断气源时，应将管道内的燃气压力降至阻气袋有效阻断工作压力以下；阻气袋应采用专用气源工具或设施进行充压，充气压力应在阻气袋允许充压范围内。

5.3.7 当聚乙烯管道发生断管、开裂等意外损坏时，抢修作业应符合下列规定：

1 抢修作业中应采取措施防止静电的产生和聚积；

2 应在采取有效措施阻断气源后进行抢修；

3 进行聚乙烯管道焊接抢修作业时，当环境温度低于－5 ℃或风力大于5级时，应采取防风保温措施；

4 使用夹管器夹扁后的管道应复原并标注位置，同一个位置不得夹2次。

5.3.8 动火作业应符合本规程第6.4节的有关规定。

5.3.9 厂站泄漏抢修作业应符合下列规定：

1 低压储气柜泄漏抢修应符合下列规定：

1） 宜使用燃气浓度检测仪或采用检漏液、嗅觉、听觉查找泄漏点；

2） 应根据泄漏部位及泄漏量采用相应的方法堵漏；

3） 当发生大量泄漏造成储气柜快速下降时，应立即打开进口阀门、关闭出口阀门，用补充气量的方法减缓下降速度。

2 压缩机房、烃泵房发生燃气泄漏时，应立即切断气源和动力电源，并应开启室内防爆风机。故障排除后方可恢复供气。

3 调压站、调压箱发生燃气泄漏时，应立即关闭泄漏点前后阀门，打开门窗或开启防爆风机，故障排除后方可恢复供气。

5.3.10 当调压站、调压箱因调压设备、安全切断设施失灵等造成出口超压时，应立即关闭调压器进出口阀门，并应对超压管道放散降压，排除故障。当压力超过下游燃气设施的设计压力时，还应对超压影响区内的燃气设施进行全面检查，排除所有隐患后方可恢复供气。

5.3.11 当压缩天然气站出现大量泄漏时，应立即启动全站紧急切断装置，并应停止站区全部作业、设置安全警戒线、采取有效措施控制和消除泄漏点。

5.3.12 当压缩天然气站因泄漏造成火灾时，除控制火势进行抢修作业外，尚应对未着火的其他设备和容器进行隔热、降温处理。

5.3.13 汽车载运气瓶组或拖挂气瓶车出现泄漏或着火事故时，应按本规程第5.3.11条和第5.3.12条的有关规定采取措施控制泄漏或火势。

5.3.14 液化天然气储罐进、出液管道发生少量泄漏时，可根据现场情况采取措施消除泄漏。当泄漏不能消除时，应关闭相关阀门，并应将管道内液化天然气放散（或通过火炬燃烧掉），待管道恢复至常温后，再进行维修。维修后可利用干燥氮气进行检查，无泄漏方可投入运行。

5.3.15 当液化天然气大量泄漏时，应立即启动全站紧急切断装置，并应停止站区全部作业。可使用泡沫发生设备对泄漏出的液化天然气进行表面泡沫覆盖，并应设置警戒范围，快速撤离疏散人员，待液化天然气全部气化扩散后，再进行检修。

5.3.16 液化天然气泄漏着火后，不得用水灭火。当液化天然气泄漏着火区域周边设施受到火焰灼热威胁时，应对未着火的储罐、设备和管道进行隔热、降温处理。

5.3.17 用户室内燃气泄漏抢修作业应符合下列规定：

1 接到用户泄漏报告后，应立即派人到现场进行抢修。

2 在抢修作业现场，不得接听和拨打电话，移动电话应处于关闭状态。

3 抢修人员进入事故现场，应立即控制气源、消除火种、切断电源、通风并驱散积聚室内的燃气。

4 应准确判断泄漏点，彻底消除隐患。严禁用明火查漏，当未查清泄漏点时，应按本规程第5.2.6条执行。

5 作业时，应避免由于抢修造成其他部位泄漏，并应采取防爆措施，严禁产生火花。

5.3.18 修复供气后，应进行复查，确认安全后，抢修人员方可撤离。

6 生产作业

6.1 一般规定

6.1.1 燃气设施的停气、降压、动火及通气等生产作业应建立分级审批制度。作业单位应制定作业方案和填写动火作业审批报告，并应逐级申报；经审批后应严格按批准方案实施。紧急事故应在抢修完毕后补办手续。

6.1.2 燃气设施停气、降压、动火及通气等生产作业应配置相应的作业机具、通信设备、防护用具、消防器材、检测仪器等。

6.1.3 燃气设施停气、降压、动火及通气等生产作业，应设专人负责现场指挥，并应设安全员。参加作业的操作人员应按规定穿戴防护用具。在作业中应对放散点进行监护，并应采取相应的安全防护措施。

6.1.4 城镇燃气设施动火作业现场，应划出作业区，并应设置护栏和警示标志。

6.1.5 作业坑处应采取方便操作人员上下及避险的措施。

6.1.6 停气、降压与置换作业时，宜避开用气高峰和不利气象条件。

6.2 置换与放散

6.2.1 燃气设施停气动火作业前应对作业管段或设备进行置换。

6.2.2 燃气设施宜采用间接置换法进行置换，当置换作业条件受限时也可采用直接置换法进行置换。置换过程中每一个阶段应连续3次检测氧或燃气的浓度，每次间隔不应少于5 min，并应符合下列规定：

1 当采用间接置换法时，测定值应符合下列规定：

1） 采用惰性气体置换空气时，氧浓度的测定值应小于2%；采用燃气置换惰性气体时，燃气浓度测定值应大于85%。

2） 采用惰性气体置换燃气时，燃气浓度测定值不应大于爆炸下限的20%；采用空气置换惰性气体时，氧浓度测定值应大于19.5%。

3） 采用液氮气化气体进行置换时，氮气温度不得低于5 ℃。

2 当采用直接置换法时，测定值应符合下列要求：

1） 采用燃气置换空气时，燃气浓度测定值应大于90%；

2） 采用空气置换燃气时，燃气浓度测定值不应大于爆炸下限的20%。

6.2.3 置换放散时，作业现场应有专人负责监控压力及进行浓度检测。

6.2.4 置换作业时，应根据管道情况和现场条件确定放散点数量与位置，管道末端应设置临时放散管，在放散管上应设置控制阀门和检测取样阀门。

6.2.5 临时放散管的安装应符合下列规定：

1 放散管应远离居民住宅、明火、高压架空电线等场所。当无法远离居民住宅等场所时，应采取有效的防护措施。

2 放散管应高出地面 2 m 以上。

3 放散管应采用金属管道，并应可靠接地。

4 放散管应安装牢固。

6.2.6 临时放散火炬的设置应符合下列规定：

1 放散火炬应设置在带气作业点的下风向，并应避开居民住宅、明火、高压架空电线等场所；

2 放散火炬的管道上应设置控制阀门、防风和防回火装置、压力测试接口；

3 放散火炬应高出地面 2 m 以上；

4 放散燃烧时应有专人现场监护，控制火势，监护人员与放散火炬的水平距离宜大于 25 m；

5 放散火炬现场应备有有效的消防器材。

6.3 停气与降压

6.3.1 停气与降压作业应符合下列规定：

1 停气作业时应可靠地切断气源，并应将作业管段或设备内的燃气安全地排放或进行置换；

2 降压作业应有专人监控管道内的燃气压力，降压作业时应控制降压速度，管道内不得产生负压；

3 密度大于空气的燃气输送管道进行停气或降压作业时，应采用防爆风机驱散在作业坑积聚的燃气。

6.4 动　　火

6.4.1 运行中的燃气设施需动火作业时，应有城镇燃气供应企业的技术、生产、安全等部门进行配合和监护。

6.4.2 城镇燃气设施动火作业区内应保持空气流通，动火作业区内可燃气体浓度应小于其爆炸下限的 20%。在通风不良的空间内作业时，应采用防爆风机进行强制通风。

6.4.3 城镇燃气设施动火作业过程中，操作人员不得正对管道开口处。

6.4.4 旧管道接驳新管道动火作业时，应采取措施使管道电位达到平衡。

6.4.5 城镇燃气设施停气动火作业应监测管段或设备内可燃气体浓度的变化，并应符合下列规定：

1 当有燃气泄漏等异常情况时，应立即停止作业，待消除异常情况并再次置换合格后方可继续进行；

2 当作业中断或连续作业时间较长时，应再次取样检测并确认合格后，方可继续作业；

3 燃气管道内积有燃气杂质时，应采取有效措施进行处置。

6.4.6 城镇燃气设施带气动火作业应符合下列规定：

1 带气动火作业时，燃气设施内应保持正压，且压力不宜高于 800 Pa，并应设专人监控压力；

2 动火作业引燃的火焰，应采取可靠、有效的方法进行扑灭。

6.5 带压开孔、封堵作业

6.5.1 使用带压开孔、封堵设备在燃气管道上接支管或对燃气管道进行维修更换等作业时，应根据管道材质、管径、输送介质、敷设工艺状况、运行参数等选择合适的开孔、封堵设备及不停输开孔、封堵施工工艺，并应制定作业方案。

6.5.2 作业前应对施工用管材、管件、密封材料等进行复核检查，并应对施工用机械设备进行调试。

6.5.3 不同管材、不同管径、不同运行压力的燃气管道上首次进行开孔、封堵作业的施工单位和人员应进行模拟试验。

6.5.4 带压开孔、封堵作业时作业区内不得有火种。

6.5.5 钢管管件的安装与焊接应符合下列规定：

1 钢制管道内带有输送介质情况下进行封堵管件组对与焊接，应符合现行国家标准《钢制管道带压封堵技术规范》GB/T 28055 的有关规定。

2 封堵管件焊接时应控制管道内气体或液体的流速，焊接时，管道内介质压力不宜超过 1.0 MPa。

3 开孔部位应选择在直管段上，并应避开管道焊缝；当无法避开时，应采取有效措施。

4 用于管道开孔、封堵作业的特制管件宜采用机制管件。

5 大管径和较高压力的管道上开孔作业时，应对管道开孔进行补强，可采用等面积补强法；开孔直径大于管道半径、等面积补强受限或设计压力大于 1.6 MPa 时，宜采用整体式补强。

6.5.6 带压开孔、封堵作业应按操作规程进行，并应符合下列规定：

1 开孔前应对焊接到管线上的管件和组装到管线上的阀门、开孔机等进行整体严密性试验；

2 拆卸夹板阀上部设备前，应关闭夹板阀卸放压力；

3 夹板阀开启前，阀门闸板两侧压力应平衡；

4 撤除封堵头前，封堵头两侧压力应平衡；

5 带压开孔、封堵作业完成并确认各部位无渗漏后，应对管件和管道做绝缘防腐，其防腐层等级不应低于原管道防腐层等级。

6.5.7 聚乙烯管道进行开孔、封堵作业时，应符合下列规定：

1 每台封堵机操作人员不得少于 2 人；

2 开孔机与机架连接后应进行严密性试验，并应将待作业管段有效接地；

3 安装机架、开孔机、下堵塞等过程中，不得使用油类润滑剂；

4 安装管件防护套时，操作者的头部不得正对管件的上方。

6.6 通 气

6.6.1 燃气设施置换合格恢复通气前，应进行全面检查，符合运行要求后，方可恢复通气。

6.6.2 通气作业应按作业方案执行。用户停气后的通气，应在有效地通知用户后进行。

7 液化石油气设施的运行、维护和抢修

7.1 一 般 规 定

7.1.1 液化石油气厂站内工艺设备、管道的密封点应无泄漏。对密封点的泄漏检查每月不得少于 1 次。

7.1.2 在生产区内因检修而必须排放液化石油气时，应通过火炬放散；放散燃烧时，现场操作应符合本规程第 6.2.6 条第 4 款和第 5 款的有关规定。

7.1.3 液化石油气灌装、倒残等生产车间应通风良好。厂站内设置的燃气报警控制系统应工作正常，报警浓度应小于液化石油气爆炸下限的 20%，并应按现行行业标准《城镇燃气报警控制系统技术规程》CJJ/T 146 的有关规定进行定期检查。

7.1.4 液化石油气灌装单位应对气瓶建立档案，档案的管理应按国家有关规定执行。

7.2 站内设施的运行、维护

7.2.1 储罐及附件的运行、维护应符合下列规定：

1 应定时、定线进行巡检，并应记录储罐液位、压力和温度等参数。当储罐进、出液时，应观察液位和压力变化情况。

2 液化石油气储罐的充装质量应符合设计储存量的要求，装量系数不得大于0.95。

3 应根据在用储罐的设计压力、储罐检修结果及储存介质等采取相应的降温喷淋措施。

4 严寒和寒冷地区冬季应对采取保温防冻措施的储罐附件定期进行检查，每月检查次数不得少于1次，保温防冻措施应完好无损，并应定期对储罐进行排水、排污。

5 罐区配备高压注水设施的，注水管道应与独立的消防水泵相连接。消防水泵的出口压力应大于储罐的最高工作压力。正常情况下，注水口的控制阀门保持关闭状态。

6 储罐设有两道以上阀门时，靠近储罐的第一道阀门应为常开状态。阀门应定期维护，保持启闭灵活。

7 储罐检修前后的置换可采用抽真空、充惰性气体、充水等方法。当采用充水置换方法时，环境温度不得低于5℃。

8 应定期对地下储罐的防腐涂层及腐蚀情况进行检查，设有阴极保护装置的应定期进行检测，每年不应少于2次。

9 储罐区内的水封井应保持正常的水位。

7.2.2 压缩机、烃泵的运行、维护应按本规程第4.3.10条的有关规定执行。

7.2.3 灌装前应对液化石油气气瓶灌装设备进行检查，并应符合下列规定：

1 灌装系统各连接部位应紧固，运动部位应平稳，无异响、过热、异常振动；

2 自动、连锁保护装置应正常；

3 气路、油路系统的压力、密封、润滑应正常；

4 使用的灌装秤应在检定的有效期内，灌装前应校准。

7.2.4 灌装前应对在用液化石油气气瓶进行检查，检查内容及要求应符合现行行业标准《液化石油气安全规程》SY 5985的有关规定，发现有不符合要求的不得灌装。

7.2.5 液化石油气气瓶充装后，应对充装重量和气密性进行逐瓶复检，合格的气瓶应贴合格标志。

7.2.6 气化、混气装置的运行、维护应符合下列规定：

1 气化、混气装置开机运行前，应检查工艺系统及设备的压力、温度、热媒等参数，确认各参数、工艺管道、阀门等处于正常状态后，方可开机。

2 运行中应填写压力、温度、热媒运行数据。当发现泄漏或异常时，应立即进行处理。

3 应保持气化、混气装置监控系统的正常工作，严禁超温、超压运行。

4 电磁阀、过滤器等辅助设施应定期清洗维护，排残液、排水装置应定期排放，排放的残液应统一收集处理。

5 气化器、混合器发生故障时，应立即停止使用，同时应开启备用设备。备用设备应定期启动运转。

6 以水为加热介质的气化装置应定期按设备要求加水和添加防锈剂。严寒和寒冷地区应采取有效措施防止冻胀。

7.2.7 消防水池的储水量应保持在规定的水位范围内，并应保持池水清洁。消防水泵的吸水口应保持畅通；消防水泵、消火栓及喷淋装置应定期检查并启动。严寒和寒冷地区消防水泵在冬季运转后，应及时将水排净。

7.3 气瓶运输

7.3.1 运输液化石油气气瓶的车辆应符合下列规定：

1 应符合国家有关运输危险化学品机动车辆的规定；

2 应办理危险化学品运输准运证；

3 车厢应固定并通风良好；

4 随车应配备干粉灭火器；

5 车辆应安装静电接地带；

6 应随车携带排气管阻火器。

7.3.2 液化石油气气瓶运输应符合下列规定：

1 运输车辆上的气瓶应直立码放，并应固定良好，不应滚动、碰撞。气瓶码放不得超过两层，50 kg规格的气瓶应单层码放。

2 气瓶装卸不得摔砸、倒卧、拉拖。

3 气瓶运输车辆严禁携带其他易燃、易爆物品，人员严禁吸烟。

7.4 瓶装供应站和瓶组气化站

7.4.1 液化石油气瓶装供应站的安全管理应符合下列规定：

1 空瓶、实瓶应按指定区域分别存放，并应设置标志。瓶库内不得存放其他物品，漏气瓶或其他不合格气瓶应及时处理，不得在站内存放。

2 气瓶应直立码放且不得超过两层，50 kg 规格的气瓶应单层码放，并应留有不小于 0.8 m 的通道。

3 气瓶应周转使用，实瓶存放不宜超过 1 个月。

7.4.2 液化石油气瓶组气化站的运行、维护应符合本规程第 4.5.12 条和第 7.4.1 条的有关规定，没有自动换气装置与远传监控报警等安全措施的瓶组站应设专人值守。

7.5 抢　　修

7.5.1 液化石油气设施的抢修应符合下列规定：

1 储罐第一道液相阀门之后的液相管道及阀门出现大量泄漏时，应立即将上游的液相控制阀门紧急切断；可使用消防水枪驱散泄漏部位及周边的液化石油气，降低现场的液化石油气浓度。

2 储罐第一道液相阀门的阀体或法兰出现大量泄漏时，应进行有效控制，并宜采取下列措施进行处理：

1） 当现场条件许可时，宜直接使用阀门、法兰抱箍或者用包扎气带包扎、注胶等方法控制泄漏；同时，应采取倒罐措施，将事故罐的液态液化石油气转移至其他储罐；

2） 当现场条件无法直接使用抱箍、包扎气带、注胶等控制泄漏时，宜采取向储罐底部注水的方法。

3 液化石油气管道泄漏抢修时，除应符合上述规定外，尚应备有干粉灭火器等有效的消防器材。应根据现场情况采取有效方法消除泄漏，当泄漏的液化石油气不易控制时，可采用消防水枪喷冲稀释。

7.5.2 液化石油气泄漏时，应采取有效措施防止液化石油气积聚在低洼处或其他地下设施内。

7.5.3 抢修作业过程中，应防止液态液化石油气快速气化造成人员冻伤事故。

8 图档资料

8.1 一般规定

8.1.1 城镇燃气供应单位的档案管理部门应收集燃气设施运行、维护和抢修资料，并应建立档案，实施动态管理。宜采用电子文档管理，并宜建立燃气管网地理信息系统。

8.1.2 城镇燃气供应单位的档案管理部门应根据运行、维护和抢修工程的要求，提供图档资料。

8.1.3 城镇燃气设施运行、维护和抢修管理部门应向档案管理部门提交运行、维护记录和抢修工程的资料。

8.2 运行、维护的图档资料

8.2.1 燃气设施运行记录应包括下列内容：

1 巡查时间、地点或范围、异常情况、处理方法、记录人等；

2 违章、险情的处理情况记录；

3 配合城市其他施工工程对燃气管线的监护记录；

4 燃气设施运行参数记录；

5 气瓶充装、槽车装卸记录。

8.2.2 燃气设施维护的资料应包括下列内容：

1 维修、检修、更新和改造计划；

2 维修记录和重要设备的大、中修记录；

3 管道和设备的拆除、迁移和改造工程图档资料。

8.3 抢修工程的图档资料

8.3.1 抢修工程的记录应包括下列内容：

1 事故报警记录；

2 事故的基本情况，包括事故发生的时间、地点和原因，管道管径、压力等；

3 事故类别、级别；

4 事故造成的损失和人员伤亡情况；

5 参加抢修的人员情况；

6 抢修工程概况、修复日期及恢复供应日期。

8.3.2 抢修工程的资料应包括下列内容：

1 抢修任务书；

2 抢修记录；

3 事故报告或鉴定资料；

4 抢修工程质量验收资料和图档资料。

附录A 城镇燃气安全事故报告表

A.0.1 燃气安全事故报告表可按表A.0.1的格式填写。

表A.0.1 燃气安全事故报告表

单位名称		企业经济类型	
单位地址		员工人数	
企业代码		邮政编码	
事故时间	年 月 日 时 分	事故类别	
事故地点		事故等级	
燃气种类		直接经济损失(元)	
事故简要经过及原因			

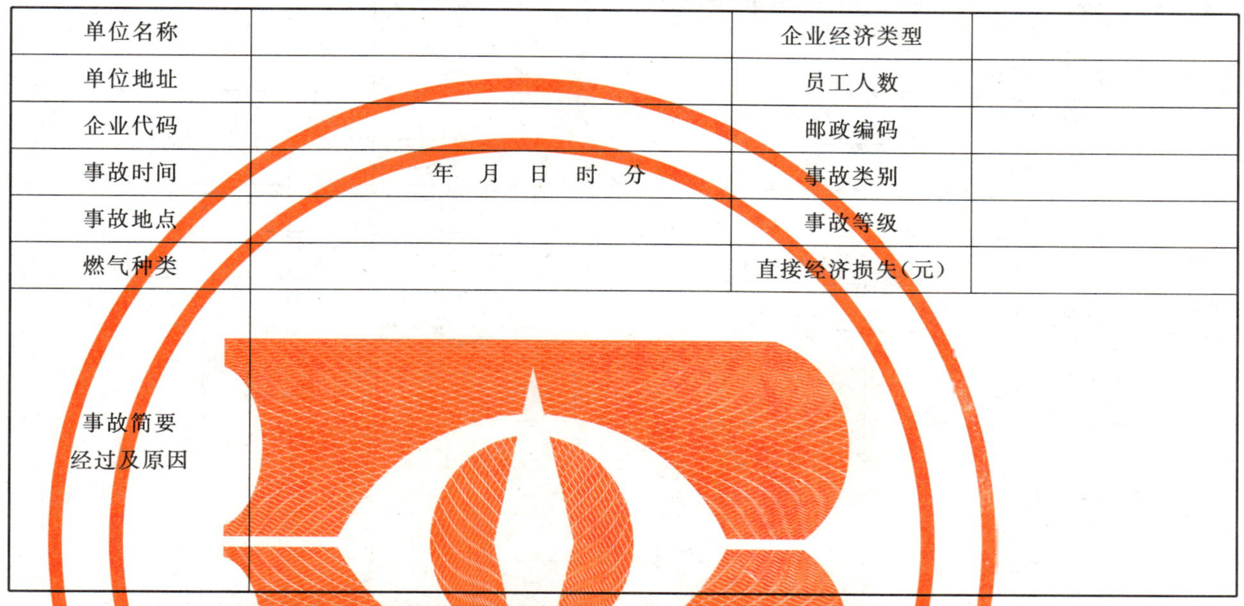

填报单位(签章): 填报日期: 年 月 日

A.0.2 燃气事故类别统计表可按表A.0.2的格式填写。

表A.0.2 燃气事故类别统计表(____年__月__日至____年__月__日)

事故等级 / 事故类别		无伤亡事故		一般事故				较大及以上事故			
		起数	直接经济损失(万元)	起数	死亡(人)	重伤(人)	直接经济损失(万元)	起数	死亡(人)	重伤(人)	直接经济损失(万元)
燃气火灾											
燃气爆燃											
燃气中毒											
窒息											
燃气泄漏											
超压送气											
燃气用户停气	1 000户～4 999户										
	5 000户～9 999户										
	1万户以上										
其　他											
合　计											

填报单位(签章) 填报日期: 年 月 日

A.0.3 燃气事故原因统计表可按表A.0.3的格式填写。

表A.0.3 燃气事故原因统计表(____年__月__日至____年__月__日)

事故类别 \ 事故等级		无伤亡事故		一般事故				较大及以上事故			
		起数	直接经济损失(万元)	起数	死亡(人)	重伤(人)	直接经济损失(万元)	起数	死亡(人)	重伤(人)	直接经济损失(万元)
户内事故	胶管断裂										
	胶管老化										
	胶管被动物咬破										
	胶管脱落										
	灶具不合格										
	未关灶具										
	户内管漏气										
	煤气表漏气										
	私自接、改燃气管道										
	燃气杀人、自杀										
	使用直排热水器										
	热水器未装烟道										
	其他										
	合计										
管网事故	管道断裂										
	管道腐蚀穿孔										
	管道外力破坏										
	其他										
	合计										

填报单位(签章)　　　　　　　　　　　　　　　　填报日期：　年　月　日

附录B 调压装置分级维护保养

B.0.1 调压装置的维护保养宜分为三级，各级维护保养的周期宜符合表B.0.1的规定，对维护保养中发现的问题应进行现场处理。

表B.0.1 调压装置三级维护保养周期

调压装置类别	维护保养周期(月)		
	一级维护保养	二级维护保养	三级维护保养
悬挂式调压箱	≤12	不需要	≤60
落地式调压柜	≤6 (6～12)*	≤12	≤48
地下调压箱 地下式调压站	≤6 (6～12)*	≤12	≤48
门站、高中压站	≤3 (3～6)*	≤12	≤36

注：“*”仅适用于本规程第B.0.2条第5款的一级维护保养周期。

B.0.2 一级维护保养应包括下列内容：

1 定期对过滤器进行排污，必要时打开过滤器头部并对滤芯进行清洗或更换。

2 检查各阀门的启闭灵活性。

3 检查调压器、切断阀和放散阀等设备的设定值是否为规定值。

4 检查电动、气动及其他动力系统是否工作正常。当气动系统由高压瓶装氮气供应时，应记录氮气压力，并确保在保养周期内能正常使用。

5 两条及以上调压路、计量路或过滤路时，应进行主副路切换及设定值的调整。

B.0.3 二级维护保养应包括下列内容：

1 本规程第B.0.2条规定的全部内容。

2 检查调压器和切断阀等关键设备的运动件(如阀座、阀芯等)磨损情况，并应根据需要进行清洁或更换处理。

3 检修后的高压、次高压系统经过不少于24 h且不超过1个月的正常运行后，可转为备用状态。

B.0.4 三级维护保养应包括下列内容：

1 本规程第B.0.3条规定的全部内容。

2 对调压器、切断阀、放散阀等设备进行整体拆卸检查，并对内部橡胶件进行更换。

本规程用词说明

1 为便于在执行本规程条文时区别对待，对于要求严格程度不同的用词说明如下：

1） 表示很严格，非这样做不可的：
正面词采用“必须”，反面词采用“严禁”；

2） 表示严格，在正常情况下均应这样做的：
正面词采用“应”，反面词采用“不应”或“不得”；

3） 表示允许稍有选择，在条件许可时首先应这样做的：
正面词采用“宜”，反面词采用“不宜”；

4） 表示有选择，在一定条件下可以这样做的，采用“可”。

2 条文中指明应按其他有关标准执行的写法为：“应符合……的规定”或“应按……执行”。

引用标准名录

1 《电子信息系统机房设计规范》GB 50174
2 《燃气系统运行安全评价标准》GB/T 50811
3 《钢制管道带压封堵技术规范》GB/T 28055
4 《生产经营单位生产安全事故应急预案编制导则》GB/T 29639
5 《城镇燃气埋地钢质管道腐蚀控制技术规程》CJJ 95
6 《城镇燃气报警控制系统技术规程》CJJ/T 146
7 《城镇燃气加臭技术规程》CJJ/T 148
8 《城镇燃气标志标准》CJJ/T 153
9 《城镇燃气管网泄漏检测技术规程》CJJ/T 215
10 《液化石油气安全规程》SY 5985

中华人民共和国行业标准

城镇燃气设施运行、维护和抢修安全技术规程

CJJ 51—2016

条 文 说 明

修 订 说 明

《城镇燃气设施运行、维护和抢修安全技术规程》CJJ 51—2016，经住房和城乡建设部2016年6月6日以第1132号公告批准、发布。

本规程是在《城镇燃气设施运行、维护和抢修安全技术规程》CJJ 51—2006的基础上修订而成，上一版的主编单位是中国城市燃气协会，参编单位是北京市燃气集团有限责任公司、深圳市燃气集团有限责任公司、成都市煤气总公司、郑州市燃气股份有限公司、南京港华燃气有限公司、西安市天然气总公司、福州市煤气公司、香港中华煤气有限公司、山东淄博绿博燃气有限公司、秦皇岛市煤气总公司、上海通达能源有限公司、上海燃气集团有限公司、新奥燃气控股有限公司、亚大塑料制品有限公司、江西泰达长林特种设备有限责任公司；主要起草人员是陈绍禹、李美竹、迟国敬、丁荧荧、李长缨、陈秋雄、江民、赵瑞保、周以良、杨森、刘文钦、应援农、刘新领、张潮海、江金华、李伯珍、杨俊杰、孙德刚、邓华蛟。

本次修订的主要技术内容是：1.增加第3章基本规定，对运行维护及抢修人员和机构配备、建立健全安全管理制度、燃气设施定期进行安全评价等提出了原则性要求；2.新增对调压装置定期进行分级维护保养、周期及内容的要求；3.补充完善了压缩天然气设施和液化天然气设施运行维护的要求，并各自独立为一节；4.新增对发电厂、供热厂等大型用户燃气设施运行、维护的要求，并明确供气单位与用户双方的职责。

本规程修订过程中，编制组进行了深入的调查研究，总结了我国城镇燃气设施运行、维护和抢修的实践经验，同时参考了国外先进技术法规、技术标准。修订内容中加强了事故的预防和防范等相关内容；补充了新技术、新材料与新设备的应用。本次修订过程中完成了两个研究专题作为标准技术支撑，包括：1.关于划分燃气泄漏等级和燃气事故等级的研究；2.大用户、大型燃烧设备运行维护安全技术要求研究。

为便于广大设计、施工、科研、学校等单位有关人员在使用本规程时能正确理解和执行条文规定，《城镇燃气设施运行、维护和抢修安全技术规程》编制组按章、节、条顺序编制了本规程的条文说明，对条文规定的目的、依据以及执行中需注意的有关事项进行了说明，还着重对强制性条文的强制性理由作了解释。但是，本条文说明不具备与规程中文同等的法律效力，仅供使用者作为理解和把握规程规定的参考。

1 总 则

1.0.1 随着燃气事业的快速发展，燃气行业也面临一些问题。由于城镇燃气具有易燃、易爆和有毒等特点，一旦发生供气用的燃气设施损坏、用户使用不正确、第三方施工影响、维护检修操作不当等问题，极易造成火灾、爆炸及中毒等事故，使国家和人民生命财产遭受损失。确保燃气安全供应，是城镇燃气供应单位的重要职责。为了保障人身及公共安全，必须规范燃气设施的运行、维护和抢修工作，以防止火灾、爆炸及中毒事故发生。在发生事故时应有切实可行的抢修措施，将事故危害限制在最低程度内，并杜绝次生灾害的发生。

1.0.2 本条明确了城镇燃气设施运行、维护和抢修的工作对象，其中厂站包括：天然气门站、储配站、混气站、调压站等；液化石油气储存站、储配站和灌装站，液化石油气气化站、混气站和瓶组气化站及液化石油气瓶装供应站等；压缩天然气加气站、储配站和瓶组供气站等；液化天然气气化站等。管网包括：燃气管道和与其连接的附件，阀门、凝水缸、波纹管调长器等。明确规定了汽车加气站的维护和抢修不包括在本规程适用范围内。

1.0.3 本规程是为了指导城镇燃气设施运行、维护和抢修而编制的综合性安全技术规程。该规程在制定过程中主要依据的国家现行有关标准和法律法规有：《城镇燃气技术规范》GB 50494、《城镇燃气设计规范》GB 50028、《城镇燃气输配工程施工及验收规程》CJJ 33、《城镇燃气室内工程施工与质量验收》CJJ 94、《聚乙烯燃气管道工程技术规程》CJJ 63、《城镇燃气管理条例》(国务院令第583号)等。

3 基本规定

3.0.2 《城镇燃气管理条例》规定："燃气安全事故发生后，燃气经营者应当立即启动本单位燃气安全事故应急预案，组织抢险、抢修。"为确保法律法规的落实和燃气供应的安全，本条的规定是必备的条件，且目前燃气企业也基本是这样做的。

3.0.4 该条提出对重要的燃气设施或重要部位应设置标志，主要是为了防止燃气设施受到意外损伤和防止火种接近，并禁止周围堆放危险物品，以保证燃气设施的安全、日常维护、紧急抢修工作的顺利进行。现行行业标准《城镇燃气标志标准》CJJ/T 153 中对标志的设置和制作有明确的规定。

3.0.5 《城镇燃气管理条例》规定："燃气管理部门应当会同有关部门制定燃气安全事故应急预案，建立燃气事故统计分析制度，定期通报事故处理结果。"燃气安全事故的统计分析及定期通报旨在及时统计燃气安全事故，分析发生事故的原因，发现其中的规律，吸取教训，避免重复性事故，降低事故发生率。考虑到目前国内各个城市事故等级划分的标准与原则都不相同，不同规模的城市，同样的事故数量、伤亡人数、经济损失、停气时间和范围，对城市产生的影响是不同的，因此本规程中没有统一规定事故等级的标准，只是提出了"制定事故等级标准"的原则性要求。

燃气安全事故的统计和报告需要明确事故单位基本情况，事故经过及后果，事故原因分析及处理情况。各地可参照本规程附录A提供的事故报告表进行事故统计。附录A中的燃气事故报告表、燃气事故类别和燃气事故原因统计表是以中国城市燃气协会安全管理委员会2012年发布的《城镇燃气安全事故统计分析文件》为依据编写的。

3.0.6 燃气安全事故是指在燃气生产、储存、输配和使用过程中，因自然灾害、不可抗力、人为故意或过失、意外事件等多种因素造成的燃气泄漏、停气、中毒或爆炸，造成人员伤亡和财产损失，影响社会秩序的事件。应急预案就是针对可能发生的事故，为迅速、有序地开展应急行动而预先制定的行动方案。制定应急预案其目的在于有效预防、及时处置各类突发燃气事故，提高应对燃气安全事故应急处置能力，最大限度地减少燃气事故以及人员伤亡和财产损失，从而保障城市安全运行和经济社会持续稳定发展。

应急预案一般应包括总则、组织体系、预警预防机制、应急处置和保障机制、后期处理机制等内容，现行国家标准《生产经营单位生产安全事故应急预案编制导则》GB/T 29639 中对编写应急预案的程序、内容和基本要素等做出了详细的规定，城镇燃气供应单位可根据本单位的组织体系、管理模式、风险大小以及生产规模不同，编制应急预案，并按照要求进行备案、定期演练，及时修订、更新，使相关人员对预案中各自的职责、流程熟练掌握，并通过应急演练，做到迅速反应、正确处置。

现场处置方案是应急预案的基础，是针对具体的装置、场所或设施、岗位所制定的应急处置措施。

3.0.7 《国务院办公厅关于加强城市地下管线建设管理的指导意见》(国办发〔2014〕27 号)中要求："各城市要定期排查地下管线存在的隐患，制定工作计划，限期消除隐患。加大力度清理拆除占压地下管线的违法建(构)筑物。清查、登记废弃和'无主'管线，明确责任单位，对于存在安全隐患的废弃管线要及时处置，消灭危险源，其余废弃管线应在道路新(改、扩)建时予以拆除。"在实际工作中经常有停止运行或者报废的管道不能及时拆除，有些也许会长时间原地存留。这就要求对这些管道进行妥善处理，如：吹扫置换、保留管线资料等。如果处理不当可能会发生一些意外事故，如：将运行管线误连接到废弃管道上，废弃管道与运行管线不能有效隔断发生串气等问题。

3.0.8 在对燃气设施进行维护和抢修时，如已经发生燃气泄漏但不能准确判断现场可燃气体浓度，又需切断电源，则要尽量在远离事故现场处切断电源，防止因产生火花引起爆炸。

3.0.9 在对燃气设施进行运行、维护和抢修作业时，操作人员经常会进入阀门井、检查井等地下场所。在这些场所中，有可能存在可燃气体或其他有害气体，还有可能缺氧。如氧气浓度过低，会造成人员缺氧窒息；如一氧化碳或硫化氢浓度过高，对人员的安全也会造成威胁。因此，为保证人员安全，在检测确认无危险后，方可进入作业现场。其中可燃气体浓度小于爆炸下限的 20%；氧气的浓度可参照现行国家标准《缺氧危险作业安全规程》GB 8958 中的规定：氧气浓度大于 19.5%；一氧化碳及硫化氢的浓度可参照国家现行标准《工作场所有害因素职业接触限值　第 1 部分：化学有害因素》GBZ 2.1 中的规定：一氧化碳浓度小于 30 mg/m^3，硫化氢浓度小于 10 mg/m^3。要求操作人员采取轮换作业方式和有专人现场监护是为了有效地实现现场互助和自救。

3.0.10 在调压室、压缩机房、计量室、瓶组气化间、阀室、阀门井和检查井等场所内作业时，要求操作人员穿防静电服、鞋，戴防护用具，目的是为了当有燃气泄漏时可对现场操作人员起到安全保护的作用。在作业时，有条件的要使用黄铜工具，如果用铁制工具，在工具上涂抹黄油也可以起到防止产生火花的作用。

3.0.11 本条根据《气瓶安全技术监察规程》TSG R0006 中"瓶内气体不得用尽，压缩气体气瓶的剩余压力不得小于 0.05 MPa"的规定提出，目的是为了防止瓶内出现负压造成危险。

3.0.14 《防雷减灾管理办法》(中国气象局令第 24 号)中规定："投入使用后的防雷装置实行定期检测制度。防雷装置应当每年检测一次，对爆炸和火灾危险环境场所的防雷装置应当每半年检测一次。"在该办法中还规定："防雷装置，是指接闪器、引下线、接地装置、电涌保护器及其连接导体等构成的，用以防御雷电灾害的设施或者系统。"为了能够达到站内的防雷、防静电装置能够处于正常运行状态的目的，本规程提出了对防雷、防静电装置进行定期检测的要求，且都是最低要求。对于防雷装置还规定了具体检测时间宜安排在每年的雷雨季节前，是考虑到在雷雨季节前进行检测，发现问题及时纠正效果最佳，且全国各地雷雨季节时间不同的，自行规定时间可操作性比较强。

3.0.16 燃气供应单位定期对燃气设施进行安全评价是安全管理的重要内容之一，通过安全评价可以尽早发现事故隐患，减少事故发生的概率和可能造成的生命财产损失，为制定防范措施和管理决策、消除事故隐患提供科学依据。现行国家标准《燃气系统运行安全评价标准》GB/T 50811 针对已正式投产运行的燃气设施进行现状安全评价，提出了安全评价的内容、方法及标准。安全评价的方式可以是自评，也可以由第三方进行评价。

4 运行与维护

4.1 一般规定

4.1.1 作为城镇燃气供应单位建立健全相应的安全管理规章制度并严格执行，是保证安全供气的重要前提，为此本条款提出了城镇燃气设施安全运行应制定的基本安全管理制度和操作规程。这些只是最基本的要求，城镇燃气供应单位还应根据实际情况制定相应的、全面的、切实可行的安全管理制度和操作规程。管理制度应包括工作范围、内容和职责，明确责任人。

城镇燃气管道及其附属系统、厂站的工艺管道与设备的运行、维护制度和操作规程，应综合考虑设备工艺参数、管材、管径、工作压力、输送介质、防腐等级、连接形式、使用年限和周围环境（人口密度、地质、道路和地下构筑物情况、气候变化、施工作业）等因素。管道附属系统包括阴极保护系统及管网监控系统。

用户设施的检查和报修制度，应综合考虑管材、工作压力、输送介质、连接方式、使用年限和周围环境（使用者、房屋结构）以及机构设置、职责划分等因素。

日常运行中发现问题或事故处理的上报程序，应综合考虑供气区域划分、部门职责和管理体系等因素，确保程序畅通、切实有效、可操作性强。

4.1.3 本条根据《移动式压力容器安全技术监察规程》TSG R0005的有关规定提出原则性要求。关于装卸用软管定期检验的时间周期和检验方法，该规程有详细规定，但考虑各企业装卸软管使用的压力、频率、环境等实际情况有很大不同，差异较大，也可以根据实际情况制定可行的方案。装卸软管在使用过程中有可能发生老化、碰伤等，因此经常对其检查、保养是很重要的，不可忽视。在液化石油气、液化天然气、压缩天然气装卸作业中，为防止车辆有可能拉断胶管，造成气体泄漏事故，大部分都已安装了防拉断阀，对该阀应经常进行检查和维护保养，以确保正常使用。

《移动式压力容器安全技术监察规程》TSG R0005—2011要求：①移动式压力容器与装卸用管有可靠的连接方式；②有防止装卸用管拉脱的连锁安全保护装置；③所选用装卸用管的材料与充装介质相容，接触液氧等氧化性介质的装卸用管内表面需要进行脱脂处理和防止油脂污染措施；④冷冻液化气体介质的装卸用管的材料能够满足低温性能要求；⑤装卸用管和快速装卸接头的公称压力不得小于装卸系统工作压力的2倍，并且在承受4倍公称压力时不得破裂；⑥充装单位、使用单位对装卸用管必须每半年进行一次耐压试验，试验压力为1.5倍的公称压力，试验结果要有记录和试验人员的签字；⑦装卸用管必须标示开始使用日期，其使用年限严格按照有关规定执行。

4.1.7 管道施工完毕后经常会由于各种原因暂时不能通气投入运行，对于这些管道通入气体保持一定压力并纳入正常管理，一旦管道有泄漏，能够及时发现，因此本条提出宜对管道进行保压处理，且压力不宜超过运行压力。由于管道内已经有压力，因此要求按照已经投入运行管道的要求进行管理。在通气前应分析管道内压力变化情况，如没有泄漏就可以不用再做压力试验。相反，如果施工完毕未做保压且长时间未投入运行的管道，在通气前需要重新进行压力试验，试验合格后方可通气使用。

4.1.10 在安装于用户室内外的公用阀门处设置永久性警示标志，是为了防止非专业人员擅自操作该阀门而造成意外事故。

4.2 管道及管道附件

4.2.1 “有效隔断”是指在无法准确判断隔断阀门是否严密时，应加盲板或采取断管措施。“不同种类”是指不同的燃气及不符合互换性要求的燃气。

4.2.3 根据《城镇燃气管理条例》规定的在燃气设施保护范围内的禁止性活动，提出了对燃气管道运行维护中应该巡检的具体内容，通过巡检可及时发现管道存在的安全隐患，预防事故发生。本条款未对管道保护范围给出具体数值，是考虑在《城镇燃气管理条例》中规定：由县级以上地方人民政府燃气管理部门会同城乡规划等有关部门按照国家有关标准和规定划定燃气设施保护范围，并向社会公布。

4.2.4 《城镇燃气管理条例》中明确了在燃气设施保护范围内，有关单位从事可能影响燃气设施安全活动时应当遵守的规定。这些活动包括：敷设管道、打桩、顶进、挖掘、钻探等，这些施工都可能接触到燃气管道，影响安全，因此有关施工单位在开工前应向城镇燃气供应单位申请现场安全监护并与燃气供应单位共同制定燃气管道保护方案。

临时暴露的聚乙烯管道主要指施工开挖造成地下聚乙烯管裸露、施工完毕后没有及时回填，或是在施工现场临时存放的材料，对聚乙烯管道应采取防阳光直晒及防外界高温和火源等措施。

4.2.5 本条提出了"燃气管道及设施的安全控制范围"的概念。安全控制范围要比保护范围更大一些，在保护范围内禁止的一些行为和活动，在保证燃气设施安全的前提下，可以有条件地在安全控制范围内进行。关于燃气管道的保护范围和安全控制范围具体数值，编制组在标准修订过程中收集了部分城市燃气管理办法，现将收集到的一些数据整理在表1中，供各地燃气供应单位制定本地区保护范围和安全控制范围数值时参考使用。其中安全控制范围给出的数值是一个范围，建议有条件时尽量选择上限值。

表1 部分地方城市安全保护范围和控制范围

序号	城市名称	保护范围（距燃气管道外缘）(m)				安全控制范围（距燃气管道外缘）(m)			
		低压	中压	次高压	高压	低压	中压	次高压	高压
1	深圳	1.0	1.0	2.0	5.0	1.0～6.0	1.0～6.0	2.0～10.0	5.0～50.0
2	南京	0.5	0.5	2.0	5.0	0.5～5.0	0.5～5.0	2.0～20.0	5.0～50.0
3	上海	0.7	0.7	0.7	6.0	0.7～6.0	0.7～6.0	0.7～6.0	6.0～50.0
4	乌鲁木齐	0.7	1.5	4.5	6.0	0.7～7.0	1.5～7.5	4.5～10.5	6.0～50.0
5	惠州	5.0	5.0	7.0	10	—	—	—	—
6	武汉	1.0	1.5	6.5	6.5	—	—	—	—
7	沈阳	2.0	2.0	2.0	2.0	—	—	—	—
8	哈尔滨	1.5	1.5	1.5	1.5	—	—	—	—

关于在安全控制范围内有爆破工程时还可参考下面的依据：

《香港土木工程通用规范》(1992年版)第1卷第6节第6.34(6)条——爆破工程不得在下列区域进行：(1)距储水构筑物或供水隧道60 m以内的区域；(2)距供水主干线或其他供水设施6 m以内的区域。第6.34(7)条——构筑物和设施附近测得的微粒峰值速率和波动幅度不应超过下列要求：(1)储水构筑物或供水隧道，微粒峰值速率≤13 mm/s，波动幅度≤0.1 mm；(2)供水主干线或其他设施及管道，微粒峰值速率≤25 mm/s，波动幅度≤0.2 mm。

4.2.6 燃气泄漏后有可能沿地层的缝隙扩散到管道周围的阀门井、窨井、地沟、建筑物等，沿上述地方进行检测可有效发现漏气点及漏气影响范围。

在现行行业标准《城镇燃气管网泄漏检测技术规程》CJJ/T 215中规定了检测周期、检测仪器、检测方法与技术要求等内容，该标准还对新通气管道、切(接)线作业的管道、管道腐蚀严重出现泄漏、发生自然灾害使管道受损等情况下的检测周期做出了相关规定。

本次修订提出了"在土体情况复杂、杂散电流强、腐蚀严重或人工检测困难的地方，对阴极保护系统的检测可采用自动远传检测方式"的要求，是考虑到目前城市电气化铁路、地铁等轨道交通建设发展迅速，杂散电流对埋地燃气管道腐蚀增加，阴极保护的数据波动较大，影响管道的安全运行。如果采用阴极保护数据自动远传的检测技术，可实现对各阴极保护检测点连续采集检测数据，从而达到对管道阴极保护数据的实时监控，及时发现问题采取措施，保证管道的安全。在人工检测读取数据困难的地方，采取自动远传检测技术可以解决这一难题。目前这项技术在欧洲已广泛应用，国内在北京、上海、苏州也有应用。

4.2.8 目前非开挖修复燃气管道多采用聚乙烯管内插折叠或缩径内衬，或用筒状复合材料翻转内衬，一般内修复材料都会紧贴钢管内壁，采用气割或加热的方法割除外层金属管道会对聚乙烯管或内衬产生破坏。在这些管道上接支管，首选预留位置或连接钢管处，连接钢管是指两段做过内衬修复的管道之间连接的一段短管，这个地方没有内衬层，因此不受影响。如躲避不开时只能采用机械方式割除外部金属管道，避免伤到内衬材料。

4.2.11 这里所指波纹管调长器是由波纹管和构件共同组成，是用来调节燃气设备拆装引起的管道与设备轴向位置变化的，不承担因温度变化对管线的补偿功能，因此当操作完成后，必须将拉杆螺母拧紧。

4.3 设 备

4.3.3 本条提出了对调压装置进行分级维护保养的概念。在设备管理中对压缩机、烃泵等设备都有成熟的分级维护保养标准，根据设备运行时间的长短，设备保养的内容不同。调压装置作为燃气输配系统的核心设备，本规程首次提出了分级维护保养的要求，并在本规程附录B中规定了分级维护保养的周期及内容，希望通过实际操作检验和总结成熟经验，逐步完善调压装置分级维护保养的相关要求。

4.3.4 加臭剂属易燃化学品，具有特殊气味，如果漏失、破损扩散极易污染环境和引起判断失误，因此应按照化学危险品的规定进行储存、保管。一次性原料罐属于固体废弃物，对其处理应符合《中华人民共和国固体废物污染环境防治法》的规定："收集、贮存、运输、利用、处置固体废物的单位和个人，必须采取防扬散、防流失、防渗漏或者其他防止污染环境的措施；不得擅自倾倒、堆放、丢弃、遗撒固体废物。禁止任何单位或者个人向江河、湖泊、运河、渠道、水库及其最高水位线以下的滩地和岸坡等法律、法规规定禁止倾倒、堆放废弃物的地点倾倒、堆放固体废物"。"覆盖性"是指加臭剂浓度检测点的设置需要考虑点的数量与位置，管网末端一般指调压装置出口处或用户立管处等。

4.3.8 本条对气柜提出了宜定期进行全面检修的要求，根据一些燃气公司的经验，全面检修可包括下列主要内容：

1 湿式储气柜：

1） 气柜柜壁、柜底、各层中节和钟罩顶进行超声波测厚；

2） 检查柜顶、柜壁、柜底有无变形、凹陷、鼓包及渗漏；并对柜壁壁板纵焊缝进行无损检查；检查各接管焊缝的渗漏和裂纹等；

3） 检查柜内外平台、护栏、支吊架等钢结构以及柜体各出入口接管防腐、保温和设备铭牌等；

4） 检查钟罩顶桁架构件有无扭曲变形，与钟罩壁连接焊缝是否牢靠、有无开裂；

5） 检查配重调平装置、柜容指示仪、可燃气体检测分析仪、紧急排放设施、出入口连锁自控等安全附件；

6） 对气柜表面进行全面防腐处理；

7） 检查设备基础的裂纹、破损、倾斜和下沉。

2 干式气柜全面检修可包括下列主要内容：

1） 检查柜体有无变形、凹陷、鼓包及渗漏；气柜柜壁、柜底、活塞板和柜顶应进行超声波测厚；

2） 检查柜体、活塞、T型挡板以及各接管焊缝的渗漏和裂纹等，对柜壁壁板纵焊缝应进行无损检查；

3） 检查柜内外平台、护栏、支吊架等钢结构以及柜体各出入口接管防腐、保温和设备铭牌等；

4） 活塞、T型挡板等柜内构件的密封面；

5） 气柜润滑油系统；

6） 检查所有密封机构、活塞配重调平装置、柜内外柜容指示仪、可燃气体检测分析仪、紧急排放设施、出入口连锁自控等安全附件；

7） 设备基础的裂纹、破损、倾斜和下沉。

4.3.9 高压储罐的运行、维护应符合《固定式压力容器安全技术监察规程》TSG R0004 的有关规定。

4.4 压缩天然气设施

4.4.1 如果气源组分不稳定，杂质含量高，对加气设备会造成腐蚀等影响，因此需要对压缩天然气加气站进站气源组分定期进行抽查复验，尽量保持气源组分的稳定性。如果气源组分变化比较大就需要调整加气工艺。

4.4.8 压缩天然气加气、卸气操作时，为避免高压气体或机械附件射出伤人，保护操作人员的安全，在接好高压软管准备打开瓶组阀门以及加气时，操作人员的身体不得面对阀门或正对加气枪口。在充装过程中要严格控制气瓶的充装量，充分考虑充装温度对充装压力的影响，在 20 ℃时的压力不得超过气瓶的公称工作压力。

4.5 液化天然气设施

4.5.1 液化天然气储罐和低温管道进行预冷试验的目的是为了检验储罐和低温管道承受液化天然气低温的能力和低温材料的低温韧性等，并为接收液化天然气做好准备。预冷试验时避免直接使用液化天然气的风险及损失，通常采用液氮作为试验介质，且试验时储罐和低温管道内不能含有杂质和水分，否则液氮进入储罐后水分将凝结为固体，发生固体和杂质堵塞管道及设备的情况。液化天然气储罐和低温管道检修前后采用干燥氮气进行置换，主要是为了保证后续工艺操作安全；如果采用充水置换的方法，由于液化天然气快速相变的特性，则会发生重大危险。

4.5.2 本条对于液化天然气储罐运行、维护提出的要求大部分是近年来实践经验的总结。

1 液化天然气储罐储液后，其储存液位和压力是十分重要的参数。目前液化天然气储罐站都具备自动监控系统，对储罐的运行情况可实现实时监控，但是还需要运行人员定期到现场检查储罐的液位和储存压力，确保储存液位控制在 20%～90%范围内，储存压力不高于最大工作压力。

《固定式压力容器安全技术监察规程》TSG R0004—2009 规定："储存液化气体的压力容器应当规定设计储存量。"结合国内运行实际经验，一般当储存液位低于 20%时，液化天然气的蒸发量将快速增大；当储存液位高于 90%时，控制不好则有冒顶的危险，因此提出液化天然气储罐储存液位宜控制在 20%～90%（体积百分数）范围内。

液化天然气储罐的最大工作压力是保证储罐正常储存液化天然气的最高压力，这个数值在储罐设计制造或液化天然气站设计时就已确定。在储罐正常运行过程中，规定储存压力不得高于其最大工作压力是为了保证储罐的安全储存。

2 储存液化天然气时，有时不可能是同一液化工厂的气源。由于不同来源、不同组分的液化天然气，其密度不同、压力不同，沸点也不同，在同一储罐内储存时，如控制不好将发生事故。如果由于设备配置和工艺需要不得不储存在同一储罐内时，卸车时应采取正确的进液方法。通常的做法是当来气温度低于罐内温度时，应采取上部进液方法，反之则采取下部进液的方法，这样运行操作能有效降低储罐内压力，同时要求在此工艺操作过程中根据储罐类型密切监测其气化速率与温度变化。进液时储罐内液化天然气的气化速率除与组分有关，还与来气温度、储罐内原有存量有关。对于储罐内的液化天然气温度，目前真空绝热储罐一般通过气相管口单点，子母式储罐一般通过上中下三点，单容罐、全容罐根据罐高多点监测，监测的目的是为了避免罐内液化天然气的温度差过大造成翻滚，以保证储罐安全。

3 为了将储罐内的液化天然气充分混合，防止翻滚事故的发生，对于储罐内较长时间静态储存的液化天然气，最好能定期进行倒罐处理。

4 储罐基础的牢固程度也是储罐运行的重要方面。储罐充液后重量增加，储罐基础需要能承受储罐自重、充液后的荷载以及风、雨、雪等荷载的要求，立式储罐需保持相应的垂直度，且基础完好无破损。

5　当储罐罐壁出现小片漆膜腐蚀脱落时可进行局部补漆处理，当大面积腐蚀脱落时，需对储罐重新进行防腐。

储罐在运行过程中，有的储罐出现结露现象，严重的还会出现结霜，这主要是储罐夹层的保冷材料下沉、保冷材料保冷性能下降或内罐焊缝出现裂纹而漏冷等因素引起，对此可具体分析采取正确的处理方法，必要时可由储罐制造单位协助处理。

6　液化天然气储罐的静态蒸发率数值由液化天然气站及储罐的设计文件确定，是检验储罐保冷性能的重要指标。随着储罐的运行，保冷材料的保冷性能会下降，内罐也有可能出现问题，定期对静态蒸发率进行检测，能够及时发现储存过程中液化天然气静态蒸发率变大的问题，以便及时采取措施处理。根据目前的技术规范要求和运行实际，可采用质量法或气体流量计法对储罐的静态蒸发率进行监测。采用质量法时，先将储罐内的液化天然气充满50%以上，静置热平衡后，测量罐内24 h自然蒸发损失的液化天然气的体积，折算为质量，然后该数值再和储罐有效容积时液化天然气的质量相比得出百分数，最后换算为标准环境下(20 ℃，101 325 Pa)的蒸发率值。气体流量计法的监测过程同上，只是采用自然蒸发掉的气体体积与储罐有效容积时液化天然气的气体体积(重量折算为体积)相比，最后换算为标准环境下(20 ℃，101 325 Pa)的蒸发率值。由于受现场条件、设备、环境温度、储罐内液化天然气的温度不均匀等因素的影响，测出的静态蒸发率值应是一个概略值，但这足以检查出储罐的保冷性能和内罐的运行状态。本规程要求定期监测，各燃气单位可以根据自身的情况确定。

7　真空绝热储罐主要包括真空粉末绝热储罐和高真空多层储罐等，夹层真空度是其正常运行的主要指标，在储罐运行过程中，随着空气的漏入，其夹层真空度降低，罐内液化天然气的静态蒸发率将增大，需要严格控制。储罐制造时都留有抽真空接口，可利用真空计对夹层的真空度进行真空检测，达不到要求时可及时进行抽真空处理。提出的夹层真空度检测周期是根据目前国内液化天然气站的实际运行经验得出的。

8　隔热型储罐主要包括子母式压力储罐和常压储罐(槽)，其特点是储存容积较大、夹层充填绝热材料并充入惰性气体处理，夹层内保持微正压，保持绝热材料干燥。在储罐运行过程中，当夹层内压力降低时，补气系统会自动启动进行补气。为了保证补气系统运行正常，需要定期对其进行巡检，发现问题及时处理。检查夹层中可燃气体浓度，主要是当储罐内壁出现破损时能及时发现问题及时处理。

4.5.3　低温潜液泵作为重要增压设备，其运行、维护十分重要。

1　低温潜液泵开机前先进行预冷，主要是为了避免正式运行时低温潜液泵处于急冷状态，损坏电机等部件，同时也可以对泵体进行检查。

2　操作人员在操作时要及时观测泵的进、出口压力等参数变化，同时检查泵体运行状况。当发现泵体有异常噪声或振动，及时停机处理，不得带病运行。

3　由于泵罐为双层保冷结构，密封及保冷效果好，可有效降低气蚀的发生，定期对泵罐的密封及保冷状况进行检查，是确保低温潜液泵正常运行的有效方法。低温潜液泵的泵罐也叫泵池。

4　由专业人员按设备使用说明书的要求定期检修低温潜液泵。检修完毕重新投用前，推荐采用干燥氮气对泵进行置换并预冷合格。

4.5.4　空温式气化器是液化天然气主要气化设备，由于空温式气化器的结构特点，在运行过程中其换热管表面结霜应是均匀的，如果局部结霜结冰严重，说明此处很可能有漏点，应及时维修。水浴式气化器主要用作空温式气化器的后续补充升温，当设备的水温过低、储水量过少时，气化温度和气化能力就会降低，从而影响正常输气，故规定应定期检查其储水温度和储水量，当不能满足要求时，需要及时调整或补充。

由于液化天然气经气化后温度上升，温度有可能是常温，也有可能是低温，而液化天然气站外的燃气管道，不论何种材质，都应为常温下输送气体。一般埋设于冰冻线以下的燃气管道其温度在5 ℃左右，处于常温状态，所以规定液化天然气经气化后出站前时的温度应不低于5 ℃，这是根据国内各气化站的运行现状及实践经验的总结提出的，主要是为了使出站气体保持常温，保护站外燃气管道的运行安全，也符合国内各气化站的运行现状及实践经验。如果有的站出站为 0 ℃或更低，应由设计单位来确定此值。

4.5.5 2 低温保冷管道保冷效果的好坏和保冷设施（含外层保护层）是否完好，直接影响到液化天然气气化量的大小及运行安全。随着保冷管道的运行，保冷材料的保冷性能有可能下降，此时应及时更换。

4.5.6 液化天然气卸（装）车操作应符合下列规定：

2 在卸（装）车过程中，要求操作人员不得离开卸（装）车现场，是为了出现问题后可及时采取措施处理。规定操作人员按规定穿戴防护用品，是为了出现事故后对操作人员的防护。同时，规定人体未受保护部位不得接触未经隔离装有液化天然气的管道和容器是为了保障操作人员安全，避免接触低温而冻伤。

3 液化天然气站应该设置卸（装）车软管吹扫装置（功能）。在卸（装）车前对软管进行吹扫，是为了将软管内的杂物吹扫清理干净，同时起到空气置换的作用。吹扫时应采用干燥氮气，如果不具备此气源，也可采用液化天然气气体进行吹扫，这也符合国内目前实际现状。

4 卸（装）车与气化作业同时进行时，不应使用同一个储罐的规定，是为了保证操作程序明晰，避免工艺操作产生混乱而发生事故。

6 卸（装）车结束时回收软管内的剩余液体，一是为了回收液化天然气，避免放空浪费天然气和造成环境污染；二是为了避免放空天然气造成安全隐患，保证安全。软管恢复至常温后对敞口端采取封口措施，是为了避免细小沙粒、碎石及其他杂质进入低温管道而损害其他阀件及仪表等设施。

7 "储罐液位异常"是指储罐现场液位计和控制室二次仪表显示不一致而又不能确认储罐正确液位的情况，由于不确定哪个仪表显示正确，为保证储罐安全，需要通过其他手段进一步确认，此时不得贸然卸（装）车。

4.5.7 卸（装）作业结束后，如果密闭管段内滞留液化天然气液体，该液体将接受外界传入的热量而迅速气化，使得该管段压力急剧上升，管道产生爆裂，应通过工艺操作将管段内液化气液体进行回收或放散，保证安全。

4.5.8 液化天然气气瓶充装应符合下列规定：

1 液化天然气气瓶属低温绝热气瓶，瓶体附件较多，容易泄漏的部位较多，在充装前逐只进行检查，可有效减少充装过程中的泄漏等现象。

2 气瓶出厂时在其上部安装液位计，铭牌上标注最大充装量，这个数值一般是根据气瓶 90%内容积再乘以液化天然气的密度得出。充装时不得超过最大充装量，气瓶液位计也起到一定的监控作用。

4 新气瓶未充装前处于常温状态，如快速充装会导致气瓶温度急剧下降，条文中提出缓慢充装的要求是为了给气瓶一个预冷的过程，充装速度可参照气瓶生产厂家的产品说明确定。

6 规定不得使用槽车充装液化天然气气瓶，是为了减少事故的发生。

4.5.9 站内消防设施的运行、维护的要求：

2 储罐喷淋装置（含消防水炮）主要用于液化天然气设施着火时，对受到火焰热辐射影响的储罐及其他设施实施喷淋水降温，形成保护水幕。规定此款是为了检查喷淋效果，确保喷淋设施完好，保证喷淋的有效性。本规程提出储罐喷淋装置（含消防水炮）应每年至少开启喷淋 1 次是最低要求，由于我国南北环境气候差异很大，各地可根据自身实际确定喷淋次数。

3～5 高倍泡沫灭火设备是液化天然气站的重要消防设备，主要清除管道内锈渣，通常情况下按该设备的使用说明书进行运行、维护。当没有明确要求时，本规程提出的这些基本要求可以满足使用需求。

4.5.10 这主要是考虑万一发生大量泄漏，可以正常发挥该设施的作用。

4.7 用户燃气设施

4.7.2 随着天然气供气量的增加，近些年来许多城市都发展了燃气发电厂、供暖厂等大型用户，随之而来对这些大型用户的管理问题摆在了燃气供应企业的面前。发电厂的用气特点是大量稳定用气，供热厂的用气特点是供暖期为用气高峰，其他时间不用气，这些用户的用气特点与管理模式各不相同，不能给出一个统一的检测周期，可结合用户用气特点定期进行检查，确保设备运行良好、安全用气。

4.7.7 对用户设施进行维护和检修作业应符合下列规定：

2 目前发电厂、供暖厂等大型用户一般都与燃气供应单位签订自管协议，由用户自行负责燃气设施的运行、维护和事故抢修工作。在正常情况下，双方对持有产权的燃气设施进行维护运行管理，定期对燃气设施进行巡检。但是一旦出现比较大的问题需要调整供气量甚至停气时，燃气用户应与城镇燃气供应单位进行沟通协调，便于双方配合保证安全；

3 周期性用气的用户主要指供热厂用户。供暖期为用气高峰，其他时间不用气，间断用气时间较长，甚至可达到8个月左右。当用户设施在停气期间，为了保证燃气设施的密封性能，推荐对燃气设施进行保压的处理方法，并且对保压介质、压力检测、置换等各方面提出了原则性要求。

4.7.8 《城镇燃气管理条例》规定："燃气用户应当遵守安全用气规则，使用合格的燃气燃烧器具和气瓶，及时更换国家明令淘汰或者使用年限已届满的燃气燃烧器具、连接管等。"超过使用年限后，燃烧器具、气瓶、连接管的安全可靠性下降，应当淘汰更换。

1 国家标准《家用燃气燃烧器具安全管理规则》GB 17905—2008 规定了燃气灶具判废年限和要求：燃具从售出当日起，使用人工煤气的快速热水器、容积式热水器和采暖热水炉的判废年限应为6年，液化石油气和天然气的快速热水器、容积式热水器和采暖热水炉判废年限应为8年。燃气灶具的判废年限应为8年。燃具的判废年限有明示的，应以企业产品明示为准，但是不应超过以上的规定年限。上述规定以外的其他燃具的判废年限应为10年。

燃气热水器等燃具，检修后仍发生如下故障之一时，即使没有达到判废年限，也应予以判废：①燃烧工况严重恶化，检修后烟气中一氧化碳含量仍达不到相关标准规定；②燃烧室、热交换器严重烧损或火焰外溢；③检修后仍漏水、漏气或绝缘击穿漏电。

6 户内燃气安全问题中与软管相关的问题所占比例很高，应该引起重视。目前燃气行业所用大部分胶管的使用寿命都很短，大部分用户也没有定期更换，超期使用的胶管会出现变硬、变脆、开裂等问题，造成燃气泄漏，引发着火、爆炸等恶性事故。因此本规程提出了要定期更换软管的要求，但是从根本上解决问题还是要使用合格的、长寿命的胶管。目前国内已有很多研究且已开发、生产出长寿命胶管产品。另外从国家有关标准方面也都做出了相关规定，例如：国家标准《民用建筑燃气安全技术条件》GB 29550—2013 中规定："与燃具连接的软管的设计使用年限不宜低于燃具的判废年限，燃具的判废年限应符合 GB 17905 的规定，对于不符合要求的燃具连接用软管应及时更换。"行业标准《家用燃气燃烧器具安装及验收规程》CJJ 12—2013 中也做出了"燃具连接用软管的设计使用年限不得低于燃具的判废年限"的规定。

5 抢　修

5.1 一般规定

5.1.1 燃气泄漏可能引起中毒、火灾、爆炸等造成人员伤亡和经济损失的事故。为了控制事故开将事故损失减少到最小，城镇燃气供应单位应制定事故抢修制度和事故上报程序，确保城镇燃气供应单位能在事故发生的第一时间内获知事故情况，并能做到准确判断事故立即组织有效的抢修。对于重大事故，应当立即报告有关部门。

5.1.2 为了保证事故抢修及应急预案的实施，城镇燃气供应单位应根据供应规模设置专职抢修队伍，配齐抢修人员及抢修所需的各种装备。为了保证装备处于良好状态，应定期、及时对抢修所需装备进行维护检修及更新。

5.1.3 燃气事故发生后抢修人员及时到达现场，对于控制险情、防止事故扩大、避免次生灾害是非常重要的。因此城镇燃气供应单位在接到抢修报警后应迅速出动。

5.1.5 发生事故的设施，说明存在较为严重的隐患，存在类似风险的设施，也有可能存在隐患，因此在事故处理之后，还需要对存在类似风险的燃气设施的安全性能重新进行评价。燃气系统较大安全事故的确定应遵守《生产安全事故报告和调查处理条例》(国务院令第 493 号)的规定，同时还应考虑造成重大社会影响、停气范围较大及其他严重后果等因素。

5.2 抢修现场

5.2.1 警戒区的设定一般根据泄漏燃气的种类、压力、泄漏程度、风向及环境等因素确定。“监测周围环境的燃气浓度”是指监测作业现场周边的地下、地上建(构)筑物内有无燃气聚集及可燃气浓度是否在安全范围之内。

5.2.2 进入抢修作业区的人员按规定穿防静电服，包括衬衣、裤均应是防静电的。而且不应在作业区内穿、脱防护用具(包括防护面罩及防静电服、鞋)，以免在穿、脱防护用具时产生火花。

5.2.3 在燃气设施火灾事故抢修中降低压力控制火势时，应注意维持燃气设施有一定正压，防止产生负压造成次生灾害。

5.2.5 燃气泄漏后，有可能窜入地下建(构)筑物等不易察觉的地方，因此事故抢修完成后，应在事故所涉及的范围内做全面检查，避免留下隐患。

5.2.6 如果事故隐患未查清或隐患未消除，现场就存在发生中毒、着火、爆炸等事故的可能，因此应采取安全措施，如派人现场监护等，直至消除隐患为止。

5.3 抢修作业

5.3.2 在燃气浓度未降至爆炸下限的 20%以下时，如使用非防爆型的机电设备及仪器、仪表等有可能引起爆炸、着火事故；特别指出一些容易被人们忽略的非防爆物品，如通信设备等。

5.3.5 抢修作业现场会出现燃气浓度和一氧化碳浓度超标的情况，要注意防止一氧化碳中毒。鉴于一氧化碳对人体健康的巨大危害，很多国家及卫生组织制定了一氧化碳最大侵入人体的极限浓度，见表 2，以供参考：

表 2 一氧化碳最大侵入人体的极限浓度

浓度(mg/m^3)	持续时间(h)	数据来源	提出时间
11	24	世界卫生组织	1987
14	8	加拿大	1986
40	1	美国环保局	1989

一氧化碳的浓度限值可参照国家现行标准《工作场所有害因素职业接触限值 第 1 部分：化学有害因素》GBZ 2.1 中的有关规定：一氧化碳浓度小于 30 mg/m^3，此数值为短时间(15 min)接触容许浓度限值。

5.3.6 1 在作业现场对钢制管道泄漏点进行焊接修复，由于现场条件恶劣，焊接质量会参差不齐且不易统一使用新管焊接标准，此次修订也只是提出要进行检查的原则要求。“检查结果符合相关要求”是指各单位要根据作业现场条件制定不同的、可行的质量要求。

5.3.7 “采取有效措施阻断气源”指采用关闭阀门、使用封堵机或夹管器等方法阻断气源，夹管器是指用于夹扁聚乙烯管道阻断气流的专用工具。

5.3.9 当低压储气柜发生泄漏时，可根据泄漏部位和泄漏量采用粘接、焊接等不同方法修复。当低压储气柜发生大量泄漏快速下降时，为防止摩擦产生火花或气柜突然卡死、水封失效等现象发生，可用补充气量的方法减缓气柜下降速度。

5.3.10 当调压站出口压力超过下游燃气设施的设计压力时，有可能对燃气设施造成不同程度的损坏。当有这种情况发生时，应对超压影响区内的燃气设施进行全面检查，排除隐患后，方可恢复供气。

5.3.14 液化天然气站内的低温工艺管道及低温阀门一般为焊接连接，但有些特殊部位为法兰连接，如储罐进、出液管道上的紧急切断阀、安全阀、降压调节阀、增压调节阀等处。这些部位由于液化天然气的间断流过，热胀冷缩，使法兰连接面极易出现微量、少量泄漏，视现场情况采取紧固螺栓等方法来处理。如果是法兰本体缺陷(砂眼、裂纹等)造成泄漏，可更换法兰，但需要对前后设备进行有效隔断，将液化天然气放散掉，恢复至常温后实施。维修完毕后利用干氮气进行试漏，是为了保证安全。

5.3.15 当液化天然气大量泄漏时，局面已十分严重，关闭阀门停止站区全部作业是第一步也是有效抢修的重要手段。液化天然气大量泄漏后，使用高倍泡沫发生设备产生泡沫，可有效减少液化天然气和空气的接触面，降低液化天然气的气化速率，减少次生灾害的发生。

5.3.16 液化天然气与水接触会发生快速相变，发生物理爆炸，因此当液化天然气泄漏着火时，严禁用水灭火。

5.3.17 在处理用户泄漏报修时，“准确判断泄漏点”是指当在报修处找不到漏点，可又确实存在漏气迹象，应扩大查找范围。如在室内找不到漏点，应扩大到室外的明、暗沟等处继续查找，以防燃气是由其他地方窜入的，排除一切隐患后才可离开现场。

6 生产作业

6.1 一般规定

6.1.1 燃气设施的停气、降压、动火及通气等各项生产作业之前认真制定作业方案，对于保证生产作业的安全是非常重要的，作业方案一般应包括：①作业内容：如切线、接线、改线等，作业的具体位置、停气降压范围，应有作业草图；②采取的安全措施：加盲板、吹扫置换、放散、现场监护、消防器材及人员配备等等；③作业起止时间等；④应急方案等；作业方案应经过审批：主管领导、职能部门对作业方案提出审批意见。严格执行作业方案是指实施作业过程应在方案批准的限定的时间内完成，如因故改期或方案有变化，一定要重新报批。

各地燃气供应单位对燃气设施的停气、降压、动火及通气等生产作业都采取分级审批的管理方式，在安全生产环节发挥了重要作用。如果在实际工作中出现紧急事故的情况，不允许按部就班履行程序后动火作业的，可在事后补齐各种手续文件。

6.1.3 燃气设施的停气、降压、动火及通气等生产作业危险性大，涉及施工安全和供气安全，因此应由有经验的生产技术人员指挥作业，并由安全员负责现场安全工作，检查落实各项安全措施，严禁违章操作。

6.1.4 燃气具有易燃易爆的特性，燃气设施具有分布广的特点，对燃气设施动火作业时难免会有燃气泄漏，因此划出作业区，并对作业区实施严格管理是非常有必要的。在作业区周围设置护栏和警示标志对作业人员可起到保护作用，对路人、车辆等可起到提示作用，对作业安全也是必须采取的措施。

6.1.5 为了保证作业人员的安全，在作业方案中应考虑在意外情况下作业人员撤离现场的措施，如设置爬梯、甬道等。

6.1.6 为了将停气、降压与置换作业给用户带来的不便降至最低，保证停气与降压置换和放散的安全，选择停气与降压的时间宜避开用气高峰和雷电、大风、雨雪等不利气象条件。

6.2 置换与放散

6.2.2 燃气设施采用间接置换法进行置换是比较安全的。间接置换法一般分为两个步骤或称两个阶段，有不同的气体测定值要求，本条款给出的数值是根据各地多年实践经验总结提出的。如果受到条件限制采用直接置换法时，考虑到如果气体流速过快，有可能因静电火花而造成危害，需要现场严格控制置换气体流速或采取其他安全措施。

6.3 停气与降压

6.3.1 1 停气作业时应能可靠地切断气源是指关断阀门后不得有窜气现象，防止在作业管段和设备内有混合气体聚积，如果阀门关闭不严可采取加装盲板等措施，确保可靠地切断气源。

2 降压放散过程中如气体流速过快，一是有可能因产生静电火花而造成危害，二是有可能控制不好压力造成管道内负压，因此降压放散过程中要严格控制降压速度。

3 由于密度比空气大的燃气（如液化石油气）泄漏时容易积聚在低洼处，因此在作业时，应采用防爆风机驱散在工作坑或作业区内聚积的燃气。

6.4 动 火

6.4.4 新、旧钢制管道存在电位差，连接时会产生火花，为此在动火作业前应先平衡两管电位。一般是用金属线搭接在新、旧钢制管道上，使新、旧钢制管道的电位达到平衡状态。

6.4.5 作业过程中作业区内燃气浓度可能随时发生变化，为了保证作业区内可燃气体浓度始终小于其爆炸下限的 20%，应严密监测可燃气体浓度，当浓度发生变化时要采取安全措施或暂停作业。当燃气管道内有各种杂质的沉积物时，即使置换合格，随着时间的推移还会有挥发物的产生和聚积，可考虑在管道内充入惰性气体或采取其他有效措施进行处置。

6.4.6 不停气动火过程中燃气压力不能为负压，但也不能太高，根据各地多年实践经验，本条给出压力不宜高于 800 Pa 的要求，可满足人工煤气、液化石油气和天然气三种不同气体介质的操作要求。在实际操作时，压力的控制范围应根据具体气质来确定。

6.5 带压开孔、封堵作业

6.5.2 施工作业前应对施工用管材、管件、密封材料等做复核检查，确保符合工程质量要求。

6.5.3 目前国内带压开孔、封堵设备生产厂家比较多，且工作原理、操作程序等都有不同，每种设备用于不同管材、不同管径、不同运行压力的燃气管道时，都需要操作人员调试设备相应的参数，熟悉其操作程序，因此本条文提出了在不同管材、不同管径、不同运行压力的燃气管道上第一次进行开孔、封堵作业时，应先进行模拟试验的要求，以选择合适的工艺，取得相应的数据和经验，确保施工作业的安全。

6.5.4 开孔、封堵作业虽然是在封闭情况下进行的，但考虑到开孔、封堵设备有很多密封环节存在泄漏的可能性，为确保操作人员及作业现场的安全，仍要求作业区内不得有火种，以防止作业中发生燃气泄漏引起火灾和爆炸事故。

6.5.5 2 按现行国家标准《钢制管道带压封堵技术规范》GB/T 28055 的要求，钢制管道允许带压施焊的压力应按下式计算确定：

$$P = 2\sigma_s(t-c)F/D \tag{1}$$

式中：P——管道允许带压施焊的压力（MPa）；

σ_s——管材的最小屈服极限（MPa）；

t——焊接处管道实际壁厚（mm）；

c——因焊接引起的壁厚修正量（mm），参见表 3；

D——管道外径（mm）；

F——安全系数，参见表 4。

表 3 推荐壁厚修正量

焊条直径(mm)	<2.0	<2.5	<3.2	<4.0
c	1.4	1.6	2.0	2.8

表 4 推荐安全系数

t(mm)	$t \geqslant 12.7$	$8.7 \leqslant t < 12.7$	$6.4 \leqslant t < 8.7$	$t < 6.4$
F	0.72	0.68	0.55	0.4

本规程对带压开孔、封堵作业中带气施焊压力规定不宜超过 1.0 MPa，是考虑管道内有燃气介质，属于危险作业，确保现场操作安全是第一目标，如果现役管道高于此压力，作业时做降压处理，1.0 MPa 的管网压力能够满足不停气的要求。

3 为保证开孔、封堵作业的安全性，开孔应选择在直管段上，开孔部位应尽量避开管道焊缝。当开孔、封堵作业点无法避开管道焊缝时，应采取管道补强、碳纤维补强等有效措施。采取带压作业工艺时，还应对开孔刀切削部分的焊道适量打磨，且中心钻不应落在管道焊缝上。

5 关于“大管径和较高压力管道上开孔作业时，应对管道开孔补强”的要求，各地都有不同的做法。根据经验一般在中压以上或管径 $DN300$(含)以上时，为防止焊接天窗盖时产生应力裂纹，在原天窗盖位置上加焊大于原天窗盖的补强盖。其规格一般大于原天窗盖周边 5 cm，壁厚大于或等于原母管壁厚。

6.5.7 聚乙烯塑料管道封堵作业下堵塞时试操作是为了保证封堵严密性。如果封堵口处留有切削物，通过该操作堵塞可将其带出。为了防止静电积聚，接管作业时应将待作业管段有效接地。

6.6 通 气

6.6.2 在停气过程中用户有可能开启管道阀门、燃气用具开关并忘记关闭，通气时就可能发生意外事故。有效地通知用户主要包括通过广播、报纸、短信或粘贴告示等方式通知到位。

7 液化石油气设施的运行、维护和抢修

7.1 一 般 规 定

本章所指液化石油气设施包括液化石油气储存站、储配站和灌装站，液化石油气气化站、混气站和瓶组气化站及液化石油气瓶装供应站内的储罐、管道及其附件、压缩机、烃泵、灌装设备、气化设备、混气设备和仪器仪表等，不包括低温储存基地及火车槽车、汽车槽车、槽船等液化石油气专用运输设备和站外液态液化石油气输送管道。液化石油气设施的运行、维护和抢修除应符合本章的规定外，还应符合本规程第 1～6 章的有关规定。

7.1.2 由于液化石油气有易在低洼处积聚的特性，为了防止污染环境和发生爆炸、火灾等事故，因此在排放时不能直接放入大气中，使用火炬放散比较安全。

7.1.3 液化石油气灌装、倒残等生产车间内在生产过程中不可避免会有少量液化石油气泄漏，在厂站内重点部位应设置燃气浓度报警器是非常必要的，可以为生产安全提供辅助的作用。对燃气浓度报警器的检查周期、检查方法及合格标准在现行行业标准《城镇燃气报警控制系统技术规程》CJJ/T 146 中有明确规定。

7.1.4 《气瓶安全监察规定》(国家质量监督检验检疫总局令第 46 号)规定：“充装单位应当采用计算机对所充装的自有产权气瓶进行建档登记，并负责涂敷充装站标志、气瓶编号和打充装站标志钢印。充装站标志应经省级质监部门备案。鼓励采用条码等先进信息化手段对气瓶进行安全管理。”

7.2 站内设施的运行、维护

7.2.1 储罐及附件的运行、维护应符合下列规定：

1 对储罐及附件的运行、维护，强调定时、定线巡视检查是为了能够更全面地掌握站内工艺管道和设备的运行工况，防止有遗漏。储罐进出液时，液位压力变化较大，应随时观察变化情况，确保储罐安全运行。

2 液化石油气储罐最大允许充装质量是保证其安全运行的最重要的参数。该条款是根据现行国家标准《液化石油气供应工程设计规范》GB 51142 的规定提出来的。国家标准《液化石油气供应工程设计规范》GB 51142—2015 中规定："液化石油气储罐最大设计允许充装质量应符合压力容器有关安全技术规定。"在《固定式压力容器安全技术监察规程》TSG R0004—2009 中规定"储存液化气体的压力容器应当规定设计储存量，装量系数不得大于 0.95。"

3 储罐固定喷淋装置是按火灾时喷淋强度设置的。当为夏季降温采取喷淋措施时，应根据储罐的设计压力、在用储罐检修结果及储存介质的成分确定喷淋次数和喷淋强度，其目的是为保证储罐的运行压力不超过其规定的工作压力。

5 在液化石油气储罐底部加装注胶装置或高压注水装置，是为了储罐和第一道阀门(含第一道阀门)之间发生泄漏时，能及时注胶封堵或加注高压水阻止液化石油气液相的泄出，从底部注水是有效控制液化石油气外泄的方法。

8 地下储罐检修较困难，设计规范中规定储罐应采取有效的防腐措施，以延长其使用寿命。在运行维护中应定期检查这些防腐措施的有效程度及罐壁腐蚀情况。

9 为防止液化石油气通过罐区的排水系统排向站外，应经常检查水封井水位，使其保持在规定高度范围内。北方严寒、寒冷地区还应考虑水封井的防冻。

7.2.4 本条是参照《气瓶安全监察规定》和现行行业标准《液化石油气安全规程》SY 5985 的有关内容提出的。

7.2.5 本条款是参照《气瓶安全监察规定》和现行行业标准《液化石油气安全规程》SY 5985 的有关内容提出的。气瓶的灌装量是必须严格控制的，如果灌装时超过规定的重量，当气瓶温度达到 60 ℃之前就会出现"满液"现象。出现"满液"时的温度由超装的程度决定，超装的越多，出现"满液"的温度越低，甚至要低于正常的环境温度。当气瓶"满液"后，若温度再升高，液体的膨胀就受到气瓶容积的限制，处于受压状态。由于液化气体的膨胀系数比其压缩系数大一个数量级，其膨胀量远大于可压缩量，一旦温度上升，将导致"满液"的气瓶内压力急剧上升。由此可知，气瓶超装是十分危险的。

7.4 瓶装供应站和瓶组气化站

7.4.1 空瓶、实瓶按指定区域分别直立存放，以免泄漏时液化石油气液相从瓶口或瓶阀处漏出。漏气的气瓶或其他不合格气瓶应及时处理，不得在站内存放，以免因漏气引起爆炸和火灾事故。实瓶长时间存放易发生渗漏，气瓶周转使用可避免发生这种问题。

7.5 抢　修

7.5.1 2 储罐第一道阀门或法兰出现大量泄漏，采取注水方法控制泄漏时，应综合考虑注水的温度、压力、水量及流速，确保注入的水维持在控制泄漏的最低限度，以防止事故罐的液化石油气压力急剧上升，而造成其他部位的泄漏等事故。

3 液化石油气管道泄漏抢修时，应采取有效措施稀释液化石油气，如用消防水枪喷洒稀释，用防爆鼓风机吹扫稀释等。由于液化石油气火灾的特性，用水仅可起到降温、隔离作用，所以还应采取有效的灭火措施，如切断气源、采用干粉灭火器等。

7.5.2 由于液化石油气比空气重，易在低洼处积聚，故应采取有效措施防止液化石油气积聚引发火灾、爆炸事故。

7.5.3 由于液态液化石油气在气化时会吸收大量热量，致使在泄漏点附近温度迅速降低，容易引起冻伤事故。

8 图档资料

8.1 一般规定

8.1.1 鉴于城镇燃气设施中有许多属于隐蔽工程，对于图档资料实现动态管理，即对于局部或大面积进行维护和抢修后的变动情况进行系统的搜集、记录、存档工作，是非常重要的，为在以后的运行、维护和抢修中能够及时提供有效的图档资料打下良好的基础。

8.1.2 规定城镇燃气供应单位的档案部门应负有向维护和抢修等工程部门提供图档资料的责任。

8.1.3 规定城镇燃气设施的维护和抢修部门负有向档案部门主动提交工程资料的责任。

8.2 运行、维护的图档资料

8.2.1、8.2.2 根据许多城市的经验，发生事故的原因中，有一部分是由于在燃气设施附近进行其他工程施工时，对燃气管道和设备未采取充分保护措施而受到损坏，或留有隐患所造成。所以应重视在其他地下工程施工时，对燃气管道和设备的保护，并详细记录，以供维护时参考。

8.3 抢修工程的图档资料

8.3.1、8.3.2 规定了抢修工程记录和资料的基本内容，实际工作中应根据具体情况确定具体内容和要求，以满足工程管理的需要。

UDC

中华人民共和国行业标准

P

CJJ 63—2018
备案号 J 780—2018

聚乙烯燃气管道工程技术标准

Technical standard for polyethylene (PE) gaseous fuel pipeline engineering

2018-10-18 发布　　　　2019-03-01 实施

中华人民共和国住房和城乡建设部　发布

中华人民共和国住房和城乡建设部
公　　告

2018 年　第 231 号

住房城乡建设部关于发布行业标准《聚乙烯燃气管道工程技术标准》的公告

现批准《聚乙烯燃气管道工程技术标准》为行业标准，编号为 CJJ 63—2018，自 2019 年 3 月 1 日实施。其中，第 1.0.3、7.1.7 条为强制性条文，必须严格执行。原《聚乙烯燃气管道工程技术规程》CJJ 63—2008 同时废止。

本标准在住房城乡建设部门户网站(www.mohurd.gov.cn)公开。

中华人民共和国住房和城乡建设部

2018 年 10 月 18 日

前　　言

根据住房和城乡建设部《关于印发〈2015 年工程建设标准规范制订、修订计划〉的通知》(建标[2014]189 号)的要求,编制组经广泛调查研究,认真总结实践经验,参考有关国际标准和国外先进标准,并在广泛征求意见的基础上,修订了本标准。

本标准的主要技术内容是:1. 总则;2. 术语、符号;3. 材料;4. 管道设计;5. 管道连接;6. 管道敷设;7. 试验与验收。

本标准修订的主要技术内容是:1. 删除了原标准中钢骨架聚乙烯复合管相关技术要求;2. 修订了最大工作压力,由 0.7 MPa 提高到 0.8 MPa;3. 修改了地面标识、警示装置、示踪装置设计要求;4. 修改了管材、管件及附件的存放条件和存放时间的要求;5. 删除了插入管敷设章节,增加了插入法敷设与水平定向钻法敷设执行标准要求;6. 增加了设计压力大于 0.4 MPa 的管道应设置保护板的规定;7. 增加了热熔对接、电熔连接的熔接设备执行标准要求。

本标准中以黑体字标志的条文为强制性条文,必须严格执行。

本标准由住房和城乡建设部负责管理和对强制性条文的解释,由住房和城乡建设部科技发展促进中心负责具体技术内容的解释。执行过程中如有意见或建议,请寄送住房和城乡建设部科技发展促进中心(地址:北京市海淀区三里河路 9 号;邮编:100835)。

本标准主编单位:住房和城乡建设部科技与产业化发展中心

本标准参编单位:中国市政工程华北设计研究总院有限公司
北京市燃气集团有限责任公司
哈尔滨中庆燃气有限责任公司
北京市煤气热力工程设计院有限公司
港华投资有限公司
上海燃气工程设计研究有限公司
杭州市城乡建设设计院股份有限公司
新奥能源控股有限公司
深圳市燃气集团股份有限公司
上海燃气(集团)有限公司
中国燃气控股有限公司
成都城市燃气有限责任公司
亚大塑料制品有限公司
沧州明珠塑料股份有限公司
宁波市宇华电器有限公司
浙江伟星新型建材股份有限公司
浙江枫叶管业科技股份有限公司
淄博洁林塑料制管有限公司
江苏龙麒橡塑有限公司
浙江中财管道科技股份有限公司
河北泉恩高科技管业有限公司
广东联塑科技实业有限公司
博禄贸易(上海)有限公司北京分公司

宝路七星管业有限公司
福建恒杰塑业新材料有限公司
北京保利泰克塑料制品有限公司

本标准主要起草人员：高立新　林文卓　杜建梅　李永威　白丽萍　于海君　杨永慧　杨　炯　应援农　王连信　刘　军　王志伟
（以下按姓氏笔画为序）
王宏伟　尤英俊　朱政鹏　李大治　池永生　许建钦　孙　斌　沈　蓓　杨科杰　张慰峰　袁本海　陈　江　陈会龙　陈丽月　陈建春　林雅蓉　贾生廷　顾紫娟　徐红越　葛　涛

本标准主要审查人员：史业腾　孔　川　宋玉银　张　臻　孟学思　蒋祥龙　张绍革　朱立建　魏若奇　邢中礼

1 总　　则

1.0.1 为保障安全供气，使埋地聚乙烯燃气管道工程的设计、施工及验收符合技术先进、安全适用、经济合理的要求，确保工程质量和安全供气，制定本标准。

1.0.2 本标准适用于工作温度在－20 ℃～40 ℃，工作压力不大于 0.8 MPa，公称外径不大于 630 mm 的埋地聚乙烯燃气管道工程的设计、施工及验收。

1.0.3 **聚乙烯燃气管道严禁明设。**

1.0.4 聚乙烯燃气管道工程的设计、施工及验收除应符合本标准外，尚应符合国家现行有关标准的规定。

2 术语、符号

2.1 术　　语

2.1.1 聚乙烯燃气管道　polyethylene (PE) gaseous fuel pipeline

由燃气用聚乙烯管材、管件、阀门及附件组成的管道系统。聚乙烯管材是用聚乙烯混配料通过加热熔融挤出成型工艺生产的管材；聚乙烯管件是用聚乙烯混配料通过注塑成型等工艺生产的管件。

2.1.2 公称外径　nominal outside diameter

管材外径的规定数值。

2.1.3 标准尺寸比（*SDR*）　standard dimension ratio

管材的公称外径与公称壁厚的比值，并经圆整。

2.1.4 最大工作压力（*MOP*）　maximum operating pressure

在 20 ℃作温度条件下，聚乙烯燃气管道允许连续使用的最大压力。

2.1.5 最大允许工作压力（P_{max}）　maximum allowable operating pressure

在相应工作温度条件下，聚乙烯燃气管道允许连续使用的最大压力，考虑了工作温度对工作压力的影响。

2.1.6 工作温度下的压力折减系数　operating pressure derating coefficients for various operating temperatures

聚乙烯管道在 20 ℃以上工作温度下连续使用时，20 ℃时最大工作压力与该温度下最大允许工作压力相比的系数。

2.1.7 热熔对接连接　butt fusion jointing

采用专用熔接设备，按技术要求加热待连接的管材或管件的端面，在该部位施加一定压力将熔融端面对接，形成一体的连接方式。

2.1.8 电熔连接　electrofusion jointing

采用内埋电阻丝的专用电熔管件，通过专用设备，控制内埋于管件中的电阻丝的电压或电流及通电时间，使其达到熔接目的的连接方法。电熔连接方式有电熔承插连接、电熔鞍形连接。

2.1.9 钢塑转换管件　metal fitting for PE pipe to steel pipe

由工厂预制的用于聚乙烯管材与钢管连接，包括钢管部分和 PE 管部分的一类专用机械管件，如钢塑直接头、弯头、法兰、三通钢塑转换件等形式。

2.1.10 示踪装置　locating device

沿管道铺设，可通过专用设备探测确定管道位置的装置，包括示踪线、电子标志器等。

2.1.11 警示装置　warning device

敷设在埋地燃气管道上方，喷涂有警示标识，以提示地下有城镇燃气管道的标识装置，包括标志带、警示保护板等。

2.2 符　　号

2.2.1 工作压力参数：

F——允许拖拉力；

MOP——最大工作压力，以 20 ℃为参考工作温度；

P_{max}——最大允许工作压力；

P_1——管道起点的压力；

P_2——管道终点的压力；

P_n——低压燃具的额定压力；

P_{RCP}——耐快速裂纹扩展的临界压力；

ΔP——管道摩擦阻力损失；

ΔP_d——从调压装置到压力最不利工况燃具前的管道允许压力损失。

2.2.2 几何参数：

a——沟底宽度；

d——管道内径；

d_n——管道公称外径；

l——管道的计算长度；

s——两管之间设计净距；

SDR——标准尺寸比。

2.2.3 计算参量和系数：

C——设计系数；

D_F——工作温度下的压力折减系数；

lg——常用对数；

K——管壁内表面的当量绝对粗糙度；

MRS——最小要求强度；

Q——管道的计算流量；

Re——雷诺数；

T_0——273.15(K)；

T——设计中所采用的燃气温度；

λ——管道摩擦阻力系数；

ρ——燃气的密度。

3 材　　料

3.1 一般规定

3.1.1 聚乙烯管材、管件和阀门等应符合下列规定：

1 聚乙烯管材应符合现行国家标准《燃气用埋地聚乙烯(PE)管道系统　第 1 部分：管材》GB/T 15558.1的有关规定；

2 聚乙烯管件应符合现行国家标准《燃气用埋地聚乙烯(PE)管道系统　第 2 部分：管件》GB/T 15558.2的有关规定；

3 聚乙烯阀门应符合现行国家标准《燃气用埋地聚乙烯(PE)管道系统 第3部分:阀门》GB/T 15558.3的有关规定;

4 钢塑转换管件应符合现行国家标准《燃气用聚乙烯管道系统的机械管件 第1部分:公称外径不大于63 mm的管材用钢塑转换管件》GB 26255.1和《燃气用聚乙烯管道系统的机械管件 第2部分:公称外径大于63 mm的管材用钢塑转换管件》GB 26255.2的有关规定。

3.1.2 聚乙烯管材、管件、阀门等入库储存或进场施工前应进行检查验收。检查验收内容应包括合格证、检验报告、标志内容等,并应逐项核实内容。当存在异议时,应委托第三方进行复验。

3.1.3 聚乙烯管材、管件和阀门不应长期户外存放。当从生产到使用期间,累计受到太阳能辐射量超过3.5 GJ/m² 时,或按本标准第3.2.2条规定存放,管材存放时间超过4年、密封包装的管件存放时间超过6年,应对其抽样检验,性能符合要求方可使用。

管材抽检项目应包括静液压强度(165 h/80 ℃)、电熔接头的剥离强度和断裂伸长率。管件抽检项目包括静液压强度(165 h/80 ℃)、热熔对接连接的拉伸强度或电熔管件的熔接强度。阀门抽检项目包括静液压强度(165 h/80 ℃)、电熔接头的剥离强度、操作扭矩和密封性能试验。

3.2 运输和贮存

3.2.1 聚乙烯管材、管件和阀门的运输应符合下列规定:

1 管材、管件和阀门搬运时,应小心轻放,不得抛、摔、滚、拖。当采用机械设备吊装管材时,应采用非金属绳(带)绑扎管材两端后吊装。

2 管材运输时,应水平放置在带挡板的平底车上或平坦的船舱内,堆放处不得有损伤管材的尖凸物,应采用非金属绳(带)捆扎、固定,管口应采取封堵保护措施。

3 管件、阀门运输时,应按箱逐层码放整齐、固定牢靠。

4 在运输过程中不应受到曝晒、雨淋、油污及化学品污染。

3.2.2 聚乙烯管材、管件和阀门的贮存应符合下列规定:

1 管材、管件和阀门应按不同类型、规格和尺寸分别存放,并应遵照"先进先出"原则。

2 管材、管件和阀门应存放在仓库(存储型物流建筑)或半露天堆场(货棚)内。仓库(存储型物流建筑)或半露天堆场(货棚)的设计应符合现行国家标准《建筑设计防火规范》GB 50016和《物流建筑设计规范》GB 51157的有关规定。存放在半露天堆场(货棚)内的管材、管件和阀门不应受到暴晒、雨淋,应有防紫外线照射措施;仓库的门窗洞口应有防紫外线照射措施。

3 管材、管件和阀门应远离热源,严禁与油类或化学品混合存放。

4 管材应水平堆放在平整的支撑物或地面上,管口应采取封堵保护措施。当直管采用梯形堆放或两侧加支撑保护的矩形堆放时,堆放高度不宜超过1.5 m;当直管采用分层货架存放时,每层货架高度不宜超过1 m。

5 管件和阀门应成箱存放在货架上或叠放在平整地面上;当成箱叠放时,高度不宜超过1.5 m。在使用前,不得拆除密封包装。

6 管材、管件和阀门在室外临时存放时,管材管口应采用保护端盖封堵,管件和阀门应存放在包装箱或储物箱内,并应采用遮盖物遮盖,防日晒、雨淋。

4 管道设计

4.1 一般规定

4.1.1 聚乙烯管材、管件的材料和壁厚的选择,应根据输送燃气的种类、设计压力、设计温度、施工方法以及环境条件等,经技术经济比较后确定。

4.1.2 聚乙烯燃气管道的设计压力不应大于管道最大允许工作压力(P_{max})，管道最大允许工作压力(P_{max})可按下列公式计算：

$$P_{max} = \frac{MOP}{D_F} \quad (4.1.2\text{-}1)$$

$$MOP = \frac{2 \times MRS}{C \times (SDR - 1)} \quad (4.1.2\text{-}2)$$

$$MOP \leqslant \frac{P_{RCP}}{1.5} \quad (4.1.2\text{-}3)$$

式中：P_{max}——最大允许工作压力(MPa)；

MOP——最大工作压力(MPa)，以 20 ℃为参考工作温度；

MRS——最小要求强度(MPa)，PE80 取 8.0 MPa，PE100 取 10.0 MPa；

C——设计系数，聚乙烯管道输送不同种类燃气的 C 值按表 4.1.2-1 取值；

SDR——标准尺寸比；

P_{RCP}——耐快速裂纹扩展的临界压力(MPa)，P_{RCP}数值由混配料供应商或管材生产厂商提供；

D_F——工作温度下的压力折减系数，按表 4.1.2-2 取值。

表 4.1.2-1 设计系数 *C* 值取值表

燃气种类		设计系数 C 值取值
天然气		≥2.5
液化石油气	混空气	≥4.0
	气态	≥6.0
人工煤气	干气	≥4.0
	其他	≥6.0

表 4.1.2-2 工作温度下的压力折减系数

工作温度(t)	−20 ℃	20 ℃	30 ℃	40 ℃
工作温度下的压力折减系数(D_F)	1.0	1.0	1.1	1.3

注：表中工作温度为考虑了内外环境的管材的年度平均温度。对于中间的温度，可使用内插法计算。

4.1.3 聚乙烯燃气管道应沿管道走向设置有效的示踪、警示装置。警示带、地面标志的设置应符合现行行业标准《城镇燃气输配工程施工及验收规范》CJJ 33 和《城镇燃气标志标准》CJJ/T 153 的有关规定。

4.1.4 设计压力大于 0.4 MPa 的聚乙烯燃气管道上方应设置保护板，保护板上应具有警示标识。设置保护板的聚乙烯燃气管道，可不敷设警示带。

4.2 管道水力计算

4.2.1 管道计算流量应按计算月的小时最大用气量计算，小时最大用气量应根据所有用户燃气用气量的变化叠加后确定。

4.2.2 管道单位长度摩擦阻力损失应按下列公式计算：

1 低压燃气管道：

$$\frac{\Delta P}{l} = 6.26 \times 10^7 \lambda \frac{Q^2}{d^5} \rho \frac{T}{T_0} \quad (4.2.2\text{-}1)$$

$$\frac{1}{\sqrt{\lambda}} = -2\lg\left[\frac{K}{3.7d} + \frac{2.51}{Re\sqrt{\lambda}}\right] \quad (4.2.2\text{-}2)$$

式中：ΔP——管道摩擦阻力损失(Pa)；

l——管道的计算长度(m)；

Q——管道的计算流量(m^3/h)；

d——管道内径(mm)；

ρ——燃气的密度(kg/m^3)；

T——设计中所采用的燃气温度(K)；

T_0——273.15(K)；

λ——管道摩擦阻力系数；

lg——常用对数；

K——管壁内表面的当量绝对粗糙度(mm)，聚乙烯燃气管道一般取 0.01 mm；

Re——雷诺数(无量纲)。

2 次高压 B、中压燃气管道：

$$\frac{P_1^2 - P_2^2}{l} = 1.27 \times 10^{10} \lambda \frac{Q^2}{d^5} \rho \frac{T}{T_0} \tag{4.2.2-3}$$

式中：P_1——管道起点的压力(绝对压力，kPa)；

P_2——管道终点的压力(绝对压力，kPa)；

l——管道的计算长度(km)。

4.2.3 管道的允许压力降可由该级管网的入口压力至次级管网调压装置允许的最低入口压力之差确定，燃气流速不宜大于 20 m/s。

4.2.4 管道局部阻力损失可按管道摩擦阻力损失的 5%～10%计算。

4.2.5 低压管道从调压装置到压力最不利工况燃具前的管道允许压力损失可按下式计算：

$$\Delta P_d = 0.75 P_n + 150 \tag{4.2.5}$$

式中：ΔP_d——从调压装置到压力最不利工况燃具前的管道允许压力损失(Pa)，ΔP_d 含室内燃气管道允许压力损失；

P_n——低压燃具的额定压力(Pa)。

4.3 管道布置

4.3.1 聚乙烯燃气管道不得从建筑物或大型构筑物的下面穿越(不包括架空的建筑物和立交桥、城市轨道交通的高架桥等大型构筑物)；不得在堆积易燃、易爆材料和具有腐蚀性液体的场地下面穿越；不得与非燃气管道或电缆同沟敷设。

4.3.2 聚乙烯燃气管道与市政热力管道之间的水平净距和垂直净距，不应小于表 4.3.2-1 和表 4.3.2-2 的规定，并应保证燃气管道外壁温度不大于 40 ℃；与建筑物、构筑物或其他相邻管道之间的水平净距和垂直净距，应符合现行国家标准《城镇燃气设计规范》GB 50028 的有关规定。当直埋蒸汽热力管道保温层外壁温度不大于 60 ℃时，聚乙烯管道采取有效的隔热措施，表 4.3.2-1 中水平净距可减少 50%。

表 4.3.2-1 聚乙烯燃气管道与市政热力管道之间的水平净距

<table>
<tr><th colspan="3" rowspan="3">项　　目</th><th colspan="4">地下燃气管道(m)</th></tr>
<tr><th rowspan="2">低压</th><th colspan="2">中压</th><th>次高压</th></tr>
<tr><th>B</th><th>A</th><th>B</th></tr>
<tr><td rowspan="3">热力管</td><td rowspan="2">直埋敷设</td><td>热水</td><td>1.0</td><td>1.0</td><td>1.0</td><td>1.5</td></tr>
<tr><td>蒸汽</td><td>2.0</td><td>2.0</td><td>2.0</td><td>3.0</td></tr>
<tr><td colspan="2">管沟内敷设(至管沟外壁)</td><td>1.0</td><td>1.5</td><td>1.5</td><td>2.0</td></tr>
</table>

表 4.3.2-2 聚乙烯燃气管道与市政热力管道之间的垂直净距

项目		地下燃气管道(当有套管时,从套管外径计)(m)
热力管	燃气管在直埋管上方	0.5(加套管)
	燃气管在直埋管下方	1.0(加套管)
	燃气管在管沟上方(至管沟外壁)	0.2(加套管)或 0.4(无套管)
	燃气管在管沟下方(至管沟外壁)	0.3(加套管)

注:1 套管敷设要求应与现行国家标准《城镇燃气设计规范》GB 50028 的规定一致;

2 当采取措施,保证土壤温度小于 40 ℃,可适当减少管道与热力管道之间垂直净距。

4.3.3 聚乙烯燃气管道埋设的最小覆土深度(地面至管顶)应符合下列规定:

1 埋设在车行道下,不得小于 0.9 m;

2 埋设在非车行道(含人行道)下,不得小于 0.6 m;

3 埋设在机动车不可能到达的地方时,不得小于 0.5 m;

4 埋设在水田下时,不得小于 0.8 m;

5 当埋深达不到上述要求时,应采取保护措施。

4.3.4 聚乙烯燃气管道的地基宜为无尖硬土石的原土层的天然地基。对可能引起管道不均匀沉降的地段,应采取防沉降措施;地基处理应符合本标准第 6.2.3 条的规定。

4.3.5 聚乙烯管道在输送湿燃气时,应埋设在土壤冰冻线以下,并设置凝水缸。管道坡向凝水缸的坡度不宜小于 0.003。

4.3.6 聚乙烯燃气管道不得进入和穿过热力管沟。当聚乙烯燃气管道穿过排水管沟、联合地沟及其他各种用途沟槽(不含热力管沟)时,应符合现行国家标准《城镇燃气设计规范》GB 50028 的规定。

4.3.7 聚乙烯燃气管道穿越铁路、高速公路、电车轨道和城镇主要干道时,宜垂直穿越,且应符合国家现行标准《城镇燃气设计规范》GB 50028 和《城镇燃气管道穿跨越工程技术规程》CJJ/T 250 的有关规定。

4.3.8 聚乙烯燃气管道通过河流时,可采用河底穿越,在埋设聚乙烯燃气管道位置的河流两岸上、下游应设立标志,并应符合现行行业标准《城镇燃气管道穿跨越工程技术规程》CJJ/T 250 的规定。

4.3.9 中压及以上聚乙烯燃气管道干管上应设置分段阀门,并应在阀门两侧设置放散管;支管的起点应设置阀门。低压聚乙烯燃气管道支管的起点处,宜设置阀门。

4.3.10 聚乙烯燃气管道的检漏管、阀门、凝水缸的排水管,应设置护罩或护井。

4.3.11 聚乙烯燃气管道出地面应采取防止外力破坏和管道直接裸露在大气环境中的措施,且不应直接引入建筑物内。当受条件限制,聚乙烯管道必须穿越建(构)筑物基础、外墙时,应采用硬质套管保护,并应符合现行国家标准《城镇燃气设计规范》GB 50028 的有关规定。

5 管道连接

5.1 一般规定

5.1.1 聚乙烯燃气管道连接前,应按设计要求在施工现场对管材、管件、阀门及管道附属设备进行查验。管材表面划伤深度不应超过管材壁厚的 10%,且不应超过 4 mm;管件、阀门及管道附属设备的外包装应完好,符合要求方可使用。

5.1.2 聚乙烯燃气管道的连接应符合下列规定:

1 聚乙烯管材与管件、阀门的连接应采用热熔对接或电熔连接(电熔承插连接、电熔鞍形连接)方式,不得采用螺纹连接或粘接。

2 聚乙烯管材与金属管道或金属附件连接时,应采用钢塑转换管件连接或法兰连接;当采用法兰连接时,宜设置检查井。

3 聚乙烯管材、管件和阀门的连接在下列情况下应采用电熔连接:

1) 不同级别(PE80 与 PE100);

2) 熔体质量流动速率差值大于等于 0.5 g/10 min(190 ℃,5 kg);

3) 焊接端部标准尺寸比(*SDR*)不同;

4) 公称外径小于 90 mm 或壁厚小于 6 mm。

5.1.3 聚乙烯燃气管道连接应根据不同连接形式选用专用的熔接设备。连接时,严禁采用明火加热。热熔对接熔接设备应符合现行国家标准《塑料管材和管件　聚乙烯系统熔接设备　第 1 部分:热熔对接》GB/T 20674.1 的有关规定;电熔连接熔接设备应符合现行国家标准《塑料管材和管件　聚乙烯系统熔接设备　第 2 部分:电熔连接》GB/T 20674.2 的有关规定。熔接设备应定期进行校准和检定,周期不应超过 1 年。对于电压不稳定区域应增加稳压装置。

5.1.4 聚乙烯燃气管道热熔连接或电熔连接的环境温度宜在 −5 ℃～40 ℃范围内,并应符合下列规定:

1 当环境温度低于 −5 ℃时,应采取保温措施;

2 当风力大于 5 级时,应采取防风措施;

3 夏季应采取遮阳措施;

4 雨天应采取防雨措施。

5.1.5 聚乙烯管道连接时,管材的切割应采用专用割刀或切管工具,切割端面应垂直于管道轴线,并应平整、光滑、无毛刺。

5.1.6 聚乙烯燃气管道连接作业每次收工时,应对管口进行临时封堵。

5.1.7 聚乙烯燃气管道连接完成后,应按本标准第 5.2 节和第 5.3 节的有关规定进行接头质量检查。不合格应返工,返工后应重新进行接头质量检查。当对焊接质量有争议时,应按表 5.1.7-1～表 5.1.7-3 的规定进行检验。

表 5.1.7-1　热熔对接焊接的检验与试验要求

序号	检验与试验项目	检验与试验参数	检验与试验要求	检验与试验方法
1	拉伸性能	23 ℃±2 ℃	试验到破坏为止: 1) 韧性,通过; 2) 脆性,不通过	《聚乙烯(PE)管材和管件热熔对接接头拉伸强度和破坏形式的测定》GB/T 19810
2	耐压(静液压)强度试验	1) 密封接头,A 型; 2) 方向,任意; 3) 试验时间,165 h; 4) 环应力: ① PE80,4.5 MPa ② PE100,5.4 MPa 5) 试验温度,80 ℃	焊接处无破坏,无渗漏	《流体输送用热塑性塑料管道系统　耐内压性能的测定》GB/T 6111

表 5.1.7-2　电熔承插焊接的检验与试验要求

序号	检验与试验项目	检验与试验参数	检验与试验要求	检验与试验方法
1	电熔管件剖面检验	—	电熔管件中的电阻丝应当排列整齐，不应当有涨出、裸露、错行，焊后不游离，管件与管材熔接面上无可见界线，无虚焊、过焊气泡等影响性能的缺陷	《燃气用聚乙烯管道焊接技术规则》TSG D2002
2	d_n < 90 挤压剥离试验	23 ℃±2 ℃	剥离脆性破坏百分比≤33.3%	《塑料管材和管件　聚乙烯电熔组件的挤压剥离试验》GB/T 19806
3	d_n ≥ 90 拉伸剥离试验	23 ℃±2 ℃	剥离脆性破坏百分比≤33.3%	《塑料管材和管件公称外径大于或等于 90 mm 的聚乙烯电熔组件的拉伸剥离试验》GB/T 19808
4	静液压试验	1）密封接头，A 型； 2）方向，任意； 3）试验时间，165 h； 4）环应力： ① PE80，4.5 MPa； ② PE100，5.4 MPa； 5）试验温度 80 ℃	焊接处无破坏，无渗漏	《流体输送用热塑性塑料管道系统　耐内压性能的测定》GB/T 6111

表 5.1.7-3　电熔鞍形焊接的检验与试验要求

序号	检验与试验项目	检验与试验参数	检验与试验要求	检验与试验方法
1	d_n≤225 挤压剥离试验	23 ℃±2 ℃	剥离脆性破坏百分比≤33.3%	《塑料管材和管件　聚乙烯电熔组件的挤压剥离试验》GB/T 19806
2	d_n>225 撕裂剥离试验	23 ℃±2 ℃	剥离脆性破坏百分比≤33.3%	《燃气用聚乙烯管道焊接技术规则》TSG D2002

5.2　热熔连接

5.2.1　热熔对接的连接工艺应符合现行国家标准《塑料管材和管件　燃气和给水输配系统用聚乙烯(PE)管材及管件的热熔对接程序》GB/T 32434 的有关规定。在保证连接质量的前提下，可采用经评定合格的其他热熔对接连接工艺。

5.2.2　热熔对接连接的操作应符合下列规定：

1　应根据聚乙烯管材、管件或阀门的规格选用适应的机架和夹具。

2　在固定连接件时，应将连接件的连接端伸出夹具，伸出的自由长度不应小于公称外径的 10%。

3　移动夹具应使待连接件的端面接触，并应校直到同一轴线上，错边量不应大于壁厚的 10%。

4　连接部位应擦净，并应保持干燥，待连接件端面应进行铣削，使其与轴线垂直。连续切屑的平均厚度不宜大于 0.2 mm，铣削后的熔接面应保持洁净。

5　铣削完成后，移动夹具应使待连接件对接管口闭合。待连接件的错边量不应大于壁厚的 10%，且接口端面对接面最大间隙应符合表 5.2.2 的规定。

表 5.2.2　接口端面对接面最大问题

管道元件公称外径 d_n(mm)	接口端面对接面最大间隙(mm)
$d_n \leqslant 250$	0.3
$250 < d_n \leqslant 400$	0.5
$400 < d_n \leqslant 630$	1.0

6　应按热熔对接的连接工艺要求加热待连接件端面。

7　吸热时间达到规定要求后，应迅速撤出加热板，待连接件加热面熔化应均匀，不得有损伤。

8　在规定的时间内使待连接面完全接触，并应保持规定的热熔对接压力。

9　接头冷却应采用自然冷却。在保压冷却期间，不得拆开夹具，不得移动连接件或在连接件上施加任何外力。

5.2.3　热熔对接连接接头的质量检验应符合下列规定：

1　热熔对接连接完成后，应对接头进行 100%卷边对称性和接头对正性检验，并应对开挖敷设不少于 15%的接头进行卷边切除检验，水平定向钻非开挖施工应进行 100%接头卷边切除检验。

2　卷边对称性检验。沿管道整个圆周内的接口卷边应平滑、均匀、对称，卷边融合线的最低处(A)不应低于管道的外表面(图 5.2.3-1)。

3　接头对正性检验。接口两侧紧邻卷边的外圆周上任何一处的错边量(V)不应超过管道壁厚的 10%(图 5.2.3-2)。

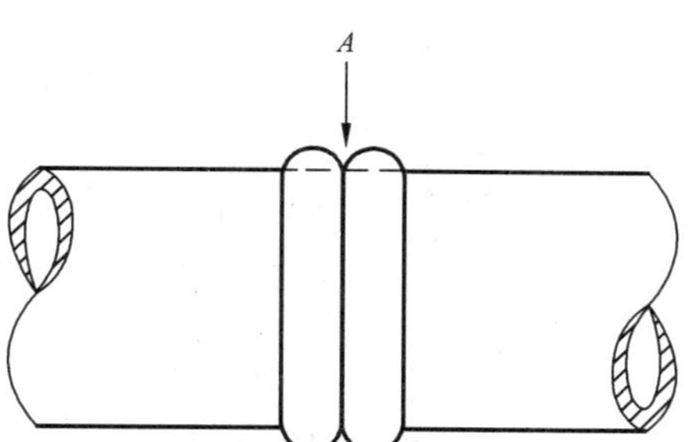

图 5.2.3-1　卷边对称性示意

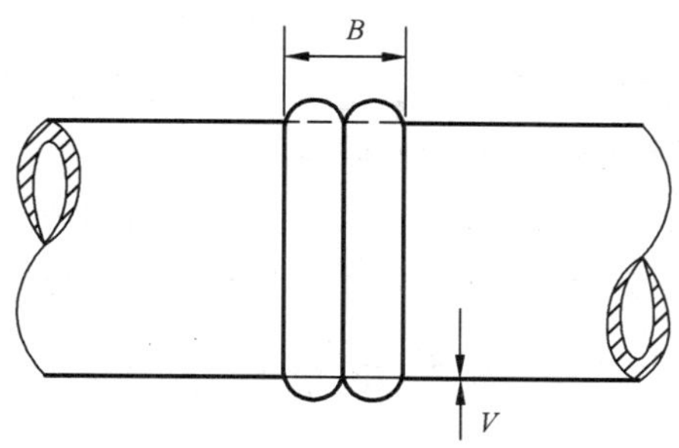

图 5.2.3-2　接头对正性示意

4　卷边切除检验。在不损伤对接管道的情况下，应使用专用工具切除接口外部的熔接卷边(图 5.2.3-3)。卷边切除检验应符合下列规定：

1)　卷边应是实心圆滑的，根部较宽(图 5.2.3-4)。

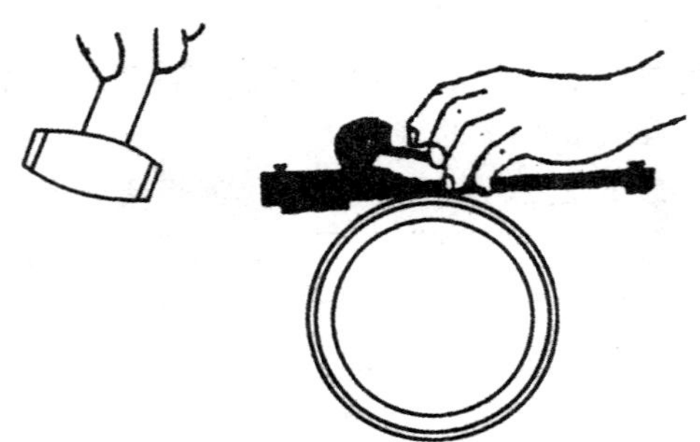

图 5.2.3-3 卷边切除示意

2) 卷边切割面中不应有夹杂物、小孔、扭曲和损坏。

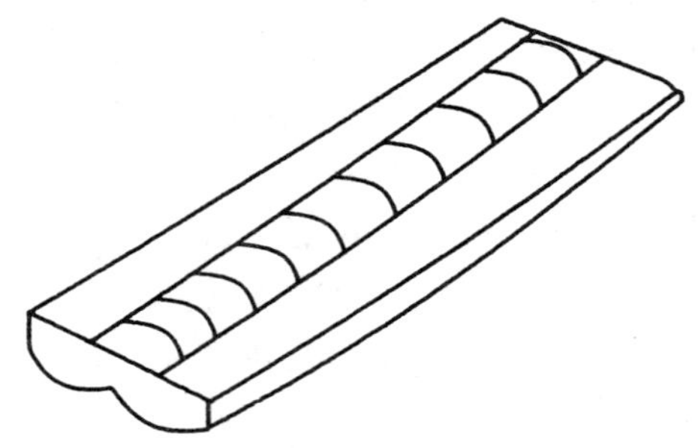

图 5.2.3-4 合格实心卷边示意

3) 每隔 50 mm 应进行一次 180°的背弯检验(图 5.2.3-5),卷边切割面中线附近不应有开裂、裂缝,不得露出熔合线。

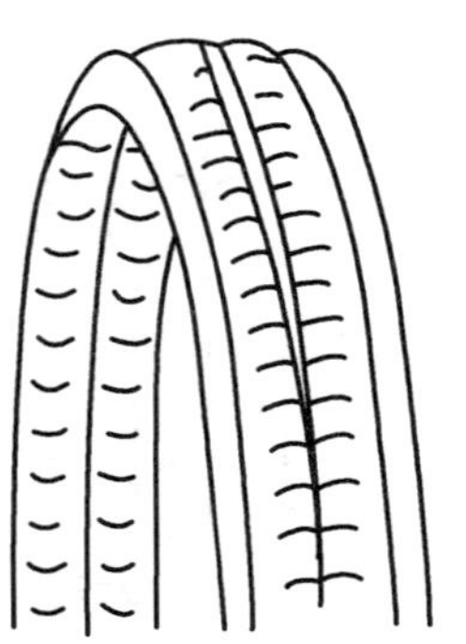

图 5.2.3-5 切除卷边背弯试验示意

5 当抽样检验的全部接口合格时,应判定该批接口全部合格。当抽样检验的接口出现不合格情况时,应判定该接口不合格,并应按下列规定加倍抽样检验:

1) 每出现一个不合格接口,应加倍抽检该焊工所焊的同一批接口,按本标准的规定进行检验。

2) 如第二次抽检仍出现不合格接口时,则应对该焊工所焊的同批接口全部进行检验。

5.3 电熔连接

5.3.1 聚乙烯燃气管道电熔连接时,当管材、管件、阀门及熔接设备存放处的温度与施工现场的温度相差较大时,连接前应将管材、管件、阀门及熔接设备在施工现场放置一定时间,使其温度接近施工现场温度。

5.3.2 电熔承插连接的操作应符合下列规定:

1 管材的连接部位应擦净,并应保持干燥;管件应在焊接时再拆除封装袋。

2 当管材的不圆度影响安装时,应采用整圆工具对插入端进行整圆。

3 应测量电熔管件承口长度，并在管材或插口管件的插入端标出插入长度，刮除插入段表皮的氧化层，刮削表皮厚度宜为 0.1 mm～0.2 mm，并应保持洁净。

4 将管材或插口管件的插入端插入电熔管件承口内至标记位置，同时应对配合尺寸进行检查，避免强力插入。

5 校直待连接的管材和管件，使其在同一轴线上，并应采用专用夹具固定后，方可通电焊接。

6 通电加热焊接的电压或电流、加热时间等焊接参数的设定应符合电熔连接熔接设备和电熔管件的使用要求。

7 接头冷却应采用自然冷却。在冷却期间，不得拆开夹具，不得移动连接件或在连接件上施加任何外力。

5.3.3 电熔鞍形连接的操作应符合下列规定：

1 应标记电熔鞍形管件与管道连接的位置，并应检查连接位置处管道的不圆度，必要时应采用整圆工具对其进行整圆。

2 管道连接部位应擦拭干净，并应保持干燥，应刮除管道连接部位表皮氧化层，刮削厚度宜为 0.1 mm～0.2 mm。

3 检查电熔鞍形管件鞍形面与管道连接部位的适配性，并应采用支座或机械装置固定管道连接部位的管段，使其保持直线度和圆度。

4 通电前，应将电熔鞍形管件用专用夹具固定在管道连接部位。

5 通电加热时的电压或电流、加热时间等焊接参数应符合电熔连接机具和电熔鞍形管件的使用要求。

6 接头冷却应采取自然冷却。冷却期间，不得拆开夹具，不得移动连接件或在连接件上施加任何外力。

7 钻孔操作应在支管强度试验和气密性试验合格后进行。

5.3.4 电熔承插连接接头的质量检验应符合下列规定：

1 电熔管件与管材或插口管件的轴线应对正。

2 管材或插口管件在电熔管件端口处的周边表面应有明显的刮皮痕迹。

3 电熔管件端口的接缝处不应有熔融料溢出。

4 电熔管件内的电阻丝不应被挤出。

5 从电熔管件上的观察孔中应能看到指示柱移动或有少量熔融料溢出，溢料不得呈流淌状。

6 每个电熔承插连接接头均应进行上述检验，出现与上述条款不符合的情况，应判定为不合格。

5.3.5 电熔鞍形连接接头的质量检验应符合下列规定：

1 电熔鞍形管件周边的管道表面上应有明显的刮皮痕迹。

2 鞍形分支或鞍形三通的出口应垂直于管道的中心线。

3 管道管壁不应塌陷。

4 熔融料不应从鞍形管件周边溢出。

5 从鞍形管件上的观察孔中应能看到指示柱移动或有少量熔融料溢出，溢料不得呈流淌状。

6 每个电熔鞍形连接接头均应进行上述检验，出现与上述条款不符合的情况，应判定为不合格。

5.4 法兰连接

5.4.1 金属管端的法兰盘与金属管道的连接应符合现行行业标准《城镇燃气输配工程施工及验收规范》CJJ 33 的有关规定。

5.4.2 聚乙烯法兰连接件与聚乙烯管道的连接应符合下列规定：

1 应将法兰盘套入待连接的法兰连接件的端部。

2 应按本标准规定的热熔连接或电熔连接的要求，将聚乙烯法兰连接件平口端与聚乙烯管道进行连接。

5.4.3　两法兰盘上螺孔应对中，法兰面应相互平行，螺栓孔与螺栓直径应配套，螺栓规格应一致，螺母应在同一侧；紧固法兰盘上的螺栓应按对称顺序分次均匀紧固，不得强力组装；螺栓拧紧后宜伸出螺母(1～3)扣。法兰盘在静置8 h～10 h后，应二次紧固。

5.4.4　法兰密封面、密封件不得有影响密封性能的划痕、凹坑等缺陷，材质应符合输送城镇燃气的要求。

5.4.5　法兰盘、紧固件应经防腐处理，并应满足设计要求。

5.5　钢塑转换管件连接

5.5.1　钢塑转换管件的聚乙烯管端与聚乙烯管道或管件的连接应符合本标准热熔连接或电熔连接的相关规定。

5.5.2　钢塑转换管件的钢管端与金属管道的连接应符合现行行业标准《城镇燃气输配工程施工及验收规范》CJJ 33的有关规定。

5.5.3　钢塑转换管件的钢管端与钢管焊接时，应对钢塑过渡段采取降温措施。

5.5.4　钢塑转换管件连接后应对接头进行防腐处理，防腐等级应满足设计要求，并应检验合格。

6　管道敷设

6.1　一般规定

6.1.1　聚乙烯燃气管道沟槽开挖敷设除应符合本标准规定外，尚应符合现行行业标准《城镇燃气输配工程施工及验收规范》CJJ 33的有关规定。

6.1.2　聚乙烯燃气管道水平定向钻法敷设应符合现行行业标准《城镇燃气管道穿跨越工程技术规程》CJJ/T 250的有关规定。

6.1.3　聚乙烯燃气管道插入法敷设应符合现行行业标准《城镇燃气管道非开挖修复更新工程技术规程》CJJ/T 147的有关规定。

6.1.4　聚乙烯燃气管道敷设时，管道的允许弯曲半径不应小于25倍公称外径。当弯曲管段上有承插接口(和钢塑转换管件)时，管道的允许弯曲半径不应小于125倍公称外径。

6.1.5　聚乙烯燃气管道在地下水位较高的地区或雨季施工时，应采取降低水位或排水措施，并应清除沟内积水，不得带水回填。

6.1.6　当采用水平定向钻法敷设时，可不敷设警示带，宜将示踪线牢固绑在管道上一起敷设；当采用插入管法敷设时，可不敷设警示带和示踪线，但应采用地面标志等方法进行标识。

6.2　沟槽开挖

6.2.1　聚乙烯燃气管道沟槽开挖应符合现行行业标准《城镇燃气输配工程施工及验收规范》CJJ 33的有关规定。开挖前，应复核设置的临时水准点、管道轴线控制桩和高程桩。

6.2.2　管道沟槽的开挖应严格控制基底高程，不得扰动基底原状土层。基底设计标高以上150 mm的原状土，应在铺管前采用人工方式清理至设计标高。

6.2.3　管道地基的处理应符合下列规定：

1　对于软土地基，当地基承载能力不满足设计要求或由于施工降水、超挖等原因导致地基原状土被扰动而影响地基承载能力时，应按设计要求对地基进行加固处理；在达到规定的地基承载能力后，应铺垫不小于150 mm中粗砂基础层。

2　当沟槽底为岩石或坚硬物体时，铺垫中粗砂基础层的厚度不应小于150 mm。

3 在地下水水位较高、流动性较大的场地内，当管道周围土体可能发生细颗粒土流失的情况时，应沿沟槽在底部和两侧边坡上铺设土工布加以保护，且土工布单位面积的质量不宜小于 250 g/m^2。

4 当同一敷设区段内的地基刚度相差较大时，应采用换填垫层或其他有效措施减少管道的差异沉降，垫层厚度应满足设计要求，且不应小于 300 mm。

6.2.4 管道沟槽的沟底宽度和工作坑尺寸，应根据现场实际情况和管道敷设方法确定，并应按下列公式计算：

1 单管敷设（沟边连接）：

$$a = d_n + 0.3 \tag{6.2.4-1}$$

2 双管同沟敷设（沟边连接）：

$$a = d_{n1} + d_{n2} + s + 0.3 \tag{6.2.4-2}$$

式中：a——沟底宽度（m）；

d_n——管道公称外径（m）；

d_{n1}——第一条管道公称外径（m）；

d_{n2}——第二条管道公称外径（m）；

s——两管之间设计净距（m）。

3 当管道必须在沟底连接时，可采用挖工作坑或加大沟底宽度的方法。

6.3 管道敷设

6.3.1 聚乙烯燃气管道敷设应在沟底标高和管基质量检查合格后进行。

6.3.2 聚乙烯燃气管道下管时，不得采用金属材料直接捆扎和吊运管道，并应防止管道划伤、扭曲和出现过大的拉伸和弯曲。

6.3.3 聚乙烯燃气管道宜呈蜿蜒状敷设，并可随地形在一定的起伏范围内自然弯曲敷设。管道的弯曲半径应符合本标准第 6.1.4 条的规定，不得使用机械或加热方法弯曲管道。

6.3.4 示踪线、地面标志、警示带、保护板的敷设和设置应符合下列规定：

1 示踪线应敷设在聚乙烯燃气管道的正上方；并应有良好的导电性和有效的电气连接，示踪线上应设置信号源井。

2 地面标志应随管道走向设置，并应符合现行行业标准《城镇燃气输配工程施工及验收规范》CJJ 33和《城镇燃气标志标准》CJJ/T 153 的有关规定。

3 警示带的敷设应符合下列规定：

1） 警示带宜敷设在管顶上方 300 mm～500 mm 处，但不得敷设在路面结构层内；

2） 对于公称外径小于 400 mm 的管道，可在管道正上方敷设一条警示带；对于公称外径大于或等于 400 mm 的管道，应在管道正上方平行敷设 2 条水平净距为 100 mm～200 mm 的警示带；

3） 警示带宜采用聚乙烯或不易分解的材料制造，颜色应为黄色，且在警示带上应印有醒目、永久性警示语。

4 保护板应有足够的强度，且上面应有明显的警示标识；保护板宜敷设在管道上方距管顶大于 200 mm、距地面 300 mm～500 mm 处，但不得敷设在路面结构层内。

6.3.5 采用拖管法埋地敷设时，在管道拖拉的过程中，沟底不应有可能损伤管道表面的石块和尖凸物，拖拉长度不宜超过 300 m。允许拖拉力应按下式计算：

$$F = \frac{14\pi d_n^2}{3SDR} \tag{6.3.5}$$

式中：F——允许拖拉力（N）；

d_n——管道公称外径（mm）；

SDR——标准尺寸比。

6.4 沟槽回填

6.4.1 聚乙烯燃气管道敷设完毕并经外观检验合格后，应及时进行沟槽回填。除连接部位可外露外，管道两侧和管顶以上的回填高度不宜小于 0.5 m。

6.4.2 聚乙烯燃气管道沟槽回填应从管道两侧同时对称均衡进行，并应保证管道不产生位移。

6.4.3 管道沟槽回填时，不得回填淤泥、有机物或冻土，回填土中不得含有石块、砖及其他杂物。

6.4.4 聚乙烯燃气管道的回填施工应符合下列规定：

1 管底基础至管顶以上 0.5 m 范围内，应采用人工回填和轻型压实设备夯实方式，不得采用机械推土回填。

2 回填、夯实应分层对称进行，每层回填土的高度应为 200 mm～300 mm，不得单侧回填、夯实。

3 管顶 0.5 m 以上采用机械回填压实时，应从管轴线两侧同时均匀进行，并夯实、碾压。

6.4.5 聚乙烯燃气管道回填材料、回填土压实系数等应符合设计要求。当设计无要求时，应符合表 6.4.5的规定。

表 6.4.5 沟槽回填土压实系数与回填材料

填土部位		压实系数(%)	回填材料
管道基础	管底基础	≥90	中粗砂、素土
	管道有效支撑角范围	≥95	
管道两侧		≥95	中粗砂、素土或符合要求的原土
管顶以上 0.5 m 内	管道两侧	≥90	
	管道上部	≥90	
管顶 0.5 m 以上		≥90	原土

注：回填土的压实系数，除设计要求采用重型击实标准外，其他皆以轻型击实标准试验获得最大干密度为 100%。

6.4.6 对于埋深无法满足本标准第 4.3.3 条要求的中压和低压庭院管道，可采取砌筑沟槽保护等方法敷设。当采用砌筑沟槽方式敷设时，沟槽中的管道应自然蜿蜒敷设，且管道四周的沟槽内应填满砂，沟槽上部应加设盖板。对于高出地表的沟槽应加设醒目标志。

7 试验与验收

7.1 一般规定

7.1.1 聚乙烯燃气管道的试验与验收除应符合本标准的规定外，尚应符合现行行业标准《城镇燃气输配工程施工及验收规范》CJJ 33 的有关规定。

7.1.2 聚乙烯燃气管道安装完毕后，应依次进行管道吹扫、强度试验和严密性试验，并应符合下列规定：

1 采用开槽敷设的聚乙烯管道，吹扫、强度试验和严密性试验应在回填土回填至管顶 0.5 m 以上后进行。

2 采用水平定向钻敷设和插入法敷设的聚乙烯管道，吹扫、强度试验和严密性试验应在敷设前进行；吹扫、强度试验和严密性试验前，应对管道采取临时安全加固措施。在回拖或插入后，应随同管道系统再次进行严密性试验。

3 采用管沟敷设的聚乙烯管道，吹扫、强度试验和严密性试验应在管道填沙并加盖保护盖板后进行。

7.1.3 聚乙烯燃气管道吹扫、强度试验和严密性试验的介质可采用压缩空气、氮气或惰性气体，其温度不应超过 40 ℃，且不应低于－20 ℃。当采用压缩空气时，在压缩机的出口端应安装油水分离器和过滤器。聚乙烯阀门的放散口不宜作为试验介质的进、出气口。

7.1.4 聚乙烯燃气管道在管道吹扫、强度试验和严密性试验时，管道应与无关系统和已运行的系统隔离，并应设置明显标志，不得采用关闭阀门的方式进行隔离。

7.1.5 聚乙烯燃气管道在进行强度试验和严密性试验前，管道系统应具备下列条件：

1 应编制强度试验和严密性试验的试验方案。

2 管道系统应安装检查合格，并已及时回填。

3 管件的支墩和锚固设施应已达到设计强度；未设支墩及锚固设施的弯头和三通应已采取加固措施；压力试验的进、出气口应已固定牢固。

4 试验管段的所有敞口应封堵完毕，且不得采用阀门作为堵板。

5 管道试验段的所有阀门应全部开启。

6 管道应吹扫完毕。

7.1.6 聚乙烯燃气管道在进行强度试验和严密性试验时，可使用洗涤剂或肥皂液等进行漏气检查。检查完毕后，应及时用水冲去管道上的洗涤剂或肥皂液。

7.1.7 聚乙烯燃气管道进行强度试验和严密性试验时，必须待压力降至大气压后，方可对所发现的缺陷进行处理，处理合格后应重新进行试验。

7.1.8 聚乙烯燃气管道在无法进行强度试验和严密性试验的碰头接口时，应进行带气检漏。对于热熔对接接口，应进行 100％卷边切除检查。

7.2 管道吹扫

7.2.1 聚乙烯燃气管道安装完毕后，应由施工单位负责组织吹扫工作，并应在吹扫前编制吹扫方案。

7.2.2 聚乙烯燃气管道吹扫口应设置在开阔地段，并应对吹扫口采取加固措施；排气口应采用金属阀门并进行接地。吹扫时，应划定工作区和安全区，吹扫出口处严禁站人。

7.2.3 聚乙烯燃气管道吹扫压力不应大于 0.3 MPa，气体流速不宜小于 20 m/s。

7.2.4 聚乙烯燃气管道每次吹扫管道的长度，应根据吹扫介质、压力、气量确定，且不宜大于 1 000 m。

7.2.5 当管道长度大于 200 m，且无其他管段或储气容器可利用时，应在适当部位安装分段吹扫阀，采取分段储气，轮换吹扫；当管道长度不大于 200 m 时，可采用管道自身储气放散的方式吹扫，打压点与放散点应分别设在管道两端。

7.2.6 吹扫口与地面的夹角应在 30°～45°之间，吹扫口管段与被吹扫管段应采取平缓过渡焊接方式连接，吹扫口直径应符合表 7.2.6 的规定。

表 7.2.6 吹扫口直径

末端管道公称外径 d_n	$d_n<160$	$160\leqslant d_n\leqslant 315$	$d_n\geqslant 355$
吹扫口公称外径(mm)	与管道同径	⩾160	⩾250

7.2.7 聚乙烯燃气管道系统中调压器、凝水缸、阀门等装置不应参与吹扫，应待吹扫合格后再进行安装。

7.2.8 当目测排气无烟尘时，应在排气口处设置白布或涂白漆的木靶板进行检验，5 min 内靶上无尘土、塑料碎屑等杂物应判定为合格。吹扫应反复进行数次，直至确认吹净为止，同时应做好记录。

7.2.9 聚乙烯燃气管道在吹扫合格、设备复位后，不得再进行影响管内清洁的作业。

7.3 强度试验

7.3.1 聚乙烯燃气管道系统应分段进行强度试验，试验管道长度不宜超过 1 000 m。

7.3.2 聚乙烯燃气管道强度试验用的压力计应在校验有效期内,其量程应为试验压力的1.5倍~2.0倍,其精度不得低于1.6级。

7.3.3 聚乙烯燃气管道强度试验压力应为设计压力的1.5倍,且最低试验压力应符合下列规定:

1 *SDR*11聚乙烯管道不应小于0.40 MPa。

2 *SDR*17/*SDR*17.6聚乙烯管道不应小于0.20 MPa。

7.3.4 聚乙烯燃气管道进行强度试验时,压力应缓慢上升。当升至试验压力的50%时,应进行初检;如无泄漏和异常现象,则应继续缓慢升压至试验压力。达到试验压力后,宜在稳压1 h后观察压力计;当在30 min内无明显压力降时,应判定为合格。

7.3.5 经分段试压合格的管段接头,外观检验合格后,可不再进行强度试验。

7.4 严密性试验

7.4.1 聚乙烯燃气管道严密性试验应符合现行行业标准《城镇燃气输配工程施工及验收规范》CJJ 33的有关规定。

7.4.2 聚乙烯燃气管道严密性试验应在压力稳定时进行压力记录。

7.5 工程竣工验收

7.5.1 聚乙烯燃气管道工程的竣工验收应按现行行业标准《城镇燃气输配工程施工及验收规范》CJJ 33的规定执行。

7.5.2 聚乙烯燃气管道工程竣工资料除应符合现行行业标准《城镇燃气输配工程施工及验收规范》CJJ 33的有关规定外,尚应包括下列施工检查记录:

1 聚乙烯管道熔接记录,可按本标准附录A的格式填写;

2 焊口编号示意图,可按本标准附录B的格式填写;

3 热熔对接焊口卷边切除检查记录,可按本标准附录C的格式填写;

4 示踪装置竣工验收检查记录。

附录A 聚乙烯管道熔接记录

工程名称：　　　　工程编号：　　　　施工单位：　　　　施工地点：　　　　编号：

<table>
<tr><th rowspan="2">熔口编号</th><th rowspan="2">熔接工姓名</th><th rowspan="2">熔接工证号</th><th rowspan="2">熔接日期</th><th rowspan="2">管径/壁厚（mm）</th><th rowspan="2">熔接形式</th><th rowspan="2">熔接温度或熔接电压</th><th rowspan="2">熔接时间（s）</th><th rowspan="2">冷却时间（min）</th><th rowspan="2">熔环高度、宽度或插入深度（mm）</th><th rowspan="2">溢出料溢出情况</th><th colspan="4">熔接环境</th><th rowspan="2">备注</th></tr>
<tr><th>气温（℃）</th><th>风力（级）</th><th>晴</th><th>雨</th></tr>
<tr><td>1</td><td></td><td></td><td></td><td></td><td></td><td></td><td></td><td></td><td></td><td></td><td></td><td></td><td></td><td></td><td></td></tr>
<tr><td>2</td><td></td><td></td><td></td><td></td><td></td><td></td><td></td><td></td><td></td><td></td><td></td><td></td><td></td><td></td><td></td></tr>
<tr><td>3</td><td></td><td></td><td></td><td></td><td></td><td></td><td></td><td></td><td></td><td></td><td></td><td></td><td></td><td></td><td></td></tr>
<tr><td>4</td><td></td><td></td><td></td><td></td><td></td><td></td><td></td><td></td><td></td><td></td><td></td><td></td><td></td><td></td><td></td></tr>
<tr><td>5</td><td></td><td></td><td></td><td></td><td></td><td></td><td></td><td></td><td></td><td></td><td></td><td></td><td></td><td></td><td></td></tr>
<tr><td>6</td><td></td><td></td><td></td><td></td><td></td><td></td><td></td><td></td><td></td><td></td><td></td><td></td><td></td><td></td><td></td></tr>
<tr><td>7</td><td></td><td></td><td></td><td></td><td></td><td></td><td></td><td></td><td></td><td></td><td></td><td></td><td></td><td></td><td></td></tr>
<tr><td>8</td><td></td><td></td><td></td><td></td><td></td><td></td><td></td><td></td><td></td><td></td><td></td><td></td><td></td><td></td><td></td></tr>
<tr><td>9</td><td></td><td></td><td></td><td></td><td></td><td></td><td></td><td></td><td></td><td></td><td></td><td></td><td></td><td></td><td></td></tr>
<tr><td>10</td><td></td><td></td><td></td><td></td><td></td><td></td><td></td><td></td><td></td><td></td><td></td><td></td><td></td><td></td><td></td></tr>
<tr><td>施工员</td><td colspan="5"></td><td colspan="2">质检员</td><td colspan="2"></td><td colspan="3">监理（建设单位现场员）</td><td colspan="3"></td></tr>
</table>

附录B　焊口编号示意图

编号：

焊口编号																		
卷边切除 检查编号																		
管线长度																		

附录 C 热熔对接焊口卷边切除检查记录表

编号：

卷边切除检查编号	卷边切除操作人	检查时间	焊口切除前检查情况		卷边实心圆滑根部较宽	卷边切除处存在缺陷				背弯实验情况		
			卷边对称性	接头对正性		杂质	气孔	扭曲	损坏	开裂	裂缝	接缝处熔合线
质检员						监理						

本标准用词说明

1 为便于在执行本规范条文时区别对待，对要求严格程度不同的用词说明如下：

1）表示很严格，非这样做不可的：

正面词采用“必须”，反面词采用“严禁”；

2）表示严格，在正常情况下均应这样做的：

正面词采用“应”，反面词采用“不应”或“不得”；

3）表示允许稍有选择，在条件许可时首先应这样做的：

正面词采用“宜”，反面词采用“不宜”；

4）表示有选择，在一定条件下可以这样做的，采用“可”。

2 条文中指明应按其他有关标准执行的写法为：“应符合……的规定”或“应按……执行”。

引用标准名录

1 《建筑设计防火规范》GB 50016

2 《城镇燃气设计规范》GB 50028

3 《物流建筑设计规范》GB 51157

4 《流体输送用热塑性塑料管道系统　耐内压性能的测定》GB/T 6111

5 《燃气用埋地聚乙烯(PE)管道系统　第1部分：管材》GB/T 15558.1

6 《燃气用埋地聚乙烯(PE)管道系统　第2部分：管件》GB/T 15558.2

7 《燃气用埋地聚乙烯(PE)管道系统　第3部分：阀门》GB/T 15558.3

8 《塑料管材和管件　聚乙烯电熔组件的挤压剥离试验》GB/T 19806

9 《塑料管材和管件公称外径大于或等于90 mm的聚乙烯电熔组件的拉伸剥离试验》GB/T 19808

10 《聚乙烯(PE)管材和管件热熔对接接头拉伸强度和破坏形式的测定》GB/T 19810

11 《塑料管材和管件　聚乙烯系统熔接设备　第1部分：热熔对接》GB/T 20674.1

12 《塑料管材和管件　聚乙烯系统熔接设备　第2部分：电熔连接》GB/T 20674.2

13 《燃气用聚乙烯管道系统的机械管件　第1部分：公称外径不大于63 mm的管材用钢塑转换管件》GB 26255.1

14 《燃气用聚乙烯管道系统的机械管件　第2部分：公称外径大于63 mm的管材用钢塑转换管件》GB 26255.2

15 《塑料管材和管件　燃气和给水输配系统用聚乙烯(PE)管材及管件的热熔对接程序》GB/T 32434

16 《城镇燃气输配工程施工及验收规范》CJJ 33

17 《城镇燃气管道非开挖修复更新工程技术规程》CJJ/T 147

18 《城镇燃气标志标准》CJJ/T 153

19 《城镇燃气管道穿跨越工程技术规程》CJJ/T 250

20 《燃气用聚乙烯管道焊接技术规则》TSG D2002

中华人民共和国行业标准

聚乙烯燃气管道工程技术标准

CJJ 63—2018

条 文 说 明

编 制 说 明

《聚乙烯燃气管道工程技术标准》CJJ 63—2018,经住房和城乡建设部2018年10月18日以第231号公告批准、发布。

本标准是在《聚乙烯燃气管道工程技术规程》CJJ 63—2008的基础上修订而成的,上一版的主编单位是建设部科技发展促进中心,参编单位是北京市煤气热力工程设计院有限公司、北京市燃气集团有限责任公司、香港中华煤气有限公司、亚大塑料制品有限公司、沧州明珠塑料股份有限公司、四川森普管材股份有限公司、临海市伟星新型建材有限公司、浙江枫叶集团有限公司、河北宝硕管材有限公司、华创天元实业发展有限责任公司、煌盛管业集团有限公司、江苏法尔胜新型管业有限公司、胜利油田孚瑞特石油装备有限责任公司,主要起草人员是高立新、李永威、丛万军、何健文、马洲、贾晓辉、李养利、王登勇、傅志权、高长全、李鹏、邵泰清、唐国强、胡圣家、王志伟、杨炯、张文龙、恽惠德、梁立移。

为便于广大设计、施工、科研、院校等单位有关人员在使用本标准时能正确理解和执行条文规定,《聚乙烯燃气管道工程技术标准》编制组按章、节、条顺序编制了本标准的条文说明,对条文规定的目的、依据以及执行中需注意的有关事项进行了说明,还着重对强制性条文的强制性理由做了解释。但是,本条文说明不具备与标准正文同等的法律效力,仅供使用者作为理解和把握标准规定的参考。

1 总 则

1.0.1 聚乙烯燃气管道由于具有良好的耐腐蚀性、柔韧性和可焊接性(热熔连接、电熔连接)等性能,在国内外燃气管网应用中取得了良好效果,受到行业的肯定,占据了相当大的市场份额。随着聚乙烯材料发展,高耐慢速裂纹增长聚乙烯材料(如 PE100-RC)的出现,进一步提高了聚乙烯材料的性能。钢丝网或钢带复合的钢骨架聚乙烯复合管不属于聚乙烯实壁管道,为与该标准名称相协调,本标准删除了钢骨架聚乙烯复合管内容。对于钢骨架聚乙烯复合管设计、施工等技术要求可参考中国工程建设标准化协会标准《埋地钢骨架聚乙烯复合管燃气管道工程技术规程》CECS131:2002。

1.0.2 本条是针对燃气输配工程的特点以及聚乙烯管道的特性,规定了本标准的适用范围。

1) 工作温度规定为−20 ℃～+40 ℃,是考虑到聚乙烯是一种高分子材料,温度对其影响较大。温度过低将导致其变脆,抗冲击强度和断裂伸长率下降;相反,温度过高又会使聚乙烯材料耐压强度下降。美国规定聚乙烯管道工作温度为−29 ℃～+38 ℃(−20 ℉～100 ℉),英国、法国等欧洲国家以及欧洲标准(EN)和国际标准(ISO)等规定工作温度为−20 ℃～+40 ℃。

2) 工作压力由管道的最大工作压力(*MOP*)确定。最大工作压力(*MOP*)是以 20 ℃、50 年的管道设计使用寿命为基础确定,聚乙烯管道系统的 *MOP* 取决于使用的聚乙烯材料类型(*MRS*)、管材的标准尺寸比(*SDR*)和使用条件(设计系数 *C*),以及耐快速裂纹扩展(*RCP*)性能,通过 *RCP* 校核 *MOP*。聚乙烯管道工作温度下最大允许工作压力计算公式,如下:

$$MOP_t = \frac{2 \times MRS}{(SDR-1) \times C \times D_F} \tag{1}$$

式中:MOP_t——工作温度下的最大允许工作压力;

MRS——最小要求强度,PE 80 为 8.0 MPa;PE 100 为 10.0 MPa;

SDR——标准尺寸比,国际标准和国家标准中常用的有 *SDR*11、*SDR*17 等系列。同时也允许使用现行国家标准《热塑性塑料管材通用壁厚表》GB/T 10798 和《流体输送用热塑性塑料管材 公称外径和公称压力》GB/T 4217 中规定的管系列(S)推算出的其他标准尺寸比(*SDR*),即标准尺寸比 *SDR*17.6 也可使用,并应按现行国家标准《燃气用埋地聚乙烯(PE)管道系统 第 1 部分:管材》GB 15558.1 的相关规定执行;

C——设计系数,燃气管道一般取 *C* 大于等于 2.0;

D_F——不同工作温度下聚乙烯管道工作压力折减系数。

根据《燃气用塑料管道系统 聚乙烯(PE)》ISO 4437、《燃气用塑料管道系统 聚乙烯(PE)》EN 1555以及现行国家标准《燃气用埋地聚乙烯(PE)管道系统 第 1 部分:管材》GB/T 15558.1 中的规定,在不考虑施工因素和温度折减,用式(1)计算可得出:PE100、SDR11 系列管材的 MOP 为 1.0 MPa。《燃气供应系统 最大工作压力到 1.6 MPa 的管道系统 第 2 部分:(*MOP* 到 1.0 MPa)聚乙烯的性能要求》BS EN 12007-2:2012 标准中,PE100、SDR11 系列管材的 *MOP* 为 1.0 MPa。在实际工程应用中,由于还应考虑施工和使用条件,一般在实际运行中的设计系数高于 2.0,即 *MOP* 小于1.0 MPa。

早在 2000 年,《燃气基础设施 最大工作压力小于等于 16 bar 的管道 第 2 部分:聚乙烯管功能要求(*MOP* 小于等于 10 bar)》EN 12007-2—2000 标准提出 10 bar 压力级别的聚乙烯管道质量要求。在新的国外标准,《燃气用塑料管道系统 聚乙烯(PE) 第 2 部分:管材》EN 1555-2:2010、《燃气用塑料管道系统 聚乙烯(PE) 第 2 部分:管材》ISO 4437-2:2014 中聚乙烯燃气管道使用范围包括 10 bar。

目前，丹麦、巴西规定PE100、SDR11系列管材的*MOP*为0.7 MPa；法国、西班牙规定PE100、SDR11系列管材的*MOP*为0.8 MPa；英国、德国、匈牙利、摩尔多瓦规定PE100、SDR11系列管材的*MOP*为1.0 MPa；乌克兰、俄罗斯规定PE100、SDR9系列管材的*MOP*为1.2 MPa。

考虑到我国国情和施工因素（包括地质条件、施工方式、燃气种类、管理条件等各种因素），结合我国近20年来应用聚乙烯燃气管道的使用经验，考虑安全性能要求，设计系数(*C*)取值大于等于2.5，比较经济合理。该取值2.5高于《燃气用塑料管道系统　聚乙烯(PE)管道》ISO 4437、《燃气用塑料管道系统　聚乙烯(PE)》EN 1555以及《燃气用埋地聚乙烯(PE)管道系统》GB/T 15558.1～15558.3产品标准中规定(*C*大于等于2.0)，与美国应用标准(*C*大于等于2.5)的规定一致。因此，本标准规定：对于输送天然气的聚乙烯管道，PE100、SDR11系列管材的最大工作压力(*MOP*)为0.8 MPa。

3）公称外径规定为不大于630 mm，是为了与现行国家标准《燃气用埋地聚乙烯(PE)管道系统　第1部分：管材》GB/T 15558.1、《燃气用塑料管道系统　聚乙烯(PE)　第2部分：管材》ISO 4437-2:2014相适应，并能满足一般燃气工程的需要。

1.0.3　本条是强制性条文。聚乙烯管道机械强度相对于钢管较低，作为地上明管受碰撞时易破损，导致漏气；同时大气环境中紫外线会加速聚乙烯材料的老化，从而降低管道力学性能和耐压强度。因此，作为输送易燃易爆介质的燃气管道，严禁聚乙烯燃气管道明设，包括室外明管敷设管道、室外架空管道等。对于聚乙烯管道出地面应满足本标准第4.3.11条的规定。在国外，一般也规定聚乙烯管道只作埋地管使用。

1.0.4　强调埋地聚乙烯管道工程设计、施工和验收不仅要遵循本标准的规定，同时还要符合现行国家标准《城镇燃气设计规范》GB 50028、《城市工程管线综合规划规范》GB 50289等标准规范的规定。

2　术语、符号

2.1　术　　语

本章规定的术语是对本标准出现的、容易引起歧义的术语，参考有关标准规范和技术文献给出了定义。

本章规定的符号是在本标准出现的主要符号，按照工作压力参数、几何参数、计算参量和系数分成三类，参考现行国家标准《城镇燃气设计规范》GB 50028、《燃气用埋地聚乙烯(PE)管道系统》GB/T 15558.1～15558.3等标准规范和相关技术文献列出。

3　材　　料

3.1　一般规定

3.1.1　对于应用多年的非标准产品或正在制定国家或行业产品标准的产品，根据生产和工程应用经验，提出基本要求，进行相关性能试验，以利于保证产品质量，确保工程质量。尤其在聚乙烯原料选择上，应严格按照现行国家标准《燃气用埋地聚乙烯(PE)管道系统》GB/T 15558.1～15558.3的要求，选择经过定级的PE100或PE80聚乙烯燃气管道专用混配料。

对于聚乙烯燃气管道系统中管材、管件和阀门等管道元件的制造单位，应取得特种设备制造许可证。

3.1.2　本条规定主要为确保产品质量合格，规格尺寸、颜色和型号符合设计要求，且应具有检验合格证、检验报告等。聚乙烯管道元件应按现行国家标准《燃气用埋地聚乙烯(PE)管道系统》GB/T 15558.1～15558.3系列标准进行检验。在接收管材、管件、阀门时应按有关标准检查下列项目：

1 检验合格证；

2 每一批次出厂检验报告或第三方检测报告；

3 使用的聚乙烯原料级别和牌号；

4 外观；

5 颜色；

6 长度；

7 不圆度；

8 外径或内径及壁厚；

9 生产日期；

10 产品标志。

检查合格证、第三方检验报告，是为了确认提供的产品是合格产品；检查使用的聚乙烯原料级别和牌号、生产日期、产品标志，是为了方便产品储存和管理，做到分类储存和“先进先出”；检查外观、颜色、长度、不圆度、外径及壁厚，是为了验证该批产品是否符合产品标准要求和订货要求。标准尺寸比（*SDR*）由外径和壁厚计算得出。

外观检测时，管材内、外表面应清洁、光滑，不允许有气泡、明显的划伤、凹陷、杂质、颜色不匀等缺陷，管口应平整并与轴线垂直。管材的表面划伤深度不应超过其壁厚的10%。大口径管材不宜划伤过深，影响管材性能，符合要求后方可接收。管件内外表面应清洁、平滑，不应有缩孔（坑）、明显的划痕和不符合现行国家标准《燃气用埋地聚乙烯（PE）管道系统 第2部分：管件》GB/T 15558.2相关要求的其他表面缺陷。

燃气管材颜色应为黑色（PE80或PE100）、黄色（PE80）或橙色（PE100）。PE80黑色管材上应共挤出至少三条黄色条，PE100黑色管材上应共挤出至少三条橙色条，色条应沿管材圆周方向均匀分布。

长度、外径或内径及壁厚应在（23±2）℃的标准环境下经状态调节后测量，现行国家标准《燃气用埋地聚乙烯（PE）管道系统》GB/T 15558.1～15558.3规定产品不圆度应在生产地点测量并符合要求，故验收时应考虑运输、储存过程中的实际情况导致管材、管件变形，宜考虑状态调节及借助工具的复原，以使管材/管件复原后的不圆度达到标准要求。

3.1.3 参照《燃气供应系统 最大工作压力到16 bar的管线 第2部分：聚乙烯管功能要求（*MOP*不大于10 bar）》BS EN 12007-2：2012第5章规定，聚乙烯管道、接头室外存储当太阳辐射量超过3.5 GJ/m^{2}后需要重新检测。制定本条的目的不是规定聚乙烯管材的室外存放时间，而是保证聚乙烯管材的规范存放。

聚乙烯是一种热塑性高分子材料，在室外自然条件下，由于受到太阳紫外线、热、氧、臭氧、水分、工业有害气体及微生物等外界环境因素的作用而老化，产生变色、性能下降乃至于失去使用价值，严重影响产品的使用寿命。实验表明，波长290 nm～400 nm的紫外线尤其是波长300 nm左右的紫外线，是导致聚乙烯劣化的主要因素。聚乙烯吸收此紫外线后，会加速分子链断裂，逐步发生降解。

聚乙烯材料老化反应速度与温度也有关系，温度的升高会加速和促进塑料的光化学反应。一般来讲，老化速度与温度的关系大体符合范特霍夫规则：温度每升高10 K，其反应速率就增加1倍～3倍。因此要求管道贮存条件满足本标准第3.2.2条温度、避光、无臭氧等要求；管件良好包装，具有密封塑封袋及外包装箱等防护措施。

为了提高耐老化性能，一般在聚乙烯原料中加入光屏蔽剂、光稳定剂、热稳定剂和抗氧剂等。将良好分散的炭黑作为光屏蔽剂加入聚乙烯原料生产出的黑色管材，在室外阳光照射条件下可以长时间保持性能稳定。而非黑色管添加额外的抗UV稳定剂（受阻胺类）和UV吸收剂，增强了抗热氧化的效果。

混配料中添加的紫外线稳定剂和热稳定剂，可减缓氧化及分子结构发生变化，管道产品在常温和常规条件下的储存是非常稳定的，在90 ℃以上，才开始进入熔程。

《燃气用埋地聚乙烯(PE)管道系统　第1部分：管材》GB/T 15558.1—2015和《燃气用塑料管道系统　聚乙烯(PE)》ISO 4437—2Q14规定了聚乙烯混配料(非黑色料，以管材形式测定)的耐候性能：在受到累计太阳能辐射≥3.5 GJ/m^2后，由其制作电熔接头的剥离强度、管材断裂伸长率和静液压试验仍应符合其标准的相关要求。本条规定主要是参考聚乙烯燃气管产品标准《燃气用塑料管道系统　聚乙烯(PE)》ISO 4437—2014、《燃气用埋地聚乙烯(PE)管道系统　第1部分：管材》GB/T 15558.1—2015规定的耐老化性能试验要求。

3.5 GJ/m^2相当于西欧地区(如：法国巴黎、英国伦敦)一年的太阳能辐射量，相当于我国大部分地区(6～8)个月的太阳能辐射量，我国日照时数及年辐照量分布如表1所示。

表1　中国日照时数及年辐照量分布

地区分类	年日照时数(h)	年辐照量(GJ/m^2)	包括地区	与国外相当的地区
一	3 200～3 300	>6.7	宁夏北、甘肃西、新疆东南、青海西、西藏西	印度和巴基斯坦北部
二	3 000～3 200	5.4～6.7	冀西北、京、津、晋北、内蒙古及宁夏南、甘肃中东、青海东、西藏南、新疆南	印度尼西亚的雅加达一带
三	2 200～3 000	5.0～5.4	鲁、豫、冀东南、晋南、新疆北、吉林、辽宁、云南、陕北、甘肃东南、粤南	美国的华盛顿地区
三	1 400～2 200	4.2～5.0	湘、桂、赣、江、浙、沪、皖、鄂、闽北、粤北、陕南、黑龙江	意大利的米兰地区
四	1 000～1 400	<4.2	川、黔、渝	法国的巴黎、俄罗斯的莫斯科

数据来源：《民用建筑太阳能热水系统应用技术标准》GB 50364—2018。

对于电熔管件，通常采用装箱或塑料密封包装，存储于室内，无热源或温度显著变化的地方，避免了气候影响、紫外线辐射，按国外经验及相关研究，存放时间可达10年。但长时间存放的电熔管件表面变化将影响其熔接性能，因此存放时间一般控制在6年，同时应满足本标准第3.2.2条的贮存条件。

国内外相关用户及制造商对超过4年甚至更长时限的管材、管件进行相应的测试，结果显示均能达到相关性能要求且无明显降低。但这些不意味着管材可以随时在场外暴晒，无论哪一种颜色管材场外堆放时必须做好遮盖物遮挡，防日晒、雨淋。

因此确定在良好贮存条件下，管材贮存时间不宜超过4年。对于管件，由于其体积小、价值高，均有独立包装，贮存条件优于管材，大大减少了日照辐射量，因此，确定存放期不宜超过6年。此处强调良好贮存条件是指满足本标准第3.2.2条贮存条件。对于管件，应具有密封塑料袋包装，且包装无破损。

对于超过规定保存期限和条件的管材、管件抽样要求，组成抽样检验批的管道元件应具备相似存放条件，存放条件差异大的不应组成同一个检验批次。

耐老化性能检验方法主要是按现行国家标准《燃气用埋地聚乙烯(PE)管道系统》GB/T 15558.1～15558.3耐老化性能试验要求进行，管材抽检项目包括：静液压强度(165 h/80 ℃)、电熔接头的剥离强度和断裂伸长率；管件抽检项目包括：静液压强度(165 h/80 ℃)、电熔接头的剥离强度、热熔对接连接的拉伸强度或电熔管件的熔接强度；阀门抽检项目包括：静液压强度(165 h/80 ℃)、电熔接头的剥离强度、操作扭矩和密封性能试验。

管材和管件每批次抽取2个试样进行检验。如1次抽样检验不合格，可加倍抽样检验。1次抽样检验或加倍抽样检验全部合格的,该检验批次的全部材料合格;否则,应判为不合格。

3.2 运输和贮存

3.2.1 规定本条目的是为了防止管材、管件和阀门在运输过程中受到损伤。PE管材表面易被尖锐物品等划伤,而表面划伤是管道系统运行使用中产生应力开裂的重要诱因。抛、摔或剧烈撞击容易使塑料管道产生裂纹和损伤,特别在冬季或低温状态下塑料管道脆性增强,因此搬运时应当小心轻放。塑料材质比较柔软,采用非金属绳(带)吊装是考虑到金属绳容易损伤管材。

塑料管材刚性相对于金属管较低,运输途中平坦放置有利于减少管道局部受压和变形,并应采取管口支撑等方式,减少管口变形;管材在运输途中捆扎、固定是为了避免其相互移动的挫伤。堆放处不允许有尖凸物是防止在运输途中管材相对移动时,尖凸物划伤、扎伤管材。

运输过程中采取封堵或遮挡措施可减少泥沙和灰尘进入管材内部,影响管道吹扫。管口采用塑料封堵盖封堵不但起到减少杂物进入管道,还可起到保护管口防止变形的作用。

塑料管道在光、热作用下,容易老化发脆,性能下降,因此需要考虑防晒、防高温措施。

3.2.2 规定管材、管件和阀门存放时,应按不同规格尺寸和不同类型分别存放,是为了便于管理和拿取方便,避免施工期间使用时拿错,影响施工进度和工程质量。遵守"先进先出"原则,是为了减少管材、管件贮存时间。

聚乙烯材料及制品属于易燃固体,其火灾危险性为乙类。其贮存用仓库(存储型物流建筑)或半露天堆场(货棚)设计应符合现行国家标准《建筑设计防火规范》GB 50016和《物流建筑设计规范》GB 51157的要求;现行国家标准《建筑设计防火规范》GB 50016和《物流建筑设计规范》GB 51157标准中对仓库(存储型物流建筑)或半露天堆场(货棚)的结构、耐火等级、防火间距、给排水、通风等均作出了规定。

油类对管道在施工连接时有不利影响;化学品有可能对聚乙烯材料产生溶胀,降低其物理、力学性能;此外,聚乙烯属可燃材料。因此,严禁与油类或化学品混合存放,库区应有防火措施。

阳光中紫外线和雨水中的杂质对聚乙烯材料有老化和氧化作用,会降低其使用寿命;应在远离阳光和具有高含紫外线的强人工光源贮存,如果贮存区有窗户或装有玻璃的开口,应使用红色或橙色遮盖物遮蔽。

贮存区内不应有能产生臭氧的设备,如汞蒸气灯、高压电设备及其他可能产生电火花或电荷的设备。

聚乙烯材料受温度影响较大,长期受热会出现变形,以及产生热老化,会降低管道的性能。油类对管道在施工连接时有不利影响;化学品有可能对聚乙烯材料产生溶胀,降低其物理、力学性能。

规定管材和管件的存放方式及高度,是由于聚乙烯材料的刚性相对于金属管较低,因此堆放处,应尽可能平整,连续支撑为最佳。若堆放过高,由于重力作用,可能导致下层管材出现变形(椭圆),影响连接质量,且堆放过高,易倒塌。本条规定的高度参考了《燃气供应系统　最大工作压力到16 bar的管线》EN 12007及《燃气输送用聚乙烯管材和管件　设计、搬运和安装规范》ISO/TS 10839。管件逐层码放,不宜叠放过高,是为了便于拿取和库房管理,并且叠放过高容易倒塌,摔坏管件。

在施工期间,施工现场远离库房时,管材、管件可能要在室外临时堆放,为了防止风吹、日晒、雨淋和污染,管材、管件在户外临时堆放时应有遮盖物,如帆布。采用端盖可有效防止杂物进入管内。

4 管道设计

4.1 一般规定

4.1.1 管道系统设计时要考虑各种因素,综合比较,达到经济合理。因燃气的种类不同,组分不同,对于不同材料、不同系列、不同管道壁厚PE管，其最大工作压力不同。聚乙烯管道的最大工作压力是根据管材在20 ℃时长期强度确定的。由于聚乙烯材料对温度较为敏感，在较高温度下其耐压强度降低，为了保证管道系统使用的安全性，必须要降低工作压力或选用高工作压力管道，故管道、管件的材料和壁厚选择时，要综合考虑各种因素，经技术经济比较后确定。在一些特殊敷设环境如采用非开挖施工或地质条件较差时，可优先考虑采用高耐慢速裂纹增长材料(如PE100-RC)聚乙烯燃气管。

4.1.2 聚乙烯管道最大工作压力(*MOP*)是以20 ℃、50年的管道设计使用寿命为基础确定，取决于使用的聚乙烯材料类型的最小要求强度(*MRS*)、管材的*SDR*值和设计系数*C*(使用条件)，并通过耐快速裂纹扩展(*RCP*)性能校核*MOP*。由于聚乙烯材料对温度较为敏感，在较高温度下其耐压强度降低，为了保证管道系统使用的安全性，必须要降低工作压力；在较低温度下(－20 ℃～0 ℃范围内)，聚乙烯材料耐压能力提高，但抗冲击强度、断裂伸长率、抗裂纹扩展能力略有下降。考虑到管道是埋地敷设，管道受冲击的可能性较小，为方便使用，将－20 ℃～20 ℃作为一个温度范围，按20 ℃考虑。

当管道工作温度相对较高，可能超过20 ℃，在设计时要考虑较高工作温度对管道运行的不利影响，采用压力折减系数对20 ℃时的最大工作压力进行折减。该条文的压力折减系数延续《聚乙烯燃气管道工程技术规程》CJJ 63—2008版本，与国家标准《燃气用埋地聚乙烯(PE)管道系统　第1部分：管材》GB/T 15558.1—2015一致。P_{RCP}数值由混配料供应商或管材生产厂商提供，P_{RCP}值是指选取燃气用户所使用最大口径和最厚的PE管材进行试验获得的值。

本标准规定工作温度为年度平均数值，与国家标准《燃气用埋地聚乙烯(PE)管道系统　第1部分：管材》GB/T 15558.1—2015标准中附录C工作温度为考虑了内外环境的管材的年度平均温度的规定一致，也与《燃气输送用聚乙烯管材和管件设计、搬运和安装规范》ISO/TS 10839、《燃气用塑料管道系统　聚乙烯(PE)　第5部分：系统适用性》ISO 4437-5：2014、《燃气用塑料管道系统　聚乙烯(PE)　第5部分：系统适用性》EN 1555-5：2010规定一致。工作温度可为输送流体平均温度，当不能得到输送流体平均温度时，采用土壤年平均温度。

考虑到我国国情及地质条件、施工方式、燃气种类等各种因素，为进一步提高安全性能，给出不同聚乙烯材料类型、不同系列输送不同种类燃气时的设计系数*C*值。对于输送液化石油气和人工煤气的聚乙烯管道，由于液化石油气和人工煤气中存在芳香烃类物质，因此，要考虑燃气中的芳香烃类物质(如：苯、甲苯、二甲苯等)对聚乙烯材料的溶胀作用，导致管道耐压能力下降。国外一些试验证明：聚乙烯材料在苯溶液中的饱和吸收量在9%左右，聚乙烯材料屈服强度降低17%～19%，但吸收的成分释放以后，能恢复原有的物理性能，且聚乙烯材料结构无变化。气态芳香烃类物质对聚乙烯材料的影响要比液态芳香烃类物质小得多。因此，在本标准中，聚乙烯管道输送液化石油气和人工煤气时，比输送天然气又加大了设计系数。从表4.1.2-1可看出，本标准规定的设计系数均高于《燃气用塑料管道系统　聚乙烯(PE)》ISO 4437、《燃气用塑料管道系统　聚乙烯(PE)》EN 1555以及《燃气用埋地聚乙烯(PE)管道系统》GB/T 15558.1～15558.3标准中规定的*C*大于等于2.0，也与美国应用标准(*C*大于等于2.5)的规定一致。

4.1.3 本条在《聚乙烯燃气管道工程技术规程》CJJ 63—2008中的第4.1.8条的基础上进行了修改，原条文为：随管道走向应设计示踪线(带)和警示带。本次修订修改为：应沿管道走向设置有效的示踪、警示装置。设计示踪装置是为了运行管理时，探测管道位置；设置警示装置为了保护PE管道避免被第三方施工破坏。

目前国内燃气管网已埋设但情况不明且无详细准确竣工资料的燃气管线仍占不小的比例，为查清已埋设的燃气管网，便于今后调度、维护、施工、抢险等工作的顺利进行，在燃气管道安装时，在管路上布置示踪线、示踪器或可被探测的电子标识器，方便后期的运行维护中，配合管线探测仪，寻找这些点及了解管道信息。对于电子标识器宜埋设在表示管线方向变化的拐点、三通、管道末端、测试桩的连接点等位置。

1) 从安全角度讲，地面标志是防止第三方破坏的第一道屏障；城市地下管道错综复杂，地形、地貌变化较快，从燃气设施管理、抢险角度讲，地面标志能方便管理，提高抢险速度。聚乙烯管道的地面标志，与钢管所要求的相同。因此，本条规定地面标志应符合现行行业标准《城镇燃气输配工程施工及验收规范》CJJ 33 和《城镇燃气标志标准》CJJ/T 153 的要求。

2） 对于示踪线，通常将金属示踪装置置于管道正上方与塑料管道一起埋入，为间接探测管道位置提供物理前提。但不少燃气公司在实际工程中也发现，必须进行导通性验收和可探性验收，才能很好地起到示踪的作用。

本条不将示踪线作为唯一的管道位置探测方式，当其他方法如电子标志器、地下管线测绘等方式，经验证后也可使用。当采用测绘仪器准确测定燃气管线敷设坐标和埋深，应做好纸质和电子存档。其中测绘精度满足行业标准《城市地下管线探测技术规程》CJJ 61 的要求。

4.1.4 设置保护板是为了保护 PE 管道避免被第三方施工破坏。目前各燃气公司采用的保护板形式较多，包括钢筋混凝土板、玻璃纤维保护板、PE 保护板等，通常干管及枝状管线宜采用混凝土板，保护效果较好，但是重量大，造价较高，不便于搬运。北京市燃气集团有限责任公司采用的一种带示踪、警示功能的保护板，可以用金属探测器探测定位。其剪切强度≥14.2 MPa，拉伸强度≥10.0 MPa，可以有效抵御人工镐锤挖掘对 PE 管道的破坏，同时，保护板上方有“下有燃气，严禁开挖”的警示标识，兼有示踪和警示的功能。

保护板在铺设时应遮盖住管道。保护板宽度可根据管线压力、重要程度、遭受第三方破坏的概率等实际情况设计，但不应小于管道外径。

4.2 管道水力计算

4.2.1 为了满足用户小时最大用气量的需要，城镇燃气管道的设计流量应按计算月的小时最大用气量计算。居民生活、商业用户、工业企业、采暖空调以及燃气汽车用气等宜按现行国家标准《城镇燃气设计规范》GB 50028 计算。

4.2.2 本条参照现行国家标准《城镇燃气设计规范》GB 50028 制定，用柯列勃洛克公式代替原来的阿里特苏里公式。柯氏公式是世界各国在众多专业领域中广泛采用的一个经典公式，它是普朗德半经验理论发展到工程应用阶段的产物，有较扎实的理论和试验基础。

公式中的当量粗糙度 K，参照国内外的一些试验数据和相关规定确定，聚乙烯燃气管道一般取值为 0.01 mm。

4.2.3 管道的允许压力降可由管道系统入口压力至次级管网调压装置允许的最低入口压力差来决定，但对管道流速应有限制。国内外对气体管道流速的规定如下（不是针对管道材质限定的流速）：

炼油装置压力管线 $V=(15\sim30)$m/s

美国《化工装置》中乙烯与天然气管道 $V<30.5$ m/s

液化石油气气相管 $V=(8\sim15)$m/s

焦炉气管 $V=(4\sim18)$m/s

英国高压输气钢管线 $V\leqslant20$ m/s

国外对聚乙烯燃气管道流速一般都没有具体规定，很难查到最大流速值，但从有关资料中可查出典型最大流量，如：美国煤气协会（AGA）编辑出版的《塑料煤气管手册》1977 年版和 2001 年版中列出了在 60 磅/英寸^2（0.4 MPa）天然气输送系统中的典型最大流量，如表 2 所示。

表 2 在 60 磅/英寸^2（0.4 MPa）天然气输送系统中的典型最大流量

公称直径（英寸）	最大流量（千英尺^3/小时）	公称直径（英寸）	最大流量（千英尺^3/小时）
2	17.4	6	163.0
3	43.5	10	555.6
4	81.1	—	—

由表2可推算出：在美国，聚乙烯管道燃气流速大于20 m/s。但由于塑料管电阻率较高，管内介质流动时所产生的静电荷会积聚起来，当气流夹带粉尘时，在燃气管道内流动与管壁摩擦将产生静电，在节流点、弯头、压管点及泄漏点等处更易造成静电积聚，同时流速过高还会产生噪声和损伤管道内壁，因此，燃气流速设计不宜过高；相反，燃气流速过低，聚乙烯管道的技术经济性就得不到体现，市场竞争能力下降。因此，本标准将流速定为不宜大于20 m/s。该值基本能满足中、低压燃气管道工程的需要。

4.2.5 本条规定与现行国家标准《城镇燃气设计规范》GB 50028一致。本条所述的低压燃气管道是指和用户燃具直接相接的低压燃气管道(其中间不经调压器)。目前中低压调压装置有区域调压站和调压箱，出口燃气压力保持不变，由低压分配管网供应到户就是这种情况。公式(4.2.5)是根据国内使用情况和国外相关资料，结合调研、测试参数规定的。

4.3 管道布置

4.3.1 本条规定管道不得穿越建筑物是为保证管线施工和安全运行以及建(构)筑物的结构安全。一方面管道在建(构)筑物下方穿越时容易破坏基础的承载力或建(构)筑物的结构。其次当建(构)筑物发生沉降、变形时，将挤压管道，造成管道变形甚至破损，燃气漏损后进入建(构)筑物，影响建(构)筑安全，并损害建筑物结构或地基基础。且穿越基础的管道也不便于维护人员的检修和维护。

地下燃气管道在堆积易燃、易爆材料和具有腐蚀性液体的场地下面通过时，不但增加管道负荷和容易遭受侵蚀，而且当发生事故时相互影响，易引起次生灾害。

电缆包括电力电缆与通信电缆。

4.3.2 热力管道是指符合现行行业标准《城镇供热管网设计规范》CJJ 34规定的城镇供热管道。

聚乙烯管道与建(构)筑物或相邻管道之间的水平净距(除热力管)按现行国家标准《城镇燃气设计规范》GB 50028确定。聚乙烯管道与热力管道的水平净距，取决于热力管道在其周围的土壤温度场。一般情况下，热力管道的保温外壁的表面最高温度不高于60 ℃。聚乙烯管道与供热管道的水平净距应保证聚乙烯管处于40 ℃以下的土壤环境中使用，且在20 ℃～40 ℃的土壤环境中使用时，应按本标准表4.1.2规定的压力折减系数降低最大允许工作压力。

聚乙烯燃气管道与蒸汽管、超过130 ℃高温热水管平行敷设时，应进行技术、安全、寿命期和经济等论证，合理确定净距。设计和施工时应采取隔热措施，如隔热材料隔开，可有效保证燃气管道安全，避免因为一段燃气管道与热力管道平行敷设的水平净距较近而造成整个聚乙烯管道系统降压运行。

在受地形限制条件下，经与有关部门协商，按聚乙烯管道铺设的土壤及热力管实际运行情况确定温度场分布，并对管道或管道周围土壤采取隔热保温措施，可适当缩小净距。

垂直净距(除热力管)按现行国家标准《城镇燃气设计规范》GB 50028确定。热力管垂直净距的确定依据同上，加套管是为了对聚乙烯管道加以保护。

4.3.3 本条规定埋设的最小覆土深度参照现行国家标准《城市工程管线综合规划规范》GB 50289和《城镇燃气设计规范》GB 50028相关条款制定。由于塑料管道特性，承压性能低于钢管，为防止塑料管道压坏，其中车行道下埋设覆土深度不得小于0.9 m，以防止塑料管道损坏。条文中提出埋设在机动车不可能到达的地方时，不得小于0.5 m是为了防止第三方破坏，故在现行国家标准《城镇燃气设计规范》GB 50028要求0.3 m的基础上增大到0.5 m。当埋深达不到上述要求时，可采用管沟、套管或混凝土涵等一系列保护措施。

4.3.4 由于聚乙烯材料硬度比金属低，尖硬土石易损伤管道，一般碰到岩石、硬质土层或砾石时，沟底应填以中粗砂或素土，防止管道划伤。

4.3.5 输送湿燃气的管道应敷设在冰冻线以下，是为了防止燃气中的冷凝液结冰，堵塞管道，影响正常供应。并且，在地下水位较高地区，无论输送干气或湿气都应考虑地下水从管道不严密处或施工时灌入管道的可能，故为防止地下水在管内积聚也应敷设有坡度，使水或冷凝液容易排除。目前国内外采用的燃气管道坡度值大部分都不小于 0.003。但在很多旧城市中的地下管线一般都比较密集，往往有时无法按规定坡度敷设。在这种情况下允许局部管段坡度采取小于 0.003 的数值，故本条用词为“不宜”。

4.3.6 由于聚乙烯燃气管道对热的敏感性，随着温度的提高，其承压能力急剧下降，因此规定聚乙烯燃气管道不得进入和穿过热力管沟。

对于穿越构筑物时需要做套管保护时，要求如下：

1） 应将聚乙烯管道敷设于钢管或钢筋混凝土套管内，钢套管应防腐处理；

2） 套管伸出构筑物外壁不应小于本标准第 4.3.2 条规定的水平净距；

3） 套管与构筑物间应采用防水材料填实；

4） 套管与燃气管道之间应采用柔性的防腐、防水材料密封。

考虑到套管与构筑物的交接处形成薄弱环节，若伸出构筑物外壁长度较短，构筑物在维修或改建时容易影响燃气管道的安全，且对套管与构筑物之间采取防水、防渗措施的操作较困难。套管设置时应伸出构筑物外壁的水平净距不应小于本标准第 4.3.2 条相应的水平净距，目的是为了更好的保护套管内的燃气管道和避免相互影响。

当需要穿过时，穿过构筑物内的地下燃气管应敷设在套管内，并将套管两端密封，其一，是为了防止燃气管破损泄漏的燃气沿沟槽向四周扩散，影响周围安全；其二，若周围泥土流入安装后的套管内后，不但会导致路面沉陷，而且燃气管的表层也会受到损伤。

4.3.8 本条目的是使管道不裸露于河床上。另外根据有关河、港监督部门的意见要求进行设计。部分要求如下：

1） 水域穿越工程等级与设计洪水频率的划分应满足规范和现行行业标准《城镇燃气管道穿跨越工程技术规程》CJJ/T 250 的规定。

2） 穿越水域的燃气管道的最小覆土厚度，应根据工程等级与相应设计洪水冲刷深度或疏浚深度要求确定，并符合现行行业标准《城镇燃气管道穿跨越工程技术规程》CJJ/T 250 的规定。

3） 若开挖敷设需采取稳管措施时，稳管措施应根据计算确定。

4） 若采用水平定向钻法穿越时，应符合现行行业标准《城镇燃气管道穿跨越工程技术规程》CJJ/T 250 的规定。

5） 在埋设聚乙烯管道位置的河流两岸上、下游应设立标志。由于聚乙烯管道重量比较轻，埋于河底必须有稳固措施。在上下游设置标志，提示船只过往和河道疏浚时注意管道，避免造成破坏。

4.3.9 在次高压 B、中压燃气干管上设置分段阀门，是为了便于在维修或接新管操作时切断气源，其位置应根据具体情况而定，一般要掌握当两个相邻阀门关闭后受它影响而停气的用户数不应太多。将阀门设置在支管起点处，是因为当切断该支管供应气时，不致影响干管停气；当新支管与干管连接时，在新支管起点处设置阀门，也可起到减小干管停气时间的作用。在低压燃气管道上，切断燃气可以采用橡胶球阻塞等临时措施，且装设阀门增加投资、增加产生漏气的概率和日常维修工作量，故对低压管道是否设置阀门不做硬性规定。聚乙烯管道还可以夹扁切断。对管道夹扁位置应作标志，同一位置不得重复夹扁。

4.3.10 设置护罩或护井是为了避免检漏管、凝水缸的排水管遭受车辆重压，同时，设置护罩或护井也便于检测和排水时的操作。

阀门由于在检修和更换时人员往往要到底下操作，设置护井可方便维修人员操作。当采用直埋阀时，可设置手井代替人井。

4.3.11 由于聚乙烯燃气管道一般只做埋地使用，因此不宜地上敷设或引入建筑物内。当必须引出地面或必须直接与建筑物墙面或墙内安装的调压箱接管相连时，则应对敷设在地面以上的聚乙烯燃气管道采取硬质套管包裹，并采用填沙或聚氨酯泡沫等方式填充，起到保护和密封作用，防止碰撞、受压，避免空气中紫外线、氧气和其他因素对聚乙烯燃气管道产生不利影响。

另外，对于别墅区居民用户、单位热饭点或值班用的小负荷用气点等情况，用气位置靠近建筑物外墙，用气房间又无地下室，为了减少引入口处的接口数量，可以将聚乙烯燃气管道直接穿越建（构）筑物基础引入用气房间靠近建筑物外墙的地下管井或小室内，管井或小室内采用钢塑转换接头并填沙处理。

当聚乙烯管道穿越建（构）筑物基础、外墙或敷设在墙内时，必须采用硬质套管保护。硬质套管可以采用钢管或钢筋混凝土管，套管与聚乙烯燃气管道之间应填充柔性密封材料。

5 管道连接

5.1 一般规定

5.1.1 制定本条的目的是核对工程上使用的管材、管件及附属设备规格尺寸、材料级别、*SDR* 及型号是否与设计要求相符；核对管材、管件外观是否符合现行国家标准的要求，防止不合格管材、管件混入工程中使用。

在工程施工中，管材有可能受到轻微划伤，国外相关标准规定和实践证明划痕深度不超过管材壁厚的 10%，4 mm 相当于 d_n450 管径壁厚的 10%，对管道使用影响不大。在《燃气用塑料管道系统　聚乙烯（PE）》ISO 4437 和《燃气用埋地聚乙烯（PE）管道系统　第 1 部分：管材》GB/T 15558.1 中的管材的耐慢速裂纹增长试验已考虑了划伤对管材性能的影响。

5.1.2 本条规定了聚乙烯管道的几种连接方式，其目的是保证管道接头的质量。聚乙烯管道的使用的效果如何，很大程度上是与所选用的接头结构和装配工艺过程的参数有关（除外来损坏）。目前国际上聚乙烯燃气管的连接普遍采用不可拆卸的焊接接头，即本条规定的热熔连接或电熔连接。一般来说，采用本条规定的几种连接方式连接的聚乙烯管接头的强度都高于管材自身强度。

考虑多年来聚乙烯连接的经验，以及为确保燃气管道的高安全度要求，本标准热熔连接不包括热熔承插连接和热熔鞍形连接方式。热熔承插连接一般用于小口径（小于 63 mm）管道连接，热熔鞍形连接用于管道分支连接，这两种连接方式和采用的设备、加热工具和操作工艺都有严格要求，对操作工技能要求较高，受人为因素影响较大。近几年来，国内外聚乙烯燃气管道已基本不采用热熔承插连接和热熔鞍形连接。因此，本标准规定的热熔连接不包含热熔承插和热熔鞍形连接方式。

1 不得采用螺纹连接，是因为聚乙烯材料对切口极为敏感，车制螺纹将导致管壁截面减弱和应力集中，而且，聚乙烯材料为柔韧性材料，螺纹连接很难保证接头强度和密封性能，因此，要求不得采用螺纹连接；不得采用粘接，是因为聚乙烯是一种高结晶性的非极性材料，在一般条件下，其粘接性能较差，一般来说粘接的聚乙烯管道接头强度要低于管材本身强度，目前还没有适合于聚乙烯的胶粘剂，因此，要求不得采用粘接。

2 法兰连接由于橡胶垫容易发生蠕变，或由于地基沉降导致接头扰动，导致漏气，因此埋地敷设时需要设置检查井检测。

3 本款规定的不同级别和熔体质量流动速率差值不小于 0.5 g/10 min（190 ℃，5 kg）的聚乙烯原料制造的管材、管件和管道附件，以及焊接端部标准尺寸比（*SDR*）不同的聚乙烯燃气管道连接时，必须采用电熔连接，是因为 PE80 与 PE100 的管道热熔对接，通常会形成不对称的卷边，或者由于熔体流动速率相差较大，熔接条件也不同，采用热熔对接，在接头处会产生残余应力。外径相同、*SDR* 值不同的管材、管件采用热熔连接，接头处因壁厚不同，冷却时收缩不一致而会产生较大的内应力，易导致断裂，不利于焊接质量的评价与控制。

国内外多年实践经验证明，熔体质量流动速率（*MFR*）差值在 0.5 g/10 min（190 ℃，5 kg）以内聚乙烯管道热熔对接连接能获得较好的效果。

焊接端部标准尺寸比(*SDR*)不同,指 *SDR*11 管材与 *SDR*17 或 *SDR*17.6 管材连接。

根据《燃气用聚乙烯管道焊接技术规则》TSG D2002—2006 中的第六章第二十五条第(四)点规定制定的,公称直径小于等于 d_n63 mm 的聚乙烯管材、管件连接宜使用电熔连接,同时考虑到在实际施工中,小口径聚乙烯管道壁厚小,错边量影响变大,采用热熔对接机具连接不方便手工对接连接质量不易保证,同时内壁卷边会造成通径减小,局部阻力增大,对输送能力影响比较明显。同时考虑实际情况,公称外径扩大到 90 mm。

管道壁厚小于 6 mm 时,考虑到对接面积小,热熔连接错边量易超过 10%,应采用电熔连接。

5.1.3 聚乙烯管道采用专用连接机具能有效保证连接质量,因此,要求根据不同连接形式选用专用连接机具;严禁使用明火加热,是因为聚乙烯材料是可燃性材料,明火会引起聚乙烯材料燃烧和变形,而且,明火加热也不能保证加热温度的均匀性,影响接头连接质量,因此,要求严禁使用明火加热。

根据现行国家标准《塑料管材和管件　燃气和给水输配系统用聚乙烯(PE)管材及管件的热熔对接程序》GB/T 32434 的有关规定,热熔对接连接设备宜使用全自动焊接设备,加热卷边、吸热、切换、加压熔接、保压冷却等操作自动完成,不推荐使用手动焊接设备。

全自动热熔对接焊机应具有以下功能:

1) 可以实现一致、可靠、可重复的操作;
2) 系统将控制监视并记录焊接过程各阶段的主要参数,以判断每一焊口的状况;
3) 焊机有数据检索存储装置和数据下载接口,存储容量至少为 200 个焊口的参数;
4) 铣削管道元件端面后,能够自动检查管道元件是否夹装牢固;
5) 自动测量拖动压力(峰值拖动压力和动态拖动压力)以及自动补偿拖动压力;
6) 自动监测加热板温度,如果加热板温度没有在设定的工作温度范围内,焊机应该无法进行焊接;
7) 加热板插入待焊接管道元件之后的所有阶段(加压、成边、降低压力、吸热、切换、加压、保压、冷却)自动进行;
8) 微处理器采用闭环控制系统,在焊接过程中突然出现不符合焊接参数时,焊机能够自动中断焊接并报警;
9) 全自动热熔对接焊机原始记录至少包括环境温度、焊工代号、焊口编号、管道元件规格类型、焊接压力、加热板温度、卷边高度、吸热时间、切换时间、增压时间、冷却时间、冷却压力等;电熔焊接原始记录至少应当包括环境温度、焊工代号、焊口编号、管道元件规格类型、焊接电压、焊接时间、冷却时间、初始电阻、输入能量等。

自动热熔对接焊机应满足以下要求:

1) 机架应坚固稳定,并应保证加热板和铣削工具切换方便及管材或管件方便地移动和校正对中。
2) 夹具应能固定管材或管件,并应使管材或管件快速定位或移开。
3) 铣刀应为双面铣削刀具,应将待连接的管材或管件端面铣削成垂直于管材中轴线的清洁、平整、平行的匹配面。
4) 加热板表面结构应完整,并保持洁净,温度分布应均匀,允许偏差应为设定温度的±7 ℃。
5) 压力系统的压力显示分度值不应大于 0.1 MPa。
6) 焊接设备使用的电源电压波动范围不应大于额定电压的±15%。

电熔连接设备应符合《塑料管材和管件　聚乙烯系统熔接设备　第 2 部分:电熔连接》GB/T 20674.2的有关规定,并应符合下列规定:

1) 电熔连接设备的能量输出控制类型及参数应符合电熔管件的要求。聚乙烯燃气管道焊接机具应为全自动焊机,并具有中文显示、环境温度自动补偿和焊接信息存储、输出功能。

2） 电熔连接机具应在国家电网供电或发电机供电情况下，均可正常工作。输入电压的允许偏差不得超出额定电压的±15%，当电网电压不符合要求时必须选择发电机供电。

3） 外壳防护等级不应低于IP54，所有线路板应进行防水、防尘、防震处理，开关、按钮应具有防水性。

4） 输入和输出电缆，当超过−10 ℃～40 ℃工作范围时，应能保持柔韧性。

5） 环境温度传感器精度不应低于±1 ℃，并应有防机械损伤保护。

6） 输出电压的允许偏差应控制在设定电压的±1.5%以内，但不得超出±0.5 V；输出电流的允许偏差应控制在额定电流的±1.5%以内；熔接时间的允许偏差应控制在理论时间的±1%以内。

在选择电熔连接机具时，还要注意电缆线不宜过长和过细，否则，容易造成欠压，影响焊接质量。需要临时电源时，宜使用超过5 mm^2 的铜线，临时电源线长度不宜过长，防止电熔焊机欠压，同时保证用电安全。根据实际经验，使用5 mm^2 的铜线，长度不宜超过50 m，使用6 mm^2 的铜线，长度不宜超过100 m。

聚乙烯管道连接设备的机械部分会磨损、变形；传感器及元器件会老化、漂移；因此需要定期进行校准和检定，周期不超过1年。校准内容参考现行国家标准《塑料管材和管件　聚乙烯系统熔接设备》GB/T 20674.1～20674.2 系列标准。

欠压和过压对焊接性能有较大影响，因此需要在电压不稳地区增加电压稳压装置。

5.1.4 本条将《聚乙烯燃气管道工程技术规程》CJJ 63—2008 中规定的45 ℃修改为40 ℃，修改的依据是：1）现行国家标准《塑料管材和管件聚乙烯（PE）管材/管材或管材/管件热熔对接组件的制备》GB/T 19809附录B中规定的最低熔接环境温度为−5 ℃，最高熔接环境温度为40 ℃。2）G5＋管件标准中规定热熔管件和电熔管件试验组件制备时，焊接允许的最低环境温度为−5 ℃，最高环境温度为40 ℃。

1 在温度低于−5 ℃环境下进行熔接操作，工人工作环境恶劣，操作精度很难保证；

2 在大风环境下进行熔接操作，大风会严重影响热交换过程，易造成加热不足和温度不均，因此，要采取保护措施，比如在低温情况下采用热补偿等方式；

3 强烈阳光直射则可能使待连接部件的温度远远超过环境温度，使焊接工艺和焊接设备的环境温度补偿功能出现偏差，并且可能因曝晒一侧温度高、另一侧温度低而影响焊接质量，因此，要采取遮挡措施；

4 焊接应在干燥环境下进行。焊接面不得有水分，防止在焊接时水分挥发吸收能量和产生气泡，影响焊接性能。聚乙烯管道表面水分在焊接操作前应自然干燥或吹干。如有结露现象，可规定在焊接前加热管材至比环境温度高3 ℃～5 ℃，以驱除湿气、防止结露。

当条件不能满足时暂停作业或采取相应措施。

5.1.5 本条对聚乙烯管切断后管材端面提出的要求，是为了便于熔接对接；采用专用割刀或切圆工具对端面进行平整，是为了保证管材插入端的整个圆周能够插入到位，以避免因切割端面不平整导致的管材插入不到位、电阻丝移位、对中性差和进而造成的熔接缺陷。

5.1.6 每次收工时的管口封堵是为了防止杂物、雨水、地下水、泥沙等进入管道，影响管道吹扫。管口临时封堵可采用塑料管帽封堵密封的方式，下雨天或时间超过24 h，应采用管帽焊接密封的方式。

5.1.7 国家质量监督检验检疫总局颁布的《燃气用聚乙烯管道焊接技术规则》TSG D2002—2006 中热熔对接连接接头焊接工艺评定检验与试验要求如下，可作为连接质量检验参照，见表3。

国家质量监督检验检疫总局颁布的《燃气用聚乙烯管道焊接技术规则》（TSG D2002—2006）中电熔承插连接接头焊接工艺评定检验与试验要求见表4。

表 3　热熔对接焊接工艺评定检验与试验要求

序号	检验与试验项目	检验与试验参数	检验与试验要求	检验与试验方法
1	宏观（外观）	—	《燃气用聚乙烯管道焊接技术规则》TSG D2002—2006 附件 G,G1.1	《燃气用聚乙烯管道焊接技术规则》TSG D2002—2006 附件 G,G1
2	卷边切除检查	—	《燃气用聚乙烯管道焊接技术规则》TSG D2002—2006 附件 G,G1.2	
3	卷边背弯试验	—	不开裂、无裂纹	
4	拉伸性能	23 ℃±2 ℃	试验到破坏为止： （1）韧性，通过； （2）脆性，未通过	GB/T 19810
5	静液压强度试验	1）密封接头，A 型； 2）方向，任意； 3）试验时间，165 h； 4）环应力： ① PE80，4.5 MPa； ② PE100，5.4 MPa； 5）试验温度，80 ℃	焊接处无破坏，无渗漏	GB/T 6111

表 4　电熔承插焊接工艺评定检验与试验要求

序号	检验与试验项目	检验与试验参数	检验与试验要求	检验与试验方法
1	宏观（外观）	—	《燃气用聚乙烯管道焊接技术规则》TSG D2002—2006 附件 G,G3	《燃气用聚乙烯管道焊接技术规则》TSG D2002—2006 附件 G,G3
2	电熔管件剖面检验	—	电熔管件中的电阻丝应当排列整齐，不应当有涨出、裸露、错行，焊后不游离，管件与管材熔接面上无可见界线，无虚焊、过焊气泡等影响性能的缺陷	《燃气用聚乙烯管道焊接技术规则》TSG D2002—2006 附件 G,G4.1
3	d_n<90 挤压剥离试验	23 ℃±2 ℃	剥离脆性破坏百分比不大于 33.3%	GB/T 19806
4	d_n≥90 拉伸剥离试验	23 ℃±2 ℃	剥离脆性破坏百分比不大于 33.3%	GB/T 19808
5	静液压强度试验	1）密封接头，A 型； 2）方向，任意； 3）试验时间，165 h； 4）环应力： ① PE80，4.5 MPa； ② PE100，5.4 MPa； 5）试验温度，80 ℃	焊接处无破坏，无渗漏	GB/T 6111

国家质量监督检验检疫总局颁布的《燃气用聚乙烯管道焊接技术规则》TSG D2002—2006 中电熔鞍形连接接头焊接工艺评定检验与试验要求见表 5。

表 5 电熔鞍形焊接工艺评定检验与试验要求

序号	检验与试验项目	检验与试验参数	检验与试验要求	检验与试验方法
1	宏观 （外观）	—	《燃气用聚乙烯管道焊接技术规则》TSG D2002—2006 附件 G，G5.1	《燃气用聚乙烯管道焊接技术规则》TSG D2002—2006 附件 G，G5.1
2	$d_n \leqslant 225$ 挤压剥离试验	23 ℃±2 ℃	剥离脆性破坏百分比 ≤33.3%	GB/T 19806
3	$d_n > 225$ 撕裂剥离试验	23 ℃±2 ℃	剥离脆性破坏百分比 ≤33.3%	《燃气用聚乙烯管道焊接技术规则》TSG D2002

5.2 热熔连接

5.2.1 现行国家标准《塑料管材和管件 燃气和给水输配系统用聚乙烯（PE）管材及管件的热熔对接程序》GB/T 32434 中规定，热熔对接一般分为两种：单一低压热熔对接程序、双重低压热熔对接程序。国内焊机常用的焊接程序为单一低压热熔对接程序。其中，现行国家标准《塑料管材和管件燃气和给水输配系统用聚乙烯（PE）管材及管件的热熔对接程序》GB/T 32434—2015 附录 C 和附录 D 分别规定了两种焊接程序的焊接参数。单一低压热熔对接程序工艺如图 1 所示。

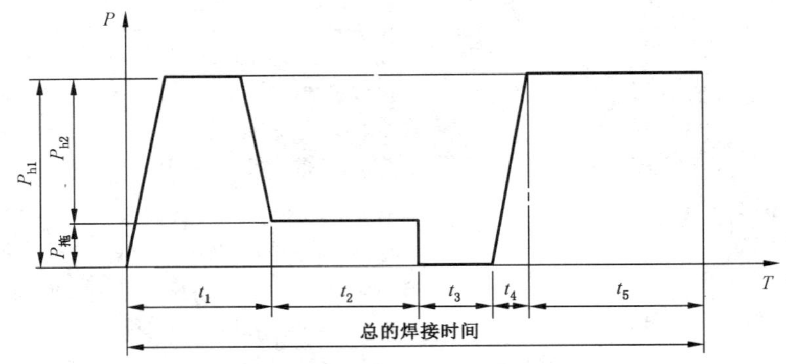

图 1 单一低压热熔对接焊接工艺

P_{h1}——总的焊接压力（表压）（MPa），$P_{h1}=P_{h2}+P_{拖}$；

P_{h2}——初始卷边压力（表压）（MPa），$P_{h2}=A_1\times P_0/A_2$；

$P_{拖}$——拖动压力（表压）（MPa）；

t_1——初始卷边时间（s）；

t_2——吸热时间（s），t_2＝管材壁厚×10；

t_3——切换时间（s）；

t_4——热熔对接升压时间（s）；

t_5——焊机内保压冷却时间（min）。

A_1——管材或管件的横截面积（mm^2），$A_1=\pi\times$管材或管件壁厚×（d_n－管材壁厚）；

A_2——热熔设备液压缸中活塞的有效面积，（mm^2），由生产厂家提供；

P_0——作用于对接管道横截面上的压强（表压），0.15 MPa（TSG D2002—2006 标准）。

焊接参数应符合表 6 和表 7 的规定。

表 6　*SDR*11 管材热熔对接焊接参数(单一低压热熔对接程序)

公称外径 d_n (mm)	管材壁厚 e (mm)	P_{h2} (MPa)	压力$=P_{h1}$ 凸起高度 h (mm)	压力$\approx P_{拖}$ 吸热时间 t_2 (s)	切换时间 t_3 (s)	增压时间 t_4 (s)	压力$=P_1$ 冷却时间 t_5 (min)
75	6.8	$P_0\frac{A_1}{A_2}$	1.0	68	≤5	<6	≥10
90	8.2		1.5	82	≤6	<7	≥11
110	10.0		1.5	100	≤6	<7	≥14
125	11.4		1.5	114	≤6	<8	≥15
140	12.7		2.0	127	≤8	<8	≥17
160	14.6		2.0	146	≤8	<9	≥19
180	16.4		2.0	164	≤8	<10	≥21
200	18.2		2.0	182	≤8	<11	≥23
225	20.5		2.5	205	≤10	<12	≥26
250	22.7		2.5	227	≤10	<13	≥28
280	25.4		2.5	254	≤12	<14	≥31
315	28.6		3.0	286	≤12	<15	≥35
355	32.2		3.0	322	≤12	<17	≥39
400	36.4		3.0	364	≤12	<19	≥44
450	40.9		3.5	409	≤12	<21	≥50
500	45.5		3.5	455	≤12	<23	≥55
560	50.9		4.0	509	≤12	<25	≥61
630	57.3		4.0	573	≤12	<29	≥67

注：1　以上参数基于环境温度为 20 ℃，当环境温度低于－5 ℃或高于 40 ℃时，应适当调整连接工艺、采取保护措施或停止施工；

2　加热板表面温度：PE80 为 210±10 ℃；PE100 为 225±10 ℃；

3　A_2 为焊机液压缸中活塞的总有效面积(mm^2)，由焊机生产厂家提供。

表 7　*SDR*17/*SDR*17.6 管材热熔对接焊接参数(单一低压热熔对接程序)

公称直径 d_n (mm)	*SDR*17 管材壁厚 e (mm)	*SDR*17.6 管材壁厚 e (mm)	P_{h2} (MPa)	*SDR*17 管材压力$=P_{h1}$ 凸起高度 h (mm)	*SDR*17.6 管材压力$=P_{h1}$ 凸起高度 h (mm)	*SDR*17 管材压力$\approx P_{拖}$ 吸热时间 t_2 (s)	*SDR*17.6 管材压力$\approx P_{拖}$ 吸热时间 t_2 (s)	*SDR*17/*SDR*17.6 管材切换时间 t_3 (s)	*SDR*17/*SDR*17.6 管材增压时间 t_4 (s)	*SDR*17/*SDR*17.6 压力$=P_1$ 冷却时间 t_5 (min)
110	6.6	6.3	$P_0\frac{A_1}{A_2}$	1.0	1.0	66	63	≤5	<6	9
125	7.4	7.1		1.5	1.5	74	71	≤6	<6	10
140	8.3	8.0		1.5	1.5	83	80	≤6	<6	11
160	9.5	9.1		1.5	1.5	95	91	≤6	<7	13
180	10.7	10.2		1.5	1.5	107	102	≤6	<7	14

表 7（续）

公称直径 d_n（mm）	*SDR*17 管材壁厚 *e*（mm）	*SDR*17.6 管材壁厚 *e*（mm）	P_{h2}（MPa）	*SDR*17 管材压力＝P_{h1} 凸起高度 *h*（mm）	*SDR*17.6 管材压力＝P_{h1} 凸起高度 *h*（mm）	*SDR*17 管材压力≈$P_{拖}$ 吸热时间 t_2（s）	*SDR*17.6 管材压力≈$P_{拖}$ 吸热时间 t_2（s）	*SDR*17/*SDR*17.6 管材切换时间 t_3（s）	*SDR*17/*SDR*17.6 管材增压时间 t_4（s）	*SDR*17/*SDR*17.6 压力＝P_1 冷却时间 t_5（min）
200	11.9	11.4	$P_0\ \frac{A_1}{A_2}$	1.5	1.5	119	114	≤6	<8	15
225	13.4	12.8		2.0	2.0	134	128	≤8	<8	17
250	14.8	14.2		2.0	2.0	148	142	≤8	<9	19
280	16.6	15.9		2.0	2.0	166	159	≤8	<10	20
315	18.7	17.9		2.0	2.0	187	179	≤8	<11	23
355	21.1	20.2		2.5	2.5	211	202	≤10	<12	25
400	23.7	22.7		2.5	2.5	237	227	≤10	<13	28
450	26.7	25.6		3.0	2.5	267	256	≤10	<14	32
500	29.7	28.4		3.0	3.0	297	284	≤12	<15	35
560	33.2	31.8		3.0	3.0	332	318	≤12	<17	39
630	37.4	35.8		3.5	3.0	374	358	≤12	<18	44

注：1 以上参数基于环境温度为 20 ℃，当环境温度低于－5 ℃或高于 40 ℃时，应适当调整连接工艺、采取保护措施或停止施工；

2 加热板表面温度：PE80 为 210±10 ℃；PE100 为 225±10 ℃；

3 A_2 为焊机液压缸中活塞的总有效面积（mm^2），由焊机生产厂家提供。

与热熔对接焊接直接有关的参数，有三个：温度、压力、时间。在确定的焊接温度下，焊接工艺可以用压力-时间曲线来表示。

焊接温度的确定，要考虑聚乙烯材料的特性。加热工具温度应在材料的熔融温度或材料粘流态转化温度之上，因为只有在这种情况下，聚乙烯材料才能产生熔融流动，聚乙烯大分子才能相互扩散和缠绕。一般来说，随着工具温度的提高，接头的强度就开始提高而达到最大。实验证明，HDPE 在低于 180 ℃时，即使熔化时间再长，也不能取得质量好的接头。但是，温度过高，会出现下列不良情况：①卷边的尺寸增大；②聚乙烯熔料对加热工具的粘附；③聚乙烯材料的热氧化破坏，析出挥发性产物，如：二氧化碳、不饱和烃等，使聚乙烯材料结构发生变化，导致焊接接头的强度降低。因此，聚乙烯热熔对接连接的焊接温度一般推荐在 200 ℃～235 ℃之间。

加热过程参数（时间、压力）的确定。加热时间是焊接过程中的重要参数，它与加热工具一起，共同决定着焊件内的温度分布及产生工艺缺陷的可能性、形状和结构。管端熔化的最佳时间是随着焊接尺寸的增大而增大，一方面是由于加热面积增大，更重要的是对流和辐射传播的能量会随着管壁厚度的增加而减小。实验证明，聚乙烯管材的壁厚比其外径对加热时间更有实质性影响。加热时压力，能迅速地平整管材端面上的毛刺和不平度，并有效地促进塑化。但压力也不能过大，因为聚乙烯熔料在加热和压紧时压力的作用下，会流向焊端的边缘而形成焊瘤刺，并改变焊接接头的形状，而且会造成焊端熔化层的深度减小，改变了总的温度分布，严重影响焊接质量。因此，要控制好加热压力的大小，并采取阶段施压的方法，即在加热阶段初期采用较高的压力，而在随后的吸热阶段换用较小的压力。

熔接过程参数（压力、时间）的确定。熔接过程中施加压力是为了排除气孔和气体夹杂物，并尽量增加实现相互扩散的面积，消除两连接面之间受热氧化破坏的材料，并能补偿聚乙烯材料的收缩。反之，没有压力，收缩会导致收缩孔的出现，增大结构的缺陷和残余应力。表面的接触应在压力下保持一段时间，以使两平面牢固结合。

冷却过程参数(压力、时间)的确定。由于聚乙烯材料导热性差，冷却速度缓慢，焊缝材料的收缩、卷边结构的形成过程，是在长时间内以缓慢的速度进行。因而，焊缝的冷却必须在保持压力下进行。

表6、表7根据国家质量监督检验检疫总局颁布的《燃气用聚乙烯管道焊接技术规则》TSG D2002—2006规定计算得出。

国内有些燃气公司多年来采用一些欧洲成熟的热熔对接工艺参数。英国燃气行业标准GIS/PL2-3:2006推荐的中密度和高密度聚乙烯管道热熔对接焊接工艺参数见表8。

表8　中密度和高密度聚乙烯管道热熔对接参数典型值

工　艺　参　数	数　　值
加热板温度，℃	233±3
接合面净压力，MPa	0.15
初始翻边的宽度，mm 管道外径≤180 mm 管道外径大于180 mm，≤315 mm 管道外径大于315 mm	 2 3 4
吸热时间，s	10×管道外径的平方根
最长的抽板转换时间，s 管道外径≤315 mm 管道外径大于315 mm	 4 8
焊接时间(保压条件下)，s	30×管道外径的平方根
冷却时间(可以在打开夹具后)，min	1.5×管道壁厚的平方根(最多20 min)

德国焊接协会标准DVS 2207:2015推荐的高密度聚乙烯(HDPE)、中密度聚乙烯(MDPE)管道典型热熔对接焊接工艺参数见表9。

表9　HDPE、MDPE管道热熔对接焊接工艺参数典型值

壁厚 e (mm)	加热卷边高度 h (mm)	加热时间 t_2 ($t_2=10\times e$) (s)	允许最大切换时间 t_3 (s)	增压时间 t_4 (s)	保压冷却时间 t_5 (mm)
<4.5	0.5	45	5	5	6.5
4.5～7	1.0	45～70	5～6	5～6	6.5～9.5
7～12	1.5	70～120	6～8	6～8	9.5～15.5
12～19	2.0	120～190	8～10	8～11	15.5～24
19～26	2.5	190～260	10～12	11～14	24～32
26～37	3.0	260～370	12～16	14～19	32～45
37～50	3.5	370～500	16～20	19～25	45～61
50～70	4.0	500～700	20～25	25～35	61～85

注：加热温度(T)：210 ℃±10 ℃；加热压力(P_1)：0.15 MPa；加热时保持压力($P_{拖}$)：0.02 MPa；保压冷却压力(P_1)：0.15 MPa。

目前，熔接条件(工艺参数)国内通常是由热熔对接连接设备生产厂或管材、管件生产厂在技术文件中给出。

5.2.2　本条规定了热熔对接连接具体操作要求。

2　待连接件伸出夹具的长度是根据铣削要求和加热、焊接卷边宽度的要求确定，国内外的经验是一般不小于公称直径的10%。

3 校直两对应连接件，是为了防止两连接件偏心错位，导致接触面过少，不能形成均匀的凸缘。错边量过大会影响卷边均匀性、减小有效焊接面积，导致应力集中，影响接头质量，国内外的经验是一般不大于壁厚的10%。

4 擦净管材、管件连接面上污物和保持铣削后的熔接面清洁，是为了防止杂物进入焊接接头，影响焊接接头质量。热熔连接时应保持铣刀、加热板表面清洁。

为保证焊接时加热板的清洁，在正式焊接之前，需要采用加热板加热废弃的管材，使得管材端口形成熔融的卷边，将加热板上的污渍吸附带走，从而达到清洁加热板的目的。此方法称之为卷边形成清洁法。在下列情况下采用加热卷边法清洁加热板：

1） 当天进行第一次热熔连接前；

2） 更换不同直径管材、管件热熔连接前；

3） 采用其他方法清洁加热板之后。

用干净的无纺布、无水酒精清洁铣刀及加热板表面清洁待连接管材或管件的内外表面，去除所有杂质（灰尘、油污等）。清洁时应确保加热板已冷却并已切断电源。当加热板温度低于180 ℃或更换管材或管件焊接规格时，建议在每次初始焊接前使用同规格的管材或管件制作两个空焊，以移除加热板上的细小污染颗粒物。

铣削连接面，使其与管轴线垂直，是为了保证连接面能与加热板紧密接触。切屑厚度过大可能引起切削振动，或停止切削时扯断切屑而形成台阶，影响表面平整度。连续切削平均厚度不宜超过0.2 mm，是根据工程施工经验确定。热熔对接管段两侧一般铣削连续整3圈以上。

5 为保证焊接质量，规定了对接面间隙。

7 保压、冷却期间，不得移动连接件和在连接件上施加任何外力或快速冷却，是因为聚乙烯管连接接头，只有在冷却到环境温度后，才能达到最大焊接强度。冷却期间其他外力会使管材、管件不能保持在同一轴线上，导致不能形成均匀的凸缘，造成接头内应力增大，从而影响接头质量。

要求卷边形成均匀一致的对称凸缘，是因为形成均匀的卷边是保证接头焊接质量的重要标志之一。卷边的宽度与聚乙烯材料类型、生产工艺（挤出或注塑）、加热温度，以及焊接工艺等有关，因而，很难给出统一的确定值。国外一般建议在确定的（相同的）条件下，进行几组试验，取其平均值，用于施工现场质量控制，要求实际卷边宽度不超过此平均值的±20%。

5.2.3 本条规定的卷边对称性、接头对正性检验和卷边切除检验是参考《燃气输送用聚乙烯管材和管件 设计、搬运和安装规范》ISO/TS 10839 制定。

由于卷边对称性检验和接头对正性检验是接头质量检查的最基本方法，也是比较简便和比较容易实现方法，因此，要求100%进行此项检查。15%卷边检验为焊接质量的概率保证，同时检验比较复杂，因此，要求抽样15%进行此项检验。当条件许可时，可采用100%卷边切除检验。

其他非破坏性检验方法，可考虑通过超声波和X射线探测等常规非破坏性检测方法来进行接头质量的评估。虽然超声波和X射线探测等常规非破坏性检测方法检测技术有可能检测不到所有在热熔对接接头上存在的缺陷，但可以检测出受污染和存在气泡的区域。因此，可考虑使用此类技术，以进一步确认热熔对接接头的质量。

5.3 电熔连接

5.3.1 由于聚乙烯管道的连接主要是通过熔融聚乙烯材料进行连接，熔接条件（温度、时间）是根据电熔焊机检测环境温度调节的，若管材、管件从存放处运到施工现场，其温度高于现场温度时，会导致加热时间过长。反之，加热时间不足，两者都会影响接头质量。电熔焊机存放处与施工现场温差较大时，其内置温度传感器将会作出错误的温度补偿。同时，如果待连接的管材和管件，从不同温度存放处运来，两者温度不同，而产生的热胀冷缩不同也会影响接头质量。

5.3.2 本条规定了电熔承插连接的具体操作要求。

1 擦净管材、管件连接面上污物，是为了防止杂物进入焊接接头，影响焊接接头质量。采用干净的无纺布、无水酒精擦洗能取得较好效果。

2 不圆度检查及整圆要求，应在所有工作之前进行。使用整圆工具对插入端进行整圆是为避免不圆度造成配合间隙不均而影响焊接。

3 标记插入长度是为了保证管材或管件插入端有足够的熔融区，避免插入不到位或插入过深。

刮除表皮是为了完全去除表皮上的氧化层，表皮上的氧化层厚度一般为 0.1 mm～0.2 mm。

当聚乙烯管带有外层保护，工作管无氧化层、洁净情况下，可不需要刮削。

4 检查配合尺寸，是为了防止不匹配的管材与管件进行连接，影响接头质量。且不得强力插入，插入端与电熔管件配合过紧，强力插入是造成电熔连接短路、熔融料溢出等失败的重要原因。

5 校直待连接的管材、管件使其在同一轴线上，是为了防止其偏心，造成接头熔接不牢固，气密性不好。使用夹具固定管材和管件，是为了避免连接过程中连接件的移动并保证连接件同轴性，影响焊接接头质量。

6 由于不同厂家生产的电熔连接机具或电熔管件的焊接参数(如：电压、加热时间)可能不同，因此，在电熔连接时，通电加热的电压和加热时间，应按电熔连接机具或电熔管件生产企业提供的参数进行设定。

对于参数设定应采取扫描焊接条形码方式输入，可以校核管件电阻有无异常，并可以对环境温度进行补偿，从而可避免人为操作失误导致焊接质量事故。手动输入达不到以上目的。

7 冷却期间，不得移动接管道元件和在接管道元件施加任何外力，是因为聚乙烯管道电熔连接接头，只有在冷却到环境温度后，才能达到其最大焊接强度。冷却期间其他外力会使管材、管件不能保持在同一轴线上，会造成接头内应力增大，从而影响接头质量。

5.3.3 本条参照《燃气用聚乙烯管道焊接技术规则》TSG D2002—2006 编制，规定了电熔鞍形连接的具体操作要求。

确定连接位置后，采用记号笔沿鞍形管件边缘划线，标志安装范围。

刮除管材连接部位表皮是为了去除待连接面的氧化层，清除连接面上污物。通常将未打开包装的鞍形管件放置在管道上，用记号笔粗略地画出需要刮削的范围，在刮削边界内的管道表面画上网格线，采用刮刀刮除管材连接部位表皮。

固定电熔鞍形管件，是防止在连接过程中管件移动，影响焊接质量。用记号笔沿鞍形管件边缘在管道上画上定位线，以便检查管件在熔合期间是否有移位。

5.3.4 本条规定了电熔承插连接接头质量检查的具体要求。

1 连接件轴线对正性检测，保证电熔管件与管材或插口管件焊接前配合间隙均匀性且无应力，保证接口焊接后质量。

2 检查周边刮痕，是为了确认已经去除焊接表面上的氧化层；已经过特殊设计带包覆热塑性防护层的部分管材且工作管洁净可不需要刮削。

3 电熔连接是通过电阻丝加热连接部位的聚乙烯材料，使其熔融，然后连为一体，因此，在连接过程中有一定量的熔融料移动，但是，在聚乙烯管道系统的电熔管件设计时，设计有一段非加热区，足以满足正常熔融料移动要求，因此，对于聚乙烯管道系统，接缝处不应有熔融料溢出。

4 电熔连接完成后，除特殊结构设计外，电熔管件中内埋电阻丝不应挤出，是因为电熔管件设计有一段非加热长度，即使在熔接过程中存在电阻丝细微位移和溢料，也不应露出电熔管件。若电阻丝存在较大位移，可能导致短路而无法完成焊接。对于特殊结构设计的电熔管件，如：管件的非加热区设计为安装导向段，其承口尺寸大于管材外径，装配后有一定缝隙，就有可能从此缝隙中看到最外匝加热丝向外位移。只要焊接过程中不发生电热丝短路，移出距离不超出管件端口，通常不会影响焊接质量。

5 电熔管件上的观察孔是为了观察连接情况而专门设计的，电熔管件一般在两端部均设有观察孔，不宜设单观察孔，观察孔与电熔管件加热段相通，能观察到连接面聚乙烯熔融情况，观察孔指示柱移动或有少量熔融料溢至观察孔，说明电熔连接过程正常，但是，如果熔融料呈流淌状溢出观察孔，说明电熔连接加热过度。

同时应检查电熔接口的熔接纪录，接口是否正常完成，电阻值、熔接时间、输入能量值等是否有异常。

5.3.5 本条规定了电熔鞍形连接接头检查的具体要求。

1 检查周边刮痕，原因同电熔承插连接质量检查。

2 如果鞍形分支或鞍形三通的出口不垂直于管材的中心线，说明管件的鞍形面与管材的连接面没有完全接触，存在虚焊。

3 如果管材壁塌陷，说明可能是因为施压过大，导致管壁塌陷，塌陷之处，管件的鞍形面与管材的连接面也不能完全接触，存在虚焊。

4 因为鞍形管件边缘设计有一段非加热面，足以满足正常熔融料移动要求，若鞍形管件周边出现溢料，说明已过焊。

同时应检查电熔接口的熔接纪录，接口是否正常完成，电阻值、熔接时间、输入能量值等是否有异常。

5.4 法兰连接

5.4.3 本条规定是为了保障法兰连接时，两法兰面保持平行，连接轴线能够同心。法兰面不平行，将给安装和将来的维护管理带来麻烦。按对称顺序分次均匀紧固法兰盘上的螺栓，是为了防止发生扭曲和消除聚乙烯材料的应力。

5.4.4 规定法兰密封面、密封件不得有影响密封性能的划痕、凹坑等缺陷，是为了保证法兰连接的密封性；法兰密封面、密封件材质应符合输送城镇燃气的要求，是为了保证其能长期使用。

5.4.5 规定法兰盘、紧固件应经过防腐处理，是为了保证其能长期使用。

5.5 钢塑转换管件连接

5.5.3 规定此条的目的是提示操作人员，在钢管焊接时，注意焊弧高温对聚乙烯管道的不良影响，因为聚乙烯管道软化点在 130 ℃左右、熔点在 210 ℃左右，过高的温度会使聚乙烯管与其接合部位软化，达不到密封效果，影响钢塑转换管件的连接性能。采取降温措施是为了防止因热传导，导致塑料与金属接合部位软化而损伤钢塑转换管件。

5.5.4 规定此条的目的是强调钢塑转换管件连接后，应对钢管端（焊接、法兰连接、丝扣连接等）连接部位，以及连接过程中破坏的防腐层，按原设计防腐等级进行防腐处理，以保证燃气管道系统能长期使用。常采用防腐材料整体包覆方式。

6 管道敷设

6.1 一般规定

6.1.1 聚乙烯管道的土方工程，即施工现场安全防护、沟槽开挖、沟槽回填与路面修复、管道走向路面标志设置等基本与钢管所要求的相同。因此，本条规定土方工程应符合《城镇燃气输配工程施工及验收规范》CJJ 33 土方工程的要求。

6.1.2 《城镇燃气管道穿跨越工程技术规程》CJJ/T 250—2016 对新建、扩建和改建的城镇燃气管道的穿跨越工程做了技术规定。与聚乙烯燃气管相关的部分条文要求如下：

1） 当中压和低压燃气管道采用 PE 管时，管材性能应符合现行国家标准《燃气用埋地聚乙烯

(PE)管道系统　第1部分:管材》GB/T 15558.1的有关规定。

2) PE管材应采用*SDR*11系列管材。

3) 曲率半径不应小于PE管管径的500倍。

4) 聚乙烯燃气管道连接前应对管材按设计要求进行核对,并应在施二现场进行外观检查,管材表面划伤深度不应超过管材壁厚的5%;

5) 聚乙烯燃气管道焊接应使用全自动焊机;

6) 聚乙烯管道焊接前应进行焊接工艺评定;

7) 按要求对热熔及电熔焊接后的管道进行外观检查,且焊口应进行100%切边检查;

8) 管道回拖前,应对焊接完成的管段进行水压试验;

9) 回拖结束后,应将管道放置24 h以上,待管道在穿越过程中的拉伸应力充分释放后,方可与两端管道进行连接。

其他具体施工组织设计、钻进轨迹设计、回拖力计算、设备选型、泥浆配比等设计、施工工序等在现行行业标准《城镇燃气管道穿跨越工程技术规程》CJJ/T 250中也有相应的要求。

6.1.4 日本煤气协会编写的《聚乙烯煤气管》中规定:1)管段上无承插接头时,允许弯曲半径为外径20倍以上;2)管段上有承插接头时,允许弯曲半径为外径125倍以上。

在美国《General construction specifications using polyethylene gas pipe》中也规定:1)管段上无承插接头时,允许弯曲半径为25倍公称直径;2)管段上有承插接头时,允许弯曲半径为125倍公称直径。

《燃气输送用聚乙烯管材和管件　设计、搬运和安装规范》ISO/TS 10839:2000中规定:当弯曲半径大于或等于25倍的管材外径时,可利用其自然柔性弯曲;但不得采用机械方法或加热方法弯曲管道,并应考虑管道工作温度对最小弯曲半径的影响。

综合国外相关要求和国内多年实际操作经验,本标准确定为:聚乙烯管道允许弯曲半径不应小于25倍公称直径,当弯曲管段上有承插管件时,管道允许弯曲半径不应小于125倍公称直径。

6.1.5 规定此条的目的是为了确保管道安装位置(标高)符合设计要求和确保工程质量。管沟一般也不允许长时间泡水,否则应对管沟基础进行处理。

6.1.6 采用水平定向钻敷设和插入管敷设时,无法敷设警示带;插入管敷设时,虽可随管线敷设示踪线(带),但对于聚乙烯管道无法进行探测,为了保证管线安全,两种施工方式都应设置地面标志或其他标识方式进行标识。

6.2 沟槽开挖

6.2.1 本条是聚乙烯燃气管道敷设前提。对于管底标高,可通过设置标高控制点,控制点之间拉通线找平,并用水准仪复测,保证基底标高符合设计要求。对于标高不符合设计要求的,应对管沟修整后,再进行管底标高复测。

6.2.2 当沟槽采用原状土地基时,不能超挖扰动基底原状土层,防止降低基础强度。

原状土的超挖和扰动,常因地基不平,局部或全部地基面高程低于设计标高,或者测量未经复核、无专人指挥开挖工作、操作控制不严、不预留150 mm土层直接由机械开挖到底等各种原因造成。当出现超挖或者扰动时,应挖出扰动土并回填挖槽原土或换填中粗砂、素土,分层夯实到设计标高。

6.2.3 本条针对4类不同情况,提出了地基处理的常规做法,以确保地基基础质量。聚乙烯燃气管道是柔性管道,不耐划伤,同时按管土共同工作原理共同承担外部荷载的作用力.管底垫层和周围土壤的密实度,决定了“管道一土壤”系统的负载能力,所以管底基础必须认真处理,使承载力达到设计要求。

聚乙烯管道表面较柔软,清除坚硬的物块或加150 mm垫层,避免管道受到集中应力的作用;将管底夯实,使管底有足够的支撑力。

6.2.4 槽底开挖宽度除满足安装尺寸要求以外,还应考虑管道不受破坏,不影响工程试验和验收工作。

由于各施工单位的技术水平、施工机具和施工方法各不相同,以及施工现场环境不同,沟底宽度可根据具体情况确定。

6.3 管道敷设

6.3.1 本条是聚乙烯燃气管道敷设前提。对于管底标高，可通过设置标高控制点，控制点之间拉通线找平，并用水准仪复测，保证基底标高符合设计要求。对于标高不符合设计要求的，应对管沟修整后，再进行管底标高复测。

检查管基质量主要包括管基密实度和有无对管道不利的废旧构筑物、硬石、垃圾等杂物，密实度对管道不均匀沉降有较大影响，杂物容易损伤管道。最终使得管道铺设后外壁与原状地基、砂石基础接触均匀无空隙。

6.3.2 管道表面较柔软，使用非金属绳（带）吊装是防止塑料管道表面划伤。划伤管道在运行过程中受外力作用，遇到溶剂或表面活性剂，加速伤痕扩展，导致管道破坏。

6.3.3 聚乙烯管道的线膨胀系数较大，为钢管10倍以上，蜿蜒状敷设起到一定的热胀冷缩的补偿作用，适应管道热胀冷缩的变化。因此可利用聚乙烯管道柔性，蜿蜒敷设或随地形自然弯曲敷设。

6.3.4 本条规定了示踪线、地面标志、警示带的安装要求，对其他示踪、标志、警示方式不做规定。

示踪线上的信号源井可以利用邻近聚乙烯管道的燃气阀门井做信号源井。示踪线必须进行导通性试验，防止施工过程中被拉断。

警示装置是为了在第三方施工时，提醒施工人员，挖到此警示装置时要注意下面有燃气管道，小心开挖，避免损坏燃气管道。敷设警示装置对保护燃气管道被意外破坏是十分有效的方法。目前最常用的警示装置是警示带，有的燃气公司也采用警示板等方式。聚乙烯管道的警示带，与钢管所要求的相同。警示带与管道一样，应具有不低于50年的寿命，同时标有醒目的提示字样。因此，本条规定地面标志应符合现行行业标准《城镇燃气输配工程施工及验收规范》CJJ 33和《城镇燃气标志标准》CJJ/T 153的要求。

保护板应具有足够的韧性，抗变形、抗冲击能力，一般应能够抵御人工镐锤挖掘破坏；保护板敷设位置是考虑了当保护板被局部贯穿时，不会直接伤到PE管。

6.3.5 拖管法施工是将聚乙烯盘管或已焊接好的聚乙烯直管拖入沟槽，拖管法一般用于支管（盘管敷设）或施工条件受限制的管段的敷设。若沟底有石块和尖凸物等，会对管道造成划伤，划伤的管道在运行中受外力作用，如再遇到表面活性剂（如洗涤剂），会加速伤痕扩展，可能导致管道破坏。

拖管法施工，管道不宜过长或受拉力过大，否则管道的扭曲、过大的拉力和弯曲都会产生附加应力，对管道安全运行不利。因此，本条规定“沟底不应有在管道拖拉过程中可能损伤管道表面的石块和尖凸物，拖拉长度不宜超过300 m”。另外，拉力过大会损坏管道。本条最大拉力规定与现行行业标准《城镇燃气管道穿跨越工程技术规程》CJJ/T 250公式一致，也与《燃气输送用聚乙烯管材和管件　设计、搬运和安装规范》ISO/TS 10839:2000、《燃气基础设施　最大工作压力小于等于16 bar的管道》EN 12007等标准规定一致。其中EN 12007标准规定按下式计算：

$$F \leqslant \frac{14\pi d_{\mathrm{n}}^{2}}{3SDR} \tag{2}$$

式中：F——允许拖拉力(N)；

d_{n}——管道公称外径(mm)；

SDR——标准尺寸比；

14为屈服强度，单位为MPa；

3为安全系数。

对于拖拉力规定，国外计算方法不同，如在美国煤气协会编写的《塑料煤气管手册—2001年版》中规定：拖拉力不得大于管材屈服拉伸应力的50%。

《燃气基础设施　最大工作压力小于或等于16 bar的管道》EN 12007拖拉力公式计算比较保守，不区分PE80和PE100材料等级。而PE80屈服强度一般取14 MPa～18 MPa，PE100取20 MPa～

24 MPa，具体数值由管材生产厂商提供。

部分专家认为对于允许拖拉力应当考虑管道混配料级别，引入管材的屈服强度，与现行行业标准《城镇燃气管道非开挖修复更新工程技术规程》CJJ/T 147 规定相一致，计算公式如下：

$$F=\frac{\sigma}{N}\times\frac{\pi(D_1^2-D_0^2)}{4}\approx\frac{\sigma}{N}\times\frac{\pi D_1^2}{SDR} \tag{3}$$

式中：F——允许拖拉力(N)；

σ——管材的屈服强度(MPa)，PE80 管材取 16 MPa，PE100 管材取 20 MPa，或实测值；

D_1——管道外径(mm)；

D_0——管道内径(mm)；

N——安全系数，根据工程情况取 2.0～3.0。

6.4 沟槽回填

6.4.1 管道尽快回填是尽可能减小环境温度升降对已连接管道纵向伸缩的影响，并防止管道受到意外损伤。对回填高度做规定，是考虑到强度试验安全和试验可操作性，回填土及压实能有效抵抗压力试验时管道内压另外防止压力试验时管道移动。同时覆土可以减少太阳直射导致管道温度上升，影响压力变化。

强度试验和严密性试验合格后，应及时回填其余部分，以防止行人摔入造成事故或影响交通出行。

6.4.2 规定从管道两侧对称均衡回填是为了防止回填时管道产生位移。

6.4.3 规定回填土中不得含有石块、砖及其他杂硬物体，是为了防止砖、石等硬物损伤塑料管道。槽底至管顶以上 500 mm 范围内，土中不得含有机物、冻土以及大于 50 mm 的砖、石等硬块。冬期回填时管顶以上 500 mm 范围以外可均匀掺入冻土，其数量不得超过填土总体积 15%，且冻块尺寸不得超过 100 mm。最终使得管道铺设后外壁与原状地基、砂石基础接触均匀无空隙。

6.4.4 塑料管道是柔性管道，按柔性管道设计理论，应按管土共同作用原理来承担外部荷载的作用力。管区回填从管道基础、管道与基础之间的三角区和管道两侧的回填材料及其压实系数对管道受力状态和变形大小影响极大，必须严格控制，并按回填工艺要求进行分层回填，压实和压实系数检验，使之符合设计要求。

6.4.5 沟槽回填土压实系数与回填材料示意见图 2。

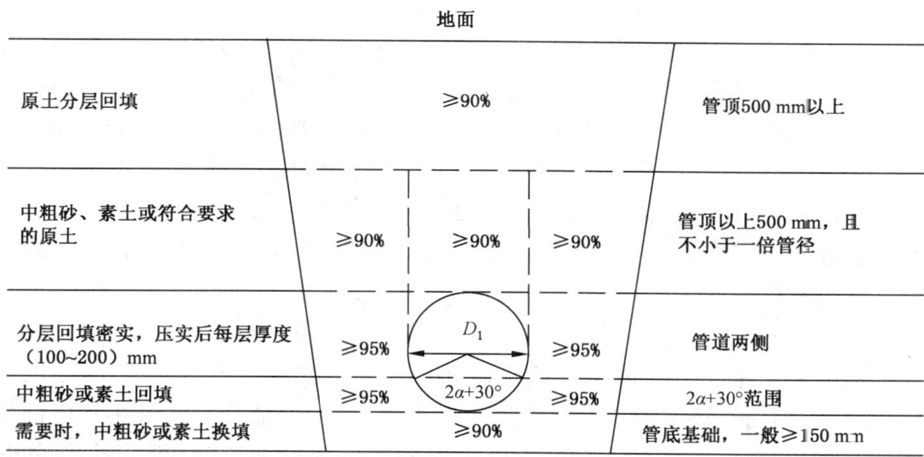

图 2 沟槽回填土压实系数和回填材料示意图

注：2α 为设计计算基础支承角。

6.4.6 随着城市高层建筑的增多，小区庭院地下建设地下停车场的越来越多，燃气管道在庭院中敷设经常需敷设在停车场混凝土顶板之上，埋深无法满足要求，甚至无法埋设。对于这种情况，可以采用砌筑沟槽等保护方法进行敷设。敷设在砖槽内的聚乙烯燃气管道底部与地下停车场混凝土顶板之间至少应有 100 mm 的填砂隔离。应保证工作温度符合本标准第 1.0.2 条的规定，管道应自然蜿蜒敷设，以减少热胀冷缩对管道的影响。对于高出地面的沟槽，应加设明显标志，以防燃气管道沟槽受到破坏。

7 试验与验收

7.1 一般规定

7.1.1 由于聚乙烯管道在试验与验收方面与金属管道相比，很多方面是相同的，为避免标准内容的重复，本节重点规定了针对聚乙烯管道的一些特殊要求，其他要求执行现行行业标准《城镇燃气输配工程施工及验收规范》CJJ 33 的规定。

7.1.2 管道试验时，为了减少环境温度的变化对试验的影响和压力试验使管道移位，因此，要求埋地管道应回填至管道上方 0.5 m 以上后进行试验。

采用水平定向钻敷设和插入法敷设的聚乙烯管道，敷设前对已经连接好的管道依次进行吹扫、强度试验和严密性试验，是为了检查已连接好的管道是否漏气，避免敷设后返工。严密性试验可采用肥皂水或洗涤液查找漏点方式进行。

采用砌筑沟槽敷设的聚乙烯管道应在管道填沙并加盖保护盖板后进行试验，主要考虑的是安全问题。

7.1.3 吹扫及试验介质采用压缩空气、氮气或惰性气体，是因为聚乙烯管道内壁较干净、光滑，采用气体吹扫效果也较好。国外也有用天然气或水。由于天然气不安全，且浪费燃料；水在冬天容易结冰，而且残留在管道中对运行不利，不建议采用。由于夏天气温较高，尤其是南方地区，气温达(30～40)℃，此时吹扫要特别注意吹扫气体的温度，尽量不要超过 40 ℃，否则要采取措施，避免管道受到损害。

压缩空气是由压缩机提供，压缩机使用的油和寒冷冬天使用的防冻剂容易随压缩空气流入管道内，油和防冻剂会对管道产生不良影响，故本条规定在压缩机出口端安装分离器和过滤器，防止有害物质进入管道。空气压缩机的选用，视试验管道的管径和长度而定。

对于 d_n90 及以上管道，可采用海绵球清管，能取得良好效果。聚乙烯阀门的放散口如采用 PE 阀门时，不应作为试验介质的进、出气口，以防放散口失效或存在安全隐患。但放散口采用金属阀门时，又无其他位置可做实验介质的进、出气口，放散口经加固处理后，可作为实验介质的进、出气口使用。但放散口金属阀门在实验过程中应始终处于全开状态，由另行安装的实验用金属阀门控制进、出气。

7.1.4 在吹扫、强度试验和严密性试验时，待试管道与无关管道系统和已运行的管道系统隔离是十分重要，否则试验和验收很难完成。与现已运行的燃气管道隔离，若采用阀门隔离，可能因阀门内漏无法完成试验和验收，还可能因空气进入已运行的燃气管道或已运行的燃气管道内的燃气进入待试管道而发生事故。

7.1.6 进行强度试验和严密性试验时，一般都是使用肥皂液或洗涤液做检漏液，其原因是肥皂液或洗涤液价格便宜且易得。但由于肥皂液或洗涤液是一种表面活性剂，聚乙烯材料在其内部变形达到某一临界值，肥皂液或洗涤液等表面活性剂会加速聚乙烯材料出现应力开裂，因此检查完毕应及时用水冲去。

7.1.7 本条是强制性条文。规定此条目的是为了保证施工安全，带压操作是极其危险的。

7.1.8 在碰头施工中，经常会有无法进行强度试验和严密性试验的接口出现，聚乙烯管道无法进行无损检测，只能进行带气检漏。对于此类热熔对接焊口，还应进行 100%卷边切除检查，以保证接口的熔接质量。

7.2 管道吹扫

7.2.1 制定吹扫方案是为了便于组织实施,吹扫方案包括:吹扫的起点和终点;吹扫压力及压力表的安装位置;吹扫介质及吹扫设备;吹扫顺序及调度方法;调压器、凝水缸、阀门、孔板、过滤网、燃气表的保护措施;吹扫应采取的安全措施及安全培训等。

7.2.2 吹扫口采取加固措施是为了防止在吹扫过程中吹扫口被损坏而脱落造成事故,在以往的施工中有过此类教训。吹扫出口是整个吹扫段最应注意安全的地方,设安全区域并由专人负责安全是十分必要的。

排气口采用塑料阀门极易造成阀门损坏,因此应采用金属阀门。排气口应采取防静电措施,如使用钢管接地等,避免静电积聚造成人身伤害或其他危险,静电火花有可能引燃燃气与空气的混合气。

7.2.3 吹扫压力不应大于0.3 MPa,是为了保证吹扫安全和管道不被损伤。吹扫气体的流速过小不能吹净管道中杂物,因此,规定吹扫气体流速不宜小于20 m/s。

7.2.4 每次吹扫管段的长度不宜超过1 000 m,是考虑到采用气体吹扫的方法,过长的管段很难吹扫干净。考虑到聚乙烯管施工中不会产生焊渣等较重杂物,且聚乙烯管内壁光滑,因此吹扫长度加长至1 000 m。当超过1 000 m时,在吹扫时应根据具体情况合理安排,分段吹扫。

7.2.5 在实际操作中,如管道施工中未有泥沙进入,长度在200 m以下采用管道自身储气放散的方式吹扫,吹扫效果都能满足要求。

7.2.6 吹扫口与地面的夹角过大或吹扫管段与被吹扫口管段不采取平缓过渡对焊连接,吹扫时会增大吹扫管段的受力,影响吹扫口的稳定,甚至损坏吹扫口。吹扫口直径应符合规定,吹扫口过小管道内的气体流速可能达不到吹扫要求,管道内过大的物体不能通过吹扫口,而且造成吹扫口的气体流速过大,影响吹扫口的稳定和造成较大的噪声。

7.2.7 规定此条目的是为了保证附属设备不被损坏。

7.3 强度试验

7.3.1 分段进行压力试验是为了缩短在城市施工的占道时间,不宜超过1 000 m是考虑到试验管段过长,一旦试验不合格将给查找漏点带来难度。同时聚乙烯管道弹性模量较低,具有一定的柔性,长度过长情况下,会导致压力不易上升。

7.3.4 根据管道设计压力的不同,升至试验压力的不同阶段后进行初检以防止意外的发生,初检可观察压力表有无持续下降;接头、管道设备和管件有无泄漏、异常等。"稳压1 h后,观察压力计不应少于30 min,无明显压力降为合格"是根据现行行业标准《城镇燃气输配工程施工及验收规范》CJJ 33的规定和工程实践经验确定,并经工程实践检验是可靠的。

7.3.5 管段相互连接的接头外观检验,对于热熔对接连接,按本标准第5.2.3条规定进行卷边对称性检验、接头对正性检验和卷边切除检验;对于电熔连接的外观检查,按本标准第5.3节电熔连接的规定进行。

7.4 严密性试验

7.4.1 对于聚乙烯管道的严密性试验,在国外,其试验方法与钢管基本一致,在我国,过去几年内敷设的聚乙烯管道的严密性试验均执行现行行业标准《城镇燃气输配工程施工及验收规范》CJJ 33的规定,效果良好。因此,本标准严密性试验直接引用现行行业标准《城镇燃气输配工程施工及验收规范》CJJ 33的严密性试验要求。

7.4.2 对于严密性试验的升压速度不宜过快,当管内压力达到试验压力后,应保持一定时间,待管内介质温度和土壤温度平衡,管道径向膨胀稳定后,再进行压力监测。全国各地因地区和季节的不同,温度差异较大。温度低,管道径向膨胀稳定的时间就短,各地可根据自己的经验确定该时间。

UDC

中华人民共和国行业标准

P

CJJ/T 215—2014
备案号 J 1755—2014

城镇燃气管网泄漏检测技术规程

Technical specification for leak detection of city gas piping system

2014-03-27 发布　　　　2014-09-01 实施

中华人民共和国住房和城乡建设部　发布

中华人民共和国住房和城乡建设部
公　　告

第 348 号

住房城乡建设部关于发布行业标准《城镇燃气管网泄漏检测技术规程》的公告

现批准《城镇燃气管网泄漏检测技术规程》为行业标准，编号为 CJJ/T 215—2014，自 2014 年 9 月 1 日起实施。

中华人民共和国住房和城乡建设部

2014 年 3 月 27 日

前　言

根据住房和城乡建设部《关于印发〈2010年工程建设标准规范制订、修订计划〉的通知》(建标[2010]43号)的要求,规程编制组经广泛调查研究,认真总结实践经验,参考有关国际标准和国外先进标准,并在广泛征求意见的基础上,编制本规程。

本规程的主要技术内容是:1.总则 2.术语 3.检测;4.检测周期 5.检测仪器;6.检测记录。

本规程由住房和城乡建设部负责管理,由北京市燃气集团有限责任公司负责具体技术内容的解释。执行过程中如有意见或建议,请寄送北京市燃气集团有限责任公司(地址:北京市朝阳区安华里二区7号楼,邮编:100011)。

本规程主编单位:北京市燃气集团有限责任公司

本规程参编单位:北京市燃气集团研究院
成都城市燃气有限责任公司
上海燃气(集团)有限公司
中国燃气控股有限公司
唐山市燃气集团有限公司
沈阳燃气有限公司
深圳市燃气集团股份有限公司
西安秦华天然气有限公司
北京科技大学新材料技术研究院
北京埃德尔公司
武汉安耐捷科技工程有限公司
北京保利泰达仪器设备有限公司

本规程主要起草人员:车立新　于燕平　江　民　陈　江　钱文斌　雷素敏　李美竹　岳建兵
白　瑞　杨印臣　杨　森　许立宁　郝英杰　李英杰　孙立国

本规程主要审查人员:杨　健　刘新领　邢耀霖　胡春英　杨　青　应援农　杨俊杰　高　伟
赵雪玲　江贻芳　张绍革

1 总　　则

1.0.1　为规范城镇燃气管网泄漏检测要求，及时发现和判断燃气泄漏，准确查找和定位泄漏点，提高管网安全运行水平，制定本规程。

1.0.2　本规程适用于城镇燃气管道及管道附属设施、厂站内工艺管道、管网工艺设备的泄漏检测。本规程不适用于储气设备本体的泄漏检测。

1.0.3　城镇燃气管网的泄漏检测应做到技术先进、安全可靠，并应积极采用新技术、新方法和新设备。

1.0.4　城镇燃气管网的泄漏检测除执行本规程外，尚应符合国家现行有关标准的规定。

2 术　　语

2.0.1　城镇燃气管网　city gas piping system

从城镇燃气供气点至用户引入管之间的管道、管道附属设施、厂站内工艺管道及管网工艺设备的总称。

2.0.2　泄漏检测　leak detection

使用检测仪器确定被检对象是否有燃气泄漏并进行泄漏点定位的活动。

2.0.3　管道附属设施　pipeline subsidiary facilities

与管道相连并实现启闭、抽水等功能设备的总称，如阀门、凝水器等。

2.0.4　管网工艺设备　piping system process equipments

与管道相连具有对燃气进行过滤、计量、调压及控制等功能设备的总称，如过滤器、流量计、调压装置等。

2.0.5　灵敏度　sensitivity

检测仪器所能检出的燃气最小浓度。

2.0.6　最大允许误差　maximum permissible error

对于给定的测量仪器，由标准所允许的，相对于已知参考量值的测量误差的极限值。

3 检　　测

3.1 一 般 规 定

3.1.1　泄漏检测人员应根据管网和厂站的规模及设备、设施的数量等因素配置，并应通过相关知识及检测技能的培训。

3.1.2　泄漏检测人员及检测场所的安全保护应符合现行行业标准《城镇燃气设施运行、维护和抢修安全技术规程》CJJ 51 的有关规定。检测现场安全标志的设置应符合现行行业标准《城镇燃气标志标准》CJJ/T 153 的有关规定。

3.1.3　埋地管道的常规泄漏检测宜按泄漏初检、泄漏判定和泄漏点定位的程序进行。管道附属设施、厂站内工艺管道、管网工艺设备的泄漏检测宜按泄漏初检和泄漏点定位的程序进行。

3.1.4　当接到燃气泄漏报告时，可直接进行泄漏判定；当发生燃气事故时，可直接进行泄漏点定位。

3.1.5　泄漏检测方法应根据检测项目和检测程序进行选择，并可按表 3.1.5 的规定执行。当同时采用两种以上方法时，应以仪器检测法为主。

表 3.1.5 泄漏检测方法

<table>
<tr><td colspan="2" rowspan="2">检测项目</td><td colspan="3">检测程序</td></tr>
<tr><td>泄漏初检</td><td>泄漏判定</td><td>泄漏点定位</td></tr>
<tr><td rowspan="2">管道</td><td>埋地</td><td>仪器检测、
环境观察</td><td>气相色谱分析</td><td>仪器检测、检测孔检测
或开挖检测</td></tr>
<tr><td>架空</td><td colspan="3">激光甲烷遥测</td></tr>
<tr><td colspan="2">管道附属设施、
管网工艺设备、
厂站内工艺管道</td><td>仪器检测、
环境观察</td><td>—</td><td>气泡检漏</td></tr>
</table>

3.2 管道检测

3.2.1 埋地管道的泄漏初检宜在白天进行，且宜避开风、雨、雪等恶劣天气。

3.2.2 埋地管道的泄漏初检可采取车载仪器、手推车载仪器或手持仪器等检测方法，检测速度不应超过仪器的检测速度限定值，并应符合下列规定：

1 对埋设于车行道下的管道，宜采用车载仪器进行快速检测，车速不宜超过 30 km/h；

2 对埋设于人行道、绿地、庭院等区域的管道，宜采用手推车载仪器或手持仪器进行检测，行进速度宜为 1 m/s。

3.2.3 采用仪器检测时，应沿管道走向在下列部位进行检测：

1 燃气管道附近的道路接缝、路面裂痕、土质地面或草地等；

2 燃气管道附属设施及泄漏检查孔、检查井等；

3 燃气管道附近的其他市政管道井或管沟等。

3.2.4 在使用仪器检测的同时，应注意查找燃气异味，并应观察燃气管道周围植被、水面及积水等环境变化情况。当发现有下列情况时，应进行泄漏判定：

1 检测仪器有浓度显示；

2 空气中有异味或有气体泄出声响；

3 植被枯萎、积雪表面有黄斑、水面冒泡等。

3.2.5 泄漏判定应判断是否为燃气泄漏及泄漏燃气的种类。经判断确认为燃气泄漏后应立即查找漏点。

3.2.6 检测孔检测或开挖检测前应核实地下管道的详细资料，不得损坏燃气管道及其他市政设施。检测孔内燃气浓度的检测应符合下列规定：

1 检测孔应位于管道上方；

2 检测孔数量与间距应满足找出泄漏燃气浓度峰值的要求；

3 检测孔深度应大于道路结构层的厚度，孔底与燃气管道顶部的距离宜大于 300 mm，各检测孔的深度和孔径应保持一致；

4 燃气浓度检测宜使用锥形或钟形探头，检测时间应持续至检测仪器示值不再上升为止；

5 检测液化石油气浓度的探头应靠近检测孔底部。

3.2.7 检测孔检测完成后，应对各检测孔的数值进行对比分析，确定燃气浓度峰值的检测孔，并应从该检测孔进行开挖检测，直至找到泄漏部位。

3.2.8 开挖前，应根据燃气泄漏程度确定警戒区，并应设立警示标志，警戒区内应对交通采取管制措施，严禁烟火。现场人员应佩戴职责标志，严禁无关人员入内。

3.2.9 开挖过程中，应随时监测周围环境的燃气浓度。

3.2.10 对架空管道进行泄漏检测时，检测距离不应超过检测仪器的允许值。

3.3 管道附属设施、厂站内工艺管道及管网工艺设备的检测

3.3.1 管道附属设施、厂站内工艺管道、管网工艺设备泄漏初检时，应检测法兰、焊口及螺纹等连接处，并应根据燃气密度、风向等情况按一定的顺序进行检测，检测仪器探头应贴近被测部位。

3.3.2 对阀门井(地下阀室)、地下调压站(箱)等地下场所进行泄漏初检时，检测仪器探头宜插入井盖开启孔内或沿井盖边缘缝隙等处进行检测。

3.3.3 泄漏初检发现下列情况时应进行泄漏点定位检测：

1 检测仪器有浓度显示；

2 空气中有异味或气体泄出声响。

3.3.4 进入阀门井(地下阀室)、地下调压站(箱)等地下场所检测时应符合下列规定：

1 满足下列要求时，检测人员方可进入：

1) 氧气浓度大于19.5%；

2) 可燃气体浓度小于爆炸下限的20%；

3) 一氧化碳浓度小于30 mg/m³；

4) 硫化氢浓度小于10 mg/m³。

2 检测过程中，各种气体检测仪器应始终处于工作状态，当检测仪器显示的气体浓度变化超过限值并发出报警时，检测人员应立即停止作业返回地面，并对场所内采取通风措施，待各种气体浓度符合要求后，方可继续工作。

3.3.5 对管道附属设施、厂站内工艺管道、管网工艺设备等进行泄漏点定位检测时可采用气泡检漏法，并应符合下列规定：

1 涂刷检测液体前，应先对被测部位表面进行清理；

2 检测时应保持被测部位光线明亮；

3 检测不锈钢金属管道时采用的检测液中氯离子含量不应大于25×10^{-6}。

3.3.6 阀门井(地下阀室)、地下调压站(箱)等地下场所内检测到有燃气浓度而未找到泄漏部位时应扩大查找范围。

4 检测周期

4.0.1 埋地管道泄漏初检周期应根据材质、设计使用年限及环境腐蚀条件等因素确定。

4.0.2 埋地管道常规的泄漏初检周期应符合下列规定：

1 聚乙烯管道和设有阴极保护的钢质管道，检测周期不应超过1年；

2 铸铁管道和未设阴极保护的钢质管道，检测周期不应超过半年；

3 管道运行时间超过设计使用年限的1/2，检测周期应缩短至原周期的1/2。

4.0.3 埋地管道因腐蚀发生泄漏后，应对管道的腐蚀控制系统进行检查，并应根据检查结果对该区域内腐蚀因素近似的管道原有的检测周期进行调整，加大检测频率。

4.0.4 发生地震、塌方和塌陷等自然灾害后，应立即对所涉及的埋地管道及设备进行泄漏检测，并应根据检测结果对原有的检测周期进行调整，加大检测频率。

4.0.5 新通气的埋地管道应在24 h内进行泄漏检测；切线、接线的焊口及管道泄漏修补点应在操作完成通气后立即进行泄漏检测。上述两种情况均应在1周内进行1次复检，复检合格正常运行后的泄漏初检周期应按本规程第4.0.2条的规定执行。

4.0.6 管道附属设施的泄漏检测周期应小于或等于与其相连接管道的泄漏检测周期。

4.0.7 厂站内工艺管道、管网工艺设备的泄漏检测周期应根据设计使用年限及环境腐蚀条件等因素确

定，也可结合生产运行同时进行，并应符合下列规定：

1 厂站内工艺管道、管网工艺设备的检测周期不得超过1个月；

2 调压箱的检测周期不得超过3个月。

4.0.8 管道附属设施、管网工艺设备在更换或检修完成通气后应立即进行泄漏检测，并应在24 h～48 h内进行1次复检。

5 检测仪器

5.1 性　　能

5.1.1 泄漏检测仪器应具备下列基本性能：

1 对燃气泄漏进行定性、定量检测；

2 声光报警；

3 启动速度快，反应时间短；

4 性能稳定、操作简单；

5 结构坚固，密封良好，外壳防护等级不低于IP54；

6 满足检测环境中温度与湿度的要求；

7 防爆型检测仪器的防爆等级不低于ExeⅡT4。

5.1.2 用于埋地管道泄漏初检的泄漏检测仪器的灵敏度不应低于10×10^{-6}。

5.1.3 检测爆炸下限和检测高浓度的泄漏检测仪器的最大允许误差应为±5%。

5.1.4 检测孔钻孔设备及专用勘探棒的手柄应具有防触电功能。

5.2 配　　备

5.2.1 泄漏检测仪器应根据燃气种类、管网规模和设备设施类型、检测仪器功能等因素配备。

5.2.2 泄漏检测仪器的选用可按本规程附录A的规定执行。配备的泄漏检测仪器可具有下列单一功能或多项组合功能：

1 检测气体百万分比浓度；

2 检测气体百分比浓度；

3 检测爆炸下限百分比浓度；

4 检测气体组分百分比。

5.2.3 泄漏检测应配备钻孔机、真空泵等附属设备。

5.2.4 有防爆要求的场所应配备防爆型检测仪器。

5.2.5 阀门井（地下阀室）、地下调压站（箱）等地下场所的泄漏检测还应配备用于检测氧气、一氧化碳及硫化氢浓度的仪器。

5.3 使用及维护

5.3.1 泄漏检测仪器应处于良好的工作状态，且应进行日常维护保养。

5.3.2 泄漏检测仪器在使用前应进行检查，并应符合下列规定：

1 仪器外观应清洁、完好；

2 电池应达到额定电压；

3 机械或电子设备的零点应已校准；

4 采样系统应通畅，过滤器不得堵塞。

5.3.3 泄漏检测仪器设置的初始报警值应在检测过程中根据检测对象和环境条件等因素进行设定。

5.3.4 泄漏检测仪器在使用及存放过程中应防水、防潮，不得暴晒和剧烈振动。

5.3.5 泄漏检测仪器应定期进行校准，校准周期不应超过 1 年。

6 检测记录

6.0.1 在泄漏检测过程中应对检测结果和相关情况进行记录。

6.0.2 泄漏检测记录应填写齐全，并可按本规程附录 B 的规定执行。

6.0.3 泄漏检测记录应保存电子和纸质档案。电子档案应有备份，并应长期保存；纸质档案应保存 3 年以上。

附录 A　泄漏检测仪器选用

表 A　泄漏检测仪器基本原理、特点、量程范围及适用范围

基本功能	类型	基本原理	特点	量程范围	适用范围
气体百万分比浓度	半导体	金属氧化物半导体的表面吸收气体后，其电阻发生变化，测量阻值变化可得到待测气体浓度	灵敏度高，轻便，微量泄漏检测，此种仪器可为非防爆型	$0\sim10\ 000\times10^{-6}$	埋地管道泄漏初检
	火焰离子	氢气作为燃料气在燃烧室里燃烧，在高温下是燃烧室发生电离，待测气体在电极附着面被捕获，在高压电场的定向作用下，形成离子流，离子被电极收集后，形成与待测气体的量成正比的电信号，由仪器电子元件处理，显示气体浓度值	灵敏度高，稳定性高，重复性好。 微量泄漏快速检测，可用于车载检测，此种仪器可为非防爆型	$0\sim10\ 000\times10^{-6}$	埋地管道泄漏初检
	光学甲烷	检测仪发射出一束红外线，照射到位于探测器前的光学滤镜上。由于滤镜只允许对甲烷敏感的特定波长的红外线透过，当有甲烷存在，光波受到影响，波长发生变化，从而产生声音信号和视觉信号	灵敏度高，响应速度快。 微量泄漏的快速检测，可用于车载检测，此种仪器可为非防爆型	$0\sim200\times10^{-6}$	埋地管道泄漏初检
	激光甲烷遥测	利用甲烷气体对某一特定波长激光的吸收特性，通过采用红外分光检测技术，使用激光二极管作为激光源，当探测仪向目标检测区域发射测量激光时，将从目标物反射回散射的激光。探测仪接收到反射回的激光并测量其吸收率，根据吸收率的变化判断是否产生泄漏	灵敏度高，可实现远距离不接触检测，响应速度快。 不易接触的燃气设备设施的泄漏检测，此种仪器可为非防爆型	$0\sim10\ 000\times10^{-6}$	架空管道泄漏检测
气体百分比浓度	热传导	依据可燃气体与空气的导热系数的差异来测定浓度。将热敏电阻加热到一定温度，当待测气体通过时，会导致电阻发生变化，测量阻值变化可得到待测气体浓度	可实现高浓度燃气检测。 此种仪器必须为防爆型	100% VOL	泄漏判定
	非色散红外	特定波长的红外光通过待测气体时，气体分子对红外光强度有吸收，其检测原理是基于朗伯-比尔(Lambert-Beer)光吸收定律	可实现高浓度燃气检测，具有较好的选择性。 此种仪器必须为防爆型	100% VOL	泄漏判定

表 A（续）

基本功能	类型	基本原理	特点	量程范围	适用范围
爆炸下限百分比	催化燃烧	在铂丝表面涂覆催化材料并将其加热，当可燃气体通过时，在其表面催化燃烧，使铂丝温度升高，电阻发生变化，电阻变化值是可燃气体浓度的函数	灵敏度较低，但在爆炸下限范围内的测量精度较高，重复性好。 此种仪器必须为防爆型	0～100% LEL	管道附属设施、厂站内工艺管道、管网工艺设备检测
	非色散红外	特定波长的红外光通过待测气体时，气体分子对红外光强度有吸收，其检测原理是基于朗伯-比尔（Lambert-Beer）光吸收定律	可实现高浓度燃气检测，具有较好的选择性。 爆炸下限浓度范围内的检测，此种仪器必须为防爆型	0～100% LEL	管道附属设施、厂站内工艺管道、管网工艺设备检测
气体组分百分比	气相色谱分析	利用可燃气体中各组分在两相间进行分配，其中一相为固定相，即色谱柱，另一相为流动相，即可燃气体。当可燃气体混合物流过固定相，与固定相发生作用，在同一推动力下，不同组分在固定相中滞留的时间不同，顺序从固定相中流出，彼此分离，进入检测器，产生的离子流信号经放大后，在记录器上描绘出各组分的色谱峰	可实现对气体成分的分析	—	泄漏判定

附录B　泄漏检测记录

B.0.1　燃气管道泄漏检测记录可选用表B.0.1的格式。

表B.0.1　燃气管道泄漏检测记录表

编号：

<table>
<tr><td>所属单位</td><td colspan="2"></td><td>检测时间</td><td colspan="2"></td></tr>
<tr><td>管道名称</td><td colspan="2"></td><td>检测长度</td><td colspan="2"></td></tr>
<tr><td>检测起点</td><td colspan="2"></td><td>检测终点</td><td colspan="2"></td></tr>
<tr><td>管　　径</td><td colspan="2"></td><td>压　　力</td><td colspan="2"></td></tr>
<tr><td>检测方法</td><td colspan="2"></td><td>检测仪器及编号</td><td colspan="2"></td></tr>
<tr><td>泄漏初检</td><td colspan="5"></td></tr>
<tr><td>泄漏判定</td><td colspan="5"></td></tr>
<tr><td rowspan="6">检测孔情况</td><td>检测孔编号</td><td>时间</td><td>浓度</td><td>时间</td><td>浓度</td></tr>
<tr><td></td><td></td><td></td><td></td><td></td></tr>
<tr><td></td><td></td><td></td><td></td><td></td></tr>
<tr><td></td><td></td><td></td><td></td><td></td></tr>
<tr><td></td><td></td><td></td><td></td><td></td></tr>
<tr><td></td><td></td><td></td><td></td><td></td></tr>
<tr><td>检测孔内浓度分析及确定具体泄漏部位情况</td><td colspan="5"></td></tr>
<tr><td>备注</td><td colspan="5"></td></tr>
<tr><td>检测人</td><td colspan="2"></td><td>审核人</td><td colspan="2"></td></tr>
</table>

B.0.2 管道附属设施泄漏检测记录可选用表B.0.2的格式。

表B.0.2 管道附属设施泄漏检测记录表

编号：

<table>
<tr><td>所属单位</td><td colspan="2"></td><td>检测时间</td><td></td></tr>
<tr><td>设备设施名称</td><td colspan="2"></td><td>地点</td><td></td></tr>
<tr><td>检测方法</td><td colspan="2"></td><td>检测仪器及编号</td><td></td></tr>
<tr><td>气体浓度检测</td><td colspan="4">燃气浓度： O_2 浓度：
CO浓度： H_2S 浓度： 其他气体浓度：</td></tr>
<tr><td rowspan="6">泄漏情况</td><td colspan="2">泄漏部位</td><td colspan="2">泄漏浓度</td></tr>
<tr><td colspan="2"></td><td colspan="2"></td></tr>
<tr><td colspan="2"></td><td colspan="2"></td></tr>
<tr><td colspan="2"></td><td colspan="2"></td></tr>
<tr><td colspan="2"></td><td colspan="2"></td></tr>
<tr><td colspan="2"></td><td colspan="2"></td></tr>
<tr><td>检测人</td><td colspan="2"></td><td>审核人</td><td></td></tr>
</table>

B.0.3 厂站内工艺管道、管网工艺设备的泄漏检测记录可结合生产运行进行记录。

引用标准名录

1 《城镇燃气设施运行、维护和抢修安全技术规程》CJJ 51

2 《城镇燃气标志标准》CJJ/T 153

中华人民共和国行业标准

城镇燃气管网泄漏检测技术规程

CJJ/T 215—2014

条 文 说 明

制 订 说 明

《城镇燃气管网泄漏检测技术规程》CJJ/T 215—2014 经住房和城乡建设部 2014 年 3 月 27 日以第 348 号公告批准、发布。

本规程编制过程中，编制组进行了广泛的调查研究，总结了我国城镇燃气行业管网泄漏检测的实践经验，同时参考了国外先进的技术法规和技术标准。

为便于广大设计、施工、科研、学校等单位有关人员在使用本规程时能正确理解和执行条文规定，《城镇燃气管网泄漏检测技术规程》编制组按章、节、条顺序编制了本规程的条文说明，对条文规定的目的、依据以及执行中需注意的有关事项进行了说明。但是，本条文说明不具备与规程正文同等的法律效力，仅供使用者作为理解和把握规程规定的参考。

1 总　　则

1.0.1 随着城镇燃气供气压力的提高和燃气管道数量的不断增长，燃气泄漏事故时有发生；加强对泄漏检测工作的管理，提高管网安全运行水平，是杜绝燃气管网泄漏事故的关键之一。目前，国内燃气供应单位泄漏检测的技术水平存在一定差异；为此，编制城镇燃气管网泄漏检测标准，规范泄漏检测的技术及方法，对于提高泄漏检测的效率、加强燃气行业的安全管理、保证燃气管网的安全运行至关重要。

1.0.2 燃气管道、管道附属设施、厂站内工艺管道、管网工艺设备等不同设备、设施的检测方法各有不同，根据不同设备、设施泄漏检测的不同方法和特点，明确了本规程的适用范围。

储气设施也是输配系统中的重要设备，但对于储气设施的管理，因其本体属于压力容器或已具有专门的检测技术要求，因此，本规程的适用范围不包含储气设施本体，但连接部位的泄漏检测仍包含在本规程范围内。

1.0.3 目前，燃气泄漏检测技术发展较快，新技术、新设备不断涌现，在城镇燃气管网泄漏检测工作中应积极采用行之有效的新技术、新方法和新设备，并在技术方面进行完善，以提高检测效率。

3 检　　测

3.1 一般规定

3.1.1 燃气管道多数埋于地下，一旦发生泄漏，情况非常复杂；泄漏检测操作人员只有在了解相应的泄漏原理、掌握检测技术方法及仪器设备操作知识的基础上，才能准确分析判断泄漏部位，进而有效地发现泄漏位置，因此对泄漏检测操作人员所掌握技能的要求较高。检测人员在上岗前必须进行相关知识及技能的培训，包括：燃气常识、泄漏原理、检测仪器操作、检测技术及相关安全知识等内容。

3.1.2 由于泄漏检测现场可能存在燃气泄漏的情况，泄漏检测操作存在一定的危险，因此，在泄漏检测操作现场一定要做好安全防范，检测人员也要注意安全防护；现行行业标准《城镇燃气设施运行、维护和抢修安全技术规程》CJJ 51 对操作人员及操作现场的安全防护有较为细致的规定，现行行业标准《城镇燃气标志标准》CJJ/T 153 中对设置和使用标志有相关的规定。

3.1.3 将泄漏检测的基本程序划分为泄漏初检、泄漏判定和泄漏点定位的三个过程是在大量调研、总结国内各地燃气供应单位泄漏检测实践工作基础上提出的。泄漏初检为按照检测计划而执行的泄漏检测工作。此过程为主动查漏的过程，在未知有泄漏的情况下主动发现泄漏，消除隐患。在检测过程中经常遇到一些干扰因素的影响，例如汽车尾气、沼气等因素会造成泄漏检测结果的误判，因此需要进行泄漏判定。泄漏判定为排除影响检测结果的干扰因素，确定是否为管道内燃气泄漏的过程，此过程在埋地管道的泄漏检测中十分重要，目前已有较为成熟的分析技术，可以判别是否为燃气泄漏，同时还可区分是何种燃气的泄漏，在经过分析后进一步进行泄漏点定位。

3.1.5 针对不同类别的燃气设备设施采用的检测方法也不同，本条按照不同的检测项目推荐几类检测方法以供选择。仪器检测法是指利用各种检测仪器进行泄漏检测，此种方法是客观的方法，也是必须选用的方法。环境观察法一般指通过观察植被、水面、积雪颜色及异常气味等判断是否有疑似泄漏存在的情况。气相色谱分析是采用分析仪器对混合气体内的各组分进行分析，进而明确气体种类的方法。钻孔检测法是在管道上方，沿管道走向钻孔，并结合检测仪器检测孔内的气体浓度，确认泄漏部位的方法。激光甲烷遥测技术是可以不接触被测物体表面就能检测出是否有燃气泄漏的检测技术，对于难以通过接触进行检测的架空管道，一般采用此种非接触型检测方法。

泄漏检测是一个复杂的过程，除架空管道外，使用单一的方法一般不能达到既检测出泄漏又能进行泄漏点定位的要求，往往需要组合采用几种检测方法。但不论组合采用哪几种方法，都需要以仪器检测方法为主。

3.2 管道检测

3.2.1 在城镇燃气泄漏检测工作中经常使用的泄漏检测仪器有基于光学原理制成的，因光学检测仪均需要吸收散射的光线进行对比分析，必须在光线充足的条件下进行，因此提出在白天检测的要求。目前检测仪器的构造都比较复杂，且电子元器件对环境条件要求较为严格，在温度过高或过低、雨污水喷溅等情况均易对检测仪器内部元器件造成损害，因此，除特殊的紧急情况外，一般在恶劣天气时尽量不进行泄漏检测。

3.2.2 泄漏检测仪器有多种类型，有的设置在机动车上，有的设置在手推车等非机动车上，还有的为手持式；根据泄漏检测工作的需要，可以选择不同类型的检测仪器；一般情况下，车载仪器用于城市道路下燃气管道的泄漏初检，手推车或者手持式仪器用于人行道、绿地、庭院等或需要进行泄漏确认的情况。不论采用何种泄漏检测仪器，在泄漏检测时速度都不能过快，如果超过泄漏检测仪器的反应速度，会影响泄漏检测效果。

车载仪器的泄漏检测速度是在收集大量国内外泄漏检测资料，综合考虑目前在用车载检测仪器检测速度实际情况的基础上得出的。车载式泄漏检测仪器车辆速度保持在 30 km/h 以下时，检测效果相对较好。1 m/s 为正常步行速度，在此速度下采用手推车载仪器或手持式仪器进行泄漏检测效果较好。

3.2.3 管道埋于地下，情况较为复杂，根据泄漏扩散原理，燃气会沿着某些缝隙处向外扩散，对这些燃气易扩散积聚的部位进行重点检测，比较方便快捷。

3.2.4 在用仪器检测的同时观察周围的环境，可以快速、直接发现问题，及时排除泄漏隐患。在泄漏检测过程中，经常遇到泄漏检测仪器有浓度显示但又不是发生燃气泄漏的情况，这种情况称为疑似泄漏。疑似泄漏是由于一些干扰因素造成的，这些干扰因素包括汽车尾气干扰、沼气干扰、化学污染等，发现疑似泄漏情况后需要进一步进行泄漏检测，确认是否有泄漏和泄漏气体的种类，减少误开挖造成的损失。

3.2.5 泄漏判定需要对燃气的组分进行分析，气相色谱分析法是比较有效的方法。目前，泄漏判定最常见的情况是区分天然气与沼气，由于天然气与沼气的主要成分均为甲烷，泄漏检测仪器检测到甲烷的存在并不能说明是何种气体，还需要通过分析其他组分进行判别，目前主要通过分析乙烷含量来区分上述两种气体；由于天然气中含有乙烷，而沼气中则不含，因此，分析出乙烷成分的存在就可以判定是天然气泄漏。

国内有些城市有天然气、人工煤气或液化石油气多种气源同时存在的情况，区分是何种燃气泄漏十分必要，可以通过对燃气组分的分析进行判定。

3.2.6 因城市地下市政设施情况复杂，钻孔前需要查明其他市政设施的资料，摸清其具体部位，防止钻孔时破坏其他市政设施。

1 燃气泄漏后会沿着地下缝隙向上扩散，在管道上方打孔能提高查找漏点的效率；

2 在打孔检测时会发现不同检测孔内燃气浓度有逐渐升高或降低的趋势，距离泄漏部位最近的孔内燃气浓度也相对较高，因此需要打足够多的孔，保证从各孔的浓度值中找出浓度最高的孔及各孔浓度变化的规律，判断出具体的泄漏部位；

3 道路的结构层包括水泥路面、沥青路面和三合土基层等，为保护管道在打孔时不被破坏，参照各地实践经验和查阅管道埋深确定打孔深度；

4 检测孔内的燃气浓度会向孔外扩散，为保证检测的准确性，需配置防止发散的检测探头；仪器在进行泄漏检测时需要一定的反应时间，这段时间内仪器的示值不稳定，因此，检测操作应持续一段时间，以保证仪器检测的准确性；

5 由于液化石油气的比重比空气大，当发生泄漏时会积聚在泄漏部位的下部，因此，在泄漏检测时，仪器探头应接近孔下部。

3.2.7 钻孔后离泄漏部位越近的孔内燃气浓度越高，因此需要找出浓度最高的孔，从该孔进行开挖。

燃气管道泄漏可能是一个部位发生泄漏，也有可能是多个部位同时发生泄漏。对于同期建设相同材质的管道，因其腐蚀情况类似，在查明一处泄漏部位后，还需要排查其他部位泄漏的可能性。

发现泄漏点后紧急抢修堵漏处置的技术措施、人员及管理要求等不包含在本规程内。

3.3 管道附属设施、厂站内工艺管道及管网工艺设备的检测

3.3.1 设备及管道的连接部位是易泄漏部位，通过检测法兰、焊口等连接部位可以有效地检测泄漏。不规范的泄漏检测顺序可能导致无法准确找到泄漏部位。天然气、人工煤气比重较轻，发生泄漏时会向上扩散，一般采用从下往上的检测顺序，液化石油气比重较重，泄漏检测时一般采用从上往下的顺序。如果在室外泄漏检测，一般采用从上风侧往下风侧检测的顺序。

3.3.2 天然气或人工煤气的比重较轻，若在阀门井上部或井盖周边检测到有燃气浓度，说明井内也有燃气浓度。当发现检测仪器有燃气浓度显示时，需要采取相应的措施防止发生事故。

3.3.4 泄漏初检发现阀门井内有燃气浓度时需要下井进行泄漏判定和泄漏点定位检测，如果井内氧气浓度低或有毒、有害气体超标，会直接威胁检测人员的安全，故本条对涉及进入阀门井等地下场所检测人员人身安全的有关气体的浓度指标提出要求。

1 本款规定了检测人员进入阀门井等地下场所检测时场所内燃气、氧气、一氧化碳和硫化氢等气体浓度的限值，其中氧气的浓度要求参照现行国家标准《缺氧危险作业安全规程》GB 8958 标准规定，燃气的浓度要求参照现行行业标准《城镇燃气设施运行、维护和抢修安全技术规程》CJJ 51 的规定，一氧化碳及硫化氢的浓度要求参照现行国家标准《工作场所有害因素职业接触限值　第 1 部分：化学有害因素》GBZ 2.1 标准规定。在国家标准中，一氧化碳浓度及硫化氢浓度均以“mg/m^3”为单位，为保持与国家标准的一致，本规程也采用“mg/m^3”为单位。而在实际泄漏检测工作中，现有的泄漏检测仪器通常表示为“ppm”，因此可以对检测数据进行换算，在此推荐一种换算公式，可以参考使用。本计算公式基于理想气体状态方程推导而出，在标准状况下，气体质量浓度与体积浓度的换算关系可用下式表示：

$$C=22.4\frac{X}{M} \qquad (1)$$

式中：

C——“ppm”浓度值；

X——气体以“mg/m^3”表示的浓度值；

M——气体分子量。

2 检测人员在地下场所进行检测操作时，可能会出现由于气体扰动造成一氧化碳或硫化氢气体百分比超标的情况，因此要求在检测操作过程中各种泄漏检测仪器始终处于检测的状态，一旦气体百分比达到危险限值，检测仪器发出报警，检测人员可以立即撤离，以保证安全。

3.3.5 如果被测部位表面坑凹不平或存有污物，涂刷检测液时在坑凹不平或有污物处容易积存空气，空气浮出形成气泡，从而掩盖某些小漏孔产生的气泡。检测环境光照不足时会影响对细小气泡的观察。

目前，在城镇燃气输配系统中越来越多地使用不锈钢材料，在对不锈钢材料进行检测时，控制检测液中氯离子的含量，避免对不锈钢材料造成腐蚀。

3.3.6 本条为扩大检测范围的要求。在对阀门井等地下空间进行泄漏检测时，可能出现检测仪器有示值但未找到具体泄漏部位的现象，如果经泄漏判定确认为燃气泄漏，则说明阀门井周边的埋地管道存在泄漏的可能性，需要扩大检测范围，并按照埋地管道检测方法对周围燃气管道进行检测，直至找到泄漏部位。

4 检测周期

4.0.1 本章规定的检测周期为泄漏检测工作的最长间隔，燃气供应单位可根据实际情况自行制定较为

灵活的泄漏检测周期，但不得低于本规程的要求。

国家标准《城镇燃气技术规范》GB 50494—2009 对管道的"设计使用年限"有相应的规定。一般情况下，钢质管道在腐蚀控制良好的条件下寿命可超过 30 年，聚乙烯管道和铸铁管道的设计使用寿命一般可达 40 年～50 年。

4.0.2 行业标准《城镇燃气设施运行、维护和抢修安全技术规程》CJJ 51—2006 对管道泄漏检测周期提出了要求，但在本规程编写调研过程中发现，国内各地燃气供应单位都已经自觉提高了要求，因此，本规程对此作了相应的修改。

行业标准《城镇燃气设施运行、维护和抢修安全技术规程》CJJ 51—2006 对管道检测周期的规定主要以压力进行划分，但通过调查发现，管道发生泄漏与管道的压力并无明显关系，因此，本规程对管道泄漏检测周期的规定按照管道材质及管道是否有阴极保护进行划分。

3 城镇燃气管道多数不是同期建设完成，其运行情况也有差别，从经济性和安全性考虑，作出本条规定。

4.0.3 腐蚀因素近似的管道通常指同期建设的材质、环境、施工单位等情况相同的管道。如某一住宅小区内一期建设的钢管检测到有燃气泄漏，说明该区域内同一期建设的其他钢管存在腐蚀泄漏隐患，需重点检测，相应地调整检测周期。

4.0.4 发生地质灾害时，管道有可能发生断裂、变形等情况，需要立即对管道进行泄漏检测，并根据检测结果调整泄漏检测周期。

4.0.5 由于管道内的燃气发生泄漏后渗透到地面需要一定的时间，当管道检修通气后，如果存在泄漏不一定能够立即被发现，需要在一定时间内进行复检，以排除泄漏隐患。

4.0.6 管道发生泄漏后，燃气一般会沿着管道扩散到周围的管道附属设施内，管道附属设施的泄漏检出率一般比埋地管道高，因此，管道附属设施的检测周期应比管道的检测周期适当缩短。

4.0.7 考虑到实际工作中多数情况是在生产运行的同时进行泄漏检测，因此本条提出泄漏检测可结合生产运行工作同时进行。城镇调压站及调压箱的检测周期是根据国内泄漏检测实际情况确定。

5 检测仪器

5.1 性 能

5.1.1 泄漏检测仪器是泄漏检测工作中的必要工具，泄漏检测仪器的性能是保证发现燃气泄漏、找到泄漏位置的关键因素。

5.1.2 "10×10^{-6}"在数值上等同于"10 ppm"。灵敏度是泄漏检测仪器所检出燃气浓度的最小值，是泄漏检测仪器重要的指标。地下燃气管道泄漏后，扩散到地表的燃气浓度可能非常低，如果采用的泄漏检测仪器的灵敏度较低，将直接影响检测结果，因而对其提出要求。因本规程为首次制定，国内尚无相应的参考标准，此数值是参考美国、欧洲等国家或地区关于燃气泄漏检测的要求提出。

5.1.3 最大允许误差是对检测仪器精度的要求。用于检测爆炸下限和检测高浓度的仪器在达到爆炸下限前必须报警，以保证检测人员的安全，所以对此类泄漏检测仪器检测精度的要求较高。最大允许误差值是参考现行行业标准《可燃气体检测报警器》JJG 693 的要求提出。

5.1.4 地下市政设施除燃气管道外，还有电缆、热力管道、雨污水管道等设施，为保证安全，钻孔设备及专用勘探棒等需要绝缘。

5.2 配 备

5.2.1 城镇燃气包含人工煤气、天然气及液化石油气等几个种类，因此，检测仪器的选择必须与被测燃气种类相适应。原则上说，为满足检测工作量的需求，管网设备设施数量较多的燃气供应单位所配备的检测仪器数量及种类也相应较多。某些有多种附件的检测仪器应配置齐全，以满足在复杂条件下进行泄漏检测的需要。另外，对于阀门井、防爆区域等特殊场所需要检测氧气、一氧化碳、硫化氢等气体浓度和仪器需要防爆类型等情况，在设备配置时都要注意。

5.2.2 泄漏检测仪器有多种形式，有单一功能的检测仪，也有多种功能的综合检测仪，本规程仅对检测仪器的功能提出了要求，可以单独选配，也可以配置具备多种功能的综合检测设备。

具备检测百万分比浓度功能的仪器通常以“ppm”显示燃气浓度，即能检测到气体百万分之一浓度；具备检测百分比浓度功能的仪器通常以“%”显示燃气浓度；具备检测爆炸下限百分比功能的仪器所能检测到的最高浓度为被检测燃气的爆炸下限。

具备气体组分百分比检测功能的仪器能够通过比对分析出混合气体中各组分所占的百分比。

5.2.3 泄漏点定位时需要配合使用钻孔机及各类钻头等设备，所以应配置相应的附属设备以满足需要。

5.2.4 不论对防爆场所如何界定，只要是规定中要求的防爆场所，就要使用防爆型仪器。

5.2.5 对阀门井、地下调压站(箱)进行泄漏检测时，还需对空间内氧气和有毒气体进行检测，因此，还需配置相应的检测仪器。

5.3 使用及维护

5.3.3 在不同地区针对不同的检测对象，不同的泄漏检测设备可以有不同的报警值，因此，需要根据泄漏检测的实际工作经验反复试验设定相对合理的报警值。

6 检测记录

6.0.1～6.0.3 完善、准确的检测记录是极为重要的，能够为日后的泄漏检测工作及事故的处理提供参考。

UDC

中华人民共和国行业标准

P

CJJ/T 259—2016
备案号 J 2287—2016

城镇燃气自动化系统技术规范

Technical code for automatic system of city gas

2016-11-15 发布　　2017-05-01 实施

中华人民共和国住房和城乡建设部　发布

中华人民共和国住房和城乡建设部
公　　告

第 1355 号

住房城乡建设部关于发布行业标准《城镇燃气自动化系统技术规范》的公告

现批准《城镇燃气自动化系统技术规范》为行业标准，编号为 CJJ/T 259—2016，自 2017 年 5 月1 日起实施。

中华人民共和国住房和城乡建设部
2016 年 11 月 15 日

前　言

根据住房和城乡建设部《关于印发〈2013 年工程建设标准规范制订修订计划〉的通知》(建标[2013]6 号)的要求，规范编制组经广泛调查研究，认真总结实践经验，参考有关国际标准和国外先进标准，并在广泛征求意见的基础上，编制了本规范。

本规范的主要技术内容是：1. 总则；2. 术语；3. 基本规定；4. 系统设计；5. 施工与调试；6. 验收；7. 运行维护。

本规范由住房和城乡建设部负责管理，由中国城市燃气协会负责具体技术内容的解释。执行过程中如有意见或建议，请寄送中国城市燃气协会(地址：北京市西城区西直门南小街 22 号，邮编：100035)。

本规范主编单位：中国城市燃气协会

本规范参编单位：北京市燃气集团有限责任公司
青岛积成电子有限公司
北京市煤气热力工程设计院有限公司
北京航天拓扑高科技有限责任公司
中国燃气控股有限公司
华润燃气(集团)有限公司
上海燃气(集团)有限公司
深圳市燃气集团股份有限公司
西安秦华天然气有限公司
沈阳燃气集团有限公司
武汉市天然气有限公司
昆仑能源有限公司
新奥能源控股有限公司
甘肃中石油昆仑燃气有限公司
中交煤气热力研究设计院有限公司
成都千嘉科技有限公司
中国市政工程西南设计研究总院有限公司
北京市公用工程设计监理有限公司
上海航天能源股份有限公司
天信仪表集团有限公司
聚光科技(杭州)股份有限公司
埃德尔集团公司
山西煤层气(天然气)集输有限公司
新天科技股份有限公司
烟台东方英达康自动化技术有限公司
浙江中控技术股份有限公司
中国科学院信息工程研究所
北京华电卓识信息安全测评技术中心有限公司
北京远东仪表有限公司

本规范主要起草人员：王天锡　迟国敬　韩金丽　韩飞舟　金洁羽　宋来弟　高顺利　宋玉梅
王向勇　刘　韧　焦安春　徐　震　陈　凯　赵金洋　毛文光　李　刚
吴　永　蒋厚贵　孙剑勇　戚小虎　陈秋雄　安成名　靳九让　樊金光
姬春林　邢耀霖　叶少麟　胡兆科　冯立德　李树旺　祁振军　谷　平
杨　光　赵　勇　张海军　李　江　申建波　王永山　成　松　叶庆红
顾志烈　陶朝建　张　涛　毋　焱　谭晋隆　董意德　华志斌　刘兰辉
张志强　邓定明　李洪波　丁淑兰

本规范主要审查人员：杨　健　徐　姜　李美竹　刘志义　田贯三　薛　智　张云林　万　云
赵耀宗　王亚慧　李伟锋　赵　允　刘　蓉

1 总 则

1.0.1 为规范城镇燃气自动化系统的建设和运行维护，做到安全供气、运行稳定、经济合理，制定本规范。

1.0.2 本规范适用于新建、扩建和改建的城镇燃气自动化系统的设计、施工与调试、验收、运行维护。

1.0.3 城镇燃气自动化系统的建设和运行维护除应符合本规范外，尚应符合国家现行有关标准的规定。

2 术 语

2.0.1 城镇燃气自动化系统 city gas automatic system

利用自动化、信息、网络通信技术，基于仪表及执行机构等设备，对城镇燃气设施实现数据远程采集、监视、控制、处理的系统。

2.0.2 中心站 central station

由安装在监控室和机房内的服务器、工程师/操作员站、网络通信设备、安全设备、外部设备、存储等硬件，及监控类、分析类、应用类等软件组成，实现数据接收、监测、控制、分析处理、优化管理等功能的设施。

2.0.3 本地站 local station

由安装在现场的服务器、工程师/操作员站、RTU/PLC、仪表及执行机构、通信设备、监控组态软件、存储设备、安全设备、外部设备等组成，通过通信网络实现向中心站实时传输燃气设施和本地自动化系统运行状态数据，并接受和执行来自中心站的控制指令，对本地燃气设施进行数据采集、监视、控制和分析处理的监控设施。

2.0.4 无人值守站 unattended station

无现场值守或操作人员的本地站。

2.0.5 有人值守站 attended station

具备无人值守站的软硬件设备和功能，并配备安装在现场监控室内的服务器、工程师/操作员站、存储设备、网络通信设备、安全设备、外部设备等硬件及应用软件的本地站。监控室内通常有现场值守或操作人员。

2.0.6 监控组态软件 supervisory control configuration software

安装在中心站、本地站中，用于数据采集、监视与过程控制的软件平台和开发工具。

2.0.7 优化管理 optimization management

采用应用软件，组合历史数据、用气规律和运行经验，对燃气设施的输配气量实时调整，以满足用气需求，达到管理目标的过程。

2.0.8 外部设备 peripheral devices

在中心站、本地站中配套的硬件设备，包括：打印机、绘图仪、刻录机等。

3 基本规定

3.0.1 城镇燃气自动化系统的建设应符合安全性、可靠性、实时性、通用性、扩展性、经济性的原则。

3.0.2 城镇燃气自动化系统的建设应统一规划，可分步分期实施。

3.0.3 城镇燃气自动化系统运行环境应满足对防震、防爆、防火、防雷、防尘、防水、防腐、防电磁干扰、防第三方侵入的要求。

3.0.4 城镇燃气自动化系统建设和运行维护应具备安全防护和应急措施，并应符合国家关于信息安全管理的要求。

3.0.5 城镇燃气自动化系统应具备实时采集与监测生产运行数据及根据运行数据进行分析和控制设备的功能。宜具备负荷预测、管网仿真的功能，实现优化调度。

3.0.6 城镇燃气自动化系统的整体应保证不间断运行，主要部件与设备的运行寿命不应低于5年。

3.0.7 城镇燃气自动化系统的组成(图3.0.7)应包括中心站、通信网络、本地站，并应符合下列规定：

1 中心站应具有数据接收、存储、监测、控制、分析处理、下达控制指令等功能。

2 通信网络应在中心站和本地站间建立数据传输通道，并应符合网络安全与可靠性的要求。传输方式应根据系统规模、当地通信条件确定。

3 本地站应具有现场数据采集、监测、控制等功能，应将数据通过通信网络实时传输到中心站，并可执行中心站的控制指令。

4 现场仪表及执行机构应采用标准信号和通信协议。

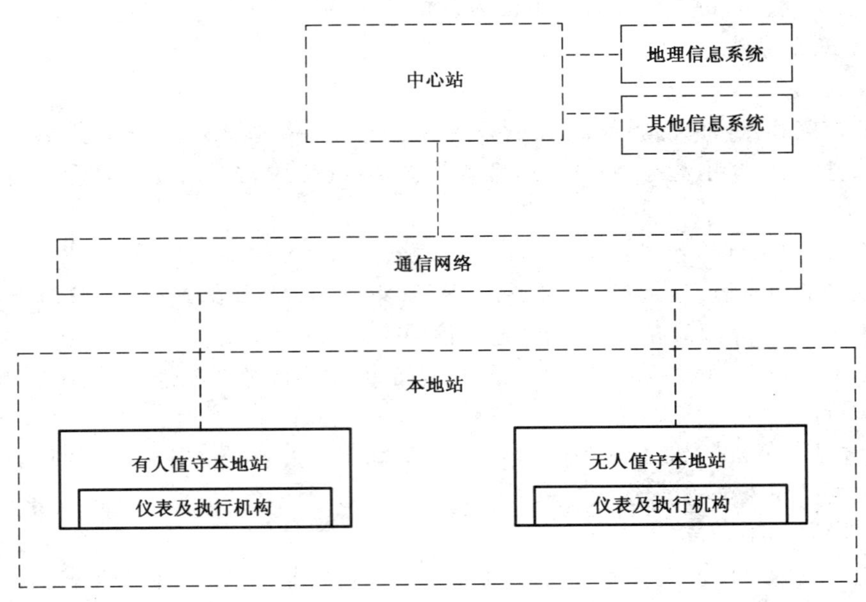

图3.0.7 城镇燃气自动化系统组成

3.0.8 城镇燃气自动化系统中的计算机操作系统、数据库、监控组态软件应采用运行稳定、接口标准的版本。

3.0.9 城镇燃气自动化系统各子系统间的接口标准应符合统一性、开放性、兼容性的要求。

3.0.10 城镇燃气自动化系统关键设备、应用软件和网络宜采取冗余措施。

3.0.11 特大、超大城市和跨区域的城镇燃气经营企业宜设置备用中心站。

3.0.12 中心站、本地站应配置不间断供电电源。

3.0.13 城镇燃气自动化系统竣工验收前宜进行安全评估。

4 系统设计

4.1 中心站

4.1.1 中心站系统架构设计宜采用分布式结构。

4.1.2 中心站机房应按现行国家标准《电子信息系统机房设计规范》GB 50174中不低于C类机房的标准设计。中心站监控室宜与城镇燃气经营企业调度中心合建。

4.1.3 中心站配置应符合下列规定：

1 中心站应配置不间断电源，后备时间不应低于 4 h；

2 中心站监控室内设置的调度、管理、配置等工作席位应保障安全运行、正常工作的需要；

3 宜配置大屏幕显示系统；

4 监控类等关键应用的硬件应冗余配置，且应至少配置 2 台(套)；软件应主辅或集群配置。

4.1.4 中心站的服务器、工程师/操作员站、网络设备、安全设备、外部设备等硬件配置应符合下列规定：

1 中心站宜设置独立的存储服务器、数据库服务器、通信服务器和应用系统服务器；宜采用服务器集群技术，服务器硬件配置应与系统规模匹配；

2 工程师/操作员站应具备身份鉴别措施；

3 网络设备和安全设备的设计、选型、配置应符合国家现行标准的规定，可根据需要配置安全网关类设备、入侵检测类设备。

4.1.5 中心站软件设计宜遵循模块化设计原则。

4.1.6 中心站软件应包括：计算机操作系统、数据库管理系统、防病毒软件、通信管理软件、应用软件等。

4.1.7 应用软件应包括监控类应用软件，且宜包括分析类、管网地理信息、优化管理及其他类型等扩展应用软件，并应符合下列规定：

1 应具备访问权限管理功能；

2 应具备对本地站的运行状态进行远程监视和故障诊断的功能，宜具备远程维护功能；

3 可扩展与政府燃气应急管理系统和城镇燃气经营企业计量、计费等系统的接口。接口应采用通用标准的接口方式和通信协议；接口处应采取信息安全认证措施。可提供与其他自动化应用的对接。

4.1.8 监控类应用软件应满足对燃气厂站及燃气管网设施的监控，且宜满足对管网泄漏、管网阴极保护和安全设施状态的监测，并应符合下列规定：

1 应具备采集和接收多种类型数据的功能，包括模拟量、数字量、带时间标签的事件记录、完整的计量数据及系统需要的其他数据；

2 应具有与本地站及其他相关系统交换数据的能力，并应具备实时数据传送、数据补传功能，宜具备历史数据回填功能；

3 应具备对执行机构的远程控制和紧急切断功能；宜具备参数信息远程设置功能；控制指令应具备防篡改、防伪造、防重放攻击等能力；

4 应具备各类数据的存储、统计、分析等功能；存储周期可自定义，数据宜保存 2 年以上；

5 应具有电子报表的基本功能，且应支持组态生成报表，并应能即时、定时打印；

6 应具备数据检查及处理、异常数据处理、事件记录分类处理等功能，并应支持各种函数运算；

7 应具有数据异常、通信异常的报警功能，实现报警信息自动分析和处理功能；

8 异常报警功能应有画面、声音、闪烁等提醒方式；

9 宜具备全屏、多窗口、画面缩放、漫游、立体等图形显示功能，支持表格与图形化表达形式；支持全屏幕、截图画面拷贝；支持多种字体汉字；

10 应具备接收标准时间信号、同步主站系统时钟，并提供对中心站和本地站同步校时功能；

11 宜具备事故追忆和重演功能，能随时调用记录的追忆数据；

12 应具备在线组态功能，操作时不应影响系统的正常运行；

13 宜具备网页发布功能、移动终端访问功能、短信服务功能；

14 应具备远程调用及管理本地站视频信息的功能。

4.1.9 分析类应用软件宜设置城镇燃气管网负荷预测、仿真、辅助决策等分析应用功能，并应符合下列规定：

1 负荷预测功能可根据历史负荷、用户拓展与气象信息按照每天24点或更密点数进行1天～1周的负荷预测；应能提供人工干预负荷预测的手段；应具备负荷预测曲线与实际负荷曲线及误差曲线在画面上的显示功能；

2 管网仿真分析功能应能实现管网建模与拓扑分析，应能结合实时数据，分析管网实时或近期状况，生成等压图等分析图表；应具有管网运行状况、峰谷量与储存设施能力协调的预测功能，并应对异常情况进行预警预报等；

3 辅助决策功能应包括报警管理、应急处置等。

4.1.10 管网地理信息应用软件除应符合现行行业标准《城市基础地理信息系统技术规范》CJJ 100的有关规定外，尚应符合下列规定：

1 应具备录入、存储、管理中心站、本地站的空间数据(几何数据、管网拓扑关系数据)、属性数据、多媒体数据的功能；

2 应具备管网图的录入、编辑、查询、统计等功能，应具备设备管理功能；

3 应具备管网危险源管理功能；

4 应具备汇总、分析管网事故成因、评估管网安全和发出安全预警信息的功能；

5 宜具备根据管网故障地点提供控制阀门方案和判断影响供气区域的功能；

6 宜支持管网三维建模与可视化，且能进行三维量算分析，具备二维、三维切换功能；

7 宜支持对巡线人员及车辆的位置信息采集，且能记录、回放轨迹。

4.1.11 优化管理应用软件应符合下列规定：

1 应具有大负荷单位用户用气数据自动采集功能；

2 宜具有大负荷单位用户用气数据分析，达到具备用气计划、用气负荷等管理功能。

4.1.12 中心站的安全性要求应符合下列规定：

1 机房各出入口应配置电子门禁系统；

2 系统账户应分类，权限设置应分级；

3 服务器、工程师/操作员站、安全设备宜安装最新补丁、病毒库及规则库等，宜采用离线文件方式更新；

4 网络设备应关闭不必要的网络服务、禁用默认路由、配置信任网段、审计设备日志、设置高强度密码、配置并开启访问控制列表、禁用空闲端口等；

5 系统宜具备安全审计措施，能对操作系统、数据库、网络设备、安全设备、业务应用的重要操作进行集中收集、自动分析；

6 应定期备份关键业务的数据与应用，并应能完整恢复；应定期检测备份数据。

4.1.13 中心站系统性能指标应符合现行国家标准《燃气系统运行安全评价标准》GB/T 50811的有关规定。

4.2 本 地 站

4.2.1 无人值守本地站机柜宜设置在非爆炸性危险区域内。当受场地条件限制，机柜需设置在有爆炸危险因素的区域内时，机柜应采取防爆措施，并符合现行国家标准《爆炸性环境》GB 3836的规定。

4.2.2 本地站监控室宜与城镇燃气经营企业调度中心合建。有人值守本地站机柜宜设置在独立监控室内，监控室建设应符合本规范第4.1.2条的规定。

4.2.3 本地站RTU/PLC及配套设备应安装在机柜内。机柜、监控室应满足防爆、防雷、防尘、防水、防腐等要求。

4.2.4 重要厂站及重要用户宜提供RTU/PLC冗余配置。其他厂站中涉及用户安全、公共安全或重要经济利益需重点监控的设施，宜提供RTU/PLC冗余配置。

4.2.5 现场仪表与执行机构的安装环境、设备选型应满足防爆、防雷、防尘、防水、防腐等要求。施工过程中设备安装位置、线路敷设间距应满足与运行环境相适应的防震、防爆、防雷、防尘、防水、防腐、防电磁干扰、承重等要求。

4.2.6 本地站的系统配置宜符合本规范表 4.2.6 的规定。

表 4.2.6 本地站系统配置

配置	无人值守场本地站	有人值守场本地站
软件	RTU/PLC 用户程序； RTU/PLC 编程软件	监控组态软件； 操作系统； RTU/PLC 用户程序； RTU/PLC 编程软件
主要硬件	RTU/PLC 硬件设备； UPS 后备电源； 网络通信设备； 安全隔离设备； 防雷防浪涌设备； 机柜； 仪表及执行机构	操作员工作站； RTU/PLC 硬件设备； UPS 后备电源； 打印机； 网络通信设备； 安全隔离设备； 防雷防浪涌设备； 仪表及执行机构； 机柜

4.2.7 本地站的监控参数宜按本规范附录 A 的规定执行。

4.2.8 仪表及执行机构应符合下列规定：

1 流量测量应选择具有远传通信功能的修正仪或流量计算机等仪表；

2 温度测量宜选用测量和变送一体化的温度变送器；

3 压力测量应选用压力(差压)变送器；

4 气相色谱、水露点、硫化氢、热值等检测分析仪表应带有远传功能；

5 物位测量应采用实时测量方式并应具备远传功能；非连续物位测量应具备传送限位报警的功能；

6 加臭控制器应具备与流量计算机进行单向通信和与本地站进行双向通信的功能。

4.2.9 本地站执行机构应符合下列规定：

1 执行机构可选择电动、电-液联动、气-液联动或气动执行机构；

2 执行机构应接收模拟、数字和开关量控制信号；

3 重要执行机构应具有限位保护、过力矩保护、过载保护、过热保护及相应的报警等功能；

4 执行机构应具备就地/远程控制转换和启动/停止/关闭功能。

4.2.10 无人值守本地站应符合下列规定：

1 软件应包括 RTU/PLC 用户程序及编程程序。用户程序及编程程序实现方式应包括梯形图、顺序功能图、指令表、高级语言等方式。当配备触摸屏时，应可支持可视化图形显示方式。

2 控制系统的功能应符合下列规定：

1) 应具备实时、自动对自动化仪表和电气设备运行状态进行数据采集、监测、控制的功能；

2) 应将现场采集的数据实时传送到中心站，并应提供数据完整性校验；

3) 应具备自动控制和执行中心站指令的功能；

4) 应具备存储现场数据、报警信息和故障信息的功能，存储时间宜大于 1 个月；

5) 应具备检测数据异常、电池电压、运行状态、周围环境等自诊断功能，并应将报警信息和故障信息实时传输到中心站；

6） 宜具备参数修改、程序自恢复、固件升级、校时等功能；

7） 宜具备向备用中心站传输现场数据的功能；

8） 应具备接收标准时间信号、同步中心站系统时钟。

3 响应时间应符合下列规定：

1） 状态量变位更新时间不应大于 3 s；

2） 重要遥测量更新时间不应大于 3 s；

3） 控制命令传输时间不应大于 3 s；

4） 实时数据画面不应大于 3 s；

5） 画面数据刷新周期不应大于 10 s。

4 系统恢复时间应符合下列规定：

1） 当采用冗余热备关键节点发生故障时，切换时间应小于 5 s；

2） 冷备用设备接替值班设备的切换时间应小于 5 min。

5 应配备后备电源，后备电源不间断供电时间应大于 8 h，备用电源启动信号应上传至中心站。

6 运行寿命不应低于 7 年。

4.2.11 有人值守本地站应符合下列规定：

1 控制系统除应具备无人值守本地站的功能外，尚应具有下列功能：

1） 应具备采集和接收多种类型数据的功能，包括模拟量、数字量、带时间标签的事件记录、完整的计量数据及系统需要的其他数据；

2） 应具备对执行机构的控制和紧急切断功能，宜具备参数信息设置功能；

3） 应具备各类数据的存储、统计、分析等功能；

4） 应具有电子报表的基本功能，支持组态生成报表，可即时、定时打印；

5） 应具备数据检查及处理、异常数据处理、事件记录分类处理等功能，支持各种函数运算；

6） 应具有用户用气的异常数据、异常通信的报警功能，实现报警信息自动统计和处理功能；

7） 报警功能应有画面、声音、闪烁等提醒方式；

8） 宜具备全屏、多窗口、画面缩放、漫游、立体等图形显示功能，支持表格与图形化表达形式，应支持全屏幕、截图画面拷贝，应支持多种字体汉字；

9） 应具备接收标准时间信号、同步中心站系统时钟；

10） 应支持数据的采集、处理、存储、管理、输出、算法调用、图形/图表显示、事件报警、实时通信等多个实时任务，应提供安全机制，并应支持中文环境；

11） 应具备在线组态功能，操作时不应影响系统的正常运行；

12） 应配置后备电源，备用时间不应低于 4 h；

13） 宜监测变配电系统的运行参数、报警信息。

2 使用寿命不应低于 7 年。

4.3 通信网络

4.3.1 远程通信网络应使用稳定、可靠的组网技术方案。宜采取专线通信或虚拟专用网络（VPN）等措施，专线通信宜选择光纤通信技术。

4.3.2 远程通信应采用认证、加密、访问控制等技术措施，并应实现数据的远程安全传输。

4.3.3 关键设备、通信线路和数据处理系统宜采用硬件冗余。

4.3.4 通信网络设备应支持远程网络管理与诊断。

4.3.5 主、备通信链路应能自动切换。主链路故障时应自动切换到备链路，主链路恢复正常时宜自动切换到主链路，同时应在中心站显示通信报警。

4.3.6 中心站组网与接入设备的通信网络应符合下列规定：

1 中心站内通信网络应采用交换式以太网网络，宜选用管理型带虚拟局域网(VLAN)的以太网交换机；

2 通信网络宜采用光纤环型冗余以太网配置，并应支持双路由保护；

3 中心站与其他非工业控制网络之间应采用信息安全控制措施。

4.3.7 中心站与本地站间通信网络应符合下列规定：

1 宜具备设备备份、链路冗余、故障自诊断及自恢复等功能，下联接口宜提供主备通道，且支持双路由保护，并应采用专线网络；

2 在环网结构、特殊时延要求或长距离传输时，宜采用工业以太网交换机技术；

3 当中心站与本地站之间采用网络运营商的公网组网时，数据传输应采用 VPN 技术，并应采取身份认证、数据加密、访问控制等安全措施；

4 当采用无线专网技术组网时，应满足业务相关传输速率、可靠性，且无同频干扰，具备多业务支撑能力，并能针对业务需求设定业务优先级，易于实现业务分级管理，应具有传输信道加密、身份认证等信息安全功能；

5 当采用网络运营商无线公网技术组网时，宜采用主流标准接入方式，中心站与运营商通信连接采用固定 IP、光纤虚拟专用网络专线，保障业务信息传输时延和可靠性；无线组网应采取身份认证、数据加密、安全监测等防护措施；

6 无论采用何种远程通信方式，应对传输的控制指令与数据采用认证加密技术进行安全防护。

4.3.8 本地站通信网络应符合下列规定：

1 有人值守本地站内通信网络应采用交换式以太网络，宜选用工业以太网交换机；

2 RTU/PLC 与仪表及执行机构通信，宜采用符合国家现行标准的通信协议。

4.3.9 通信网络指标应符合下列规定：

1 中心站本地局域网指标应符合下列规定：

1) 主干双向的传输速率不应低于 1 Gbps；

2) 到桌面的传输速率不应低于 100 Mbps；

3) 平均网络利用率不应超过 30%；

4) 端到端双向网络通信延迟不应超过 1 s；

5) 主备链路切换延迟不应超过 10 s。

2 本地站网络指标应符合下列规定：

1) 双向数据传输带宽不应小于 100 Mbps；

2) 无线网络则不应小于 10 Kbps；

3) 网络平均利用率不应大于 30%；

4) 终端实时数据在本地站的汇聚网络延迟不应大于 1 s；

5) 主备链路切换延迟不应超过 10 s。

3 中心站与本地站之间网络指标应符合下列规定：

1) 有线网络双向数据传输带宽不应小于 2 Mbps；

2) 无线网络则不应小于 10 Kbps；

3) 网络平均利用率不应大于 30%；

4) 双向数据传输延迟不应大于 5 s；

5) 主备链路切换延迟不应大于 60 s。

5 施工与调试

5.1 一 般 规 定

5.1.1 城镇燃气自动化系统的施工与调试应符合设计文件的要求。

5.1.2 调试工作应按项目、分项目、子项目进行，并应以系统详细设计为依据，制定调试大纲确定调试内容和程序。

5.1.3 调试中采用的检定、测试仪器仪表的标定应符合有关计量、测量的规定。

5.1.4 施工与调试应保存文字记录，关键部位宜保存影像资料的记录。

5.1.5 施工与调试应符合系统建设单位相关管理要求或管理流程的要求。

5.2 施 工

5.2.1 中心站机房施工应符合现行国家标准《数据中心基础设施施工及验收规范》GB 50462、《建筑电气工程施工质量验收规范》GB 50303、《建筑物电子信息系统防雷技术规范》GB 50343、《综合布线系统工程验收规范》GB/T 50312、《综合布线系统工程设计规范》GB 50311 的规定。

5.2.2 中心站和本地站的防雷接地施工应符合国家现行标准《建筑物电子信息系统防雷技术规范》GB 50343、《建筑物防雷工程施工与质量验收规范》GB 50601、《石油化工装置防雷设计规范》GB 50650、《仪表系统接地设计规范》HG/T 20513 的规定。中心站和本地站的可燃气体泄漏报警施工应符合国家现行标准《火灾自动报警系统施工及验收规范》GB 50166、《石油化工可燃气体和有毒气体检测报警设计规范》GB 50493、《城镇燃气防雷技术规范》QX/T 109、《城镇燃气报警控制系统技术规程》CJJ/T 146 的规定。

5.2.3 在有限空间或通风条件差的环境中施工作业，应提前进行可燃气体泄漏检查，确认符合燃气安全环境条件方可施工。

5.2.4 本地站机柜的安装应符合下列规定：

1 机柜内设备、线缆、指示灯、端子等应设置标识；

2 爆炸危险区域内的机柜施工，应符合现行国家标准《爆炸危险环境电力装置设计规范》GB 50058的规定。

5.2.5 连接燃气设施的仪表和执行机构的施工，应在燃气系统工艺施工完成且气密性和强度检验合格后进行。

5.2.6 仪表及执行机构安装施工应符合下列规定：

1 应符合设计文件要求；

2 施工标识应齐全、牢固、清晰；

3 应按设计文件和设备说明书，核对仪表位号。

5.2.7 电缆施工应符合下列规定：

1 在爆炸危险区的电缆与仪表和执行机构的连接应采取防爆连接措施；

2 电缆施工中穿过非爆炸危险区和爆炸危险区之间的孔洞，应采用非可燃性材料严密堵塞。

5.3 调 试

5.3.1 施工安装结束后，应对外观和数量检查并逐级调试。

5.3.2 调试应以单回路调试为基础，单回路调试应执行：现场仪表及执行机构—RTU/PLC—通信网络—本地站—中心站的顺序。

5.3.3 调试主要内容应包括所有设备、回路、所有设备的数据、功能和性能的调试。分项调试按照系统层级和分布场所可以划分为中心站、本地站、通信网络、仪表及执行机构及系统联合调试。

5.3.4 现场仪表及执行机构调试内容应包括量程范围内线性情况的测试，采样值与现场检测或指示值一致性的测试。

5.3.5 本地站调试内容应包括采集、控制、通信的调试，以及有人值守本地站的显示、记录、软件组态、报警、安全、接口和报表的调试，设备数据、功能和性能的测试。

5.3.6 中心站调试内容应包括采集、显示、报警、打印、数据处理、操作、控制、通信、冗余、安全、诊断等功能的调试，中心站所有设备的数据、功能和性能的测试，中心站、本地站、通信网络、仪表及执行机构的联合调试，与其他应用系统的接口调试。

5.3.7 调试结果应有调试记录，调试记录宜按本规范附录B的格式填写。

5.3.8 系统应进行出厂调试，并应符合现行国家标准《自动化仪表工程施工及质量验收规范》GB 50093、《过程工业自动化系统出厂验收测试(FAT)、现场验收测试(SAT)、现场综合测试(SIT)规范》GB/T 25928的规定。

6 验　　收

6.0.1 城镇燃气自动化系统的验收应制定验收文件，并应明确验收的形式、范围、主要内容、步骤、参与人员及签署文件格式等。

6.0.2 系统上线试运行前，应对分项功能进行验收，并应对系统安全进行测试和评估。设计或施工与调试单位应根据试运行情况及时对系统的文档进行修改、补充和完善，并应做好记录。系统竣工验收前应至少试运行3个月。

6.0.3 系统竣工验收的各项内容及功能应符合设计文件、设计变更中提出的各项要求。

6.0.4 系统的验收应分为设备验收、施工调试验收、系统分项验收、系统安全测试和评估、试运行验收、系统竣工验收。

6.0.5 设备验收应分为硬件设备、软件设备两类，并应符合下列规定：

1 硬件设备验收应包括：中心站、通信网络、本地站及现场仪表与执行机构中各种设备；测试工具；备品配件等。验收过程中应清点数量，查看型号、外观、装箱单、检定证书、说明书、出入库单据等。

2 软件设备验收应包括：各类软件操作系统、数据库管理系统、防病毒软件、应用软件、RTU/PLC设备应用程序等。验收过程中应验证软件版本号、序列号、授权认证等。

6.0.6 施工调试验收应包括缆线布线、设备安装与调试、泄漏报警、阴极保护、电气装置、接地与防雷、网络通信等分项工程，图纸、材料表应齐全，并应提供质控方验收记录。

6.0.7 中心站机房的验收应符合现行国家标准《数据中心基础设施施工及验收规范》GB 50462的规定。

6.0.8 系统分项验收应根据城镇燃气经营企业验收流程，对中心站、通信网络、本地站及仪表与执行机构进行检验。应综合检验各项采集、控制、通信、显示、安全、接口和报表等功能，并做好测试记录。

6.0.9 系统安全测试和评估应按国家信息安全等级保护制度的规定执行。

6.0.10 试运行验收应确认系统各项功能在线运行正常、各种设备运行应完好。

6.0.11 系统竣工验收应确保设备验收报告、施工调试资料、分项功能验收报告、系统安全测试和评估报告、试运行验收报告、用户使用意见、培训手册、用户使用(操作)手册等材料的完备。

6.0.12 系统建设中重要进度结点的审查结果文字记录，应作为验收的中间文件归档、保存。

7 运行维护

7.1 一般规定

7.1.1 城镇燃气自动化系统运行维护应按系统的运行维护操作规程、系统安全应急预案、使用手册等的要求执行。

7.1.2 城镇燃气经营企业应制定城镇燃气自动化系统运行维护操作规程，并应制定安全应急预案。

7.1.3 运行维护操作规程和系统安全应急预案应根据验收资料、报告、手册等文件进行编制，宜在系统正式上线运行前完成编制。

7.1.4 系统安全应急预案启动时，不应降低被检测、监测和控制的相关城镇燃气设施或系统的固有功能。

7.1.5 系统的运行维护工作应配备专职人员。

7.1.6 系统专职运行维护人员应接受相关的专业技术培训；操作人员应经专业运行维护人员培训后方可上岗。

7.1.7 备用设备、耗材和软硬件资料档案应分类保存并动态更新。

7.1.8 现场管线工艺发生变化后，应及时修改远程监控终端中的配置参数，并应与中心站或本地站系统进行联合调试。

7.1.9 系统运行维护应分为远程和现场两种方式。

7.1.10 运行维护专职人员应配备防爆维修工具和气体泄漏检测仪，宜配备适应运行维护工程量的专用交通工具。

7.1.11 当由系统外包专业公司或软硬件设备供应商进行现场运行维护时，应有燃气经营企业相关人员在场配合。

7.1.12 中心站、本地站应设定运行维护周期。

7.1.13 远程或现场的运行维护应确认作业环境安全。

7.1.14 每次运行维护工作内容应进行完整可追溯的文字记录，并应定期整理、存档。

7.1.15 系统中有备用中心站的宜按中心站实施运行维护。

7.2 中心站

7.2.1 系统口令更改、数据备份等工作应由专职运行维护人员负责，更改口令、密码、介质等信息应保密。

7.2.2 由系统报警发现的硬软件设备故障应派运行维护人员及时检查和处理，严禁无关人员操作。

7.2.3 应用软件中的负荷预测、管网仿真、辅助决策等软件模块，出现数据传输异常和参数报警时应及时修复，其运行维护周期应和中心站其他软件一致。

7.2.4 中心站运行维护主要内容应按本规范附录C的规定执行。

7.3 本地站

7.3.1 更新RTU/PLC功能模块或用户程序后，原有监控功能不应改变。

7.3.2 安装在防爆区域内隔爆配置的RTU/PLC设备，维修时应断电；本安配置的RTU/PLC设备，维修时应确保可燃气体浓度低于爆炸下限的20%。

7.3.3 仪表及执行机构运行维护周期，宜与城镇燃气设施检修周期一致。

7.3.4 当运行维护期间发现现场仪表读数与远传仪表显示值、现场各仪表的量程和中心站监视系统设定值比对不一致时，应及时分析和校正。

7.3.5 当在防爆区域内对仪表及执行机构设备维修时，应按燃气设备、仪表及执行机构的安全操作程序进行操作。不应操作、拆装与仪表及执行机构无关的其他设备。

7.3.6 仪表应按国家有关规定定期检定和校准。

7.3.7 仪表及执行机构运行维护人员应掌握安全防爆知识；应按燃气设备、仪表及执行机构的安全操作程序进行操作。

7.3.8 当在有限空间内进行设备运行维护肘，应有燃气经营企业相关人员持证现场监护。

7.3.9 接地与防雷系统每年检测不应少于1次。

7.3.10 用于远程控制的紧急切断阀每半年检测不应少于1次，并应进行记录。

7.3.11 有人值守本地站除遵守无人值守站运维规定外，监控室软硬件运维应符合中心站运维的相关要求。

7.3.12 本地站运行维护主要内容应按本规范附录D的规定执行。

附录 A 本地站监控参数表

A.0.1 门站本地站监控参数应符合表 A.0.1 的规定。

表 A.0.1 门站本地站监控参数

厂站分类		参数分类	参数名称	本地站				中心站		
				现场	监控室			显示	上传记录	控制
					显示	控制	连锁			
燃气输配厂站	门站	过滤	过滤器差压	√	√			√	√	
		调压	进站压力	√	√		√	√	√	
			出站压力	√	√		√	√	√	
			进站温度	√	√			√	√	
			出站温度	√	√			√	√	
			紧急切断阀状态		√			√	√	
		计量	温度	√	√			√	√	
			压力	√	√			√	√	
			流量	√	√			√	√	
		进出站阀门	阀门状态	√	√			√	√	
			阀门控制	√	√	√				√
			紧急切断	√	√	√	√	√	√	√
		报警	浓度检测		√		√	√	√	
		加臭	加臭量		√	√	√	√	√	
			加臭总量		√	√	√	√	√	
		色谱分析	气体组分、水露点、硫化氢参数		√	√		√	√	
		阴极保护	保护电位		√			√	√	
			工作电压		√			√	√	
			工作电流		√			√	√	
		安防系统	视频安防系统		√	√		√		
			防第三方入侵系统		√	√		√	√	

A.0.2 储配站本地站监控参数应符合表 A.0.2 的规定。

表 A.0.2 储配站本地站监控参数

站分类		参数分类	参数名称	本地站				中心站		
				现场	监控室			显示	上传记录	控制
					显示	控制	连锁			
燃气输配厂站	储配站	过滤	过滤器差压	√	√			√	√	
		储存	压力	√	√		√	√	√	
			温度	√	√		√	√	√	
			物位	√	√		√	√	√	
		调压	进站压力	√	√		√	√	√	
			进站温度	√	√			√	√	
			出站压力	√	√		√	√	√	
			出站温度	√	√			√	√	
			紧急切断阀状态		√			√	√	
		计量	温度	√	√			√	√	
			压力	√	√			√	√	
			流量	√	√			√	√	
		进出站阀门	阀门状态	√	√			√	√	
			阀门控制	√	√	√				√
			紧急切断	√	√	√	√	√	√	√
		报警	浓度检测		√		√	√	√	
		加臭	加臭量		√	√	√	√	√	
			加臭总量		√	√	√	√	√	
		安防系统	视频安防系统		√	√		√		
			防第三方入侵系统		√	√		√	√	

A.0.3 调压站本地站监控参数应符合表 A.0.3 的规定。

表 A.0.3 调压站本地站监控参数

站分类		参数分类	参数名称	本地站				中心站		
				现场	监控室			显示	上传记录	控制
					显示	控制	连锁			
燃气输配厂站	调压站	过滤	过滤器差压	√	√			√	√	
		调压	进站压力	√	√		√	√	√	
			出站压力	√	√		√	√	√	
			进站温度	√	√			√	√	
			出站温度	√	√			√	√	
			紧急切断阀状态		√			√	√	

表 A.0.3（续）

站分类		参数分类	参数名称	本地站				中心站		
				现场	监控室			显示	上传记录	控制
					显示	控制	连锁			
燃气输配厂站	调压站	进出站阀门	阀门状态	√	√			√	√	
			阀门控制	√	√	√				√
			紧急切断	√	√	√	√	√	√	√
		报警	浓度检测		√		√	√	√	
		阴极保护	保护电位		√			√	√	
			工作电压		√			√	√	
			工作电流		√			√	√	
		安防系统	视频安防系统		√	√		√		
			防第三方入侵系统		√	√		√	√	

A.0.4 压缩天然气加气站、供气站本地站监控参数应符合表 A.0.4 的规定。

表 A.0.4 压缩天然气加气站、供气站本地站监控参数

站分类		参数分类	参数名称	本地站				中心站		
				现场	监控室			显示	上传记录	控制
					显示	控制	连锁			
压缩天然气厂站	压缩天然气加气站、供气站	过滤	计量橇过滤器差压	√	√			√	√	
			干燥器参数		√			√	√	
		计量	进站压力	√	√			√	√	
			进站温度	√	√			√	√	
			出站压力	√	√			√	√	
		加压	压缩机工作参数		√			√	√	
			压缩机控制			√	√			
		储存	储气瓶/井压力	√	√		√	√	√	
		装卸	充装压力	√						
			加气柱参数	√	√			√	√	
		报警	浓度检测		√		√	√	√	
		加臭	加臭量		√	√	√	√	√	
			加臭总量		√	√	√	√	√	
		安防系统	视频安防系统		√	√		√		
			防第三方入侵系统		√	√		√	√	

A.0.5 液化石油气储配站、液化石油气气化站本地站监控参数应符合表 A.0.5 的规定。

表 A.0.5　液化石油气储配站、液化石油气气化站本地站监控参数

站分类		参数分类	参数名称	本地站				中心站		
				现场	监控室			显示	上传记录	控制
					显示	控制	连锁			
液化石油气厂站	液化石油气储配站	装卸	卸车泵控制	√	√	√				
			卸车泵运行参数		√			√	√	
			压缩机控制	√	√	√				
			压缩机运行参数		√			√	√	
		储存	储存压力	√	√		√	√	√	
			储存液位	√	√		√	√	√	
		计量	温度	√	√			√	√	
			压力	√	√			√	√	
			流量	√	√			√	√	
		监测	储罐进液管压力	√	√			√	√	
			储罐出液管压力	√	√			√	√	
		报警	燃气浓度检测报警装置		√		√	√	√	
		安防系统	视频安防系统		√	√		√		
			防第三方入侵系统		√	√		√	√	
	液化石油气气化站	储存	储气瓶压力	√						
		气化	气化温度	√	√			√	√	
			气化器进口压力	√	√			√	√	
			气化器出口压力	√	√			√	√	
		调压	进站压力	√	√		√	√	√	
			出站压力	√	√		√	√	√	
			调压器状态	√	√			√	√	
		计量	温度	√	√			√	√	
			压力	√	√			√	√	
			流量	√	√			√	√	
		报警	燃气浓度检测报警装置		√		√	√	√	
		安防系统	视频安防系统		√	√		√		
			防第三方入侵系统		√	√		√	√	

A.0.6　液化石油气汽车加气站本地站监控参数应符合表 A.0.6 的规定。

表 A.0.6 液化石油气汽车加气站本地站监控参数

站分类		参数分类	参数名称	本地站				中心站		
				现场	监控室			显示	上传记录	控制
					显示	控制	连锁			
液化石油气厂站	液化石油气汽车加气站	储存	储罐压力	√	√		√	√	√	
			储罐液位	√	√		√	√	√	
			储罐环境温度	√	√		√	√	√	
		输送	液化石油气泵进口压力	√	√		√	√	√	
			液化石油气泵出口压力	√	√		√	√	√	
			液化石油气泵液相回流压力	√	√			√	√	
		装卸	加气岛及售气机运行参数		√			√	√	
		报警	燃气浓度检测报警装置		√		√	√	√	
		安防系统	视频安防系统		√	√		√		
			防第三方入侵系统		√	√		√	√	

A.0.7 液化天然气储配站本地站监控参数应符合表 A.0.7 的规定。

表 A.0.7 液化天然气储配站本地站监控参数

站分类		参数分类	参数名称	本地站				中心站		
				现场	监控室			显示	上传记录	控制
					显示	控制	连锁			
液化天然气厂站	液化天然气储配站	储存	进液总管压力	√	√				√	
			气相总管压力	√	√				√	
			出液总管压力	√	√				√	
			密度	√	√			√	√	
			卸车台环境温度	√	√		√	√	√	
		储存	储罐压力	√	√		√	√	√	
			储罐液位	√	√		√	√	√	
			储罐环境温度	√	√		√	√	√	
			密度	√	√			√	√	
		气化	气化器进口压力	√	√			√	√	
			气化器进口温度	√	√			√	√	
			气化器出口压力	√	√			√	√	
			气化器出口温度	√	√		√	√	√	
			复热器进口温度	√	√			√	√	
			复热器出口温度	√	√		√	√	√	

表 A.0.7（续）

站分类		参数分类	参数名称	本地站				中心站		
				现场	监控室			显示	上传记录	控制
					显示	控制	连锁			
液化天然气厂站	液化天然气储配站	液化	气质	√	√			√	√	
液化天然气厂站	液化天然气储配站	液化	压力	√	√		√	√	√	
液化天然气厂站	液化天然气储配站	液化	温度	√	√		√	√	√	
液化天然气厂站	液化天然气储配站	液化	阀门状态	√	√		√	√	√	√
液化天然气厂站	液化天然气储配站	调压	进站压力	√	√		√	√	√	
液化天然气厂站	液化天然气储配站	调压	出站压力	√	√		√	√	√	
液化天然气厂站	液化天然气储配站	调压	进站温度	√	√			√	√	
液化天然气厂站	液化天然气储配站	调压	出站温度	√	√			√	√	
液化天然气厂站	液化天然气储配站	调压	调压器状态	√	√			√	√	
液化天然气厂站	液化天然气储配站	计量	温度	√	√			√	√	
液化天然气厂站	液化天然气储配站	计量	压力	√	√			√	√	
液化天然气厂站	液化天然气储配站	计量	流量	√	√			√	√	
液化天然气厂站	液化天然气储配站	气动阀门	阀门状态	√	√			√	√	
液化天然气厂站	液化天然气储配站	气动阀门	阀门控制	√	√	√	√			√
液化天然气厂站	液化天然气储配站	气动阀门	紧急切断	√	√	√	√	√	√	√
液化天然气厂站	液化天然气储配站	报警	浓度检测		√		√	√	√	
液化天然气厂站	液化天然气储配站	报警	紧急停车按钮	√	√					
液化天然气厂站	液化天然气储配站	加臭	加臭量		√		√	√	√	
液化天然气厂站	液化天然气储配站	加臭	加臭总量		√		√	√	√	
液化天然气厂站	液化天然气储配站	安防系统	视频安防系统		√	√		√		
液化天然气厂站	液化天然气储配站	安防系统	防第三方入侵系统		√	√		√	√	

A.0.8 液化天然气汽车加气站本地站监控参数应符合表 A.0.8 的规定。

表 A.0.8 液化天然气汽车加气站本地站监控参数

站分类		参数分类	参数名称	本地站				中心站		
				现场	监控室			显示	上传记录	控制
					显示	控制	连锁			
液化天然气厂站	液化天然气汽车加气站	装卸	卸车台液相管压力	√	√				√	
液化天然气厂站	液化天然气汽车加气站	装卸	卸车台气相管压力	√	√				√	
液化天然气厂站	液化天然气汽车加气站	装卸	卸车台环境温度	√	√		√	√	√	
液化天然气厂站	液化天然气汽车加气站	储存	储罐压力	√	√		√	√	√	
液化天然气厂站	液化天然气汽车加气站	储存	储罐液位	√	√		√	√	√	
液化天然气厂站	液化天然气汽车加气站	储存	储罐环境温度	√	√		√	√	√	

表 A.0.8（续）

站分类		参数分类	参数名称	本地站				中心站		
				现场	监控室			显示	上传记录	控制
					显示	控制	连锁			
液化天然气厂站	液化天然气汽车加气站	输送	潜液泵进口压力	√	√		√	√	√	
			潜液泵出口压力	√	√		√	√	√	
			潜液泵泵池压力	√	√		√	√	√	
			潜液泵泵池温度	√	√		√	√	√	
			潜液泵回气温度	√	√		√	√	√	
			潜液泵控制		√	√				
			环境温度	√	√			√	√	
		装卸	加气柱参数	√	√			√	√	
		气动阀门	阀门状态	√	√			√	√	
			阀门控制	√	√	√	√			√
			紧急切断	√	√	√	√	√	√	√
		报警	浓度检测		√		√	√	√	
			紧急停车按钮	√	√					
		安防系统	视频安防系统		√	√		√		
			防第三方入侵系统		√	√		√	√	

A.0.9 液化天然气瓶组气化站本地站监控参数应符合表 A.0.9 的规定。

表 A.0.9 液化天然气瓶组气化站本地站监控参数

站分类		参数分类	参数名称	本地站				中心站		
				现场	监控室			显示	上传记录	控制
					显示	控制	连锁			
液化天然气厂站	液化天然气瓶组气化站	储存	储瓶压力	√						
		气化	主气化器进口压力	√	√			√	√	
			主气化器进口温度	√	√			√	√	
			主气化器出口压力	√	√			√	√	
			主气化器出口温度	√	√		√	√	√	
		调压	进站压力	√	√		√	√	√	
			出站压力	√	√		√	√	√	
			进站温度	√	√			√	√	
			出站温度	√	√			√	√	
			调压器状态	√	√			√	√	
		计量	温度	√	√			√	√	
			压力	√	√			√	√	
			流量	√	√			√	√	

表 A.0.9（续）

<table>
<tr><th colspan="2" rowspan="3">站分类</th><th rowspan="3">参数分类</th><th rowspan="3">参数名称</th><th colspan="4">本地站</th><th colspan="3">中心站</th></tr>
<tr><th rowspan="2">现场</th><th colspan="3">监控室</th><th rowspan="2">显示</th><th rowspan="2">上传记录</th><th rowspan="2">控制</th></tr>
<tr><th>显示</th><th>控制</th><th>连锁</th></tr>
<tr><td rowspan="6">液化天然气厂站</td><td rowspan="6">液化天然气瓶组气化站</td><td rowspan="2">报警</td><td>浓度检测</td><td></td><td>√</td><td></td><td>√</td><td>√</td><td>√</td><td></td></tr>
<tr><td>紧急停车按钮</td><td>√</td><td>√</td><td></td><td></td><td></td><td></td><td></td></tr>
<tr><td rowspan="2">加臭</td><td>加臭量</td><td></td><td>√</td><td></td><td>√</td><td>√</td><td>√</td><td></td></tr>
<tr><td>加臭总量</td><td></td><td>√</td><td></td><td>√</td><td>√</td><td>√</td><td></td></tr>
<tr><td rowspan="2">安防系统</td><td>视频安防系统</td><td></td><td>√</td><td>√</td><td></td><td>√</td><td></td><td></td></tr>
<tr><td>防第三方入侵系统</td><td></td><td>√</td><td>√</td><td></td><td>√</td><td>√</td><td></td></tr>
</table>

附录B 调试记录样例表

B.0.1 中心站调试记录的样例格式宜符合表B.0.1的规定。

表B.0.1 中心站调试记录表

编号	调试功能	调试子功能	功能调试情况	调试结论
服务器	采集与控制调试	1）与本地站数据一致性； 2）控制功能		
	报警功能调试	1）报警数据显示； 2）报警确认		
	数据处理功能调试	1）显示、查询； 2）统计、分析； 3）数据维护		
	安全级别调试	1）管理员权限； 2）操作员权限		
	冗余、诊断调试	1）停机后冗余切换； 2）通信和其他状态诊断		
	系统备份故障恢复	1）备份功能； 2）恢复功能		
	其他接口调试	参照系统对外接口要求进行		
	性能指标调试	参照中心站性能指标要求进行		
操作员工作站	采集与控制调试	1）与本地站数据一致性； 2）控制功能		
	画面显示调试	1）主界面； 2）站控界面； 3）趋势曲线； 4）查询和统计界面		
	画面操作调试	各界面切换		
	报警功能调试	1）报警数据显示； 2）报警确认； 3）报警查询		
	数据处理功能调试	1）显示界面； 2）查询界面； 3）统计界面		
	打印功能调试	1）报表打印； 2）曲线打印		

表 B.0.1（续）

编号	调试功能	调试子功能	功能调试情况	调试结论
操作员工作站	安全级别调试	1）管理员权限； 2）操作员权限		
	冗余、诊断调试	1）停机后冗余切换； 2）通信和其他状态诊断		
	系统备份故障恢复	1）备份功能； 2）恢复功能		
	通信、接口调试	参照系统对外接口要求进行		
	性能指标调试	参照中心站性能指标要求进行		
与其他应用系统的接口	通信、接口调试	参照系统对外接口要求进行		

B.0.2 有人值守站调试记录的样例格式宜符合表 B.0.2 的规定。

表 B.0.2 有人值守站调试记录表

环境条件									
温度		湿度		接地电阻		静电			
性能指标									
模拟量输入回路调试									
位号/参数名称	RTU/PLC地址	单位	下限	上限	现场检测或指示值	标准信号输入	RTU/PLC数据	HMI数据	调试结论
AI-1.0		MPa	0	0.6		0%			
						25%			
						50%			
						75%			
						100%			
模拟量输出回路调试									
位号/参数名称	RTU/PLC地址	单位	下限	上限	现场检测或指示值	信号给定	RTU/PLC数据	HMI数据	调试结论
AO-1.0		MPa	0	0.6		0%			
						25%			
						50%			
						75%			
						100%			

表 B.0.2（续）

开关量输入回路调试						
位号/参数名称	RTU/PLC 地址	现场检测或指示值	信号输入	RTU/PLC 数据	HMI 数据	调试结论
DI-1.0			0			
			1			
开关量输出回路调试						
位号/参数名称	RTU/PLC 地址	现场检测或指示值	信号给定	RTU/PLC 数据	HMI 数据	调试结论
DO-1.0			0			
			1			

通信回路调试									
位号/参数名称	RTU/PLC 地址	单位	下限	上限	现场检测或指示值	标准信号输入	RTU/PLC 数据	HMI 数据	调试结论
AI-2.0		m^3/h							

B.0.3 无人值守站调试记录的样例格式宜符合表 B.0.3 的规定。

表 B.0.3 无人值守站调试记录表

环境条件				
温度	湿度	接地电阻	静电	
性能指标				

模拟量输入回路调试									
位号/参数名称	RTU/PLC 地址	单位	下限	上限	现场检测或指示值	标准信号输入	RTU/PLC 数据	HMI 数据	调试结论
AI-1.0		MPa	0	0.6		0%			
						25%			
						50%			
						75%			
						100%			

表 B.0.3（续）

模拟量输出回路调试

位号/参数名称	RTU/PLC地址	单位	下限	上限	现场检测或指示值	信号给定	RTU/PLC数据	HMI数据	调试结论
AO-1.0		MPa	0	0.6		0%			
						25%			
						50%			
						75%			
						100%			

开关量输入回路调试

位号/参数名称	RTU/PLC地址	现场检测或指示值	信号输入	RTU/PLC数据	HMI数据	调试结论
DI-1.0			0			
			1			

开关量输出回路调试

位号/参数名称	RTU/PLC地址	现场检测或指示值	信号给定	RTU/PLC数据	HMI数据	调试结论
DO-1.0			0			
			1			

通信回路调试

位号/参数名称	RTU/PLC地址	单位	下限	上限	现场检测或指示值	标准信号输入	RTU/PLC数据	HMI数据	调试结论
AI-2.0		m^3/h							

附录C　中心站运行维护内容

表C　中心站运行维护内容

项　目	维　护　内　容	
	巡检、保养、操作	修理、更换、调试
机房设施	1）检查机房照明、供电系统； 2）检查消防系统、门禁系统等； 3）检查机房温、湿度及空调报警信息； 4）检查消防设施有效年限	1）清洗空调过滤网，更换加湿罐，更换风机皮带等； 2）视频监控记录定期整理保存； 3）更换照明灯； 4）浪涌保护器更换； 5）定期进行防雷接地检测和器件更换
UPS供电系统	1）检查设备报警信息； 2）检查UPS系统负载情况； 3）检查电池充放电能力； 4）检查系统电池续航能力，确保达到系统设计要求； 5）检查配电柜工作状态； 6）插座标志是否清楚； 7）浪涌保护； 8）防雷接地	1）对于市电故障，应及时通知电力供应部门进行维修； 2）蓄电池老化，超过使用年限的，应及时更换； 3）对于系统负载增大，超出UPS负载能力的应及时增容； 4）检测并更换UPS系统易损部件； 5）浪涌保护； 6）防雷接地
关键硬件设备	1）巡查设备供电、标识及线缆连接情况； 2）巡查服务器报警信息； 3）检查设备运行状况； 4）检查服务器配置参数； 5）检查磁盘存储情况及剩余空间； 6）检查工作站运行情况； 7）大屏幕定期巡检、除尘、保养； 8）检查外部设备等其他设备运行情况	1）对于设备故障，应及时更换备机或备件，确保系统运行不受影响；替换下的故障设备应及时联系设备厂家维修； 2）更改服务器配置参数； 3）调试服务器工作状态； 4）设备中零部件故障及时更换； 5）系统软件版本升级、补丁安装； 6）大屏幕部件定期更换
网络及通信	1）检查设备供电、标识及线缆连接情况； 2）检查设备报警信息； 3）核对IP地址、网络拓扑图； 4）检查设备运行状况； 5）检查网络通信状况； 6）更新、修改网络设备配置	1）对于设备故障，应及时更换备机或备件，确保系统运行不受影响；替换下的故障设备应及时联系设备厂家维修； 2）非设备故障，应尝试设备重新上电，检查配置并更新等操作； 3）检查并排除接口松动、光纤及网线受损等物理连接故障； 4）运营商通信故障排除（配合）
系统应用与安全	1）检查并定期修改系统密码； 2）系统数据定期备份； 3）检查数据库可用性、参数配置； 4）根据现场实际运行情况修改报警线、量程等参数； 5）查看安全设备日志及策略； 6）巡查防火墙、VIN、审计设备运行情况； 7）定期进行安全测试	1）确认并分析报警信息，确认故障点并协调相关人员进行处理； 2）核对现场数据并进行组态调整； 3）根据应用需要调整安全设备策略； 4）系统故障后的数据恢复； 5）升级防病毒软件的病毒库更新防火墙、VPN、审计设备或配置

附录 D 本地站运行维护内容

表 D 本地站运行维护内容

项目	维护内容	
	巡检、保养、操作	修理、更换、调试
远程监控终端	1）检查设备供电情况； 2）升级系统版本及模块； 3）检查系统采集的数据与仪表读数是否一致； 4）检查安全栅、端口连接； 5）检查各模块运行状态指示； 6）防雷接地； 7）电缆连接； 8）仪表盘柜布线检查； 9）机柜破损情况	1）设备故障应及时更换备机，故障设备及时修复； 2）应根据管线工艺变化及时对系统参数进行修改，并配合中心站组态工程师进行系统联调； 3）修理或更新功能模块； 4）定期进行防雷接地检测和器件更换； 5）仪表盘柜布线更新； 6）机柜更新
电力供应系统	1）检查市电供应情况； 2）检查 UPS 系统工作情况； 3）检查太阳能供电系统工作情况； 4）对本地站电池、太阳能板等设施进行保养； 5）巡检系统接地和防雷设备和连线； 6）浪涌保护器更换	1）更换老化电池； 2）更换老化或无法满足系统使用要求的太阳能板； 3）修理或更换充发电设备； 4）修理、更新、调试系统接地与防雷系统
关键硬件设备	本规范附表 C 相关工作内容	本规范附表 C 相关工作内容
网络及通信	1）检查设备供电、标识及系统连接情况； 2）检查设备报警信息； 3）检查设备运行状况； 4）检查与中心站通信状况； 5）检查冗余通信设备及线路的可用性	1）设备故障应及时更换备机或修理； 2）通信中断故障后确认中断的原因，尽快恢复； 3）修改网络设备配置
现场仪表及配套设施	1）接地防雷系统等仪表配套设施检查仪表与管线连接处是否有漏气现象； 2）检查仪表零点漂移； 3）现场仪表应定期进行检定； 4）检查管线运行数据是否在仪表量程之内，是否存在仪表超量程工作情况； 5）对现场仪表进行定期保养； 6）巡查浓度泄漏系统设备运行状态； 7）巡查视频系统设备运行状态； 8）检查远程控制阀门状态	1）对于仪表故障，宜采用离线方式修理； 2）更改仪表量程和校验； 3）与中心站系统的联调； 4）浓度泄漏系统设备修理或更换； 5）新视频系统设备修理或更换； 6）仪表安装后调试； 7）远程控制阀门检修、调试
本地站系统及安全	本规范表 C 相关工作内容	本规范表 C 相关工作内容

本规范用词说明

1 为便于在执行本规范条文时区别对待，对要求严格程度不同的用词说明如下：

1） 表示很严格，非这样做不可的：
正面词采用“必须”，反面词采用“严禁”；

2） 表示严格，在正常情况下均应这样做的：
正面词采用“应”，反面词采用“不应”或“不得”；

3） 表示允许稍有选择，在条件许可时首先应这样做的：
正面词采用“宜”，反面词采用“不宜”；

4） 表示有选择，在一定条件下可以这样做的，采用“可”。

2 条文中指明应按其他有关标准执行的写法为：“应符合……的规定”或“应按……执行”。

引用标准名录

1 《爆炸危险环境电力装置设计规范》GB 50058
2 《自动化仪表工程施工及质量验收规范》GB 50093
3 《火灾自动报警系统施工及验收规范》GB 50166
4 《电子信息系统机房设计规范》GB 50174
5 《建筑电气工程施工质量验收规范》GB 50303
6 《综合布线系统工程设计规范》GB 50311
7 《综合布线系统工程验收规范》GB/T 50312
8 《建筑物电子信息系统防雷技术规范》GB 50343
9 《数据中心基础设施施工及验收规范》GB 50462
10 《石油化工可燃气体和有毒气体检测报警设计规范》GB 50493
11 《建筑物防雷工程施工与质量验收规范》GB 50601
12 《石油化工装置防雷设计规范》GB 50650
13 《燃气系统运行安全评价标准》GB/T 50811
14 《过程工业自动化系统出厂验收测试(FAT)、现场验收测试(SAT)、现场综合测试(SIT)规范》GB/T 25928
15 《爆炸性环境》GB 3836
16 《城市基础地理信息系统技术规范》CJJ 100
17 《城镇燃气报警控制系统技术规程》CJJ/T 146
18 《仪表系统接地设计规范》HG/T 20513
19 《城镇燃气防雷技术规范》QX/T 109

中华人民共和国行业标准

城镇燃气自动化系统技术规范

CJJ/T 259—2016

条 文 说 明

制　订　说　明

《城镇燃气自动化系统技术规范》CJJ/T 259—2016 经住房和城乡建设部 2016 年 11 月 15 日以第 1355 号公告批准、发布。

本规范编制过程中，编制组进行了大量的调查研究，总结了我国城镇燃气经营企业自动化系统设计、施工与调试、验收、运行维护的实践经验，同时参考了国外先进技术法规、技术标准，取得了涉及城镇燃气经营企业自动化系统中心站、本地站、通信网络的重要技术参数。

为便于广大设计、施工、科研、学校等单位有关人员在使用本标准时能正确理解和执行条文规定，《城镇燃气自动化系统技术规范》编制组按章、节、条顺序编制了本规范的条文说明，对条文规定的目的、依据以及执行中需注意的有关事项进行了说明。但是，本条文说明不具备与规范正文同等的法律效力，仅供使用者作为理解和把握规范规定的参考。

1 总　则

1.0.1 城镇燃气是由气源点，通过城镇或居住区的燃气输配和供应系统，供给城镇或居住区内，用于生产、生活、交通等用途，且符合城镇燃气质量要求的气体燃料。城镇燃气自动化系统是利用自动化、信息、网络通信技术，基于仪表及执行机构，对城镇燃气设施实现数据远程采集、监视、控制、处理的系统。城镇燃气自动化系统的建设能及时向运行管理人员准确而全面地提供燃气系统的运行实时状况，及时发现安全隐患，便于管理人员及时、正确地对燃气系统进行调控，提高供气安全性和质量，提高服务质量和服务水平，节约能源，为燃气经营企业创造效益。同时，客观分析系统的运行趋势，并进而对运行中发生的各种问题提出对策，及时制定出下一步的控制策略。

城镇燃气自动化，是基于城镇燃气，对城镇燃气自动化系统设计、施工与调试、验收、运行维护等环节进行技术约定集成的一系列过程。

制定本规范的主要目的是规范城镇燃气自动化系统的设计、施工与调试、验收和运行维护，以保障燃气供应，保证城镇燃气系统安全可靠运行，提高经济效益和管理水平。

1.0.2 城镇燃气自动化系统需要对新建、改建和扩建的门站、储配站、调压站、压缩天然气加气站、液化石油气储配站、液化石油气气化站、液化石油气汽车加气站、液化天然气储配站、液化天然气汽车加气站、液化天然气气化站等实施监控。

2 术　语

2.0.3 RTU/PLC 是指远程终端控制单元/可编程逻辑控制器。远程终端控制单元，是监视和控制远程现场传感器和工业设备的电子设备，可将测得的状态或信号转换成可在通信媒体上发送的数据格式，并将发送的数据转换成设备控制命令；可编程逻辑控制器，是面向用户执行逻辑运算、顺序控制、定时、计数与数学运算等功能，可通过数字或模拟式输入/输出控制机械或生产过程的可编程的控制器。远程终端控制单元或可编程逻辑控制器与机柜等配套设备构成现场监控装置，根据现场被监控设备的复杂程度，可选择一种及以上并用方式完成数据的采集、监视、存储、处理、传输和执行控制指令等功能。

3 基本规定

3.0.1 城镇燃气自动化系统建设的安全性是指核心数据和报警数据是完整和可靠的，具备严格的用户权限功能，防病毒及黑客攻击，保证燃气系统的安全稳定运行；可靠性是指系统采用成熟的、经过测试的、使用广泛、能够稳定运行的技术体系、软件平台、通信网络、硬件设备、仪器仪表；实时性是指运行数据和报警信息的采集、传输、显示、存储，控制命令的下达、执行和反馈在限定时间内进行；通用性是指采用开放、通用的硬件、软件、数据接口。系统应选用国际主流并在相关行业得到广泛应用的硬件设备和软件平台。软件平台要开放，支持国际标准协议和其他系统软件接口，保证数据资源和其他子系统共享；扩展性是指系统根据需要扩容时应方便、快捷，不改动系统的整体结构，计算机设备处理能力、监控组态软件点数、RTU/PLC I/O 点数、设备通信接口、通信接口等留有一定余量，便于系统扩容和变更；经济性是指系统在规划设计时，应在满足企业生产需要的前提下选用性价比高的系统、技术和设备。

3.0.2 城镇燃气自动化系统的建设应根据城镇燃气发展（专项）规划的要求，统一规划设计，可参考燃气经营企业资金情况，或部分子系统的急用程度、建设规模等因素，分步骤分期实施。

3.0.4 系统的安全防护和应急措施一般采用网络防火墙、网闸等信息安全技术和设备，数据备份技术和设备、专门的灾备系统、机房监控设备和系统、备用电源（如 UPS 电源）、应急照明设备、防静电设备和措施、防雷击措施、等电位接地等。

关于工控系统信息安全的现行国家标准有:《工业控制系统信息安全 第1部分:评估规范》GB/T 30976.1、《工业控制系统信息安全 第2部分:验收规范》GB/T 30976.2。关于信息安全管理的现行国家标准有:《信息安全技术 信息系统安全等级保护基本要求》GB/T 22239、《信息安全技术 信息系统安全等级保护定级指南》GB/T 22240。

3.0.5 城镇燃气自动化系统的功能分为基本功能和扩展功能。实时采集和监视城镇燃气的生产运行数据为基本功能。优化调度、负荷预测、管网仿真为扩展功能。

3.0.6 根据财政部印发的《工业企业财务制度》(财工字[1992]第574号)附表1《工业企业固定资产分类折旧年限表》,自动化控制设备折旧年限为8年~12年。城镇燃气自动化系统整体连续不间断运行的时间不低于5年,是基于上述折旧年限及国内自动化系统运行经验规定的,是对城镇燃气自动化系统的基本要求,可按实际情况选择8年~12年。设备选型应满足5年的运行寿命要求。系统在出现故障情况下,可在短期内通过更换零部件或其他维护方式排除故障。

3.0.7 中心站的建设可依据实际需要,考虑在跨省市应用场景下,建立分中心站。分中心站的原理与功能与主中心站大致相同,但在通信与数据交换方面需要追加定义。城镇燃气自动化系统对现场实施控制后,应能通过系统获得控制信息。

现场仪表及执行机构常见的标准信号或通信协议包括:4 mA~20 mA、RS-232、RS-485、Modbus、HART等。

3.0.8 计算机操作系统、数据库、监控组态软件使用标准接口是指数据交换格式和协议符合信息行业约定要求的格式和协议,包括ODBC、JDBC、OPC等。

3.0.9 统一性是指中心站、本地站等各子系统间不宜采用种类过多的接口协议,尽量采用1种~2种通用的接口协议;开放性是指接口协议公开,并可配置、组态、编程;兼容性是指各类设备可根据统一性原则,采用标准接口协议,并实现不同设备的有效对接。

3.0.11 根据国务院《关于调整城市规模划分的通知》(国发〔2014〕51号)"中国城市统计"中对城市规模的分类标准的定义,特大城市是指人口数量为500万~1 000万的城市,超大城市是指人口数量1 000万以上的城市。根据现行国家标准《城镇燃气规划规范》GB/T 51098第9.0.2条的要求,100万人口以上的城镇燃气输配系统宜设置包括监控和数据采集系统在内的运行调度系统。备用中心站是指为了确保重要信息系统的数据安全和关键业务可以持续服务,提高抵御灾难的能力,减少灾难损失而建设的备用系统。

3.0.13 安全评估一般由地市级以上的专业技术机构(信息安全等级保护评估机构)完成,也可由燃气经营企业自主完成。测评参考依据是现行国家标准《信息安全技术 信息系统安全等级保护测评要求》GB/T 28448。安全评估的内容一般包括安全技术测评和安全管理测评。安全技术测评包括:物理安全、网络安全、主机系统安全、应用安全和数据安全等五个层面的安全控制测评;安全管理测评包括:安全管理机构、安全管理制度、人员安全管理、系统建设管理和系统运维管理等五个层面的安全控制测评。

4 系统设计

4.1 中 心 站

4.1.1 中心站系统架构的分布式主要指系统的服务器、软件功能模块支持分布式设计和部署,其具有并发能力强、容错能力强、可伸缩性强等优点,可避免由于单一设备或软件故障干扰城镇燃气系统的正常运行,符合自动化系统的实际需要。

4.1.2 机房设计应包括机房位置与设备布置、环境要求、建筑与结构、空气调节、电气、电磁屏蔽、机房布线、机房监控与安全防范、给水排水、消防等方面,并满足现行国家标准《建筑电气工程施工质量验收规范》GB 50303、《建筑物电子信息系统防雷技术规范》GB 50343、《综合布线系统工程验收规范》

GB/T 50312、《综合布线系统工程设计规范》GB 50311 关于防震、防火、防静电、防雷击、防尘、防水、防电磁干扰、防小动物等要求。

4.1.3 根据现行国家标准《电子信息系统机房设计规范》GB 50174 和《燃气系统运行安全评价标准》GB/T 50811 的规定及燃气系统连续可靠运行的要求，应配置 UPS 等不间断电源，可根据当地供电条件、占地面积、成本等因素综合设计后备时间，保障中心站断电后至少工作 4 h。

关键应用指用于保障燃气安全生产和供应的监控、地理信息应用；其使用的服务器、存储、网络等硬件设备配置应主备配置，至少 2 台；数据库、应用软件等应主辅或集群配置。

4.1.4 服务器是自动化系统运行的重要载体，既可以采用实体的物理服务器，也可以采用虚拟化服务器。

配置的安全设备应符合现行国家标准《信息安全技术 信息系统安全等级保护基本要求》GB/T 22239及《计算机信息系统安全专用产品检测和销售许可证管理办法》《计算机信息系统安全专用产品分类原则》等的相关规定，配置运行安全和信息安全类设备，包括：防火墙、虚拟专用网络、代理服务器、IP 加密机等。

4.1.5 模块化设计是指在对一定范围内的不同功能或相同功能不同性能、不同规格的产品进行功能分析的基础上，划分并设计出一系列功能模块，通过模块的选择和组合，构成不同规模的应用和解决方案，以满足不同的需求。

4.1.7 应用软件的访问权限管理功能，应能够为系统管理员、调度人员、管理人员等不同类型人员分别配置。

远程维护指系统管理员通过局域网或者 VPN 远程进行软件维护和配置。

政府应急管理系统可支持地方政府对城市突发事件实施预防、准备、响应、恢复等应急管理措施并支持对燃气供求状况的检测、预测和预警；燃气计量系统是涵盖燃气计量资产全生命周期管理、计量运行管理和计量信息采集的信息系统；燃气计费系统是适用于城镇燃气经营企业计量销售管理的信息系统，可提供表计与设备管理、燃气计费管理、燃气收费与核销管理、多表型管理等基本功能。接口方式包括网络、串行总线等标准硬件接口，通信协议支持 Modbus、OPC 等。信息安全认证措施是指为保障通信数据的保密性、完整性、可用性，对通信数据通过证书等措施加密。中心站的信息采集应适应现行国家标准《城市综合管廊工程技术规范》GB 50838 中关于综合管廊燃气设施自控系统的接口建设要求。

采用接口应符合现行国家标准《基于 Modbus 协议的工业自动化网络规范》GB/T 19582 的相关规定。

4.1.8 历史数据回填，是指遇到通信中断及其他异常的情况下，通过轮询本地站的历史数据补全至历史数据库中。

中心站下发控制指令包括支持校核、超时取消和闭锁等功能；中心站可对气源接收站（门站）、大型储配站、高—高调压站、关键点截断阀室等实施控制。

为保障回溯历史运行记录，方便比对分析，应根据存储容量、查询速度等因素综合考虑，至少保存 2 年以上历史数据。

通过安装北斗或者 GPS 装置接收标准时钟信号，并通过通信网络同步系统时钟。

应能够实现全部数据或者配置的重要数据的追忆功能，并可方便事故的重演，用以分析管网运行故障和问题。

移动终端可在燃气经营企业经营决策管理者外出办公等场景下，支持分析研究燃气管网运行状况，借助移动终端访问，可即时了解燃气管网的运行状态。

4.1.9 在调度和计划制定中，负荷预测数据的密度在高峰时间段需要精确到 30 min 或者 15 min，对应每天 48 点和 96 点，这与用气规律相吻合。

4.1.10 设备管理主要指设备的档案管理、运行管理、检修管理、变动管理、资产管理、备品备件管理等。

危险源管理主要是危险源的分级分类管理，管理内容包括基本情况、危险情况说明、位置、照片视频等。

管网故障后，应能够根据管网拓扑结构，分析应该控制的阀门，当需要关闭的阀门因物理或者其他原因无法关闭时候，能够给出新的阀门关闭方案。

4.1.11 优化调度是优化管理功能的组成部分。

4.1.12 自动化系统的账户通常可以参考以下分类方式：系统管理员级（拥有系统最高的管理权限，负责制定、分配用户名和系统权限）；工程师级（拥有系统的维护、开发、编程和组态的权限）；调度员级（拥有日常运行操作的权限）；浏览级（只拥有进入指定区域阅览信息的权限）。

备份关键业务的数据与应用可保障关键数据不丢失，可采用多种备份方式。备份周期可根据企业发展情况确定，但最长不能超过半年。

4.1.13 自动化系统主要反映现场工艺及运行数据。数据是否如实、准确反映至关重要；同时，应保证系统连续运行，确保关键的计算机和网络正常运行。在现行国家标准《燃气系统运行安全评价标准》GB/T 50811 中对数据采集与监控系统服务器 CPU 负载率、内存占用率，监控软件系统画面调阅响应时间、数据响应时间等评价内容给出了评价方法与标准，参考这些评价方法与标准的精神，并参考电力行业现行行业标准《地区电网调度自动化系统》GB/T 13730 中的性能指标（如：模拟量遥测综合误差≤1.5%）及《电力系统调度自动化设计技术规程》DL/T 5003 中的性能指标（如：双机自动切换到基本监控功能恢复时间不大于 20 s），本规范推荐以下适用于城镇燃气自动化系统的中心站性能指标体系，并建议随着今后城镇燃气行业自动化技术的发展与应用经验的积累，进行持续优化与改进。

1 不间断运行寿命不应低于 5 年。

2 模拟量遥测误差率应小于或等于 0.5%，模拟量遥测准确率应大于或等于 98%。

模拟量遥测误差率主要指与本地站的传输处理过程的误差，应按本地站抽样不低于 10% 的模拟量测点，每个测点根据本地站现场和中心站不同时间点的 6 次测量值进行计算。模拟量遥测误差率计算方法如下：

$$\delta_1 = \frac{\frac{\sum|X_i|}{6} - \frac{\sum|Y_i|}{6}}{\overline{X}} \times 100\% \tag{1}$$

式中：δ_1——模拟量遥测误差率（%）；

X_i——本地站测量值，$i=1,2,3,4,5,6$；

Y_i——中心站测量值，$i=1,2,3,4,5,6$；

$\sum|X_i|$——本地站 6 次测量值的绝对值之和；

$\sum|Y_i|$——中心站 6 次测量值的绝对值之和；

$\overline{X}$——本地站平均测量值。

模拟量遥测准确率计算方法如下：

$$\delta_2 = \frac{N}{M} \times 100\% \tag{2}$$

式中：δ_2——模拟量遥测准确率（%）；

N——在误差率范围的模拟量测点数（个）；

M——采样的模拟量测点总数（个）。

3 状态量变化正确率大于或等于 99%。

状态量变化正确率计算应按照月、年等为周期统计计算，计算方法如下：

$$\delta_3 = \frac{N_1}{N_2} \times 100\% \tag{3}$$

式中：δ_3——状态量变化正确率（%）；

N_1——中心站反映动作次数（次）；

N_2——本地站实际动作次数（次）。

4 控制正确率大于或等于99.99%。

控制正确率计算应按照月、年等为周期统计计算，计算方法如下：

$$\delta_4 = \frac{M_1}{M_2} \times 100\% \tag{4}$$

式中：δ_4——控制正确率(%)；

M_1——本地站执行动作次数(次)；

M_2——中心站执行动作次数(次)。

5 冗余热备关键节点故障切换时间应小于或等于5 s。

4.2 本 地 站

4.2.3 本地站监控室的设计应符合国家现行标准《建筑物防雷设计规范》GB 50057和《化工企业静电接地设计规程》HG/T 20675、《户外严酷条件下的电气设施　第2部分：一般防护要求》GB/T 9089.2、《建筑物电子信息系统防雷技术规范》GB 50343、《石油化工可燃气体和有毒气体检测报警设计规范》GB 50493、《自动化仪表工程施工及质量验收规范》GB 50093、《爆炸危险环境电力装置设计规范》GB 50058、《工业建筑防腐蚀设计规范》GB 50046、《爆炸性环境　第1部分：设备通用要求》GB 3836.1、《爆炸性环境　第4部分：由本质安全型"i"保护的设备》GB 3836.4的规定。

4.2.4 参照现行国家标准《城镇燃气设计规范》GB 50028的分类，重要厂站包括：门站和储配站、压缩天然气储配站、液化天然气气化站；重要用户包括：大型企业、大型非居民用户等。

4.2.5 现场仪表与执行机构的设计、施工应符合的国家现行标准有：《自动化仪表工程施工及质量验收规范》GB 50093、《自动化仪表选型设计规范》HG/T 20507、《爆炸危险环境电力装置设计规范》GB 50058、《工业建筑防腐蚀设计规范》GB 50046、《爆炸性环境　第1部分：设备通用要求》GB 3836.1、《爆炸性环境　第4部分：由本质安全型"i"保护的设备》GB 3836.4的规定。现场仪表与执行机构应适合环境温度的要求。施工过程依照现行国家标准《自动化仪表工程施工及质量验收规范》GB 50093有关规定执行。

4.2.8 用于贸易计量的流量测量仪表宜根据仪表类型与用途，参照国家现行标准的规定，经专业检定机构检定合格后使用。修正仪或流量计算机等仪器仪表的选择应符合现行国家标准《天然气计量系统技术要求》GB/T 18603的规定。流量测量仪表宜具备当地显示功能。

测量元件应选用分度号为Pt100的铂热电阻，热电阻允差等级和允差值应符合现行行业标准《工业铂、铜热电阻检定规程》JJG 229的规定。热电阻用于流量补偿计算时应采用4线制铂热电阻传感器，其他情况应采用3线制铂热电阻传感器。重要厂站的温度变送器宜具备本地显示功能。

用于贸易计量补偿运算的变送器精度应提高至±0.075%。变送器准确度要适应流量测量准确度要求。压力(差压)变送器宜具备现场显示功能。

气相色谱仪应能自动、实时地分析出管道中燃气的组分，并将其分析结果传送至本地站和流量计算机。水露点分析仪应自动、实时地测量出管道中燃气的水露点值，并将其结果传送至本地站。硫化氢分析仪应能自动、实时地分析出管道中燃气的硫化氢含量，并将其分析结果传送至本地站。热值分析仪宜选用燃烧法检测燃气热值，被测气体压力小于0.01 MPa时应配抽气泵。

LNG物位测量可以采用差压测量方式，差压变送器的正、负迁移量应在仪表选型时加以考虑。非连续物位测量宜选用液位开关方式，液位开关宜选择浮球式或浮子式液位计。测量设备应考虑抗腐蚀性和耐温范围。

加臭控制器应实现自动加臭，同时应具备与流量计算机单向通信，与本地站双向通信的功能，及数据存储功能。

4.2.9 根据工艺条件及现场环境、经济等因素，选择不同类型的执行机构。

模拟控制信号可以采用4 mA～20 mA DC信号。数字信号包括RS485/232和工业现场总线等。

重要执行机构包括厂站进出口、管线切断阀室等。

4.2.10 无人值守站因环境复杂，供电、通信等较为薄弱，易出现数据通信不可靠甚至中断。应保存现场数据、报警信息和故障信息用于中心站补存数据，以利于现场事件还原和追溯。1个月的保存时长，便于向维护人员提供充足的时间处理解决故障问题。

周围环境指机柜温度、机柜门禁等。无人值守本地站因没有人员监控，因此需具备上述功能以保障中心站监控人员可及时发现无人值守本地站硬件及软件故障情况。

程序自恢复指程序运行遇到错误、宕机等非硬件故障时应能自动恢复正常运行；固件升级指远传本地站内嵌固件可以在本地或远程进行升级，以获得漏洞修补和功能增能。

响应时间参考且不低于国家标准《燃气系统运行安全评价标准》GB/T 50811—2012 第9.1节和表F.1调度中心监控系统设施与操作检查表的要求。

系统恢复时间参考且不低于国家标准《燃气系统运行安全评价标准》GB/T 50811—2012 第9.1节和表F.1调度中心监控系统设施与操作检查表的要求。

8 h是为了保障在一个工作日内能够提供设备维修支持。后备电源的备用时间应越长越好，但考虑到燃气经营企业的投资承受能力，建议设置为最低8 h较为经济。

根据财政部印发的《工业企业财务制度》(财工字[1992]第574号)附表1《工业企业固定资产分类折旧年限表》，自动化控制设备折旧年限为8年～12年。

4.2.11 与中心站的指标要求保持一致。

通用设备经济寿命参考年限表中，自动化控制设备寿命年限为8年～10年。

4.3 通信网络

4.3.1 专线网络、虚拟专用网络(VPN)的安全性更高，有防止外部干扰与攻击的能力。光纤通信已是目前主流的网络通信技术，环网结构与工业以太网技术，可以在单条光纤线路损坏时，快速重构链路，保持应用通信的连续。

4.3.3 关键设备包括路由器、交换机。保证系统的高可用性。

4.3.6 有条件的情况下，对规模较大、安全等级要求高的中心站，宜选用带管理的以太网交换机，支持VLAN及标准主流的网络管理协议，光纤环型冗余以太网与备份路由器可提高自动化系统网络的可靠性，可用性水平；管理型交换机与VLAN可提高网络安全性。

信息安全控制措施可包括防火墙、VLAN划分、单向数据隔离装置等。中心站与其他非工业控制网络应断开所有不必要连接，中心站边界应要部署防火墙，同时VLAN划分子网，实现信息安全控制功能。与办公网络的隔离宜采取单向数据隔离装置，而与优化调度网络的隔离则视业务需要决定是否采用单向数据隔离装置。

4.3.7 中心站与本地站之间根据业务需求选用适合的网络组网方式及传输通道。优先采用有线专线网络方式。有人值守本地站网络通信宜采用有线网络、无线网络、卫星网络等。关键的本地站的通信网络宜采用冗余配置。中心站与本地站之间组建的光纤有线专网优先使用EPON技术组网方案。

公网包括有线公网，如VPN及无线公网，如VPDN。有线公网的组网应加载安全措施。无线专网由业主自己使用、自己建设管理，本规范不作具体规定，满足当地法规、满足业务管理要求的速率、可靠性、安全性即可。

网络运营商提供的服务如虚拟私用拨号网络服务，远端本地站用无线拨号网络终端接入，中心站可采用光纤有线接入，通过运营商提供的访问集中器与(连接中心站的)接入路由器与中心站连接，具体参考各地的电信运营商提供的服务方案。身份认证、数据加密等安全措施的设备，可以由电信服务提供商提供设备，也可以由业主提供设备。

中心站与本地站应事先双向身份鉴别，以防范冒充中心站对本地站进行攻击，恶意操作本地站设备的现象发生，确保中心站向本地站发送的控制指令与数据的完整性。

4.3.8 本地站内部网络设备应根据RTU/PLC及系统建设规模及信息安全的一般原则选择。对规模较大、安全等级要求高的有人值守的本地站，遵从中心站的网络设备要求。RTU/PLC与仪表及执行机构通信，宜采用符合现行国家标准《工业通信网络 现场总线规范 类型10：PROFINET IO规范》GB/T 25105.1～25105.3、《工业通信网络 现场总线规范 类型20：HART规范》GB/T 29910.1～29910.6、《工业通信网络 现场总线规范 第2部分：物理层规范和服务定义》GB/T 16657.2的通信协议。

4.3.9 中心站本地局域网及本地站有线网络的指标以当前通用的设备水平作为参考。主备链路切换考虑应用程序的延迟，网络利用率考虑了实时响应的确定性。

5 施工与调试

5.1 一般规定

5.1.2 系统调试大纲一般包括设备单体调试、测试和试运行，仪表、供电、设备监控和计算机等各子系统功能调试、测试及上述所有系统集成联动功能调试、测试。系统调试结束后，施工单位应提交调试报告。

5.1.3 用于仪表标定、校准和测试的标准仪器仪表，应具备有效的计量检定合格证明，其基本误差的绝对值不宜超过被校准仪表基本误差绝对值的1/3；不需要强制标定、校准的仪表，可依据检定合格证明文件进行验证。

5.2 施 工

5.2.5 连接燃气设施的仪表和执行机构是指仪表和执行机构的取源部位是燃气管道。不包括取源部位不是燃气管道的，如浓度检测仪表。

5.2.6 仪表及执行机构安装施工应依照现行国家标准《自动化仪表工程施工及质量验收规范》GB 50093的规定。

5.2.7 电缆施工应符合的现行国家标准有：《自动化仪表工程施工及质量验收规范》GB 50093、《电气装置安装工程电缆线路施工及验收规范》GB 50168、《爆炸危险环境电力装置设计规范》GB 50058、《1 kV及以下配线工程施工与验收规范》GB 50575。

5.3 调 试

5.3.1 逐级的含义，是指依照城镇燃气自动化系统的层次结构，以现场仪表及执行机构、本地站、中心站的顺序进行调试。

5.3.5 控制的调试包括单回路的控制调试和多回路的连锁控制调试。

5.3.8 系统调试包括出厂验收测试(FAT)、现场验收测试(SAT)、现场综合测试(SIT)等环节。

6 验 收

6.0.2 系统试运行3个月后方可进行验收，是参考其他行业自动化系统竣工验收要求、各省市城镇燃气自动化系统竣工验收流程、自动化系统运行特点、设备在线运行情况、人员对系统熟悉程度等综合考虑提出的。

6.0.4 根据系统规模大小和复杂程度，可分解或合并上述验收或测试内容，但有合同或详细设计文件规定的各项重要功能和指标必须要测试和验收，并有相关验收记录。

6.0.8 系统分项验收是指根据中心站、通信网络、本地站及仪表与执行机构各项施工完成的时间进度不同,分别进行的验收。接口检验涉及与其他系统的数据交换。包括:协议格式、连接方式、设备部署、安全策略等方面内容。

6.0.9 对系统进行安全测试和评估应聘请有认证资质专业评估机构来完成。系统的承建方和使用方全程参加安全测试和评估工作,根据安全测试和评估的结果,系统要进行相应的整改并做好记录。

6.0.11 根据系统规模大小和复杂程度可分解或合并上述资料内容,并要规定系统运行后保质期内双方的责任和要求。

6.0.12 重要进度结点是指在合同中规定阶段性里程碑时间,如:合同文本签署、方案设计审查、例会记录、洽商资料、上线审查、培训计划、试运行结果等中间文件。

7 运行维护

7.1 一般规定

7.1.3 运行维护是为保证城镇燃气自动化系统中各种设备和各类软件正常运行,预防自动化系统发生故障所进行的巡检、保养、操作等项工作,以及在该系统运行过程中,因发生各种设备和各类软件系统故障所导致的修理、更换和调试等项工作的统称。运行维护操作规程和系统安全应急预案应结合现有系统建设和运行的情况、人员设备配置情况及燃气行业相关规定要求编制。其中,运行维护操作规程一般是指系统运行维护的基本要求、运行维护的周期、流程、技术要求、注意事项、管理规则等一般性工作;系统安全应急预案是指系统在软件或设备发生故障时及时处理和解决的工作流程,可在最短的时间内恢复系统正常运行预防性措施。

7.1.4 本条中的安全应急预案,是指为城镇燃气自动化系统配套编制的安全应急预案。不降低的对象,是运行维护过程中相关城镇燃气设施或系统的固有功能。

7.1.5 对于规模较大、复杂地市级以上城镇燃气自动化系统,运行维护专职人员至少2人以上,并任命负责人。

7.1.6 系统专职运行维护人员是依据信息及自控技术管理自动化系统的工作者,操作人员是依据燃气工艺技术使用自动化系统的工作者。系统上线后,操作人员如何系统地正确使用操作,系统功能如何使用、分析就显得极为重要,是系统能否长期使用的重要环节。由于燃气行业自动化人员比较匮乏,操作人员计算机水平参差不齐,因此要对运行维护专职人员和操作人员进行不同级别的培训,只有参加规定培训后方可上岗。

7.1.7 系统各种资料、图纸、运行维护记录、备份数据、备用关键设备和其他备件等应分类存放。备用设备、耗材和软硬件资料档案在有条件的地方可找专门地点存放,系统档案分类保存、动态更新的方法可按所属企业档案管理的相关要求执行。确保系统运行维护时查阅的资料准确有效。分类存放是为了便于系统设备出现故障时及时维修或更换。

7.1.8 配置参数修改应当严格授权。

7.1.10 结合运行维护操作规程和系统安全应急预案的要求,到现场做运行维护工作的专职运行维护人员应随身携带防爆维修工具和气体泄漏检测仪,使用配备的交通工具,从而提高工作效率,保证系统安全和降低运行维护成本。

7.1.12 应定期对机房、监控室中各种硬件设备、各类软件、通信网络设备、远程监控终端、仪器仪表、连接线路等进行维护,定期是根据系统规模、复杂程度、运行维护年限、人员运行维护水平等,由系统拥有方自行规定运行维护周期和时间,但至少半年要进行一次。对于关键设备,可提高运行维护频率、专业巡查。

7.1.13 安全环境无法保证,一般是指在运行维护区域内燃气泄漏浓度超过燃气爆炸极限要求、有其他燃气作业、抢修等情况。

7.3 本 地 站

7.3.3 仪表及执行机构一般安装在燃气设施上，如果与燃气设施检修周期一致，可提高运行维护效率、节省人力与物力。

7.3.5 为了按规定程序开展维修，应取得主管部门同意，并和现场人员配合。仪表进行维修时，若出现报警提示，应根据报警特点按说明书排查解决；无法解决的，应及时通知相关专业人员进行处理。

7.3.8 参照各地区燃气有限空间定义和工作流程确定，并执行现行行业标准《城镇燃气设施运行、维护和抢修安全技术规程》CJJ 51 的相关规定。

7.3.9 按照国家现行标准《电气装置安装工程接地装置施工及验收规范》GB 50169 和《石油化工仪表系统防雷工程设计规范》SH/T 3164 规定要求提出；在雷电稀少地区，防雷系统进行检测时间根据当地规范要求可适当延长。

7.3.10 运行中可利用检修期、供气空档期进行检测；设计中有条件的宜采取相关措施。

附录A　本地站监控参数表

A.0.1～A.0.6　连锁是指运行过程中出现超出安全限值范围、发生机械设备故障或系统自身故障、能源供应中断等情况时，用于监视装置的运行过程能自动(必要时也可手动)地产生一系列预先定义的动作(如切断阀门)，使操作人员与工艺装置处于安全状态。

A.0.7　5 000 m^3 以上的储罐应监测密度指标。

UDC

中华人民共和国行业标准

P

CJJ/T 268—2017
备案号 J 2352—2017

城镇燃气工程智能化技术规范

Technical code for intellectualization of city gas system engineering

2017-03-23 发布　　　　2017-09-01 实施

中华人民共和国住房和城乡建设部　发布

中华人民共和国住房和城乡建设部
公　　告

第1503号

住房城乡建设部关于发布行业标准《城镇燃气工程智能化技术规范》的公告

现批准《城镇燃气工程智能化技术规范》为行业标准，编号为CJJ/T 268—2017，自2017年9月1日起实施。

中华人民共和国住房和城乡建设部
2017年3月23日

前　言

根据住房和城乡建设部《关于印发〈2014 年工程建设标准规范制订、修订计划〉的通知》（建标〔2013〕169 号）的要求，规范编制组经广泛调查研究，认真总结实践经验，参考有关国际标准和国外先进标准，并在广泛征求意见的基础上，编制了本规范。

本规范的主要技术内容是：1. 总则；2. 术语；3. 基本规定；4. 数据、信息平台及通信；5. 应用基础技术；6. 智能应用。

本规范由住房和城乡建设部负责管理，由北京市燃气集团有限责任公司负责具体技术内容的解释。执行过程中如有意见或建议，请寄送北京市燃气集团有限责任公司（地址：北京市西直门南小街 22 号，邮编：100034）。

本规范主编单位：北京市燃气集团有限责任公司

本规范参编单位：深圳市燃气集团股份有限公司
香港中华煤气
中国燃气控股有限公司
中石油昆仑燃气有限公司
北京建筑大学
北京市煤气热力工程设计院有限公司
华成燃气有限公司
上海航天能源股份有限公司
北京通宇泰克科技股份有限公司
北京讯腾智慧科技股份有限公司
深圳市爱路恩济能源技术有限公司
辽宁思凯科技股份有限公司
北京航天拓扑高科技有限责任公司
北京远东仪表有限公司
北京鑫广进燃气设备研究所
特瑞斯能源装备股份有限公司

本规范主要起草人员：高顺利　刘　蓉　李　清　王亚慧　卓　凡　胡桂祥　孙明烨　韩　颖
邵　华　马　翔　李　刚　吴　波　关鸿鹏　高　峰　景晓明　罗青云
陈　军　曹北斗　吴文燕　刘　涛　倪靖波　郑安力　王　莉

本规范主要审查人员：杨　健　王建军　许　红　侯　睿　徐代胜　齐研科　刘　燕　刘贺群
马祖林　孔　川　叶　峻　刘金岚

1 总 则

1.0.1 为规范城镇燃气工程的智能化技术应用，提升城镇燃气供应的安全性、环保性、适应性、经济性及能源利用率，实现智能气网，制定本规范。

1.0.2 本规范适用于城镇燃气工程智能化系统的规划、建设、运行管理。

1.0.3 城镇燃气工程智能化系统规划、建设、运行管理，除应执行本规范外，尚应符合国家现行有关标准的规定。

2 术 语

2.0.1 城镇燃气工程智能化 intellectualization of city gas system engineering

以提升城镇燃气供应的安全性、环保性、适应性、经济性等为目标，综合应用信息感知、数字信息、网络通信、辅助决策、智能控制等技术，实现城镇燃气智能运行和管理的过程。

2.0.2 智能气网 intelligent city gas network

在城镇燃气物理气网的基础上，通过智能化技术实现可感知、可记忆、可判断、自学习、自适应、自控和可表达的，以达到便捷用能服务、安全可靠及能效优化运行的城镇燃气供应系统。

3 基本规定

3.0.1 城镇燃气工程智能化应根据供应规模、客户需求、输配系统工艺、运行安全等要求进行整体规划，并应遵循技术标准化、信息一体化、功能模块化的建设原则。

3.0.2 城镇燃气工程智能化技术应包括数据、信息平台及通信、应用基础技术、智能设备设施、智能应用，以及信息及智能应用的安全。智能应用应涵盖城镇燃气供应系统的发展规划、气量调配、设备设施管理、客户服务和应急管理。城镇燃气工程智能化技术架构可按表 3.0.2 构建。

表 3.0.2 城镇燃气工程智能化技术架构

<table>
<tr><td>应用领域</td><td colspan="12">智能气网</td></tr>
<tr><td rowspan="2">智能应用</td><td colspan="3">发展规划</td><td colspan="4">气量调配</td><td colspan="2">设备设施管理</td><td>客户服务</td><td>应急管理</td><td rowspan="7">信息及智能应用安全</td></tr>
<tr><td>用气结构优化</td><td>输配效益优化</td><td>气源配置优化</td><td>用气需求管理优化</td><td>气量计划管理优化</td><td>输配调度优化</td><td>计量管理优化</td><td>可靠性管理优化</td><td>安防管理优化</td><td>安全技术节能技术服务优化</td><td>应急能力分析应急处置优化</td></tr>
<tr><td>智能设备设施</td><td colspan="11">用气设备、调压及厂/场站系统等</td></tr>
<tr><td rowspan="2">应用基础技术</td><td colspan="11">地理信息系统、监测与控制系统等</td></tr>
<tr><td colspan="11">管网仿真、气量预测等</td></tr>
<tr><td rowspan="2">数据、信息平台及通信</td><td colspan="11">数据资源、对象命名及编码、数据采集与集成、数据存储等</td></tr>
<tr><td colspan="11">计算机网络、操作系统、中间件、服务总线、信息通信、信息管理制定、信息安全措施等</td></tr>
</table>

3.0.3 数据应依据智能应用的需求建设，以安全、高效为目标优化数据的对象、内容、格式和质量。
3.0.4 信息平台及通信应能支撑智能应用的建设、运行和管理，以保障智能应用系统的安全和可靠运行。
3.0.5 信息安全应与智能化系统同步规划、同步建设、同步实施。
3.0.6 智能应用应能提升城镇燃气供应系统的安全性、运行效率、准确性、及时性。
3.0.7 城镇燃气智能信息平台及通信基础设施与智能应用系统应符合国家现行法规和标准的有关规定。
3.0.8 智能设备设施的性能应符合下列规定：

1 应具备双向通信、时间校对、信息实时采集、事件记录、数据存储及运算处理的能力；

2 应具备防止篡改数据、防止窃听信息的功能；

3 宜具备自动控制、远程维护、主动安全、故障预警、容错、自学习等功能；

4 应采用符合国家现行标准及市场主流的通信协议；

5 移动设备设施应具有实时定位功能，并宜采用北斗定位系统。

3.0.9 城镇燃气工程智能化建设宜借助物联网、云计算等技术降低智能应用的建设费用和运行成本。
3.0.10 城镇燃气工程智能化的规划设计应符合国家现行标准对智慧城市的有关规定。
3.0.11 城镇燃气工程智能化的密码使用和管理，应符合国家密码管理规定。

4 数据、信息平台及通信

4.1 一般规定

4.1.1 数据、信息平台及通信应根据城镇燃气供应系统发展规划、设备设施管理、气量调配、客户服务等方面信息化、智能化的需求进行规划建设。
4.1.2 数据管理应保证数据的保密性和可靠性。
4.1.3 数据、信息平台及通信建设应在满足安全的前提下支持信息共享。

4.2 基础数据

4.2.1 城镇燃气供应系统基础数据的建设应满足信息化和智能化的要求，并应符合下列规定：

1 数据对象应覆盖城镇燃气供应系统的气源、输配及应用；

2 设备设施的数据内容应包含空间拓扑关系数据、属性数据、过程管理数据、运行工况数据；

3 供气工艺系统的分类应符合现行国家标准《城镇燃气设计规范》GB 50028 的有关规定。

4.2.2 城镇燃气供应系统设备设施的空间拓扑关系数据宜以地理信息系统为基础构建，并应符合现行行业标准《城市基础地理信息系统技术规范》CJJ 100 的有关规定。
4.2.3 城镇燃气供应系统设备设施的属性数据应覆盖全生命周期。
4.2.4 城镇燃气供应系统设备设施的过程管理数据应包括运行巡检、生产作业的计划和执行记录、事件日志等，并应符合下列规定：

1 过程管理的数据保留时间应大于 5 年；条件许可时，宜长期保存；

2 过程管理的数据内容应含有时间或时间段标签。

4.2.5 运行工况数据应包括下列内容：

1 燃气的组分、流量、压力、温度、热值、加臭数据，门站、特殊客户的用气工况数据；

2 辅助设施工况数据。

4.3 数据管理

4.3.1 数据管理应建立数据质量监督和评价体系，并应符合下列规定：

1 应能实现量化考核；

2 应能对数据的创建、利用、变更、销毁的过程实现质量管控。

4.3.2 数据对象命名及编码宜以对象物理构成、空间位置及生命周期为依据；数据对象的编码应是唯一的，并应满足资源数量增加的要求。

4.3.3 数据采集应明确来源、内容、范围及精度要求，并应符合下列规定：

1 数据应适时进行采集，并应建立持续更新机制；

2 采集的数据应包含时间标签。

4.3.4 数据存储结构应具有可扩展性；数据库应具有备份、恢复及扩展能力。

4.3.5 数据管理应采用基于国产商用密码算法的产品。

4.4 信息平台及通信

4.4.1 信息平台应能支持智能应用的开发和集成，并应采用可扩展的架构。

4.4.2 信息平台建设应结合市场主流信息技术的发展方向。

4.4.3 信息平台应在集成部署上提供有效的高可用性集群策略。

4.4.4 信息平台的集成接入应满足安全性、完整性、高效性、时效性、容错性的要求。

4.4.5 信息通信应符合下列规定：

1 接口协议应保证传输内容的完整性、独立性、安全性；

2 关键站点和设备设施信息通信应具有冗余的信道。

5 应用基础技术

5.1 一 般 规 定

5.1.1 城镇燃气供应系统的地理信息系统、监测与控制系统、管网仿真、气量预测等应根据智能化需求统一规划，可分步分期实施。

5.1.2 城镇燃气供应系统的地理信息系统、监测与控制系统、管网仿真、气量预测等基础应用系统之间应实现信息和功能的互联互通。

5.2 地理信息系统

5.2.1 地理信息系统应能满足城镇燃气供应系统的空间拓扑关系和属性数据模型建设的需要。

5.2.2 地理信息系统的建设应满足设备设施信息编码、数据分层、数据结构设计要求。

5.2.3 地理信息系统的数据应符合下列规定：

1 应保证现势性；

2 应保证从气源点到应用设备的拓扑关系的真实性、完整性；

3 空间位置精度和属性数据精度应符合国家现行标准的有关规定。

5.2.4 地理信息系统应支持矢量数据、栅格数据、多媒体数据等多源数据格式。

5.2.5 地理信息系统除应具有数据存储、定位查询、统计分析、更新维护、输出等基本功能外，尚应具有规划设计、事故分析等辅助分析功能，以及专题图制作功能，宜具有三维显示功能。

5.2.6 地理信息系统应能够为城镇燃气智能应用提供可视化平台环境和地图服务接口；可视化方式应与数据完全分离。

5.2.7 地理信息系统数据交换格式应符合国家现行标准的有关规定。

5.3 监测与控制系统

5.3.1 监测与控制系统的建设应满足安全性、可靠性、实时性、通用性、扩展性、经济性的要求，并应满足国家现行标准《城镇燃气设计规范》GB 50028、《城镇燃气自动化系统技术规范》CJJ/T 259 的要求。

5.3.2 监测与控制系统的功能应符合下列规定：

1 应能实时采集和监测燃气输配系统工况；

2 应能支持气量调配及应急调控的决策分析；

3 关键点宜进行自动控制。

5.3.3 监测与控制系统中的计算机操作系统、数据库、监控组态软件应采用运行稳定、接口标准的版本。

5.3.4 监测与控制系统各子系统间的接口标准应符合统一性、开放性、兼容性的要求。

5.3.5 监测与控制系统的电源供应、关键设备、应用软件和网络宜采取冗余措施。

5.3.6 中等及以上城市的城镇燃气经营企业应设置备用监控中心站。

5.4 管网仿真

5.4.1 管网仿真应能满足城镇燃气管网规模发展的需要。

5.4.2 管网仿真应满足城镇燃气管网多级压力系统的仿真要求，并应符合下列规定：

1 应具有对气体参数、状态方程、摩擦系数和传热模型进行设置的功能；

2 应具有对管网气体的压力、流量进行计算的功能，宜具有对气体组分、热值进行追踪的功能；

3 应具有稳态及动态分析的功能；

4 应具有自学习能力。

5.4.3 管网仿真所需数据应符合下列规定：

1 至少应包含气源点、大客户用气点、管道、调压站的相关信息；

2 宜从地理信息系统导入管网模型，并应及时更新；

3 应能根据管网模型的具体及特定操作要求添加其他数据。

5.4.4 高压燃气管网系统应建设实时在线仿真系统。

5.5 气量预测

5.5.1 气量预测分析应符合下列规定：

1 预测对象宜包含不同类型客户气量、不同区域气量；

2 预测目标应实现年度预测、月度预测、日度预测、小时预测；

3 应具有预测方法比选、因素识别、特殊日处理、预测结果评价等功能。

5.5.2 气量预测原始数据的收集应符合下列规定：

1 年度预测的原始数据连续时间宜大于 5 年；

2 小时及以下统计周期的气量预测，应利用实时数据进行预测；

3 应对异常数据进行筛选，分析产生的原因，并判断是否采用。

5.5.3 气量预测的气象数据，应与气量数据统计周期相对应。

6 智能应用

6.1 一般规定

6.1.1 智能应用应满足城镇燃气供应系统的发展规划、气量调配、设备设施管理、客户服务、应急管理的智能化要求。

6.1.2 智能应用应经过安全测评和认证。

6.1.3 智能应用应建立周期性的检查、评价及改进的机制。

6.2 发展规划

6.2.1 用气规划的智能应用应能进行用气结构的相关分析及评价，并能给出优化用气结构的建议。

6.2.2 气源规划的智能应用，应能进行多气源配置的分析和优化。

6.2.3 输配规划的智能应用，应能进行基础设施规划的分析和优化。

6.3 气量调配

6.3.1 气量调配的智能化，应在用气需求分析和气量计划管理的基础上，通过仿真模拟分析气量调配方案，对燃气输配过程进行及时有效的、合理的调节或管控。气量调配的智能应用应包括用气需求管理、气量计划管理、输配调度和计量管理。

6.3.2 用气需求管理的智能应用应符合下列规定：

1 应能实现满足需求的用气预测，并应采用经过预测对象系统验证的气量预测分析软件；

2 应能进行基于平抑峰值的用气分析。

6.3.3 气量计划管理的智能应用应符合下列规定：

1 应能支持多气源、多气质、多气价、多流程的燃气采购和存储；

2 应能制定合理的气量采购和存储计划。

6.3.4 输配调度的智能应用应符合下列规定：

1 应能对实时供气能力进行评价，应能对供气能力与用气需求进行平衡分析；

2 应能实现异常工况的识别和报警，宜能对异常工况原因实现自诊断，并宜具有一定的自动恢复功能；

3 应能制定气量调配方案；

4 管道输配中需要的节点宜具备自动调节执行功能；

5 应对非管道输配运输设备进行轨迹监控。

6.3.5 计量管理的智能应用应符合下列规定：

1 应满足智能计量分析对数据准确性、及时性及精度的要求；

2 应支持体积计量、质量计量、能量计量等计量方式；

3 应具有防止计量数据和计算参数被非法修改的功能；

4 应能识别计量数据的异常变化；

5 应支持计量设备的远程管理，并应具有防止信息被窃的功能；

6 应具有输差及输差因素的分析功能，并应能对异常输差进行识别及报警。

6.4 设备设施管理

6.4.1 设备设施管理的智能应用应以提高设备设施的可靠性为目的，宜与地理信息系统结合构建，并应符合下列规定：

1 应实现设备设施全生命周期管理；

2 应能进行设备设施安全风险预测分析；

3 应能制定运行、维护、检验的优化方案；

4 应能评价供气设施的输配、储气能力；

5 宜能对设备设施管理的绩效进行分析和评估。

6.4.2 城镇燃气供应系统的智能安防系统应符合下列规定：

1 应能对非法入侵进行报警；

2 应能对厂站的供气设施和监控中心实现视频监控。

6.5 客户服务

6.5.1 客户服务的智能应用应以提升用气安全性、便捷性、经济性及企业组织服务运营效率为目的。

6.5.2 客户服务的智能应用宜具有对客户用气设施进行燃气泄漏识别、报警及自动安全控制的功能。

6.5.3 客户服务的智能应用应能对大客户进行能效分析和评价，并宜能制定优化用能方案。

6.5.4 客户服务的智能应用应能提高安全检查、维修、抢修效率。

6.5.5 客户服务的智能应用应实现及时的客户呼叫及互联网沟通响应。

6.5.6 客户服务的智能应用应能对接各类支持客户服务渠道拓展的第三方智能应用，并应遵循开放式、规范化、安全性的原则。

6.5.7 客户服务的智能应用应实现客户服务的规范化、流程化。

6.6 应急管理

6.6.1 应急管理的智能应用应符合下列规定：

1 应具有应急工况的气量供需平衡分析的功能；

2 应具有应急状态下的气量调配预案制定的功能；

3 应具有预警、接警和应急响应分类分级等应急知识管理辅助功能。

6.6.2 应急处置的智能应用应符合下列规定：

1 应具有与应急相关单位联动的功能；

2 应能实现对应急资源的综合管理和调度；

3 宜具有应急处置过程动态评估功能，并支持对应急预案的持续改进；

4 应根据智慧政务、智慧城市的管理要求在应急处置后对事件作出评估。

6.6.3 应急管理系统宜采用数据、视频、图像、语音等多媒体物联网技术。

6.6.4 应急管理系统应具有辅助实战演练和模拟演练的功能。

本规范用词说明

1 为便于在执行本规范条文时区别对待，对要求严格程度不同的用词说明如下：

1）表示很严格，非这样做不可的：
正面词采用“必须”，反面词采用“严禁”；

2）表示严格，在正常情况下均应这样做的：
正面词采用“应”，反面词采用“不应”或“不得”；

3）表示允许稍有选择，在条件许可时首先应这样做的：
正面词采用“宜”，反面词采用“不宜”；

4）表示有选择，在一定条件下可以这样做的，采用“可”。

2 条文中指明应按其他有关标准执行的写法为：“应符合……的规定”或“应按……执行”。

引用标准名录

1 《城镇燃气设计规范》GB 50028
2 《城市基础地理信息系统技术规范》CJJ 100
3 《城镇燃气自动化系统技术规范》CJJ/T 259

中华人民共和国行业标准

城镇燃气工程智能化技术规范

CJJ/T 268—2017

条文说明

编 制 说 明

《城镇燃气工程智能化技术规范》CJJ/T 268—2017 经住房和城乡建设部 2017 年 3 月 23 日以第 1503 号公告批准、发布。

本规范编制过程中，编制组进行了全面深入的调查研究，总结了我国城镇燃气工程智能化技术领域的实践经验，同时参考了国外先进技术法规、技术标准，取得了相关的重要技术参数。

为便于广大设计、施工、科研、学校等单位有关人员在使用本规范时能正确理解和执行条文规定，《城镇燃气工程智能化技术规范》编制组按章、节、条顺序编制了本规范的条文说明，对条文规定的目的、依据以及执行中需注意的有关事项进行了说明。但是，本条文说明不具备与规范正文同等的法律效力，仅供使用者作为理解和把握规范规定的参考。

1 总　　则

1.0.1 随着城镇燃气供应规模的不断扩大，以及对安全管理水平和运行效益等的要求越来越高，智能化技术的应用也显得越来越必要。城镇燃气工程智能化技术因燃气供应系统的工艺特点而存在行业特性，除通用的信息化技术和自动化技术外，还需借助针对燃气供应系统开发的地理信息、管网水力仿真、气量预测、设备设施风险评估等技术，实现对城镇燃气供应系统安全和能力的提升。

安全性、环保性、适应性、经济性及能源利用率，是指城镇燃气的供应和使用应该对环境是安全的，可很好适应需求、合理节省；作为一种能源，追求能源利用效率是根本，是城镇燃气供应在气源生产、输配、应用过程中应该追求和达到的基本性能。

总之，城镇燃气工程智能化建设的目标，是提升当前由管道输配气网及非管道输配气网构成的城镇燃气供应系统的性能，最终实现智能气网。

1.0.2 本规范的适用范围包括两方面，从对象上讲是指作为城镇燃气工程的城镇燃气供应系统，包括城镇燃气的气源站点、输配系统、用气设施；从内容上讲包括规划设计、生产运行和维护管理的相关智能技术和应用系统。

根据现行国家标准《城镇燃气设计规范》GB 50028 的说明，所谓城镇燃气，是指城、镇或居民点中，从地区性的气源点，通过输配系统供给居民生活、公共建筑和工业企业使用的，并且具有一定指标的气体燃料。除此以外，还应包括汽车、发电等动力用气。具有一定指标的气体燃料指符合现行国家标准《城镇燃气分类和基本特性》GB/T 13611 分类的燃气。

2 术　　语

2.0.2 城镇燃气物理气网是指城镇燃气供应系统的基础设施，包括气源站点、输配系统、用气设备的基础设施。智能气网，即是智能化的城镇燃气供应系统。

3 基本规定

3.0.1 在进行智能化建设之前，首先要对应用领域及各领域的智能化需求进行梳理，然后根据智能化需求，对相关的数据、信息平台、应用基础技术以及各领域的智能应用进行整体架构设计，或对现有资源进行整合，构建共享的信息平台，避免盲目开展信息化和智能化建设而造成资源浪费，从而逐步实现城镇燃气供应系统整体的智能化运行、管理及决策。

供应规模包括用气量、管网长度、客户数量等。例如表 1 所示为某企业建设 SCADA 系统（信息采集与监控系统）和 GIS（地理信息系统）时的供应规模标准，满足其中之一，应该建设相应的信息系统。

表 1　经营规模划分表

建设要求	年用气量（$\times10^4\ m^3$）	管网长度（km）	工商户客户数（户）
SCADA	>1 000	>200	>200
GIS	>2 000	>500	—

3.0.2 表 3.0.2 所示为城镇燃气工程智能化技术的基本构成，本表不表达层次架构和技术之间的拓扑关系。企业可根据自身燃气供应系统的工艺特点、业务需求等进行信息平台及智能化技术的架构和建设。

3.0.3 数据的建设和管理需要大量的人力物力支撑，盲目地建设会给后面的数据应用和管理带来麻烦，进而造成资源浪费和损失。应首先梳理智能气网对数据的应用需求，包括数据对象、数据内容、数据格式、数据质量等。

3.0.4 信息平台及通信是智能应用开发和运行的IT环境。本规范的信息平台包括：计算机网络、服务器等硬件环境；操作系统、数据库、中间件、服务总线等基础软件；信息管理制度和信息安全措施。

3.0.5 因为信息的安全受多方因素的影响，从智能化建设的规划、设计，到智能化技术的使用和维护，都涉及信息安全的问题，因此应与智能化工程同步规划、同步建设、同步实施。

3.0.6 城镇燃气工程智能化的根本目的是为提升燃气供应系统的安全性和运行效率。智能传感技术和自动控制技术的应用，可提升监测和控制的准确性和及时性。

3.0.7 城镇燃气智能信息平台及通信基础设施与智能应用系统的安全保护能力等级应符合下列国家现行法规和标准的有关规定。

《中华人民共和国计算机信息系统安全保护条例》

《信息安全等级保护管理办法》公通字[2007]43号

《信息安全管理实施细则》ISO/IEC 17799

《信息技术—安全技术—基于ISO/IEC 27002的能源公用事业特定的进程控制系统用信息安全管理指南》ISO/IEC TR 27019

《计算机场地通用规范》GB/T 2887

《计算机场地安全要求》GB/T 9361

《计算机信息系统　安全保护等级划分准则》GB 17859

《信息安全技术　信息系统安全管理要求》GB/T 20269

《信息安全技术　网络基础安全技术要求》GB/T 20270

《信息安全技术　信息系统安全工程管理要求》GB/T 20282

《国际信息安全管理标准体系》BS 7799(ISO/IEC 17799)

《信息安全技术　信息安全风险评估规范》GB/T 20984

《信息安全技术　信息系统安全等级保护基本要求》GB/T 22239

《信息安全风险评估实施规范》DB32/T 1439

3.0.8 本规范的智能设备设施是指智能的用气设备、调压设备及厂/场站系统等。例如客户智能燃气表、智能调压器、过程智能计量表，以及CNG/LNG/LPG的各类厂/场站。主动安全功能指设备设施出现压力过高、压力过低、较大泄漏等非正常工况时，能够主动采取相应的保护措施，如自动切断气源。

3.0.9 借助物联网的物流功能可减少维护检修物资的存储和运输成本；借助云计算服务可减少本地计算中心的建设规模等。

3.0.10 智慧城市、能源互联网也处在快速发展时期，智能气网是能源互联网的组成部分，也是智慧城市的基础设施之一，因此城镇燃气工程智能化的建设，也应符合国家和地方对智慧城市、能源互联网的建设要求，应符合《国家智慧城市试点暂行管理办法》(建办科[2012]42号)的要求。

4 数据、信息平台及通信

4.1 一般规定

4.1.1 城镇燃气供应系统在发展规划、设备设施管理、气量调配、客户服务等方面信息化及智能化需求参见本规范的第6章。

4.1.2 数据可靠性包括了数据的一致性、完整性、标准性、准确性、及时性、易用性。

数据一致性通常指关联数据之间的逻辑关系是否正确和完整。而数据存储的一致性模型则可以认为是存储系统和数据使用者之间的一种约定。如果使用者遵循这种约定，则可以得到系统所承诺的访问结果。用于两调度中心的数据可由 10 M 通讯光纤来传送，从而保证数据的一致性。

数据完整性要求实现数据在未经授权时不被修改、不被破坏等。重要的是，在传输、存储信息与数据的过程中，需要确保信息与数据不被未经授权而进行修改，或者数据在被修改后能够及时发现数据的变化。

数据标准性是指研究、制定和推广应用统一的数据分类分级、记录格式及转换、编码等技术标准的过程。在设备设施可靠性管理的数据中心建设时，应结合燃气设备设施管理的特点进行，可借鉴美国 ArcGIS 管线数据模型（ArcGIS Pipeline Data Model，简称 APDM）和管线开放数据标准（Pipeline Open Database Standard，简称 PODS）等管道数据模型。

数据准确性是指应准确而简洁地描述对象的主要特征。例如，巡检人员需要以管线数据为参考，确定巡检工作的路线、范围；维护工作人员需要一定精度的管线数据确定派工任务的“准确”位置。

数据及时性是在信息的时间价值上的体现，是对数据形成和提供的高速度、快节奏、强效率的要求。应在知道变更的 24 h 之内可用。

数据易用性是指数据能够被访问和使用的程度以及易于被更新、维护和管理的程度的测量标准。

4.1.3 信息共享包括燃气供应系统内部共享，与其他燃气供应系统共享，与水、电等其他市政系统共享等。共享的前提是保障信息的安全，因此要梳理安全需求、评价安全等级、设计安全措施，应简化对接模式，建立稳定的数据接口和信息共享方式，数据对接双方均应采用国际标准单位，数据精度符合行业标准要求。本规定的信息安全主要包括不同信息的保护等级要求，及其相应的信息存储和信息传输安全要求，参见本规范第 3.0.7 条的条文及条文说明。

4.2 基础数据

4.2.1 本规范的基础数据是指末端采集的城镇燃气供应系统的原始数据，是没有经过应用分析和处理的数据。比如，由监测传感器采集的站点运行工况数据、由人员录入的设备属性数据和过程管理数据等。这些数据是信息化和智能化应用开发的必要基础。

数据对象包括城镇燃气供应系统的设备设施、作业报表、故障报警、事故、运行人员、运行管理单位等，即可由一组属性来定义的对象。

数据内容是描述数据对象的一组数据，比如某调压器可以是一个数据对象，用数字来描述该调压器，需包含该对象的空间拓扑关系数据、属性数据、过程管理数据、运行工况数据等，参见本规范第 4.2.2 条～第 4.2.5 条的条文及条文说明。

供气工艺系统的分类指不同压力、不同气源等，比如管道压力级制及设备设施类别的划分。

4.2.2 空间拓扑关系描述的是基本的空间目标点、线、面之间的邻接、关联和包含关系。

4.2.3 设备设施的属性数据，包括设备设施的生产厂家、技术参数、设备材质、使用年限、维护记录及评价结果等。全生命周期包括规划设计、建设、运行、报废的全过程。至少包括以下数据信息：材料数据，测试数据，出厂数据，备件数据，维护信息。

4.2.4 过程概念是现代组织管理最基本的概念之一，在 ISO 9000：2000 中，过程的定义为：一组将输入转化为输出的相互关联或相互作用的活动。

燃气设备设施的过程管理包含运行巡检工作、生产作业等。过程管理数据则包含运行巡检计划、生产作业计划、巡检率等。运行巡检计划是对不同类型的设备设施制定相应的日常巡视保养周期以及巡检保养的具体工作内容。设备设施运行巡视保养人员应根据巡检计划在规定的巡视周期内完成巡视保养工作，并在现场记录管线及附属设施的状态和运行数据。管理者收集现场采集的管线及设施的运行状态和运行数据，安排对设备设施的维护保养，并对设备设施状态的变更在台帐中予以更新。通过以上数据的积累和数据挖掘为设备设施的更新、选型作辅助决策。通过应用无线网络传输技术、地理信息技术、北斗卫星定位技术和智能终端等技术，可以建立一套设备设施智能巡查系统。比如，可以建立起一套管网巡查工作实时跟踪、记录、监管的运行体系、精细化设备设施信息管理的信息库和以数据说话的巡查管理绩效考核体系。过程管理数据应由专业的管理系统实现,但应给出与其他智能应用相关的应用或数据接口。

4.2.5 企业应根据发展需求和经济条件逐步实现对燃气供应系统的全方位数字化,可首先对重要站点实施工况监测,比如高中压管道、厂/场站、大客户用气设备等,高中压系统包括管网系统和独立厂/场站系统,如汽车加气站等。

特殊客户指对燃气中某些组分含量有适应要求的发电、车用气设备等。

4.3 数据管理

4.3.1 基础数据的质量是关键性的,基础数据作为可重复利用的资源,如果质量低劣,将在一次又一次地使用时产生负面结果。

可通过数据评价体系发现已有数据质量和管理的现状和存在的问题,并应建立起包含组织、标准、流程、质量、安全、技术多个层面的管理体系。

4.3.2 编码是指将事物或概念赋予一定规律性的易于人或机器识别和处理的符号、图形、颜色、缩简的文字等,是人们统一认识、交换信息的一种手段。

虽然一个编码对象可以有很多不同的名称,也可以按各种不同方式对其进行描述,但是在一个编码标准中,每一个编码对象仅有一个代码,一个代码只唯一表示一个编码对象,即代码与所标识的信息主体之间必须具有一一对应关系。

4.3.3 本条规定了数据采集应明确来源、内容、范围以及精度要求。

1 适时采集是指在合适时间进行数据采集,在此时间进行数据采集,可以使数据采集的内容更完整、更全面、更准确。

2 时间标签分为数据采集的时刻和时间段。

例如,若采集的是分钟数据,则时间标签为数据采集的时刻,数据为相应时刻采集的瞬时值或1 min测量均值;若采集的是小时数据,则时间标签为测量截止时间,数据为此时刻前 1 h 的测量均值。

4.3.4 现代数据存储的需求是大容量、高可靠、高可用、高性能、动态可扩展、易维护和开放性等,具有可扩展性的数据存储结构形成是必要的。应结合行业数据的安全和应用需求选择合适的数据存储方式。

根据计算机信息系统安全等级保护的要求,应提供异地数据备份功能,利用通信网络将关键数据定时批量传送至备用场地,异地备份策略可参照现行国家标准《信息安全技术　信息系统灾难恢复规范》GB/T 20988 的规定执行。

4.4 信息平台及通信

4.4.1 信息平台是各种智能应用系统集成的基础。智能应用系统的集成可以减少资源重复建设,避免信息不统一导致的智能分析决策失误等问题。采用可扩展的架构是适应未来发展的需要。信息平台给出统一的各类数据(例如实时数据、历史数据等)的接口规范,在应用开发时,开发方可根据接口规范从数据平台调取数据。

根据现行国家标准《基于网络的企业信息集成规范》GB/T 18729 的规定,企业信息集成在功能上的要求如下:

1 为企业信息集成提供高效、安全的网络与通信环境;

2 方便、灵活地集成新系统和遗产系统,并实现系统间的互操作;

3 在不同系统之间传递信息、并保证数据的完整性和一致性;

4 对企业产品生命周期内的各类信息实现统一管理,并使他们为企业及企业部门所共享,从而为并行工程提供协作环境;

5 为异种数据库的集成及互操作提供手段；

6 提供对各类信息的访问接口；

7 解决集成环境下，对业务过程的协调及管理。

企业信息集成的原则：独立性和模块化、互操作性、一致性、可扩展性、标准化、可移植性。

实现集成包括三个方面内容：信息集成、功能集成和过程集成。

实现企业信息集成的关键技术包括：通信技术、对象技术、信息技术、工作流技术、云技术等。

4.4.2 市场主流信息技术主要包括互联网＋、物联网、云计算、大数据、SOA（面向服务架构，Service-Oriented Architecture）等。宜选择遵从SOA标准的信息平台。

4.4.3 高可用性集群（HA，High Available），是保证业务连续性的有效解决方案，以实现业务的不中断或短暂中断。

4.4.4 信息平台的集成接入是指各子平台纳入共享平台的过程。

4.4.5 本条规定了信息通信。

1 接口协议主要包括终端硬件和上位机之间的通信协议，信息平台和各个智能应用之间的数据交换协议等。

2 关键站点和设施应包括高中压系统的门站、储配站、调压站，以及大型LPG、LNG、CNG母站、供应站、加气站等。

5 应用基础技术

5.1 一 般 规 定

5.1.1 应用基础技术包括监测与控制、地理信息等基础系统，以及管网仿真、气量预测等分析软件。首先梳理燃气供应系统对信息化和智能化的需求，主要考虑提升燃气供应系统的安全性、经济性及未来发展的需要，为了信息的一致性，避免重复建设，需统一规划基础应用系统，最好能满足未来10年的发展需求，但可根据燃气经营企业资金情况或部分子系统的急用程度、建设规模等因素分步实施。

5.1.2 单一的应用基础技术都不能满足城镇燃气供应系统的智能化需求，需要结合多个应用基础技术才能实现大部分的智能应用。因此，应用基础技术系统之间的信息和功能的互联互通是实现综合应用的必要条件。

5.2 地理信息系统

5.2.1 地理信息系统已成为燃气供应系统构建、展示设备设施空间拓扑关系的重要工具。另外，设备设施的属性数据，由于数据对象都是燃气供应系统的基础设施，且都属于静态数据，也应结合地理信息系统建设。

数据建设重要的是数据模型的规划。数据模型是数据库中数据的存储方式，是数据库系统的基础。数据模型是现实世界数据特征的抽象，用于描述一组数据的概念和定义。

1 数据模型的建设规划包括以下三个方面：

（1）概念数据模型

是描述现实中燃气供应系统的概念化结构的数据模型。主要分析数据以及数据之间的联系等，与具体的数据库管理系统无关。概念数据模型必须换成逻辑数据模型，才能在数据库管理系统中实现。

（2）逻辑数据模型

这是用户在数据库中看到的数据模型，是具体的数据库管理系统所支持的数据模型，主要有网状数据模型、层次数据模型和关系数据模型三种类型。此模型既要面向用户，又要面向系统，主要用于数据库管理系统的实现。在数据库中用数据模型来抽象、表示和处理现实世界中的数据和信息，主要是研究数据的逻辑结构。

（3）物理数据模型

这是描述数据在存储介质上的组织结构的数据模型，他不但与具体的数据库管理系统有关，而且还与操作系统和硬件有关。每一种逻辑数据模型在实现时都有与其相对应的物理数据模型。数据库管理系统为了保证其独立性与可移植性，将大部分物理数据模型的实现工作交由系统自动完成，而设计者只设计索引、聚集等特殊结构。

2 数据模型的三要素：

（1）数据结构

数据结构用于描述系统的静态特征，包括数据的类型、内容、性质及数据之间的联系等。它是数据模型的基础，也是刻画一个数据模型性质最重要的方面。在数据库系统中，人们通常按照其数据结构的类型来命名数据模型。例如，层次模型和关系模型的数据结构就分别是层次结构和关系结构。

（2）数据操作

数据操作用于描述系统的动态特征，包括数据的插入、修改、删除和查询等。数据模型必须定义这些操作的确切含义、操作符号、操作规则及实现操作的语言。

（3）数据约束

数据的约束条件实际上是一组完整性规则的集合。完整性规则是指给定数据模型中的数据及其联系所具有的制约和存储规则，用以限定符合数据模型的数据库及其状态的变化，以保证数据的正确性、有效性和相容性。例如，限制一个表中编号不能重复，或者时间的取值不能为负，都属于完整性规则。

5.2.2 地理信息系统数据内容可划分为城市基础地理数据、燃气供应系统专业数据等。其中城市基础地理数据是描述城市自然地理要素和人工结构物理设施空间及属性特征的数据集，可包括控制点数据、地形要素数据、城市三维模型数据、综合管线数据及相关数据等子集；燃气供应系统专业数据应包括管网数据和非管网设施数据，燃气供应系统还需根据压力级制和设施类型进行划分，为了保证系统内容显示的灵活和满足统计分析的需要，要求不同类别数据用不同图层保存。

5.2.3 数据真实性：例如管线信息数据应是通过管线探测或竣工测量获取的管线信息数据，数据应客观地记载管线现状，数据获取、数据处理和内容取舍应有记录文档。

数据完整性：例如燃气管线信息数据应覆盖全部管辖范围，数据项不应有遗漏，数据内容应完整。

数据现势性：例如管线现状变化时，应及时更新数据并整合入库，保持管线数据的现势性。

精度：例如管线的空间位置精度和属性数据精度应符合现行行业标准《管线测量成果质量检验技术规程》CH/T 1033 的相关规定。

5.2.4 矢量数据、栅格数据、多媒体数据都是用于表示和展现管网系统地理信息不可缺少的数据格式。

矢量数据是以坐标或有序坐标串表示的空间点、线、面等图形数据及与其相联系的有关属性数据的总称。

根据现行国家标准《地图学术语》GB/T 16820 的定义，栅格数据是将地理空间划分成按行、列规则排列的单元，且各单元带有不同“值”的数据集。

多媒体数据是由多种不同类型的媒体综合组成的，通常包括文字、图表、静止或活动图像、声音和视频等二进制文件，具有集成特性、独立特性、海量特性、实时特性、交互特性、非解释特性和非结构特性。

5.2.5 城镇燃气供应系统的地理信息系统，主要是支持燃气供应系统的发展规划设计、应急处置、设备设施追踪等智能分析的空间信息需求，因此还应具有相应的辅助分析功能，可结合实时监控、管网仿真、气量预测、风险评估等技术共同实现辅助决策。

5.2.6 可视化展示完成以下几个方面的功能:展示燃气供应系统及相关设施总体运行情况,突出显示异常信息;实现智能燃气供应系统场景、设备的三维虚拟仿真;实现燃气供应系统运行仿真功能,为互动体验、方案预想及事件重演提供支持。

可视化方式应与数据完全分离,以适应系统建设完成后,无需开发和改造,就能适应未来新数据的可视化要求。用户可以灵活定制或修改可视化工具库,根据具体业务应用,为各类型数据选择和配置相应的可视化方式集合。可视化展示形式,是借助丰富表现和互动手段,以文字、图表、视频、动画、互动体验等形式,集中、动态、实时、交互地展现各种信息。

根据现行国家标准《地理信息　万维网地图服务接口》GB/T 25597 定义,万维网地图服务接口(WMS)是根据地理信息动态生成地理空间数据的地图。WMS 产生的地图一般以图像格式提供,如 PNG、GIF、JPEG 或按 SVG 或 WebCGM 格式提供基于矢量的图形元素。使用标准的万维网浏览器并以统一资源定位符(Uniform Resource Locators,URLs)的形式发出请求可以调用万维网地图服务的操作。

5.2.7 数据交换格式应符合现行国家标准《地理空间数据交换格式》GB/T 17798 和《信息技术　地下管线数据交换技术要求》GB/T 29806 的相关规定。

5.3 监测与控制系统

5.3.1 监测与控制系统建设的安全性是指核心数据和报警数据是完整和可靠的,具备较强的访问控制功能,防病毒及黑客攻击、保证燃气系统的安全稳定运行;可靠性是指系统采用成熟的、经过测试的、使用广泛、能够稳定运行的技术体系、软件平台、通信网络、硬件设备、仪器仪表;实时性是指运行数据和报警信息的采集、传输、显示、存储,控制命令的下达、执行和反馈在限定时间内进行;通用性是指采用开放的和通用的硬件、软件、通信协议、数据接口。系统应选用国际主流并在相关行业得到广泛应用的硬件设备和软件平台。软件平台要开放,支持国际标准协议和其他系统软件接口,保证数据资源和其他子系统共享;扩展性是指系统根据需要扩容时应方便、快捷,不改动系统的整体结构,计算机设备处理能力、监控组态软件点数、RTU/PLC I/O 点数、设备通信接口、通信接口等留有一定余量,便于系统扩容和变更;经济性是指系统在规划设计时,应在满足企业生产需要的前提下选用性价比高的系统、技术和设备。

5.3.2 本条规定了监测与控制系统的功能。根据现行国家标准《城镇燃气设计规范》GB 50028 的规定,城镇燃气监测与控制系统可结合实时瞬态模拟等仿真软件以实现气量调节和应急处置控制的决策分析。仿真软件应满足系统进行调度优化、泄漏检测定位、工况预测、存量分析、气量预测等要求。

5.3.4 统一性是指各子系统间不宜采用种类过多的接口协议,尽量采用 1 种～2 种通用的接口协议;开放性是指接口协议公开,并可配置、组态、编程;兼容性是指各类设备可根据统一性原则,采用标准接口协议,并实现不同设备的有效对接。

5.3.6 根据《国务院关于调整城市规模划分标准的通知》(国发〔2014〕51 号)中国城市统计中对城市规模的分类标准的定义,中等城市是指人口数量为 50 万至 100 万的城市。根据《城镇燃气规划规范》GB/T 51098—2015 第 9.0.2 条的规定,100 万人口以上的城镇燃气输配系统宜设置包括监控和数据采集系统在内的运行调度系统。备用中心站是指为了确保重要信息系统的数据安全和关键业务可以持续服务,提高抵御灾难的能力,减少灾难造成的损失而建设的备用系统。

5.4 管网仿真

5.4.1 当天然气输气管道建成后,管道的结构参数将不可改变。由于用户用气量的不均匀性,使天然气的生产和使用存在矛盾。如何调配天然气管网的供气方案,最大程度地挖掘出管网系统的输气潜力,以获得最大的经济效益;当管道发生泄漏或压缩机站停电等事故时,如何调整管网系统的输气方案,保证管网系统的安全运行;当对管网系统进行扩建改造时,新建或扩建的管道是否影响到原管网系统的正常运行，这些问题都需要通过管网仿真来解决。

管网仿真软件应从建模能力、计算能力、分析功能扩展能力方面满足燃气管网规模发展的需要。

5.4.2 随着城镇天然气管网覆盖面积的增大，实现多级压力供气、多气源供气，管网仿真应能对多级压力燃气管网运行工况、储气量和供气能力进行动态模拟，并具有一定准确性，用于指导管网建设，提高供气调度的准确度和可靠性，实现在多级压力系统中对任意气源个数、任意形状（环状、枝状）的高压管网的工况模拟，指导管网的优化运行与合理调配。

1 理想气体状态方程应用于较低燃气压力的计算，准确度尚能满足实际工程要求，燃气在很高的压力下或很低的温度范围内用理想气体状态方程计算产生较大的误差，不能满足实际工程需求。目前广泛应用的状态方程都是根据实测数据，用经验或半经验方法建立的。用户应能够自主选择数学模型以及适合管道流动的摩擦阻力系数的计算方法来进行动态分析。

2 多气源导致组分不均匀，对于特殊客户对气质的特殊要求，需监测气质变化情况；采用热计量也需要对组分或热值进行追踪监测和控制。

3 由于用气的不均衡性、设备故障、控制系统的调节、压缩机的启停等，这些因素使得管道内的气体参数（压力、流量和温度等）随时间发生变化，确切地说是处于不稳定流动状态，当这种不稳定程度较小时，可以作为稳定状态来分析。

管网动态分析是将整个管网作为一个统一的流体动力系统，根据管网系统和工艺设备的基本流动关系式（质量守恒、动量守恒、能量守恒和状态方程）及输送要求，建立天然气管网系统流动的动态仿真模型，并通过特征线法对动态模型进行求解，可实现管网瞬变流动的模拟和分析，精确描述管网系统的水力、热力分布和动态变化过程，揭示管网系统的流动特征，以及管网系统流动随设备操作、进出流体流量等变化的响应过程。

4 管网仿真的自学习是以管网量测数据为基准，建立稳态自适应仿真非线性模型，通过模型求解实现对目标参数的自适应修正。并且，能够接收管网监测节点和实测节点压力和流量数据，利用监测数据对管网进行动态模拟，用检测数据及时纠正模拟结果。

5.4.3 本条规定了管网仿真所需数据。

1 气源点、大客户用气点、管道、调压站运行状况的正常与否，对整个城镇燃气供应系统的影响较大，是主要监控对象，也是管网仿真的重要节点，其数据的完整和可靠影响到仿真计算的准确性，因此要重视其基础数据的采集。管道、调压器、压缩机等设施的配置参数应至少包括材质、管径、管长、摩阻等；工况数据应来源于数据采集系统，方便各格式数据导入；用气信息应来源于用气量的监测系统和预测系统，用于流量分析。

2 通常管网模型是结合地理信息系统建立的，从地理信息系统导入管网模型有助于保持管网模型的统一性。并且，在从地理信息系统导入管网模型时，也可对数据进行校核修改，并可导回至地理信息系统保持数据同步。

3 管网的不断发展和变化会产生新的数据，可添加数据是为了适应供气规模发展的需要。

5.4.4 实时在线仿真是根据实时数据实现与管网运行工况同步的仿真计算，可以更准确、更及时地模拟当前和稍后的管网工况。由于高压管网的压力状态及其在整个系统中的重要地位，应首先对高压管网进行及时监控，建立实时在线仿真系统可更好地分析高压管网工况，提供更准确的系统调节方案。

5.5 气量预测

5.5.1 气量预测分为长期、中期、短期用气预测。长期预测主要是为基础设施建设规划的优化分析提供目标参数；中期用气预测主要是为气量采购计划制定的优化分析提供目标参数；短期用气预测主要是为运行调配方案制定和设备自动调节的优化分析提供目标参数。

1 根据现行国家标准《城镇燃气设计规范》GB 50028 和《城镇燃气规划规范》GB/T 51098 的规定，

客户类型可分为居民生活用气、商业用气、工业生产用气、建筑采暖通风和空调用气、汽车及船舶用气、冷热电联供系统用气、发电用气、不可预见用气等。区域气量预测可根据管理区域情况划分，为气量调配提供依据。

2 根据现行国家标准《城镇燃气设计规范》GB 50028 和《城镇燃气规划规范》GB/T 51098 的规定，燃气气量预测应实现以下内容：

(1) 燃气气化率；

(2) 年用气量及用气结构；

(3) 可中断用户用气量和非高峰期用户用气量；

(4) 年、周、日负荷曲线；

(5) 计算月平均日用气量，计算月高峰日用气量，高峰小时用气量；

(6) 负荷年增长率；

(7) 小时负荷系数和日负荷系数；

(8) 最大负荷利用小时数和最大负荷利用日数；

(9) 时调峰量，季(月、日)调峰量，应急储备量。

采用天然气作气源时，逐月、逐日的用气不均匀性的平衡，应由气源方(即供气方)统筹调度解决。

供气方对用户应做好用气量的预测，在各类用户全年的综合用气负荷资料的基础上，制定逐月、逐日用气量计划。

3 根据现行国家标准《城镇燃气规划规范》GB/T 51098 的规定，燃气气量预测方法可采用人均用气指标法、分类指标预测法、横向比较法、弹性系数法、回归分析法、增长率法等，不同的预测对象适用的方法可能不同。

影响燃气气量的因素很多。长期预测影响因素有气源情况、能源政策、环保政策、社会经济发展状况等；短期预测影响因素有天气状况、客户用气规律等。

由于不同的日期类型会对气量产生巨大的影响，会引起气量值的突变(例如在春节前后由于工厂与家庭用气变化，导致燃气值巨变)，严重影响气量的变化，因此有必要对日期类型进行相关处理。为提高预测精度，对不同的日期进行区别处理，分别使用不同的模型对不同的日期进行处理，将日期分为工作日(周一～周五)、周末和重大节假日三类。应对预测结果进行误差分析。

预测结果评价是对预测气量的准确性进行评价，评价的目的是检验预测模型的可靠性，并能对预测模型的修正提供依据。

5.5.2 本条规定了气量预测原始数据的收集。

1 在燃气企业成立初期，以积累数据为主，逐步搭建用气规律模型；在燃气企业进入快速发展期，数据库基本搭建，但用气结构的调整频繁，用气规律动态波动；在燃气企业下游用气发展饱和，历史数据积累规模、用气结构、用气规律趋于平稳。原始数据连续积累时间应在 5 年以上，才能初步把握该区域内客户用气规律，保证预测结果精度。

2 短期预测可按 96 点预测并编制日气量预测区间(每日 0:00～23:45，每 15 min 一个点)。节假日气量预测，可对照历史数据进行气量综合分析预测。短期气量预测受气象影响很大，通过查看天气预报综合考虑气象因素对燃气气量影响。

3 异常数据又称离群数据。对于离群点的数据挖掘和分析主要有四种方法，即基于统计学的方法、基于偏差的方法、基于距离的方法和基于密度的方法。不同的方法对离群点的定义不同，所发现的离群点也不相同。离群数据的产生的主要原因：部分燃气企业的数据采集、记录等环节自动化程度不高，数据的获得还处于人工记录的水平，因此产生数据记录的错误；对于使用 SCADA 系统的燃气企业，在实际运行中，数据采集系统中的测量、记录、转换和传输过程中的任何环节都可能引起故障而导致数据记录的反常态势；由于特殊的事件(如仪表故障、线路检修)也会引起气量数据出现异常的变化等。

另外，应检查是否燃气供应系统发生特殊事件或突发事件等，不排除其有时是变化的突发点、转折点的可能。

还应结合经济、天气、社会等因素，对离群数据进行分析，判断是否采用该数据。

5.5.3 当用户发展到一定规模并趋于稳定时，气象是影响短期气量最主要的因素。气象数据是指预测区域在过去某一时间内(小时/日/月)的气象要素(环境空气温度高值、低值、平均值，湿度、降雨、环境水温等)的实际值以及未来某一时间内的气象要素预报。气量预测结果应与气象数据周期性对应。

6 智能应用

6.1 一般规定

6.1.1 本规范的智能应用，是综合应用信息感知、信息管理、网络通信、辅助决策等技术共同实现任务过程智能化，在原有系统功能的基础上，实现了智能决策、智能控制的城镇燃气供应运行管理系统。任务过程是指完成任务的过程。本章的智能应用涉及的任务包括城镇燃气供应系统的发展规划、气量调配、设备设施管理、客户服务、应急管理。

本章仅对智能应用的信息管理和辅助决策的智能化部分提出要求和规定，比如智能分析和智能控制功能和性能，并不包括智能应用的所有功能和性能要求，比如管理系统的基础管理功能和性能。

6.1.2 智能应用在正式运用到城镇燃气供应系统上之前，都必须选择具备相关资质的专业测评机构对其信息安全和功能安全经过实验测试、试运行测试和认证。信息安全可通过中国信息安全认证中心(ISCCC)认证；功能安全在没有相应的专业机构时，可组织专家进行评审认证。

6.1.3 智能应用多采用模拟、仿真、预测、模糊模型等分析技术，分析对象的影响因素又很复杂，其准确性和安全性也需要得到监控，并且在持续的监控过程中，借助技术的进步可不断升级改进。

6.2 发展规划

6.2.1 用气规划指的是确定燃气的利用领域、利用顺序和用气量的分配比例，涉及国家及地方的能源与环保政策，当地气源条件等具体情况。天然气应用的用户分为优先类、允许类、限制类和禁止类，应按等级分配天然气使用。

满足用气需求指的是满足城市供气对象的最小用气量。城市供气对象和用气量的具体规定参照现行国家标准《城镇燃气设计规范》GB 50028 和《城镇燃气规划规范》GB/T 51098。

根据现行国家标准《城镇燃气规划规范》GB/T 51098，用气结构是指不同种类燃气用户年用气量占年总用气量的百分比。

用气结构优化的目标：规划经济合理、储配供需平衡、使用高效节约、运行安全稳定、经营价格合理。

6.2.2 气源一般包括天然气、液化石油气和人工煤气。

根据现行国家标准《城镇燃气规划规范》GB/T 51098 的规定，气源规划包括气源种类的选择，气源供气方式、供气压力和高峰供气量、气源点的布局、规模、数量等。气源点是城镇燃气的供气起点，包括门站、压缩天然气供气站、液化天然气供气站、人工煤气制气厂或储配站、液化石油气气化站或混气站等。

多气源配置的优化分析可在满足安全性和技术性的条件下，以用气需求、气源供应能力、系统输配能力等为约束条件，以气源购置成本、系统输配能耗为影响因子，进行费用最小的优化分析，得到费用最小的气源配置方案。

6.2.3 输配系统包括管道输配系统和非管道输配系统。

非管道输配系统是指以移动罐体输送燃气的系统。如 CNG、LNG、LPG 储罐等燃气供应系统，一般由生产母站、储罐、运输车辆、供应站(调压、气化等设施)等组成。

管道输配系统一般由门站、燃气管道、储气设施、调压设施等组成。

根据现行国家标准《城镇燃气规划规范》GB/T 51098 的规定，输配规划还应符合城镇燃气总体规划的要求。

根据现行国家标准《城镇燃气规划规范》GB/T 51098，输配系统的压力级制应通过技术经济比较确定。燃气管网系统宜结合城镇远期规划，优先选择较高压力级制管网提高供气压力。燃气管网及厂/场站的布局应根据水力计算进行优化。城镇燃气输配系统应与上游统筹解决用气不均衡的问题，燃气调峰量应根据城镇用气负荷曲线和上游供气曲线确定。调峰方式选择应根据当地地质条件和资源状况，经技术经济分析等综合比较确定。应急储备设施布局应结合用气分布、输配管网结构，经技术经济比较确定。

6.3 气量调配

6.3.1 气量调配指根据用户负荷的需求或管线维护、应急抢修的需要对输配系统中的燃气供应进行合理调度，以满足稳定、安全供能目标的过程。

6.3.2 本条规定了用气需求管理的智能应用。

1 满足需求是指进行不同种类用户、不同区域、需求总量等对象的小时用气、日用气、月用气、年用气目标的气量预测。

2 平抑峰值指抑制峰值的增长，使气量趋于稳定。为了解决均匀供气与不均匀用气之间的矛盾，保证各类燃气用户有足够流量和压力的燃气，必须采取合适的方法使燃气输配系统供需平衡。合适的方法之一是积极的用气需求管理。可通过用气监测、客户用气规律分析，以及阶梯气价引导、用气时间协议等管理措施，在一定程度上抑制用气峰值。基于平抑峰值的用气分析，包括对各类客户的用气规律、用气量的分析，并且还可为用气管理措施的可行性、经济性等提供分析和评价。

6.3.3 气量计划管理的主要功能是制定气量采购和存储计划。气量计划管理的智能应用应致力于简化人为管理流程，将人力从处理大量合同等数据的繁杂中解放出来，而将其专注于上下游气量协调。

1 多气源是指燃气采购来源多样化。如某燃气公司的气源有中石油西气东输二线天然气、管输的中海油卡气、管输的现货气，同时采购相当规模的槽车气。

多气质是指燃气质量的多样性，混合后的燃气质量的具体规定参照现行国家标准《城镇燃气设计规范》GB 50028。

多气价是指气源采购价格和销售价格的多样性。比如销售的阶梯气价、峰谷气价等。

多流程是指多种类型的业务流程及合同共存。比如有照付不议原则下的采购与销售严格背靠背协议，也有随行就市、灵活买卖的短期、现货购销协议等。

2 合理性是在满足需求的情况下更加经济。合理的气量采购和存储计划的制定，可通过智能分析辅助完成。例如，可以用气需求和输配能力、气源稳定性、气质安全性为约束条件，以经济性为优化目标进行综合分析，为计划制定提供辅助决策和评价。分析软件应可更改和扩展约束条件、优化目标的内容和参数。

6.3.4 输配调度主要是指气量的储存和输配管控。其智能应用应致力于提升气量分配的合理性、系统调节的准确性和及时性。因此，在对燃气供应系统工况实现了全面监测的情况下，可通过输配调度的智能应用实现合理、准确、及时的气量输配调度。

1 实时供气能力是指燃气供应系统在当前状态下的气量储备和系统输配气能力，而不是设计条件下的供气能力。

当前供气能力满足用气需求时，只需进行燃气供应系统工况的平衡调节即可。

当前供气能力不满足用气需求的情况可能有气量不足和输配气能力不足两种原因。气量不足时需借助需求侧管理的智能分析合理减少用气量；输配气能力不足时首先分析能力不足的原因，有时不合理的调节和故障会降低系统输配气能力，此时应能识别原因，然后进行系统恢复。

通过对用气需求和供气能力的反复平衡分析及供气能力恢复，可给出最大供气量，为用气需求管理系统提供目标参数。同时，为制定气量调配方案提供依据。

2 异常工况主要包括泄漏、断气、超压、超流、气质超标等情况，原因可能有管道被施工挖断等外力破坏、阀门等设备被误操作或发生故障、气源组分发生大的变化等。可利用SCADA系统的监测及分析实现异常工况的识别，并通过仿真等分析工具诊断异常工况的原因，包括故障检测、故障定位。诊断出异常工况的原因后，对于设备误操作等可通过人工和自控进行设备矫正而迅速恢复。其他原因也可采取相应的措施加以恢复。自动恢复可通过设置自识别、自诊断、自命令、自控制的程序来实现。

3 合理的气量调配是保障供气可靠性的必要手段。气量调配方案包括气源配置方案和储配系统调节方案。气量调配方案应根据用气需求、气量采购和储备计划等条件，并以采购气价最低为优化目标制定；储配系统调节方案应利用系统工况仿真等分析工具，根据实时监测的工况数据、用气需求数据、储配系统能力等条件，以储气调峰能力最大、输气能耗最小等为优化目标，进行拟调节工况的模拟，制定调节方案。

4 为了提升管道输配气系统调节的准确性和及时性，宜采用自动控制方式执行操作，而不是靠人力执行操作，比如采用电动切断阀、电动调节设备等。但自动控制装置的可靠性非常重要，一定要选用质量合格的产品，应在经过充分的安全性、技术性和经济性评价后谨慎采用自动控制方式。

5 非管道输配气指LPG、CNG、LNG等车载罐体配气。可建立北斗的定位系统，并采用物联网技术对人员、车辆等移动资源进行跟踪管理和控制，并实现信息轨迹追溯。

6.3.5 现代计量管理，除传统的保证计量装置准确、可靠、客观、正确地计量燃气的输送与交易的职能外，还应利用智能手段扩展对应用系统的安全分析功能，以及有助于提升企业经营效率的输差分析功能。

计量管理的智能应用主要是实现对计量数据的有效管理以及针对系统安全和运营的辅助决策分析，需结合智能计量设备及计量管理系统的数据分析功能共同完成。

2 针对多气源、多气质、多种交易模式等的计量需求，企业会采用体积计量、质量计量、能量计量等多种计量方式，导致计量数据多样化。计量管理的智能应用分析的数据接口需满足计量数据多样化的需求。

3 仅允许授权人员在设备调校时对计算参数进行修改和设定，要求设置口令以防非法设置参数，并做好修改情况记录以备追溯。

4 计量数据的异常变化是指超常规的数据，可通过对计量点计量数据的规律分析，设定超常规的预警值，计量数据超过设定预警值时发出预警，提示管理人员进行进一步识别是否发生泄漏等情况。可作为安全监测手段之一。

5 远程管理是通过网络远端控制计量设备的数据采集、记录、储存、传输和分析等。远程管理可以增强现场的安全防护管理，实时监测计量设备的使用情况，随时将设备信息和计量结果提供给相关的单位和部门，及时对相应的情况进行处理和应对。智能计量设备与控制中心的双向通信功能可支持计量设备的远程管理。

6 所谓输差，是指天然气量值在输送过程中出现的差值。天然气输差产生的原因包括存储状态的变化、管线漏失、计量误差等。需结合智能计量设备和智能计量管理的分析识别异常输差。

有效的输差控制应从计量设备管理入手，结合输差曲线对比、流量平衡、相关因素分析等方法，以及及时有效的处置等手段共同实现。

计量设备管理是控制输差的基础保障，涉及计量设备选择、安装、调校、维护等，以保持计量的合法性和准确性。

曲线对比分析是将管道的分段输差与全线输差画成相应的输差曲线，并对其进行分析比较。若发现某个分段的输差曲线与全线输差的曲线走势相类似，则说明该分段存在的输差问题较为严重，重点分析该分段的输差情况，缩小其范围，以赢取输差问题的最佳处理时间。

流量平衡分析是针对范围较小的输差区域，采用计量仪表进行校验，通过每台流量计的瞬时值计算开展合理的现场流量平衡。若在误差范畴之外，应继续寻找其他因素，直至现场流量平衡为止。

对输差范围较大的段区，可采用先进的通信技术，在相同时间内分别计算该段区的瞬时流量值，通过观察输差状况判断其成因。

相关因素分析是在分析某种因素的同时，综合考虑多种不同的因素，开展各种因素的相关分析。比如在分析计量人员修改计量设备参数的同时，对计量的行为和计量数据进行相关分析，及时找出气体输差的成因，从而避免不必要的重复检查工作，提高解决管道输差的工作效率，尽早控制输差问题。

6.4 设备设施管理

6.4.1 可靠性是一个设备设施在给定的运行条件下和规定的时间期间内充分执行其预期功能的概率。可靠性特征量主要有可靠度、故障概率密度、累积故障概率、故障率、平均寿命及可靠性寿命等。

设备设施的可靠性管理，是面对不断变化的因素，对设备运行中面临的风险因素进行识别和评价，通过监测、检测、检验等各种方式，获取与专业管理相结合的可靠性的信息，制定相应的风险控制对策，不断改善识别到的不利影响因素，从而将设备设施运行的风险水平控制在合理的、可接受的范围内，最终达到持续改进、减少和预防设备设施事故发生、经济合理地保证设备安全运行的目的。

1 全生命周期管理包括制造、安装、使用、维护、报废等全过程。

2 安全风险预测分析是在过程监测与控制、质量控制的完整信息备案的基础上，综合利用故障识别、管网仿真、安全管理等技术实现对设备设施安全状态的一种评价分析。

过程监测与控制、质量控制的完整信息包括专业化巡检记录、缺陷处理记录、检测信息以及检修试验报告等。可做成检修报告进行信息备案，其内容包括例行试验报告、诊断性试验报告、专业化巡检记录、检修报告。

信息备案后可以与调度信息、运行环境信息、风险评估信息等相结合。为保证设备全寿命周期内状态信息的完整和安全，应对逐年的信息做好历史数据的保存和备份。

设备故障识别和诊断技术是建立在基础理论、物理机制、数学方法、技术手段和组织管理等方面的一个综合技术，目的是实现设备设施的预测维修。即通过监测获得设备的运行状态，根据获得的状态判断设备运行是否正常。如果不正常，经过分析与判断，指出故障部位和故障原因，便于管理人员维修，或者在故障未发生之前，预测可能发生的故障，便于管理人员尽早采取措施，避免发生故障。

3 通过安全风险预测分析，可对设备设施的安全状态进行评级，根据级别采取不同维护措施，避免盲目维护，达到优化作业的目的。

4 供气设施的输配、储气能力是可靠供气的基本保障。可在安全风险预测分析的基础上，通过仿真计算供气设施的输配、储气能力。

5 绩效评估是对设备设施管理系统运作的有效性、策略适应性以及目标实现程度进行评价，查找系统存在的问题和不足，提供持续改进和提升设备设施管理水平的依据。

6.4.2 本条规定了城镇燃气供应系统的智能安防系统。

1 为了实现对无人值守厂/场站的防盗功能，对进入厂/场站的人员进行自动检测，可以通过门禁信息确定进入者是否为合法；对于非法计入者，将启动报警联动机制；进行现场声光等报警的同时实时发送到监控中心，提醒监控人员关注。

2 厂/场站的供气设施和监控中心是安防的重点。智能视频监控系统可以使用智能手机担当，同时对图像进行自动识别、存储和自动报警。视频数据通过 3G/4G/WIFI 传回控制主机，主机可对图像进行实时观看、录入、回放、调出及储存等操作，从而实现移动互联的视频监控。

6.5 客户服务

6.5.2 燃气泄漏识别除可以采用燃气浓度检测报警器外，还可通过流量监测及分析加以识别异常流量，进而通过报警通知相关人员或与自动控制装置联动采取相应的安全处置措施。

6.5.3 大客户是指对企业收益所占比例较大或对企业贡献较大的客户。由于各地区的建设规模和经济发展水平不尽相同，各地区应根据自身特点拟定大客户的标准。燃气企业大客户具备的共同特点有：用气量大、用气时间长且恒定、供用气设施及工艺技术性较高、用气安全环境复杂等。大客户的耗气量大，用能系统复杂，具有很强的个性化节能减排技术需求。燃气供应企业可结合供气管理政策，开展能效分析评价，制定优化用能方案，进而给予用能技术指导，实现最低成本的用能服务。

6.5.4 通过对客户的用气工况监测，以及对客户用气设备相关信息的管理，可对客户的安全状态进行评价，有针对性地制定安全检查和维护抢修业务，提高工作效率，减少资源消耗，降低客户管理成本。

6.5.5 城镇燃气供应单位应设置并向社会公布 24 h 报修电话，抢修人员应 24 小时值班。还可通过互联网网站创建在线服务入口(无论是基于 WEB 还是 APP 移动终端)，燃气用户可以预约检修、报修、缴费等，提升用气体验，加强安全用气管理。另外，通过建立完整的客户用气信息，也便于实现客户服务业务的及时响应和跟进处理。

6.5.6 支持客户服务渠道拓展的第三方智能应用包括：第三方交易和服务平台(如银行/银联、支付宝公众服务平台、微信公众服务平台、短信平台、网上营业厅、邮件平台、智慧城市公共服务平台、网址、门户等)、移动化应用(如移动抄表、移动安检、移动维修、移动及时报价等)、智能设备(如 IC 卡、打印机、高拍仪、话务交换机、叫号机、评价机)等，需要制定和形成安全统一的接口规范。

6.5.7 规范化、流程化业务功能可提升企业规范化客户管理和客户体验。统一客户服务诉求管理、统一客户服务业务管理、统一的客户服务资料管理，可提供客户服务完整的信息。

6.6 应急管理

6.6.1 本条规定了应急管理的智能应用。

1 通过对最小用气量与供气能力的分析，了解应急工况下的供需平衡状况。

最小用气量是满足各类用户用气安全极限工况时的需求量。用气安全极限工况是指用气设备可以保持燃烧稳定、负荷下限的最低流量和压力。例如居民生活的各类用气设备应采用低压燃气，用气设备前(灶前)的燃气压力应在 $0.75P_n \sim 1.5P_n$ 的范围内(P_n 为燃具的额定压力)。

2 在根据用户类型和调配区域进行了最小用气量分析的基础上，可通过仿真模拟制定气量调配方案。

3 应急管理系统一般具有预警、接警、分类分级、预案管理、应急处置和善后收尾等阶段，同时从体系上又具有如图 1 所示的总体架构组成。

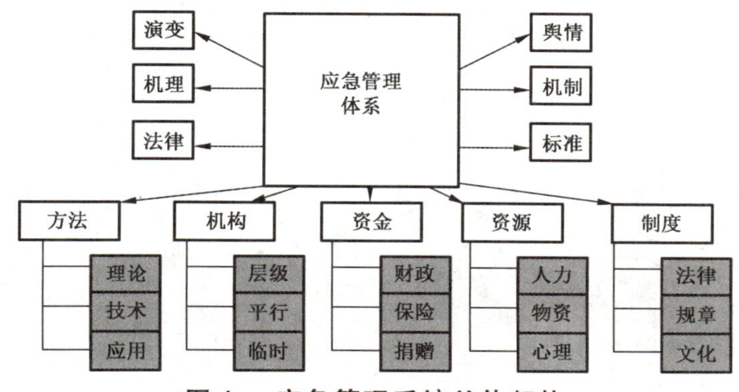

图 1 应急管理系统总体架构

各单位可根据实际需要参考应用。

6.6.2 本条规定了应急处置的智能应用。

1 相关单位包括公安、消防、卫生、环保、城管执法、市政设施等部门。

2 应急资源是指在突发事件的应急处置中能够在短时间内迅速调度的全部资源的总称，人员、物资、资金和信息等。通过制定相应的管理机制和应急预案，结合地理信息、生产运营、指挥调度、物流仓储、人力资源等信息系统，可实现对应急资源的综合管理和调度。

3 在平时对历史事件的收集、整理和综合分析评价基础上进行动态评估。动态评估内容包括接警以及出警的及时性、操作过程的逻辑性、应对者职责的明确性、资源的充分性、资源配置的及时性和调整的灵活性等。

4 根据智慧政务、智慧城市的管理要求在应急处置后对事件的最终类别、级别做出评估，并将信息纳入政务管理系统。

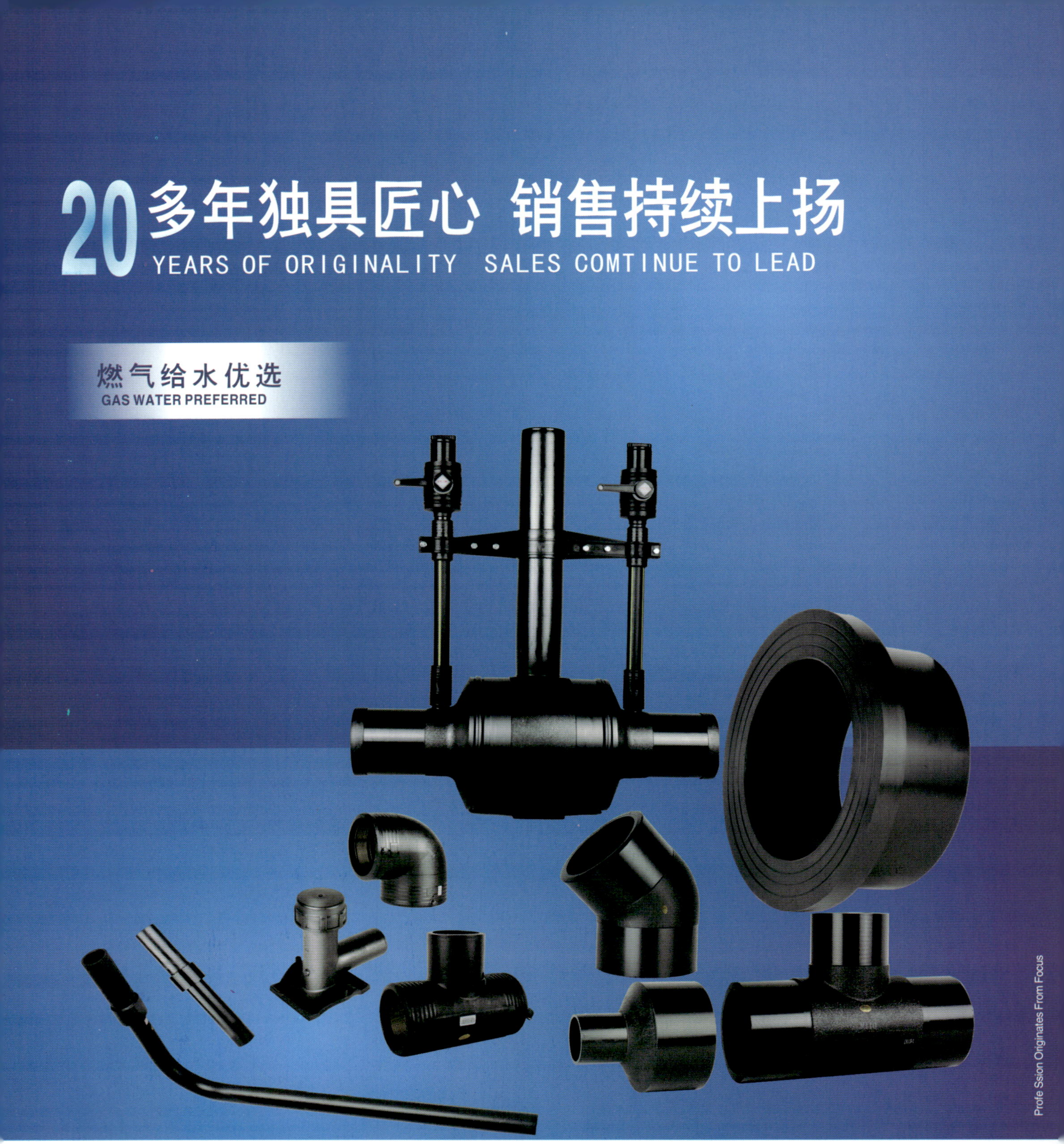
20多年独具匠心 销售持续上扬
YEARS OF ORIGINALITY SALES COMTINUE TO LEAD
燃气给水优选
GAS WATER PREFERRED
Profe Ssion Originates From Focus

CHV® 成都成高阀门有限公司

Chengdu Chenggao Valve Co.,Ltd

028-84867201

地址：中国四川省成都市大邑县工业大道67号